U0333664

第四届中国建筑学会
建筑设计奖(给水排水)优秀设计
工程实例

中国建筑学会建筑给水排水研究分会　主编

中国建筑工业出版社

图书在版编目（CIP）数据

第四届中国建筑学会建筑设计奖（给水排水）优秀设计工程实例/中国建筑学会建筑给水排水研究分会主编.北京：中国建筑工业出版社，2016.10
ISBN 978-7-112-19658-6

Ⅰ.①第…　Ⅱ.①中…　Ⅲ.①建筑-给水工程-工程设计②建筑-排水工程-工程设计　Ⅳ.①TU82

中国版本图书馆 CIP 数据核字（2016）第 185015 号

本书为中国建筑学会建筑给水排水研究分会组织的“第四届中国建筑学会建筑设计奖（给水排水）”的评奖展示。

本书共分三篇，即公共建筑篇、居住建筑篇、工业建筑篇，其中包括了京基·蔡屋围金融中心、中央电视台新台址、珠江城等一大批国内最先进的大型建筑。

本书可供从事建筑给水排水设计的专业人员参考。

责任编辑：于　莉　田启铭
责任设计：李志立
责任校对：王宇枢　姜小莲

第四届中国建筑学会
建筑设计奖（给水排水）优秀设计工程实例
中国建筑学会建筑给水排水研究分会　主编
*
中国建筑工业出版社出版、发行（北京西郊百万庄）
各地新华书店、建筑书店经销
霸州市顺浩图文科技发展有限公司制版
北京圣夫亚美印刷有限公司印刷
*
开本：880×1230 毫米　1/16　印张：41¾　字数：1217 千字
2016 年 9 月第一版　2016 年 9 月第一次印刷
定价：**158.00** 元
ISBN 978-7-112-19658-6
（29158）

编委会

前言

由中国建筑学会主办的中国建筑设计奖，是经国务院办公厅、监察部与有关部门组成联席会议，规范评比达标表彰确认的保留项目，是我国建筑领域最高荣誉奖之一，该奖每两年举办一次。

为了进一步鼓励我国广大建筑给排水工作者的创新精神，提高建筑给排水设计水平，推进我国建筑给排水事业的繁荣和发展，受中国建筑学会委托，由中国建筑学会建筑给水排水研究分会组织开展2014年第四届中国建筑学会优秀给水排水设计奖（格兰富杯）的评选活动。将获得一等奖的项目推荐到中国建筑学会，获中国建筑设计奖（给水排水）金奖。

中国建筑设计奖（给水排水）优秀设计奖突出体现在如下方面：设计技术创新；解决难度较大的技术问题；节约用水、节约能源、保护环境；提供健康、舒适、安全的居住、工作和活动场所；体现"以人为本"的绿色建筑宗旨。

自2014年5月4日发出通知后，截止到本奖项申报工作的规定时间2014年6月30日，建筑给水排水研究分会秘书处共收到来自全国18个省市46家设计单位按规定条件报送的137个工程项目。其中，公共建筑119项、居住建筑11项、工业建筑7项。

评审会由建筑给水排水研究分会理事长赵锂主持，评审委员会由20位建筑给排水界著名专家组成。评审委员会推选中国建筑设计院有限公司副总工程师、教授级高级工程师赵世明担任评选组组长，上海现代建筑设计（集团）华东建筑设计研究总院副总工程师、教授级高级工程师冯旭东担任评选组副组长。

评审组专家有中国建筑设计院有限公司副院长、总工程师、教授级高级工程师赵锂；中国建筑设计院有限公司顾问总工程师、教授级高级工程师刘振印；中国中元国际工程公司副总工程师、教授级高级工程师黄晓家；北京市建筑设计研究院有限公司副总工程师、教授级高级工程师郑克白、中国五洲工程设计有限公司教授级高级工程师刘巍荣、上海现代建筑设计（集团）有限公司上海建筑设计研究院副总工程师、教授级高级工程师徐凤；同济大学建筑设计研究院（集团）有限公司副总工程师、教授级高级工程师归谈纯；广东省建筑设计研究院副总工程师、教授级高级工程师符培勇；广州市设计院副总工程师、教授级高级工程师赵力军；华南理工大学建筑设计研究院副总工程师、研究员王峰；悉地国际（深圳）设计顾问有限公司总工程师、教授级高级工程师郑大华；福建省建筑设计研究院总工程师、教授级高级工程师程宏伟；中国建筑西北建筑设计研究院总工程师、教授级高级工程师王研、中南建筑设计研究院副总工程师、教授级高级工程师栗心国；浙江大学建筑设计研究院副总工程师、研究员王靖华；中国建筑东北设计研究院有限公司顾问总工程师、教授级高级工程师崔长起、中国建筑西南设计研究院有限公司副总工程师、教授级高级工程师孙钢、深圳华森建筑与工程设计顾问有限公司副总工程师、教授级高级工程师周克晶。

评审工作严格遵照公开、公正和公平的评选原则。分组对申报书、计算书和相关设计图纸进行了认真地审阅，在分组初评意见的基础上评审组又对申报的137个工程进行了逐一的集中讲评，最后通过无记名投票的方式，确定出入围工程名单和此次评选最终结果。经专家评选出的获奖工程名录在中国建筑学会网站 www. chinaasc. org 以及建筑给水排水研究分会网站 www. waterorg. cn 和相关专业媒体上公示一个月后，确定了最终获奖名单，并报中国建筑学会批准。

公建类一等奖 10 项；二等奖 28 项；三等奖 36 项；居住类一等奖空缺；二等奖 2 项；三等奖 10 项；工业类一等奖 1 项；二等奖 3 项；三等奖 2 项。

第四届中国建筑设计奖（给水排水）优秀设计奖的评审工作得到了格兰富水泵（上海）有限公司的大力支持。颁奖仪式在 2014 年 10 月 6 日于无锡举行的中国建筑学会建筑给水排水研究分会第二届第二次全体会员大会暨学术交流会上隆重举行。为增进技术交流，推进技术进步，由中国建筑工业出版社出版获奖项目，向全国发行。在获奖项目设计人员和建筑给水排水研究分会秘书处的共同努力下，完成了本书。

本届优秀设计奖包括了深圳京基中心、中央电视台新台址—主楼、昆明长水国际机场航站楼、南京南站主站房、珠江城、援非盟会议中心、解放军总医院海南分院、黄山玉屏假日酒店等目前国内最先进的大型公共建筑、重大项目的生产基地等。工程规模、设计水平以及给水排水专业的创新技术、节能减排、绿色建筑给水排水设计等应用都代表了近年国内目前最高水平，有的项目已达到国际领先水平。申报工程的水平很高，在学术、工程应用中均具有很高参考价值。由于我国建筑给水排水技术的高速发展，相关标准规范也在修订完善中，设计时应根据工程所在地的具体情况，工程性质、业主要求、造价控制等合理的选用系统，本书中的系统不是唯一的选择，在参考使用时应具体情况具体分析。本书行文中也可能有一些疏漏，请各位读者指正。

目录

公共建筑篇

公共建筑类　一等奖

公共建筑类　二等奖

公共建筑类　三等奖

居住建筑篇

居住建筑类　二等奖

居住建筑类　三等奖

工业建筑篇

工业建筑类　二等奖

工业建筑类　三等奖

公共建筑篇

公共建筑类　一等奖

京基·蔡屋围金融中心

设计单位：深圳华森建筑与工程设计顾问有限公司
设 计 人：周克晶　赵锂　刘磊　李仁兵　林琳　辛婷婷
获奖情况：公共建筑类　一等奖

工程概况：

本工程位于深圳市罗湖区，总建筑面积 584642m²。占地面积 42353.96m²。本工程地下 4 层，主要为设备机房及停车库，地上裙房商业有 4 层，在裙房商业之上通过架空层过渡后，有 5 栋塔楼建筑。其中 A 座塔楼为超高层建筑，建筑面积为 216192m²，建筑高度为 439m；B 座塔楼为办公楼，建筑面积为 25371m²，建筑高度小于 100m；C 座塔楼为小户型住宅，建筑面积为 64632.4m²，建筑高度小于 100m；D 座塔楼为办公、酒店综合楼，建筑面积为 41001.7m²，建筑高度小于 100m；E 座塔楼为住宅，建筑面积为 35595.4m²，建筑高度小于 100m。建筑仅地下及裙房商业各座相连，但给水排水设计中考虑将来的维护、管理，A 座与其他各座完全独立，互不影响。

一、给水排水系统

（一）A 座塔楼建筑功能

A 座建筑高度 439m，地上 98 层，地下 4 层。建筑立面上地上每 18 层设一避难层及设备层，地上 1～72 层为办公用房，73～98 层为酒店用房，酒店规模有。地下 1～地下 4 层为车库、设备用房、酒店的员工餐饮和洗浴用房。

（二）各栋建筑的给水排水系统

地下层、裙房商业、B～E 座塔楼均为常规设计，给水分区变频，按将来的使用、管理各自配备泵房与给水加压泵组，消防给水合用一套，在此就不过多介绍。这里主要介绍 A 座超高层的给水排水系统。

（三）A 座给水系统

超高层的给水简言之就是接力供水，主要是生活水箱、转输泵的设计及各层的分区供水。结合系统示意图（见附图）可以看出，设计是经过多次比选的。最终设计方案考虑的是：在设备间面积允许的情况下，扩大生活水箱的容积，减少变频加压泵组的数量，尽量利用重力供水。给水系统分区在 100m 以内的住宅建筑中，大多 30m（即 10 层）左右为一个区，其结果是支管要配置减压阀。现因管井位置允许，且用水点较集中，因此根据卫生间的位置，给水分区的楼层控制在 6～7 层（约 20～25m），这样出水箱集中减一次压即可，支管减压阀会减少。

经过计算取消变频泵组，水箱容积增大得并不多，但可以减少泵组，对配电、降噪均有利。同时在生活水箱内设有外置消毒仪。

（四）A座排水系统

排水系统的设计主导思想是，酒店与办公各自独立设排水主立管，考虑各设两个主立管。空调设备机房的排水合用一个立管，酒店餐饮部分的排水单设废水立管，经隔油处理后排出。A座的污、废水分流设置，在室外集中汇至污水管网。污、废水主立管从400多米一直下至室外地面，管长均在400多米，考虑到管道过长，在每个避难层或设备层（约80多米），通过管道连接转弯做成消能弯，以减少水量大时管道的冲击力。

污水系统室外化粪池的设计，根据本工程的特点，设计为两个非标构筑物，嵌在地下一层靠外墙处，化粪池的设计参照国家标准图进行分格、配管。化粪池的通气管在地下室内与污、废水的通气立管合用一根管道。

排水系统中遇到的特殊问题是，排水通气管出屋面困难。本建筑的特点是，外立面全部为玻璃幕、屋顶是一个“蛋”形，建筑立面不允许有管道伸到最上面。初设时设有吸气阀，但考虑到《建筑给水排水设计规范》GB 50015—2003（2009年版）中不允许使用，最终还是取消，通气的问题就靠放大管径同时在92层侧墙设通气帽出户。

（五）A座雨水系统

根据建筑的立面特点，整栋建筑的雨水排水不设管道，雨水会沿着建筑外立面向下流淌，在建筑的下面周边设有排水沟，收集雨水至室外雨水井内，排至市政雨水管网。比较特殊的是入口处，有一个上挑的入口，雨水会沿着上面挑口流淌，在设计中配合建筑幕墙的设计，在两边各设两个虹吸雨水口，使雨水通过管道排至室外雨水井。

二、消防系统

（一）A座室内消防系统

根据现有的消防规范《高层民用建筑设计防火规范》GB 50045—95（2005版）要求，“建筑高度超过250m时，建筑设计采取的特殊防火措施，应提交消防主管部门组织专题研究、论证。”本建筑的消防设计，从方案、初步设计阶段起，就进行“消防性能化”设计及论证。

水消防部分没有太多变化，其系统有：室内消火栓系统、自动喷水灭火系统、大空间智能型主动喷水灭火系统。

（二）设计参数

室外消火栓用水量30L/s，消防用水时间3h；

室内消火栓用水量40L/s，消防用水时间3h；

自动喷水灭火用水量30L/s，消防用水时间1h；

大空间消防水炮用水量25L/s，消防用水时间1h（与自动喷水共用）。

（三）建筑内消防水箱及消防泵的设置

1. 地下4层设有消防泵房及消防水池（540m^3分两格），设有两台消防转输泵，将地下4F的消防水送至38层的消防转输水箱（两座30m^3）内。

2. 38层设有消防转输泵，将38层的消防水送至74层的消防转输水箱（两座30m^3）内。

3. 74层设有消防转输泵，将74层的消防水送至91层的消防水池（两座270m^3）内。

4. 38层、74层均设有消防减压水箱（两座21m^3），转输水箱与减压水箱各自独立，互相不联通。

（四）室内消火栓系统的分区

－4F～3F、4F～17F、18F～32F，由38层消防减压水箱供水；

33F～50F、51F～68F，由74层消防减压水箱供水；

69F～73F、74F～85F，由91层消防水箱供水；

86F～94F、95F～98F，属加压供水，由91层消火栓加压泵加压供水。

98层设有消防稳压水箱（两座$12m^3$）及消火栓系统增压稳压设施。

（五）室内消火栓管网

室内各区的消火栓管网均成环状设置，环网上适当位置设有阀门。

（六）消火栓的选用

室内消火栓箱内配有*DN*65消火栓一个，长25m麻质衬胶水龙带一条，ϕ19mm水枪一支，同时配有*DN*25栓口，长25m胶管一盘，ϕ9mm水喉一支。箱内设有消防按钮和指示灯各一个，其中常高压部分不设启泵按钮。消火栓栓口水压大于0.5MPa的要用可调式减压稳压消火栓。

（七）消火栓泵的控制

1. 火灾时按动消火栓箱内的启泵按钮，86层以上临时高压系统的启动消火栓泵，并向消防控制中心发出信号。85层以下均为常高压系统，仅向消防控制中心报警即可。消防时指示灯亮，该防火分区内其他消火栓箱内的指示灯也亮。

2. 压力开关启泵，启泵顺序为按系统顺序自上而下顺次启动。

3. 消防控制中心自动启停消火栓泵。

4. 消防泵房内可就地手动启停消火栓泵，且消火栓泵的运行情况在消防控制中心有显示。

5. 中间设备层的消防转输水箱，均由液位遥控阀及电液位计控制其转输泵的启、停。

6. 中间设备层的消防减压水箱，均由液位遥控阀及电液位计控制，当溢流时上部水箱的溢流管，会将溢流水转至下部的消防减压水箱内。

（八）自动喷水灭火系统

1. 设置范围：建筑内除高、低压配电间、小于$5m^2$的卫生间、发电机房等不宜用水扑救的房间外，其他房间均设有自动喷水灭火系统。危险等级地下车库按中危险Ⅱ级，其他按中危险Ⅰ级设计。

2. 自动喷水系统划分：自动喷水灭火系统的分区与室内消火栓系统相似，消防转输泵、消防转输水箱、消防减压水箱、消防水池均与消火栓系统共用一套。分区要考虑湿式水力报警阀的位置，尽量将其设在避难层、设备层内，同时要考虑水力报警阀的供水高差不大于50m。所以自动喷水灭火系统的分区为：

（1）地下4层设湿式水力报警阀，控制－4F～13F，水压由38层的消防减压水箱经集中减压供水；

（2）19F设湿式水力报警阀，控制14F～29F，水压由38层的消防减压水箱供水；

（3）38F设湿式水力报警阀，控制30F～49F，水压由74层的消防减压水箱经集中减压供水；

（4）56F设湿式水力报警阀，控制50F～65F，水压由74层的消防减压水箱供水；

（5）74F设湿式水力报警阀，控制66F～82F，水压由91层的消防水池供水；

（6）91F设湿式水力报警阀，控制83F～98F，由91层消防泵房内自动喷水加压泵加压供水，系统的稳压由98层的消防水箱（$24m^3$）与自动喷洒系统的稳压设施保证。

报警阀的配置数量，保证每个负担的喷头数不超过800个。

3. 自动喷水灭火系统的管网：各区报警阀前的管网为环状，最下面两个区设消防水泵结合器。上部消防车供不上去，在消防转输管上设有水泵结合器，将来使用可通过消防转输泵送至上面。报警阀后的管网为枝状。每层每个防火分区均设有水流指示器，水流指示器前的水压控制在0.4MPa，超压楼层在水流指示器前设减压孔板。

建筑内的所有防火卷帘均采用特级防火卷帘，其背火面耐火极限不低于3.0h，所以不用喷水保护。

4. 喷头的选择：车库内采用洒水喷头或直立喷头，有吊顶处采用吊顶型喷头或装饰型喷头，酒店客房内采用大流量快速响应侧喷头。除特殊强调部位外，其他喷头的动作温度均为68℃，厨房的灶台附近采用普通喷头，动作温度均为93℃。普通喷头接管管径*DN*25，大流量喷头的接管管径按喷头的实际需要管径确定。超高层部分的喷头均采用快速响应喷头。宴会厅、骑楼高大净空场所，其层高在8～12m的，采用$K=115$的快速响应喷头。

5. 大空间智能型主动喷水灭火系统：建筑内1～4层、78层、93～98层的中庭设有“大空间智能型主动喷水灭火系统”，系统装置采用ZSS-25水炮。

系统工作原理：ZSS-25水炮为探测器、水炮一体化设置，火灾时红外探测传感器感知火灾，经分析处理确认后，先定位再打开电磁阀，启动控制水炮的喷洒泵，进行射水灭火，直到将火扑灭，装置发出信号关闭电磁阀，水泵停泵。若有新火情，装置将重新启动、运行。本系统设有水流指示器与电信号阀，系统在自动喷水灭火系统泵的出水后完全独立，在各区的末端最不利点处设有模拟末端试水装置。每个水炮的流量为5L/s。该系统替代高大空间处自动喷水系统为（大空间自动喷水不起作用），且水量小于自动喷水用水量，因此消防水池没有增加该部分水量。加压泵与自动喷水系统共用一套加压泵，系统的稳压、前期的消防水箱均与自动喷水系统共用。

（九）气体灭火系统

1. 设置范围：建筑内的高、低压配电间、变配电室、柴油发电机房、电信机房等不宜用水扑救的房间。气体灭火系统的管路、喷头设计，由建设单位另行委托专业设计院进行，在此仅预留钢瓶间并对通风等相关专业配合提设计要求。气体采用七氟丙烷灭火。

2. 对相关专业的要求是：

（1）气体灭火系统的启动由保护区内的温感或烟感探测器控制。火灾时保护区内、外警钟鸣响，信号灯发出“不可进入，迅速离场”闪光，同时受保护区通风停止。值班人员从控制盘上得到信号后，应立即查看房间，如误报手动停止信号，如遇火警应立即回到控制盘处，并向有关部门报告立即疏散。

（2）所有人员撤离事故现场，30s后气体释放控制器开启，保护区通风防火阀、百叶窗等立即关闭。所有信号均重复显示在消防控制中心的控制盘上。

（3）此系统同时设有手动控制开关，当有人值班时打到手动，无人值班打到自动。

（十）手提灭火器配置

根据《建筑灭火器配置设计规范》GB 50140—2005，建筑内需配置灭火器。地下车库属A、B类火灾，按中危险级配置灭火器，每个灭火器最大保护距离12m，每个配置点设两瓶MFA5的磷酸铵盐灭火器；地上超高层属A类火灾，按严重危险级配置灭火器，每个灭火器最大保护距离15m，每个配置点设两瓶MFA5的磷酸铵盐灭火器。变配电室配置25kg推车式磷酸铵盐灭火器。

灭火器的位置首选室内消火栓的附近，然后根据保护距离再增加一组即可。

三、附图

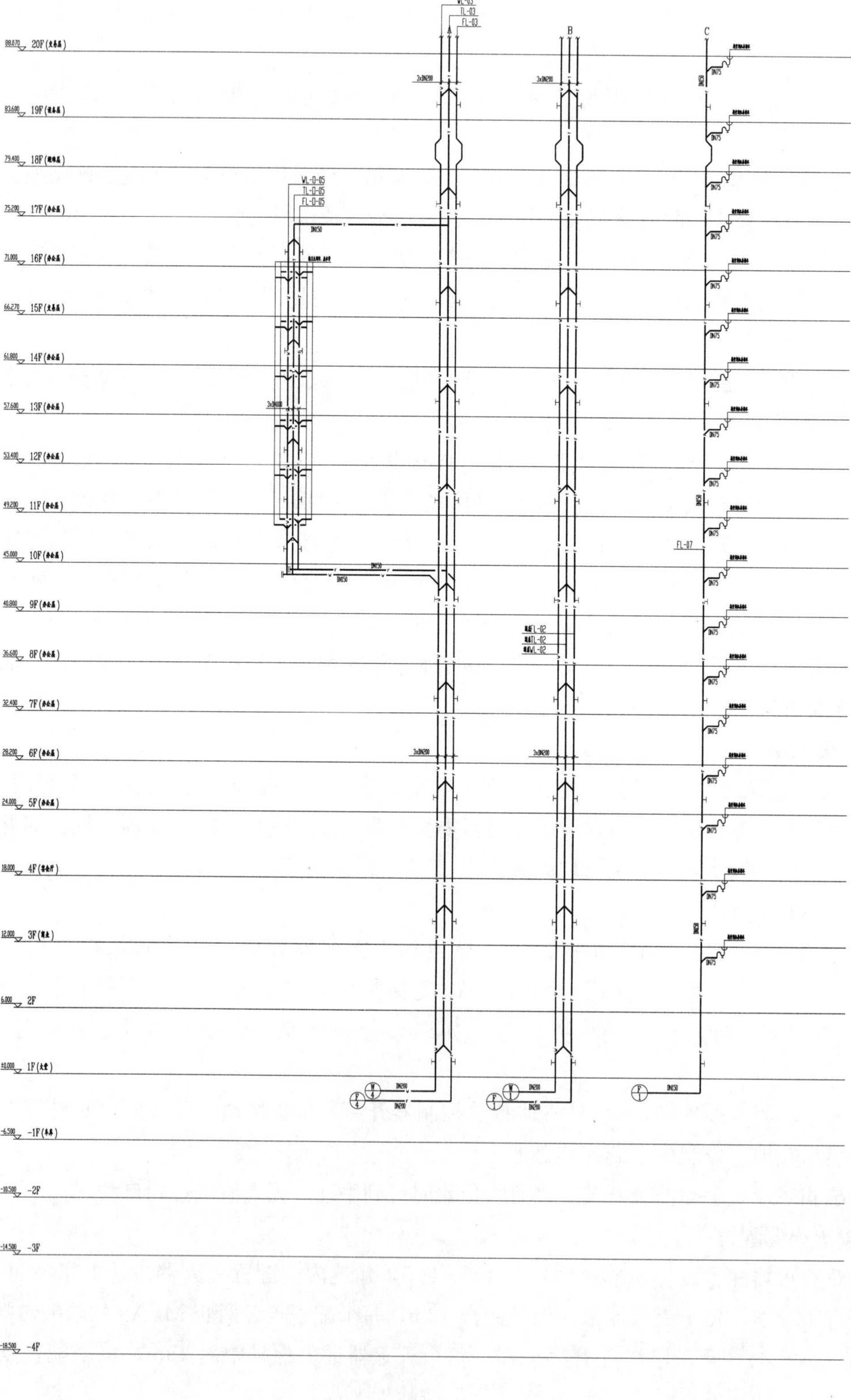

A座 排水系统图（一）

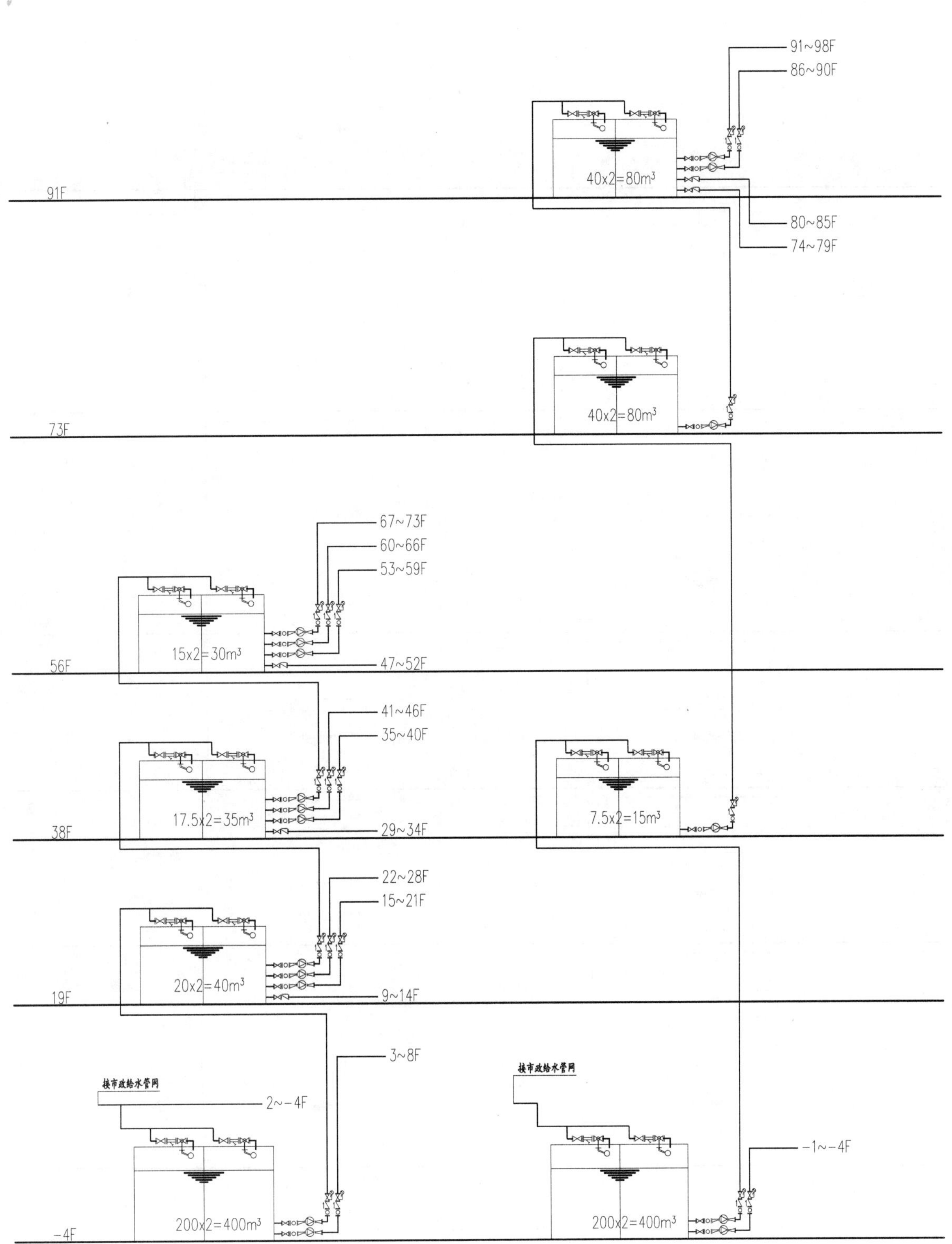
91~98F
86~90F
40x2=80m³
91F
80~85F
74~79F
40x2=80m³
73F
67~73F
60~66F
53~59F
15x2=30m³
47~52F
56F
41~46F
35~40F
17.5x2=35m³
29~34F
38F
7.5x2=15m³
22~28F
15~21F
20x2=40m³
9~14F
19F
3~8F
接市政给水管网
2~-4F
接市政给水管网
-1~-4F
200x2=400m³
200x2=400m³
-4F

初设系统示意图

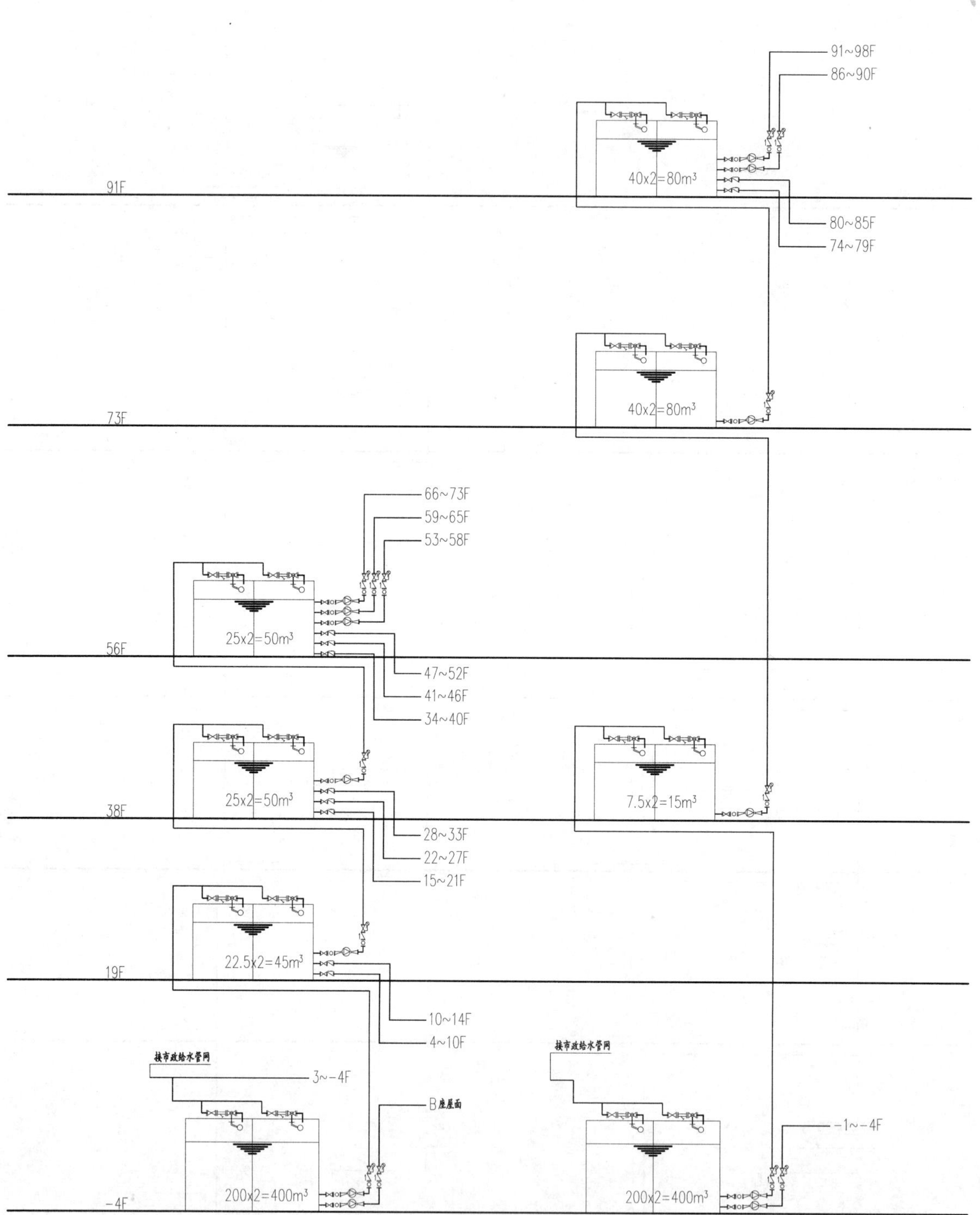
91~98F
86~90F
40x2=80m³
91F
80~85F
74~79F
40x2=80m³
73F
66~73F
59~65F
53~58F
25x2=50m³
56F
47~52F
41~46F
34~40F
25x2=50m³
7.5x2=15m³
38F
28~33F
22~27F
15~21F
22.5x2=45m³
19F
10~14F
4~10F
接市政给水管网
3~-4F
B座屋面
接市政给水管网
-1~-4F
200x2=400m³
200x2=400m³
-4F

施工图系统示意图

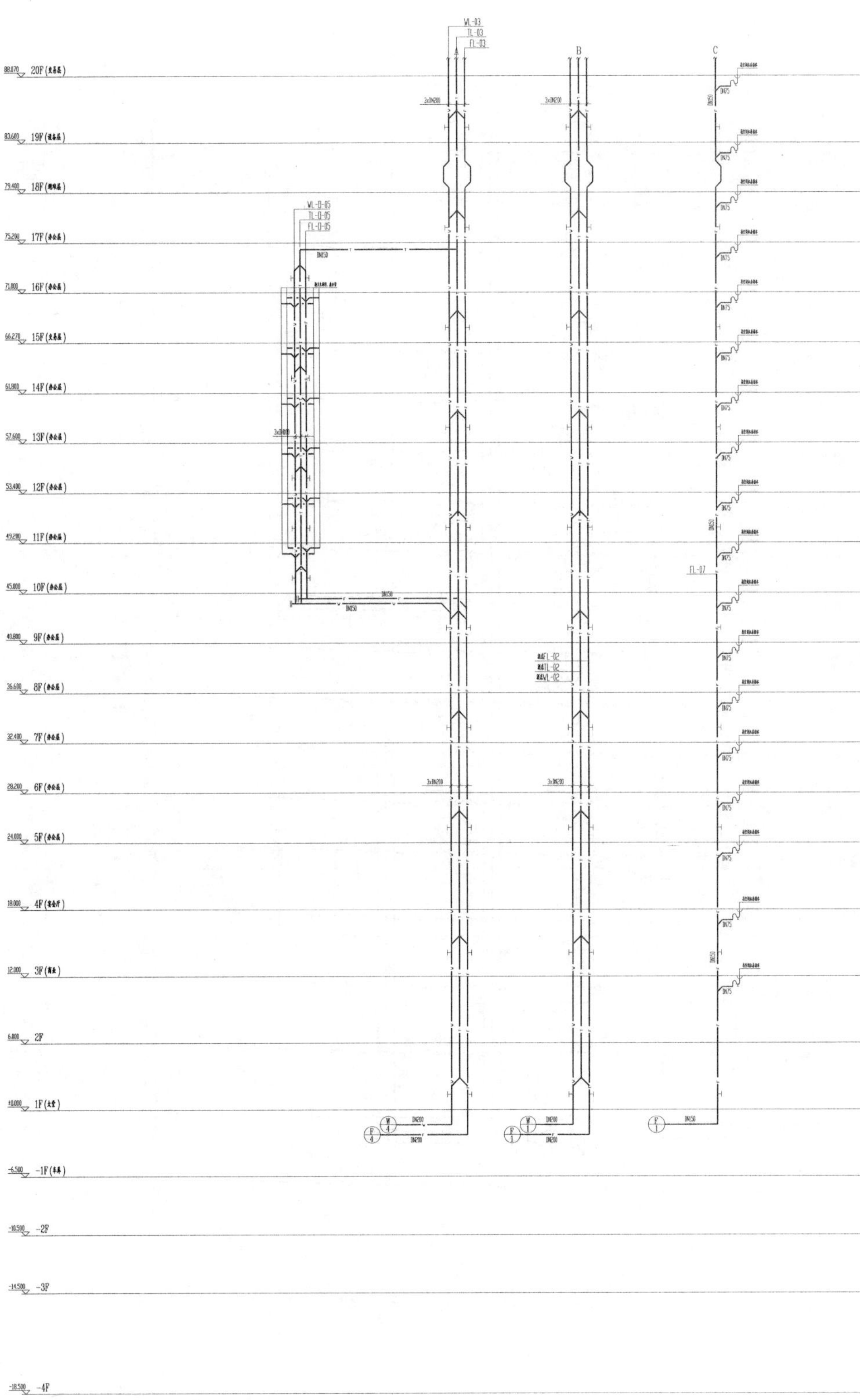
WL-03
TL-03
FL-03
A
B
C
88.070 20F
83.600 19F
79.400 18F
75.200 17F
71.000 16F
66.270 15F
61.800 14F
57.600 13F
53.400 12F
49.200 11F
45.000 10F
40.800 9F
36.600 8F
32.400 7F
28.200 6F
24.000 5F
18.000 4F
12.000 3F
6.000 2F
±0.000 1F
-6.500 -1F
-10.500 -2F
-14.500 -3F
-18.500 -4F
WL-D-05
TL-D-05
FL-D-05
FL-07

A座 排水系统图（一）

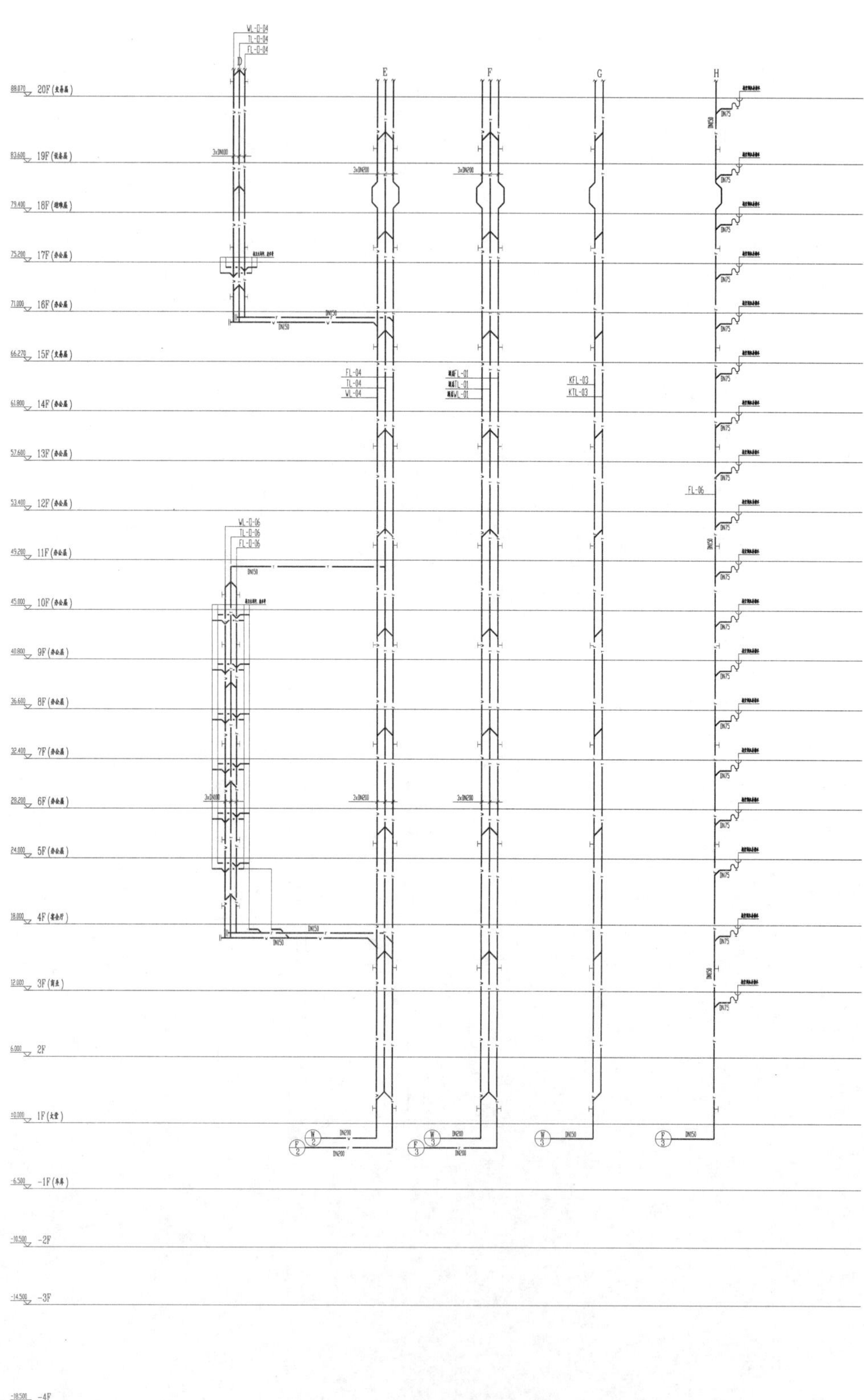

88.070 20F
83.600 19F
79.400 18F
75.200 17F
71.000 16F
66.270 15F
61.800 14F
57.600 13F
53.400 12F
49.200 11F
45.000 10F
40.800 9F
36.600 8F
32.400 7F
28.200 6F
24.000 5F
18.000 4F
12.000 3F
6.000 2F
±0.000 1F
-6.500 -1F
-10.500 -2F
-14.500 -3F
-18.500 -4F
D
E
F
G
H
WL-D-04
TL-D-04
FL-D-04
FL-04
TL-04
WL-04
KFL-03
KTL-03
FL-06
WL-D-06
TL-D-06
FL-D-06

A座 排水系统图（二）

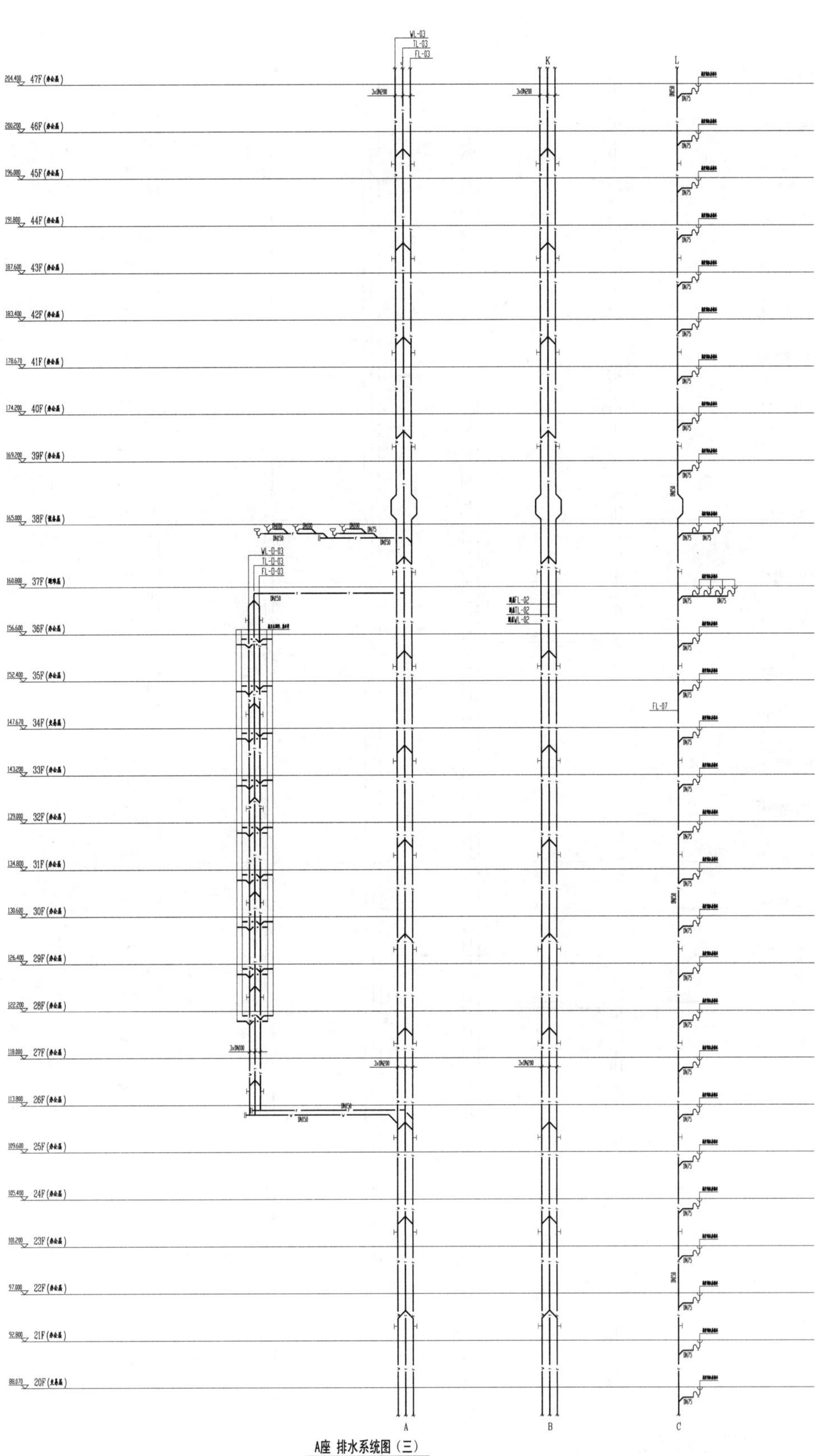

A座 排水系统图（三）

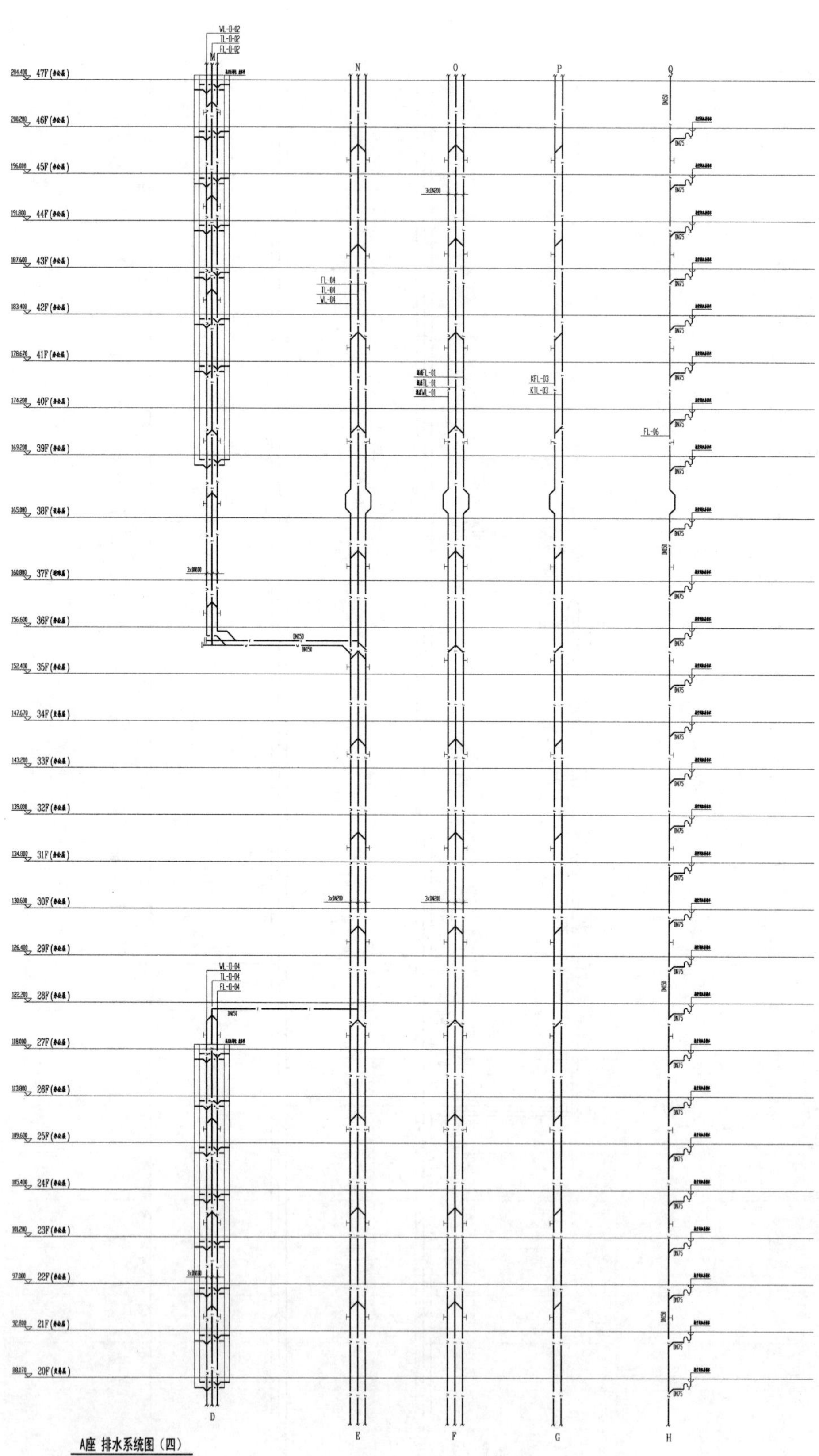

A座 排水系统图（四）

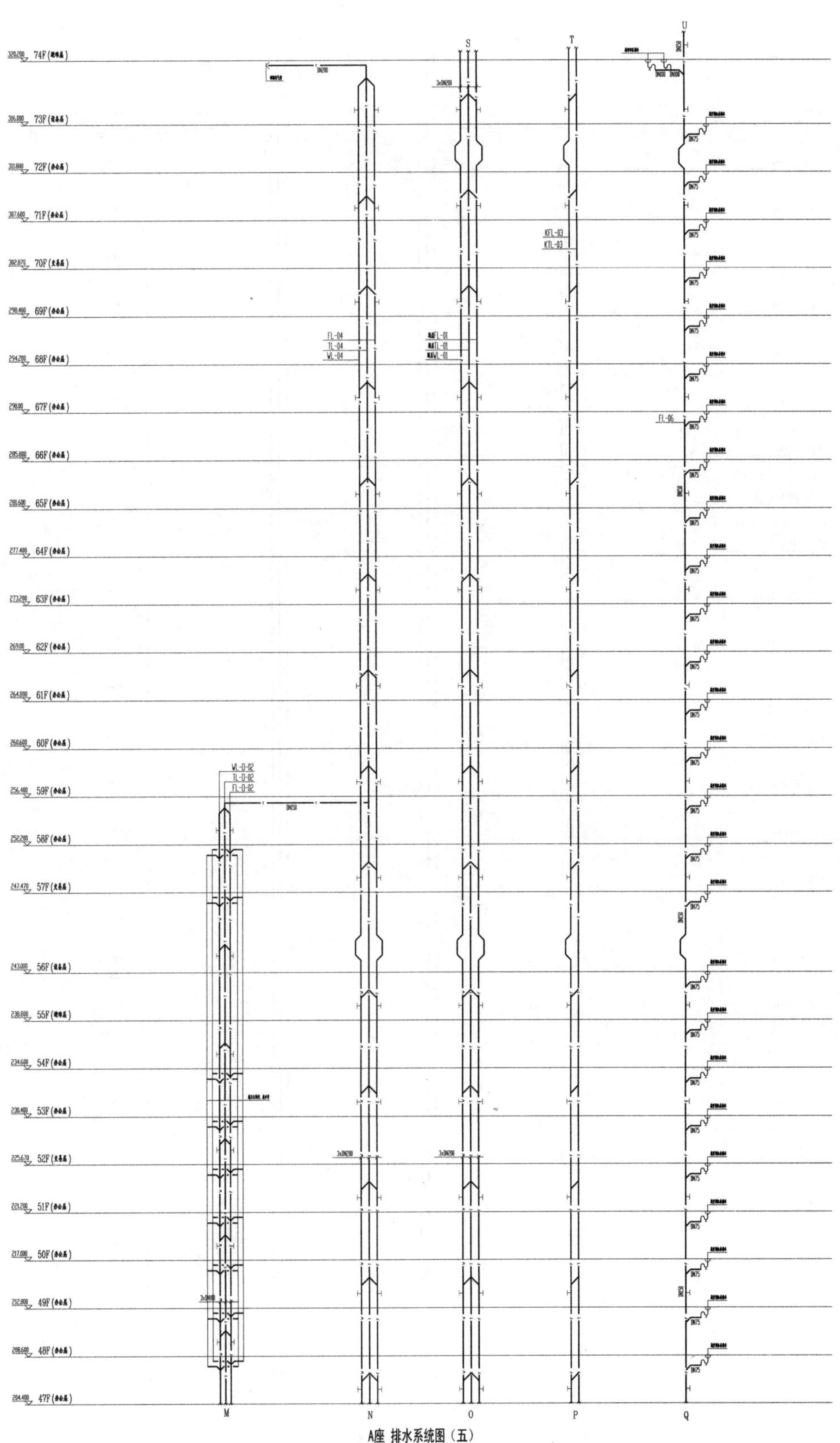

A座 排水系统图（五）

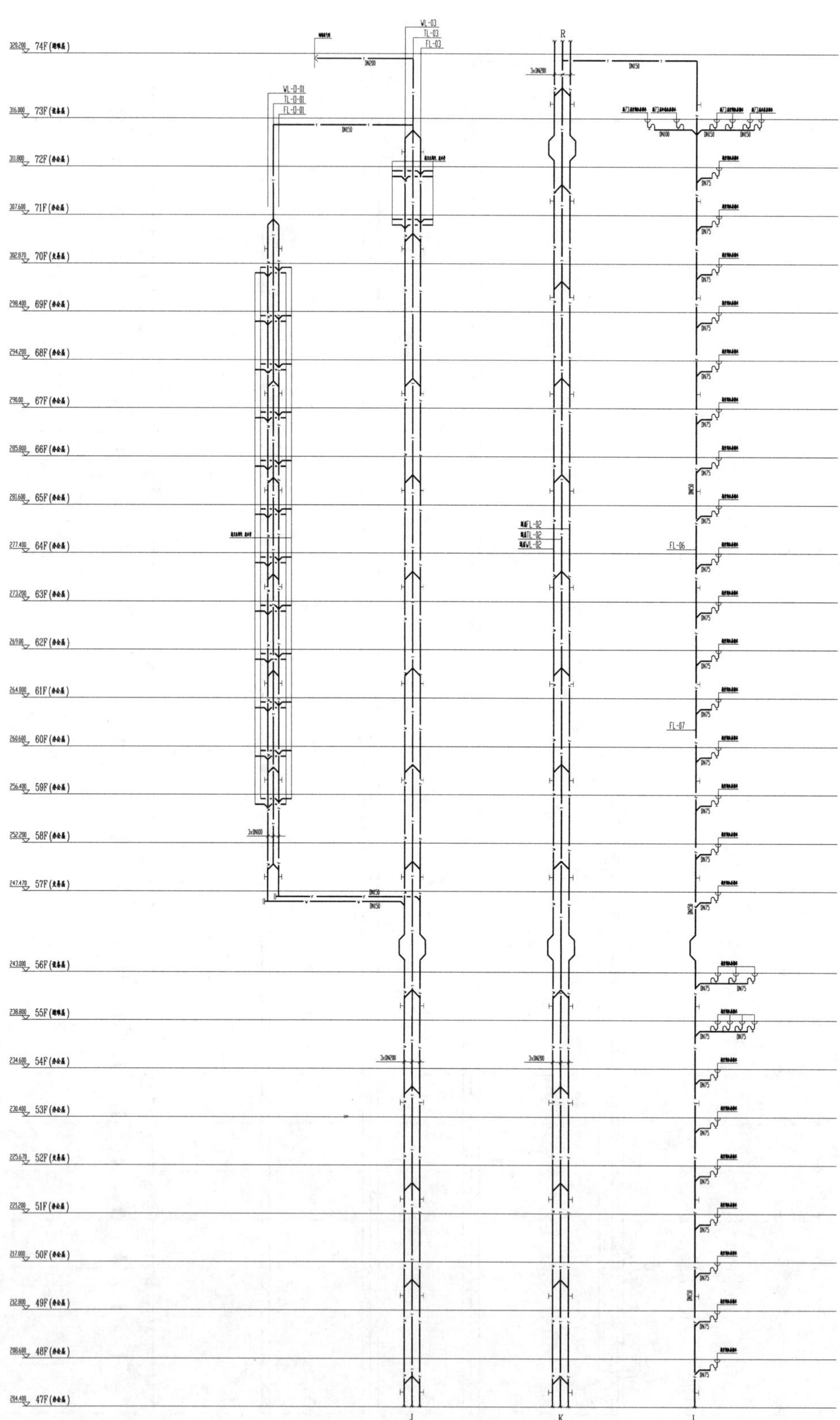

A座 排水系统图（六）

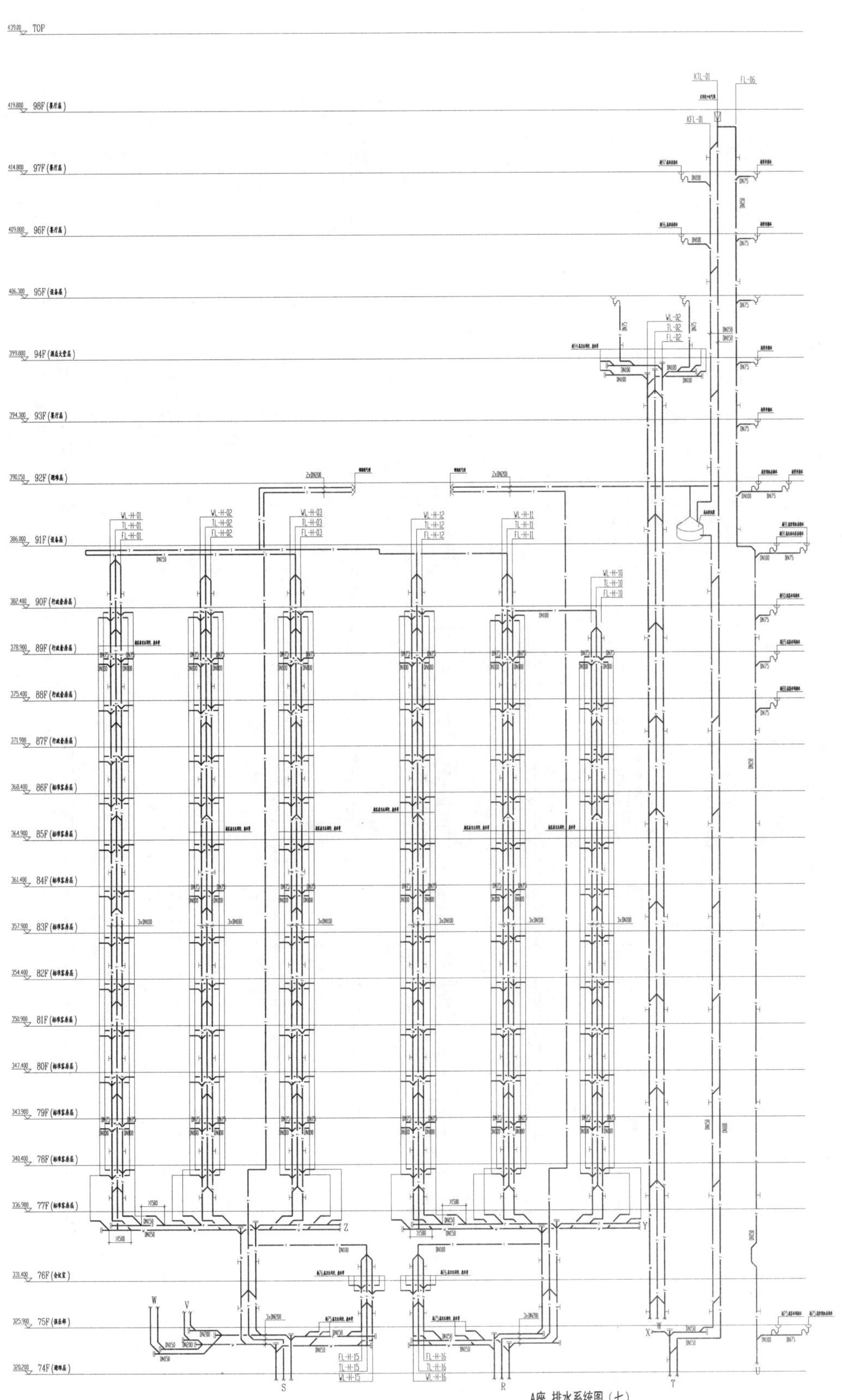

A座 排水系统图（七）

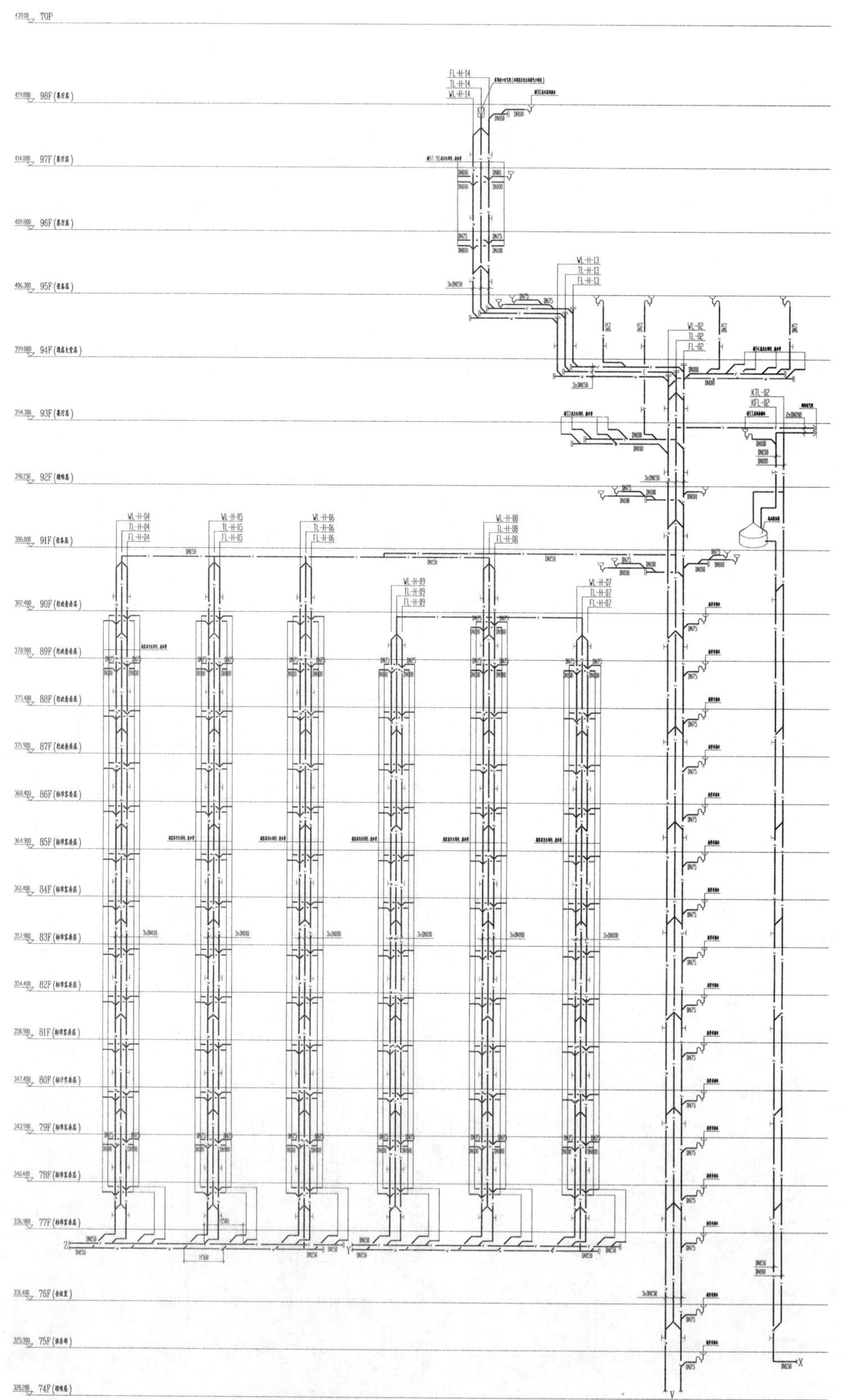
TOP
FL-H-14
TL-H-14
WL-H-14
WL-H-13
TL-H-13
FL-H-13
WL-02
TL-02
FL-02
KTL-02
KFL-02
WL-H-04
TL-H-04
FL-H-04
WL-H-05
TL-H-05
FL-H-05
WL-H-06
TL-H-06
FL-H-06
WL-H-08
TL-H-08
FL-H-08
WL-H-09
TL-H-09
FL-H-09
WL-H-07
TL-H-07
FL-H-07

A座 排水系统图（八）

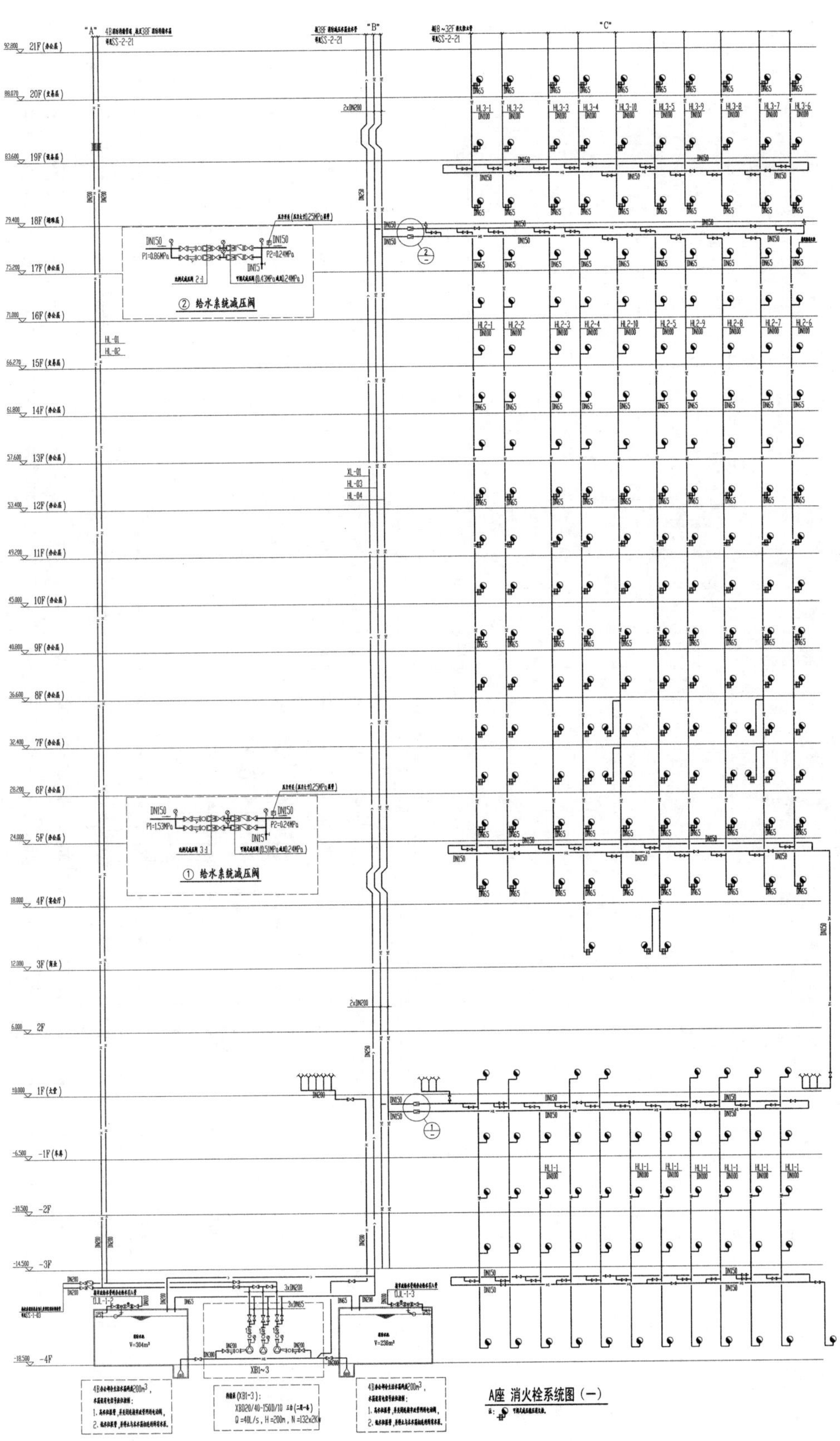

A座 消火栓系统图（一）

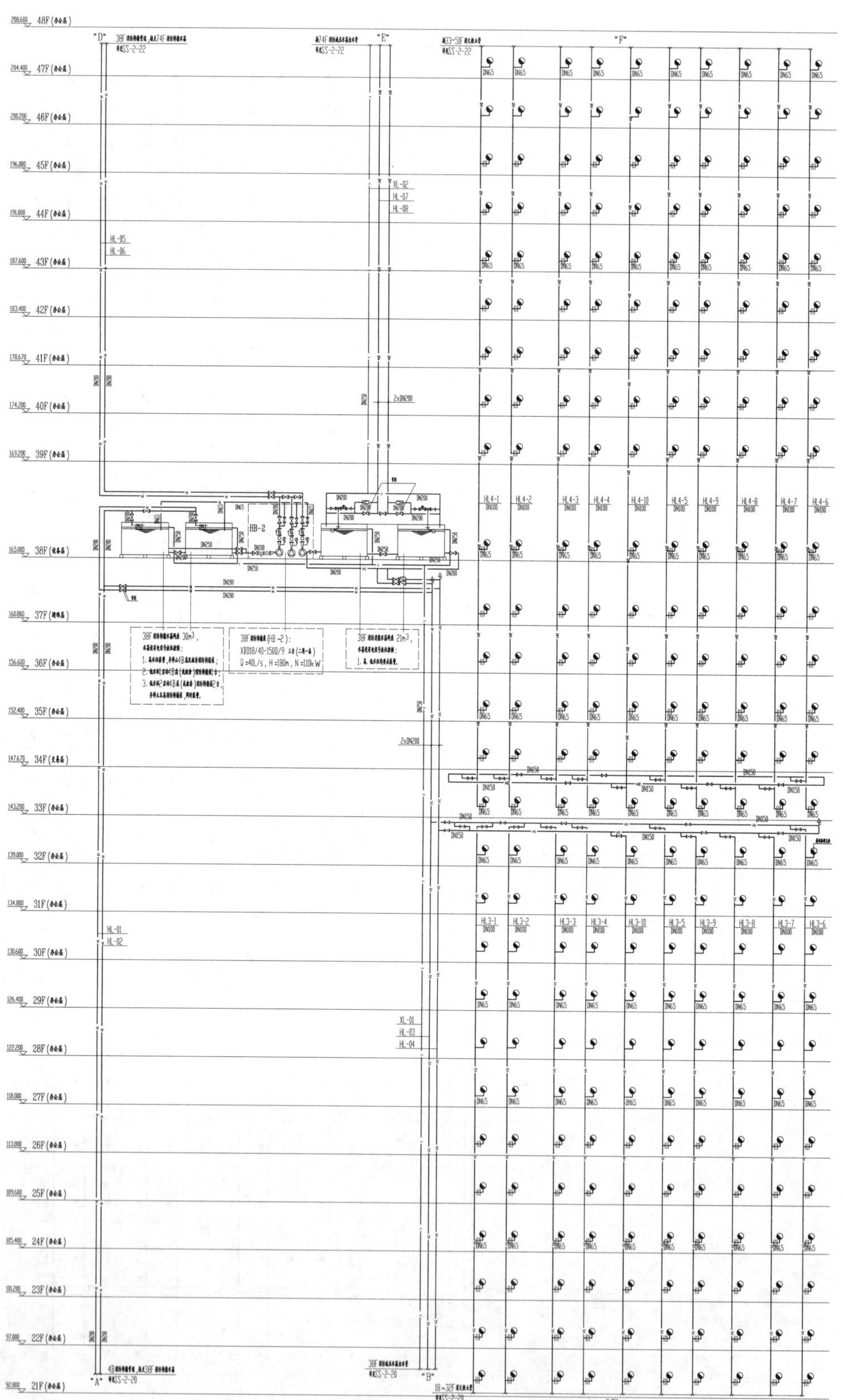
48F
47F
46F
45F
44F
43F
42F
41F
40F
39F
HB-2
38F
37F
36F
35F
34F
33F
32F
31F
30F
29F
28F
27F
26F
25F
24F
23F
22F
21F

A座 消火栓系统图（二）

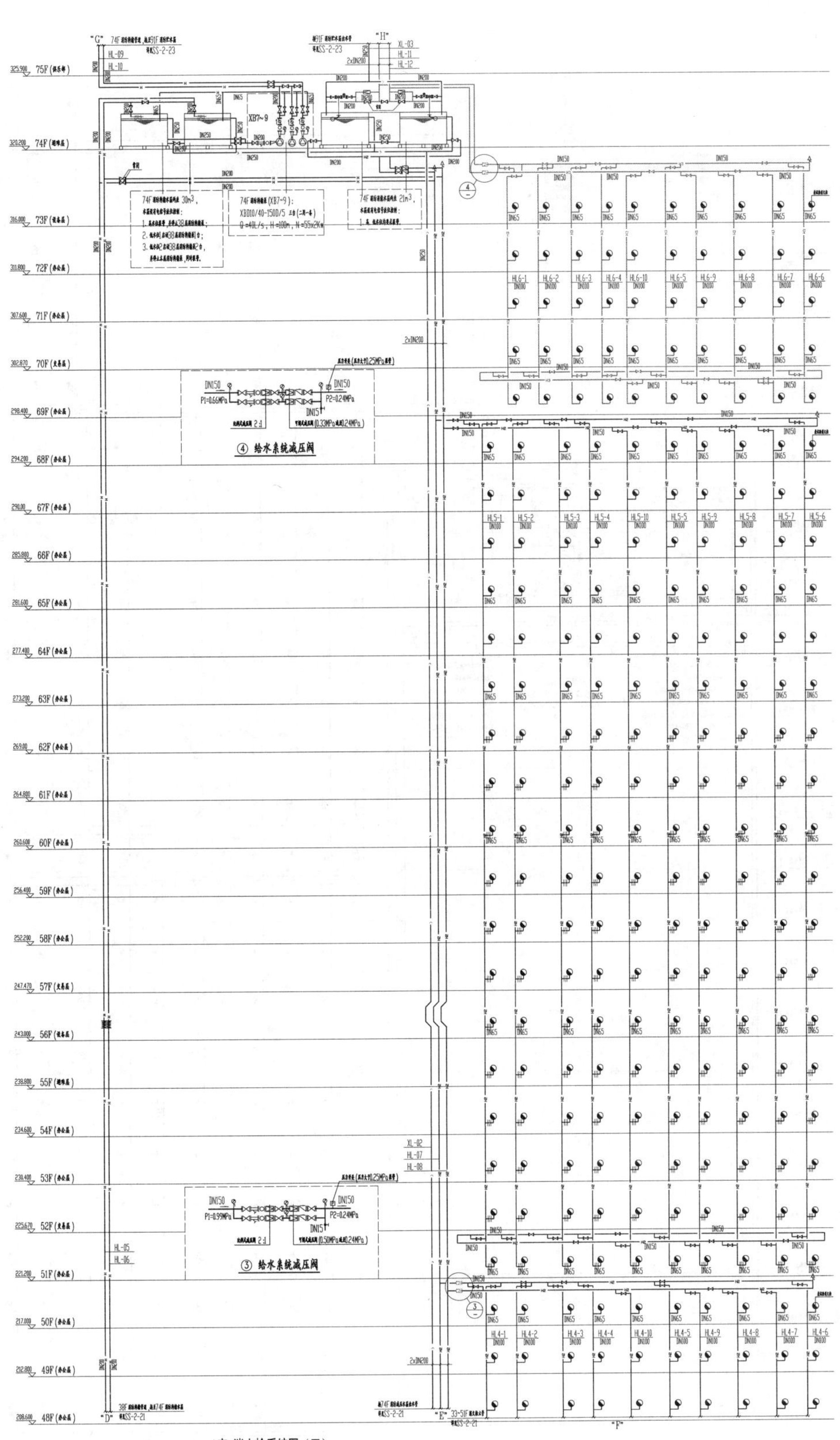

A座 消火栓系统图（三）

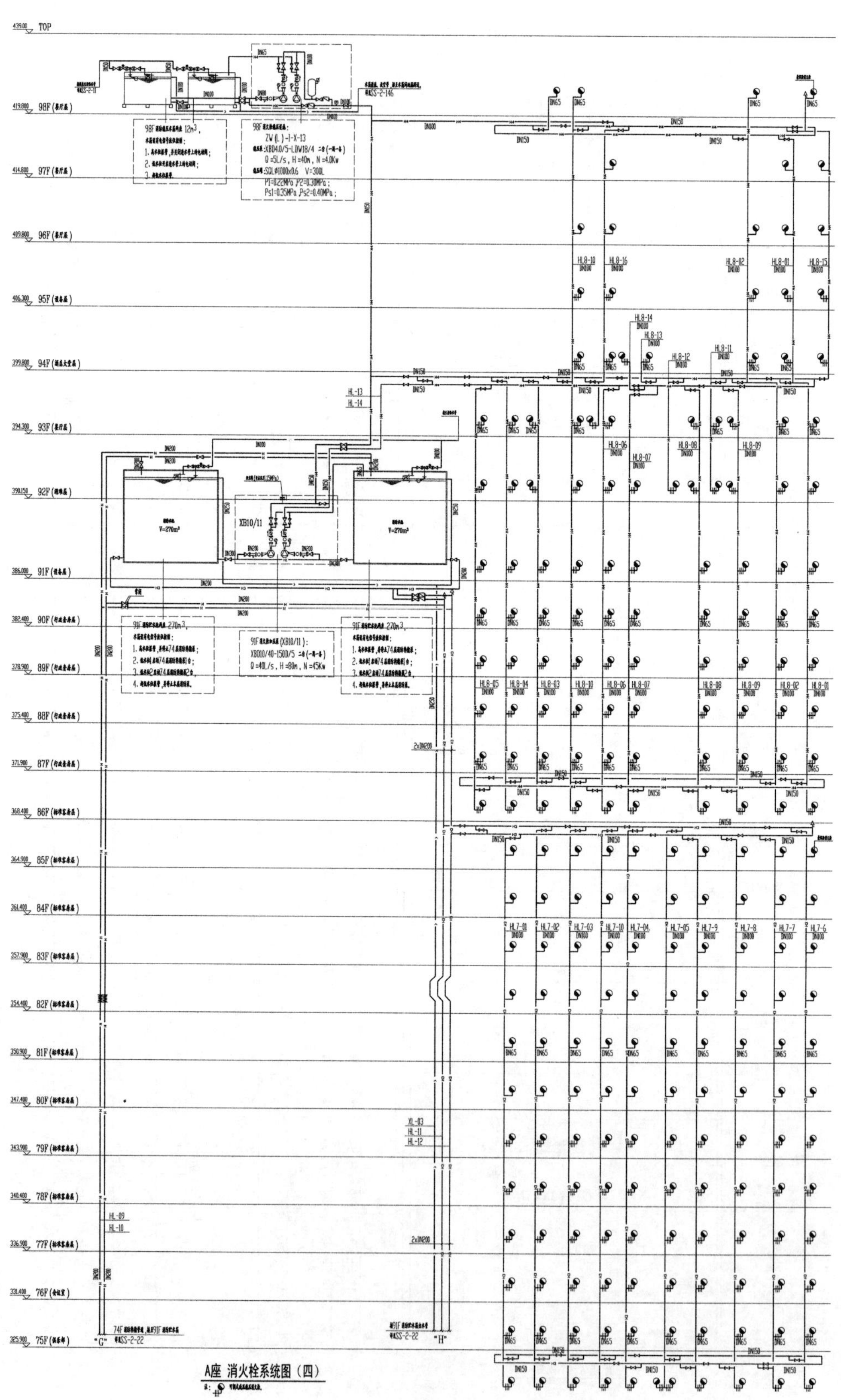

A座 消火栓系统图（四）

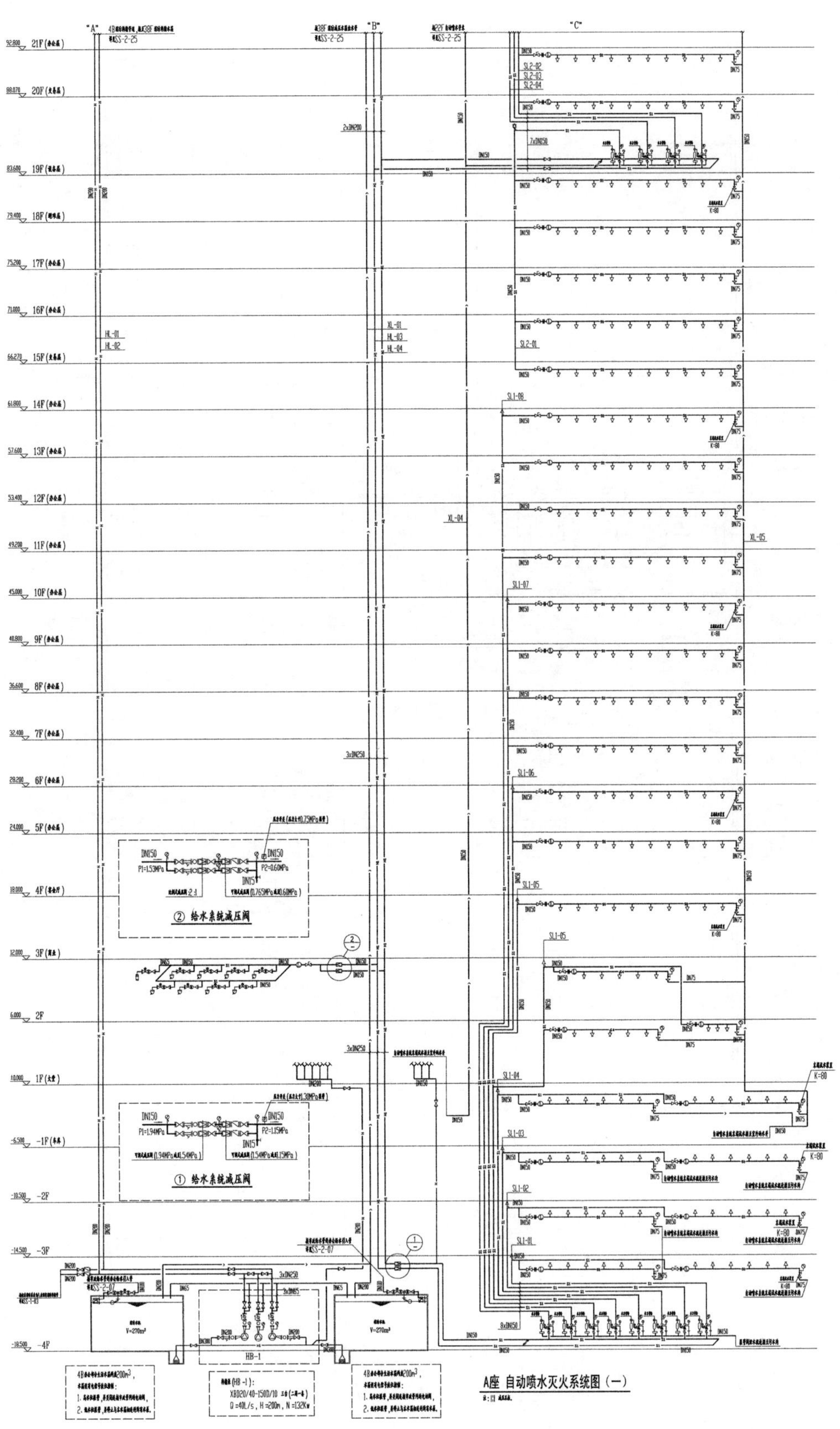

A座 自动喷水灭火系统图（一）

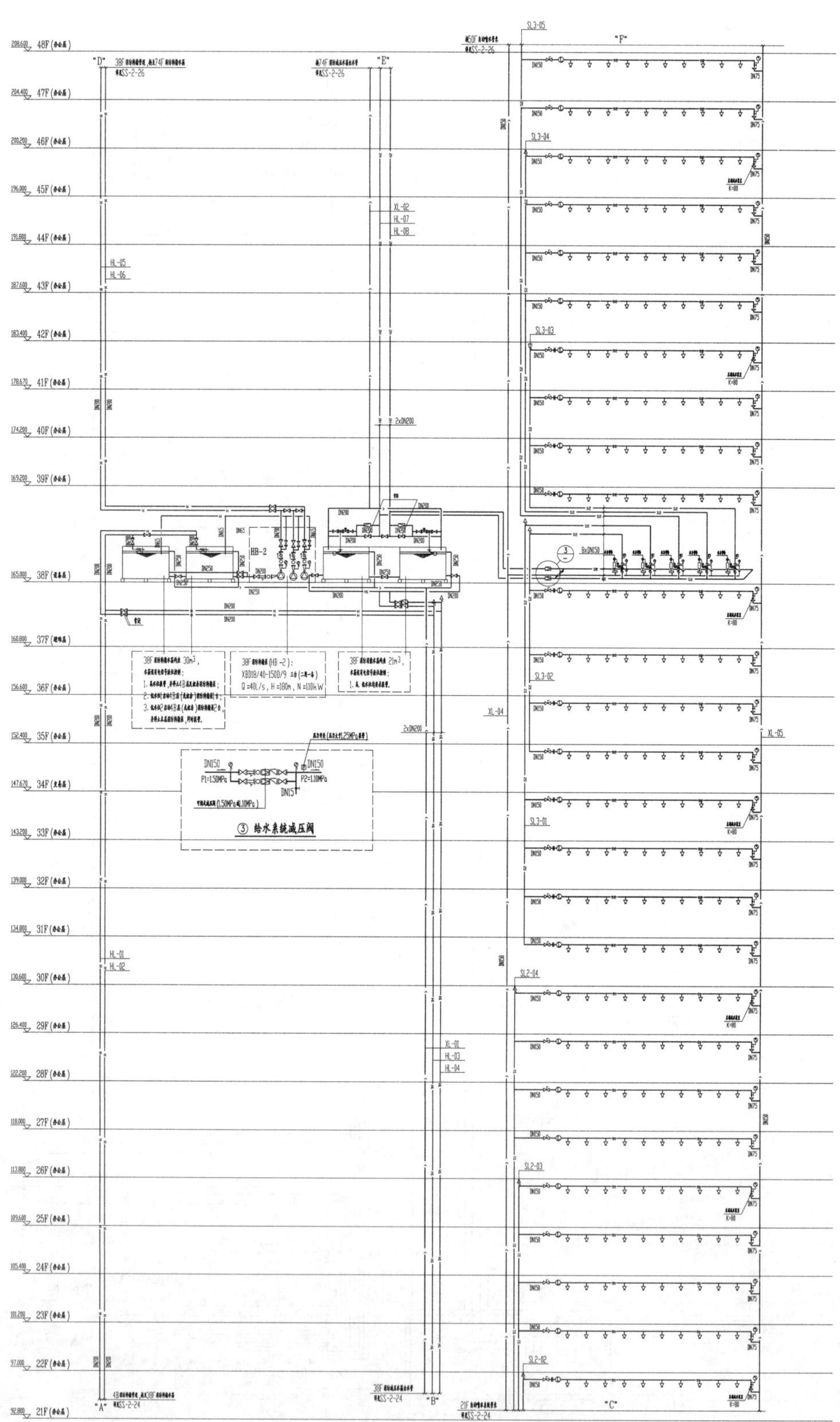

A座 消火栓系统图（二）

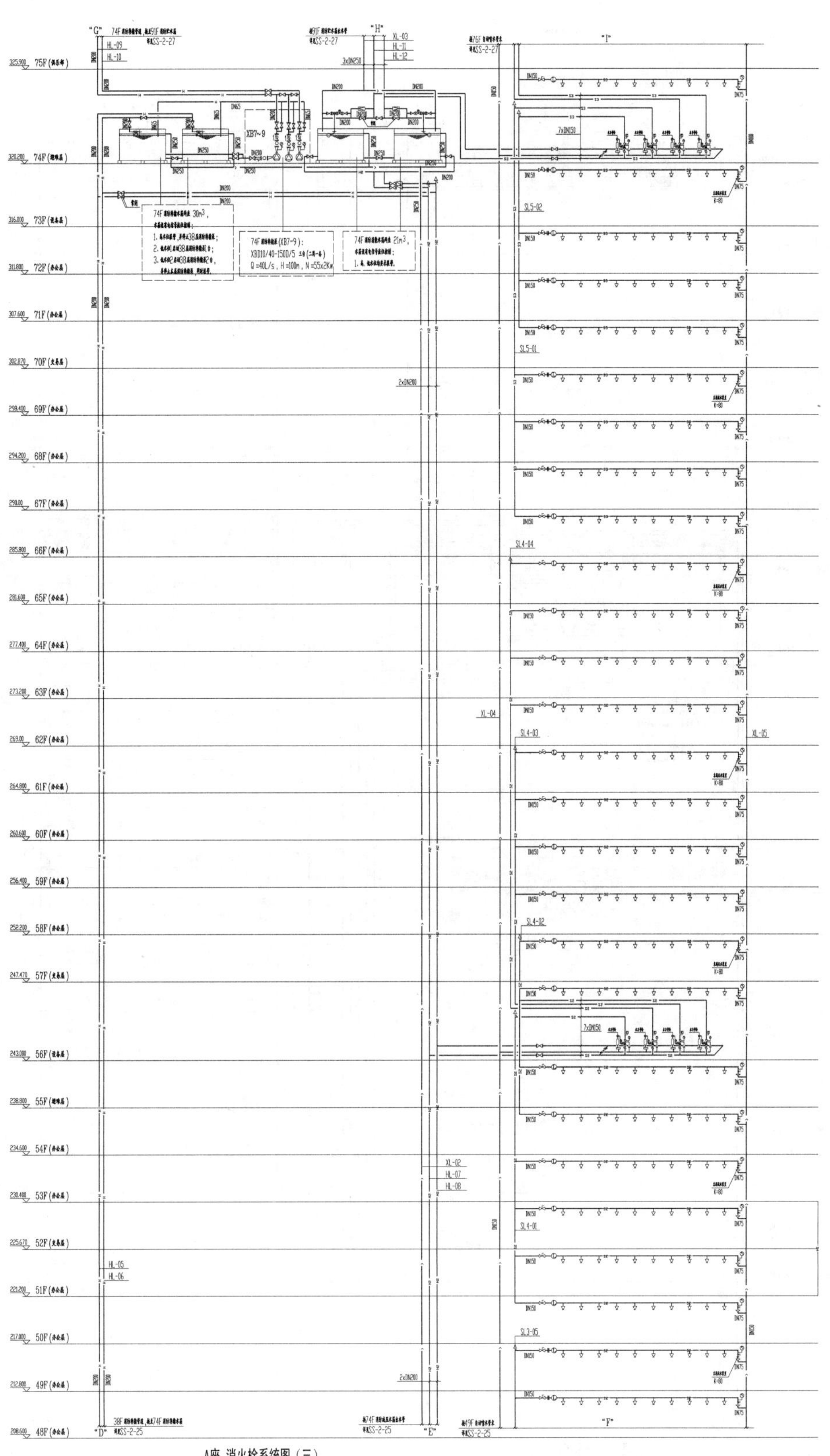

A座 消火栓系统图（三）

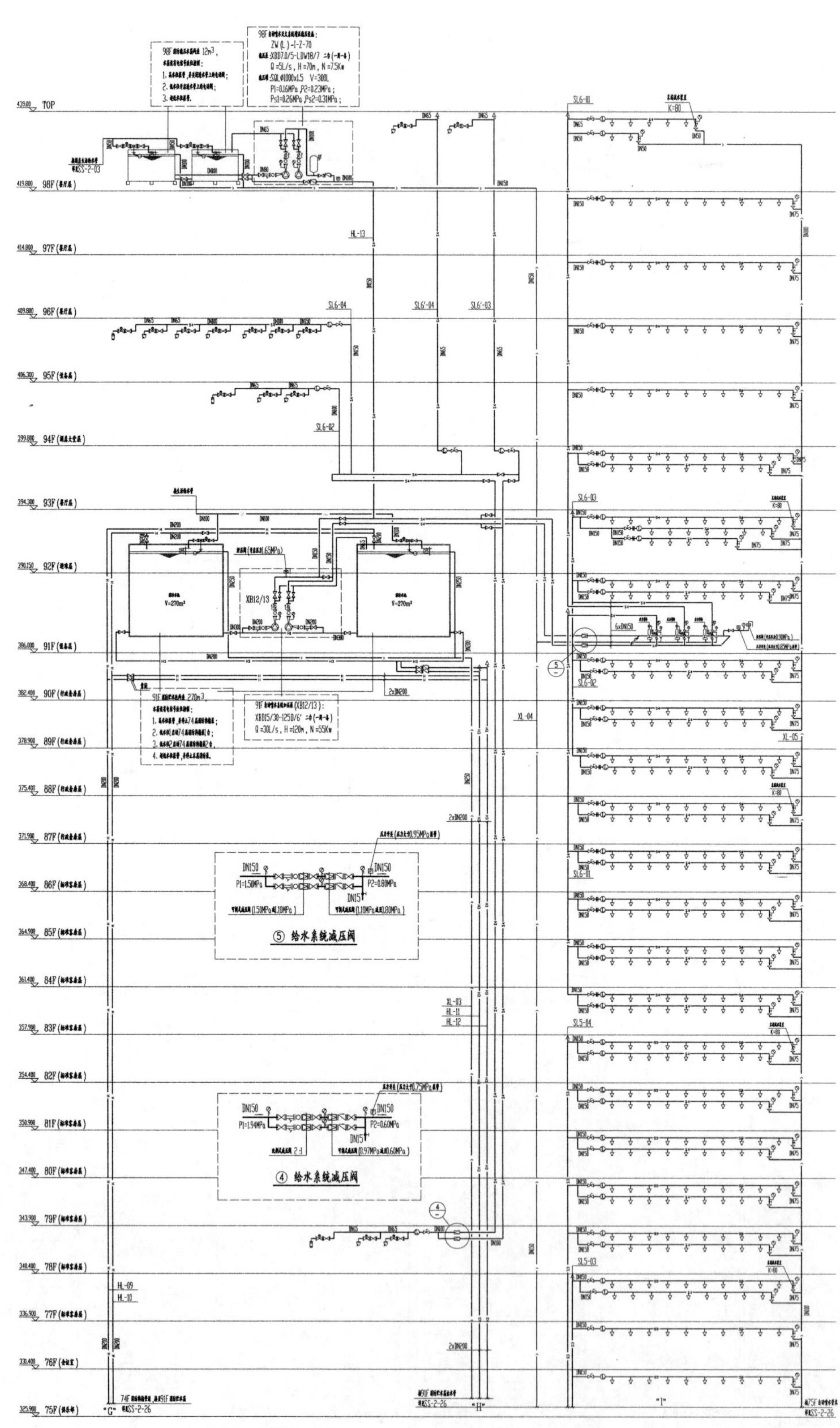

A座 消火栓系统图（四）

中央电视台新台址—主楼

设计单位： 华东建筑设计研究总院

设 计 人： 胡明　陈宁　茅颐华　冯旭东　王桂林　谢立华　张国闽

获奖情况： 公共建筑类　一等奖

工程概况：

中央电视台新台址主楼工程建于朝阳路和东三环路交界处的CBD中央商务区内。2004年动工，于2012年竣工，是一栋将电视制作的所有组成环节——行政管理、综合办公、新闻制作与播送、节目制作等要素紧密结合的超高层建筑。新址工程已成为首都北京的标志性建筑物，并由此向全世界展示中央电视台的新面貌。

项目整个基地总占地面积196960m²，总建筑面积600203m²，由CCTV主楼、TVCC电视文化中心、服务楼及媒体公园地下室组成。基地平面鸟瞰图如图1所示。

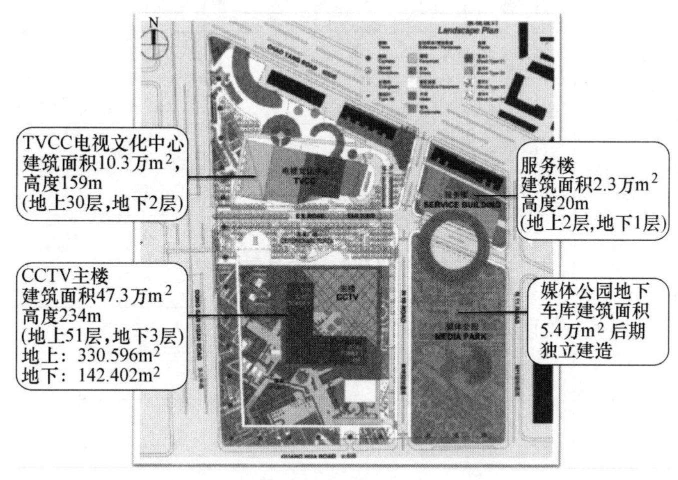

图1　基地平面鸟瞰图

中央电视台主楼（CCTV）位于地段的西南块，高234m，地上51层，地下3层。6m高的基座托起一个"V"字形的裙房，两座以6°倾斜高塔坐落"V"字形裙房的两端，并支撑起一个倒"V"的顶楼。CCTV主楼示意如图2所示。

塔楼1和演播室的入口位于庆典广场一侧，塔楼2入口位于N10道路西侧。两个塔楼，一个是以播放空间为主，另一个以办公空间为主，它们在上部汇合，构成了悬臂楼层的教育、会议以及管理层。

一、给水排水系统

（一）给水系统

1. 冷水用水量（表1）

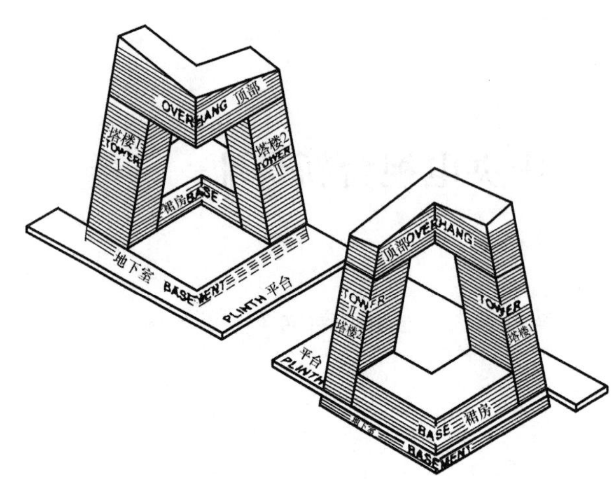

图 2 CCTV 主楼示意图

冷水用水量 **表 1**

项目	使用人数(人)	用水定额	单 位	用时(h)	小时变化系数 K	最高日用水量(m^3/d)	最大时用水量(m^3/h)
办公人员	10000	60	L/(人·d)	12	2	600.0	100.0
来访者	1250	23	L/(人·d)	12	2	28.8	4.8
餐厅@F48	500	20	L/餐,3 餐每天	16	2	30.0	3.8
餐厅@F48	64	20	L/餐,2 餐每天	16	2	2.6	0.3
餐厅@F38	500	20	L/餐,3 餐每天	16	2	30.0	3.8
咖啡室@F38	500	10	L/餐,1 餐每天	16	2	5.0	0.6
餐厅@F25	450	20	L/餐,3 餐每天	16	2	27.0	3.4
餐厅@F20	750	20	L/餐,3 餐每天	24	2	45.0	3.8
餐厅@F9	1400	20	L/餐,3 餐每天	24	2	84.0	7.0
咖啡室 @F1	4000	20	L/餐,3 餐每天	16	2	240.0	30.0
沐浴更衣室	138	80	L,每个莲蓬头每小时 3 次沐浴	8	2	265.0	66.2
停车场清洁	64398m^2	60	L/(m^2·d)(10%总面积)	8	1	19.3	2.4
未预见水量		10%				138	23
总计						1515	249

CCTV 主楼的最高日用水量 Q_d=1515m^3，高大时用水量 Q_h=249m^3。

2. 水源

生活、消防供水由市政自来水管网供给。基地设两路 DN300 的市政给水引入管，两路管道分别由基地北侧朝阳路和南侧光华路的 DN600 市政给水管网上引来，市政供水压力为 0.18MPa。

市政进水的硬度为 300mg/L，部分进水接入地下室 30m^3 的原水水箱，经加压进行软化水处理，软化水出水和未软化的市政进水通过勾兑混合后，达到硬度<100mg/L 的水质标准，作为大楼生活给水水源。混合水通过次氯酸钠发生器加氯消毒后储存在容积为 200m^3 的生活水池中。

软化水系统流程如图 3 所示，处理机房如图 4 所示。

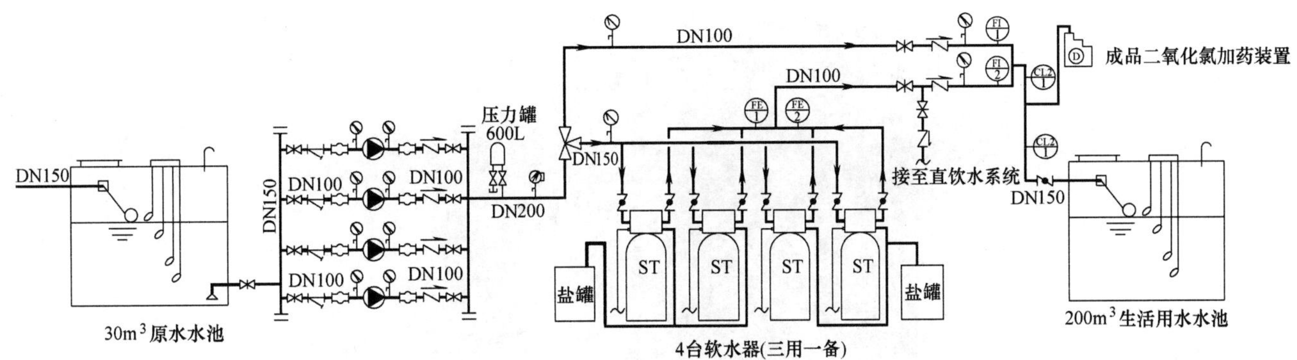

图 3 软化水系统流程图

3. 生活水系统

(1) 竖向分区

生活供水共分成了 7 个区，每个分区配备了相应的生活给水变频泵和生活水箱（表 2）。

(2) 供水方式及给水加压设备

大楼的生活给水采用变频泵分区供水和水箱串联的给水方式，每个给水分区用水点的压力控制在 0.45MPa 内，两个分区间设一个接力水箱，接力水箱设在 1 号塔楼的 10 层、23 层、36 层及 2 号塔楼的 9 层、21 层、32 层，地下 4 层泵房内分别设置独立水泵供给 10 层（1 号塔楼）及 9 层（2 号塔楼）上的生活水箱，其余各楼层水箱及用水点的给水分别由相应区域的变频给水泵直接供给。为保证供水水质，水泵出水管上均设紫外线消毒器。

图 4 软化水处理机房

地下 3 层生活泵房如图 5 所示，生活给水泵配置见表 3。

生活给水分区表 **表 2**

区域	分区	楼层	供水高低区设置情况
顶楼	1	F37—F46	高区:F42—F46,低区 F37—F41
	4	F37—F51	高区:F44—F51,低区 F37—F43
塔楼 2	2	F22—F31	高区:F27—F31,低区 F22—F26
	3	F10—F21	高区:F15—F21,低区 F10—F14
塔楼 1	5	F24—F36	高区:F30—F36,低区 F24—F29
	6	F11—F23	高区:F17—F23,低区 F11—F16
裙楼	7	FB3—F10	高区:F4—F10,低区 FB3—F3

4. 直饮水系统

(1) 水源及水量

在主楼办公区茶水间供水点、快餐吧及厨房区用水点采用直饮水供应。直饮水净化系统设备将软化水净化处理成直接饮用水，净化处理工艺选择以膜单元为核心，综合砂滤、炭滤、微米过滤器、纳滤膜单元等处理工艺，直饮水供水采用变频泵组供给，循环消毒方式，系统由控制中心集中控制。直饮水处理系统流程如图 6 所示。

图 5　地下 3 层生活泵房

生活给水泵配置一览表 **表 3**

分区	供水区域	水泵名称	配置	每台参数
1	F42—F46	高区变频泵组	2 台(1 用 1 备)	Q=5.75L/s, H=70m, N=7.5kW
	F37—F41	低区变频泵组	2 台(1 用 1 备)	Q=3.05L/s, H=45m, N=3kW
	2 号塔楼——31 层生活给水水池 $V=4m^3$			
2	F27—F31	高区变频泵组	3 台(2 用 1 备)	Q=4.1L/s, H=70m, N=5.5kW
	F22—F26	低区变频泵组	2 台(1 用 1 备)	Q=1.7L/s, H=45m, N=1.5kW
	2 号塔楼——21 层生活给水水池 $V=5m^3$			
3	F15—F21	高区变频泵组	3 台(2 用 1 备)	Q=6.4L/s, H=70m, N=7.5kW
	F10—F14	低区变频泵组	2 台(1 用 1 备)	Q=2.59L/s, H=45m, N=2.2kW
	2 号塔楼——9 层生活给水水池 $V=7m^3$			
4	F44—F51	高区变频泵组	2 台(1 用 1 备)	Q=8.59L/s, H=80m, N=15kW
	F37—F43	低区变频泵组	2 台(1 用 1 备)	Q=4.74L/s, H=45m, N=4kW
	1 号塔楼——36 层生活给水水池 $V=5m^3$			
5	F30—F36	高区变频泵组	3 台(2 用 1 备)	Q=6.3L/s, H=70m, N=7.5kW
	F24—F29	低区变频泵组	2 台(1 用 1 备)	Q=3.3L/s, H=45m, N=3kW
	1 号塔楼——23 层生活给水水池 $V=7m^3$			
6	F17—F23	高区变频泵组	3 台(2 用 1 备)	Q=7.4L/s, H=70m, N=11kW
	F11—F16	低区变频泵组	2 台(1 用 1 备)	Q=2.2L/s, H=45m, N=2.2kW
	1 号塔楼——10 层生活给水水池 $V=8m^3$			
7	F9 生活水箱供水泵组		2 台(1 用 1 备)	Q=12.4L/s, H=75m, N=15kW
	F4—F10	高区变频泵组	3 台(2 用 1 备)	Q=4.4L/s, H=75m, N=5.5kW
	F10 生活水箱供水泵组		2 台(1 用 1 备)	Q=15.2L/s, H=75m, N=18.5kW
	FB3—F3	低区变频泵组	4 台(3 用 1 备)	Q=10L/s, H=45m, N=7.5kW
	地下 4 层生活给水水池 $V=200m^3$			

直饮水系统用水定额为 3.5L/(班·人)，使用人数按 1 万人/d 计算，同时厨房部门也需考虑直饮水的应

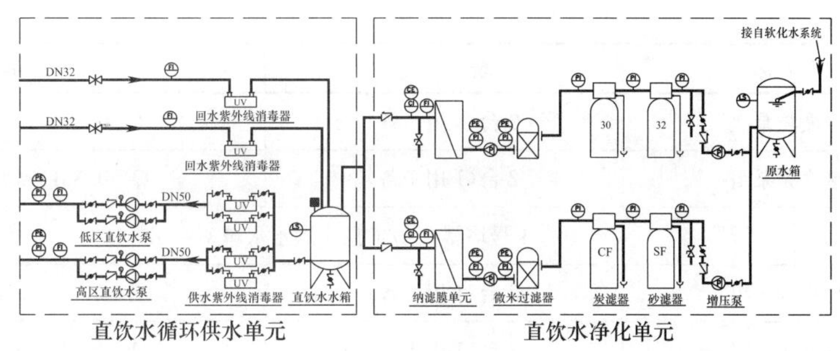

图 6 直饮水处理系统流程图

用，主楼最高日用水量 $Q_d=80m^3$。在地下 4 层设置两套直饮水处理装置同时工作，每套净水产水量为 $5m^3/h$。

直饮水机房如图 7 所示。

(2) 竖向分区

直饮水系统共分为 7 个分区，供水点共计 105 个（表 4）。

图 7 直饮水机房

直饮水系统分区 表 4

分区	服务区	用水点
1	F32—F41(顶楼)	10
2	F21—F32(2 号塔楼)	16
3	F10—F21 (2 号塔楼)	20
4	F36—F49 (顶楼)	24
5	F23—F36 (1 号塔楼)	22
6	F10—F23 (1 号塔楼)	20
7	FB3—F10 (裙楼)	63

(3) 供水方式及给水加压设备

主楼的直饮水采用变频泵分区供水和水箱串联的给水方式，除 1 区在设备层设置了一组低区直饮水供水泵外，其余 6 个区均设置了高、低区两组直饮水供水泵。1、4 区供水不转输其他分区的供水，其余区除提供本区域内用水量外，均还提供上一区的用水负荷。直饮水给水泵配置见表 5。

直饮水给水泵配置一览表 表 5

分区	水泵名称	配 置	每台参数
1	低区变频泵组	2 台(1 用 1 备)	$Q=0.9L/s,H=42m,N=1.1kW$
	2 号塔楼——31 层直饮水水箱 $V=1m^3$		
2	高区变频泵组	2 台(1 用 1 备)	$Q=1.1L/s,H=70m,N=2.2kW$
	低区变频泵组	2 台(1 用 1 备)	$Q=0.7L/s,H=42m,N=0.75kW$
	2 号塔楼——21 层直饮水水箱 $V=2m^3$		
3	高区变频泵组	2 台(1 用 1 备)	$Q=1.6L/s,H=76m,N=3.0kW$
	低区变频泵组	2 台(1 用 1 备)	$Q=0.7L/s,H=42m,N=0.75kW$
	2 号塔楼——9 层直饮水水箱 $V=3m^3$		

续表

分区	水泵名称	配　置	每台参数
4	高区变频泵组	2台(1用1备)	Q=1.1L/s,H=75m,N=2.2kW
	低区变频泵组	2台(1用1备)	Q=0.83L/s,H=45m,N=1.1kW
	1号塔楼——36层直饮水水箱 $V=2m^3$		
5	高区变频泵组	2台(1用1备)	Q=1.3L/s,H=73m,N=2.2kW
	低区变频泵组	2台(1用1备)	Q=0.83L/s,H=45m,N=1.1kW
	1号塔楼——23层直饮水水箱 $V=3m^3$		
6	高区变频泵组	2台(1用1备)	Q=7.4L/s,H=70m,N=11kW
	低区变频泵组	2台(1用1备)	Q=2.2L/s,H=45m,N=2.2kW
	1号塔楼——10层直饮水水箱 $V=3m^3$		
7	高区变频泵组	2台(1用1备)	Q=4.5L/s,H=80m,N=7.5kW
	低区变频泵组	2台(1用1备)	Q=2.4L/s,H=48m,N=2.2kW
	地下4层直饮水水箱 $V=10m^3$		

直饮水供水采用全日循环工艺，直饮水在管网中的停留时间为4h，通过变频供水水泵强制循环直饮水回至净水水箱，给水管网为同程布置，出水和回水均采用紫外线消毒，循环采用定时自动强制循环方式保证水质；净水箱容积不小于1.5h的供水量。

5. 管材及阀门

(1) 室外给水管

管径大于等于 *DN*100，采用承插式球墨铸铁给水管及配件，内壁涂水泥砂浆，管道接口采用T型接口。管径小于 *DN*100 采用聚乙烯（PE）塑料管及配件，热熔连接。

给水管道的阀门均采用暗杆闸阀，其工作压力为1.0MPa。阀门要求设阀门井或阀门套筒，其阀门井采用混凝土阀门井，井盖为重型铸铁产品。

(2) 室内给水管

采用薄壁紫铜管，管道嵌墙处采用封塑紫铜管。铜管管材符合欧洲EN1057标准，铜管的性能规格均按R250中硬管计。铜管的连接方式为焊接或法兰式连接，与卫生器具连接采用丝扣方式。

给水系统中阀门口径小于等于 *DN*50 采用全铜质截止阀，口径大于 *DN*50 采用铜质手动蝶阀。

(3) 室内直饮水管

室内直饮水管道采用薄壁不锈钢管材及不锈钢挤压管件，不锈钢材质符合DVGWW541标准，材料为高含量合金、奥氏体、镍铬钼不锈钢。管材与管件技术性能及规格按系统工作压力1.6MPa，工作温度－20～120℃。管道的连接方式：采用电动或手动式挤压工具，利用管件端部凸环及凸环内设置的橡胶密封圈，通过挤压变形而连接，管件内密封圈采用黑色丁基橡胶密封圈。

管道嵌墙处采用封塑不锈钢管，为防止管道外凝结水产生，直饮水系统管道均采用保温不锈钢管，保温材料采用聚乙烯，厚度3mm。

直饮水系统管网上的阀门采用316不锈钢材质的阀门，法兰连接或丝扣连接。

(二) 热水系统

1. 热水用水量（表6）

热水用水量 **表 6**

项目	使用人数（人）	热水（60℃）	单　位	用时(h)	小时变化系数 K	最高日用水量(m^3/d)	最大时用水量(m^3/h)
办公人员	10000	8	L/(人·d)	12	2	80.0	13.3
来访者	1250	4.3	L/(人·d)	12	2	5.4	0.9
餐厅@F48	500	7	L/餐，3 餐每天	16	2	10.5	1.3
餐厅@F48	64	7	L/餐，2 餐每天	16	2	0.9	0.1
餐厅@F38	500	7	L/餐，3 餐每天	16	2	10.5	1.3
咖啡室@F38	500	3.3	L/餐，1 餐每天	16	2	1.7	0.2
餐厅@F25	450	7	L/餐，3 餐每天	16	2	9.5	1.2
餐厅@F20	750	7	L/餐，3 餐每天	24	2	15.8	1.3
餐厅@F9	1400	7	L/餐，3 餐每天	24	2	29.4	2.5
咖啡室 @F1	4000	7	L/餐，3 餐每天	16	2	84.0	10.5
沐浴更衣室	138	35	L，每个莲蓬头每小时 3 次沐浴	8	2	115.9	29.0
总计						363	62

主楼的热水耗量（60℃）最高日用水量 Q_d＝363m^3，高大时用水量 Q_h＝62m^3。

2. 热源及热交换器

热源为市政热水，一次侧热媒水进出水温冬季为 65～40℃，二次侧被加热水温度按 4～60℃计算。采用半容积式水—水换热器制备热水，为保证换热效果，在热交换器的前端设置了快速热交换器串联加热的方式。热交换机房如图 8 所示。

图 8　热交换机房

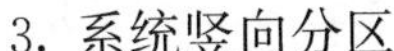

3. 系统竖向分区

根据主楼内热水使用区域共分了 7 个供热分区，见表 7。

主楼供热分区 **表 7**

热水用水范围	换热器位置	数量(台)	热负荷(kW)	热水储水量(L)	供热负荷(kW)
FB2—F1	FB3	4	600×4	2500×4	2405
F7	F9(芯筒 1)	2	135×2	1500×2	270
F20	F21(2 号塔楼)	2	130×2	1000×2	132
F25	F23(1 号塔楼)	2	100×2	500×2	212
F38	F36(1 号塔楼)	2	100×2	500×2	
F42	F43(顶楼芯筒 2)	2	75×2	1000×2	283
F48—F49 厨房	F50(顶楼芯筒 1)	2	65×2	500×2	

4. 冷、热水压力平衡措施、热水温度的保证措施等

热水供回水管网采用同程布置，采用支管回水，加快到达出水温度的要求，另在热水回水管上设置了热水膨胀水罐。

5. 管材及阀门

热水管及回水管均采用薄壁紫铜管，管道嵌墙处采用封塑紫铜管。管材性能和连接方式同冷水管。

热水系统中阀门口径小于等于 $DN50$ 采用全铜质截止阀，口径大于 $DN50$ 采用铜质手动蝶阀。

（三）中水系统

1. 中水源及水量

基地中水水源采用市政中水管网供水，市政管网一路供水，管径 $DN200$，压力约为 0.18MPa，供水引入管由北侧朝阳路上的市政中水供水管网上引入，其引入口设水表计量。

基地中水用水供水范围为：绿化用水、建筑物中的卫生间和停车场地面冲洗用水。其最大日用水量为：$456m^3/d$；最大时用水量为：$73m^3/h$。

2. 系统竖向分区及供水方式

基地绿化用水由市政中水压力采用无负压供水设备供给，建筑物内部供水采用变频水泵加压供给，基地设中水供水专用管线，并成环网布置。楼内中水供水方式和分区同给水系统，共 7 个分区，但机房各自独立设置，内设加氯消毒设施。表 8 为主楼中水供水泵配置情况。

主楼中水供水泵配置一览表 **表 8**

分区	供水区域	水泵名称	配置	每台参数
1	高区变频泵组	F42—F46(顶楼)	2 台(1 用 1 备)	$Q=2.02L/s, H=70m, N=7.5kW$
	低区变频泵组	F37—F41(顶楼)	2 台(1 用 1 备)	$Q=3.75L/s, H=45m, N=4kW$
	2 号塔楼——31 层中水水箱 $V=8m^3$			
2	高区变频泵组	F27—F31(2 号塔楼)	2 台(1 用 1 备)	$Q=3.36L/s, H=70m, N=7.5kW$
	低区变频泵组	F22—F26(2 号塔楼)	2 台(1 用 1 备)	$Q=3.05L/s, H=45m, N=4kW$
	2 号塔楼——21 层中水水箱 $V=8m^3$			
3	高区变频泵组	F15—F21(2 号塔楼)	3 台(2 用 1 备)	$Q=6.53L/s, H=75m, N=5.5kW$
	低区变频泵组	F10—F14(2 号塔楼)	2 台(1 用 1 备)	$Q=3.05L/s, H=45m, N=4kW$
	2 号塔楼——9 层中水水箱 $V=12m^3$			
4	高区变频泵组	F44—F51(顶楼)	2 台(1 用 1 备)	$Q=3.58L/s, H=70m, N=7.5kW$
	低区变频泵组	F37—F43(顶楼)	2 台(1 用 1 备)	$Q=4.11L/s, H=45m, N=4kW$
	1 号塔楼——36 层中水水箱 $V=8m^3$			
5	高区变频泵组	F30—F36(1 号塔楼)	2 台(1 用 1 备)	$Q=5.2L/s, H=75m, N=7.5kW$
	低区变频泵组	F24—F29(1 号塔楼)	2 台(1 用 1 备)	$Q=2.72L/s, H=45m, N=4kW$
	1 号塔楼——23 层中水水箱 $V=8m^3$			
6	高区变频泵组	F17—F23(1 号塔楼)	3 台(2 用 1 备)	$Q=6.09L/s, H=75m, N=5.5kW$
	低区变频泵组	F11—F16(1 号塔楼)	2 台(1 用 1 备)	$Q=3.32L/s, H=45m, N=4kW$
	1 号塔楼——10 层中水水箱 $V=8m^3$			
7	高区变频泵组	F4—F10(裙楼)	3 台(2 用 1 备)	$Q=5.9L/s, H=75m, N=7.5kW$
	低区变频泵组	FB3—F3(裙楼)	3 台(2 用 1 备)	$Q=5.9L/s, H=45m, N=4kW$
	地下 4 层中水水箱 $V=144m^3$			

3. 管材

中水立管部分采用热镀锌衬塑（PE）钢管，管道连接采用法兰或丝扣方式，支管部分采用聚乙烯管（PE），热熔连接。

（四）排水系统

1. 排水水量及系统形式

基地污水管汇集大楼内的生活污水、废水后集中三个排放口排入市政污水管网。

主楼排水量为：污水 433m³/d，杂排水 810m³/d。

室外管网：基地排水采用污水、雨水分流制。主楼内的粪便污水、厨房废水、地下车库地面冲洗排水排入市政污水管网。

室内管网：室内排水管道采用污、废分流系统，设专用通气立管。污水排水立管汇总排入总体化粪池；废水由排水立管收集后，汇入总体废水管。

排水器具以壁挂式坐便器为主（图 9），同层排水，该同层排水的坐便器和地上横管连接须是 45°斜三通连接。

图 9 壁挂式坐便器

2. 局部污水处理设施

主楼内的粪便污水汇总后经室外化粪池处理；厨房废水采用就地设油脂分离器处理；地下车库地面冲洗排水由车库隔油池中的聚集型矿油分离器处理，最终排入室外污水管。

3. 管材

室外：排水管管径为 $DN600 \sim DN1200$ 时，采用承插式钢筋混凝土成品管（PH48 机制管），T 型橡胶圈接口，当管径小于等于 $DN500$ 采用 PVC-U 加筋塑料管，管道接口采用 T 型橡胶圈接口。

室内：室内排水管、通气管采用离心浇铸柔性接口排水铸铁管，管材及管件执行 ISO6594 标准，力学性能符合 BS6087 标准，直管内壁环氧树脂涂层及乙烯基树脂涂层。管道连接方式采用不锈钢套箍及橡胶密封圈连接，密封圈采用三元乙丙（EPDM）橡胶。

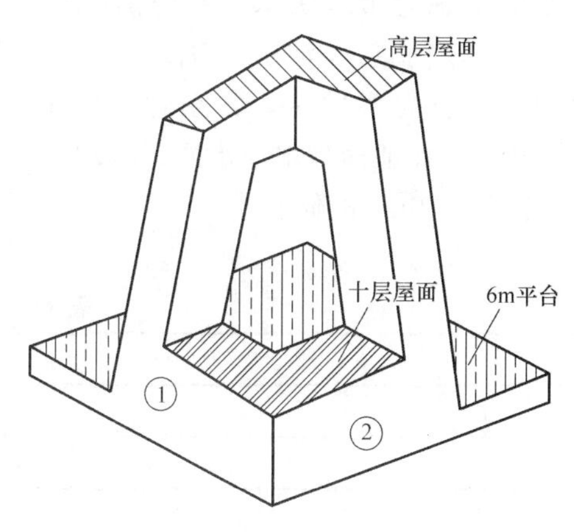

图 10 雨水汇水平面分区示意图

（五）雨水系统

1. 排水系统的形式

CCTV 的建筑造型非常独特，使得屋面的雨水排水系统设计成为一大难点。

主楼屋面雨水主要采用压力流雨水排放系统。计算总汇水面积：76057 m²，采用了 176 个虹吸式雨水斗，其中溢流系统共用了 5 个压力流虹吸式雨水斗，主要的 3 个平面汇水区域见如图 10 所示。雨水汇水平分区参数见表 9。

其中①、②侧面雨水直接排入场地室外明沟。

雨水汇水平面分区参数表 **表 9**

汇水分区	位置	汇水面积(m²)	P=50 年设计雨水量 (L/s)	P=100 年设计雨水量 (L/s)
1	高层屋面	7847	602.7	61.9
2	十层屋面	18454	—	1518.5
3	6m 平台	49756	3315.9	—

顶楼屋面雨水设计重现期 50 年，溢流重现期为 100 年，雨水立管为 6 根。10 层屋面雨水设计重现期 100 年，不设溢流系统，立管为 10 根，6m 平台屋面雨水设计重现期 50 年，不设溢流系统，同各侧墙汇水的雨水立管共 25 根。

2. 雨水斗选用及主要技术参数

压力流雨水斗主要在天沟内设置，对于部分不能设置天沟的屋面采用了集中雨水集水井的方式。雨水斗选型主要参数见表10。

雨水斗选型主要参数　　表10

压力流雨水斗型号(mm)	尾管外/内管径(mm)	雨水斗底盘材质	空气挡板材质	雨水斗
*DN*150	159/153	C316不锈钢	硅铝合金	9
*DN*100	114./109			59
*DN*75	89/85			66
*DN*50	57/53			42

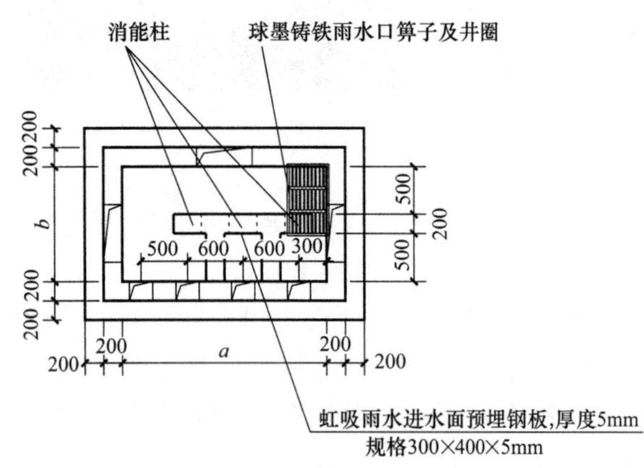

图11　雨水消能井平面图

3. 雨水出户井

出口处检查井采用钢筋混凝土专用消能井（图11），消能井保持一定的容积，井面上设雨水箅保证井内气流通畅，该措施能保证出口处水力条件平稳且系统安全。

二、消防系统

（一）消火栓系统

1. 水源：

室外消防用水的水源为市政供水，室内消防用水全部储存在地下3层的消防水池中，有效储水量为1300m³。消防水池补水管为*DN*200，每小时最小可补水110 m³，12h可补满。为保证消防水池水质，冷却塔补水取自消防水池，另附加250m³的储水量。

2. 主楼属一类超高层建筑，消火栓系统用水量见表11：

消火栓系统用水量　　表11

消防系统	用水量(L/s)	火灾延续时间(h)
室外消火栓	30	3
室内消火栓	40	3

3. 消防泵房及设备参数

主楼消防系统的主要水泵设备集中设置在地下3层的主消防水泵房，1号塔楼24F设备层的转输泵房及51F屋顶水箱间内。最大叠加总消防用水量为250L/s。

地下消防泵房实景如图12所示，消防给水泵及水箱设置见表12。

图12　地下消防泵房实景图

4. 消火栓系统分区

室外：消火栓采用市政供水，基地共设17套室外消火栓，其中6m平台设有4套。通过基地总体管网平差计算，市政压力能满足室外消火栓的压力要求。

室内：消火栓供水为临时高压系统，管道成环布置。按水泵的供水范围分高低两个区，低区为地下3层～20层；高区为21层～51层。为了保证每个区的静水压力小于0.8MPa，低区用减压阀分成A、B、C、D四个供水区，高区用减压阀分成E、F、G、H四个供水区（表13）。

消防给水泵及水箱设置表 表 12

楼层	水泵名称	配　置	每台参数
F51	泡沫炮给水泵	2 台(1 用 1 备)	$Q=25L/s, H=90m, N=45kW$
	高区喷淋稳压泵	2 台(1 用 1 备)	$Q=1L/s, H=35m, N=3kW$
	高区消火栓稳压泵	2 台(1 用 1 备)	$Q=5L/s, H=40m, N=5.5kW$
	51 层屋顶水箱间,消防水箱及泡沫炮消防水池有效容积为 24m³,分两格		
F24	高区消火栓泵	2 台(1 用 1 备)	$Q=40L/s, H=160m, N=110kW$
	高区喷淋泵	2 台(1 用 1 备)	$Q=30L/s, H=160m, N=110kW$
	24 层设备层,转输水箱有效容积为 60m³,分两格设置(留有手抬接力泵位置)		
FB3	低区消火栓泵	2 台(1 用 1 备)	$Q=40L/s, H=150m, N=110kW$
	低区喷淋泵	2 台(1 用 1 备)	$Q=30L/s, H=160m, N=90kW$
	雨淋给水泵	4 台(3 用 1 备)	$Q=50L/s, H=123m, N=90kW$
	水喷雾给水泵	2 台(1 用 1 备)	$Q=33L/s, H=85m, N=45kW$
	消防炮给水泵	2 台(1 用 1 备)	$Q=40L/s, H=150m, N=110kW$
	高区消火栓转输泵	2 台(1 用 1 备)	$Q=40L/s, H=150m, N=110kW$
	高区喷淋转输泵	2 台(1 用 1 备)	$Q=30L/s, H=150m, N=90kW$
	地下 3 层消防水池 $V=1300m^3$		

消火栓系统分区表 表 13

分区	供水区	楼　层		系统方式
高区	H	顶楼	F44—F51	由 F24 高区消火栓泵供给
	G		F37—F43	由高区减压阀减压供给
	F	1 号塔楼	F29—F36	
		2 号塔楼	F26—F31	
	E	1 号塔楼	F21—F28	
		2 号塔楼	F19F—F25	
低区	D	2 号塔楼	F15—F18	由 FB3 低区消火栓泵供给
		1 号塔楼	F16—F20	
	C	2 号塔楼	F10—F14	由低区减压阀减压供给
		1 号塔楼	F10—F15	
	B	裙楼	F2—F9	
	A		FB3—F1	

低区由地下三层的消火栓给水泵供给，高区由地下三层的转输泵通过 24 层的转输水箱和消火栓给水泵联合供水。

5. 水泵接合器的设置

消火栓给水系统设两组水泵接合器，高、低区各一组。每组配备三套 $DN150$ 地下式水泵接合器。一组供入塔楼 F24 层中间转输水箱，另一组服务低区供水区。

(二) 自动喷水灭火系统

1. 自动喷水灭火系统形式有闭式喷水系统（包括湿式系统和预作用系统）、雨淋系统和水喷雾系统，自动喷水灭火系统的用水量见表 14：

自动喷水灭火系统用水量 **表 14**

消防系统	用水量(L/s)	火灾延续时间(h)	备注
自动喷淋	30	1	按中危险Ⅱ级考虑
雨淋消防	150	1	按严重危险Ⅱ级考虑
水喷雾	35	1	

2. 系统分区

按规范要求可设喷淋保护的区域均设自动喷水灭火系统，在一些工艺用房，设备较贵的房间采用预作用系统。

自动喷淋给水系统按水泵的供水范围分高低两个区，低区为地下 3 层～20 层；高区为 21 层～51 层。为了保证每个区的工作压力小于 1.2MPa，低区用减压阀分成 A、B、C 三个供水区，高区用减压阀分成 D、E、F 三个供水区（表 15）。

喷淋系统分区表 **表 15**

分区	供水区	楼层		系统方式
高区	F	顶楼	F45—F51	由 F24 高区喷淋泵供给
	E		F37—F44	由高区减压阀减压供给
	D	1 号塔楼	F21—F36	
		2 号塔楼	F19F—F25	
低区	C	1 号塔楼	F10—F20	由 FB3 低区喷淋泵供给
		2 号塔楼	F10—F18	
	B	裙楼	F1—F9	由低区减压阀减压供给
	A		FB3—FB1	

低区由地下 3 层的喷淋给水泵供给；高区由地下 3 层的喷淋转输泵通过 24 层的转输水箱和喷淋给水泵联合供水。

3. 附属设备

（1）喷 头选型：除厨房、热交换机房采用 93℃喷头和玻璃顶为 141℃喷头外，其余均为 68℃或 72℃喷头。

（2）报警阀的数量及位置（表 16）：

报警阀的数量及位置 **表 16**

楼层	湿式报警阀数量(个)	楼层	湿式报警阀数量(个)
FB3	41	F21(2 号塔楼)	4
F10	5	F37	12
F24(1 号塔楼)	4		

报警阀间如图 13 所示，湿式报警阀供水主管如图 14 所示。

在主楼部分楼层布置了预作用阀共 44 组，系统配备空气压缩机及快速排气阀。系统配水管道充水时间不大于 2min；配水管道内的气压值不宜小于 0.03MPa，且不宜大于 0.05MPa。

（3）水泵接合器的设置

喷淋系统设低区地下式水泵接合器 2 组，高区地下式转输喷淋水泵接合器 2 组。

图 13　报警阀间

图 14　湿式报警阀供水主管

(三) 水喷雾灭火系统

1. 系统设置

水喷雾灭火系统用于 CCTV 人防电站内的柴油发电机房和服务楼柴油发电机房的特种灭火，喷水强度为 20L/(min・m)，消防流量为 35L/s；保护发电机组和油箱。其系统雨淋阀的配备为：每台柴油发电机组各一套 *DN*150 雨淋阀组，每个油箱间各设一套 *DN*100 雨淋阀组，共 6 组。

2. 加压设备及控制

系统采用独立的临时高压给水供水方式。水喷雾加压泵设置在 CCTV 地下三层的消防泵房中，由消防水池中吸水后加压（图 15）。输水管通过共同沟将水送入服务楼柴油发电机房中，系统在服务楼设置两套 *DN*150 水泵接合器。

系统控制：采用温度感应器和烟感器同时作用后，开启雨淋阀组，并设置手动启动装置。

图 15　水喷雾试验现场

(四) 雨淋系统

1. 设置范围及参数

主楼内的演播室数量多而且面积差别大，其中 250m^2 演播室六个；400m^2 演播室四个；800m^2 演播室两个，2000m^2 演播室一个。在演播厅顶部“葡萄架”下设雨淋灭火系统。系统设计喷水强度位 16L/(min・m^2)，作用面积为 260～520m^2。每个雨淋阀控制的喷水面积在 130～260m^2 之间，系统给水最大流量为 150L/s。

2. 加压设备及控制

200～800m^2 演播室灭火动作时启动两台泵，一组雨淋阀打开，满足规范要求的最小作用面积 260m^2 和喷水强度，相邻保护区间采用止回阀搭接共同保护的方式；2000m^2 超大演播室为了使保护区简化，减少系统的控制难度，采取了适当增加保护面积，灭火动作时启动三台泵，一次可选择启动两组雨淋阀。

每个演播室设置了专用的雨淋阀室．系统配备 10 套 *DN*150 的水泵接合器，CCTV 演播厅的雨淋阀设置见表 17：

雨淋阀设置 表 17

演播厅	位置	数量	所占层次	层高(m)	雨淋阀规格	单间数量(只)	小计数量(只)
250m²	FB2	6	FB2～F1	14.70	*DN*200	1	6
400m²	FB2	4	FB2～F1	14.70	*DN*200	2	8
800m²	FB2	2	F1～F3	16.00	*DN*200	4	8
2000m²	F1	1	F1～F4	21.00	*DN*200	9	9

3. 管网布置简图（图 16、图 17）

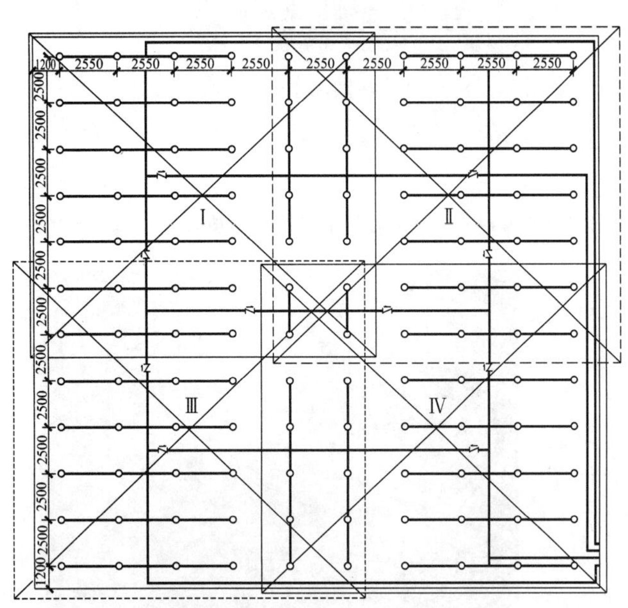

图 16 800m² 演播厅雨淋布置图

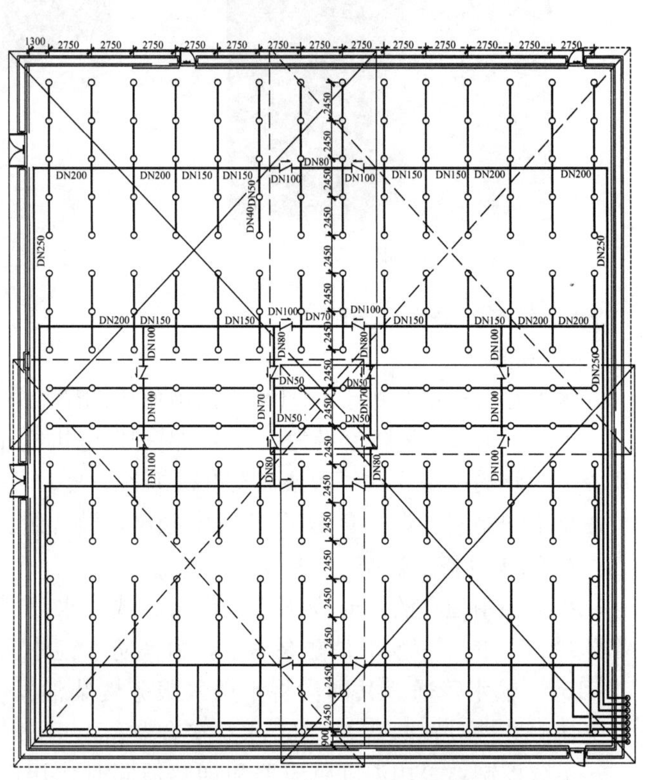

图 17 2000m² 演播厅雨淋布置图

2000m² 演播厅实景如图 18 所示。

(五) 气体灭火系统

1. 设置区域

气体灭火保护的区域主要有系统机房（主控制室、广播控制室）网络控制中心、通信中心、数据中心和传输中心与播送有关的机房（开放式导播室、开放式演播室立柜机房、新闻广播室），节目储存（新闻节目）新闻素材库、数据库、录像带库、声音数据库，配电房等。

2. 设计参数

由于很多工艺机房和重要储藏间在地下室且经常有人停留，保护区数量多，保护距离长，根据这些特点选用了无毒且保护半径大的 IG-541 气体灭火系统，系统采用组合分配的方式（图 19、图 20）。

IG-541 气体灭火系统的最低设计浓度为 37.5%（16℃），最大设计浓度为 43%（40℃）。系统有自动控制方式，手动启动方式和应急机械启动三种方式。总控室现场如图 21 所示。

在高大空间（如总控室）气体灭火采取了分层加设喷头的措施，距离超长保护房间采取了通过管径计算加大喷药量，保护区外设喷头外排的方式确保保护区喷放时间和药量满足要求。

图 18 2000m² 演播厅实景

图 19 气体钢瓶间

图 20 分配阀组

（六）消防水炮灭火系统

1. 设置区域系统

CCTV 的主入口休息室设有水炮灭火系统。该区域高度大于 8m 且防火分区面积超过规范要求，根据消防性能化分析的措施要求设自动消防水炮代替自动喷淋灭火系统。该中庭区域从地下 3 层到地上 3 层，空间变化复杂，据其特点消防水炮也分层设置，在地下一层设六门炮保护下部区域，在地上设四门炮保护地上及悬挑区域，使所有区域均在两门炮的保护范围之内（图 22、图 23）。

图 21 总控室现场

2. 系统设计

消防水炮给水系统采用独立的临时高压给水供水方式，在 CCTV 的 FB3 层设置消防水炮加压泵 2 台（1 用 1 备），系统稳压由中间转输水箱供给，系统配备了 3 套 *DN*150 的水泵接合器。

图 22 主入口水炮

图 23 地上层水炮

3. 系统控制

系统由四个基本部分组成：①前端探测部分（双波段火灾探测器、光截面火灾探测器）；②图像处理与控制部分（信息处理主机）；③终端显示部分（能显示报警现场画面的监视器设备）；④自动消防炮灭火控制部分（水炮、电磁阀、水流指示器、信号阀）。

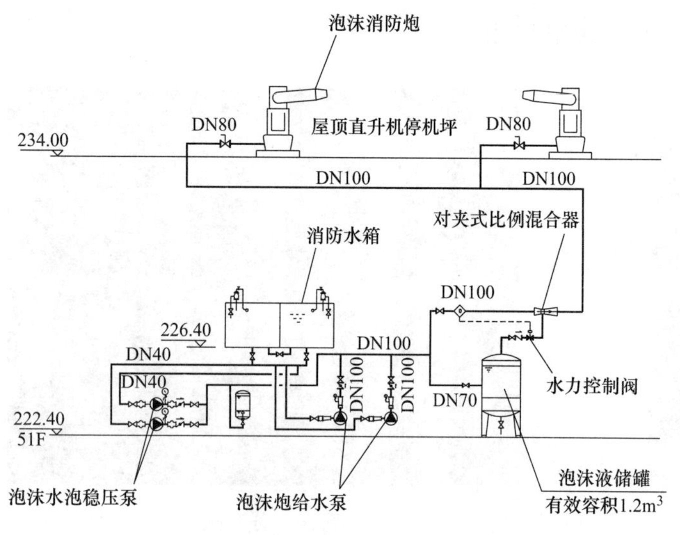

图 24 泡沫消防炮系统示意图

消防炮的控制方式有三种：自动控制、控制室手动控制、现场手动控制。

（七）泡沫炮灭火系统

1. 设置区域系统及参数

在 CCTV 主楼屋顶的直升机停机坪设有泡沫炮灭火，泡沫炮为 2 台。保护区域的面积是 $225m^2$，泡沫的喷射强度是 $5L/(min \cdot m^2)$，持续时间是 15min，泡沫的消耗量是 22.5L/s。

2. 系统设计

泡沫炮给水机房设在 51 层屋顶消防水箱间，单独设 $24m^3$ 泡沫炮专用水箱和泡沫液储罐及泡沫和水的混合器，泡沫给水泵为 2 台，1 用 1 备（图 24）。

三、设计及施工体会

（一）系统设计的优化措施

1. 给水系统：采用了分质给水，分管道直饮水、生活给水和中水（市政中水）；给水分区采用水泵串联变频分区给水，未设减压阀，减少了多余能量的损耗。

2. 超高层虹吸雨水系统设计时，控制好流速及消能，减小雨水管管径，合理地节省了造价。

3. 排水管道的出户设计一定要仔细，首先要注意排水管走向处的结构梁高和其他管道对排水管的影响，还要注意排水管出户后的高度，太低了会造成总体管道与市政排水管的连接。

4. 灵活地按项目使用性质和地域气候选择系统，本项目有工艺机房需四季供冷，冬天气温较低，做了风冷冷却系统，给主楼机房冬季免费制冷。

5. 消防系统设计时根据项目重要性和面积大小，除了严格按规范设计外，亦要分工程重要性合理地加强设置，本项目在消防整体安全性上采取了提高消防安全性的措施为：适当增加消防储水量，按一大一小两次火灾储水；采取过滤消毒和冷却循环水取自消防水质的非消防储水部分保证消防水质；消防泵的启动组合和功率按最大组合配置，根据压力特点，水喷雾和雨淋给水泵都分别单独设置；转输水箱分两座设置，水箱给水分两路接入消火栓系统、裙房分区每组减压阀设备用减压阀等。

6. CCTV 主楼由于演播制作的要求，所配备的工艺房间特别多，如简单按规范设置，本项目气体保护房间会很多，投资造价高，据此在设计中经和业主工艺部门沟通，了解了他们的具体设备配置及造价和备用情况，按重要性分气体、预作用、喷淋三种灭火方式进行设置，既满足安全性，又合理节省造价（表 18）。

工艺房间消防保护选择表 **表 18**

房间号	70	面积	配电参数	空调参数								消防灭火方式			
		(m^2)	照度 (lux)	温湿度	热量 (kW)	人数	空滤	噪声曲线 N	工作时间 (h)	温控方式	送风方式	气体	预作用	移动灭火	喷淋
03-510	导控室	82	300	Ⅱ级	4	8		25	18		上送		■		
03-511	导控室	72	300	Ⅱ级	4	8		25	18		上送	●			
03-512	导控室	84	300	Ⅱ级	4	8		25	18		上送		■		
03-513	开放式制作工位	168	400	Ⅱ级	9	30			18		上送				★
03-514	辅助用房	28	400	Ⅱ级	8	25			18		上送				★
03-515	开放式制作工位	164	400	Ⅱ级	12	32			18		上送				★
03-516	灯光设备间	27	300	Ⅱ级	5	4			18		上送		■		
03-517	立柜机房	19	300	Ⅱ级	3			35	18		上送		不要求		
03-518	新闻播出机房	86	300	Ⅱ级	8	5	中效	25	24		上送	●			
03-519	立柜机房	16	300	Ⅱ级	6			35	18		上送		■		
03-520	立柜机房	17	300	Ⅱ级	7			35	18		上送	●			
03-521	立柜机房	18	300	Ⅱ级	7				18		上送	●			
03-523	音控室	17	300	Ⅱ级	2			25	12		上送		■		
03-524	预作用阀室	2	100												
03-525	音控室	17	300	Ⅱ级	2			25	12		上送		■		

7. 对于全钢结构项目，机电在标高确定时除考虑梁高外，还需考虑钢结构构造的设置，其虽小但也会影响机电走管方向和高度；由于钢结构梁对荷载的敏感要求超过混凝土结构，对于大的多水管支架需提资结构核算；钢结构体系中有时梁会较密，消防干管全穿梁设计要谨慎采用，穿较密梁时，管道为了走在梁里，需把管道截短，一段段连接，接头多，会影响管道工作后的安全性，增加管道开裂和漏水的可能。

（二）根据项目性质合理采取措施增加系统安全性

1. 对重要设备间的空调机房，由于是地板送风，机房与恒温空调间直接连通，虽做了排水地漏，但在地面还加了雨水探测器，加强监控，并和 BA 相接。

2. 对消防系统减压阀后的分区压力表加压力探测器并与 BA 相接传到监控中心，以免减压阀故障后系统超压。

3. 为保证 CCTV 央视大楼的安全运行得到有效管理，对直饮水系统的运行和其他生活给水变频泵的运行状况及卫生间集水坑排水、雨水和重要设备机房的排水坑等，都采取了 BA 监控措施。

（三）设计中的自我判断

项目设计中有不少需要专业公司配合深化的部分，对于其深化内容要根据相应的原理准确判断，不能简单盲从。

对重要系统的相关设备及配件，特别是消防产品，有时缺少国家标准对相关产品（附件）明确技术要求时，在让我们确定产品是否可用时，签字要慎重，这时可参考大的保险公司技术条款或境外大的设备公司的技术要求，并比对分析作出决定。

昆明长水国际机场航站楼

设计单位：北京市建筑设计研究院有限公司
设 计 人：韩维平 穆阳 李大玮 谷现良 孙敏生 夏令操 石立军 刘春昕
获奖情况：公共建筑类 一等奖

工程概况：

昆明长水国际机场是国家“十一五”期间唯一批准新建的大型枢纽机场，机场定位为“大型枢纽机场和辐射东南亚、南亚，连接欧亚的门户机场”，是实施我国面向东南亚、南亚国际大通道战略的重要组成部分。

昆明长水国际机场航站楼及停车楼工程按照2020年旅客吞吐量3800万人次的目标进行设计。建成后的昆明新机场，成为继北京、上海、广州后的国内第四大机场，单体航站楼规模全国最大。航站楼总建筑面积54.8万m^2，总高度72.75m。航站楼由南侧主楼、南侧东西两翼指廊、中央指廊、北侧Y形指廊五大部分构成。

主楼为地上3层（局部4层）、地下3层构型。主楼3层（+10.40m）为办票大厅及国内出发安检区，在办票大厅后侧利用商业/办公用房的屋顶设局部4层为餐饮和CIP休息室；二层（+4.80m）为国际出港联检区、行李收集/安检区及办公区机房等；首层（±0.00m）为国际进港旅客的通道、联检区及行李机房、办公等；地下一层（−5.00m）为行李提取大厅、迎客大厅以及到达车道边；地下二层（−10.00m）为航站楼连接停车楼的连接过厅及通道；地下三层（−14.00m）为航站楼前端主楼的设备机电用房、附属后勤用房，以及货运/后勤服务通道。

前端东西指廊为地上两层的构型。二层（+4.80m）为中央出发候机、到达通廊，其中东侧为国际区、西侧近期为国内区远期为国际区；首层为到港通廊以及VIP、远机位出发/到达、站坪服务用房等功能；局部地下（−5.00m）为VIP连接陆侧的出入口、休息区及服务用房功能。

中央指廊和北侧Y形指地上三层、地下一层构型。地上三层（+8.80m）为国内候机、商业区、餐饮区。二层（+4.80m）两侧为到港旅客通道、国内出发、到达大厅、旅客中转及医疗急救站；首层（±0.00m）主要功能为站坪用房及远机位出发登机口等；B1层（−5.00m）为货运通道、电气、设备管廊，行李通道及服务管廊。

昆明长水国际机场于2007年7月开始设计，2008年12月5日正式开工，2012年6月28日转场投入使用。

一、给水排水系统

（一）给水系统

1. 用水量（表1）

2. 水源：航站区场区供水为环状管网，供水管网水压不低于0.35MPa。航站楼前、后中心区的东、西两侧各引入1根ϕ200的进水管（共4处），在供水总管设置倒流防止器及流量计。为保证供水的可靠性，航站楼前后中心区及中央指廊敷设环形供水干管，分别向给水系统、生活热水系统供水，同时向消防水池提供水源。

用水量 **表 1**

用水项目	最高日用水定额		用水单位数量		每日用水时间	小时变化系数	最高日用水量	最大小时用水量
	q_d		m		T(h)	K_h	Q_d(m^3/d)	Q_h(m^3/h)
旅客用水	5	L/人	124804	人	18	1.5	624.0	52.0
VIP 旅客用水	60	L/人	4500	人	18	1.5	270.0	22.5
计时休息旅客用水	300	L/(床·d)	48	床	24	2.5	14.4	1.5
零售服务人员用水	50	L/人	1900	人	18	1.2	95.0	6.3
办公人员用水	50	L/人	3200	人	24	1.2	160.0	8.0
营业中餐厅	40	L/(人·餐)	9000	人·餐	12	1.5	360.0	45.0
营业快餐厅	25	L/(人·餐)	12000	人·餐	12	1.5	300.0	37.5
职工餐厅	25	L/(人·餐)	3000	人·餐	12	1.5	75.0	9.4
驻场工作人员用水	50	L/人	3000	人次	12	1.5	150.0	18.8
行李区冲洗地面	2	L/(次·m^2)	80000	m^2	8	1	160.0	20.0
绿化	1	L/(m^2·d)	30000	m^2·d	6	1	30.0	5.0
道路、场地	1	L/(m^2·d)	30000	m^2·d	6	1	30.0	5.0
空调系统补水					12	1	97.0	8.1
小计 1	—	—	—	—	—	—	2365.4	231.0
合计	考虑 10%不可预见水量						2602.0	254.1

3. 系统竖向分区：给水系统采用直供方式，竖向不分区。

4. 供水方式及给水加压设备：给水管在地下一层中心区构成环状管路，前区东西指廊及后区 Y 指廊敷设枝状供水干管。给水系统采用直供方式，不另设给水加压设备。首层（含）以下的供水支管安装减压阀，用以均衡流量及避免超压。减压阀阀后压力为 0.2MPa。本工程除在入户总供水管上分设总计量水表外，餐饮用水点、零售区商业用水点、承包招租区用水点等处均设分户水表单独计量。

5. 管材：室内给水管采用薄壁不锈钢管，小于等于 *DN*100 采用卡压连接；大于 *DN*100 采用焊接连接。

(二) 热水系统

1. 热水用水量

生活热水用水量见表 2。

生活热水用水量 **表 2**

分区	用水项目	用水定额		使用单位数量		最高用水时段	使用时间	小时变化系数	平均小时热水量	设计小时热水量	设计小时耗热量
		q_r		m		(点)	T(h)	K_h	(m^3/h)	(m^3/h)	kW
国内离港	旅客用水	3	L/人次	9138	人次	7～9 21～23	18	1.5	1.5	2.3	—
国际离港	旅客用水	3	L/人次	2960	人次		18	1.5	0.5	0.7	—
国内到港	旅客用水	3	L/人次	4814	人次		18	1.5	0.8	1.2	—
国际到港	旅客用水	3	L/人次	1444	人次		18	1.5	0.2	0.4	—
国内 VIP	旅客用水	20	L/人次	2250	人次		18	1.5	2.5	3.8	—
国际 VIP	旅客用水	20	L/人次	2250	人次		18	1.5	2.5	3.8	—
计时休息	旅客用水	147	L/(床·d)	48	床		24	2.5	0.3	0.7	—
合计									8.4	12.8	641

续表

分区	用水项目	用水定额		使用单位数量		最高用水时段	使用时间	小时变化系数	平均小时热水量	设计小时热水量	设计小时耗热量
		q_r		m		（点）	T(h)	K_h	(m^3/h)	(m^3/h)	kW
餐饮	营业餐厅（西前区A、E、F）	19	L/顾客次	16000	顾客次	11～13 17～20	12	1.5	25.3	38.0	—
	营业餐厅（三层后核心区）	19	L/顾客次	5000	顾客次		12	1.5	7.9	11.9	—
	职工餐厅（首层后核心区）	8	L/顾客次	1500	顾客次	6～8 11～13 17～20	12	1.5	1.0	1.5	—
	职工餐厅（首层F区）	8	L/顾客次	1500	顾客次		12	1.5	1.0	1.5	—
合计										52.9	2644
职工淋浴	职工淋浴（B1层东翼廊）	49	L/人班	1000	人班	13～14 20～21	12	1.5	4.1	6.1	—
	职工淋浴（B1层西翼廊）	49	L/人班	1000	人班		12	1.5	4.1	6.1	—
合计									8.2	12.3	612
叠加总计										77.9	3898
总计										69.4	3470

2. 热源：

航站楼内的餐厅、厨房、卫生间、淋浴间、VIP休息间、计时休息等用房提供50℃生活热水。

生活热水热源采用以风冷螺杆全部热回收冷热水机组为主，结合一次高温热水换热设备为辅助热源的系统形式。

为了减少系统的输配能耗，生活热水系统按所负担区域分三处设置，保证航站楼全年供应生活热水。将内区空调系统制冷排放的冷凝废热用于生活热水系统热源，既减少废热排放对环境的污染，同时为生活热水系统提供用于加热的热量。整个系统的制冷放热热量均得到了充分利用，提高了设备的运行效率，实现节能减排和对能源的综合利用。

由于航站楼的指廊均很长、用水点分散，若全楼均采用集中供热及热水循环的热水供应系统，经济性并不理想。故航站楼的指廊的生活热水在全年均采用分散的小型电热水器制取。

3. 系统竖向分区：生活热水系统竖向不分区。生活热水循环回水管路按同程式布置。

4. 热交换器

航站楼集中生活热水系统按区域分成三个相对独立的系统，其换热器及风冷螺杆全部热回收冷热水机组、热水储水罐等与之对应也分设三组。航站楼前中心区A1，A2换热机房各安装3台导流型容积式换热器，水平指廊室外各安装3台风冷螺杆全部热回收冷热水机组；后中心区A3换热机房安装2台导流型容积式换热器，设备机房安装2台风冷螺杆全部热回收冷热水机组。

5. 冷、热水压力平衡措施，热水温度的保证措施等：首层（含）以下的供水支管安装减压阀，用以均衡流量及避免超压。减压阀阀后压力为0.20MPa。热水系统中所有水龙头均采用感应式的，配温控混水阀。

6. 管材：生活热水管采用薄壁不锈钢管，小于等于 *DN*100 采用卡压连接；大于 *DN*100 采用焊接连接。

（三）中水系统

航站楼内不单独设中水处理和回收系统，中水回用水由场区污水处理站集中提供。

1. 中水回用水量（表 3）

中水回用水量 表 3

用水项目	最高日生活用水量	折减系数	分项给水百分率	使用时间	小时变化系数	平均日用水量	平均时用水量	最大小时用水量
	(m^3/d)	α	b(%)	T(h)	K_h	Q_{pd}(m^3/d)	Q_{ph}(m^3/h)	Q_{dh}(m^3/h)
公共区卫生间冲厕	1004	0.8	60	18	1.5	481.9	33.5	50.2
办公冲厕	160	0.8	60	24	1.2	76.8	4.0	4.8
驻场工作人员冲厕	150	0.8	60	12	1.5	72.0	7.5	11.3
餐厅冲厕	660	0.8	6.7	12	1.5	35.4	3.7	5.5
职工餐厅冲厕	75	0.8	6.7	12	1.5	4.0	0.4	0.6
车库冲洗地面	160	0.8	100	8	1	128.0	20.0	20.0
绿化	30	0.8	100	6	1	24.0	5.0	5.0
道路、场地	30	0.8	100	6	1	24.0	5.0	5.0
生活中水量合计	—	—	—	—	—	846.1	79.1	102.4

2. 系统竖向分区：中水回用系统采用直供方式，竖向不分区。

3. 供水方式及加压设备：地下一层中心区构成环状管路，前区东西指廊及后区 Y 指廊敷设枝状供水干管。中水系统采用直供方式，不另设加压设备。中水回用水用于航站楼卫生间冲厕、室外绿化、冲洗地面及水景补水。

4. 管材：中水管采用薄壁不锈钢管，小于等于 $DN100$ 采用卡压连接；大于 $DN100$ 采用焊接连接。

（四）排水系统

1. 污、废水排水系统的形式：

航站楼的指廊及周边区域地上部分的生活污水及废水采用重力流直接排至室外污水管网；中心区局部地上以及地下的卫生间、机泵房、消防电梯井、基础渗水等污废水分别排至相应的集水池，再经过潜污泵提升排至室外污水管网。

地上厨房污水经器具隔油及油脂分离装置后，排入室外污水管网；地下厨房污水经器具隔油及油脂分离装置后排入集水池后，再经过潜污泵提升排至室外污水管网。

室外污水排水采用污废水合流方式，污水排入场区污水处理厂进行集中处理。

2. 透气管的设置方式：

首层区域卫生间采用单独排出的系统，并设有环形通气管，采用侧墙通气方式从首层伸出室外。

地下一层卫生间排水系统设有环形通气管，汇合后接到首层，采用侧墙通气方式从首层伸出室外；地下一层卫生间污水坑通气管接到首层采用侧墙通气方式伸出室外。

二层以上卫生间排水系统通气管无法伸出屋面，也不允许设置吸气阀代替通气管，故在排水管顶部设专用通气管下接至首层顶板下引出室外。

3. 管材：室内排水管采用机制铸铁排水管，柔性接口连接。压力排水管采用热浸镀锌钢管，卡箍沟槽连接。

（五）雨水系统

1. 航站楼屋面雨水设计重现期按 20 年，设计降雨强度 6.33L/(s · 100m^2)；降雨历时按 5min 计算，5min 雨水总量达 13090L/s。按 50 年重现期设计屋面雨水排水和溢流排水的总排水系统。设计汇水面积 20.68 万 m^2，50 年重现期时的总排水量 15096L/s；共设屋面雨水排水系统 112 个，雨水斗 164 个。

2. 雨水排水系统的形式：

屋面雨水排水采用压力流（虹吸式）排水系统。虹吸雨水系统由屋面天沟、雨水斗、悬吊管、立管、排出管及消能井组成。

航站楼主屋面天沟包括屋面主天沟、屋面天窗支天沟、檐口边天沟及屋脊天窗天沟。由于屋面板沿垂直中央屋脊方向单向排板，降雨时，屋面雨水会沿屋面板向双曲屋面的最低点汇集，因此，屋面主天沟沿双曲屋面的最低点设置，不但可以收集大部分主屋面的雨水，而且最大限度地保证了主屋面的完整性，满足建筑美观的要求，并且节省工程造价。天沟尺寸为 $B\times H=1500\text{mm}\times300\text{mm}$。根据屋面汇水单元将排水沟纵向分段，在每段排水沟最低点设置虹吸雨水斗，每段排水沟的总排水量同时还担负其上游段排水沟的溢流水量；周边雨水沟除担负设计雨水量的排水外，在低点处设有重力流的溢流措施。A 区屋面主天沟在下游与屋面边天沟连通，可把超设计重现期流量的雨水导到设在屋面挑檐的外天沟，外天沟与相邻 B 区屋面檐口天沟连通并设有溢流口，从而防止主屋面积水。在没有增加造价的情况下大大提高了屋面排水的安全性。

航站楼前中心区三面围护结构均为玻璃幕墙，主屋面由五道彩带造型的柱子支撑，两侧各设有 6 根 T 型柱，首层以上为钢柱，首层以下为混凝土柱。在与建筑、结构专业多次沟通研究后，确定主屋面的虹吸排水立管沿前中心区两侧的 T 型柱敷设，首层以上为明装，立管隐藏在 T 型柱后面，从值机大厅内看对玻璃幕墙的视觉效果并无影响；首层以下立管暗埋于混凝土柱内。由于雨水管材采用 HDPE 管，考虑防火问题，在 HDPE 管埋入混凝土立柱前加阻火圈。在管路系统中按规范设置支吊架，紧固件，固定装置，具有足够的防晃、防伸缩、抗震能力。

3. 管材：虹吸雨水斗的流量范围 0～120L/s，斗体使用 304 不锈钢制造，罩盖材料为铝锰合金；尾管选用 HDPE 高密度聚乙烯排水尾管。雨水排水管路选用 HDPE 高密度聚乙烯管道，采用热熔对焊及使用电焊管箍连接方式进行连接。

二、消防系统

航站楼具有超大连续空间、超大体量，内部功能复杂，人流密度大的特点，发生火灾，后果大多比较严重，危及旅客安全，致使航空运输中断，后果严重，引发极大的社会影响。航站楼的内部空间大，发生火灾时高温烟气、热流蔓延迅速，火灾范围易不断扩大，难以控制，火灾扑救难度大；停留人员多，人员疏散困难。

消防设计参照现行消防规范及通过审批的消防性能化报告作为设计依据，系统包括室外消火栓系统、室内消火栓系统、室内自动喷水灭火系统、消防水泡灭火系统、水喷雾灭火系统、气体灭火系统等。

（一）消火栓系统

1. 消防用水量（表 4）

消防设计用水量 **表 4**

系统名称	用水流量(L/s)	火灾延续时间(h)	用水总量(m^3)	供水方式
空侧室外消火栓	30	3	324	空侧生活消防合用管网供给
陆侧室外消火栓	30	3	324	消防水池储水
室内消火栓	40	3	432	消防水池储水
室内自动喷水灭火	33	1	120	消防水池储水
消防水炮	40	1	144	消防水池储水
室内消防总水量(m^3)	—	—	696	—
室外消防总水量(m^3)	—	—	324	—

按一次火灾设计，地下三层设消防储水池，由场区两路 *DN*100 自来水管供水。

消防水池总有效容积为 696m^3，分设 350m^3 混凝土水池两座。储存陆侧室外消防用水量 324m^3，设置 350m^3 水池一座。空侧的室外消防用水由场区生活消防合用管网供应。

2. 室外消火栓消防系统：航站楼室外消防系统分为陆侧和空侧完全独立的两部分。由于航站楼前陆侧未设置场区给水管网，无法满足航站楼室外消防水量要求，在地下三层消防泵房设室外消防用水储水池及消防加压泵两台，一用一备，火灾时为陆侧室外消防管网供水。航站楼空侧室外消防用水由飞行区生活消防合用管网提供。

3. 室内消火栓系统设置：航站楼全楼均设置消火栓系统。两台消火栓水泵设于地下三层消防泵房内，一用一备。每台水泵的出水管均与室内消火栓环状管网相连。室内消火栓水管在地下一层构成水平环状管网，环状管网在航站楼空侧和陆侧各设有墙壁式水泵接合器三个，每个水泵接合器流量为 15L/s。本项目高位水箱无条件设于系统最高点，按消防论证会意见，采用如下方案：四层消防水箱间设高位消防水箱，储水量为 18m^3，地下消防泵房内设增压稳压设施定压，该定压装置与自动喷水灭火系统合用。

4. 消火栓采用单阀单出口型并配置消防卷盘一套，每支消火栓水枪最小流量为 5L/s，规格 ϕ65/ϕ19，水龙带长度为 25m；消防卷盘规格 ϕ25mm，胶带内径 19mm，长 25m，喷嘴直径 6mm。地下一层（含）以下的消火栓采用减压稳压型；以保证栓口压力不大于 0.5MPa。

配合本工程不同区域建筑条件，室内消火栓箱选用规格：①靠墙或柱安装的消火栓箱规格为 700mm×240mm×1800mm（*H*），消火栓口距地 1.1m，其下部放置手提式灭火器；②旅客公共区落地明装的消火栓箱规格为 1350mm×300mm×900mm（*H*），消火栓口距地约为 0.75m，其一侧放置手提式灭火器；③组合在机电单元内的消火栓箱将随建筑装修确定尺寸，其基本规格控制为 700mm×300mm×1150mm（*H*），消火栓口距地 1.0m，其附近设置手提式灭火器。

5. 管材：消火栓给水管采用焊接钢管，小于等于 *DN*65 采用螺纹连接，大于 *DN*65 采用焊接连接。

（二）自动喷水灭火系统

1. 系统设置：自动喷水灭火系统火灾危险等级按中危险Ⅱ级设计。

楼内旅客候机室、办票岛、VIP 休息室、办公室、商业零售区、餐饮区、预留 APM 站台、开放舱、服务分配区、储藏区、空调机房、公共卫生间、公共走廊、楼电梯前室等区域采用湿式自动喷水灭火系统。

航站楼独立设置自动喷水灭火系统，湿式系统均采取共用两台喷淋泵，一用一备，设于地下三层消防泵房内，每台水泵的出水管均与环状喷淋干管相连；自动喷水灭火系统采用设于地下消防泵房内的、与消火栓系统共用的气压罐增压稳压装置定压。系统定压管与环状干管相连。

2. 喷头选型：除有特殊说明外，封闭吊顶采用下垂型喷头；无吊顶区域采用直立型喷头。动作温度 68℃（红色）；厨房喷头动作温度 93℃（绿色）；根据消防性能化报告，火灾发展速率为快速的喷洒区域安装快速响应喷头，火灾发展速率为中速的喷洒区域安装普通喷头。

3. 报警阀：自动喷水灭火系统阀前主环管在地下一层设备管廊内构成环状管网，自动喷水灭火系统报警阀分别集中设在地下三层消防泵房内、地下一层及首层的湿式报警阀间，共设湿式报警阀 55 组，每个湿式报警阀控制喷头数不超过 800 个。环状管网在航站楼空侧和陆侧各设有墙壁式水泵接合器 3 个，每个水泵接合器流量为 15L/s。

4. 管材：湿式自动喷水给水管采用热浸镀锌钢管，小于 *DN*100 螺纹连接，大于等于 *DN*100 卡箍沟槽连接。

（三）水喷雾灭火系统

1. 设置位置：本航站楼共有 10 处柴油发电机房，对柴油发电机采用水喷雾灭火系统保护。

2. 系统设计的参数：水喷雾系统的设计喷雾强度为 20L/(min·m^2)，喷头工作压力为 0.35MPa。

3. 加压设备的选用：水喷雾系统和消防水炮系统共用水泵加压设备及供水干管，其环状管网设在地下一层设备管廊内；水喷雾系统利用消火栓与喷淋系统合用稳压装置定压。

4. 系统的控制：水喷雾雨淋报警阀设于发电机房内，采用自动控制、手动控制与应急操作三种方式控制；水喷雾喷头采用开式水雾喷头。

5. 管材：水喷雾灭火系统给水管采用热浸镀锌无缝钢管，管径小于 *DN*100 螺纹连接，大于等于 *DN*100 卡箍沟槽连接。

（四）室内固定消防水炮系统

1. 设置的位置：航站楼根据功能需求存在许多连通大空间，超过《自动喷水灭火系统设计规范》GB 50084—2001（2005 年版）规定的自动喷水灭火系统能扑救地面火灾的高度，按消防性能化设计，在火灾负荷较大的大空间区域，采用固定消防水炮自动灭火系统替代自动喷水灭火系统，满足超大空间的消防需求，保证航站楼内旅客人身和财产安全。固定消防水炮灭火系统布置在四层陆侧餐饮区、三层值机大厅、二层前端指廊出发候机区、Y 指廊端部国内候机区、地下一层迎候大厅。共设水炮 106 门。

2. 消防水炮泵及消防水炮装置：

航站楼设置独立的消防水炮灭火系统，有两台消防水炮泵设于消防泵房内，一用一备，每台水泵的出水管均与地下一层环状消防水炮给水干管相连，环状管网在首层设墙壁式水泵接合器三个，消防水炮的环状干管同时构成水喷雾系统的阀前供水干管。

消防水炮采用 360°水平转角、－85°～＋60°垂直转角的远程遥控消防炮，喷射流量 20L/s，额定工作压力 0.8MPa。消防水炮前设信号阀、水流指示器和电动阀。远控消防水炮同时具有手动功能。消防水炮的设置保证其保护部位同时有两股水柱到达。消防水炮前设电动阀与水炮联锁开闭。其阀前的手动阀及管路上所有的检修用开关阀门应处于常开状态并设锁定装置及明显的启闭指示装置。

3. 系统的控制：

固定远控消防水炮灭火系统具备消防控制中心远控、现场手动两种控制方式。

消防水炮灭火系统远程远控步骤：火灾探测器动作→向消防控制中心报警→通过安防系统视频摄像头锁定火点→远控消防炮对准火源并确认火情发出指令→电动阀与水炮泵联动开启→向水炮充水实施灭火。

（五）气体灭火系统

1. 气体灭火系统设置的位置：航站楼中开闭站、变配电所、不间断电源室、主通信机房（PCR）、通信间（DCR 及 SCR）、服务器室等信息及弱电系统专用房间设七氟丙烷气体灭火系统。

2. 系统设置的方式：同时保护三个防护区以上的区域均采用有管网的组合分配灭火系统，每套系统分别用一组储气装置，通过管网分配（按最大保护区用气量储存灭火剂）同时保护多个保护区；分散设置的 SCR 弱电机房采用预制无管网气体灭火装置。

3. 系统的构成：七氟丙烷气体灭火系统主要由储气钢瓶组、集流管、区域分配阀、压力开关、启动装置、管网、喷头等装置组成。

4. 系统的控制：气体灭火系统设有自动控制、手动控制与应急操作三种控制方式。

三、工程特点介绍

昆明长水国际机场航站楼是目前国内单体最大的航站楼建筑，航站楼总建筑面积 54.8 万 m^2，航站楼东西端最远距离约 855m，南北端最远距离约 1500m，单层最大面积约 16 万 m^2。楼内多种功能区并存，用水点星罗棋布，数量大而且十分分散。餐饮商业用水 114 处，公共卫生间 134 处，非公共卫生间 60 处，VIP/CIP 区域用水 46 处，两舱用水 12 处，室内景观绿化用水 13 处。给水排水专业设计特点主要体现在：

（一）给水系统的节水设计

结合本项目的特殊性，按照可靠性、经济性、合理性原则进行设计；根据不同的用水要求综合利用各种水资源，实现分质供水。再生水用于航站楼卫生间冲厕、室外绿化、冲洗地面等。非传统水源利用率为40.6%，达到《绿色建筑评价标准》GB/T 50378—2006中优选项的设计标准。

航站楼所有卫生器具均满足《节水型生活用水器具》CJ 164—2002标准。公共卫生间、残疾人卫生间以及办公区卫生间部分采用壁挂式坐便器，后排水，选用感应器的隐蔽式冲洗水箱；部分采用带水封蹲便器，下排水，选用感应式冲洗阀。旅客计时休息客房卫生间采用同层排水，保证了下层行李提取大厅清水梁梁间吊顶的整体效果。

公共区域卫生间采用无水小便斗系统，运用独特的无水TM过滤盒技术，滤盒被固定于小便斗底部的基座内，并与排水管道相连。滤盒中的密封剂将尿液和外界空气隔开，使味密封在滤盒中。该滤盒会过滤掉尿液中的沉淀物，过滤后无异味的尿液排入下水管道。每年可节约用水约254340t，减少污水排放约254340t，减少超过22158.8t二氧化碳排放。

（二）冷凝热回收利用

生活热水热源采用风冷螺杆全部热回收冷热水机组，回收建筑内区空调制冷运行时产生的冷凝热，用作生活热水主要热源，并结合一次热水换热设备为辅助热源。

航站楼设有信息通信机房、控制机房及驻场单位工艺性弱电机房等，各类机器设备全天24h不间断运行，对机房环境温度有严格要求，机房空调必须全年可靠运行。根据机房分布情况，在航站楼内集中设置内部冷源，航站楼平面尺度大，为了减少系统的输配能耗，分四处集中设置了风冷型冷水机组。系统全年运行，负担弱电机房及部分内区办公等的冷负荷，满足机房全天24h供冷需求。

航站楼内设置的配套服务设施，如厨房、卫生间、淋浴间、VIP/CIP休息间、计时休息等用房，需要提供生活热水。通过计算航站楼内区空调冷负荷和生活热水加热量可看出二者比较接近，计算结果见表5。

各区全年冷负荷和生活热水负荷 **表5**

系统分区	A、B、E区	A、B、F区	B、C、H、G区
生活热水加热负荷	1400kW	1400kW	700kW
内区空调冷负荷	1750kW	1750kW	600kW

航站楼内弱电机房等全年存在冷负荷，全年不间断供冷，冷负荷特性稳定，受室外温度等因素影响小，冷凝热也会较为稳定由风冷机组向大气排放。航站楼生活热水同样需要全年提供，供冷需求与供热需求同时存在。航站楼全年供冷系统冷凝热具有排放集中、数量相对较大和排放量稳定的特点，按表5冷凝热量能够满足生活热水系统所需要的加热量。因此冷凝废热极具利用价值。

采用热回收冷热水机组作为全年供冷系统冷源和生活热水热源，热回收机组冷冻水供回水温度为7℃/14℃，热水供回水温度55℃/50℃。按系统冷热负荷热点，航站楼热回收系统可按单独制冷和制冷同时制热两种模式运行。由于系统冷负荷基本稳定，而生活热水加热负荷受用水量逐时变化影响，不同时间段变化较大，因此存在冷凝热与热水加热量二者之间不平衡的问题，机组冷凝器由热回收换热器（制冷剂环路/热水环路）和风冷冷凝器（制冷剂环路/冷却风机）组成，其中风冷冷凝器通过向大气排热或取热，起着平衡整个系统冷热负荷的作用。

设计充分考虑昆明独特的气候特点，采用热回收技术，满足弱电机房全年供冷需求的同时，回收冷凝热用于航站楼生活热水加热，提高了能源利用率和设备的运行效率，实现了节能减排和对能源的综合利用。

（三）超大屋面虹吸雨水系统设计

昆明新机场航站楼屋面由南侧中心区主屋面、东西前指廊、中央指廊、北侧中心区、东西Y指廊屋面组成，屋面汇水面积约20.68万m^2，屋面雨水排水系统的设计重现期为20年，包括溢流设施的排水能力要达到设计重现期50年标准。设计重现期$P=20$年，$q_5=6.33L/(s\cdot 100m^2)$，5min雨水总量达13090L/s。设

计重现期 $P=50$ 年，$q_5=7.30\mathrm{L/(s\cdot 100m^2)}$，5min 雨水总量达 15096L/s。

为达到安全、高效、经济、美观等建筑整体要求，屋面采用虹吸雨水排水系统。在满足水力条件的同时考虑建筑条件和结构条件，利用屋面的双曲面造型和屋面板直立锁边构造的导流作用，采用主天沟与檐口天沟接合的形式，满足了超大屋面排水的功能要求。

航站楼主屋面即南侧中心区屋面，下方为航站楼最重要的值机大厅及迎客大厅屋面最高点为 72.75m，最低点 29.52m，屋面最大高差达 43.23m。东西距离约 348m，南北距离约 279m，以中心屋脊线为对称轴呈双曲面造型，汇水面积达 86800m²。主屋面天沟包括屋面主天沟、屋面天窗支天沟、檐口边天沟及屋脊天窗天沟。由于屋面板沿垂直中央屋脊方向单向排板，降雨时，屋面雨水会沿屋面板向双曲屋面的最低点汇集，屋面主天沟沿双曲屋面的最低点设置，不但可以收集大部分主屋面的雨水，而且最大限度地保证了主屋面的完整性。主天沟坡度较大，雨水在天沟内流速较高，如果不采取有效的措施，排水沟上游将无法形成虹吸排水，雨水将汇集到主屋面下游，雨水有可能从变形缝渗入室内，也会增大屋面荷载，影响屋面结构安全性，为此天沟内每 10m 设置挡流板，降低天沟内雨水流速。

设计将主屋面分为四个大区，每个大区设置一个溢流系统，每个大区再细分为若干小区，分区中间设置挡水板，避免雨水过分集中到标高较低的雨水斗处，保证屋面雨水均匀排放。在挡水板有效排水水位以上 10cm 位置设置溢流孔。当遇到极端天气，降雨超设计重现期流量时，雨水可通过溢流孔流向相邻的下游排水分区。屋面主天沟在下游与屋面边天沟连通，可把超设计重现期流量的雨水导到设在屋面挑檐的外天沟。在没有增加造价的情况下大大提高了屋面排水的安全性。其屋面雨水收集天沟及雨水斗的布置方案，充分考虑了屋面特点、排水方向、排水能力、建筑结构的构造等因素，科学合理。

航站楼为重要公共建筑，当遇到极端天气或者局部屋面排水系统阻塞时，可能造成雨水溢入室内造成严重后果，因此系统设计时考虑屋面的造型特殊性，采取屋面主天沟结合下游屋面边天沟逐级排放的技术措施，提高了虹吸式屋面雨水排水系统的安全性、可靠性，并节省了造价。2012 年 6 月 28 日昆明长水国际机场正式投入使用至今，屋面排水系统经历过多次降雨的考验，证明屋面虹吸排水工程达到了设计要求。

四、工程照片及附图

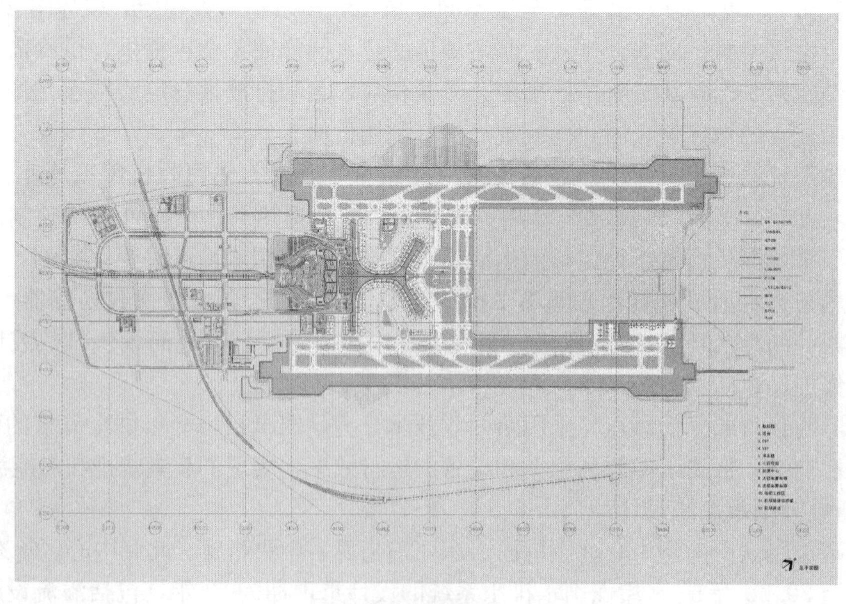

总平面图

日景鸟瞰图（效果图）

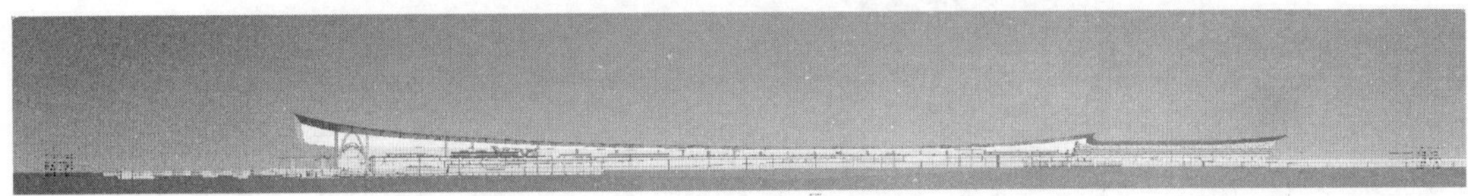

纵向剖面图

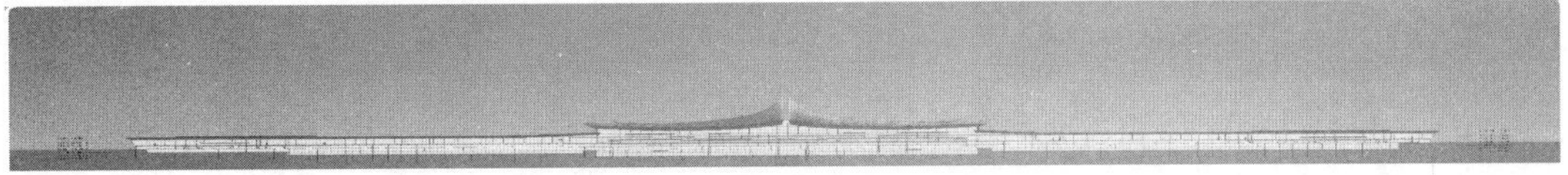

横向剖面图

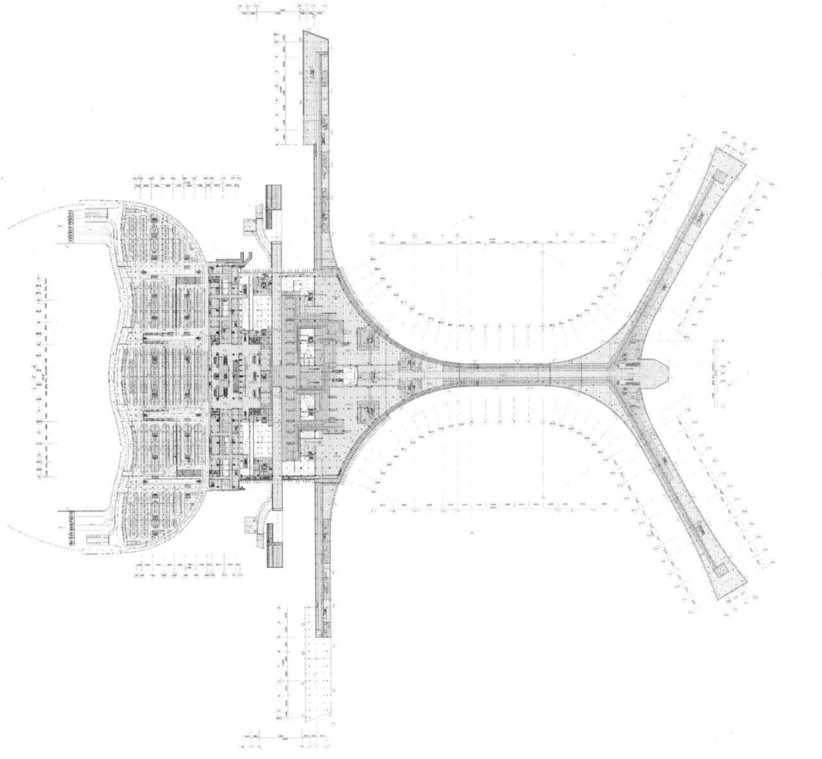

B2 层平面图

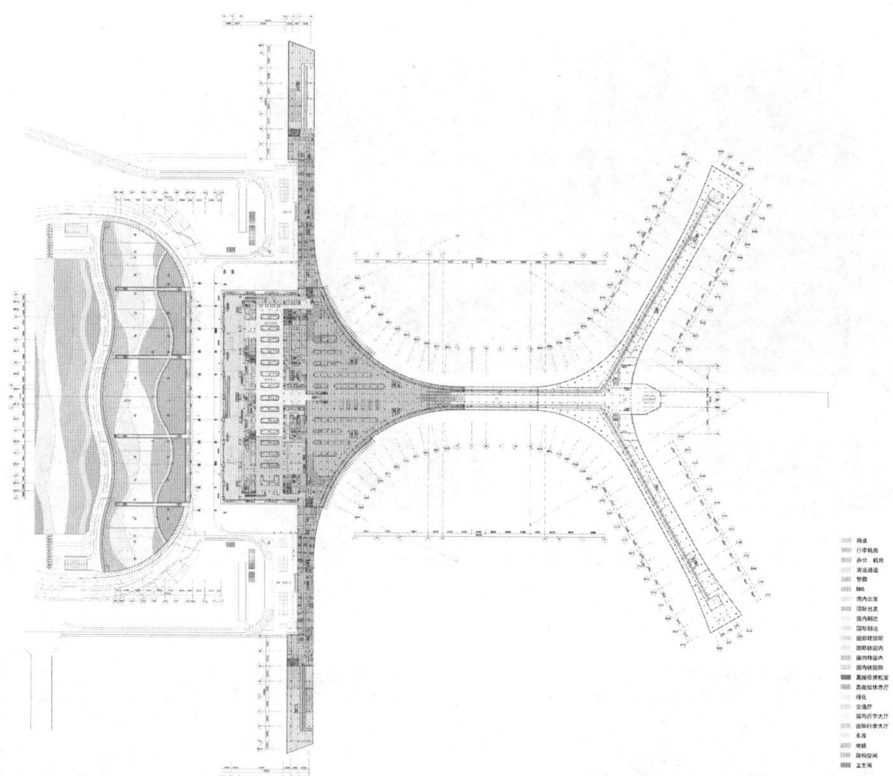

B1 层平面图

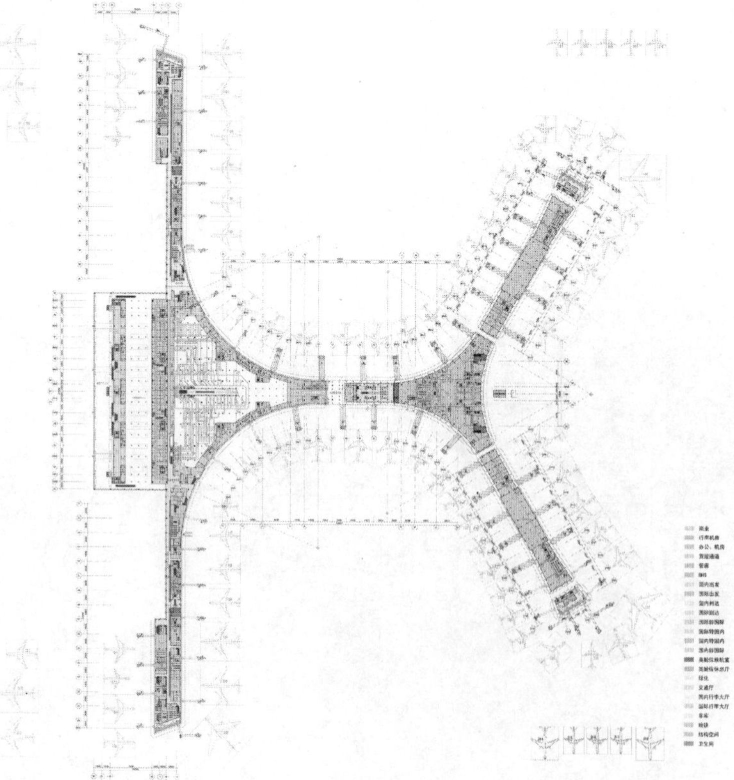

F1 层平面图

屋面鸟瞰

屋面天沟及集水槽

消防泵房

换热机房

候机指廊罗盘箱水炮

值机岛水炮

设备管廊

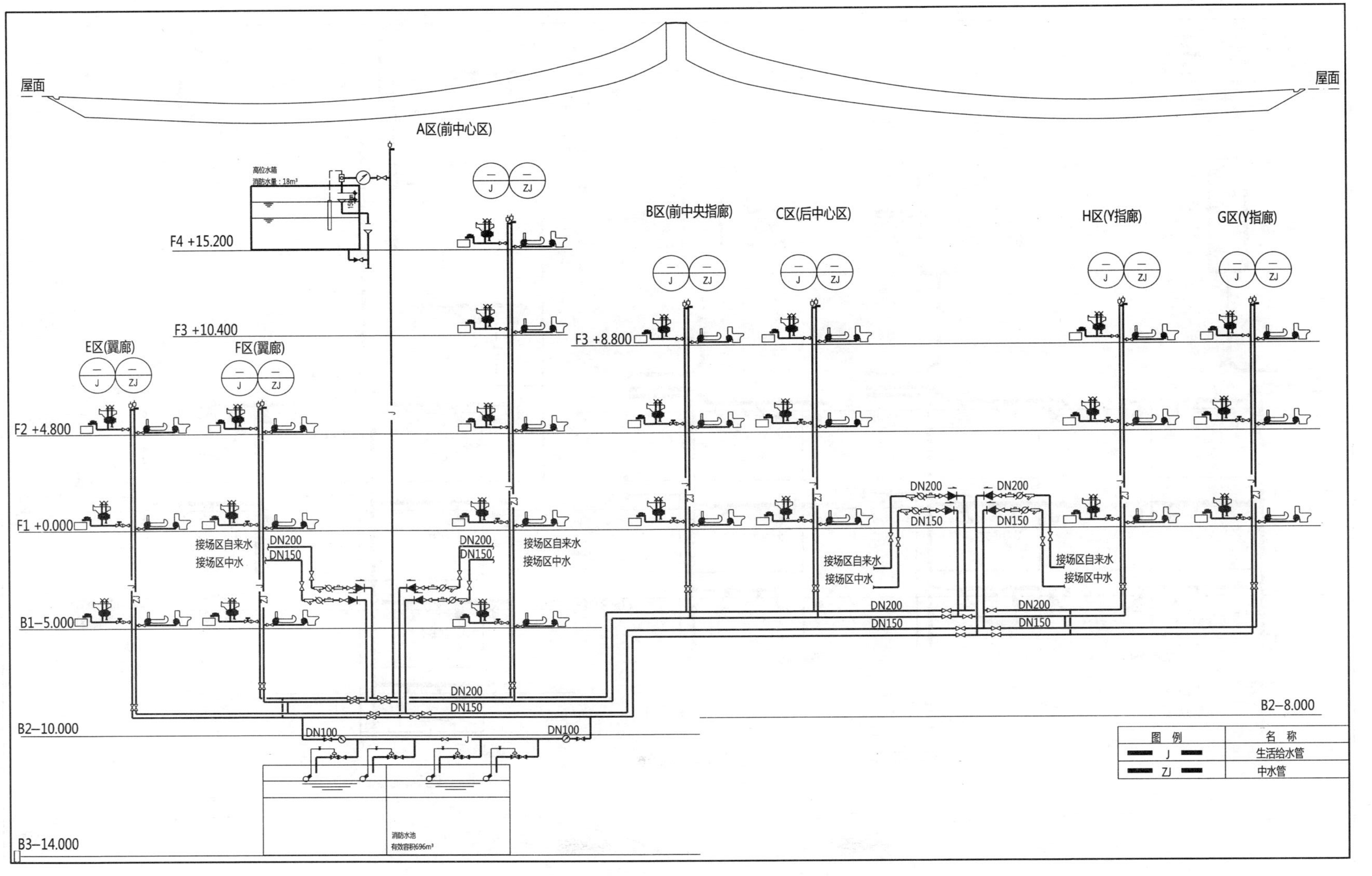

给水、中水给水系统示意图（非通用图示）

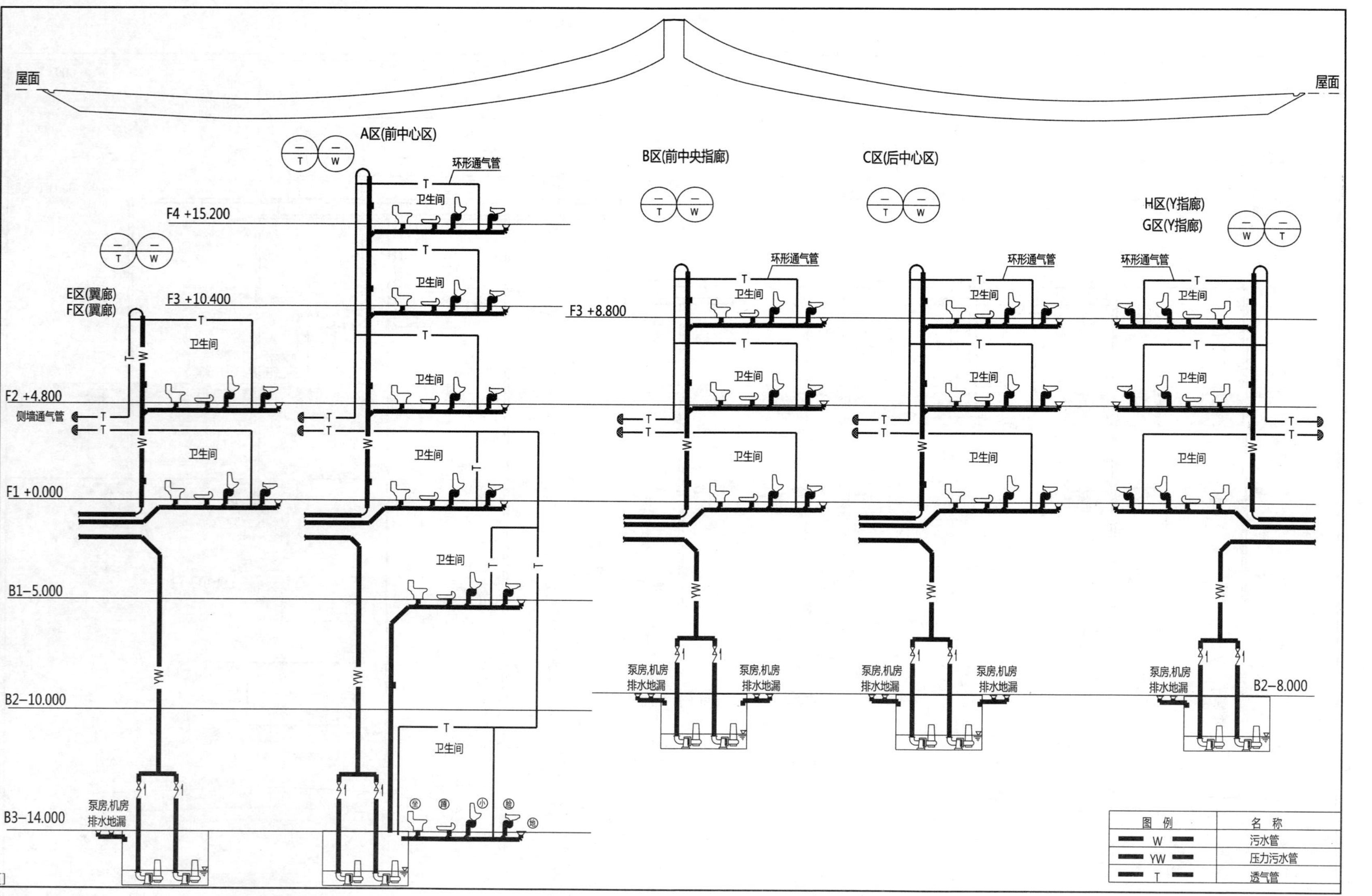

排水系统示意图（非通用图示）

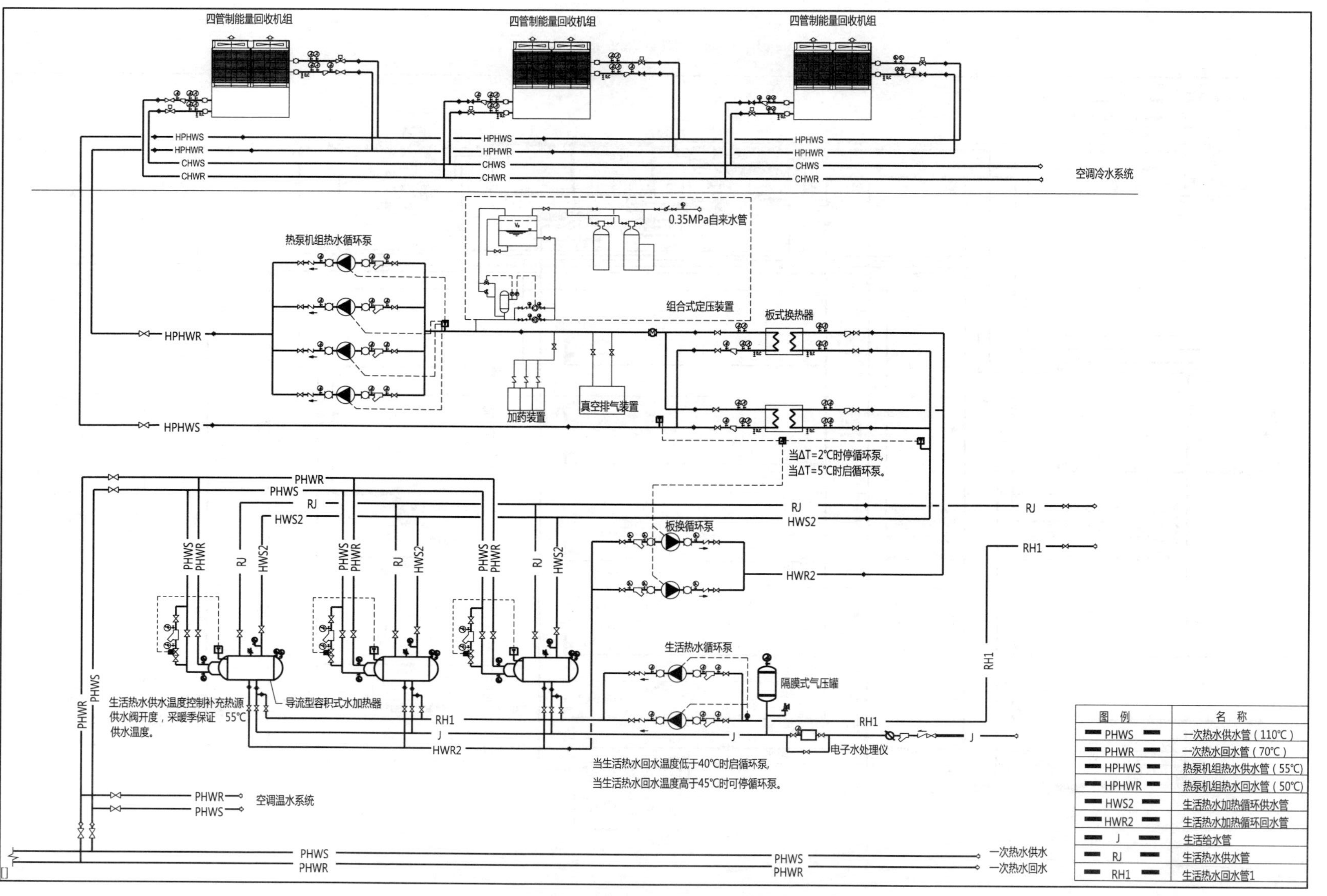

生活热水换热系统示意图（非通用图示）

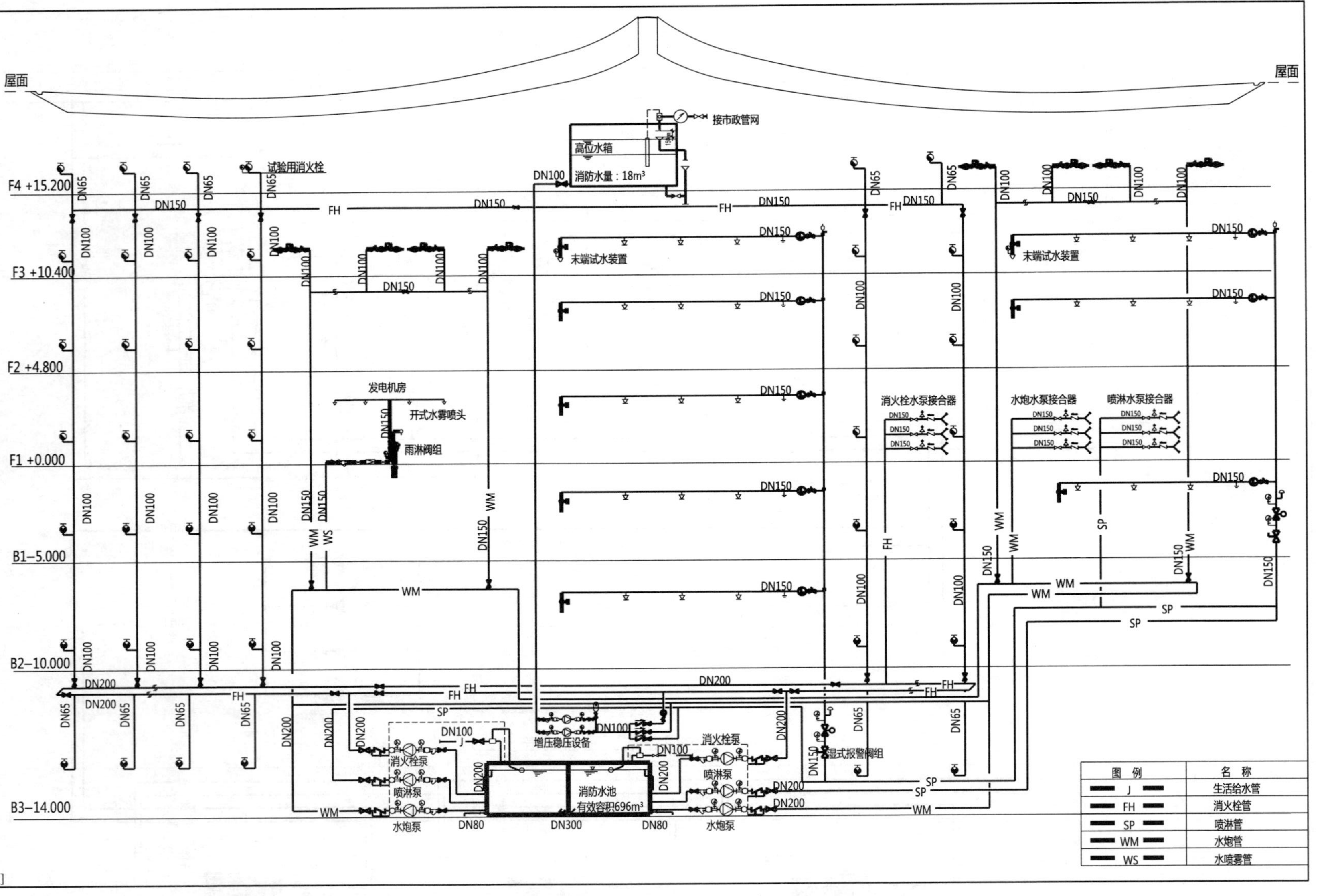

消防系统供水原理图（非通用图示）

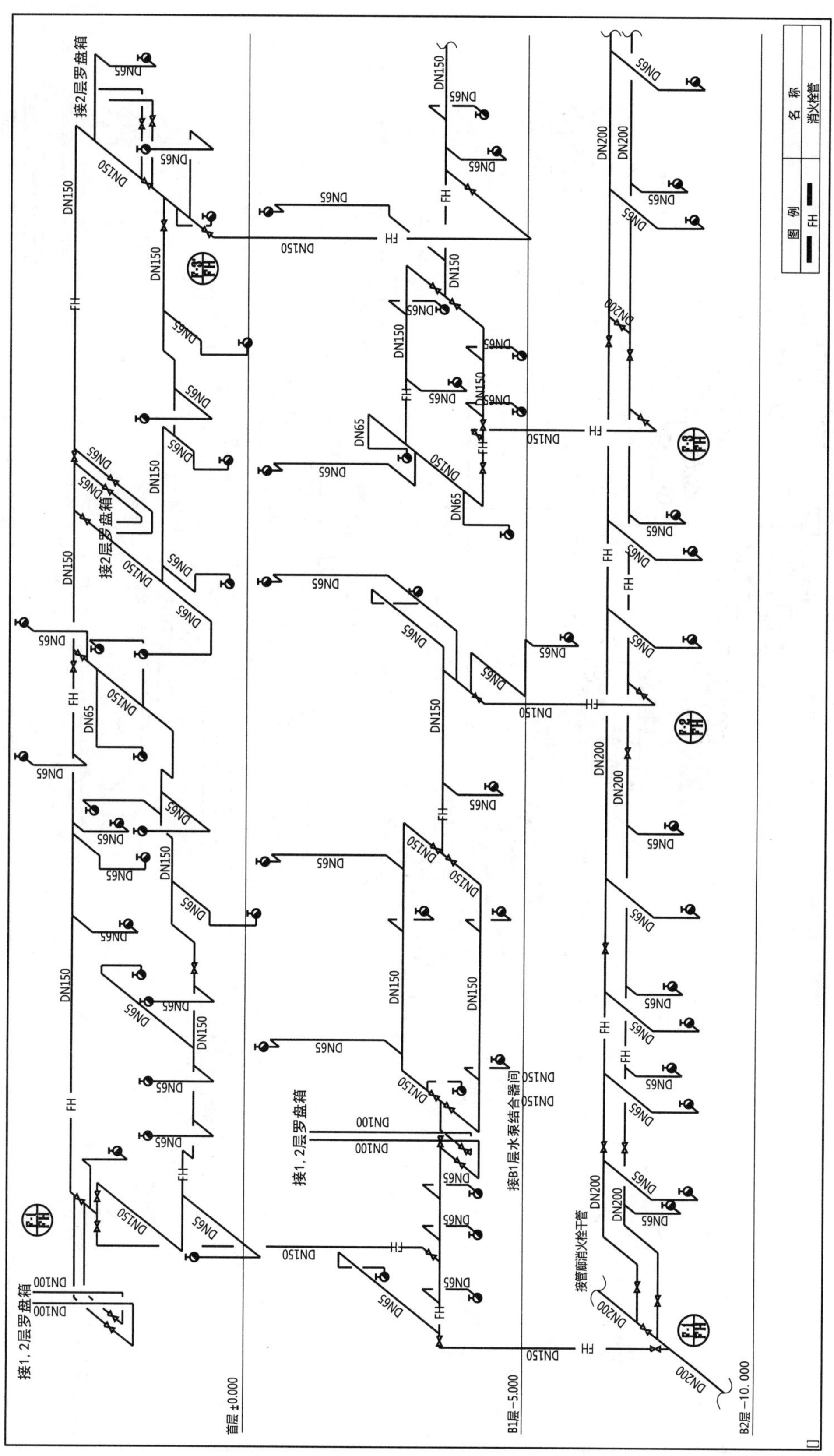

F区（局部）消火栓系统图（非通用图示）

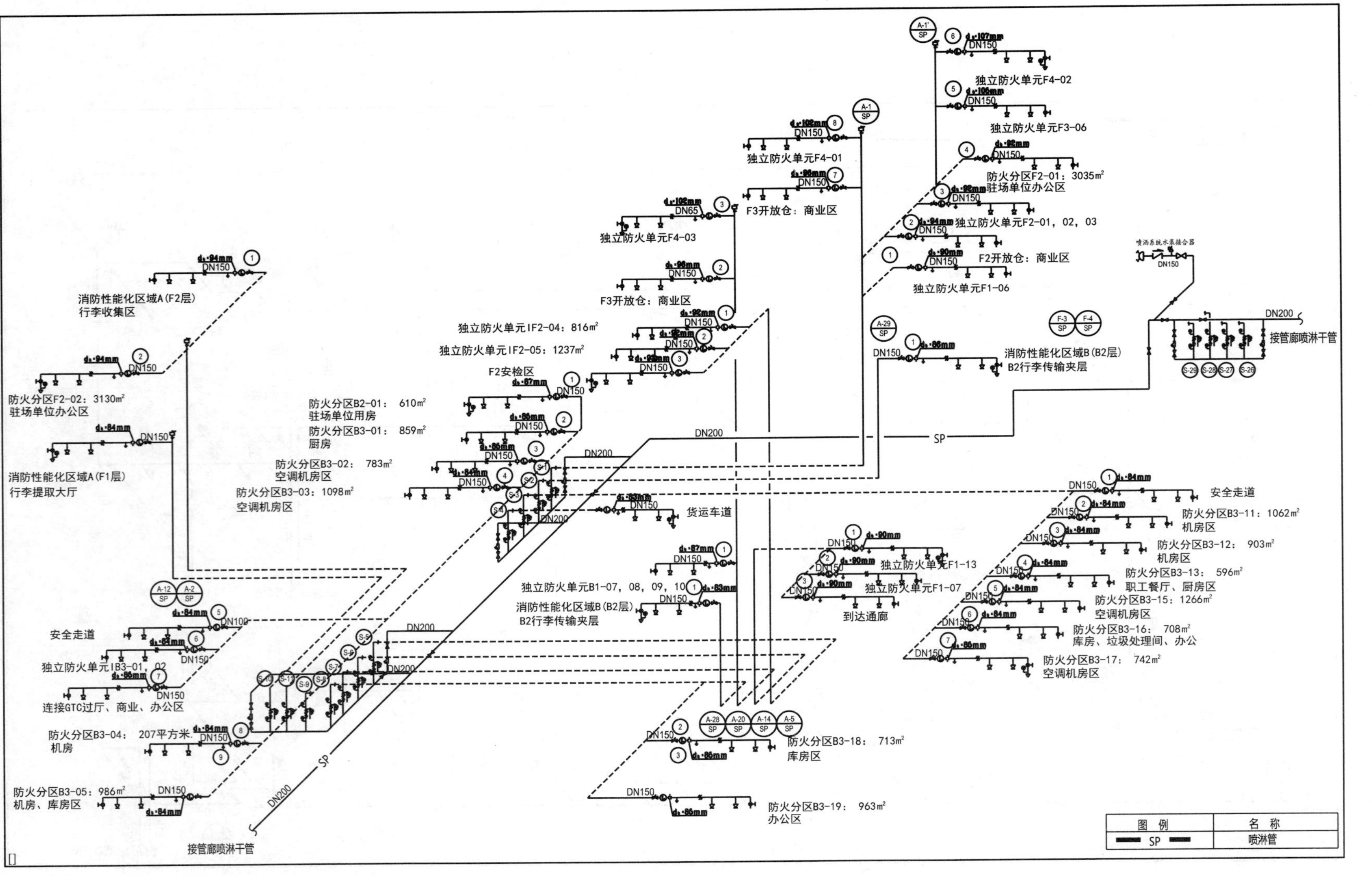

A、B区（局部）喷淋系统图（非通用图示）

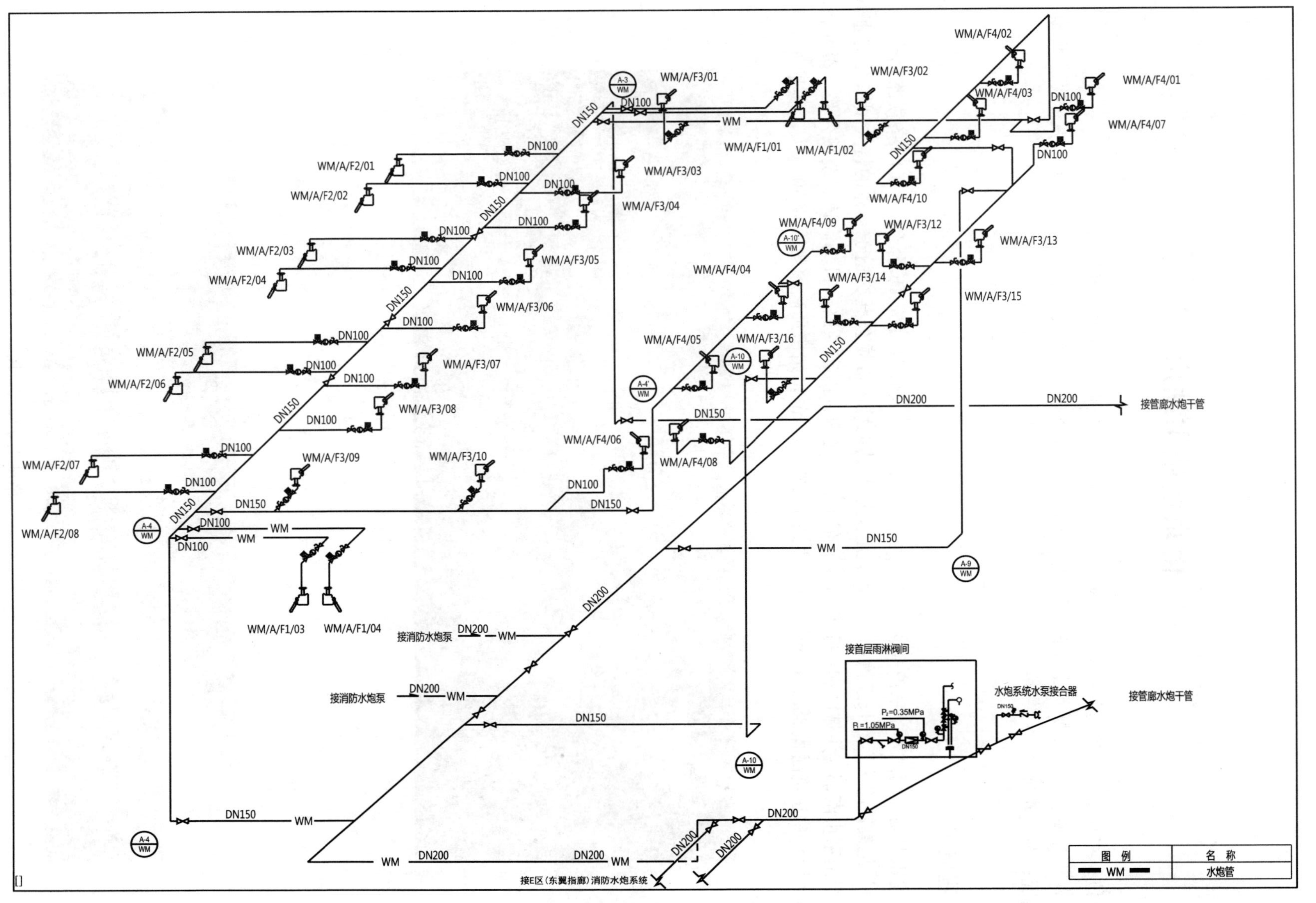

A区（局部）水炮系统图（非通用图示）

南京南站主站房

设计单位： 中铁第四勘察设计院集团有限公司　北京市建筑设计研究院有限公司
设 计 人： 郭旭晖　王力刚　庄炜茜　陈畅　马月红　蒋金辉　刘纯才　路东雁　段钧　周小虹　代焱
获奖情况： 公共建筑类　一等奖

工程概况：

新建铁路南京南站，是京沪高速铁路五大始发站之一，总设计规模 15 台 28 线（15 条铁路站台，28 条到发线），是集铁路客运、长途汽车、城市轨道交通及其他城市常规公共交通于一体的特大型综合交通枢纽。车站位于南京市南部，主城区和江宁开发区、东山新区之间，由宁溧路、机场高速、绕城公路、秦淮新河等围合的区域，总建筑面积 38.7 万 m^2，其中主站房 28.1 万 m^2，站房最高聚集人数 8000 人。实景如图 1、图 2 所示。

图 1　南京南站鸟瞰图

图 2　南京南站正立面实景图

南京南站主要由地上三层（局部设有夹层）和地下二层组成，其中地面三层（+22.4m）为高架候车层，是旅客的主要候车区域；地面二层（+12.4m）为站台层，是旅客的上下车层面；地面一层（±0.0m）主要布置为出站厅、换乘广场、设备辅助用房、东西两侧的停车场及长途汽车站站务用房；地下一层（－9.6m）主要为地铁站厅层、铁路设备用房、商业开发用房及社会车停车库组成；地下二层（－16.6m）为地铁站台层。站房主入口位于北侧，在站台层设有进站广厅，进站广厅集售票、进站、综合服务于一体，是旅客进入高架候车室的主要通道。站房南入口设于高架层南侧，主要服务于城际旅客。

一、设计特点

本工程采用的节能节水型客车上水新技术；旅客列车集便污水真空卸污新技术、旅客站房集中式直饮水系统新技术以及大型铁路客站给水排水自控管理系统一体化新技术等均代表了国际先进、国内领先的最新设计水平，运营四年多来南京南站给水排水及消防系统在先进性、稳定性及节水节能等方面均成效显著。

（一）节能节水型客车上水新技术

为适应我国铁路客运专线建设的快速发展，适应大型高速铁路客站对旅客列车快速自动上水管理水平的更高要求，本次设计积极推广节能节水型客车上水新技术，在南京南站采用了“客车上水自动控制及管理系统”（图3）。

图3　客车上水系统

该系统主要由自动回管型客车上水设备（主要包括上水接头、客车上水单元控制机、客车上水股道管理机）以及相应的电气控制及管理系统等组成。其中客车上水单元控制机安装于车站到发线间的上水栓井室内，与客车上水干管相接，安装数量按上水栓数量进行配置。

该系统上水方式除由人工采用特制气动式快速管接头与客车注水口对接外，其余作业均为自动化完成，具有无线遥控、自动计量显示、水满及定时自动关停、自动脱管、自动回管、余水自动收集及防冻等主要功能。与传统的普通上水作业设备相比，整个上水过程操作简洁便利，自动化程度高，劳动强度低、辅助上水时间少、上水及节水效率显著提高，该系统研究成果显示其平均上水作业效率比普通上水设备提高了约15%。同时因为采用了自动回管装置，保护了上水作业场地的整洁美观，亦适应了现代化客站的环境要求。

该系统监控中心为上述设备系统的集中监控与信息管理的工作平台。该平台通过上水现场信息采集系统及相应的网络传输系统，由中心计算机处理系统对股道间上水单元控制机的作业运行及相关状态信息进行实时记录、统计、显示以及监控，以完全实现对上水作业过程的电子信息化管理。

（二）先进的差量补偿箱式无负压供水技术

本设计由于铁路外网供水压力较大，大于0.45MPa，故为了充分利用外网压力，高区采用差量补偿箱式无负压变频供水方式（此种供水方式已取得相关部门同意），供给高架上夹层（28.4m），包括各卫生间、开水间、屋顶消防水箱和厨房等处；机房设于地下层的水泵房内。

差量补偿箱式无负压供水设备，当铁路外网供水余压、流量充足完全能满足站房给水要求时，无负压自动增压水箱中的供水泵休眠，完全靠铁路外网余压直接供水，既可以利用铁路外网原有的压力；也可以保证自来水不受二次污染。当用水高峰来临时，铁路外网供水压力流量不足，不能满足站房给水要求时，水箱内

图 4 无负压泵房

连接在水泵进水管上的无负压装置，自动唤醒运行水泵，同时通过无负压控制系统和无负压增压装置的协调动作。

差量补偿箱式无负压给水设备既有无负压供水设备的特点，可充分利用进水口原有管网压力，节能效果极其显著，可达 50%以上；同时具有水箱的存储功能，在一定程度上提高了供水可靠性；且占有空间相对较少，节省设备的初期投资和冲洗水池、给水池消毒的费用。该设备全自动智能控制，具有多种保护和控制功能，可实现真正无人值守。

（三）管道加压泵供水方式节能

由于南京南站主站房屋顶自洁冲洗用水使用次数较少，且时间较短，从节能的角度考虑，采用管道加压泵供水的方式为屋面冲洗供水，在不使用的时候关闭管道加压泵，加压供水取自铁路外网给水管线，加压泵设于 19.10m 的桁架层。此种方法相比直接采用无负压供水至屋顶节省几十米的扬程，避免水泵总是不在高效区运行，有效地节省能源。

（四）双路供水确保供水安全性

由于南京南站主站房高架层（22.4m）处于临界点，为防止铁路外网给水水压出现波动时影响该层的使用，将无负压变频供水的管线也同时接入，在需要的时候通过阀门切换来满足该层的需要，确保旅客正常用水需求。

（五）先进的集中式直饮水系统

本设计采用了先进的集中式直饮水系统，通过优质化管网提供纯净水，即开即饮，进一步提升了车站服务标准及质量（图 5）。

图 5 集中式直饮水系统

（六）旅客列车集便污水真空卸污新技术

京沪高速旅客列车均为密闭式厕所，密闭式厕所能满足高速铁路运输密闭性、舒适性和洁净环保的要求，但对列车排污提出了新的技术要求。本次设计特别针对南京南站高速旅客列车卸污作业，采用了固定式集中真空卸污方式。

固定式真空卸污系统采用在线作业形式，真空机组可实现抽吸面到压力面的连续运转，并与抽吸单元及真空管路完全密封，无异味、无堵塞、无漏气、漏水及泄漏污物现象；其卸污能力可同时满足两条卸污线、16 辆编组动车卸污作业要求；极大缩短了卸污作业时间；其设备机组控制系统采用 PLC 微机智能控制，并设有过载保护功能，防止设备故障；机组自动控制真空的产生和污物的排放，无需人员值守；卸污接头可自由拉伸与复位、快速装卡等功能。总之采用固定式真空卸污最大限度地改善了操作环境，有效消除了卸污过程对站区周边环境、旅客及工作人员的影响。

（七）闭式污水收集提升排水新技术

南京南站主站房高架层卫生间分散布置在各个候车厅，且无法就近设置排水立管将污水及空调冷凝水排出，而如采用传统的重力流排水方式，会由于建筑平面布局大，水平排水管道长，排水管坡度不能保证，因此本设计采用重力流加有压排水结合的系统。在每个卫生间就近布置了污水提升泵间，从卫生洁具到就近的提升泵之间为重力排水，利用自然坡度排水至密闭式污水收集提升排水系统。再经过提升装置有压排水，然后经过高架下夹层至管道竖井，由出站层地面下排入室外污水管网。高架层及其上夹层的空调冷凝水也采用了此种排水方式（图 6）。

图 6　闭式污水收集提升排水系统

闭式污水收集提升排水系统的污水泵为干式安装。一套完整的闭式污水收集提升排水系统包括：收集箱、两台干式污水泵（逐台投入）、中央控制器及其阀门、液位控制、检修工具等相关附件。采用闭式污水收集提升排水系统既能有效将污水排出室外，又节省占地，节约资源，由于为全封闭式，故不会产生异味，不会污染环境。透气管直接接至主通气立管经无柱雨棚排至室外。

（八）先进的虹吸雨水排水新技术

南京南站屋面总汇水面积 101748m^2，屋面周边低、中间高。由于建筑和结构等专业对雨水立管布置位置的限制，采用重力流雨水系统无法满足安全排水要求，故设计采用虹吸式雨水排放系统。针对南京南站超大型屋面结构，研究制定出一套布置方法，解决了立管和悬吊系统的隐蔽难题，提高了安装的安全性、可靠性、可行性，达到便于施工与维护的目的（图 7）。

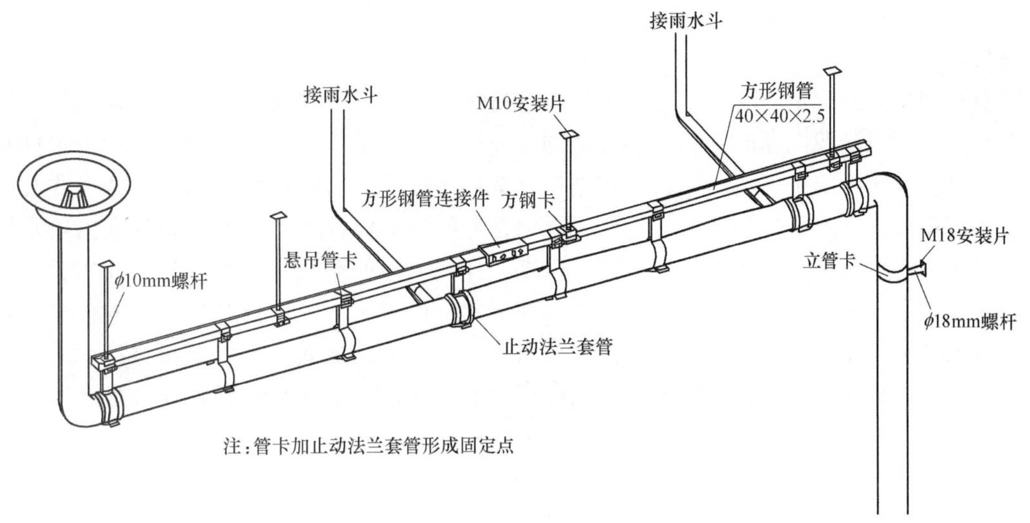

图 7　虹吸式雨水排水系统

由于虹吸式雨水斗的特殊结构，造成管道内水流达满流排放，虹吸式雨水系统雨水立管大量减少、雨水斗数量少。埋地管和雨水检查井少，土方开挖工程量减少，大大节约了成本。HDPE 管作为一种新型的节能管材，重量轻，施工方便，安装工效大大提高。南京南站屋面采用虹吸式雨水系统造价为600万元，若本工程采用普通（重力流）雨水系统，经测算共需费用1106万元。故选择虹吸式雨水系统能够大大降低工程成本。

（九）广泛采用节水设备和节水措施

由于南京南站属于大型火车站，生活用水主要是冲厕和盥洗，几乎占生活给水的90%，因此节水设计尤为重要。故本设计中水龙头和卫生器具均采用节水型感应洁具，可大幅度减少用水量。根据相关资料，用感应节水龙头可比一般手动水龙头每月节水30%左右，而且使用寿命也要高于一般的节水龙头。坐便器的冲洗水箱也选用一次冲水量为6L的节水型坐便器。除卫生器具选用节水型外，本工程还有其他节水措施，即制冷机冷却水经冷却塔循环使用，各主要用户总供水干管上均设置水表，便于计量用水量。

（十）铁路给水排水自控管理系统一体化新技术

本次南京南站给水排水自控管理一体化系统的设计，系按铁路给水排水设计规范要求，以标准化、具备上网功能的功能终端作为系统的智能化节点，对车站给水排水系统及设备运行实施实时监控；并以标准的电话网络或Internet网络作为自控系统所有数据和控制命令的传输通道，构成车站给水排水设备既能分散独立控制运行、又便于远程集成管理的给水排水自控管理网络系统。

本设计给水排水自控管理一体化系统主要由标准化的功能终端设备和标准化的网络传输通道组成。

1. 标准化功能终端主要由水泵和阀控制功能终端（泵阀远控箱）、水计量功能终端（远传流量计）、模拟量采集功能终端（液位/压力采集终端）和电计量功能终端（累计电量采集器）等四类终端组成，这四类终端均为标准化配置，以标准化功能终端取代传统的集中监控模式，有效降低了系统复杂性，提高了系统可靠性，并最大限度利于终端设备运营维护。

2. 标准化网络通道系采用标准化的电话网或Internet网作为自控系统信息和控制命令的传输通道。通过标准化的电话线插座或网络端口，即可将上述各标准化功能终端挂到网上连成网络。经该网络系统授权可以对车站各种给水排水设备进行远程监控、远程访问及远程日常管理。

本设计给水排水自控管理一体化系统从结构上彻底克服了传统给水排水集控系统模式复杂、可维护性差、各系统软硬件设备不通用的弊端，以标准化功能终端取代传统的集中监控模式，并有效实现了网络化远程管理，有效减少了水资源的浪费

二、心得与体会

新建铁路南京南站，是“世界上一次建成最长、运营时速最高、投资规模最大的高速铁路”—京沪高速铁路五大始发站之一，也是我国新时期具有代表性的高速铁路站房工程。本项目的客车用给水排水及消防系统按京沪高、沪汉蓉及宁安宁杭三场高架桥台式站场方案进行设计，与这种特大型高速桥台式客站配套的给水排水及消防系统设计尚无工程先例参照，达到了国内领先的最新设计水平。本项目的室内给水排水及消防系统设计主要是参考国内外现行相关的设计规范、标准，并在大量的调研、分析、计算及实验等工作的基础上进行设计，并采用了多种节能、环保措施，充分体现了“绿色环保”、“可持续发展”的概念。自建成以来南京南站给水排水及消防系统在先进性、稳定性及节水节能等方面均成效显著，获得铁道部、江苏省、南京市等各级领导及建设、运营管理单位和广大旅客的高度评价，取得了很好的经济效益和社会效益。

珠　江　城

设计单位：广州市设计院
设 计 人：赵力军　丰汉军　李红岩　郭进军　敖郁东　甘起东　陈健聪　李桂芳
获奖情况：公共建筑类　一等奖

工程概况：

珠江城主体建筑分为两个部分，一栋71层309m高的超高层办公楼和一栋三层33.36m高的高层会议中心裙楼，另有5层地下室，地下停车位约852个，总建筑面积214029 m^2。包括办公室和配套的银行、餐饮、会议室、会所、会议中心及地下车库、设备房等用房。珠江城为中国烟草总公司广东省分公司超高层办公楼项目，项目定位为地标性超甲级写字楼。

给水排水设计采用了全大楼中央管道直饮水系统、虹吸雨水排放系统、下迂回侧排透气系统、室外线性排水系统、节水型卫生器具、屋顶大水箱高压消防给水系统、双水流指示器环状供水消防喷淋系统、大空间智能型主动喷水灭火系统、综合支吊架及新型给水排水及消防管道等节能、节水、环保及消防安全技术。其中，下迂回侧排透气系统为广州市设计院首创，它解决了排水系统伸顶透气管因建筑要求无法伸顶设置时的出路问题。

（一）场地概述

珠江城位于广州珠江新城核心区域，珠江大道西与金穗路的交汇处，建设场地为不规则方形地块，南北长92m，东西长118m。办公楼的主要车行道位于建筑的北面。通往场地的两个入口位于东侧和北侧的规划路上。有三条坡道通往地下停车场。在东北角的坡道还可以用于装卸货车坡道，另外两条坡道位于西北角。

（二）工程设计规模及项目组成

本项目总建筑面积：214029m^2，其中地上面积169430m^2，地下面积44599m^2，总用水量2200m^3/d。五层地下室，地下停车位约852个，3层33.36m高的高层会议中心裙楼，71层309m高的超高层办公楼。

（三）建筑功能分区及建筑平面布局

广东烟草新大楼（珠江城）项目是总部办公大楼，从下至上依次分为以下几个区：

1. 地下层：该建筑共有地下室五层。地下一层及夹层包括装卸区域，消防指挥中心，机械、电气和电话设备空间以及大楼主要进线服务。地下一层夹层及地下一层部分作为贵宾停车区和入口。地下二层至地下五层为机械停车库，容纳约852个机动车停车位。

2. 首层：首层主要包括办公楼主大堂、会议中心的入口大堂，以及银行设施。大堂夹层上部为双层电梯和银行办公。

3. 2层至6层：主要包括中、西餐厅、职工餐厅、烟草公司的餐厅、厨房和健身俱乐部。独立的裙楼位于大厦的西北角，主要作为会议中心，包括位于3层的500座大型会议室和2层的小会议室。会议中心和塔楼之间通过全封闭的连桥连接。

4. 办公层、会所：9～58层为出租办公空间，59～68层为广东烟草总公司总部办公空间。70～71层设有高级VIP会所。

5. 机械设备层：7～8层、23～26层以及49～52层和70层为主要机械设备空间，为建筑主楼提供服务。风涡轮系统位于24～25层和50～51层，避难区位于7层、22层、38层、54层和69层。

（四）项目各专业综合设计特点

项目采用风力发电、太阳能发电、内循环双层玻璃幕墙连遮阳百叶、冷辐射顶棚带置换通风、日光感应控制照明、高速双层电梯、中央垃圾管道收集系统、机械停车库、底板送风、中央管道直饮水、热回收等多项节能措施，被国家住房和城乡建设部列为“2010年低能耗建筑示范工程”，获美国LEED认证铂金级标识。

本工程在国内外曾引起广泛关注：①《华尔街日报》、《建筑》杂志等多家国际媒体及杂志将本项目报道为“世界节能建筑的创新工程”，称其为“世界引导新型设计潮流的三大高塔之一”；②2006年10～12月，美国芝加哥和纽约的当代艺术博物馆先后举办题为“巨大变化”的展览，“珠江城”作为重要参展项目之一备受世界关注，被誉为“引领世界建筑创新潮流的典范”；③被《美国国家地理之世界伟大工程巡礼》拍摄组全程跟踪拍摄专题片“世界伟大工程巡礼——珠江城大厦”并播放；④被美国全国广播公司（NBC）列为“全球十大可持续建筑物”（sustainable building）。

（五）工程建设情况

本工程于2008年6月开始初步设计，2009年3月完成一次施工图设计，2011年4月完成二次装修设计，2012年11月竣工验收合格并投入使用。

本工程生活给水设计主要包括办公用水、冷却塔补水、绿化用水等。系统采用串联转输重力供水，个别压力不足的楼层采用变频设备加压供水，最高日生活用水量为2200m^3/d。直饮水系统采用水质集中处理，各直饮水机房二次消毒处理管道供应直饮水。生活排水包括地下车库排水，卫生间排水及餐饮排水，最高日生活排水量为1280.96m^3/d（不计空调补水及绿化排水）。屋面重力雨水排水及裙楼虹吸雨水排水，屋面按P=100年重现期考虑。消防系统采用临时高压与重力供水相结合的消防给水系统，屋顶设540 m^{3}消防水池，变配电房及强弱电间设S型热气溶胶灭火装置。给水排水设计主要采用了直饮水系统、虹吸雨水排放系统、下迂回侧排透气系统、室外线性排水系统、节水型卫生器具、屋顶大水箱高压消防给水系统、消防喷淋双水流指示器环状主管、大空间智能型主动喷水灭火系统及新型给水排水及消防管道等节水环保及消防安全技术。

一、生活给水排水系统

（一）给水系统

1. 生活给水量计算

设计参数、生活给水量计算见表1。

生活给水量计算 **表1**

用水名称	用水量定额(L/d)	数量(人)	用水时间(h)	平均用水量(m^3/h)	时不均匀系数	最大时用水量(m^3/h)	日用水量(m^3/d)
办公	50	15470	10	77.35	1.5	116.30	773.50
餐饮	20	11600	14	16.57	1.4	23.2	232
车库	2	38000(m^2)	6	12.67	1	12.67	76.00
水景补水	600(m^3)	容积的10%	16	3.75	1	3.75	60.00
空调补水			10	85.00	1.4	120.00	850.00
绿化用水	2	4000(m^2)	8	1.0	1.5	1.5	8
未预见水量	10%						199.95
合计							2199.45

2. 水源

水源为市政自来水，从建筑物东面珠江大道西引一条 $DN250$ 进水管，从建筑物南面金穗路引一条 $DN250$ 进水管，给水管沿建筑物布置成环状；在本建筑物地下一层水表房设水表四套，两个 $DN250$ 水表供商业用水，两个 $DN200$ 水表分别供消防及绿化用水。

3. 生活给水系统

生活给水主要包括办公用水、冷却塔补水、绿化用水等。系统采用串联转输重力供水，个别压力不足的楼层采用变频设备加压供水，最高日生活用水量为 2200m³/d。生活给水系统如图 1 所示。

地下一层生活泵房中独立设置生活水箱，水箱储水容积 250m³，分两格。在 25 层及 51 层分别设置生活转输水箱，水箱储水容积均为 100m³，分两格。在 71 层设置高位生活水箱及生活水泵房，水箱储水容积 85m³，分两格。

4. 系统分区

供水系统自下而上分上下四个垂直供水大区：

A 区：地下 5 层至首层，由市政管网直接水。

B 区：2～19 层，分三个小区，由设于 25 层的不锈钢生活水箱重力供水。

C 区：20～44 层，分四个小区，由设于 51 层的不锈钢生活水箱重力供水。

D 区：45～71 层，分四个小区，由设于 71 层的不锈钢生活水箱重力供水及生活泵房中变频泵供水。

在给水横支管上设减压阀以保证用水点水压不超过 0.2MPa。

5. 生活给水管材

室外给水管道选用氯化聚氯乙烯（CPVC）塑料给水管及管件，环刚度大于等于 PN8，粘接。室内冷热水系统管道采用不锈钢管，卡压及卡箍连接。

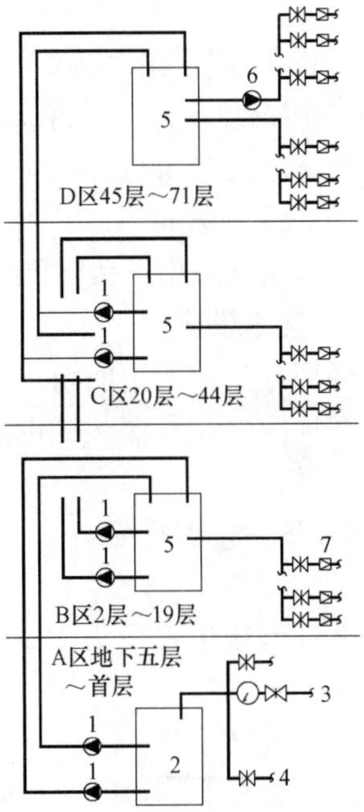

图 1　生活给水系统示意图

1—转输泵；2—转输水箱；3—市政水源；4—用水点；5—转输兼高位供水箱；6—变频供水泵；7—减压阀

(二) 直饮水系统

1. 直饮水量

全办公楼最高日直饮水定额 2L/(人·班) 计，日需供应约 27520L。

2. 直饮水系统

以市政自来水为原水，核心水处理系统处理能力为 5m³/h，设计出水水质达到国家《饮用净水水质标准》CJ 94—2005。直饮水系统采用核心水处理系统集中处理，各直饮水机房二次消毒处理的中央管道系统供应直饮水。直饮水系统如图 2 所示。

在 8 层设中央直饮水处理机房，设有直饮水机组、进水箱、提升泵、转输泵等。经水处理系统处理后的饮用净水储存于 8 层总纯水箱，经箱内设置的内置浸没式紫外线杀菌器及臭氧杀菌装置进行杀菌、消毒及保鲜后由传输泵增压送入 23 层纯水箱。再转输至各区纯水箱。

在 23 层、51 层及 69 层分别设有纯水箱、提升泵、转输泵、变频供水泵、过流紫外线灭菌器、终端过滤器等。

3. 系统分区

直饮水系统自下而上分为三个垂直供水大区：

A 区：1～25 层，由设于 23 层的不锈钢纯水箱及变频泵供水，在首层顶棚设循环回水横管通过回水立管回水至 23 层的不锈钢纯水箱。

B 区：26～51 层，由设于 51 层的不锈钢纯水箱及变频泵供水，在 26 层顶棚设循环回水横管通过回水立管回水至 51 层的不锈钢纯水箱。

C 区：52～71 层，由设于 69 层的不锈钢纯水箱及变频泵供水，在 52 层顶棚设循环回水横管通过回水立管回水至 69 层的不锈钢纯水箱；在直饮给水横支管上设减压阀保证阀后压力不超过 0.3MPa。

4. 直饮水系统材料

直饮水系统采用不锈钢管道与配件。

（三）热水供应

塔楼部分公共卫生间及小卫生间设淋浴间，供应淋浴热水，在顶棚内设置储热式电热水器供应，热水管材同生活给水管材。

（四）生活排水系统

1. 设计参数

最高日生活排水量为 1280.96m^3/d（不计空调补水及绿化排水）。

2. 生活排水系统

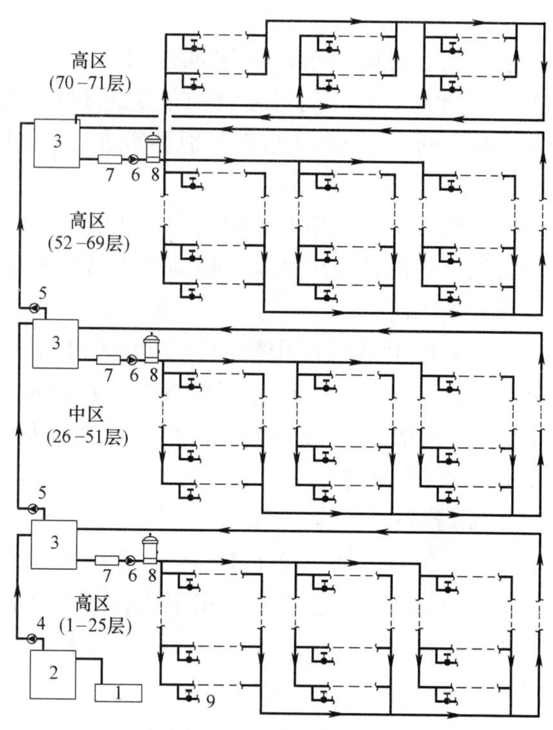

图 2　直饮水供水系统示意图

1—直饮水机组；2—进水箱；3—纯水箱；4—提升泵；5—转输泵；6—变频供水泵；7—过流紫外线灭菌器；8—终端过滤器；9—饮水点

室内地面以上卫生间采用粪便污水与生活废水合流重力流排放系统，卫生间采用支管沿夹墙敷设大便器后出水的同层排水方式，既便于大便器下清洁卫生也便于管道在本层清通，又可减少排水噪声对下一楼层的影响。合流污水直接排入市政污水管网，在排市政管网前设水质检测井，不设化粪池。

因建筑不允许伸顶通气管穿越顶层的玻璃阳光会所，设计中创新地将顶部卫生间透气管下迂回至避难层侧排出，为平衡高空风压对通气系统的影响，同时反向设置了侧出透气管。该创新成功申报获得实用新型专利（专利号：201220077327.5）和发明专利（专利号：201210054282.4），同时也作为广州设计院 2012 年度科研项目圆满结题。

地下各层卫生间合流污水采用一体式污水泵站排至市政污水管网。地下室地面废水通过潜污泵压力排水至室外排水井，地下五层设集水井，尺寸 $L\times B\times H=2200\times1200\times1200$（mm），每个集水井设两台潜污泵，流量 30$m^3/h$，消防电梯井底设集水井，尺寸 $L\times B\times H=2200\times1200\times1200$（mm），集水井设两台潜污泵，每台泵流量 45$m^3/h$。

厨房为独立排水管道系统，污水经带气浮自动刮油隔油器处理后排入室外污水管网。厨房废水系统如图 3 所示。

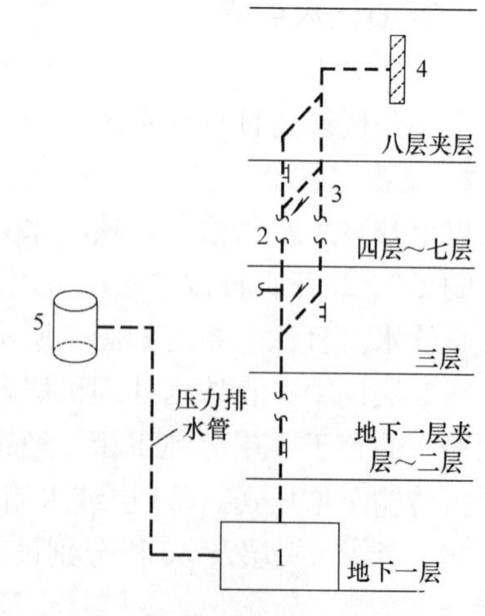

图 3　厨房废水系统示意图

1—气浮自动刮油隔油器；2—排水立管；3—专用通气管；4—百叶；5—检查井

3. 生活排水管材

室外排水管道选用 HDPE 双壁波纹排水管及管件，弹性橡胶密封圈连接。室内污、废水及透气管道：干管选用离心铸铁排水管及管件，柔性无承口卡箍式连接，离心铸铁排水管及管件内外壁均须涂覆环氧树脂漆；位于卫生间夹墙中的排水管、管件、与卫生洁具的连接管以及地漏均采用进口 HDPE 材质，HDPE 塑料管的环刚度大于等于 PN4，纵向回缩率小于等于 1%。压力废、污水管采用内外涂塑钢管。

（五）雨水排水系统

1. 设计参数

设备层雨水系统设计按重现期 $P=100$ 年考虑，降雨历时 5min，暴雨强度 $q=759.714\mathrm{L/(s\cdot hm^2)}$。

2. 雨水系统

塔楼雨水系统采用重力雨水排放系统，裙楼及室外广场雨水系统采用虹吸雨水排放系统。主楼顶为弧形无屋面雨水排水系统而有屋内设备层雨水排水系统，设备层雨水排水系统采用屋内雨水排水系统＋建筑溢流口＋雨水滴水线的方式排水。塔楼雨水系统如图 4 所示。

裙楼及室外广场雨水系统如图 5 所示。

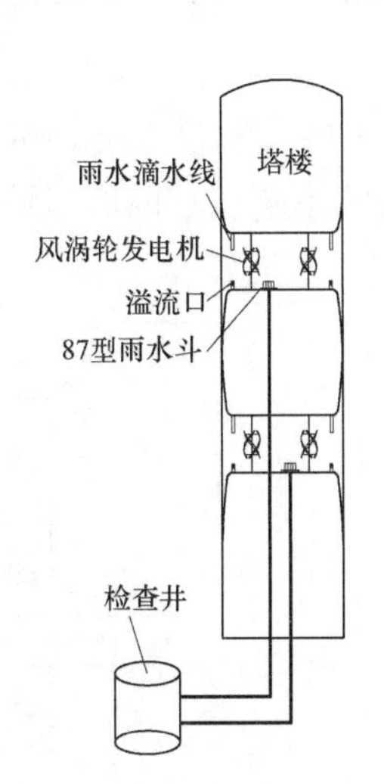

图 4　塔楼雨水系统示意图

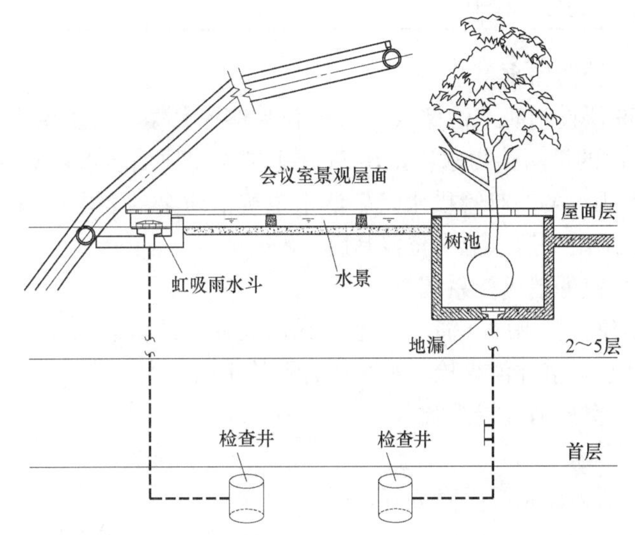

图 5　虹吸雨水系统示意图

为解决塔楼立面汇水面积大、雨棚设雨水立管数量过多问题，底层雨棚接建筑幕墙处采用自由排水，雨棚与幕墙间形成的幕墙水帘直接排至室外建筑周圈结合园林景观设置的线性排水系统，既可以满足排水要求也可以产生景观效果。雨水最终就近排入市政雨水管网。雨棚幕墙雨水系统如图 6 所示。

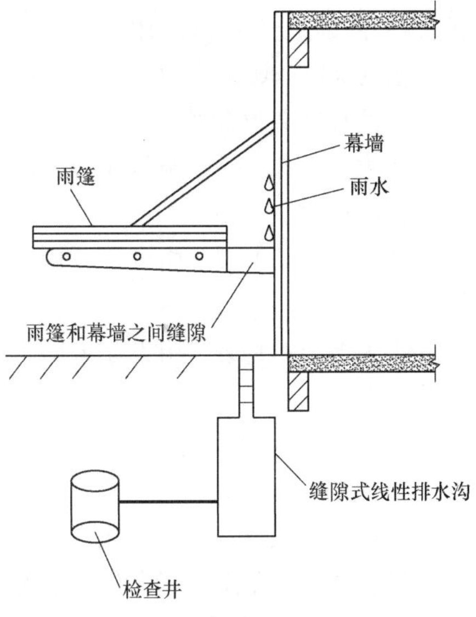

图 6　雨棚幕墙雨水系统示意图

3. 雨水管材

室外雨水管材材质同室外排水管道。室内雨水管道：重力流雨水系统选用内外涂塑钢管及管件，沟槽式连接；虹吸式雨水系统排水管采用进口 HDPE 塑料管，热熔连接。

二、消防灭火系统

（一）消防水源

消防水源由市政自来水供给，从建筑物东面珠江大道西引一条 $DN200$ 进水管，从建筑物南面金穗路引一条 $DN200$ 进水管，给水管沿建筑物布置成环状，水表设于室外水表井中。两条进水管上均设置低阻力倒流防止器。

（二）消防水量

本工程是一类超高层建筑的综合楼，按喷淋规范地下车库属中危险级Ⅱ级，办公室及会所属中危险级Ⅰ级，消火栓及自动喷水灭火（简称喷淋）系统的用水量见表2。

消防水量计算表 **表2**

名称	用水量(L/s)	延续供水时间(h)	一次火灾用水量(m^3)	备注
室内消火栓系统	40	3	432	
室外消火栓系统	30	3	324	
自动喷水灭火系统	30	1	108	
大空间智能型主动喷水灭火系统	30	1	108	
室内消防用水量合计			540	

（三）消防储水

在69层设消防水池储水540m^3作为整栋大楼的消防用水，在25层及51层分别设25 m^3的消防减压水箱及65m^3的消防接力水箱，在71层上部设屋顶消防水箱储水18m^3作为消防主泵启动前的消防用水。消防水池由生活水泵以双管供水，生活水泵按消防泵的要求配置电源，生活泵由生活水池水位控制启、停。

（四）室外消火栓系统

在本建筑物周围布置三个地上式消火栓，由水表后室外给水管网供水，室外消火栓与水泵接合器的距离不大于40m。

（五）室内消火栓系统

1. 系统分区

室内消火栓系统垂直分五个区：

一区为地下5层至10层，由设于25层消防减压水箱经减压阀以双管向一区环状管网供水，消防水泵接合器与室内消防环状管网连接，直接向管网供水。

二区为11～30层，由设于51层消防减压水箱经减压阀以双管向二区环状管网供水。

三区为31～44层，由设于51层消防减压水箱以双管向三区环状管网供水。

四区为45～59层，由设于69层消防水池以双管向四区环状管网供水。

五区为60～71层，由设于69层消防水泵以双管向五区环状管网供水。

二～五区消火栓系统水泵接合器供水接至25层接力水箱，由设于25层的消防系统接力水泵从接力水箱吸水提升至51层接力水箱，再由设于51层的消防系统接力水泵从接力水箱吸水向69层消防水池供水。室内消火栓系统如图7所示。

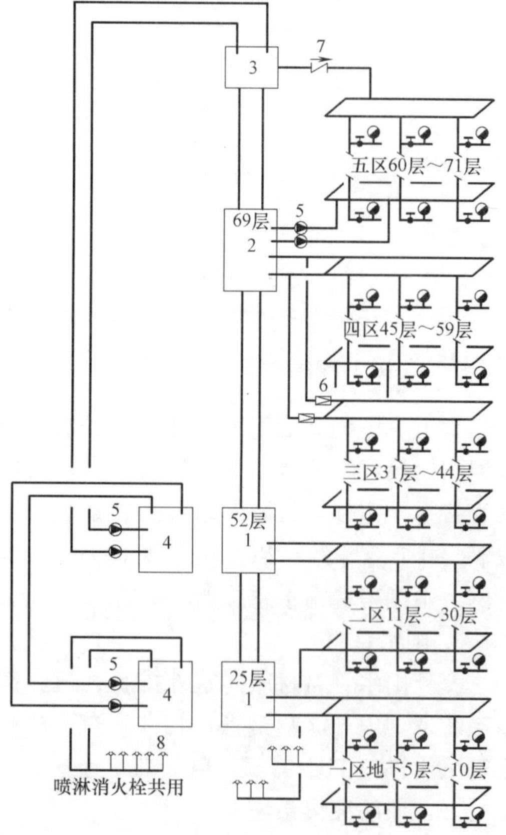

图7 室内消火栓系统示意图

1—减压水箱；2—高位消防水池；3—高位消防水箱；4—消防接力水箱；5—消防水泵；6—减压阀；7—止回阀；8—水泵接合器

2. 室内消火栓布置

每个消火栓流量大于5L/s，充实水柱13m，消火栓箱间距不大于30m，并保证同层相邻两股水柱同时到达任何部位，消火栓箱内配置*DN*65，SN型消火栓一只，ϕ65合织衬胶水带一条，长25m，ϕ19mm直流喷枪一支，消防软管卷盘一套。在消防前室所设消火栓箱配置*DN*65，SN型消火栓箱一只，ϕ65合织衬胶水带一条，长25m，ϕ19mm直流喷枪一支，屋顶设试验用消火栓及压力表。

3. 消防水泵的控制

五区消火栓主泵由设于五区消火栓箱门上部的破碎玻璃按钮远程启动水泵。稳压泵由气压罐连接管道上的压力开关控制，当压力下降至0.35MPa时启动稳压泵，当压力升至0.40MPa时停止稳压泵。消防控制中心及水泵房内均可手动控制消火栓主泵的启、停，各台水泵的启、停、故障均有信号在消防中心显示。

（六）自动喷水灭火系统

1. 系统分区

自动喷水灭火系统管网分五个垂直区：

一区为地下5层至10层，由设于25层消防减压水池经减压阀减压后以双管向一区喷淋系统供水。本区自动喷水系统消防水泵接合器与本区自动喷水系统连接，直接向管网供水。

二区为11～30层，由设于51层消防减压水箱经减压阀减压后以双管向二区自动喷水系统供水。本区自动喷水系统消防水泵接合器与本区自动喷水系统连接，直接向管网供水。

三区为31～44层，由设于51层消防减压水箱以双管向三区自动喷水系统供水。

四区为45～59层，由设于69层消防水池以双管向四区自动喷水系统供水。

五区为60～71层，由设于69层消喷水泵以双管向五区自动喷水系统供水。

各区自动喷水系统水泵接合器供水接至25层接力水箱，由设于25层的消防系统接力水泵从接力水箱吸水提升至51层接力水箱，再由设于51层的消防系统接力水泵从接力水箱吸水向69层消防水池供水。机械停车位处除在顶板下设直立型喷头外，下层停车板下均设边墙型喷头。地上各层各防火分区设置双水流指示器，自动喷水主管成环状设置。

2. 喷头设置

（1）设置闭式喷头的部位：除面积小于5.0m^{2}的卫生间以及不宜用水扑救的部位外，均设闭式喷头。吊顶至楼板底净高大于0.8m时加设上层喷头。

（2）除厨房灶台部位所设喷头采用动作温度为93℃的喷头外，餐厅、厨房采用动作为79℃的喷头，其他部位采用动作温度为68℃的喷头。未吊顶部位及上喷喷头采用直立型喷头，吊顶部位采用吊顶型喷头。

3. 水泵控制

喷淋主泵由设于湿式报警阀的压力开关启动或由大空间智能型主动喷水灭火系统中的红外探测组件控制启动。稳压泵由气压罐连接管道上的压力控制器控制，当压力下降至0.75MPa时启动稳压泵，当压力升至0.80MPa时停止稳压泵。喷淋主泵及稳压泵均能在消防控制中心及消防泵房中人工启动，其启、停及故障均在消防中心有显示。

（七）大空间智能型主动喷水灭火系统

首二层设置了大高差弧形顶棚，二层局部设窄型玻璃顶，大部分为中空，在弧形顶棚处及窄型玻璃顶下设置了主动喷水扫描射水装置。

风涡轮发电设备层处四周通透，为保护设备安全，防止高速通过的风影响喷淋系统的启动及灭火，设置了标准型自动扫描射水高空水炮。

在71层净空超过12m的部位设置了大空间智能型主动喷水灭火系统，配置标准型自动扫描射水高空水炮灭火装置，按两行多列布置。系统设计流量为30L/s。

自动喷水、大空间主动喷水灭火系统如图8所示。

（八）气体灭火（S型热气溶胶预制灭火系统）

变配电房、电话机房及强弱电间等不宜用水灭火的部位设置全淹没S型热气溶胶预制气体灭火系统，系统灭火设计密度大于130g/m^3，灭火剂喷放时间小于90s。

（九）建筑灭火器配置

在每个消火栓箱附设磷酸铵盐干粉灭火器，同时在车库、电房门口等超过距离处另外增设灭火器箱。

（十）消防管材

为保证系统运行的安全性，延长管道使用寿命，消防给水系统管道采用涂塑钢管，小于等于*DN*100采用内外涂塑焊接钢管，大于*DN*100采用内外涂塑加厚无缝钢管，无缝钢管的厚度与同口径的焊接钢管相同。小于等于*DN*100时采用丝扣连接，大于*DN*100时采用沟槽式（卡箍）连接，沟槽管件符合《沟槽式管接头》CJ/T 156—2001的要求，所有涂塑钢管须经国家固定灭火系统质量鉴定检验测试中心检验检测合格。沟槽式接头为球墨铸铁材质，涂塑钢管与沟槽接头之间设置EPDM绝缘橡胶圈。

三、工程设计特点

（一）给水排水设计

1. 采用高位水箱加减压阀的供水方式，系统简单、安全，造价低，便于维护；

2. 生活水箱水池分为两格，加压上水管设置为两条，保证供水安全；

3. 由于热水用量少（仅供公共卫生间洗手盆），热水需求时间短，设计采用小型电加热器，降低了工程造价；

4. 国内首次在超限高层建筑中整体设置管道直饮水系统，满足国际超甲级写字楼的使用要求；

5. 采用中央制供水和分区储存/杀菌/循环供水的管道直饮水系统，保证最终出水水质；

6. 生活水箱水池采用SUS444不锈钢材质，管道均采用薄壁不锈钢管及管件，保证供水水质，防止二次污染；

7. 室内地面以上采用粪便污水与生活废水合流重力流排放系统，不设化粪池；

8. 卫生间采用墙排式同层排水方式；

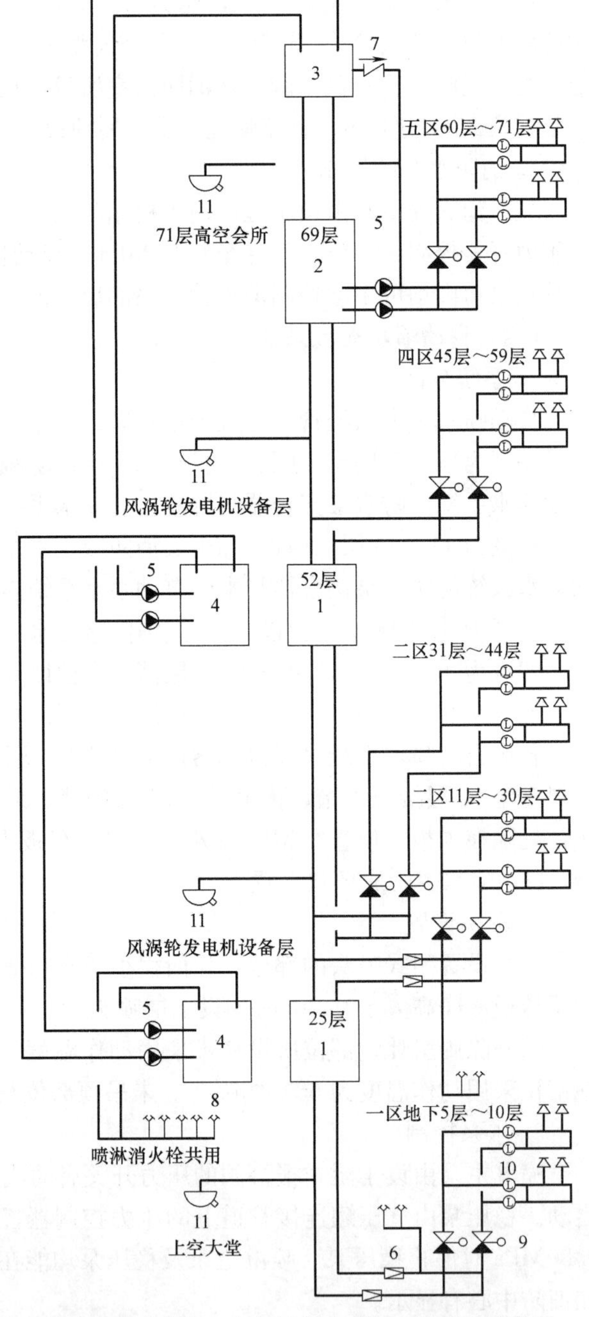

图8 自动喷水、大空间主动喷水灭火系统示意图
1—减压水箱；2—高位消防水池；3—高位消防水箱；4—消防接力水箱；5—消防水泵；6—减压阀；7—止回阀；8—水泵接合器；9—湿式报警阀；10—水流指示器；11—水炮

9. 顶部卫生间透气结合建筑要求下迂回至避难层侧出，同时反向设置透气管侧出以平衡高空风压影响；

10. 地下各层卫生间合流污水采用一体式污水泵站排至市政污水管网；

11. 厨房独立排水，污水经带气浮自动刮油隔油器处理后排入室外污水管网；

12. 卫生器具采用节水型卫生器具；

13. 塔楼雨水系统采用重力雨水排放系统，裙楼及室外广场雨水系统采用虹吸雨水排放系统；

14. 主楼顶为弧形无屋面雨水排水系统而有屋内设备层雨水排水系统，设备层雨水排水系统采用屋内雨水排水系统＋建筑溢流口＋雨水滴水线的方式排水；

15. 屋面雨水系统设计按重现期 $P=100$ 年考虑；

16. 底层雨棚接建筑幕墙处采用自由排水，雨棚与幕墙间形成的幕墙水帘直接排至室外建筑周圈结合园林景观设置的线性排水系统，既可以满足排水要求也可以产生景观效果。

（二）消防给水设计

1. 采用屋顶设大水池的高压消防给水系统，系统安全可靠，在断电或报警控制系统失控条件下仍能正常安全供水；

2. 根据建筑造型及用途适当采用了大空间智能型主动喷水灭火系统，解决了大空间场所的自动灭火问题；

3. 为保证消防自动喷淋系统可靠，提高系统安全度，地上各层各防火分区采用双水流指示器，喷淋主管成环状设置；

4. 机械停车位处除在顶板下设直立型喷头外，下层停车板下均设边墙型喷头；

5. 在办公室内设置弧形吊顶金属辐射板处，吊顶最高点和最低点的间距为 300mm，经过实测吊顶烟气下降弧形顶棚最低点处时间与常规烟气下降高度时间差异不大，根据性能化设计报告要求，喷头布置在了弧形顶棚最低点水平金属辐射板中心线上，达到既便于喷头集热，也不会阻挡喷头洒水的目的；

6. 采取加强消防措施，在各楼层强弱电间也设置了 S 型热气溶胶灭火装置；

7. 采用了耐锈蚀性能好，使用寿命长的耐高温涂塑钢管替代传统的热镀锌钢管，使消防给水管道系统更安全可靠；

8. 采用了综合支吊架。

四、工程照片及附图

南立面日景

生活泵房

水景机房

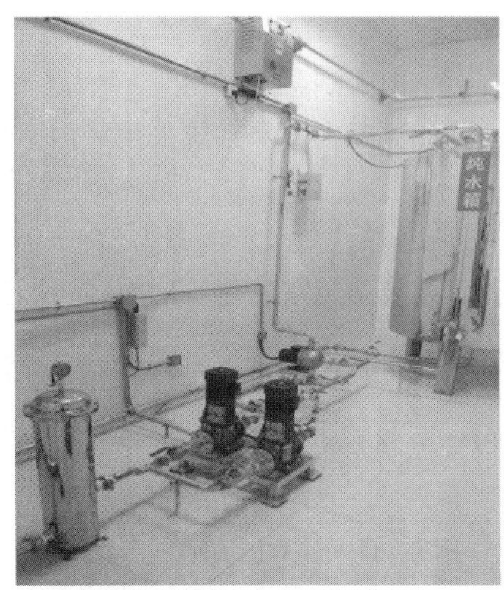

直饮水分机房

直饮水中央机房

隔油间机房

集水井

湿式报警阀

消防泵房

消防接力水箱水泵

水管井

综合管线及成品支吊线

室外线性排水沟

同层排水挂厕

同层排水小便斗

大堂弧形天花水池

顶层大空间水泡

冷辐射金属板喷头

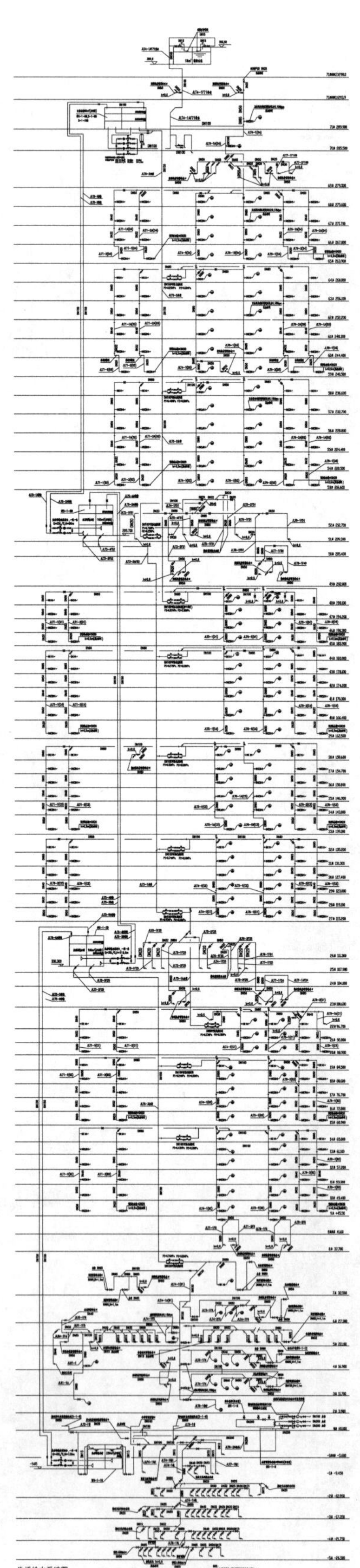

生活给水系统图

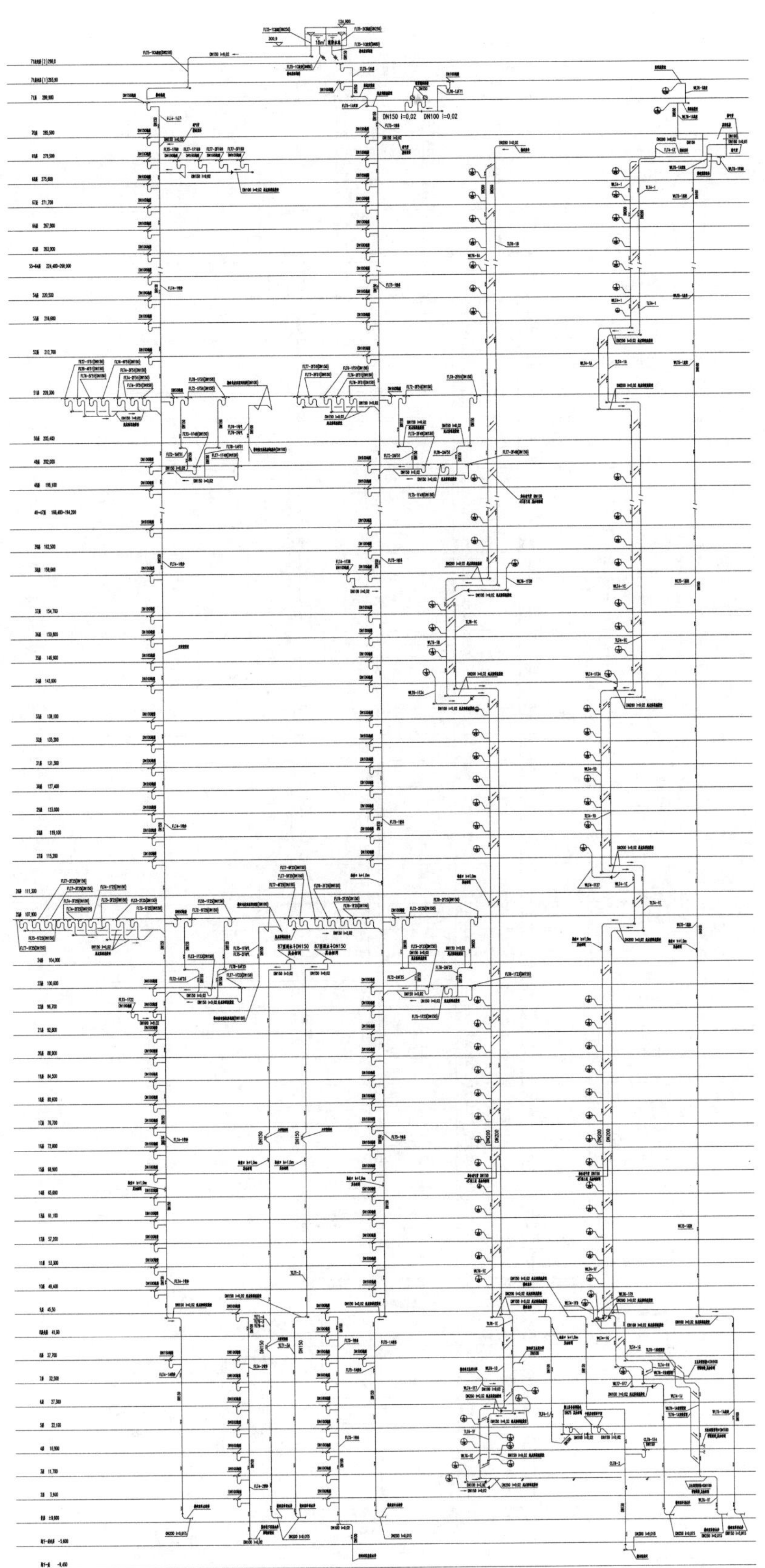

雨水及污水系统图（一）

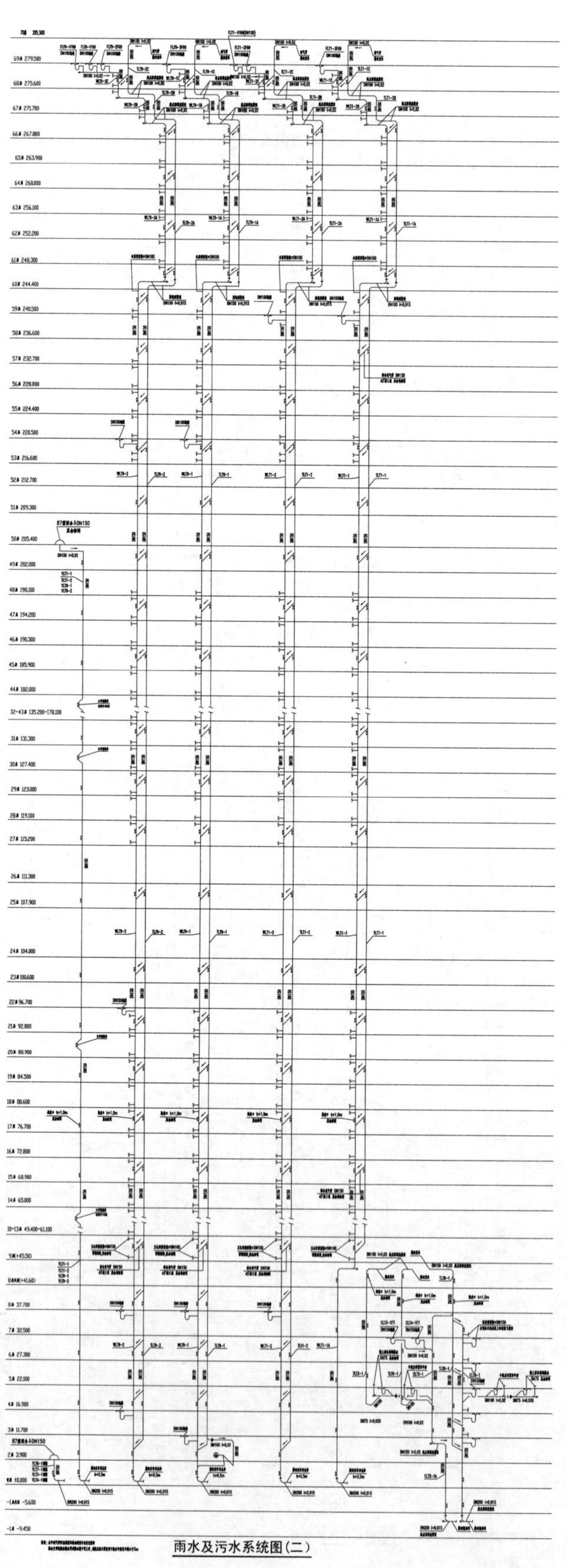

雨水及污水系统图（二）

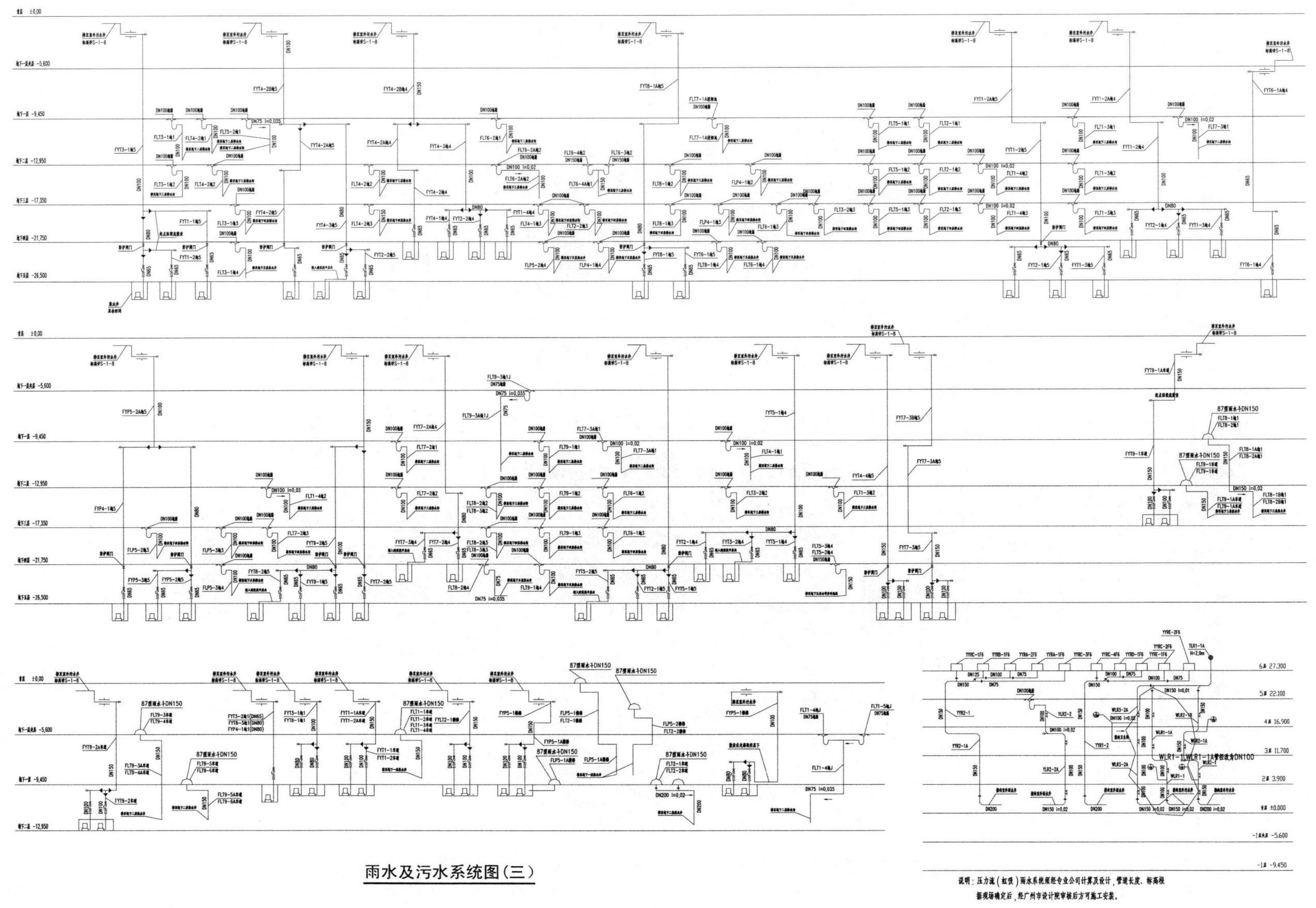
说明：压力流（虹吸）雨水系统须经专业公司计算及设计，管道长度、标高根据现场确定后，经广州市设计院审核后方可施工安装。

雨水及污水系统图（三）

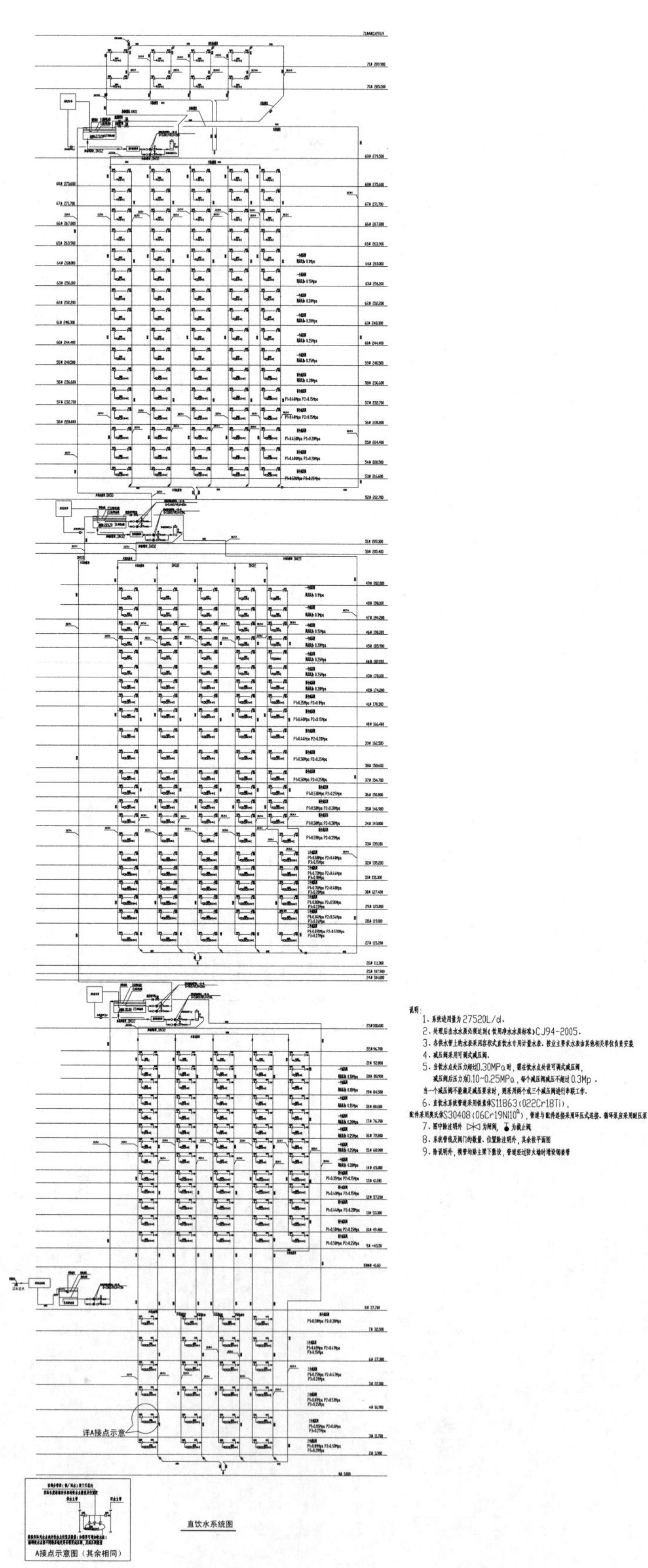
说明：
1、系统选用量为27520L/d。
2、处理后出水水质必须达到《饮用净水水质标准》CJ94-2005。
3、各供水管上的水表采用容积式直饮水专用计量水表，按业主要求水表由其他相关单位负责安装
4、减压阀采用可调式减压阀。
5、当饮水点处压力超过0.30MPa时，需在饮水点处设可调式减压阀，
减压阀后压力为0.10~0.25MPa，每个减压阀减压不超过0.3Mp。
当一个减压阀不能满足减压要求时，则采用两个或三个减压阀进行串联工作。
6、直饮水系统管道采用铁素体S11863（022Cr18Ti），
配件采用奥氏体S30408（06Cr19Ni10），管道与配件连接采用环压式连接，循环泵应采用耐压泵
7、图中除注明外 为闸阀， 为截止阀
8、系统管线及阀门的数量、位置除注明外，其余按平面图
9、除说明外，横管均贴主梁下敷设，管道经过防火墙时增设钢套管
详A接点示意
A接点示意图（其余相同）

直饮水系统图

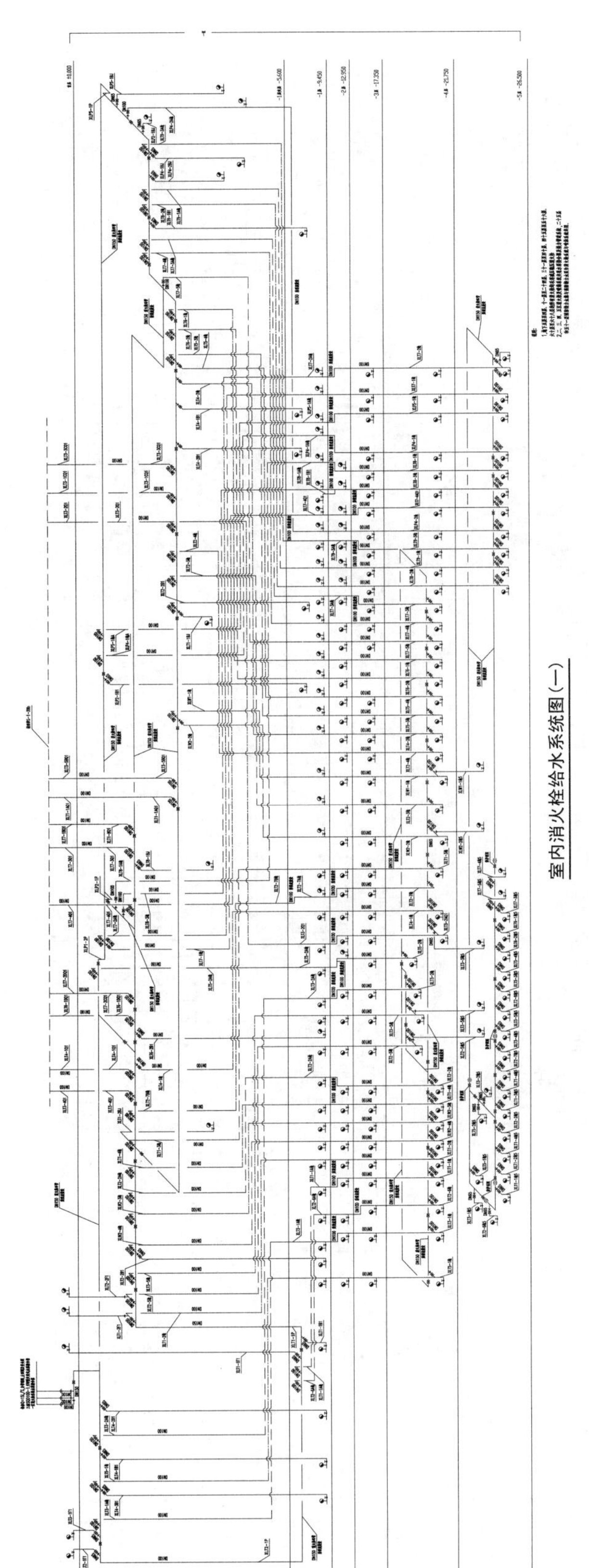

室内消火栓给水系统图(一)

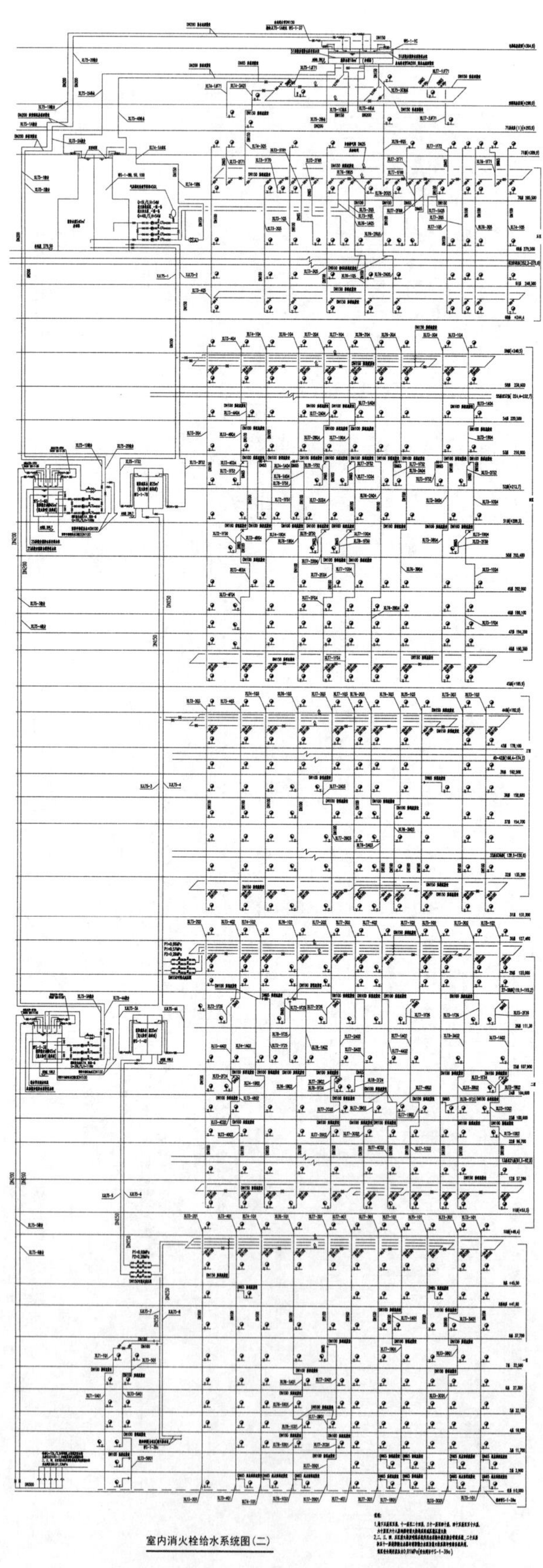

室内消火栓给水系统图(二)

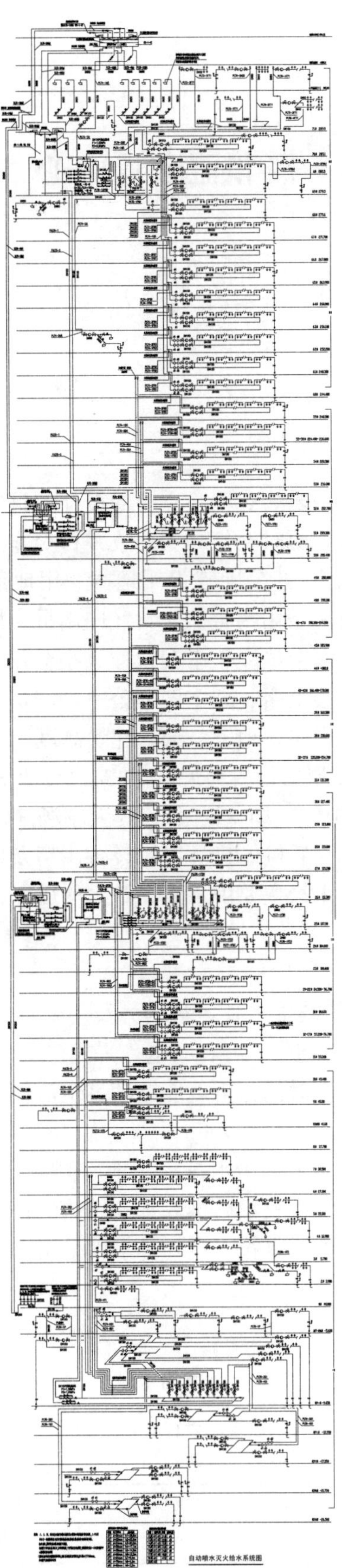

自动喷水灭火给水系统图

援非盟会议中心

设计单位：同济大学建筑设计研究院（集团）有限公司
设 计 人：杨民　龚海宁　秦立为　杨玲　范舍金　归谈纯
获奖情况：公共建筑类　一等奖

工程概况：

援非盟会议中心项目，是继坦赞铁路之后我国最重要的援外项目，受到了我国政府和非盟各成员国的高度关注，项目从2007年初到2011年底，历时5年顺利落成并移交非盟方。项目建于埃塞俄比亚首都亚的斯亚贝巴市南部，由非盟方提供的一块约11.3公顷建设用地内。用地范围内北高南低，高差约17m；东高西低，最大高差约为13m。场地内西侧有一条雨污合流、自北向南贯穿用地的自然冲沟。

项目总建筑面积为48795m^2，包括大会议厅、中会议厅、小会议室、分组会议室、新闻发布室、VIP会议室、非盟轮值主席办公室、非盟委员会主席、副主席办公室、职员办公区、图书馆、紧急医疗中心、多功能厅、后勤设施等。主楼部分为地上二十层，地下一层，建筑高度为99.9m；外围裙房部分为5层，建筑高度为32.75m；大会议厅部分为三层（4层为设备夹层），建筑高度为32.25m。

室外场地有主入口广场（A区）、国旗广场（B区）、露天剧场（C区）、非盟花园（E区）、非盟广场（F区）、办公入口广场（G区）、停车场、直升机停机坪以及设备用房及附属功能用房。基地内设草坪绿化，局部种植树木。室外另有三处水景设计，水景主要由水池、跌水构成。

一、给水排水系统

（一）室外给水排水系统

基地周边只有东侧有一路*DN*300市政给水管，基地引入一根*DN*150的供水管，作为本工程生活和消防水源，水压按0.30MPa设计。考虑当地经常断水和断电，采用深井水作为备用水源，深井水的水质根据当地自来水水质要求以及地下水的水质报告对比分析，能够满足生活使用要求。基地室外管网呈支状布置，管径均为*DN*150。

室外雨、污分流，室内污、废合流。生活污水排入基地南侧*DN*200城市污水管网，由城市综合污水处理厂统一处理；雨水经雨水口、明沟和管道收集后排入基地西侧的自然冲沟。

室外给水管采用内壁防腐的球墨铸铁给水管，室外排水管采用HDPE排水管。

（二）给水系统

1. 冷水用水量表（表1）

冷水用水量　　**表1**

用途	用水量定额	用水单位数	最高日用水量（m^3/d）	用水时间(h)	小时变化系统 *K*	最大小时用水量（m^3/h）
会议	8L/人次	2550	20.4	4	1.5	7.65
宴会	40L/人次	580人	23.2	8	1.5	4.35

续表

用途	用水量定额	用水单位数	最高日用水量 (m^3/d)	用水时间(h)	小时变化系统 K	最大小时用水量 (m^3/h)
办公	40L/(人·d)	1500人	60.0	8	1.5	11.25
职工餐厅	25 L	1500人	37.5	8	1.5	7.03
绿化浇洒	2L/(m^2·d)	37000m^2	74.0	8	1	9.25
小计			215.1			39.38
不可预见	10%		21.5			3.94
合计			236.60			43.32

生活用水量：本工程生活用水主要为办公、会议、餐厅、绿化浇洒等，最高日用水量为 236.6m^3/d，最大小时用水量为 43.3m^3/h。

2. 水源

由市政给水管网供水，深井水作为备用水源。

3. 系统竖向分区

三层以下（含三层）生活用水由城市管网压力直接供水（市政给水管网断供时，自动切换为变频泵供水），三层以上生活用水由生活水池和变频水泵联合供水。

4. 给水加压设备

生活和消防合用泵房，在地下一层设置。泵房内设 110m^3 不锈钢组合式生活水箱一座、生活变频水泵一组。

深井水主要用于绿化浇洒、场地冲洗以及景观补水，同时作为市政供水管网事故断水时的室内外生活用水的备用水源。

5. 管材

室内给水管采用薄壁不锈钢管，氩弧焊接连接。

（三）热水系统

1. 供热方式

因本建筑内热水用水点相对分散、用水量较小，故设计采用了分散设置、局部加热的热水系统。

2. 设置形式

厨房、医疗中心卫生间、办公区独立卫生间均采用容积电热水器提供热水。

职工浴室的淋浴采用太阳能集中热水系统（强制循环间接加热系统）、辅助电加热。太阳能板结合建筑布局设在浴室屋顶。为充分利用太阳能，储热罐和储水罐储存了一天的热水用量。太阳能热水系统采用自动控制系统，并配置防过热、防冻保护系统。

3. 管材

室内热水管采用薄壁不锈钢管，氩弧焊接连接。

（四）排水系统

1. 排水系统形式

室内排水为污、废合流系统，地上部分为重力排水系统，地下室部分则采用压力排水系统。

2. 透气管设置

卫生器具均配置器具通气管，排水系统配置环形通气管、结合通气管、主通气管、伸顶通气管等。

3. 采用局部污水处理设施

医疗中心单独设置化粪池，生活污水经化粪池一级处理及消毒池消毒处理后，排入室外污水系统；厨房含油废水经隔油池处理后接入室外污水系统。

4. 雨水系统

一般屋面采用重力排水系统，大会议厅屋面采用虹吸式雨水排水系统。

设计重现期：屋面为 10 年，连同溢流系统，重现期为 50 年；室外为 2 年；

根据非盟方提供的当地 16 年小时降雨量统计资料进行分析，来确定当地的降雨量。

5. 管材

室内排水管采用芯层发泡 PVC-U 塑料排水管；重力雨水立管为衬塑镀锌钢管，虹吸雨水管为 HDPE 管。

二、消防系统

（一）消防供水方式

本工程按一类高层建筑设计，水灭火系统采用临时高压系统。室外设置 $882m^3$ 消防水池一座（储存一次室内外消防用水）；地下室消防泵房内设置消防泵、喷淋泵各两台。屋顶设置 $18m^3$ 消防水箱一只，喷淋稳压泵一组。

（二）室外消防设施

室外管网呈支状布置，管径为 *DN*150。沿建筑物四周均匀布置室外消火栓和消防水泵接合器（三组供消火栓系统，三组供自动喷淋系统）。由于城市给水管不能完全满足本工程室外消防的要求，室外另设置消防水池和消防车专用取水井，其保护半径不超过 150m。

（三）消防用水量（表 2）

消防用水量　　表 2

用途	设计秒流量	火灾延续时间	一次灭火用水量
1. 室外消防系统	30L/s	3h	$324m^3$
2. 室内消防系统	40L/s	3h	$432m^3$
3. 自动喷淋系统	35L/s	1h	$126m^3$
合计	105L/s		$882m^3$

（四）消火栓系统

室内设置消火栓系统，分为三个压力区，裙房和主楼四层以下（含四层）为低区，5～12 层为中区，13～20层为高区。高区消防栓由消防泵和屋顶消防水箱联合供水，低区和中区消防栓由高区管网经减压阀减压供水。动压超过 0.5MPa 的消火栓支管将设置减压孔板。系统配置三套水泵接合器。

室内消火栓布置保证室内任何部位有两支水枪的充实水柱同时到达。消防箱内将同时配置消火栓、水龙带、水枪、消防卷盘、手提式灭火器以及消防泵启动按钮。

消火栓泵一用一备，流量 40L/s，扬程 1.22MPa，功率 90kW。

管道采用内外壁热镀锌钢管，卡箍连接。

（五）自动喷水灭火系统

除电器设备用房等不宜用水扑救的场所以及面积小于 $5m^2$ 的卫生间外，均设置自动喷水灭火系统保护，系统按一个压力分区设置，动压超过 0.4MPa 的楼层接入管，设减压孔板减压。净高超过 8m 而不超过 12m 的多功能厅和中型会议室，按“非仓库类高大空间”设计，地下室按中危险Ⅱ级设计，其余按中危险Ⅰ级设计。净空超过 25m 的大会议厅，经消防性能化评审后，吊顶下可不设喷淋系统，但其吊顶内仍设有普通喷淋。

喷头均采用快速响应型喷头，公共区域采用隐蔽式喷头，其余部位采用直立型喷头。报警阀 6 套，均设在地下室生活消防水泵房内。

喷淋泵一用一备，流量 35L/s，扬程 1.22MPa，功率 90kW；喷淋稳压泵一用一备，流量 1L/s，扬程 0.30MPa，功率 1.1kW。

管道采用内外壁热镀锌钢管，卡箍连接。

（六）灭火器设置

灭火器按严重危险级设计；一般为 A 类火灾，电气设备用房为 E 类火灾，均配置手提式磷酸铵盐干粉灭火器；地下一层变电所和独立变电所内配置推车式磷酸铵盐干粉灭火器。

三、设计及施工体会

（一）设计需要结合当地现有的条件

因援外项目的建筑既要体现我国的水准、在当地要有较高的影响力和超前性，又要兼顾当地各方面条件相对不足、施工条件差、运行能力弱的境况，所以设计时如何充分利用当地资源，结合有效的技术手段，选用合适的设备材料，是援外项目的一些主要特点。

1. 给水系统

本项目当地水资源不足、市政管网供水可靠性差，时常停电和断水，因此，设置可靠的供水系统及二次供水设备，确保日常供水尤其是会议期间的生活用水是本项目给水设计的重要内容。

根据当地给水管网压力为 0.3MPa 的市政条件，设计确定三层及以下楼层，由市政压力直接供水（当市政给水管网断供时，自动切换为变频泵供水，仍能够保证室内生活用水）；四层及以上楼层，由生活水池和变频泵加压供水。

为应对市政水管断水，地下室生活水池容积按最高日用水量 70%存储（非会议期间可供不小于一天用水），另外结合当地实际情况以及主管部门同意，室外设置一口深井及一台深井泵，抽取地下水作为辅助水源，同时，设置高低区用水应急供水系统，即在变频泵加压管路设旁通管路与市政压力供水管路连通，当市政断水时，可利用生活水池和变频泵继续供水，连通管上设有电动阀、市政进水管上设置倒流防止器及压力传感器，电动阀平时常关，当市政压力低于设定压力时由压力传感器控制电动阀打开。

深井水主要用于绿化浇灌和场地冲洗，市政管网供水不足或中断时，补充生活用水。

生活用水直接采用自来水；地下水水质有当地相关部门出具的水质报告，经复核满足生活饮用水标准，也可直接用于生活用水。生活水池采用满足饮用水要求的不锈钢材质，出水经紫外线消毒器消毒后加压供给。

2. 排水系统

室外雨、污分流。基地附近有市政排水管网可以直接利用。市政排水管网正好在地势低处，设计时充分利用地形坡度，排水管顺坡铺设，可以有效减少管道埋深。同时，经复核，地面坡度大于管道的通用坡度，可以保证管道的排水通畅。

当地市政雨水设施较差，雨水均自流排放，本基地内有一条天然形成的冲沟可以利用。经现场考察，冲沟的截面、坡度等均满足场地雨水排放的要求，但上游的雨水、污水均会经过冲沟，对场地使用产生影响。经土建改造后，把原有自然成形的敞开冲沟改造成为钢筋混凝土的密闭管涵，管涵上间隔设置检修人孔，既满足了场地雨水排放的要求，又满足建筑对场地布局、功能的要求。

室外场地设计时，绿地比硬地及道路低，这样地面雨水可以就近通过绿地回渗，一方面减少径流，同时可补充地下水。

主楼屋面、裙楼屋面采用重力雨水系统，大会议厅屋面主要采用虹吸雨水系统。

大会议厅屋面中间为球形屋面、四周为双曲面玻璃幕墙屋面。球形屋面雨水由四周的雨水暗沟截流后重力排放，减少雨水流到四周的双曲面屋面。双曲面屋面在内外设有 2 条天沟收集雨水，屋面下方为大空间的门厅，屋面又为玻璃构造，天沟下无法直接设置雨水斗和雨水横管，故在较低处设有几条横向的明沟连通内外两条天沟，引导内天沟雨水至外天沟，并在外天沟的最低处设排放口，雨水直接流入天沟侧下方的土建雨水池，池内设置虹吸雨水斗集中排放。

当地没有暴雨强度公式，设计时通过分析当地的历年雨水资料，经试算，参考国内的暴雨强度公式作为计算公式，以推算雨水量。当地分为雨季和旱季，雨季时降雨量短时间内较大，针对这一特点，雨水系统计算适当放大，裙楼屋面特别考虑溢流措施以及溢流时的屋面防水措施。

3. 消防系统

根据援非项目的要求，消防设计执行我国规范，并要考虑当地的消防扑救能力、消防设施的配套情况，选用器材需考虑与当地产品的匹配。

本建筑为一类高层建筑，建筑物耐火等级为一级。

因当地市政供水可靠性较差、基地附近只有一路市政管网，且只有一路进水，所以，设计在室外靠近建筑物的附近，设置地埋式消防水池，储存室内外合用一次消防用水的水量。室外设置消火栓，根据保护距离，室外另设置消防取水口（室外消防水池处）、消防取水井（水源由室外消防水池接管引来，火灾时由消防车抽水供给室外消防用水）。

室内为临高压消防系统，设置消火栓系统、喷淋系统、灭火器等。

室内主要功能的会议大厅，由池座和两层楼座组成，净高 27m。厅内任意部位均有两股消火栓充实水柱同时到达；楼座下方设有自动喷水灭火系统，大厅上空 27m 处不设自动喷水灭火系统，而加强了排烟系统设计能力，经国内消防性能化评估，能满足消防的有关要求。

室内消火栓采用国内标准的设备，接合器及室外消火栓采用当地使用标准的设备。

（二）设计标准的采用

前期的设计考察中发现埃塞俄比亚只有少量的规范，当地较大的项目主要采用欧标（因为主要由欧洲国家援建的）。援非盟项目根据双方达成的意见，设计以我国规范为主。虽然如此，因项目建造在当地，所以还必须兼顾当地的习惯。前期考察中，除了与当地水务局、消防局等主管部门沟通外，还实地考察当地的主要建筑，了解系统、设备的设置情况，以及当地的建材市场，了解管道、水泵、洁具等使用情况。

（三）现场施工配合

援非盟项目根据合同要求需要派驻现场代表，现场代表除了履行技术沟通、及时解决现场问题等一般职责外，还要考虑现场的施工条件、材料的运输周期等因素。现场的主要设备及材料，均由国内发货，通过海运到现场，数量有限、时间较长。一些修改，在国内可能非常方便就可以解决，但在现场，因没有多余的材料，此类修改就会变得困难甚至无法实现，所以这对前期的施工图设计提出非常高的要求，尽量避免后期的修改，当然对施工也有较高的要求。对于施工中无法避免的修改，现场代表要兼顾各方面的因素，配合总包、监理、甲方等，慎重制定修改方案，有时为了一个修改，现场代表需要多次去到现场。

为了对每一个修改都有可追溯性，现场代表每天都做工作日志，每个月有工作总结，同时按照援外项目的要求，做好定期汇报工作，做好文件归档工作，接受国内领导和专家组的巡检。

（四）总结

援非盟会议中心项目虽然系统并不复杂，但因其项目的重要性以及援非项目的特点，从设计内容上除了严格按照技术要求外，还需要考虑更多因素，包括当地的条件、运营能力等，从设计周期上除了正常的设计周期外，还要向前后延伸，包括前期的实地考察、后期的施工配合、项目调试等，才能保证项目正常的设计、施工，最终保证项目的质量。

四、工程照片及附图

大会议厅 1

大会议厅 2

大会议厅屋面

室外冲沟

外观 1

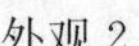

外观 2

外景

中会议

中庭

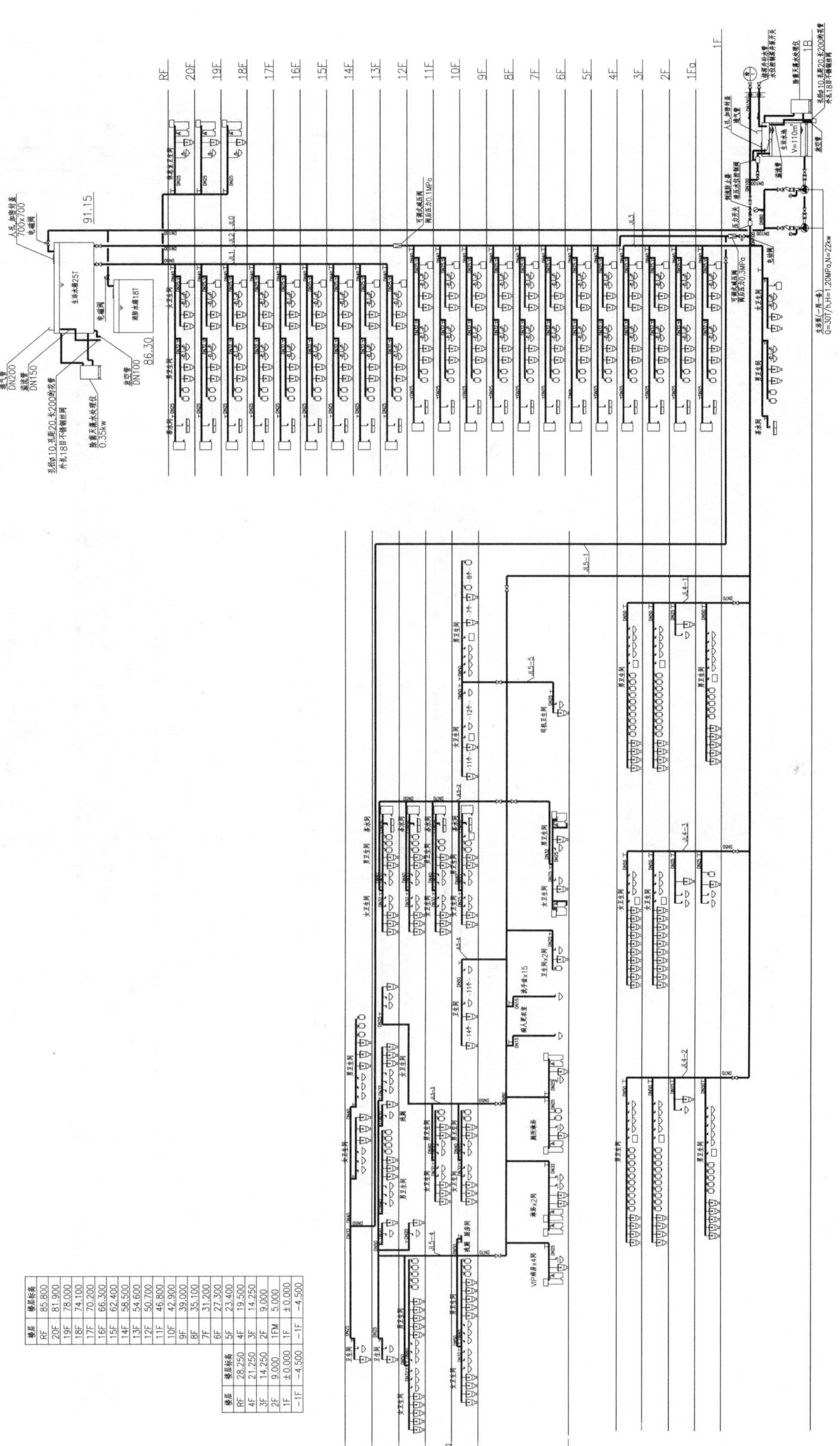

楼层	楼层标高
RF	85.800
20F	81.900
19F	78.000
18F	74.100
17F	70.200
16F	66.300
15F	62.400
14F	58.500
13F	54.600
12F	50.700
11F	46.800
10F	42.900
9F	39.000
8F	35.100
7F	31.200
6F	27.300
5F	23.400
4F	19.500
3F	14.250
2F	9.000
1FM	5.000
1F	±0.000
-1F	-4.500

楼层	楼层标高
RF	28.250
4F	21.250
3F	14.250
2F	9.000
1F	±0.000
-1F	-4.500

给水系统图

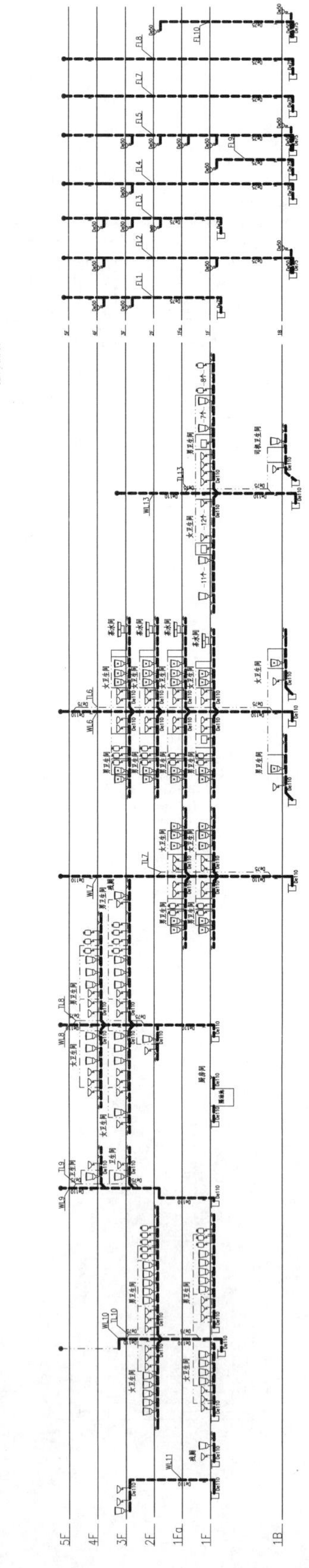

楼层	楼层标高
RF	85.800
20F	81.900
19F	78.000
18F	74.100
17F	70.200
16F	66.300
15F	62.400
14F	58.500
13F	54.600
12F	50.700
11F	46.800
10F	42.900
9F	39.000
8F	35.100
7F	31.200
6F	27.300
5F	23.400
4F	19.500
3F	14.250
2F	9.000
1FM	5.000
1F	±0.000
−1F	−4.500

楼层	楼层标高
RF	28.250
4F	21.250
3F	14.250
2F	9.000
1F	±0.000
−1F	−4.500

排水系统图

喷淋系统说明：

1. 喷头型式：
   1）有吊顶部位采用隐蔽型68℃快速响应闭式喷头。
   2）无吊顶部位采用68℃直立式快速响应喷头。
   3）高温作业场所采用93℃喷头。
   4）吊顶内净空高度大于800mm的部位均设喷头，喷头采用68℃直立型快速相应喷头。吊顶内喷头不计入喷头总数
2. 各层喷淋系统按防火分区布置，系统内每个分区分别设置水流指示器、信号阀和试验装置(DN25放水阀和Y-100压力表)，每个湿式报警阀控制的最不利点喷头处，设置末端试水装置。
3. 喷淋管路上的阀门均为信号阀；均处于常开状态。
4. 动压超过0.40MPa的楼层接入管，设减压孔板减压。

楼层	楼层标高
RF	28.250
4F	21.250
3F	14.250
2F	9.000
1F	±0.000
-1F	-4.500

楼层	楼层标高
RF	85.800
20F	81.900
19F	78.000
18F	74.100
17F	70.200
16F	66.300
15F	62.400
14F	58.500
13F	54.600
12F	50.700
11F	46.800
10F	42.900
9F	39.000
8F	35.100
7F	31.200
6F	27.300
5F	23.400
4F	19.500
3F	14.250
2F	9.000
1FM	5.000
1F	±0.000
-1F	-4.500

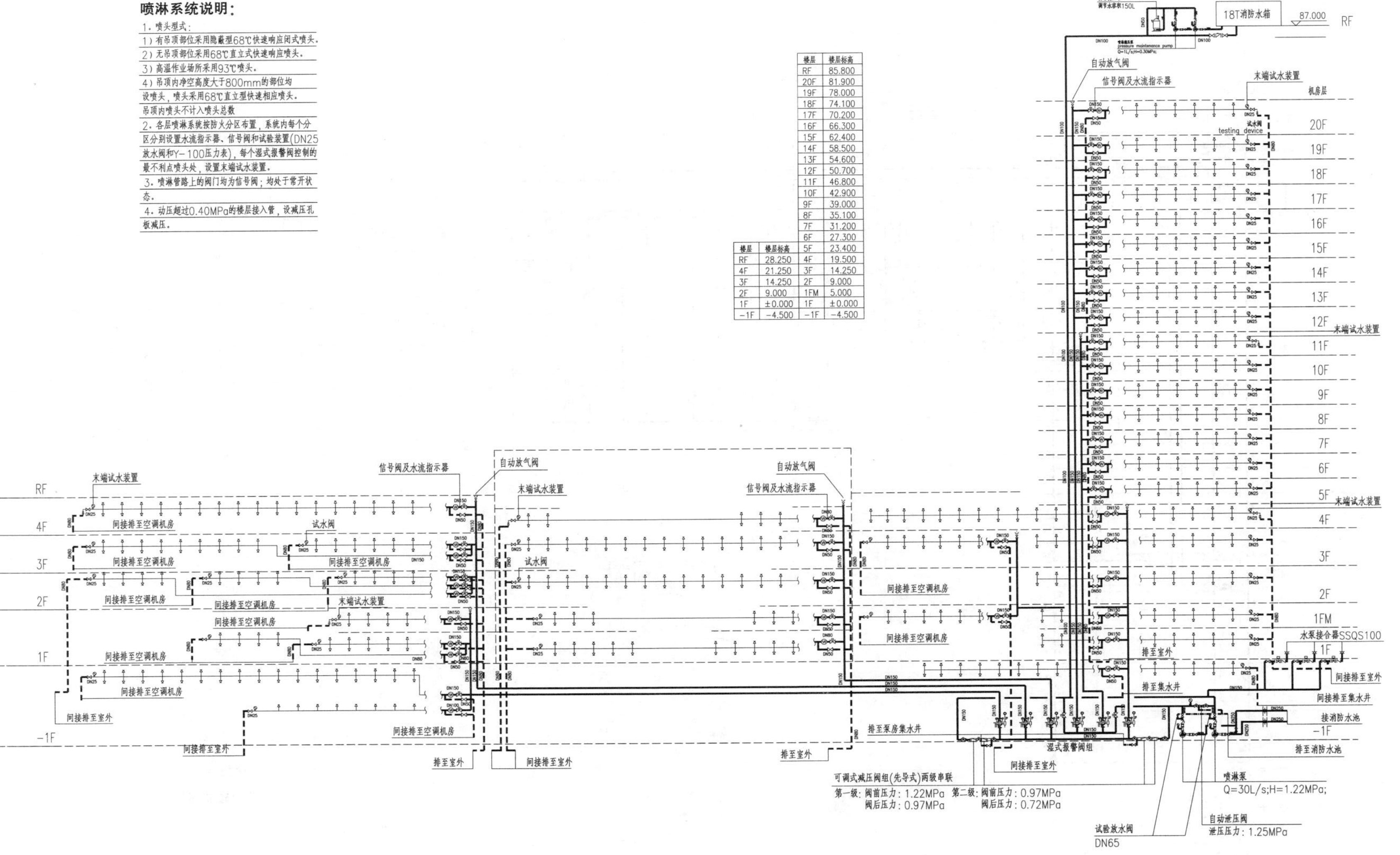

喷淋系统图

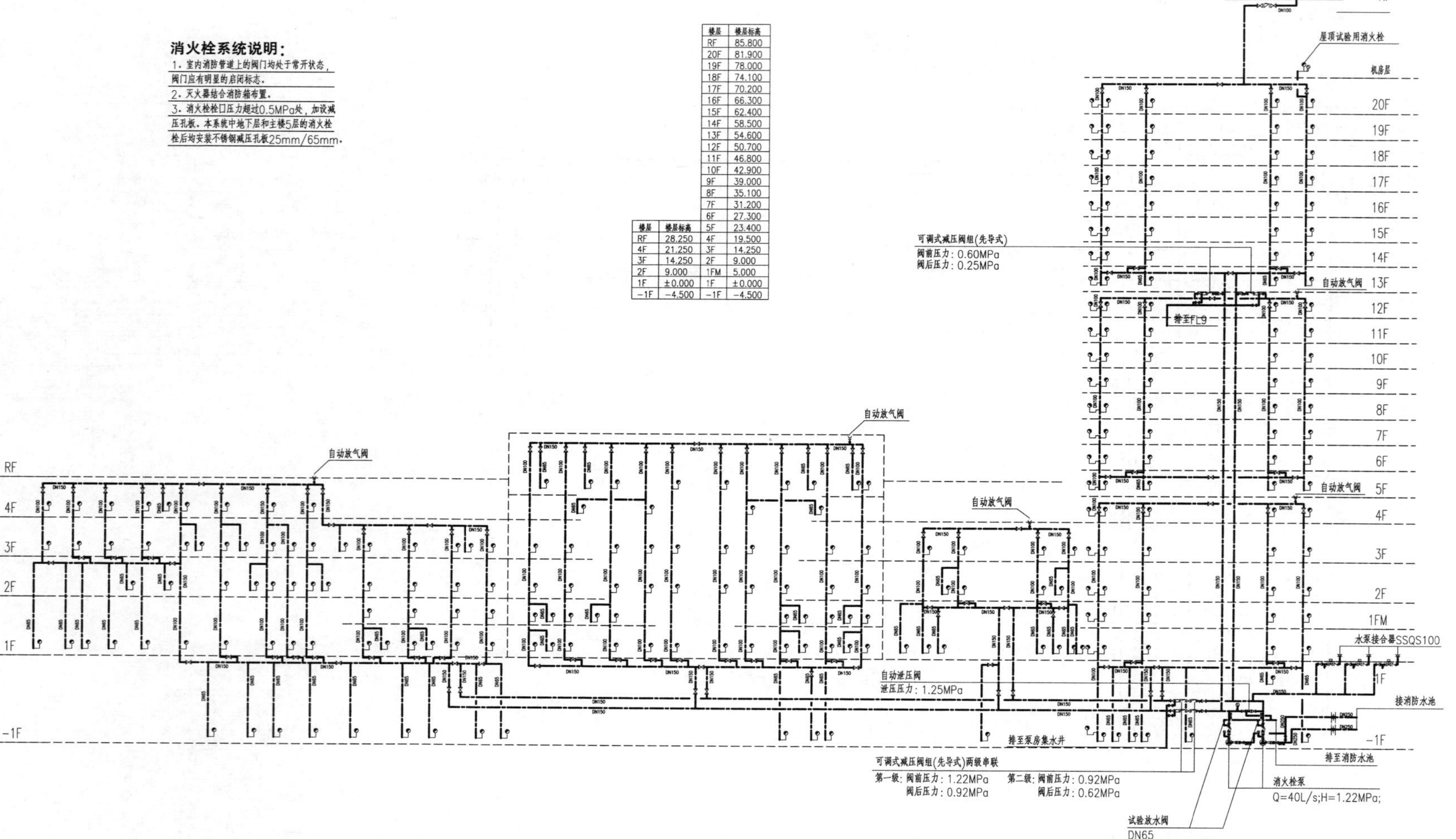

消火栓系统说明：

1. 室内消防管道上的阀门均处于常开状态，阀门应有明显的启闭标志。
2. 灭火器结合消防箱布置。
3. 消火栓栓口压力超过0.5MPa处，加设减压孔板。本系统中地下层和主楼5层的消火栓栓后均安装不锈钢减压孔板25mm/65mm。

楼层	楼层标高
RF	28.250
4F	21.250
3F	14.250
2F	9.000
1F	±0.000
-1F	-4.500

楼层	楼层标高
RF	85.800
20F	81.900
19F	78.000
18F	74.100
17F	70.200
16F	66.300
15F	62.400
14F	58.500
13F	54.600
12F	50.700
11F	46.800
10F	42.900
9F	39.000
8F	35.100
7F	31.200
6F	27.300
5F	23.400
4F	19.500
3F	14.250
2F	9.000
1FM	5.000
1F	±0.000
-1F	-4.500

消火栓系统图

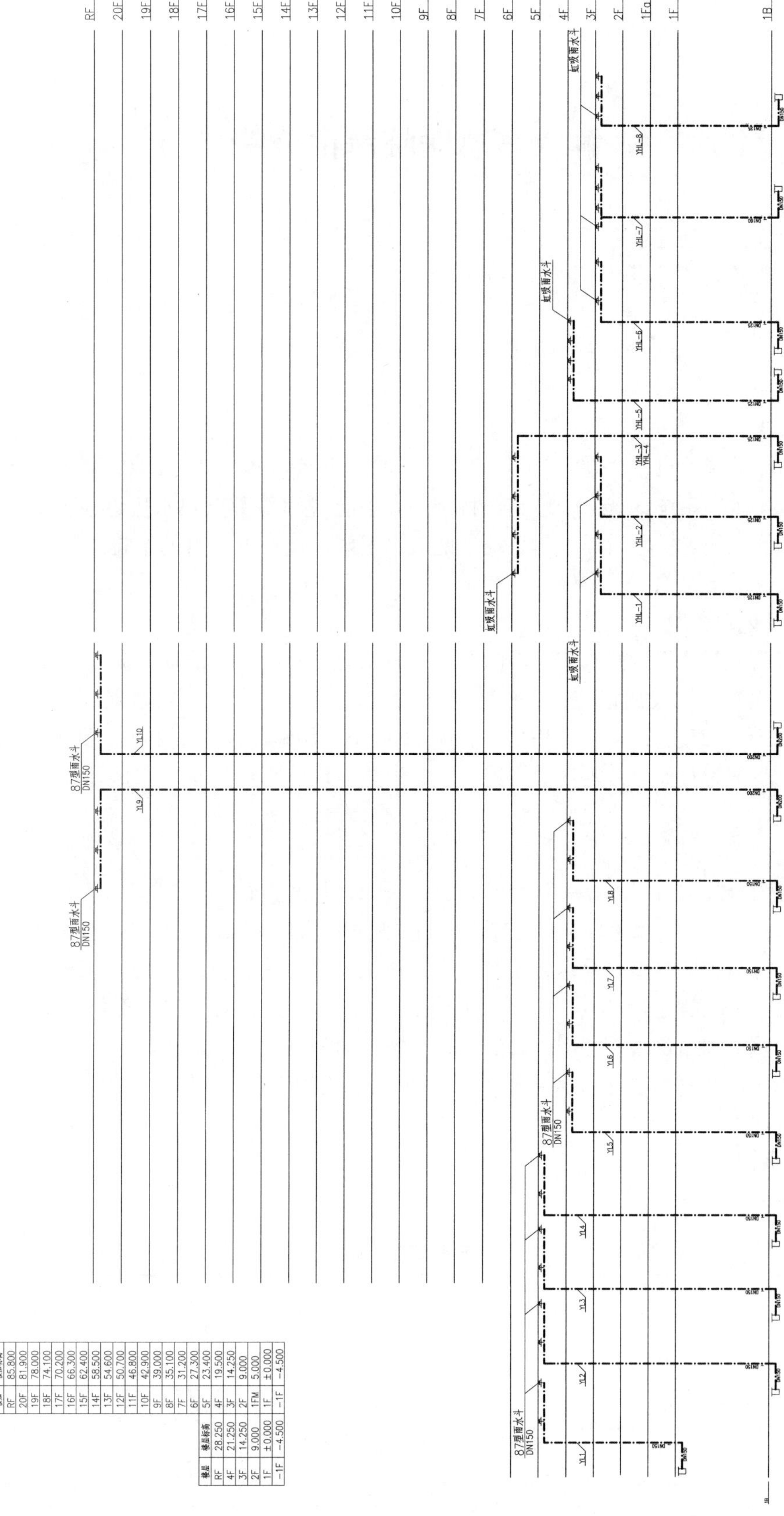

雨水系统图

解放军总医院海南分院

设计单位： 中国中元国际工程有限公司
设 计 人： 杨金华 牛住元 刘颖 张恒仓 范宇
获奖情况： 公共建筑类 一等奖

工程概况：

解放军总医院海南分院项目于 2009 年初开始设计，2011 年底基本完工，2012 年 1 月全面投入使用。自投入运行以来，给水排水各系统运行比较稳定，特别是太阳能-空气源热泵热水机组联合供应生活热水系统的使用，能最大化利用太阳能提供生活热水，系统节能效果很好，现就本项目的给排水设计作简单介绍，并以热水系统为主，供大家共同讨论。

（一）地理位置及规划概况

解放军总医院海南分院位于海南省三亚市的东侧一海棠湾开发区，用地地块属于位于海棠湾的南部海边一线的 C10 片区内。医疗区建设用地在西侧的独立地块上，与疗养区、服务保障区隔河相邻，呈不规则梯形。该用地东西宽 375m，南北长 445m，用地面积 167966m^2。用地北部为城市主道路 6 号路的绿化隔离带，东部为内河，西部、南部为其他待开发建设用地。市政道路一环路沿用地东、北侧通过。开发区规划及项目用地规划见图 1。

（二）项目简介

解放军总医院海南分院项目于 2009 年初开始设计，2011 年底基本完工，2012 年 1 月全面投入使用，医院一期设计床位数：700 床，门诊量约 3000 人次/d。包括医疗综合楼、后勤保障楼、垃圾站与污水处理站、发热门诊、生活区 5 栋宿舍楼等，医疗综合楼包含门急诊医技、住院、行政办公、VIP 病房楼等功能，地下一层相互联通，地上 6～9 层；宿舍楼均为 6 层的多层住宅、后勤保障楼为地上五层、地下一层的后勤办公楼。医疗区总规划建筑面积超过 24 万 m^2，已建成投入使用面积约 18.4 万 m^2。

医院除承担高端 VIP 的医疗保健任务之外，也提供了海棠湾旅游区游客的健康护理以及普惠海南民众的民生医疗服务，服务面大，范围广。

（三）主要建筑指标

主要建筑指标见表 1。

主要建筑指标 **表 1**

序号	名 称	单位	数 据	备 注
1	用地面积	m^2	167966	
2	建、构筑物占地面积	m^2	27016.3	
3	建筑系数	%	0.16	
4	建筑总面积	m^2	184059.8	地上 147635.8
				地下 36424

续表

序号	名　称	单位	数　据	备　注
5	容积率		1.1	
6	道路及广场面积	m^2	35038	
7	绿化面积	m^2	105911.7	
8	绿化系数	%	63.1	
9	小汽车停车数量	辆	590	地上 350
				地下 240

一、给水排水系统

1. 市政条件：项目周围市政规划设施齐全，院区周围市政道路上有 $DN200 \sim DN300$ 的自来水干管，$DN500 \sim DN800$ 的雨水排水管及 $DN500 \sim DN800$ 的污水排水管，给水压力 0.18MPa。规划有市政污水处理厂，所有市政规划与项目同期建设，但能够确保项目建成后的运行需要。

本项目的全部用水由市政自来水管网供给，供水压力 0.18MPa。从医院北侧及东侧市政道路上$DN300 \sim DN200$ 的市政给水管上各接一条 $DN200$ 的自来水引将入管供应医院生活、生产及消防用水，并在院内成环形布置；生活区引入一路 $DN150$ 市政给水管网，再与医疗区环型管网成环。引人一路 $DN100$ 市政中水引入管，专供院区绿化给水。

2. 设计用水量：医疗区设计日用水量约 $2620m^3/d$，日中水用量约 $80m^3/d$，中水引自市政，供院区绿化。

3. 设计热水量：医疗大楼设计生活热水总用量约为：$225m^3/d$。其中住院楼 3～9 层热水量 $100m^3/d$，门诊楼、VIP 楼、行政办公楼、住院楼 1～2 层合计热水量 $125m^3/d$；五栋宿舍、公寓的热水量分别为：$35m^3/d$、$35m^3/d$、$25m^3/d$、$25m^3/d$、$15m^3/d$；后勤保障楼内洗衣房及淋浴用热水量约：$35m^3/d$。

4. 一期设计日总排水量约：$Q=714.05m^3/d$。锅炉房、行政办公楼、宿舍楼的排水直接排入市政排水管网，锅炉排污水经降温池降温后排放，排入污水处理站的排水量约为 $650m^3/d$。

5. 室内外消防水量：

室外消防水量：20L/s，火灾延续时间 2h。一次灭火用水量：$144m^3$。由市政管网直接供应。

室内消防水量：30L/s，火灾延续时间 2h。一次灭火用水量：$216m^3$。

室内自动喷水灭火系统水量：30L/s，火灾延续时间 1h。一次灭火用水量：$108m^3$。

室内全部消防水量储存在医疗大楼地下室消防水池、水泵房内，高位消防水箱设置住院楼屋顶，并设消防、自动喷水灭火系统稳压设备各一套。

6. 设计遵循的原则

(1) 在确保安全、可靠的前提下，适度采用新技术、新工艺、新设备，以达到降低运行成本、节能、节水、绿色为原则，进行系统设计和设备的采用。

(2) 充分利用资源：结合三亚的气候特点，年平均气温较高，太阳能资源及空气能资源丰富，生活热水系统设计以太阳能—空气源热泵联合供热方式供应。并按照全供应、全保障方式进行太阳能生活热水供应设计。

全供应——在阳光充足时，确保太阳能集热产热水量足够供应生活热水用量。

全保障——在无太阳能时，由热泵机组保障供应生活热水量。

(3) 选择满足当地使用特色的产品及材料，注重防腐蚀、防台风等措施。

(4) 强化环境保护。虽然开发区规划有市政污水处理厂，但由于市政及规划与项目建设同期进行，为确保项目建成后的运行需要，医疗区污水处理站按照二级处理标准进行设计，以满足国际旅游岛的环境要求；另外地下室内卫生间排水采用密闭式污水提升设备，以改善内部卫生环境。

（一）给水系统

医疗综合楼的室内给水设分区供水系统，门、急诊医技、VIP 病房楼、行政办公楼、后期保障楼一个分区、病房楼一个给水分区。宿舍楼设置独立给水系统，采用箱式叠压变频增压给水设备，其他的垃圾站、污水处理站、发热门诊等单层建筑的给水由市政给水管直接供应。

给水系统设计按照满足分层、分区域计量要求设置远传式计量水表。

（二）生活热水系统

1. 加热方式：由于三亚市地处低纬度，属热带海洋性季风气候区，年平均气温 25.5℃，7 月份气温最高，月平均 28.3℃，1 月份气温最低，月平均 20.7℃。全年日照时间 2546.8h。水平面年平均日辐照量约 13.2MJ/(m^2 · d)，素有“天然温室”之称。因此结合当地气候特点，并经多方案比较后，确定采用太阳能—空气源热泵机组联合加热供应生活热水。门急诊楼、行政楼、VIP 病房楼设一套系统，住院楼设一套系统，公寓、住宅及后勤保障楼等每栋楼单独设置独立的系统供应，设计计算及实际安装的太阳能集热器面积见表 2。

太阳能集热器面积 **表 2**

楼号	建筑面积（m^2）	屋面面积（m^2）	集热器面积		建筑层数	备　注
			计算面积(m^2)	实际安装面积(m^2)		
住院楼	50847	4800	1278	1272	9	供应住院楼 3～9 层
门诊楼	33845	5000	895	1017.6	6	门诊楼、行政办公楼、VIP 楼为一个系统，供应门诊楼、行政办公楼、VIP 楼、地下室及住院楼 1～2 层、发热门诊等
VIP 楼	12079	1890	383	381.6	6	
行政办公楼	7511	1000	575	466.4	6	
医疗大楼合计				3137.6		
住宅楼	4564	731.76	191.7	190.8	6	1～6 层单元房
1 号公寓	6305	979.36	319.5	318	6	1～6 层单元房
2 号公寓	7053	1072.56	447.4	445.2	6	单身宿舍
4 号公寓	5676	855.56	319.5	318	6	1～6 层单元房
5 号公寓	7053	1072.56	447.4	466.4	6	单身宿舍
生活区合计				1738.4		
后勤保障楼	14425	1750	447	400	5	供洗衣房及集中淋浴
总计				5276		

2. 系统形式：太阳能集热器、空气源热泵机组等均布置在各单体建筑屋顶，集热水箱及循环泵、供热水箱等均设置在屋面层水箱间内，设变频增压给水泵组，并兼循环泵功能。具体系统见图 2～图 4。屋面太阳能集热器的布置及实际安装效果见图 5、图 6。

3. 建筑一体化：首先将计算需要布置太阳能的面积、范围等提供给建筑，由建筑统筹考虑立面及整体效果，建筑在屋面上设置一层下凹式架空层，四周为飘板式结构，太阳能安装在下凹部位，这样既可以不影响建筑立面效果，架空太阳能集热器充分吸收阳光的同时，对屋面还起到遮阳隔热左右，比较适合海南的气候特点，建筑主体还能防止台风对太阳能集热器的破坏，具体见图 7。

（三）污水处理系统

1. 设计参数：污水处理站设计处理能力为：1200m^3/d（土建部分预留远期处理能力）。机电设备按照一期设计处理水量750 m^3/d进行配置，消毒剂采用二氧化氯发生器生产ClO_2进行消毒，接触消毒时间按1.5h考虑，加药量为35～50mg/L，排出口处的余氯量为6～8mg/L。设计利用消毒池出水作为消毒剂加药动力水，这样可以极大地降低污水处理站自来水用量。

2. 污水处理流程：污水处理流程如图10所示。

3. 运行稳定后的实测数据见表3。

污水处理系统运行稳定后的实测数据 表3

项 目	进水水质范围	出水质指标
pH	6～9	7.07
COD_{Cr}	250mg/L	27.3mg/L
BOD_5	100mg/L	4.36mg/L
SS	80mg/L	≤4mg/L
氨氮	30mg/L	13.9mg/L
总余氯	—	消毒池出水口总余氯3.6mg/L
大肠菌群	1.6×10^8 个/L	80个/L
加药量	（有效氯70mg/L）	
日处理水量	605m^3/d	

注：实际运行参数为2013.1.16日现场检测提供。

4. 污水处理前后水样对比如图11所示。

二、消防系统

由于医疗区建筑均为小于50m的高层建筑和低于24米的多层建筑，因此按常规设置室内外消火栓给水系统、室内自动喷水灭火系统、医疗设备机房、变配电室等处设置七氟丙烷气体灭火系统等。

在本项目中由于建筑结合当地的气候特点，将门诊楼、住院楼中间核心筒部位的前、后侧阳台内设置折叠式百叶门，连通室内外，形成室内外通透型的建筑内部空间（具体见图8、图9）；这样门诊楼、住院楼的中间大厅、等候部位，可以加强室内外空气对流，从而取消此部位的空调，极大地改善了此部位室内的环境。折叠式百叶门可以在台风季节闭合，隔断室外不利的气候条件，因此这样的建筑设计充分地体现了绿色、节能、因地制宜的设计目的。由于此部位虽然属于建筑内部，但防火分区划分为室外，属于“室内外共享空间”。对于室内外共享部位的室内建筑空间的自动消防如何设置问题，内部经过讨论和比较后，确定采用智能、主动型自动射水灭火装置。这样既不影响室内、外空气对流，又满足了自动灭火安全的需要。智能扫描射水灭火装置参数为：射水流量2L/s，工作压力0.15MPa，保护半径6m，安装高度大于2.5m。系统设计流量10L/s，按照五个自动射水灭火装置同时启动考虑。

同时利用地下室室内消防储水池作为屋面冷却塔的补水水源，并采取措施防止消防储水被动用，在保证消防储水安全的条件下优化消防储水水质。

三、总结

1. 充分利用太阳能直热供应生活热水，按照全供应模式设计，能够最大化地提高太阳能产热水的利用率，三亚的年均日照天数约220d左右，年均太阳能产热水供应率可达到60%。这在内陆及北方等条件下很难达到。在气候条件合适的地方可以有选择地采用。

2. 根据实际运行反映的情况，宿舍楼为单水箱供水，试运行期间公寓宿舍有个别房间淋浴用水温度有些波动外，其余使用比较稳定。医疗大楼为双水箱供水，使用一直比较稳定，因此双水箱系统生活热水供应要比单水箱系统稳定，在使用太阳能直热供应生活热水设计时，对供应热水要求比较高的项目建议采用双水箱系统。

3. 热水箱的位置建议设在太阳能集热器同层或附近，一方面可以降低循环泵的运行能耗，另外还降低集热管路热损失，但要在屋面设独立的水箱间，避免屋顶露天设置，以保证卫生。

4. 善解决冷、热水流量和压力平衡问题，防止水压不平衡，影响使用舒适性。

5. 由于设置分层计量的需要，冷、热水系统大多采用横管配水系统，除设置立管放气阀外，还应在横向配水管末端设置放气阀，以防止横管气阻影响使用。其中两栋集体宿舍的横管末端没有安装放气阀，调试阶段就有个别淋浴器存在温度波动现象。

四、工程照片及附图

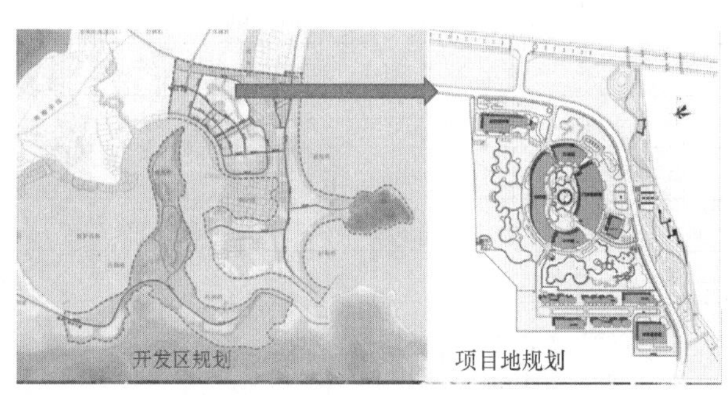

图 1　总图规划与院区规划

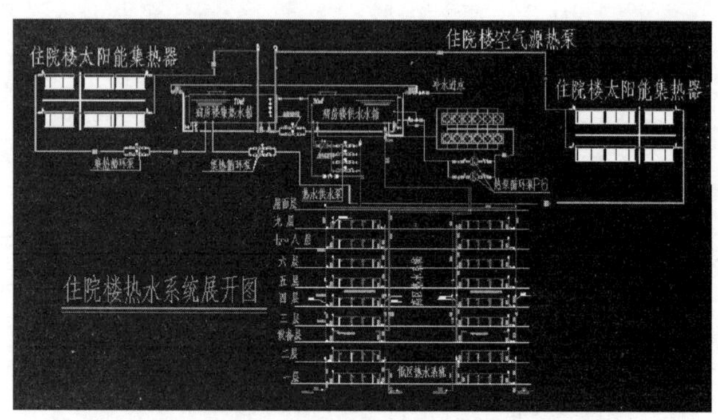

图 2　住院楼热水系统图

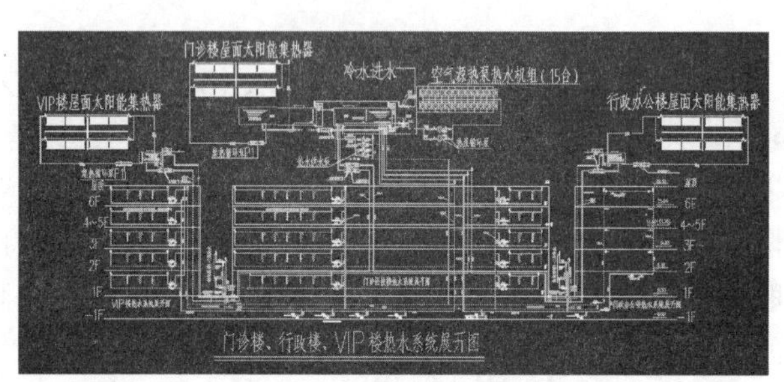

图 3　门诊楼、行政楼、VIP 楼热水系统图

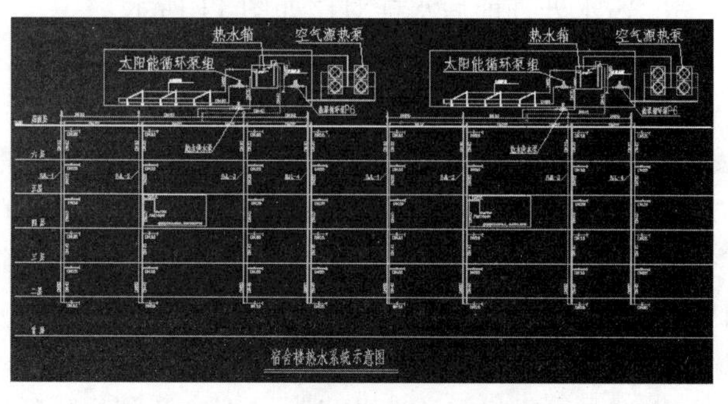

图 4　公寓及宿舍楼热水系统图

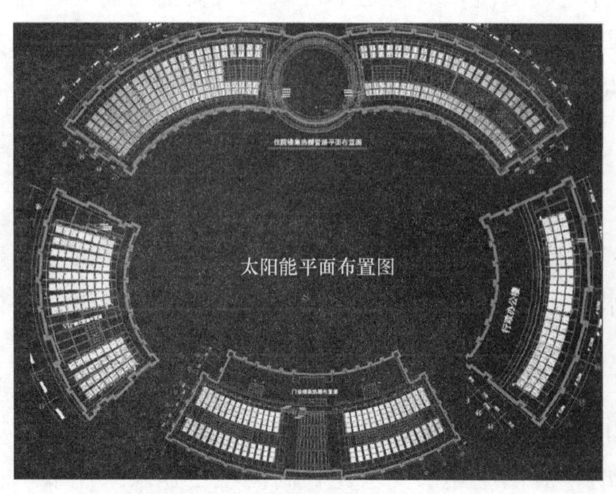

图 5　医疗大楼太阳能布置平面图

图 6　实际安装效果图

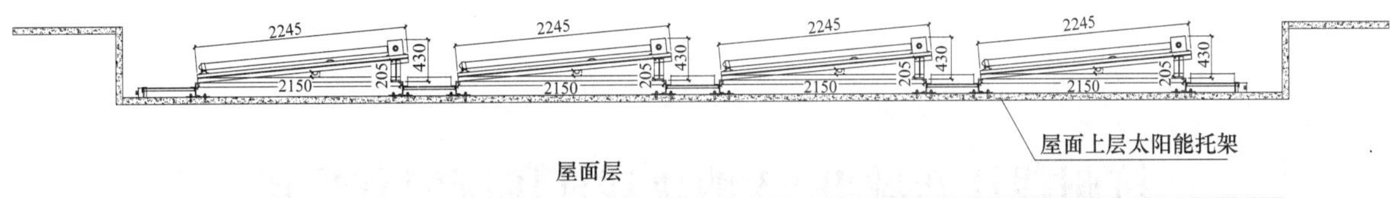

集热器与建筑一体化

图 7

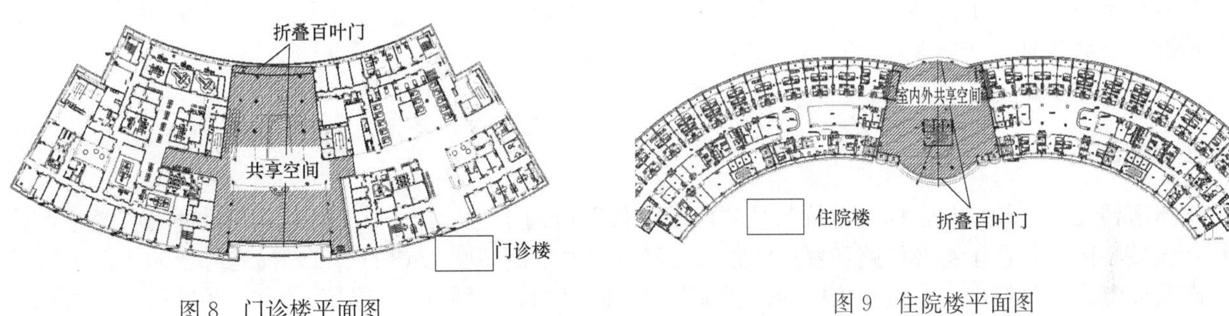

图 8 门诊楼平面图

图 9 住院楼平面图

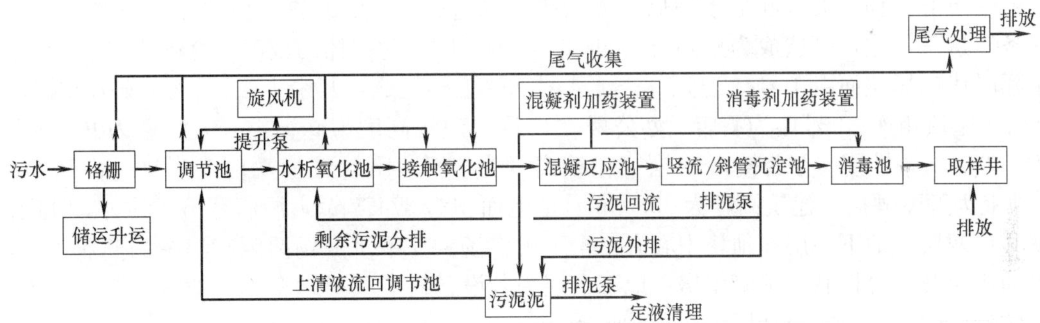

图 10 污水处理流程图

图 11 污水处理前后水样对比

杭州钱江新城 B-03 地块钱江国际时代广场

设计单位： 浙江大学建筑设计研究院有限公司
温州设计集团有限公司
设 计 人： 王靖华　王宁　蔡丰华　朱跃荣　龚增荣　王大伟
获奖情况： 公共建筑类　一等奖

工程概况：

杭州市钱江新城的崛起，标志着杭州从“西湖时代”迈向了“钱江时代”。钱江国际时代广场地处杭州钱江新城核心区域，位于富春江路和曹娥江路交叉口。用地东侧 30000m^2 的钱江新城森林公园，西侧远处可见西湖及凤凰山、玉皇山，是杭州市区钱江新城罕有的同时拥有一线江景、湖景、山景及城市公园绿化景观和的商务综合体。项目总建筑面积约 27 万 m^2，是区域内规模最大的现代商务体之一，也是钱江新城地标性的典范性商务建筑群。物业类型涵盖了酒店式办公楼、办公楼、4 星级酒店和国际时尚休闲街等多种物业，围绕着“商务”这一主题，打造成为集办公、购物、休闲、度假为一体的城市综合体项目。

钱江国际时代广场地面由 1 号、2 号、3 号、4 号四幢主楼组成，其中 1 号、2 号、3 号楼裙房在 2 层、3 层、4 层及裙房屋顶相连；1 号楼为酒店式办公楼，27 层，建筑高度为 99.64m；2 号楼为办公楼，41 层，建筑高度为 157.04m；3 号楼为办公楼，42 层，建筑高度为 157.04m。裙房功能为餐饮，商店等综合商业用房。4 号楼地上为万豪酒店，建筑高度为 99.05m。地上面积为 37477m^2，酒店客房数约为 340 间。

地下室共计两层，地下一层在地块中心有一个下沉广场。在下沉广场两侧有集中的商业用房，其余为自行车库，机动车库及 4 号楼酒店配套用房；地下二层为各设备机房及机动车库；战时为四个二等人员掩蔽单元及两个人防物质库。建筑实景如图 1、图 2 所示。

图 1　建筑实景一

图 2　建筑实景二

一、1 号楼工程说明

(一) 给水排水系统

1. 给水系统

(1) 冷水用量表

1 号楼冷水用水量详见表 1。

1 号楼冷水用水量 表 1

序号	用水部位	使用数量(人)(m^2)(m^3)	最高日用水定额(L)	单位	使用时间(h)	时变化系数	最大日用水量(m^3/d)	平均时用水量(m^3/h)	最大时用水量(m^3/h)	备注
1	办公	3110 人	50	每人每日	8	1.5	156	19.4	29.2	
2	餐饮	2400 人	50	每顾客每次	8	1.5	120	15.0	22.5	
3	商业用房	4910m^2	8	每 1m^2·d	12	1.5	39	3.3	4.9	含地下室商业
4	绿化	1911m^2	2	每 1m^2·d	8	1.5	4	0.5	0.7	
5	道路、广场	2704m^2	2	每 1m^2·d	8	1.5	5	0.7	1.0	
6	未预见水量						49	5.8	8.7	按日用水量 15%计
7	合计						373	44.7	67.0	

(2) 水源

本项目水源为市政自来水。从周边市政给水管网分别引四路 *DN*200 自来水管至本地块，经室外计量水表后供本工程（1 号～4 号楼）生活及消防用水。

(3) 系统竖向分区

本项目生活给水竖向分六个区，具体分区详见表 2。

1 号楼生活给水竖向分区表 表 2

地下三层至地上二层、室外道路浇洒、绿化等	市政管网直供
三层、四层(1JB1 区)	由 1S1 变频加压设备(设于地下室生活泵房内)直接供水
5～11 层(1JB2 区)	由 1S2 变频加压设备(设于地下室生活泵房内)减压供水
12～18 层(1JB3 区)	由 1S2 变频加压设备(设于地下室生活泵房内)直接供水
19～23 层(1JB4 区)	由位于屋顶层的生活水箱减压供水
24～27 层(1JB5 区)	由位于屋顶层的生活水箱直接供水

(4) 供水方式及给水加压设备

地下室生活水泵房（设于地下二层）内设三只不锈钢生活水池；生活水池（一）有容积 12m^3，供应范围为地上三、四层。生活水池（二）、（三）有效容积共 75m^3，供应范围为地上 5～18 层及屋顶生活水箱；屋顶生活水箱有效容积有容积 12m^3。地下室生活水箱补水由市政水管网压力减压供给，屋顶生活水箱由位于地下室生活泵房内的 1S3 泵组供水。

所有生活水箱均采用食品级不锈钢板拼装。

(5) 管材

1) 自 1S3 泵出口至屋顶生活水箱的供水管采用内衬不锈钢镀锌钢管，沟槽连接。工作压力 1.3MPa，试验压力 1.7MPa。

2) 自 1S2 泵出口至 1JB2 区减压阀前以及自 1S2 泵出口至 1JB3 区各层横管管前给水管道采用内衬不锈钢镀锌钢管，沟槽连接。工作压力 1.0MPa，试验压力 1.5MPa。

3）其余室内生活给水系统供水管采用内衬不锈钢镀锌钢管，管径小于等于 *DN*80 采用丝口连接，管径大于 *DN*80 采用沟槽连接。工作压力 0.6MPa，试验压力 0.9MPa。

4）室外生活给水系统供水管采用球墨铸铁给水管，T 型柔性接口，K9 级。工作压力 0.4MPa，试验压力 0.6MPa。

2. 排水系统

（1）排水系统的形式

±0.000 以上室内排水体制为污废水分流制，系统设专用通气立管。排水汇总管及室外采用污废合流制，其中厨房废水单独排出，经隔油池处理后再与污废水集中排至基地污水管网，经由城市污水管道，进城市污水厂处理。雨水排水采用重力式有组织排水方式，自成系统排出。

±0.000 及以下各卫生间采用污废合流制，污废水集中由污水提升装置排出；地下车库的废水经集水坑收集后加压排至室外排水管网；各集水井排水均采用潜水泵由水位自动控制排出。

屋面雨水经收集后排入周边市政雨水管网，雨水量按杭州市暴雨强度公式计算。

屋面雨水采用重力方式排放。下沉式广场雨水集中至雨水集水井加压排至室外雨水管网。

（2）透气管设置方式

透气管均引至屋顶高空排放。

（3）采用的局部污水处理设施

餐饮废水单独排出，经隔油池处理后再与污废水集中排至基地污水管网；地下室卫生间污废水由污水提升装置排至室外污水管网；下沉式广场雨水集中至雨水集水井；地下车库的废水经集水坑收集后加压排至室外排水管网。

整个地块内的污废水收集后直接排至市政污水管网（在接入市政管网前，管网末端设置截渣井），不设置化粪池。

（4）管材

1）污废水管（除一层及地下一层卫生间及用水点外）采用柔性接口离心浇铸铸铁排水管。立管及横干管接口采用法兰承插式柔性 A 型接口。各层支管采用卡箍式 W 型接口。一层及地下一层卫生间及用水点排水管采用优质 PVC-U 排水管。

2）雨水管采用无缝钢管，热镀锌，沟槽式连接。管道工作压力 1.1MPa。

3）所有排水泵的接管及排出管：采用镀锌钢管，阀门采用弹性座封闸阀，止回阀采用橡胶瓣止回阀。

（二）消防系统

1. 消火栓系统

本项目室外消火栓用水量为 30L/s，室内消火栓用水量为 40L/s，火灾延续时间 3h。

本项目室外消火栓水量及水压由市政给水管网保证。室外消火栓间距不超过 100m，保护半径 150m，并同时保证离消防水泵接合器距离不大于 40m 并满足消防水泵接合器的要求。

本项目独立设置室内消火栓系统。

室内消火栓系统竖向分两个区：低区为地下三层至地上十二层，由高区管网通过减压阀供水。高区为十三层及以上楼层。

火灾初期消火栓用水由屋顶消防水箱（有效容积 18m^3，箱底相对标高 107.490m）供应，火灾期间由消火栓泵供应。

消防水池及室内消火栓泵设于地下室消防泵房内（设在地下二层）。消防水池有效容积 600m^3，分两格。室内消火栓泵两台，一用一备，单泵 $Q=0\sim40$L/s，$H=1.4$MPa，$N=90$kW，转速 2970r/min。

室内消火栓系统设置水泵接合器三套，SQS150-A 型地上式。消防水泵接合器具体位置结合建筑布局在室外管线设计时统一考虑。消防水泵接合器布置时，应注意在消防水泵接合器附近15～40m范围内设置室外消火栓。

自消火栓泵出口至减压阀前以及自消火栓泵出口至高区的消防立管工作压力按1.4MPa设计。试验压力1.8MPa。采用无缝钢管，热镀锌。沟槽式机械接头连接。其余消防系统供水管工作压力按0.8MPa设计。试验压力1.2MPa。管径小于等于*DN*80采用热镀锌钢管，丝扣连接。管径大于*DN*80采用热镀锌钢管，沟槽连接。

2. 自动喷水灭火系统

本项目楼除卫生间、厕所与不宜用水灭火的部位外，均设喷淋系统。

本项目喷淋系统相互独立设置，喷淋系统按配水管道的工作压力不大于1.20MPa分区。

本项目自喷系统竖向分两个区：低区为地下三层至地上十六层，由高区管网通过减压阀供水。高区为地上十七层及以上楼层。火灾初期喷淋用水由屋顶消防水箱（与消火栓系统合用）供应，火灾期间由喷淋泵供应。

消防水池及自喷泵设于地下室消防泵房内（设在地下二层）。消防水池有效容积600m³，分两格。自喷两台，一用一备，单泵Q=0～30L/s，H=1.4MPa，N=75kW，转速2970r/min。

自喷系统设置水泵接合器两套，SQS150-A型地上式。水泵接合器具体位置结合建筑布局在室外管线设计时统一考虑。水泵接合器布置时，应注意在水泵接合器附近15～40m范围内设置室外消火栓。

本设计中喷头除厨房外，均采用公称动作温度为68℃的喷头（厨房内采用公称动作温度为93℃的喷头）。对于无吊顶处，采用直立式喷头；对于宽度大于1.2m的风管下增设下垂式喷头；对于有吊顶处采用吊顶式喷头。本楼的侧墙式喷头采用水平式边墙喷头，溅水盘与顶板的距离不应小于150mm，且不应大于300mm。吊顶上方的闷顶高度大于800mm时，如有可燃物，在装修时应在吊顶内安装喷头。

本项目共设置10组报警阀。低区报警阀位于地下二层水泵房内及地下一层报警阀间内；高区报警阀位于十七层水管井内。

自喷系统管道工作压力按1.4MPa设计。试验压力1.8MPa。管径大于等于*DN*100采用无缝钢管，热镀锌，沟槽式机械接头连接。管径小于*DN*100采用镀锌钢管，丝扣连接。

二、2号、3号楼工程说明

（一）给水系统

1. 用水量表（表3）

用水量 表3

序号	用水部位	使用数量	最高日用水定额(L)	单位	使用时间(h)	时变化系数	最大日用水量(m³/d)	平均时用水量(m³/h)	最大时用水量(m³/h)	备注
1	办公	5334人	50	每人·d	8	1.5	267	33.3	50.0	
2	商业、金融及会所	8512人	8	每1m²·d	12	1.5	68	5.7	8.5	
3	绿化	2208m²	2	每1m²·d	8	1.5	4	0.6	0.8	
4	道路、广场	3829m²	2	每1m²·d	8	1.5	8	1.0	1.4	
5	未预见水量						52	6.1	9.1	按日用水量15%计
6	合计						399	46.6	69.9	

2. 水源

生活供水取自市政给水管网。由位于地下二层及30层避难层的生活泵房向各加压分区变频供水。

3. 系统竖向分区

3 号楼生活冷水竖向分六个区。

第一区：地下层～四层；第二区：5～12 层；第三区：13～20 层；第四区：21～27 层；第五区：28～35 层；第六区：36～41 层。

4. 供水方式及给水加压设备

第一区：由市政管网压力直供。

第二区：由设在地下二层水泵房内的 3S1 变频加压设备直接供水；单泵流量 $12m^3/h$，扬程 75m，功率 5.5kW，水泵两用一备，采用多级离心泵，低转速低噪声。配小流量泵一台，功率 1.5kW，配补气式气压罐 $\phi600$。

第三区：由设在地下二层水泵房内的 3S2 变频加压设备直接供水；单泵流量 $12m^3/h$，扬程 105m，功率 7.5kW，水泵两用一备，采用多级离心泵，低转速低噪声。配小流量泵一台，功率 1.5kW，配补气式气压罐 $\phi600$。

第四区：由位于 30 层（避难层）生活泵房内的生活水箱供水；30 层（避难层）生活水转输水箱补水由设于地下室生活泵房内的 3S3 生活加压设备供给，生活转输水箱容积为 $30m^3$。高区生活转输水泵（3S3）单泵流量 $35m^3/h$，扬程 140m，功率 22kW。

第五区：由设在 30 层（避难层）生活泵房内的 3S4 变频加压设备直接供水；单泵流量 $12m^3/h$，扬程 45m，功率 3kW，水泵两用一备，采用多级离心泵，低转速低噪声。配小流量泵一台，功率 1.1kW，配补气式气压罐 $\phi600$。

第六区：由设在 30 层（避难层）生活泵房内的 3S5 变频加压设备直接供水；单泵流量 $12m^3/h$，扬程 75m，功率 5.5kW，水泵两用一备，采用多级离心泵，低转速低噪声。配小流量泵一台，功率 1.5kW，配补气式气压罐 $\phi600$。

5. 管材

（1）自地下二层水泵房加压设备 3S3 至 30 层（避难层）生活转输水箱的生活系统转输水管采用内衬不锈钢镀锌钢管，沟槽连接。工作压力 1.4MPa，试验压力 1.8MPa。

（2）自地下二层水泵房加压设备 3S2 至 12 层部分采用内衬不锈钢镀锌钢管，丝口连接。工作压力 0.9MPa，试验压力 1.35MPa。

（3）其余室内生活给水系统供水管采用内衬不锈钢镀锌钢管，丝口连接。工作压力 0.6MPa，试验压力 0.9MPa。

（4）室外生活给水系统供水管采用球墨铸铁给水管，T 型柔性接口，K9 级。工作压力 0.4MPa，试验压力 0.6MPa。

（5）给水管道阀门小于等于 *DN*50 的采用全铜截止阀，大于 *DN*50 的采用弹性座封式明杆闸阀（不锈钢阀杆）。

（二）排水系统

1. 排水系统的形式

1）±0.000 以上室内排水体制为污废水分流制，系统设专用通气立管。排水汇总管及室外采用污废合流制，集中排至基地污水管网，经由城市污水管道，进城市污水厂处理。雨水排水采用重力式有组织排水方式，自成系统排出。

2）±0.000 及以下各卫生间采用污废合流制，污废水集中至污水提升装置；下沉式广场雨水集中至雨水集水井；各集水井排水均采用潜水泵由水位自动控制排出。

2. 透气管的设置形式

1）±0.000以上室内排水体制为污废水分流制，系统设专用通气立管。

2）±0.000及以下各卫生间采用污废合流制，污废水集中至污水提升装置；污水提升设置专用通气立管与地面层专用通气立管连通。

3. 管材

1）污废水管采用柔性接口离心浇铸铸铁排水管。立管及横干管接口采用法兰承插式柔性A型接口。各层支管采用卡箍式W型接口。

2）雨水管采用无缝钢管，热镀锌，沟槽式连接。管道工作压力1.60MPa。

3）所有排水泵的接管及排出管：采用镀锌钢管，阀门采用弹性座封闸阀，止回阀采用橡胶瓣止回阀。

（三）消防系统

1. 消火栓系统

1）消火栓系统用水量

根据《高层民用建筑设计防火规范》，本楼室内消防给水按高层综合楼设计，即：

室外消火栓设计用水量：30L/s；

室内消火栓设计用水量：40L/s；

灭火持续时间：3h。

2）消火栓系统分区原则

消火栓系统竖向分为高、低两个区：低区为地下层～地上25层，高区为地上26层～屋顶层。

① 地下层～地上11层由位于地下室泵房的3XH1消防泵减压供给。12～25层由位于地下室泵房的3XH1消防泵直接供给。

② 低区消火栓系统由位于30层（避难层）的消防转输水箱稳压。转输水箱容积60m^3。转输水箱由位于地下室泵房的3XH2消火栓转输泵供给。

③ 26层～屋顶层由位于30层（避难层）的3XH3消防泵供给。

④ 高区消火栓系统由位于机房层的屋顶消防水箱稳压。屋顶消防水箱容积20m^3。

⑤ 对于消火栓口动压大于0.50MPa的楼层采用减压孔板减压。

3）消火栓泵参数

低区消火栓泵（3XH1）：流量40L/s，扬程140m，功率90kW；

高区消火栓转输泵（3XH2）：流量45L/s，扬程140m，功率90kW；

高区消火栓泵（3XH3）：流量40L/s，扬程100m，功率75kW。

4）消防水池

地下室水泵房内设消防储水池（分两格）；共有容积600m^3。地下室消防水池补水由市政水管网压力直接供给，30层（避难层）消防转输水箱补水由设于地下室泵房内的3XH2及3ZP2消防转输泵供给，消防转输水箱容积60m^3。

5）消火栓系统水泵接合器

三套，SQS150-A型地上式。设于室外。

6）消火栓系统增压稳压设备

消火栓系统增压稳压设备设置于屋顶机房层，型号ZW（L)-II-X-A，卧式隔膜气压罐规格SQL1000X0.6，配用水泵25LGW3-10X6，N=2.2kW。

7）消火栓系统管材

消防系统转输管采用无缝钢管，热镀锌。沟槽式机械接头连接。消火栓系统大于等于DN100采用无缝钢管，热镀锌。沟槽式机械接头连接。小于DN100采用镀锌钢管。丝口连接。工作压力按1.4MPa设计。

试验压力 1.8MPa。

阀门：消火栓泵及消火栓系统转输泵前后采用弹性座封式闸阀，并设有提示阀门常开的标志。其余部分采用弹性座封式明杆闸阀（不锈钢阀杆）或蝶阀。各阀门工作压力应与系统相匹配。

2. 自动喷水灭火系统

1）自动喷水灭火系统用水量

根据《高层民用建筑设计防火规范》，本楼室内消防给水按高层综合楼设计，即：

自动喷水灭火系统设计用水量：30L/s；

灭火时间：1h。

2）自动喷水灭火系统分区原则

本楼喷淋系统分为高、低两个区：低区为地下层～地上 20 层，高区为地上 21～屋顶层。

① 地下层～八层由位于地下室泵房的 3ZP1 喷淋泵减压供给。9～20 层由位于地下室泵房的 3ZP1 喷淋泵直接供给。

② 低区由位于 30 层（避难层）的消防转输水箱稳压。转输水箱容积 60m^3。转输水箱由位于地下室泵房的 3ZP2 喷淋转输泵供给。

③ 21～32 层由位于 30 层（避难层）的 3ZP3 喷淋泵减压供给。33 层～屋顶层由位于 30 层（避难层）的 3ZP3 喷淋泵直接供给。

④ 高区喷淋系统由位于机房层的屋顶消防水箱稳压。屋顶消防水箱容积 20m^3。

3）自动喷水灭火系统增压稳压设备

喷淋增压稳压设备设置于屋顶，型号 ZW（L)-II-Z-A，卧式隔膜气压罐规格 SQL800X0.6，配用水泵 25LGW3-10X6，N=2.2kW。

4）喷头选型

本楼中喷头采用公称动作温度为 68℃的喷头（K=80）。对于无吊顶处，采用直立式喷头；对于宽度大于 1.2m 的风管下增设下垂式喷头；对于有吊顶处采用吊顶式喷头。吊顶上方的闷顶高度大于 800mm 时，如有可燃物，装修时在吊顶内安装喷头。

5）报警阀

本楼共设置 15 只报警阀，低区设置 9 只，位于地下二层消防泵房内；高区设置 6 只，位于 30 层（避难层）的水泵房内内。

6）水泵接合器

喷淋系统水泵接合器 4 套，高低区各两套，SQS150-A 型地上式。设于室外。

7）喷淋泵参数

低区喷淋泵（3ZP1)：流量 30L/s，扬程 120m，功率 75kW；

高区喷淋转输泵（3ZP2)：流量 33L/s，扬程 140m，功率 75kW；

高区喷淋泵（3ZP3)：流量 30L/s，扬程 100m，功率 45kW。

8）喷淋系统管材

管道工作压力按 1.4MPa 设计。试验压力 1.8MPa。

管径大于等于 DN100 采用无缝钢管，热镀锌。沟槽式机械接头连接。

管径小于 DN100 采用镀锌钢管。丝扣连接。

阀门：采用弹性座封式闸阀，并设有提示阀门常开的标志。各阀门工作压力应与系统相匹配。报警阀前后采用信号蝶阀。

3. 气体灭火系统

本楼地下层变配电房、开闭所消防采用七氟丙烷无管网气体灭火系统。

三、4 号楼工程说明

(一) 给水排水系统

给水系统:

1) 冷水用水量(表 4)

冷水用水量 表 4

楼层	分区	功能	最大日水量(m^3/d)	最大时水量(m^3/h)
地下 2 层	市政直供区	车库、职工餐厅	25	2.2
地下 1 层				
1 层		大堂、总台、办公	12	1.5
2 层		健身房、美容美发、西餐厨房	29	3.4
3 层		中餐、厨房	50	5.8
4 层	QB 变频加压区	会议区	14	3.4
5 层		桑拿棋牌	14	2.3
6 层		内部办公、沐浴	13	1.7
7 层	QC 变频加压区	客房	113	11
8 层				
9 层				
10 层				
11 层				
12 层				
13 层				
14 层	QD 变频加压区	客房	113	11
15 层				
16 层				
17 层				
18 层				
19 层				
20 层				
21 层	QE 变频加压区	客房	91	9
22 层				
23 层				
24 层				
25 层				
26 层				

2) 水源

生活供水取自市政给水管网。由位于地下一层的生活泵房向各加压分区变频供水。

3）系统竖向分区

4 号楼生活冷水竖向分五个区。

第一区：地下二层～地上三层；第二区：4～6 层；第三区：7～13 层；第四区：14～20 层；第五区：21～26 层。

4）供水方式及给水加压设备

第一区：由市政管网压力直供；

第二区由 QB 变频加压设备直接供水；恒压生活供水装置取生活水泵两台递次交替运行，单泵流量 12L/s，扬程 55m，功率 15kW，采用多级离心泵，低转速低噪声。配小流量泵流量 $2m^3/h$，扬程 55m，功率 1.5kW，配补气式气压罐 $\phi600$。

第三区由 QC 变频加压设备减压供水；恒压生活供水装置取生活水泵两台递次交替运行，单泵流量 8L/s，扬程 75m，功率 15kW，采用多级离心泵，低转速低噪声。配小流量泵流量 $2m^3/h$，扬程 75m，功率 1.5kW，配补气式气压罐 $\phi600$。

第四区由 QD 变频加压设备直接供水；恒压生活供水装置取生活水泵两台递次交替运行，单泵流量 8L/s，扬程 105m，功率 18.5kW，采用多级离心泵，低转速低噪声。配小流量泵流量 $2m^3/h$，扬程 105m，功率 2.2kW，配补气式气压罐 $\phi600$。

第五区：由 QE 变频加压设备直接供水；恒压生活供水装置取生活水泵两台递次交替运行，单泵流量 8L/s，扬程 125m，功率 22kW，采用多级离心泵，低转速低噪声。配小流量泵流量 $2m^3/h$，扬程 125m，功率 3kW，配补气式气压罐 $\phi600$。

各分区加压设备均位于地下一层生活泵房。

5）管材

生活给水冷水管道：

（1）QE 给水系统（供水区域 21～26 层）泵出口至各层支管前冷水管道采用管道采用不锈钢钢管，卡压连接。工作压力 1.3MPa，冷水试验压力 1.7MPa。其中客房内部采用优质 PPR 管，热熔连接。工作压力为 0.6MPa，试验压力为 0.9MPa。

（2）QD 给水系统（供水区域 14～20 层）泵出口至各层支管前冷水管道采用管道采用不锈钢钢管，卡压连接。工作压力 1.1MPa，冷水试验压力 1.65MPa。其中客房内部采用优质 PPR 管，热熔连接。工作压力为 0.6MPa，试验压力为 0.9MPa。

（3）QC 给水系统（供水区域 7～13 层）泵出口至各层支管前冷水管道采用管道采用不锈钢钢管，卡压连接。工作压力 0.75MPa，冷水试验压力 1.15MPa。其中客房内部采用优质 PPR 管，热熔连接。工作压力为 0.6MPa，试验压力为 0.9MPa。

（4）市政压力直供区、QB（4～6 层）给水系统冷水管道采用不锈钢钢管，卡压连接。工作压力 0.6MPa，冷水试验压力 0.9MPa。

（5）室外生活给水系统引入管采用球墨铸铁给水管，T 型柔性接口，K9 级。工作压力 0.4MPa，试验压力 0.6MPa。

（6）给水管道阀门小于等于 *DN*50 的采用全铜闸阀，大于 *DN*50 的采用弹性座封式明杆闸阀（铜制）。

（二）热水系统

1. 热水用水量（表 5）

热水用水量 **表 5**

<table>
<tr><th>楼层</th><th>分区</th><th>功能</th><th>60℃热水量(m³/h)</th><th>最大时水量(m³/h)</th></tr>
<tr><td>地下 2 层</td><td rowspan="5">市政直供区</td><td rowspan="2">车库、职工餐厅、洗衣</td><td rowspan="2">5.2</td><td>平均小时量</td></tr>
<tr><td>地下 1 层</td><td>平均小时量</td></tr>
<tr><td>1 层</td><td>大堂、总台、办公</td><td>0.05</td><td>平均小时量</td></tr>
<tr><td>2 层</td><td>健身房、美容美发、西餐厨房</td><td>0.8</td><td>平均小时量</td></tr>
<tr><td>3 层</td><td>中餐、厨房</td><td>1.5</td><td>平均小时量</td></tr>
<tr><td>4 层</td><td rowspan="3">QB 变频加压区</td><td>会议区</td><td>0.8</td><td>平均小时量</td></tr>
<tr><td>5 层</td><td>桑拿棋牌</td><td>1.1</td><td>平均小时量</td></tr>
<tr><td>6 层</td><td>内部办公、沐浴</td><td>0.6</td><td>平均小时量</td></tr>
<tr><td>7 层</td><td rowspan="7">QC 变频加压区</td><td rowspan="7">客房</td><td rowspan="7">9.2</td><td rowspan="7">最大小时量</td></tr>
<tr><td>8 层</td></tr>
<tr><td>9 层</td></tr>
<tr><td>10 层</td></tr>
<tr><td>11 层</td></tr>
<tr><td>12 层</td></tr>
<tr><td>13 层</td></tr>
<tr><td>14 层</td><td rowspan="7">QD 变频加压区</td><td rowspan="7">客房</td><td rowspan="7">9.2</td><td rowspan="7">最大小时量</td></tr>
<tr><td>15 层</td></tr>
<tr><td>16 层</td></tr>
<tr><td>17 层</td></tr>
<tr><td>18 层</td></tr>
<tr><td>19 层</td></tr>
<tr><td>20 层</td></tr>
<tr><td>21 层</td><td rowspan="6">QE 变频加压区</td><td rowspan="6">客房</td><td rowspan="6">7.5</td><td rowspan="6">最大小时量</td></tr>
<tr><td>22 层</td></tr>
<tr><td>23 层</td></tr>
<tr><td>24 层</td></tr>
<tr><td>25 层</td></tr>
<tr><td>26 层</td></tr>
</table>

2. 热源

本项目生活热水热源由暖通专业提供，热媒为蒸汽，压力 P=0.4MPa（表压）。

3. 系统竖向分区

4 号楼生活热水与生活冷水分区相同，均竖向分五个区。

第一区：地下二层～地上三层；第二区：4～6 层；第三区：7～13 层；第四区：14～20 层；第五区：21～26层；

4. 热交换器

第一区：地下二层～地上三层；换热器：RV-04-3-0.4-1.6/0.6，两台。立式，容积 3m^3，壳程 0.6MPa，管程 1.0MPa，筒体直径 1200mm，总高 3148mm，质量 1163kg，换热面积 5.9m^2。

第二区：4～6 层；换热器：RV-04-1.5-0.4-1.6/0.6，两台。立式，容积 1.5m³，壳程 0.6MPa，管程 1.0MPa，筒体直径 1200mm，总高 1848mm，质量 854kg，换热面积 5.9m²。

第三区：7～13 层；换热器：RV-04-3.5-0.4-1.6/1.0，两台。立式，容积 3.5m³，壳程 1.0MPa，管程 1.0MPa，筒体直径 1600mm，总高 2403mm，质量 1783kg，换热面积 7.3m²。

第四区：14～20 层；换热器：RV-04-3.5-0.4-1.6/1.0，两台。立式，容积 3.5m³，壳程 1.0MPa，管程 1.0MPa，筒体直径 1600mm，总高 2403mm，质量 1783kg，换热面积 7.3m²。

第五区：21～26 层；换热器：RV-04-3.5-0.4-1.6/1.2，两台。立式，容积 3.5m³，壳程 1.2MPa，管程 1.2MPa，筒体直径 1600mm，总高 2407mm，质量 1997kg，换热面积 7.3m²。

5. 冷、热水压力平衡措施、热水温度的保证措施

(1) 冷、热水压力平衡措施

1) 冷、热水系统分区相同，冷水系统与热水系统同源设置，每个分区由同一组生活水泵供水，从源头上实现冷热水压力平衡。

2) 冷、热水干管并行布置，减少因延程水头损失不同造成的压力不平衡。

(2) 热水温度的保证措施

本楼热水系统回水管的设置采用三级设置，以确保热水温度。

第一级：各用水点卫生器具采用器具热水回水；

第二级：各回水立管底部及各层回水干管末端均设置静态平衡阀以调节热水回水量，确保热水分区内的热水水温达到理想状态；

第三级：利用再循环系统水温控制阀组对热水回水系统进行精确控温。

传统热水回水系统通过热水回水泵定时或定温开启来实现热水系统内的回水控制，但因此类方法的回水量控制不精确，往往造成热水系统热水温度的波动，影响系统的稳定及舒适性。

本设计在 4 号楼酒店范围内采用了阿姆斯壮再循环系统水温控制阀组，对热水回水系统进行精确控温（图 3）。

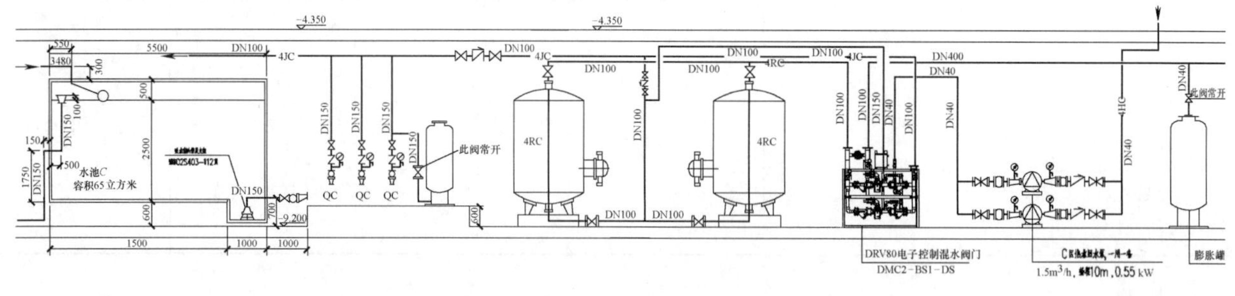

图 3 采用了再循环系统水温控制阀的热水系统图

6. 管材

生活给水热水管道：

(1) QD 给水系统（供水区域 21～26 层）热水管道采用 TP2 牌号的硬态铜管，钎焊连接。工作压力 1.3MPa，热水试验压力 1.8MPa。其中客房内部采用优质热水型 PPR 管，热熔连接。工作压力为 0.6MPa，试验压力为 0.9MPa。

(2) QD 给水系统（供水区域 14～20 层）热水管道采用 TP2 牌号的硬态铜管，钎焊连接。工作压力

1.1MPa，热水试验压力 1.6MPa。其中客房内部采用优质热水型 PPR 管，热熔连接。工作压力为 0.6MPa，试验压力为 0.9MPa。

(3) QC 给水系统（供水区域 7～13 层）热水管道采用 TP2 牌号的硬态铜管，钎焊连接。工作压力 0.75MPa，热水试验压力 1.25MPa。其中客房内部采用优质热水型 PPR 管，热熔连接。工作压力为 0.6MPa，试验压力为 0.9MPa。

(4) 市政压力直供区、QB（4～6 层）给水系统热水管道采用 TP2 牌号的硬态铜管，钎焊连接。工作压力 0.6MPa，热水试验压力 1.0MPa。

(5) 给水管道阀门小于等于 *DN*50 的采用全铜闸阀，大于 *DN*50 的采用弹性座封式明杆闸阀（铜制）。

(三) 排水系统

1. 排水系统的形式

(1) ±0.000 以上室内排水体制为污废水分流制，系统设专用通气立管。排水汇总管及室外采用污废合流制，其中厨房废水集中后，经由地下二层的隔油池处理后再与污废水集中排至基地污水管网，经由城市污水管道，进城市污水厂处理。雨水排水采用重力式有组织排水方式，自成系统排出。

(2) ±0.000 及以下各卫生间采用污废合流制，污废水集中至污水提升装置；下沉式广场雨水集中至雨水集水井；各集水井排水均采用潜水泵由水位自动控制排出。

2. 透气管的设置形式

(1) ±0.000 以上室内排水体制为污废水分流制，系统设专用通气立管。

(2) ±0.000 及以下各卫生间采用污废合流制，污废水集中至污水提升装置；污水提升设置专用通气立管与地面层专用通气立管连通。

3. 局部污水处理设施

本工程 4 号楼由万豪进行酒店管理，给水排水设计过程中，不仅要满足国内给水排水设计的规范要求，还需要满足酒店管理公司的相关规定，这就使设计过程中约束条件增多，大大增加了设计难度。4 号楼针对相关要求进行了厨房、洗衣房等的专项设计。

4. 管材

(1) 污废水管采用柔性接口离心浇铸铸铁排水管。立管及横干管接口采用法兰承插式柔性 A 型接口。各层支管采用卡箍式 W 型接口。

(2) 所有排水泵的接管及排出管：采用镀锌钢管，阀门采用弹性座封闸阀，止回阀采用橡胶瓣止回阀。

(四) 消防系统

1. 消火栓系统

(1) 消火栓系统用水量

根据《高层民用建筑设计防火规范》，本楼室内消防给水按高层综合楼设计，即：

室外消火栓设计用水量：30L/s；室内消火栓设计用水量：40L/s；灭火持续时间：3h。

(2) 消火栓系统分区原则

消火栓系统竖向分为高、低两个区。

1) 低区为地下二层～地上十层，由位于地下一层泵房的 XH 消防泵减压供给。减压比 3∶2。

2) 高区为地上 11～26 层，由位于地下室泵房的 XH 消防泵直接供给。

3) 对于消火栓口动压大于 0.50MPa 的楼层采用减压孔板减压。

4) 消火栓系统由屋顶消防水箱稳压。屋顶消防水箱容积 18m^3。因屋顶消防水箱最低点与最高消火栓口的净高大于 7m，故不设置消火栓系统增压稳压设备。

（3）消火栓泵参数

流量 40L/s，扬程 130m。型号 XBD40-130-HY，功率 90kW。

（4）消防水池

位于地下二层，容积 540m^3，分两格设置。

（5）消火栓系统水泵接合器

三套，SQS150-A 型地上式，设于室外。

（6）消火栓系统管材

自 XH 泵出口至减压阀前以及自 XH 泵出口至消防高区的消防立管工作压力按 1.3MPa 设计。试验压力 1.7MPa。采用无缝钢管，热镀锌。沟槽式机械接头连接。

其余消防系统供水管工作压力按 0.8MPa 设计。试验压力 1.2MPa。管径小于等于 *DN*80 采用热镀锌钢管，丝扣连接。管径大于 *DN*80 采用热镀锌钢管，沟槽连接。

阀门：消火栓泵前后采用弹性座封式闸阀，并设有提示阀门常开的标志。其余部分采用弹性座封式明杆闸阀（不锈钢阀杆）或蝶阀。各阀门工作压力应与系统相匹配。

2. 自动喷水灭火系统

（1）自动喷水灭火系统用水量

根据《高层民用建筑设计防火规范》，本楼室内消防给水按高层综合楼设计，即：

自动喷水灭火系统设计用水量：27.7L/s；灭火时间：1h；大空间智能主动型灭火系统：10L/s；灭火时间：1h。

（2）自动喷水灭火系统分区原则

本楼喷淋系统分为高低两个区，均由地下室泵房内的 ZP 喷淋泵供水：

地下二层～地上五层为低区，由 ZP 喷淋泵减压供水，低区报警阀位于地下二层水泵房内。

地上 6 层及以上为高区，由 ZP 喷淋泵直接供水，高区报警阀位于五层报警阀间内。

地下 2～5 层报警阀前采用比例式减压阀减压，减压比 2∶1。

6～22 层水流指示器前采用减压孔板减压，板后水压 0.40MPa

喷淋系统由屋顶消防水箱稳压。屋顶消防水箱容积 18m^3。因屋顶消防水箱最低点不满足最高喷头的稳压要求，故增设自动喷水系统增压稳压设备。

（3）自动喷水灭火系统增压稳压设备

喷淋增压稳压设备设置于屋顶，型号 ZW（W）-I-XZ-13，卧式隔膜气压罐规格 SQW1000X0.6，配用水泵 25LGW3-10X4，N=1.5kW。

（4）喷头选型

本楼中喷头除厨房外，采用公称动作温度为 68℃的喷头（厨房内采用公称动作温度为 93℃的喷头）（K=80）。对于无吊顶处，采用直立式喷头；对于宽度大于 1.2m 的风管下增设下垂式喷头；对于有吊顶处采用吊顶式喷头。本楼的侧墙式喷头采用水平式边墙喷头，溅水盘与顶板的距离不应小于 150mm，且不应大于 300mm。吊顶上方的闷顶高度大于 800mm 时，如有可燃物，装修时在吊顶内安装喷头。

（5）报警阀

本楼共设置 10 只报警阀，低区设置 5 只，位于地下二层消防泵房内，由喷淋泵出口减压供水，减压阀减压比为 2∶1。高区设置 5 只，位于五层的报警阀间内，由喷淋泵直接供水。

（6）水泵接合器

喷淋系统水泵接合器2套，SQS150-A型地上式。设于室外。

（7）喷淋系统管材

管道工作压力按1.3MPa设计。试验压力1.7MPa。

管径大于等于*DN*100采用无缝钢管，热镀锌。沟槽式机械接头连接。

管径小于*DN*100采用镀锌钢管。丝扣连接。

阀门：采用弹性座封式闸阀，并设有提示阀门常开的标志。各阀门工作压力应与系统相匹配。报警阀前后采用信号蝶阀。

3. 大空间智能主动型灭火系统

本楼中庭上空，每层中庭外环廊采用防火卷帘进行防火隔断。为了满足中庭内通高区域的灭火要求，故在中庭部位增设大空间智能主动型灭火系统。

在距一层地面9.100m处，共设置两只ZSS-25A大空间灭火装置。由自动喷水灭火系统水泵供水，主管接自高区喷淋系统供水管报警阀前。

大空间智能主动型灭火系统设计水量10L/s，与喷淋系统用水量不相互叠加。

4. 气体灭火系统

本楼地下层变配电房、发电机房消防采用七氟丙烷无管网气体灭火系统。

四、设计及施工体会或工程特点介绍

（一）结合物业特点的给水排水设计

本项目为商业综合体，是杭州钱江新城区域内规模最大的现代商务体之一，也是钱江新城地标性的典范性商务建筑群，内部功能复杂，周边接口繁杂。总建筑面积约27万m^2，物业类型涵盖了酒店式办公楼、办公楼、4星级酒店和国际时尚休闲街等多种物业。

给水排水设计中，不仅充分利用市政水压，同时针对1号～4号楼的不同物业类型，采用不同的设计思路，以求最大程度的节能。

根据物业要求，1号～4号楼建成后将采用不同的物业管理方式，故要求生活给水系统（含消防系统）各楼相互独立设置。

1号楼为酒店式办公，用水情况较为分散。给水系统低区采用市政直供，中区利用变频供水，高区利用高位生活水箱供水。

2号楼、3号楼为办公，用水情况较为分散，且为超高层，故在中间第二避难层设置高区生活泵房。结合地下层生活泵房及高区生活泵房，将全楼共分为6个生活给水分区。其中底部第一供水区由市政直供，第四供水区由位于第二避难层的高位生活水箱重力供水，第六供水区由位于屋顶的高位生活水箱重力供水。其他供水区均由变频恒压设备供水。

4号楼为酒店，用水集中，且伴有集中供热水需求。为保证冷热同源，故各分区均采用恒压变频供水。

（二）结合建筑造型的给水排水设计

钱江国际时代广场项目在总体布局中，1号、2号、3号楼形成灵动的弧形结构，其主要朝向为东侧的城市绿地和钱塘江，使大部分空间均能获得好的视觉效果。而1号～3号楼又形成以放射性发散的群体特征，通过裙房相连，使建筑群形成有机的序列和整体效果。4号楼选择“U”形平面的特征，在立面上通过弧形的变化，使整个建筑群形成统一、和谐的整体效果。

这样的造型使给水排水设计承担着很大的压力，要使各处管道的布置符合弧度的要求，更要与电、暖等设备专业共同实现管线综合，以确保建筑内最大净高完成面的要求（图 4、图 5）。

图 4 弧度走廊处管线综合设计

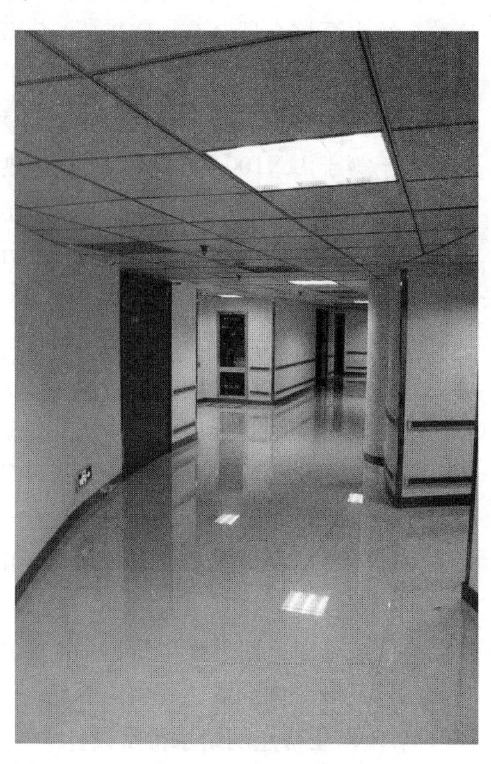

图 5 管线综合完成面效果

（三）结合酒店管理公司要求的给水排水深化设计

本工程 4 号楼由万豪进行酒店管理，给水排水设计过程中，不仅要满足国内给排水设计的规范要求，还需要满足酒店管理公司的相关规定，这就使设计过程中约束条件增多，大大增加了设计难度。4 号楼共针对相关要求进行了厨房、洗衣房等的专项设计（图 6、图 7）。

图 6 厨房专项深化设计

图 7 油水分离设施

（四）新技术应用

1. 利用再循环系统水温控制阀组对热水回水系统进行精确控温

传统热水回水系统通过热水回水泵定时或定温开启来实现热水系统内的回水控制，但因此类方法的回水量控制不精确，往往造成热水系统热水温度的波动，影响系统的稳定及舒适性。

本设计在 4 号楼酒店范围内采用了阿姆斯壮再循环系统水温控制阀组，对热水回水系统进行精确控温。它专为再循环热水系统设计，阀组组成如图 8 所示。

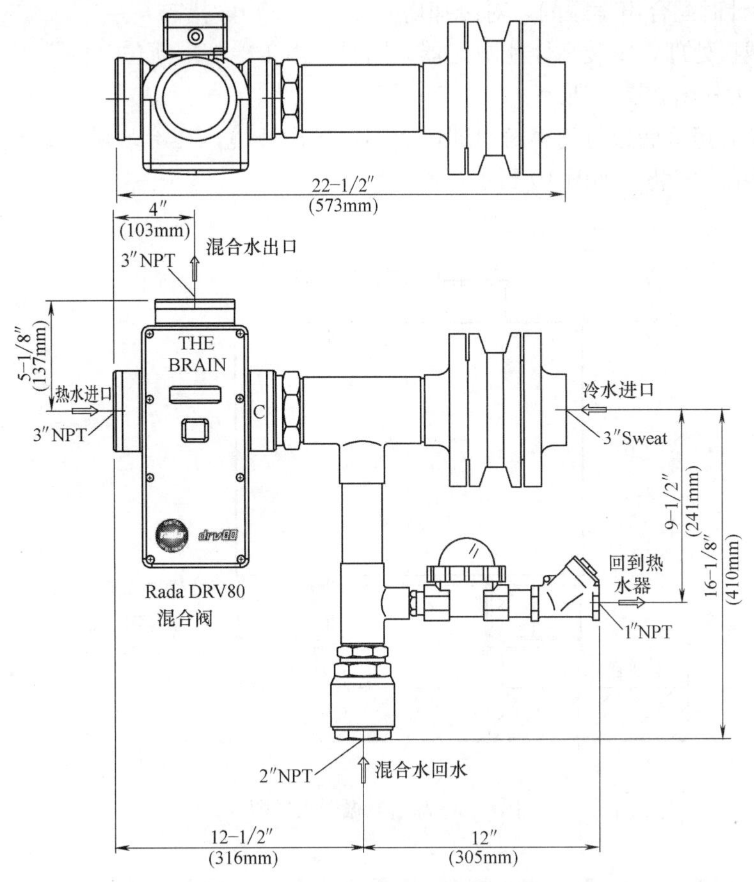

图 8　再循环系统水温控制阀组组成图

该阀组具有以下重要特点：

1）数字智能。通过阀组内的“大脑”-中央控制器，可以实现自我思考并能与楼宇对话；可采用掌上电脑编程。

2）数字安全性和卫生性。可设定系统安全警报，具有进水供应故障时的关停模式、电源故障和“超出温度范围”故障时的关停模式，符合美国职业安全与健康管理局（OSHA）、美国疾病控制中心（CDC）和纽约州卫生署（NYDOH）对于军团菌的规定，可以在设定的温度进行高温灭菌。

3）数字控制的稳定性。系统温度波动控制在（+/-1℃），在无负荷期维持稳定的系统温度，防止温度爬升，而无需使用人工节流设备或平衡阀，并具有（0～34t/h）的“即装即用”功能。工作压力为0.7～1.0MPa。

4）数字连通性。可以与楼宇自控系统的局域网相连接，内置串行数据端口并基于网络运行（脑扫描 BrainScan，其为阿姆斯壮生产的外网适配器控制面板，能够直接与楼宇自控系统连接，与其自动通信）。

2. 4 号楼屋顶冷却塔降噪处理

根据对 4 号楼屋顶现场图纸与参数审查，和对现场照片的观察，估算每座冷却塔的声功率级大约在 89dB 左右，而冷却塔又位于客房层之上，故会存在以下声学问题：

1）冷却塔基础没有作减振处理，设备振动会影响最顶部的客房，形成振动传声。

2）冷却塔风扇、电机等设备的声音，经过绕射以后，影响相邻层的客房幕墙，破坏客房声环境。

3）冷却塔风扇、电机等设备的声音，尤其是低频声音，穿透顶层屋面板，影响下层客房声环境。

鉴于以上情况，设计时配合声学顾问，对冷却塔采取了以下声学措施：

1）冷却塔基础作减振处理，安装高性能减振器，同时，由于冷却塔所位于的楼层比较高，减振器作限位处理，增强抗风性能，大样图如图 9 所示。

2）为了防止声音从客房幕墙透射到客房内部，影响客房声环境，在冷却塔靠近楼边的位置，安装吸声、隔声屏障，屏障与格栅结合安装，如图 10 所示：

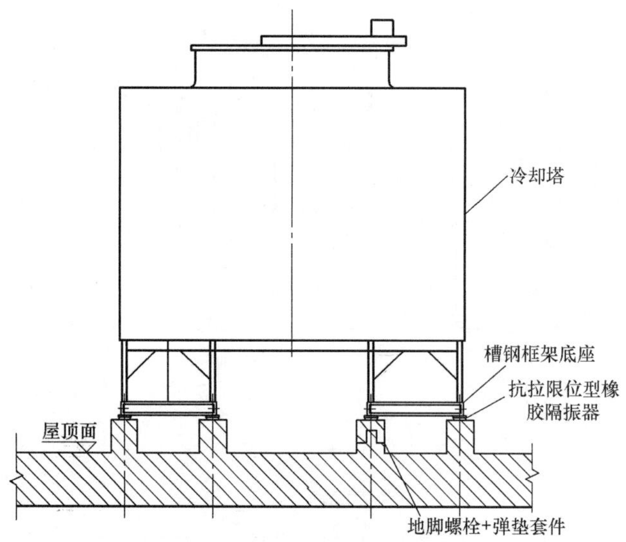

图 9　冷却塔减振器大样图

图 10　吸声、隔声屏障实景图

声屏障安装范围如图 11 所示：

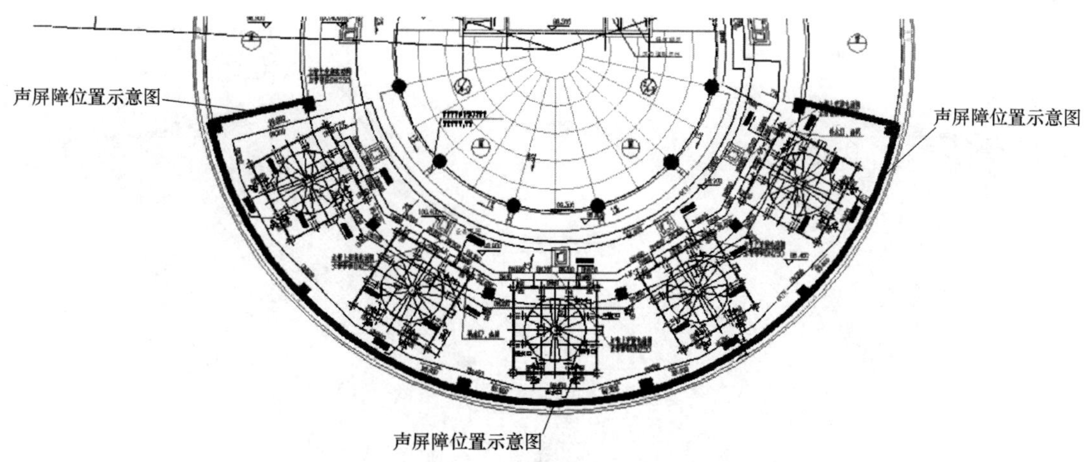

图 11　吸声、隔声屏障安装范围图

声屏障细节大样图 12 所示。

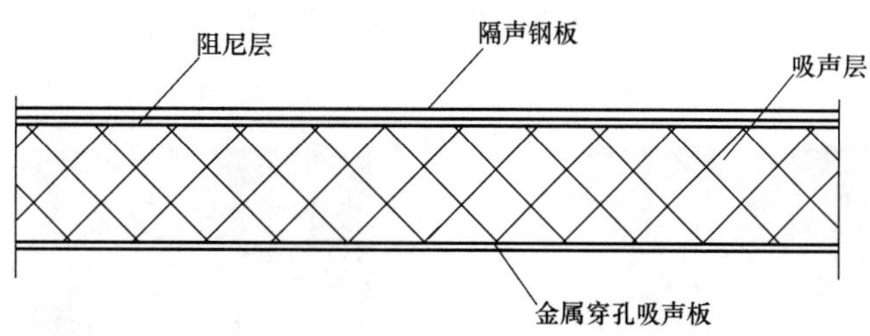

图 12　声屏障细节大样图

3）因风扇与风机均在冷却塔的下方，距离楼板距离较近，为了防止声音从楼板直接传到下方客房，在冷却塔下方 22 层区域的客房做隔声吊顶，做法如下：混凝土楼板＋50mm 轻钢龙骨（内填岩棉)＋2×12mm 厚石膏板＋吊顶空间＋50mm 轻钢龙骨（内填岩棉）＋2×12mm 厚石膏板。

大样图如图 13 所示：

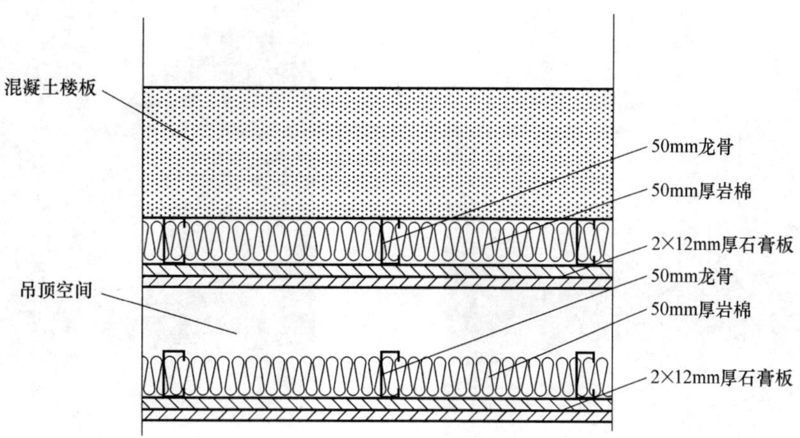

图 13　客房隔声吊顶大样图

4-6 轴到 4-11 轴的 22 层所有客房做隔声吊顶，如图 14 所示。

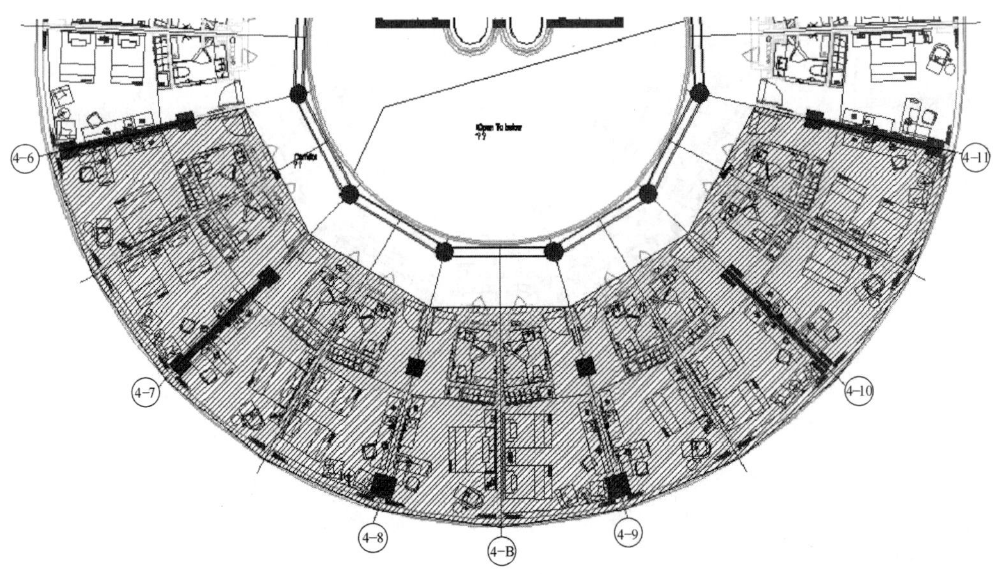

图 14 客房隔声吊顶范围图

五、工程照片及附图

建筑实景图三

建筑实景图四

附图：1＃楼图示

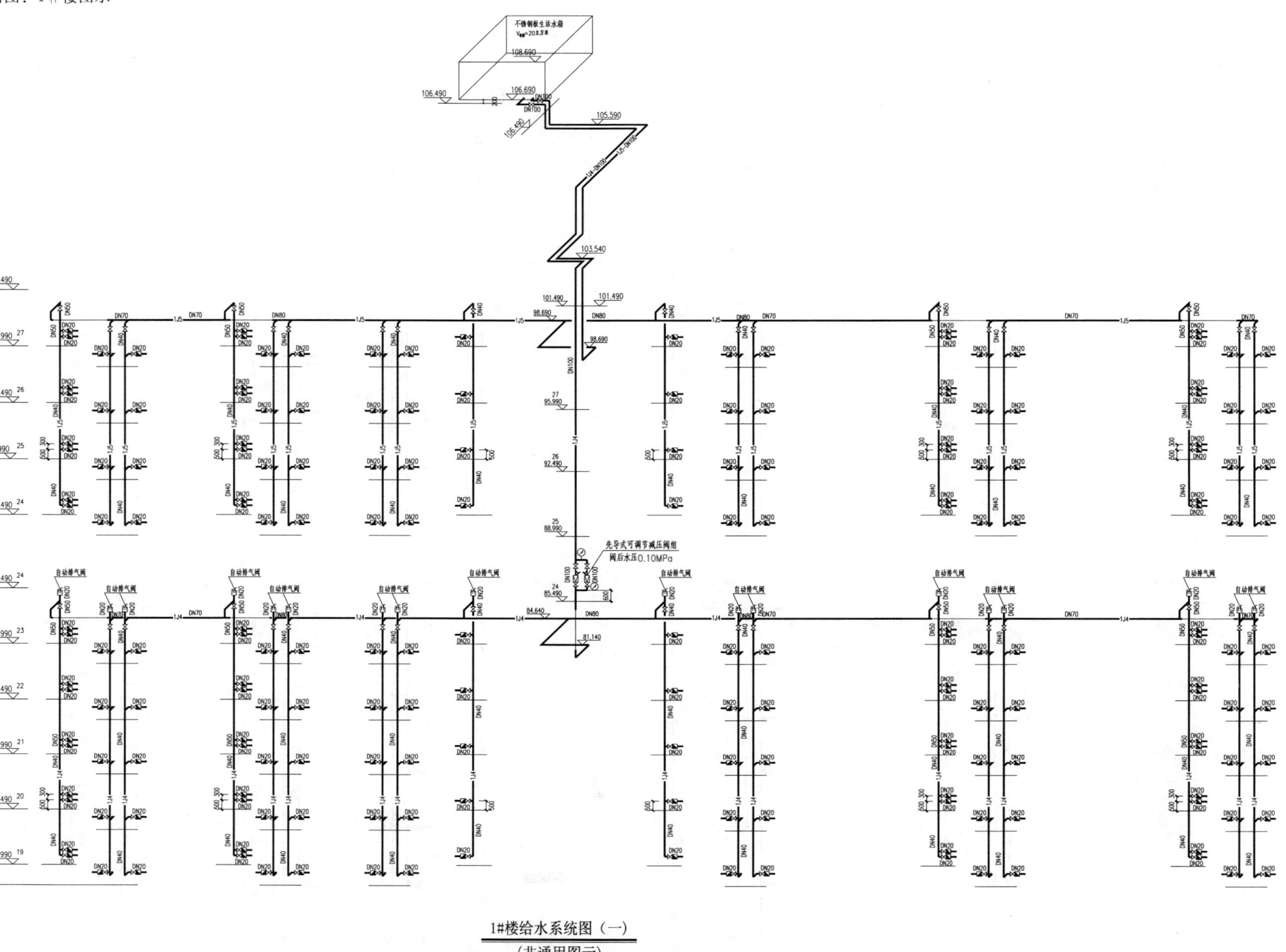

1#楼给水系统图（一）
(非通用图示)

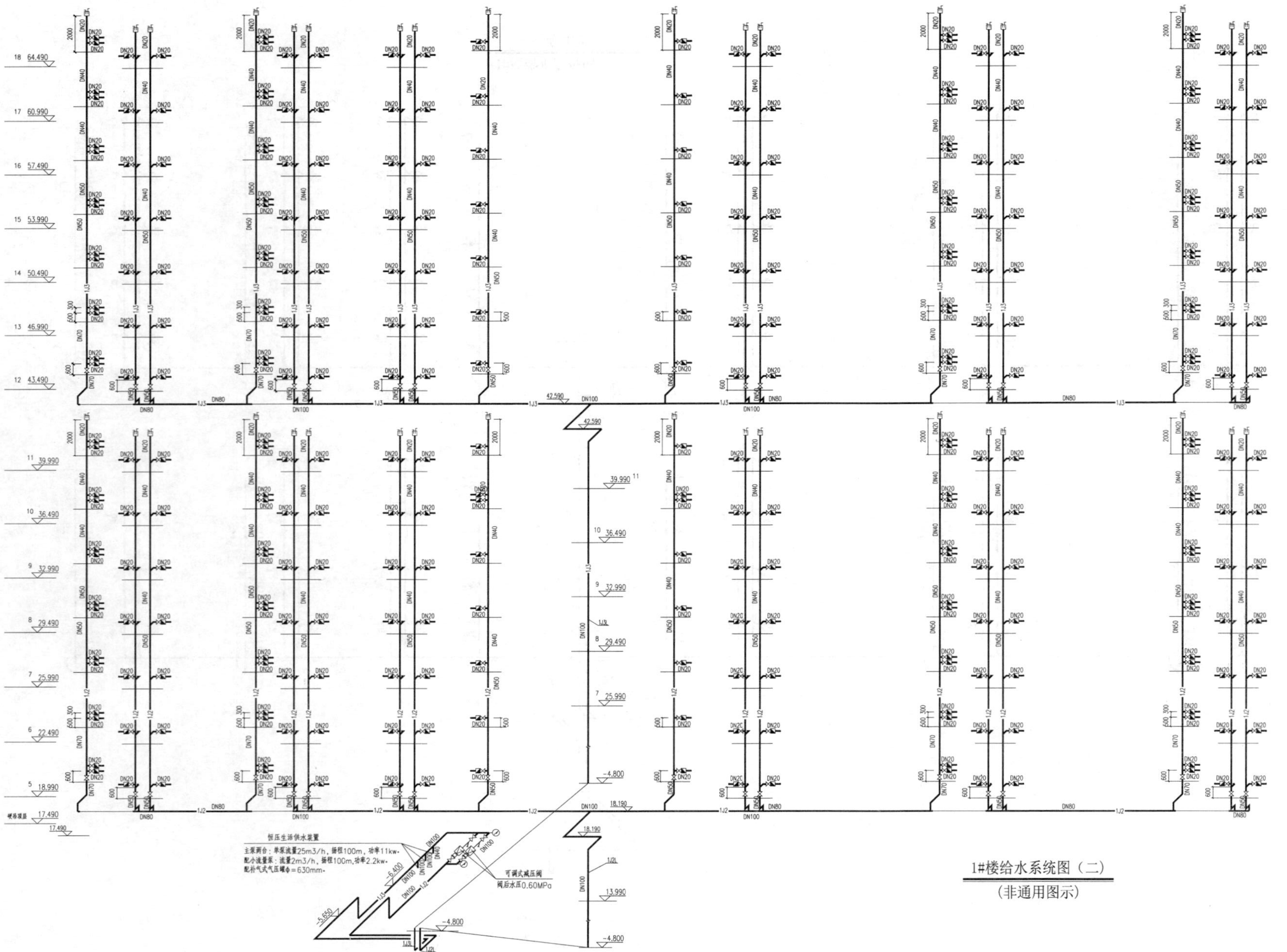

1#楼给水系统图（二）
（非通用图示）

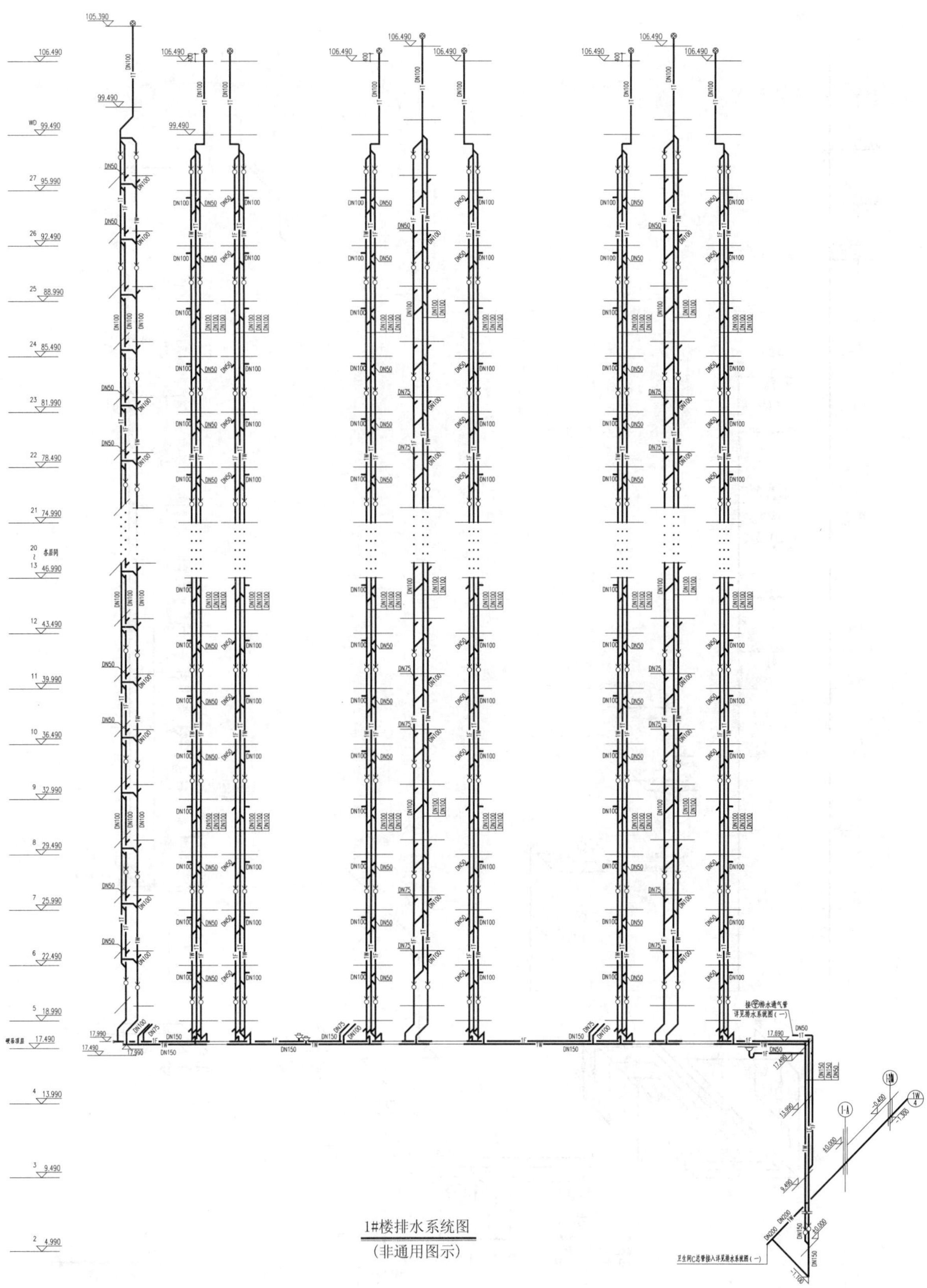

1#楼排水系统图
(非通用图示)

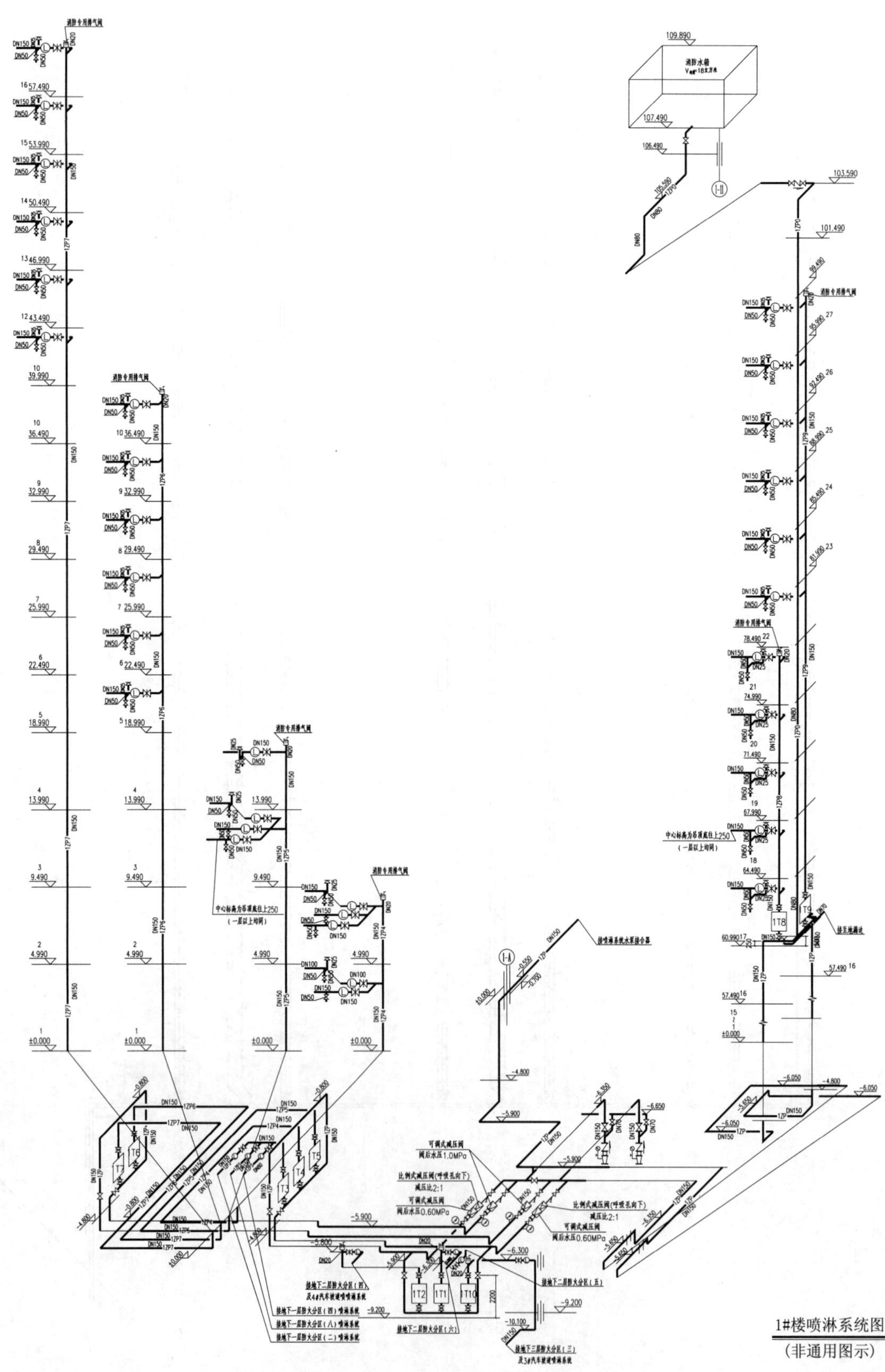

1#楼喷淋系统图
(非通用图示)

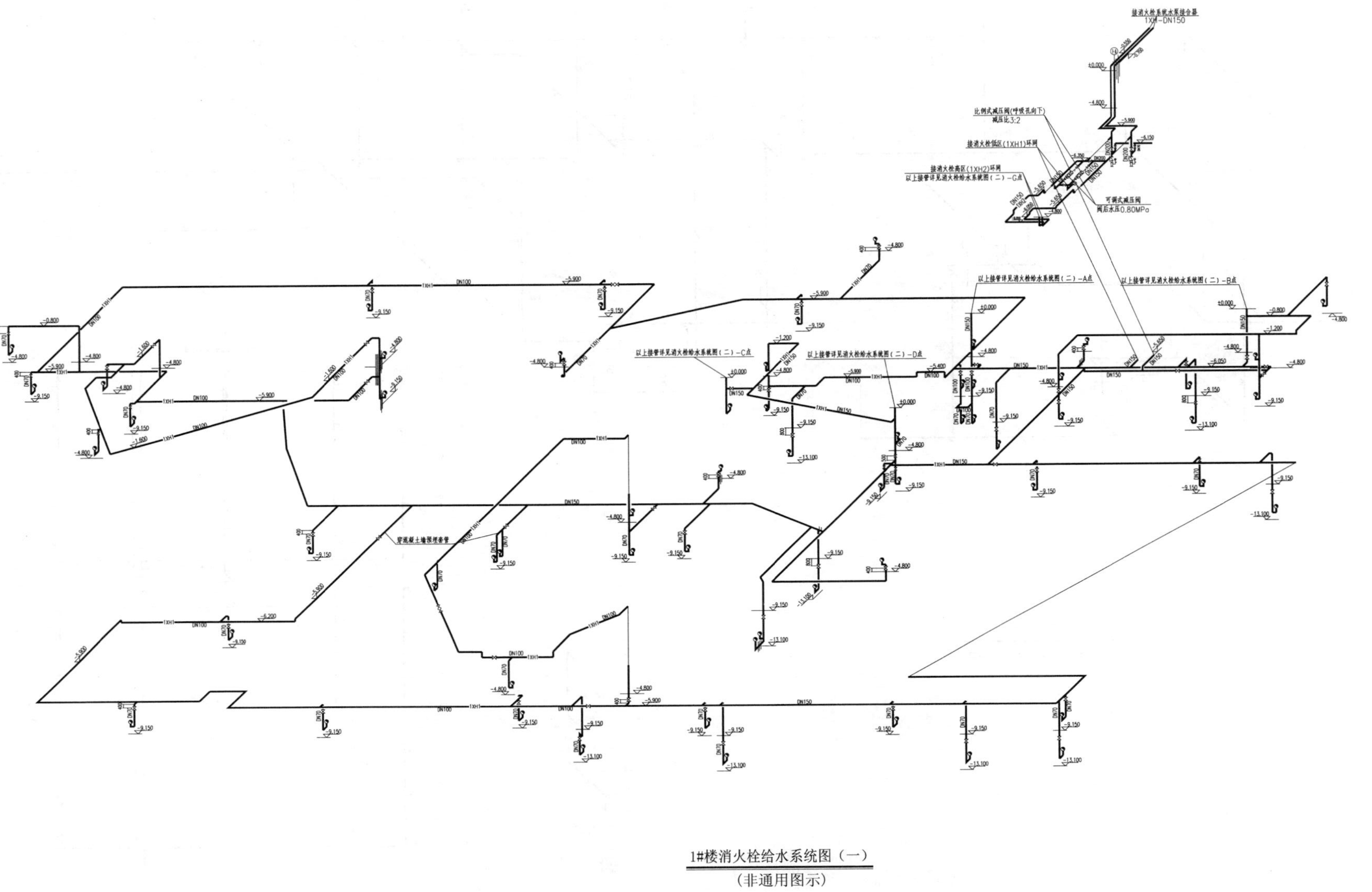

1#楼消火栓给水系统图（一）
（非通用图示）

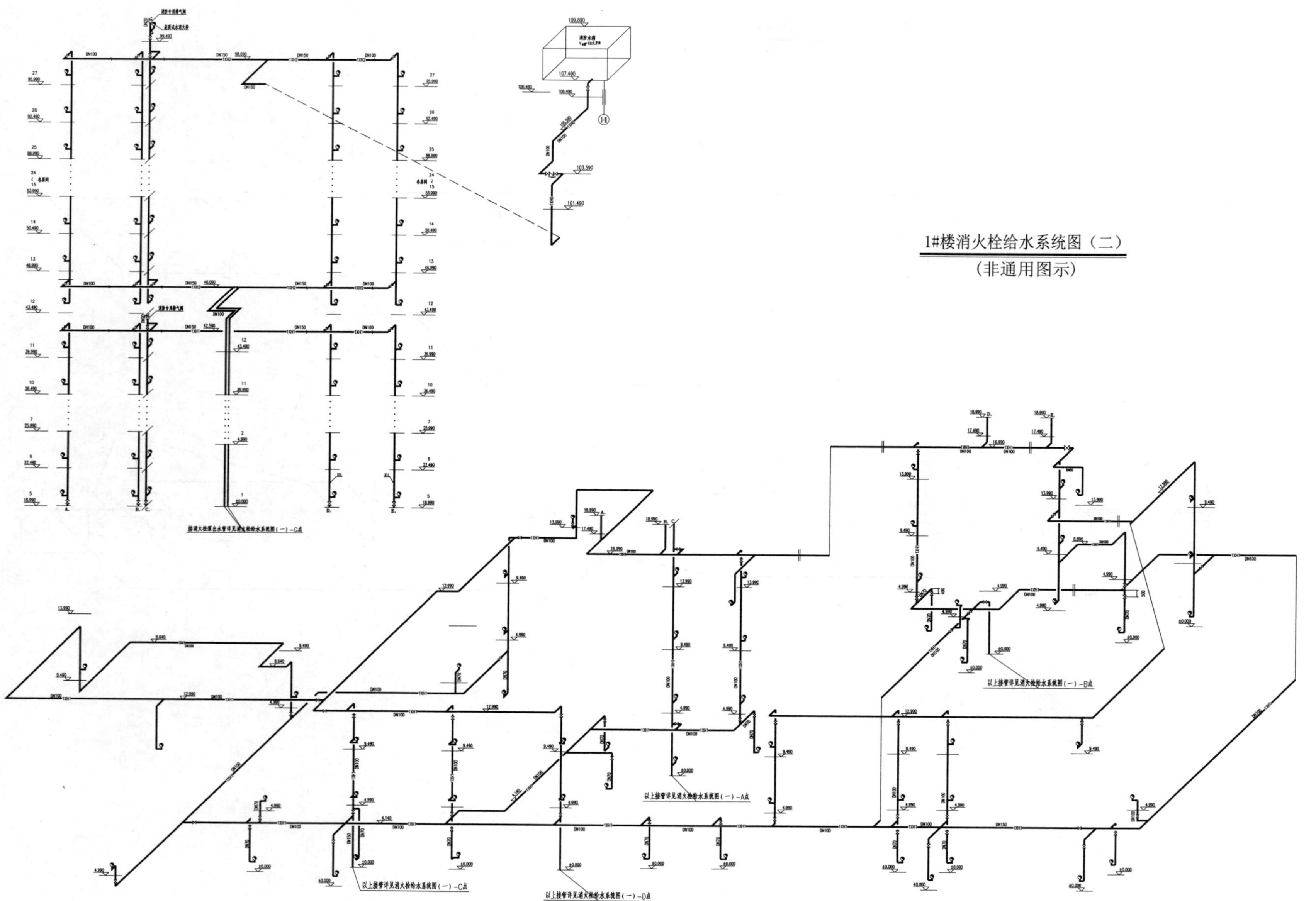
1#楼消火栓给水系统图（二）
（非通用图示）

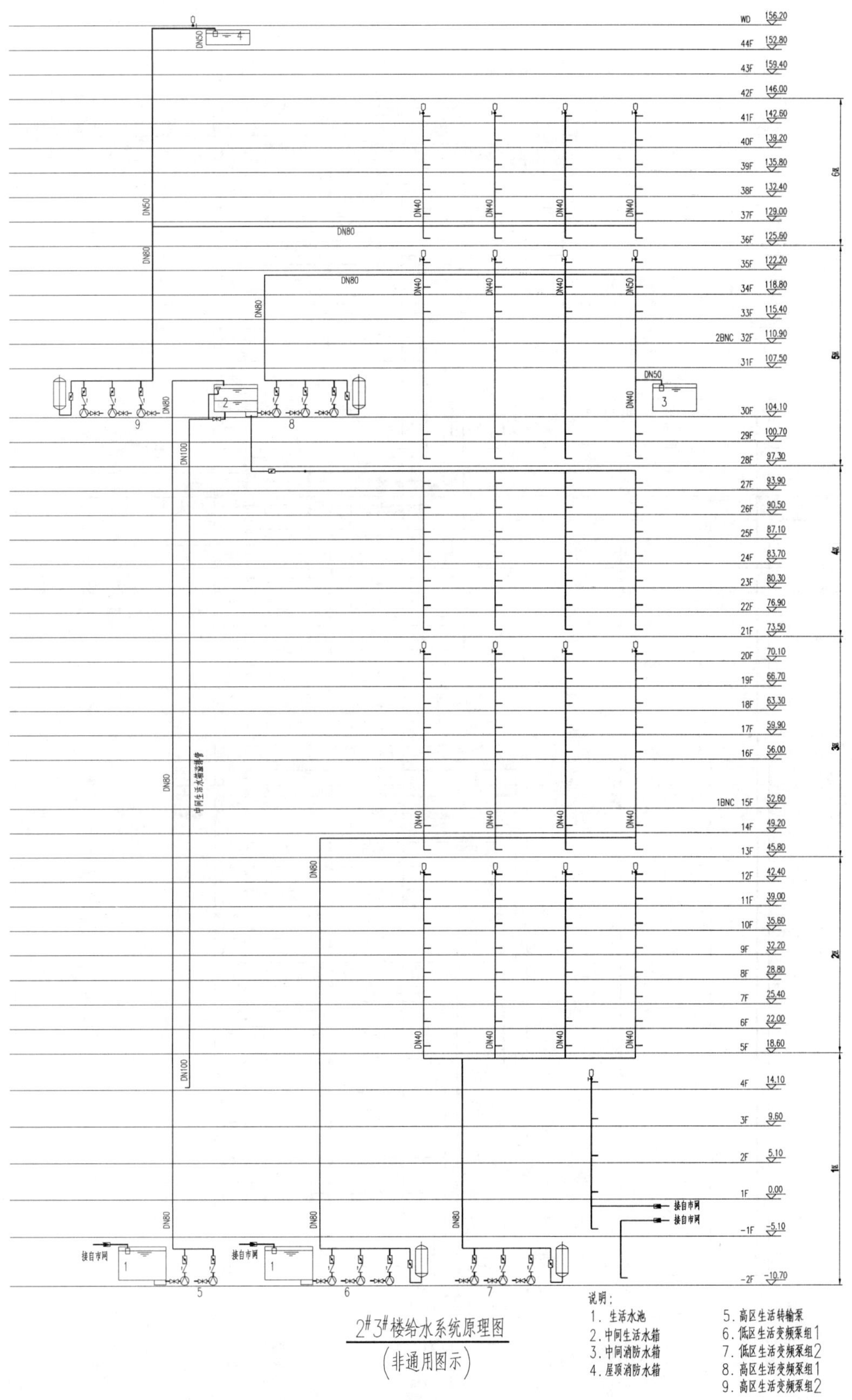

2#3#楼给水系统原理图

（非通用图示）

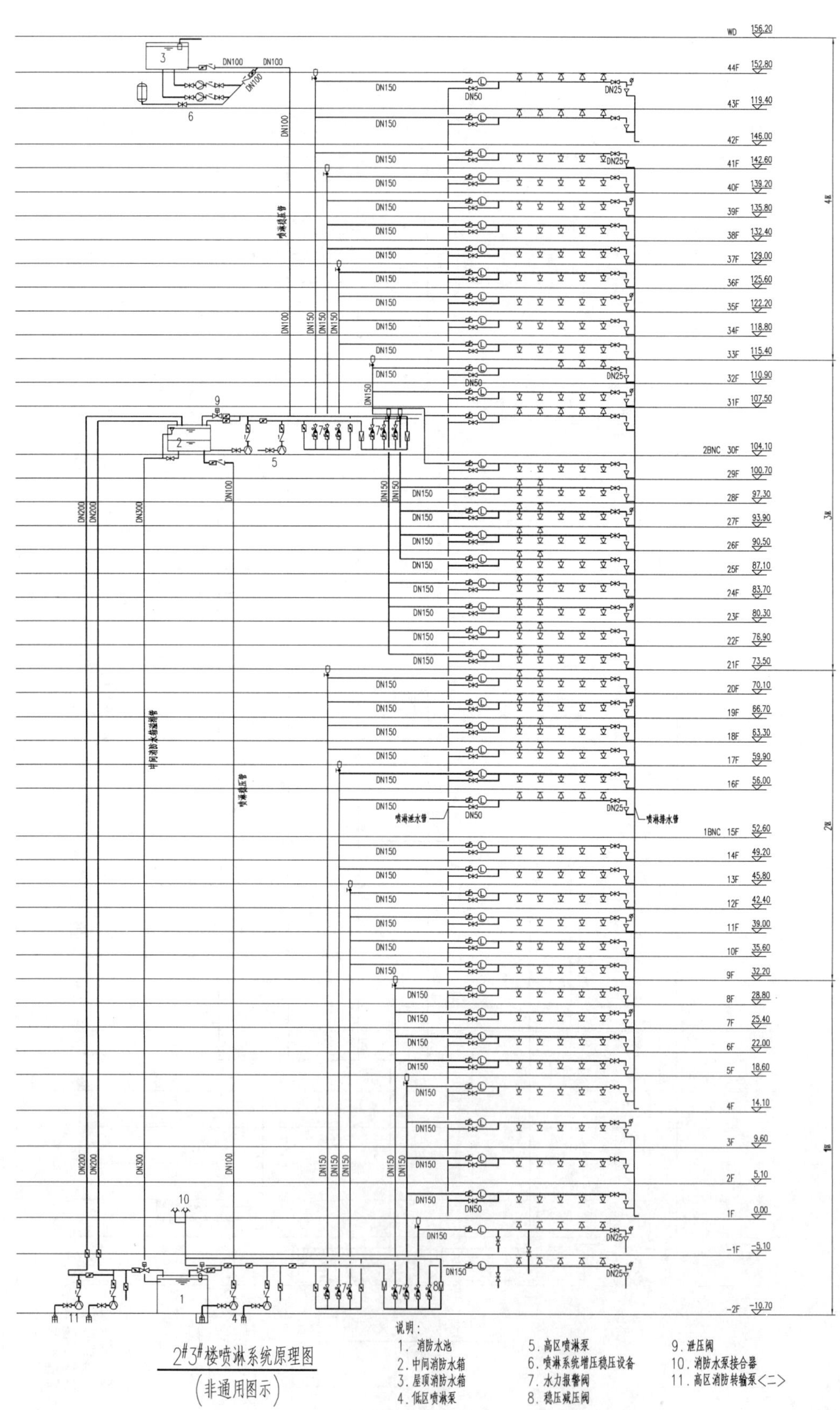

2#3#楼喷淋系统原理图

（非通用图示）

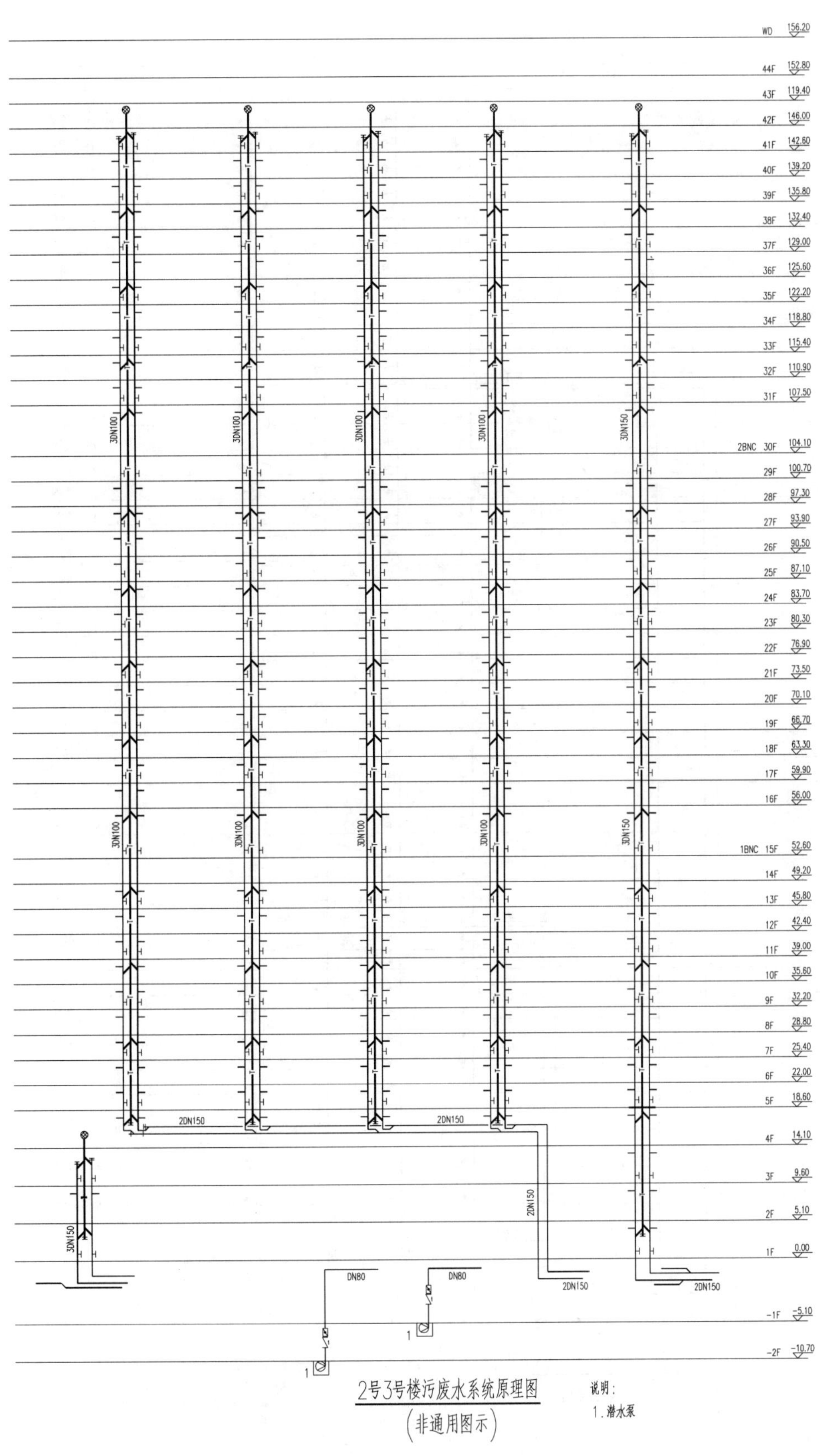

2号3号楼污废水系统原理图
（非通用图示）

说明：
1. 潜水泵

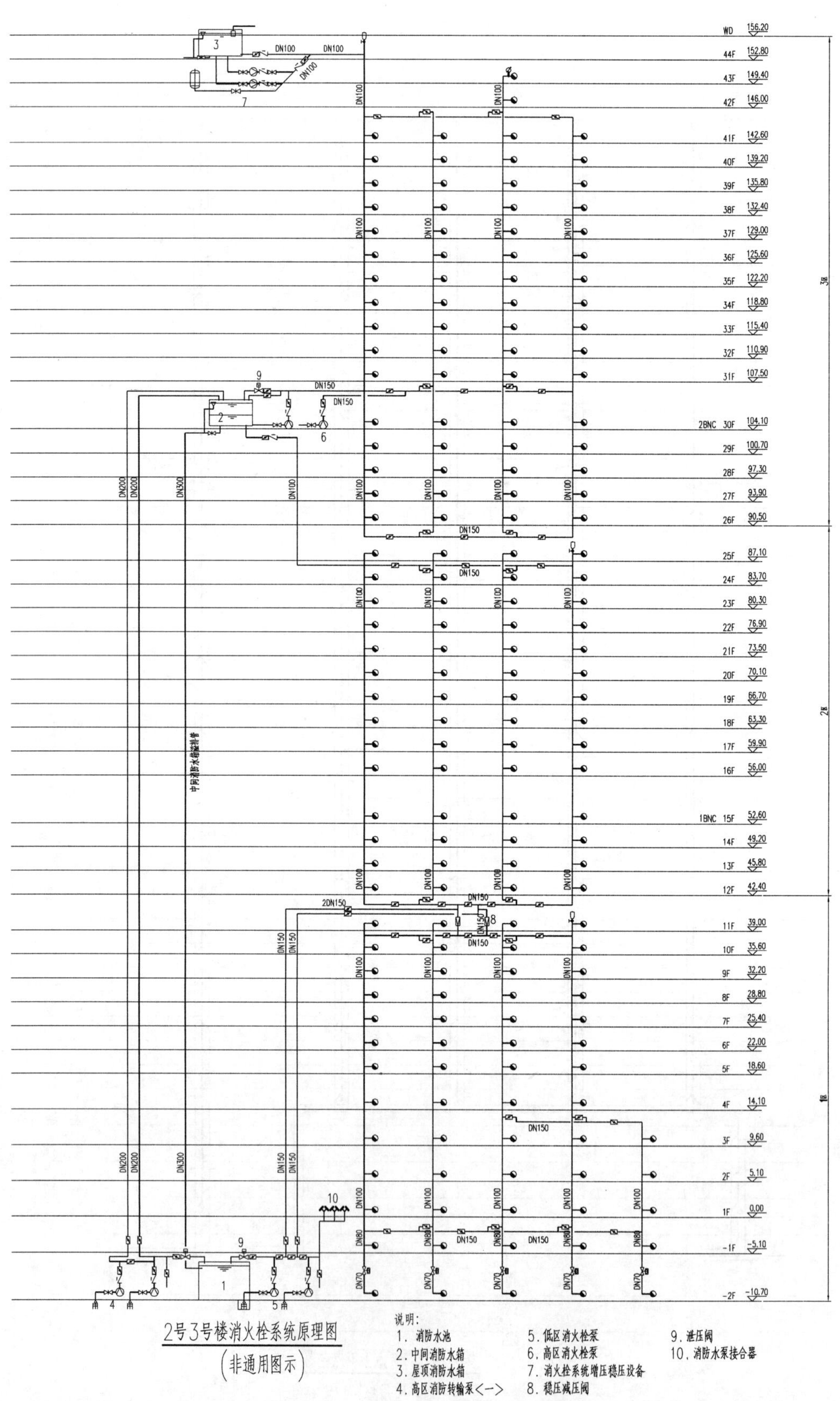

2号3号楼消火栓系统原理图

（非通用图示）

说明：

1. 消防水池
2. 中间消防水箱
3. 屋顶消防水箱
4. 高区消防转输泵<一>
5. 低区消火栓泵
6. 高区消火栓泵
7. 消火栓系统增压稳压设备
8. 稳压减压阀
9. 泄压阀
10. 消防水泵接合器

4号楼生活热水系统原理图

（非通用图示）

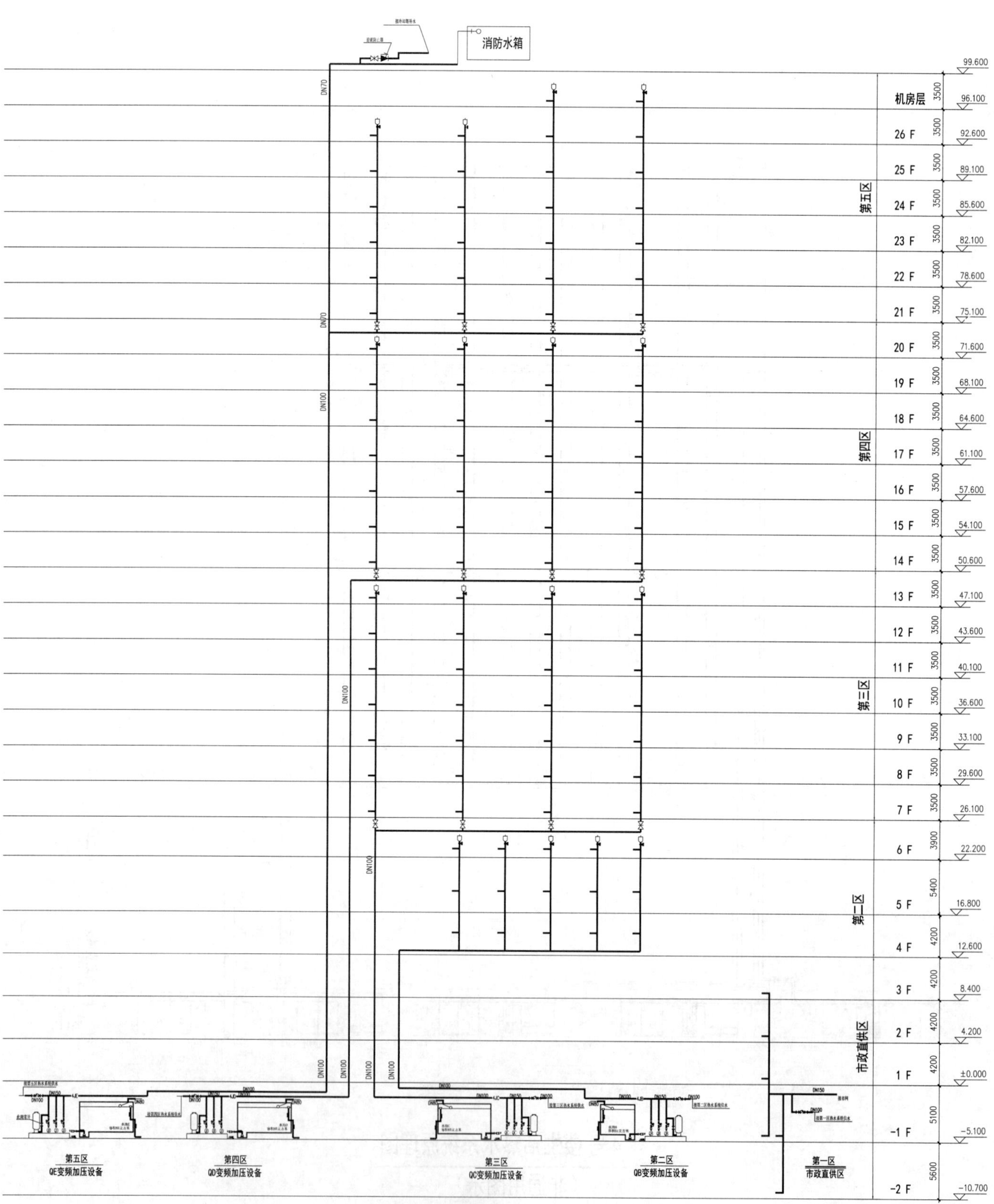

4号楼生活给水系统原理图
（非通用图示）

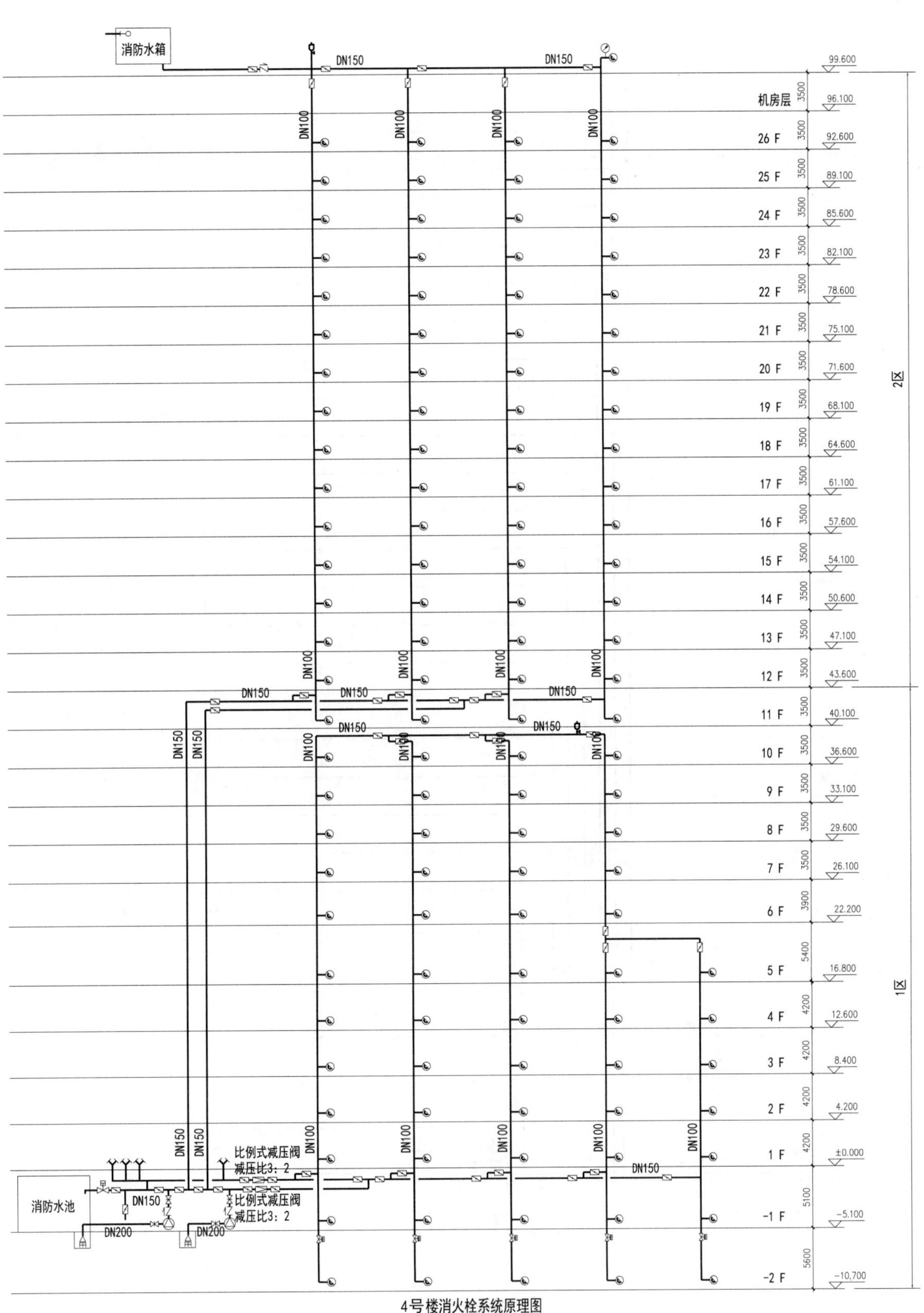

4号楼消火栓系统原理图
(非通用图示)

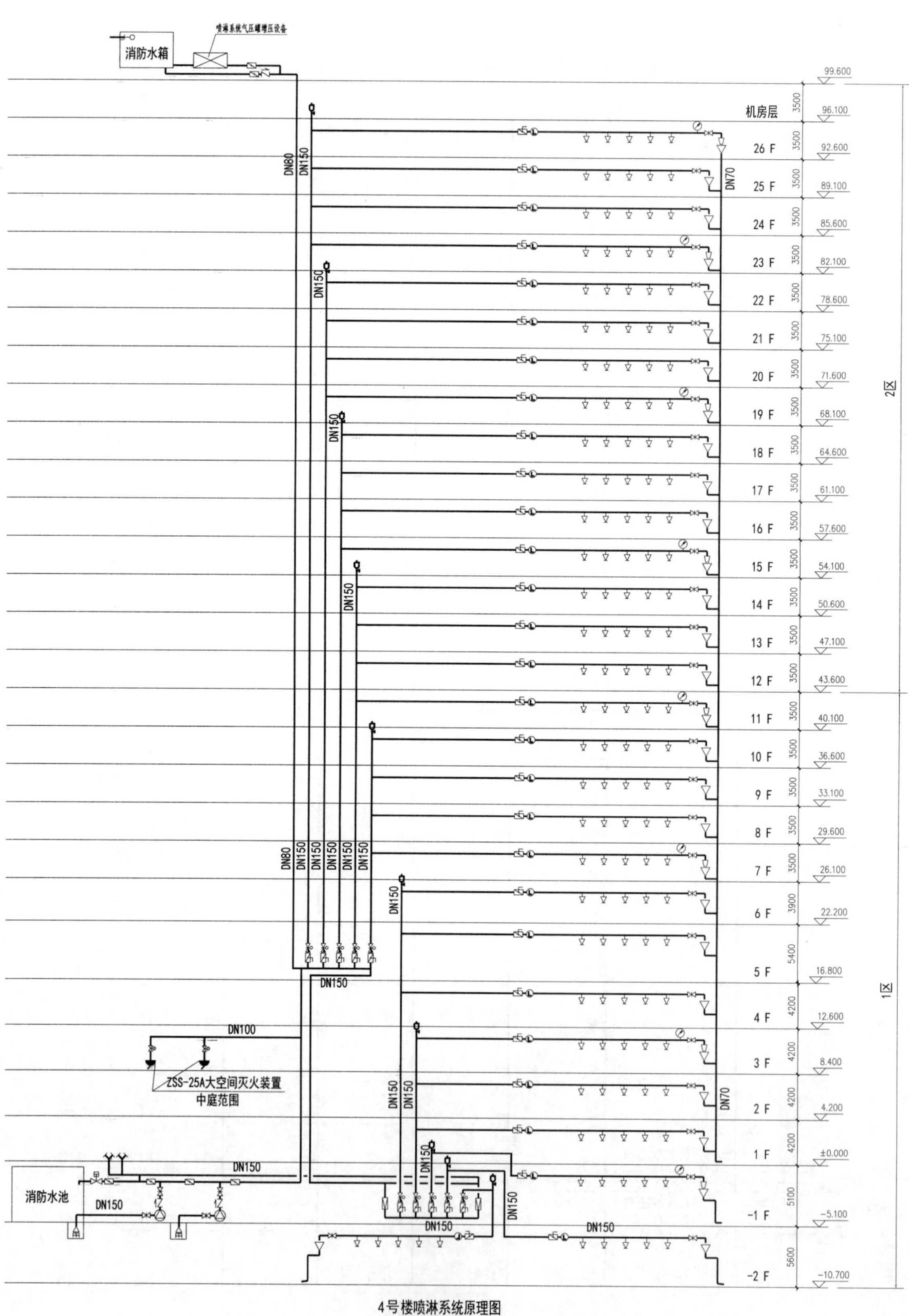

4号楼喷淋系统原理图
（非通用图示）

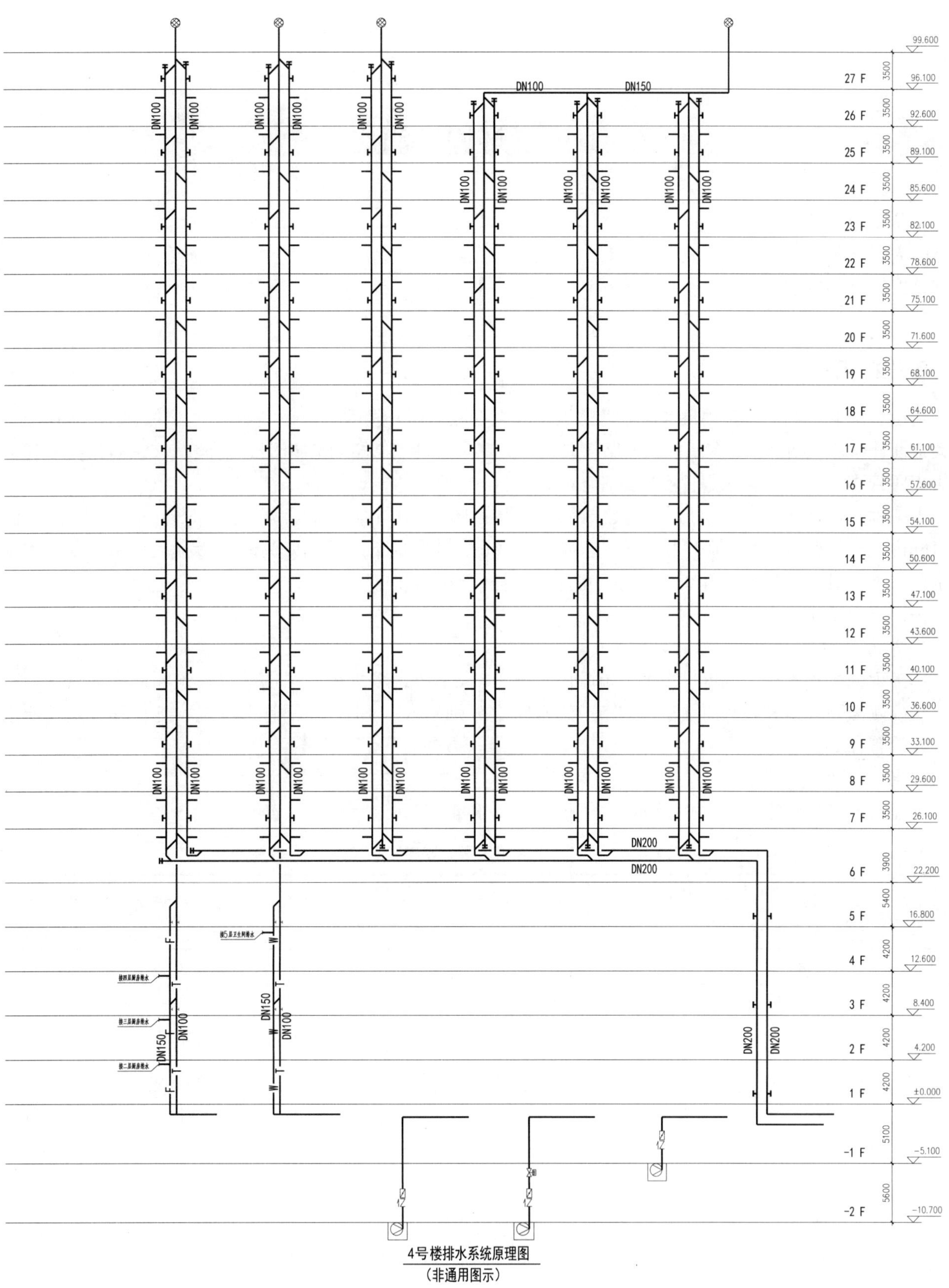

4号楼排水系统原理图
（非通用图示）

黄山玉屏假日酒店

设计单位： 中国建筑设计研究院
设 计 人： 赵锂　赵昕　李建业　钱江锋　杨世兴　王耀堂　马明
获奖情况： 公共建筑类　一等奖

工程概况：

黄山玉屏假日酒店是黄山桃花溪旅游房地产开发有限公司开发的五星级酒店，酒店位于黄山市屯溪区徽州大道北侧（31号地块）。东临前园南路，西临东方路，北侧为新安江南岸湿地公园。该酒店最终委托洲际酒店集团管理，定位于皇冠假日酒店品牌。

本工程总用地面积：36400m²，总建筑面积：78911m²。其中地上建筑面积：65585m²；地下建筑面积：12516m²。酒店地下一层、地上十二层，建筑限高60m。其中地下一层车库为战时六级人员掩蔽所。本项目给水排水工程设计包括本项目红线内的给水排水工程和消防工程。

一、给水系统

1. 水源

本工程的供水水源为城市自来水。市政供水压力0.2MPa。根据甲方提供的本建筑物周围的给水管网现状，从南侧徽州大道和东侧前圆东街的市政给水管上分别接入一根 *DN*150 管道围绕本地块形成室外给水环网，环管管径 *DN*150。

2. 给水用水量

本建筑最高日总用水量 1061.85m³/d，最高时用水量为 120.88m³/h，详见表1。

生活用水量计算表　　**表1**

序号	用水部位	使用数量	单位	用水量标准(L)	日用水时间(h)	时变化系数	用水量		
							最高日(m³/d)	平均时(m³/h)	最高时(m³/h)
1	客房	898	人	400	24	2	359.20	14.97	29.93
2	员工	900	人	80	24	2	72.00	3.00	6.00
3	会议	4256	m²	2.4	10	1.2	10.21	1.02	1.23
4	餐厅	4000	m²	40	10	1.2	160.00	16.00	19.20
5	游泳池	480	m³	5%	10	1.2	24.00	2.40	2.88
6	桑拿	160	人	150	12	1.5	24.00	2.00	3.00
7	SPA	60	人	80	12	1.5	4.80	0.40	0.60
8	健身	60	人	40	12	1.2	2.40	0.20	0.24
9	洗衣房	4310	kg	60	8	1.2	258.60	32.33	38.79
10	停车场	4700	m²	3	8	2	14.10	1.76	3.53

续表

序号	用水部位	使用数量	单位	用水量标准(L)	日用水时间(h)	时变化系数	用水量		
							最高日(m^3/d)	平均时(m^3/h)	最高时(m^3/h)
11	水景绿化	12000	m^2	3	8	1	36.00	4.50	4.50
12	小计						965.31	78.58	109.89
13	未预见	10%					96.53	7.86	10.99
14	合计						1061.85	86.43	120.88

计算说明：

(1) 员工与床位数比例为 1∶1。

(2) 餐厅按 $2m^2$/人考虑，每天翻台两次。

(3) 会议室按 $5m^2$/人考虑，定额 10L/(人・d)。

3. 室内管网系统

供水系统在设计中根据建筑高度、水源条件，充分考虑了防二次污染和供水安全原则。

(1) 系统分区：管网竖向分为两个压力区：2 层及以下为低区，由低区变频泵组加压供水；3 层及以上为高区，由变频泵组加压供水。管网系统每个竖向分区的压力控制参数原则：各区最不利点的出水压力不小于 0.1MPa，最低用水点最大静水压力（0 流量状态）不大于 0.4MPa。

(2) 供水保证措施：为保证酒店周围的市政管网出现状况进行维护和抢修，酒店还能继续正常维持运营，在本酒店主楼外中心机房设置生活水箱和变频供水设备。根据洲际酒店的要求应储存三日酒店用水，经协调后将生活水箱有效容积设置为 $1440m^3$，保证了生活储水大于 1 天的最高日用水量。

(3) 供水系统：在酒店地下一层设置了高区变频加压设备，设计恒压值为 0.75MPa，流量为 20L/s。根据洲际酒店要求，低区预留事故备用变频泵组位置，恒压值为 0.35MPa，流量为 10L/s。

给水及热水系统图如图 1 所示。

(4) 水质保障：由于五星级酒店的用水水质要求较高，根据洲际酒店要求，为了保证水质的安全，所有酒店用水需经水处理设备处理后进入生活水箱，水处理工艺为：市政供水—石英砂过滤—活性炭过滤—石英砂过滤—紫外线消毒—生活水箱。

(5) 水表计量：针对公共洗浴用水、空调机房补水以及大的集中用水点等位置均单设水表进行计量。

4. 洁具选择及管材选用

在洁具选择中值得一提的是，针对本酒店定位相对高，对用水的舒适性相对严格，为严格保证在热水使用过程中的稳定，同时兼顾节水的要求，客房内的淋浴采用带有冷热水压力平衡控制的节水型配件；其他卫生洁具也均采用了节水型卫生器具。

室内给水供水管道采用薄壁不锈钢管。管道连接方式：环压连接；室外给水管道采用给水 CPVC 管道，粘接。管道敷设要求：地下室内的管道加保温，防冻保温采用 5cm 橡塑海绵，防结露保温采用 2cm 橡塑海绵，公共卫生间内管道均暗装。

二、热水系统

1. 热水供应范围、方式及和热源

(1) 本项目的热水供应部位主要为：公共卫生间洗面台，公共浴室，客房卫生间，SPA，健身，桑拿，洗衣房，厨房，服务间等。

(2) 热水供应方式：酒店内部的各用水点采用集中热水系统供应。

(3) 集中热水系统的热源采用水源热泵。冷水计算温度取 10℃。水源热泵出水温度 55℃。

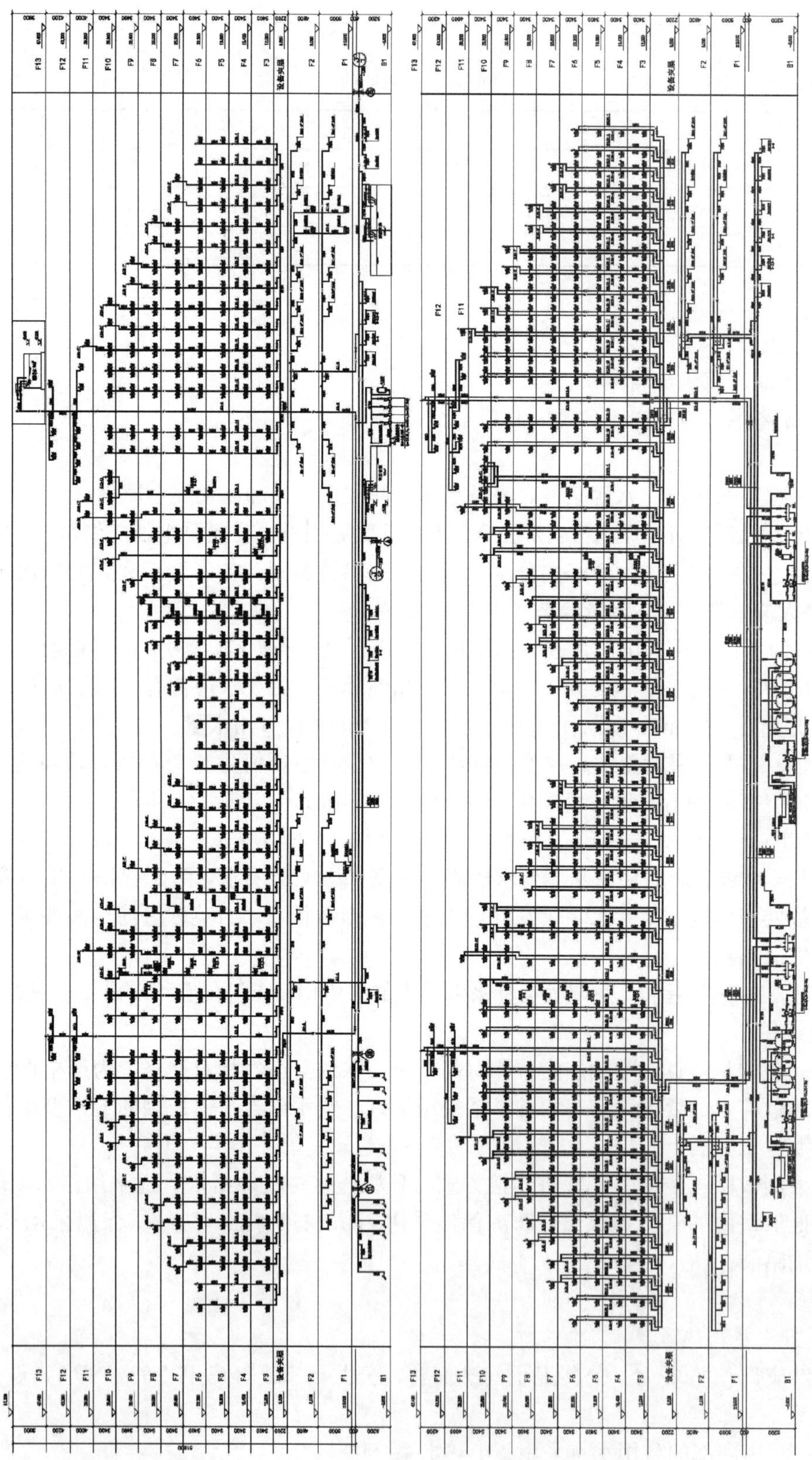

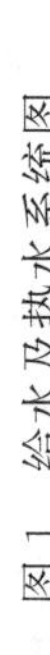

给水系统图

热水系统图

图1 给水及热水系统图

2. 热水供水量

本建筑最高日总热水量273.67m^3/d，最高时热水量为53.19m^3/h，详见表2。

生活热水量计算表（按60℃热水计算） 表2

序号	用水部位	使用数量	单位	用水量标准	日用水时间(h)	时变化系数	用水量		
							最高日(m^3/d)	平均时(m^3/h)	最高时(m^3/h)
1	客房	898	人	120	24	4.2	107.76	4.49	18.86
2	员工	900	人	40	24	4.2	36.00	1.50	6.30
3	会议	4256	m^2	1	10	4.2	4.26	0.43	1.79
4	餐厅	4000	m^2	12	10	2.5	48.00	4.80	12.00
5	桑拿	160	人	70	12	4.2	11.20	0.93	3.92
6	SPA	60	人	10	12	4.2	0.60	0.05	0.21
7	健身	60	人	20	12	4.2	1.20	0.10	0.42
8	洗衣房	4310	kg	15	8	1.2	64.65	8.08	9.70
9	小计						273.67	20.38	53.19

3. 集中热水管网系统

热水系统管网压力分区同给水系统。其中低区耗热量为1100kW/h，高区耗热量为1200kW/h。

在中心机房为高、低区各配置1台制热量为1222kW的高温水源热泵，不设备用。冷媒采用HFC134a。热泵单台耗电量为408kW，热水出/回水温度为60℃/55℃。水源水最低进/出口温度为15℃/6℃。高区热泵工作压力应大于1.0MPa，低区热泵工作压力应大于0.6MPa。热泵运行时间18h/d。热泵一次循环泵和热泵控制相匹配。

为保证生活热水供水安全，本项目采用半容积式热交换器加热水储罐的用水量保证方式，高低区储存热水总量约为50m^3。热泵正常工作期间可以保证储存酒店1h最高时生活热水用水，冬季热泵运行低效时，可以保证储存酒店20min最高时生活热水用水。其中高区设置3个容积为8t的热水储罐和一个容积为8t的汽水热交换器。低区设置2个容积为8t的热水储罐和一个容积为8t的汽水热交换器。

本项目要求生活热水的供回水温度为60℃/55℃，仅靠热泵出水加热很难达到温度要求，故在热泵加热的热水储罐后再串联一台以锅炉蒸汽为热媒的汽水热交换器，将生活热水加热到适宜的温度。当冬季江水温度低于15℃时，热泵效能逐渐降低，在此期间由锅炉蒸汽作为主要热源。锅炉设置在酒店主楼内锅炉房，蒸汽压力1.0MPa，蒸汽供热温度为170℃/90℃。

汽水热交换器的进水为热泵出水热交换器的出水，当热交换器内热水温度低于50℃时，蒸汽热媒进口的温控阀自动开启加热。当热交换器内热水温度高于60℃时，蒸汽热媒进口的温控阀自动关闭加热。热泵热水储水罐的进水端连接冷水补水和热水供水系统回水，出水端连接汽水热交换器进水，当热水储水罐内储水温度低于50℃时，热泵一次循环泵启动，当热水储水罐内储水温度高于55℃时，热泵一次循环泵停止运行。

高低区热水循环泵采用工频控制，其启停根据生活热水供水系统回水温度控制，当系统回水温度低于55℃时，高低区热水循环泵启动；当系统回水温度高于60℃时，高低区热水循环泵停止工作。热源采用水源热泵作为主要热源，但仅靠热泵出水加热很难达到温度要求，故在热泵加热的热水储罐后再串联一台以锅炉蒸汽为热媒的汽水热交换器，将生活热水加热到适宜的温度。当冬季江水温度低于15℃时，热泵效能逐渐降低，在此期间由锅炉蒸汽作为主要热源。锅炉设置在酒店主楼内锅炉房，蒸汽压力1.0MPa，蒸汽供热温度为170℃/90℃。这样保证了热源的不间断供给。

除此之外，值得一提的是，本建筑热水系统在热水回水立管与热水回水干管连接处设置热水循环阀，由水温控制阀门启闭，当热水回水管道内的水温低于50℃时，阀门打开，立管参与循环；当热水回水管道内的水温高于50℃时阀门关闭，其他水温较低的立管继续参与循环。高低区热水系统与冷水系统同源，循环泵采用变频措施。本项目的热水系统将传统的全时同程热水循环改变为基于热水循环阀的分时非同程热水循环，有效地简化了热水系统和循环管网，降低了调试和管理难度，提高了热水系统的循环效率。同时通过循环泵的变频控制，降低了系统电能消耗。经过建成后对管理公司的回访了解到，该种热水系统形式在使用中达到了较为理想的效果。

4. 管材选用

管材采用CPVC管道，粘接。管道敷设方式同给水，管道保温采用5cm橡塑海绵。

三、生活排水系统

1. 污废水水量

本项目总污废水量约923.27m^3/d，按供水量的90%计。

排水系统及排水方式：室内污、废水合流排除，室外污、废水合流排至污水管道系统。卫生间生活污废水采用专用通气立管排水系统，卫生器具较多的排水支管采用环行通气管系统。室内地面+0.00m以上采用重力自流排除。地下室污废水均汇至地下的潜水泵坑，用污水潜水泵提升排除。各集水坑中设带自动耦合。装置的潜污泵两台，1用1备。水泵受集水坑水位自动控制交替运行。备用泵在报警水位时可自动投入运行。卫生间污水集水坑均设通气管。同时在排水系统中采用水封深度不小于50mm的地漏，坐便器具有冲洗后延时补水（封）功能。

排水及雨水系统图如图2所示。

厨房污水经器具隔油器和室外机械隔油器处理后接至化粪池后污水管道排入市政污水管网。厨房洗肉池、炒锅灶台、洗碗机（池）等排水均设置了器具隔油器。

污水接入市政排水管前，设化粪池进行处理，废水超越化粪池直接排入市政污水管道。

2. 管材与管道敷设

室内管道采用柔性接口的机制排水铸铁管，法兰连接，橡胶圈密封。室外管道采用HDPE双壁波纹管，弹性密封圈承插连接。卫生间内管道暗装，设备机房内管道明装。

四、雨水系统

1. 雨水排水量设计参数

雨水量按黄山市暴雨强度公式计算，室外设计重现期取2年，降雨历时15min，平均径流系数0.6（屋面雨水重现期不影响场地雨水量计算，故不列出）。

屋面雨水设计重现期为5年，降雨历时5min。溢流口排水能力按50年重现期设计。

屋面雨水利用重力系统排除。地下车库坡道的拦截雨水、窗井雨水，用管道收集到地下室雨水坑，用潜污泵提升后排除，雨水量按10年重现期计。

室外道路上设雨水口收集地面雨水。基地雨水分两路排出，分别接入南侧徽州大道和西侧前园南路的市政雨水管，排出管管径$D600$。建议采用透水路面，降低平均径流系数，减少雨水排放量。

2. 雨水管材

屋面雨水管采用HDPE塑料管，热熔连接。室外雨水管采用HDPE双壁波纹塑料管，承插接口，橡胶圈密封。

五、游泳池设计

本项目游泳池位于地上8层，主池面积250m^2，周边设置了按摩池和儿童池。游泳池的设计平均水深1.4m，容积350m^3，循环周期6h，循环流量按60m^3/h计算，设计池水水温为28～30℃。

游泳池净化处理：采用逆流式循环，石英砂过滤，臭氧消毒工艺，游泳池处理工艺如图3所示：

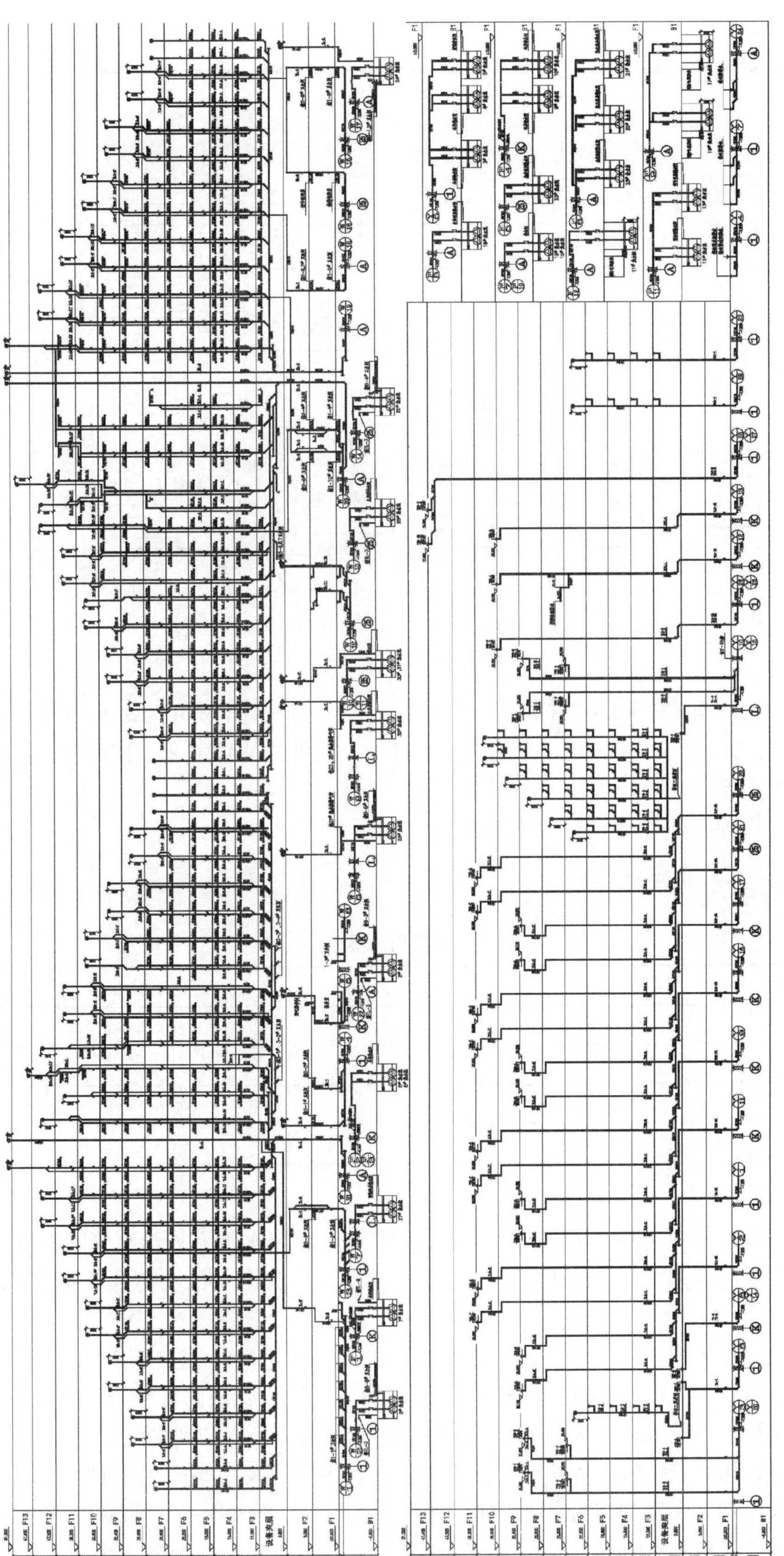

图2 排水及雨水系统图

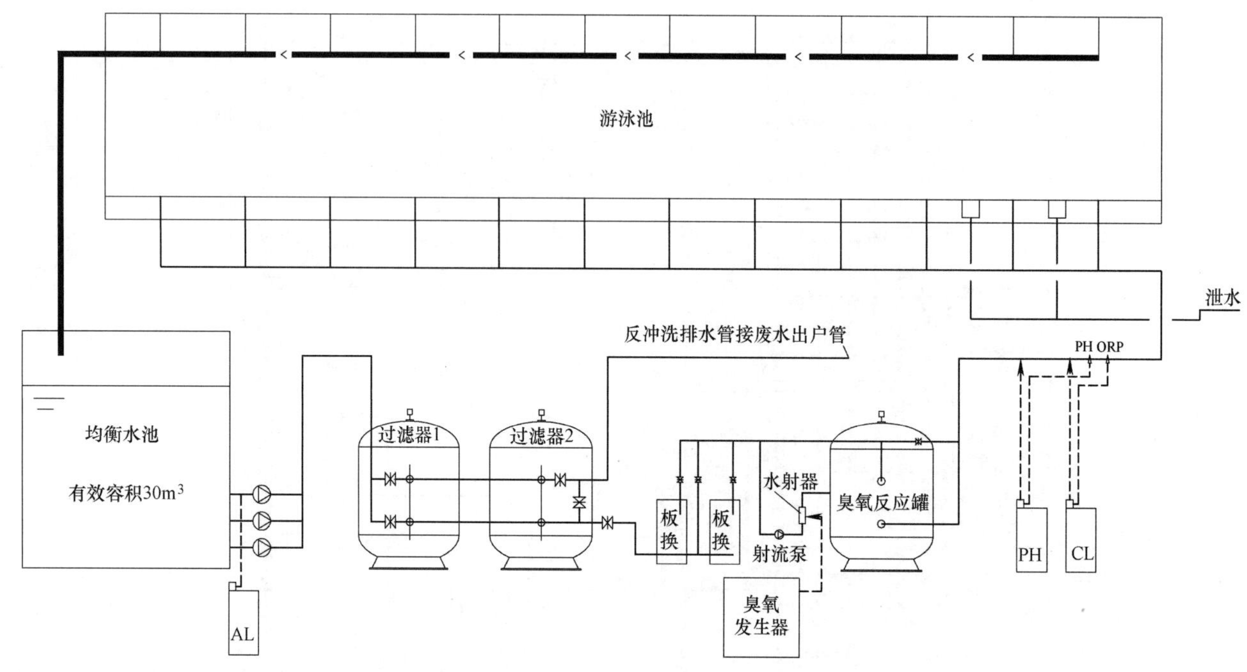

图 3　游泳池处理工艺

游泳池的水处理系统与按摩池、儿童池分开设置，按摩池和儿童池合用水处理系统，水温 30～32℃，循环周期 0.5h，循环流量按 60m³/h 计算，采用硅藻土过滤，紫外线消毒工艺。按摩池的按摩系统采用独立的循环系统，未和水处理系统合用。

游泳池水加热采用 50～55℃生活热水为热媒。

六、消防系统

1. 消防用水量（表 3）

消防用水量　　**表 3**

系统	用水量	火灾延续时间	一次消防用水量	水源
室外消火栓	30L/s	3h	324m³	市政管网
室内消火栓	40L/s	3h	432m³	消防水池
自动喷水	30L/s	1h	108m³	消防水池
总用水量			864m³	

2. 消火栓系统

（1）本工程消防用水水源为两路市政给水管网，故室外消防用水由室外给水管网直接提供。

（2）为满足室内消防的需求，在地下一层设置有效容积大于 540m³ 的消防水池储存室内消防用水，分为两格。

（3）酒店室内消火栓系统竖向不分区，全部由消防加压泵加压供给。室内消火栓加压泵设置在主楼外中心机房，一用一备，流量为 40L/s，扬程为 100m。酒店地下一层设置消防增压稳压装置，保证管网内的供水压力。同时酒店顶层设有效储水容积为 18m³ 的高位消防水箱保证灭火初期的消防用水。

（4）消火栓管道采用焊接钢管，焊接或沟槽连接，机房内管道及与阀门相接的管段采用法兰连接。

（5）消火栓箱采用带灭火器的组合式消防柜，柜内设 *DN*65 消火栓（15 层以下采用减压型消火栓）一个，*DN*65mm，*L*=25m 麻质衬胶龙带一条，*DN*19 水枪一支，JPS09-19 自救式消防卷盘一套，5kg 磷酸铵盐

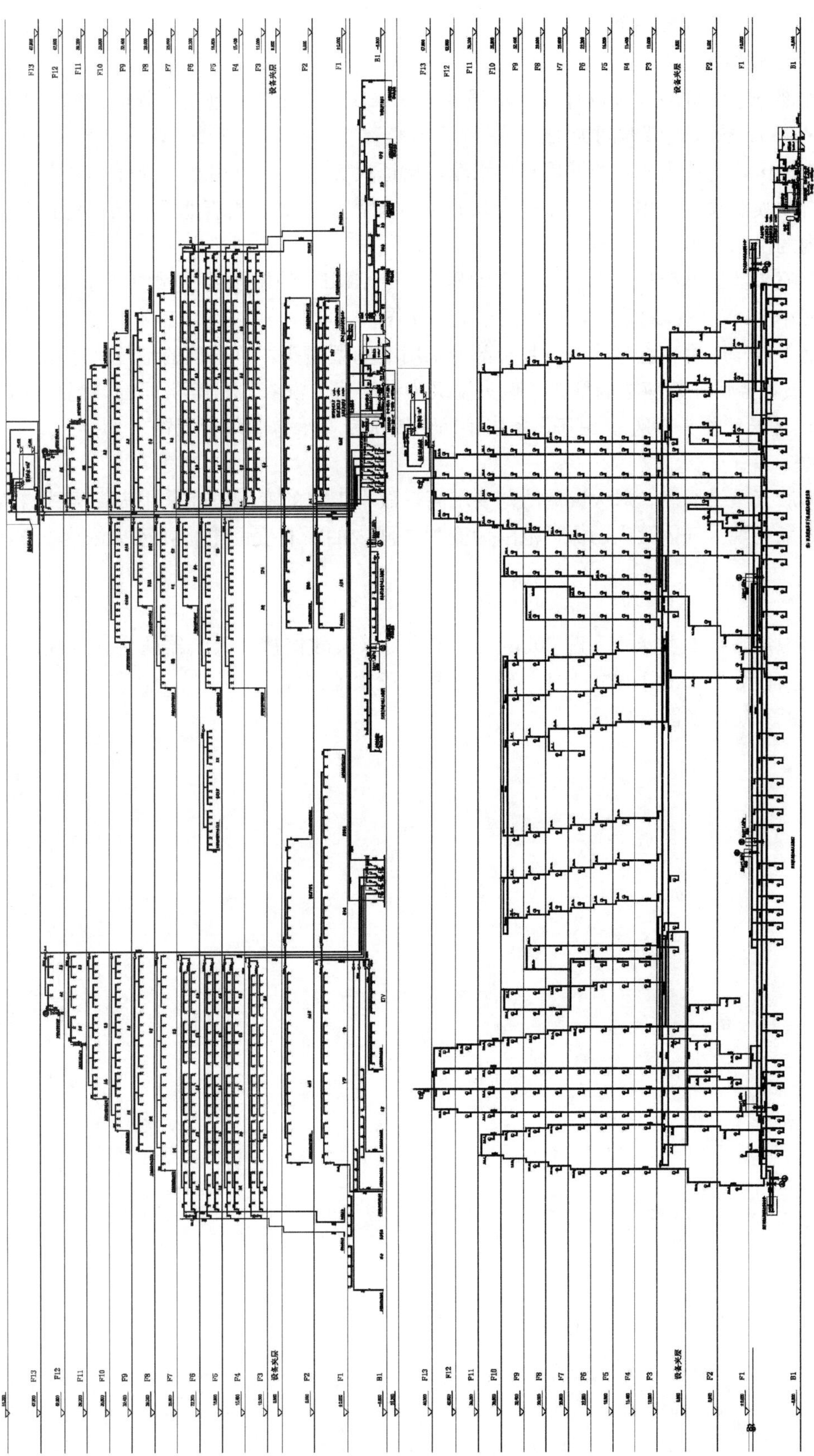

图 4　消火栓及自动喷洒系统图

灭火器 2 具，消防按钮及指示灯各一个。

3. 自动喷水灭火湿式系统

本工程地下车库部分按中危险Ⅱ级设计，喷水强度为 8L/(min·m^2)；地上部分按中危险Ⅰ级设计，喷水强度为 6L/(min·m^2)；火灾延续时间为 1h。

自喷系统竖向不分区，与消火栓系统共用高位水箱，保证火灾初期灭火用水。同样在主楼外中心机房消防水泵房设置两台自动喷洒泵，一用一备，流量为 30L/s，扬程为 110m。酒店地下一层设置自动喷洒增压稳压装置，保证管网内的供水压力。

每个报警阀控制喷头数量不超过 800 个。供水动压大于 0.4MPa 的配水管上水流指示器前加减压孔板，其前后管段长度不宜小 5*DN*（管段直径），孔口大小见系统图。

喷头选用：①地下停车库用直立型喷头，其余部分采用下垂型喷头，有吊顶的部位采用吊顶型喷头。客房内采用 K115 的扩展覆盖快速响应边墙型。②喷头温级为：厨房、洗衣机房等房间的高温作业区：玻璃球喷头 93℃，其余部位玻璃球喷头 68℃。厨房设备内消防由厨房专业承包商负责配置。

4. 气体灭火系统

由于本工程为高层五星级酒店，对火灾的防范要求高，故本工程的变配电间采用火探管式自动探火灭火装置，灭火气体为七氟丙烷。气体灭火的保护范围为变配电间内的所有变配电柜，灭火浓度 9%，设计喷放时间不大于 10s。

5. 灭火器

地下变配电间属中危险级 B 类火灾，配 20kg 推车式干粉（磷酸铵盐）灭火器两台。其他部位中危险级 A 类火灾，在每一消火栓处配 4kg 手提式干粉（磷酸铵盐）灭火器两具。

消火栓及自动喷洒系统图如图 4 所示。

公共建筑类　二等奖

武汉保利文化广场

设计单位：中南建筑设计院股份有限公司
设 计 人：杜金娣　涂正纯　王强　吕勇
获奖情况：公共建筑类　二等奖

工程概况：

武汉保利文化广场地处湖北省行政中心，洪山广场西南侧，中南路和广南路的交汇处，是武汉市内环线上最重要的节点。

该项目以文化主题概念为核心，以先进的建筑理念、合理的功能布局和交通组织，并以222m的挺拔高度、体量宏大的巨门造型、科学合理的技术措施、宏伟而透明的“城市大客厅”等较好地体现了都市现代超高层综合性建筑的典范，成为城市地标性建筑。

武汉保利文化广场总用地面积12163m^2，总建筑面积142742m^2，其中地下建筑面积34561m^2，地上建筑面积108181m^2。地下4层，地上主楼46层、副楼20层，为一大型综合性超高层建筑。地下1层为商业、车库及部分设备用房，地下2～4层为车库和设备用房。地上1～5层为精品商业，6、7层为餐饮，8层为影视中心。9层、21层、34层为避难层，10～15层，17～20层，22～33层、35～44层为标准办公层，45～46层为景观办公层，16层为结构转换层。

一、给水排水系统

（一）给水系统

1. 冷水用水量（表1）

冷水用水量　　**表1**

用水项目	用水量标准	使用单位数	使用时间（h）	小时变化系数K	最大时用水量（m^3/h）	最高日用水量（m^3/d）
商业	8L/(m^2·d)	21800m^2	12	1.2	17.4	174.4
餐厅	60L/(人·次)	3325人	12	1.2	19.9	199.5
影视中心	5L/(观众·场)	1286座×4场	3	1.2	10.3	25.7
办公	50L/(人·班)	8028人	10	1.2	48.2	401.4
冷却塔补水	取空调冷却水量的1.5%		11	1.2	39.6	363.0
未预计水量	按生活用水量的10%计				9.6	80.1
合计					145.0	1244.1

注：未预计用水量包括管道泄漏水量和浇洒绿地水量等。

2. 水源：市政给水管网。从广南路及中南路市政给水干管上各接入一路DN200引入管至基地内，经水表计量后在基地内形成环网供水，市政管网最不利供水压力为0.20MPa。

3. 系统竖向分区

生活给水系统竖向上分为五个区供水，地下四层至地下一层为Ⅰ区，1～8层夹层为Ⅱ区，9～21层为Ⅲ区，22～33层为Ⅳ区，34～46层为Ⅴ区。

4. 供水方式及给水加压设备

采用串联和并联相结合的供水方式。

Ⅰ区利用城市给水管网压力直接供水，Ⅱ区～Ⅴ区每区设置一套变频调速供水设备加压供水，当压力超过0.35MPa时，采用减压阀减压。

在地下四层水泵房内设食品级不锈钢生活储水箱两座及Ⅱ区、Ⅲ区变频调速供水设备各一套，Ⅲ区变频供水设备同时还为设于22层水泵房内的生活转输水箱供水。

在22层水泵房内设食品级不锈钢生活转输水箱一座及Ⅳ区、Ⅴ区变频调速供水设备各一套，Ⅳ区变频调速供水设备同时还为设于22层直饮水制备机房内的直饮水制取设备提供原水。

地下四层生活储水箱总有效容积190m^3，22层转输水箱有效容积13.2m^3。

Ⅱ区变频供水设备供水流量60m^3/h，供水压力0.83MPa；Ⅲ区变频供水设备供水流量82m^3/h，供水压力1.33MPa；Ⅳ区变频供水设备供水流量24m^3/h，供水压力0.58MPa；Ⅴ区变频供水设备供水流量24m^3/h，供水压力1.15MPa。

5. 管材

室内生活给水管采用建筑给水用钢塑复合管，小于等于*DN*80时采用螺纹连接，大于*DN*80时采用卡箍或法兰连接。室外给水管道采用埋地聚乙烯给水管，电热熔连接。

（二）热水系统

1. 热水设计小时耗热量见表2：

热水设计小时耗热量 **表2**

项　目	小时热水用水量(L)	使用水温(℃)	使用单位数(个)	同时使用百分数(%)	设计小时耗热量(kW)
后勤职工淋浴间淋浴器(地下三层)	300	40	9	100	110
商场、餐厅及影院洗手盆(地下一层至八层夹层)	100	35	59	70	144
办公洗手盆(9～21层)	100	35	116	70	283
办公洗手盆(22～33层)	100	35	84	70	205
办公洗手盆34～46层)	100	35	94	70	230
合计					972

2. 热源

以压力为0.60MPa的饱和蒸汽为热媒，采用半容积式热交换器制备热水（60℃）。

3. 系统竖向分区

热水系统竖向上分为四个区供水，地下室至八层夹层为Ⅰ区，9～21层为Ⅱ区，22～33层为Ⅲ区，34～46层为Ⅳ区。

4. 热交换器

热水系统Ⅰ区、Ⅱ区、Ⅲ区、Ⅳ区热交换器进水分别接自生活给水系统Ⅱ区、Ⅲ区、Ⅳ区、Ⅴ区生活变频供水设备出水管。

在地下四层热交换间内各设两台半容积式热交换器分别供应Ⅰ区和Ⅱ区热水，在22层水泵房内各设两台半容积式热交换器分别供应Ⅲ区和Ⅳ区热水。

热交换器出水上行下给供给各区用水点，当压力超过 0.35MPa 时，采用减压阀减压。

5. 冷、热水压力平衡措施，热水温度的保证措施等

各区热水供、回水管同程设置。

热水循环采用机械循环方式，由设在各区热水系统管网末端的温度控制器控制相对应分区的热水循环泵的启停：当管网末端的温度低至 50℃时开泵，达到 60℃时停泵。热水支管采用电伴热方式保持水温。

每区热水系统底部设膨胀罐，并利用最高配水点放气。

6. 管材

热水供、回水管道采用薄壁不锈钢管，卡压式连接或氩弧焊连接。

（三）直饮水系统

1. 直饮水用水量见表 3：

直饮水用水量 **表 3**

项目	用水量标准	使用单位数	使用时间(h)	小时变化系数 K	最大时用水量 (m^3/h)	最高日用水量 (m^3/d)
商场	0.2L/(人·次)	12000 人	12	1.5	0.3	2.4
餐厅	0.5L/(人·次)	3325 人	12	1.5	0.21	1.7
影视中心	0.2L/(人·场)	1286 座×4 场	3	1.0	0.33	1.0
办公	1.5L/(人·班)	8028 人	10	1.5	1.8	12.0
合计					2.64	17.1

2. 直饮水水源

直饮水原水由Ⅳ区生活变频供水设备供给。

3. 系统竖向分区

直饮水供应系统竖向上分为两个区：下区为 2～20 层；上区为 21～46 层。

4. 供水方式及给水加压设备

下区采用重力供水的方式供水，上区采用变频调速水泵加压供水，管网布置均为上行下给式。当压力超过 0.35MPa 时，采用减压阀减压。各层饮水处设终端设备同时供应开水和直饮冷水。

直饮水制备机房设于 22 层，上区变频供水设备供水流量 3.6m^3/h，供水压力 1.05MPa。

5. 水处理工艺流程

原水经过预过滤、反渗透及臭氧消毒工艺，制备的净水储存在净水箱内。直饮水供应系统设循环管道，循环管网内水的停留时间不超过 6h。下区在二层空调机房内设置循环水泵进行循环，上区采用在管网末端设电磁阀定时开启、重力回水的方式进行循环。循环回水接至循环过滤器处理后，经过臭氧消毒回至净水箱。在两路回水管末端设置流量平衡阀以控制各区循环流量。

6. 管材

直饮水供回水管道采用薄壁不锈钢管，卡压式连接或氩弧焊连接。

（四）排水系统

1. 排水系统形式

室内采用生活污水与废水合流管道系统，室外采用生活污、废水与雨水分流管道系统。

地面以上各层生活污水采用重力排水，地下室生活污水采用压力排水。裙房各厨房含油污水经立管收集后下至地下室隔油间，经成品不锈钢隔油器处理后抽排至室外污水管道。

2. 透气管设置方式

本工程设置有专用通气立管、副通气立管、环形通气立管，地下室污水集水坑、隔油器均设置伸至屋面的通气管。

3. 采用的局部污水处理设施

地面以上各厨房含油污水经立管收集后下至地下二层隔油间、地下二层职工餐厅含油污水经管道收集后下至地下三层隔油间，经过隔油间内设置的成品不锈钢隔油器进行隔油处理后抽排至室外污水管道。其他生活污水排至室外，经三格化粪池处理后排至市政排水管网。

4. 管材

室内生活污水及废水重力排水管采用柔性接口机制排水铸铁管及管件，承插式法兰连接。地下室压力排水管采用衬塑（或涂塑）钢管，法兰或卡箍连接。室外排水管采用埋地聚乙烯排水管，承插式密封圈连接。

二、消防系统

（一）消火栓系统

1. 消火栓系统用水量

本工程为超高层综合楼，室内消火栓用水量为 40L/s，室外消火栓用水量为 30L/s，火灾延续时间 3h，一次火灾用水量室内为 432m^3、室外为 324m^3。

2. 室内消火栓系统分区及供水方式

（1）室内消火栓系统为临时高压系统，分为上、下两个大区加压供水。下区为地下四层至十六层；上区为十七层至主楼屋面层。下区由设于地下四层水泵房内的消防水池、消火栓泵、副楼屋面消防水箱供水；上区由设于地下四层水泵房内的消防水池及消火栓泵、设于 22 层水泵房内的消火栓泵、主楼屋面消防水箱及消火栓增压稳压设备垂直串联供水；并在室外分上、下两个大区分别设置消防水泵接合器在紧急情况下为系统供水。为防止上区消防水泵压水管上的止回阀失效时上区管网里的水倒流至下区管网，造成下区消防系统受到高压而破坏，在上区消防水泵的吸水管上设置倒流防止器。当上区发生火灾时，消防水泵的启动顺序为先启动下区水泵，再启动上区水泵。

（2）每个大区在竖向上均采用减压阀分为若干分区供水。每个分区静水压力不超过 1.0MPa，分区内管网各自构成环状，并用阀门分成若干独立段，以利检修。消火栓栓口出水压力超过 0.50MPa 时设减压稳压消火栓。

3. 室内消火栓泵及增压稳压设备参数

地下四层水泵房内设消火栓泵两台，一用一备，水泵参数为 Q=40L/s，H=150m，N=110kW。

22 层水泵房内设消火栓泵两台，一用一备，水泵参数为 Q=40L/s，H=140m，N=90kW。

主楼屋面设消火栓增压稳压设备 ZW（W)-I-X-13 一套，配套气压罐有效容积 300L。

4. 消防水池、消防水箱有效容积

地下四层水泵房内设消防与冷却塔补水合用储水池一座（分为两格），有效水容积为 960m^3，内储存室内消防用水 800m^3（室外消防用水由市政给水管网供给）。

副楼屋面设消防与冷却塔补水合用高位水箱一座，有效水容积 45m^3，内储存 18m^3 消防水量。

主楼屋面消防水箱有效水容积为 18m^3。

5. 室外消火栓系统

室外采用生活与消防合用管道系统。从不同的市政供水干管上各开一条 DN200 引入管至基地内，并且采用 DN200 给水管在本大楼室外形成环网（引入管上设置倒流防止器）。在环状管网上沿道路布置室外消火栓，其间距不大于 120m，离消防水泵接合器的距离为 15～40m，距路边不大于 2m。本项目共设置 4 套室外地上式消火栓。

6. 管材

室内消火栓系统给水管道采用内外热浸镀锌钢管，小于等于 *DN*80 时采用螺纹连接，其余采用卡箍连接或法兰连接，室外消防给水管道同室外生活给水管道管材。

（二）自动喷水灭火系统

1. 自动喷水灭火系统用水量

本项目车库及商场属中危险Ⅱ级，其他部位属中危险Ⅰ级。自动喷水灭火系统用水量 30L/s，火灾延续时间 1h，一次火灾用水量 108m^3。

2. 自动喷水灭火系统分区及供水方式

（1）自动喷水给水系统为临时高压系统，分为上、下两个大区加压供水。下区为地下四层至十六层；上区为十七层至主楼屋面层。下区由设于地下四层水泵房内的消防水池、自喷加压泵、副楼屋面消防水箱供水；上区由设于地下四层水泵房内的消防水池及自喷加压泵、设于 22 层水泵房内的自喷加压泵、主楼屋面消防水箱及自动喷水增压稳压设备垂直串联供水；并在室外分上、下两个大区分别设置消防水泵接合器在紧急情况下为系统供水。为防止上区消防水泵压水管上的止回阀失效时上区管网里的水倒流至下区管网，造成下区消防系统受到高压而破坏，在上区消防水泵的吸水管上设置倒流防止器。当上区发生火灾时，消防水泵的启动顺序为先启动下区水泵，再启动上区水泵。

（2）每个大区在竖向上均采用减压稳压阀分为若干分区供水。报警阀前的管网均构成环状，并用阀门分成若干独立段，以利检修。自喷系统为湿式系统，报警阀按每个控制喷头数不超过 800 个设置，本项目共设有 23 套报警阀组。水流指示器每层每个防火分区均设置一个。

3. 自动喷水加压泵及增压稳压设备参数

地下四层水泵房内设自喷加压泵两台，一用一备，水泵参数为 Q=30L/s，H=150m，N=75kW。

22 层水泵房内设自喷加压泵两台，一用一备，水泵参数为 Q=30L/s，H=150m，N=75kW。主楼屋面设自喷系统增压稳压设备 ZW（W)-Ⅱ-Z-A 一套，配套气压罐有效容积 150L。

4. 管材

自动喷水灭火系统给水管道采用内外热浸镀锌钢管，小于等于 *DN*80 时采用螺纹连接，其余采用卡箍连接或法兰连接。

（三）水喷雾灭火系统

1. 水喷雾灭火系统的设置位置

地下一层燃气锅炉房、地下一层柴油发电机房及其油箱间设置水喷雾灭火系统。

2. 水喷雾灭火系统的设计参数

柴油发电机组及其油箱的喷雾强度取 20L/(min·m^2)；燃气锅炉的喷雾强度取 10L/(min·m^2)，另外，燃气锅炉的爆膜片和燃烧器每个点的局部喷雾强度取 150L/min。本设计水喷雾灭火系统用水量按同在一个防护区的三台燃气锅炉（总保护面积为 195m^2）计为 60L/s。

3. 加压设备选用

水喷雾灭火系统为临时高压系统，由地下四层消防水池、水喷雾加压泵、副楼屋面消防水箱供水。地下四层水泵房内设水喷雾给水加压泵两台，一用一备，水泵参数为 Q=60L/s，H=80m，N=75kW。在室外设四套 SQS150-A 型水喷雾消防水泵接合器。

4. 水喷雾灭火系统控制

火灾发生时，火灾探测器动作，其信号同时传递至消防控制中心和消防水泵房，同时启动雨淋阀先导电磁阀和水喷雾加压泵，并反馈信号至消防控制中心。水喷雾灭火系统除了设置自动控制方式外，还设有手动控制和应急操作控制方式。雨淋阀前后所设置的阀门均采用信号蝶阀，阀门开启状态信号传递至消防控制中心。

5. 管材

水喷雾灭火系统给水管道采用内外热浸镀锌钢管，小于等于 $DN80$ 时采用螺纹连接，其余采用卡箍连接或法兰连接。

（四）消防水炮灭火系统

1. 消防水炮灭火系统的设置位置

城市大客厅空间为八层，室内净空高度超过 12m，设置固定消防炮（带雾化装置）灭火系统。

2. 消防水炮灭火系统的设计参数

按防护区内任何部位均有两门消防炮水射流可同时到达的原则布置消防炮，共设置两门炮，系统设计流量为 40L/s。

3. 加压设备选用

固定消防炮灭火系统为临时高压系统，由地下四层消防水池、固定消防炮加压泵、副楼屋面消防水箱供水。地下四层水泵房内设固定消防炮加压泵两台，一用一备，水泵参数为 $Q=40$L/s，$H=140$m，$N=90$kW。在室外设三套 SQS150-A 型固定消防炮消防水泵接合器。

4. 消防水炮灭火系统的控制

消防水炮系统应具有自动控制、消防控制室手动控制和现场应急手动控制等三种控制方式。火灾发生时，当水炮上智能型红外探测组件采集到火灾信号后，启动水炮传动装置进行水平及垂直方向扫描，完成火源定位后，打开电动阀，信号同时传至消防控制中心（显示火灾内的位置）及水泵房消防炮加压泵控制箱，启动消防炮加压泵，并反馈信号至消防控制中心。火被扑灭后，水炮自动复位，关闭电动阀，停止喷水，水炮又回到原来的监视状态。消防炮加压泵除能自动启动外，还可在消防控制中心遥控启动、在水泵房手动启动及在消防炮位处锹按按钮启动。

5. 管材

消防水炮灭火系统给水管道采用内外热浸镀锌钢管，小于等于 $DN80$ 时采用螺纹连接，其余采用卡箍连接或法兰连接。

（五）气体灭火系统

1. 气体灭火系统的设置位置

本工程地下室各弱电机房、变配电房及 22 层变配电房设置混合气体 IG541 灭火系统。

2. 气体灭火系统的设计参数（表 4）

气体灭火系统设计参数　　表 4

系统	防护区	保护区尺寸		设计浓度（%）	设计喷放时间（s）	灭火浸渍时间（min）
		面积(m^2)	层高(m)			
1	变配电房 1(A)及值班室(地下三层)	462	3.5	37.5	60	10min
	变配电房 1(B)(地下三层)	456	3.5	37.5	60	10min
2	信息中心(地下二层)	210	4.2	37.5	60	10min
	消防控制及监控中心(地下一层)	92	4.2	37.5	60	10min
3	变配电房 2(二十一层)	186	4.15	37.5	60	10min

3. 各防护区计算结果见表 5。

4. 系统设置

地下室设置有两套全淹没组合分配式灭火系统，22 层设置有一套全淹没单元独立式灭火系统。设计将管

各防护区计算结果 **表 5**

系统	防护区	IG541 设计用量（kg）	使用储瓶数（个）	主管通径	储瓶容积（L）	泄压口面积（m^2）
1	变配电房 1(A)及值班室(地下三层)	1077.25	66	*DN*125	80	0.57
	变配电房 1(B)(地下三层)	1063.26	65	*DN*125	80	0.56
2	信息中心(地下二层)	587.59	36	*DN*100	80	0.31
	消防控制及监控中心(地下一层)	257.42	16	*DN*80	80	0.14
3	变配电房 2(二十一层)	508.60	32	*DN*80	80	0.27

网布置成均衡系统，以保证灭火剂的喷放时间符合要求。每个防护区均设置泄压装置，以保证气体喷射时防护区围护结构的安全性。

5. 气体灭火系统的控制

火灾时，感温、感烟探测器同时动作，由 IG541 自动灭火控制器启动气瓶间内的氮气启动装置，启动气瓶上的瓶头阀，释放 IG541 气体实施灭火。IG541 气体灭火系统也可在防护区外手动启动及在气瓶间内机械应急启动。

三、工程特点介绍

本工程集立体停车库、精品商业、餐饮、影院、5A 级写字楼为一体，给水排水专业的设计内容广而全，设计要注意的细节多而杂。

由于建筑高度高达 220m，给水排水及消防设计必须充分考虑系统分区、管道承压及设备选型等方面的问题。在本工程设计中，通过反复比较，确定以 17 层为界线，在地下室及 22 层分别设置加压泵房，将给水、热水、直饮水及消防给水系统分为上、下两个大区供水，将每区的工作压力控制在 160m 以内，这样可减小管道、阀门、加压泵、热交换器及其他设备承压力，节约了造价，方便了以后的维护管理。在排水系统设计上，由于立管高度过大，为了消除正压，每隔一定层数即设计消能弯管。在雨水系统设计上，由于要考虑侧墙面积，裙房及副楼屋面汇水面积较大，若采用重力流系统排水，则会因立管占地过大、悬吊管设置坡度降低房间净高等问题影响使用功能，故裙房及副楼屋面雨水采用虹吸（压力流）系统排放；而主楼屋面汇水面积较小，设置重力流系统既可保证系统的安全性要求，又能降低造价。在消防系统设计上，由于上区消火栓及自动喷水灭火系统用水为上、下区消防水泵垂直串联供水，为防止上区消防水泵压水管上的止回阀失效时上区管网里的水倒流至下区管网，造成下区消防系统受到高压而破坏，故在上区消防水泵的吸水管上设置倒流防止器以防止事故的发生。另外，为了提高使用的舒适性，使洗手盆水龙头能及时流出热水，并节约用水，设计中各层热水支管均采用电伴热加保温方式保持水温。

四、工程照片及附图

1-1 地下室生活泵房

1-2 地下室消防泵房

1-3 地下室隔油设备

2-1 IG541 气钢瓶间

2-2 配电房气体消防 1

2-3 配电房气体消防 2

3-1 车库消火栓箱

3-2 地下室喷淋

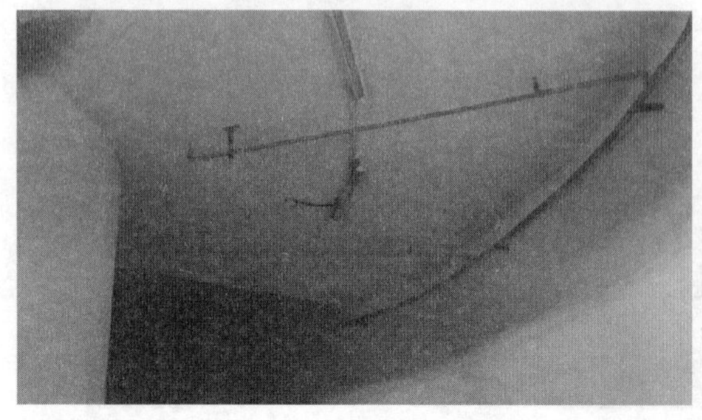
3-3 车道喷淋

4-1 门厅消火栓箱

4-2 电梯厅消火栓箱

4-3 消火栓箱

4-4 中厅消防炮

5-1 公共卫生间 1

5-2 公共卫生间 2

6-1 设备层生活泵房

6-2 设备层消防转输泵

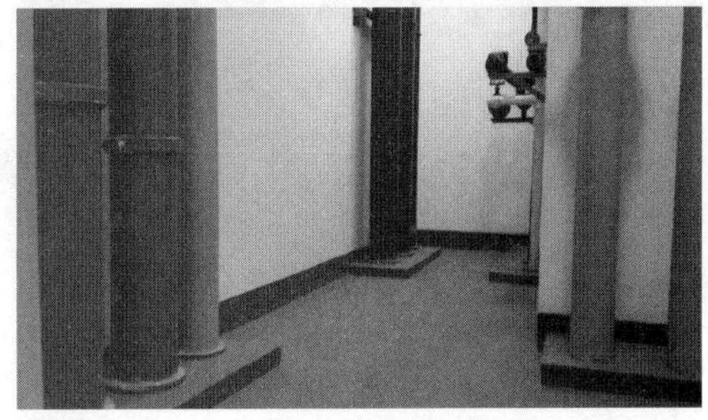
7-1 水管井

7-2 管道穿钢行架

8-1 屋顶冷却塔

8-2 屋顶消防增压设备

8-3 副楼屋面虹吸雨水斗

8-4 主楼屋面重力流雨水斗

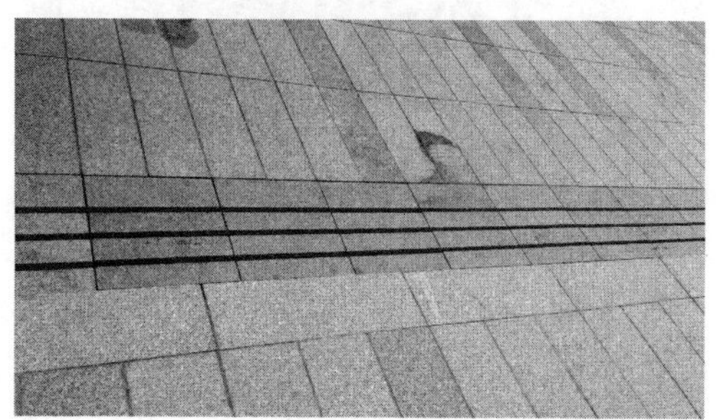

9-1 室外排水沟 1

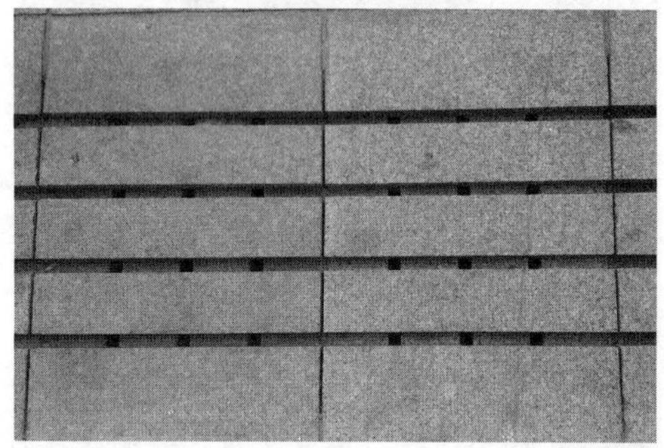

9-2 室外排水沟 2

9-3 室外消防水泵接合器

效果图

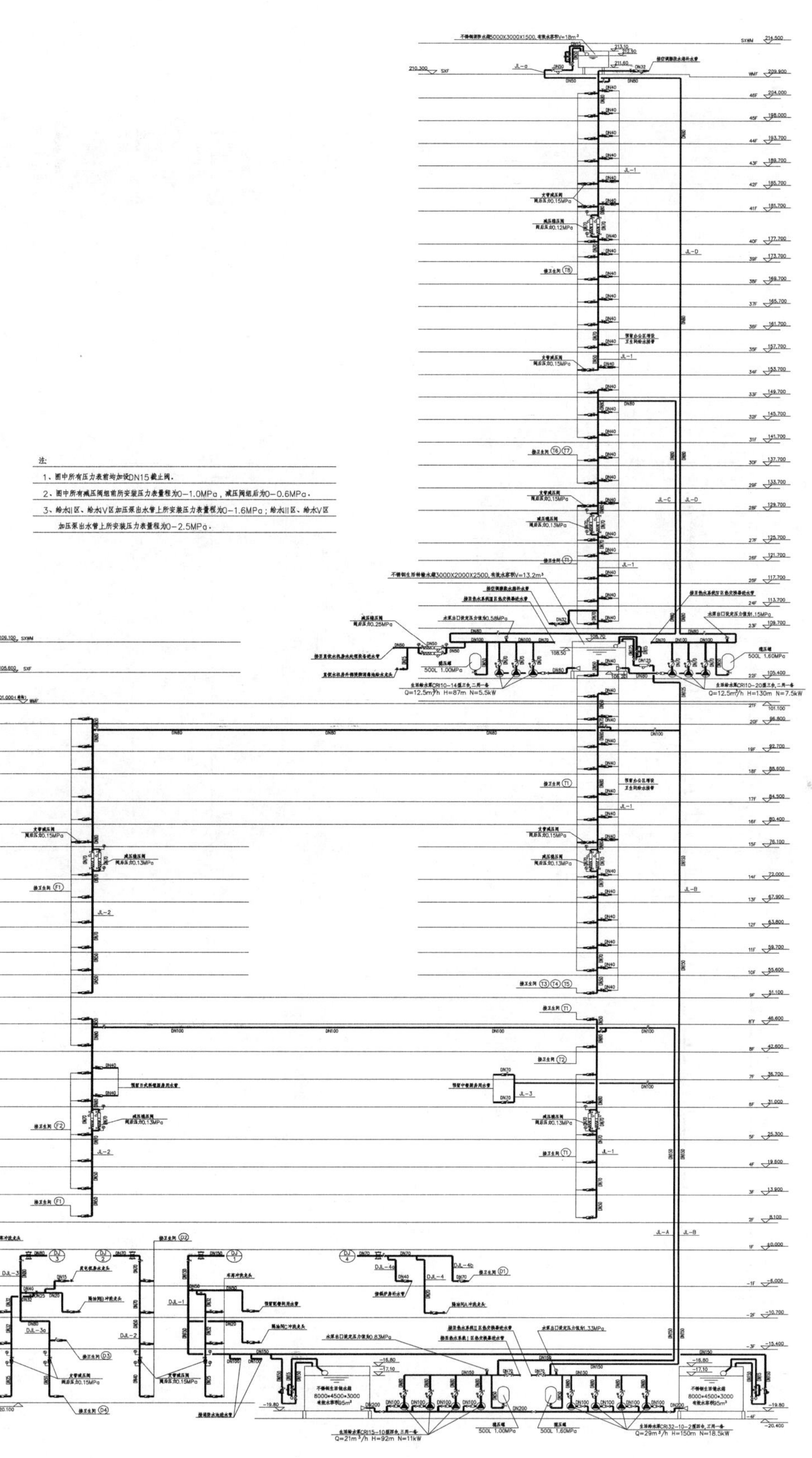
注:
1、图中所有压力表前均加设DN15截止阀。
2、图中所有减压阀组前所安装压力表量程为0–1.0MPa，减压阀组后为0–0.6MPa。
3、给水II区、给水IV区加压泵出水管上所安装压力表量程为0–1.6MPa；给水II区、给水V区
加压泵出水管上所安装压力表量程为0–2.5MPa。

生活给水系统原理图

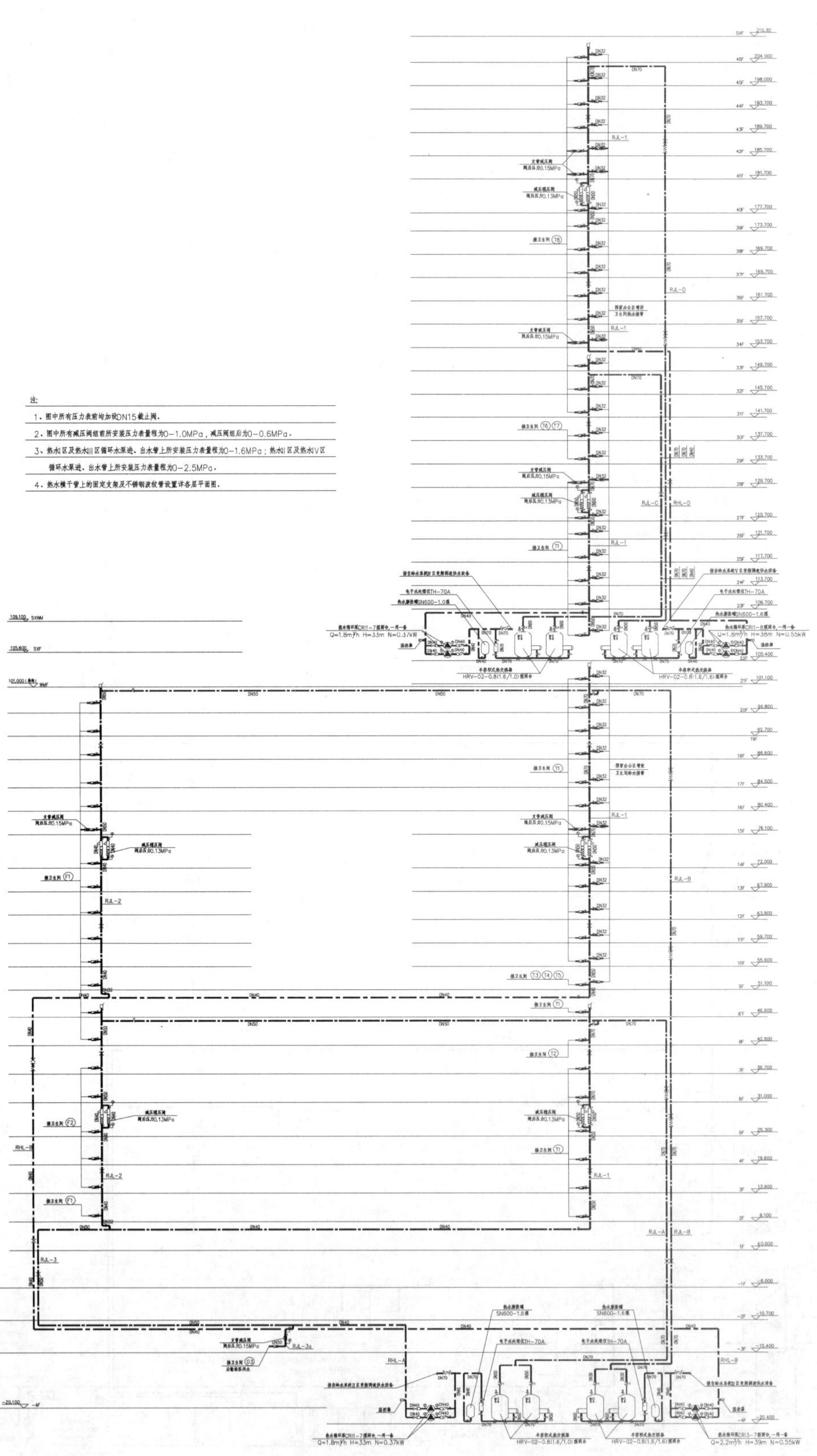
注:
1、图中所有压力表前均加设DN15截止阀.
2、图中所有减压阀组前所安装压力表量程为0–1.0MPa，减压阀组后为0–0.6MPa.
3、热水I区及热水III区循环水泵进、出水管上所安装压力表量程为0–1.6MPa；热水II区及热水IV区循环水泵进、出水管上所安装压力表量程为0–2.5MPa.
4、热水横干管上的固定支架及不锈钢波纹管设置详各层平面图.

热水系统原理图

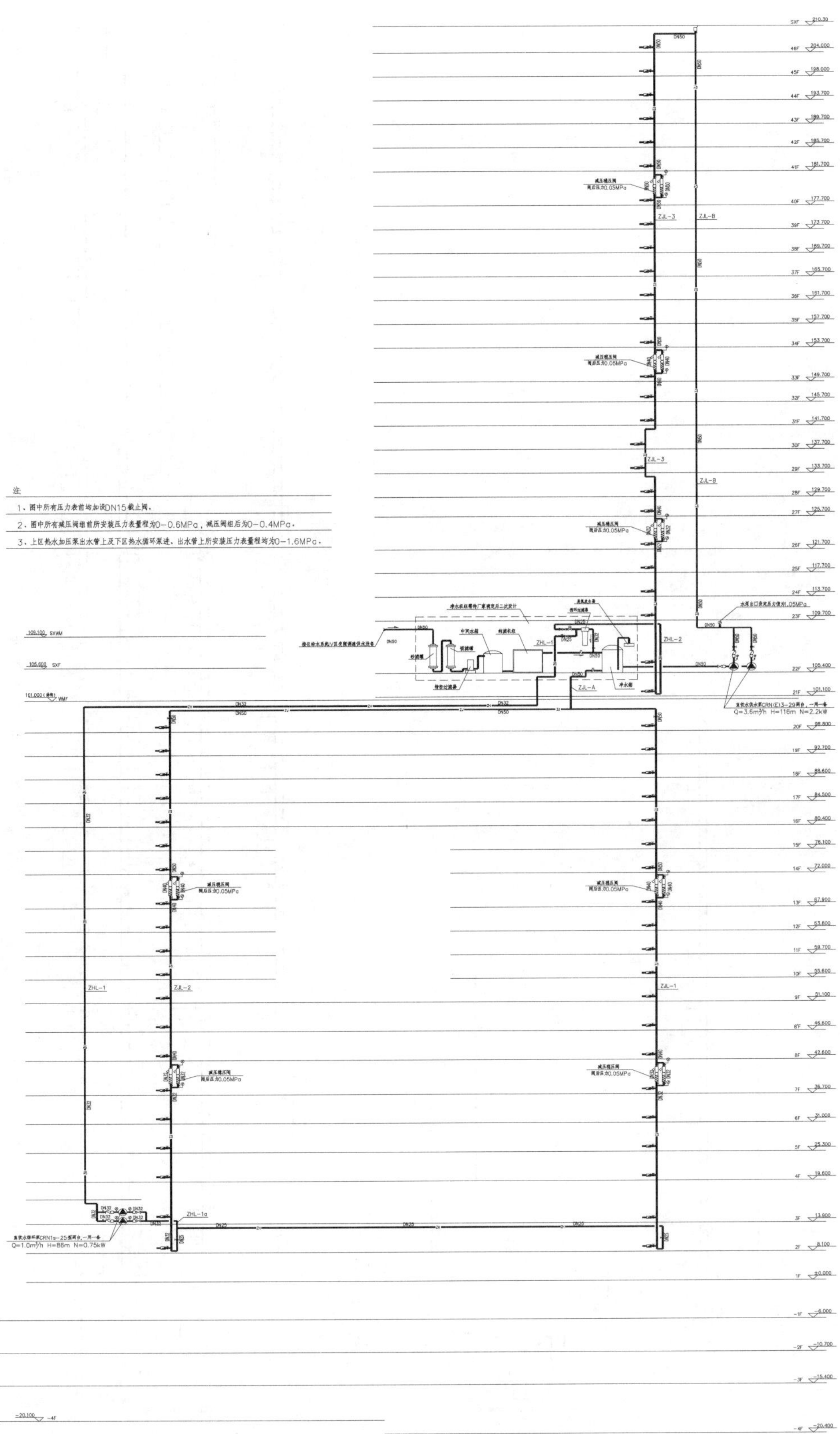
注:
1、图中所有压力表前均加设DN15截止阀。
2、图中所有减压阀组前所安装压力表量程为0-0.6MPa，减压阀组后为0-0.4MPa。
3、上区热水加压泵出水管上及下区热水循环泵进、出水管上所安装压力表量程均为0-1.6MPa。
Q=3.6m³/h H=116m N=2.2kW
Q=1.0m³/h H=86m N=0.75kW

直饮水系统原理图

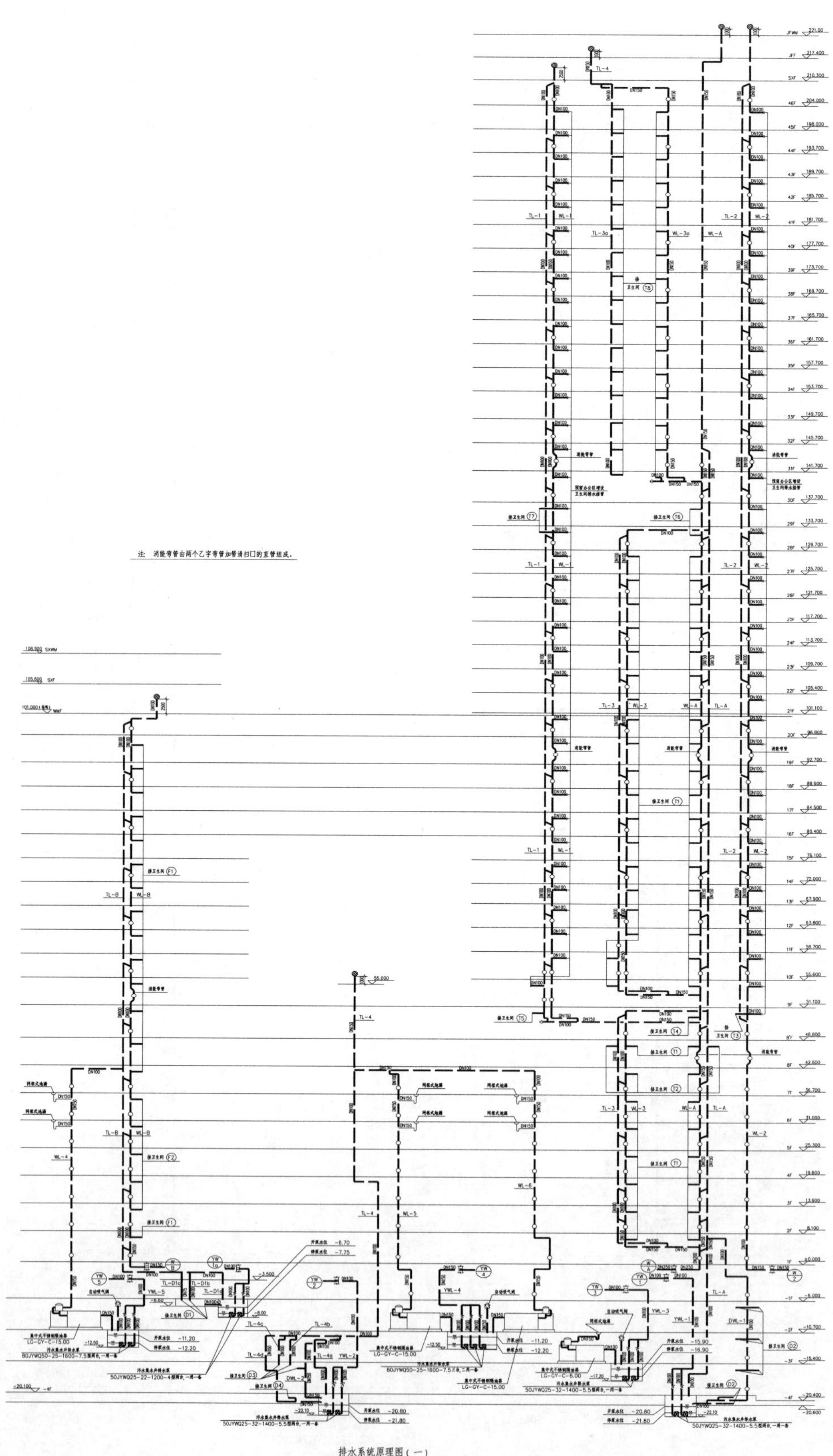

排水系统原理图（一）

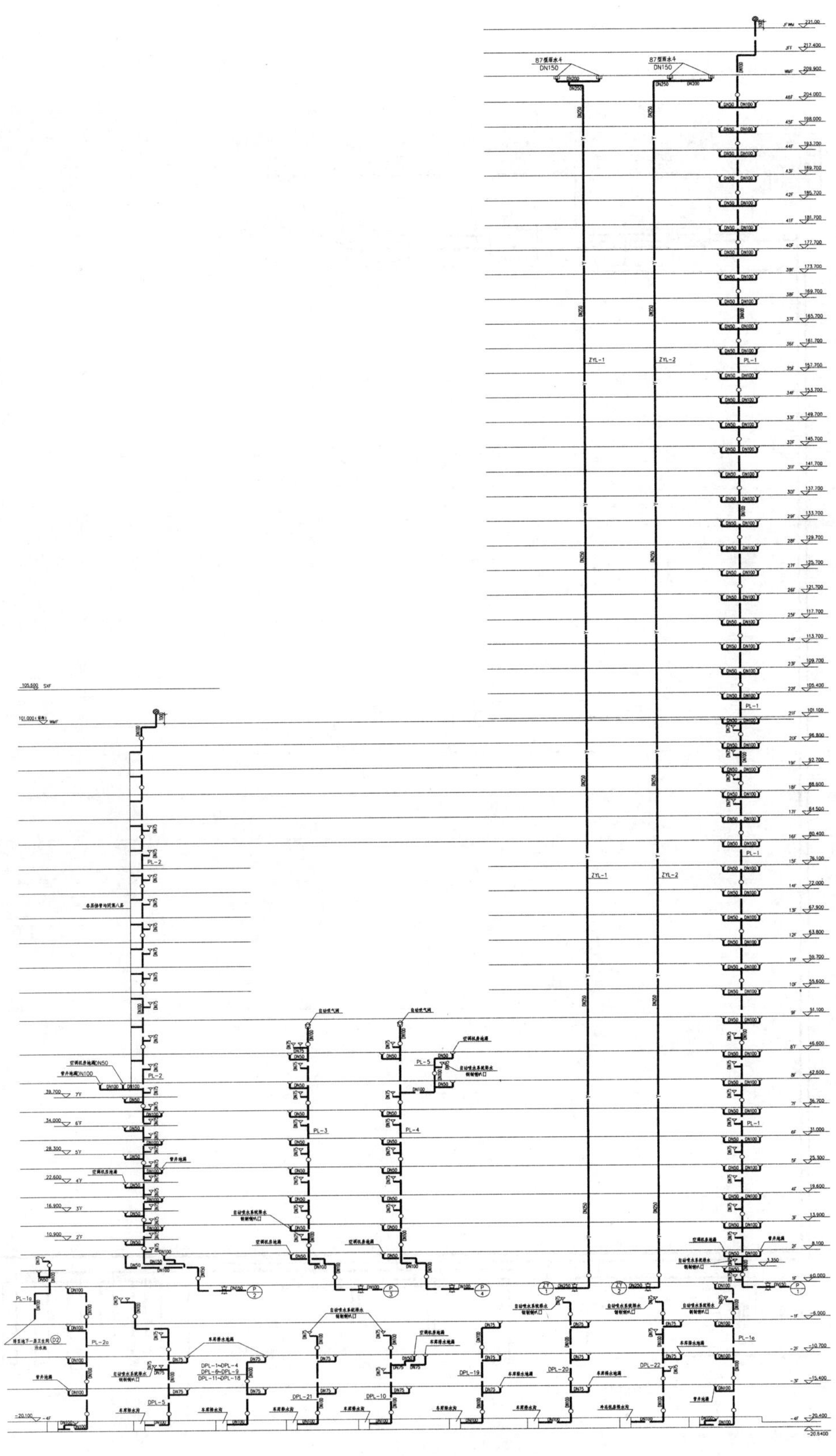

排水系统原理图（二） 重力流雨水系统原理图

注：图中所有压力表前均加设DN15截止阀。

循环冷却水系统原理图

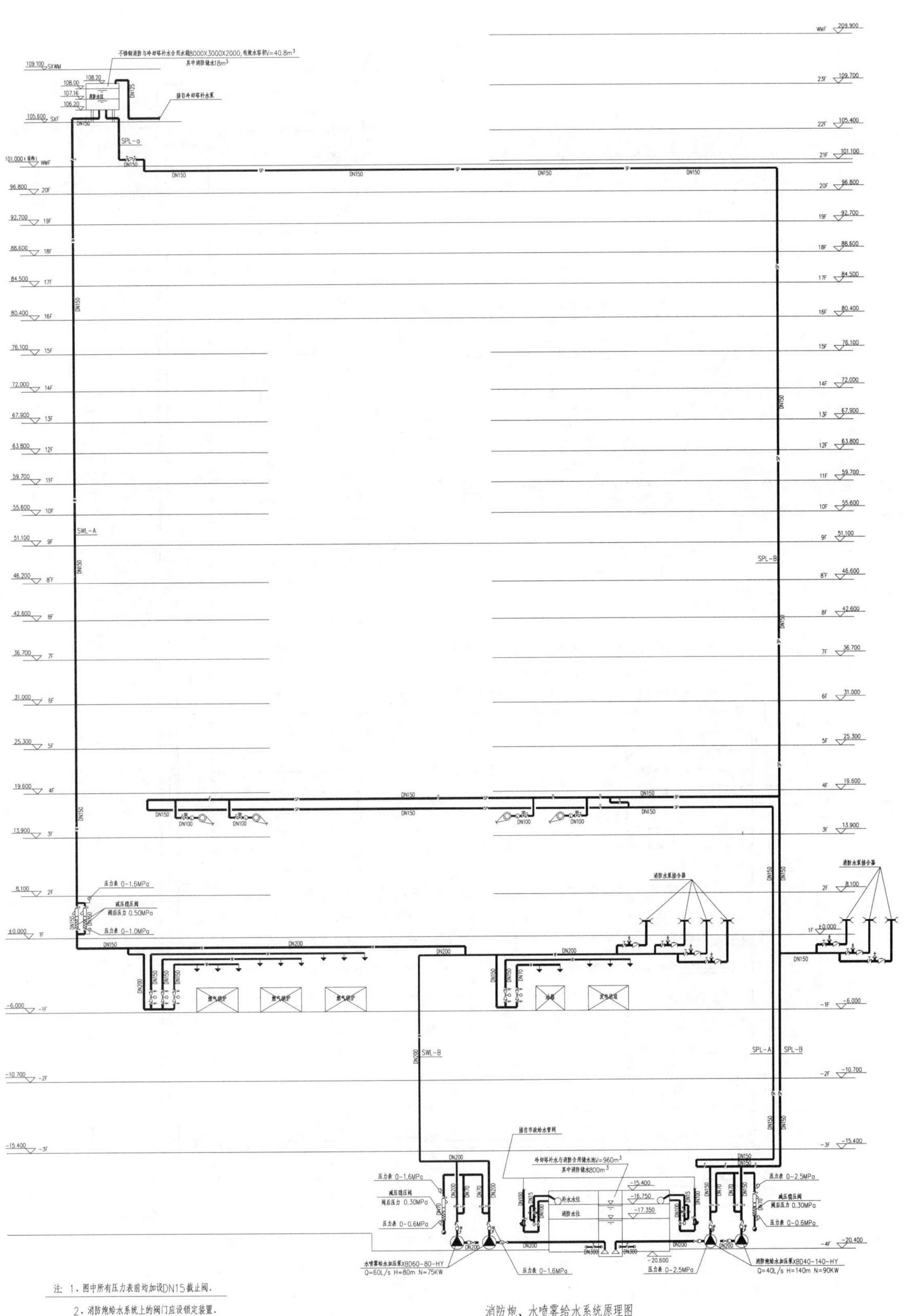

注：1、图中所有压力表前均加设DN15截止阀。

2、消防炮给水系统上的阀门应设锁定装置。

消防炮、水喷雾给水系统原理图

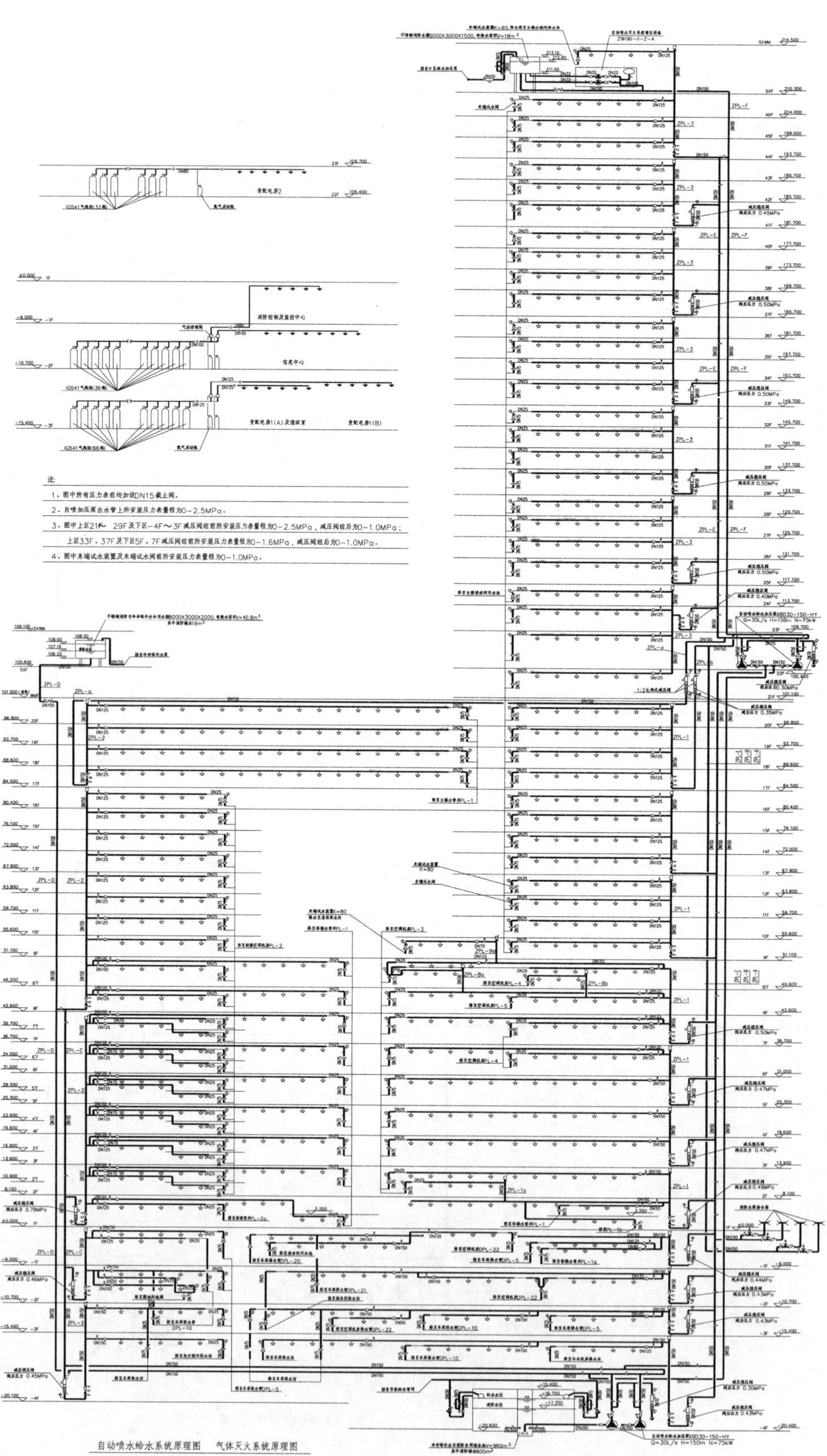

自动喷水给水系统原理图　气体灭火系统原理图

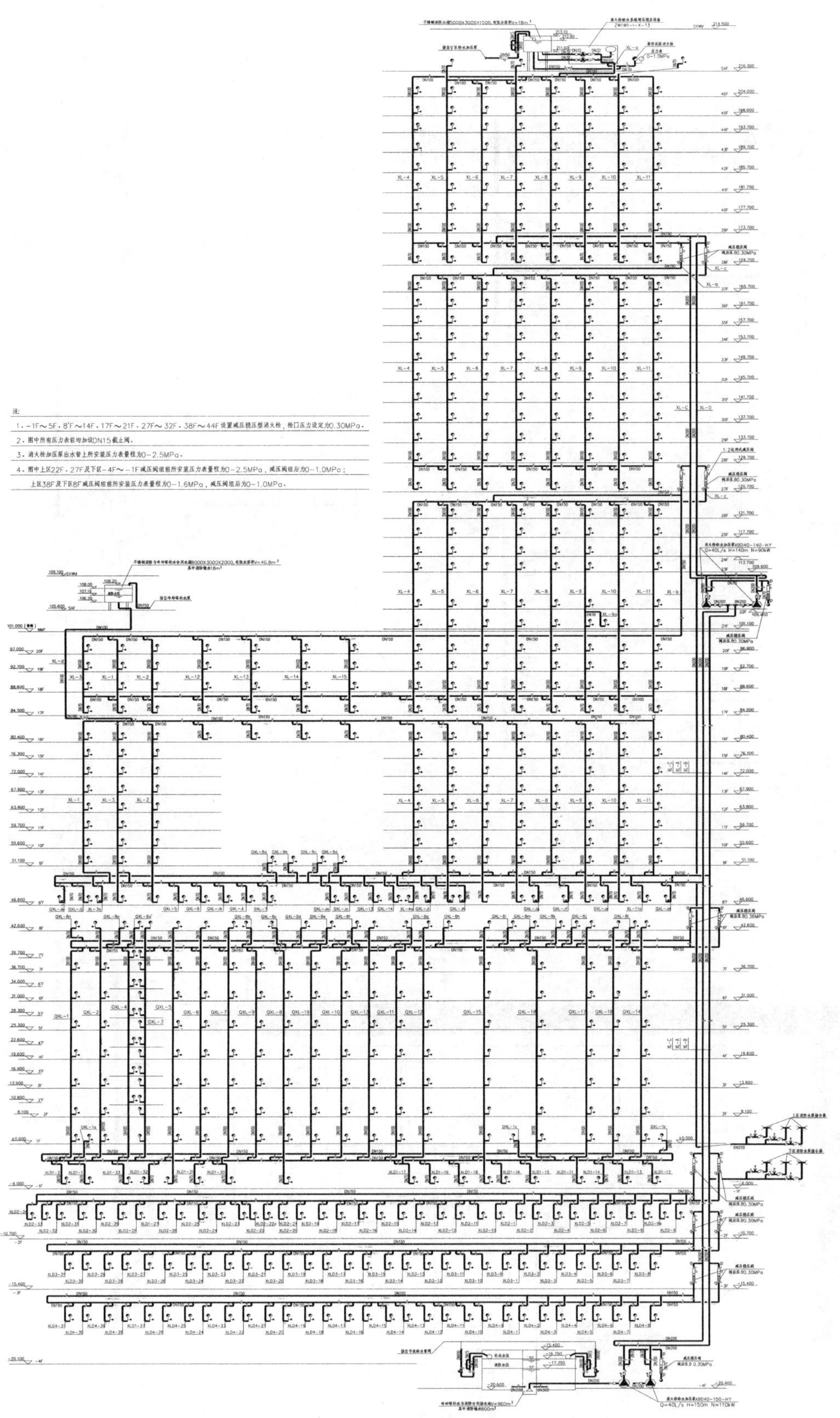
注:
1、-1F～5F、8'F～14F、17F～21F、27F～32F、38F～44F设置减压稳压型消火栓，栓口压力设定为0.30MPa。
2、图中所有压力表前均加设DN15截止阀。
3、消火栓加压泵出水管上所安装压力表量程为0-2.5MPa。
4、图中上区22F、27F及下区-4F～-1F减压阀组前所安装压力表量程为0-2.5MPa，减压阀组后为0-1.0MPa；
上区38F及下区8F减压阀组前所安装压力表量程为0-1.6MPa，减压阀组后为0-1.0MPa。

消火栓给水系统原理图

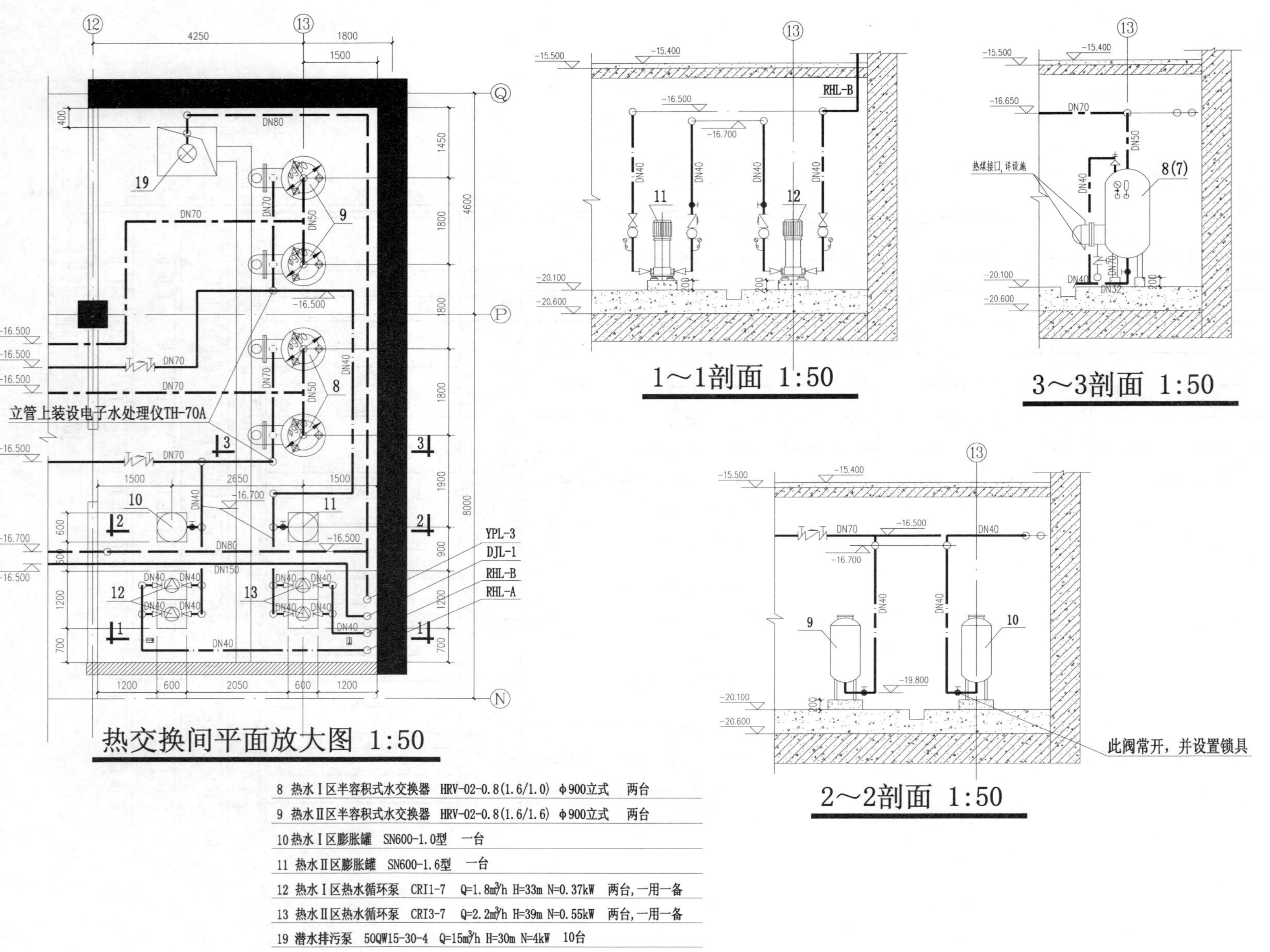
热交换间平面放大图 1:50
立管上装设电子水处理仪TH-70A
YPL-3
DJL-1
RHL-B
RHL-A
1～1剖面 1:50
3～3剖面 1:50
2～2剖面 1:50
此阀常开，并设置锁具
8 热水Ⅰ区半容积式水交换器 HRV-02-0.8(1.6/1.0) φ900立式 两台
9 热水Ⅱ区半容积式水交换器 HRV-02-0.8(1.6/1.6) φ900立式 两台
10 热水Ⅰ区膨胀罐 SN600-1.0型 一台
11 热水Ⅱ区膨胀罐 SN600-1.6型 一台
12 热水Ⅰ区热水循环泵 CRI1-7 Q=1.8m³/h H=33m N=0.37kW 两台，一用一备
13 热水Ⅱ区热水循环泵 CRI3-7 Q=2.2m³/h H=39m N=0.55kW 两台，一用一备
19 潜水排污泵 50QW15-30-4 Q=15m³/h H=30m N=4kW 10台

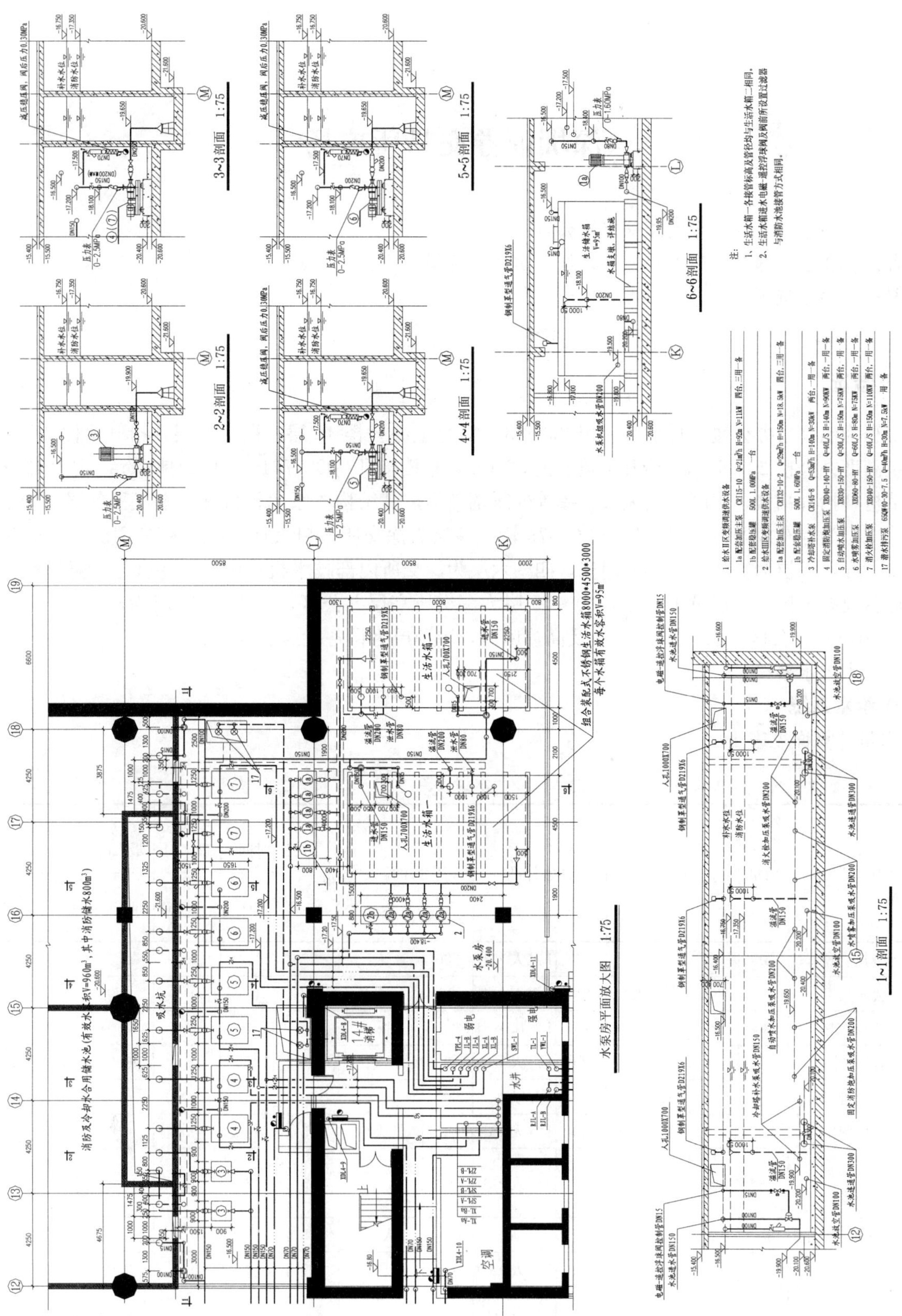
2~2剖面 1:75
3~3剖面 1:75
4~4剖面 1:75
5~5剖面 1:75
6~6剖面 1:75
水泵房平面放大图 1:75
1~1剖面 1:75
注：
1、生活水箱一各接管标高及管径均与生活水箱二相同。
2、生活水箱进水电磁-遥控浮球阀及阀前所设置过滤器与消防水池接管方式相同。

深圳证券交易所广场

设计单位： 深圳市建筑设计研究总院有限公司
设 计 人： 郑文星　郑卉　徐以时　孙晓红　胡桢　黄锡兴　刘庆　黄建宏
获奖情况： 公共建筑类　二等奖

工程概况：

本工程为超高层办公楼，总建筑面积 263528m²，地上办公楼 46 层，裙房 6 层，抬升裙楼 3 层，地下 3 层，建筑高度办公楼 237.10m，抬升裙楼悬挑 36.0m，裙楼抬升高度 27.1m，底距地 36m。采用钢筋混凝土筒中筒结构，抬升裙楼、中庭采用大型斜撑等外露钢结构，其结构体系比较特殊。本工程各层功能如下：地下室一～三层为停车库及设备房，停车数 1979 辆；一层为深交所入口大厅及配套商务用房，二层为出租办公区入口大厅，三层为物业管理办公用房，四～六层为深交所内部技术机房区，七～九层为悬挑裙房层，为深交所运营及办公区；十层员工食堂，10～15 层为深交所高层办公区，16 层、32 层为避难层，17～31 层、33～43 层为出租办公区，44～46 为会所及高管用房，屋顶层为设备机房层（47 层）。

一、给水排水系统

（一）给水系统

1. 水量计算详见表 1。

水量计算　　　　**表 1**

序号	用水部位	数量	指标		用水标准		用水单位数		小时变化系数	运作时间	生活水最大时	中水最大时	最大日用水量（m³）		
										(h)	(m³/h)	(m³/h)	总量	中水用量	自来水给水量
1	46 层会所	300			50	L/(人·d)	300	人	2	12	2.5	0.0	15.0	0.0	15.0
2	会所员工		10%	顾客人数	100	L/(人·d)	30	人	2	14	0.4	0.0	3.0	0.0	3.0
3	45 层客房	30			500	L/(床·d)	28	床	2.5	24	1.5	0.0	14.0	0.0	14.0
4	客房员工				100	L/(人·d)	9	人	2	24	0.1	0.0	0.9	0.0	0.9
5	44 层营业餐厅	200	3	人次/座	50	L/人次	600	人次	1.5	12	3.8	0.0	30.0	0.0	30.0
6	餐厅职工		10%	顾客人数	50	L/(人·d)	60	人	1.5	14	0.3	0.0	3.0	0.0	3.0
7	34～43 层出租办公	180	10	层数	50	L/(人·d)	1800	人	1.5	12	4.5	6.8	90.0	54.0	36.0
8	33 层员工餐厅	850	2	人次/座	25	L/人次	1700	人次	1.5	10	6.1	0.3	42.5	2.1	40.4
9	餐厅职工		10%	顾客人数	50	L/(人·d)	85	人	1.5	12	0.5	0.0	4.3	0.2	4.0
10	29～31 层出租办公	180	3	层数	50	L/人次	540	人	1.5	10	1.6	2.4	27.0	16.2	10.8

续表

序号	用水部位	数量	指标		用水标准		用水单位数		小时变化系数	运作时间	生活水最大时	中水最大时	最大日用水量（立方米）		
										(h)	(m³/h)	(m³/h)	总量	中水用量	自来水给水量
	分区四小计										21.2	9.5	229.7	72.5	157.1
11	17～28 层出租办公	180	12	层数	50	L/人次	2160	人	1.5	10	6.5	9.7	108.0	64.8	43.2
12	15 层健身娱乐区	230	3		50	L/(人·d)	690	人	1.5	12	3.7	0.6	34.5	5.2	29.3
13	健身房职工		10%	顾客人数	50	L/(人·d)	23	人	1.5	12	0.1	0.1	1.2	0.7	0.5
14	14～15 层办公	180	2	层数	50	L/(人·d)	360	人	1.5	10	1.1	1.6	18.0	10.8	7.2
15	11～13 层普通办公	60	3	层数	50	L/(人·d)	180	人	1.5	10	0.5	0.8	9.0	5.4	3.6
16	11～13 层高管办公	23	3	层数	170	L/(人·d)	69	人	1.5	10	1.8	0.0	11.7	0.0	11.7
	分区三小计										13.6	12.9	182.4	86.9	95.5
17	10 层 SSE 员工餐厅	850	2	人次/座	20	L/人次	1700	人次	1.5	10	4.8	0.3	34.0	1.7	32.3
18	员工餐厅职工		10%	顾客人数	50	L/(人·d)	85	人	1.5	12	0.5	0.0	4.3	0.2	4.0
19	8 层会议、展览中心	735	2	人次/座	6	L/人次	1470	人次	1.5	4	1.3	2.0	8.8	5.3	3.5
20	7～9 内部办公	800	1		50	L/人次	800	人	1.5	10	2.4	3.6	40.0	24.0	16.0
21	4～6 层机房办公	23	3	层数	50	L/(人·d)	69	人	1.5	10	0.2	0.3	3.5	2.1	1.4
22	3 层物业办公	150			50	L/(人·d)	150	人	1.5	10	0.5	0.7	7.5	4.5	3.0
	分区二小计										9.7	6.9	98.0	37.8	60.2
23	首层及地下室工作人员	150			50	L/(人·d)	150	人	1.5	10	0.5	0.7	7.5	4.5	3.0
24	首层商业	5911		m²	5	L/(m²·d)			1	8	1.5	2.2	29.6	17.7	11.8
25	1～24 项小计 1												547.1	219.4	327.7
26	不可预见水量												54.7	21.9	32.8
27	25～26 项总计 1												601.8	241.4	360.5

续表

序号	用水部位	数量	指标		用水标准		用水单位数		小时变化系数	运作时间	生活水最大时	中水最大时	最大日用水量（立方米）		
										(h)	(m^3/h)	(m^3/h)	总量	中水用量	自来水给水量
28	蓄冰系统冷却水补水	48240			0.925%	循环水量			1	16		27.9	446.2	446.2	0.0
29	空调冷却水补水	50400			0.925%	循环水量			1	24		19.4	466.2	466.2	0.0
30	28～29 项小计 2												912.4	912.4	
31	屋面及空中花园绿化用水	4000			2	L/(m^2·d)			1	8	0.0	1.0	8.0	8.0	0.0
32	屋外绿化用水	10046			2	L/(m^2·d)			1	8		2.5	20.1	20.0	0.0
33	广场、道路浇洒用水	18741			2	L/(m^2·d)			1	8		4.7	37.5	37.5	0.0
34	冲洗车库	69566			2	L/(m^2·d)			1	8		17.4	139.1	139.1	0.0
35	31～34 项小计 3												204.7	204.7	0.0
36	不可预见用水量												20.5	20.5	0.0
37	35～36 项总计 3												225.2	225.2	0.0
38	合计												1739.4	1378.9	360.5

2. 水源

本工程生活给水及室外消防用水由市政给水管网直接供给，分别由民田路和福中三路的市政给水管引入一根 *DN*250 给水管，两根 *DN*250 给水管经室外水表井后，与室外给水环管 *DN*250 相接，形成两路供水，供生活用水及消防用水。

3. 系统竖向分区

依据市政供水压力及建筑高度，设计分四个分区。一区：地下室～首层，由市政自来水管网直供。二区：3～10 层，由 16 层避难层生活水箱重力配水。三区：11～28 层，由 32 层避难层生活水箱重力配水。四区：29～44 层，由 47 层屋顶水箱重力配水。45～47 层由生活变频泵组加压供给。

4. 供水方式

生活给水采用串联转输供水的方式，在 16 层避难层和 32 层避难层设中间水箱及转输水泵，在 47 层设置屋顶高位水箱。地下 3 层装置水泵，从地下 3 层生活水箱提升生活用水至 16 层避难层之中间水箱，然后由 16 层转输水泵提升生活用水至 32 层避难层之中间水箱，最后由 32 层转输水泵提升生活用水至 47 层屋顶高位水箱。

5. 管材

生活给水采用薄壁不锈钢管。

(二) 热水系统

1. 热水用水量详见表 2。

热水用水量 **表 2**

位置	单位	人次/房间 m	最高日用水定额 q_r	日用水时间(h)	时变化系数 K_h	日用水量(m^3/d)	热水温度 t_r	冷水温度 t_l	最大时耗热量(kW)	设计小时用水量(m^3/h)	热泵制热量(kW)
46 层会所	人	300	2L/(人·d)	24.0	6.84	0.6	60.00	15.00	8.96	0.17	2.75
会所员工	人	30	50L/(人·d)	24.0	6.84	1.5	60.00	15.00	22.39	0.43	6.87
45 层客房	床	28	140L/(人·d)	24.0	6.84	3.9	60.00	15.00	58.51	1.12	17.96
45 客房员工	人	9	50L/(人·d)	24.0	3.28	0.5	60.00	15.00	3.22	0.06	2.06
太阳能热水系统小计						6.5			93.08	1.78	29.65
高管办公区											
11～13 层高管办公	人	69	40L/(人·d)	12.0	3.28	2.8	60.00	15.00	19.76	0.38	12.65
11～15 层普通办公	人	540	5L/(人·d)	10.0	3.28	2.7	60.00	15.00	19.33	0.37	12.37
15 层娱乐区员工	人	10	50L/(人·d)	12.0	3.28	0.5	60.00	15.00	3.58	0.07	2.29
15 层健身中心	人	690	15L/(人·d)	12.0	6.84	10.4	60.00	15.00	308.99	5.90	47.43
空气源热泵制热小计						16.3			351.65	6.72	74.75

2. 热源：采用太阳能及空气源热泵。

3. 系统竖向分区

45 层会所高档客房及服务员工用淋浴热水、45～46 层公共卫生间热水，采用集中热水供应系统，由太阳能热水为一次热源，备用热源采用空气源热泵机组供应。15 层健身、娱乐中心集中淋浴及公共卫生间热水，11～14 层高管办公淋浴热水及公共卫生间热水，采用集中热水供应系统，由空气源热泵机组供应，热水箱内置电加热器作为辅助加热。

4. 管材：生活热水采用薄壁不锈钢管。

(三) 中水系统

1. 水量计算详见表 1。

2. 系统竖向分区

中水给水分四个区：一区：地下室～首层由设于地下三层中水处理机房的变频加压泵供给。二区：3～10 层由 16 层避难层中水水箱重力配水。三区：11～28 层由 32 层避难层中水水箱重力配水。四区：29～43 层由屋顶层中水水箱重力配水。

3. 供水方式及给水加压设备

将本大楼的淋浴、盥洗优质杂排水及空调冷凝水全部收集，重力流排至地下三层中水处理机房，经处理后用于本大楼 1～43 层冲厕用水。在 16 层避难层设中间中水水箱及中水转输水泵，在 32 层避难层设置中水水箱及中水转输水泵，在 47 层设置高位中水水箱。地下 3 层装置中水水泵，从地下 3 层中水水箱（$65m^3$）提升中水至 16 层避难层之中间中水水箱，然后由 16 层中水转输水泵提升中水至 32 层避难层中水水箱，最后由 32 层转输水泵提升中水至 47 层屋顶中水水箱。中水处理采用 MBR 膜处理工艺。

4. 管材：中水系统采用内涂塑钢管。

(四) 排水系统

1. 排水系统的形式

采用雨水、污水、废水分流制。

污废水系统：粪便污水经化粪池处理后与未被收集作为中水水源的废水一同排入民田路 *DN*400 市政污

水管道以及鹏程二路 *DN*400 市政污水管道。办公层及客房卫生间洗脸盆、淋浴废水单独收集，重力流排至地下三层中水处理机房。空调设备冷凝水设管道单独收集，排至地下三层中水处理机房。餐厅厨房废水经隔油器处理后再排入城市排水管网。

雨水系统：塔楼屋顶采用重力流雨水系统，抬升裙楼屋顶采用虹吸雨水系统。将塔楼屋顶雨水、抬升裙楼屋面雨水收集至室外 1010m^3 雨水蓄水池，雨水经处理后用于空调冷却塔补水。将室外广场雨水收集至室外 320m^3 雨水蓄水池，雨水经处理后用于抬升裙楼屋面、室外地面的冲洗和绿化浇洒以及地下车库地面冲洗。

2. 通气管的设置方式：采用专用通气管系统。

3. 采用局部污水处理设施：化粪池及隔油器，其余废水排至中水处理设备。

4. 管材：重力流污废水及通气管采用离心铸铁排水管，塔楼屋顶雨水采用内外涂塑无缝钢管，裙房屋顶虹吸雨水管采用 HDPE 管。

二、消防系统

（一）消火栓系统

本工程室内消火栓用水量为 40L/s，室外消防用水量为 30L/s，火灾延续时间为 3h。消火栓系统竖向分为四个区。其中地下室及地上 1～9 层为一区；10～16 层为二区；17～32 层为三区；33～47 层为四区；各分区保证静水压力不超过 1.0MPa。消火栓系统采用串联转输的方式供水，地下 3 层消防水泵房设置两台低区消火栓水泵（一用一备），供应一区和二区消火栓用水；16 层避难层消防水泵房设置两台高区消火栓水泵（一用一备），供应三区和四区消火栓用水。地下 3 层消防水泵房设置三台与喷淋系统共享的转输供水泵（两用一备），与高区消火栓水泵同步运行（联动），在火灾发生时，补充 16 层避难层之中转消防水箱用水，以确保高区消火栓水泵能持续运行。47 层设置一套增压稳压装置（配两台消火栓增压水泵，一用一备），以满足消火栓系统最不利点的水压要求。一区消火栓的稳压及火灾初期消防用水，由设于 16 层避难层的中转消防水箱（有效容积 90m^3）以重力自流方式提供。二、三、四区消火栓的稳压及火灾初期消防用水，由设于 47 层的屋顶消防水箱（有效容积 18m^3）提供。消防管道采用加厚内外镀锌钢管及内外壁镀锌无缝钢管。

（二）自动喷淋系统

除下列房间及场所外，所有楼层均设置自动喷水灭火系统：不宜用水扑救的电器用房如高低压配电房、电表房及电梯机房等及其他特殊重要设备室。楼梯间、小于 5m^2之卫生间、电缆竖井及管道竖井。净高大于 12m 之中庭，另设大空间智能型主动喷水灭火系统，不设自动喷水灭火系统。自喷系统采用串联转输供水的方式：为满足低区（地下三层～地上 9 层）自动喷水灭火系统用水量及水压，在地下 3 层消防水泵房设置两台低区喷淋水泵（一用一备）；为满足高区（10～47 层）自动喷水灭火系统用水量及水压，在 16 层避难层消防水泵房设置两台高区喷淋水泵（一用一备）；地下 3 层消防水泵房设置三台与消火栓系统共享的转输供水泵（两用一备），与高层喷淋水泵同步运行（联动），在火灾发生时，补充 16 层避难层之中转消防水箱用水，以确保高层喷淋水泵能持续运行。高区系统的稳压由设于 47 层的消防水箱（18m^3）以重力自流和增压稳压装置共同提供；低区系统的稳压由设于 16 层避难层的中转消防水箱（90m^3）以重力自流提供。地下室按中危险Ⅱ级设计，喷水强度 8L/(min·m^2)，作用面积 160m^2；净空高度 8～12m 场所，喷水强度 6L/(min·m^2)，作用面积 260m^2；其他场所按中危险Ⅰ级设计，喷水强度 6L/(min·m^2)，作用面积 160m^2；自喷管材同消火栓系统。

（三）消防水炮灭火系统

保护范围：在建筑的东侧中庭及西侧中庭喷淋系统无法保护的区域内设置自动扫描射水高空水炮灭火装置的大空间智能型主动喷水灭火系统。按中危险Ⅰ级设计，保护区的任一部位能保证 1 个消防水炮射流到达，系统持续喷水时间 1h；喷洒头工作压力 0.6MPa，系统设计用水量 15L/s 。室内消防水炮的消防用水由位于 16 层的中间消防水箱（有效容积 90m^3）以重力自流方式保证。

(四) 气体灭火系统

本工程设置七氟丙烷和 IG541 气体灭火系统。

七氟丙烷气体灭火系统设置位置：地下一层：高压开闭所、1 号发电机房、程控交换机房 B、1 号变电所、程控交换机房 A、2 号变电所、燃油泵房。地下二层：2 号发电机房、4 号变电所。8 夹层：档案库。9 层：1 号～4 号 UPS 机房、档案中心。16 层：出租数据中心机房。32 层：出租数据中心机房、3 号变电所。

IG541（烟烙尽）气体灭火系统设置位置：4 层：蓄电池间 A，蓄电池间 B，UPS 间。5 层：介质资料库、零配件库、备用机房、配线间 A、配线间 B、交易所生产机房、配电间 A、配电间 B。6 层：介质资料库、零配件库、备用机房、配线间 A、配线间 B、交易所生产机房、配电间 A、配电间 B、CA 机房、交易所通信机房、通信公司通信机房、通信公司主机房。7 层：结算公司机房、对外通信机房、系统运行部测试机房、安全操作室、背投控制室、介质库、服务台、技术中心设备库房、数据备份介质库房、电脑工程部机房、电脑工程部测试机房。

三、工程特点及设计体会

(一) 节能

1. 设置太阳能及空气源热泵热水系统

45～46 层会所、公共卫生间热水采用集中热水供应系统，以太阳能热水为一次热源，备用热源采用空气源热泵机组供应。热水箱内置电加热器作为空气源热泵辅助加热设备。塔楼屋顶敷设太阳能集热板。15 层健身、娱乐中心集中淋浴及公共卫生间热水，11～14 层高管办公淋浴热水及公共卫生间热水，采用集中热水供应系统，由空气源热泵机组供应，热水箱内置电加热器作为辅助加热。太阳能供给的热水量达到建筑热水消耗量的 11.7%，太阳能和空气源热泵机组供给的总热水量达到建筑热水消耗量的 80%。

2. 生活给水系统及中水给水系统

生活给水系统及中水给水系统大部分楼层均采用定速泵＋高位水箱重力供水的方式，水压稳定且节能。

(二) 节水

本项目已获得三星级绿色设计标识证书。

1. 设置了中水回收利用系统

本楼排水采用污废分流，将本楼的淋浴、盥洗优质杂排水及空调冷凝水全部收集，重力排至地下三层中水处理机房，经处理后用于本楼 1～43 层冲厕用水。中水采用 MBR 膜处理工艺。

2. 设置了雨水回收利用系统

塔楼屋顶雨水、抬升裙楼屋面雨水收集至室外 1528m^3 雨水调节池一，雨水经室外弃流池弃流＋超滤膜工艺处理消毒后用于空调冷却塔补水及北广场景观补水。另将室外场地雨水收集至室外 718m^3 雨水调节池二，雨水经人工湿地处理后用于抬升裙楼屋面、室外地面的冲洗和绿化浇洒以及地下车库地面冲洗。本楼非传统水源利用率达到 42%。

3. 本项目北侧景观墙部分采用目前比较先进的垂直绿化滴灌系统，设计时综合考虑了各分层绿化滴灌流量及压力合理控制，用水量少。

(三) 屋面雨水采用虹吸式排水系统

抬升裙楼屋面雨水采用虹吸雨水（压力流）排放系统，按照重现期 50 年进行设计，并设置溢流口。本工程抬升裙楼屋面大部分为种植外面，设计中针对该屋面特点开发了设计了一种有针对性的种植屋面排水结构，并获得了两项实用新型专利，分别为：实用新型专利“一种种植屋面排水结构”专利号：ZL2013 2 0226899.X，授权公告日：2013.09.11；实用新型专利“种植屋面”专利号：ZL2013 2 0226770.9，授权公告日：2013.09.11。

(四) 避难层水泵基础

避难层水泵基础采用降噪效果好的浮动基础，较好的降低了水泵运行时振动噪音给用户带来的影响。

四、工程照片及附图

避难层管道

气瓶间

生活水泵房

外立面

屋顶太阳能板

消防泵房

给水系统展开图

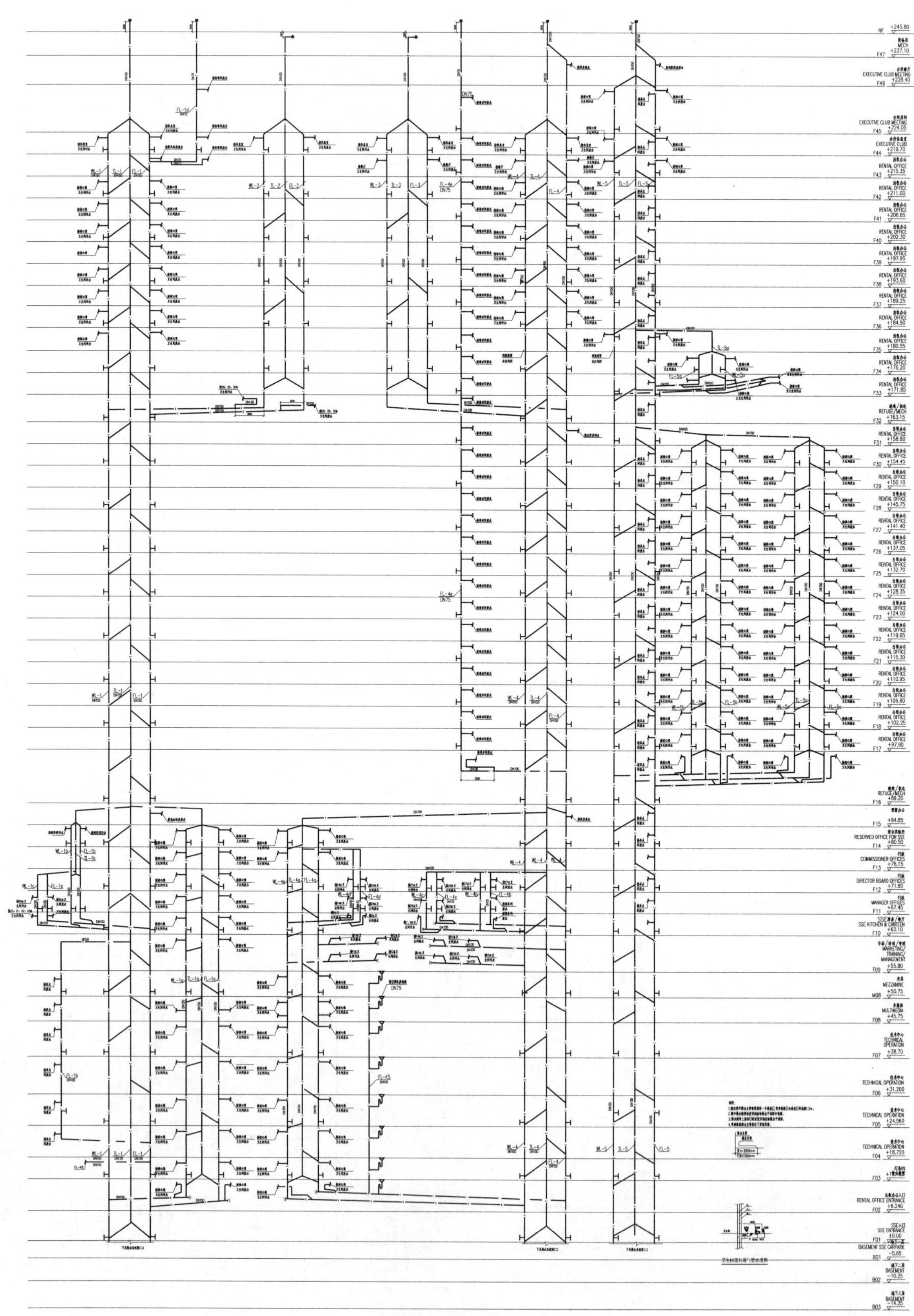

排水系统图

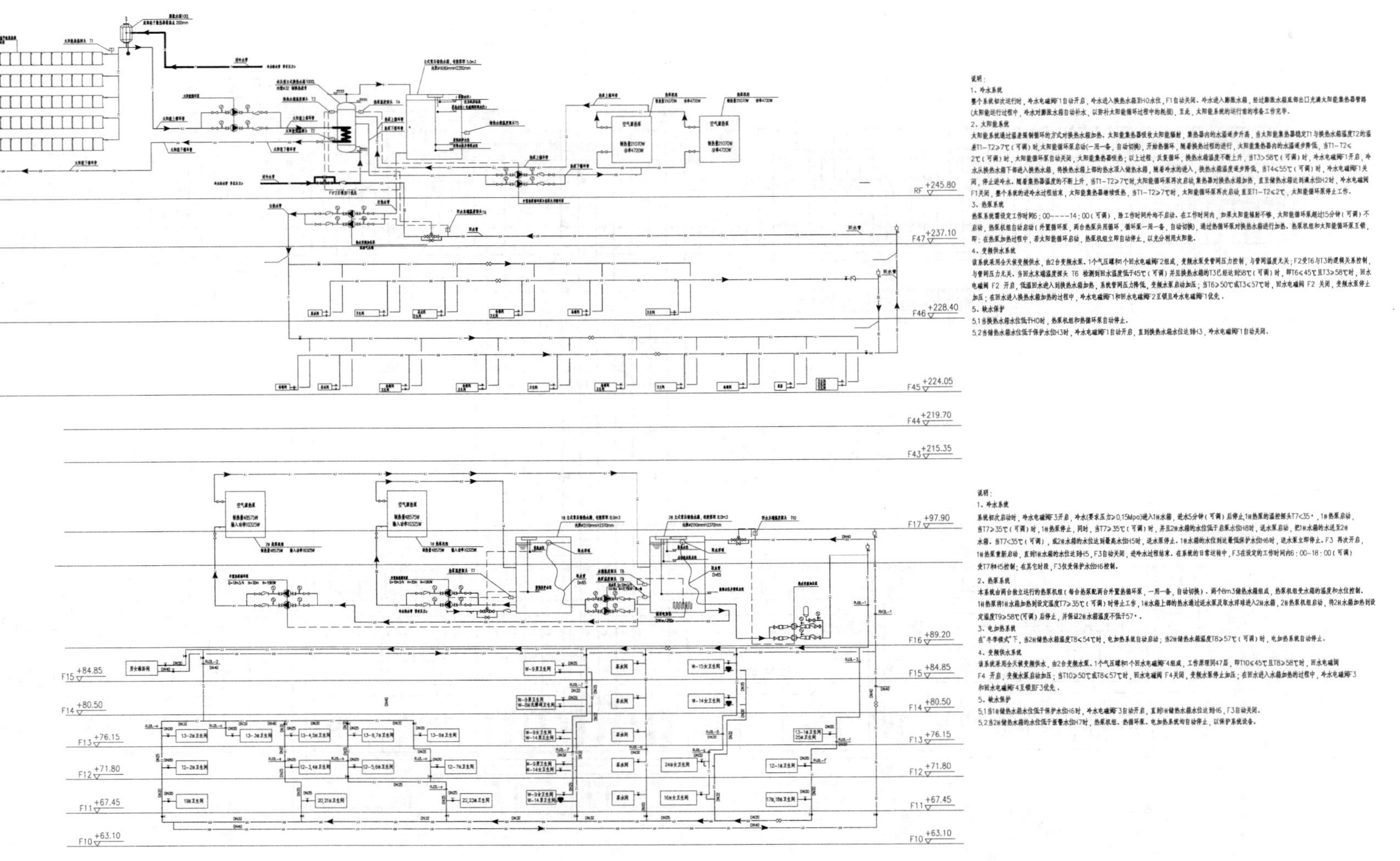
RF +245.80
F47 +237.10
F46 +228.40
F45 +224.05
F44 +219.70
F43 +215.35
F17 +97.90
F16 +89.20
F15 +84.85
F14 +80.50
F13 +76.15
F12 +71.80
F11 +67.45
F10 +63.10
说明：
1、冷水系统
整个系统初次运行时，冷水电磁阀F1自动开启，冷水进入换热水箱至H0水位，F1自动关闭。冷水进入膨胀水箱，经过膨胀水箱底部出口充满太阳能集热器管路(太阳能运行过程中，冷水对膨胀水箱自动补水，以弥补太阳能循环过程中的耗损)。至此，太阳能系统的运行前的准备工作完毕。
2、太阳能系统
太阳能系统通过温差强制循环的方式对换热水箱加热。太阳能集热器吸收太阳能辐射，集热器内的水温逐步升高，当太阳能集热器稳定T1与换热水箱温度T2的温差T1−T2≥7℃（可调）时，太阳能循环泵启动(一用一备，自动切换)，开始热循环，随着换热过程的进行，太阳能集热器内的水温逐步降低，当T1−T2<2℃（可调）时，太阳能循环泵自动关闭，太阳能集热器吸热；以上过程，反复循环，换热水箱温度不断上升，当T3>58℃（可调）时，冷水电磁阀F1开启，冷水从换热水箱下部进入换热水箱，将换热水箱上部的热水顶入储热水箱，随着冷水的进入，换热水箱温度逐步降低，当T4≤55℃（可调）时，冷水电磁阀F1关闭，停止进冷水。随着集热器温度的不断上升，当T1−T2≥7℃时，太阳能循环泵再次启动，集热器对换热水箱加热，直至储热水箱达到满水位H2时，冷水电磁阀F1关闭，整个系统的进冷水过程结束，太阳能集热器继续吸热，当T1−T2≥7℃时，太阳能循环泵再次启动，直至T1−T2<2℃，太阳能循环泵停止工作。
3、热泵系统
热泵系统需设定工作时间6：00----14：00（可调），除工作时间外均不启动。在工作时间内，如果太阳能辐射不够，太阳能循环泵超过15分钟（可调）不启动，热泵机组自动启动（外置循环泵，两台热泵共用循环，循环泵一用一备，自动切换），通过热循环泵对换热水箱进行加热。热泵机组和太阳能循环泵互锁，即：在热泵加热过程中，若太阳能循环启动，热泵机组立即自动停止，以充分利用太阳能。
4、变频供水系统
该系统采用全天候变频供水，由2台变频水泵、1个气压罐和1个回水电磁阀F2组成，变频水泵受管网压力控制，与管网温度无关；F2受T6与T3的逻辑关系控制，与管网压力无关。当回水末端温度探头 T6 检测到回水温度低于45℃（可调）并且换热水箱的T3已经达到58℃（可调）时，即T6≤45℃且T3≥58℃时，回水电磁阀 F2 开启，低温回水进入到换热水箱加热，系统管网压力降低，变频水泵启动加压；当T6≥50℃或T3≤57℃时，回水电磁阀 F2 关闭，变频水泵停止加压；在回水进入换热水箱加热的过程中，冷水电磁阀F1和回水电磁阀F2互锁且冷水电磁阀F1优先。
5、缺水保护
5.1当换热水箱水位低于H0时，热泵机组和热循环泵自动停止。
5.2当储热水箱水位低于保护水位H3时，冷水电磁阀F1自动开启，直到换热水箱水位达到H3，冷水电磁阀F1自动关闭。
说明：
1、冷水系统
系统初次启动时，冷水电磁阀F3开启，冷水(要求压力≥0.15Mpa)进入1#水箱，进水5分钟（可调）后停止，1#热泵的温控探头T7<35°，1#热泵启动，当T7≥35℃（可调）时，1#热泵停止，同时，当T7≥35℃（可调）时，并且2#水箱的水位低于启泵水位H8时，送水泵启动，把1#水箱的水送至2#水箱。当T7<35℃（可调），或2#水箱的水位达到最高水位H5时，送水泵停止。1#水箱的水位到达最低保护水位H6时，送水泵立即停止。F3 再次开启，1#热泵重新启动，直到1#水箱的水位达到H5，F3自动关闭，进冷水过程结束。在系统的日常运转中，F3在设定的工作时间内6：00−18：00（可调）受T7和H5控制；在其它时段，F3仅受保护水位H6控制。
2、热泵系统
本系统由两台独立运行的热泵机组（每台热泵配两台外置热循环泵，一用一备，自动切换）、两个8m3储热水箱组成，热泵机组受水箱的温度和水位控制。1#热泵将1#水箱加热到设定温度T7≥35℃（可调）时停止工作，1#水箱上部的热水通过送水泵及取水浮球进入2#水箱，2#热泵机组启动，将2#水箱加热到设定温度T9>58℃(可调)后停止，并保证2#水箱温度不低于57°。
3、电加热系统
在"冬季模式"下，当2#储热水箱温度T8<54℃时，电加热系统自动启动；当2#储热水箱温度T8>57℃（可调）时，电加热系统自动停止。
4、变频供水系统
该系统采用全天候变频供水，由2台变频水泵、1个气压罐和1个回水电磁阀F4组成，工作原理同47层，即T10≤45℃且T8>58℃时，回水电磁阀F4 开启，变频水泵启动加压；当T10≥50℃或T8≤57℃时，回水电磁阀 F4关闭，变频水泵停止加压；在回水进入水箱加热的过程中，冷水电磁阀F3和回水电磁阀F4互锁且F3优先。
5、缺水保护
5.1当1#储热水箱水位低于保护水位H6时，冷水电磁阀F3自动开启，直到1#储热水箱水位达到H6，F3自动关闭。
5.2当2#储热水箱的水位低于报警水位H7时，热泵机组、热循环泵、电加热系统均自动停止，以保护系统设备。

热水系统图

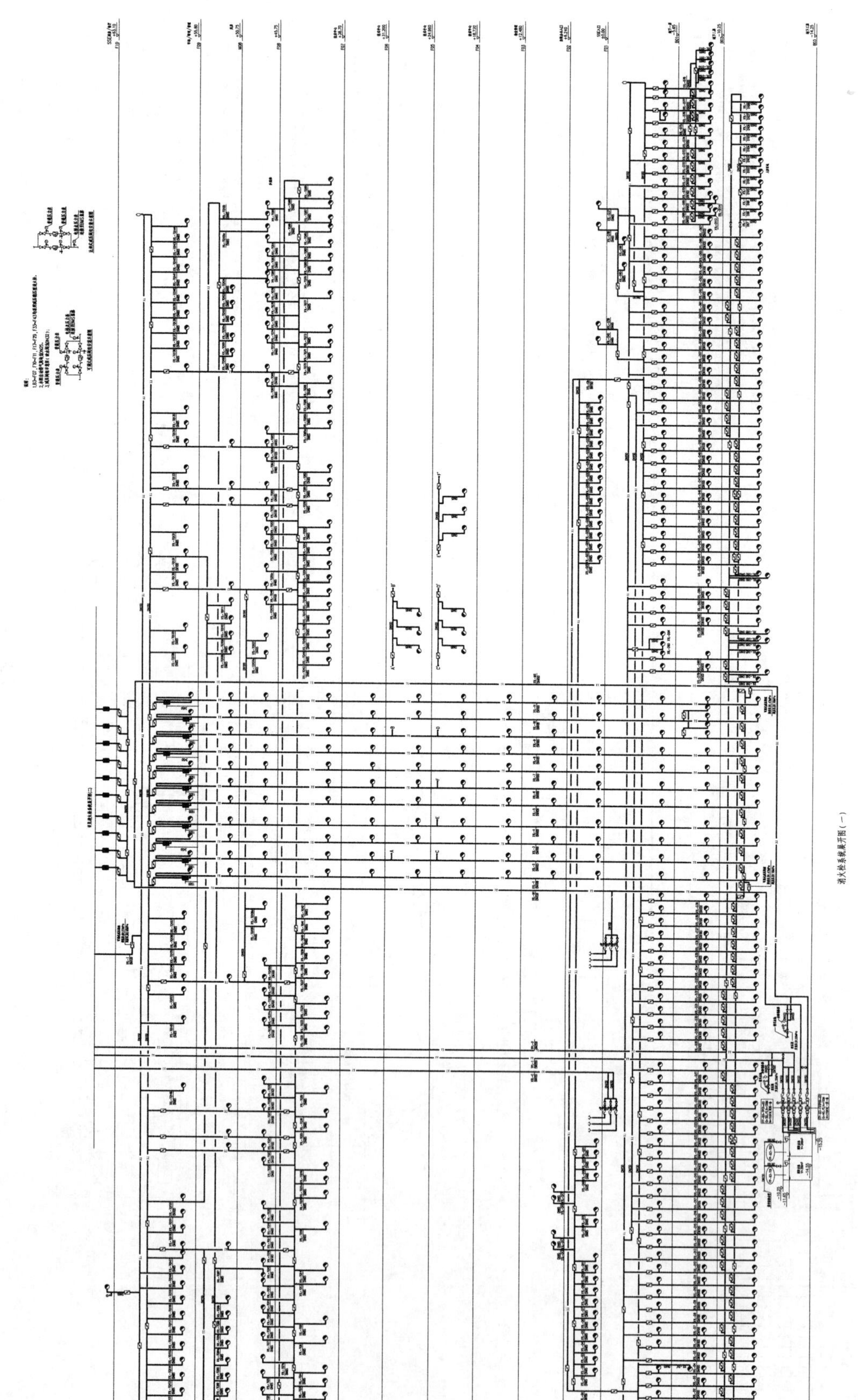

消火栓系统展开图（一）

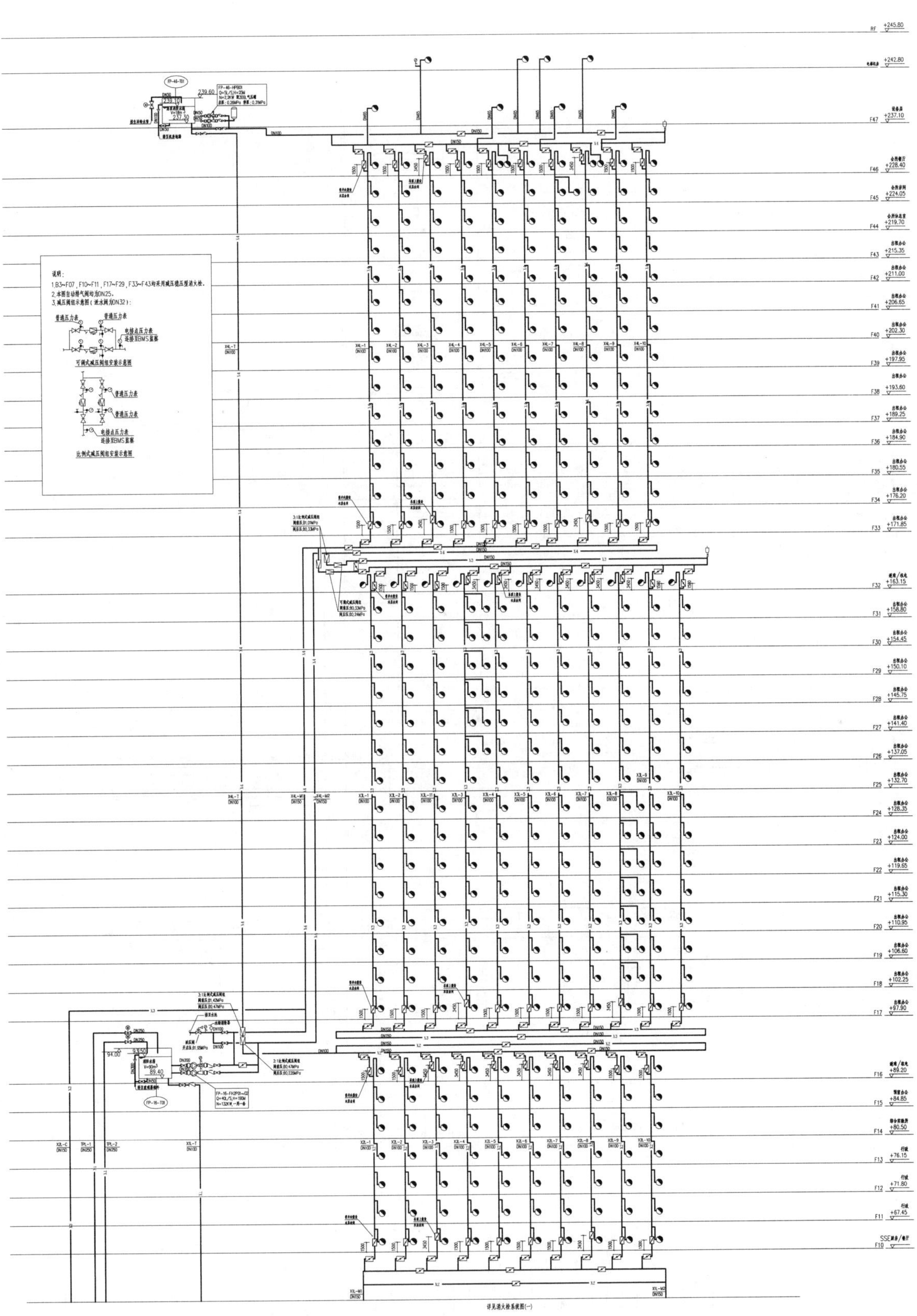

消火栓系统展开图(二)

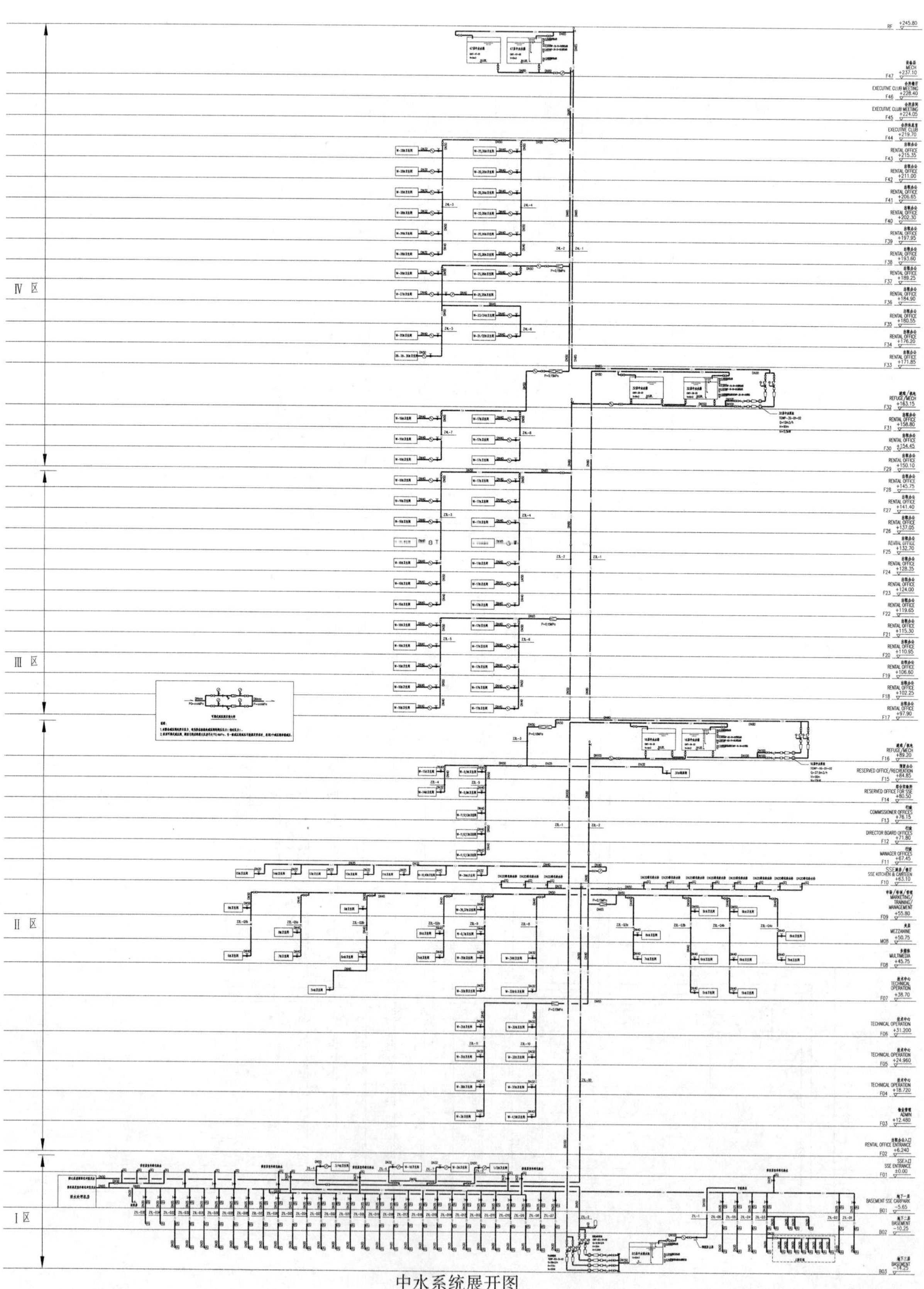

中水系统展开图

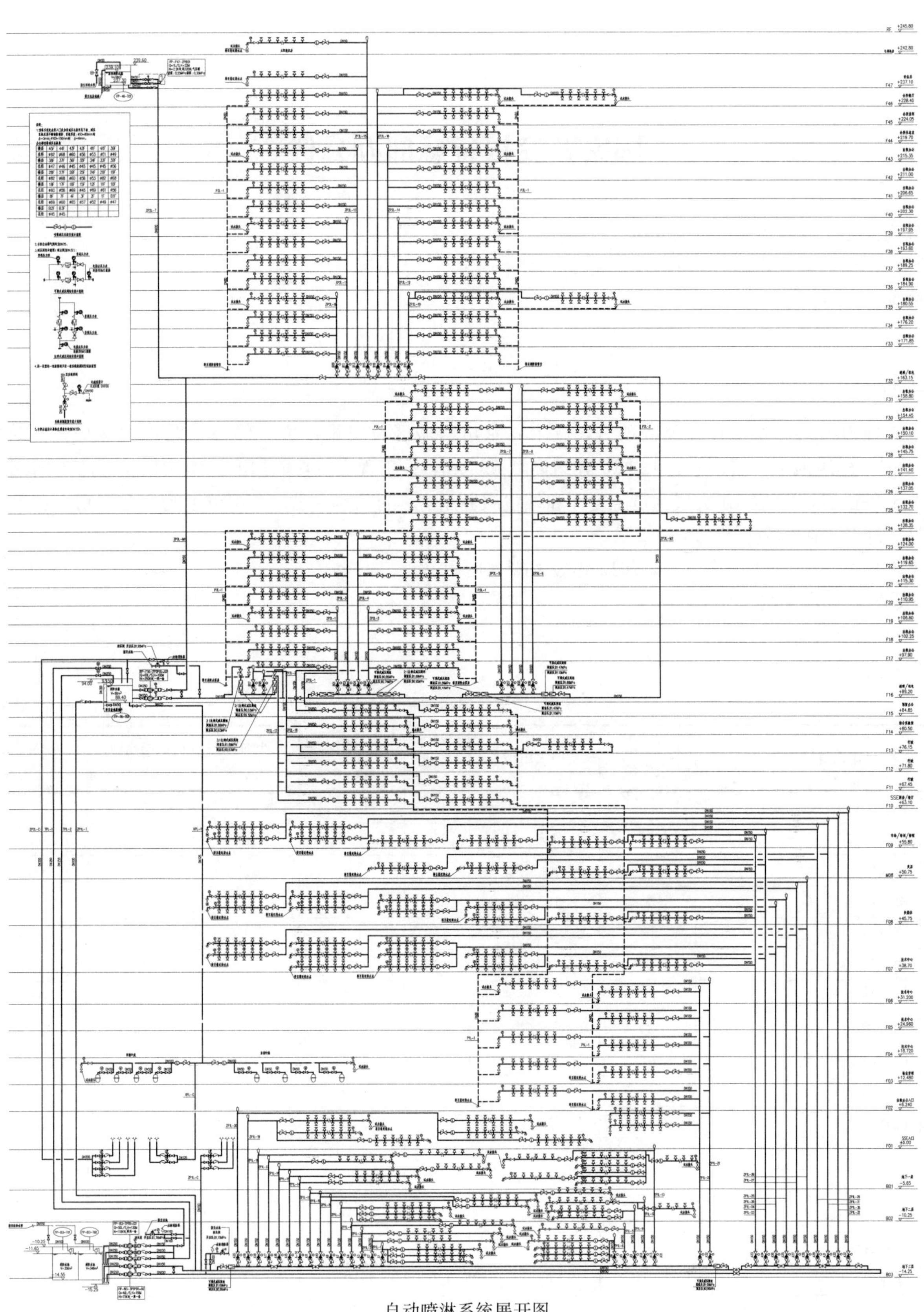

自动喷淋系统展开图

国家开发银行总部办公楼

设计单位： 北京市建筑设计研究院有限公司
设 计 人： 徐宏庆　薛沙舟　宣明　王迎伍
获奖情况： 公共建筑类　二等奖

工程概况：

本工程为国家开发银行办公楼项目，位于北京市西城区长安街以南，佟麟阁路以西区域。建筑面积149570m²。建筑地下4层、地上12层，建筑高度59.0m。该工程主要功能如下：B4～B2层为机动车停车库和机电设备机房，B1及B1夹层为员工餐厅和外包服务用房，首层为大堂，2层以上为办公用房，11层以上为交易大厅及其附属数据机房。

该工程2006年开始方案设计，2012年竣工投入使用。

一、给水排水系统

（一）给水系统

1. 生活用水量（表1）

生活用水量　　表1

用水性质		每日用水定额	用水单位	数量	最高日用水量（m³/d）	小时变化系数	每日用水时间（h）	最大小时用水量（m³/h）
低区	营业大厅	5	L/(人·班)	450	2.25	1.5	10	0.33
	办公	50	L/(人·班)	650	32.5	1.5	10	4.8
	会议室	8	L/人次	100	0.8	1.5	4	0.3
	报告厅	8	L/人次	280	2.24	1.5	4	0.84
	接待室	8	L/人次	150	1.2	1.5	4	0.45
	物业等	50	L/(人·d)	100	5	1.5	12	0.62
	保安宿舍	130	L/人	50	6.5	2.5	24	0.67
	职工餐厅	25	L/(顾客·次)	10500	262.5	1.5	12	32.81
	职工淋浴室	100	L/(人·d)	115	11.5	2	2	11.5
	诊疗室	15	L/人次	20	0.3	1.5	8	0.056
	设备补水	0.006	L/m²	140000	20.16	1	24	0.84
	合计				344.95			53.31
	未预见水量				51.74			5.33
	车库冲洗地面	3	L/m²	37000	111	2	8	27.75
	车辆冲洗	30	L/(辆·次)	120	3.6	1	10	0.36
	绿化	3	L/m²	4000	12	2	6	4
	总合计				535			88.93

续表

用水性质		每日用水定额	用水单位	数量	最高日用水量 (m^3/d)	小时变化系数	每日用水时间 (h)	最大小时用水量 (m^3/h)
高区	办公	50	L/(人·班)	3350	167.5	1.5	10	25.12
	职工淋浴室	100	L/(人·d)	500	50	2	10	10
	公共淋浴桑拿	200	L/(顾客·次)	200	40	1.5	8	7.5
	娱乐健身中心	50	L/(顾客·次)	200	10	1.5	8	1.87
	公寓办公	300	L/(人·班)	8	2.4	2	8	0.6
	合计				269.9			45.1
未预见水量					40.485			6.76
合计					190.385			37.61
冷却水补水					460	1	10	46
总计					1185			172.54

2. 水源：本工程给水水源为市政自来水，从北侧长安街引入两路市政供水管，供水压力约为 0.25MPa。

3. 系统竖向分区：本工程生活给水系统分为两个区，二层以下为低区，三层以上为高区。

4. 供水方式及给水加压设备：本工程生活给水系统低区由院内管网直接供给；高区由设在地下室的变频给水机组供给。本工程地下设置不锈钢生活水箱，储存高区生活用水量，消毒方式采用紫外线消毒器。加压设备采用不锈钢变频给水机组。

5. 管材：给水管材采用薄壁不锈钢管，环压连接。

(二) 热水系统

1. 热水用量（表 2）

热水用量 **表 2**

用水性质		每日用水定额	用水单位	数量	最高日用水量 (m^3/d)	用水时间 (h)	小时变化系数	最大小时用水量 (m^3/h)	最大小时耗热量 (kW)
低区	营业大厅	2.00	L/(人·班)	150.00	0.30	10.00	1.50	0.05	2.62
	办公	10.00	L/(人·班)	150.00	1.50	10.00	1.50	0.23	13.08
	会议室	3.00	L/(人·次)	380.00	1.14	4.00	1.50	0.43	24.85
	接待室	3.00	L/(人·次)	150.00	0.45	4.00	1.50	0.17	9.81
	物业等	10.00	L/(人·d)	100.00	1.00	12.00	1.50	0.13	7.27
	保安宿舍	60.00	L/(人·d)	50.00	3.00	24.00	1.50	0.19	10.90
	职工餐厅	12.00	L/(顾客·次)	10500.00	126.00	11.00	1.50	17.18	998.94
	职工淋浴室	60.00	L/人	115.00	6.90	12.00	1.50	0.86	50.15
	合计				140.29			19.22	1117.62
	未预见水量				21.04			2.88	167.64
	合计				161.33			22.11	1285.26
高区	办公	10.00	L/(人·班)	3350.00	33.50	10.00	1.50	5.03	292.15
	职工淋浴室	60.00	L/(顾客·次)	500.00	30.00	10.00	1.50	4.50	261.63
	公共淋浴室	80.00	L/(顾客·次)	200.00	16.00	8.00	1.50	3.00	174.42
	健身中心	25.00	L/(顾客·次)	200.00	5.00	8.00	1.50	0.94	54.51

续表

用水性质		每日用水定额	用水单位	数量	最高日用水量 (m^3/d)	用水时间 (h)	小时变化系数	最大小时用水量 (m^3/h)	最大小时耗热量 (kW)
高区	公寓办公	100.00	L/(人·班)	8.00	0.80	8.00	6.84	0.68	39.77
	合计				84.50			13.46	782.70
	未预见水量				12.68			2.02	117.41
	合计				97.18			15.48	900.11
	总计				258.51			37.59	2185.37

2. 热源：本工程热源为市政热力，热力公司承诺保证四季热水供应，无固定检修期，故本工程未设备用热源。

3. 系统竖向分区：本工程竖向分区同给水系统。

4. 热交换器：本工程按高低区分设两台半容积式换热器。

5. 系统措施

(1) 生活热水采用冷热同源方式以保证用水点冷热平衡；

(2) 生活热水系统设置机械循环系统。高、低区分别设置循环泵，根据回水温度控制启停。

(3) 生活热水循环采用立干管循环方式。

(4) 顶层高级董事卫生间支管采用电伴热保温方式保证热水出流速度。

6. 管材：生活热水系统管材采用薄壁不锈钢管，环压连接。

(三) 中水系统

1. 中水平衡计算

(1) 中水原水量（表 3）

中水原水量 **表 3**

水源项目	水量定额	单位	数量	日收集水量 (m^3/d)
营业大厅盥洗	1.64	L/(人·班)	225.00	0.37
接待盥洗	2.62	L/(人·班)	150.00	0.39
会议盥洗	2.62	L/(人·班)	100.00	0.26
报告厅盥洗	2.62	L/(人·班)	280.00	0.73
办公盥洗	16.38	L/(人·班)	3500.00	57.33
保安宿舍	29.81	L/(人·班)	50.00	1.49
公寓办公	171.99	L/(人·班)	8.00	1.38
低区职工淋浴	80.26	L/(顾客·次)	115.00	9.23
高区职工淋浴	80.26	L/(顾客·次)	500.00	40.13
公共淋浴桑拿	155.61	L/(顾客·次)	200.00	31.12
娱乐健身	16.38	L/(顾客·次)	200.00	3.28
合计				145.34
平均日水量				116

(2) 中水回用量（表 4）

中水回用量 表 4

用水性质		每日用水定额	用水单位	数量	最高日用水量 (m^3/d)
低区	办公冲厕	30.00	L/(人·d)	150.00	4.50
	营业大厅冲厕	3.60	L/(人·d)	225.00	0.81
	接待冲厕	3.60	L/(人·d)	150.00	0.54
	会议室冲厕	3.60	L/(人·d)	100.00	0.36
	报告厅冲厕	3.60	L/(人·d)	280.00	1.01
	绿化	3.00	L/(人·d)	4000.00	12.00
高区	办公冲厕	30.00	L/(人·日)	3350.00	100.50
合计					119.72
总计					119.72
平均日用水量					96

(3) 水量平衡

考虑到办公建筑水量先天不平衡的特殊性，本工程收集全楼优质杂排水，平均日收集原水量为 116m^3。经处理后供 6 层以下冲厕及绿化使用，平均日用水量为 96m^3。考虑到收集损耗以及设备自身消耗的水量，最终选用设备处理能力 5m^3/h。

2. 系统竖向分区：中水系统竖向分两个区，B1 夹层以上为高区，B1 层以下为低区。高低区采用减压阀方式分区。

3. 供水方式及给水加压设备：本工程采用变频给水加压方式，选用变频给水泵组一套，放置在中水处理设备间内。B1 夹层及以上采用变频泵组直接供水，B1 层以下通过减压阀减压供水。

4. 水处理工艺流程

中水处理工艺采用接触氧化法，流程图如图 1 所示：

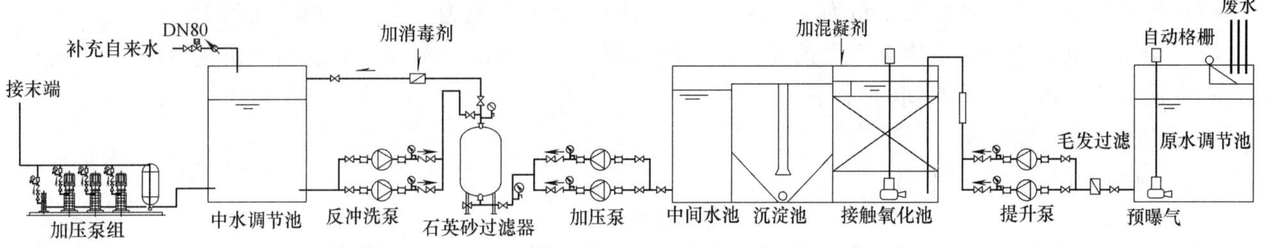

图 1 中水处理工艺流程

5. 管材：中水给水采用衬塑钢管。

(四) 直饮水系统

1. 本工程地上部分设置直饮水系统。

2. 系统源水采用市政自来水，设计最高日用水量为 8m^3/d，最大时用水量为 7.2m^3/h。

3. 直饮水机房在地下三层，处理工艺采用活性炭—纳滤处理方式，处理水量为 1.0m^3/h。

4. 直饮水系统采用定时循环方式，管道采用上供下回同程方式。

5. 直饮水系统竖向不分区，采用立管减压方式减压。每根立管在 6 层设置可调式减压阀，阀后压力 0.1MPa。

6. 系统供水采用专用变频调速泵组，设在直饮水机房内，供水泵兼作循环泵使用，出水压力要求 0.75MPa。

7. 直饮水系统管道采用薄内衬不锈钢（316）复合钢管以及专用水嘴，系统阀门及附件均采用相同材质。

8. 饮水间设置不锈钢专用取水龙头以及饮用电开水器。

（五）排水系统

1. 本工程排水系统采用雨、废、污分流排水方式。

2. 污、废水系统：

（1）本工程地下一层以上优质杂排水，经过专用管道后排入中水处理机房原水收集池。

（2）其余生活污水均排至室外污水管道。

（3）本工程首层以上污水采用重力流方式排出，地下室污水经集水坑收集后由潜污泵提升后排至室外。

（4）本工程空调机房以及个人小卫生间排水采用立管伸顶透气方式，公共大卫生间采用专用透气立管方式。

（5）室内厨房污水及洗车房污水均经过隔油池后排出室外。

（6）粪便污水等经化粪池，厨房污水经隔油处理后排向市政污水管道。

3. 雨水系统

（1）屋面雨水设置管道排水系统和建筑溢流系统。

（2）本专业负责设计管道排水系统，溢流口由建筑专业设置。溢流系统和管道排水系统总设计重现期 50 年。

（3）管道排水系统设计重现期 10 年。5 分钟暴雨强度为 $q_5=0.0585\text{L}/(\text{s}\cdot\text{m}^2)$。

（4）屋面管道排水系统采用内排水重力流系统，均采用单斗排水方式。

二、消防系统

（一）系统及消防水量

1. 根据《高层民用建筑设计防火规范》GB 50045—95（2005 年版）和《自动喷水灭火系统设计规范》GB 50084—2001（2005 年版），本工程设置以下系统：

（1）室外消火栓系统：系统用水量为 30L/s（108m^3/h），火灾次数为一次，延续时间为 3h。

（2）室内消火栓系统：系统用水量为 40L/s（144m^3/h），火灾次数为一次，延续时间为 3h。

（3）自动喷洒系统：系统用水量为 40L/s（144m^3/h），火灾次数为一次，延续时间为 1h。

（4）柴油发电机房设置水喷雾灭火系统：设计喷水强度 20/(min·m^2)，系统用水量为 30L/s（108m^3/h），火灾次数为一次，延续时间为 0.5h。

2. 消防水池及消防泵房

（1）消防贮水量计算（表 5）：

消防贮水量 **表 5**

系　统	用水流量（L/s）	火灾延续时间（h）	储水总量（m^3）
室外消火栓	30	3	市政直供
室内消火栓	40	3	432
自动喷水灭火	40	1	144
水喷雾灭火系统	30	0.5	
合计			576

（2）本工程在地下设置消防水池，储存室内外所有消防水量，总有效容积 576m^3。

（3）消防泵房设在消防水池边上，内设室内消火栓泵两台，喷淋泵（喷洒与水喷雾合用）两台，水泵均采用消防专用恒压泵，均为一用一备。

3. 本工程屋顶设置消防水箱，供火灾初期消防用水量以及系统平时定压作用。水箱有效容积 18m^3。水箱间内设置专用消防稳压装置。负责各系统的定压。

(二) 室外消防系统

1. 由本建筑西侧及东侧方向的红线外各自引入一路 *DN*200 的城市自来水管，并在建筑红线内形成环网。

2. 本工程在环网上沿建筑周围设置室外消火栓，经计算可以满足本工程火灾时所需室外消防用水量。

(三) 室内消火栓系统

1. 本工程建筑高度 59m，消火栓系统竖向不分区。消火栓系统干管竖向呈环状布置，保证最低处消火栓静水压力小于等于 1.0MPa。

2. 消火栓布置保证室内任何一点有两股水柱到达。

3. 消火栓为 *DN*65 单出口消火栓，25m 水龙带，喷嘴直径 19mm，栓口距地 1.1m。设计充实水柱 10m。另消火栓箱内设 *DN*25 消防卷盘一套，胶带内径 19mm，长 25m，喷嘴直径 6mm。箱体内设有火灾报警按钮，并能直接启动消防水泵。

4. 本工程 6 层以下消火栓均采用减压稳压消火栓，减压后栓口压力 0.3MPa。

5. 室内消火栓系统设置 3 组水泵接合器。

6. 室内消火栓系统采用镀锌钢管，沟槽连接。

(四) 自动喷水灭火系统

1. 地下车库设置预作用Ⅰ型自动喷水灭火系统，按照中危险Ⅱ级设计，喷水强度为 8L/(min·m^2)，作用面积 160m^2，设计流量 40L/s。

2. 其余部位设置自动喷水灭火系统，按照中危险Ⅰ级设计，喷水强度为 6L/(min·m^2)，作用面积 160m^2，设计流量 30L/s。

3. 系统水量由设在消防泵房内的喷淋泵（合用）提供。系统水量 40L/s，延续时间 1h。

4. 吊顶部位采用标准下垂型喷头，其余部位采用标准直立喷头，厨房喷头温标等级 93℃，其余部位喷头温标等级 68℃。

5. 每层总干管处按防火分区设置信号阀及水流指示器。

6. 自动喷水灭火系统设置三组水泵接合器。

7. 系统采用镀锌钢管，小于等于 *DN*80 螺纹连接，大于等于 *DN*100 沟槽连接。

(五) 水喷雾灭火系统

1. 本工程柴油发电机房设计水喷雾灭火系统。

2. 系统设计喷水强度 20L/(min·m^2)，系统计算水量小于 30L/s。

3. 由于柴发机房为独立分区，整个建筑按一次火灾考虑，故不考虑水喷雾与喷淋系统同时启用情况。

4. 雨淋阀前的加压泵、水泵接合器及消防增压稳压装置均与自动喷水系统合用。

5. 水雾喷头采用高压离心雾化型喷头，喷头工作压力 0.5MPa，流量系数 33.7，喷射角 90°。喷头带滤网。

6. 系统雨淋阀设在消防泵房内，在雨淋阀前的管道上设过滤器，过滤器采用不锈钢滤网，滤网孔径应为 4.0～4.7 孔目。

7. 水喷雾灭火系统设有自动控制、手动控制和应急操作三种控制方式。

8. 发电机房内喷头布置方式采用立体布置方式。

9. 水喷雾系统采用镀锌钢管，小于等于 *DN*80 螺纹连接，大于等于 *DN*100 沟槽连接。

(六) 气体灭火系统

1. 本工程变配电室、IT 机房以及交易大厅数据机房设置气体灭火系统。

2. 灭火剂采用七氟丙烷，全楼共设 3 套系统，分别负责变配电室（系统 1）、IT 机房（系统 2）以及交易大厅数据机房（系统 3），均采用全淹没组合分配灭火系统。

3. 数据机房、IT 机房设计灭火浓度 8%，设计喷放时间小于 8s，灭火浸渍时间 5min。

4. 变配电室设计灭火浓度 9%，设计喷放时间小于 10s，灭火浸渍时间 5min。

5. 系统压力采用 2.5MPa。

6. 系统启动方式采用自动、手动及机械应急启动三种启动方式。

三、设计体会

1. 本工程建筑面积近 15 万 m^2，计算选用的中水处理设备为 $5m^3/h$。但建成后实际收集原水量不到计算水量的 50%，尽管有入住人数不足的因素，但笔者仍然认为目前的办公建筑的中水原水量计算方法导致计算结果偏大。

2. 本工程办公大堂高达 60m，在设置自动灭火设施方面颇有争议。由于无法设置水喷淋系统，甲方聘请的机电顾问及专业消防公司均主张增设固定消防炮或在侧边安装大空间智能型主动喷水灭火系统。但是本工程大堂效果均不允许。考虑到本工程的性质为开发银行自用办公楼，大堂内几乎无可燃物，火灾危险较低。故初步设计时坚持大堂不设自动喷水灭火系统，并要求消防性能化单位将此作为基础条件进行性能化设计。最终不设自动灭火设施的方案顺利通过。

四、工程照片及附图

泵房

泵房

大堂内景

大堂天窗

内部办公

软化水设备

水处理设备

直饮水

直饮水机房

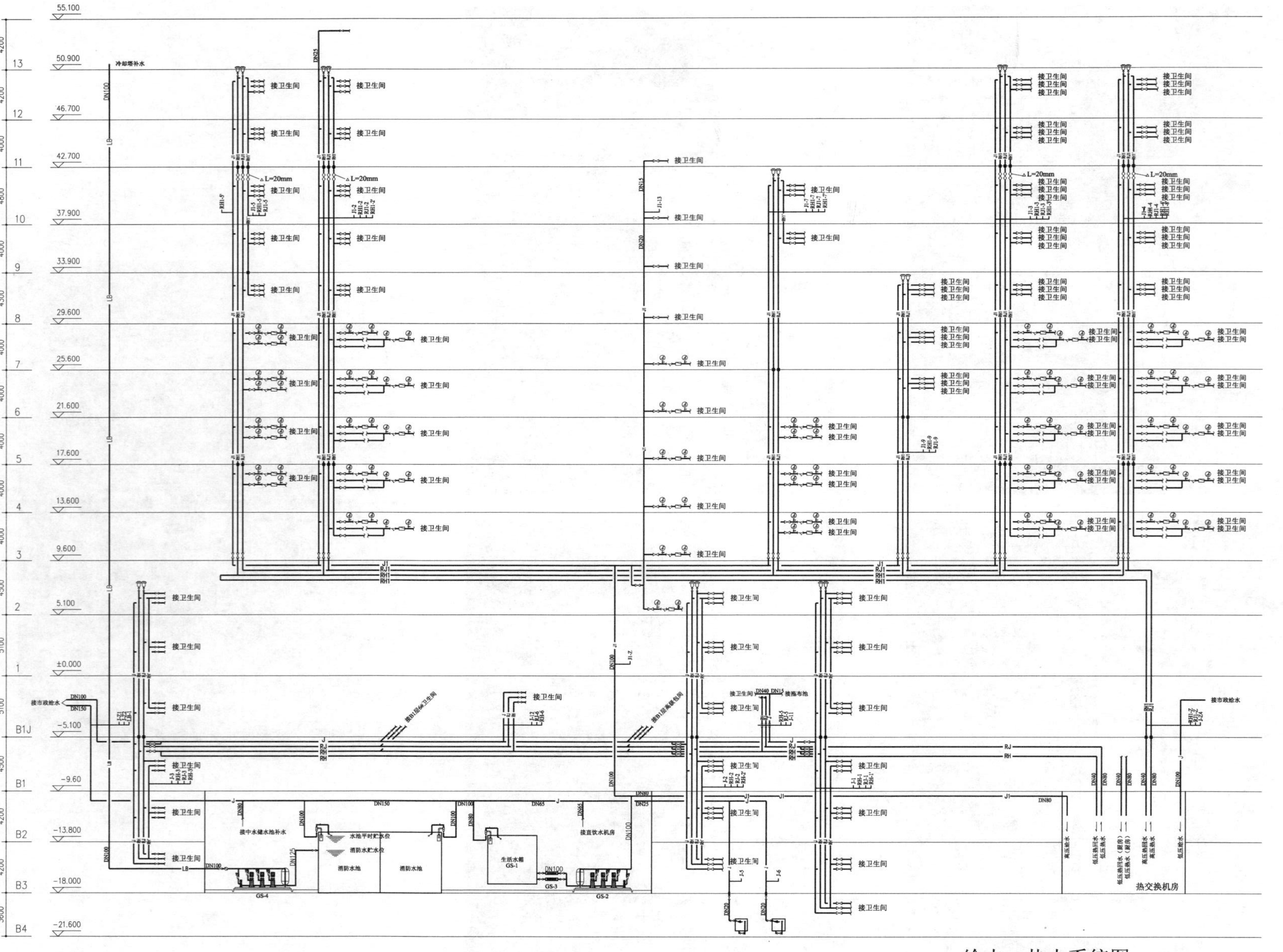
55.100
13
50.900
12
46.700
11
42.700
10
37.900
9
33.900
8
29.600
7
25.600
6
21.600
5
17.600
4
13.600
3
9.600
2
5.100
1
±0.000
B1J
−5.100
B1
−9.60
B2
−13.800
B3
−18.000
B4
−21.600
冷却塔补水
接卫生间
L=20mm
接市政给水
接中水储水池补水
水池平时贮水位
消防水贮水位
消防水池
生活水箱
GS-1
GS-2
GS-3
GS-4
接直饮水机房
热交换机房
接拖布池

给水、热水系统图

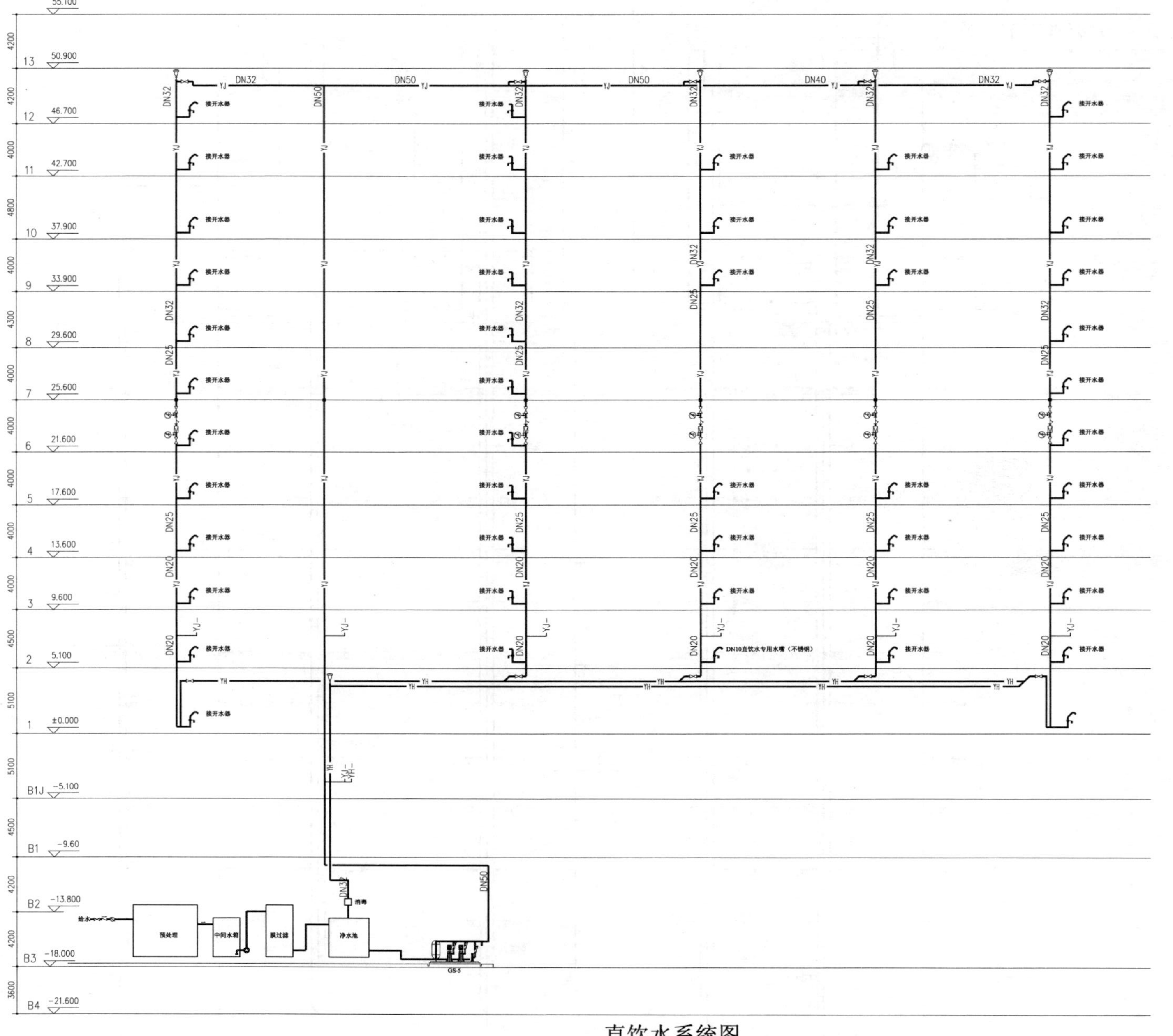
55.100
13 50.900
12 46.700
11 42.700
10 37.900
9 33.900
8 29.600
7 25.600
6 21.600
5 17.600
4 13.600
3 9.600
2 5.100
1 ±0.000
B1J −5.100
B1 −9.60
B2 −13.800
B3 −18.000
B4 −21.600
DN32
DN50
DN40
DN25
DN20
接开水器
DN10直饮水专用水嘴（不锈钢）
给水
预处理
中间水箱
膜过滤
净水池
消毒
GS-5

直饮水系统图

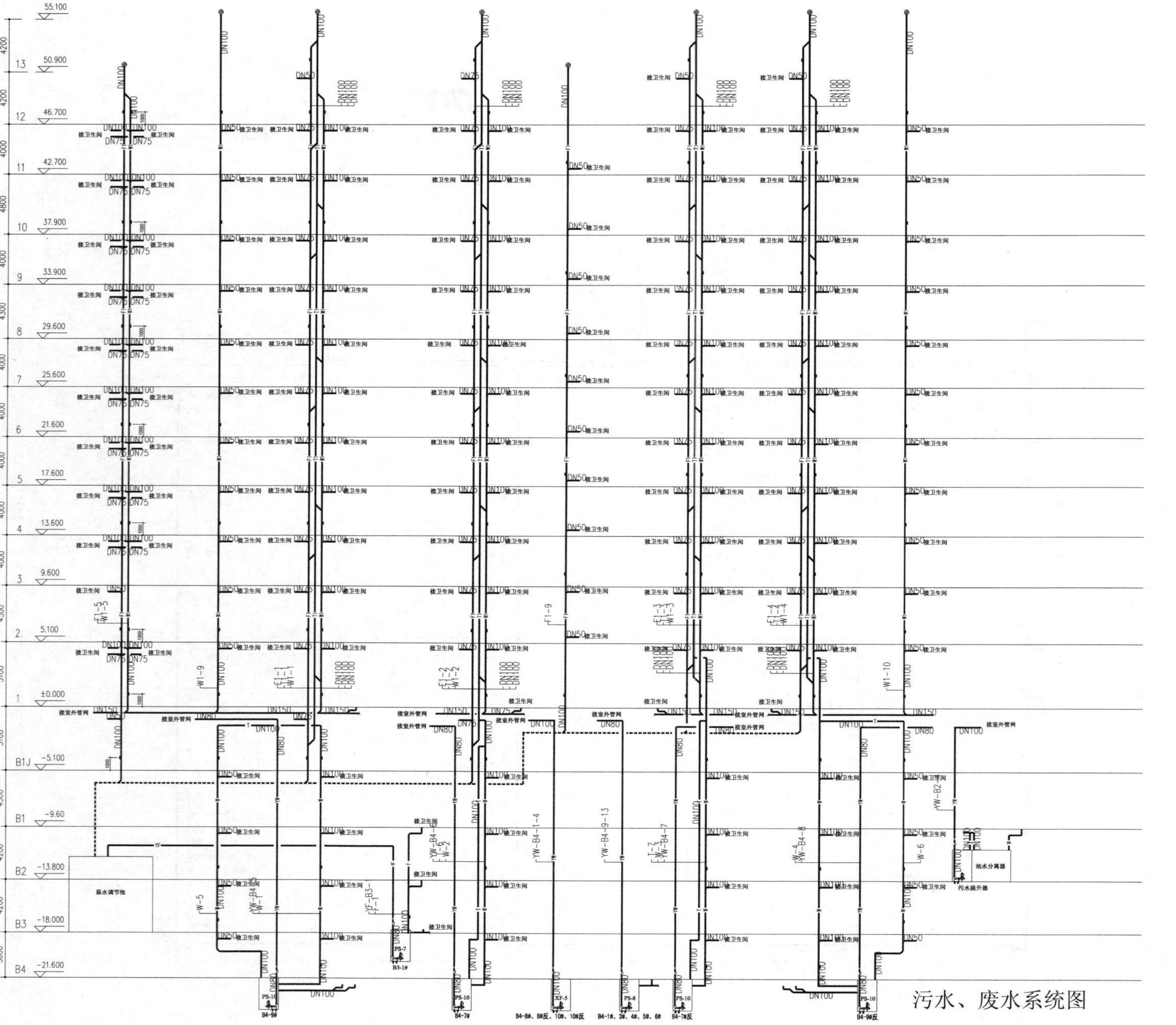

污水、废水系统图

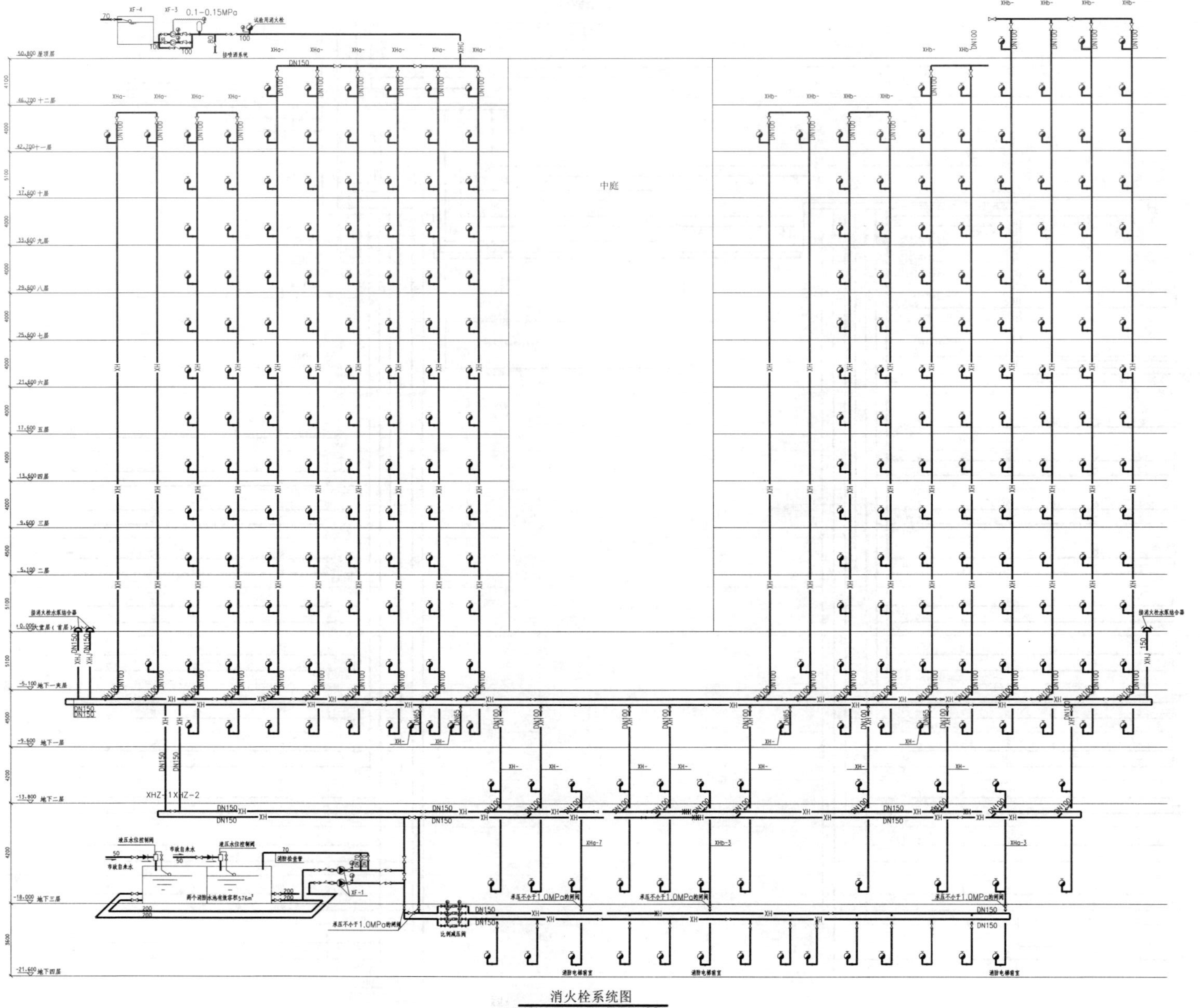

消火栓系统图

注：七层及七层以下为减压稳压消火栓，减压后栓口压力为0.3Mpa。

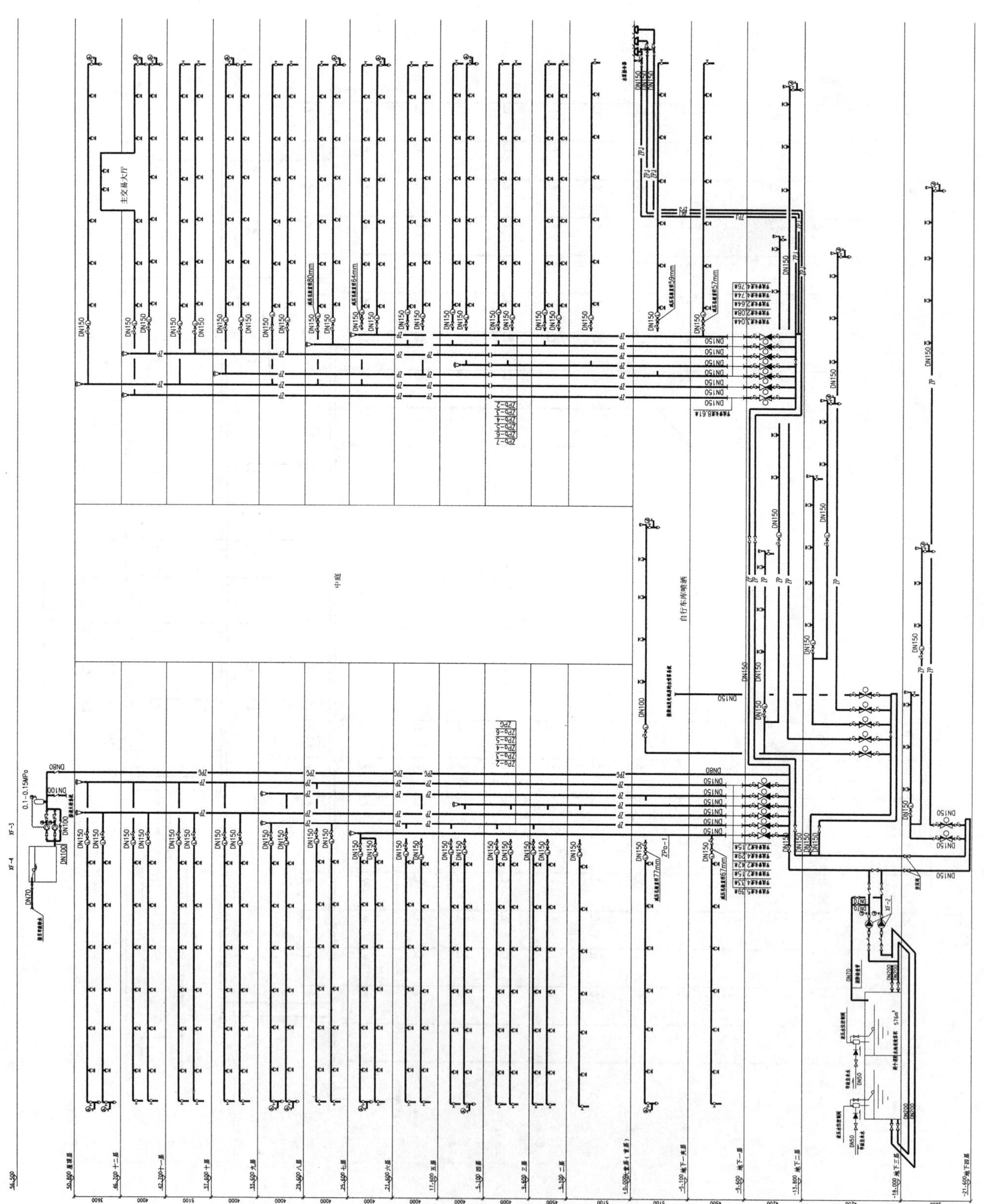
自动喷水灭火系统图

清华大学百年会堂

设计单位： 清华大学建筑设计研究院有限公司
设 计 人： 徐京晖　刘程　陈志杰
获奖情况： 公共建筑类　二等奖

工程概况：

清华大学百年会堂位于北京市海淀区清华大学校园内，清华大学东西主干道与南北主干道交叉点的东北角。地段西至校南北干道，南至校东西干道，东至主楼西路，北至第三教学楼区南路。总建设用地面积为2.61公顷。

清华大学百年会堂是集会议、表演、展览于一体的综合性建筑，是清华大学新百年的标志性建筑。包括三个主要部分：新清华学堂、蒙民伟音乐厅、清华大学校史馆，以及附属设施。其中：新清华学堂为超大型乙等剧场，共2011座，能够满足大型演出、会议的需要；蒙民伟音乐厅为乙等小型剧场，共500席，能满足实验剧和小型音乐会演出需要。

总建筑面积为42950.5m^2，其中地上建筑面积31720.0m^2，地下建筑面积11230.50m^2。

建筑层数：地下二层，地上四层，局部设夹层。

建筑高度：建筑总高度为23.60m，局部舞台台塔最高点高度32.0m。

容积率：1.26

绿化率：在清华校内教学科研区总体平衡，为45%。

停车位：92辆。

一、给水排水系统

(一) 给水系统

1. 冷水用水量（表1）

冷水用水量　　表1

序号	用水部位	用水定额	数量	时变化系数	使用时间(h)	最大时用量(m^3/h)	最高日用水量(m^3/d)
1	员工	50L/(人·d)	75人	1.2	10	0.5	3.8
2	剧场观众	5L/(人·场)	2558人	1.2	3	10.3	25.6(一天两场)
3	展厅观众	6L/(m^2·d)	3400m^2	1.2	16	1.6	20.4
4	演员淋浴	40L/(人·次)	300人	2.0	4	6.0	12.0
5	未预见用水量	用水量10%	—	—	—	1.9	6.2
	小计	—	—	—	—	20.3	68.0
6	空调补水(夏季)	8m^3/h		1.0	10	8.0	80.0
	合计					28.3	148.0

2. 水源：建筑用水由校园内给水管供给，供水压力为0.20MPa。

3. 系统竖向分区：分为高低两区。

低区：地下层～8.40m标高层。

高区：8.40m以上各层。

4. 供水方式及给水加压设备：低区利用校园内给水管网压力直供；高区由无负压供水设备提升后供水。由*DN*150室外给水管网引出一根*DN*150供水管，经阀门和水表后，供至－6.00m层给水加压泵房，内设无负压式变频供水系统。

5. 管材：给水管道采用内外涂环氧涂塑复合钢管；丝扣或沟槽连接。

(二) 热水系统

本建筑内化妆室，VIP卫生间及淋浴室内设有生活热水供应。

1. 热水用水量表（表2）

热水用水量 **表2**

序号	用水部位	用水定额	数量	时变化系数	使用时间(h)	设计小时耗热量(kW/h)	设计小时热水量(m^3/h)
1	演员浴室淋浴器	300L/h	32	2.0	3	549	9.60
2	化妆间洗脸盆	80L/h	65	2.0	3	297	5.19
	合计					846	14.79

2. 热源：热水系统热源采用太阳能供热系统，并辅以电辅助加热装置。

3. 系统竖向分区：设一个分区。

热水供应方式为定时供应。在屋面设太阳能集热板，在－6.00m层设热水泵房，内设热水水箱10m³及20m³各一座及热水变频加压设备。热水供水温度为60℃，回水温度为50℃，冷水温度10℃，采用通过温度差控制的机械循环方式。

设计辅助电加热装置耗电量为58kW。

4. 管材：热水、热回水管道采用衬塑钢管：小于等于*DN*80为丝扣连接，大于*DN*80为沟槽式机械连接。

(三) 中水系统

本建筑内卫生间使用中水冲厕。

1. 中水水源：由校园内中水管网供给，管网供水压力为0.1MPa，中水用水量见表3。

中水用水量 **表3**

序号	用水部位	用水定额	中水比例(%)	数量	时变化系数	使用时间(h)	中水用水量	
							最高日(m^3/d)	最大时(m^3/h)
1	员工	50L/(人·d)	60	75人	1.2	10	2.25	0.27
2	剧场观众	5L/(人·场)	65	2558人	1.2	3	8.31	3.32
3	展厅观众	6L/(m^2·d)	60	3400m^2	1.2	16	12.24	0.92
4	未预见用水量	用水量10%					2.28	0.45
	合计						25.08	4.96

2. 系统竖向分区：设一个分区。

3. 在新清华学堂－6.00m 标高层设有中水加压泵房，内设无负压供水设备，中水经加压后供给建筑内卫生间使用。设计日用水量为 25m³。

4. 管材：中水管道采用内外涂环氧涂塑复合钢管；丝扣或沟槽连接。

（四）排水系统

1. 排水系统形式：采用污废合流排放方式。

2. 透气管的设置方式：污水立管做伸顶通气管，部分接入排水点较多的污水立管采用伸顶通气加辅助通气管的方式保障排水通畅。

3. 以单立管排水系统为主，底层污水单独排放。地下室污水采用集水坑内设置潜污泵机械提升排出。生活污水均经室外化粪池处理后排入室外校园污水管网。

4. 管材：采用机制柔性铸铁排水管，卡箍连接。地下室集水坑压力排水采用焊接钢管，焊接。

二、消防系统

（一）消火栓系统

消火栓系统用水量为 30L/s，火灾延续时间 2h，一次室内火灾用水量为 216m³。

消火栓系统为临时高压供水系统，管道在竖向不分区。由消火栓加压泵直接供水。地下－8.50m 标高层设有 1000m³ 室内消防水池（分设两座），在新清华学堂 14.30m 标高层设有容积为 18m³ 消防水箱一座，消防用水增压稳压水泵一组（与自动喷水灭火系统、水幕系统及雨淋灭火系统合用）。室外设地下式消防水泵接合器两套，供消防车向室内供水使用。

室内消火栓泵 XBD30-70-HY 两台（一用一备），Q＝30L/s，H＝0.70MPa，N＝37kW。

消火栓系统管材为带阻燃剂的内外壁均涂环氧树脂的消防给水钢塑复合管，沟槽式机械连接。

（二）自动喷水灭火系统

自动喷水系统用水量为 30L/s，火灾延续时间 1h，一次室内火灾用水量为 108m³。

自动喷洒泵 XBD30-50-HY（一用一备），Q＝30L/s，H＝0.50MPa，N＝30kW。

在新清华学堂 14.30m 标高层设有容积为 18m³ 消防水箱一座，消防用水增压稳压水泵一组（与消火栓系统、水幕系统及雨淋灭火系统合用）。室外设地下式消防水泵接合器两套，供消防车向室内供水使用。

在新清华学堂－6.00m 标高层报警阀间内设置湿式报警阀 5 个，报警阀前管道成环状布置。地下车库采用易熔合金直立型喷头。温级 74℃，其余部分采用下垂式吊顶型玻璃泡喷头，温级 68℃。

管材为带阻燃剂的内外壁均涂环氧树脂的消防给水钢塑复合管，沟槽式机械连接。

本楼的火灾初期 10min 消防用水由屋顶消防水箱供给。

（三）雨淋灭火系统

舞台顶部葡萄架下设有雨淋式灭火系统。在新清华学堂－8.50m 标高层消防泵房设有雨淋灭火加压泵两台，一用一备，互为备用；在 14.30m 标高层水箱间消防用增压稳压水泵一组（与消火栓、自动喷洒及水幕系统合用）。本系统在新清华学堂－6.00m 标高层报警阀间内设雨淋报警阀两套，室外设有地下式消防水泵接合器五套。该系统设计设计流量为 70L/s，火灾延续时间为 2h。火灾发生时，温感探头发出信号，打开泄压电磁阀，雨淋阀启动供水灭火，同时消防泵房内设手动开启阀；平时为自动开启，演出时为手动。在舞台附近设一手动控制按钮，可由舞台监督操控。雨淋系统使用开式喷头，型号为 ZSTK15，K＝80。

雨淋灭火加压泵 XBD70-50-HY（一用一备），Q＝70L/s，H＝0.50MPa，N＝55kW。

（四）水幕防护冷却系统

舞台台口处设有水幕防护冷却系统，在新清华学堂－8.50m 标高层消防泵房设有水幕灭火加压泵两台，一用一备，互为备用；在 14.30m 标高层水箱间消防用增压稳压水泵一组（与消火栓、自动喷洒及雨淋系统合用）。本系统在新清华学堂－6.00m 标高层报警阀间内设水幕报警阀一套，室外设有地下式消防水泵接合器两套。系统设计流量为 1L/(s·m)，幕布长度为 19.2m，火灾延续时间按 3h 计。水幕冷却防护系统采用水幕喷头，型号为 ZSTM10，K=40.5。

水幕灭火加压泵 XBD30-50-HY（一用一备），Q=30L/s，H=0.50MPa，N=30kW。

（五）七氟丙烷气体灭火系统

作用地下变电室及电缆夹层，系统采用组合分配式灭火系统，全淹没灭火方式，以保护室内设备。

具体设计参数：设计浓度 C=10%，喷射时间 P_t=10s，环境温度 T=20℃，海拔修正系数 K=1.0，储存压力 P=4.2MPa，浸渍时间 $t \geqslant$5min。

系统设三种控制方式：自动、手动及机械应急操作。

（六）微型自动扫描炮灭火系统

在观众厅及侧台上空内设置 8 台微型自动扫描炮，进行全方位灭火保护，保证 2 股水柱到达保护区内任一点。单炮设计流量 5L/s，总设计流量 20L/s，工作压力 0.40MPa，射程 20m。

（七）灭火器配置

按中危险级 A 类火灾设置，车库按 B 类火灾配置灭火器。采用 4kg 装手提干粉（磷酸铵盐）灭火器，每座消火栓处配置 3 个。变配电间配备 50kg 装推车式干粉灭火器。

三、设计及施工体会及工程特点

1. 高区给水采用具有高低压腔自动补水功能的无负压供水设备供水，充分利用市政压力，节约能源。

2. 热水系统采用太阳能加电辅助定时供应机械循环系统。充分利用有效屋面面积布置太阳能集热板，既合理利用了绿色能源，又保证建筑外观的美观性。

3. 采用校区现有中水管网作为冲厕水源，并且中水系统也采用无负压供水设备供水，节约能源。

4. 该工程属超大型乙等剧场，消防系统种类多，系统复杂，基本涉及了现有的各类消防系统（消火栓、自动喷水、水幕、雨淋、大空间智能消防、气体、灭火器配置），并且管道的安装排布极其繁复，是本工程一个突出特点。此外还有部分特殊细节：

（1）充分利用了 1000m^3 消防水池两层高的优势，将消防泵房分为上下层布置，分别放置消防水泵及报警阀等设备，节约了面积且便于检修。

（2）经计算采用 DN500 管道分别自两个消防水池引出作为各类消防水泵吸水管，减少了水池开口数量。

（3）观众厅、侧台等大空间采用消防水炮，安全灵活。水炮布置部位结合建筑内装，安全可靠但不失美观。

5. 因建筑原因，管道允许出户的部位非常有限，是选择虹吸雨水系统的一个重要因素。本工程雨水排水系统、雨水溢流系统均采用虹吸压力排水系统，无溢流口，使得建筑立面完整，且出户管数量大大减少，避免了建筑中部的雨排水立管出户时可能因为重力系统的排水坡度过大、出户管过多影响吊顶高度、管道交叉引起矛盾的问题。在已经历过的北京三年的雨季，均未出现漏水、排水不畅的问题。

6. 技术经济指标：给水排水专业室内工程总造价约 1595 万元，含：消防系统（消火栓、自动喷水、雨淋、水幕、消防水炮、气体灭火）、生活冷热水系统、中水供水系统、生活排水系统、虹吸雨水系统。

7. 在使用中，由于太阳能热水系统在夏季的暑期用量减少，水温上升很快，造成设备的维护成本增加。所以针对这类热水定时供应但其运行管理方式又应因季节差异（外部环境温度变化幅度大）变化较大的工程在太阳能热水系统的设计方面仍存在诸多可探讨之处。

四、工程照片及附图

01-消防泵房

02-消防泵房

03-消防泵房

04-报警阀间

05-无负压给水设备

06-无负压中水设备

07-热水供水设备

08-舞台顶雨淋系统

09-观众厅水炮

10-观众卫生间

11-汽车库

12-管道安装

讲堂实景

讲堂实景

讲堂实景

讲堂实景

讲堂实景

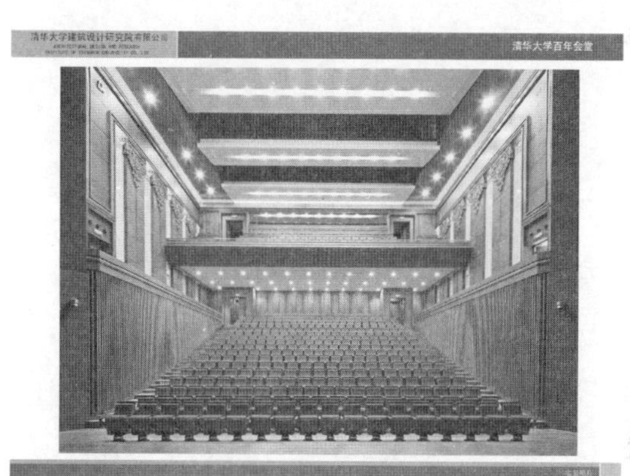

讲堂实景

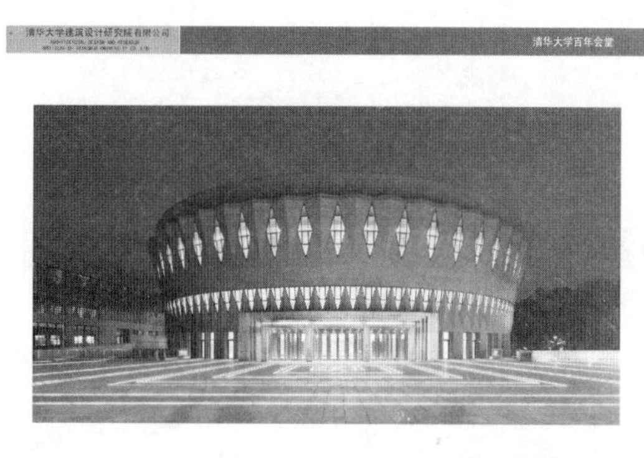

讲堂实景

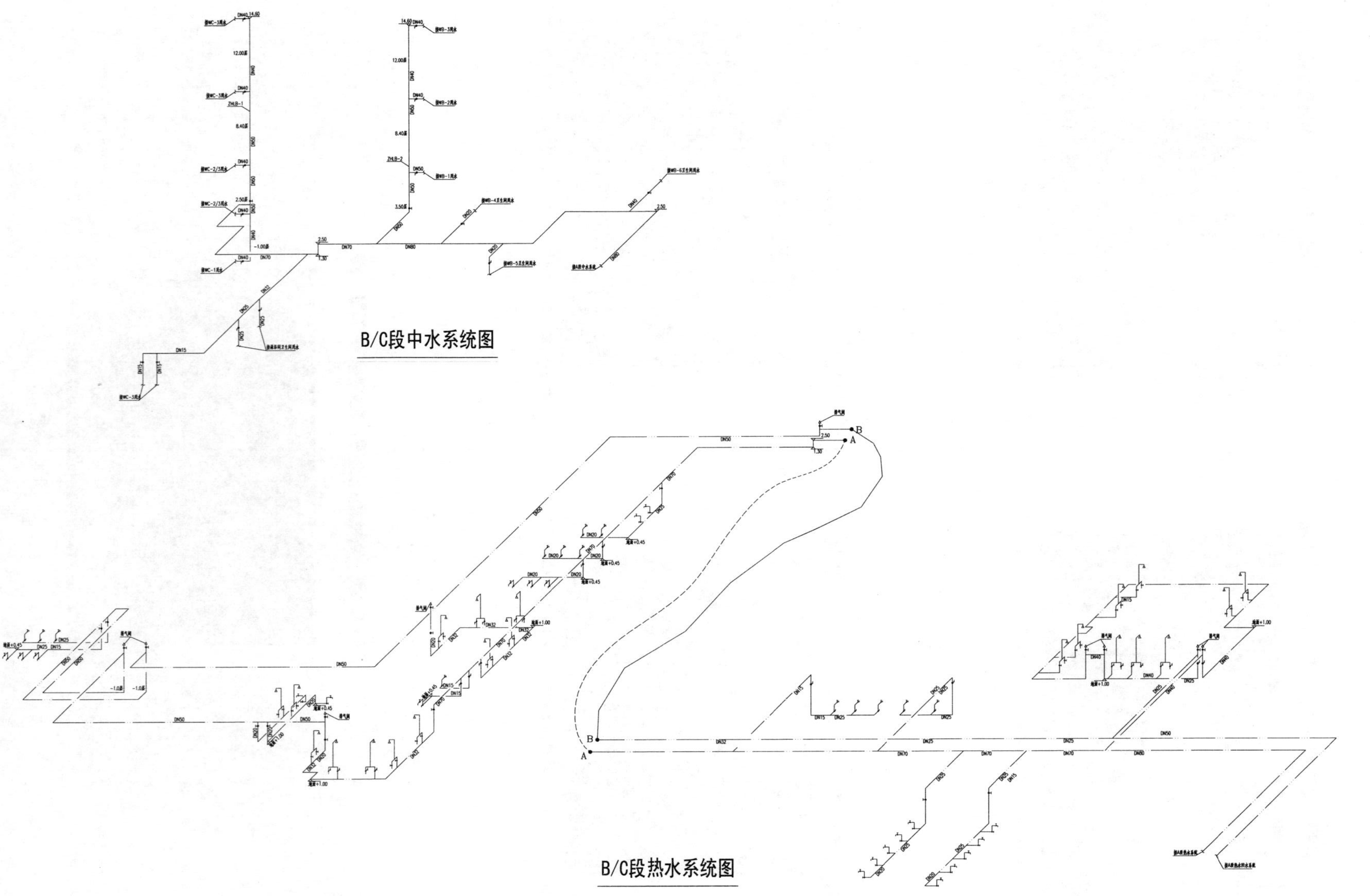

B/C段中水系统图

B/C段热水系统图

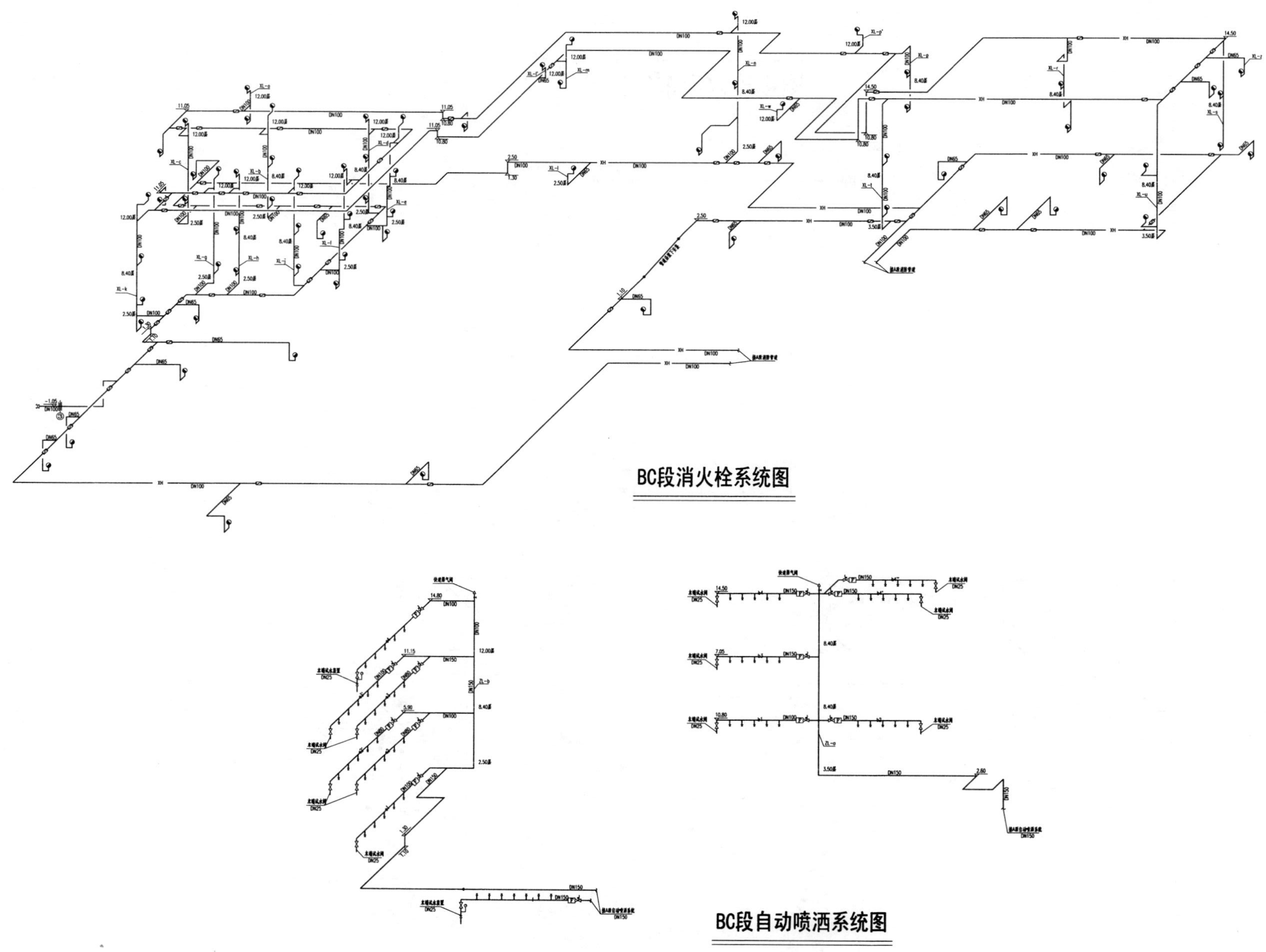

BC段消火栓系统图

BC段自动喷洒系统图

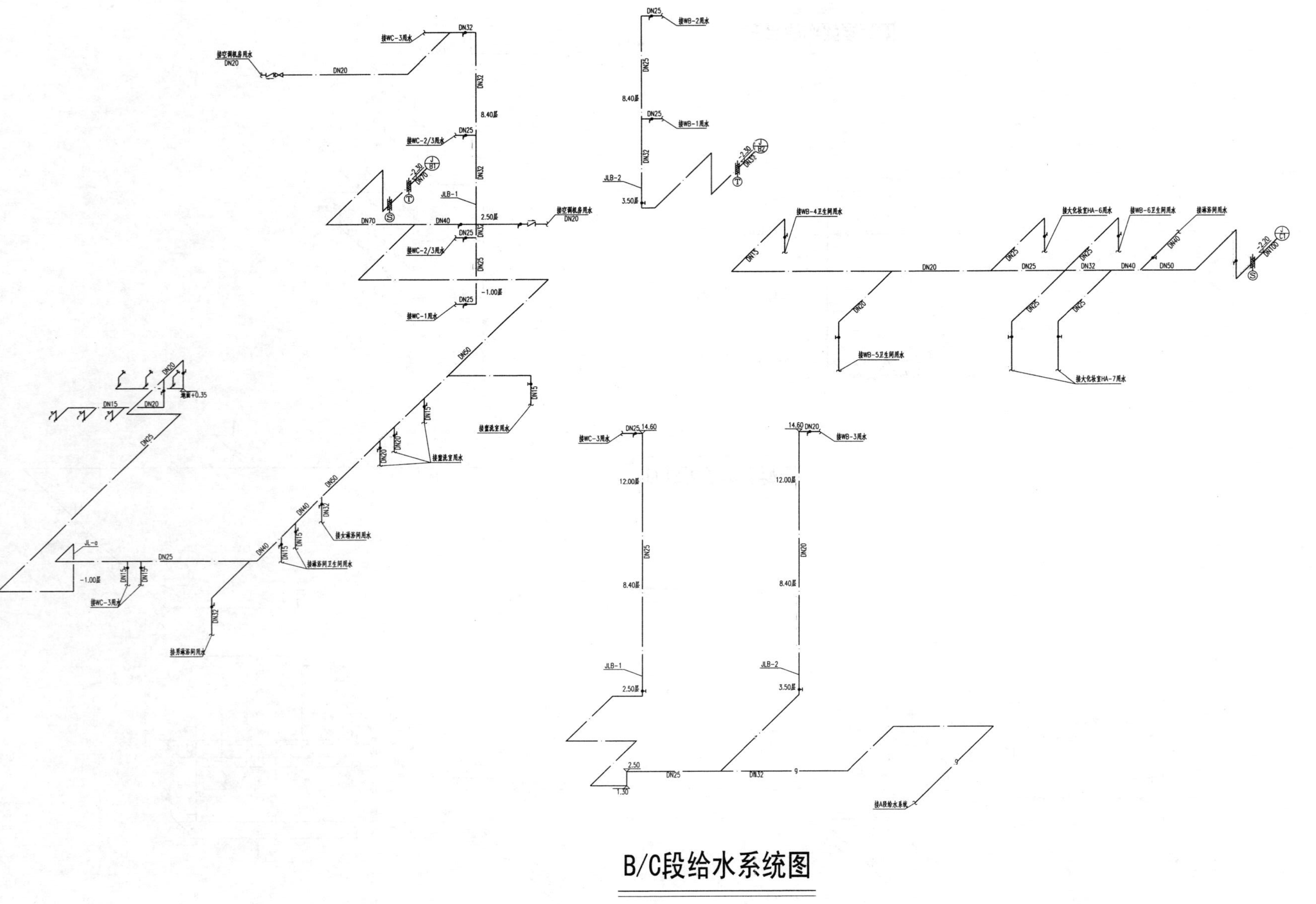

B/C段给水系统图

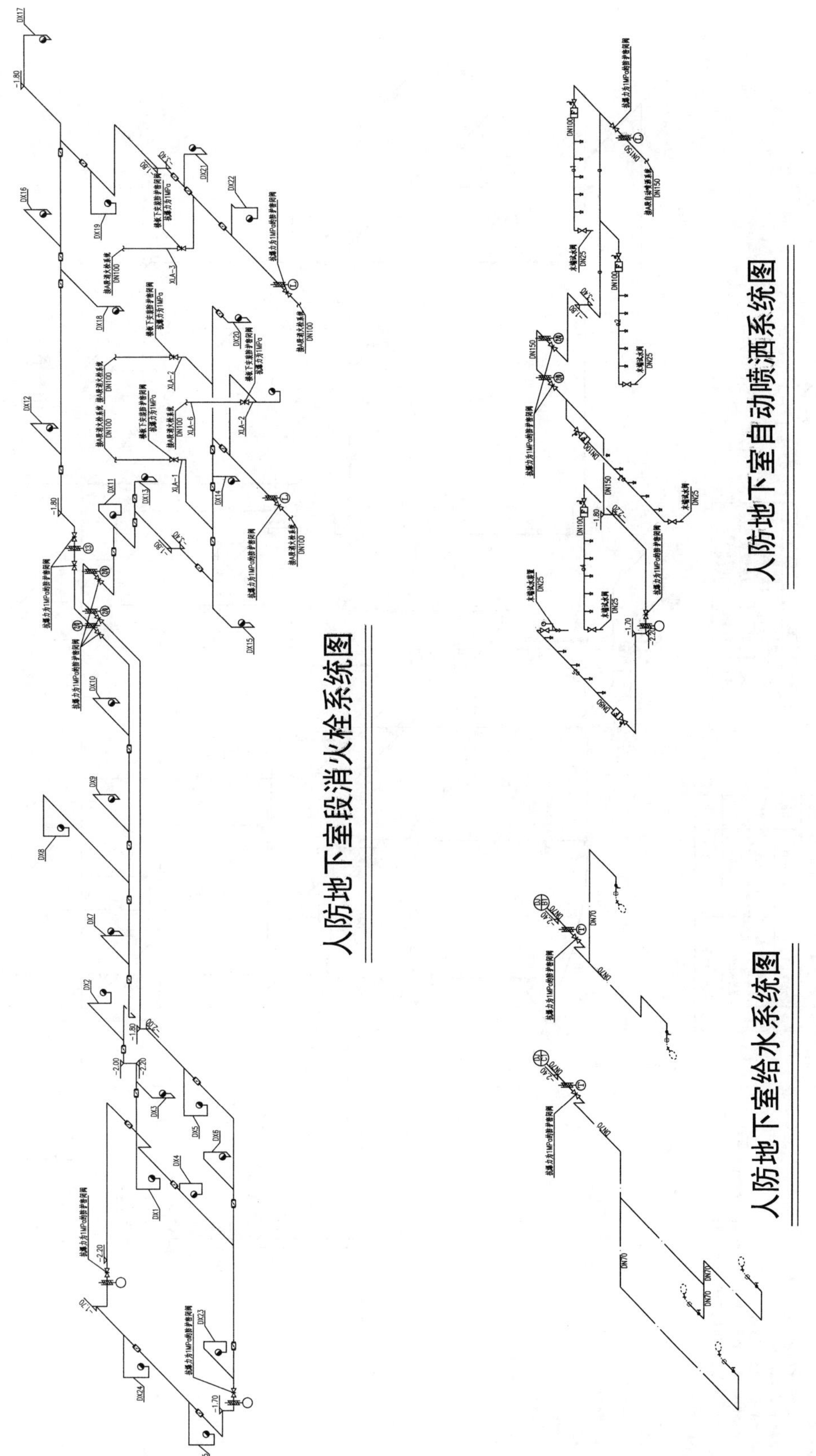

人防地下室段消火栓系统图

人防地下室自动喷洒系统图

人防地下室给水系统图

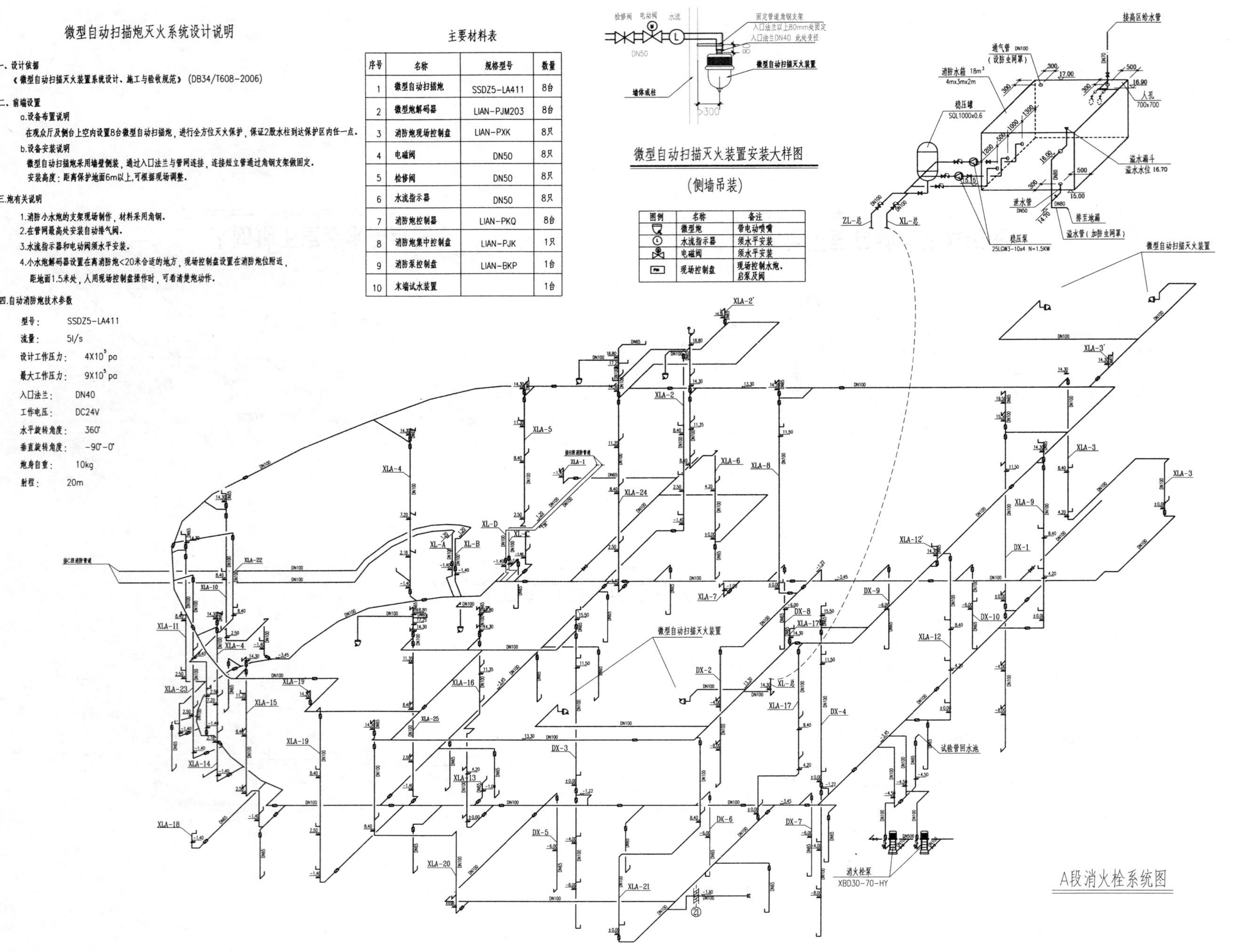

微型自动扫描炮灭火系统设计说明

一、设计依据

《微型自动扫描灭火装置系统设计、施工与验收规范》(DB34/T608-2006)

二、前端设置

a.设备布置说明

在观众厅及侧台上空内设置8台微型自动扫描炮，进行全方位灭火保护，保证2股水柱到达保护区内任一点。

b.设备安装说明

微型自动扫描炮采用墙壁侧装，通过入口法兰与管网连接，连接短立管通过角钢支架做固定。

安装高度：距离保护地面6m以上，可根据现场调整。

三.炮有关说明

1.消防小水炮的支架现场制作，材料采用角钢。

2.在管网最高处安装自动排气阀。

3.水流指示器和电动阀须水平安装。

4.小水炮解码器设置在离消防炮<20米合适的地方，现场控制盘设置在消防炮位附近，距地面1.5米处，人用现场控制盘操作时，可看清楚炮动作。

四.自动消防炮技术参数

型号： SSDZ5-LA411

流量： 5l/s

设计工作压力： $4X10^5$ pa

最大工作压力： $9X10^5$ pa

入口法兰： DN40

工作电压： DC24V

水平旋转角度： 360°

垂直旋转角度： -90°-0°

炮身自重： 10kg

射程： 20m

主要材料表

序号	名称	规格型号	数量
1	微型自动扫描炮	SSDZ5-LA411	8台
2	微型炮解码器	LIAN-PJM203	8台
3	消防炮现场控制盘	LIAN-PXK	8只
4	电磁阀	DN50	8只
5	检修阀	DN50	8只
6	水流指示器	DN50	8只
7	消防炮控制器	LIAN-PKQ	8台
8	消防炮集中控制盘	LIAN-PJK	1只
9	消防泵控制盘	LIAN-BKP	1台
10	末端试水装置		1台

微型自动扫描灭火装置安装大样图

(侧墙吊装)

图例	名称	备注
	微型炮	带电动喷嘴
	水流指示器	须水平安装
	电磁阀	须水平安装
	现场控制盘	现场控制水炮、启泵及阀

A段消火栓系统图

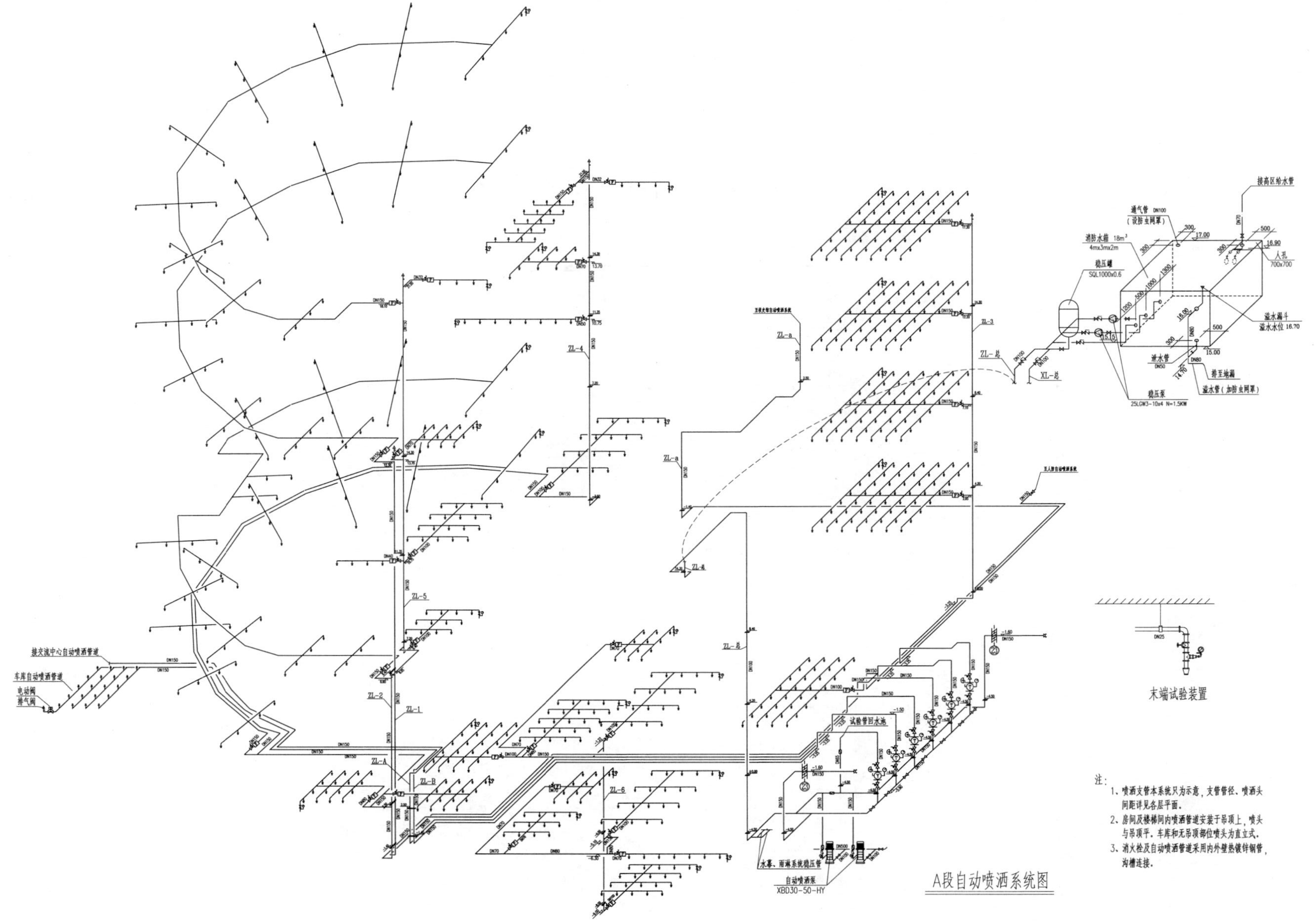
接高区给水管
通气管 DN100
（设防虫网罩）
消防水箱 18m³
4mx3mx2m
稳压罐
SQL1000x0.6
人孔
700x700
溢水漏斗
溢水水位 16.70
泄水管
DN50
排至地漏
溢水管（加防虫网罩）
稳压泵
25LGW3-10x4 N=1.5KW
XL-总
ZL-总
ZL-a
ZL-1
ZL-2
ZL-3
ZL-4
ZL-5
ZL-6
ZL-A
ZL-B
接交流中心自动喷洒管道
车库自动喷洒管道
电动阀
排气阀
试验管回水池
水幕、雨淋系统稳压管
自动喷洒泵
XBD30-50-HY
末端试验装置
注：
1、喷洒支管本系统只为示意，支管管径、喷洒头间距详见各层平面。
2、房间及楼梯间内喷洒管道安装于吊顶上，喷头与吊顶平。车库和无吊顶部位喷头为直立式。
3、消火栓及自动喷洒管道采用内外壁热镀锌钢管，沟槽连接。
A段自动喷洒系统图

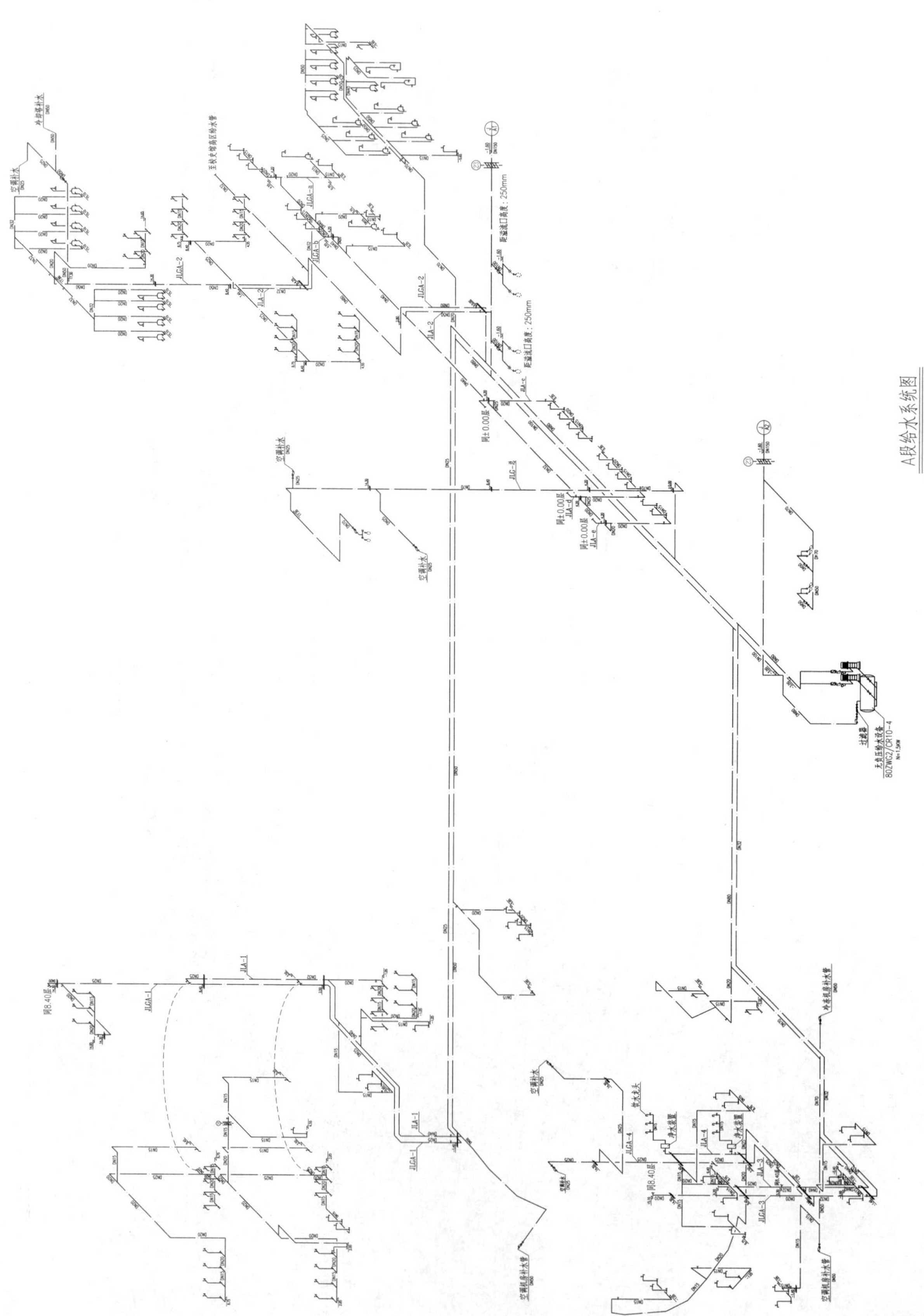

A段给水系统图

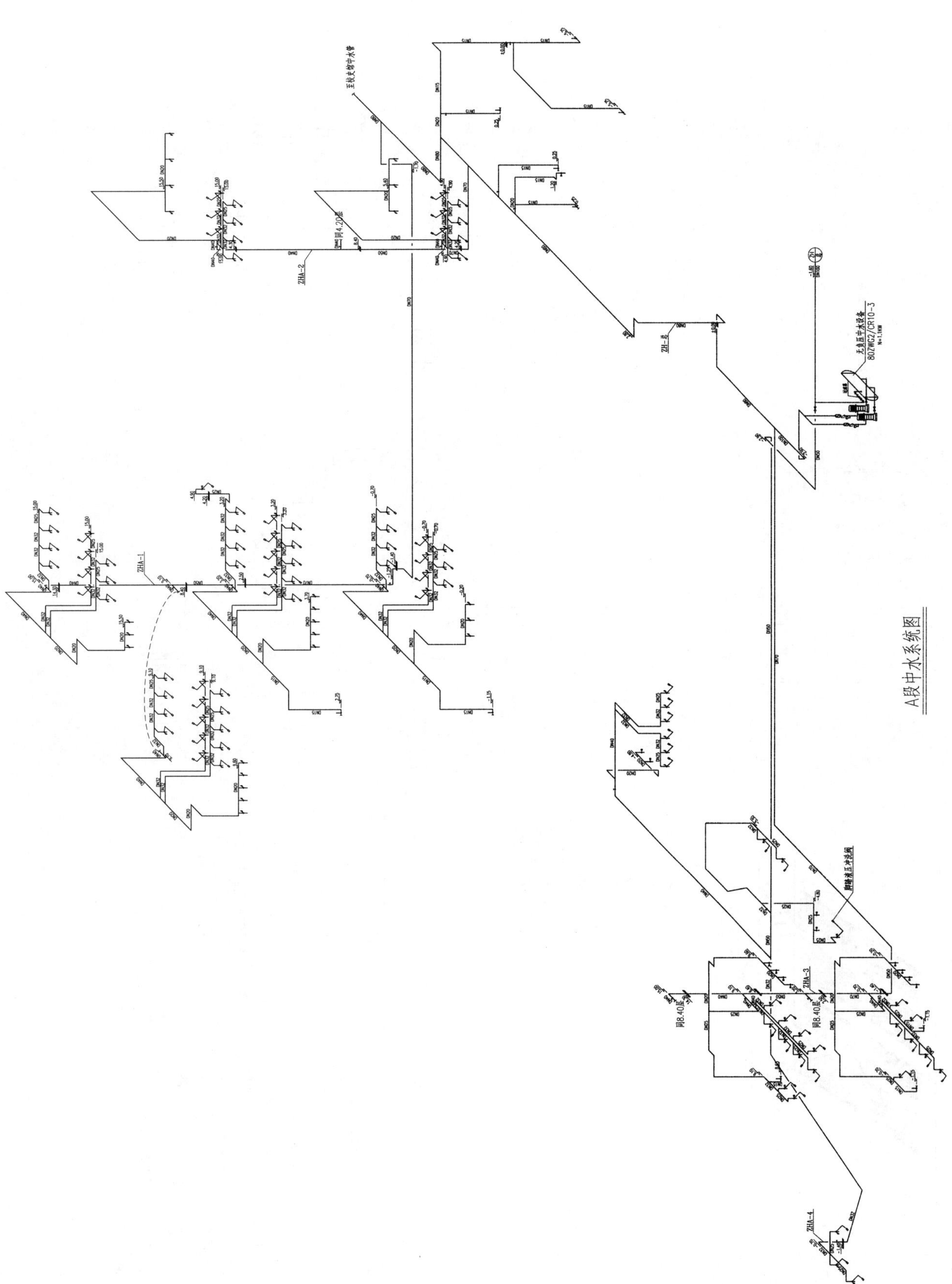

A段中水系统图

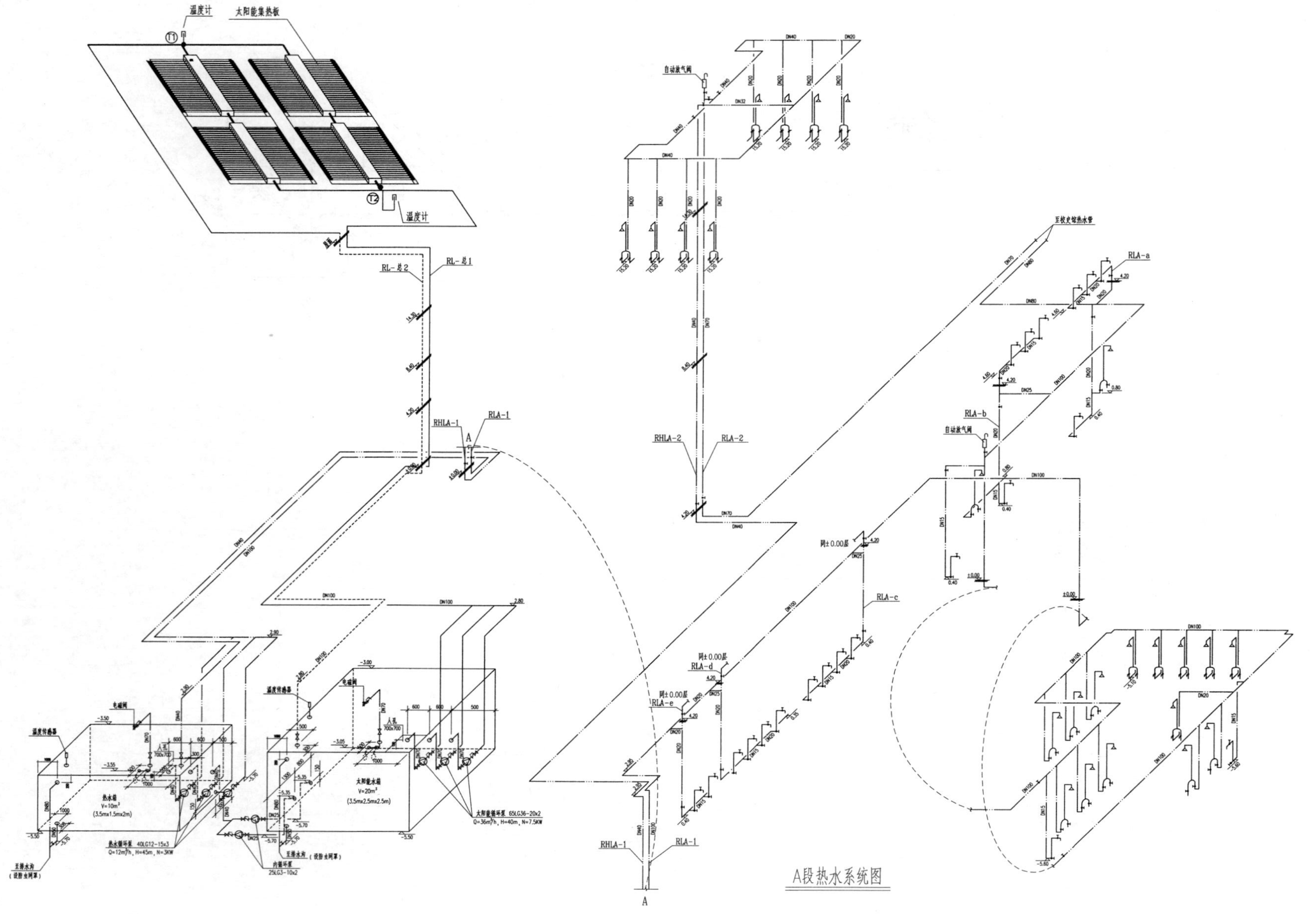

温度计
太阳能集热板
温度计
RL-总2
RL-总1
RHLA-1
RLA-1
A
自动放气阀
RHLA-2
RLA-2
至校史馆热水管
RLA-a
RLA-b
自动放气阀
同±0.00层
RLA-c
同±0.00层
RLA-d
同±0.00层
RLA-e
RHLA-1
RLA-1
A
温度传感器
电磁阀
热水箱
V=10m³
(3.5mx1.5mx2m)
热水循环泵 40LG12-15x3
Q=12m³/h，H=45m，N=3KW
温度传感器
电磁阀
太阳能水箱
V=20m³
(3.5mx2.5mx2.5m)
太阳能循环泵 65LG36-20x2
Q=36m³/h，H=40m，N=7.5KW
内循环泵
25LG3-10x2

A段热水系统图

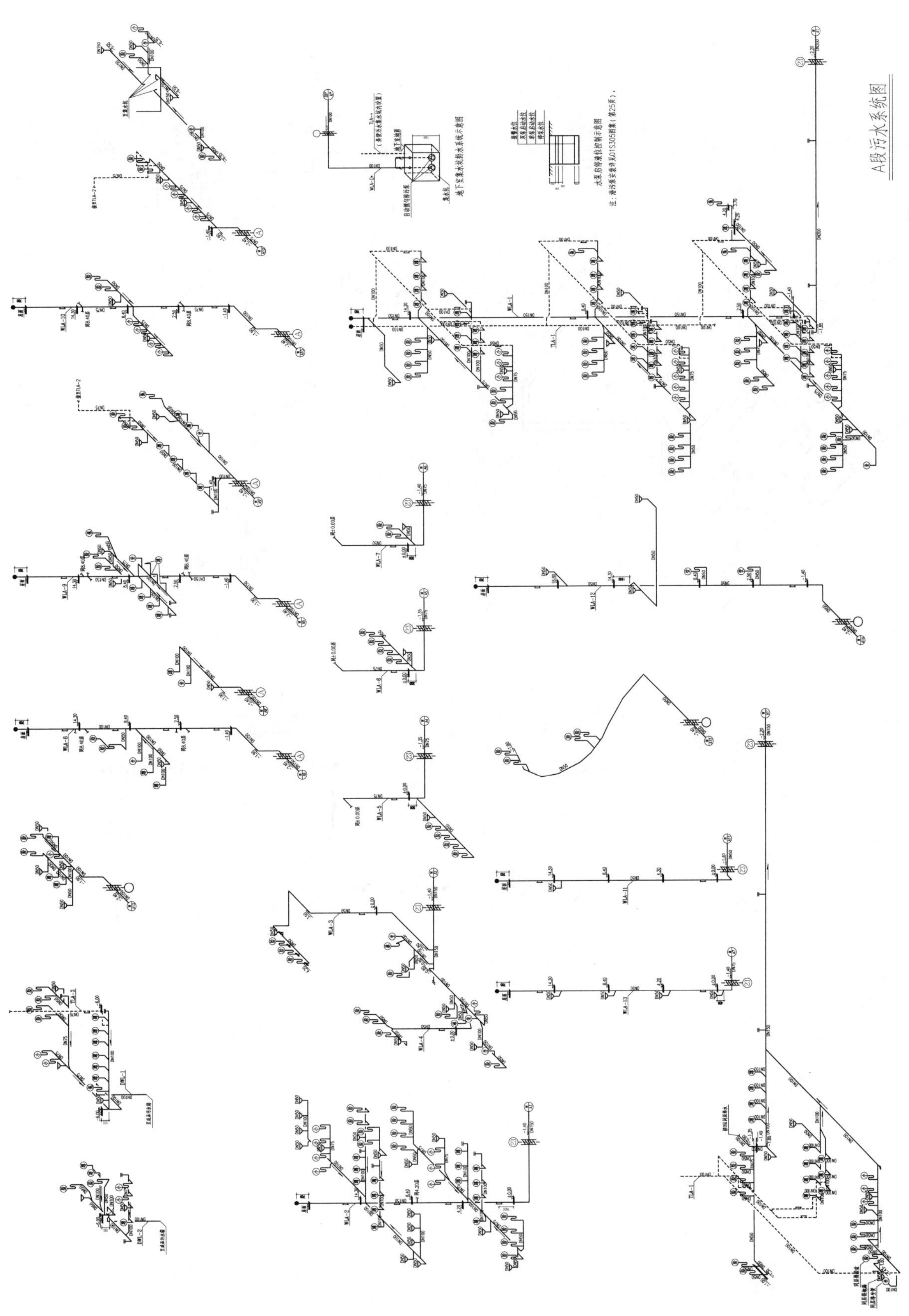
A段污水系统图

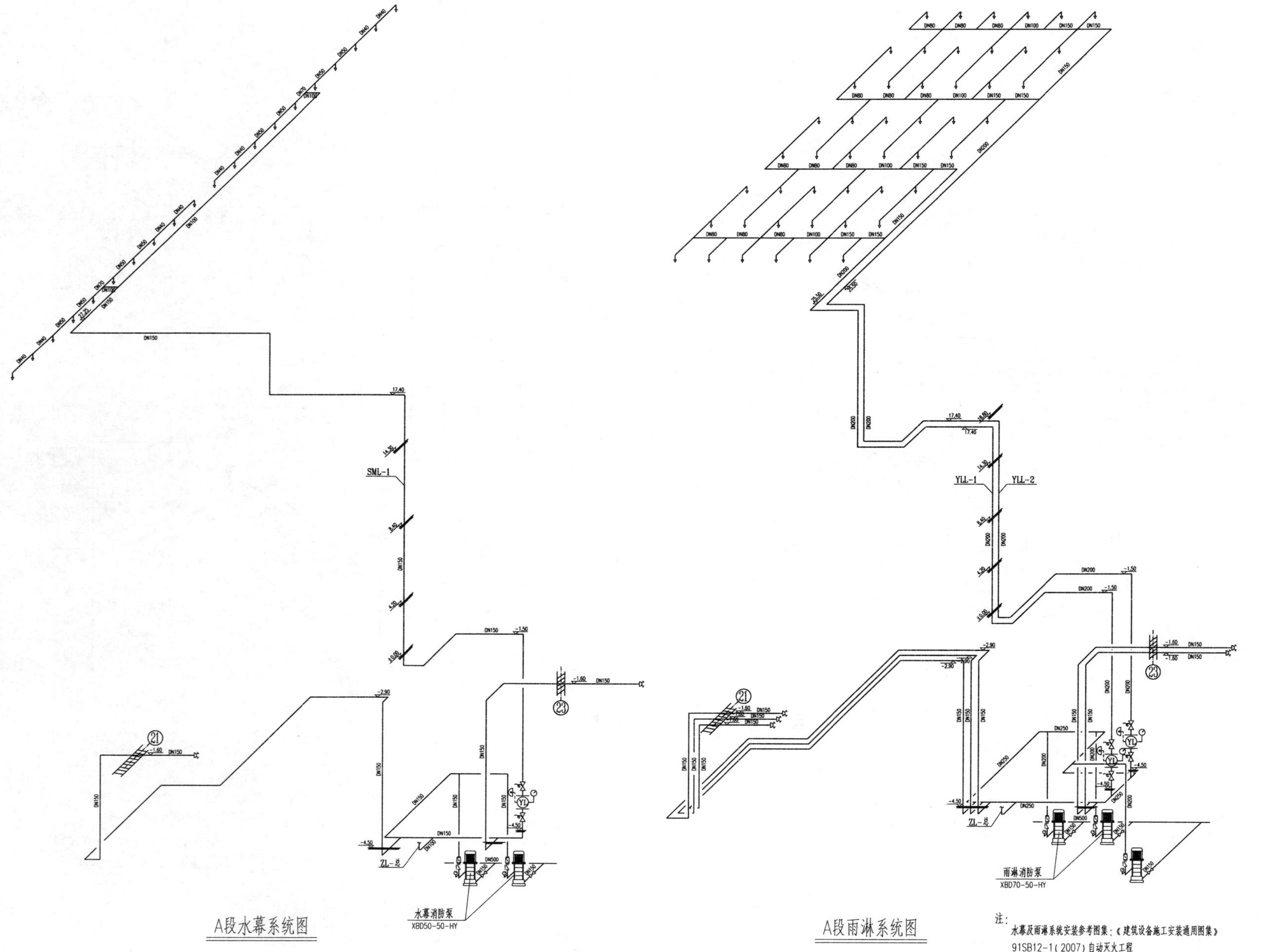
A段水幕系统图
水幕消防泵
XBD50-50-HY
A段雨淋系统图
雨淋消防泵
XBD70-50-HY
注：
水幕及雨淋系统安装参考图集：《建筑设备施工安装通用图集》
91SB12-1(2007)自动灭火工程

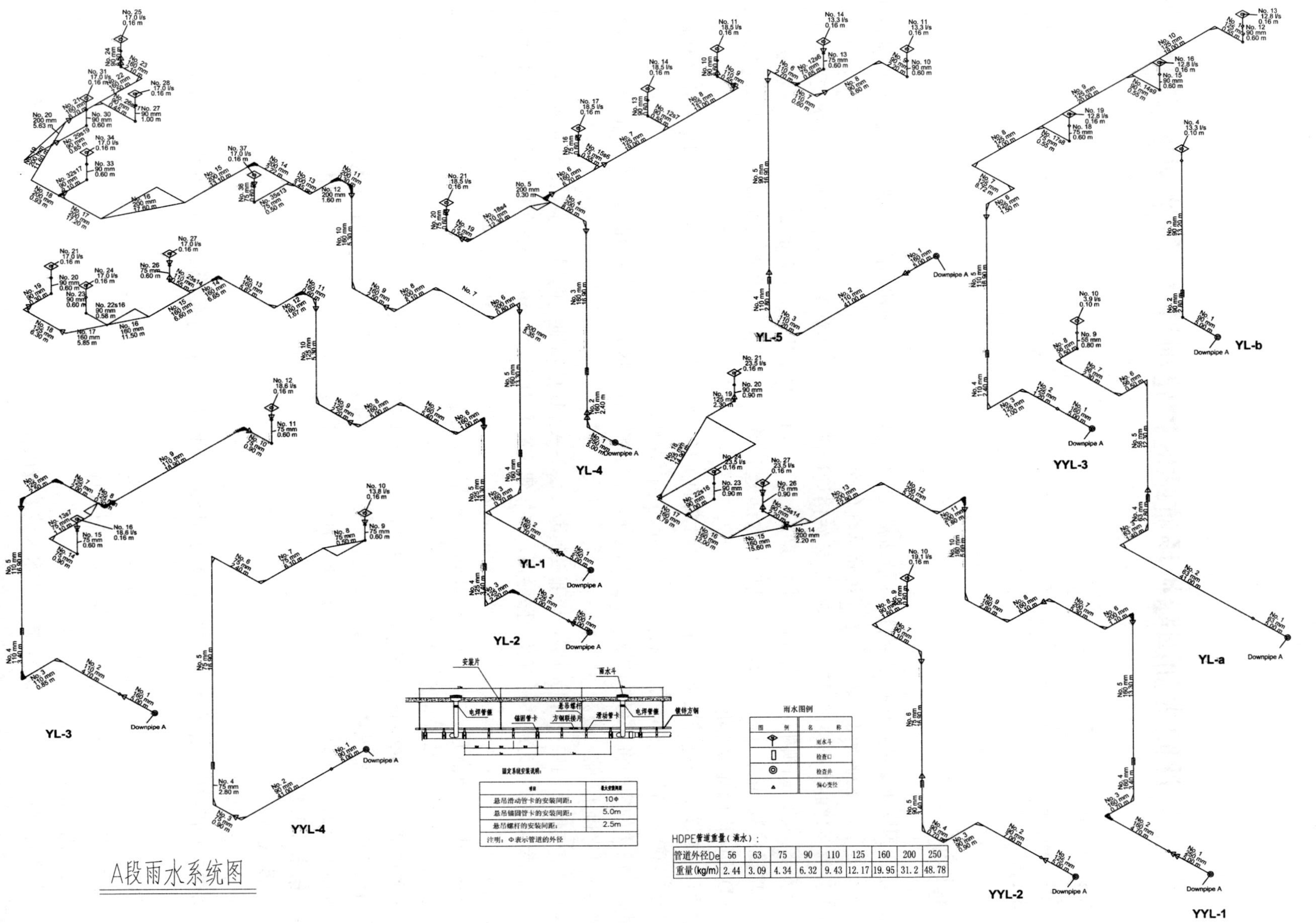

固定系统安装说明：

项目	最大安装间距
悬吊滑动管卡的安装间距：	10Φ
悬吊锚固管卡的安装间距：	5.0m
悬吊螺杆的安装间距：	2.5m
注明：Φ表示管道的外径	

雨水图例

图例	名称
[雨水斗符号]	雨水斗
[检查口符号]	检查口
[检查井符号]	检查井
▲	偏心变径

HDPE管道重量（满水）：

管道外径De	56	63	75	90	110	125	160	200	250
重量(kg/m)	2.44	3.09	4.34	6.32	9.43	12.17	19.95	31.2	48.78

A段雨水系统图

沈阳桃仙国际机场航站区扩建项目 T3 航站楼

设计单位： 中国建筑东北设计研究院有限公司
设 计 人： 崔长起　许为民　朱宝峰　郭娜　王海卿　宿国生　李观元　陈文杰
获奖情况： 公共建筑类　二等奖

工程概况：

沈阳桃仙国际机场航站区扩建项目 T3 航站楼位于机场现有 T2 航站楼西南侧，距 T2 航站楼的最近距离约为 83m，处于机场进场路端部，与进场道路垂直布置。

本工程为新建的大型空港建筑，新建 T3 航站楼设计满足 2020 年旅客吞吐量 1750 万人次，高峰小时旅客吞吐量 6430 人次（国内 5130 人次，国际 1300 人次），T1、T2、T3 合计满足 2020 年旅客吞吐量 2500 万人次。新增机位数 30 个（5E10D15C），其中国内部分 19 个（2E8D9C），国际部分 11 个（3E2D6C），其中 20-E. 19-D 为国内国际共用机位。

本项目中建筑定位坐标采用 40m×40m 方格网的机场坐标系定位；高程采用 85 高程作为基准高程。建筑室内±0.000 标高相当于总图绝对标高 56.45m，室内外高差 150mm。

根据航站楼的构型将 T3 航站楼分为三大部分，东翼指廊（A 区）、西翼指廊（B 区）、主楼（C 区）。另设连廊连接 T2 和 T3 航站楼。

本工程主楼地下两层，地上两层，局部设到港夹层。A、B 指廊地上两层，局部设到港夹层；地下局部设管沟。主楼地下二层为地铁隧道及公路隧道。主体建筑高度为 29.145m。主楼地下一层为连接地铁站厅层的过厅，标高－7.500m；主楼地下一层设备用房标高－7.000m；A、B 指廊地下一层为设备管沟，标高－3.850m；一层为到港层，标高为±0.000m；夹层为到港通道，标高为 4.250m；二层离港层标高为 8.700m；房中房屋面结构标高为 13.900m。

本工程建筑面积 248300m^2，建筑高度为 35.680m，耐火等级为二级。

沈阳桃仙机场 T3 航站楼的初步设计及施工图设计都由中国建筑东北设计研究院有限公司完成。

新机场于 2011 年 4 月开始设计，2011 年 9 月破土动工建设，2013 年 6 月投入使用。

一、给水排水系统

（一）给水系统

1. 冷水用水量计算

航站楼内的普通生活给水系统主要供应餐饮用水、卫生间洗手盆用水、清洗用水以及直饮水制备系统的补水。

设计根据航站楼内不同类型的用水分别套用相关定额用水量进行计算，采用的相应定额如下：

旅客用水定额：15L/(人・次)（根据现有资料统计）；

工作人员用水定额：50L/(人・d)；

餐饮用水定额：25L/(人・次)，旅客用水人数的按旅客人数 30%计；

航站楼使用时间按 16h 计，小时变化系数采用 1.5。

根据以上指标计算的本航站楼内的主要生活用水量见表 1：

生活用水量 **表 1**

序号	用水项目	规模	用水定额（L/人）	用水量		备注
				最大日(m^3/d)	最大时(m^3/h)	
1	旅客生活用水	6430 人	15L/(人・次)	1028.8	96.5	高峰小时旅客量
2	员工生活用水	5000 人	50L/(人・d)	250	23.4	
3	餐饮用水	1929 人	25L/(人・次)	514.4	48.2	
4	空调冷冻设备循环补水量			128	12	按循环水量的 1.5%计
5	小计			1921.2	180.1	
6	未预计			288.2	27	按 15%计
7	合计			2209.4	207.1	

生活用水量：航站楼最大日用水量为 2209.4m^3/d，最大时用水量为 207.1m^3/h。

2. 水源：机场新建了输水管网、供水站和场内室外给水管网。航站楼给水就近接自场内室外环状给水管网，供水压力不小于 0.35MPa。

3. 系统竖向分区：竖向分为一个供水区。

4. 供水方式及给水加压设备

（1）在航站楼内卫生间洁具采用感应冲洗，在候机楼每个饮水处设有不锈钢冷热饮水机一台（含处理装置），并设电开水器一台，供应开水。常温饮水器两台（一台供残疾人专用）。

（2）每路进户管均在室外水表井内设远传水表以计量航站楼用水量，远传水表的数据传至中央控制室进行汇总和统计。对营业性的餐饮用水点、零售区商业用水点等处根据需要设计分户计量水表。

5. 管材：生活给水管采用 SUS304 不锈钢管，大于 *DN*50 不锈钢卡凸式管件连接，小于等于 *DN*50 不锈钢双卡压连接，工作压力 1.0MPa。

（二）热水系统

1. 热水用水量计算

设计根据航站楼内不同类型的热水用水分别套用相关定额用水量进行计算，采用的相应定额如下：

旅客用水定额：2.5L/(人・次)（根据现有资料统计）；

工作人员用水定额：10L/(人・d)；

航站楼使用时间按 16h 计，小时变化系数采用 1.5。热水用水量见表 2。

热水用水量 **表 2**

序号	热水用水项目	规模	用水定额（L/人）	用水量		备注
				最大日(m^3/d)	最大时(m^3/h)	
1	旅客热水用水	6430 人	2.5L/(人・次)	162.23	16.07	高峰小时旅客量
2	员工热水用水	5000 人	10L/(人・d)	50	4.68	
3	小计			212.23	20.76	
4	未预计			21.22	2.076	按 10%计
5	合计			233.45	22.08	

生活热水用水量：航站楼最大日用水量为 233.45m^3/d，最大时用水量为 22.08m^3/h。

2. 热源：本项目采用局部热水供应系统，仅供应卫生间内洗手盆热水，提供旅客的舒适度。卫生间内洗手盆的热水分别由设置的容积式电热水器供应。政务贵宾和商业贵宾也设置容积式电热水器，保证热水供应。

热水器均采用保温性能好并带漏电保护的产品，产品采用恒温电热水器，设备本身要求自带安全止回阀。电热水器的出水温度为 60℃。

热水循环水泵仅设于较大的两个贵宾卫生间内，来保证管网热水温度。

3. 管材：生活给水热水管采用 SUS304 不锈钢管，大于 *DN*50 为不锈钢卡凸式管件连接，小于等于 *DN*50 为不锈钢双卡压连接，工作压力 1.0MPa。

（三）排水系统

1. 排水量计算：总排水量按给水量（不含空调系统补水量）的 90%计算确定。航站楼最高日污水排水量 1873.3m^3/d，最高日最高时污水排水量 175.6m^3/h。

2. 排水系统的形式：排水系统采用分流制排水系统（雨、污分流），室内排水采用污废合流。

3. 透气管的设置方式：排水系统设有污水主立管和专用通气立管，器具通气管，专用通气管及自循环通气管。

4. 采用的局部污水处理设施

（1）餐厅预留废水管，餐饮废水就地进行隔油器处理，同时在室外及地下室再经油水分离器处理后排入室外管网。

（2）地下室内污水设有一体化排污设备，地下室污废水经潜污泵提升排至室外排水管网，潜污泵的启停皆由磁性浮球控制器控制。

（3）航站楼地下一层设有职工食堂及集中厨房，此处厨房废水经过地下二层的隔油器处理后，再经压力提升，排至室外。此处由于平时用餐人数较多，时间较密集，含油废水量大，故需采用进口隔油器。

（4）生活污水汇集后经化粪池处理排入市政排水管网。

5. 管材：排水管及通气管采用柔性离心排水铸铁管，法兰连接。埋地部分、卫生间排水及通气管采用 HDPE 排水管，电热熔连接。

（四）雨水系统

1. 由于航站楼屋面汇水面积很大，采用普通的雨水排放系统难以满足排水要求，故雨水排水采用虹吸式雨水排放系统。屋面雨水经天沟汇集后由雨水斗经由密闭雨水排水系统排除。

雨水系统设计采用的是辽宁省沈阳市的暴雨强度计算公式：

$$q=\frac{1825(1+0.774\lg P)}{(t+8)^{0.724}}$$

式中，q——设计暴雨强度［L/(s·hm^2)］；

t——降雨历时（min）；

P——设计重现期（a）。

航站楼屋面汇水面积约 119110m^2，雨水管道设计降雨历时 5min，设计暴雨重现期为 50 年，暴雨强度为 q_5=681L/(s·hm^2)，排水雨量：8111.39L/s。雨水经雨水斗、雨水立管排至室外雨水检查井内，检查井为钢筋混凝土结构。

在屋面设溢流口，整个屋面排水能力按雨水设计重现期 P=100 年校核。

2. 雨水经屋面汇集到天沟内，雨水经天沟内的虹吸雨水斗，雨水立管排至室外雨水检查井内，虹吸雨水排入第一个雨水检查井内时应有消能措施（放大管径、减少流速 $V\leqslant 1.5$m/s），检查井为钢筋混凝土。当雨水超过雨水天沟的设计值时，雨水亦沿屋檐的溢流口自然外排。地面雨水经汇集后排至市政雨水管网内。屋面虹吸排水管敷设应采取防晃伸缩措施，同时立管支架，立管刷颜色应符合建筑要求。屋面天沟内虹吸雨水斗为特殊设计的带防护罩和隔气装置的雨水斗，斗体采用全金属不锈钢产品，与天沟连接采用氩弧焊接。

二、消防系统

本工程包括了与给水排水专业有关的室内外消火栓系统、室内自动喷水灭火系统、水喷雾系统、自动固定消防炮灭火系统以及洁净气体灭火系统等。

室内外消火栓系统、自动喷水系统、水喷雾系统及消防水炮系统等，消防初期供水采用两套气体顶压设备来代替屋顶水箱。消火栓系统、消防水炮系统由一套气体顶压设备顶压；自动喷水系统、水喷雾系统由一套气体顶压设备顶压。

在航站楼地下室内设计有消防水池及消防泵房；航站楼发生火灾时，由消防水泵抽取消防水池内消防储备水进行灭火。

消防水池 1176m^3。消防泵房内设室外消防水泵，室内消防水泵，自动喷水水泵，消防水炮水泵。

消防设计用水量见表 3：

消防用水量 **表 3**

消防用水名称	设计用水量(L/s)	设计灭火时间(h)	合计(m^3)
室外消防用水	30	3	324
室内消火栓用水	30	3	324
自动喷水灭火系统	40	1	144
自动跟踪定位射流灭火系统	20	1	72
自动固定消防炮灭火系统	40	1	144
合计			1008

考虑消防用水完全由地下室消防泵房水池供水，消防水池储水量 1176m^3，分为两格。

气体灭火系统：管网全淹没系统，设计浓度采用 40%。

七氟丙烷灭火预制装置：全淹没系统，设计浓度采用 10%。

(一) 消火栓系统

1. 室外消火栓系统

(1) 室外消火栓用水由航站楼地下消防水池及室外消防水泵供给，其 *DN*200 管网在室外主要道路上形成环状布置。室外消火栓间距不大于 120m，管道上设置分段和分区检修的阀门，阀门间距不超过 5 个消火栓的布置长度。

(2) 室外消防给水系统设计为低压给水系统，在管网上设置地下式消火栓。室外消火栓系统按低压制考虑，最不利点的消火栓出口压力不小于 0.10MPa。

(3) 供水由地下室消防泵房内的室外消火栓给水泵供给，室外消防水泵为一用一备。

(4) 管材：消火栓系统采用内外壁热镀锌钢管，工作压力：1.4MPa。小于 *DN*100 为丝扣连接，大于等于 *DN*100 为卡箍连接。每 50m 明露直管段设不锈钢膨胀节。

2. 室内消火栓系统

(1) 室内消火栓系统设计成独立的给水系统，其平时压力由消防泵房内 DLC 气体顶压应急消防气压给水设备维持，室内消火栓系统气体顶压压力控制在 0.60MPa（DLC 减压后供给）。火灾时启动消火栓泵抽取消防水池内储存的水灭火。消火栓泵为一用一备，系统在室外设置四套消防水泵接合器（分别在两处设置）。

(2) 室内消火栓系统的消火栓管网水平竖向成环。为了提高消防供水的安全性，消防干管沿航站楼主楼、指廊位置成环状布置，且在供水管网上设置分段检修阀门，组成多个消防供水管网。室外设水泵结合器。消火栓间距不超过 30m，消火栓布置保证两股充实水柱同时到达火灾部位，消火栓充实水柱长度不小于 13m。地下室及一层栓口压力大于 0.5MPa 的消火栓采用减压稳压型，最高点设置试验消火栓。

(3) 航站楼各室内消火栓箱内配有 *DN*65 消火栓一支、25m 衬胶水龙带一条、19mm 喷嘴水枪一支，且设有可直接启动消火栓泵的按钮（24V）及发光二极管并配有消防卷盘栓口 *DN*25，胶管 *DN*19，喷口 *DN*6。在室内消火栓箱下设有 3×5kg 装的磷酸铵盐手提式灭火器。

(4) 按不同位置装修要求的区别，消火栓箱分为以下几种：

1）普通明装消火栓箱：主要布置在对环境要求不高的区域，如行李分拣大厅、设备机房等位置。

2）暗装消火栓箱，配置在对环境装修要求较高的场所，如公务行政管理区、值机岛、出发大厅及到达大厅等位置。此类消火栓需根据不同环境的装修要求，对暗装消火栓箱门另外加工，进行与环境相协调的专门装饰。同时消火栓箱门设明显的消火栓标记。

3）独立型明装消火栓箱，配置在对环境装修要求较高的大空间公共场所。

（5）由于配置在大空间的消火栓缺少依傍的墙、柱等建筑构件，装修环境要求也比较高，所以专门设计了可以独立放置的采用不锈钢材质制作的非标准型消火栓箱。

（6）管材：消火栓系统采用内外壁热镀锌钢管，工作压力：1.4MPa。小于 *DN*100 为丝扣连接，大于等于 *DN*100 为卡箍连接。每 50m 明露直管段设不锈钢膨胀节。

（7）系统控制：由设于消火栓箱内按钮启动，其信号传至消防控制中心，并能自动启泵，泵房内也有手动启动装置。消火栓泵的运行均有灯光信号显示在消防控制中心和水泵房控制柜上。

（二）自动喷水灭火系统

1. 航站楼的喷淋按中危险级Ⅰ级设计，行李分拣区按中危险Ⅱ级设计。

2. 自动喷水灭火系统设计成独立的给水系统，报警阀前管网环状布置。其平时压力由消防泵房内 DLC 气体顶压应急消防气压给水设备维持，自动喷水灭火系统气体顶压压力控制在 0.90MPa。火灾时启动喷淋泵抽取消防水池内储存的水灭火。喷淋泵为一用一备，系统在室外设置四套消防水泵接合器（分别在两处设置）。

3. 整个航站楼内除净空高度大于 12m 的大空间，小于 5m^2 的卫生间及不宜用水灭火的部位外，都设置自动喷水灭火系统保护。

4. 在超过 800mm 高度的封闭吊顶内也布置喷头保护。

5. 在航站楼内行李分拣区域、两个较大的贵宾房及地下无供暖的走道处设置预作用灭火系统。

6. 报警阀设在报警阀间内，水力警铃安装在报警阀间室外走廊处。每个报警阀控制喷头数不超过 800 个。水流指示器按防火分区布置。

7. 喷头选用：采用普通喷头。动作温度为 68℃。餐厅厨房的蒸煮及烤炉部位喷头，动作温度为 93℃。预作用系统的喷头采用可耐−50℃的低温玻璃球喷头。无吊顶时采用直立型喷头。同时在大于 1.2m 风管下补设下垂喷头。管道立管及管道的高处设排气阀。自动扶梯、行李皮带下喷头采用普通喷头，带装饰盘；值机棚采用快速响应喷头；在格栅吊顶处的喷头设集热板，集热板面积不小于 0.12m^2。喷头均采用 K=80，喷头接管直径为 *DN*25。

8. 室内水喷淋系统在每个报警阀组控制的最不利点喷头处，设末端试水装置，其他防火分区、楼层均应设置直径为 25mm 的试水阀。末端试水装置就近排入室外或室内污水管道。

9. 关于喷洒喷头的布置设计问题：

（1）装设网格、栅板类通透性吊顶的场所，系统的喷水强度应按《自动喷水灭火系统设计规范》（2005 年版）表 5.0.1 规定值的 1.3 倍确定，当网格、栅板的投影面积小于地面面积 15%时，其喷头应安装在网格、栅板上；当网格、栅板类的投影面积为 15%～70%时，应在该吊顶的上下均设置喷头；当网格、栅板的投影面积为大于 70%时，可安装在网格、栅板类吊顶的下面。

（2）在远机位候机厅，局部吊顶为排列式圆盘，圆盘直径超过 1.2m，此部分喷头为直立喷头，同时在排列式圆盘下设有喷头。

10. 管材：自动喷水灭火系统采用内外壁热镀锌钢管，工作压力：1.4MPa。小于 *DN*100 为丝扣连接，小于等于 *DN*100 为卡箍连接。每 50m 明露直管段设不锈钢膨胀节。

11. 系统控制：火灾时喷头喷水，该区水流指示器动作，向消防控制中心发出信号，同时在水压差作用下，打开系统的报警阀，敲响水力警铃，并且在压力开关作用的同时，自动启动喷水灭火系统水泵，向系统加压供水。自动喷水泵设置在水泵房内，共两台，一用一备，水泵的启动可在消防控制中心和水泵房内就地手动启动，水泵的运行情况用红绿灯显示在消防控制中心和水泵房的控制屏上。

（三）水喷雾灭火系统

1. 水喷雾系统共用自动喷水水泵，供本楼柴油发电机房水喷雾系统。其消防初期由 DLC 供给，雨淋阀设于报警阀房间内，并针对不同灭火区域分别设电动阀分别控制。由烟感、温感探测器控制雨淋阀，电动阀及水喷雾水泵开启。

2. 管材：水喷雾灭火系统采用内外壁热镀锌钢管，工作压力：1.4MPa。小于 *DN*100 为丝扣连接，大于等于 *DN*100 为卡箍连接。每 50m 明露直管段设不锈钢膨胀节。

（四）气体灭火系统

1. 在航站楼内的变配电机房、弱电机房、电信机房、进线间、数据库备份机房、离港机房、安检信息监控机房、柴油发电机房、指挥中心等设计 IG541 气体管道全淹没式消防系统。建议采用全淹没 IG541（INERGEN）气体灭火系统采用可靠性高的进口设备。

2. IG541（INERGEN）全淹没气体保护灭火系统的设计参数为：

设计灭火时间：1min；

设计延迟时间：30s；

系统设计压力：150bar；

设计灭火浓度 40%。

3. 技术要求：

（1）气体消防供货厂家应有压力容器设计资格证和压力容器制造许可证。

（2）气体消防供货厂家应具有 VDS 国际认证。

（3）为保证系统可靠性，选择阀应具有自动复位功能。

（4）供货时的喷头及减压装置的开孔尺寸，通过专用的气体灭火系统水力计算程序计算得到。

4. 对防护区的要求：

（1）防护区宜以固定的单个封闭空间划分。

（2）防护区的围护结构及门、窗的耐火极限不应低于 0.5h，吊顶的耐火极限不应低于 0.25h；围护结构及门、窗的允许压强不宜小于 1200Pa。

（3）防护区灭火时应保持封闭条件，除泄压口以外的开口，以及用于保护区域通风机和通风管道中的防火阀，应在喷放前应能自行关闭。

（4）防护区的泄压口宜设在外墙上，泄压口面积按相应气体灭火系统设计规定计算。

（5）泄压口宜安装于保护区外墙三分之二高的适当位置，具体安装高度见图纸。

（6）防护区的最低环境温度不应低于－10℃。

（7）各防护区域出入门应为防火门，均向疏散方向开启，并能在气体灭火喷射灭火剂前自动关闭。

5. 对储瓶间的要求：

（1）储存装置的布置应方便检查和维护，并应避免阳光直射。

（2）应靠近防护区，出口应直接通向室外或疏散走道。

（3）耐火等级不应低于二级的有关规定。

（4）瓶间的环境温度应为－10～50℃，应保持干燥和良好通风。

6. 小型电气用房和 IDF 间等设淹没式柜式七氟丙烷灭火装置，设计参数为：设计灭火时间 8s；设计延迟时 30s；系统设计压力 4.2＋0.1MPa；设计灭火浓度按 10%计，其他按《气体灭火系统设计规范》GB

50370—2005 有关执行。

7. 餐厅厨房的灶台、烟罩、烟道设有的专用 R-102 灭火系统。

8. 管材：气体消防管采用无缝钢管。小于 $DN80$ 为丝扣连接，大于等于 $DN80$ 为法兰连接。每 50m 明露直管段设不锈钢膨胀节。

9. 系统控制：每个保护区设置一个独立的气体灭火控制器，有两条独立的火灾报警探测回路，当系统任意一路报警时，警铃鸣响，火灾信号传至气体自动灭火控制盘，气体自动灭火控制盘发出联动信号联动防火阀、空调、门禁、照明等设备，当两路探测器同时报警时，此时声光报警动作、警告气体将要释放、保护区所有人员应立即撤离疏散。气体自动灭火控制盘按预定模式自动延时 30s，延时时间完毕后气体灭火控制盘发出气体释放信号，启动储瓶主动瓶电磁阀释放灭火气体，气体自动控制盘接收到气体管道的压力开关反馈气体释放信号，气体释放信号灯亮，警告保护区外人员不要进入保护区。气体会在 60s 内完全淹没充斥整个保护区域。在整个系统工作过程中，气体自动灭火控制盘把灭火系统故障、气体释放信号传至火灾报警中心。

每一系统应有自动控制、手动控制和机械应急操作三种启动方式，系统的自动控制应在同时接收到烟感报警和温感报警信号后才能启动。

（五）大空间灭火系统

1. 自动跟踪定位射流灭火系统：

(1) 航站楼一层及二层地铁口部的共享空间内采用 ZNM-A20×2-I 智能型高空水炮的大空间主动喷水灭火系统，同时开启 2 个，180°转角。保证任意地方同时有两股水柱到达。每个智能型高空水炮流量 10L/s，设计用水量：20L/s。

(2) 大空间主动喷水灭火系统 ZNM-A20X2-I 型高空水炮的技术参数：射水流量 10L/s；工作电压 220V；标准工作压力 0.5MPa；保护半径 25m；安装高度 6～20m。

(3) 自动跟踪定位射流灭火系统与自动喷水灭火系统合用给水系统，其平时压力由消防泵房内的气体顶压设备维持，共用自动喷水水泵。

(4) 管材：消防水炮管采用内外壁热镀锌无缝钢管，工作压力：2.5MPa。小于 $DN100$ 为丝扣连接，大于等于 $DN100$ 为卡箍连接。每 50m 明露直管段设不锈钢膨胀节。

(5) 系统控制：全天候探测器，水炮一体化设置。当水炮探测到火灾后发出指令联动打开相应的电磁阀，启动自动喷水水泵进行灭火，驱动现场的声光报警器进行报警，并将火灾信号送到消防控制中心的火灾报警控制器发出火警信号。扑灭火后，装置再发出指令，关闭电磁阀，停止水泵。若发现有新火源，系统重复上述动作。系统同时具有手动控制、自动控制和应急操作功能。在系统管网最不利点处设置模拟末端试水装置，出口接不小于 $DN50$ 的排水管。

2. 自动固定消防炮灭火系统：

(1) 由于航站楼二层离港大厅面积大，空间高度高，在建筑形式上是一个开阔明亮没有繁密结构的大空间，属于超常规大空间建筑。这种大空间建筑形式给消防安全带来了一定的隐患，国内没有相应的设计规范，需要采用合理的消防灭火系统来弥补超规所带来的风险。

(2) 目前，对大空间建筑物内的灭火系统进行了论证和研究，认为采用与火灾探测器联动的固定消防水炮是一个较好的方案，能使火灾时的灭火效果大大提高，同时保证了建筑物整体美观性和便于业主以后大空间商业利用。本项目在航站楼二层离港大厅和候机厅采用了自动固定消防水炮灭火系统。

(3) 室内消防水炮灭火系统采用直流喷雾两用水炮。固定消防水炮灭火系统设计参数：水炮水量为 20L/s，射程 50m，系统炮口处压力不小于 0.8MPa，固定消防水炮按两股同时到达设计，消防水量为 40L/s。

(4) 固定消防水炮灭火系统设计成独立的给水系统，其平时压力由消防泵房内的消火栓系统气体顶压设备维持，火灾时启动消防水炮泵灭火。消防水炮水泵两台，一用一备。系统在室外设置 4 套 $DN100$ 消防水泵接合器。

(5) 管材：消防水炮管采用内外壁热镀锌无缝钢管，工作压力：2.5MPa。小于 $DN100$ 为丝扣连接，大于等于 $DN100$ 为卡箍连接。每 50m 明露直管段设不锈钢膨胀节。

(6) 系统控制：消防水炮联动是由 LA100 系统主机完成的，消防水炮启动方式有自动、消防控制室手动和现场应急手动等三种启动方式。①消防水炮自动控制：在人为使系统处于自动状态下，当报警信号在控制室被主机确认后，控制室主机向消防水炮控制盘发出灭火指令消防水炮按设定程序搜索着火点，直至搜到着火点并锁定目标，再启动电动阀和消防水炮泵进行灭火，消防水炮泵和消防水炮的工作状态在控制室显示。②消防控制室手动：消防控制室控制设备在手动状态下，当系统报警信号被工作人员通过控制室显示器或现场确认后，控制室通过消防水炮控制盘按键驱动消防水炮瞄准着火点，启动电动阀和消防水炮泵实施灭火，消防水炮泵和消防水炮的工作状态在控制室显示。③现场应急手动：工作人员发现火灾后，通过设在现场的手动控制盘按键驱动消防水炮瞄准着火点，启动电动阀和消防水炮泵实施灭火消防水炮泵和消防水炮的工作状态在控制室显示。

(六) 移动式灭火器

1. 航站楼整个建筑建筑物均配置磷酸铵盐干粉灭火器，每具灭火器的灭火级别不小于 3A，灭火器充装量为 5kg，主要设置在消火栓箱下部，每处 2～4 具。根据建筑物的危险等级和灭火器的保护距离，在其他合适位置设置灭火器箱。灭火器箱应设置在明显和便于取用的地点，且不得影响安全疏散。

2. 弱电中心机房、数据库备份机房、变电站、高低压配电室、柴油发电机房等重要房间，应配置推车式磷酸铵盐灭火器 MFT/ABC50，并配有设有手提式磷酸铵盐干粉灭火器。

(七) 消防水池与消防水泵房

消防水池和消防水泵房设置于航站楼的地下一层内。

消防水池储水容积按 3h 室内外消防用水总量计算（包括 3h 的室内外消火栓用水量、1h 的自动喷水灭火系统用水量、1h 的自动跟踪定位射流灭火系统用水量及 1h 的自动固定消防炮灭火系统用水量）。

消防水池总有效容积设计为 1176m^3，分两格，每格 600m^3。消防水池充满水时间不大于 48h，泵房内设置两台外循环水消毒器，保证消防用水清洁。

消防泵房内设室外消防水泵两台，一用一备；室内消防水泵两台，一用一备；自动喷水水泵两台，一用一备；消防水炮水泵两台，一用一备；DLC 气体顶压应急消防气压给水设备两台。

水泵的主要参数如下：

室外消火栓给水泵：流量 Q=30L/s，扬程 H=30m，功率 N=18.5kW。

室内消火栓给水泵：流量 Q=30L/s，扬程 H=85m，功率 N=45kW。

自动喷水给水泵：流量 Q=40L/s，扬程 H=85m，功率 N=55kW。

室内消防水炮给水泵：流量 Q=60L/s，扬程 H=115m，功率 N=110kW。

DLC 气体顶压应急消防气压给水设备：容积 V=18m^3，功率 18kW。

三、电伴热系统

(一) 屋面融雪

1. 由于沈阳位于中国东北地区南部，每年降雪量都比较大。如果屋面长时间处于厚重的积雪下，将会发生屋面变形、渗水甚至断裂的情况。同时，在寒冷的天气里，融化的冰雪很容易在屋顶的边缘等地方形成冰挂，如果冰挂坠落，极易造成人员伤亡情况。而融雪伴热带可用于任何结构的屋面和特定的天沟，起到融化冰雪之作用，从而有效地避免了上述的各种安全隐患。

2. 对于天沟融雪部分，设计采用沿天沟底部平敷数根自限温伴热带的方式，伴热带敷设根数（或伴热带之间的间隔）取决于天沟的宽度、降雪量及伴热带的输出功率。

(二) 行李分拣区域

1. 据机场使用方反映，现有 T2 航站楼行李分拣区域冬天最容易出现消防管道及消火栓被冻住甚至冻裂的情况。故本次设计采用电伴热带进行伴热，完全可以避免此类情况的出现。

2. 对于消火栓系统伴热，设计采用自限温伴热带沿管道直敷的方式，伴热带敷设的根数取决于管道直径、保温材料及保温厚度、伴热带输出功率。

(三) 伴热带采用通过了 IEC 认证的进口品牌。要求具有自动调温功能、热稳定性好、启动电流小、使用寿命长等优点。

四、工程特点介绍

本工程为保证建筑的整体效果及减少卫生间排水通气管出屋面的数量，设计中对排水系统采用了自循环通气系统，在保证了卫生洁具通气的同时，也满足了建筑的装修要求。

航站楼大屋面采用虹吸雨水排水系统，有效地减少了排水立管的数量及管径，同时增强了排水性能，保证了航站楼在雨期的正常运行。

本工程二层离港大厅面积大，空间高度高，在建筑形式上是一个开阔明亮没有繁密结构的大空间，属于超常规大空间建筑。所以本工程采用了自动跟踪定位射流灭火系统及自动固定消防炮灭火系统，既保证了航站楼的运行安全也满足了建筑物整体美观性，同时也便于业主以后大空间商业利用。

五、工程照片及附图

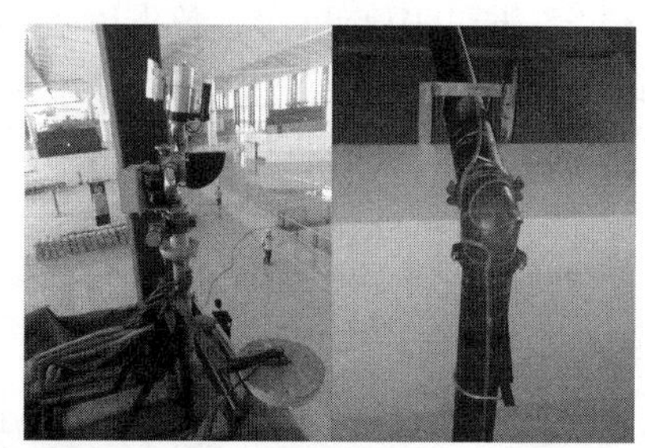

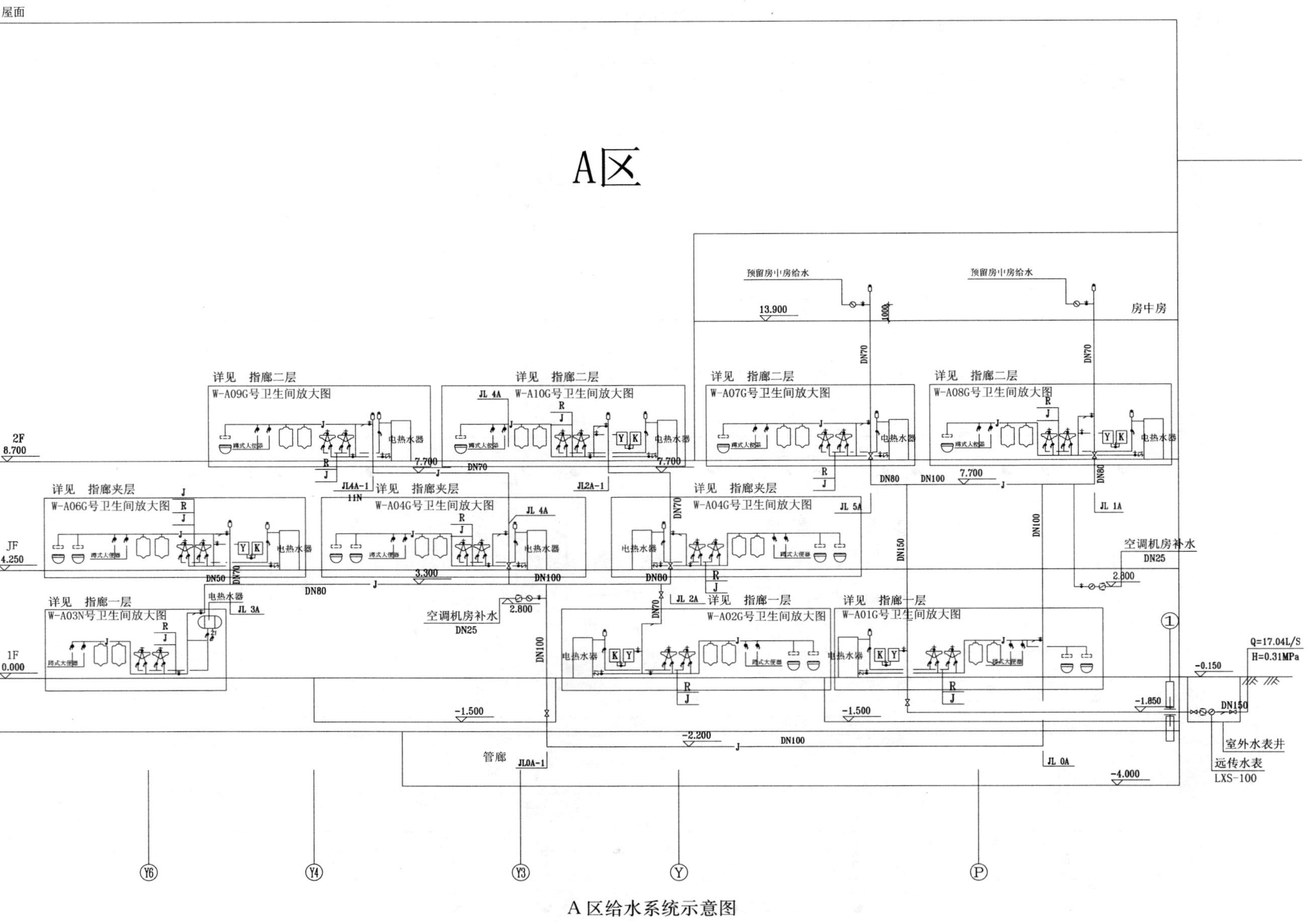
屋面
A区
预留房中房给水
预留房中房给水
房中房
13.900
详见 指廊二层
W-A09G号卫生间放大图
详见 指廊二层
W-A10G号卫生间放大图
详见 指廊二层
W-A07G号卫生间放大图
详见 指廊二层
W-A08G号卫生间放大图
2F
8.700
7.700
详见 指廊夹层
W-A06G号卫生间放大图
详见 指廊夹层
W-A04G号卫生间放大图
详见 指廊夹层
W-A04G号卫生间放大图
JF
4.250
3.300
空调机房补水
DN25
2.800
详见 指廊一层
W-A03N号卫生间放大图
详见 指廊一层
W-A02G号卫生间放大图
详见 指廊一层
W-A01G号卫生间放大图
1F
0.000
-0.150
-1.500
-1.850
-2.200
-4.000
管廊
JL0A-1
JL 0A
JL 1A
JL 2A
JL 3A
JL 4A
JL 5A
JL2A-1
JL4A-1
DN50
DN70
DN80
DN100
DN150
Q=17.04L/S
H=0.31MPa
室外水表井
远传水表
LXS-100
电热水器
Y6
Y4
Y3
Y
P

A 区给水系统示意图

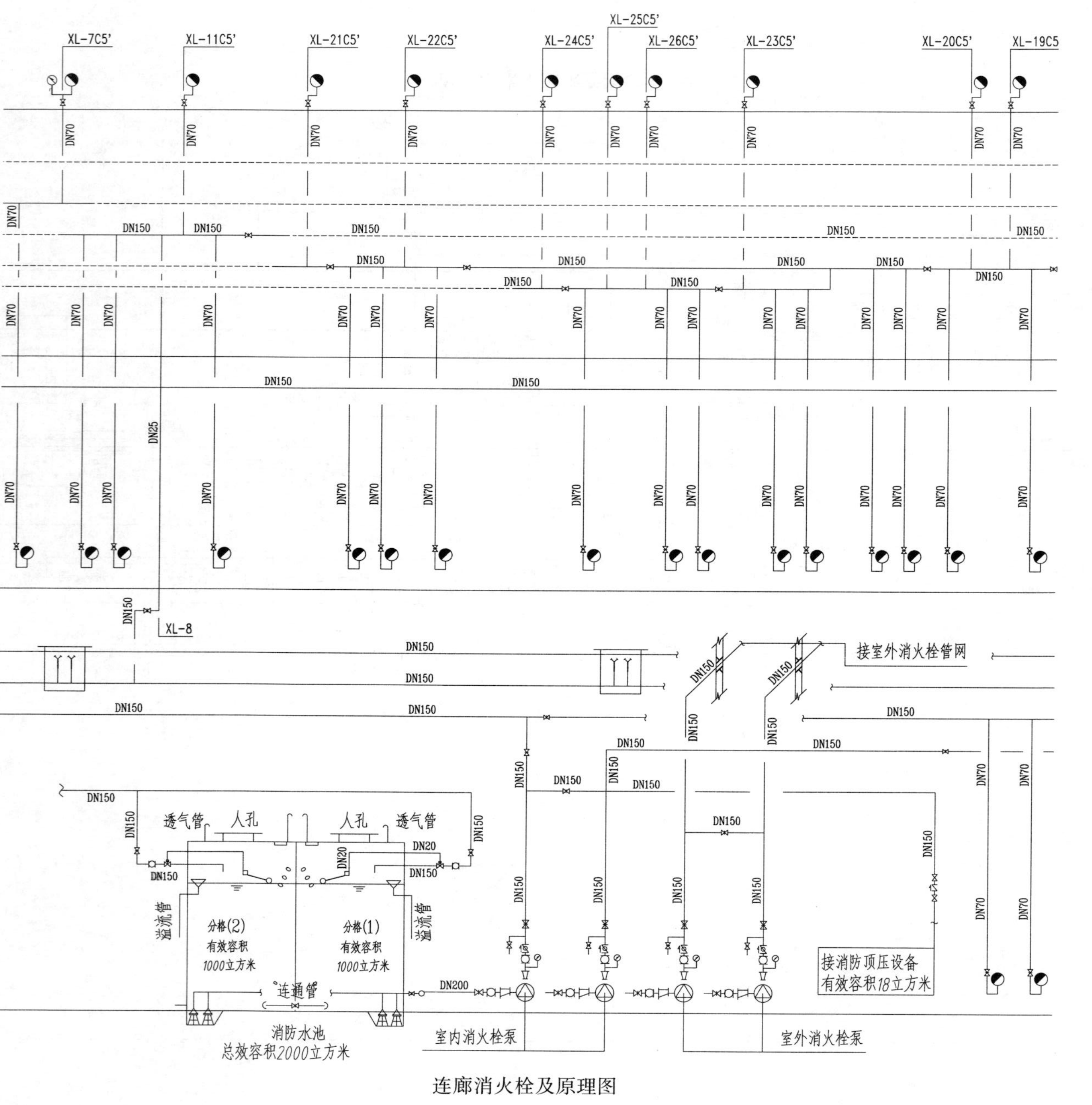
XL-7C5'
XL-11C5'
XL-21C5'
XL-22C5'
XL-24C5'
XL-25C5'
XL-26C5'
XL-23C5'
XL-20C5'
XL-19C5
XL-8
DN70
DN150
DN25
DN20
DN200
接室外消火栓管网
透气管
人孔
溢流管
分格(2)
有效容积
1000立方米
分格(1)
有效容积
1000立方米
连通管
消防水池
总效容积2000立方米
室内消火栓泵
室外消火栓泵
接消防顶压设备
有效容积18立方米

连廊消火栓及原理图

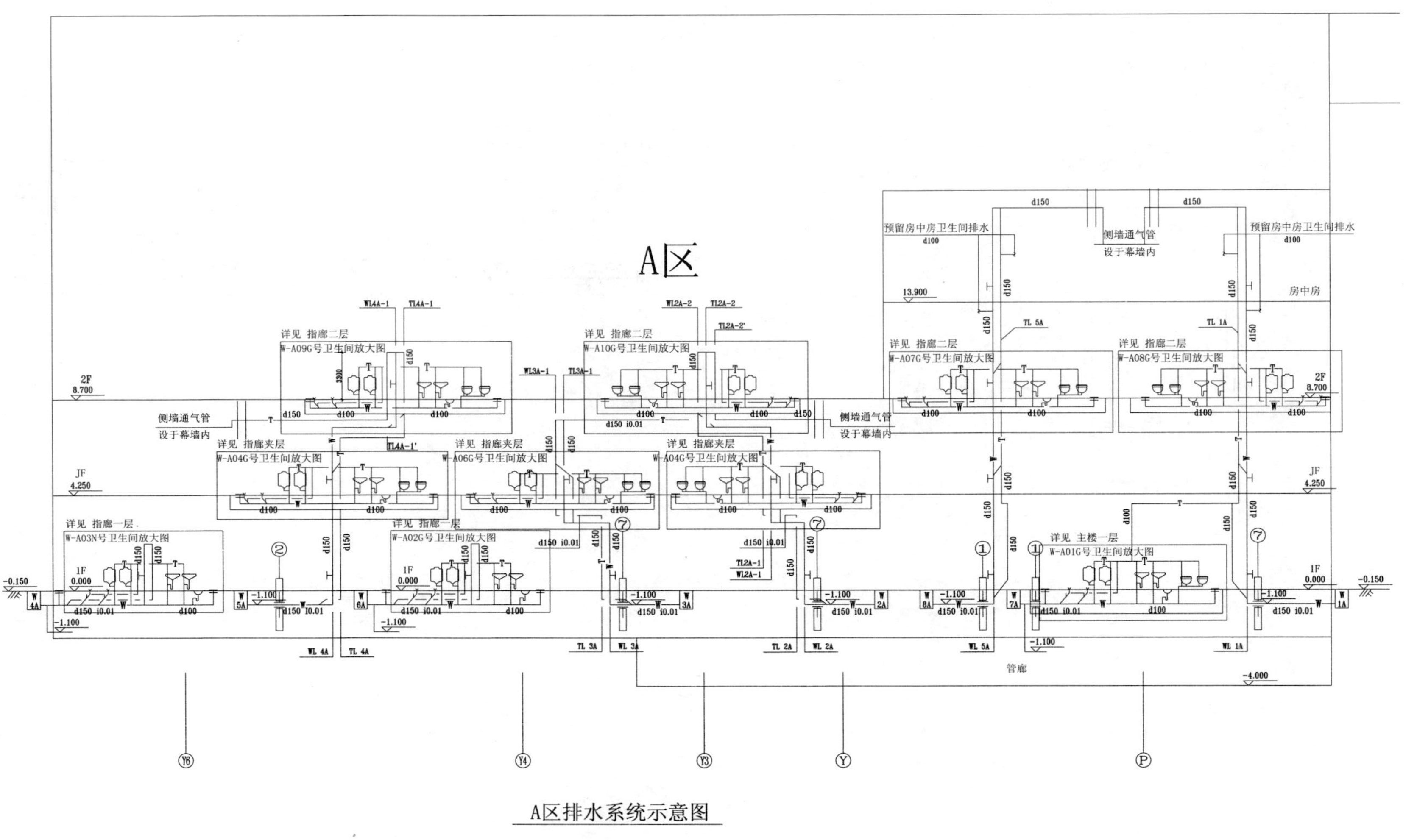
A区
预留房中房卫生间排水
侧墙通气管
设于幕墙内
房中房
详见 指廊二层
W-A09G号卫生间放大图
W-A10G号卫生间放大图
W-A07G号卫生间放大图
W-A08G号卫生间放大图
详见 指廊夹层
W-A04G号卫生间放大图
W-A06G号卫生间放大图
详见 指廊一层
W-A03N号卫生间放大图
W-A02G号卫生间放大图
详见 主楼一层
W-A01G号卫生间放大图
管廊

A区排水系统示意图

钢瓶间2平面图

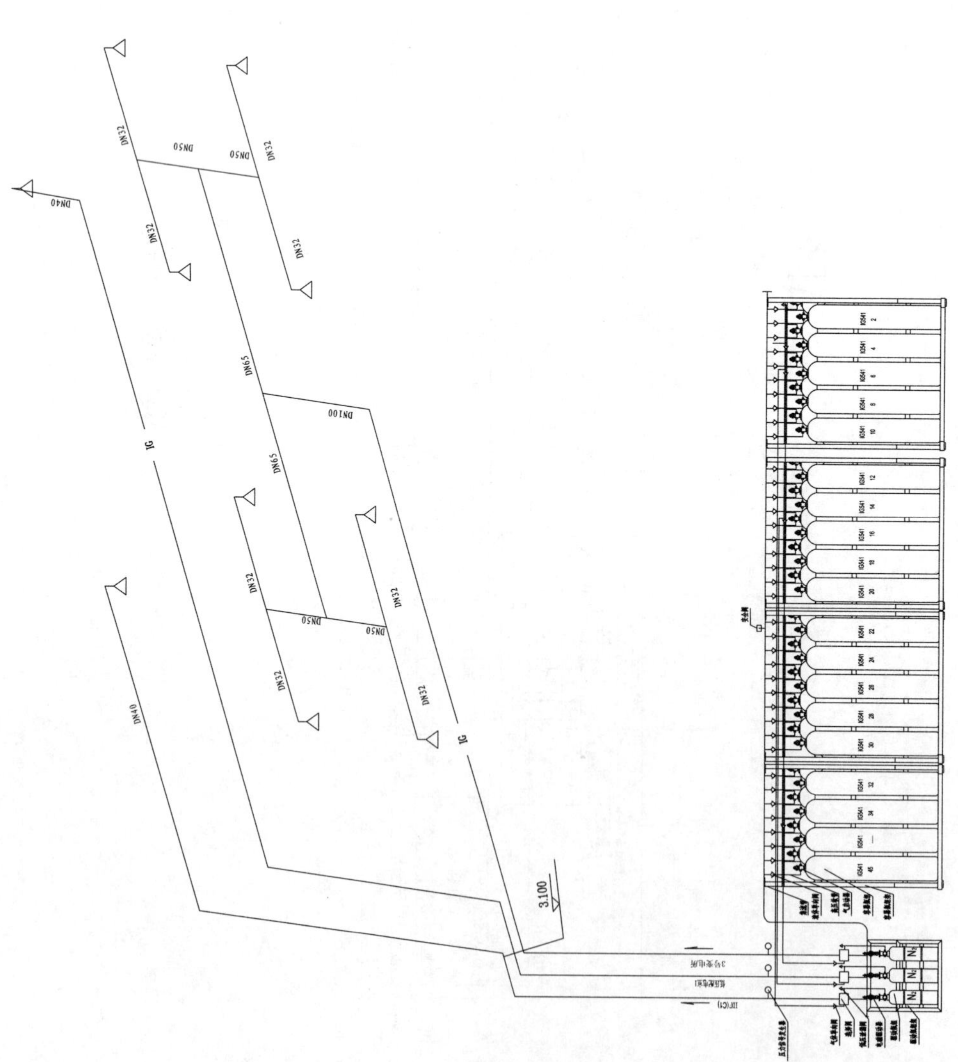

钢瓶间2原理图

气体灭火系统图

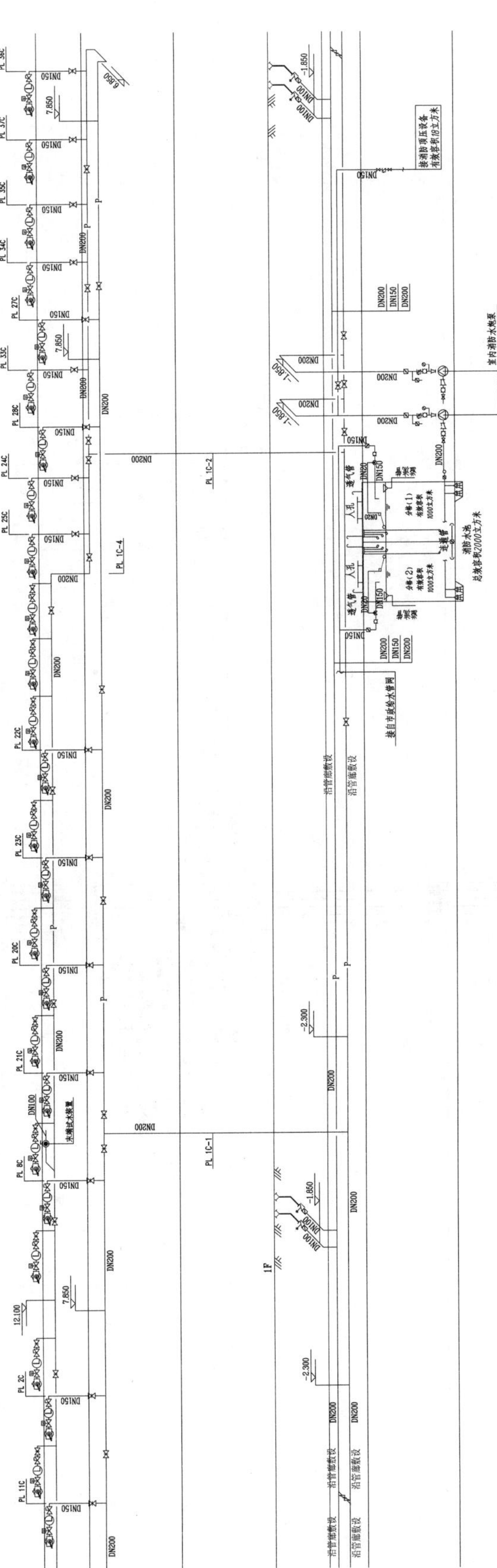

水炮原理图

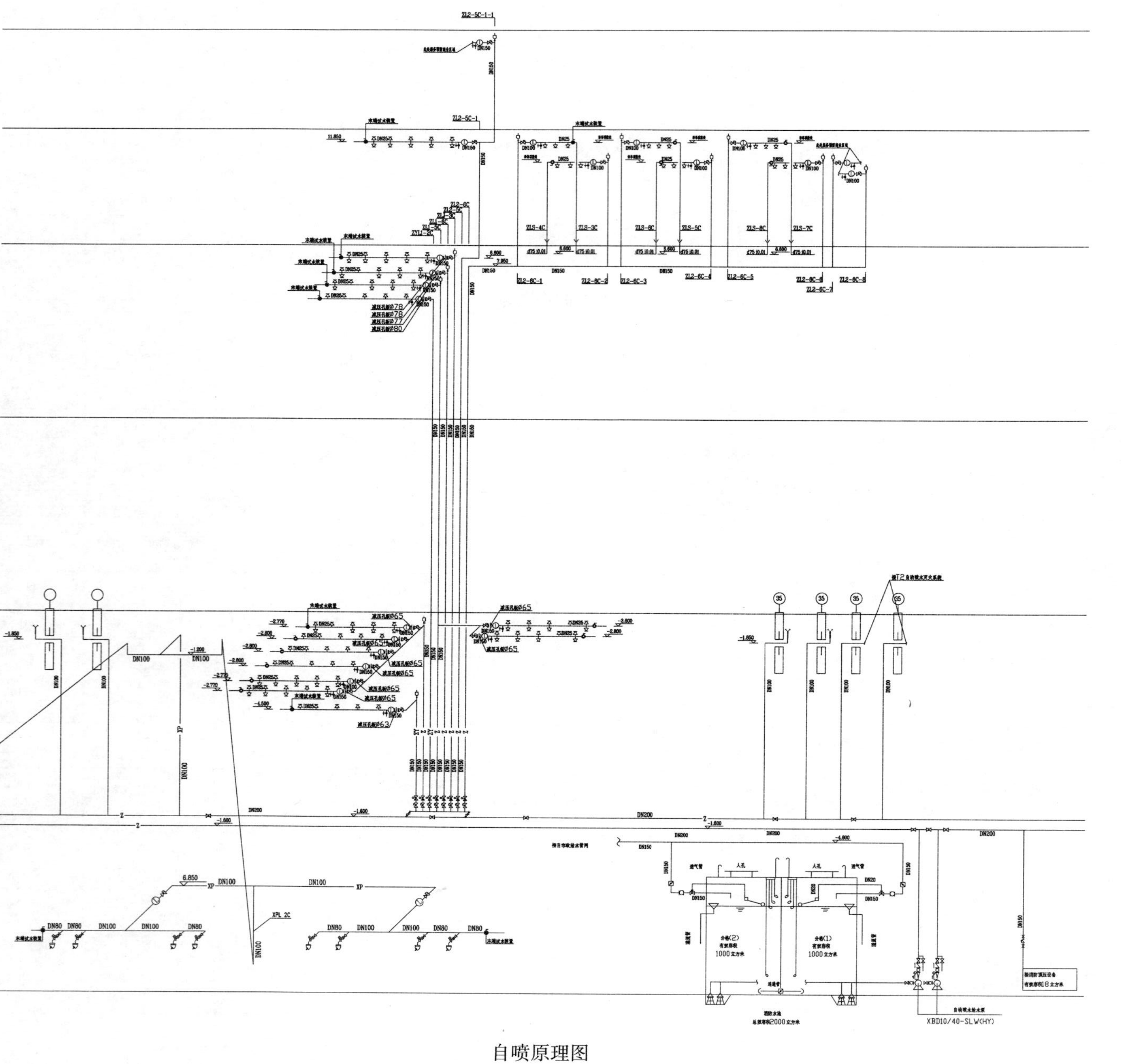

自喷原理图

上海市第六人民医院临港新城分院

设计单位： 上海建筑设计研究院有限公司
设 计 人： 施辛建　徐燕
获奖情况： 公共建筑类　二等奖

工程概况：

该工程是上海市政府“5+3+1”医疗服务工程重点项目之一。医院位于浦东新区南汇新城镇环湖西三路，紧邻滴水湖。医院占地面积150亩，总建筑面积约为7.2万m^2，设计规模日均门诊量3000人次，设计床位数为600床。项目包括门诊医技楼、病房楼、传染楼、急诊楼、核医学及高压氧舱、行政楼、宿舍楼等建筑单体，其中医技楼和病房楼设有地下一层，地上除病房楼为十层，建筑高度不超过50m外，其他各建筑单体分别为一至四层，建筑高度低于24m。

一、给水排水系统

（一）给水系统

1. 冷水用水量（表1）

冷水用水量　**表1**

序号	用水部位	数量	用水量标准	最高日用水量(m^3/d)	最大时用水量(m^3/h)	备注
1	病房病人	600	400L/(床·d)	240	20	K=2.0,t=24h
2	医务人员	1200	150L/(人·d)	180	45	K=2.0,t=8h
3	门诊病人	3000	15L/(人次·d)	45	4.5	K=1.2,t=12h
4	营养食堂	600	40L/(人·次)	60	9	K=1.5,t=10h,3餐
5	职工食堂	1200	20L/(人·次)	60	7.5	K=1.5,t=12h,3餐
6	职工宿舍	360	130L/(人·次)	46.8	4.9	K=2.5,t=24h
7	绿化浇灌	3500m^2	3L/(m^2·d)	10.5	10.5	K=1,t=1h
8	空调补给水			480	20	空调专业提供
9	未预见用水量		按1～6项最高日用水量之和的10%计	65	9.4	
10	总用水量			1303.46	233.63	

2. 水源和计量

该工程所有用水点由市政给水管网供给，其管网供水压力约为0.16MPa，给水进户管管径为DN200，建筑红线内设置水表对生活用水、空调用水及绿化浇灌用水进行计量。

3. 供水方式

该工程的绿化浇灌用水及一楼生活用水点利用市政管网压力直接供水，空调用水采用变频供水设备供水。生活用水点分四区采用变频供水设备供水（病房楼3～10层、职工宿舍楼、病房楼B1～2层及后勤、门诊医技楼）。

4. 该工程职工饮用水采用成品桶装水，加热方式采用电加热饮水器，饮用水标准为 2L/(人·班)。门急诊、病房每层集中设置电加热开水器供病人使用，饮用水标准为 2～3L/(床·d) 计。

5. 供水设备

四组生活用水变频供水设备和有效容积为 350m^3 不锈钢成品生活水池一座设置于地下一层设备机房内。空调用水变频供水设备和有效容积为 240m^3 混凝土水池一座设置于一层下沉式花园内。

不锈钢成品消防高位水箱一座有效容积 18m^3，设置于病房楼屋面层设备机房内。

（二）热水系统

1. 各用水单位设计小时耗热量及设计小时热水量（表 2）

各用水单位耗热量及热水量 **表 2**

编号	用水单位	数量	用水量标准	设计小时耗热量(kJ/h)	设计小时热水量(m^3/h)
1	病房病人	600	200L/(床·d)	2531320	11
2	医务人员	1200	80L/(人·d)	5522880	24
3	营养食堂	600	20L/(人·d)	1242648	5.4
4	职工食堂	1200	10L(/人·d)	1035540	4.5
5	总用水量			10332388	44.9

2. 生活热水主要供应病房、宿舍的卫生间、医办护办洗手盆、手术室洗手盆、重症监护室洗手盆、中心供应和厨房洗涤池等部位。

3. 门诊医技楼、传染病楼及核医学楼的热水制备采用太阳能并辅以锅炉产生的热煤水加热热水供应方式。职工宿舍及行政楼、病房楼、后勤楼、急诊楼的热水制备采用锅炉产生的热煤水加热热水供应方式。

4. 集中供应的热水分为五个系统（病房楼 3～10 层、职工宿舍及行政楼、病房楼 B1～2 层及后勤、门诊医技楼、核医学及传染病楼），其系统采用闭式热水系统机械循环。热水水源由变频供水设备供水，热水设计温度为 60℃，冷水计算温度为 5℃，热水配水点最低温度为 50℃，热水制备采用节能型容积式水—水热交换器，热源为医院锅炉房产生的热媒水。节能型容积式水—水热交换器、热水循环泵和热水膨胀罐设置于地下一层设备机房内。

（三）排水系统

1. 室内排水系统采用污废水分流制，室外采用污废水合流制。门急诊楼、病房楼和医技楼的生活污废水排至污水处理站进行集中处理后汇同宿舍楼、行政楼生活污废水一道纳入市政污水管道，总排放量约为 680m^3/d。

2. 病理室、放射性治疗、传染病治疗等医用废水分别经酸碱中和处理、衰减处理和消毒灭菌预处理后排至医院污水处理站进行集中处理，污水处理达到《医疗机构水污染物排放标准》GB 18466—2005 后排入市政污水管网。

3. 门诊医技楼屋面雨水采用虹吸雨水系统，其他单体屋面雨水采用重力流排水系统，其屋面雨水排水工程与溢流设施的总排水能力按 50 年重现期的雨水量设计。

4. 地下室集水井的污废水通过污水潜水泵提升至室外污水检查井。

5. 厨房废水经隔油处理后排至室外污水检查井。

6. 室外排水系统采用雨污（废）水分流体制，地面雨水通过路旁雨水口有组织地收集后纳入市政雨水管，总体场地雨水设计重现期采用 1 年。雨水排放量约为 1879L/s。

二、消防系统

1. 该工程室内外消防用水由市政给水管道两路 *DN*250 供水，室内外消防给水管道呈环状布置，以保证消防供水的可靠性和安全性。

2. 消防用水量（表 3）

消防用水量 **表 3**

序号	消防给水系统类型	消防设计用水量	火灾延续时间	一次灭火用水量
1	室外消火栓	20L/s	2h	$144m^3$
2	室内消火栓	20L/s	2h	$144m^3$
3	自动喷水	35L/s	1h	$126m^3$
4	消防总用水量为 20L/s+20L/s+35L/s=75L/s			

3. 该工程外围沿四周道路边设置 *DN*100 室外地上式消火栓对建筑物进行保护，室外消火栓采用低压消防给水系统，利用市政给水管道水压直接供水。

4. 在楼梯出入处、走道和明显易于取用的地点设置 *DN*65 室内消火栓和 *DN*25 消防卷盘对每个楼层进行保护，室内消火栓采用临时高压消防给水系统，其系统由室内消火栓加压泵、室内消火栓稳压泵和室内消火栓等设备组成。室内消火栓布置保证同层任何部位有两个消火栓的水枪充实水柱同时到达，消火栓水枪充实水柱长度大于 10m。消火栓栓口出水压力大于 0.5MPa 时，采用减压孔板进行减压。

5. 办公室、诊疗室、大厅、会议室、病房、宿舍客房和走道等其他公共活动场所采用自动喷水灭火系统进行保护。自动喷水采用临时高压消防给水系统，其系统由自动喷水加压泵、自动喷水稳压泵、湿式报警阀组、水流指示器、玻璃球喷头等设备组成，其设计参数见表 4。

公共活动场所自动喷水灭火系统设计参数 **表 4**

火灾危险等级	喷水强度	作用面积	设置场所
中危险Ⅰ级	$6L/(min \cdot m^2)$	$160m^2$	一般场所

该工程设置若干组湿式报警阀组，每组湿式报警阀组控制喷头数约 800 只，一般场所喷头公称动作温度采用 68℃。

6. 距离室外消火栓 15～40m 处设置地上式 *DN*150 消防水泵接合器五套，供消防车往室内消火栓和自动喷水灭火系统供水。

7. 在各机房、电气房、库房、走道以及有固定人员值班的场所设置手提式灭火器，变电所采用手推式灭火器，其类型采用磷酸胺盐干粉灭火器。一般场所按 A 类火灾种类设计，其灭火器配置设计参数见表 5。

灭火器配置设计参数 **表 5**

火灾危险等级	最大保护距离		最低配置基准	
严重危险级	手提式	15m	最小配置灭火器级别	3A
	手推式	30m	最大保护面积	$50m^2/A$

8. 计算机房和档案室采用气体灭火系统。

三、管材、管件、连接方式

1. 室外埋地生活给水管采用公称压力不低于 1.0MPa 等级的给水球墨铸铁管及配件，承插连接。室内生活给水管采用公称压力不低于 1.6MPa 等级的给水塑料管及配件，热熔或其他连接。室内生活热水管采用公称压力不低于 1.6MPa 等级的铜管或不锈钢管及配件，焊接或卡压式连接。

2. 室外埋地消防给水管采用公称压力不低于 1.6MPa 等级的给水球墨铸铁管及配件，承插连接。室内消防给水管采用公称压力不低于 1.6MPa 等级的热镀锌钢管或热镀锌无缝钢管及配件，丝扣连接、沟槽式连接或其他连接。

3. 室外埋地污废水和雨水管采用埋地排水塑料管及配件，弹性橡胶圈密封柔性连接，室外明露重力流雨水管采用符合紫外光老化性能标准的建筑排水塑料管及配件，采用 R-R 承口橡胶密封圈连接。室内污废水和重力流雨水管采用建筑排水塑料管及配件，承插粘接。污水潜水泵提升管道采用涂塑热镀锌钢管及配件，丝扣连接。

四、工程特点

1. 座式大便器采用 6L 冲水箱。

2. 公共卫生间洗手盆采用感应式水嘴。

3. 所有用于卫生器具的角阀、冲洗阀和龙头的阀芯采用陶瓷阀芯。

4. 设置若干只计量表分别对生活用水、蒸汽用气量和天然气用量进行计量。

5. 所有水池和水箱有超高水位报警功能，防止进水管阀门故障时水池和水箱长时间溢流排水。

6. 充分利用太阳能资源，门诊医技楼、传染病楼及核医学楼的热水制备采用太阳能并辅以锅炉产生的热煤水加热热水供应方式。

7. 空调季节生活热水水源（5℃冷水）经空调热回收设备预热后再进行系统加热。热交换器采用水—水节能型产品。热水管道和热水设备采用保温材料进行保温，以减少热量损失。

8. 所有水泵设置隔振基础，其进出水管设置可曲挠橡胶接头以减少振动和噪声传递。

9. 所有水泵出水管设置静音式止回阀以减少噪声和水锤。

10. 门急诊楼、病房医技楼和后勤楼的生活污废水经污水处理站进行集中处理。

11. 生活水池采用不锈钢材料制作，其人孔盖和溢流管、通气管出口要求设置锁具和防虫网罩。

12. 本工程为防止水质二次污染不设置生活高位水箱，除空调补给用水、绿化浇灌补充用水利用建筑旁河水为水源外，其余用水点采用恒压变频供水设备供水。

13. 为保证用水水质，在生活水池机房内设置一套水消毒成套设备用于生活水池水体消毒。

14. 公共卫生间洗手盆和坐便器采用感应式水嘴和感应式冲洗阀以防止交叉感染疾病。

15. 所有排水地漏水封高度不小于 50mm。

16. 实验室、放射性治疗、传染病治疗等医用废水分别经酸碱中和处理、衰减处理和消毒灭菌预处理后排至医院污水处理站进行集中处理。

17. 厨房废水和地下车库地面冲洗废水经隔油和沉砂预处理后排至室外污水检查井。

五、工程照片

首都图书馆二期暨北京市方志馆

设计单位： 北京市建筑设计研究院有限公司
设 计 人： 王毅　王思让　乔群英
获奖情况： 公共建筑类　二等奖

工程概况：

首都图书馆二期暨北京市方志馆工程为综合性的文化场所。总用地面积 1.8210hm^2，总建筑面积 66980.7m^2，其中地上 55481.8m^2，地下 11498.9m^2。包括首都图书馆二期和北京市方志馆两部分，其中首都图书馆二期约 5.7 万 m^2，地下一层，地上十层，建筑高度 49.5m。地下设有六级人防，战时为物资库，平时为汽车库；地下一层设有直燃机房、空调泵房、给水泵房、消防泵房、中水处理机房、自行车库等。地上设有各类借阅中心、开架阅览、书库、数字图书馆、办公、报告厅，另按要求设有厨房及餐厅。北京市方志馆建筑面积约 1.0 万 m^2，地上六层，设有展厅、地方志编修、地情研究、北京年鉴编辑出版发行等用房。两馆合建、统一设计、统一建设、统一投资、统一管理。本项目设计于 2006 年，工程竣工于 2011 年底（图 1）。

图 1　首都图书馆

一、给水排水系统设计

（一）室内生活给水

本项目一期原有市政入口 $DN150$ 一个，本工程新开市政给水口 $DN150$ 一个，在本工程红线内与一期现状市政给水管网布置成环状，供给本项目生活用水。生活给水系统分高低区供水，二层及以下为低区，由市政自来水直接供给；三层至十层为高区，采用管网叠压供水设备装置供水。设计中充分利用市政供水压力，以利于节能。

（二）生活热水系统

本工程为图书馆建筑，根据业主一期使用的经验，阅览区及办公区无生活热水需求，仅厨房部分和个别办公卫生间需要提供生活热水。厨房生活热水供应采用空气源热泵热水器辅助燃气热水器的形式，空气源热泵设于六层屋顶。有设置室外机条件的十层办公卫生间，设空气源热泵型热水器提供生活热水。方志馆四至六层的办公卫生间设电热水器提供生活热水。

（三）中水处理及供水系统

本工程收集各卫生间的洗手盆的废水排水作为中水原水，回收至设于地下一层的中水处理机房，经中水处理设备处理后提供中水供水需求。经水量平衡计算，中水回用量仅能够满足低区卫生间冲厕用水的用量，考虑到远期的发展，市政中水接入的可能，高区卫生间目前预留中水给水管，为今后改造预留条件。中水供水方式采用中水调节水池加变频调速泵联合供水。

（四）室内污废水排水系统

本工程室内采用污废水分流的排水系统，本工程室外生活污水和生活废水在化粪池前为分流排水系统。粪便污水等经化粪池、厨房污水经隔油处理后排向市政污水管。作为中水水源的各卫生间洗手盆排水，经排水立管排入设在地下一层的中水处理机房的中水原水调节池。在总废水管上设直接排向室外的旁通管。当中水设备检修停止使用时，关闭进入原水调节池的阀门，旁通管阀门开启，废水直接排向室外管网。地下层排水排至集水池，经污水泵提升后排向室外。

（五）雨水排水系统

屋面设雨水排水口，雨水为内排水系统。屋面排水设计流态为虹吸压力流，部分小屋面设计流态为重力流。雨水排水系统设计重现期为10年，屋面设置溢流口作为溢流设施，排水系统和溢流设施总设计重现期为50年。

二、消防水系统设计

（一）消防储水池

地下一层设消防水池一座，由市政自来水管网供水。水池储存室内防护冷却水幕系统、雨淋喷水灭火系统、水喷雾灭火系统、大空间自动扫描灭火系统的消防用水量，共950m^3。另有室内消火栓系统及自动喷水灭火系统的消防用水量由原一期消防水池提供储水。

（二）室外消火栓系统

消防水源为市政给水，一期原有市政入口*DN*150一个，本工程新开市政给水口*DN*150一个，在本工程红线内与一期现状市政给水管网布置成环状，管网上设置地下式消火栓，消火栓井内设置*DN*100和*DN*65消火栓各一个。

（三）室内消火栓系统

室内消火栓系统为一个分区。地下一层及地下设备夹层设消防总环线，六层、十层设消防环线。消火栓系统与现一期消防水泵共用，经校核，一期消火栓泵能够满足二期流量及压力的要求。室外设有两个消防水泵接合器，与一期现有消防水泵结合器合用。由于二期建筑高度高于一期，故在二期十层屋顶设水箱间，内设储水量为18m^3的消防水箱，另设稳压泵和气压罐用于一期和二期的消火栓系统稳压，屋顶水箱间设试验用消火栓。每层设置消火栓，保证同一部位有两支水枪保护。消火栓箱采用带灭火器箱的组合式消防柜，柜内设移动式灭火器。

（四）自动喷水（喷雾）灭火系统

本建筑火灾危险等级为中危险级，书库、停车库为Ⅱ级，其余为Ⅰ级。自动喷水灭火系统为一个分区，开架阅览、地下车库等区域采用了预作用系统，办公等采用湿式系统。在报告厅舞台口部设有防火幕的部位，设置了冷却水幕，系统为开式，采用侧向喷水水幕喷头；在舞台区域，净空为17.300m，幕布火灾蔓延迅速，按规范要求设置了开式雨淋系统，采用开式洒水喷头。中部二层（5.700m）至六层（30.55m）中庭，净空高度为24.85m，采用固定消防水炮灭火系统；方志馆四～六层的中厅部位，采用固定消防水炮灭火系统；图书馆六层餐厅及图书馆三～五层中庭设微型自动扫描灭火装置作为消防保护。本建筑物地下一层设有柴油发电机一台，直燃机三台，设水喷雾系统保护。

（五）气体灭火系统

本建筑物的以下部位设置了气体灭火系统保护：地下一层变配电室、方志馆六层信息网络中心、八层电子文献库及视听书库、九层地方文献书库及中心机房。灭火剂采用七氟丙烷气体，变配电室、电子文献库及视听书库、地方文献书库及中心机房等采用有管网的组合分配灭火系统。方志馆六层信息网络中心由于面积较小，采用了无管网七氟丙烷气体灭火装置。

三、设计体会

首都图书馆二期暨北京市方志馆工程自2011年底竣工使用以来，多次举办了各类活动，总体运行情况良好，收到各方好评。以下是设计中的一些心得体会：

1. 基于图书馆建筑的特点，部分区域（如珍善本书库、开架阅览等）不允许给水排水管道穿过，以避免水患带来的损失。这为给水排水系统的设计带来了一定的困难。这就需要给水排水专业设计师在项目初期介入建筑方案的排布，对建筑功能布局提出一定的建议和要求。

2. 经验算，一期现状消防水池及消火栓加压泵组能够满足本项目消火栓系统需求，而自动喷淋系统则无法满足二期的流量需求，故二期消火栓系统由一期消防泵房提供，其余消防水灭火系统由二期新建消防泵房提供。设计中充分利用现有建筑资源，节省了机房面积，减少建筑用地。

3. 生活热水系统可以结合实际的使用需求和具体情况，采用集中和分散相结合的生活热水系统，利用不同的热水供应形式，满足灵活使用的需要。

4. 本项目由于建筑功能和形式的多样性，消防系统的形式呈现多样化的特点。针对不同的建筑功能和空间，选择相对应的系统形式，在安全可靠的前提下，保证业主的正常使用。

浦江双辉大厦

设计单位：华东建筑设计研究总院
设 计 人：杨琦　王珏　张伯仑　陈立宏　刘旭兵
获奖情况：公共建筑类　二等奖

工程概况：

本设计项目位于上海浦东新区的上海船厂区域 2E2-地块。用地北侧相邻 2E2-1 地块，西至浦东南路，南至银城中路，东面和二期地块相连。总用地面积 26290m²，总建筑面积约 29.1 万 m²。建设内容为两栋对称的办公楼，主楼均为 49 层，为高档办公楼；地下 4 层，为过境车道、餐厅和商业、设备机房、地下车库等用房。主楼的建筑高度 218.60m。标准层的高度 4.20m。16 层和 33 层为避难层兼设备转换层。

建筑办公主楼一层的室内地坪±0.000m 标高相当于绝对标高 7.150m。室内外高差 150mm。

市政配套按不同道路上的两路市政管供水设计，且市政道路设有污水和雨水管道。

一、给水排水系统

（一）给水系统

1. 冷水用水量（表 1）

冷水用水量表　　**表 1**

用途	用水量定额	$Q_{最高日}$ (m³/d)	$Q_{最大时}$ (m³/h)
办公、交易	50L/(人・班)	833.65	100.0
商场	8L/(m²・d)	12.58	1.3
餐厨、咖啡厅	60L/(顾客・次)、15L/(顾客・次)	322.86	32.2
冷却塔补充水	1.8%的补充水量	1620	162
车库地面冲洗	2L/m²	60	10
锅炉补充水		8	0.8
绿化和道路浇洒		43.6	13.5
未预见水量	15%最高日用水量	435.10	48.0
总计		3335.79	367.8

2. 水源

采用市政给水管直接供水。总体生活进水管选用 *DN*300 的水平螺翼式水表一套。考虑生活消防合用进水时，其总流量为 201.9L/s，基地内的生活和消防合用环管采用 *DN*350。市政给水压力约 0.16MPa。

3. 系统竖向分区

本大楼内生活用水为市政给水管网、地下蓄水池、加压泵、转输水箱、高位水箱、减压阀联合供水。分区最低卫生器具配水点处的静水压为 350～450kPa。生活给水系统竖向分为十个区（表 2）。

生活给水分区表　　表 2

分区	楼层	供水情况	水箱位置	
			楼层	标高
一区	−4F—1F	市政水压(S)		
二区	2F—7F	中间水箱 1 减压后供水(S1)	16 层	66.4
三区	8F—12F	中间水箱 1 供水(S2)	16 层	66.4
四区	13F—19F	中间水箱 2 减压后供水(S3)	33 层	136.3
五区	20F—24F	中间水箱 2 减压后供水(S4)	33 层	136.6
六区	25F—29F	中间水箱 2 供水(S5)	33 层	136.6
七区	30F—36F	屋顶水箱减压后供水(S6)	屋顶层	210
八区	37F—41F	屋顶水箱减压后供水(S7)	屋顶层	210
九区	42F—46F	屋顶水箱供水(S8)	屋顶层	210
十区	47F—49F	屋顶水箱加压后供水(S9)	屋顶层	210

冷却水的补充从地下水池（与消防合用）用水泵提升到 16 层的避难层，经冷却水中间水箱的转输后，用变频泵提升到 49 层屋顶的冷却塔。办公楼的卫生间洗手采用容积式热水器供热水。总的循环水量 Q=9000m³/h。

4. 供水方式及给水加压设备

（1）直接给水系统

直接给水系统由市政水直接供给。范围为地上 1 层和地下室的车库冲洗、地库生活和消防水箱进水、锅炉及冷冻机房补水、广场绿化等。

（2）间接给水系统的供水范围为相对标高±0.00 以上的部位（绝对标高 7.00m）。

（3）生活给水系统的设备

1）地下生活水箱

地下生活水箱用于两栋大楼的生活储水。储水量按最高日用水量的 25％确定。水箱实际储水容积 300m³。水箱进水总管按最大小时流量确定，因水池在地下，为减小水箱进水的降压影响，水箱的进水管流量增加，以增加水头损失，现选用 DN150。

2）低区生活水泵

流量按供水范围内的最大小时流量确定。水泵采用两用一备的运行方式。主要是考虑到两栋建筑分别运行水泵时需要的流量较少，以满足节能的需要。水泵的流量 Q=19L/s，选 DN150；扬程 H=99m。

3）中间生活水箱 1（转输生活水箱）

A 楼和 B 楼的系统一致，水高度也一致。

其供水范围内的用水量，$Q_{最大时}$为 10.6L/s。中间水箱 1 具有转输水箱和向本区供水的功能，其有效容积按 1h 最大时的用水量储存，取 40m³。

4）冷却水补充水系统的设备

循环冷却水的补充水从地下水池（与消防水池合用）吸水后提升到 16 层避难层的冷却水中间水箱。经中间冷却补充水泵（变频）提升到 210m 屋面的冷却塔。

地下冷却补充水的储水量按 2h 冷却补充水量确定，实际储水 350m³。地下冷却补充水泵是按全部最大小时流量确定。水泵机组采用两用一备的方式，以便于今后的运行管理和节能。水泵流量 Q 为 23L/s，选 DN150，扬程 H=98m。水泵两用一备。

5. 管材

室内生活给水管的管材均采用薄壁不锈钢管及配件（冷水管 SUS304），小于 *DN*100 的采用环压式连接；大于等于 *DN*100 的采用沟槽式连接；密封圈采用耐高温（95℃）硅橡胶。

室外生活给水管小于 *DN*100 的采用内外喷涂环氧树脂给水钢管，螺纹连接；大于等于 *DN*100 的采用给水球墨铸铁管，内涂水泥砂浆，橡胶 O 型圈密封承插连接。

（二）热水系统

1. 热水供应范围

办公楼的卫生间洗手采用容积式热水器供热水。咖啡厅、地下层餐饮及厨房用热水由住户自行解决。

2. 热水用水量及设备

卫生间考虑在每个卫生间的男、女厕所各设一套壁挂式容积式电热水器。热水器计算：每个热水器供应的洗手盆数量为 2～3 办公的洗手盆小时热水用水定额取 Q_h＝50L/h，使用水温 30℃。洗手盆的同时使用系数按 100%计。

3. 开水供应

每层建筑设开水间。每层最多约 200 人。饮用水按 3L/d 计，使用时间 10h。根据国标《开水器（炉）选用及安装》01S125，现选用 ZDK12-105 电热热水器，N＝12kW，$V_{有效容积}$＝105L，电压 U＝380V，接管 *DN*20，外形尺寸 580×440×1025（mm）。

4. 管材：室内生活给水管的管材均采用薄壁不锈钢管及配件（热水管 SUS316），小于 *DN*100 的采用环压式连接；大于等于 *DN*100 的采用沟槽式连接；密封圈采用耐高温（95℃）硅橡胶。

（三）循环冷却水系统

1. 循环冷却水量

据暖通工种提供的资料：制冷机组采用水冷离心式冷水机组。办公楼及其裙楼总计约 10000 冷吨，选用 4 台 2000 冷吨及 2 台 1000 冷吨，高压离心式制冷机组，冷冻水供、回水温度为 6℃、13℃。初步设计冷冻机房于地下四层，冷却系统采用冷却水塔，选用 10 台 1000 水吨开式冷却塔与之配套。冷却水的进出水温度 37/32℃。

总的循环水量 Q＝9000m^3/h＝2500L/s，选 *DN*1000，V＝3.18m/s；每栋建筑 4500m^3/h（1250L/s），选用 *DN*800，V＝2.49m/s。

2. 冷却塔

冷却塔设于 49 层的屋面，标高 207.00m。

因冷却塔的集水盘、规格限制，且建筑布置的要求，尽量采用面积较小的塔形。故采用 SC 系列方形横流式双速单风机超低噪声型冷却塔进行组合设计。每栋大楼设 5 组冷却塔，每组 2 台。以 2 台组合成 1 组。

3. 循环冷却水泵

每栋楼设 5 用 1 备，并联工作。流量 Q 为 250L/s，选 *DN*300；扬程 H 采用 36m，N＝110kW。循环冷却水泵设置在 34 层（避难层、138.5m）内。选泵：轴开式双吸离心泵（壳体压力 1.0MPa）。

4. 水处理

根据《工业循环冷却水处理设计规范》GB 50050—2007 中的规定，敞开式系统的旁流过滤水量亦可按循环水量的 1%～5%确定。取 3%的循环水量进行水处理。处理水量为 75L/s，选 *DN*200。

为减少机房的面积、减少反冲洗水量，现不设机械过滤器而采用循环水旁流处理器。它适用于循环水系统杀菌灭藻除垢处理并去除水中悬浮物。为平衡旁滤与冷冻机组的水头损失，缩小旁通的管径，同时，在旁流处理器的两端设阀门，一来调节水头损失，二来控制设备的检修。

水处理系统采用旁滤的形式，它与冷冻机组并联。那么实际经过冷冻机组的冷却水量减少。经复核实际温差，不影响系统的冷却功能。

加药采用次氯酸钠溶液消毒。设次氯酸钠发生器，通过计量泵冷却塔节水盘加药。出水的余氯量控制在0.5～1.0mg/L。

另考虑设置自动排污过滤器，水头损失 $h \leqslant 3$m，带自动排污阀及自控装置。

5. 闭式冷却塔

该系统直接面对租户，相对冷却水的水质要求较高。采用闭式系统。冷却塔也采用闭式冷却塔。根据建筑特点，低区采用3台，中区和高区采用各1台。低区设在16层避难层，中区和高区设置在屋顶。低区冷却塔：选用低噪声闭式冷却塔，采用3台。冷却水量 $103m^3/h$。中区、高区冷却塔：各区采用低噪声闭式冷却塔1台，冷却水量 $308m^3/h$。

水处理：系统在水泵的吸水口设过滤器，管路上设电子水处理装置。

膨胀水箱：因系统为闭式，现设置膨胀水箱。膨胀水箱既有膨胀调节的功能，又有补水的功能。膨胀水箱设置的位置高出系统最高位置1.0m。其有效容积根据扩初，采用 $0.5m^3$。

6. 管材

循环冷却水管采用承压卷板直缝焊钢管，外壁热镀锌，内壁喷涂环氧树脂，小于等于 *DN*400 的采用沟槽连接，大于 *DN*400 的采用法兰连接。循环冷却水处理给水管采用热浸镀锌钢管，除与水泵及阀门连接处采用法兰连接外，其余采用沟槽式连接。加药管采用ABS管，粘接。

（四）排水系统

1. 排水系统的形式

室外排水采用雨污分流，雨水和污水最终排入银城中路的市政排水管网中。污水最高日排水量约 $1402m^3/d$，最大时排水量约 $164m^3/h$。室内排水采用污、废水合流的排水方式。

2. 通气管的设置方式

排水立管设专用通气立管，公共卫生间设环形通气管。

3. 采用的局部污水处理设施

厨房污水经隔油处理后排放，地下车库的废水经沉砂隔油处理后排放。

4. 雨水设计

雨水重现期按 $P=3$a 设计，总体的雨水流量为816L/s，雨水排出管 *DN*900。污水立管设专用通气立管和环形通气管。消防排水部分排入消防水池，供冷却补水和消防回用。

雨水系统充分考虑了超高层建筑的特点。并考虑了裙房和基地平台外的排水。屋面雨水重现期按10s设计。

5. 管材

室内的污水、废水、通气管：重力排水的污废水管、通气管采用离心铸铁排水管（柔性接口机制排水管），内外喷涂环氧树脂作防腐处理，不锈钢柔性连接。地下室的压力排水管采用热镀锌钢管，除与排水泵和阀门连接处采用法兰连接外，其余均采用螺纹连接。地下室的地漏排水管、敷设在底板内的排水管均采用离心铸铁排水管，承插连接。

室内雨水管：采用外壁热镀锌内壁喷涂环氧树脂钢管，沟槽式连接。

室外排水管采用室外增强型聚丙烯（FRPP）压模排水管，橡胶圈密封承插连接。

二、消防系统

（一）设计原则

1. 本工程由2栋215.45m的超高层建筑组成。消防设计按一类高层公共建筑（为超高层重要办公楼）的防火要求设计，并满足超高层建筑水灭火系统设计的要求。整个按同一时间内发生一次火灾。

2. 设置消火栓给水系统、自动喷水灭火系统、灭火器配置。柴油发电机房的日用油箱设自动喷水一泡沫联用系统。变压器室和开关室设置七氟丙烷（HFC-227ea）自动灭火系统。

（二）消火栓系统

1. 室外消火栓系统水量 30L/s，室内消火栓系统水量 40L/s。消火栓系统灭火的延续时间取 3h。消防给水总流量 100L/s，进水管选用 *DN*250。

2. 总体保证两路供水，消防给水分别从银城中路和浦东南路上的市政管引入，消防引入管不小于 *DN*300，在总体形成环状。室内消防给水系统从总体管网引入。在地下 4 层设有消防水池，按扩初设计原则储存全部室内消防用水量（540m^3）。消防水池与冷却补水水池合用，其有效容积共 900m^3。该消防水池供整个瑞明项目（2E2-2 地块、2E2-1 和 2E2-5 地块）的消防泵吸水。2E2-2 地块共用一套消防给水系统。

3. 由于本建筑为超高层建筑，为防止消防管网的压力过大，消防给水系统采用了串联消防水箱给水系统，消火栓给水系统和自动喷水灭火系统分别设有 5 个区。整个地块合用一套消防给水系统。在每栋塔楼 16 层内设置空调冷却水补水与消防水合用的转输水箱，其中储存 60m^3 消防水（并采用确保消防用水量不作他用的技术措施），以供应建筑物高区消火栓系统和自动喷水系统用水。每栋塔楼屋顶和 33 层设备层内设置有效容积为 18m^3 消防高位水箱，可保证火灾初期的消防水量。在屋顶水泵房内分别设置消火栓系统增压稳压设备和闭式自动喷水增压稳压设备。

4. 室内消火栓给水系统系统采用串联消防水箱给水系统，系统的分区确保消火栓栓口的静水压力一般不大于 0.80MPa，最大不超过 1.0MPa（高区的高位消防水箱供水压力为 0.9MPa）。消防泵从消防水池吸水，系统分为两级。转输消防水箱设在 16 层，其消防有效容积 60m^3；在 33 层设备层和屋顶分别设有高位消防水箱，其有效容积 18m^3。屋顶设有消火栓系统局部稳压设施。室内消火栓给水系统分五个区（表 3）。

室内消火栓给水系统分五个区 **表 3**

消火栓给水系统分区	低 1 区	低 2 区	高 1 区	高 2 区	高 3 区
服务楼层	地下四层～一层	2～11 层	12～28 层	29～45 层	46～49 层
供水方式	低区泵减压后供水	低区泵供水	高区泵减压后供水	高区泵减压后供水	高区泵供水＋局部稳压

5. 消火栓设备

该建筑消火栓的水枪充实水柱不应小于 13m。则栓口所需的压力为 240kPa。一级（低区）消火栓泵从地下四层～12 层的消火栓。流量 $Q=40$L/s，扬程 $H=120$m，$N=90$kW。泵房内泄压阀的设定压力为 $P=1.3$MPa。该区高位消防水箱设置在 16 层进行复核，供水压力 66.1－48.3＝17.8m，可满足最不利点消火栓静水压力不低于 0.15MPa 的规定。

转输消火栓泵从地下四层～16 层的转输消防水箱中。流量 $Q=40$L/s，扬程 $H=110$m，$N=90$kW。消防转输水箱与循环冷却水中间水箱合用，其总有效容积 $V=25$（冷却水补水）＋60（消防）＝85m^3。

二级（高区）消火栓泵从 16 层消防转输水箱吸水，供 13～49 层消火栓使用。设于 16 层。流量 $Q=40$L/s，$N=132$kW。选泵立式泵，一用一备。泄压阀的设定压力为 $P=2.15$MPa。高位消防水箱的复核：33 层有一高位消防水箱，供应 28 层以下。静水压力高度 $H=136.3-118.5=17.8$m，满足规范要求。屋顶的水箱高度不能满足 49 层的水压要求。

消火栓局部稳压泵设于屋顶。按 208m 计。选用流量 $Q=5$L/s，扬程 H 取 35m。另按规范设气压水罐，调节水容积 300L。

6. 室外设地上式消防水泵接合器 3 套。

7. 管材：采用内外热浸镀锌钢管及配件，小于 *DN*80 采用螺纹连接；管件大于等于 *DN*80 采用沟槽式机械连接。

（三）自动喷水灭火系统

1. 设置范围：建筑高度超过 100m 的高层建筑，除面积小于 $5m^2$ 的卫生间、厕所和不宜用水扑救的部位外，均应设自动喷水灭火系统。

2. 设计参数：地下车库采用中危险Ⅱ级，设计喷水强度 8L/(min·m^2)，作用面积 $160m^2$，喷头工作压力 0.1MPa。系统设计用水量 27L/s。其他部位采用中危险Ⅰ级，设计喷水强度 6L/(min·m^2)，作用面积 $160m^2$，喷头工作压力 0.1MPa。系统设计用水量 21L/s。

系统设计流量按规范可取 27L/s。考虑超高层建筑的消防的特殊，设计采用的系统流量为 Q=30L/s。（相当于附加了 1.1 的安全系数）

3. 自动喷水灭火系统供水系统采用串联消防水箱的供水方式，共分两级，喷淋泵从消防水池吸水。系统的喷淋转输泵设在消防水池边，高区（二级）喷淋泵设在设备层中。屋顶设喷淋局部稳压设施。系统共分五个区（表 4）。

自动喷水灭火系统分区 **表 4**

自动喷水灭火系统分区	低 1 区	低 2 区	高 1 区	高 2 区	高 3 区
服务楼层	地下 4～地下 1 层	1～10 层	11～29 层	30～46 层	47～49 层
供水方式	低区泵减压后供水	低区泵供水	高区泵减压后供水	高区泵减压后供水	高区泵供水＋局部稳压

4. 厨房和热水机房采用 93℃玻璃球喷头，其余有吊顶的房间采用装饰型 68℃玻璃球喷头，无吊顶房间采用直立型 68℃玻璃球喷头。地下库房坡道处采用 72℃易熔合金喷头，所有喷头均为快速响应喷头。

5. 消防泵房设置在地下 4 层。一级（低区）喷淋泵供应到 10F。流量仍按中危险Ⅱ级的用水量 Q=30L/s 确定，扬程 H 取 128m。选泵 XB2.0/30×7，N=75kW。泄压阀的设定压力为 P=1.30MPa。

转输喷淋泵服务范围从地下 4 层的消防水池到 16 层的避难层。流量 Q=30L/s，扬程 H 取 105m。泄压阀的设定压力为 P=1.10MPa。

6. 室外设 *DN*100 地上式消防水泵接合器 2 套。

7. 管材：采用内外热浸镀锌钢管及配件，小于 *DN*80 采用螺纹连接；大于等于 *DN*80 采用沟槽式机械连接。

（四）其他消防灭火系统

柴油发电机房采用喷水—泡沫联用系统，避难层通信机房和地下室大于 $100m^2$ 变压室采用七氟丙烷气体灭火系统。另在建筑内还设有移动式灭火器。

三、工程特点及设计体会介绍

（一）设计特点

1. 节能和节水

（1）经得自来水公司的同意采用室外生活给水管道与消防给水系统合用的供水方式，节省了管材、也可达到节水的目的。

（2）给水的地下室到一层部位采用了市政水压直接供水的方式，充分利用了市政的供水能量。

（3）在循环冷却水系统上，采用循环水旁流处理器，进行杀菌、灭藻、除垢处理，并去除水中悬浮物，节约用水。

（4）对冷却塔的补水，采用了变频供水方式。

（5）对空调补水进行计量。

（6）卫生洁具、冷却塔等采用了节水产品。

（7）将部分消防排水回流到消防水池再利用。

2. 环境保护设计

(1) 建筑物的污水和雨水进行分流。

(2) 对厨房污水采用了先进的集成隔油技术，处理后的废水满足国家相关的排放标准。

(3) 在地下四层设有隔油沉砂池处理车库废水。

(4) 气体消防采用了七氟丙烷灭火剂，符合环保要求。

3. 新材料、新技术

(1) 给水管材采用节水的不锈钢管。室外排水管采用 FPPR 塑料排水管。

(2) 循环冷却水泵采用轴开式双吸离心泵，节省了地下空间。

(3) 冷却塔的布置结合了建筑的要求和幕墙的布置，采用面积较小的塔形。选用了方形横流式双速单风机超低噪声型冷却塔进行组合设计。

4. 技术难点的特别说明

(1) 设计采用了租户冷却水系统，为办公楼的出租提供了更高的档次。系统采用闭式冷却塔统为闭式，冷却塔内设有水泵循环。

闭式冷却塔设置在避难层，其进排风口采用不同方向布置，使用风管抽吸，将热空气诱导到外部。在闭式系统的顶部设有膨胀水箱补水。

(2) 在消火栓的布置上，考虑了大空间办公的特点，解决了消火栓设置位置与办公区域分隔的关系，兼顾小分隔与大空间的布置。

(3) 厨房污水处理装置有别于传统的隔油池。它带有气浮、加热设备，处理效果符合《污水排入城市下水道水质标准》的出水指标。装置全密闭，减少了异味的散发，且粉碎功能满足了固体污物的处理。

(4) 针对该建筑地处黄浦江滨江地区的特点，一层地面在 7.0m 的大平台水，且地下一层为整个地区的过境车道。设计充分考虑了地下室大面积敞开部位的防水问题，按 $P=10a$ 的标准设置了排水措施，并在地下二层设置了一定数量的雨水集水箱，将雨水提升到室外。雨水箱既可收集雨水，又可用于雨水的提升。

(5) 设计在总体给排水上，为满足建筑物一边完全贴红线的问题。通过给水总管局部设置到室内、排水管改道排放的方法，解决了这一关键技术。

(6) 针对地下室空间高度的控制，而循环冷却水泵又设置在地下四层。为处理好这一难题，设计将循环冷却水管敷设在地下室地板专用的管沟内，避免了因冷却水管的管路而影响整个地下室的层高。节省了 1m 的地下空间高度，这种创新的设计方法，也带来了巨大的经济效益。目前，国内还未见这种特殊的处理方式。

设计中就新的管沟所带来的问题也给予了考虑。分析了是否需要设检修盖板、地面排水进入的处理、地面车库汽车的通行等问题。设计采取了相关的技术措施来弥补不足。经过一年多的运行，使用效果良好。

(二) 技术经济指标

浦江双辉大厦的地上部分总建筑面积 200066m^2，地下建筑面积 91086m^2。由两幢主楼均为 49 层，建筑高度 218.60m。

最高日生活用水量 3335.79m^3/d，最大小时生活用水量 367.8m^3/h，消防总用水流量 100L/s。

室外消火栓用水量 30L/s，室内消火栓用水量 40L/s，自动喷水灭火系统用水量 30L/s。在每栋塔楼 16 层内设置空调冷却水补水与消防水合用的转输水箱，其中储存 60m^3 消防水。每栋塔楼屋顶和 33 层设备层内设置有效容积为 18m^3 消防高位水箱。

(三) 设计的优缺点

给水排水设计其优点在于注重技术的先进性与经济性的完美结合，采用了适宜的技术手段、创新的设计方法设计。对超限高层建筑合用与分散综合考虑，对市政道路穿入地下的排水处理值得今后借鉴。热水供应合理选用。冷却塔的位置稍有不足。

（四）设计的后评估

设计后评估是对设计工作的总结。通过工程运行一段情况后，对出现的问题和设计的优点进行了调研和设计回访。该项工作有利于提高日后给水排水专业的设计水平。

给排水专业回访信息和分析的主要情况如下：

1. 从总体上讲，该项目的给水排水专业各系统运行正常（其中，办公楼因实际使用的业主调整，未能进入现场深入的了解，目前还处于重新装修阶段）。

2. 从回访意见来看，有设计、施工、产品质量、运营等多方面的原因，或许回访的意见还不够完全，但通过工程回访这一平台，能使得设计单位与业主各运营部门建立起密切、良好的沟通渠道。

3. 设计方通过回访意见和各系统实际运行参数（目前还未收集到具体的运行数据），对设计进行相应的验证并不断总结，吸取经验，便于在今后的设计中不断提高、改进。

4. 生活热水系统的调试是酒店运行初期遇到的突出问题。其直接影响到客人的使用效果，主要是确保回水干管的压力平衡。

5. 地下室中庭的空间没有屋顶，设计中雨水的排放不能仅靠水景水池的溢水来解决。在运行的第一年夏天，出现了建筑幕墙下和场地雨水的室内倒灌问题，影响相当不好。

6. 建筑大面积地下空间的开发，对场地排水的挑战。地下室上部有建筑的上翻梁，穿孔排水效果不好。建议增加明沟的设置。

7. 敞开排风井的下部有雨水倒灌到风管内的现象。主要是地漏排水的堵塞。建议下部设提升装置。

四、工程照片

西藏军区总医院综合楼

设计单位：中国中元国际工程公司
设 计 人：丁晓珏　马宁
获奖情况：公共建筑类　二等奖

工程概况：

西藏军区总医院是我国西藏自治区的三级甲等医院，海拔 3648.7m。本工程为新建项目，不但要考虑与院区内规划和保留建筑之间的功能联系，还要顾及与暂时保留建筑之间的必要联系，以保证医院正常工作的延续性。

本工程位于院区主入口西北向，生活区以南，现有医疗大楼西侧，靠近生活区，用地范围内地势平坦，条件良好，本工程一次建成，未来可与日后所建的内科病房楼共用出入院大厅和病区取药大厅。

本工程以外科病房为主，还包括部分医技科室。病房楼地下一层，地上十二层，总建筑面积约 27532m^2，建筑物总高度为 49.95m，新增床位 413 床。主要包括病房、中心手术部、ICU 病房、中心供应室、病区药房、营养厨房以及设备用房等。

本工程为一类高层建筑，不考虑人防设计。

病房楼下部（地下一层至地上三层）主要为医技科室和公共空间，上部（4～12 层）为护理单元。

地下一层：设备用房、中心供应

首层：门厅、出入院、病区药房、营养厨房

二层：ICU、会议室

三层：手术室、手术室更衣浴厕、麻醉科

4～12 层：为病房护理单元，病房以南向为主。本楼每层为一个护理单元，共有九个护理单元，共有床位 413 张。

本工程地下一层，地上十二层，各层层高如下：

地下一层：5.0m，一层：4.5m，二、三层：4.5m，设备层：2.9m，4～12 层：3.65m。

本工程的全部室内生活和室内消防用水来自院区西北侧深井泵房。深井泵出水流量 Q=80m^3/h，压力 P=1.30MPa。深井泵的泵底水位为 45m，水面为－13m，深井水水质满足饮用水标准，$CaCO_3$ 硬度为 85mg/L。院区南侧有一市政 DN200 的给水入口，市政给水压力为 0.30MPa。在院区东北侧有一污水处理站，处理能力为 800m^3/d，目前每日需要处理的水量为 200m^3/d。

本工程背靠山，院区没有雨水排水管网。所有建筑单体的雨水排水均排至室外散水坡后排入院区外部的市政雨水管网。

一、给水排水系统

（一）给水系统

1. 冷水用水量（表 1）

冷水用水量 表 1

序号	用水名称	用水标准	单位	数量	用水量		使用时间 T(h)	小时变化系数 K
					最大日用水量 (m^3/d)	最大时用水量 (m^3/h)		
1	病房	350L/(床·d)	床	413	144.55	12.05	24	2
2	工作人员	50L/(人·d)	人	50	2.50	0.50	10	2
3	医务人员	80L/(人·班)	人	320	25.60	6.40	8	2
4	手术室	500L/台次	次	50	25.00	5.00	10	2
5	中心供应	100L/(床·d)	床	413	41.3	12.91	8	2.5
6	食堂	15L/(人·次)	人	1500	22.5	2.81	16	2
7	绿化用水	4L/(m^2·d)	m^2	400	1.6	0.20	8	1
8	小计				263.05	39.86		
9	不可预见水量(按小计10%考虑)				26.31			
10	合计				289.36			

生活用水量：最大日用水量为 289.36m^3/d，最大时用水量为 39.86m^3/h，单位用水量为 0.70m^3/(床·d)。

2. 水源：本工程的全部生活和消防用水来自院区西北侧的深井泵房。

3. 系统竖向分区

(1) 室外给水系统

本工程的全部生活和消防用水来自院区西北侧深井泵房。

从院区西北侧的深井泵房给水管上引一路 DN100 给水管进入本工程，在本工程周围形成支状管网，供本工程的生活及消防用水。

(2) 室内给水系统

从本工程室外生活给水管网引入一根 DN100 的加压给水管，为楼内生活供水。

室内生活给水系统分为高（4～12 层）、低区（地下室至设备层）两个供水区。

4. 供水方式及给水加压设备

在医院综合楼屋顶设有一个 100m^3 不锈钢生活储水箱，由深井泵直接供水。屋顶生活储水箱内设水箱自洁器。

高区（4～12 层）生活给水由屋顶生活储水箱经高区给水加压泵加压后供给，低区（地下室至设备层）由屋顶生活储水箱给水经减压阀减压后供给，减压阀后动压为 0.15MPa。

高区给水加压泵性能参数为：Q=18m^3/h，H=0.12MPa，N=1.1kW（一用一备，变频控制）。

为了满足空调加湿补水的要求，特在屋顶水箱间设一套全自动软化水处理设备（Q=4m^3/h）以及相应的软化水水箱和增压给水设备。

5. 管材：生活给水、软化水给水采用薄壁不锈钢管，环压式连接。

(二) 热水系统

1. 热水用水量（按 600℃计）（表 2）

生活热水用水量：最大日用水量为 85.80m^3/d，最大时用水量为 12.15m^3/h，单位用水量为 0.21m^3/(床·d)。

2. 热源：采用太阳能集热器制备生活热水，并配置电热锅炉作为辅助加热设备。

热水用水量 表 2

序号	用水名称	用水标准	单位	数量	用 水 量		使用时间 T	小时变化系数 K	最大日耗热量(kJ)	最大小时耗热量(kW)
					最大日用水量(m^3/d)	最大时用水量(m^3/h)				
1	病房	150L/(床·d)	床	413	61.95	6.14	24	2.38	14023.63	384.42
2	工作人员	7L/(人·d)	人	20	0.14	0.03	10	2	31.69	1.75
3	医务人员	15L/(人·班)	人	270	4.05	1.27	8	2.5	916.80	79.20
4	高区总计				66.14	7.44			14972.12	465.37
5	手术室	250L/台次	次	50	12.50	2.50	10	2	2829.63	156.44
6	中心供应	15L/(床·d)	床	413	6.195	1.94	8	2.5	1402.36	121.14
7	工作人员	7L/(人·d)	人	30	0.21	0.04	10	2	47.54	2.63
8	医务人员	15L/(人·班)	人	50	0.75	0.23	8	2.5	169.78	14.67
9	食堂	7L/(人·次)	人	1500	10.5	0.79	16	1.2	2376.89	49.28
10	低区小计				19.66	4.71			6826.19	294.87
11	总计				85.80	12.15				

3. 系统竖向分区：生活热水给水均由屋顶生活热水储水箱集中供给，热水系统分区同生活给水系统相同，分为高、低区。

4. 热交换器热水设计

(1) 太阳能热水设计

本工程的经纬度为东经 91°08′，北纬 29°40′。拉萨气象资料详见表 3：

拉萨气象资料 表 3

月 份	最大月	最小月	年平均
水平面平均辐照量(MJ/(m^2·d))	26.623(6 月份)	15.725(12 月份)	21.291
30°斜面平均辐照量(MJ/(m^2·d))	26.023(11 月份)	21.478(8 月份)	23.85
月平均室外气温(℃)	−2.2(1 月份)	15.3(6 月份)	7.5
月照小时数(h)	289.9(5 月份)	229.1(8 月份)	260.67

根据当地的实际气象条件，太阳能热水系统的集热器元件使用安全可靠、管内不走水、能耐严寒的热管真空管。本工程采用全天候太阳能热水供应系统，太阳能热水系统的集热器安装倾角 35°，太阳高度角为 36°50′。

各区平均日热水用量见表 4：

各区平均日热水用量 表 4

序号	用水名称	用水标准	单位	数量	平均日用水量(m^3/d)	平均日耗热量(kJ)
1	病房	110L/(床·d)	床	413	45.43	10284
2	工作人员	7L/(人·d)	人	20	0.14	31.69
3	医务人员	10L/(人·班)	人	270	2.7	611.2
4	高区总计				48.27	10926.89
5	手术室	200L/台次	次	50	10	2263.7

续表

序号	用水名称	用水标准	单位	数量	平均日用水量(m^3/d)	平均日耗热量(kJ)
6	中心供应	10L/(床·d)	床	413	4.13	934.91
7	工作人员	7L/(人·d)	人	30	0.21	47.54
8	医务人员	10L/(人·班)	人	50	0.5	113.19
9	食堂	7L/(人·次)	人	1500	10.5	2376.89
10	低区小计				14.84	5736.22
11	总计				63.11	16663.11

生活热水平均日用水量为 63.11m^3/d，平均日耗热量为 16663.11kJ。

(2) 热水系统

在本工程主楼和裙房的屋面分别布置 244 片、92 片热管式真空集热器，有效集热面积分别为 341.6m^2，128.8m^2 共计 470.4m。在屋顶设有一个 40m^3 不锈钢生活热水储水箱，由深井泵直接供水。在设备层设有一个 6m^3 不锈钢生活热水储水箱，屋顶生活热水箱内设水箱自洁器。

两套太阳能热水循环系统各自配备独立的太阳能循环泵。

屋顶太阳能循环泵性能参数为：Q=26m^3/h，H=0.18MPa，N=2.2kW（一用一备）

设备层太阳能循环泵性能参数为：Q=10m^3/h，H=0.15MPa，N=0.75kW（一用一备）

设备层生活热水贮水箱内水温达到 40℃时，由热水提升泵提升至屋顶生活热水储水箱。热水提升泵性能参数为：Q=12m^3/h，H=0.45MPa，N=3.0kW（一用一备）。

生活热水给水均由屋顶生活热水储水箱集中供给，热水系统分区同生活给水系统相同，分为高、低区。

高区（4～12 层）生活给水由屋顶热水储水箱经高区热水加压泵加压后供给，低区（地下室至设备层）由屋顶热水储水箱给水经减压阀减压后供给，减压阀后动压力为 0.15MPa。当水温不足 50℃时，由相应的电热水锅炉加温至 55℃。

5. 冷、热水压力平衡措施、热水温度的保证措施等

高、低区生活热水供应均采用机械式同程循环给水系统。

热水储水箱给水入口设电子除垢器或归丽晶水处理装置。

6. 管材：生活热水管采用 CPVC 热水管，用胶粘剂粘结。

(三) 排水系统

1. 排水系统的形式：采用污、废分流制。

2. 透气管的设置方式：标准层的室内排水采用双立管辅助通气排水系统。

3. 采用的局部污水处理设施

室内地上各层排水直接排至室外管网，地下室设备房废水经潜污泵提升后排至室外废水排水管网，地下室消防水泵房排水经潜污泵提升后排入室外废水管道。在每个消防电梯井井底设容积 2.0m^3 的集水坑，设两台潜水排水泵（Q=40m^3/h，H=0.25MPa，N=5.5kW，一用一备），由水坑内水位自动控制水泵运行。地下室卫生间污水经潜污泵提升后排至室外污水排水管网。

生活污水经化粪池初处理后，厨房废水经隔油池初处理后，同生活废水汇集后统一排入院区污水处理站。医疗排水经污水处理站处理后达到《医疗机构水污染物排放标准》GB 18466—2005 二级处理标准后排放。

4. 管材：室内排水管采用机制排水铸铁管，橡胶圈承插连接；与潜水排污泵连接的管道，均采用内外热镀锌钢管，沟槽式或法兰连接。溢、泄水管采用镀锌钢管，丝口或法兰连接。

二、消防系统

该建筑耐火等级为一类。本工程的消防对象为医院综合楼。本工程设室、内外消火栓给水系统、室内自动喷水灭火系统。自动喷水灭火系统按中危险Ⅰ级设置。消防用水量见表5。

消防用水量 表5

序号	消防范围	消防系统	消防用水量(L/s)	消防历时(h)	一次消防用水量(m^3)
1	室内	消火栓	20	2	144
		自动喷水	20.8	1	75
2	室外	消火栓	20	2	144

按同时开启室内外消火栓及自动喷水系统考虑，本工程室内消防一次用水量为219m^3；室内外消防一次用水量为363m^3。

本工程建成以后将是该院区消防等级最高的建筑单体，其地下室集中消防给水泵房将为整个院区的消防服务。

在本工程地下室设集中消防给水泵房，内设380m^3的消防水池、室外消火栓给水泵、室内消火栓给水泵及自动喷水给水泵。消防系统由地下消防给水泵房内的消防给水泵和地下储水池联合供水，并由屋顶消防水箱和消防给水稳压装置维持压力。水箱间高度为49.95m。

在屋顶水箱间设两台消防稳压泵（互为备用）为室内消防给水系统初期火灾供水。

消防稳压泵性能参数：Q=5L/s，H=0.30MPa，N=3.0kW。

消防稳压罐型号：SQL1000X0.6

消防给水泵均定期自动巡检。

从本工程的集中消防泵站分别引出两根室外消火栓给水管、两根室内消火栓给水管、两根自动喷水系统给水管在室外敷设一套DN150的室内消防给水环网和一套DN100的室外消火栓给水环网，为各个建筑单体的消防供水。消防水池设一室外取水口。

（一）消火栓给水系统

1. 室外消火栓给水系统

室外消防水量为20L/s，室外消防系统由地下消防给水泵房内的室外消火栓给水泵和地下储水池（有效容积V=370m^3）联合供水，并由屋顶消防水箱维持系统压力。

在地下室消防水泵房设两台室外消火栓给水泵（Q=20L/s，H=0.40MPa，N=15kW，互为备用）为室外消火栓给水系统供水。

室外消火栓给水泵启动受任一室外消火栓井内的消防按钮及水泵房处启泵按钮控制，同时由消防值班室遥控。泵启动后，反馈信号至消防控制中心。

本工程设计范围内设DN100的环状室外消火栓给水管网，并在该管网上设置4个DN100的室外地下式消火栓，供室外消防使用。室外消火栓间距不超过120m，距外墙不小于5m，距路边不大于2m。

2. 室内消火栓给水系统

室外消防水量为20L/s，室内消火栓给水系统由地下室消防水泵房内的消防水池（有效容积V=370m^3）、两台室内消火栓给水泵（Q=20L/s，H=0.85MPa，N=37kW，互为备用）和相应的给水管网联合供水，系统由设在屋顶的消防水箱（有效容积V=18m^3）和一套消火栓系统稳压装置（其中稳压泵两台，互为备用，其性能参数：Q=5L/s，H=35m，N=3kW，水泵由气压罐电接点压力表控制自动启停。气压罐1台，型号SQL800×0.6）为室内消火栓给水系统稳压。

室内消火栓给水泵启动受任一室内消火栓箱内消防按钮及水泵房处启泵按钮控制，同时由消防值班室遥控。泵启动后，反馈信号至消防控制中心。

室内消火栓给水管布置成环状，用阀门分成若干独立段，确保检修时关闭的立管不超过两条，阀门选用有明显启闭标志的蝶阀。消火栓的布置保证同层相邻两支消火栓水枪的充实水柱同时到达室内任何部位。每支水枪的出水量为5L/s，立管流量为10L/s，水枪的充实水柱不小于10m。

室内消火栓给水系统在室外设有两个 $DN150$ 的水泵接合器。

室内消火栓栓口直径为 $DN65$，配25m长麻质衬胶水龙带，水枪喷嘴口径为 $DN19$。消火栓均设置消防自救卷盘。消火栓箱设直接启动消防水泵按钮，并设指示灯，同时设MF/ABC5手提式磷酸铵盐干粉灭火器两具。

为保证消火栓栓口出水压力不超过0.5MPa，地下室至三层消火栓采用减压稳压消火栓，或设减压孔板，其余均为普通消火栓。

管材：消火栓管采用焊接钢管，焊接接口；阀门及拆卸部位采用法兰或丝扣连接。管道工作压力为1.0MPa。

（二）自动喷水灭火系统

本建筑按中危险Ⅰ级设计，设计喷水强度为6L/(min·m^2)，作用面积160m^2，系统最不利点的工作压力为0.1MPa。

自动喷水给水系统由地下室消防水池（有效容积 $V=370m^3$）和水泵房内的两台自动喷水给水泵（$Q=25L/s$，$H=0.90MPa$，$N=45kW$，互为备用）供水，系统由消防水箱（有效容积 $V=18m^3$）和一套自动喷水系统稳压装置（其中稳压泵两台，互为备用，其性能参数：$Q=1L/s$，$H=35m$，$N=1.5kW$，水泵由气压罐电接点压力表控制自动启停，气压罐1台，型号SQL1000×0.6）为自动喷水给水系统稳压。消防水泵设置手动启停和自动启动。自动喷水给水泵启动受报警阀压力开关控制，该泵运行情况应显示于消防中心和水泵房的控制盘上。自动喷水给水泵应定期自动巡检。

自动喷水供水主干管为 $DN150$ 的枝状管网，自动喷水给水系统在室外设有两个 $DN150$ 的地下式水泵接合器。

本工程采用湿式自动喷水灭火系统，在地下室消防水泵房设有5套湿式报警阀组。每套报警阀组负担的喷头数不超过800个，报警阀组前设环状供水管道。在每个报警阀组的供水最不利点处设置末端试水装置；其他的防火分区与楼层，在供水最不利点处装设试水阀。

系统在每层每个防火分区均设水流指示器，水流指示器指示楼层或火灾区域，水流指示器前设信号闸阀，其启闭状态均有信号反映到消防控制中心。火灾时，喷头动作，水流指示器动作向消防中心显示着火区域位置，此时湿式报警阀处的压力开关动作自动启动喷水泵，并向消防中心报警。

为保证水流指示器前出水压力不超过0.4MPa，地下室至八层水流指示器入口前加设设减压孔板。

本工程有吊顶的房间采用装饰型68℃玻璃球喷头，无吊顶房间采用直立型68℃玻璃球喷头。厨房高温操作区采用93℃玻璃球喷头。其他病房和治疗区采用吊顶型快速反应玻璃球喷头，动作温度为68℃。

本工程中所采用的防火卷帘均为3h的特级防火卷帘门。

管材：自动喷水灭火系统采用内外厚壁热镀锌钢管，丝扣或沟槽式连接。阀门及拆卸部位采用法兰连接，管道工作压力为1.0MPa。

三、设计、施工体会及工程特点介绍

本工程地处高原地区，海拔高度为3658m；而且当地主要居民为藏族同胞，当地有着独特的生活习惯。因此本工程在设计上，充分考虑了高海拔地区的特点及当地居民的生活习惯，本着“从实际出发，经济、实用，追求用户最大满意”的设计理念，把握住给水排水设计在特殊情况中的灵活性与适用性，具体设计中主要考虑体以下几个问题：

1. 加压给水泵的气蚀问题及其解决

目前在建筑给水系统中，水泵大都是自灌式吸水，水箱（水池）最低液面大都在水泵泵轴以上。故一般情况不会发生气蚀现象，无需专门为之进行校核。但是，在高海拔地区，水泵的提升能力就不能仅仅参看样本了。

水泵的提升能力除了自身的性能参数以外，能否正常工作，还需建立在对泵吸水条件正确选择的基础上。所谓正确的吸水条件，就是指在抽水过程中，泵内不产生气蚀的最大吸水高度，主要受下列因素控制：海拔、水温、泵与水位的相对高度、吸水管路的长度、进口条件等的制约。

本工程位于西藏拉萨市，拉萨的位于为北纬 29.7°，东经 91.1°，海拔 3658m，安装地点的大气压 P_b 为 6.62m，热水给水系统的设计水温下（60℃）的饱和蒸汽压力 H_v 为 2.02m。可见在该地区水泵吸水条件不同于标准工况，有必要进行水泵吸水条件的校核。

由计算知道，本工程热水给水泵泵轴需要低于水箱最低水位以下 1.40m，才可以达到正常抽水条件。而不是按照样本所示，泵轴高于最低水位 4.20m 都可以正常工作。所以综合考虑水泵本身的安装尺寸，泵房高度，最后把热水箱的基础高度提高到 1.4m。

2. 海拔高度对设备运行的影响

在初步设计资料收集阶段了解到，当时院区很多建筑单体内箱式坐便器排水不畅，不容易冲干净。具体了解到存在上述问题的大便器大都为低水箱的虹吸式坐便器。

目前的我国市场上的坐便器从工作原理上大致可分为两大类：冲落式和虹吸式。冲落式主要是利用水箱落水的自重冲力将坐便器中的污水冲出存水弯，排入污水管道；而虹吸式低水箱坐便器是在坐便器存水弯出口处增加了一段截面较小，下端有一定水阻的管道，冲洗大便器时先充满这部分管道，然后这部分水流下落形成真空，利用液面与之形成的压差将污水吸走。

从以上两种坐便器的工作原理上可以看出：如果说冲落式是一种被动冲洗，那么虹吸式则是一种主动冲洗，不仅利用了水的重力，而且更利用了大气压差形成的动力，是一种理想的排水方式。

但是由于拉萨地区大气压为 0.0662MPa，仅是平面地区的 60%左右，在那里可利用的大气压差很小，达不到虹吸式排水的效果。因而当地虹吸式低水箱坐便器相对于平原地区就会出现冲水不净，排水效果差的情况。

为此，在该项目设计中通过全部选用高水箱冲落式坐便器来解决这个问题。

3. 排水管道的淤堵问题及其解决

在初设资料收集期间，听业主反映：该院区现有建筑经常出现室内排水管排水不畅及堵塞的问题。尤其是重要的排水横干管经常发生淤堵，需清掏频繁，十分不便。这与西藏地区人员饮食起居习惯等有关，人们经常将酥油茶屑、食物残渣等相对密度较大的杂质通过大便器弃入排水管道。

为了防止排水管道的淤积堵塞，很多设计人员一般喜欢将管径放大，认为管径越大越安全。但是过大的排水横管管径将大幅度降低污水在其中的流速，致使排水横干管长期难以达到自净流速引发淤积、堵塞的问题。为使悬游在污水中的杂质不致沉淀在管底，并且使水流能及时冲刷管壁上的污物，必须有一个最小保证流速。排水铸铁管的最小流速为 0.6～0.7m/s。

针对这一问题，我们在大量排水立管汇集的设备夹层设置了两台排水横干管冲洗水泵。如图 1 所示：

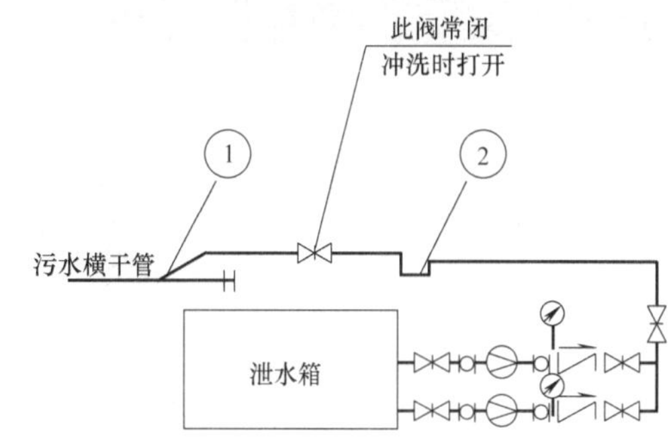

图 1　冲洗水泵

在发生排水不畅或淤积时直接启泵冲洗或定期冲洗长度较大的污水横干管。

冲洗水泵的选择与管路系统的设计在这里就显得尤为重要。必须确定最适宜的冲洗流量及流速。流速太小，起不到预计的冲洗效果；流速过大，又会导致接入管附近的气压波动剧烈，在污水横管起端形成掺气水团甚至满管压力流，进而破坏接入管附近上一层接入排水横管卫生器具的水封（图 2）。

在系统水泵启动，阀门打开后，此时水泵的出水流量为 32m^3/h，对应的水泵工作扬程为 24m，管内出口流速为：4.9m/s。

为防止停泵后排水系统内臭气返至水泵间，在水泵出水管上增设了 P 型存水弯以起到水封隔断的作用，若冲洗系统长时间不用，水封蒸发，可人工关紧冲洗水泵出水口的阀门以阻挡臭气返溢，如图 3 所示。

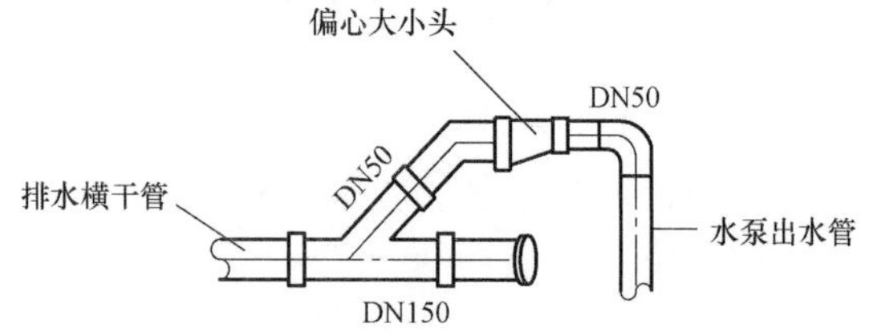

图 2 连接处安装示意图（上翻接入）

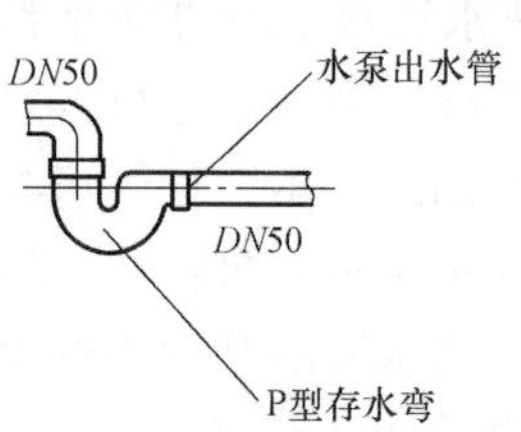

图 3 连接处安装示意图

四、工程照片及附图

1. 主立面图

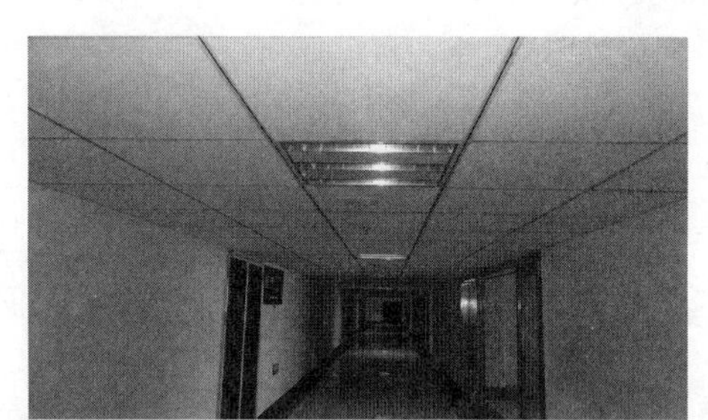

2. 标准层走廊、电梯厅

3. 太阳能集热板布置图

清远国际酒店

设计单位：广州市设计院
主要设计人：赵力军　赖海灵　何志毅　周甦　姚玉玲　林海云
获奖情况：公共建筑类　二等奖

工程概况：

清远国际酒店位于广东省清远市清城区，南临北江干流，东迎清城区文化广场，远眺凤城大桥。项目建设标准为五星级酒店，总用地面积 30429m²，由 A 区酒店、B 区娱乐城和 C 区后勤综合楼等三个建筑子项组成，总建筑面积为 91915.8m²，其中地上建筑面积 74046.7m²，地下建筑面积 17869.1m²。

A 区酒店地下室共分两层，地下二层拟建战时六级二等掩蔽区，地上裙房共四层，五至二十三层为客房层，四、五层之间设有一管道层，屋面标高为 90.4m。B 区娱乐城地上共四层，屋面标高为 23.3m。C 区后勤综合楼地下一层与 A 区地下二层连通，为员工更衣室；C 区首层与 A 区架空车库连通，为设备用房及后勤配套用房；二层为员工饭堂及配套厨房；三层为办公室；四至九层为员工宿舍，屋面标高为 31.9m。

本项目按大型五星级酒店设计，给水排水系统有：冷热水系统、污废水排水系统、雨水排水系统、泳池循环过滤系统。消防系统包括：室内外消火栓系统、自动喷水灭火系统、气体灭火系统。

一、给水排水系统

（一）给水系统

根据功能分区选择合适的给水排水系统，合理布局设备房、给水排水主干管是本项目设计成功的关键。考虑以后各部分可能独立运作、易于管理，故给水排水系统分为 A 区酒店、B 区娱乐城、C 区综合楼共三组相对独立的子系统。本项目最大时用水量为 148.5m³/h，最高日用水量为 1434.6m³/d，计算见表 1：

用水量　　**表 1**

用水名称	用水量标准	数量	用水时间	平均时用水量	时不均匀系数	最大时用水量	最高日用水量
	（L/人次）	（人次）	（h）	（m³/h）	K	（m³/h）	（m³/d）
客房	400	980	24	16.3	2.5	40.75	392.00
中餐厅	50	1000	12	4.2	1.5	6.30	50.00
西餐厅	25	200	12	0.4	1.5	0.60	5.00
洗衣房	60	2000kg	8	15	1.5	22.50	120.00
美容美发	50	100	12	0.4	2.0	0.80	5.00
游泳池	10%总容积	300m³	12	2.5	1.0	2.50	30.00
游泳淋浴	50	200	12	0.8	1.0	0.80	10.00
绿化车库	2	8600m²	2	8.6	1.0	8.60	17.20
喷水池	10%总容积	300m³	12	2.5	1.0	2.50	30.00
空调补水			24	20.0	1.0	20.00	408.00

续表

用水名称	用水量标准	数量	用水时间	平均时用水量	时不均匀系数	最大时用水量	最高日用水量
	(L/人次)	(人次)	(h)	(m^3/h)	K	(m^3/h)	(m^3/d)
桑拿	200	500	12	8.3	2.0	16.60	100.00
娱乐城	15	800	12	1.0	1.5	1.50	12.00
员工	100	1000	24	4.2	2.0	8.40	100.00
员工餐厅	25	1000	12	2.1	1.5	3.15	25.00
不可预见用水	10%			8.63		13.50	130.42
合计				94.93		148.50	1434.62

给水系统供水安全性高、供水水压稳定。酒店西边的沿江路有一根 *DN*600 的市政供水管，A 区酒店、C 区综合楼共设一根 *DN*250 进水管，B 区娱乐城设一根 *DN*100 进水管。

A 区酒店设地下生活池和高位水箱，地下生活水池储水量不小于最高日用水量之 25%，高位水箱储水量不小于最大小时用水量之 50%。冷热水系统采用竖向分区，控制用水点水压以保障使用舒适性并节约用水。

A 区：冷水系统自下而上分五个垂直的供水区。地下一层、地下二层为一区，由市政压力供水。首层至四层为二区，五层至十二层为三区，均由屋面水箱减压供水。13～20 层为四区，由屋面水箱直接供水。20～23 层为五区，由屋面变频设备加压供水。供水管采用上行下给的供水方式。

B 区：首层至四层，直接由市政压力供水，采用下行上给的供水方式。

C 区：地下层至九层 A 区屋面水箱减压供水，采用上行下给的供水方式。

空调补水：冷却塔集中布置在裙楼的屋面，地下二层设置变频供水泵组，提升空调补水至裙楼屋面，补水到冷却塔。

地下二层生活泵房中独立设置生活水箱，水箱储水 400m^3，分两格。屋面设生活水箱，水箱储水 100m^3。

A 区生活泵规格：Q=30L/s，H=100m，N=45kW，一用一备。

A 区屋面变频供水设备规格：Q=10L/s，H=30m，N=9kW，一套。

空调补水变频供水设备规格：Q=10L/s，H=50m，N=11kW，一套。

高位水箱设置紫外线消毒器，生活用水经消毒后供应至各层，各区供水的静水压于 0.15～0.45MPa 范围内。各用水区域均设水表计量，各卫生间均采用节水洁具，大便器采用了 6L 水箱节水型大便器，洗手盘配感应式龙头，小便斗配感应式冲洗阀。室外埋地给水管采用给水球墨铸铁管，承插式胶圈接口；室内生活给水管采用薄壁不锈钢管，采用卡压或环压连接。

（二）热水系统

A 区及 B 区设热水系统。本工程最高日热水用水量为 397.4m^3/d，最大时热水用水量为 57.6m^3/h，计算见表 2：

热水用水量 **表 2**

用水名称	60℃热水用水量标准	数量	用水时间	平均时用水量	时不均匀系数	最大时用水量	最高日用水量
	(L/人次)	(人次)	(h)	(m^3/h)	K	(m^3/h)	(m^3/d)
客房	160	980	24	6.533	4.1	26.79	156.80
中餐厅	20	1000	12	1.667	1.0	1.67	20.00

续表

用水名称	60℃热水用水量标准	数量	用水时间	平均时用水量	时不均匀系数	最大时用水量	最高日用水量
	(L/人次)	(人次)	(h)	(m^3/h)	K	(m^3/h)	(m^3/d)
西餐厅	15	200	12	0.250	1.0	0.25	3.00
洗衣房	30	2000kg	8	7.500	1.0	7.50	60.00
美容美发	15	100	12	0.125	1.0	0.13	1.50
桑拿	100	500	12	4.200	2.0	8.40	50.00
员工	50	1000	24	2.083	2.9	5.96	50.00
员工餐厅	20	1000	12	1.667	1.0	1.67	20.00
不可预见用水	10%			2.403		5.24	36.13
合计				26.43		57.59	397.43

A区热水系统：热水系统分区与冷水系统相同，热水由容积式热交换器加热及储存，储热量不小于45min小时耗热量。热媒为高温热水，由热水炉供热。为充分利用空调余热，采用热泵回收空调系统冷凝余热作热水系统的预热，共预热客房的三个分区，该三个分区的热交换器仍按无预热时设置，以保证空调系统停止运作时，热水系统仍能正常运行。地下一层设集中换热机房，一区、三区每区设两台8m^3容积式换热器，二区设两台5m^3容积式换热器，四区设两台3m^3容积式换热器。

本项目的空调主机带热回收装置，冷水通过空调主机的热回收装置，温度可从15℃升至45℃，再由热水炉加热到60℃，储存在热水罐内。在加热过程中可节约67%的能量，节能效果明显。冷热水压力同源，保证冷热水系统压力平衡。裙楼卫生间热水设支管循环，保证热水出水迅速。

（三）生活排水系统

根据环保部门的意见，本项目位于清远市污水处理厂收集污水的范围内，排水达到三级排放标准即可直接排入市政污水管网。室内排水为污、废分流系统，污水排入室外化粪池，含油废水排入隔油池，处理后排入市政污水管网。

各卫生间设污、废、通气三根立管，裙楼卫生间设置专用透气管和环形透气管，改善排水水力条件和卫生间的空气卫生条件。为节约用水，采用节水型卫生器具，配4L/6L两档式大便器水箱，洗手盆使用感应式充气龙头，小便器采用感应式小便器冲洗阀，排水管材采用低噪声管材，满足五星级酒店的使用要求。室内雨、污、废水管采用离心浇铸排水铸铁管，潜水泵排水管采用内涂塑热镀锌钢管。室外排水管采用HDPE中空壁缠绕排水管。

（四）雨水排水系统

屋面雨水采用重力流排水，地下车库入口设潜水泵抽升排放。建筑屋面雨水系统的排水能力，以不少于10年重现期的雨水量设计。在所有屋面的女儿墙上设置雨水溢流口，按屋面雨水排水工程和溢流设施的总排水能力不小于50年重现期的雨水量校核。

二、消防系统

清远国际酒店按一类高层建筑设计，由市政供水管引一路DN250给水管，另一路消防水源由水景池、游泳池供给。室外消火栓用水由市政给水管网直接供水，另设一个室外消火栓由游泳池供水。室内采用区域集中临时高压消防系统，地下二层设消防泵房，消防水池总容积为555m^3；屋面设稳压泵房，并设18m^3消防水箱。本项目设室内消火栓系统、自动喷水灭火系统、气体灭火系统。

（一）室外消火栓系统

室外消火栓系统用水量30L/s，设地上式室外消火栓共有7个。6个室外消火栓直接由市政压力供水，1个由游泳池供水。

（二）室内消火栓系统

室内消火栓系统用水量40L/s，消火栓的间距确保同层任何部位有两个消火栓的水枪充实水柱同时到达，并不大于30m。消火栓的充实水柱不小于13m，消火栓口的出水压力不大于0.5MPa。各消火栓箱内置自救式消防卷盘及手动启动按钮。

本项目分为高、低两区，同时保证系统静压不超过0.8MPa。系统分区如下：

A区酒店：低区（地下二层～管道夹层），高区（五～二十四层）；

B区娱乐城：低区（首层～四层）；

C区综合楼：低区（地下层～九层）。

地下二层消防水泵房内设有消火栓泵两台（一用一备）供水，消火栓泵参数Q=40L/s，H=130m，N=75kW；屋面设一套稳压设备，消火栓稳压泵Q=5L/s，H=40m，N=3kW，配DN1000立式隔膜式气压罐。低区由屋面消防水池直接提供稳压，高区由增压设备提供稳压。1区、2区室外各设三组SQB-1.6-100消防水泵接合器消火栓水泵接合器，直接向管网供水。

（三）自动喷水灭火系统

自动喷水灭火系统用水量34L/s，除不宜用水扑救的电器间如变压器房、高低压配电房、配电间、电表房及电梯机房等；已设置气体灭火系统的房间如电话交换机房、计算机房；封闭楼梯间、小于5m^{2}的卫生间、电缆竖井及管道竖井不设自动喷水灭火系统保护，其余所有楼层均设置自动喷水灭火系统。自动喷水灭火系统的火灾危险等级，锅炉房、热水炉房、发电机房、汽车库为中危险Ⅱ级，其他的地区均为中危险Ⅰ级。

本项目分为高、低两区，同时保证系统静压不超过1.2MPa。系统分区如下：

A区酒店：低区（地下二层～四层），高区（设备夹层～二十四层）；

B区娱乐城：低区（首层～四层）；

C区综合楼：低区（地下层～九层）。

地下二层消防水泵房内设有喷淋泵两台（一用一备）供水，喷淋泵参数Q=35L/s，H=140m，N=75kW；屋面设一套稳压设备，喷淋稳压泵Q=1L/s，H=30m，N=1.1kW，配DN800立式隔膜式气压罐。低区由屋面消防水池直接提供稳压，高区由增压设备提供稳压。消火栓水泵接合器与室内消火栓环状管网连接，1区室外设三组水泵接合器输水至湿式报警阀前，2区室外设两组水泵接合器，输水至湿式报警阀前。各防火分区设信号阀和水流指示器，在水平管网末端设模拟末端试水装置。

室内净空高度不大于8m时采用K=80标准型快速反应喷头。净高8～12m时，下层喷头采用K=115大流量快速反应喷头（下垂型）。厨房灶台部位采用动作温度为141℃的喷头，厨房其余部位、锅炉房、热水机房、干湿蒸房采用动作温度为93℃的喷头外，其他部位均采用动作温度为68℃的喷头。未吊顶部位及吊顶部位上层喷头采用直立型喷头，吊顶部位下层喷头采用吊顶型喷头。客房采用K=115扩展覆盖大流量快速反应喷头（边墙型）。

本工程为高级酒店，采用以上系统，满足了复杂的使用需求，大大提高了建筑物的安全性和可靠性。

（四）七氟丙烷气体灭火系统

建筑变、配电房属重要设备室，设高压七氟丙烷气体灭火系统，系统采用全淹没灭火方式，设计灭火浓度为9%，喷射时间不大于10s，并采用自动、手动控制和应急操作三种启动方式。

三、工程特点

自竣工以来，给水排水系统一直工作正常，冷热水压力稳定，使用舒适，节水、节能明显，树立了资源高效利用、可持续发展的高端商务酒店形象。

（一）利用空调余热

空调在运行中产生大量的热，可利用于生活热水系统。本项目的空调主机带热回收装置，冷水通过空调主机的热回收装置，温度可从15℃升至45℃，再由热水炉加热到60℃，储存在热水罐内。在加热过程中可节约67%的能量，节能效果明显。

（二）采用先进的给水排水系统

采用竖向分区，控制用水点水压以保障使用舒适性并节约用水。冷热水压力同源，保证冷热水系统压力平衡。裙楼卫生间热水设支管循环，保证热水出水迅速。裙楼卫生间设置专用透气管和环形透气管，改善排水水力条件和卫生间的空气卫生条件。经一年多的使用，各方面反映良好，获得了甲方的好评。

（三）节水措施

采用节水型卫生器具，使用4L/6L两档式大便器水箱，洗手盆使用感应式充气龙头，小便器采用感应式小便器冲洗阀。节水型卫生洁具及配水件既节水又环保，排水管材采用低噪声管材，满足五星级酒店的使用要求。在市政进水管、厨房、冷却塔、绿化及各功能区和楼层的用水点的用水点前设置水表，控制及节约用水。水池、水箱溢流水位均设报警装置，防止进水管阀门故障时，水池、水箱长时间溢流排水。

（四）采用先进的管材

室内冷热水给水管全部采用薄壁不锈钢管，*DN*50及以下采用环压或卡压连接。室内污废水采用离心浇铸式铸铁排水管，不锈钢卡箍式柔性连接；室内雨水管采用涂塑钢管，卡箍连接。大大降低给排水设备用电量及管网漏损率，得到市场和业主认可。

四、工程照片及附图

1. 酒店外观
2. 湿式报警阀

3. 消防泵房
4. 消火栓

5. 热水炉
6. 换热器

7. 豪华客房

8. 客房卫生间

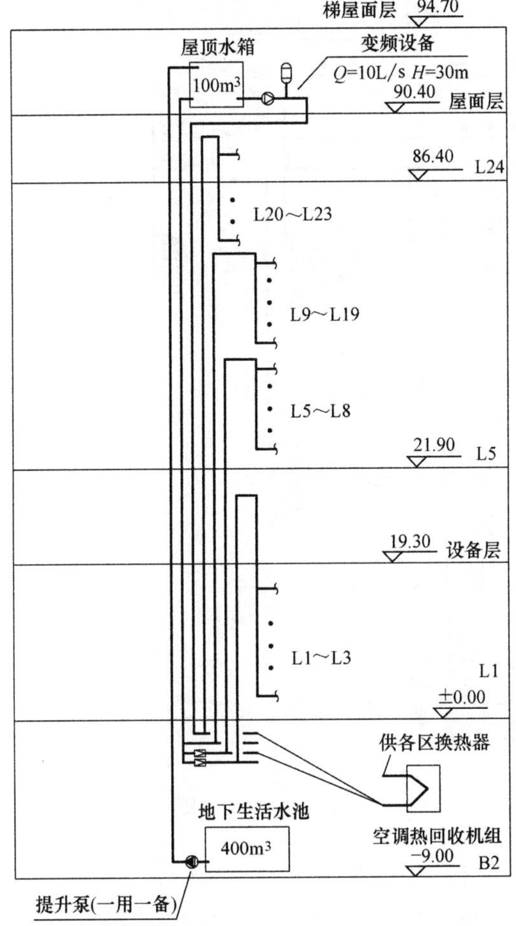

图1：给水系统图

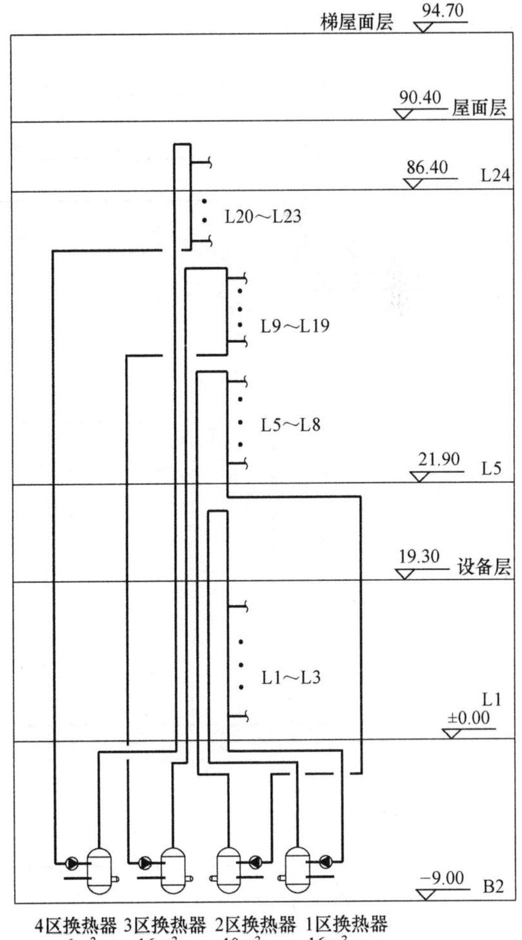

图2：热水系统图

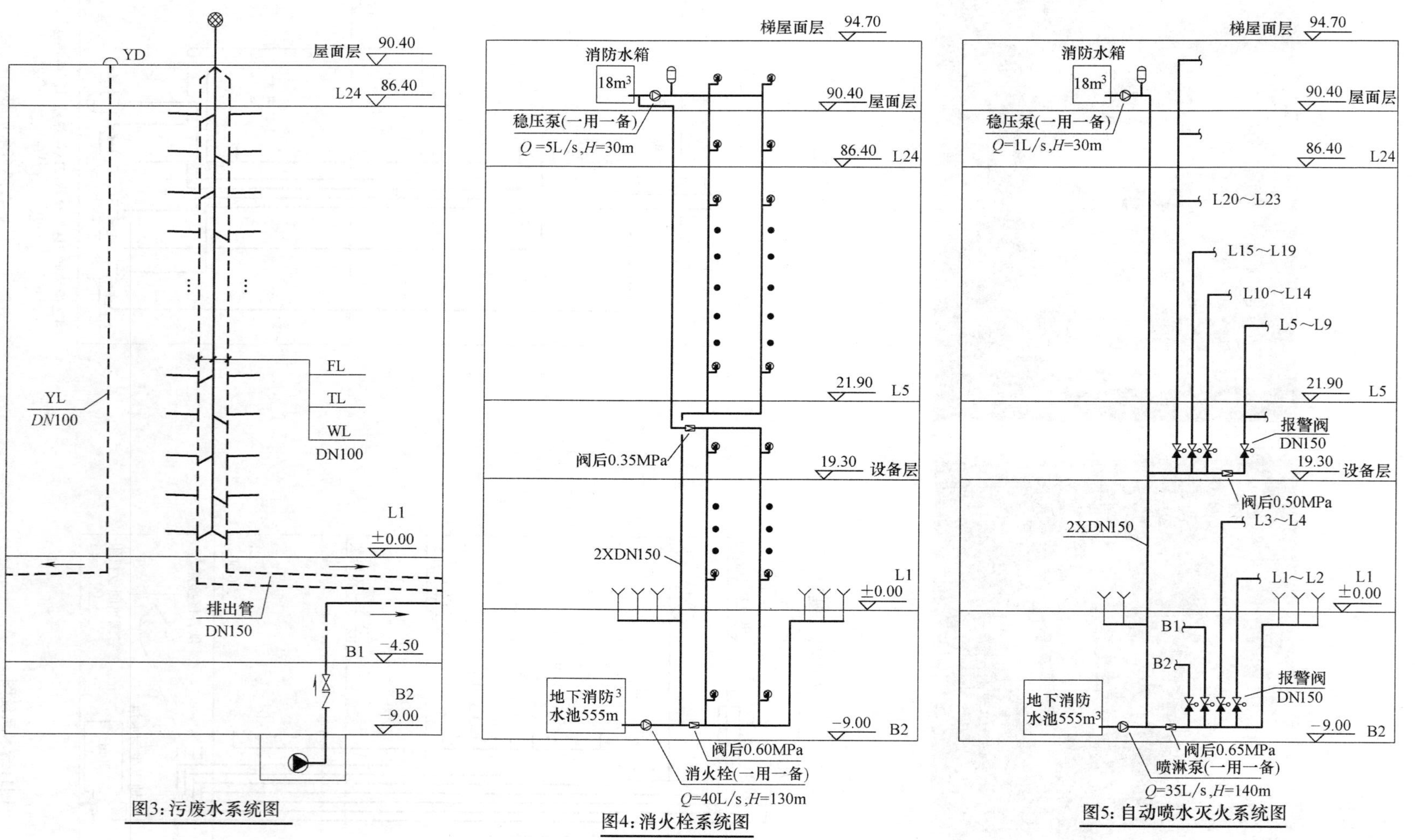

图3: 污废水系统图

图4: 消火栓系统图

图5: 自动喷水灭火系统图

北京经济技术开发区 B7 生物医药产业园

设计单位： 中国中元国际工程有限公司
设 计 人： 高敬　赵薇　彭建明　周力兵　王永利　黄晓家
获奖情况： 公共建筑类　二等奖

工程概况：

经济技术开发区路东区 B7 生物医药产业园项目位于北京经济技术开发区路东区 B7 地块，东至经海四路，南至科创七街，西至经海三路，北至科创六街。总建筑面积为 17.2 万 m^2，分为两期建设。

一期工程 58526m^2，包括孵化器楼、综合服务楼以及一期地下室。孵化器楼地上 13 层，建筑面积 26614m^2，建筑高度 59.95m，首层为小会议室、数字图书馆、休息厅，二层为大型仪器及会议管理用房，三至十三层为小型孵化器实验单元。综合服务楼地上 7 层，建筑面积 19062m^2，建筑高度 28.90m，首层为银行、商务餐厅、健身房；二层为视频展示、窗口服务大厅及商务餐厅；三层为孵化器预留、会议室及多功能厅；四层为孵化器预留；五至七层为职工宿舍。一期地下室地下 2 层，建筑面积 15372m^2。地下一层为设备用房及职工餐厅及厨房、器材供应、设备用房；地下二层平时为停车库，战时为六级人防物资库。

二期工程为组群建筑，总建筑面积 116428m^2，建筑高度 29.65m。主要功能为中型企业、中试车间及地下车库。中试车间楼和中型企业楼在地下一层连成一体。包括一栋 5 层中试车间楼和六栋 6 层 1 号～6 号中型企业楼及地下一层车库。

本工程 2009 年 5 月开始设计，2011 年 8 月建成使用。

一、给水排水系统

（一）给水系统

1. 冷水用水量

冷水用水定额及用水量计算见表 1。

冷水用水定额及用水量　　**表 1**

序号	用水名称	用水定额	用水单位	数量	用水时数(h)	小时变化系数 K_h	最高日用水量		备注
							昼夜(m^3/d)	小时最大(m^3/h)	
	一期								
1	生活用水	20	L/(人·d)	1300	10	1.2	26	3.12	
2	职工宿舍	170	L/(人·d)	100	24	2.5	17	1.77	
3	实验用水				9	2.5	24.42	3.26	工艺资料
4	职工餐厅	25	L/(人·餐)	1090	12	1.2	27.25	2.73	
5	商务餐厅	40	L/(人·餐)	440	12	1.5	17.6	2.2	
6	健身房	50	L/人	60	12	1.2	3	0.3	

续表

序号	用水名称	用水定额	用水单位	数量	用水时数(h)	小时变化系数 K_h	最高日用水量		备注
							昼夜(m^3/d)	小时最大(m^3/h)	
7	冷却循环水补水		m^3/h	1348.4	24	1.0	647.23	26.97	按循环水量2%计
8	空调系统补水				4	1.0	24	6	暖通资料
9	小计						786.5	46.35	
	未预见水量						78.65		按总用水量的10%计
10	合计						866.25	46.35	
	二期								
1	生活用水	20	L/人	2421	10	1.2	48.42	5.81	
2	实验用水				9	2.5	92	25.56	工艺资料
3	小计						140.42	31.37	
4	未预见水量						14.04		按总用水量的10%计
5	合 计						154.46	31.37	
	一、二期总计						1040.7	77.72	

2. 水源由北侧及西侧的城市自来水管网上引 2 根 $DN200$ 供水管，在小区内连成环状，环网管径 $DN200$，室外消火栓用水由环状管网直接供给。

3. 给水系统分区：二层以下为低区，由市政给水管网直接供水；三层以上为高区，由变频给水设备加压供水。一、二期共用生活水泵房，分别设置高区变频给水设备。其中，一期设三台变频给水泵，两用一备；二期设三台变频给水泵，两用一备。

4. 管材：给水埋地管采用球墨给水承插铸铁管，橡胶圈柔性接口，架空管采用 304 薄壁不锈钢管，卡压、环压或焊接连接。

(二) 热水系统

1. 生活热水用水量

生活热水定额及用水量见表 2。

生活热水定额及用水量 **表 2**

序号	用水名称	用水定额	用水单位	数量	用水时数(h)	小时变化系数 K_h	最高日用水量	
							昼夜(m^3/d)	小时最大(m^3/h)
1	职工宿舍	85	L/(人·d)	100	24	6.84	8.5	2.42

2. 热水系统：综合服务楼五至七层职工宿舍采用太阳能热水系统，以电辅热方式保证热水供水温度。生活热水供水温度 60℃，回水温度 50℃。热水系统采用机械全循环的供水方式。

3. 管材：热水供回水管采用 304 薄壁不锈钢管，卡压、环压或焊接连接。

(三) 中水系统

1. 中水用水量

中水用水定额及用水量计算见表 3。

一、二期中水用水定额及用水量　　表 3

序号	用水名称	用水定额	用水单位	数量	用水时数(h)	小时变化系数 K_h	最高日用水量		备注
							昼夜(m^3/d)	小时最大(m^3/h)	
	一期								
1	生活用水	30	L/(人·d)	1300	10	1.2	39	4.68	
2	职工宿舍	30	L/(人·d)	100	24	2.5	3	0.31	
3	车库冲洗地面	3	L/(m^2·次)	5500	8	1.0	16.50	2.06	每日一次
4	道路及绿化用水	3	L/(m^2·d)	28238	8	1.0	84.71	10.56	每日一次
5	小计						143.21	17.61	
6	未预见水量						14.32		按总用水量的 10%计
7	合计						157.53	17.61	
	二期								
1	生活用水	30	L/(人·d)	2421	10	1.2	72.63	8.72	
2	车库冲洗地面	3	L/(m^2·次)	30785.6	8	1.0	92.36	11.54	每日一次
3	小计						164.99	20.26	
4	未预见水量						16.50		按总用水量的 10%计
5	合计						181.49	20.26	
	总计						339.02	37.87	

2. 水源：以市政中水为水源，供水压力 0.18MPa。中水用于卫生间冲厕、绿化和地下车库冲洗地面。

3. 中水系统分区：二层以下为低区，由市政中水管网直接供水；三层以上为高区，由变频中水设备加压供水。一、二期中水泵房集中设在一期地下一层，共用中水水箱，分设加压设备，一期选用三台变频中水泵，两用一备；二期选用三台变频中水泵，两用一备。

4. 管材：中水管采用钢塑复合管，丝扣或卡箍连接。

（四）排水系统

1. 排水系统形式：卫生间排水污废合流，实验室废水单独排放。孵化器公共卫生间采用双立管排水系统，实验室采用单立管排水系统。

2. 采用的局部污水处理设施

生活污水在室外经化粪池处理后排入市政污水管道。

厨房污水经器具隔油处理、提升后排出，并在室外设隔油池。

含有浓酸或浓碱的实验室污水，须先经各实验室进行中和处理，pH 值达到 6～8 后，再排入排水管道。实验室有毒有害废液送危险品处理厂消纳。

3. 管材

实验废水排水管采用聚丙烯静音排水塑料管，承插连接；生活污水排水管采用柔性接口机制排水铸铁管，胶圈连接；压力排水管及雨水管采用热镀锌钢管，丝扣或卡箍连接。

二、消防系统

本工程为一类高层民用建筑，耐火等级为一级，消防水量见表4。

消防用水量 表4

系统名称	用水量标准	一次消防	
	(L/s)	时间(h)	水量(m^3/h)
室外消火栓	30	3	324
室内消火栓	40	3	432
自动喷水	30	1	108
合计			864

(一) 消火栓系统

1. 室外消火栓系统：采用低压制。在室外环状给水管网上设置若干地下式室外消火栓，供消防车取用。室外消火栓间距不超过120m，距外墙不小于5m，距路边不大于2m。

2. 室内消火栓系统

在一期工程地下一层的消防水泵房内设有一座消防水池，有效容积$V=600m^3$，分为两格。

室内消火栓系统采用临时高压制，消火栓管道在室内连成环状。泵房内设消火栓泵2台，$Q=40L/s$，$H=1.0MPa$，$N=75kW$，水泵一用一备，由消火栓箱内按钮及消防控制室控制启动，消防水泵设自动巡检装置。屋顶水箱间设有高位消防水箱（有效容积$V=18m^3$）及一套消火栓系统增压稳压装置。其中稳压泵两台，$Q=5L/s$，$H=0.45MPa$，$N=4kW$，水泵一用一备，由气压罐电接点压力表控制自动启停。

室内消火栓系统室外设三套地下式消防水泵接合器。

3. 管材：室外生活、消防给水管采用球墨给水承插铸铁管，室内消火栓及自动喷水管均采用热镀锌钢管，丝扣或卡箍连接。

(二) 自动喷水灭火系统

自动喷水灭火系统按地下车库中危险Ⅱ级设计，设计喷水强度8L/(min・m^2)，作用面积160m^2；其他部位按中危险Ⅰ级设计，设计喷水强度6L/(min・m^2)，作用面积160m^2。设计消防水量按30L/s设计，火灾延续时间1h，消防水池储水量108m^3。

1. 自动喷水系统分区及加压（稳压）设备

自动喷水系统采用临时高压制，孵化器楼及地下室采用预作用系统，综合服务楼采用湿式系统。在地下一层消防水泵房内设2台自动喷水泵，$Q=30L/s$，$H=1.2MPa$，$N=55kW$，水泵一用一备，由火灾自动报警系统、湿式报警阀的压力开关自动启动或消防控制室控制启动，消防水泵设自动巡检装置。屋顶水箱间设有高位消防水箱（$V=18m^3$）及一套自动喷水灭火系统增压稳压装置。其中稳压泵两台，$Q=1L/s$，$H=0.44MPa$，$N=1.5kW$，水泵一用一备，由气压罐电接点压力表控制自动启停。气压罐一台，型号SQL800×0.6。

2. 喷头选型。每层除面积小于5.0m^2的卫生间和不宜用水扑救的部位外，均设喷头。地下车库采用72℃温级直立型易熔合金喷头，综合服务楼的职工宿舍采用大覆盖面侧墙喷头，其他部位采用下垂型或吊顶型喷头，喷头温级 68℃，厨房采用 93℃温级喷头。

自动喷水灭火系统室外设置两套地下式消防水泵接合器。

3. 管材：自动喷水管均采用热镀锌钢管，丝扣或卡箍连接。

（三）消防水炮灭火系统

孵化器楼中庭高度大于 8m 的高大空间设微型自动扫描消防水炮，设计工作压力 0.4MPa，流量 5L/s，射程 20m，采用远程自动、远程手动及现场应急手动三种控制方式。

（四）气体灭火系统

地下一层变配电所采用独立的七氟丙烷全淹没气体灭火系统。设计灭火浓度：9%，喷放时间小于等于 10s，灭火浸渍时间 10min。气体灭火系统采用自动、电动及机械手动三种控制方式。

（五）建筑灭火器

本建筑火灾种类为 A、B 类火灾和带电火灾，厨房加工间、汽车库灭火器按照 B 类中危险等级（89B）配置，灭火器最大保护距离为 12m，在变配电所设 MFT/ABC20 型推车式干粉灭火器。其他部分灭火器按照 A 类严重危险等级（3A）配置，灭火器最大保护距离为 15m，在各层消火栓箱内设置 MF/ABC5 型手提式磷酸铵盐干粉灭火器。

三、设计体会介绍

1. 实验单元设计适应性强

孵化器实验单元采用三种模式的模块化设计理念，分别设有一个、两个、三个半岛式实验台单元，以满足不同用户需求。同时为适应各实验单元使用者的流动性，给水排水管道设计为同层布置：各实验单元的纯水、给水管道从吊顶引入并单独设水表计量，给水管及排水管均沿实验台及边墙在楼板上安装，为日后管道检修及实验台布局调整提供方便，避免了排水管道对下层实验单元产生影响。

2. 节能、节水

综合服务楼职工宿舍的生活热水采用太阳能热水系统，以充分利用清洁能源，节省常规能源。太阳能集热器选用平板型，其结构简单、运行可靠，具有承压能力强、吸热面积大，成本合理等特点；热水系统采用全天候定温产水的方式，该系统通过设定集热器温度的上限值控制太阳能系统水泵的启动，以优先利用太阳能源；通过设定集热器温度的下限值控制将集热器及管道系统内的水排入补水箱以排空防冻；通过设定储水箱的水温及水位来提高太阳能的保证率以最大限度地利用太阳能源，最少使用辅助能源（电能），保证 24h 供应热水。

充分利用非传统水源。卫生间冲厕、车库冲洗地面及绿化均采用市政中水，室外绿化采用微喷灌方式，提高水的有效利用率，本项目的中水利用率达 25%；

空调冷却水循环利用，冷却塔补水储存在消防水池中，补水泵从消防水池吸水，改善消防水池水质，避免整池换水造成浪费。

3. 卫生防疫及环保

孵化器楼卫生间污水与实验室废水分别排放。卫生间污水采用柔性接口机制排水铸铁管，其噪声低、强度高、柔性抗震、无二次污染，可再生循环使用；实验室采用聚丙烯静音排水管，其原材料为可回收利用的环保型耐冲击共聚聚丙烯树脂和特殊吸声材料，采用三层共挤的生产工艺，具有良好的降噪静音性能、耐化学腐蚀性能、耐热性能。

带有活性病原微生物的实验废弃物在本孵化单元内经高压灭菌锅灭活后按普通污废物处理；实验单元酸碱等有毒有害废液就地经废液收集台下废液瓶收集，交物业部门送有资质单位回收处理。

四、工程照片及附图

B7 生物医药产业园一期综合服务楼及孵化器楼街景图

B7 生物医药产业园二期鸟瞰图

孵化器楼实验单元

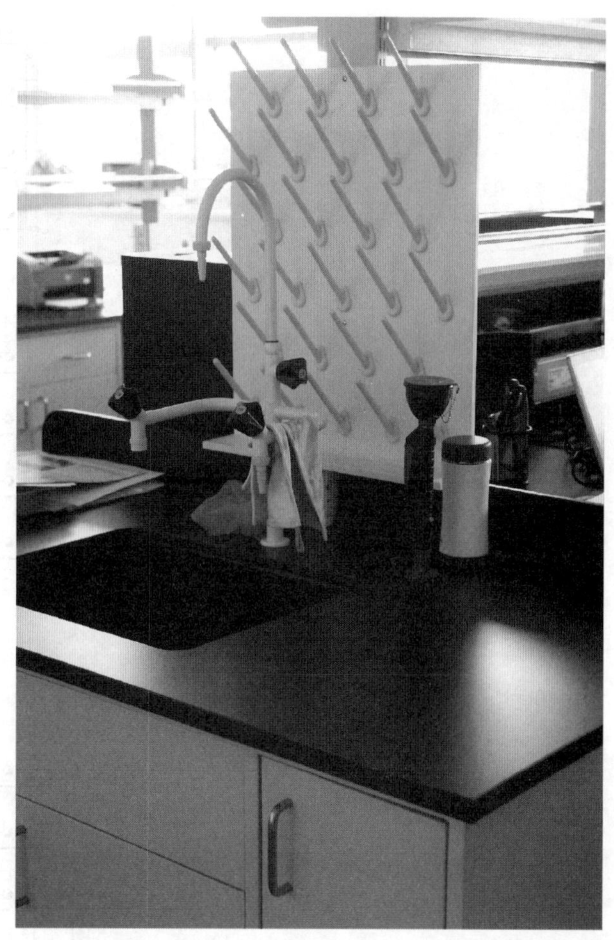

紧急淋浴喷头、洗眼器

综合服务楼屋顶太阳能集热器

地下一层消防水泵房

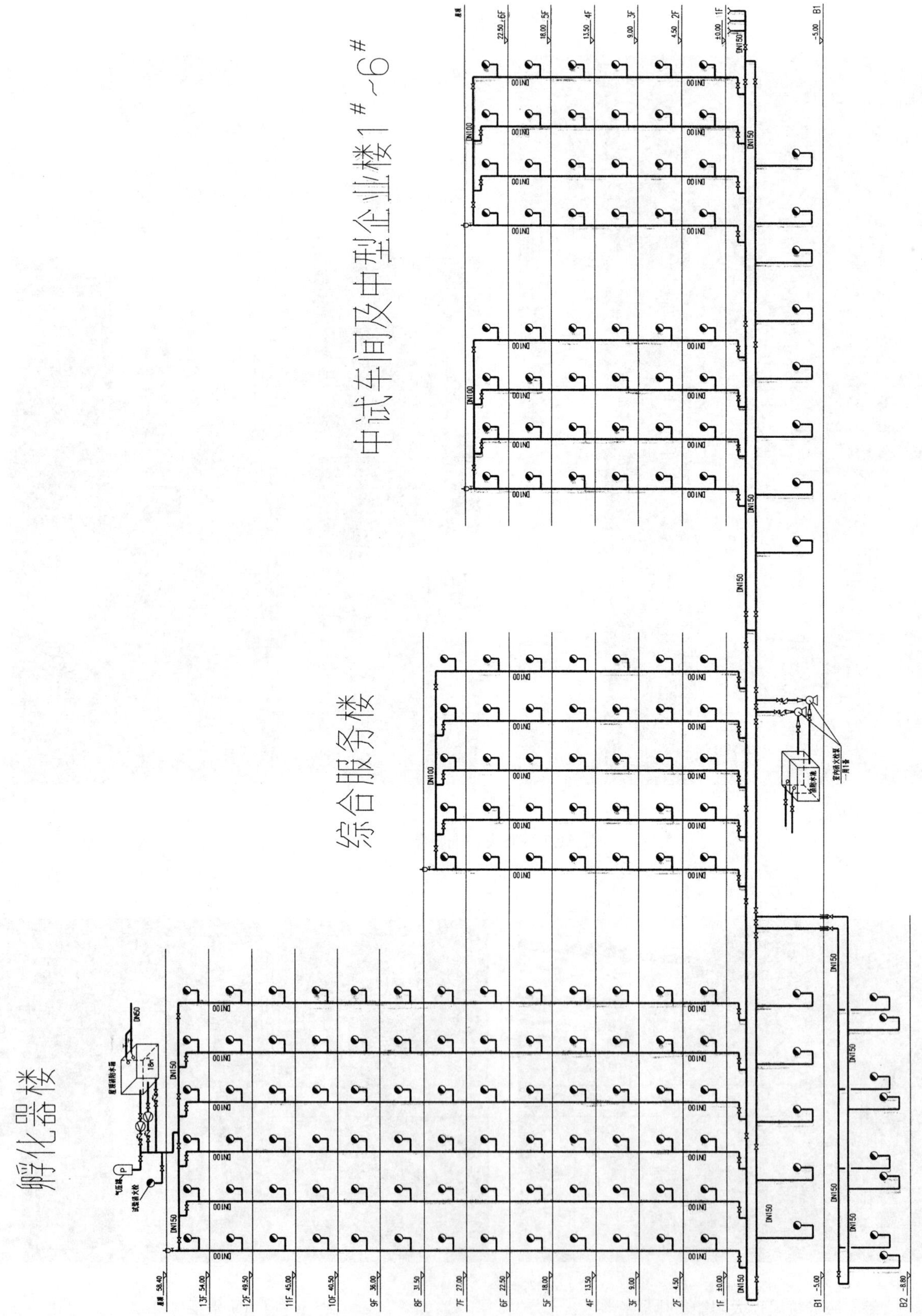

孵化器楼

综合服务楼

中试车间及中型企业楼1#~6#

气压罐 试验消火栓 屋顶消防水箱 18m³ DN50

屋面 58.40

13F 54.00

12F 49.50

11F 45.00

10F 40.50

9F 36.00

8F 31.50

7F 27.00

6F 22.50

5F 18.00

4F 13.50

3F 9.00

2F 4.50

1F ±0.00

B1 -5.00

B2 -8.80

DN150 DN100

消防水池 室内消火栓泵 一用1备

消火栓系统原理图

非通用图示

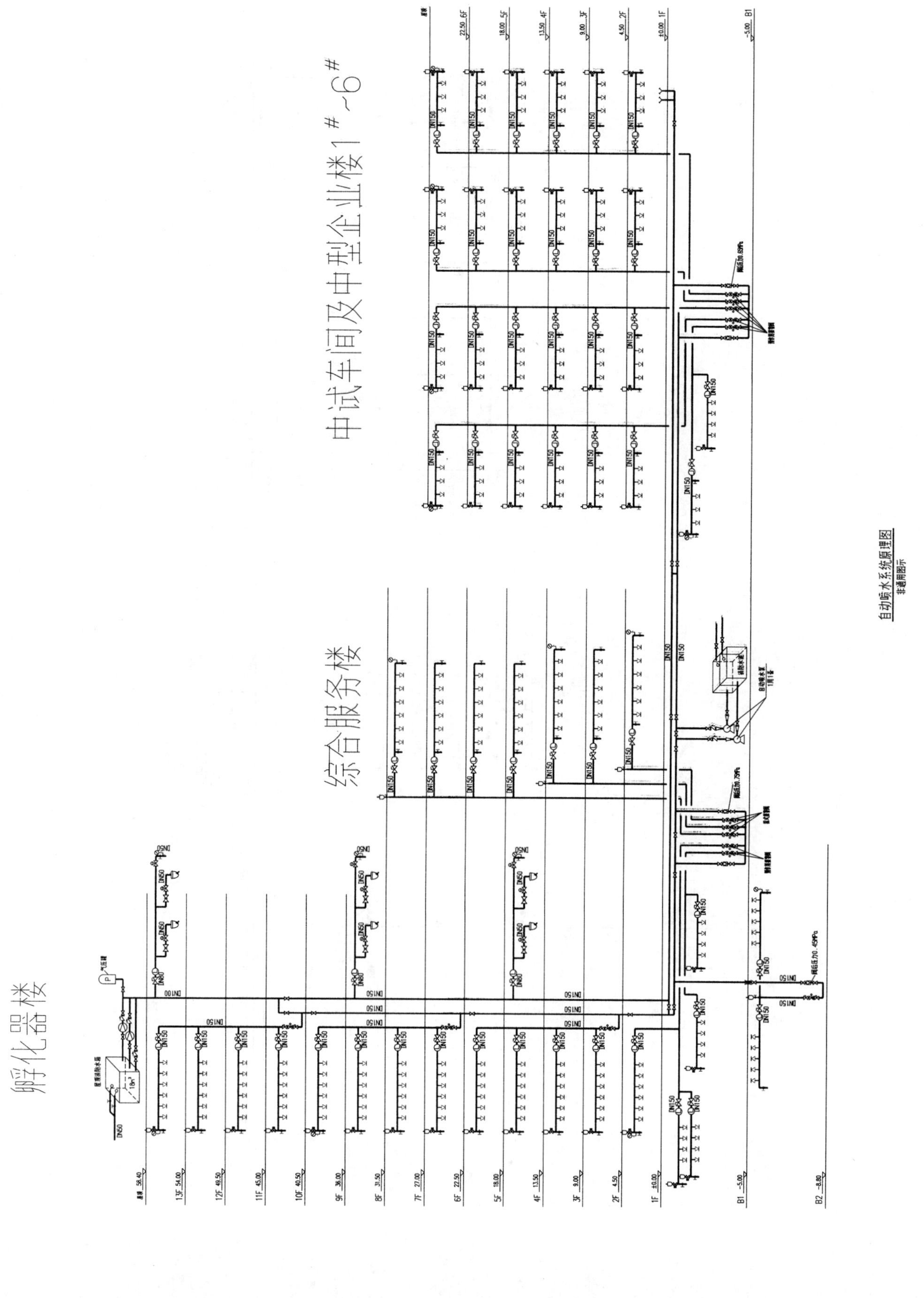

孵化器楼

综合服务楼

中试车间及中型企业楼1#~6#

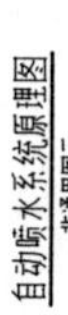

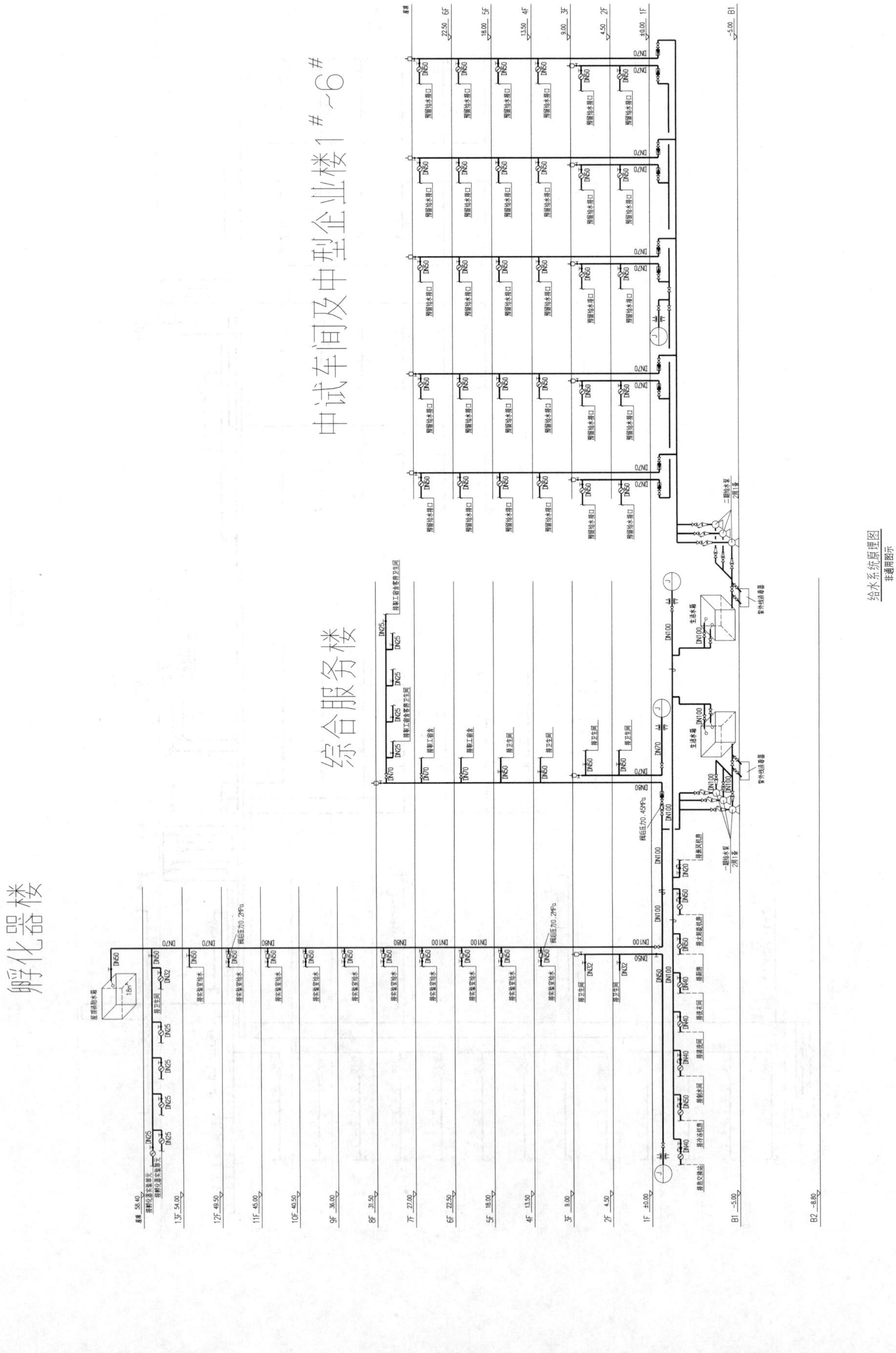

孵化器楼

综合服务楼

中试车间及中型企业楼1#~6#

给水系统原理图

非通用图示

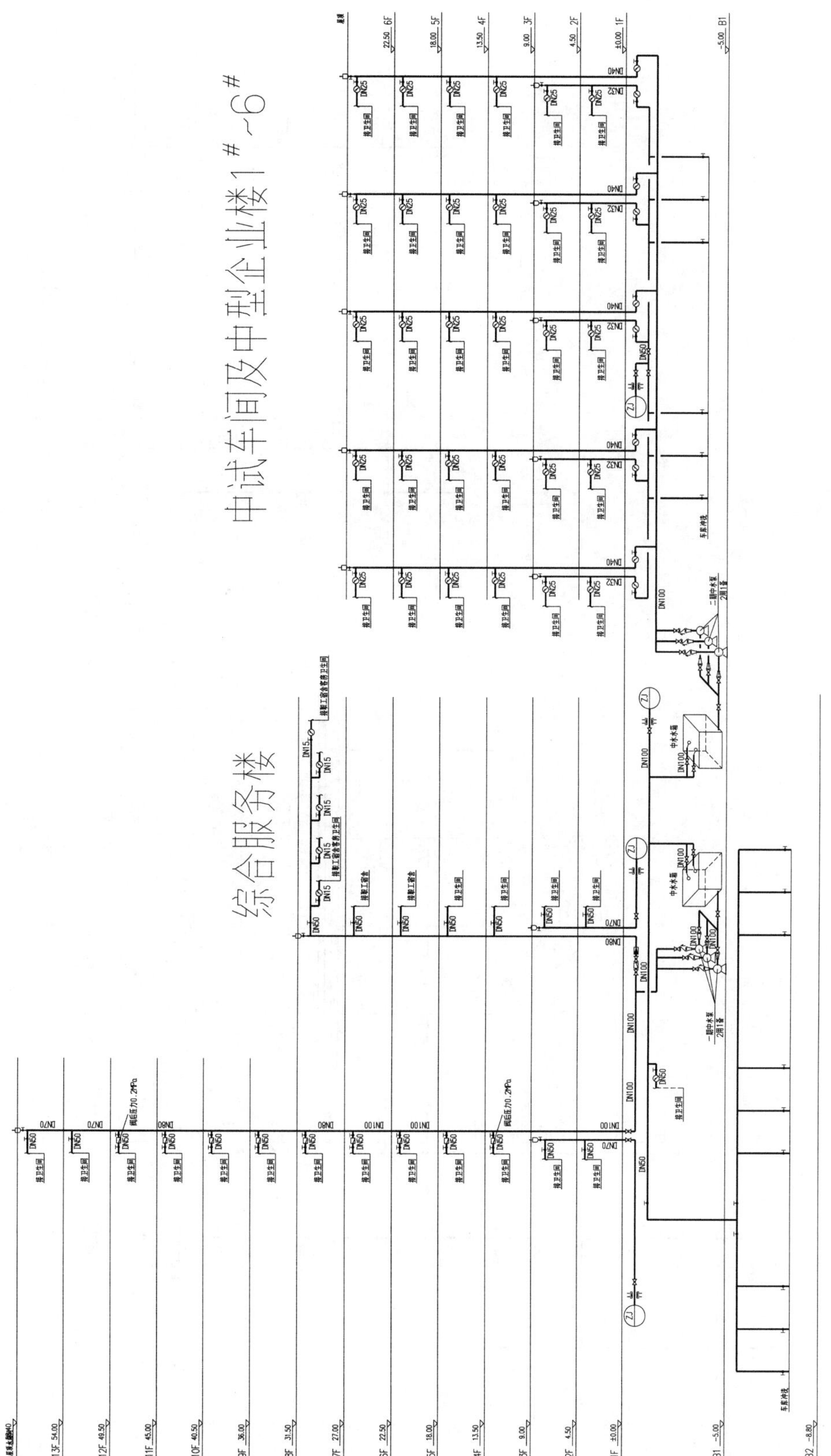

孵化器楼
综合服务楼
中试车间及中型企业楼1#~6#
中水系统原理图

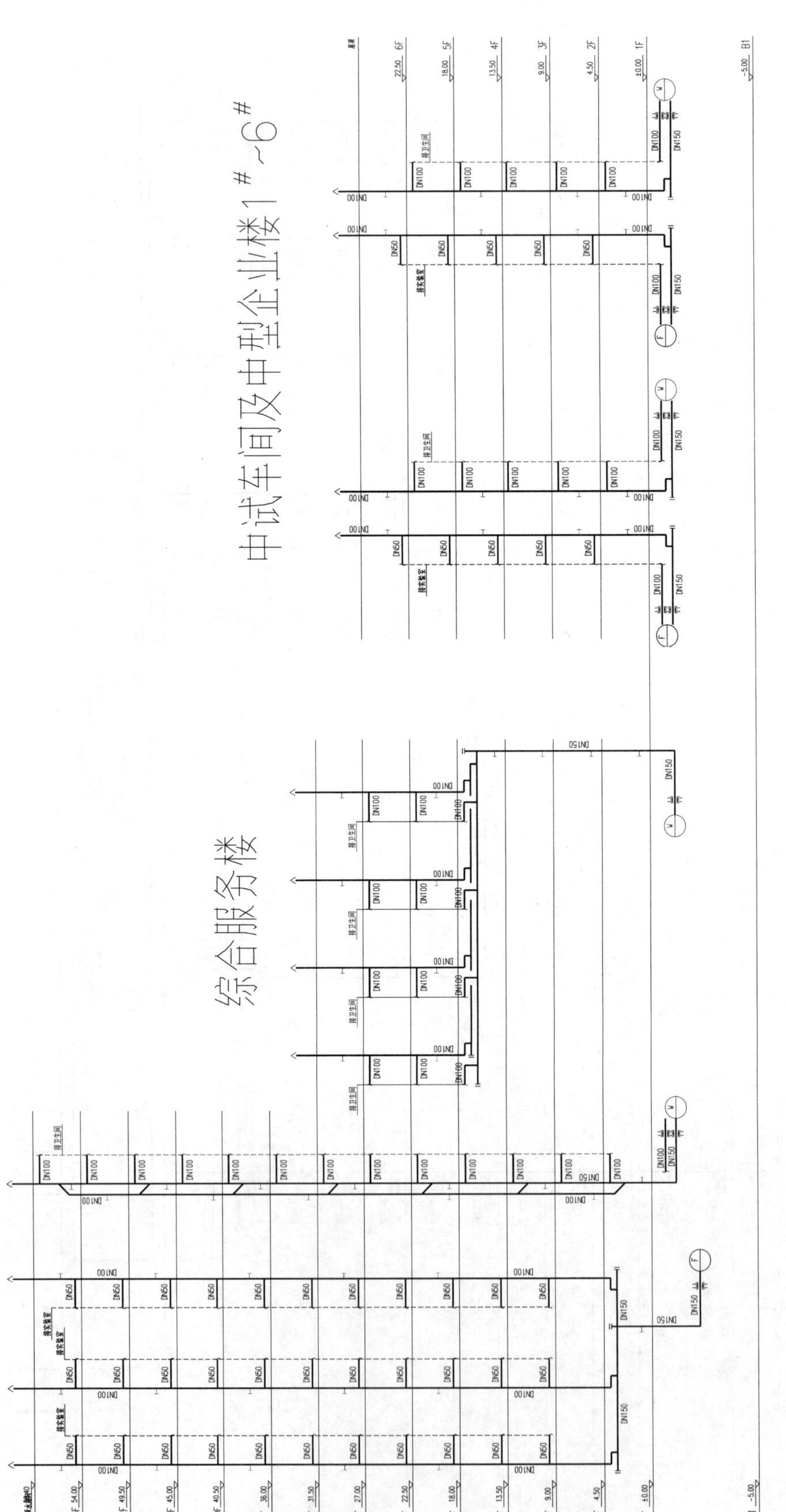
孵化器楼
综合服务楼
中试车间及中型企业楼1#~6#
排水系统原理图
非通用图示

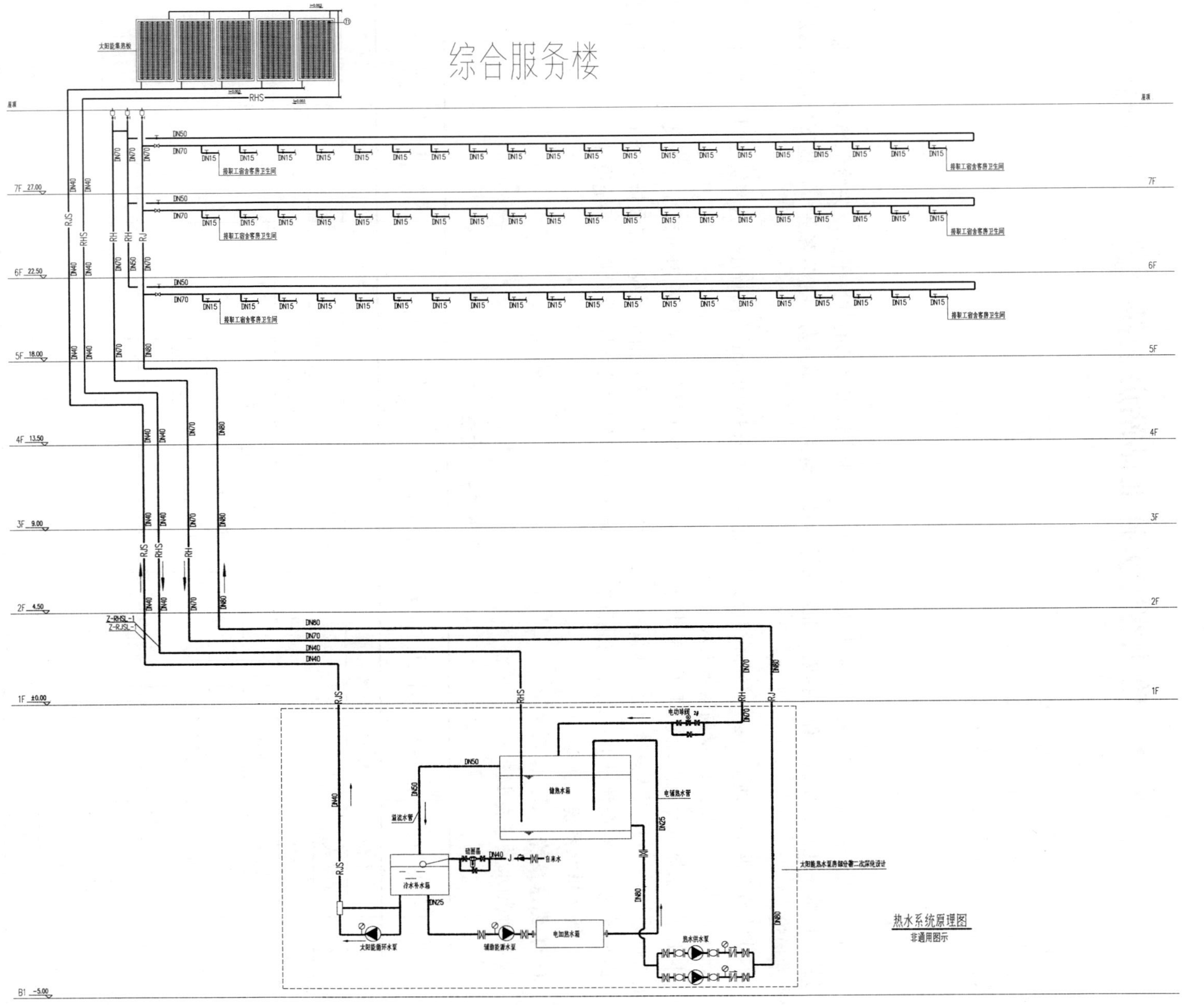
综合服务楼
太阳能集热板
储热水箱
电辅热水管
溢流水管
冷水补水箱
自来水
电加热水箱
热水供水泵
太阳能循环水泵
热水系统原理图
非通用图示
RJ
RH
RHS
RJS
DN80
DN70
DN50
DN40
DN25
DN15
7F 27.00
6F 22.50
5F 18.00
4F 13.50
3F 9.00
2F 4.50
1F ±0.00
B1 -5.00

哈大客专大连北站站房工程

设计单位： 同济大学建筑设计研究院（集团）有限公司
设 计 人： 张东见　王洪武　唐廷　江帆　田峰
获奖情况： 公共建筑类　二等奖

工程概况：

大连北站是一座高度现代化大型高速铁路客运站，位于大连市北郊的甘井子区南关岭镇境内，北临站北一号路，南临华北路；站房工程包括南、北站房综合楼，高架候车厅，南、北落客平台，地下出站通廊及两侧出站通道。

本建筑地上两层，地下一层，局部设有夹层。建筑总面积160495m²，高峰小时旅客发送量2020年7671人/h；2030年13797人/h。最高聚集人数7500人。

本工程给水排水专业设计范围包括车站的给水系统、污废水系统、站内水消防系统（消火栓、自动喷淋及消防炮系统）、气体灭火系统（七氟丙烷）、灭火器设置、站房屋面雨水系统（虹吸排水方式）、南北落客平台雨水系统（半有压流排水方式）、南北落客平台消火栓系统以及站周边室外雨水系统设计。

一、给水排水系统

（一）给水系统

1. 冷水用水量（表1）

大连北站用水量一览表　　表1

序号	用水对象	建筑面积(m²)	用水人数	用水量标准	时变化系数 K_h	用水时间(h)	最大日用水量(m³/d)	最大时用水量(m³/h)
1	旅客	最高聚集人数7500人/h		4.0L/(人·d)	2.5	18	60.0	8.3
2	售票人员		200	50L/人次	1.2	18	10.0	0.7
3	办公		600	50L/人班	1.2	12	30.0	3.0
4	商业	8316		8.0m²/d	1.2	12	66.5	6.7
5	餐饮		500	40L/人次	1.5	12	20.0	2.0
6	饮用水	最高聚集人数7500人/h		0.4L/(人·d)	1.0	18	6.0	0.3
7	未预见用水量						19.3	2.1
8	小计						211.8	23.1
9	冷却塔补水量						464	30.0
10	总计						676.8	53.1
11	室内消防用水						360m³/次	

2. 水源：由大连动车所内给水加压泵房（由铁三院设计）供水，水量及水压均满足站房给水系统要求。

3. 系统竖向分区：给水系统竖向不分区。

4. 供水方式及给水加压设备：给水及水消防系统各自独立，给水管道呈枝状布设，管道布置采用上行下给式。站房内不设给水加压设备。

5. 管材：室内给水管道大于等于 *DN*65 干管选用内外涂塑焊接钢管，管径小于等于 *DN*80 时采用丝扣连接，管径大于等于 *DN*100 时采用卡箍连接；管径小于等于 *DN*50 支管选用 S5 系统 PP-R 管，热熔连接。

（二）热水系统

站房内不设集中热水供应系统。VIP 贵宾室、贵宾候车室、软席候车室、母婴候车室等的卫生间采用分散设置点热水器的方式供应热水。

各候车室均设置开水间，内设过滤加热一体式电加热直饮水设备制备饮水。

（三）中水系统

站房内无中水系统。

（四）排水系统

1. 排水系统的形式：站房排水系统采用室外雨、污分流，室内污、废合流。

2. 透气管的设置方式：卫生间污水及厨房油污水管设置环形通气管和通气立管，伸顶至屋面。

3. 系统：站房高架候车厅、站台层、北侧出站通道内卫生间污废水均采用重力排水方式；南侧出站通道内卫生间污废水采用潜污泵提升排水方式；站房屋面采用虹吸排水方式；落客平台、北侧屋面平台及入口雨棚采用半有压流排水方式。

4. 采用的局部污水处理设施：污水在站房室外经化粪池处理后排至市政污水管道，厨房油污水就地排入本层隔油器分离，再经室外隔油池处理后排入市政污水管道。

5. 管材

站房重力流污、废水管道、通气管道选用柔性接口的机制排水铸铁管及零件，平口对接，橡胶圈密封，不锈钢带卡箍接口；出站埋地部分采用承插式柔性连接。

站房压力流污、废水重力雨水管道选用内外涂塑焊接钢管；管径小于 *DN*80 时为螺纹连接，大于等于 *DN*80 时为卡箍链接。

站房虹吸雨水管道埋柱部分选用不锈钢管（304L），壁厚不小于 5.0mm，对接氩弧焊接；其余采用能承受负压的专用 HDPE 管材及管件。

室外埋地排水管道采用 HDPE 双壁缠绕管，电熔连接。

二、消防系统

（一）消火栓系统

1. 水源：站房内水消防系统由南站房地下出站通道旁消防泵房内消防水池供水，消防水池有效容积 360m^3。高位消防水箱设置在南站房商业夹层顶水箱间内，有效容积 18m^3。

2. 基本设计参数：室内消火栓用水量 30L/s，充实水柱 13m，火灾延续时间 2h，任一点保证两股充实水柱同时到达。

3. 系统：采用临时高压给水系统，由消防水池、水泵、高位消防水箱联合供水，并设局部增压稳压设施一套，以维持最不利消火栓所需压力。管道呈环状布设。竖向不分区。

4. 设备参数：设置消火栓泵两台（一用一备），流量 30L/s，扬程 75m，功率 37kW；消火栓稳压泵两台（一用一备），流量 5L/s，扬程 20m，功率 2.2kW。消火栓气压罐一台，有效容积不小于 300L。

5. 水泵接合器：南站房室外设两套地下式消防水泵接合器，单只流量为 15L/s。

6. 管材：选用内外热镀锌钢管，小于 *DN*100 时为螺纹连接，大于等于 *DN*100 时为沟槽卡箍连接。水泵房内采用法兰连接，二次镀锌。管道承压等级均为 1.6MPa。

(二) 自动喷水灭火系统

1. 水源：水源同消火栓系统。

2. 基本设计参数：站房按中危险Ⅰ级设计，喷水强度 6L/(min・m^2)，作用面积 160m^2。消防用水量为 27L/s（按有格栅吊顶），火灾延续时间 1h。

3. 系统：采用临时高压给水系统，由消防水池、水泵、高位消防水箱联合供水，并设局部增压稳压设施一套，以维持最不利点喷头所需压力。管道呈枝状布设。竖向不分区。

4. 设备参数：设置喷淋泵两台（一用一备），流量 30L/s，扬程 90m，功率 45kW；喷淋稳压泵两台（一用一备），流量 1L/s，扬程 16m，功率 0.75kW。喷淋气压罐一台，有效容积不小于 150L。

5. 水泵接合器：南站房室外设两套地下式消防水泵接合器，单只流量为 15L/s。

6. 喷头及报警阀

不作吊顶的场所采用直立型喷头，非通透性吊顶下采用吊顶型喷头，装设网格、栅板类通透性吊顶的场所根据吊顶的孔隙率确定喷头安装方式。

贵宾候车室及其他精装修部位选用隐蔽型喷头。

除设电伴热防冻场所选用易熔合金喷头外，其余采用玻璃球喷头。

除厨房采用动作温度为 93℃的喷头外，其余各处喷头动作温度为 68℃。

湿式报警阀组集中设置在消防泵房内，共 5 套。

7. 管材：选用内外热镀锌钢管，小于 *DN*100 时为螺纹连接，大于等于 *DN*100 时为沟槽卡箍连接。水泵房内采用法兰连接，二次镀锌。管道承压等级均为 1.6MPa。

(三) 水喷雾灭火系统

南、北站房柴油发电机房设置水喷雾系统；系统设计喷雾强度为 20L/(min・m^2)，持续喷雾时间 0.5h；喷头工作压力不下于 0.35MPa。

水喷雾系统与自动喷水灭火系统共用消防水池、消防水泵及消防水箱。在消防泵房内设置两套雨淋阀组（南、北站房各一套）。

水喷雾系统由自动控制、手动控制和应急操作三种控制方式。自动控制有火灾自动报警系统联动。

系统管材同自动喷水灭火系统管材。

(四) 气体灭火系统

在北站房−5.00m 设备夹层高速场信号机械室、普速场信号机械室、通信机械室 1、通信机械室 2、信息机房、高压配电室 1、高压配电室 2 内设置全淹没无管网柜式七氟丙烷自动灭火系统。高压配电室灭火设计浓度为 9%，喷射时间为 9s，其余防护区灭火设计浓度为 8%，喷射时间为 9s。

气体灭火采用自动启动、手动启动和应急机械启动三种控制方式。自动方式为：防护区内的烟感、温感同时报警，经消防控制器确认火情后，声光报警和延时控制系统发出启动电信号，送给对应的无管网装置，喷洒七氟丙烷气体灭火；手动方式为：在防护区外设有紧急启停按钮供紧急时使用；机械启动为：当自动启动、手动启动均失效时，可打开柜门实施机械应急操作启动灭火系统。

(五) 消防水炮灭火系统

1. 设置位置：在站房高架候车厅大屋面下设置消防水炮，保护高架候车厅及商业夹层。

2. 基本设计参数：水炮需带雾化装置，单炮流量 20L/s；任何部位两门消防炮水射流同时到达；设计流量 40L/s，射程 50m，最不利点出口水压 0.8MPa。

3. 系统：系统采用稳高压制。由消防水池、消防炮主泵、消防炮稳压泵、消防炮气压罐联合供水，管道呈环状布置。

4. 设备参数：设置消防炮主泵两台（一用一备），流量 40L/s，扬程 140m，功率 90kW；消防炮稳压泵两台（一用一备），流量5L/s，扬程150m，功率18.5kW。消防炮气压罐一台，有效容积不小于600L。

5. 消防炮控制

消防炮采用自动控制、消防控制室手动控制、现场手动控制三种控制方式。

自动控制：当智能型红外探测组件采集到火灾信号后，启动水炮传动装置进行扫描，完成火源定位后，打开电动阀，信号同时传至消防控制中心（显示火灾位置）及水泵房，启动消防炮加压泵，并反馈信号至消防控制中心。

消防控制室手动控制：在消防控制室能够根据屏幕显示，通过摇杆转动消防炮炮口指向火源，手动启动消防泵和电动阀，实施灭火。

现场手动控制：现场工作人员发现火灾，手动操作设置在消防炮附近的现场手动控制盘上的按键，转动消防炮炮口指向火源，启动消防泵和电动阀，实施灭火。

6. 管材：选用厚壁内外热镀锌钢管或无缝钢管热镀锌，小于 *DN*100 时为螺纹连接，大于等于 *DN*100 时为沟槽卡箍连接。水泵房内采用法兰连接，二次镀锌。管道承压等级均为2.5MPa。

三、工程特点介绍

1. 本工程属大型铁路站房，面积大、功能多，防火分区分隔较复杂。设计上将站房平面分区：北站房为N区，南站房为S区，南北出站通廊及出站通道为C区。

2. 高架候车厅面积大，层高高，两侧有商业夹层，消防设计具备相当的难度。除针对不同净高区域采用喷淋和消防炮分别保护外，还突破了现行的防火规范，根据《消防性能化设计评估》的要求，在高架候车厅部分消火栓箱内设置两根25m长水龙带，保护半径均为50m，使任一处有两股水柱同时到达。

3. 站房屋面面积大，雨水采用虹吸排水方式；南、北落客平台雨水采用重力排水方式。考虑到候车厅的美观，将站房屋面雨水立管暗敷于柱中；南北落客平台雨水立管明敷于柱侧，后包。

4. 由于地处寒冷地区冬季低温，采取了一系列防冻保温措施：地下出站通道、高级候车厅下夹层等非供暖部位内的给水排水及水消防管道；北侧设备管廊内的虹吸雨水管道等采用伴热电缆防冻；站房屋面虹吸雨水斗选用加热型。

5. 站房给水排水设计与装修设计同步进行，设计中消火栓、喷头、消防炮的布置需与装修设计密切配合，在符合功能要求的前提下，尽可能满足车站装饰上的高标准。

6. 铁路站房设计涉及专业较多，站房给水排水设计中需与站场、轨道、桥梁、外水等专业配合，接口较复杂。

四、工程照片及附图

站台层

站房远景

消防设施

消防泵房

高架候车厅

车站远景

车站夜景

卫生间

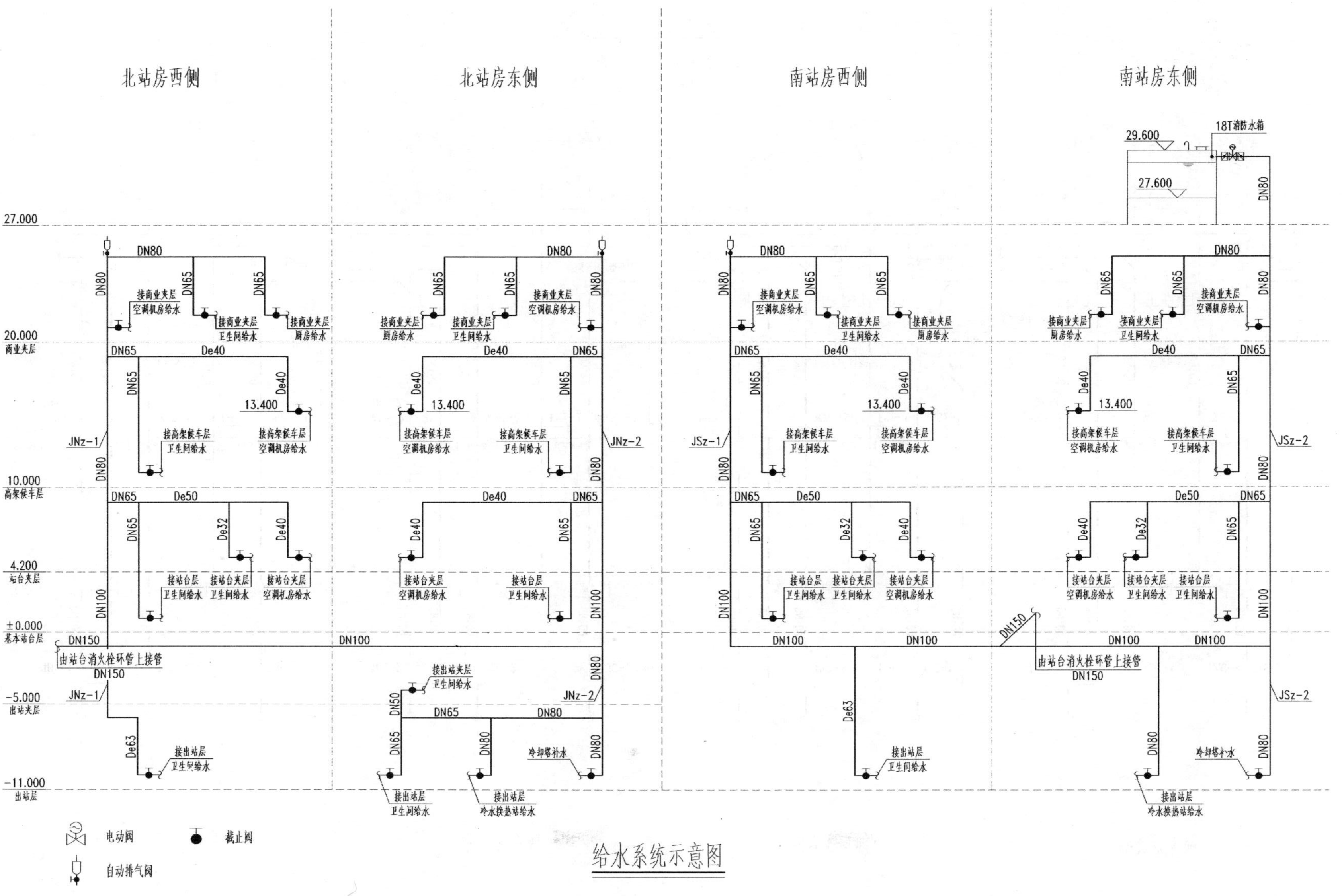
北站房西侧
北站房东侧
南站房西侧
南站房东侧
18T消防水箱
29.600
27.600
27.000
20.000
商业夹层
13.400
10.000
高架候车层
4.200
站台夹层
±0.000
基本站台层
由站台消火栓环管上接管
-5.000
出站夹层
-11.000
出站层
JNz-1
JNz-2
JSz-1
JSz-2
接商业夹层
空调机房给水
接商业夹层
卫生间给水
接商业夹层
厨房给水
接高架候车层
卫生间给水
接高架候车层
空调机房给水
接站台层
卫生间给水
接站台夹层
卫生间给水
接站台夹层
空调机房给水
接出站夹层
卫生间给水
接出站层
卫生间给水
接出站层
冷水换热站给水
冷却塔补水
电动阀
截止阀
自动排气阀

给水系统示意图

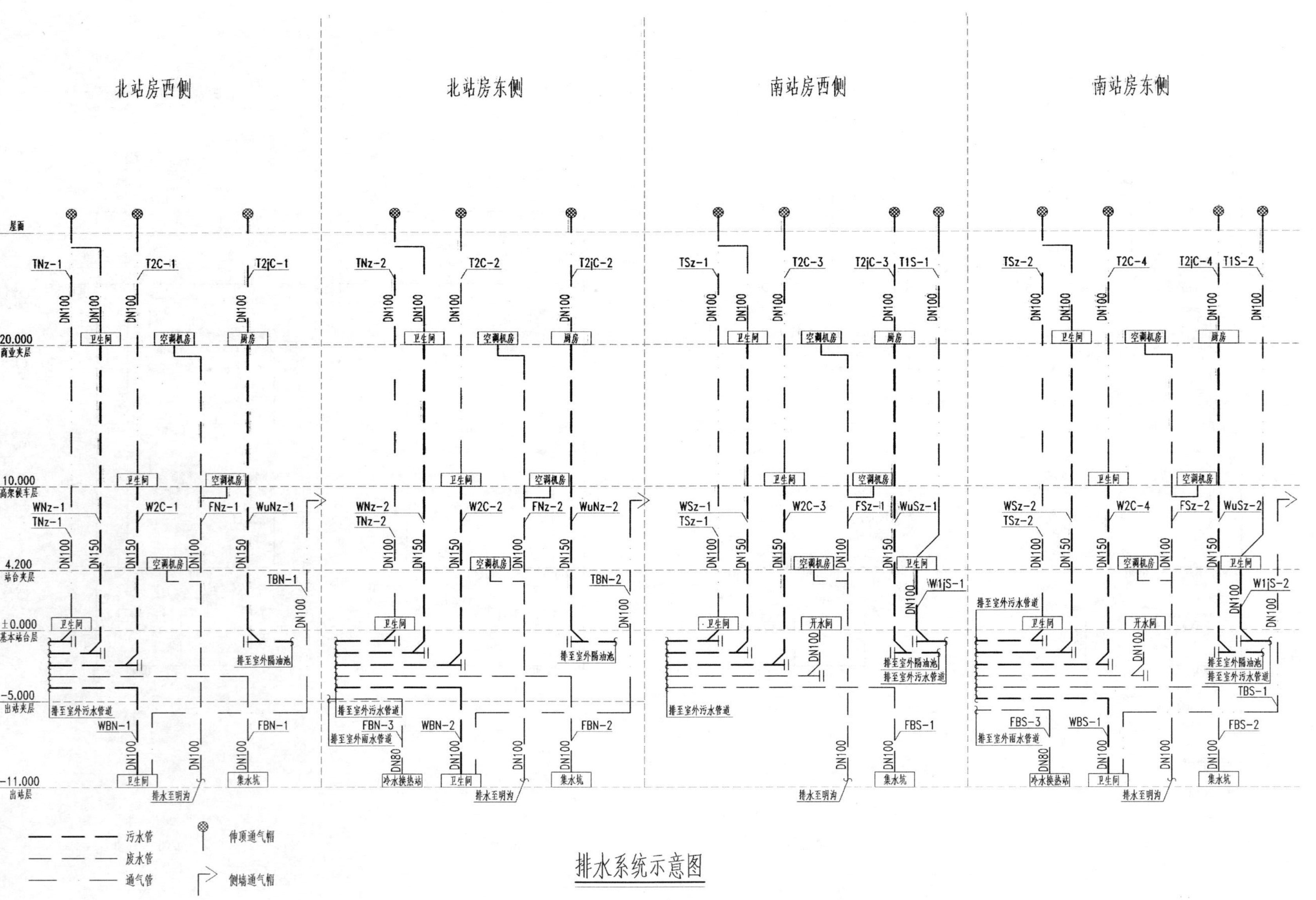
北站房西侧
北站房东侧
南站房西侧
南站房东侧
屋面
20.000
商业夹层
10.000
高架候车层
4.200
站台夹层
±0.000
基本站台层
-5.000
出站夹层
-11.000
出站层
TNz-1
T2C-1
T2jC-1
TNz-2
T2C-2
T2jC-2
TSz-1
T2C-3
T2jC-3
T1S-1
TSz-2
T2C-4
T2jC-4
T1S-2
WNz-1
W2C-1
FNz-1
WuNz-1
WNz-2
W2C-2
FNz-2
WuNz-2
WSz-1
W2C-3
FSz-1
WuSz-1
WSz-2
W2C-4
FSz-2
WuSz-2
TBN-1
TBN-2
W1jS-1
W1jS-2
TBS-1
WBN-1
FBN-1
FBN-3
WBN-2
FBN-2
FBS-1
FBS-3
WBS-1
FBS-2
DN100
DN150
DN80
卫生间
空调机房
厨房
开水间
集水坑
冷水换热站
排水至明沟
排至室外污水管道
排至室外隔油池
排至室外雨水管道
污水管
废水管
通气管
伸顶通气帽
侧墙通气帽

排水系统示意图

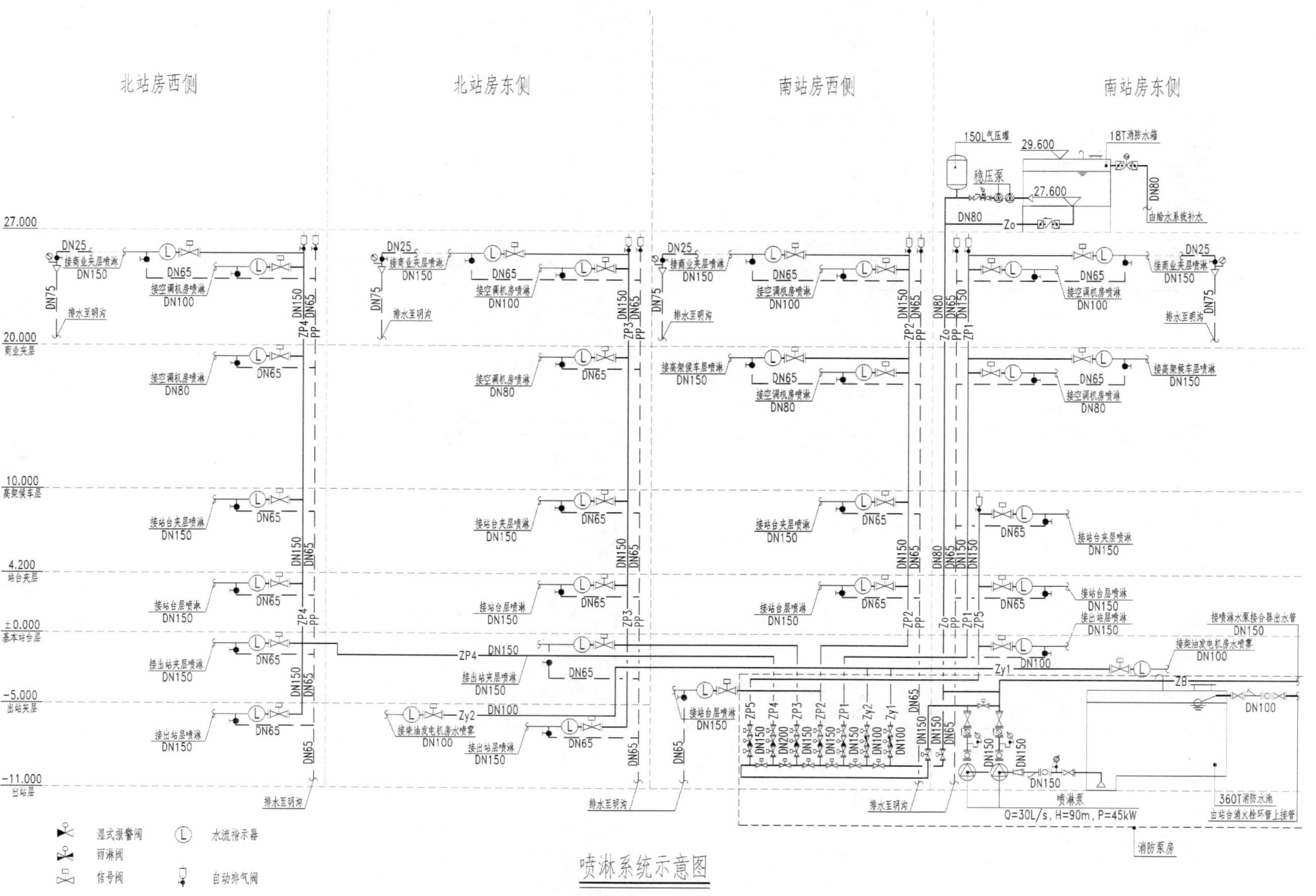
北站房西侧
北站房东侧
南站房西侧
南站房东侧
150L气压罐
18T消防水箱
29.600
27.600
稳压泵
自给水系统补水
27.000
20.000
商业夹层
10.000
高架候车层
4.200
站台夹层
±0.000
基本站台层
-5.000
出站夹层
-11.000
出站层
接商业夹层喷淋
接空调机房喷淋
接高架候车层喷淋
接站台夹层喷淋
接站台层喷淋
接出站夹层喷淋
接出站层喷淋
接柴油发电机房水喷雾
排水至明沟
接喷淋水泵接合器出水管
喷淋泵
Q=30L/s, H=90m, P=45kW
360T消防水池
由站台消火栓环管上接管
消防泵房
湿式报警阀
雨淋阀
信号阀
水流指示器
自动排气阀

喷淋系统示意图

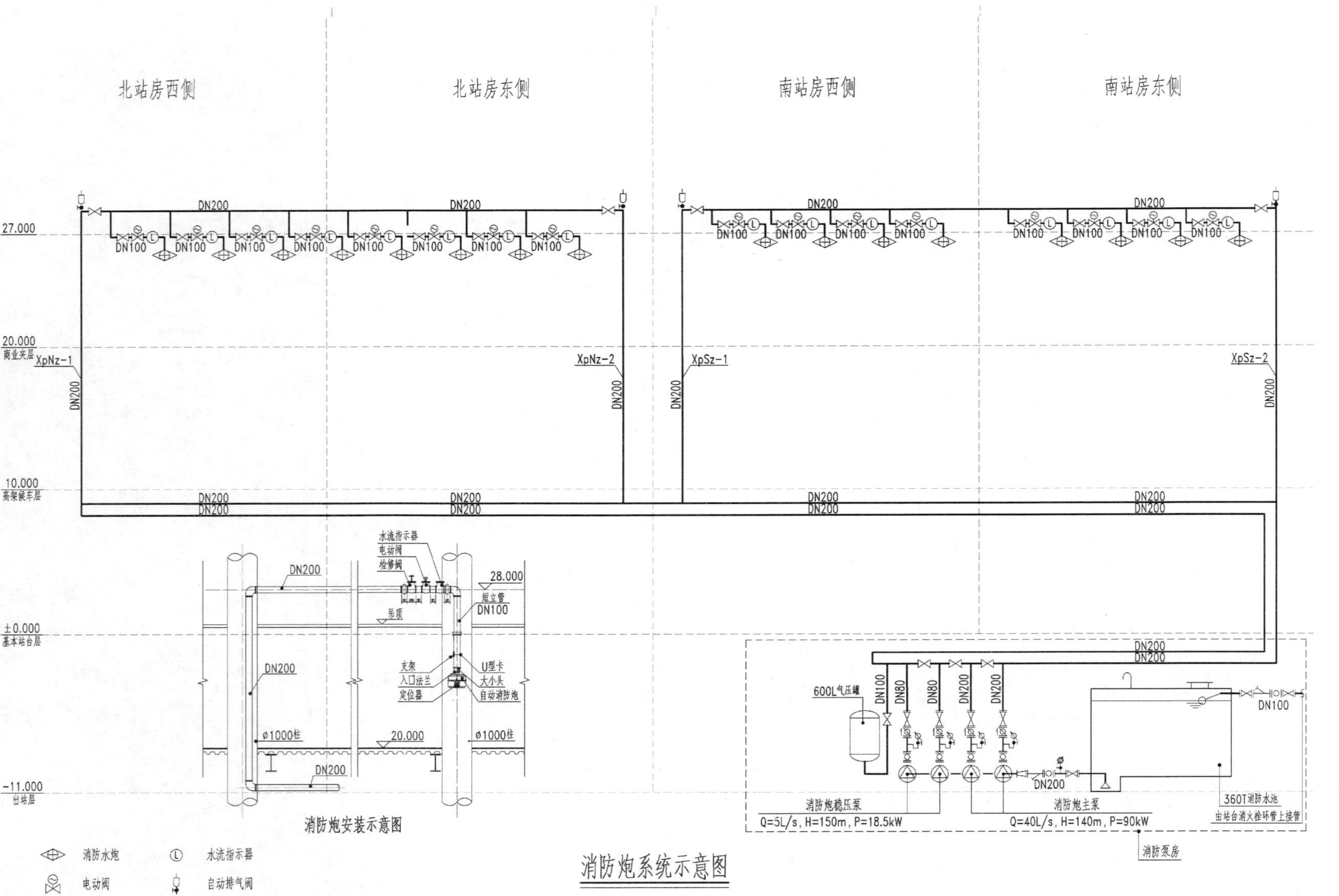
北站房西侧
北站房东侧
南站房西侧
南站房东侧
27.000
20.000
商业夹层
10.000
高架候车层
±0.000
基本站台层
-11.000
出站层
XpNz-1
XpNz-2
XpSz-1
XpSz-2
DN200
DN100
DN80
水流指示器
电动阀
检修阀
28.000
短立管
屋顶
支架
入口法兰
定位器
U型卡
大小头
自动消防炮
ø1000柱
20.000
消防炮安装示意图
600L气压罐
消防炮稳压泵
Q=5L/s, H=150m, P=18.5kW
消防炮主泵
Q=40L/s, H=140m, P=90kW
360T消防水池
由站台消火栓环管上接管
消防泵房
消防水炮
水流指示器
电动阀
自动排气阀

消防炮系统示意图

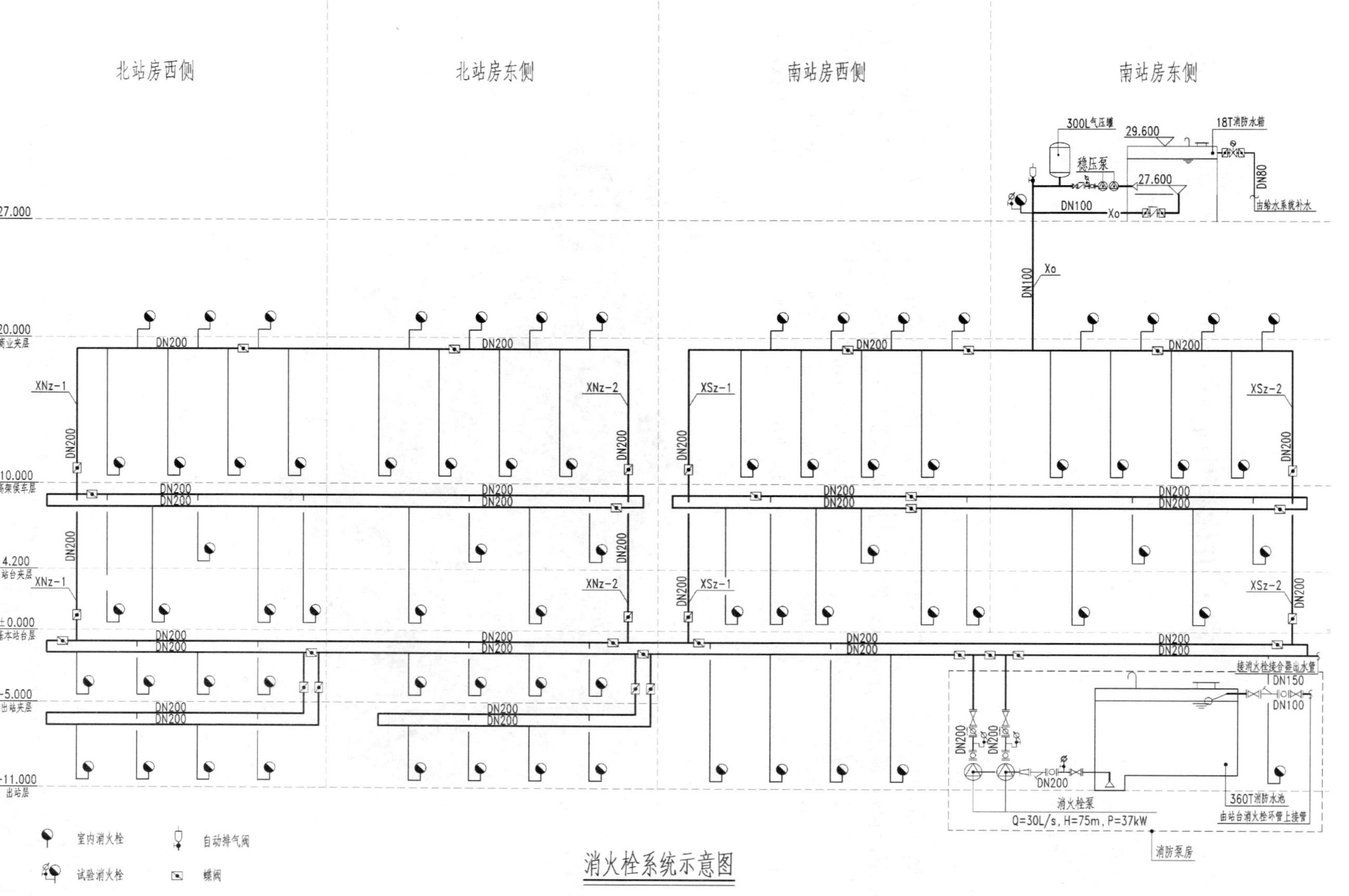
北站房西侧
北站房东侧
南站房西侧
南站房东侧
300L气压罐
29.600
18T消防水箱
稳压泵
27.600
DN80
DN100
Xo
由给水系统补水
27.000
20.000
商业夹层
10.000
高架候车层
4.200
站台夹层
±0.000
基本站台层
-5.000
出站夹层
-11.000
出站层
XNz-1
XNz-2
XSz-1
XSz-2
DN200
接消火栓接合器出水管
DN150
360T消防水池
由站台消火栓环管上接管
消火栓泵
Q=30L/s, H=75m, P=37kW
消防泵房
室内消火栓
试验消火栓
自动排气阀
蝶阀

消火栓系统示意图

常熟市体育中心体育馆

设计单位：同济大学建筑设计研究院（集团）有限公司
设 计 人：李意德 黄倍蓉 冯玮
获奖情况：公共建筑类 二等奖

工程概况：

常熟市体育中心是常熟市“十五”计划期间重点建设的公共体育设施，该中心位于常熟市文化片区中轴线东部，包括体育场、游泳馆及体育馆。体育场与游泳馆已于 2003 年建成并投入使用。

常熟市体育中心体育馆总建筑面积为 31581m^2，按功能分为比赛场地及训练场地两区域。建筑物单体高度 29.500m（结构最高点）。固定座位 3544 个，活动座位 1800 个，场地 70m×48m，可进行手球、室内足球、篮球、排球等比赛场地，场地设折叠式活动架，活动排球架及预埋式金属挂钩，可作为体操比赛场地（图 1）。

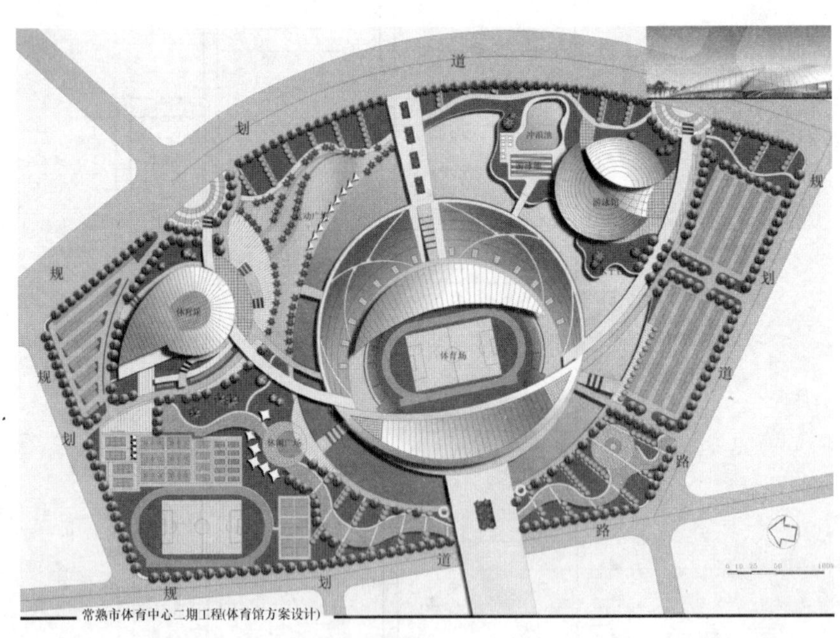

图 1 常熟市体育中心体育馆

一、给水排水系统

（一）给水系统

1. 生活用水量：本项目最高日用水量为 106.7m^3/d，最大时用水量为 29.2m^3/h（表 1）。

2. 水源：从星光路市政给水管上引入一路 DN150 生活给水管并设水表井，供基地生活用水。

给水压力：按市政供水压力 0.25～0.30MPa 计。

生活用水量 表1

序号	名称	用水标准	用水时间(h)	小时变化系数 K_h	用水量 最高日(m^3/d)	平均时(m^3/h)	最大时(m^3/h)
1	观众(m=5650人)	3L/(人·场)(每日2场)	4	1.2	33.9	8.5	10.2
2	运动员淋浴(m=160人)	40L/(人·场)(每日2场)	4	2.5	6.4	1.6	4
3	健身中心淋浴(m=480人)	40L/(人·场)(每日4场)	8	2.5	19.2	2.4	6
4	工作人员(m=200人)	100L/(人·d)	8	2.0	20	2.5	5
5	办公人员(m=150人)	50L/(人·班)	8	1.5	7.5	0.93	1.41
6	空调系统补水	1m^3/h	10	1.0	10	1	1
7	总计×110%				106.7	18.6	29.2

注：室外绿化及道路浇洒利用体育中心内的水体，采用移动式灌溉。

给水水质：满足《生活饮用水卫生标准》、《生活饮用水水质卫生规范》标准。

3. 供水方式及给水加压设备

(1) 给水系统形式：市政供水。

(2) 市政供水：市政给水管网最低供水压力为0.30MPa，为充分利用市政管网压力，以利节能，本项目各层生活用水点均由市政压力直接供给。

(3) 变频供水：为保证淋浴用水的冷热水平衡，体育馆一层东侧的淋浴采用变频恒压设备供水。地下一层泵房内设置6m^3不锈钢板生活水箱及BTG3H-25/30-2S1P1恒压变频供水设备一套。变频供水设备供水流量为25m^3/h，供水压力为30m。

(4) 计量：室外给水总管设表计量；根据不同用水性质及用水单位设置分级水表。

4. 管材：室内生活冷水干管、立管采用钢塑复合管（内衬PE）及配件，小于 DN80 为丝扣连接，大于等于 DN80 为沟槽式连接。接入卫生间给水支管（检修阀后）采用S5系列PP-R给水管，热熔连接；室外埋地市政压力给水管采用球墨铸铁管，内覆PE管，胶圈接口连接。

(二) 热水系统

1. 热水用水量（60℃）（表2）

热水用水量 表2

用水部位	使用人数	用水量标准(60℃)		小时变化系数 K_h	使用时间(h)	60℃热水用水量 平均时(m^3/h)	设计小时(m^3/h)	最高日(m^3/d)
健身中心淋浴	250	18	L/(人·次)	1.5	8	0.6	0.8	4.5
运动员淋浴	40	35	L/(人·次)	1.5	4	0.4	0.5	1.4
总计						0.9	1.4	5.9

2. 热水供应点：健身中心更衣室淋浴、运动员更衣室淋浴。

3. 热源：采用“太阳能集热板+空气源热泵”系统供热。太阳能系统为集中、开式、强制循环太阳能热水系统，利用太阳能温差进行强制循环加热作为系统热源。空气源热泵作为系统辅助热源，吸收空气中的低温热能，通过压缩机压缩获得高温热能。

4. 热水供应系统

（1）太阳能系统采用平板型太阳能集热器。屋顶设置平板型太阳能集热器（集热面积为 $100m^2$）、两台空气源热泵（设计小时供热量为 64kW）。阴雨天气或寒冷天气由室外空气源热泵辅助加热，必要时启动电加热器辅助加热。

（2）地下室热水机房内设置：一只有效容积为 $6m^3$ 的保温热水箱、一套热水变频恒压供水泵组（供水参数为 $Q=25m^3/h$，$H=20m$），系统配一个 300L 稳流罐，配三台立式不锈钢水泵（两用一备）。变频恒压供水设备从供热水箱抽水，加压后供至各层热水用水点。

（3）系统分区：淋浴的热水系统与冷水系统支管均设置支管减压阀，以保证冷热水压力一致。

（4）系统循环：热水系统采用干管、立管机械循环系统。热水循环干管管道采用同程布置方式；局部热水管道采用平衡阀，保证干管和立管热水循环效果。

（5）水压控制：热水支管设置支管减压，除保证用水的舒适性外（满足卫生器具最低工作压力不小于 0.10MPa），满足最不利卫生器具水压小于 0.20MPa 的节水要求。

5. 计量措施

（1）供热水箱出水管设置水表计量。

（2）每个淋浴器热水均设置 IC 卡水表计量。

6. 管材：室内生活热水干管、立管采用钢塑复合管（内衬 PEX）及配件，小于 $DN65$ 为丝扣连接，大于等于 $DN65$ 为沟槽式连接。接入卫生间给水支管（检修阀后）采用 S3.2 系列 PP－R 热水管，热熔连接。

（三）排水系统

1. 排水系统形式：室内生活污废水合流。本项目最高日污水量 $96.7m^3/d$，最大时污水量 $28.2m^3/h$。

2. 透气管设置方式：室内污废水立管均设置伸顶通气管；连接四个及四个以上卫生器具且横管长度大于 12m 的排水横管、连接六个及六个以上大便器的污水横管均设置环形通气管；地下室排水采用压力排水，设置污水集水井、排污泵或污水提升站压力排出，密闭污水集水井、污水提升装置设置专用通气管。

3. 采用的局部污水处理措施：生活粪便污水经污水井汇合后，排入化粪池，经化粪池处理后，排入基地周边市政污水管道。

4. 管材：室内污水管采用聚丙烯静音排水管，橡胶圈连接；地下室排水泵管道采用钢塑复合管，小于 $DN100$ 为丝扣连接，大于等于 $DN100$ 为沟槽式连接；埋于地下室底板内排水管采用机制铸铁排水管；室外总体埋地排水管采用增强型聚丙烯排水管。

（四）雨水系统

1. 室外雨、污水分流。

2. 根据常熟地区暴雨强度经验公式，屋面雨水系统按满足 $P=50$ 年重现期的雨水量设计，屋面溢流雨水系统按满足 $P=100$ 年重现期的雨水量设计。

3. 屋面采用内排水系统、虹吸雨水排放系统。虹吸雨水管排至室外混凝土雨水窨井，并采取消能措施。

4. 管材：屋面虹吸雨水管采用高密度聚乙烯 HDPE 管，电熔连接。

二、消防系统

（一）消防水量、水源

1. 水源：原体育中心已从星光路市政给水管网中接入一根室外消防给水管，以 $DN300$ 的管道在体育中心内成环状布置，并在本基地南侧预留一个 $DN300$ 消防接入点。本工程在竞文路市政给水管网中重新引入一根 $DN200$ 消防给水管，引入前加防污隔断阀，和原有 $DN300$ 的室外消防环管在室外场地内成环状，供体育中心室外消防用水。

2. 消防水量（表 3）

消防水量　　表 3

序号	系统形式	用水量标准 (L/s)	火灾延续时间 (h)	消防用水量 (m^3)
1	室内消火栓系统	20	2	144
2	室外消火栓系统	20	2	144
3	自动喷淋灭火系统	40	1	144
4	自动消防炮灭火系统	40	1	144
5	室内消防同时作用最大用水量(1+3)	60		288

（二）消防水池及消防水箱

1. 消防泵房内设置 290m^3 消防水池，储存室内消防系统同时作用最大需水量，即 2h 室内消火栓用水量及 1h 自动喷淋系统用水量或 1h 自动消防水炮系统用水量；室外消防用水取自室外消火栓，并由市政两路水源及基地环状管网保证。

2. 16.0m 标高设备层设置一只有效容积为 18m^3 消防的消防水箱及一套消火栓增压稳压设施、一套喷淋增压稳压设施，分别供至室内消火栓系统、自动喷淋系统，以保证消防初期消防用水量及压力。

（三）室内消火栓系统

1. 消防泵房内设两台消火栓泵（供水参数 Q=20L/s，H=55m，一用一备），供室内消火栓用水，水泵由消防水池吸水。

2. 按规范设置室内消火栓。室内消火栓箱采用组合式消火栓箱，箱内配置 *DN*65 消防龙头，*DN*25 消防卷盘，25m 水带、19mm 直流水枪及消防泵启动按钮各一副及手提式磷酸铵干粉灭火器若干。

3. 局部消火栓栓口压力大于 0.50MPa 设减压稳压型消火栓。

4. 单体室外设置 2 套消火栓系统水泵接合器，并在 15～40m 内有室外消火栓。

5. 系统控制

(1) 消火栓给水加压泵由设在各个消火栓箱内的消防泵启泵按钮和消防控制中心直接开启消防给水加压泵。消火栓水泵开启后，水泵运转信号反馈至消防控制中心和消火栓处。该消火栓和该层或防火分区内的消火栓的指示灯亮。

(2) 消火栓给水加压泵在泵房内和消防控制中心均设手动开启和停泵控制装置。消火栓给水备用泵在工作泵发生故障时自动投入工作。

6. 管材：采用内外壁热镀锌钢管，小于 *DN*100 为丝扣连接；大于等于 *DN*100 为沟槽式连接。

（四）自动喷淋灭火系统

1. 系统设置场所：体育馆贵宾室、器材室、运动员休息室、办公室、室内走道、空调机房及设有带风管集中空气调节系统的场所均设有湿式自动喷淋系统。

2. 系统设置参数见表 4：

3. 在消防泵房内设两台喷淋泵（供水参数 Q=40L/s，H=85m，一用一备）。供自动喷淋灭火系统用水，水泵由消防水池吸水。

4. 消防泵房内设 4 套湿式报警阀组，每套担负的喷头不超过 800 个。

5. 在配水管入口处设置减压孔板，以控制配水管入口压力不大于 0.40MPa。

6. 每层、每个防火分区分设水流指示器。喷头动作温度均为 68℃。

自动喷淋灭火系统设置系统 表 4

设置场所	火灾危险等级	净空高度（m）	喷水强度（L/(min・m²)）	作用面积(m²)	最不利点喷头工作压力（MPa）
地下室羽毛球场、网球场	非仓库类高大净空场所	8～12	6	260	0.10
其余	中危险Ⅰ级	≤8	6	160	0.10

7. 为了保证系统安全可靠，每个报警阀组的最不利喷头处设末端试水装置，其他防火分区和各楼层的最不利喷头处，均设 *DN*25 试水阀。

8. 单体室外设置三套喷淋系统水泵接合器，并在 15～40m 内有室外消火栓。

9. 系统控制

(1) 火灾发生后喷头玻璃球爆碎，向外喷水，水流指示器动作，向消防控制中心报警，显示火灾发生位置并发出声光等信号。

(2) 系统压力下降，报警阀组的压力开关动作，并自动开启自动喷水灭火给水加压泵。与此同时向消防控制中心报警。并敲响水力警铃向人们报警。给水加压泵在消防控制中心有运行状况信号显示。

10. 管材：采用内外壁热镀锌钢管，小于 *DN*100 为丝扣连接；大于等于 *DN*100 为沟槽式连接。

（五）自动消防水炮系统

1. 设置场所：体育馆比赛内场属于净空高度大于 8m 且火灾危险性比较大的室内场所，设置固定消防炮灭火系统。

2. 系统参数：体育馆比赛内场设置带雾化功能的固定消防水炮四台，每台流量 20L/s，工作压力 0.8MPa，保护区的任一部位能保证两门自动消防炮射流同时到达，系统设计流量为 40L/s。

3. 系统供水：体育馆消防泵房内设置两台消防炮切线泵（供水参数 Q=40L/s，H=120m，一用一备）、一套 XQB-1.2/0.6-L 室内消防炮气压给水设备（隔膜罐有效水容积 600L、稳压泵流量 5L/s、稳压泵联动消防主泵），消防炮主泵及稳压泵均从消防水池吸水，加压后供体育馆室内固定消防炮系统用水。

4. 消防炮给水系统布置成环状管网。

5. 系统控制：

(1) 自动控制：经过巡检，一旦探测到火灾信号，双波段火灾探测器和线型光束图像感烟探测器将采集到的信息传至控制中心，信息处理主机优先对预警信号进行确认，发出报警信号，自动启动录像机进行记录并拨打报警电话。主机按设定程序自动启动消防联动设备，指挥消防炮扫描并指向着火点，启动消防泵和电动阀，实现自动喷水灭火。

(2) 远程控制：经过巡检，一旦探测到火灾信号，双波段火灾探测器和线型光束图像感烟探测器将采集到的信息传至控制中心，信息处理主机优先对预警信号进行确认，发出报警信号，自动启动录像机进行记录并拨打报警电话。值班员通过现场图像和对讲电话只会扑救和疏散，并通过联动控制台启动消防联动控制设备。

(3) 现场控制：现场人工发现火灾后，通过现场的手动控制盘启动消防联动设备，指挥消防炮扫描并指向着火点，启动消防泵和电动阀，喷水灭火。现场手动盘控制具有优先控制功能。

6. 管材：采用内外壁热镀锌钢管，小于 *DN*100 为丝扣连接；大于等于 *DN*100 为沟槽式连接。

（六）大空间智能自动灭火装置系统

1. 设置场所：体育馆一层的力量训练厅、热身场以及二层的训练厅、观众休息厅。

2. 灭火装置的特点："大空间智能灭火装置"的特点是将红外探测技术、计算机技术、光电技术、通信技术等有机地结合在一起，通过程序编制集于一身。该装置可24h全方位进行红外扫描探测火源，火情发现早，火源早判定，灭火效果好，灭火及时，是高智能灭火装置。

3. 系统参数：智能灭火装置的射水器设置保证有两股射水同时到达被保护区域。每套射水器流量为5L/s，要求压力0.60MPa，保护半径30m，安装于离地约15m标高处。系统设计水量为10L/s，火灾延续时间为60min。

4. 系统供水：大空间智能灭火装置与固定消防炮系统合用，接自固定消防炮系统出水管，并设置可调式减压阀组，控制配水管入口压力为0.65MPa。

5. 灭火原理：灭火装置的探测器24h检测保护范围内的火情，一旦有火情，火灾时所产生的红外信号被探测器感知，确定货源后，探测装置打开相应的电磁阀并输出信号给联动柜启动水泵，进行射水灭火。火灾扑灭后，探测器再次发出信号，关闭电磁阀，停止射水。

6. 管材：采用内外壁热镀锌钢管，小于*DN*100为丝扣连接；大于等于*DN*100为沟槽式连接。

(七) 气体灭火系统

室内变电所、电视转播机房、灯控室、扩声室均采用预置式七氟丙烷气体灭火系统，系统灭火设计浓度为8%，系统喷放时间不大于10s。

三、设计施工体会及工程特点介绍

(一) 节能与可再生能源利用

1. 健身中心淋浴采用"太阳能集热板+空气源热泵"系统供热。屋顶设置平板型太阳能集热器（集热面积为100m^2）、室外设置两台空气源热泵机组（制热量为64kW）。

2. 空气源热泵是新型的绿色能源，根据逆卡诺原理，以较少的电能，吸收空气中大量的低温热能，通过压缩机的压缩变为高温热能，是一种节能高效的热泵技术。其工作原理如图2所示：

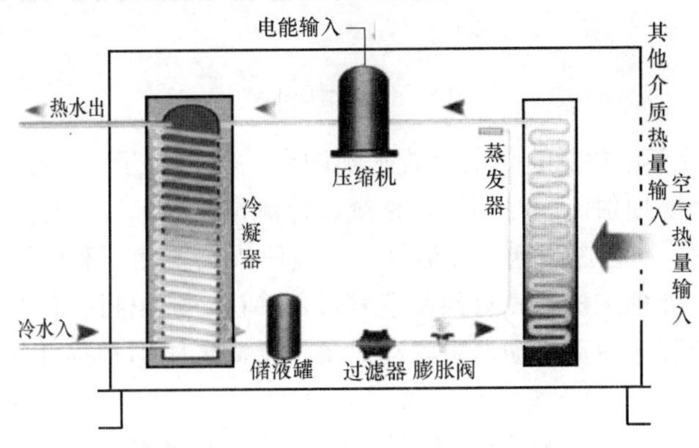

图2 空气源热泵工作原理

3. 因本建筑的屋面结构形式及外形较为特殊，采用直立单边锁铝镁锰板的圆弧形金属屋面，为不破坏建筑立面及质感，经与建筑结构多方协商，拟在屋面设置排水沟，在排水沟上设置平板型太阳能集热板，达到太阳能集热面板与建筑屋面的完美结合（图3）。

(二) 采用合理的消防策略

1. 本项目屋面采用钢结构屋盖采用双曲弧形钢桁架体系。桁架沿屋盖弧度弯曲，成椭圆球壳。多数区域净空高度大于8m且往往并未设置吊顶，如果采取在顶板设置直立型喷头保护，火灾时其喷水曲线容易被桁架遮挡，影响消防效果。因此本项目较多地采用固定消防炮、大空间智能射水灭火装置系统保护室内；屋顶钢桁架均设置防火涂料保护。

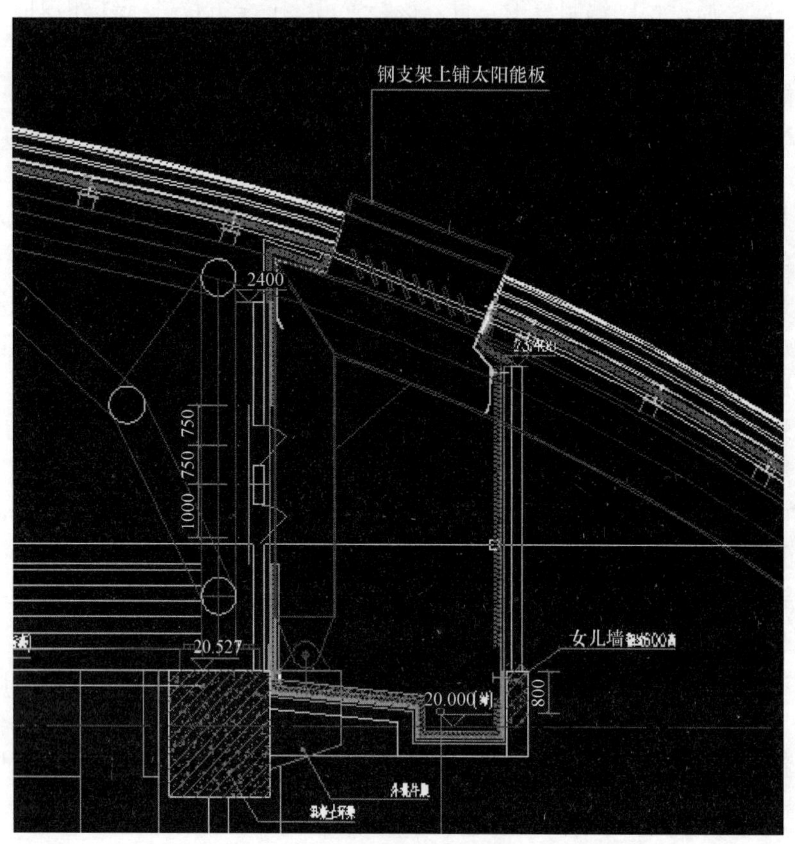

图 3　屋面结构形式

2. 体育馆的观众厅设置带雾化功能的固定消防水炮四台，每台流量 20L/s，工作压力 0.8MPa，保护区的任一部位能保证两门自动消防炮射流同时到达，系统设计流量为 40L/s。其控制原理如下：

(1) 自动控制：经过巡检，一旦探测到火灾信号，双波段火灾探测器和线型光束图像感烟探测器将采集到的信息传至控制中心，信息处理主机优先对预警信号进行确认，发出报警信号，自动启动录像机进行记录并拨打报警电话。主机按设定程序自动启动消防联动设备，指挥消防炮扫描并指向着火点，启动消防泵和电动阀，实现自动喷水灭火。

(2) 远程控制：经过巡检，一旦探测到火灾信号，双波段火灾探测器和线型光束图像感烟探测器将采集到的信息传至控制中心，信息处理主机优先对预警信号进行确认，发出报警信号，自动启动录像机进行记录并拨打报警电话。值班员通过现场图像和对讲电话只会扑救和疏散，并通过联动控制台启动消防联动控制设备。

(3) 现场控制：现场人工发现火灾后，通过现场的手动控制盘启动消防联动设备，指挥消防炮扫描并指向着火点，启动消防泵和电动阀，喷水灭火。现场手动盘控制具有优先控制功能。

3. 在体育馆一层力量训练厅、热身场以及二层训练厅、观众休息厅设置大空间智能射水灭火装置系统。智能灭火装置的射水器设置保证有两股射水同时到达被保护区域。每套射水器流量为 5L/s，要求压力 0.60MPa，保护半径 32m，安装于离地约 15m 标高处。系统设计水量为 10L/s，火灾延续时间为 60min。

四、工程照片及附图

常熟体育馆鸟瞰实景

观众休息厅的大空间智能自动灭火装置

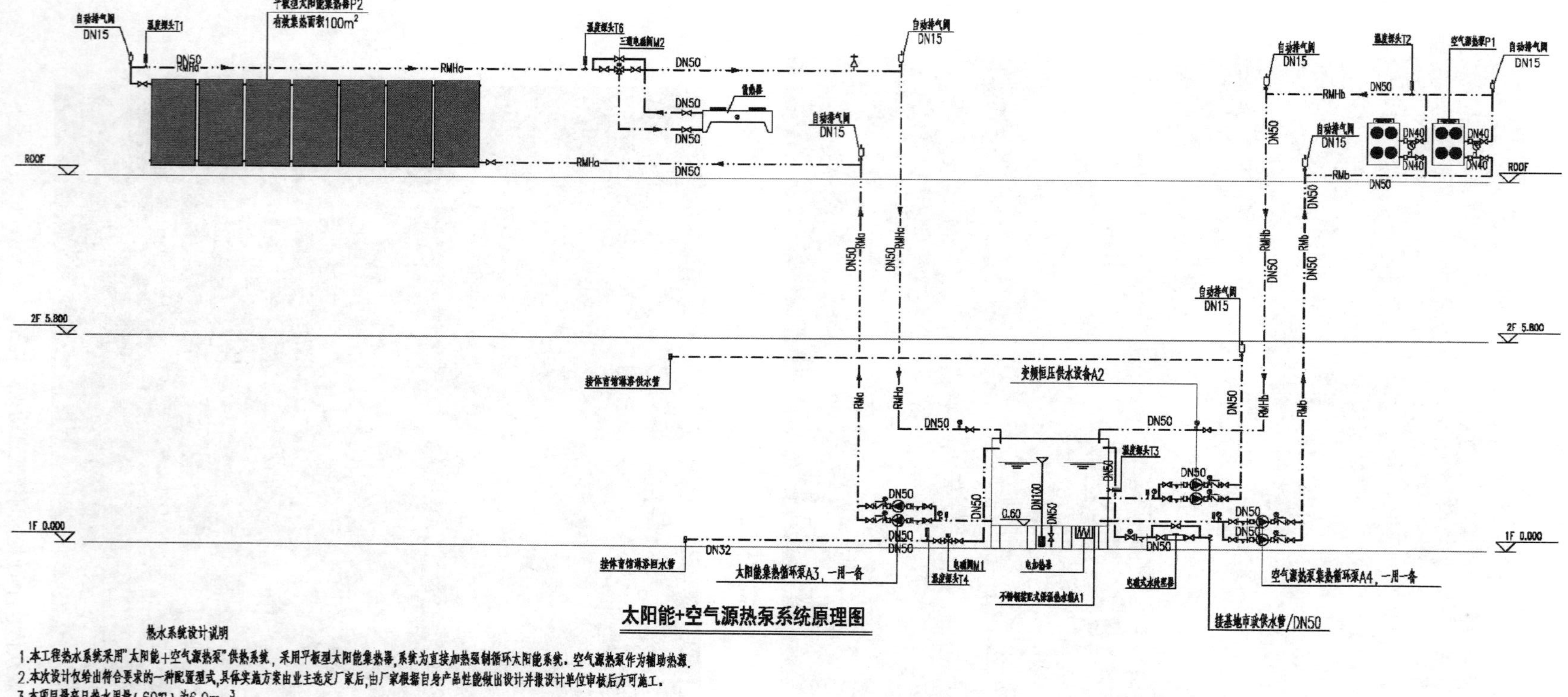

太阳能+空气源热泵系统原理图

热水系统设计说明

1.本工程热水系统采用"太阳能+空气源热泵"供热系统，采用平板型太阳能集热器,系统为直接加热强制循环太阳能系统。空气源热泵作为辅助热源.

2.本次设计仅给出符合要求的一种配置型式,具体实施方案由业主选定厂家后,由厂家根据自身产品性能做出设计并报设计单位审核后方可施工。

3.本项目最高日热水用量（60℃）为6.0m.³

4.系统控制：

1).太阳能集热循环：

当温度探测器T1−T3>=8℃时，太阳能集热循环泵启动.

当温度探测器T1−T3<=3℃时，太阳能集热循环泵关闭.

当温度探测器T3>=55℃时，太阳能集热循环泵关闭.

2). 空气源热泵集热循环：优先利用太阳能，空气源热泵作为辅助热源.

空气源热泵集热循环每天定时开启：冬季及阴雨天气设定时间宜设置为12：00,其余情况下设定时间宜设置为16：00（具体设定时间可根据运行情况调整）.

当温度探测器T4<50℃时，空气源集热循环泵启动，进行循环加热提高水温.

当温度探测器T4>=55℃时，空气源集热循环泵关闭.

3). 热水供水系统循环：

热水供水管设置"变频恒压供水设备P3"，其供水参数为：Q=20m3/h,H=20M（在15~30范围内可调）. 此设备兼作为热水回水循环泵使用：

当温度探测器T4<40℃时，电磁阀M1打开，热水回水循环;当温度探测器T4>=45℃时，电磁阀M1关闭.

4).防过热保护：当温度探头T6>80℃,温度探头T3>65℃,且持续20分钟以上时，三通电磁阀M2开启,过热保护功能开启。高温热水进入散热器散热.

集热系统的管材、管件、阀门及密封件、膨胀罐、集热水箱箱体等选用耐高温大于等于150℃的材质.

5).防冻保护：本系统采用防冻循环控制系统，当室外温度T1低于4℃时，系统自动启动太阳能集热循环泵，使热媒在集热器中循环，防止系统因结冰而损坏。

当室外温度T1大于10℃时,太阳能集热循环泵关闭.

6).防漏电、雷击保护:系统与楼面防雷设施可靠连接，且漏电自动断电保护.

图例

图例	名称	图例	名称
—J—	压力冷水管	（空气源热泵图例）	空气源热泵
—RMa—	太阳能热水循环供水管		
—RMHa—	太阳能热水循环回水管	（水泵图例）	水泵
—RMb—	热泵热水循环供水管	（压力表图例）	压力表
—RMHb—	热泵热水循环回水管	（温度传感器图例）	温度传感器
—R—	热水管	（液位控制器图例）	液位控制器
—RH—	回水管	（电磁阀图例）	电磁阀
（过滤器图例）	过滤器	（电动阀图例）	电动阀
（止回阀图例）	止回阀		

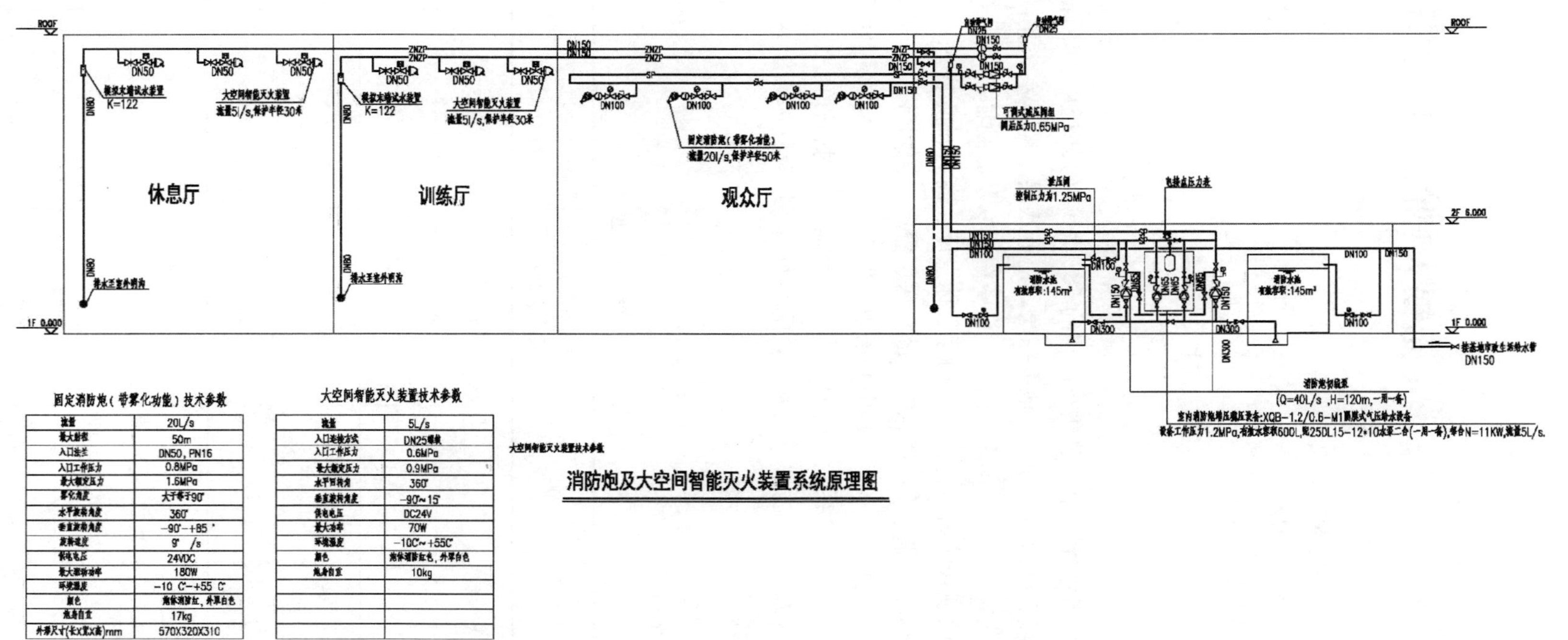

固定消防炮（带雾化功能）技术参数

流量	20L/s
最大射程	50m
入口法兰	DN50，PN16
入口工作压力	0.8MPa
最大额定压力	1.6MPa
雾化角度	大于等于90°
水平旋转角度	360°
垂直旋转角度	-90°~+85°
旋转速度	9° /s
供电电压	24VDC
最大瞬时功率	180W
环境温度	-10 C°~+55 C°
颜色	炮体消防红，外罩白色
炮身自重	17kg
外形尺寸(长X宽X高)mm	570X320X310

大空间智能灭火装置技术参数

流量	5L/s
入口连接方式	DN25螺纹
入口工作压力	0.6MPa
最大额定压力	0.9MPa
水平回转角	360°
垂直旋转角度	-90°~15°
供电电压	DC24V
最大功率	70W
环境温度	-10C°~+55C°
颜色	炮体消防红色，外罩白色
炮身自重	10kg

消防炮及大空间智能灭火装置系统原理图

无锡大剧院

设计单位：上海建筑设计研究院有限公司
设 计 人：赵俊　殷春蕾　马强
获奖情况：公共建筑类　二等奖

工程概况：

无锡大剧院位于江苏省无锡市，总建筑面积约 78792m²（其中地上建筑面积约 61124.7m²，地下建筑面积约 17667.3m²）。建筑高度约 51.35m，地下一层，地上八层，地下室为排练厅、乐器储藏、换装室、装卸区、装配大厅、机械化舞台台仓、车库、门厅、设备用房以及后勤辅助用房等，地上部分为歌剧院的观众厅和舞台、综合演艺厅的观众厅和舞台、入口门厅、休息厅、商店、换装室、衣帽间、办公室、会议室、休息室、洗衣房、服装道具间、排练厅、休息室、健身房、餐厅、厨房等。

剧院内设大剧场及演播厅各一座。其中剧场规模按 1700 座设计，演播厅按 700 座设计。

设计内容包括室内、外给水系统，室内、外排水系统，室内、外雨水系统，室内、外消火栓系统，喷淋系统，水幕系统，雨淋系统，消防炮灭火系统，雨水回用系统及气体灭火系统等。

一、给水排水系统

（一）给水系统

1. 冷水用水量（表 1）

冷水用水量　　表 1

名称	用水量标准	规模	最高日用水量 Q_d(m³/d)	最大时用水量 Q_h(m³/h)	设计参数	备注
剧场观众	5L/(观众·场)	1700×2 观众	17.0	4.25	K_h=1.5 H=6h	
剧场演员洗浴	150L/人次	200×2 人次	60.0	22.5	K_h=1.5 H=4h	演员洗浴时间集中
演播厅观众	5L/(观众·场)	700×2 观众	7.0	1.75	K_h=1.5 H=6h	
演播厅演员洗浴	150L/人次	50×2 人次	15.0	5.63	K_h=1.5 H=4h	演员洗浴时间集中
剧场办公人员	50L/人次	100 人/d	5.0	0.94	K_h=1.5 H=8h	
剧院对外餐厅	25L/人次	1000 人次/d	25	6.25	K_h=1.5 H=6h	按快餐设计
剧院对内餐厅	50L/人次	350×2 人次	35	4.38	K_h=1.5 H=12h	按中餐设计

续表

名称	用水量标准	规模	最高日用水量 Q_d(m³/d)	最大时用水量 Q_h(m³/h)	设计参数	备注
剧院小计			164.0	45.70		
未预见水量			16.4	4.57		取10%
剧院合计			180.4	50.27		
室外水池循环补水		2000m² 水池，水深0.4m	46.2	7.7	12h循环一次，每日补水6h	按照5%补水
绿化浇洒用水	2L/(m²·次)	10000m2	20.0	2.5	K_h=1.0 H=8h	
车库冲洗用水	2L/(m²·次)	2140m²	4.3	0.54	K_h=1.0 H=8h	
小计			70.5	10.74		
未预见水量			7.1	1.07		取10%
合计			77.6	11.81		
空调补给水		按照1.5补水	270.0	30.0	H=12h	
总计			528.0	92.1		

2. 水源：本工程由市政给水管网引入两路 $DN250$ 的供水管道进入基地，再由任一路供水管道上驳接出一根 $DN150$ 的供水管道，经水表计量后，供室内生活用水。

3. 系统竖向分区：本工程市政给水管网的压力按照0.20MPa设计（根据业主提供的市政给水资料设计）。地下室部分生活用水由市政给水管道直接供给，一层及以上部分的生活用水采用恒压变频供水系统供给。

4. 给水加压设备：本工程生活变频供水泵组机组流量113m³/h，单泵流量38m³/h，水泵扬程58.2m，11kW带变频控制柜一个，300L气压罐一个，数量为四台（三用一备）。

5. 管材：本工程所有室内冷水管道全部采用公称压力为1.6MPa的薄壁不锈钢管材和管件，管材及管件的壁厚、承压要求必须符合不锈钢管道的国标要求，SUS304材质，采用氩弧焊接方式连接。

（二）热水系统

1. 热水用水量（表2）

热水用水量 表2

名称	用水量标准(60℃)	规模	最高日用水量 Q_d(m³/d)(60℃)	最大时用水量 Q_h(m³/h)(60℃)	设计参数	备注
演员淋浴盥洗	41.36L/人次	250×2人次	20.68	7.76	K_h=1.5 H=4h	演员洗浴时间集中
剧场办公人员	10L/人次	100人/d	1.0	0.19	K_h=1.5 H=8h	
观众	1.64L/人次	2400×2人次	7.87	1.97	K_h=1.5 H=6h	
剧院对外餐厅	10L/人次	1000人次/d	10	2.5	K_h=1.5 H=6h	按快餐设计

续表

名称	用水量标准（60℃）	规模	最高日用水量 Q_d（m^3/d）（60℃）	最大时用水量 Q_h（m^3/h）（60℃）	设计参数	备注
剧院对内餐厅	20L/人次	350×2 人次	14	1.75	K_h=1.5 H=12h	按中餐设计
剧院小计			53.55	14.17		
未预见水量			5.36	1.42		取 10%
合计			58.9	15.6		

2. 热源：本工程采用区域集中供热水方式，所有热水供应全部由就近设置的电加热热水器制备所需的热水，即在剧院内根据各处热水使用点的卫生设施的设置情况，设置不同容量的小型电加热热水器。热水系统按照机械全循环设计，保持恒定水温；餐饮部分则由经营方设置燃气热水器制备所需热水。生活热水总耗电量为 710kW/h。

3. 保温措施：本工程热水管道全部采用橡塑保温材料保温。

4. 管材：本工程所有室内热水及热回水管道全部采用公称压力为 1.6MPa 的薄壁不锈钢管材和管件，管材及管件的壁厚、承压要求必须符合不锈钢管道的国标要求，SUS304 材质，采用氩弧焊接方式连接。

（三）排水系统

1. 排水系统的形式：本工程室内、外均采用污废水合流方式排除生活污水，排出的生活污废水经基地污水管网收集后直接就近排入市政污水管网。

其中地上部分的室内卫生间、化妆间等处尽可能采用同层排水技术排水，减少对下层的噪声影响，并采用隐蔽式后排水坐便器；在公共卫生间有条件时，采用同样的排水方式，也采用隐蔽式后排水坐便器。

地下室生活污废水需先排入集中设置的小型污水提升装置后，再由提升设备排至室外污水窨井，排水主干管埋设在大底板内，在卫生间区域上翻预留排水接口，待精装修时在深化设计。小型污水提升装置为封闭式系统，有专用透气管道与大楼透气系统连接。

厨房含油废水需经过两级隔油处理后，再与生活污水合并后排至室外污水管网。初级隔油位于厨房厨具、洗涤器具的下方，二级隔油设备设置在±0.00m 层，采用成品隔油装置。该装置为封闭式系统，分为污泥及油脂双分离仓。

工程中舞台区域最低点、电梯基坑及设备机房内的集水坑内积水，由坑内设置的潜水排污泵，直接排至室外的雨水窨井。

车库内的排水需先进过车库内设置的专用集水井后，再由坑内设置的潜水排污泵，直接排至室外的污水窨井。

2. 透气管的设置方式：本工程设专用透气管。

3. 管材：本工程室内卫生间区域排水管道，采用同层排水卫生设备连接的管道采用 HDPE 高密度聚乙烯塑料排水管道及其配件，热熔连接；排水主立管及支管采用 RC 柔性抗震管道及其配件，采用柔性承插橡胶圈密封连接。

二、消防系统

（一）消火栓系统

本工程消防系统采用临时高压消防给水系统。本工程于混凝土屋面上方设置 18m^3 专用消防水箱两个供消防初期用水。地下室设有消防水泵房，内设有 1500m^3 消防水池一座（分两格，每格 750m^3）。

本工程室内消火栓系统用水量为：30L/s；室外消火栓系统用水量为：30L/s；本工程室内所有场所均在消火栓系统保护范围之内，任何区域均按照两股水头同时到达的要求布置室内消火栓箱，充实水柱为 13m。本工程室内消火栓系统不分区，当消火栓栓口的出水压力大于 0.50MPa 时，应采用减压稳压型消火栓。消防灭火时，高区消火栓稳压水泵应满足最不利点消火栓的设计水压；所有消防箱内的启动按钮应可以直接启动主泵；消防控制中心的工作人员也可以根据所发现的情况人工启动消防主泵。

本工程设置 *DN*150 的消火栓水泵接合器 2 套。

本工程室内消火栓泵参数为：流量 30L/s，扬程 80.3m，45kW，1480 转（一用一备）；室内消火栓稳压泵参数为：流量 5L/s，扬程 25m，2.2kW，2900 转（一用一备）。

本工程室内消火栓管道全部采用内壁涂塑热镀锌钢管（介质为环氧树脂），管径小于 *DN*80 时，采用丝扣连接；管径大于等于 *DN*80 时，采用机械沟槽式连接方式，若镀锌层被破坏，则需作防腐处理（热镀锌），二次安装。

（二）自动喷水灭火系统

本工程自动喷淋总用水量取：52L/s；本工程自动喷淋系统不分区，喷淋系统各配水支管的压力控制在不大于 0.40MPa 的压力内，当超过压力时，设置减压孔板。

本工程设置 *DN*150 的喷淋水泵接合器四套。

本工程自动喷淋泵参数为：流量 54L/s，扬程 104m，90kW，1480 转（一用一备）；本工程自动喷淋稳压泵参数为：流量 1L/s，扬程 25m，1.5kW，2900 转（一用一备）。

本工程室内喷淋管道全部采用内壁涂塑热镀锌钢管（介质为环氧树脂），管径小于 *DN*80 时，采用丝扣连接；管径大于等于 *DN*80 时，采用机械沟槽式连接方式，若镀锌层被破坏，则需做防腐处理（热镀锌），二次安装。

（三）开式水幕系统

本工程水幕灭火系统用水量为：相邻水幕系统同时喷射的最大用水量在主舞台台，约为 106.6L/s。

本工程分防护冷却型水幕及防火分隔型水幕两种。其中防护冷却型水幕喷水强度为 1.0L/(s·m)，仅设单排，喷头之间的间距为 1.5m；喷头设置的位置位于被保护的构件的侧上方，离被保护构件的水平距离约为 0.3m，高度约为 0.5m，设置位置必须保证不影响建筑美观并且不得影响舞台区域的各种升降及布景设施的使用，共有 8 处，位于主舞台与观众厅之间、主舞台与后台 1 之间、两个侧台与后台之间、后台与装配区之间，采用水幕喷头；防火分隔型水幕喷水强度为 2L/(s·m)，需设置两排，排与排之间的距离为 0.8m，每排喷头之间的间距为 1.5m，两排喷头呈等腰三角形布置，喷头设置的位置在主舞台及侧舞台分界处，共两条，位于侧舞台紧贴主舞台的开口处，采用开式洒水喷头；单组水幕系统设置喷头数不得超过 72 个。

本工程设置 *DN*150 的水幕水泵接合器 7 套。

本工程水幕泵参数为：流量 53.3L/s，扬程 61m，55kW，1480 转（两用一备）。

本工程室内水幕管道全部采用内壁涂塑热镀锌钢管（介质为环氧树脂），管径小于 *DN*80 时，采用丝扣连接；管径大于等于 *DN*80 时，采用机械沟槽式连接方式，若镀锌层被破坏，则需作防腐处理（热镀锌），二次安装。

（四）开式雨淋系统

本工程雨淋灭火系统用水量为：相邻雨淋系统同时喷射的最大用水量在后台 2，约为 122.6L/s。

本工程雨淋系统均设于舞台区域，其中主舞台设有 4 个区、左侧台设有 2 个区、右侧台设有 3 个区、后台 1 设有 3 个区、后台 2 设有 2 个区、装配区设有 2 个区，共 16 个保护区，均为南北向等分面积后布置。雨淋系统按照严重危险级Ⅱ级设计，设计喷水强度 16L/(min·m^2)，最大作用面积 260m^2。主舞台区雨水系统设于舞台的葡萄架正下方；其余各保护区的雨淋系统设于该保护区的结构顶板正下方。

本工程设置 *DN*150 的雨淋水泵接合器 8 套

本工程雨淋泵参数为：流量 61.3L/s，扬程 92m，90kW，1480 转（两用一备）。

本工程室内雨淋管道全部采用内壁涂塑热镀锌钢管（介质为环氧树脂），管径小于 *DN*80 时，采用丝扣连接；管径大于等于 *DN*80 时，采用机械沟槽式连接方式，若镀锌层被破坏，则需做防腐处理（热镀锌），二次安装。

（五）室内消防炮系统

本工程室内消防炮用水量为：40L/s。

本工程在室内净空高度大于 12m、净空高度未超过 12m 但无法设置喷淋灭火系统的区域设置了雾化型消防水炮进行保护。具体布置在：剧场观众厅内、演播厅内、剧场主入口大厅及剧场与演播厅之间的休息大厅等处。消防炮要求采用雾化型设备，减少对人员的危害性；要求两门水炮的水射流同时到达被保护区域的任一部位。

本工程设置 *DN*150 的室内消防炮水泵接合器三套。

本工程室内消防炮泵参数为：流量 40L/s，扬程 130m，90kW，1450 转（一用一备）；本工程室内消防炮稳压泵参数为：流量 5L/s，扬程 95m，11kW，1450 转（一用一备）。

（六）室外消防炮系统

本工程室内消防炮用水量为：60L/s。

本工程在基地内设置了室外消防水炮，用于保护剧院顶部金属翼状结构的支撑构件。室外消防水炮的布置应能使消防炮的射流完全覆盖被保护物，消防炮设置在室外的绿化带内，并设置在常年主导风向的上风方向。根据现有资料，消防炮宜按照手动设计，启动的装置应有保护措施，要求有两门水炮的水射流同时到达被保护区域的任一部位。一旦火灾发生，应由消防人员启动室外消防炮供水主泵，实施灭火。

本工程设置 *DN*150 的室外消防炮水泵接合器四套。

本工程室外消防炮泵参数为：流量 60L/s，扬程 130m，110kW，1480 转（两用一备）；本工程室外消防炮稳压泵参数为：流量 15L/s，扬程 40m，11kW，2950 转（一用一备）。

（七）气体灭火系统

本工程所有电气设备机房、剧场内调音、调光等不宜用水灭火的贵重设备机房设置气体灭火系统，机房设于地下室、±0.00m 层、10.8m 层，采用 IG541 惰性气体组合分配灭火系统；个别离主机房较远的设备机房设置无管网灭火系统。

三、工程特点介绍

（一）节能、节水设计

1. 选用高效率节能型水泵，水泵工况悬在水泵性能曲线的高效区。

2. 地下室生活用水利用市政给水管网压力直接供水，地上部分采用恒压变频供水系统供水。

3. 生活、消防系统分别设置水表计量；能源中心空调补给水设专用水表计量。

4. 选用 6L 节水型座便器；所有洗脸盆采用感应式低流量龙头；所有公用小便器采用感应式低流量冲洗阀。

5. 雨水收集回用系统，节约水资源。

6. 消防水池储水部分利用于浇绿化，便于水质更新。

7. 所有热水管、热水回水管均采用优质保温材料进行保温，减少热能损失；热水系统的用水温度控制在

55～60℃；采用温控控制机械循环，自动关闭循环泵。

（二）环境保护

1. 所有水泵均采用低噪声设备，所有泵的基座均需设置隔振基座和隔振器，进出水管安装可曲绕橡胶接头，出水管安装消声缓闭止回阀，采用弹性支吊架，泵房内壁采用吸声材料。

2. 排水系统尽可能采用同层排水技术、坐便器及管道隐蔽安装技术，降低排水噪声。

3. 地下室污水井、污废水系统设专用透气管至屋顶高空排放。

4. 地下室生活及消防水池均设置了自净系统，保持水质的稳定。

5. 厨房废水要求经过两级隔油处理，再排至市政污水管网。

6. 设有雨水收集处理及回用系统。

7. 室外设置共同管沟，减少管道敷设的开挖工作量。

（三）新材料、新技术

1. 在大剧院室外设计了室外消防炮系统，专门用于冷却室外裸露的钢结构斜撑（该系统已经被列入科研项目）。

2. 对于翼状的钢结构屋面采用虹吸排水方式排除屋面雨水，在呈收缩状的翼状钢结构屋面根部雨水管道全部埋设于钢筋混凝土结构内，采用优质焊接不锈钢管道敷设技术解决虹吸排水立管的穿越难题。

3. 在剧院大平台采用了室外成品排水沟，满足设计坡度和雨水排放要求，在基地内部分区域，也使用了室外成品排水沟，既满足设计坡度和雨水排放要求，又满足了业主要求的美观要求。

4. 室内排水系统采用了新型得成品隔油池、污水提升装置等环保产品，大大改善了剧院的使用环境要求。

（四）技术难点的特别说明

1. 室外裸露的钢结构斜撑是承重部件，为了防止钢结构着火面迅速升温，消防部门及专家建议采用室外消防炮技术冷却钢结构，间接保护钢结构。为此，专门将该技术的使用列入课题进行研究，并进行相关考察，基本确认了这种设计方式的可靠性，满足了当地消防部门的要求。

2. 大剧院屋顶由八片翼状的钢结构屋面组成，翼状屋面与下方构筑物仅通过八个柱形结构连接，上宽下窄，管道敷设极为困难，故采用虹吸排水方式排除屋面雨水，在呈收缩状的翼状钢结构屋面根部雨水管道全部埋设于钢筋混凝土结构内，并采用优质焊接不锈钢管道敷设技术解决虹吸排水立管的穿越难题。

3. 剧场内部空间变化非常复杂，消防系统更是复杂，尤其在舞台区域，对于不同的保护区域选用了不同的消防系统进行保护，例如：在舞台区域设计了大量的雨淋系统、冷却型水幕系统、隔断型水幕系统；在室内的高大空间部分则设计了雾化型消防炮系统；在强电设备间及声光、音响等贵重设备间设计了气体灭火系统；在室外设计了室外消防炮系统用于冷却室外裸露的钢结构斜撑。

4. 剧院对于内部使用的环境要求很高，本工程地下室既有演职员工的用房，也有餐饮及卫生设施，对排水设施的气味会有较高的要求，尤其是地下室卫生间非常多，按照常规设置污水坑的方式，会大量设计污水坑，这样就难以防止气味的泄露，因此决定取消传统的污水坑设计方式，采用了先进的污水提升装置，这种装置密闭性能优越，更可以取消污水坑，明显改善了使用环境要求；同时在隔油设施上，也采用了成品隔油池，同样起到了密闭、隔绝异味的作用。

5. 室外总平面内管线众多，除了传统的给水排水、燃气、消防、冷冻及冷却水及电力管道外，还对此进行了管线的综合设计，布置了成品排水沟，解决了大平台及广场的排水难题；设计了大型了共同沟，减少了管线的大量无序穿越；设计了室外消防炮及其管线，实现了冷却钢结构的要求；设计了雨水回用的管线，作为景观水系的补水、绿化及地坪的洒水等。

四、工程照片

无锡大剧院鸟瞰图

无锡大剧院立面图

主演厅

上海浦东医院征地新建

设计单位：同济大学建筑设计研究院（集团）有限公司
设 计 人：冯玮　李意德　李伟　茅德福　黄倍蓉　归谈纯
获奖情况：公共建筑类　二等奖

工程概况：

上海浦东医院（现更名为上海东方医院南院）为上海浦东地区新建三级甲等综合医院，总投资10亿元，医院总床位数800床，日门诊量3000人次，开设了50余个临床、医技科室，作为区域性医疗中心，项目的建成很好地解决了浦东地区就医难问题。项目位于浦东新区三林城南块（西区）W1-7规划卫生用地范围内，即东起云台路、西至规划经一路、南起街坊道路、北至华夏西路绿化带，总用地面积约35651.8m²，总建筑面积99998m²。本项目用地非常紧张，共有医院综合楼（A楼、B楼及裙楼）、锅炉房（垃圾房、污水处理）、高压氧舱组成。

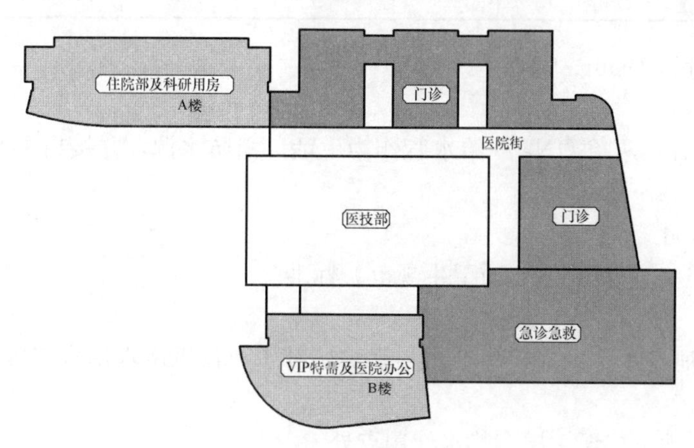

图1　医院综合楼（A楼、B楼、裙楼）分布示意图

医院综合楼A楼23层，建筑高度94.1m；主体B楼11层，建筑高度52.4m；裙房部分5层，建筑高度23.90m。分布如图1所示。医院综合楼设有二层地下室，地下车库区域战时为人防。

锅炉房为二层建筑，一层为垃圾房、二层为锅炉房，地下为污水处理设施。高压氧舱为单层建筑。

一、给水排水系统

（一）给水系统

1. 用水量（表1）

用水量　　表1

用水项目	单位数	用水标准	最高日用水量（m³/d）	用水时间（h）	时变化系数	平均时用水量（m³/h）	最大时用水量（m³/h）
普通病房	700床	400L/人	280.00	24	2.5	11.67	29.17
贵宾病房	100床	450L/人	45.00	24	2.5	1.88	4.69
陪护人员	300人	150L/人	45.00	24	2.0	1.88	3.75

续表

用水项目	单位数	用水标准	最高日用水量 (m^3/d)	用水时间 (h)	时变化系数	平均时用水量 (m^3/h)	最大时用水量 (m^3/h)
门急诊病人	3000人次/d	15L/人次	45.00	12	1.5	3.75	5.63
医务人员	600人/班	200L/班	360.00	24	2.0	15.00	30.00
营养食堂	2400人次/d	25L/人次	60.00	16	1.5	3.75	5.63
职工食堂	4500人次/d	25L/人次	112.50	16	1.5	7.03	10.55
锅炉补水			48.0	24	1.5	2.0	3.0
冷冻水水补水			240.0	24	1.5	10.0	15.0
换热机房补水			79.2	24	1.5	3.3	5.0
空调冷却水补水			960.0	24	1.5	40.0	60.0
绿化道路浇洒	10000m^2	2L/(m^2·d)	20.00	4	1.0	5.00	5.00
未预见水量	总用水量×10%		229.47			10.52	17.74
小计			2524.17			115.77	195.09

最高日用水量为2524m^3/d，最大时用水量为195m^3/h。

2. 水源

分别从华夏西路、云台路市政给水管上各引入两条*DN*200给水管作为生活、消防水源，并接出*DN*200生活给水管并设水表井，供生活用水。

给水压力：按上海市政供水压力0.16MPa计。

给水水质：满足《生活饮用水卫生标准》、《生活饮用水水质卫生规范》标准。

3. 系统竖向分区

0区：A楼及B楼地下二层至1层生活水池进水、冷冻机房补水、锅炉房补水、仅供冷水用水点等、锅炉房、高压氧舱。

1区：A楼及B楼1～4层生活用水、部分地下层至1层有热水使用点处。

2区：A楼6～10层，通过设置串联减压阀后供水，阀后压力0.10MPa。

3区：A楼11～16层，通过可调式减压阀供水，阀后压力0.10MPa。

4区：A楼17～23层，水箱直供。

5区：B楼5～11层，通过设置串联减压阀后供水，阀后压力0.10MPa。

6区：地下一层食堂厨房。

4. 供水方式及给水加压设备：

(1) 给水系统形式：市政供水、变频供水、水池一水泵-水箱联合供水。

(2) 市政供水：地下二层至一层由市政压力直接供给。

(3) 变频供水：1～4层生活用水、部分地下层至一层有热水使用点处，设置水池一变频恒压供水系统供水，作为1区供水区域。地下二层生活泵房内设置低区变频恒压设备，供水能力为$Q=50m^3/h$，$H=43m$。

(4) 水泵-水箱联合供水：

1) 5层及5层以上采用水池-水泵-水箱供水方式。地下二层生活泵房内设置2个130m^3不锈钢装配式水箱，选用水泵参数($Q=60m^3/h$，$H=124m$)。A楼屋顶水箱间内设置2个50m^3生活水箱，其中18m^3消防储水，(根据上海自来水公司要求及《民用建筑水灭火系统设计规程》DGJ08-94-2007第6.5.6条，本项目生活水箱可与消防水箱合用，并保证储水容积在24h内得到更新)。

2）水箱供水根据压力要求、功能使用要求，通过设置可调式减压阀组分区供水，保证最低卫生器具压力小于400KPa。

（5）冷却塔补水系统：在地下二层单独设置冷却塔补水水池及变频泵，供5层屋顶冷却塔补水及空调系统补水，水池$80m^3$，变频设备供水能力为$Q=72m^3/h$，$H=46m$。

（6）医院用水安全：三层血透中心水处理间、四层手术等供水要求两路供水，另设置屋顶水箱出水管接至该处，平时阀门常闭，一旦变频系统故障，开通阀门，通过水箱出水供给，以保证供水绝对可靠。

（7）二次供水水质：水池、水箱均设置紫外线消毒器消毒处理。

（8）计量：室外给水总管设表计量；裙房门急诊各科室用水设小表计量，水表设于管井内；厨房单独设表计量；冷却塔补水、冷冻水补水等设表计量；A、B楼5层以上、公共卫生间用水仅设置总表计量。

5. 管材：室内生活给水管采用薄壁不锈钢管，小于等于*DN*100为卡压连接，大于*DN*100为沟槽式连接；室外埋地市政压力给水管采用球墨铸铁管，内覆PE管，胶圈接口连接。

（二）热水系统

1. 热水用水量（60℃）（表2）

热水用水量 **表2**

用水项目	单位数	用水标准	最高日用水量（m^3/d）	用水时间（h）	时变化系数	平均时用水量（m^3/h）	最大时用水量（m^3/h）	平均小时耗热量（kW）	最大小时耗热量（kW）
普通病房	700床	200L/人	140.00	24	2.75	5.83	16.04	366.89	1008.96
贵宾病房	100床	225L/人	22.50	24	3.54	0.94	3.32	58.96	208.74
陪护人员	300人	75L/人	22.50	24	2.0	0.94	1.88	58.96	117.93
门急诊病人	3000人次/d	7L/人次	21.00	12	1.5	1.75	2.63	110.07	165.10
医务人员	600人/班	100L/班	180.00	24	2.0	7.50	15.00	471.72	943.44
营养食堂	2400人次/d	10L/人次	24.00	16	1.5	1.50	2.25	94.34	141.52
职工食堂	4500人次/d	10L/人次	45.00	16	1.5	2.81	4.22	176.89	265.34
总计							45.33	1337.85	2851.02

2. 热水供应点：病房洗浴、手术洗手、各诊疗室洗手及公共淋浴热水、食堂洗涤热水。

3. 热源

（1）热源为两种，一是由设于锅炉房的分布式热电联产机组产生的余热供给。根据上海申能能源服务有限公司提供的“上海市浦东医院分布式供能系统可行性方案”，选用分布式供能机组为232kW，发电机组在发出232kW电量的同时可回收缸套水余热和废气余热共369kW热量，将这些余热以90℃热水的形式输出到业主定制的换热装置，供给生活热水使用；机组余热输出高温热水及回水温度为90℃/70℃，流量$16.3m^3/h$，运行时间16h。

（2）因发电机组供热在其运行时间里是恒定的，而生活热水的使用是有波段性的，为平衡多余热水，设计在锅炉房顶设置$50m^3$热水箱，储存夏季7.5h的产水量，供给6区厨房及职工淋浴使用；另配蒸汽辅助加热系统，在分布式供能系统机组检修时备用。同时富余热量还作为1～3区生活热水热媒使用，设置板式换热器，根据不同季节热量需求，换热后供给生活热水，冬季、春秋季热量不足时，联合蒸汽-水瞬时热水器加热供给。

（3）另一个热源是锅炉房提供的蒸汽，4～5区热水全部采用蒸汽-水瞬时热水器加热后供给。

（4）设置分布式供能系统后，减小了供给生活热水的耗热量，各季节分别是：冬季，锅炉最大小时所需供热量为 2774kW；春秋季，锅炉最大小时所需供热量 2200kW；夏季，锅炉最大小时所需供热量 1391kW。

4. 系统竖向分区及热交换器

热水系统分区同冷水，以保证冷热水压力一致。除 6 区（厨房外），每区均采用两台蒸汽-水瞬时热水器，保证一台检修时，另一台能供应 60%的热水量；每区另配储水罐，储水罐容积不小于每区最大时用水 30min 储水量。具体分区水量及耗热量如下：

1 区（A 楼及 B 楼地下二层～4 层生活热水、除厨房以外）：最大时用水量 11.63m^3/h，最大时耗热量 731.17kW，设两台，每台可供热水量 7.7m^3/h，另配 8m^3 储水罐。

2 区（A 楼 6～10 层）：最大时用水量 6.63m^3/h，最大时耗热量 417.21kW，设两台蒸汽-水瞬时热水器，每台可供热水量 7.7m^3/h，另配 5m^3 储水罐。

3 区（A 楼 11～16 层）：最大时用水量 8.51m^3/h，最大时耗热量 535.40kW，设两台蒸汽-水瞬时热水器，每台可供热水量 7.7m^3/h，另配 5m^3 储水罐。

4 区（A 楼 17～23 层）：最大时用水量 9.27m^3/h，最大时耗热量 583.05kW，设两台蒸汽-水瞬时热水器，每台可供热水量 7.7m^3/h，另配 6m^3 储水罐。

5 区（B 楼 5～11 层）：最大时用水量 5.65m^3/h，最大时耗热量 355.16kW，设两台蒸汽-水瞬时热水器，每台可供热水量 3.6m^3/h，另配 3m^3 储水罐。

6 区（地下一层食堂厨房）：最大时用水量 6.47m^3/h，最大时耗热量 406.86kW，设分布式热电联产余热利用 50m^3 热水箱，另设一台蒸汽-水瞬时热水器，可供热水量 3.6m^3/h，在分布式供能系统机组检修时备用。

5. 为保证二层急诊病房、四层手术室、六层洗婴池等特殊区域热水不间断供应使用，另行就用户点再配备容积式电热水器，以保证热水供水可靠性。洗婴池采用恒温水箱供水，供水温度 30℃。

6. 热水系统采用干管及立管机械循环，末端支管采用电伴热保温方式，以保证热水使用的舒适性。热水器与储水罐之间设一次循环泵循环；各区供回水设二次循环泵循环；一次热水循环泵的启、闭由设在热水储水罐之上的温度计自动控制：启泵温度为 55℃，停泵温度为 60℃；二次热水循环泵的启、闭由设在热水循环泵之前的热水回水管上的电接点温度计自动控制：启泵温度为 50℃，停泵温度为 55℃。

7. 管材：热水管采用薄壁不锈钢管，小于等于 *DN*100 为卡压连接，大于 *DN*100 为沟槽式连接。

(三) 排水系统

1. 排水系统形式：室内生活污、废水分流；室外厨房废水与医院废水分流；医院废水最高日污水量 947m^3/d，平均时污水量 44.9m^3/h，最大时污水量 89.4m^3/h。

2. 透气管设置方式：高层病房部分室内污、废水立管采用三立管系统，设专用通气管；裙房部分采用污水（或废水）及专用通气立管的双立管系统；在连接 4 个及 4 个以上卫生器具且横管长度大于 12m 的排水横管、连接 6 个及 6 个以上大便器的污水横管均设置环形通气管；地下室排水采用压力排水，设置污水集水井、排污泵或污水提升站压力排出，密闭污水集水井、污水提升装置设置专用通气管。

3. 采用的局部污水处理措施

(1) 地下一层厨房含油废水经重力排入地下二层自动油水分离器（带气浮）经隔油、沉淀处理后，压力排入室外排水管。

(2) 车库内设置汽车隔油沉砂池，隔油沉砂处理。

(3) 锅炉房高温热水及中心供应高温热水排入室外排污降温池冷却处理。

(4) 生活粪便污水经污水井汇合后，排入化粪池，室外共设置两个 13 号化粪池，经化粪池沉淀后汇合废水，排入地块西北侧埋地“医院污水处理站”。

4. 医院污水处理系统

(1) 设计规模：医院的综合污水设计规模按 1000m^3/d。

(2) 水质：设计出水水质达到《上海市污水综合排放标准》DB31/199—1997 中二级排放标准、《医疗机构水污染排放标准》GB 18466—2005 及环境影响评价报告批复。

(3) 污水处理工艺流程：医院综合污水处理工艺通常采用缺氧　好氧 A/O 生物接触氧化池为主体的生物处理工艺，并辅以格栅拦截，二沉池澄清及消毒，流程如图 2 所示。

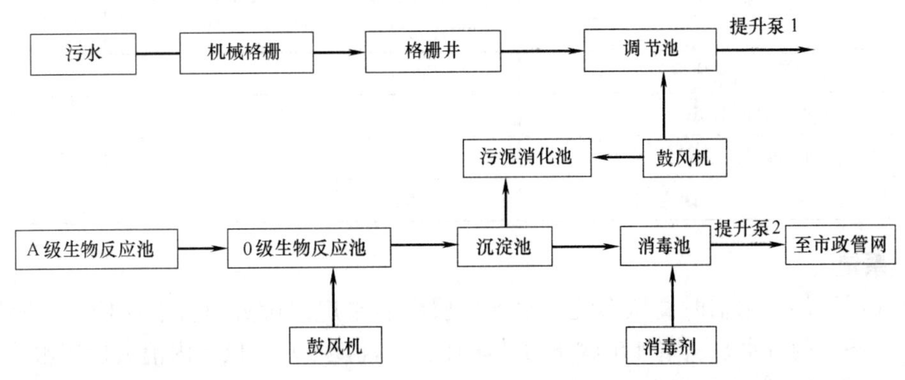

图 2　污水处理工艺流程

(4) 传染科污水预处理工艺流程：传染科医院污水处理单独收集，采用消毒、脱氯的工艺处理后再汇入综合污水，流程如图 3 所示。

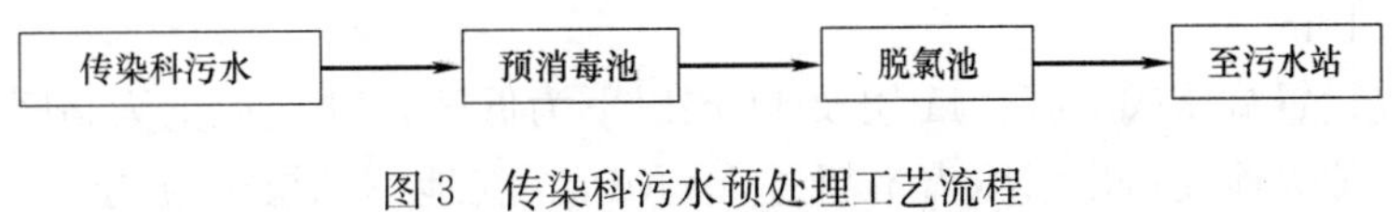

图 3　传染科污水预处理工艺流程

(5) 特殊废水处理：放射科洗相室含银废水液，经成品废液处理装置回收银后，污水方可排入医院污水处理系统；口腔科含汞废水液，经成品废液处理装置除汞后，污水方可排入医院污水处理系统；检验室废水根据使用化学品性质单独收集进行物化处理，处理后方可排入医院污水处理系统。

(6) 污水排放：污水经处理达到标准后，以 *DN*300 排水管排入华夏西路上市政污水管，排入前设置污水检测井。污泥经硝化处理后外运。

5. 管材：室内污水管采用聚丙烯静音排水管，橡胶圈连接；地下室排水泵管道采用钢塑复合管，小于 *DN*100 为丝扣连接，大于等于 *DN*100 为沟槽式连接；埋于地下室底板内排水管采用机制铸铁排水管；室外总体埋地排水管采用增强型聚丙烯排水管。

(四) 雨水系统

1. 室外雨、污水分流。

2. 根据上海地区暴雨强度经验公式，屋面雨水系统按满足 P=10 年重现期的雨水量设计，按 P=50 年重现期设置溢流口；下沉式广场按重现期 P=100 年设计。

3. 屋面采用内排水系统、重力雨水排放，屋面雨水经雨水斗和室内雨水管排至室外雨水井。

4. 室外地面雨水经雨水口，由室外雨水管汇集，排至市政雨水管。

5. 管材：屋面雨水管采用涂塑钢管，沟槽式连接；室外总体埋地雨水管采用增强型聚丙烯排水管。

二、消防系统

(一) 消防水量、水源

1. 水源：从华夏西路、云台路上市政给水管上各引入两条 *DN*200 给水管作为生活、消防水源，并接出

DN250 消防给水管，接出时设置防污隔断阀，在基地干道内以 DN250 消防管环通，供消防用水，消防泵直接从该环管内取水。

2. 消防水量（表 3）

消防水量 **表 3**

序号	系统形式	用水量标准（L/s）	火灾延续时间（h）	消防用水量（m^3）
1	室内消火栓系统	30	2	216
2	室外消火栓系统	20	2	144
3	自动喷淋灭火系统	40	1	144
4	室内外消防同时作用最大用水量(1+3)	90		504

（二）消火栓系统

1. 室内消火栓系统均采用临时高压系统。地下二层消防泵房内设置两台消火栓泵，参数为 $Q=30$L/s，$H=120$m，一用一备。两台水泵从室外市政压力消防环管上直接吸水，供室内消火栓用水。A 楼屋顶水箱设置 18m^3 消防储水，保证初期消防用水。

2. 按规范设置室内消火栓，以满足每个防火分区、同层有两股充实水柱到达任何部位，高层建筑及车库保证间距不大于 30m。每层均设置带灭火器组合式消火栓箱，内设 DN65 消火栓一只，DN65 长度为 25m 衬胶龙带一条，QZ19 型直流水枪一支，DN25 消防卷盘、5kg 磷酸铵盐手提储压式灭火器两具及水泵启动按钮；消火栓栓口离地 1.10m。

3. 室内消火栓系统设置减压阀分区，11 层及 11 层以下为低区，11 层以上为高区，保证最不利点静水压小于 1.00MPa；为保证消火栓栓口出水压力不超过 0.5MPa，在地下二层～ 五层、12～17 层消火栓采用减压稳压消火栓。

4. 室外设置两套消火栓系统水泵接合器，并在 15～40m 内有室外消火栓。

5. 系统控制：消火栓给水加压泵由设在各个消火栓箱内的消防泵启泵按钮和消防控制中心直接开启消防给水加压泵；消火栓水泵开启后，水泵运转信号反馈至消防控制中心和消火栓处。该消火栓和该层或防火分区内的消火栓的指示灯亮；消火栓给水加压泵在泵房内和消防控制中心均设手动开启和停泵控制装置；消火栓给水备用泵在工作泵发生故障时自动投入工作。

6. 管材：采用内外壁热镀锌无缝钢管，小于 DN100 为丝扣连接；大于等于 DN100 为沟槽式连接；需法兰连接的特殊部分，须镀锌，二次安装。

（三）自动喷水灭火系统

1. 本工程除建筑面积小于 5m^2 卫生间、不宜用水扑灭的变电所、电气机房、手术室、贵重医技室外的所有部位均设置自动喷淋灭火系统。

2. 地下一层药库设置预作用灭火系统，其余均设置湿式灭火系统。各区域喷淋设计参数见表 4。

各区域喷淋设计参数 **表 4**

设置场所	火灾危险等级	净空高度（m）	喷水强度（L/(min·m^2)）	作用面积（m^2）	最不利点喷头工作压力（MPa）	系统设计用水量（L/s）
地下车库	中危险Ⅱ级	≤8	8	160	0.10	40
其余	中危险Ⅰ级	≤8	6	160	0.20	26

系统设计流量满足最不利点处作用面积内喷头同时喷水总流量，经计算为 40L/s。

3. 喷淋系统采用临时高压系统，在地下二层消防水泵房内设置两台喷淋泵，参数为 Q=40L/s，H=140m，一用一备，从室外消防管直接吸水。屋顶水箱储存 18m^3 消防用水，保证喷淋系统初期用水，屋顶设置喷淋增压设备，并保证本单体最不利喷头所需要压力。

4. 系统控制

(1) 湿式系统控制：火灾发生后喷头玻璃球爆碎，向外喷水，水流指示器动作，向消防控制中心报警，显示火灾发生位置并发出声光等信号；系统压力下降，报警阀组的压力开关动作，并自动开启自动喷水灭火给水加压泵。与此同时向消防控制中心报警，并敲响水力警铃向人们报警。给水加压泵在消防控制中心有运行状况信号显示。

(2) 预作用系统控制：火灾发生区或楼层的探测器动作，向控制箱输入信号，控制箱向消防控制中心发出报警信号，同时打开预作用报警阀处的电磁阀，开启自动喷水灭火系统给水加压泵和管网系统末端快速放气阀前的电动阀门，向管网供水和排出管网空气，保证系统灭火。泵房和消防控制中心还设有手动开启和关闭自动喷水灭火给水加压泵的装置。无火灾发生时，管网内充有 0.05MPa 的压缩空气。预作用报警阀配套一台小型空气压缩机和自动控制装置。如管网气体压力小于 0.03MPa 时，则预作用报警阀的低气压检测开关向消防控制中心发出故障报警，提示管理人员对系统进行维修检测。

5. 系统通过设置减压阀分区，消防水泵房设置 11 套湿式报警阀组、地下室 B 楼区域附近设置三套湿式报警阀组、一套预作用阀组；A 楼屋顶设备间内设置一套湿式报警阀组，保证报警阀后管网压力小于 1.20MPa。

6. 预作用自动喷水灭火系统按系统充水时间小于等于 2min 即转变为湿式系统设计。每套报警阀组担负的喷头不超过 800 个。在配水管入口处设置减压孔板，以控制配水管入口压力不大于 0.40MPa。

7. 每层、每个防火分区分设水流指示器。为了保证系统安全可靠，每个报警阀组的最不利喷头处设末端试水装置，其他防火分区和各楼层的最不利喷头处，均设 DN25 试水阀。普通场所喷头动作温度均为 68℃，厨房喷头动作温度均为 93℃。

8. 室外设置三套喷淋系统水泵接合器，并在 15～40m 内有室外消火栓。

9. 管材：采用内外壁热镀锌无缝钢管，小于 DN100 为丝扣连接；大于等于 DN100 为沟槽式连接；需法兰连接的特殊部分，须镀锌，二次安装。

(四) 大空间智能型主动喷水灭火系统

1. 设置场所：门诊大厅中庭顶部玻璃顶棚区域。

2. 灭火装置的特点："大空间智能灭火装置"的特点是将红外探测技术、计算机技术、光电技术、通信技术等有机地结合在一起，通过程序编制集于一身。该装置可 24h 全方位进行红外扫描探测火源，火情发现早，火源早判定，灭火效果好，灭火及时，是高智能灭火装置。

3. 灭火装置的灭火工作原理：灭火装置的探测器 24h 检测保护范围内火情，装置场所一旦有火情，火灾产生的红外信号立即被探测器感知，确定火源后，探测装置打开相关的电磁阀并同时输出型号给联动柜启动水泵，射水进行灭火。火灾扑灭后，探测器再次发出信号，关闭电磁阀，停止射水。如再有新火源，装置重复上述动作。

4. 灭火装置的型号、规格的选定：采用自动扫描射水高空水炮装置，为探测器与喷头一体化的装置。灭火装置技术参数：射水流量 5L/s，工作水压 0.6MPa，保护半径 32m，工作电压 AC220V，启动时间小于等于 25s，安装高度 15m。

5. 灭火系统组成：由灭火装置、信号阀组、水流指示器、供水加压设备及管网、模拟末端试水装置等组成。

6. 灭火系统设计：系统设计水量为 10L/s，火灾延续时间 60min。

7. 系统供水：系统供水接自自动喷水灭火系统，并满足本系统水量、水压。

8. 管材：采用内外壁热镀锌钢管，小于 *DN*100 为丝扣连接；大于等于 *DN*100 为沟槽式连接。

(五) 气体灭火系统

1. 设计为七氟丙烷气体灭火系统，且为组合分配系统。

(1) 一层医技区 MRI 室、CT 室、DR 室、X 光室等贵重设备间采用一套组合分配式七氟丙烷气体灭火系统，灭火设计浓度 8%，系统喷放时间不大于 8s。

(2) 一层急诊 CT 室、DR 室、B 超室采用一套组合分配式七氟丙烷气体灭火系统，灭火设计浓度 8%，系统喷放时间不大于 8s。

(3) 地下一层 DR 室、地下二层病案室采用一套组合分配式七氟丙烷气体灭火系统，灭火设计浓度 8%，系统喷放时间不大于 8s。

(4) 三层预留 CT 室、四层高端 DSA 室分别采用预制式七氟丙烷气体灭火系统，灭火设计浓度 8%，系统喷放时间不大于 8s。

(5) 五层信息科网络机房采用一套组合分配式七氟丙烷气体灭火系统，灭火设计浓度 8%，系统喷放时间不大于 8s。

2. 设计原理：系统具有自动、手动及机械应急启动三种控制方式。保护区均设两路独立探测回路，当第一路探测器发出火灾信号时，发出警报，指示火灾发生的部位，提醒工作人员注意；当第二路探测器亦发出火灾信号后，自动灭火控制器开始进入延时阶段（0～30s 可调），此阶段用于疏散人员（声光报警器等动作）和联动设备的动作（关闭通风空调，防火卷帘门等）；延时过后，向保护区的电磁驱动器发出灭火指令，打开驱动瓶容器阀，然后由瓶内氮气打开防护区相应的选择阀和七氟丙烷储存气瓶，向失火区进行灭火作业。同时报警控制器接收压力信号发生器的反馈信号，控制面板喷放指示灯亮。当报警控制器处于手动状态，报警控制器只发出报警信号，不输出动作信号，由值班人员确认火警后，按下报警控制面板上的应急启动按钮或保护区门口处的紧急启停按钮，即可启动系统喷放七氟丙烷灭火剂。

3. 管材：气体系统采用用无缝钢管。

三、设计施工体会及工程特点介绍

(一) 充分考虑医院供水的特殊性，保障医院用水安全可靠

浦东医院给水系统设计以安全、可靠、节能为原则，不同功能区域采用不同系统，将市政压力直接供水、变频压力供水、水池-水泵-水箱联合供水三种方式有机结合，分区合理，有利于节水。同时，充分考虑医院用水安全的特性，在生活水池增设紫外线消毒器。血透中心水处理间采用两路供水，保障供水安全性要求。公共卫生间的洗手盆采用感应自动水龙头，小便斗、蹲式大便器采用感应冲洗阀；产房、手术刷手池、护士站、治疗室、洁净室和消毒供应中心、ICU 和烧伤病房等房间的洗手盆采用感应自动水龙头或肘动开关水龙头。

裙房部分根据医院科室不同，合理配置水表，以利管理节能。采用医院特殊配水系统形式：由一根主立管和各楼层横向供水主管层层供水，管道设于本层或下层吊顶内。解决了不同楼层功能不同导致的管道转弯问题；其次，大大方便了医院的后期管理维护，管道检修时，可以切断本科室或本楼层供水阀门即可；第三，解决了给水计量问题，在横干管上，在各科室前设置水表即可，实行二级核算后，促使使用部门养成节约用水的习惯，有利维护管理和建筑节能、节水。根据院方要求，病房层不设置分层计量系统，仍然采用传统立管供水系统。

(二) 绿色能源措施：分布式能源系统余热回收系统

本项目积极响应上海市关于推动分布式能源系统的应用，在锅炉房设置燃气分布式能源系统，减小锅炉用量。配置一台功率为 232kW 天然气内燃机发电机组，发电机组发出的电力供应医院内部使用，采用电力并网而不上网的运行方式，发电同时产生的烟气和缸套水余热通过板式换热器向医院提供卫生热水，医院大楼内电力及卫生热水负荷优先由分布式能源系统提供。图4是分布式能源系统的原理示意。

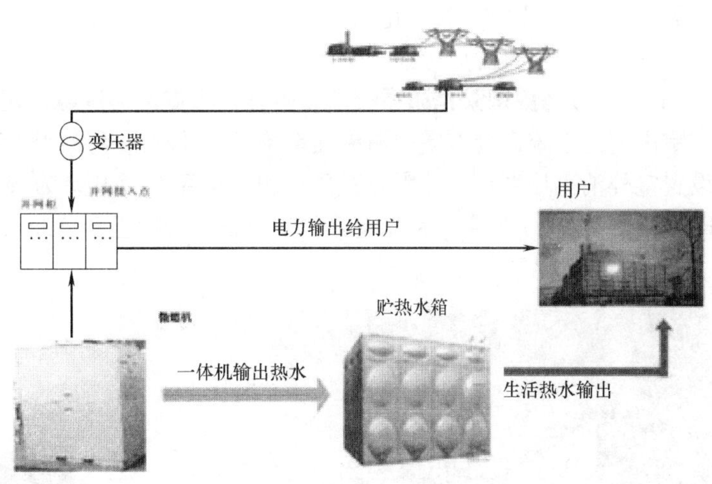

图4　分布式能源系统原理示意图

该分布式能源系统具有备用电源的供能，可在市电出现故障时，给本项目一级电负荷设备供电，大大减少了对电网的依赖性，提高了供电系统的安全性；该系统利用天然气发电满足用户的部分电力，并回收利用发电的余热为用户供应热水，实现能源的梯级利用，提高了能源的利用率，并减少了用户热水负荷需求的能源费用，经济效益高；系统采用天然气清洁能源，可降低废气中有害气体的排放，减少了环境污染，提高空气质量。

因发电机组供热在其运行时间里是恒定的，而生活热水的使用是有波段性的，设计根据不同季节冷水进水温度，详细计算了不同季节耗热量，为平衡最热季节所产生的热量，在锅炉房顶设置50m^{3}热水箱，储存夏季7.5h的产水量。另配蒸汽辅助加热系统，在机组检修时备用。考虑到6区（医院综合楼食堂厨房及职工淋浴）热水在实际使用过程中的不确定性，在满足6区水箱热水供应后，在1～3区另设置一组板换，多余热水供给医院综合楼1～3区，并优先供给2区，同时与蒸汽—热水加热系统联合供给。在热交换器出水设置数字式循环水温控制阀，使余热热水压力高于汽水交换器产生的热水，通过压差，使余热热水先通过水温控制阀，一旦热水流量不足，再由汽水交换器产生热水供给，同时推动热交换器工作，循环供给。

（三）充分考虑医院热水供水的特殊性，保障热水供应的安全可靠

除上述区域，其他区域采用均采用锅炉房提供的蒸汽作为热媒，采用蒸汽—水瞬时热水器加热水罐联合供应热水，该系统使其热水供应系统水温始终保持在60℃以上区域进行供水，以避免军团菌滋生，杜绝军团菌病的产生。

根据冷水压力不同，分区供给。另外，病房热水系统按24h开放时间设计，门急诊按工作时段8h开放时间设计，特殊手术、ICU、CCU按24h开放时间设计，因此1区四层手术、CCU、ICU热水管道与其他1区（1～4层）管网分开。在洗婴池、手术室特殊区域，另行就用户点再配备容积式电热水器，以保证热水不同时段供水可靠性。所有水嘴采用恒温龙头供水。

（四）充分考虑医院排水系统的特殊性，保障排水系统畅通，满足医院污水的排放标准

医院综合楼排水分为塔楼、裙房和地下室三个部分，排水系统各有不同。

塔楼以病房区为主，以设置污水管、废水管和通气管（三立管系统）为主，排出病房卫生间、备餐间、医生值班室卫生间的污废水；裙房设置大量医技、化验、手术室、公共卫生间，排水点多，排水管线复杂，设计采用排水立管、专用通气管及环形通气管结合方式，保证排水的畅通；地下室主要有中心供应、食堂、车库等功能，这部分的排水主要是采用集水井和潜污泵，将污水提升排入基地内的污水管道。

另外，医疗设备的排水管道为防止污染，采用间接排水；护士站室、诊室和医生办公室等地面不设置地漏；空调机房等季节性地面排水，以及需要排放冲洗地面冲洗废水的场所如手术室、急诊抢救室等房间采用可开启式密封地漏。厨房含油废水设置自动油水分离器（带气浮）处理，车库内设置汽车隔油沉砂池隔油沉砂处理，锅炉房高温热水及中心供应高温热水设置排污降温池冷却处理。设置医院综合污水处理设施，采用

—缺氧好氧 A/O 生物接触氧化池为主体的生物处理工艺，并辅以格栅拦截，二沉池澄清及消毒，设计出水水质达到国家及地方排放标准。

（五）充分考虑医院消防系统的特殊性，根据不同区域采用不同消防灭火系统

室内消防系统设置有室内消火栓系统、自动喷淋系统；局部中庭玻璃顶下设置大空间自动灭火装置；室外设置室外消火栓系统。药库设置预作用灭火系统，其余为湿式喷淋系统；柴油发电机房设置水喷雾系统。MRI 室、CT 室、DR 室、X 光室等贵重设备间采用组合分配式七氟丙烷气体灭火系统。

四、工程照片

浦东医院全景图片全景

浦东医院 A 楼八层病房区

浦东医院三层就诊区

入口中庭

新建杭州东站扩建工程站房及相关工程

设计单位：中南建筑设计院股份有限公司
设 计 人：秦晓梅　陈俊清　杨运波　罗蓉　涂正纯　王伟
获奖情况：公共建筑类　二等奖

工程概况：

杭州东站地处杭州市江干区彭埠镇东宁路，位于沪昆铁路浙赣绕行线上，紧邻钱塘江二桥，属特大型铁路旅客车站。本工程2008年设计，2013年建成，是中国最大的交通枢纽之一。

杭州东站的建筑造型传承着杭州"精致和谐"的悠久历史，同时也开创着杭州"开放大气"的未来，设计构思由"钱塘大潮"演化而成，优美而富有流动感，仿佛钱塘大潮一般，舒展流畅，蔚为壮观，具有杭州鲜明的地域特征，成为杭州从"西湖时代"迈向"钱江时代"的写照。

车站总建筑面积320813 m^2，其中站房建筑面积155569m^2，站台雨篷面积73952m^2，站房建筑高度40.05m。站房地下一层，地上二层，局部夹层。出站层为设备房和出站通道，站台层为进站广厅、售票厅、候车厅、贵宾候车室，夹层为空调机房和车站办公用房，高架层为普通候车大厅，高架夹层为商业用房。铁路车场总规模15台30线设计，站房高峰小时聚集人数15000人。

一、给水排水系统

（一）给水系统

1. 冷水用水量（表1）

冷水用水量　　**表1**

项目	单位	用水量标准	使用单位数	使用时间(h)	小时变化系数	平均时用水量(m^3/h)	最大时用水量(m^3/h)	最高日用水量(m^3/d)
办公	L/(人次)	50	900人次	24	1.5	1.88	2.81	45.0
商业	L/(人·m^2)	5	14000m^2	16	1.5	4.4	6.6	70.0
站房旅客	L/(人·d)	4	192850人	24	2.5	32.1	81.0	772.0
未预计水量	按以上总用水量15%					8.9	16.8	183.0
冷却循环水	m^3/h	1.5%	1400m^3	16	1.0	21.0	21.0	336.0
合计						68.3	128.0	1407.0

2. 水源：本工程从西侧的新塘路和工农兵路的市政给水管上分别接一根DN300的给水管至用地范围内。在建筑物周围形成环状管网。

3. 系统竖向分区

（1）出站层用水、室外绿化及地面冲洗用水由市政管网直接供水。

（2）站台层、高架商业夹层生活用水、高架夹层消防水箱进水由站房恒压变频供水设备提供。

（3）站场列车上水、车站配套建筑用水列车上水由车站配套建筑恒压变频供水设备提供。

4. 供水方式及给水加压设备：站房给水采用市政直供及变频水泵加压供水的联合供水方式。水泵房内设有两套恒压变频供水设备，分别为站房恒压变频供水设备和列车上水、车站配套建筑恒压变频供水设备。

5. 管材：生活给水管（包括生活给水和屋面太阳能板冲洗）：室内给水管采用内外涂塑（环氧树脂）钢管，小于等于 *DN*70 采用螺纹连接，大于 *DN*70 采用沟槽式卡箍连接。

（二）排水系统

1. 排水系统形式

（1）本工程排水室外采用雨、污（废）分流制。室内采用污、废合流制。

（2）污废水合流经室外化粪池处理后排入站区污水管网；化粪池选用按污水停留时间 12h，污泥清挖周期 180d 参数选用。

2. 透气管的设置方式：室内标高±0.000m 以上（包括±0.000m）排水系统采用底层单排及加环形通气管的排水系统，排水立管设伸顶通气管通气。

3. 采用局部污水处理方式

（1）室内标高为－11.3.0m 卫生间生活污废水采用全自动污水抽升泵站，抽升排入市政污水管网，泵站设有水位控制器，在超高水位时报警，高水位时开泵，低水位时停泵。

（2）出站层出站通道内设有集水坑和潜水泵，以排除平时地面冲洗废水和事故排水；出站层空调机房、水泵房等地下废水无法自流排出室外，采用潜水泵抽升至室外雨水管网。

4. 管材

（1）通气管、重力流污水管、重力流废水管：选用柔性铸铁排水管，法兰柔性接口。

（2）地下室污水提升压力流污水管选用内外涂塑（环氧树脂）钢管。沟槽式卡箍连接。

（3）地下室潜水泵排水管选用热镀锌钢管，丝扣连接。

二、消防系统

（一）室内消火栓系统

1. 消火栓系统用水量

（1）根据《建筑设计防火规范》室内消火栓用水量为 20L/s，同时使用的水枪数量为 4 支，每根竖管最小流量为 15L/s；室外消火栓用水量为 30L/s；火灾延续时间为 2h。

（2）由于站房建筑开间较大，消火栓位置的选择既需要保证消防设计的安全性，又需要兼顾公共建筑的美观要求。为了保证每个最不利点都有两股充实水柱，水枪的保护半径应不小于 40m，采用长度为 25m 的麻质水带，考虑 0.9 的折减系数，充实水柱的长度应不小于为 17m，根据《全国民用建筑工程设计技术措施》，对于 19mm 的水枪喷嘴，此时水枪口部压力为 33.5m，射流出水量为 7.5L/s，为满足同时使用的水枪数量为 4 支的要求，设计用水量为 30L/s。

2. 系统分区：出站层及站台层为一个压力分区，通过可调式减压阀减压供水，高架候车层及商业夹层为一个压力分区，由设备房加压后直接供水。

3. 消火栓泵（稳压设备）的参数

（1）消火栓增压水泵选用 XBD30-80-HY（Q＝30L/s，H＝80m，N＝45kW）型切线泵两台，一用一备。

（2）高架夹层水箱间设置 ZW（L）-Ⅰ－XZ-13 型消防增压稳压设备，消防压力 P_1＝0.22MPa，与自动喷水灭火系统合用。

4. 水池、水箱的容积及位置：出站层设置消防水池，储存室内消火栓用水量 216m^3，高架候车层夹层设置消防水箱，储存前期消防用水量 20m^3。

5. 水泵接合器的设置：室外地面和高架候车层各设 SQS150 型室外水泵接合器四套。

6. 管材：系统管材采用内外热镀锌钢管，小于等于 $DN70$ 采用螺纹连接，大于 $DN70$ 采用沟槽式卡箍连接。

（二）室外消火栓给水系统

在高架进站部分设置室外消火栓，其相对标高为 10.000m，城市水压 0.14MPa，不能满足水压要求，故必须设置室外消火栓加压水泵。

1. 消火栓系统用水量：根据《建筑设计防火规范》，室外消火栓用水量为 30L/s；火灾延续时间为 2h；

2. 消火栓泵（稳压设备）的参数：室外消防增压水泵选用 XBD30-60-HY（Q=30L/s，H=60m，N=37kW）型切线泵两台，一用一备。

3. 水池、水箱的容积及位置：出站层设置消防水池，储存室内消火栓用水量 216m^3，高架候车层夹层设置消防水箱，储存前期消防用水量 20m^3。

4. 管材：系统管材采用内外热镀锌钢管，小于等于 70 采用螺纹连接，大于 $DN70$ 采用沟槽式卡箍连接。

（三）自动喷水灭火系统

1. 自动喷水灭火系统的用水量

（1）站房取中危险Ⅰ级，设计喷水强度 6.0L/(min·m^2)，作用面积为 160m^2，喷水时间 1.0h。

（2）行包房取仓库危险Ⅱ级，按堆垛储物仓库，储物高度 3.0～3.5m，设计喷水强度 10L/(min·m^2)，作用面积为 200m^2，喷水时间 2.0h。

2. 系统分区：整个自动喷水灭火系统为一个压力分区，在出站层自动喷水系统水流指示器与信号阀间设置减压孔板。

3. 自动喷水加压泵（稳压设备）的参数

自喷给水增压水泵选用 XBD30-70-HY（Q=30L/s，H=70m，N=37kW）型切线泵三台，两用一备。

高架夹层水箱间设置 ZW（L）-Ⅰ－XZ-13 型消防增压稳压设备，消防压力 P_1=0.22MPa，与消火栓给水系统合用。

4. 喷头选型、报警阀的数量、位置

结合项目单体平面面积大的特点，湿式报警阀在各层分散设置，以减少管道投资，并增加供水安全性。

自动喷水灭火系统喷头为闭式玻璃球喷头，动作温度 68℃，喷头 K=80。有密实吊顶的部位、贵宾室喷头选用隐蔽型喷头；采用隔栅式（或网格式）以及无吊顶的部位采用直立型喷头。

5. 水泵接合器的设置：室外地面和高架候车层各设 SQS150 型室外水泵接合器四套。

6. 管材：系统管材采用内外热镀锌钢管，小于等于 $DN70$ 采用螺纹连接；大于 $DN70$ 采用沟槽式卡箍连接。

（四）固定消防炮灭火系统

1. 设置的位置：高架候车层为高大空间结构，设计采用固定消防炮灭火系统。

2. 系统设计的参数：固定消防炮选用远控炮，炮接口口径为 $DN50$，工作压力为 0.9MPa，单炮流量 30L/s，水炮的设计射程 64.7m，设计系统流量按 60L/s。水平旋转角度 360°，垂直旋转角度为－80°～65°，旋转速度 9°/s。

3. 系统的控制

（1）火灾发生时，火灾探测器把信号传递至消防控制中心（显示火灾位置），消防控制中心的控制主机向固定消防炮解码器发出指令，驱动消防炮扫描着火点，确定方向，调整消防炮的仰角指向着火点，值班控制人员确认后，系统自动（或手动）开启相应电动阀，启动固定消防炮加压水泵，固定消防水炮定点喷水灭火。

（2）水流指示器及水泵反馈信号至消防控制中心。

(3) 火灾探测器探测到火灾灭火后，自动（或手动）关闭水泵及电动闸阀。

4. 管材：系统管材采用加厚型管内外热镀锌钢管，沟槽式卡箍或法兰连接。

（五）消防水池及高位水箱

1. 出站层钢筋混凝土消防水池储存室内及室外高架车道消火栓水量、自动喷淋水量、自动消防炮水量；屋顶水箱储存前期消防水量。容积见表 2：

消防用水量标准、火灾延续时间及容积一览表　　**表 2**

类　别	用水量标准	用水时间	用水量	消防水池	消防水箱
	(L/s)	(h)	(m^3)	(m^3)	(m^3)
室内消火栓	30	2	216	756	20
自动喷水	44	2	312		
固定消防炮	60	1	216		
室外消火栓	30	2	216		

2. 消防水池储水量分为以下两个部分：

(1) 站房消防储水量，包括站房消火栓水量、自动喷淋水量、自动消防炮水量及室外高架车道消火栓水量为 756m^3。

(2) 行包房消防储水量，根据《铁路工程设计防火规范》，行包房作为铁路货场、包裹房，其火灾延续时间为 3h，根据《建筑设计防火规范》，小于 24m、体积大于 5000m^3 的仓库，室内消火栓用水量为 10L/s，这样行包房的消火栓用水量为 108m^3，加上喷淋水量 312m^3，其室内消防用水量为 420m^3。

(3) 按一次火灾设计，消防水池储水量取两者最大值，故为 756m^3。

（六）七氟丙烷气体灭火系统

根据规范规定及铁道部有关要求，站房及信号楼等不宜用水扑救的部位设置七氟丙烷气体灭火系统。

1. 设置的位置

(1) 出站层 10kVA 配电房、35kVA 配电室、1 号、2 号主变、无功补偿室、楼层配线间，站台层客运总控室、客运主机房、网络配线间、客运电源室、通信机械室，高架层综合监控室、通信信息机房，高架层夹层网络机房、运控机房、运控维护室设置有管网七氟丙烷气体灭火系统。

(2) 分散的各楼层配线间、AFC 系统机房等设置预制式七氟丙烷气体灭火系统。

2. 系统设计的参数：本设计各防护区域均按全淹没灭火方式设计。系统设计浓度为 9%，设计喷放时间不大于 8s。

3. 系统的控制

(1) 系统具有自动、手动和人工应急强制启动三种方式。

(2) 在自动方式下，系统在两种不同类型火灾探测器复合动作的情况下，自动释放七氟丙烷灭火剂灭火。在开始释放气体前，具有 0～30s 可调的延时功能，同时在保护区内外可发出声光报警，以通知人员疏散撤离。

(3) 在手动电启动方式下，人员可在保护区外，利用启动按钮启动七氟丙烷灭火设备，气体释放前延时声光报警（这种手动启动方式在自动状态下同样有效）。

(4) 在系统因电或控制装置故障等原因造成灭火七氟丙烷气体灭火设备无法电启动时，可以在瓶组间利用人工气动或机械的方式释放七氟丙烷气体灭火。

(5) 无论是采用自动或手动按钮方式启动了七氟丙烷气体灭火设备，在开始释放前的延时阶段，均可以在区域外利用手动紧急停止按钮，终止系统的进一步动作。

（七）建筑灭火器配置

1. 出站通道的危险等级参照民用机场的检票厅、行李厅，为中危险级，A类火灾，灭火器最小配置级别为2A，单位灭火器级别最大保护面积为$75m^2$/A。

2. 两侧附属用房每个消火栓箱设置两具MF/ABC5（3A）两具经计算可以满足规范要求。

三、工程特点介绍以及设计体会

（一）设计特点

1. 站房内共设有两套给水加压泵组，分别为两个不同的使用单位服务。

（1）杭州东站用水共分为两个区块，分别为：站场用水（即列车上水）、站房用水。

（2）站场和站房用水量储存在出站层生活水泵房内，采用2个有效容积为$450m^3$的装配式不锈钢生活水箱，每个水箱尺寸为：10000×9000×5500（mm），保证了列车上水的水质。同时站场供水泵与站房生活用水泵完全分开设置，便于管理（图1）。

图1 出站层生活水泵房

（3）由于本工程地下水位较高，为了避免因基坑底部渗水，影响扶梯和垂直电梯的正常运营，出站层所有扶梯和直梯基坑底部均设有潜水泵。为了方便站台面清洗，每个站台均设有清洗间。

（4）出站层多处设有卫生间，为保证出站层的良好环境，采用全封闭一体化污水抽升泵站抽升排出卫生间污水。每套污水抽升设备为双泵系统带2个PE储罐，共1000L，双泵为一用一备，互相切换（水泵外置），每台水泵每小时开启次数可到40次（图2）。

2. 站房商业餐饮油污处理

高架夹层共设有14户中式餐饮商家，餐饮厨房的位置分布较分散，为保证餐饮厨房的含油污水能处理达标排放，每个厨房均设有网框式地漏和初步隔油设施，同时在高架层共设有7个厨房油污处理间，处理间内设有全自动不锈钢油脂分离器，

图2 出站层污水提升设备

该油脂分离器自带加温装置，保证了除油效果。厨房排水经油脂分离器处理后再排至室外污水管网。处理间内设有排水地漏和给水点，便于后期维护（图 3、图 4）。

图 3 高架夹层中式餐饮区域

图 4 高架层厨房隔油设备

图 5 站房及站台雨棚屋面排水沟分布图

3. 虹吸压力流屋面雨水排水

杭州东站屋面造型独特，面积巨大。主站房屋面汇水面积 146200m^2，站台雨棚屋面汇水面积 56897m^2。为保证金属屋面雨水迅速排放，同时又不影响建筑的整体造型及美观，设计采用虹吸压力流雨水排放系统（图 5）。

（1）站房屋面排水重现期选择

屋面排水沟采用不锈钢材质，从东到西的长排水沟共计 508m，由于屋面排水沟伸缩缝的设置，长排水沟被分为 9 段，每段天沟互不相通，成为一个独立排水单元。为保证屋面排水系统的安全，每个排水单元考虑设置两个独立的虹吸排水系统。同时，由于建筑造型的限制，可供利用的设置雨水立管的位置非常有限。本工程已无再设置溢流排水系统的可能。故设计上加大屋面雨水排水系统的设计重现期，其压力流雨水排水系统按照能满足百年一遇的暴雨强度（$q_5=731\text{L}/(\text{s}\cdot\text{hm}^2)$）的排水能力设计。

（2）下沉屋面溢流口的设置

站房屋面共设有 18 个下沉屋面，每个下沉屋面的汇水面积为 1250m^2，由于下沉屋面积水会影响屋面结构安全，为保证结构安全，站房下沉屋面排水沟设有溢流口（解决极端天气情况下屋面积水问题），溢流至高架车道，下沉屋面雨水排水系统与溢流设施的总排水能力按 100 年重现期雨水量加 1 年重现期雨水量设计。

（3）雨水立管设置在结构柱内的安全措施

本工程由于建筑立面以及室内装饰的要求，虹吸雨水排水系统的立管均设置在结构柱的空腔内，为保证结构的安全，设计中对虹吸雨水管道的施工提出了如下要求：

1）钢管柱内雨水管设计采用不锈钢管，焊接连接，并在设计文件中对不锈钢管的厚度提出具体要求，严格按《流体输送不锈钢焊接钢管》GB/T 12771—2008产品标准执行。

2）钢柱内的不锈钢管应采用自动电弧焊接，施工单位应采取保证焊缝质量的措施：进行复杂施工条件下的焊接工艺评定，对焊缝进行100%的超声波检测。

3）敷设在钢管柱内雨水排水管安装应与钢结构施工密切配合，并应进行灌水试验，灌水高度必须达到立管上部，并保证灌水试验合格。同时应做好管道在钢管柱内的固定。

4）由于雨水管设置在结构钢管柱内存在难以维修，不便于及时发现管道渗漏的问题，设计考虑在钢管柱空腔底部开设直径为50mm检漏排水孔，并采取密封措施，便于站房使用单位进行维护，定期打开检漏孔，进行检查。

4. 固定消防炮灭火系统的设置

针对高架层大空间场所，设计中采用固定消防炮灭火系统，解决高大空间的建筑消防难点。高架层吊顶下建筑高度为29m，设计中采用固定消防炮灭火系统（图6）。

图6 高架层消防的布置

（二）设计体会

1. 本工程结合杭州地下水位高的特点，在出站层每台扶梯和直梯基坑底部设置潜水泵，实践证明是可行而且是必要的，保证了车站正常运营。出站层设置一体化污水提升泵站，目前运行良好，无任何异味，解决了污水提升泵站卫生环境差的问题。

2. 高架夹层商业餐饮的油污废水，先经过厨房自身设置的一次除渣隔油设备处理，再经过二次集中隔油处理，能很好地保护高架层污水管道不受商业油污和食物残渣的影响。

3. 站房和站台雨棚屋面排水面积巨大，排水沟大小以及排水方案经过多次精确复核计算，严格控制施工质量，目前已经受2013年夏季杭州特大台风考验，虹吸排水系统运行正常。

4. 高大空间采用固定消防炮灭火系统，减少自喷盲点，提高车站的安全性能。

四、附图

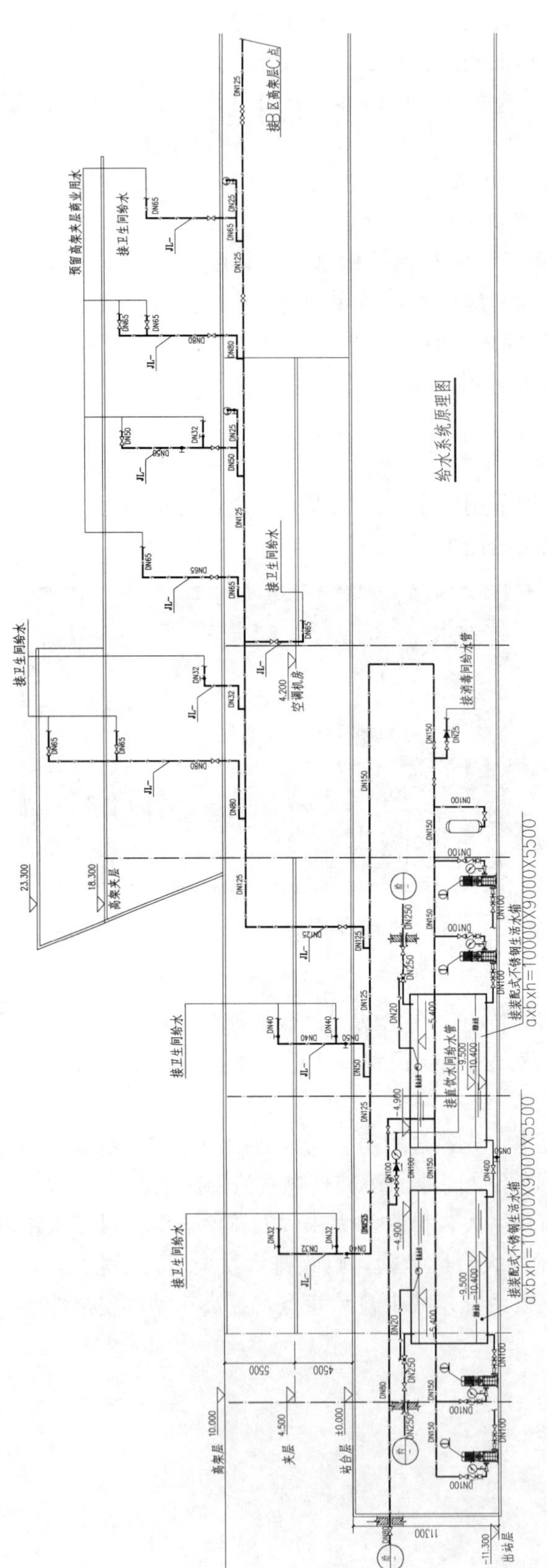

给水系统原理图

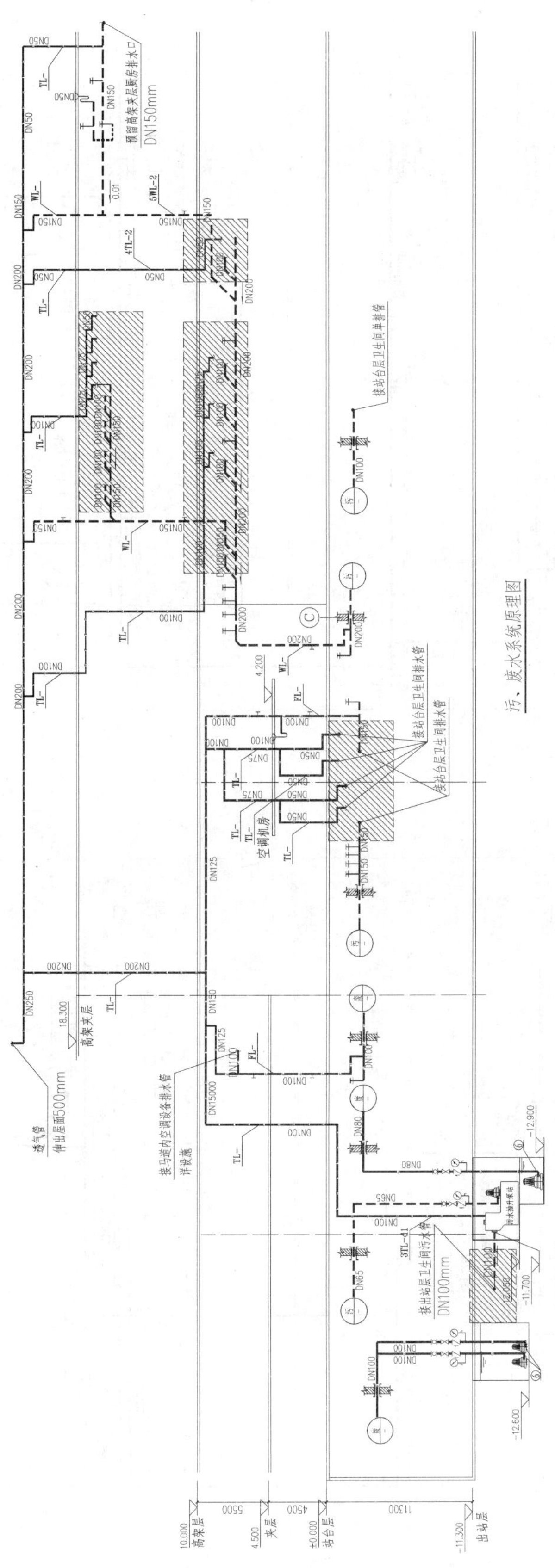
透气管
伸出屋面500mm
高架夹层
空调机房
10.000
高架层
4.500
夹层
±0.000
站台层
-11.300
出站层
5500
4500
11300

污、废水系统原理图

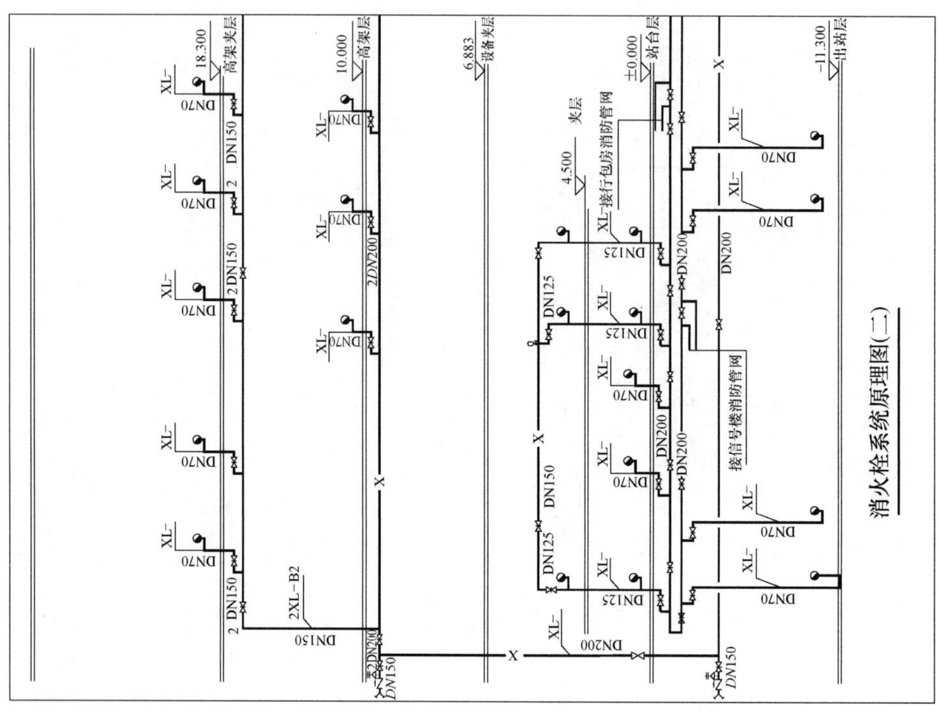

消火栓系统原理图(二)

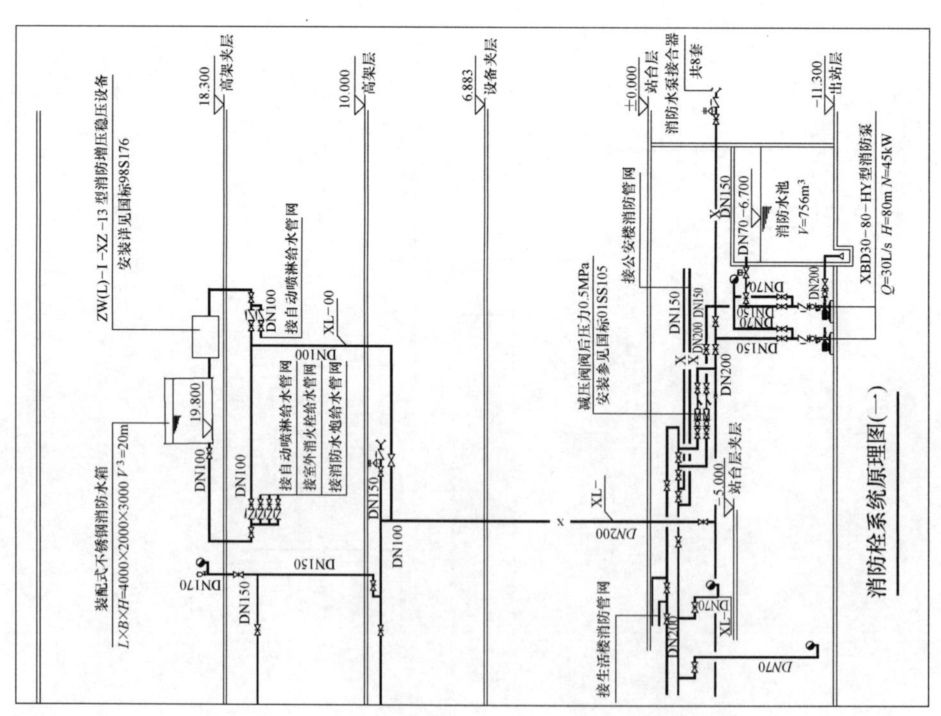

消防栓系统原理图(一)

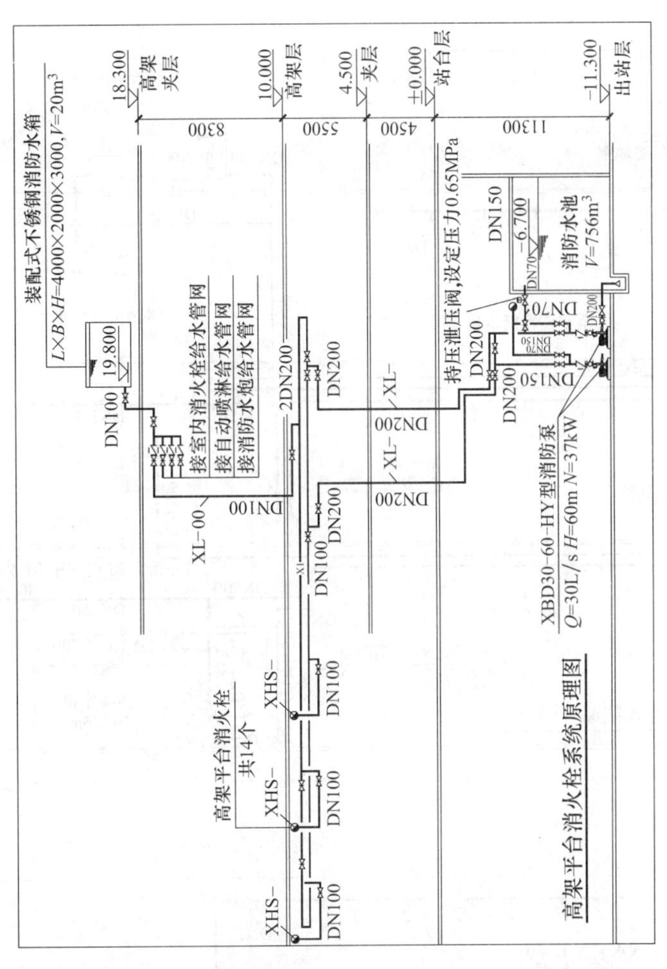

高架平台消火栓系统原理图

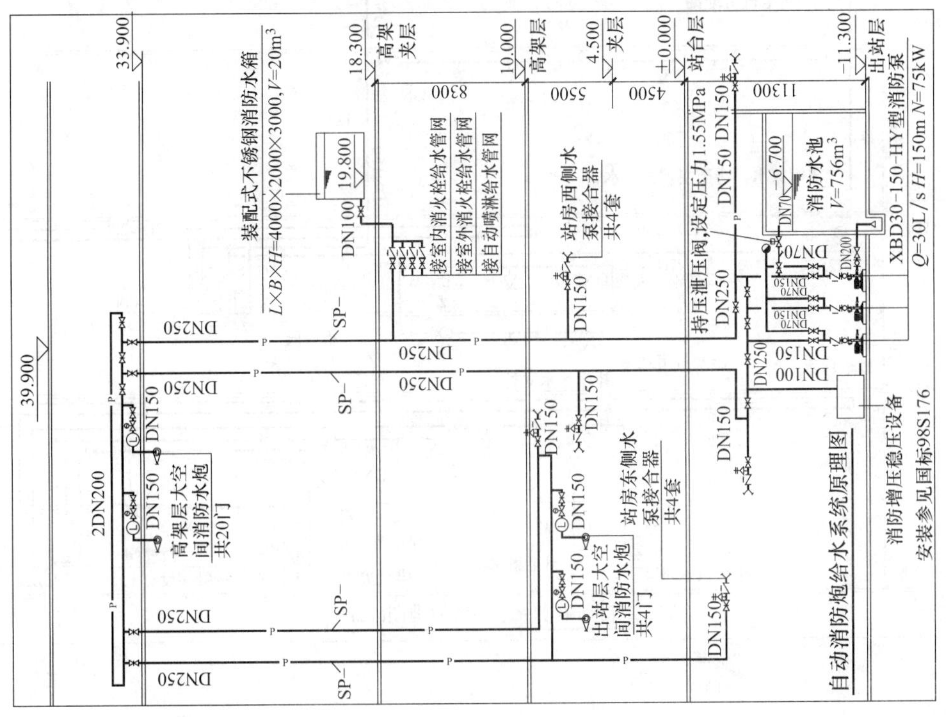

自动消防炮给水系统原理图

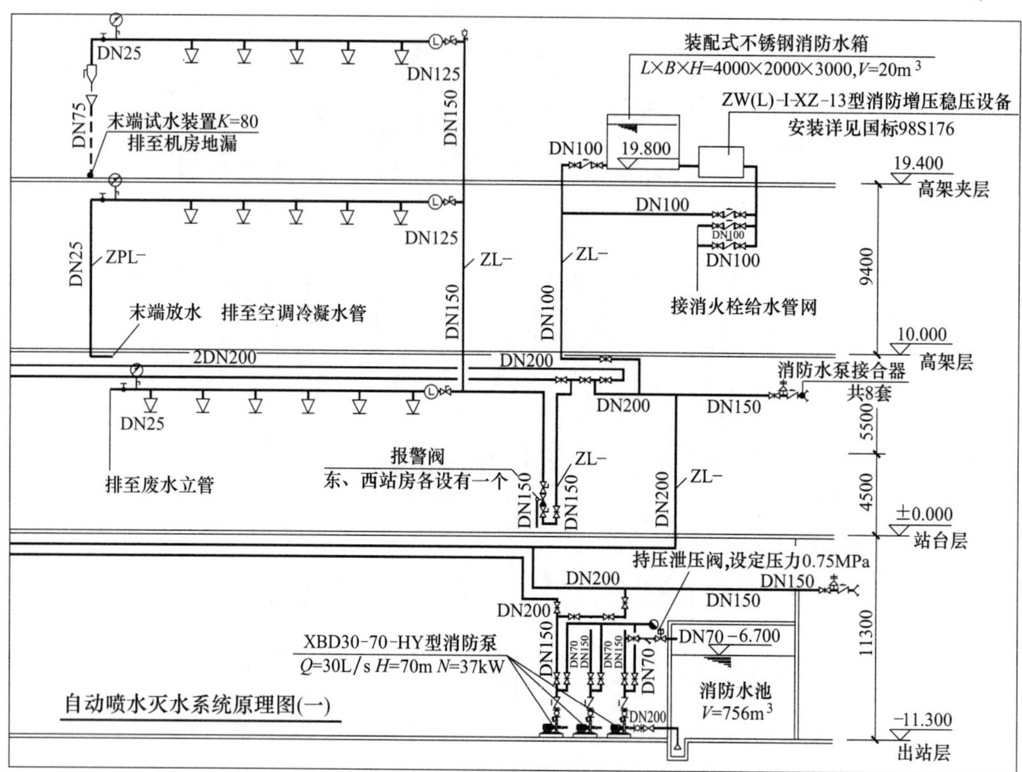

自动喷水灭水系统原理图(一)

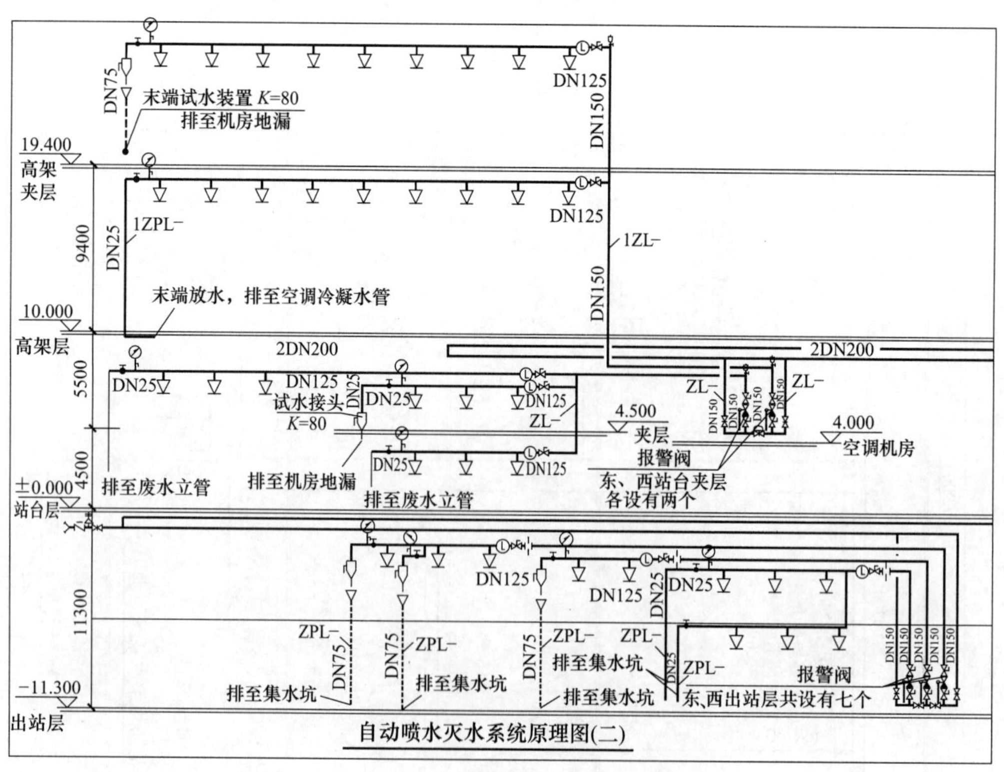

自动喷水灭水系统原理图(二)

泉州晋江机场改建工程新建航站楼工程

设计单位： 福建省建筑设计研究院

设 计 人： 程宏伟　王晓丹　黄文忠

获奖情况： 公共建筑类　二等奖

工程概况：

泉州晋江机场改建工程是一个改扩建项目，位于泉州晋江和平路。现有航站楼改造为国内部，新建航站楼与现有航站楼相接，为国际部、贵宾厅使用。地下1层，地上3层，总建筑面积约8.1万m^2。近期建设目标为2015年可接待年旅客量350万人，远期2015年能满足年旅客量440万人。

一、给水排水系统

（一）给水系统

1. 冷水用水量（表1）

冷水用水量　　**表1**

用水单位	用水量标准	用水数量	K值	用水时间(h)	最高日用水量(m^3/d)	平均时用水量(m^3/h)	最大时用水量(m^3/h)
旅客	6L/人次	13000人次/d	2	16	78	4.875	9.75
工作人员	50L/(人·d)	1500人	1.2	16	75	4.68	5.62
商场	8L/(m^2·d)	950m^2	1.2	12	7.6	0.63	0.756
循环冷却水量	循环水量1.5%	1200m^3/h	1	16	288	18	18
未预见水量	最高日用水量15%				67.29	4.22	5.11
总计					515.89	32.4	39.23

2. 水源：现状机场室外给水管网为生活消防合用环网，结合本次改造将原生活消防合用环网仅作为室外消防用水管网，从和平南路与本次新建的保障用房地块入口交界处新引入一根*DN*200给水管，供本次新建项目的生活用水，市政供水管与室外消防用水管网连接处设置倒流防止器阀组。

3. 市政供水压力为0.4MPa，尽量利用市政压力供水。因市政压力过高，且为防止停水造成的事故状况，采用市政直接供水至屋面水箱，上行下给供水方式。水箱提供了一定的调节容积及将过高的水压进行了减压。

4. 管材：室内冷水管采用衬塑给水管及配件（内衬PE），室外给水管网大等于*DN*50时采用球墨铸铁管，法兰连接；小于*DN*50时采用衬塑给水管（*P*=1.0MPa，内衬PE），螺纹连接。

（二）排水及雨水系统

1. 室内污废水合流，雨污分流。地下室排水采用加压提升排放，上部污废水采用重力排放。新建航站楼及已建航站楼室外最高日污水量为160.6m^3/d（除未预见水量和冷却塔水量外）。

2. 玻璃顶屋面受建筑条件限制采用虹吸雨水系统，虹吸雨水排水系统加溢流系统的排水能力满足排放50年一遇的暴雨量的要求。其余屋面设计重现期取10年，采用87斗半有压雨水排放系统，雨水排放系统与溢流系统的排水能力满足排放50年一遇的暴雨量的要求。

3. 生活污水经化粪池预处理后排至机场区毗邻和平南路污水提升井，统一加压排至和平南路市政污水检查井。

4. 化粪池容积按停留时间不小于24h，清掏期不小于180d考虑。

5. 地下室加压排水管采用热浸镀锌钢管，上部室内排水管采用柔性接口机制排水铸铁管，其他雨水管采用PVC-U排水塑料管及配件，承插胶接。室外雨、污水管采用PVC-U双壁波纹排水管及配件。

（三）冷却循环水系统

1. 新建航站楼和已建航站楼分设两套空调冷却水系统。

冷却塔采用逆流式低噪声方形冷却塔，新航站楼冷却塔计算温降3.26℃（湿球温度28℃），已建航站楼冷却塔改造完计算温降3.45℃（湿球温度28℃）。

2. 循环冷却水流程为：

冷却塔→冷却塔集水底盘→旁滤器→电子水处理仪→循环冷却水泵→冷水机组→冷却塔

3. 循环冷却水系统纳入楼宇自动控制系统，根据系统负荷的变化，控制冷水机组、冷却塔、冷却循环泵运行台数，实行节能运行。

4. 冷却塔补水均采用由室外消防管网补水。

二、消防系统

（一）消火栓系统

1. 航站楼按照多层建筑设计，室内消火栓同时使用水枪数为四支（每支最大流量为7.27L/s），室内消火栓用水量为29.08L/s，室外消火栓用水量为30L/s，火灾持续时间2h。喷淋系统及大空间智能型主动喷水灭火系统用水量为40L/s，火灾持续时间1h。总消防用水量为569.37m^3。

2. 水源：改造原生活消防合用管网为单独的室外消防环网，两路市政给水管供水至此室外消防环网前均增设倒流防止器阀组。原室内消防加压泵无法满足新航站楼使用要求，因此新建航站楼地下室设置总计800m^3消防水池（消防水池兼做水蓄冷池，容积放大）。在原室外消防生活管网改造为单独的室外消防管网后，设置两台（一用一备）室外消防提升泵加压至室外消防管网作为补强，可以满足航站楼的室内外消防用水需要。航站楼四层设备层设置一个18m^3消防水箱，可以满足航站楼前期灭火需要。

3. 室内消火栓加压泵采用消防专用泵，一用一备，位于新建航站楼消防泵房内，出口设置泄压阀及试水阀。室外设有若干套消火栓水泵接合器。

4. 室内消火栓采用成套产品，箱中配SN65消火栓一只，25m长*DN*65衬胶麻质水带一条，QZ19水枪一只，快速接扣一对，另配有一套*DN*25灭火喉，水带长20m及灭火器。航站楼地下室及一层均采用孔板式减压稳压消火栓，屋面设有试验用消火栓，位于幕墙边设置独立型明装消火栓箱，其余采用带灭火器箱组合式消防柜。

（二）自动喷水灭火系统

1. 已建航站楼一层中庭、新建航站楼一层售票大厅上空、三层控制中心（部分）及二层位于航站控制中心区域部分净空高度大于12m，分别设置的自动扫描高空水炮灭火装置和大空间智能灭火装置喷头，其余部位（除不宜用水扑救的部位及四层无可燃物设备层外）均设闭式湿式喷淋灭火系统。

2. 闭式湿式喷淋灭火系统按中危险Ⅰ级设计，作用面积160m^2，喷水强度6.0L/(min·m^2)，最不利点工作压力不小于0.10MPa，火灾持续时间1h。系统设计流量为40L/s（部分防火分区为大空间智能灭火系统与闭式喷淋叠加）。远期规划的地下广场闭式湿式喷淋灭火系统按中危险Ⅱ级设计，作用面积160m^2，喷水强度8.0L/(min·m^2)，最不利点工作压力不小于0.10MPa，火灾持续时间1h。系统设计流量为35L/s。

3. 闭式湿式喷淋灭火系统及大空间智能灭火系统分别采用消防专用泵，位于新建航站楼地下泵房内，出口设置泄压阀及试水阀，室外设有若干套喷淋水泵接合器。

4. 位于新建航站楼四层设备层设置18m^3消防专用水箱，水箱底标高不能满足最不利点喷头压力要求，因此设置一套喷淋稳压设备。消防水箱最低水位高于大空间智能灭火装置1m以上，不设置稳压装置。

（三）气体灭火系统

一层及地下室的高低压配电间采用柜式S型热气溶胶气体灭火装置。三层控制中心的弱电机房及UPS

室采用有管网七氟丙烷自动气体灭火系统。

三、设计及施工体会

基于机场在建设期间不停运的特殊性，整个设计围绕“一次规划、分期建设”的原则，系统设置在满足完整性的前提下，还需考虑机场分期建设、运营流程等因素。机场建筑具有超大空间、建筑空间造型多变的特点，在设计中因地制宜地配置相应的消防设施是消防设计的关键。

四、工程照片及附图

泉州晋江机场旧航站楼

泉州晋江机场新建航站楼及旧航站楼整体效果

泉州晋江机场新建航站楼主入口门厅

泉州晋江机场新建航站楼办票大厅

大空间智能灭火装置

循环冷却水机组

消防泵房

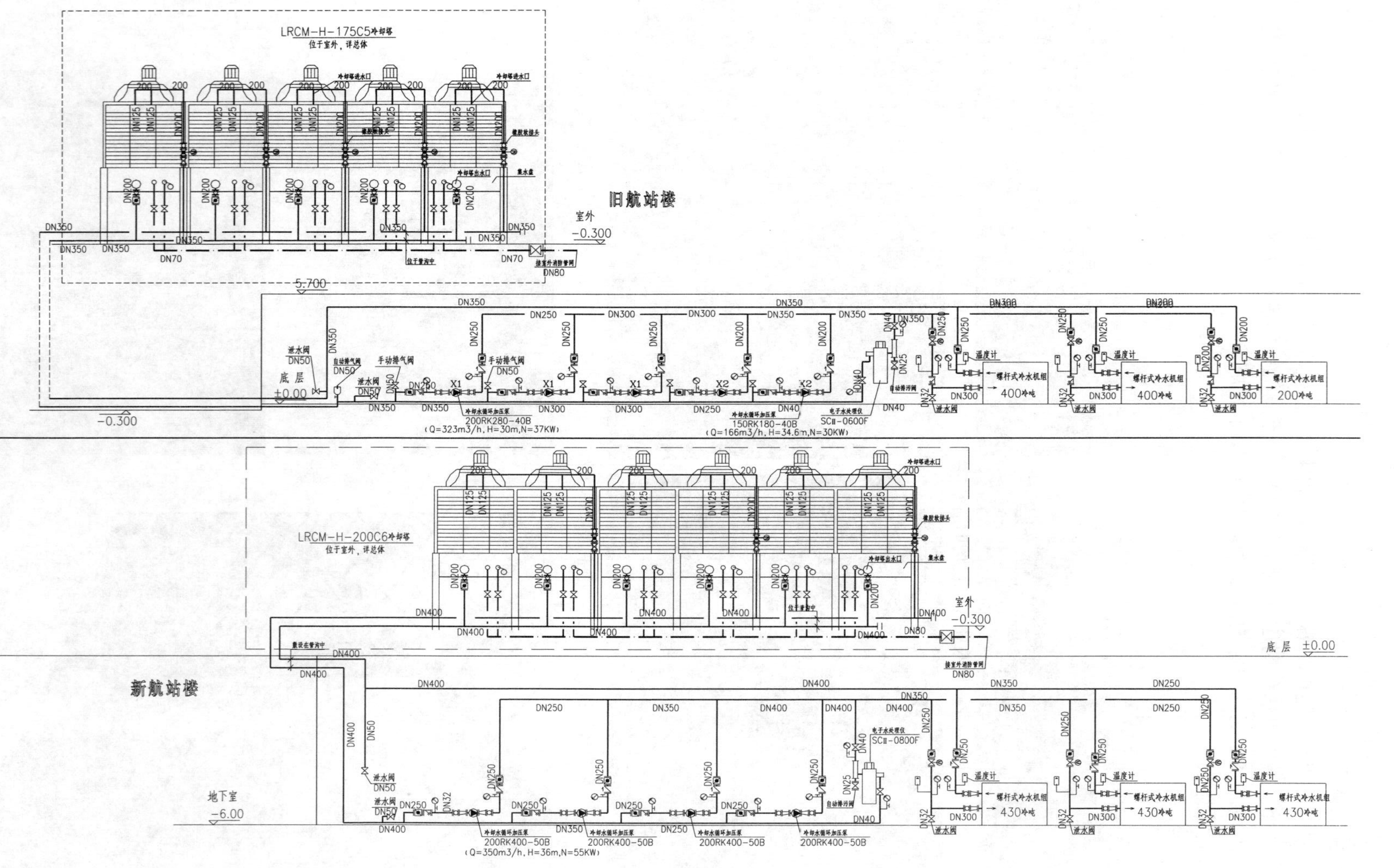
LRCM-H-175C5冷却塔
位于室外，详总体
旧航站楼
室外
-0.300
5.700
底层
±0.00
-0.300
200RK280-40B
(Q=323m3/h, H=30m, N=37KW)
150RK180-40B
(Q=166m3/h, H=34.6m, N=30KW)
SCII-0600F
螺杆式冷水机组
400冷吨
400冷吨
200冷吨
LRCM-H-200C6冷却塔
位于室外，详总体
室外
-0.300
底层 ±0.00
新航站楼
地下室
-6.00
200RK400-50B
(Q=350m3/h, H=36m, N=55KW)
200RK400-50B
200RK400-50B
200RK400-50B
SCII-0800F
430冷吨
430冷吨
430冷吨

空调冷却循环水系统

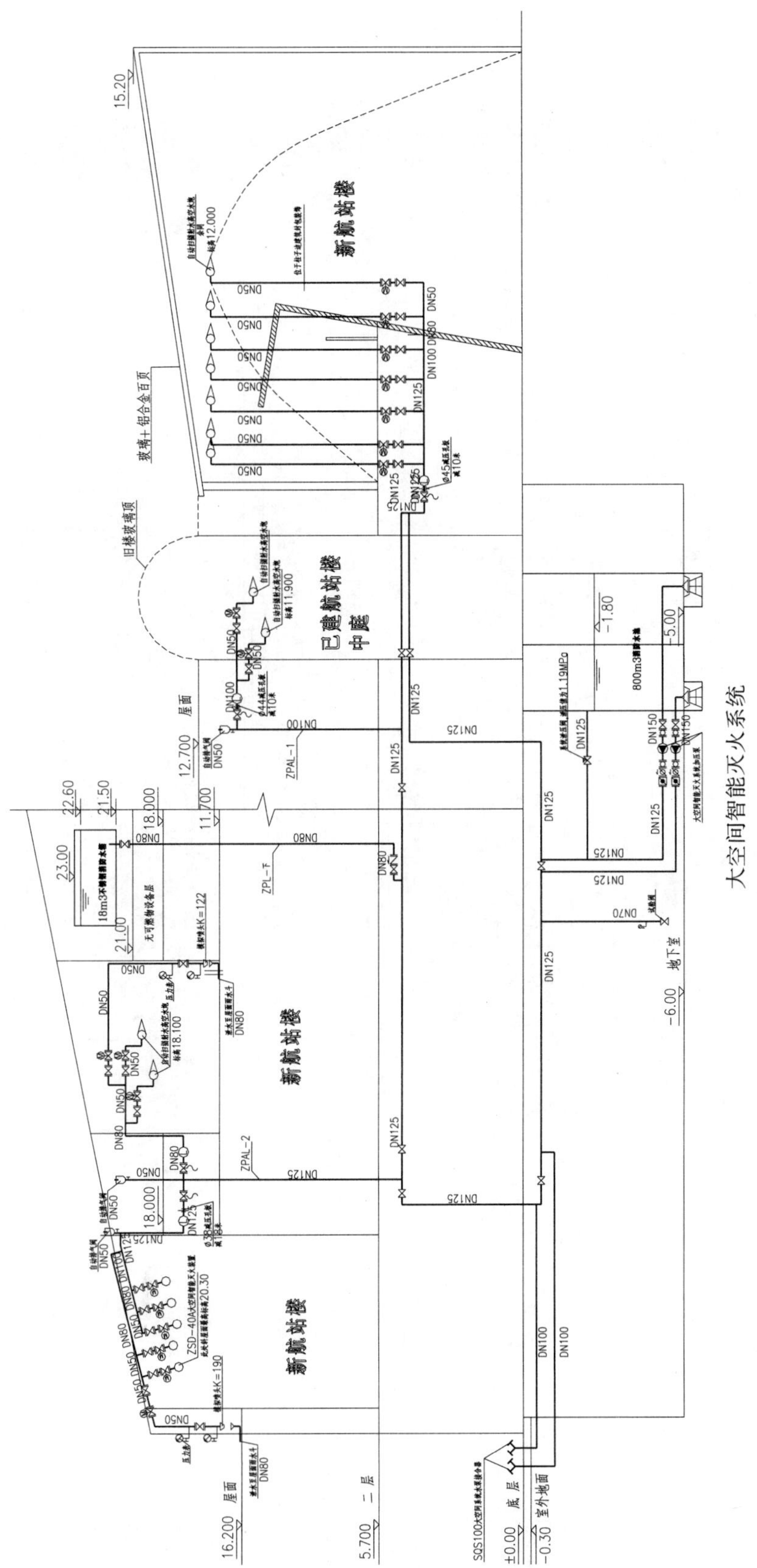
新航站楼
已建航站楼
中庭
新航站楼
新航站楼
ZPAL-1
ZPAL-2
800m3消防水池
18m3不锈钢消防水箱
地下室
-6.00
15.20
22.60
21.50
18.000
11.700
12.700
16.200
5.700
±0.00
-0.30
室外地面

大空间智能灭火系统

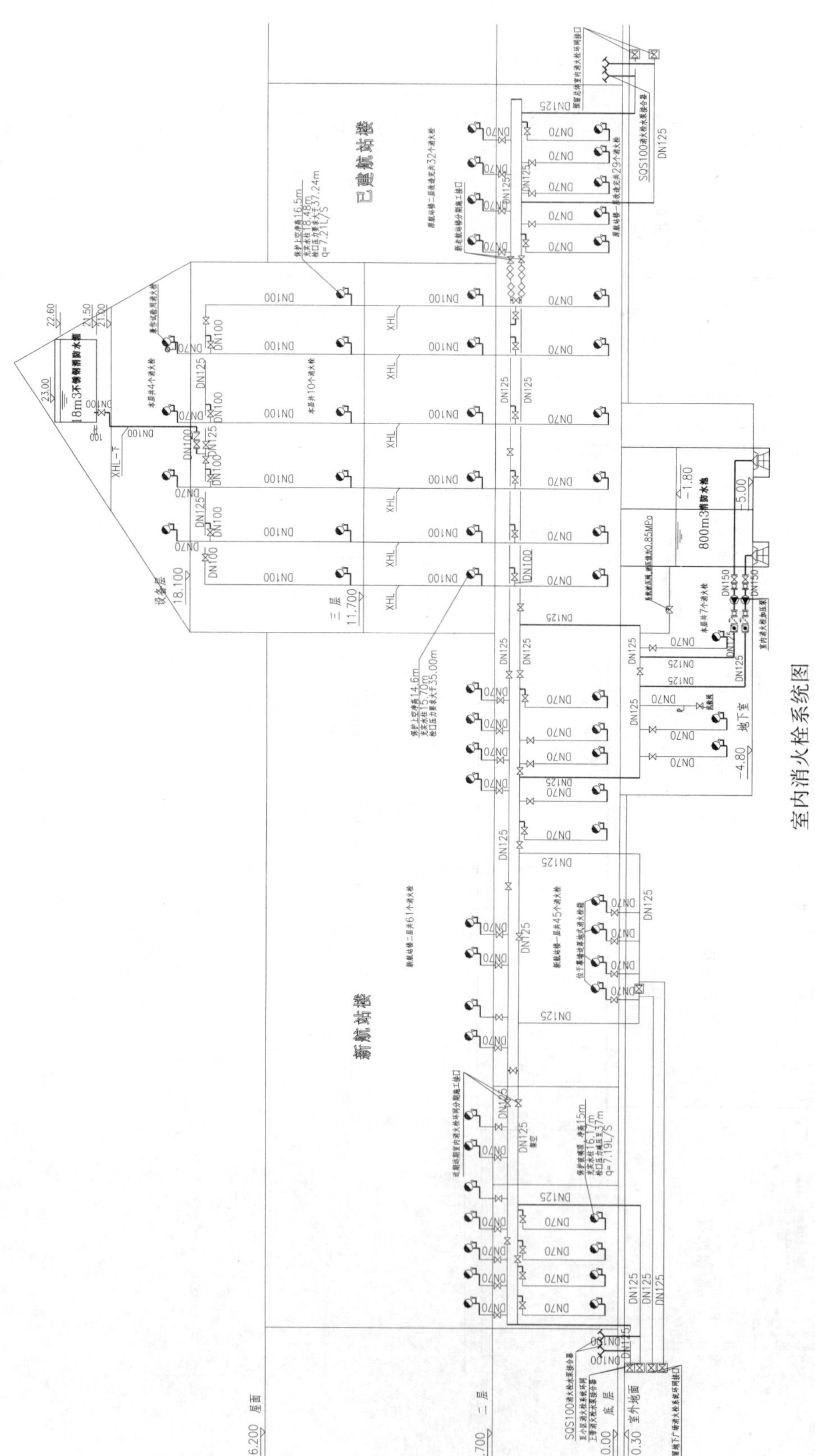
已建航站楼
新航站楼
800m3消防水池
18m3不锈钢消防水箱
地下室
16.200 屋面
5.700 二层
±0.00 底层
-0.30 室外地面
-4.80

室内消火栓系统图

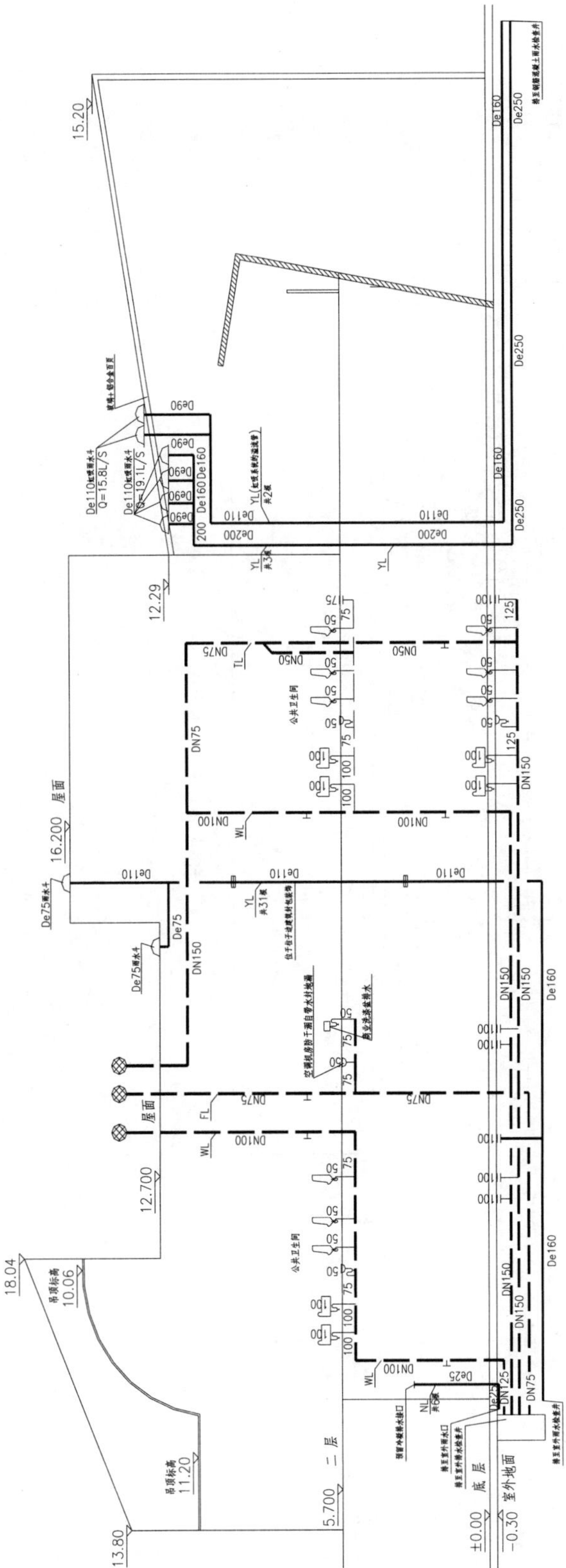

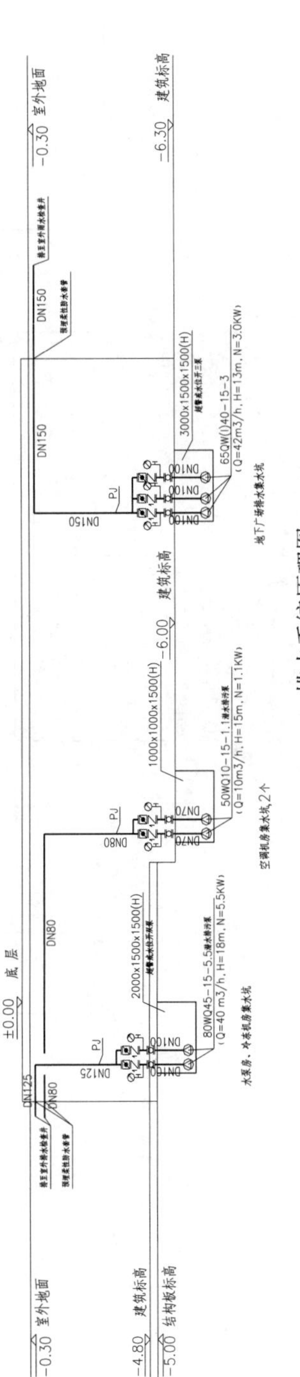

排水系统原理图

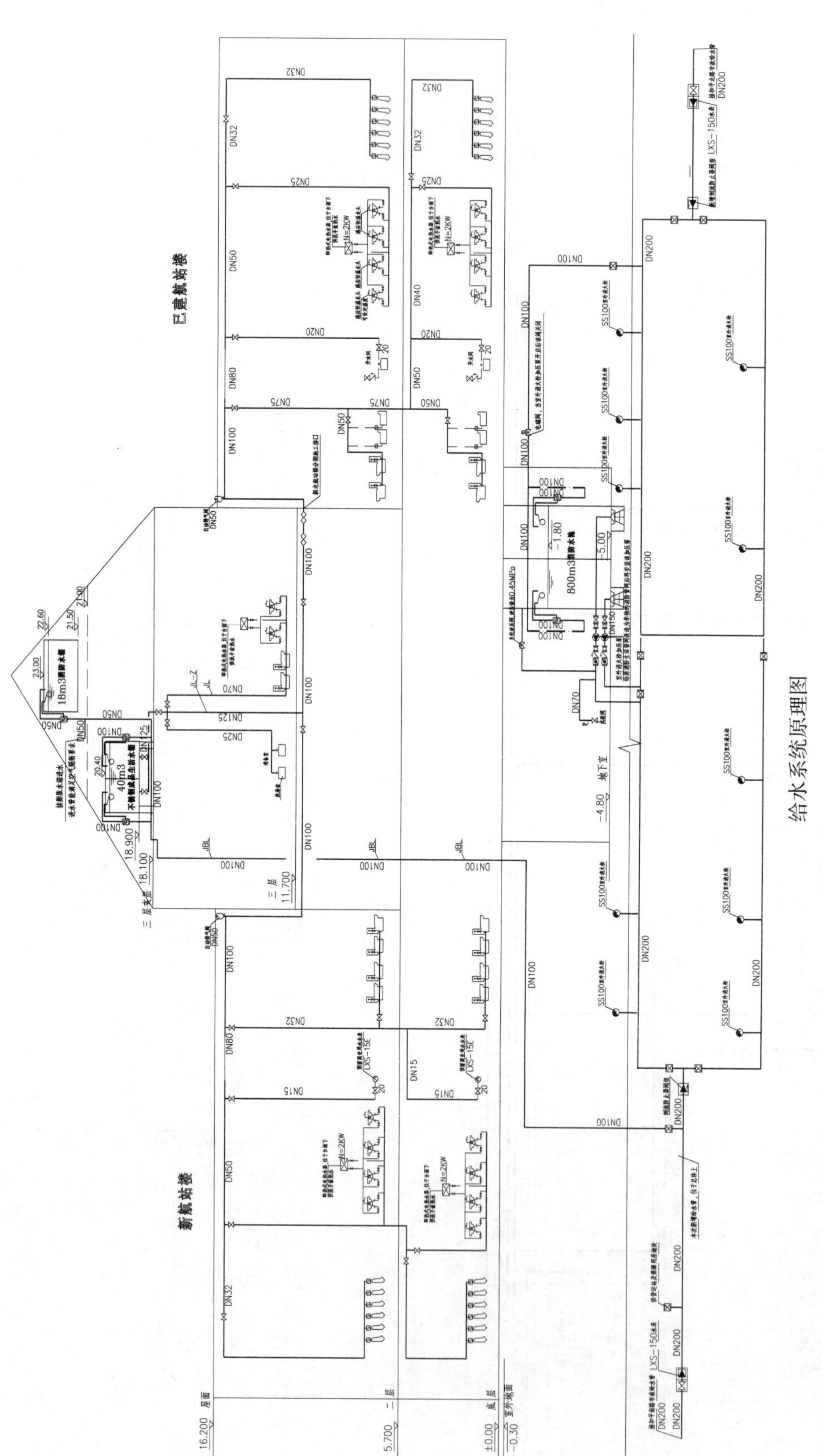

给水系统原理图

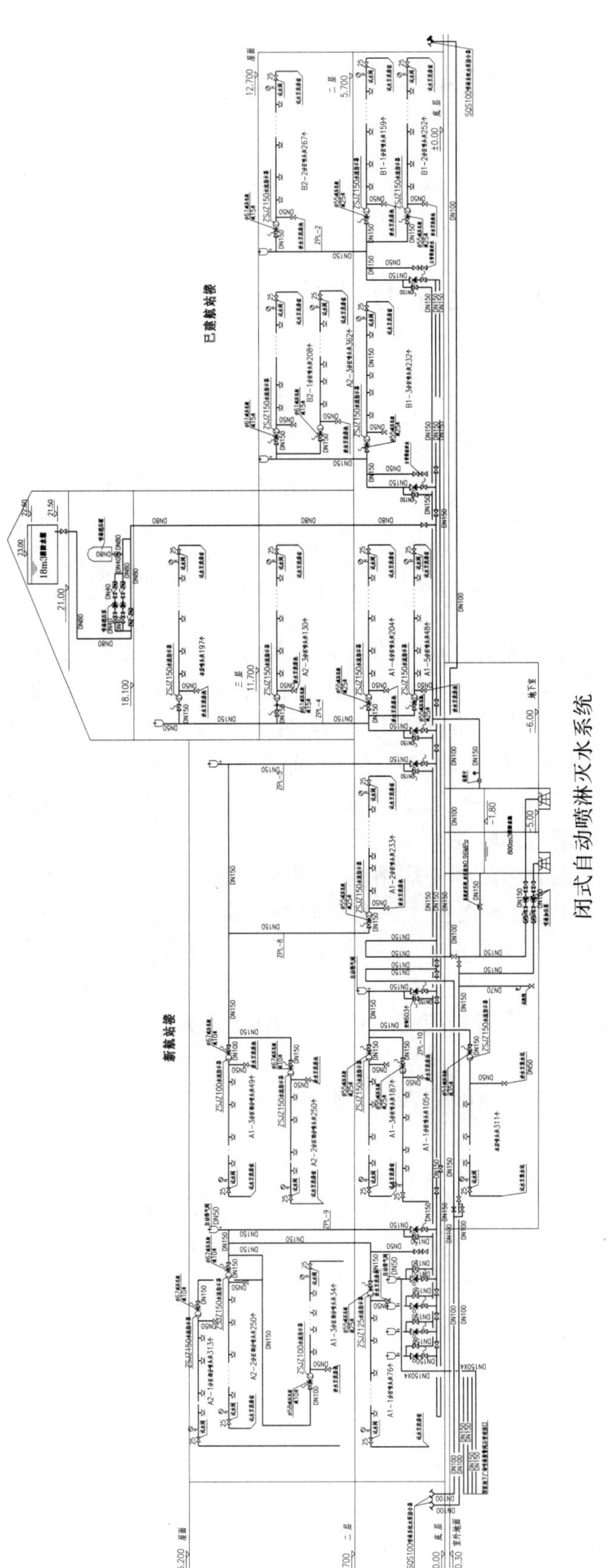

闭式自动喷淋灭水系统

公共建筑类　三等奖

沈阳奥体万达广场

设计单位：大连市建筑设计研究院有限公司
设 计 人：王树栋　钱若颖　王可为　卞韦明　朱彤　孔琦　刘昕　赵莉　蔡泽民　王雷　李刚
获奖情况：公共建筑类　三等奖

工程概况：

1. 工程概况

沈阳奥体万达广场项目是一项集商业、酒店、居住功能为一体的大型城市综合体建筑，地处沈阳市东陵区（浑南新区），与沈阳奥体中心毗邻，占地 7.1 万 m^2，总建筑面积 363341m^2，建筑高度 149.7m。

项目的商业部分以东西贯穿的三层室内商业步行街为纽带，衔接了娱乐楼、百货楼两大单体主力店，建筑面积 162060m^2，建筑高度 31.2m，地下三层，地上六层。商业业态包括百货、超市、室内步行街精品店、KTV、影城、电玩、餐饮等多种形式。空间上一、二、三层室内步行街上下贯通，形成空间完整的室内超大中庭，该中庭经消防性能化论证，被确定为消防亚安全区。

商业部分的西侧是万达集团旗下自主酒店品牌中规格较高的六星级文华酒店，建筑面积 51743m^2，建筑高度 99.9m，地下三层，地上 22 层，功能为各式餐厅、大小商务会议室、会见厅、宴会厅、游泳池、健身中心、SPA 会所、标准客房、行政酒廊、总统套房、贵宾接待室等，该酒店被指定为“第十二届全运会配套服务酒店”。

商业部分娱乐楼、百货楼的上部设有三栋塔式超高层精装 SOHO 公寓楼，建筑面积 149538m^2，建筑高度 149.7m，地上共 43 层。

项目地下三层平时为汽车库、设备用房，战时为人防物资库。

2. 设计范围

设计范围包括红线内小市政管网综合方案、室内给排水、消防系统。

室内给排水系统包括：生活给水系统，生活热水系统，生活污、废水系统、中水系统及雨水系统。

消防系统包括：室内消火栓给水系统、自动喷水灭火系统（湿式自动喷水灭火系统、水喷雾灭火系统）、自动扫描射水高空水炮灭火系统、七氟丙烷气体灭火系统、厨房灶台自动灭火系统、悬挂式超细干粉灭火装置及灭火器的配置。

一、给水排水系统

（一）给水系统

1. 水源：本工程水源为城镇自来水，供水压力 0.10MPa，硬度 204mg/L，拟从东侧天坛南路和西侧营盘西街 $DN350$ 的市政给水管道上分别接一根 $DN300$ 的给水引入管在红线内布置成环状小市政给水管网，供各用水单位取用。

2. 用水量（表 1）

3. 室外给水系统：红线内设置 $DN300$ 的小市政给水环状管网，各用水单位均从该管网取水。商业部分

设置 $DN100$ 百货给水引入管、$DN100$ 超市给水引入管、$DN150$ 其余商业给水引入管、$DN100$ 消防水池给水引入管各一条；公寓部分设置 $DN150$ 公寓给水引入管一条；酒店部分设置 $DN150$ 给水引入管两条，并在地下室布置成环状。

用水量 **表 1**

序号	用水单位	最高日生活用水(m^3/d)	最大时生活用水(m^3/h)	最高日冷却塔及机房补水(m^3/d)	最大时冷却塔及机房补水(m^3/h)
1	商业	1620	224	1122	89
2	酒店	400	40	360	15
3	公寓	1040	108	960	40
4	未预见	310	37	244	15
5	合计	3370	410	2690	160

4. 给水系统划分：由于当地自来水水压只有 0.10MPa，本设计除地下设备用房、消防水池采用市政压力供水以外，地上部分用水均为加压供水，同时根据建筑高度、建设标准、建筑内使用功能、水源状况、收费标准等条件，本着节水、节能、预防二次污染、保证供水安全的原则进行给水系统划分（表 2）。

给水系统划分 **表 2**

序号	系统名称	用水区域及楼层	供水压力	泵房位置	供水设备	水质处理及消毒方式	备注
一、商业部分							
1	百货生活给水	1～6F 百货区域	0.85MPa	－3F 百货给水泵房	水箱＋变频泵	水箱水处理仪＋紫外线消毒	超压部分减压阀减压
2	百货冷却塔补水	步行街屋面冷却塔	0.60MPa	－3F 百货给水泵房	水箱＋变频泵		与百货生活水共用水箱，独立设置加压泵
3	超市生活给水	－1F 超市区域	0.48MPa	－3F 超市给水泵房	水箱＋变频泵	水箱水处理仪＋紫外线消毒	
4	超市冷却塔补水	步行街屋面冷却塔	0.60MPa	－3F 超市给水泵房	水箱＋变频泵		与超市生活水共用水箱，独立设置加压泵
5	其余商业生活给水	1～6F 除百货以外区域	0.85MPa	－3F 其余商业给水泵房	水箱＋变频泵	水箱水处理仪＋紫外线消毒	超压部分减压阀减压
6	其余商业冷却塔补水	步行街屋面冷却塔	0.60MPa	－3F 其余商业给水泵房	水箱＋变频泵		与其余商业生活水共用水箱，独立设置加压泵
二、公寓部分							
1	公寓加压一区生活给水	7～18F 公寓	1.2MPa	－3F 公寓给水泵房	水箱＋变频泵	水箱水处理仪＋紫外线消毒	超压部分减压阀减压
2	公寓加压二区生活给水	19～30F 公寓	1.6MPa	－3F 公寓给水泵房	水箱＋变频泵	水箱水处理仪＋紫外线消毒	超压部分减压阀减压
3	公寓加压三区生活给水	31～42F 公寓	2.0MPa	－3F 公寓给水泵房	水箱＋变频泵	水箱水处理仪＋紫外线消毒	超压部分减压阀减压
三、酒店部分							
1	酒店生活水加压一区	－1～5F 酒店裙房	0.75MPa	－3F 酒店给水泵房	水箱＋变频泵	砂滤＋软化＋水箱水处理仪＋紫外线消毒	出水硬度<100mg/L
2	酒店生活水加压二区	6～11F 酒店客房	1.00MPa	－3F 酒店给水泵房	水箱＋变频泵	砂滤＋软化＋水箱水处理仪＋紫外线消毒	出水硬度<100mg/L

续表

序号	系统名称	用水区域及楼层	供水压力	泵房位置	供水设备	水质处理及消毒方式	备注
3	酒店生活水加压三区	12～17F 酒店客房	1.20MPa	−3F 酒店给水泵房	水箱＋变频泵	砂滤＋软化＋水箱水处理仪＋紫外线消毒	出水硬度＜100mg/L
4	酒店生活水加压四区	18～23F 酒店客房	1.50MPa	−3F 酒店给水泵房	水箱＋变频泵	砂滤＋软化＋水箱水处理仪＋紫外线消毒	出水硬度＜100mg/L
5	酒店冷却塔补水	酒店屋面冷却塔	1.50MPa	−3F 酒店给水泵房	水箱＋变频泵		
6	酒店洗衣房软化水	−1F 酒店洗衣房	0.48MPa	−3F 酒店给水泵房	水箱＋变频泵	砂滤＋软化	出水硬度＜50mg/L

5. 给水管材：市政压力水管、冷却塔补水管、商业及公寓生活用水的干管、立管均采用钢塑复合管，卡箍连接。商业及公寓生活用水支管采用 PPR 给水塑料管，热熔连接。酒店生活给水管采用薄壁不锈钢管，焊接。

（二）热水系统

1. 商业部分仅在公共卫生间洗手盆处需配送热水，因公共卫生间设置分散，且洗手盆耗热量不大，设计采用局部热水供应系统，在公共卫生间对应的屋面设置 80L 太阳能热水器，并在洗手盆附近设置电热水器辅助加热，以较短的距离将热水送至用水点，减少热水输送的热损失，支管采用自控调温电伴热技术，减少冷水放水量。

2. 公寓部分在套内设置电热水器，向卫生间及厨房提供热水。

3. 酒店部分

（1）热源：自备锅炉供应的高温蒸汽，换热器前减压至 0.4MPa。

（2）热水用水量（60℃）及耗热量：本工程最高日用热水量为 $244m^3/d$，最大小时热水量为 $34m^3/h$，生活热水设计小时耗热量为 1654kW。

（3）热水供应部位：客房、厨房、洗衣房、员工洗浴、洗浴中心、酒店公共卫生间洗手盆等。

（4）热水系统分区：考虑到冷热水系统压力平衡，热水系统分区同给水系统，且供水管路由与冷水系统保持一致。

（5）设备选用：生活热水各分区配置一套换热设施，包括以下设备：一个热水膨胀罐，两台换热器，两台热水循环水泵（一用一备）。换热器按本分区最大小时热负荷的 75％设计，总储水容积裙房按 30min 设计小时耗热量计算，客房按 45min 设计小时耗热量计算。

（6）供水方式及控制要求：热水系统采用全日制集中热水供应系统，机械循环，供回水温度 60℃/50℃，热水循环管道同程设计；热水支管循环，保证各用水点热水出水时间不大于 5s。

4. 热水管材：商业生活热水的干管、立管采用钢塑复合管，卡箍连接。商业及公寓生活热水支管采用 PPR 给水塑料管，热熔连接。酒店生活热水管采用薄壁不锈钢管，焊接。

大商业、公寓给水排水主要设备见表 3，酒店给水排水主要设备见表 4。

大商业、公寓给水排水主要设备 **表 3**

序号	设备名称	设置地点	设备规格	数量	服务对象	备注
1	大商业生活给水变频泵组	B3 大商业给水泵房	$Q=35m^3/h$，$H=85m$，$N=15kW$	4 台	大商业生活给水系统	3 用 1 备

续表

序号	设备名称	设置地点	设备规格	数量	服务对象	备 注
	附:小泵	B3 大商业给水泵房	$Q=10m^3/h$, $H=85m$, $N=4kW$	1台	大商业生活给水系统	ϕ1400 稳压罐
2	大商业冷却塔变频补水泵	B3 大商业给水泵房	$Q=14m^3/h$, $H=55m$, $N=5.5kW$	3台	大商业空调系统	2用1备
3	百货给水变频泵组	B3 百货给水泵房	$Q=18m^3/h$, $H=85m$, $N=11kW$	4台	百货给水系统	3用1备
	附:小泵	B3 百货给水泵房	$Q=6m^3/h$, $H=85m$, $N=3kW$	1台	百货给水系统	ϕ1000 稳压罐
4	百货冷却塔变频补水泵	B3 百货给水泵房	$Q=5.5m^3/h$, $H=55m$, $N=2.2kW$	3台	百货空调系统	2用1备
5	超市生活给水变频泵组	B3 超市给水泵房	$Q=16m^3/h$, $H=48m$, $N=4.0kW$	4台	超市给水系统	3用1备
	附:小泵	B3 超市给水泵房	$Q=5m^3/h$, $H=45m$, $N=2.2kW$	1台	超市给水系统	ϕ1000 稳压罐
6	超市冷却塔变频补水泵	B3 超市给水泵房	$Q=3.5m^3/h$, $H=55m$, $N=1.5kW$	3台	空调系统	2用1备
7	公寓低区生活给水变频泵组	B3 公寓给水泵房	$Q=25m^3/h$, $H=120m$, $N=18.5kW$	3台	公寓(7F～18F)	3用1备
	附:小泵	B3 公寓给水泵房	$Q=8m^3/h$, $H=120m$, $N=5.5kW$	1台	公寓(7F～18F)	ϕ1200 稳压罐
8	公寓中区生活给水变频泵组	B3 公寓给水泵房	$Q=25m^3/h$, $H=160m$, $N=22kW$	3台	公寓(19F～30F)	3用1备
	附:小泵	B3 公寓给水泵房	$Q=8m^3/h$, $H=160m$, $N=7.5kW$	1台	公寓(19F～30F)	ϕ1200 稳压罐
9	公寓高区生活给水变频泵组	B3 公寓给水泵房	$Q=35m^3/h$, $H=200m$, $N=55kW$	3台	公寓(31F～42F)	3用1备
	附:小泵	B3 公寓给水泵房	$Q=8m^3/h$, $H=200m$, $N=11kW$	1台	公寓(31F～42F)	ϕ1200 稳压罐

酒店给水排水主要设备 **表4**

序号	设备名称	设置地点	设备规格	数量	服务对象	备 注
1	加压1区冷水变频泵组	B2 生活泵房	$Q=23m^3/h$, $H=65m$, $N=7.5kW$	4台	裙房及地下室	3用1备
	附:小泵	B2 生活泵房	$Q=6m^3/h$, $H=65m$, $N=2.2kW$	1台	裙房及地下室	ϕ1000 稳压罐
2	加压2区冷水变频泵组	B2 生活泵房	$Q=20m^3/h$, $H=100m$, $N=11kW$	3台	6F～11F	2用1备

续表

序号	设备名称	设置地点	设备规格	数量	服务对象	备注
	附：小泵	B2 生活泵房	Q=5m³/h，H=100m，N=3kW	1 台	6F～11F	ϕ1000 稳压罐
3	加压 3 区冷水变频泵组	B3 生活泵房	Q=20m³/h，H=123m，N=15kW	3 台	12F～17F	2 用 1 备
	附：小泵	B2 生活泵房	Q=5m³/h，H=123m，N=4kW	1 台	2F～17F	ϕ1000 稳压罐
4	加压 4 冷水变频泵组	B3 生活泵房	Q=18m³/h，H=145m，N=15kW	3 台	18F～23F	2 用 1 备
	附：小泵	B2 生活泵房	Q=5m³/h，H=145m，N=4kW	1 台	18F～23F	ϕ1000 稳压罐
5	洗衣房冷水变频泵组	B3 生活泵房	Q=25m³/h，H=40m，N=5.5kW	3 台	洗衣房	2 用 1 备 带 ϕ600 稳压罐
6	冷却塔补水变频泵组	B3 消防泵房	Q=10m³/h，H=150m，N=11kW	2 台	空调系统	1 用 1 备
7	员工淋浴、游泳池淋浴容积式换热器	B3 生活泵房	V=6.6m³ Q_h=870kW 汽-水	2 台	地下室、裙房	同时使用
8	加压 2 区容积式换热器	B3 生活泵房	V=2.0m³，Q_h=160kW 汽-水	2 台	6F～11F	同时使用
9	加压 3 区容积式换热器	B3 生活泵房	V=2.0m³，Q_h=160kW 汽-水	2 台	12F～17F	同时使用
10	加压 4 区容积式换热器	B3 生活泵房	V=2.0m³，Q_h=140kW 汽-水	2 台	18F～23F	同时使用
11	紫外线消毒器	B3 生活泵房	Q=180m³/h	2 台	全部功能区	同时使用
12	过滤器	B3 生活泵房	Q=25m³/h	2 台	全部功能区	
13	软水器	B3 生活泵房	Q=15m³/h	台	全部功能区	

（三）排水系统

1. 排水量：最高日生活污水排水量 3000m³/d，最大时生活污水排水量 370m³/h。

2. 室外排水系统：项目北侧的金卡路、西侧的营盘西街有市政雨、污水管道，允许本工程雨、污水接入。本工程室外为雨、污分流排水系统，生活污水经 6 座 100m³ 化粪池处理后接入市政污水管道，雨水管直接接入市政雨水管道。

3. 室内生活排水系统

（1）商业部分

商业部分排水为污废合流系统。厨房排水经一次器具隔油排入地下二层污水间，再经二次隔油排入污水池，由潜水泵加压排至室外排水管网；其余地上部分的生活污废水均重力流排入室外排水管网；地下部分的污、废水汇集至地下二层污废水池或污水间，由潜水泵排至室外排水管网；高温水经降温池处理后排入室外排水管网。污废水池内均设两台带自动耦合装置的潜水排污泵，一用一备，互为备用，潜水泵由集水池液位自动控制，报警水位同时启动。

（2）公寓部分

公寓部分排水为污废合流系统，为保证排水畅通卫生间污水设置了专用通气立管。污、废水管在设备夹层内适当汇集转换后由地下一层排出室外。

（3）酒店部分

1）酒店地上污、废水采用分流制排水系统，客房废水排至中水处理机房，其余污、废水重力自留排入室外检查井；地下部分污、废水采用合流制排水系统，压力流排至室外检查井。

2）酒店各厨房的含油污水，经厨房器具隔油器处理后进入地下二层的隔油器进行二次隔油处理，二次隔油器为带气浮、刮油、加热功能的全自动隔油器。

3）地下室污、废水汇集至集水池，用潜水泵提升合流排至室外检查井。

4）酒店排水设置主通气立管，客房大便器排水设置器具通气管，公共卫生间超过 3 个卫生器具设环形通气管。

5）锅炉排污水、洗衣房废水，经降温后，水温不大于 40℃，再经潜污泵提升至室外。

（4）排水管材

降板垫层内的重力流排水管采用 HDPE 管，空调冷凝水管采用 PVC-U 排水塑料管，其余重力流排水管采用柔性接口铸铁管，压力流排水管采用热镀锌钢管。

4. 雨水排水系统

（1）商业部分屋面采用虹吸雨水内排水系统，重现期按 10 年考虑，屋面雨水排水与溢流设施的总排水能力不应小于 50 年重现期的雨水量。

（2）公寓部分屋面采用重力流雨水内排水系统。重现期按 5 年考虑，屋面雨水排水与溢流设施的总排水能力不应小于 50 年重现期的雨水量。

（3）沈阳地区重现期为 5 年时降雨强度为 4.49L/(s·100m^2)，重现期为 10 年时为 5.19L/(s·100m^2)。

（4）酒店部分客房屋面采用重力流雨水内排水系统，裙房屋面采用虹吸雨水内排水系统，重现期按 10 年考虑，屋面雨水排水与溢流设施的总排水能力不应小于 50 年重现期的雨水量。

（5）雨水管材

虹吸雨水管采用高密度聚乙烯（HDPE）管，热熔连接。重力流雨水管采用热镀锌钢管。

（四）中水系统

1. 原水及供水区域：原水为酒店客房洗浴废水，处理后中水用于酒店裙房卫生间冲厕、地下车库地坪冲洗、小区绿化浇洒、道路场地冲洗，储存于中水箱内。

2. 原水量及用水量：日可收集原水量约为 82m^3/d，最高日中水用量为 42m^3/d。原水量大于中水用量，设置原水超越管，将过剩原水排至室外污水管道，中水设施故障或检修时原水也可以通过超越管排至室外污水管道。

3. 中水处理站位于地下三层，处理能力 6m^3/h。

4. 供水方式及供水分区：采用变频加压供水方式，供水分区同给水。

5. 为防止中水被误饮、误用，中水管道上的取水口等设施必须设置明显标示“禁止饮用”等字样的铭牌，或采用专业人员使用的带锁龙头。

6. 中水管材：横干管及立管为钢塑复合管，支管为 PPR 管。

二、消防系统

1. 设计依据

（1）性能化防火设计报告

本工程商业部分的南侧、西侧为三层室内步行街，其公共区域设置了若干个大小不一贯穿三层的中庭，使整个区域连通为一个防火分区，建筑面积 32984m^2，大大超出现行防火规范的要求，经国家消防工程技术研究中心性能化消防论证，得出以下结论：

1）室内步行街公共走道及中庭可视为亚安全区域。

2）室内步行街商铺与亚安全区域用钢化玻璃分割，在商铺内侧设置独立的自动喷水系统对钢化玻璃进行冷却保护。

3）建筑面积大于 300m^2 的中庭设置自动扫描射水高空水炮灭火系统。

4）高层塔楼设置储存不少于 10min 全部消防用水量的消防水箱，且不小于 77m^3

（2）现行国家消防规范。

2. 消防水源

消防水源为城市自来水，消防水池从红线内 DN300 的小市政给水环状管网引一根 DN100 的给水引入管。

3. 消防水量

自动喷水灭火系统各部位火灾危险等级、喷水强度及设计用水量见表 5、表 6：

消防水量 **表 5**

灭火部位	火灾危险等级	喷水强度	作用面积	设计流量	持续喷水时间	一次灭火用水量
地下车库、商业卖场	中危险Ⅱ级	8L/(min・m^2)	160m^2	30L/s	1h	108m^3
万达影城及其他娱乐场所、商业步行街、酒楼、公寓、酒店客房酒店高度小于 8m 的裙房区	中危险Ⅰ级	6L/(min・m^2)	160m^2	25L/s	1h	90m^3
酒店大堂、宴会厅(8m＜高度＜12m)、影厅(高度＜12m)	非仓库高大净空场所	6L/(min・m^2)	260m^2	35L/s	1h	130m^3
钢化玻璃喷淋冷却部位		0.6L/(s・m)		30L/s	2h	216m^3
超市存货区	仓库危险Ⅱ级	12L/(min・m^2)	200m^2	52L/s	2h	375m^3

消防用水量标准及一次灭火用水量 **表 6**

消防系统	用水量标准	灭火时间	一次灭火用水量
室外消火栓系统	30L/s	3h	324m^3
室内消火栓系统	40L/s	3h	432m^3
自动喷水灭火系统	52L/s	2h	375m^3

一次火灾消防最大用水量为超市库房存货区，总用水量为 1131m^3。

4. 消防水池及消防高位水箱

本工程地下二层设一座有效容积为 1900m^3 的消防水池，除储存室内外总消防用水以外，还应满足空调水蓄冷的水量要求，水池分成两个格。

根据性能化报告的要求公寓屋面设置消防水箱，总容积不小于 77m^3，本工程三座公寓分别设置屋顶消防水箱，各水箱有效容积为 26m^3，总容积 78m^3，其中一个消防水箱旁设消火栓、喷淋稳压装置，用于商业及公寓消防系统。酒店屋面设置消防水箱，水箱有效容积为 18m^3，设消火栓、喷淋稳压装置，用于酒店消防系统。

5. 消防泵房

酒店为独立的消防泵房、消防系统，商业及公寓共用消防泵房、消防系统。

酒店消防泵房内设两台室内消火栓泵（一用一备），两台湿式自动喷水灭火系统泵（一用一备）。

商业消防泵房内设两台室内消火栓泵（一用一备），三台湿式自动喷水灭火系统泵（与自动扫描射水高空水炮灭火系统、水喷雾系统合用）（两用一备），两台钢化玻璃冷却泵（一用一备），两台室外消火栓泵（一用一备）。

6. 系统说明

（1）室外消火栓系统

本工程室外消火栓系统以红线内小市政自来水环状管网为一路水源，在该管网上设置室外消火栓，间距不超过120m，保护半径不大于150m，每个消火栓供水量15L/s，采用地下式消火栓，距路边小于等于2.0m，据建筑物外墙大于等于5.0m，距消防水泵接合器不大于40m。以地下二层消防水池为另一路水源，设室外消火栓泵及室外消火栓系统。

（2）室内消火栓系统

本工程室内消火栓系统静压超过100m，采用减压阀分成高低两个分区。商业及公寓系统25层以上为高区，其余为低区，平时由公寓屋顶消防水箱间内消火栓稳压装置保证消火栓系统最不利点静压大于0.15MPa，火灾时由商业消火栓加压泵向系统供水，保证充实水柱不小于13m。酒店系统客房部分为高区，裙房及地下室为低区，平时由酒店屋顶消防水箱间内消火栓稳压装置保证消火栓系统最不利点静压大于0.07MPa，火灾时由酒店消火栓加压泵向系统供水，保证充实水柱不小于10m。消火栓布置应保证同层任何一处起火均有两股水柱同时到达。

（3）自动喷水灭火系统

1）保护部位：商业及公寓除面积小于5m^2的卫生间、小于2.2m层高且无可燃物的设备夹层、高度大于12m的中庭及不能用水扑救的场所外，其余均设有自动喷水保护。酒店除建筑面积小于5m^2的卫生间、水管井，建筑面积小于2m^2的衣帽间、公共淋浴间的淋浴区、电梯机房、变配电间、电气竖井及有其他固定自动灭火系统保护的房间外均设置自动喷水灭火系统。

2）系统分区：本工程自动喷水灭火系统静压超过120m，采用减压阀分区。商业及公寓消防系统中喷淋分为钢化玻璃冷却喷淋系统及喷淋、自动扫描射水高空水炮灭火、水喷雾合用系统，商业部分为低区，报警阀设于地下室，公寓7～24层为中区，报警阀设于设备夹层，公寓25层以上为高区，报警阀设于25层管井，平时由公寓屋顶消防水箱间内喷淋稳压装置保证喷淋系统最不利点水压，火灾时由商业喷淋加压泵向系统供水。酒店系统客房部分为高区，报警阀设于设备夹层，裙房及地下室为低区，报警阀设于－2F，平时由酒店屋顶消防水箱间内喷淋稳压装置保证喷淋系统最不利点水压，火灾时由酒店喷淋加压泵向系统供水。

3）喷头选用：一至三层的精品店、步行街、窗玻璃保护、娱乐场所、地下商业及酒店喷头均采用快速响应喷头，无吊顶的地方及吊顶内为直立型喷头，有吊顶的地方、酒店客房为下垂型喷头，室内游泳池和桑拿房/蒸汽房采用带防腐涂层（镀铬）喷头。有冻结危险处的喷头采用易熔合金喷头，喷头公称动作温度为72℃，其余喷头采用玻璃球喷头，喷头公称动作温度厨房热加工区为93℃，大型吊灯附近为79℃；大型吊灯内侧（宽度超过3.6m的）为93℃，桑拿房/蒸汽房为141℃，厨房排油烟风道内260℃，其余部位为68℃，大于800mm且有可燃物的吊顶内设置喷头，宽度大于1.2m的风管下设置喷头。

（4）自动扫描射水高空水炮灭火系统

高度大于12m的中庭及IMAX影厅设置标准型自动扫描射水高空水炮灭火装置，系统用水量15L/s，与商业及公寓消防系统的自动喷水灭火系统，共用商业喷淋加压泵、商业稳压装置。

（5）水喷雾系统

锅炉房、柴油发电机房及其储油间设置水喷雾系统。

锅炉房喷雾强度10L/(min·m^2)，持续喷雾时间1h；柴油发电机房及储油间喷雾强度20/(min·m^2)，持续喷雾时间0.5h，系统响应时间小于等于45s。雨淋阀设于保护部位附近的报警阀间内。

水喷雾灭火系统用水量与商业及公寓消防系统的自动喷水灭火系统，共用商业喷淋加压泵、商业稳压装置。

（6）FM200（七氟丙烷）气体灭火系统

1）保护部位：地下室变电所、配电室及通信机房，IMAX影厅放映室。

2）设计参数：灭火浓度变配电室采用9%，通信机房、放映室采用8%，喷放时间变配电室不大于10s，通信机房、放映室不大于8s。

3）系统形式：商业部分每个防护区面积不大于500m²，体积不大于1600m³，且防护区位置分散，采用预制无管网气体灭火装置，气瓶储存压力2.50MPa；酒店采用有管网气体灭火装置，气瓶储存压力4.20MPa。

（7）灭火器配置

厨房按严重危险级B类火灾设置，车库、柴油发电机房按中危险级B类火灾设置，电气用房按中危险级E类火灾设置，商业公共娱乐场所及公寓为严重危险级A类火灾，其余为中危险级A类火灾。灭火器选用手提磷酸铵盐干粉灭火器，设于消火栓箱内。

（8）超细干粉灭火装置

电气竖井设置悬吊式超细干粉灭火装置。

（9）厨房灶台自动灭火系统

酒店厨房的每个烟罩口部均设置独立湿式化学灭火系统。

7. 管材

室内消防系统管道采用热镀锌钢管，卡箍连接。建筑外墙以外的埋地管采用K9级内衬水泥砂浆球墨给水铸铁管（转换接头在室内）。

水消主要设备见表7，酒店水消主要设备见表8。

水消主要设备（除酒店系统以外） **表7**

序号	设备名称	设置地点	设备规格	数量	备注
1	消火栓给水加压水泵	B2消防泵房	Q=40L/s，H=210m，N=160kW	2台	1用1备
2	自动喷水加压水泵	B2消防泵房	Q=30L/s，H=210m，N=160kW	3台	2用1备
3	钢化玻璃冷却水泵	B2消防泵房	Q=35L/s，H=80m，N=55kW	2台	1用1备
4	室外消火栓泵	B2消防泵房	Q=30L/s，H=50m，N=30kW	2台	1用1备

酒店水消主要设备 **表8**

序号	设备名称	设置地点	设备规格	数量	备注
1	消火栓泵	B2消防泵房	Q=40L/s，h=160m，N=110kW	2台	1用1备
2	自动喷水泵	B2消防泵房	Q=40L/s，h=160m，N=110kW	2台	1用1备
3	消火栓系统稳压罐	水箱间	ϕ1000	1个	
4	消火栓系统稳压泵	水箱间	Q=5L/s，h=24m，N=2.2kW	2台	1用1备
5	自动喷水系统稳压罐	水箱间	ϕ800	1个	
6	自动喷水系统稳压泵	水箱间	Q=1L/s，h=40m，N=1.1kW	2台	1用1备

三、工程设计特点及问题探讨

（一）工程设计特点

1. 项目设计了中水系统，原水为酒店客房洗浴废水，处理后中水用于酒店裙房卫生间冲厕、地下车库冲洗、小区绿化浇洒、道路场地冲洗等。

2. 项目为日后利用消防水池进行空调水蓄冷预留了条件。空调水蓄冷可有效地平衡峰谷用电，为业主节省日常空调运行费用。

3. 酒店蒸汽冷凝水水量大，水温高，硬度低，设计时将其作为生活热水预热的热媒加以利用，节约了能源。

4. 项目生活给水加压装置采用变频调速供水泵组，每组设三至四台相同型号的主泵，其中一台备用，并配置适用于小流量工况的水泵，流量为单台主泵的1/3～1/2，按小泵流量配置气压罐，整个泵组采用单台变频其余工频的方式运行，产品符合《微机控制变频调速给水设备》CJ/T 352—2010的要求。

5. 该项目商业面积大，用水量变化大，业态种类多，给水系统按业态分别独立设置，既便于业主管理，又利于降低用水高峰时市政管网的水压影响。

6. 商业部分热水用水点分散，设计采用太阳能加电辅助局部分散热水供应系统，以利节能，使用灵活，管理方便。

7. 酒店客房热水出水时间不大于5s，实现节约用水，提高使用舒适度。

8. 酒店给水系统不设减压阀分区，全部采用并联给水分区，入户压力控制在0.35MPa以下，符合业主保证水质、节约用水、降噪舒适的要求。

9. 酒店排水系统设置主通气立管，公共区域卫生间的洁具数超过三个时设计环形通气管，客房马桶设器具通气管，公寓卫生间排水系统设置专用通气立管，保证系统排水通畅，减小噪声污染，提高使用舒适度。

10. 室内商业步行街公共通道与商铺间用钢化玻璃进行分割，在商铺内侧设置独立的自动喷水系统对钢化玻璃进行冷却保护，加强了亚安全区的消防设施。

11. 整个项目消防水池共用，酒店为独立的消防泵房和消防系统，其他部分合用消防泵房和消防系统，合理地节省用地，方便了业主管理。

（二）工程设计问题探讨

1. 关于生活水箱储水容积

超市部分业主提供最高日用水量为250～300m³/d，超市空调循环冷却水补水量为13m³/h，业主要求设置150m³ 储水箱储存生活用水及2h空调循环冷却水补水。

百货部分业主提供最高日用水量为200m³/d，百货空调循环冷却水补水量为20m³/h，业主要求设置100m³ 储水箱储存生活用水及2h空调循环冷却水补水。

设计中按业主要求设置的水箱储水容积，远大于规范规定的20％～25％的最高日用水量，这不仅增加工程费用和占地，也影响生活饮用水水质。

建议空调补水设置独立的储存水箱，生活水箱储水容积结合市政自来水管网补水能力确定，当可从市政环状管网的不同管段分别引入两根进水管时，由于供水可靠性增强，生活水箱的储水容积可以减少。

建议可参考消防的做法，加强供水可靠性，适当减小水箱容积，改善水箱内水质。

2. 关于酒店客房用水定额

酒店标准客房设置两个床位，设计中业主要求给水定额按400L/(人·d)，按1.3人/客房考虑，根据业主多年酒店运行管理经验，该类酒店标准客房按1.3人/客房进行用水量及热负荷计算，完全可以满足日后使用要求。

酒店客房用水定额不应取建筑给排水规范中的上限，应结合当地气候、管理水平等取《民用建筑节水设计标准》GB 50555—2010中的220～320L/(人·d)，酒店入住人数应按满员计算，保证所有客人正常使用。

3. 关于室内步行街设置窗玻璃喷头

按消防性能化评估报告要求本设计在室内步行街商铺内侧设置独立的自动喷水灭火系统对钢化玻璃进行冷却保护。

步行街仅是亚安全区，街的两端大都设置功能用门，营业中街内可能设置柜台，堆放可燃物，有一定失火概率，为控制火灾不向店铺蔓延，建议在步行街侧也增加喷头对钢化玻璃进行冷却保护。

4. 关于 IMAX 影厅设置自动扫描射水高空水炮灭火系统

IMAX 影厅部分区域高度超过 12m，设计中采用标准型自动扫描射水高空水炮灭火系统。

水炮出口压力 0.6MPa，水量 5L/s，目前的产品在人员密集场所使用有可能造成人身伤害（包括误喷），对此应加强使用管理，可在影厅放映时将水炮设置为手动，确认发生火灾时人为启动，非放映时设置为自动。建议规范修订时对人员密集高大净空场所采用的灭火设施有明确的规定，使其既能保证灭火的安全可靠性又对人员不造成伤害。

5. 关于商业及其上部公寓设计为一个消防系统

设计中为节省造价经与业主及消防部门沟通，将商业及上部公寓设计为一个消防系统。

将商业及其上部公寓设计为一个消防系统，其中自动喷水灭火系统公寓部分具有小流量大扬程的特点，商业部分具有大流量小扬程的特点，建议选用流量—扬程曲线较陡的自动喷水泵，以缓解流量扬程匹配的矛盾。

四、工程照片

辽宁省科技馆

设计单位：上海建筑设计研究院有限公司
设 计 人：包虹　吴敏奕　徐燕　付兴振
获奖情况：公共建筑类　三等奖

工程概况：

辽宁省科技馆坐落于沈阳市浑南新城，全运南路以北，中心东路以东，东环路以西，7号路东段以南。本工程主体建筑为地上三层（局部为六层），地下二层，建筑高度约为32.1m。总建筑面积为100746m²（其中地上70055m²，地下23691m²），分为观展区、影院区、办公培训区、宿舍区和后勤区。

一、给水排水系统

（一）给水系统

1. 冷水用水量（表1）

冷水用水量　表1

序号	用水分项	数量	用水量标准	用水时间(h)	时变化系数	采用冷水给水比例	最高日用水量(m^3/d)	最大时用水量(m^3/h)	平均时用水量(m^3/h)
1	影院	4200人	5L/(人·场)	3	1.2	1	21.00	8.40	7.00
2	办公	1100人	50L/(人·班)	10	1.2	0.4(另外0.6为中水给水)	22.00	2.64	2.20
3	展厅	23000m²	3L/m²	8	1.5	1	69.00	12.94	8.63
4	员工宿舍	100人	200L/(人·d)	24	2.5	1	20	2.08	0.83
5	员工淋浴	200人次	100L/人次	12	1.5	1	20.00	2.50	1.67
6	餐厅(1天2次)	450人	60L/人次	12	1.2	1	54.00	5.40	4.50
7	员工食堂(1天3次)	300人	20L/人次	12	1.5	1	18.00	2.25	1.50
8	会议,报告厅(1天2次)	2000人	8L/座次	4	1.2	1	32.00	9.6	8.00
9	超市小卖部	400m²	5L/m²	12	1.5	1	2.00	0.25	0.17
10	停车库地面冲洗	4500m²	3L(m²·次)	8	1	1	13.50	1.69	1.69
11	空调补水			10	1	1	360.00	36.00	36.00
12	小计	未预见及漏失水量占最高日总用水量(按1～9计)的10%					27.15	4.77	3.62
13	总计						658.65	88.52	75.80

2. 水源：本工程生活用水由市政给水管引入一根 *DN*300 的给水管，经水表计量后供基地内的生活、消防用水，市政供水压力不低于 0.15MPa（业主提供）。给水进户管管径为 *DN*150，建筑红线内设置若干只水表分别对生活用水、绿化浇灌用水进行计量。

3. 系统竖向分区：地下室生活用水利用市政管网压力直接供水，一层及以上楼层生活用水和空调补水由恒压变频供水设备供水。

4. 供水方式及给水加压设备：地下室生活泵房内设置 230m^3 生活储水池（不锈钢材质，分两格）一座。恒压变频供水设备一套。

5. 管材：室内冷水管采用公称压力不小于 1.6MPa 的薄壁不锈钢管及配件，管径小于等于 *DN*100 采用环压式连接，管径大于 *DN*100 采用沟槽式连接。

(二) 热水系统

1. 热水用水量（表 2）

热水用水量 表 2

1	用水分项	数量 *m*	用水量标准 q_r(60℃)	用水时间 *T*(h)	时变化系数 *K*	最高日用水量 q_w(m^3/d)	设计小时用水量 q_{rh}(m^3/h)	设计小时耗热量 *W*(kal/h) 60℃	用餐次数 *n*(次/d)
2	员工宿舍	100 人	100L/(人·d)	24	4.8	10.00	2	112000	
3	员工淋浴	淋浴 24 个	192.86L/h	10	同时使用系数 100%	80.1	8.01	474880	
		脸盆 16 个	14.29L/h						
4	餐厅	450 人	20L/(人次)	12	1.2	18.00	1.80	100800	2
5	员工食堂	300 人 L	7/(人次)	12	1.5	6.30	0.79	44100	3
6	总计					111.4	12.59	731780	

2. 热源：宿舍和办公淋浴热水制备由太阳能热水系统配置辅助电加热供应，餐厅厨房热水制备由燃气热水炉供应。

3. 系统竖向分区：热水主要供应员工宿舍、办公室淋浴、员工餐厅和对外餐厅的厨房。热水系统分区同冷水系统。

4. 宿舍和办公淋浴热水制备由太阳能热水系统配置辅助电加热供应，餐厅厨房热水制备由燃气热水炉供应。太阳能热水系统为集中供热水系统，间接加热，强制循环。冷水水源由恒压变频设备供水。集热器设置在屋顶，储热水箱、循环水泵、膨胀罐和辅助电加热水器，设置于屋顶机房。

5. 员工宿舍和办公淋浴生活热水采用集中供水方式，热水供水温度为 60℃，冷水计算温度为 4℃，管网末端热水温度不低于 50℃，热水回水管采用同程机械循环，热水水源由恒压变频设备供水。

6. 管材：室内热水管采用公称压力不小于 1.6MPa 的薄壁不锈钢管及配件，管径小于等于 *DN*100 时采用环压式连接，管径大于 *DN*100 时采用沟槽式连接。给水管接入卫生间后，阀门后的给水管段采用公称压力不低于 1.6MPa 带 PVC 保温层的不锈钢管。

(三) 中水系统

1. 中水水源：基地的生活洗涤废水作为中水水源，经室外埋地中水处理机房处理后用作办公楼的冲厕、绿化浇灌和景观补水。中水处理能力为 12m^3/h。

2. 水量平衡（表 3）

水量平衡　　　　表 3

<table>
<tr><th rowspan="2">编号</th><th rowspan="2">分项</th><th colspan="7">中水原水量</th><th colspan="6">中水用水量</th></tr>
<tr><th>中水用水量 Q_c (m³/d)</th><th>中水最大小时用水量 Q_{ch} (m³/h)</th><th>最高日给水量 Q_d (m³/d)</th><th>盥洗给水比例 b_1</th><th>淋浴给水比例 b_2</th><th>洗衣给水比例 b_3</th><th>综合给水量 (m³/d)</th><th>中水原水量 Q_y (m³/d)</th><th>冲厕给水比例 b_4</th><th>冲厕用水量 (m³/d)</th><th>绿化用水量 (m³/d)</th><th>水景补水量 (m³/d)</th><th>综合用水量 (m³/d)</th></tr>
<tr><td>1</td><td>影院</td><td>21</td><td>0.4</td><td></td><td></td><td>8.4</td><td rowspan="7">折算为平均日排水量 A=0.9，B=0.9</td><td></td><td></td><td rowspan="7">26</td><td rowspan="7">22.5</td><td rowspan="7"></td><td rowspan="7">添加损漏附加系数 C=1.1</td><td rowspan="7"></td></tr>
<tr><td>2</td><td>展厅</td><td>69</td><td>0.4</td><td></td><td></td><td>27.6</td><td></td><td></td></tr>
<tr><td>3</td><td>办公</td><td>55</td><td>0.4</td><td></td><td></td><td>22</td><td>0.6</td><td>33</td></tr>
<tr><td>4</td><td>会议</td><td>32</td><td>0.4</td><td></td><td></td><td>12.8</td><td></td><td></td></tr>
<tr><td>5</td><td>宿舍</td><td>20</td><td>0.06</td><td>0.3</td><td>0.22</td><td>11.6</td><td></td><td></td></tr>
<tr><td>6</td><td>淋浴</td><td>20</td><td></td><td>0.95</td><td></td><td>19</td><td></td><td></td></tr>
<tr><td>7</td><td>超市</td><td>2</td><td>1</td><td></td><td></td><td>2</td><td></td><td></td></tr>
<tr><td>8</td><td>总计</td><td></td><td></td><td></td><td></td><td>103.4</td><td>83.8</td><td></td><td>33</td><td>26</td><td>22.5</td><td>81.5</td><td>89.7</td><td>12</td></tr>
</table>

中水量平衡图如图 1 所示。

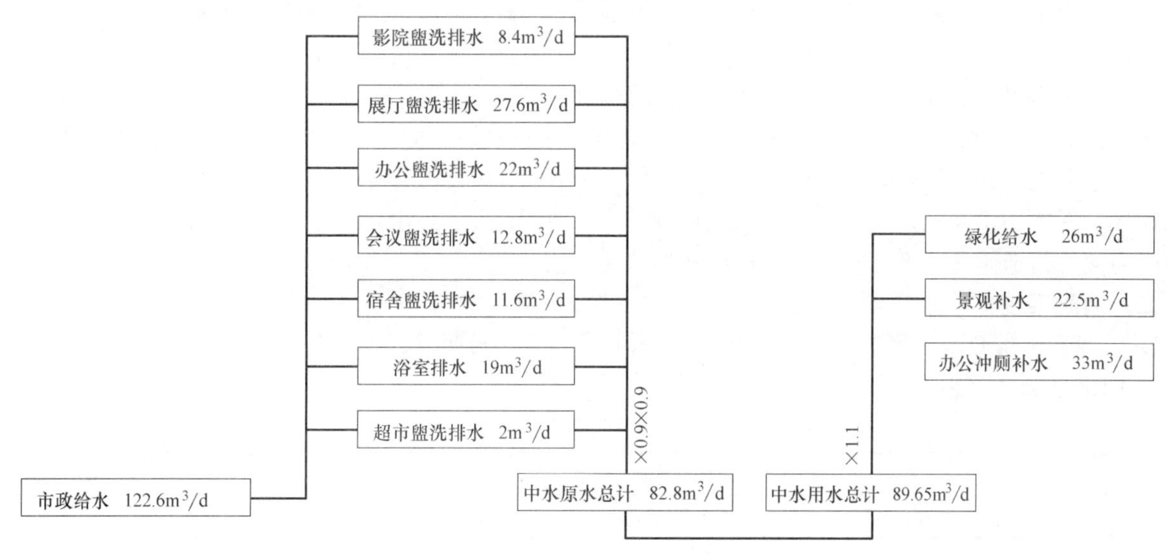

图 1　中水量平衡图

3. 系统竖向分区：供水系统采用中水水池—恒压变频供水设备—各配水点的方式供水。地下室生活泵房内设置 45m³ 储水池（不锈钢材质）一座。恒压变频供水设备一套。

4. 水处理工艺流程：中水处理工艺采用一段式生物接触氧化工艺，中水机房在总体绿化带内埋地建造。水处理工艺流程如图 2 所示。

（四）排水系统

1. 排水系统体制：室内生活污废水采用分流制，并设置专用通气管系统。室外生活污废水和雨水采用分流制，生活洗涤废水收集处理后用作办公楼的冲厕用水，绿化浇灌和景观补水。生活污水收集后经化粪池预处理后排入市政污水管网。最高日污水排放量约为 247.1m³/d。

2. 局部污水处理设施：地下车库地面排水至沉砂隔油池，经沉砂隔油处理后由潜污泵提升至室外污水检

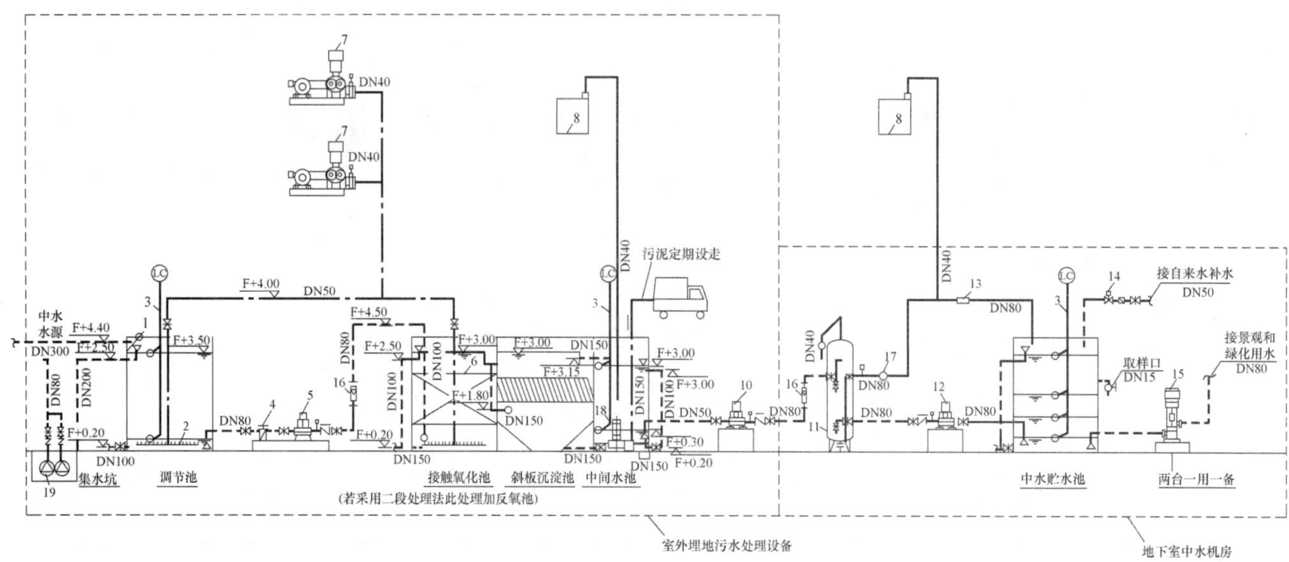

图 2　水处理工艺流程

查井。厨房废水经二级隔油处理后（污水先经用水器具自带的隔油器处理后再排至隔油池处理）排入室外排水系统。

3. 管材：室内排水管采用建筑排水硬聚氯乙烯排水管及配件，承插粘接连接。室外埋地排水管采用 HDPE 承插式双壁缠绕管，双峰式弹性密封圈单向承插连接。污水潜水泵出水管采用公称压力不小于 1.0MPa 的内壁涂塑的钢塑复合管及配件，管径大于等于 *DN*100 时采用法兰连接，管径小于 *DN*100 时采用丝扣连接。餐饮厨房及预埋在地下室底板内的排水管、雨水管均采用柔性接口排水铸铁管，承插法兰连接，管材应为离心铸造工艺成型，管件应为机压砂型铸造成型。

二、消防系统

1. 水源：由市政给水管引入一根 *DN*300 给水管，经水表计量后供室内外消防用水。

2. 用水量标准（表 4）

消防用水量　　　　**表 4**

消防设施	消防用水量				火灾延续时间	一次消防用水量
	办公、宿舍	地下车库	库房	高大净空场所		
室外消火栓灭火系统	30L/s				3h	324
室为消火栓灭火系统	30L/s				3h	324
自动喷水灭火系统	21L/s	30L/s	70L/s	80L/s	2h	504
消防水炮				60L/s	1h	216
自动扫描高空水炮灭火系统				20L/s	1h	72
消防总用水量	30+30+80=140L/s					
消防水池有效容积	324+324+504=1152m³					
备注	*H*>18m 大厅、中庭设置消防水炮、高空水炮用来代替自动喷淋					

消防储水量：地下室设 1200m³ 消防水池一座，屋顶设 60m³ 消防水箱（由当地消防处要求）。

(一) 消火栓系统

1. 室外消火栓采用低压稳压消防给水系统，系统由消防水池、室外消火栓加压泵和稳压泵及室外埋地式消火栓组成。

2. 室内消火栓采用临高压消防给水系统，一层及一层以下消火栓采用减压稳压消火栓，出口动压不大于 0.5MPa。

3. 室内消火栓系统配一套泄压阀，设定压力为 0.88MPa，并设有两套 *DN*150 地下式水泵接合器。

4. 管材：室内消防管管径大于等于 *DN*100 采用无缝钢管（内外热镀锌）及配件，沟槽连接，管径小于 *DN*100 采用热镀锌钢管及配件，丝扣连接。室内消防管道公称压力不小于 1.60MPa，室外埋地消防管采用公称压力不小于 1.0MPa 的给水球墨铸铁管及配件，管内壁涂水泥砂浆，承插或法兰连接。

（二）自动喷水灭火系统

1. 自动喷水灭火系统采用临高压给水系统，展厅、影院、办公、宿舍、餐厅、厨房、库房、地下车库等公共活动场所（建筑面积小于 $5m^2$ 的卫生间和不宜用水扑救部位除外）均设自动喷水灭火系统进行保护。

2. 系统用水量（表 5）

自动喷水灭火系统用水量　**表 5**

设置部位	火灾危险等级	喷水强度	作用面积	备注
展厅	中危险Ⅱ级	$12L/min^2$	$300m^2$	非仓库类高大净空场所(8～12m)
大厅、影剧院、中庭	中危险Ⅰ级	$6L/min^2$	$260m^2$	非仓库类高大净空场所(8～12m)
地下车库	中危险Ⅱ级	$8L/min^2$	$160m^2$	$<8m$
宿舍、办公等	中危险Ⅰ级	$6L/min^2$	$160m^2$	$<8m$
临展库房、材质库房	仓库危险Ⅱ级	$16L/min^2$	$200m^2$	堆垛储物高度 4.5～6m
说明：$H>18m$ 大厅、中庭、巨幕影院设置消防防水炮、高空水泡用夹代替自动喷淋				

3. 系统共设置 14 组湿式报警阀，每个报警阀组控制喷头数不超过 800 个。

4. 管材：室内消防管管径大于等于 *DN*100 采用无缝钢管（内外热镀锌）及配件，沟槽连接，管径小于 *DN*100 采用热镀锌钢管及配件，丝扣连接。室内消防管道公称压力不小于 1.60MPa，室外埋地消防管采用公称压力不小于 1.0MPa 的给水球墨铸铁管及配件，管内壁涂水泥砂浆，承插或法兰连接。

（三）大空间自动灭火系统

高度大于 18m 的中庭、巨幕影院、球幕影院设置大空间自动射水灭火装置（替代自动喷水灭火系统），系统水炮设计同时开启个数最大为 4 个，射水器流量大于 5L/s，水炮出口工作压力为 0.6MPa。

（四）自动消防炮灭火系统

入口大厅、巨幕影院门厅设置带雾化功能的自动消防炮灭火系统进行保护。水炮设计同时有两股水柱到达保护区内的任一点，射水器流量大于 30L/s，水炮出口工作压力为 0.8MPa。

（五）气体灭火系统

地下一层变电站 1、变电站 2、变电所 3 采用有管网气体灭火系统（组合分配系统），一层控制室、网络机房、弱电机房、二层弱电机房及三层网络信息管理机房采用无管网预制柜式气体灭火系统。

三、设计特点或难点

北方地区的项目设计需考虑当地的地理和气候特点。沈阳当地冬季严寒（最低在−20℃左右），屋面天沟采用电伴热等融雪方式；屋顶消防水箱应做保温，室外明露的给水排水管道均设置冬季排空设施。屋顶太阳能系统灌注工质为防冻液，并有排空防冻系统。

沈阳地区冻土线约为−1.40m，故室外给水排水消防管道敷设于冻土线以下，室外消火栓采用地下式。地下室中水处理机房和生活消防泵房设置专用值班采暖系统。考虑地下车道上方明露喷淋管道有防冻要求，此处设计为预作用系统，以免冬季室外冻结。

四、工程照片

虹桥公共服务中心大楼

设计单位：华东建筑设计研究总院
设 计 人：许栋　徐扬　顾春柳
获奖情况：公共建筑类　三等奖

工程概况：

本项目位于上海市闵行区虹桥交通枢纽综合开发区域内，基地东临 SN3 路，SN3 路下为虹桥交通枢纽西交通中心停车库，此停车库西侧有约 18m 宽，81m 长的天井及其挡土墙区域进入本项目用地红线内，天井主要用于西交通中心停车库的自然采光和通风。地块西侧为城市公共绿地，绿地下是规划的城市公共停车库，北临 EW 3/4 路，南临 EW 四路。总建筑面积为 28428.9m^2，建筑高度 42.550m，地下共 2 层，地上共 8 层，容积率 2.19。

各层建筑功能为：地下二层主要为车库兼人防及设备用房；地下一层主要为食堂大厅、厨房、设备用房以及车库；一层主要为公共事务大厅、入口大厅以及展示厅；二层主要为信息设备机房、交警总控机房、公共调度及道路交通设备机房、多功能厅、休息前厅以及会议室；三层主要为运行管理大厅、应急指挥中心、行政机房呼叫中心、信息设备机房、信息后台工作室以及培训室；四至七层主要为开敞办公；八层主要为办公、休息、会议室。

应业主要求，本项目以达到《绿色建筑评价标准》GB/T 50378—2006）中“绿色三星建筑”要求进行设计建设，并建成其所在区域内的第一栋低碳示范建筑，因此在给水排水设计中更多地融入“节能”、“绿色”、“环保”等各方面的理念。现在本项目已获“绿色三星建筑设计”标识证书。

一、给水排水系统

(一) 给水系统

1. 冷水用水量（表 1）

冷水用水量　　表 1

序号	用水类别	最高日用水定额	数量	使用时间(h)	时变化系数	最高日用水量(m^3/d)	平均小时用水量(m^3/h)	最大时用水量(m^3/h)
1	办公	50L/人	500 人	8	1.5	25	3.1	4.7
2	餐厅	25L/人次	750 人次	8	1.5	18.8	2.3	3.5
3	绿化	3L/m^2	2500m^2	8	1	7.5	1	1
4	道路浇洒	3L/m^2	6730m^2	8	1	20.2	2.5	2.5
5	水景补水	3%的循环水量	65m^3	8	1	2.0	0.3	0.3
6	小计					73.5	9.2	12.0
7	未预见水量	小计的 10%				7.4	0.9	1.2
8	合计					80.9	10.1	13.2

本工程最高日用水量约为 80.9m^3/d，最大时用水量约 13.2m^3/h。

2. 水源：两路 *DN*300 给水总管分别从北面 EW3/4 路和东面 SN3 路的市政给水管道上接入，经消防水表计量后，在总体上形成消防给水管网，作为本工程的消防用水水源。从 EW3/4 路引入管上另接入一根 *DN*150 的接驳管，经生活水表计量后，作为本工程的生活用水水源。基地周围市政给水管网最低供水压力为 0.16MPa。

3. 系统竖向分区：室外给水进入地下二层生活水泵房内的生活蓄水池后，由变频水泵组加压供给各层生活用水和屋顶 21m^3 的屋顶绿化和消防合用水箱补水，竖向采用减压阀进行分区，一层～四层为中区，五层～屋顶层为高区，整个给水系统的每个分区的给水压力维持在 0.15～0.45MPa。

4. 供水方式及给水加压设备：地下一层厨房、卫生间生活用水、雨水回用清水池补水和地下二层生活蓄水池补给水为低区，利用市政给水管网压力直接供水。一层以上采用水池－变频水泵供水方式。

5. 管材：给水管采用薄壁不锈钢管及管件，环压连接。

（二）热水系统

大楼热水采用集中热水供应系统，热水系统分区及供水方式同给水系统。低区热水系统采用商用容积式燃气热水器供地下一层厨房和卫生间用生活热水。中区、高区系统采用太阳能热水系统加辅助电加热，集热系统采用强制循环、间接加热的方式加热，与辅助电加热器分置，在屋顶集中设太阳能集热器 82m^2，天气晴好情况下，直接式太阳能系统每日提供 60℃热水 5t，在地下二层太阳能设备机房内设集热循环泵，并设中区闭式集热水罐（容积 450L）的三台，商用容积式电热水器（容积 455L，N=30kW）两台，高区闭式集热水罐（容积 450L）四台，商用容积式电热水器（容积 455L，N=24kW）三台，热水系统均采用机械循环以确保系统内热水水温。

热水管、热水回水管采用薄壁不锈钢管及管件，环压连接。

（三）雨水收集利用系统

屋面雨水经虹吸雨水排水系统收集后，经设在室外总体上的雨水安全分流井、弃流装置和复合流过滤器过滤后，通过管道汇入雨水蓄水池，利用水泵加压提升至雨水处理系统，经过滤、加氯消毒等简单处理后排入清水池，最后通过雨水回用变频水泵加压后，供给总体及地下车库地面冲洗、总体道路浇洒、绿化微灌用水。在地下一层雨水回用水处理机房内设置不锈钢雨水蓄水池，有效容积为 164m^3。增压水泵、混凝加药装置、全自动反应器、石英砂过滤器、反冲洗泵、消毒加药装置等，雨水处理水量为 Q=5m^3/h。不锈钢雨水清水池，有效容积为 50m^3。

雨水回用水质符合《城市污水再生利用 城市杂用水水质》GB/T 18920—2002 标准的规定。由于降雨的不确定性，为保证给水供应，在回用水箱上设置自来水补水装置，不足部分由城市自来水补充。

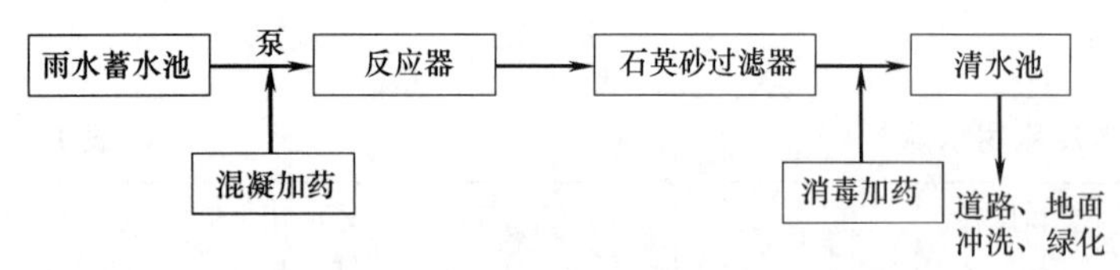

图 1 雨水处理工艺流程

回用水源选用屋面优质雨水排水。

本着效果可靠、节省投资及方便操作的原则，本项目选择了次氯酸钠消毒剂。加药装置为自动控制，由系统电控柜统一控制，正常条件下与过滤器过滤过程联动。雨水处理工艺流程如图 1 所示：

雨水回用给水管采用钢塑复合管及配件，丝扣连接。

（四）排水系统

1. 排水系统的形式：室内排水采用污、废水分流制，屋面采用虹吸雨水排水系统单独排放。

2. 透气管的设置方式：排水系统中设有专用通气立管，公共卫生间排水管增设环形通气管，以改善室内排水条件，降低噪声。

3. 采用的局部污水处理设施：地下车库排水经隔油、沉沙由分散设置在集水井中的潜水泵加压后排至室外。餐厅厨房排水经隔油处理后排至室外污水管。

4. 管材：排水管除埋于地下室底板内的采用离心浇铸铸铁管及配件，承插橡胶圈法兰连接外，其他采用硬聚氯乙烯（PVC-U）管及管件，承插粘接。厨房排水管采用耐高温排水塑料管。潜水排水泵出口段管道、消防排水管，管径小于 *DN*100 采用热镀锌钢管及配件，丝扣连接；管径小于等于 *DN*100 采用无缝钢管，热浸镀锌，沟槽式机械配件连接或局部法兰连接。屋面虹吸雨水排水系统雨水管采用 HDPE 管及配件。

二、消防系统

（一）消火栓系统

采用临时高压给水系统，消火栓泵设置于地下一层消防水泵房内，水泵直接从消防管网上吸水，在大楼各层均布消防箱，箱内设 *DN*65 消火栓，*DN*65×25m 消防水带，*DN*19 水枪，*DN*25×25m 消防卷盘，消防水泵启泵按钮及 5kg 磷酸铵盐干粉灭火器三具，以保证两股消火栓出水的充实水柱到达室内任何一点。整个系统管道呈环状布置，系统内消火栓出口处动压超过 0.5MPa 采用减压稳压消火栓，屋顶设屋面绿化消防合用水箱，其中含 $18m^3$ 消防水量。室内消火栓系统在室外总体上设置两套水泵接合器。

（二）自动喷水灭火系统

采用临时高压消防给水系统，喷淋泵和增压设备设置于地下一层消防水泵房内，水泵直接从消防管网上吸水，在公共走道、消防前室以及地下室车库等公共场所均设自动喷淋灭火系统。在本大楼内除小于 $5m^2$ 卫生间和不宜用水扑救的场所外均设置自动喷水灭火系统。整个系统设置湿式报警阀组 6 套，湿式报警阀组集中设置在地下一层消防水泵房内，每组报警阀控制喷头数不大于 800 个，每组报警阀最不利处设置末端试水装置，其他防火分区、楼层最不利处均设置 *DN*25 试水阀。按防火分区、楼层设置水流指示器和信号阀。喷头动作温度（除厨房、燃气热水器间 93℃外）均采用 68℃。喷头均采用快速响应型。湿式自动喷水灭火系统在室外总体上设置水泵结合器两套。

在三层运行管理大厅、应急指挥中心采用预作用灭火系统，按中危险Ⅱ级设计，设计喷水强度为 $8L/(min \cdot m^2)$，作用面积为 $160m^2$，预作用灭火系统设计水量为 30L/s。预作用灭火系统水源由湿式自动喷水灭火系统供给。共设置预作用阀组一套。

（三）气体灭火系统

在二层公交调度机房、道路交通设备机房、交通总控机房、二层和三层信息设备机房、电源室均采用七氟丙烷气体灭火系统，采用组合分配全淹没方式，为管网灭火系统。气体的设计灭火浓度为 8%～9%，系统的喷放时间不应大于 8s。系统采用自动和手动控制功能，并有具备应急操作控制系统，为 1 套系统，6 个防护单元。三层运行管理大厅大屏幕后的设备间、七层加密机房、机要间（档案室）采用七氟丙烷气体灭火系统，采用预制灭火系统。

（四）大空间智能型主动喷水灭火系统

因底层中庭净空高度大于 12m，按消防要求，在该处设置大空间智能型主动喷水灭火系统，系统设计水量为 10L/s。水源由自动喷水灭火系统供给。

三、设计及施工体会或工程特点介绍

（一）屋面雨水收集和排放

由于本项目按绿色建筑三星设计，要求办公类建筑的非传统水源利用率不低于 20%，所以本项目采用了雨水回用系统，收集屋面雨水作为雨水回用水源。然而由于基地场地特殊，基地东北侧为西交通广场车库，有约 18m 宽，81m 长的天井及其挡土墙区域进入本项目用地红线内，天井主要用于西交通中心停车库的自然采光和通风，与本项目地下二层连通，基地西侧为下沉式集中绿化，与本项目地下一层连通（详见图 2 剖面所示），而供本工程接驳的市政雨水窨井标高远远高于下沉区域的地面标高，所以屋面雨水无法多点分散地直接排至室外埋地雨水管道，再通过重力流排入安全分流井中，屋面雨水管必须在建筑物内靠近室外安全分流井的位置集中后，排入室外雨水安全分流井中，最终将弃流的雨水重力流排入市政雨水管网。如采用传统的屋面雨水重力流的方式，由于其雨水悬吊管要设置坡度，势必影响建筑净高，所以设计采用了虹吸式屋面雨水排水系统，它具有悬吊管无需坡度、对同样的雨水排水量排水管管径小于重力流排水系统的优点，减少对建筑净高的影响。本项目年均可收集屋面雨水量为 2326m³。

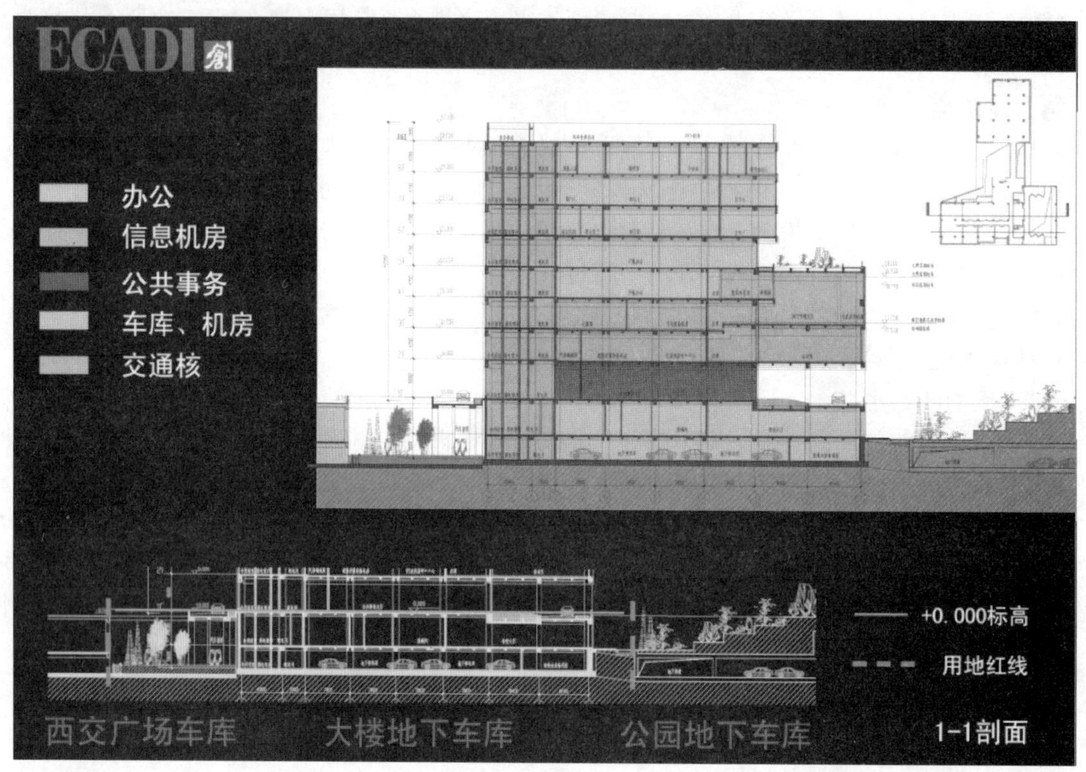

图 2　剖面图

（二）雨水利用

屋面雨水经屋面虹吸雨水排水系统收集后，经设在室外总体上的雨水安全分流井、弃流装置和复合流过滤器过滤后，通过管道汇入雨水蓄水池，利用水泵加压提升至雨水处理系统，经过滤、加氯消毒等简单处理后排入清水池，最后通过雨水回用变频水泵加压后，供给总体及地下车库地面冲洗、总体道路浇洒、绿化微灌、水景用水。本项目的雨水的回用率为 24.1%，满足《绿色建筑评价标准》GB/T 50378—2006 中，办公类建筑的非传统水源利用率不低于 20%的要求。

（三）太阳能热水系统

采用太阳能热水系统加辅助电加热，集热系统采用强制循环、间接加热的方式加热，与辅助电加热器分置，在屋顶集中设太阳能集热器 82m²，天气晴好情况下，直接式太阳能系统每日提供 60℃热水 5t，在地下二层太阳能设备机房内设集热循环泵，并设中区闭式集热水罐（容积 450L）的三台，商用容积式电热水器（容积 455L，N=30kW）两台，高区闭式集热水罐（容积 450L）四台，辅助容积式电热水器（容积 455L，N=36kW）两台，热水系统均采用机械循环以确保系统内热水水温。本项目的太阳能热水系统产生的热水量占整个建筑生活热水消耗量的 44.1%，达到《绿色建筑评价标准》GB/T 50378—2006）中，可再生能源产生的热水量不低于建筑生活热水消耗量的 10%的要求。

（四）程序自动控制绿地灌溉

采用程控型绿地微灌系统等节水技术，提高绿地的养护质量。通过湿度传感器或根据气候变化的调节控制器，按预先设定的程序自动控制绿地灌溉。比地面漫灌要省水30%～50%的用水，流量小，每次灌水的时间较长，使植物都能获得相同的水量，灌水均匀度较高，提供了最佳的土壤湿度。地表不产生积水和径流，不破坏土壤结构，土壤中的养分不易被淋溶流失。

（五）预作用灭火系统

三层运行管理大厅、应急指挥中心设有大型的监控显示屏和监控设备，为防止管道漏水或误喷造成水渍损失，在三层运行管理大厅、应急指挥中心采用预作用灭火系统。

（六）大空间智能型主动喷水灭火系统

因中庭净空高度大于12m，按消防要求，在该处设置大空间智能型主动喷水灭火系统，其具有定位精确、灭火效率高、保护面积大、响应速度快的特点。

（七）洁净气体灭火系统

在二层公交调度机房、道路交通设备机房、交通总控机房、二层和三层信息设备机房、电源室均采用七氟丙烷气体灭火系统。七氟丙烷气体灭火系统灭火效率高，对单一的保护空间而言灭火剂用量少；灭火剂存放的安全性好；单一系统相对占地面积小，重量轻。

（八）塑料窨井的应用

部分区域地下室外墙至红线仅有5m的空间安放各类总体管线，因此我们在设计中采用了塑料窨井，既方便了施工，又满足了环保要求，没有采用砖砌窨井。

四、工程照片

实景图1

实景图2

太阳能热水机房实景图

屋顶层太阳能集热板 1

屋顶层太阳能集热板 2

雨水处理机房实景图

中庭太空间智能型主动喷水灭火装置

哈西万达商业广场

设计单位： 哈尔滨工业大学建筑设计研究院
设 计 人： 米长虹　刘守勇　刘杨　孔德骞　于家宁
获奖情况： 公共建筑类　三等奖

工程概况：

哈西万达广场位于黑龙江省哈尔滨市南岗区。包括五星级酒店、高级百货、国际连锁超市、室内外商业步行街、电影城、5A写字楼、高级住宅等业态，是集购物、餐饮、文化、娱乐多种业态于一体的大型城市综合体。总规划用地面积18.66万m^2，规划总建筑面积约86万m^2，场区分为东、西两个地块。西地块由购物中心、室内外商业步行街、餐饮酒楼娱乐、影视城、超市、商务酒店、住宅、商铺等组成；东地块由五星级酒店、写字楼、住宅、及配套公建组成。其中西地块49.02万m^2。东地块37.24万m^2。室内外高差为0.20m。

西区商业综合体（包括购物中心、室内外商业步行街、餐饮酒楼娱乐、影视城、超市、商务酒店）地上四层，地下二层，地下室主要功能为车库、商业、超市、设备用房及配套房间，综合商业体建筑高度21.20m。商务酒店地上九层，商务酒店建筑高度37.30m。住宅区住宅楼一、二层为商业服务网点，地下一层为人防，人防上空设管道夹层，层高为2.1m，总建筑高度92.20～98.10m，建筑类别为一类高层住宅，耐火等级为一级。公建区写字楼地上26层，一～二层局部商业。两栋SOHO公寓地上30层，一～二层局部商业。总建筑高度93.30～98.40m，为一类高层建筑，耐火等级为一级。五星级酒店地上20层，地下二层。建筑一层为酒店大堂，二层为餐饮，三层为宴会厅，四层为SPA馆，五层以上为客房，地下一层为车库，地下二层为管理用房，建筑总高度为91.30m（至20层屋面），为一类高层建筑，耐火等级为一级。本工程如图1所示。

一、给水排水系统

外网现状和建设单位的要求：市政生活给水供水压力为0.15～0.20MPa。市政周边生活给水管道为环状供水管网，东西地块分别引入两根*DN*250给水管至本工程，设置倒流防止装置后，形成环状供水管网。在此环状供水管网上设置室外消火栓。车库及外铺利用市政压力直接供水。

建设单位要求本工程在建筑物内分别设置生活水箱和水泵。共设置以下8处：

A：大型百货设置一个生活给水箱间，供应大型百货生活用水。100m^3不锈钢水箱。（西区）

B：超市设置一个生活给水箱间，供应超市生活用水。150m^3不锈钢水箱。（西区）

C：大商业物业设置一个生活给水箱房，供应室内步行街、娱乐广场、物业的生活用水。（西区）

D：商务酒店设置一个生活给水箱房，供应商务酒店的生活用水。（西区）

E：五星级酒店设置一个生活给水箱房，供应酒店的生活用水。（东区）

F：写字楼设置一个生活给水箱房，供应写字楼的生活用水。（东区）

G：住宅设置一个生活给水箱房，供应住宅生活用水。（东区）

H：公寓设置一个生活给水箱房，供应公寓的生活用水。（东区）

图 1 哈西万达商业广场

(一) 给水系统

1. 生活给水系统水源：市政生活给水供水压力为 0.15～0.20MPa。市政周边生活给水管道为环状供水管网，供水管道敷设于和谐路，哈西大街，中兴大街，南兴街上。供水管线 *DN*300～*DN*500，埋深 2.5m。东西地块分别引入两根 *DN*250 给水管至本工程，设置倒流防止装置后，在项目用地红线内形成环状供水管网。加大项目生活用水可靠性。

2. 系统竖向分区：根据业态的分布要求设置给水系统，可分为：超市系统、百货系统、写字楼系统、酒店系统、综合商业系统，各系统单独向自来水公司交费。未单独立户的主力店的用水均由商业合用系统供给，其水费交给商业物业公司。写字楼的用户水费交给物业公司。写字楼系统生活给水做竖向分区，J1 区 1～10 层；J2 区 11～20 层；J3 区 21～30 层。酒店生活给水系统做竖向分区，J1 区 1～4 层；J2 区 5～10 层；J3 区 11～15 层；J4 区 16～20 层。

3. 给水水量（表 1～表 4）

综合商业生活给水水量　表 1

项目	建筑功能	人数/面积	用水量标准		使用时数(h)	小时变化系数 K_h	最高日用水量(m^3/d)	最大时用水量(m^3/h)	最大时平均流量(L/s)
			单位用水定额	用水定额单位					
联合发展业态	万达院线	2506	5	L/(人·次)	3	1.5	12.5	6.3	1.7
	大歌星 KTV	1850	15	L/(人·次)	16	1.3	27.8	2.3	0.6
	大玩家　电玩	800	15	L/(人·次)	16	1.3	12.0	1.0	0.3
其他业态	酒楼(中餐)	900	60	L/(人·次)	10	1.5	54.0	8.1	2.3
	儿童城	750	15	L/(人·次)	8	1.5	11.3	2.1	0.6
	零售	2900	7	L/(m^2·d)	12	1.5	20.3	2.5	0.7
	娱乐	439	15	L/(人·次)	12	1.5	6.6	0.8	0.2

续表

项目	建筑功能	人数/面积	用水量标准		使用时数(h)	小时变化系数 K_h	最高日用水量(m^3/d)	最大时用水量(m^3/h)	最大时平均流量(L/s)
			单位用水定额	用水定额单位					
步行街	步行街餐饮	37200	20	L/(人·次)	12	1.5	744.0	93.0	25.8
	步行街(非餐饮)	25200	7	L/(m^2·d)	12	1.5	176.4	22.1	6.1
	商管用房	200	30	L/(人·班)	10	1.2	6.0	0.7	0.2
	地下车库	52000	2	L/(m^2·次)	4	1.0	104.0	26.0	7.2
其他功能用房	员工食堂	1350	25	L/(人·次)	12	1.5	33.75	4.2	1.2
	非机动车库		2	L/(m^2·次)	4	1.0			
其他	大商业								
	商业制冷机房	8	5	m^3/h	8	1.0	40	5.0	1.4
	商业冷却塔	8	60	m^3/h	8	1.0	480	60.0	16.7
	未预见水量	10%					172.9	23.4	
	总计						1901.4	257.5	71.5

百货生活给水水量 **表 2**

项目	建筑功能	人数/面积	用水量标准		使用时数(h)	小时变化系数 K_h	最高日用水量(m^3/d)	最大时用水量(m^3/h)	最大时平均流量(L/s)
			单位用水定额	用水定额单位					
联合发展业态	万达百货	1.0	200.0	m^3/d	12.0	1.0	200.0	16.7	4.6
百货用水量按照任务书要求									
其他	百货								
	万千百货制冷机房	10.0	1.4	m^3/h	10.0	1.0	14.0	1.4	0.4
	万千百货冷却塔	10.0	25.0	m^3/h	10.0	1.0	250.0	25.0	6.9
	未预见	10%					46.4	4.3	
	总计						510.4	47.4	13.2

超市生活给水水量 **表 3**

项目	建筑功能	人数/面积	用水量标准		使用时数(h)	小时变化系数 K_h	最高日用水量(m^3/d)	最大时用水量(m^3/h)	最大时平均流量(L/s)
			单位用水定额	用水定额单位					
待定业态	超市	1.0	250.0	m^3/d	12.0	1.0	250.0	20.8	5.8
超市用水量按照任务书要求									
其他	超市								
	超市制冷机房	8.0	1.4	m^3/h	10.0	1.0	11.2	1.1	0.3
	超市 冷却塔	8.0	12.8	m^3/h	10.0	1.0	102.4	10.2	2.8
	未预见水量	10%					36.4	3.2	
	总计						400.0	35.4	9.8

酒店生活给水水量 表 4

建筑类别	用水人数		给水定额 (L)		小时变化系数	运作时间 (h)	最高日用水量 (m^3/d)	最大小时用水量 (m^3/h)
SPA 区	0	人	200	L/(人·d)	1.5	16	0.0	0.0
健身、跳操	57	人	40	L/(人·次)	1.5	16	2.3	0.2
美容美发	41	人	40	L/(人·次)	2.0	12	1.7	0.3
游泳池补水	360		10%	池水容积	1.0	16	36.0	2.3
宴会厅	800	人	50	L/(人·次)	1.2	13	40.0	3.7
会议室	533	人	8	L/(人·次)	1.5	13	4.3	0.5
会见厅	25	人	6	L/(人·次)	1.5	8	0.2	0.0
中餐厅-大厅	148	人	50	L/(人·次)	1.5	10	7.4	1.1
中餐厅-包房	528	人	50	L/(人·次)	1.5	10	26.4	4.0
风味餐厅-大厅	131	人	50	L/(人·次)	1.5	10	6.6	1.0
风味餐厅-包房	528	人	50	L/(人·次)	1.5	10	26.4	4.0
大堂吧	94	人	15	L/(人·d)	1.5	16	1.4	0.1
全日餐厅	818	人	50	L/(人·次)	1.5	8	40.9	7.7
红酒吧	368	人	10	L/(人·次)	1.5	10	3.7	0.6
员工餐厅	230	人	25	L/(人·次)	1.5	9	5.8	1.0
洗衣房	1622	kg 干衣	60	L/(kg 干衣·d)	1.2	12	97.3	9.7
员工	468	人	100	L/(人·d)	2.5	24	46.8	4.9
客房	406	人	400	L/(人·d)	2.5	24	162.2	16.9
空调补水					0.4	12.0	100.0	3.3
车库冲洗	25	洗车数	30	L/(辆·次)			2.7	
绿化灌溉	1000	—	8.0	L/(m^2·次)	1.0	2.0	8.0	4.0
合计	—	619.9	61.1					
未预见水量 10%	—						62.0	6.1
总计	—						681.9	67.2

4. 供水方式及给水加压设备：生活给水系统采用枝状供水。百货、超市、综合商业分别设置生活水箱及一套变频供水设备，每套供水设备采用三台水泵。写字楼公寓楼给水系统设置生活水箱及三套变频供水设备，每套供水设备采用两台水泵。酒店给水系统设置生活水箱及四套变频供水设备，每套供水设备采用三台水泵。

5. 管材：五星级酒店室内生活给水管采用薄壁不锈钢管 304（0Cr18Ni9），卡压连接，埋墙时焊接，水泵房内管道均采用法兰连接。

其他生活给水干管采用内涂塑钢管 PP-S，管径小于等于 50mm，丝接，管径大于 50mm，卡箍连接；生活给水支管采用 PP-R（S4.0）给水塑料管，热熔连接。

（二）热水系统

1. 热水用水量（表 5、表 6）

购物中心热水量 表 5

建筑功能	人数/面积	单位最高日生活用水定额(L)	使用时数(h)	小时变化系数 K_h	最高日用水量(m^3/d)	最大时用水量(m^3/h)
室内步行街	44300	2.5	12	1.50	110.75	13.84
商管用房淋浴间	200	50.0	10	1.50	10.00	1.50
未预见水量	0				12.08	1.53
总计					132.83	16.88

酒店热水用水量 表 6

建筑类别	用水人数	给水定额(L)	小时变化系数	运作时间(h)	最高日热水量(m^3/d)	最大小时热水量(m^3/h)
健身	57	20	1.5	16	1.1	0.1
美容	41	20	2.0	12	0.8	0.1
宴会厅	800	20	1.2	13	16.0	1.5
会议室	559	2	1.5	13	1.1	0.1
餐厅	1096	20	1.5	10	21.9	3.3
餐厅-包房	1055	20	1.5	10	21.1	3.2
大堂吧	463	5	1.5	16	2.3	0.2
员工餐厅	230	20	1.5	9	4.6	0.8
员工	462	50	2.5	24	23.1	2.4
塔楼低区客房	163	150	3.3	24	24.4	3.4
塔楼中区客房	135	150	3.3	24	20.3	2.8
塔楼高区客房	108	150	3.3	24	16.2	2.2
合计					152.9	20.1
未预见 10%					15.3	2.0
总计					168.2	22.1

2. 热水系统

酒店设集中热水系统，热水系统分区与给水系统分区一致：分四个区：裙楼（B1～4 层），塔楼低区（5～10 层），塔楼中区（11～15 层），塔楼高区（16～20 层）。热水由容积式热交换器加热并储存，储热量不小于 45min 小时耗热量。每区设独立供水管、热交换器及热水膨胀罐，系统设回水管和循环水泵，保证热水配水温差小于 5 度。热媒为蒸汽，由蒸汽锅炉房供热。

购物中心热水系统，采用太阳能热水系统，步行街公共卫生间及商管用房的淋浴间设置集中热水供给，热水供应为全循环系统。供水温度 60℃，水质满足用水要求。购物中心最高日热水用水量为 133 m^3。建设单位要求，太阳能系统设一个储热水箱，储水 20m^3。太阳能系统采用定温放水，水满温差循环，电辅助加热系统。当太阳能不足时，通过辅助加热系统加热供热水箱内部的水；并通过太阳能向水箱补水的方法，既实现了优先和充分利用太阳能源，又保证热水供应。

写字楼公寓卫生间洗手盆，淋浴及住宅卫生间洗手盆及淋浴器，采用局部电加热系统，在洗手盆、淋浴器附近设小型电热水器，以最短距离供应热水。

3. 管材：酒店部分：室内生活热水管采用薄壁不锈钢管 304（0Cr18Ni9），卡压连接，埋墙时焊接，水泵房内管道均采用法兰连接。购物中心及其他公共区部分：生活热水给水干管立管采用内涂塑钢管 PP-S，管径小于等于 *DN*50 为丝接，管径大于 *DN*50 为卡箍连接，支管采用 PP-R（S3.2）塑料热水给水管，熔接。

（三）中水系统

建设单位要求按申报绿色运营酒店相关技术指标进行设计。为满足建设单位绿色建筑申报要求，本工程选择设计应用前景好，便于普及设计应用的中水系统。

1. 中水源水量、中水回用水量及水量平衡

本工程中水系统水源以塔楼优质杂排水（盥洗排水）作为中水水源，处理后的中水回用于楼宇冲厕，车库冲洗等。

1）中水原水量：$Q_y = \sum aBbQ = 0.70 \times 0.80 \times 162.2 \times 0.65 = 59.04 m^3/d$

中水回用水量=50.67m³/d。

中水水量平衡计算见表 7。

中水水量平衡计算　　表 7

用水项目	最高日用水量（m³/d）	冲厕用水量（m³/d）	沐浴用水量（m³/d）	盥洗用水量（m³/d）	备注	平均日用水量(最高日×0.7)(m³/d)
SPA 区	0.0	0.00	0	0.0	冲厕:20%,沐浴:50%,盥洗:30%	0.00
健身	2.3	0.46	1.14	0.7	冲厕:20%,沐浴:50%,盥洗:30%	1.60
美容美发	1.7	0.25	—	1.4	冲厕:15%,盥洗:85%	1.16
宴会厅	40.0	2.00	—	38.0	冲厕:5%,厨房:95%	28.00
会议室	4.3	2.56	—	1.7	冲厕:60%,盥洗:40%	2.99
会见室	0.2	0.09	—	0.1	冲厕:60%,盥洗:40%	0.11
员工	46.8	7.02	23.4	16.8	冲厕:15%,沐浴:50%,盥洗:36%	32.76
中餐厅-大厅	7.4	0.37	—	0.2	冲厕:5%,厨房:92%, 盥洗:3%	5.16
中餐厅-包房	26.4	1.32	—	0.8	冲厕:5%,厨房:92%, 盥洗:3%	18.46
风味餐厅-大厅	6.6	0.33	—	0.2	冲厕:5%,厨房:92%, 盥洗:3%	4.59
风味餐厅-包房	26.4	1.32	—	0.8	冲厕:5%,厨房:92%, 盥洗:3%	18.46
大堂吧	1.4	0.07	—	0.0	冲厕:5%,厨房:92%, 盥洗:3%	0.99
全日餐厅	40.9	2.04	—	1.2	冲厕:5%,厨房:92%, 盥洗:3%	28.61
红酒吧	3.7	0.18	—	0.1	冲厕:5%,厨房:92%, 盥洗:3%	2.57
会所	0.0	0.00	—	0.0	冲厕:60%,盥洗:40%	0.00
员工餐厅	5.8	0.29	—	0.2	冲厕:5%,厨房:92%, 盥洗:3%	4.03
客房	162.2	24.34	81.12	56.8	冲厕:15%,沐浴:50%,盥洗:35%	113.57
车库	2.7					
绿化	8.0					
合计		39.93	104.52	78.95		

2）中水水量关系简图（图 2）：

水量平衡：本工程杂用水用水量为 50.67m³/d，中水处理水量 58.28m³/d。

2. 中水供水系统

中水系统分三个区，裙楼（−2～4 层），塔楼低区（5～12 层），塔楼高区（13～20 层）。中水给水系统采用枝状管道。中水系统每个分区设置一套变频加压供水泵组，满足各区中水水量及水压。

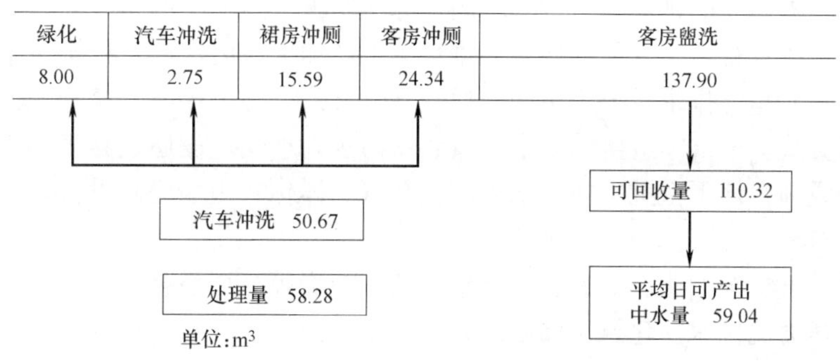

图 2 中水水量关系简图

3. 中水处理工艺

本工程中水处理流程，采用预处理和反渗透膜分离相结合的处理工艺流程，如图 3 所示。

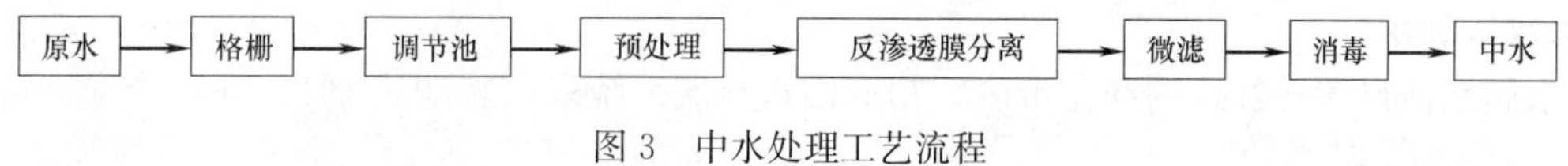

图 3 中水处理工艺流程

中水系统净化设备：中水系统采用一体化反渗透膜处理净化设备机组，净化设备机组 14h 运行，中水系统设置 27m³ 原水调节池。

4. 中水处理站及其控制

(1) 中水处理站应设置在所收集中水原水的建筑和建筑群与中水回用地点便于连接的地方，并应满足建筑的总体规划、周围环境卫生及管理维护等要求。中水处理站设置在比较隐蔽的地下二层。

中水处理站还应做好隔声降噪及防臭措施。

(2) 中水系统应做好安全防护及检测控制

1) 在中水处理回用的整个过程中，中水系统的供水可能产生供水中断、管道腐蚀及中水与自来水系统误接误用等不安全因素，设计中应根据中水工程的特点，采取必要的安全防护措施。

2) 为保障中水系统的正常运行和安全使用，做到中水水质稳定可靠，应对中水系统进行必要的监测控制和维护管理。

5. 经济效益

本工程中水系统，每年节约用水 18615t，每年减少水费约 6.7 万元，并满足了建设单位申报绿色运营酒店相关技术指标。

在水资源严重短缺与水资源严重污染双重压力下，已令“节水”成为影响社会未来持续发展的关键。建筑中水系统作为一种最重要的节水形式，有着广阔的应用前景，并有可观的经济效益。

6. 管材

中水管道采用钢塑复合管（PE），大于等于 *DN*100 的管道采用法兰/沟槽连接，小于 *DN*100 的管道采用螺纹连接。中水泵房内管道均采用法兰连接，不得采用沟槽连接。

(四) 排水系统

1. 排水系统

(1) 排水系统形式：综合商业、百货、超市、写字楼排水系统为污、废合流；酒店排水系统为污、废分流。尽量重力自流，如不可行，排入地下室设置的污水处理间内的集水池，然后压力排出。室内步行街，有地下室的外铺位置，厨房、食品制作等含油生活废水需经地下室隔油池处理达到要求后，排入城市排水管道。无地下室的位置，厨房、食品制作等含油生活废水多个商铺汇合后经室外隔油池处理达到要求后，排入城市排水管道。此种室外隔油池的排水出户管要求满足冻深要求。温度超过40℃的生产废水经室外降温池处理达到要求后，排入城市排水管道。其他的如空调排水等生产和生活废水，直接排入城市排水管道。

（2）综合商业、百货、超市排水系统采用伸顶通气立管方式；写字楼、公寓楼、酒店、住宅卫生间排水系统采用专用通气立管方式。地下室卫生间集水池及餐饮污水处理间均设通气立管。

（3）局部污水处理设施：地下室卫生间污水采用成套（一体化）污水提升设备，排出室外。

2. 雨水排水系统

（1）住宅雨水外排，五星级酒店、公寓、写字楼、商务酒店等高层塔楼屋面部分采用重力流排水外，综合大商业屋面采用虹吸压力流排水。建筑屋面雨水系统排水能力：

重力雨水排水系统：设计重现期选用 $P=10$ 年，屋顶女儿墙设溢流口，屋面雨水排水与溢流口总排水能力按50年重现期的雨水量设计。

虹吸雨水排水系统：设计重现期选用 $P=10$ 年，设虹吸溢流系统，屋面雨水排水与溢流系统总排水能力按50年重现期的雨水量设计。

（2）雨水收集利用

1）将雨水储水池设置在红线内绿化带内，初期雨水弃流系统采用装配式PP水池，全部构筑单元均在地面以下。

2）初期雨水弃流系统在雨水的收集利用过程中，初期降雨水质较差，应该将初期降雨的雨水予以排除，收集较为洁净的中、后期降雨的雨水。能够实现这一功能的设备称之为雨水初期弃流装置。屋面雨水的弃流采用弃流井，内置LQL-200A型初期雨水弃流装置。弃流雨水进入路面雨水排放管线，中、后期的洁净雨水进入屋面雨水收集管线，流向雨水储水池。

3）装配式PP储水池：用于收集雨水的储存装置，采用成品装配式PP方块，可以采用不同数量的组合，构成不同的容积。该材质储水池便于安装施工，且容易保证储水池内水质。此类PP储水方块可回收使用。单体机构水池上方为绿地，种植花草和树木等，起到美化环境的作用。

3. 管材

排水管道，采用柔性接口机制排水铸铁管，卡箍连接。压力排水管道采用热镀锌钢管，螺纹连接。

重力雨水管道，采用热镀锌焊接钢管（钢牌号Q235A），卡箍连接；虹吸雨水管道及室外雨水管道，采用HDPE（PE100），管系列S12.5，环刚度不小于 $4kN/m^2$，电焊管卡箍连接。

二、消防系统

本工程共设有室外消火栓系统、室内消火栓系统、消防水炮系统、中悬式自动扫描定位喷水灭火系统、钢化玻璃加密水喷淋给水系统、水喷雾灭火系统、七氟丙烷灭火系统。

（一）消防用水量及水源

1. 消防水量（表8）

消防水量 **表8**

建筑名称		序号	系统名称	用水量标准(L/s)	火灾延续时间(h)	一次消防水量(m^3)		备注
大商业	地上	1	室外消火栓系统	30	3.0	324		由市政外网保证，水量不计入水池
		2	室内消火栓系统	40	3.0	432		
		3	商业自动喷淋系统	30	1.0	108		
		4	步行街玻喷系统	30	2.0	216		
						合计	756	

续表

建筑名称		序号	系统名称	用水量标准(L/s)	火灾延续时间(h)	一次消防水量(m^3)		备注
大商业	地下	1	室外消火栓系统	30	3.0	324		由市政外网保证，水量不计入水池
		2	室内消火栓系统	40	3.0	432		
		3	超市自动喷淋系统	60	2.0	432		
		4	商业自动喷淋系统	30	1.0	108		
						合计	864	
五星酒店		1	室外消火栓系统	30	3.0	324		由市政外网保证，水量不计入水池
		2	室内消火栓系统	40	3.0	432		
		3	自动喷淋系统	45	1.0	162		
		4	水喷雾灭火系统	43	0.5	77.4		
						合计	594	
高层住宅		1	室外消火栓系统	30	2.0	216		由市政外网保证，水量不计入水池
		2	室内消火栓系统	20	2.0	144		
		3	自动喷淋系统	30	1.0	108		
						合计	252	
写字楼、公寓楼		1	室外消火栓系统	30	3.0	324		由市政外网保证，水量不计入水池
		2	室内消火栓系统	40	3.0	432		
		3	自动喷淋系统	30	1.0	108		
						合计	540	

I-MAX 影院，步行街及商业中庭净空超过 12m 的上部设置有中悬式自动扫描定位喷水灭火装置，本建筑群按一次火灾考虑，火灾时地上步行街与地下超市不同发生，水量不叠加。

2. 消防水池及火灾前期用水

为了满足设计周期和施工进度，在设计初期边协调周边市政条件边进行施工图设计。与建设单位协调适当在消防水池内预留室外消火栓水量。以防止市政条件不能满足室外消火栓的情况下，由于修改消防水池对设计方案和施工图进度有较大影响，影响工期。在施工图完成后，相关外部协调工作得以落实，室外消防水量可由市政管道增设相应数量的消火栓保证。但是消防水池容积不再作调整。

综上所述，火灾时，本工程集中设置消防水池和消防给水泵房，设在地下一层及地下二层地下车库内。按照项目的管理要求，自持物业-综合大商业，独立管理的五星级酒店以及销售物业的住宅和写字楼三种管理模式，共设置三处完全独立的消防水池和水泵房：

A：五星级酒店设置独立消防水池及水泵房，消防水池容积 700 m^3，2 个 350 m^3。(东区)

B：住宅公寓及写字楼设置独立消防水池及水泵房，消防水池容积 700 m^3，2 个 350 m^3。(西区)

C：大商业设置独立消防水池及水泵房，消防水池容积共 1100 m^3，2 个 550 m^3。(西区)

高位消防水箱设置三处：大商业商务酒店屋顶，五星酒店屋顶及写字楼屋顶。除了大商业百货屋顶机房设置独立 30 m^3 高位水箱及稳压设备外其他两处设置 18m^3 高位水箱及稳压设备，保证火灾初期室内消火栓及自动喷水灭火系统的最不利点水量及水压要求。

3. 消防水源及室外消火栓系统：本工程采用市政自来水作为消防水源，由市政给水管道上引入两条 *DN*250 进水管，在地下一层布置成环状管网，在环状管网上结合水泵接合器的位置布置 *DN*100 室外消火栓，间距不超过 120m。市政自来水引入管的水压为 0.15～0.20MPa，可满足室外消火栓水压要求。

（二）室内消火栓系统

1. 消火栓布置

各楼层均设置室内消火栓，消火栓设置间距不大于 30m。水枪充实水柱不小于 10m，各防火分区保证同层任何部位有两股充实水柱同时到达失火部位。各防火分区除均匀设置消火栓外，消防电梯前室，疏散楼梯附近，地下室出入口附近等处均设置消火栓，并布置在明显、易于取用处。

消火栓箱均采用落地式带有自救卷盘及灭火器的消火栓箱。箱内配 DN65 消火栓一个，栓口垂直墙面，DN65，长 25m 衬胶龙带 1 条，DN19 水枪 1 支，25m 消防卷盘以及消防按钮和指示灯各一个。消火栓箱的进水方向均为下进水。消火栓箱内配置的消防按钮，火灾时消防按钮直接向控制中心报警启动消火栓系统水泵。

2. 系统竖向分区

室内消火栓采用临时高压系统。

综合大商业系统不分区。消火栓口压力超过 0.5MPa 时采用减压稳压消火栓。地下二层～二层采用减压消火栓。

五星级酒店室内消火栓系统分两个区，低区室内消火栓系统由高区消火栓系统减压供给。低区：地下二层～四层，高区：设备夹层～二十层。其中地下一层，地下二层，以及设备夹层～十五层消火栓采用减压稳压消火栓。

公建写字楼及公寓区室内消火栓系统分两个区，低区室内消火栓系统由高区消火栓系统减压供给。由于层高有所不同。以建筑高度 45～48m 作为分区分界线。消火栓口压力超过 0.5MPa 时采用减压稳压消火栓。B1 写字楼低区：管道夹层～十二层，高区：十三～二十六层。B2 公寓楼低区：管道夹层～十五层，高区：十六～三十层。B3 公寓楼低区：管道夹层～十四层，高区：十五～三十层。

住宅区室内消火栓系统分两个区，低区室内消火栓系统由高区消火栓系统减压供给。低区：管道夹层～十五层，高区：十六～三十一层。管道夹层～九层，十六～二十五层室内消火栓选用减压消火栓。

3. 水泵接合器的位置：在消防车供水范围内的区域，水泵接合器直接供水到室内高区环状管网。由于本建筑占地面积较大，水泵接合器数目较多，在地下一层不同位置各设置多套地下式水泵接合器，每套流量 Q=15L/s。

（三）自动喷水灭火系统

1. 设置范围

除了小于 5m^2 的卫生间及不易用火扑救的部位均设有喷淋。

2. 危险等级

（1）本项目地下车库、综合商业的火灾危险等级为中危险Ⅱ级，设计喷水强度为 8L/(min·m^2)，保护面积 160m^2，最不利点处喷头设计最低工作压力不小于 0.05MPa。湿式自动喷水灭火系统用水量为 30L/s，火灾延续时间 1.0h。自动喷水灭火系统消防水量为 108 m^3。

（2）本项目公寓、住宅底商、写字楼、公共活动用房的火灾危险等级为中危险Ⅰ级，设计喷水强度为 6L/(min·m^2)，保护面积 160m^2，最不利点处喷头设计最低工作压力不小于 0.05MPa。湿式自动喷水灭火系统用水量为 25L/s，火灾延续时间 1.0h。自动喷水灭火系统消防水量为 90 m^3。

(3) 本建筑地下一层货物品高度超过 3.5～4.5m 的超市最大的火灾危险等级为仓库危险Ⅱ级，设计喷水强度为 $18L/(min \cdot m^2)$，保护面积 $200m^2$，最不利点处喷头设计最低工作压力不小于 0.05MPa。湿式自动喷水灭火系统用水量为 60L/s，火灾延续时间 2.0h。自动喷水灭火系统消防水量为 $432m^3$。

(4) 本建筑地下一层超市库房（按照储物高度为 3.0～3.5m 计算）最大的火灾危险等级为仓库危险Ⅱ级，设计喷水强度为 $10L/(min \cdot m^2)$，保护面积 $200m^2$，最不利点处喷头设计最低工作压力不小于 0.05MPa。湿式自动喷水灭火系统用水量为 45L/s，火灾延续时间 2.0h。自动喷水灭火系统消防水量为 $324m^3$。

3. 自动喷水灭火系统设置

(1) 预作用系统：本建筑位于严寒地区，为防止管道冻结，在地下一层车库采用预作用系统。

(2) 湿式系统：除了设置预作用喷淋系统以外的其他位置采用湿式自动喷水灭火系统。

自动喷水灭火系统为临时高压给水系统，系统采用一套消防水泵减压供水。由于每层的喷头数较多，按每个报警阀保护喷头数不超过 800 个设置。报警阀集中设置，报警阀处设置加压阀门组，控制每个报警阀组供水的最高与最低位置喷头，其高程差不超过 50m；各配水管入口压力大于 0.40MPa 时，采用减压孔板减压。自动喷水灭火系统报警阀前水平成环。报警阀后为枝状管网。每个防火分区均设有水流指示器。

(3) SZP 中悬式视频自动扫描定位喷水灭火装置

百货商业在中庭净空超过 12m 的上部设置有中悬式自动扫描定位喷水灭火装置，保证两股水柱同时到达中庭底部的任何位置。本系统采用 PSSZ5-HT111 型视频水炮（设置现场控制箱），其技术参数如下：喷水流量：5L/s；额定工作压力：0.3MPa；保护半径：20～25m；安装高度：25m。

4. 系统分区：根据使用功能不同，分区域集中设置报警阀间，自动喷水灭火系统利用减压阀分区，根据设计压力需要在报警阀前进行减压。

5. 喷头选择

(1) 大型百货、室内步行街以及娱乐广场和写字楼、公寓采用 68℃温级玻璃泡喷头（K=80），地下车库采用 79℃温级玻璃泡喷头（K=80），厨房，面包烘烤间，熟食操作间等部位采用 93℃温级玻璃泡喷头（K=80）。

(2) 不吊顶的部位采用直立喷头，向上安装；吊顶的部位采用装饰性吊顶喷头，向下安装。

(3) 地下一层超市、综合商业和超市的储货区采用快速响应喷头（K=80）。

6. 水泵接合器：在消防车供水范围内的区域，水泵接合器直接供水到室内高区环状管网。由于本建筑占地面积较大，水泵接合器数目较多，在地下一层不同位置各设置多套地下式水泵接合器，每套流量 Q=15L/s。

7. 厨房灭火系统：本项目内分散了很多厨房，根据相关规定，要求中标商家需要对厨房做专业的厨房自动灭火系统。

（四）钢化玻璃加密水喷淋给水系统

步行街的店铺与公共区分割采用玻璃分割，步行街的中庭根据性能化的分析结果，店铺内的喷淋按照规范布置，店铺与公共区分割的玻璃采用单独的湿式喷淋系统——加密喷头保护，喷头间距为 2～2.4m，喷头为专门保护玻璃喷头，保护店铺与公共区分割的玻璃的钢化玻璃加密水喷淋给水系统（图 4）。

钢化玻璃加密水喷淋给水系统是完全独立的自动喷水灭火系统。该系统独立设置给水管网及供水泵。喷头宜采用边墙型或窗式快速响应喷头，喷头动作温度为 68℃，工作压力应经计算确定，但不小于 0.1MPa，喷水强度不小于 $0.5L/(s \cdot m)$。当喷头距地面的高度大于 4.0m 时，每增加 1.0m，喷水强度应增加 0.1 $L/s \cdot m$（不足 1.0m，按 1.0m 计）。用水量按保护长度和保护时间计算确定，保护长度按沿街玻璃铺面最长的店铺的实际长度的 1.5 倍且不小于 30m 确定，设计喷水时间不应小于 1.0h。喷头应安装在店铺内侧吊顶下方，喷头溅水盘与顶板的距离不应小于 150mm，且不应大于 300mm。喷头间距不应大于 2.0m，也不宜小

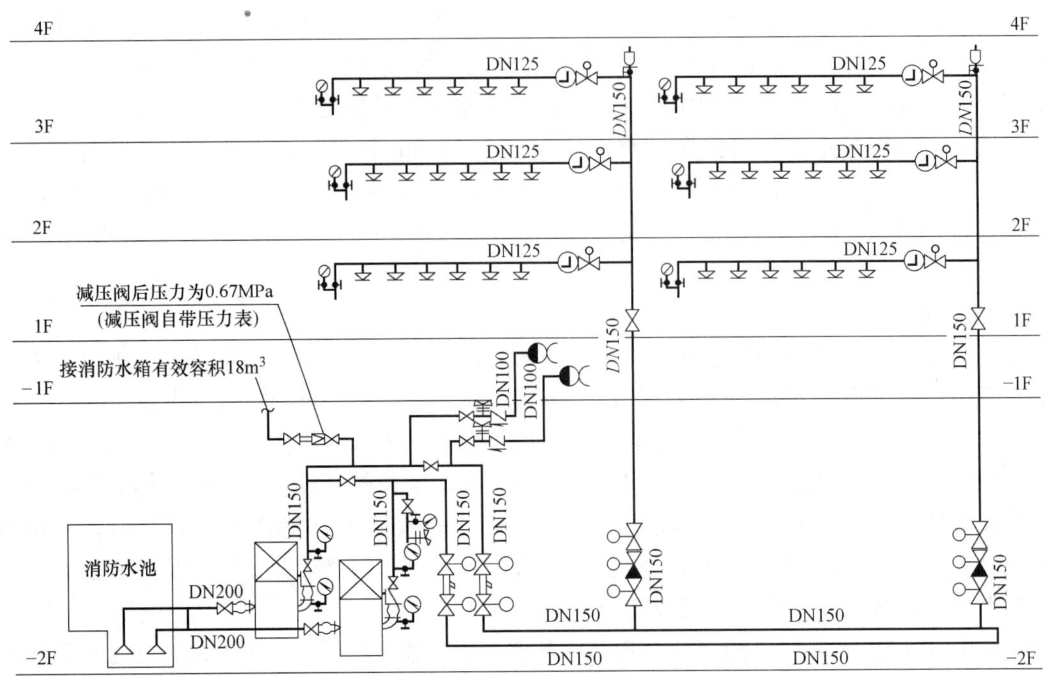

图 4　钢化玻璃加密水喷淋给水系统

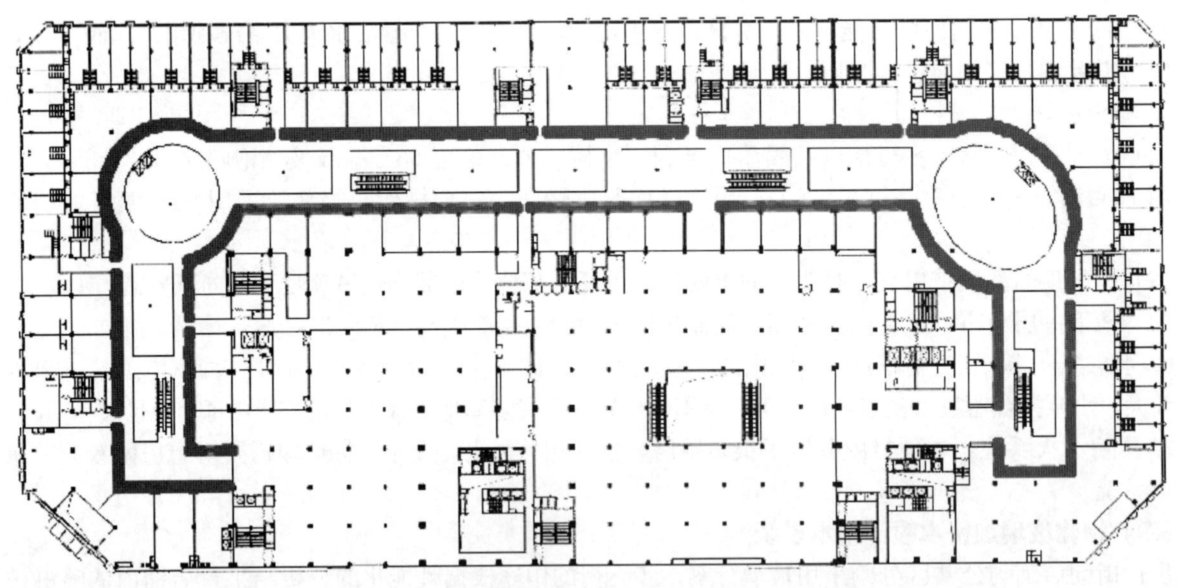

图 5　二层使用钢化玻璃加密水喷淋进行分隔部位

于 1.8m，与玻璃的水平距离不应大于 0.3m，喷头的安装如图 5 所示。相关试验研究表明，快速响应喷头比标准响应喷头动作快，能减少火灾损失 20%，将最大热释放率降低 45%，环境温度降低 25%。因此，各商业区的自动喷水灭火系统的洒水喷头建议采用快速响应喷头。

（五）水喷雾系统

1. 设置位置：酒店锅炉房及柴油发电机房设置水喷雾灭火系统。

2. 系统设计参数：锅炉房喷雾强度 10L/(min·m²)，火灾延续时间 1.0h，作用面积 69.6m²，系统用水量 30L/s，火灾持续时间内用水量 108m³。柴油发电机房喷雾强度 20L/(min·m²)，火灾延续时间 0.5h，柴油发电机房作用面积 43m²，系统用水量 20L/s，火灾持续时间内用水量 36m³。

3. 加压设备选用：按照自动喷水系统与水喷雾系统不同时作用来计算用水量，两相比较取其大值，为 162 m³。水喷雾系统与自动喷水系统共用水泵。不单独设置消防水泵。

（六）气体灭火系统

变配电室及控制室采用七氟丙烷（FM200）混合气体灭火系统。变配电室的灭火设计浓度为 8%，为全淹没式，灭火剂喷射时间在 8s 内达到最小设计浓度的 95%，灭火浸渍时间 10min。

防护区设置泄压口，七氟丙烷灭火系统的泄压口于防护区净高的 2/3 以上。

储存容器上设置安全泄压阀装置和压力表。七氟丙烷灭火系统设自动控制、手动控制和机械应急操作三种启动方式。气体灭火系统的电源为消防电源。

（七）电气竖井及强弱电间配置悬挂式超细干粉自动灭火装置。

（八）灭火器的设置

按《建筑灭火器配置设计规范》GB 50140—2005 进行设计。

三、工程设计体会和设计特点

1. 给排水设计复杂程度：该建筑多个业态，购物中心大商业、超市、百货，酒店，住宅，公寓等，各系统均完全独立设计，设备用房、管井、管网布置等十分复杂。

2. 中水系统：酒店地下二层设中水处理站，收集酒店塔楼优质杂排水（盥洗排水），作为中水水源，处理后的中水回用于楼宇冲厕，车库冲洗等用水。

3. 太阳能热水系统：购物中心热水系统，采用太阳能热水系统，步行街公共卫生间及商管用房的淋浴间设置集中热水供给，热水供应为全循环系统。设一个储热水箱，太阳能系统采用定温放水，水满温差循环，电辅助加热系统。当太阳能不足时，通过辅助加热系统加热供热水箱内部的水；并通过太阳能向水箱补水的方法，既实现了优先和充分利用太阳能源，又保证热水供应。

4. 雨水收集利用：经初期雨水弃流系统后，收集较为洁净的中、后期降雨的雨水，用于绿化与道路浇洒等。

5. 营业面积大于 500m² 餐饮场所、烹饪操作间的排油烟罩及烹饪部位设置自动灭火装置。建筑内使用可燃气体时按照现行国家标准《城镇燃气设计规范》GB 50028—2006 相关规定设置相应的防护措施。

6. 利用消防水池作为冷却塔补水水源，防止消防水池水质恶化，同时采取防止动用消防用水量的技术措施。

7. 购物中心因建筑专业设有"安全区"、"亚安全区"，突破现行防火规范要求，给水排水专业在室内步行街消防给水系统设计过程中，采取多项加强措施（比如室内步行街通道与店铺之间采用钢化玻璃+加密喷淋保护形式作为防火分隔，室内步行街环廊中庭处设置消防水炮等），实现建筑专业对"亚安全区"的消防疏散要求。本工程顺利通过国家消防工程技术研究中心的消防性能化论证。

8. 该设计方案主要依靠主动的加密喷淋系统延长火灾时钢化玻璃保持完整性的时间，防止火灾蔓延，一旦加密喷淋系统失效，将完全失去防火分隔的作用。因此采用此方案，必须充分保证加密喷淋系统的可靠性以及及时开启；同时须合理地布置加密喷淋系统，避免玻璃表面出现盲点，冷却喷头的设计应确保钢化玻璃完全浸润，且不得设置影响玻璃浸润的橱窗和钢化玻璃隔墙横框等设施。

9. 对于超大空间的商业项目消防给水排水设计的火灾前期 10min 用水，可根据相关火灾性能化报告适当增加屋顶高位水箱有效容积，本项目加至 30 m³。

10. 自动喷水灭火系统采用快速响应喷头，使得在火灾发生或发展初期即可被扑灭或抑制，以控制火灾发展规模，延长人员安全疏散的可利用时间。

11. 竖井及强弱电间火灾危险性大，适当配置悬挂式超细干粉自动灭火装置。

四、工程照片及附图

1 2 3 4

1.南立面实景
2.西南角室外实景
3.步行街亚安全区中庭
4.五星级酒店大堂

1.消防水泵房
2.湿式报警阀组
3.钢化玻璃加密水喷淋系统
4.消防水泵房
5.室内消火栓

1.室外喷灌系统
2.室外雨水收集池
3.步行街亚安全区消防设施
4.5.同3

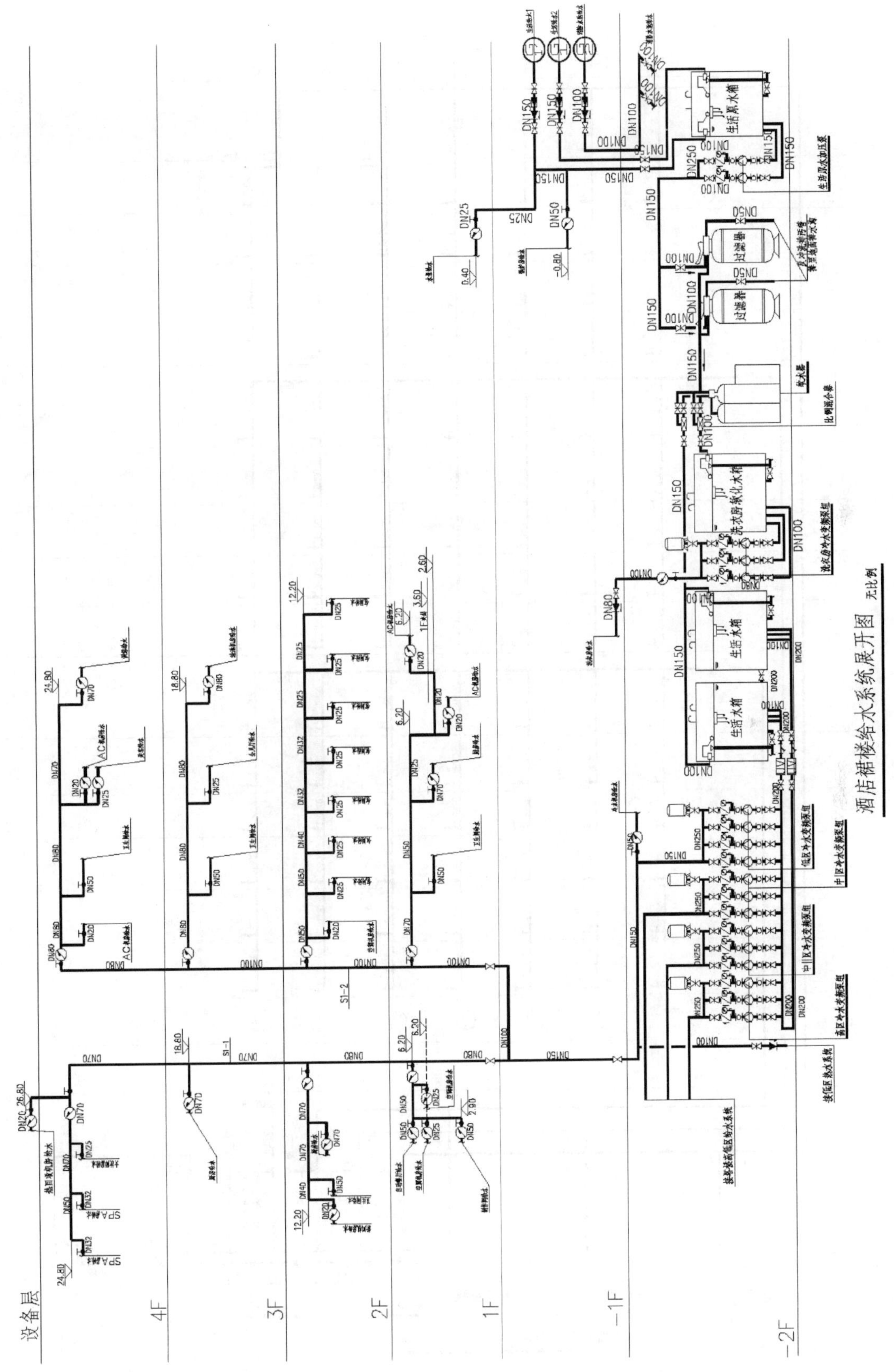

酒店裙楼给水系统展开图 无比例

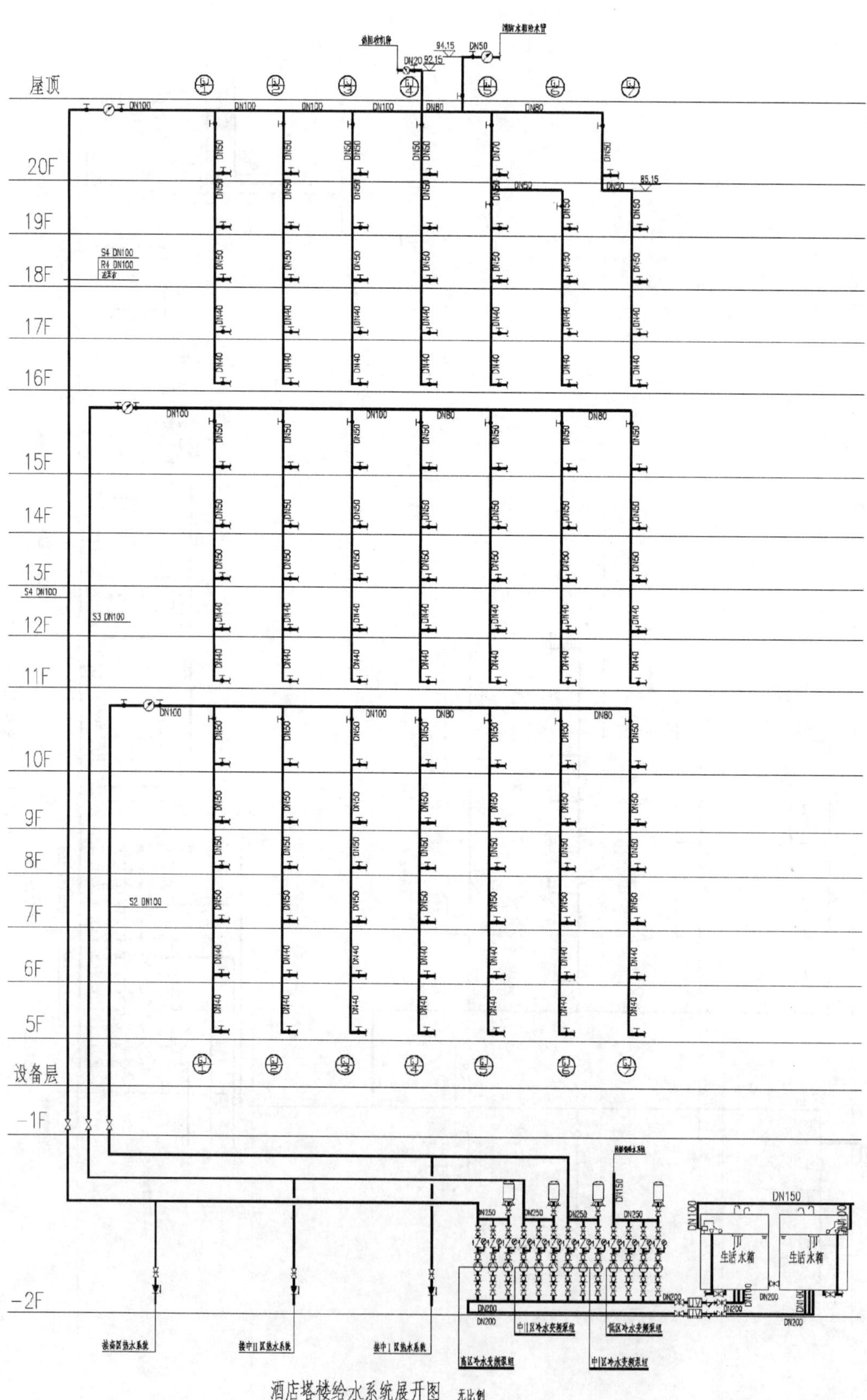

酒店塔楼给水系统展开图 无比例

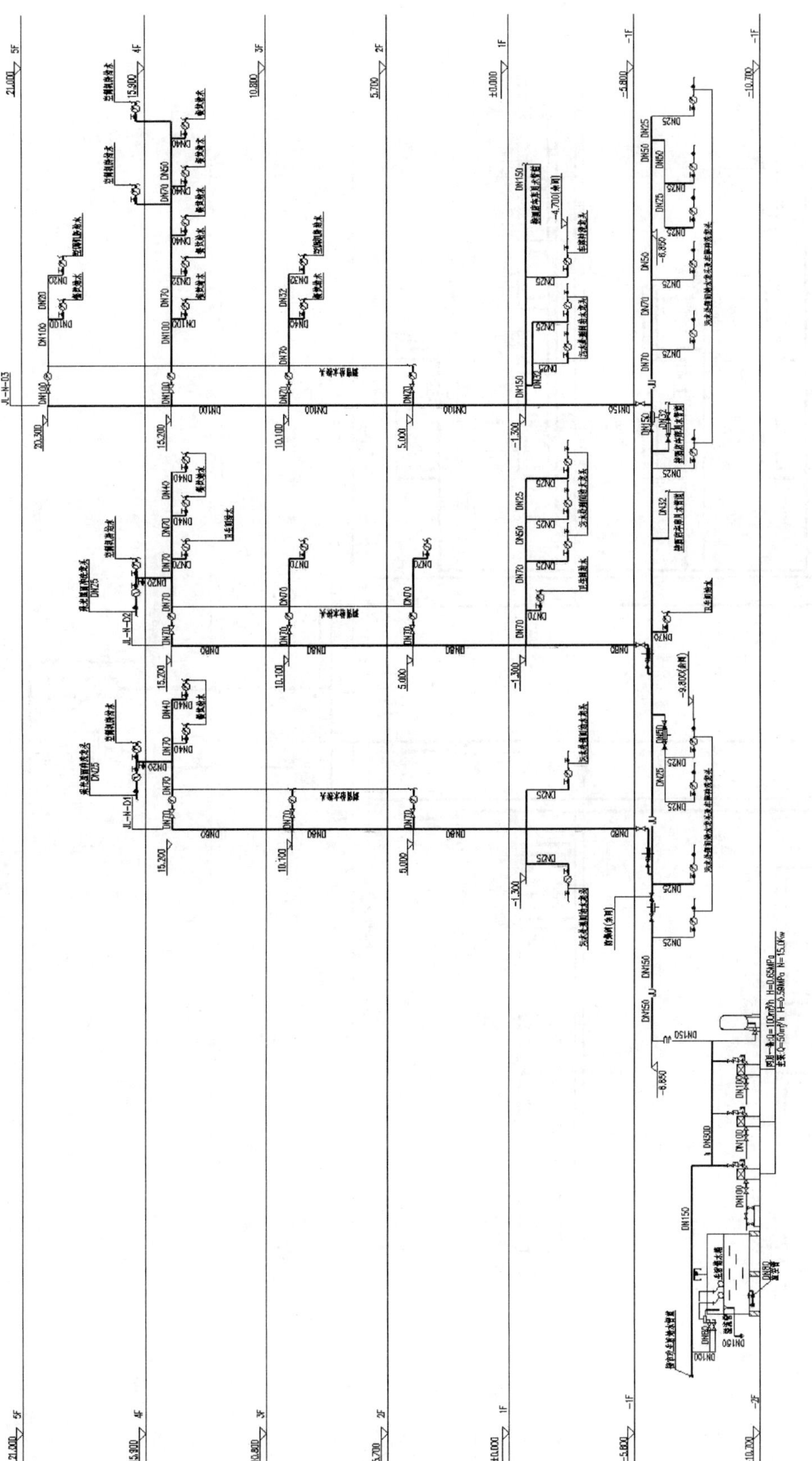

综合商业生活给水系统原理图

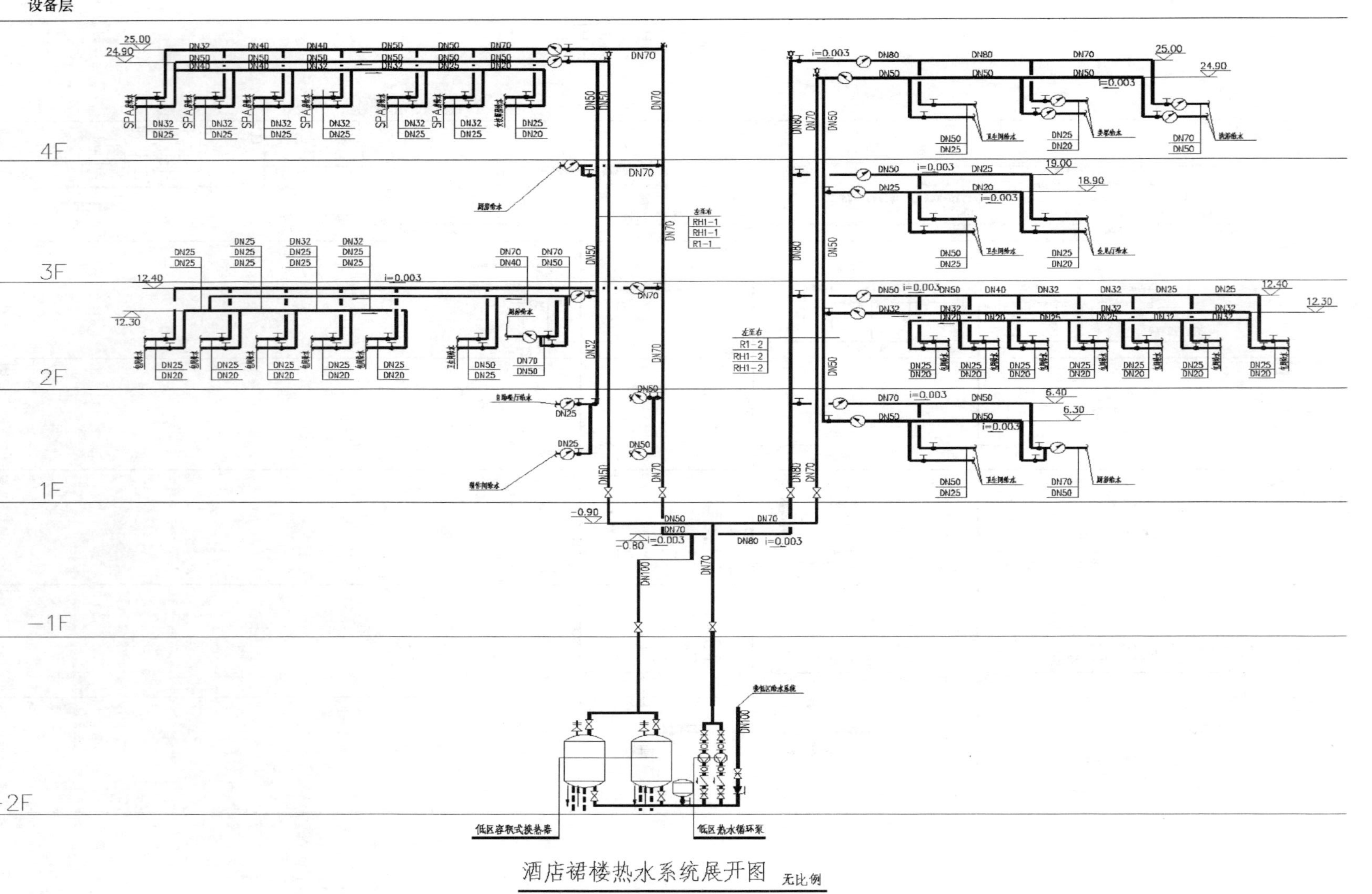

酒店裙楼热水系统展开图 无比例

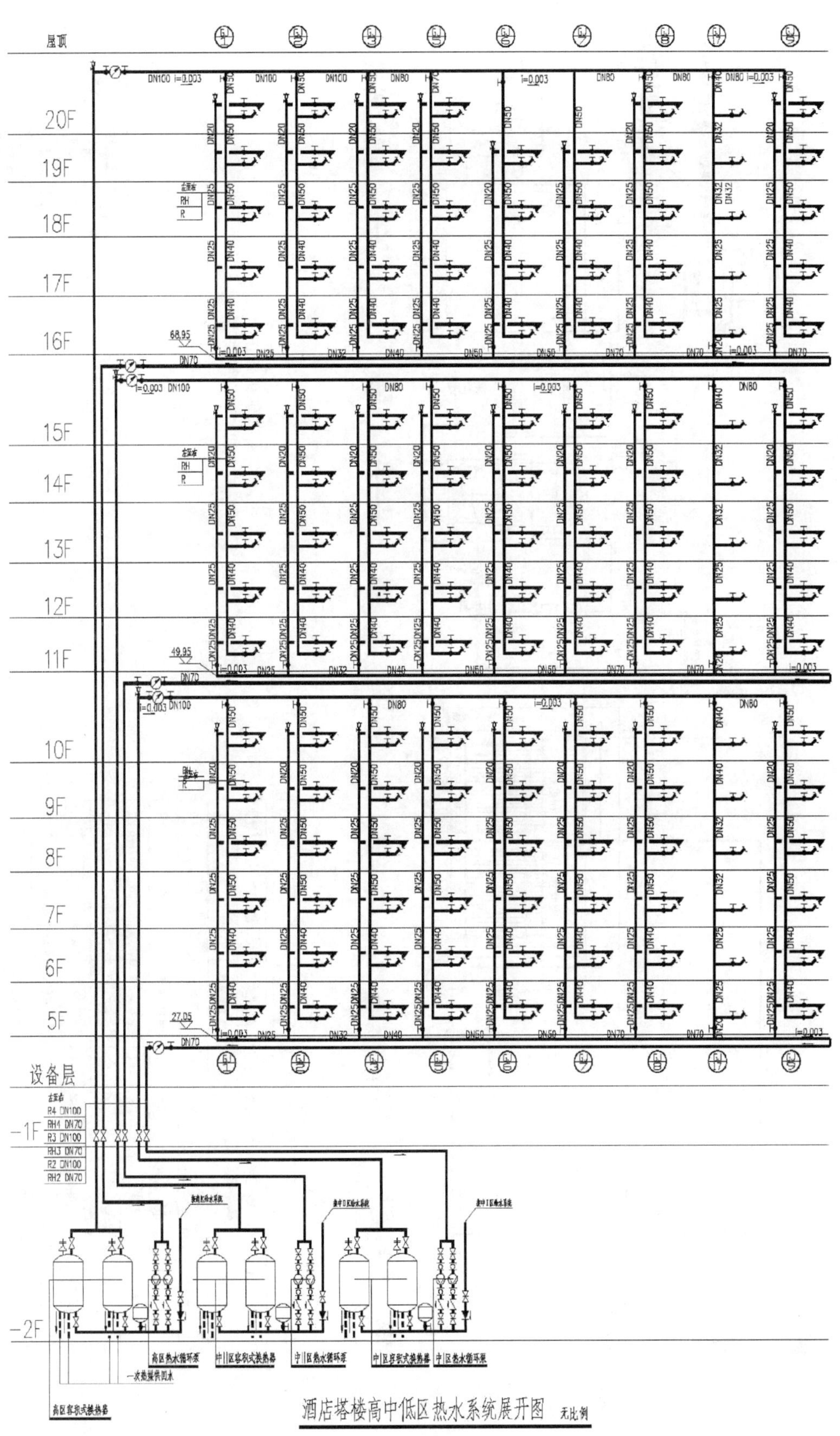

酒店塔楼高中低区热水系统展开图 无比例

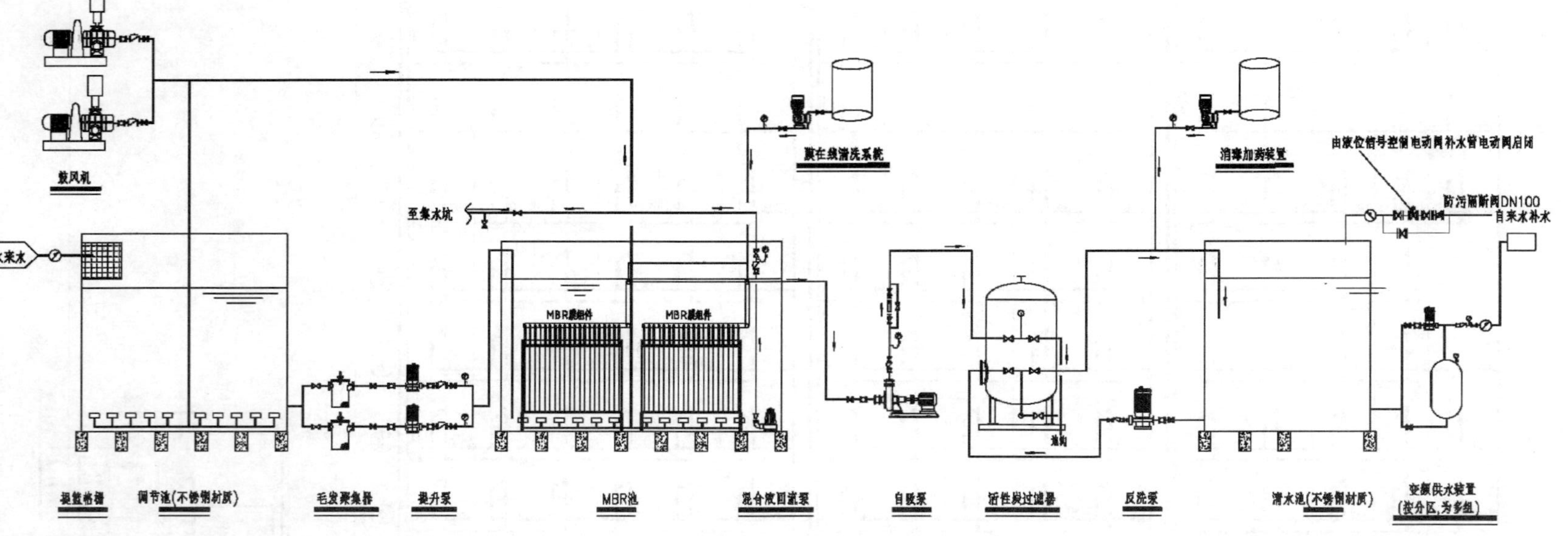

设 备 清 单

序号	设备名称	规格型号	数量	序号	设备名称	规格型号	数量
1	提篮格栅	500*500*500mm N=0.15KW	1台	10	活性炭过滤器	ø800mm	1台
2	毛发聚集器	ZY-MJQ-65 D=280 Q=18m3/h	2台	9	鼓风机	风量:3.38m³/min 风压:3.0m 功率:5.5kW	3台
3	提升泵	Q=5m/h H=16m N=1.5Kw	2台	11	消毒加药装置	2L/h PE100L	1套
4	混合液回流泵	Q=10.0m/h H=13m N=0.75Kw	2台	12	过滤器反洗泵	Q=20m/h H=32m N=4Kw	1台
5	膜组件	ES-125	1台	13	变频供水装置	低区杂用水供水	1套
6	自吸泵	Q=4.5m/h H=20m N=1.5kW	4组	14	变频供水装置	中区杂用水供水	1套
7	在线清洗药箱	ø1300*1400mm PE材质	3台	15	变频供水装置	高区杂用水供水	1套
8	在线清洗加药泵	Q=3.2m/h H=20m N=1.1kW	1台	16	就地控制系统		1套

中水处理系统流程图

图 例

符号	名称	符号	名称
	电磁阀		球阀
	碟阀		水表
	止回阀		压力表
	可曲挠接头		流量计
	防污隔断阀		

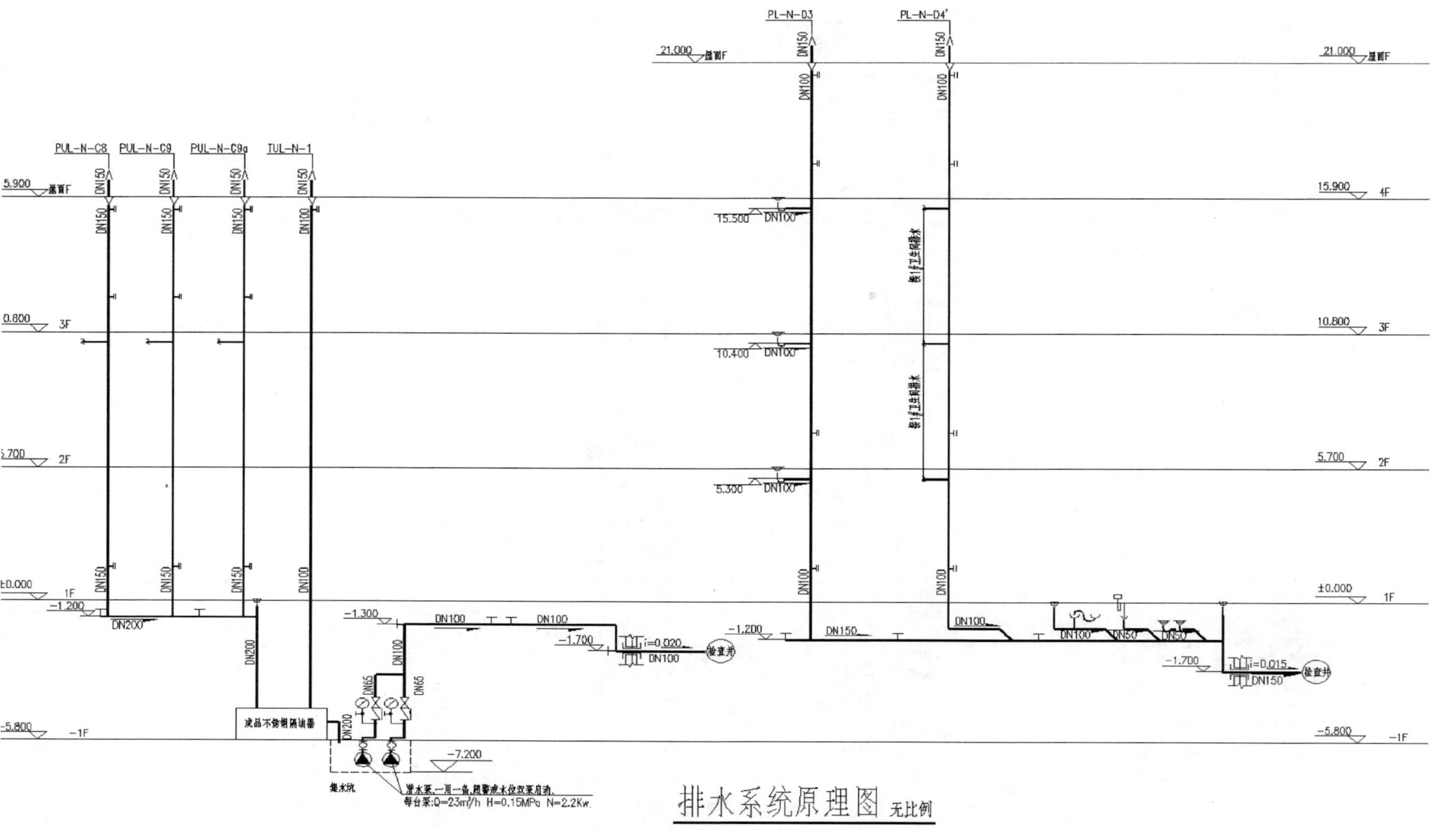
PUL-N-C8
PUL-N-C9
PUL-N-C9a
TUL-N-1
PL-N-D3
PL-N-D4'
21.000 屋面F
15.900 4F
10.800 3F
5.700 2F
±0.000 1F
-5.800 -1F
DN150
DN100
DN200
DN150
DN65
DN50
15.500
10.400
5.300
-1.200
-1.300
-1.700
-7.200
i=0.020
i=0.015
检查井
成品不锈钢隔油器
集水坑
潜水泵,一用一备,用警液水位双泵启动,
每台泵:Q=23m³/h H=0.15MPa N=2.2Kw.
排水系统原理图 无比例

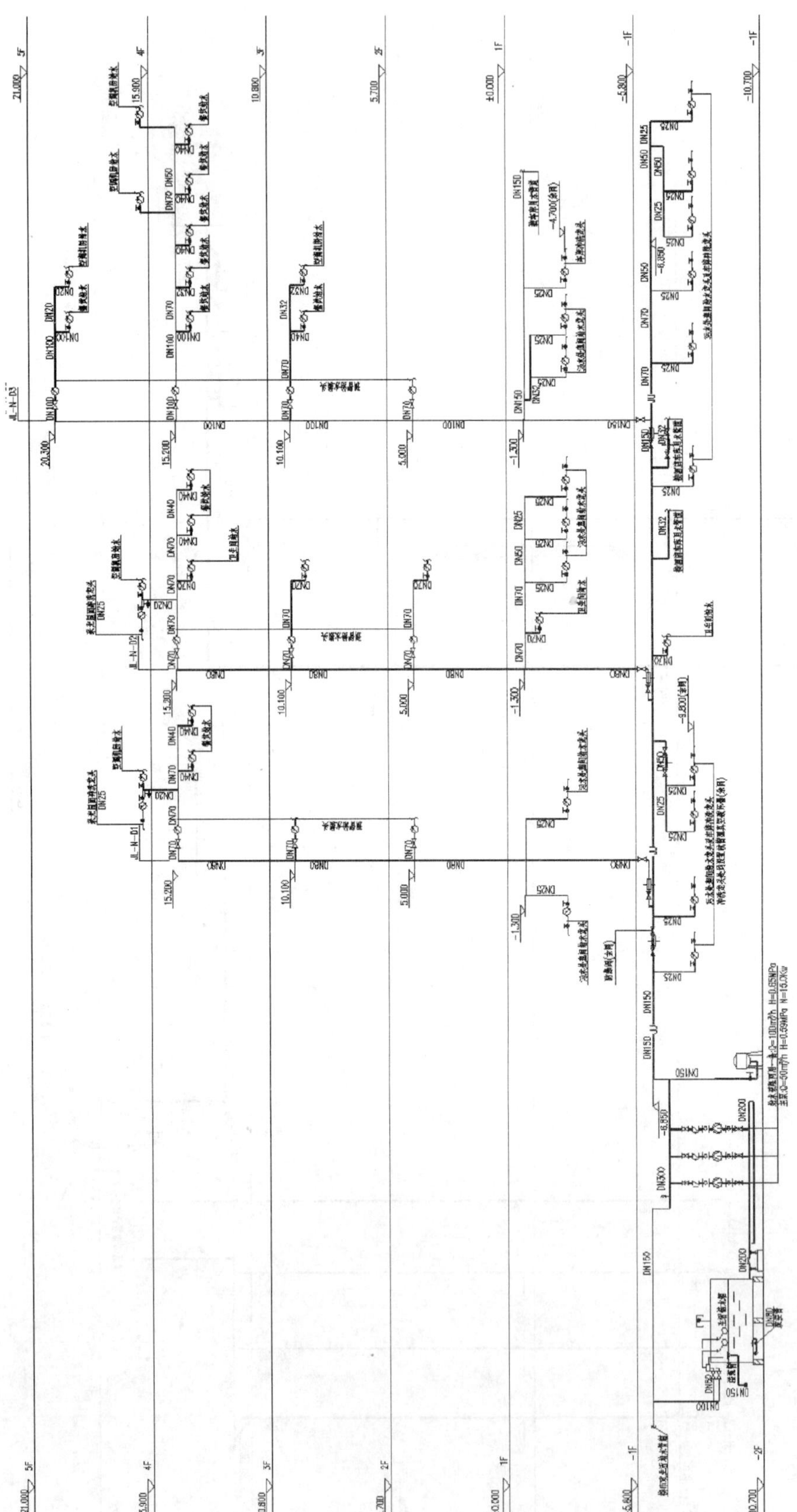

综合商业生活给水系统原理图 无比例

博世（中国）研发总部大楼

设计单位：苏州工业园区设计研究院股份有限公司
设 计 人：薛学斌　殷吉彦　程磊　詹新建
获奖情况：公共建筑类　三等奖

工程概况：

本项目是德国博世集团亚太地区的总部办公大楼，兼有科研产品试验，培训功能。项目位于上海长宁区虹桥临空经济园区10号地块，北临临虹路，西临协和路，东临福泉路。本项目总基地面积为28631m^2。总建筑面积78043m^2，地上约51000m^2，地下约27000m^2。建筑总高39.85m（虹桥临空区控制高度）。该项目主体建筑为地下两层位停车库，地上9层办公室及部分测试区，为一类高层综合楼。

本工程给排水专业设计涵盖的内容有：室内给水系统、热水系统、雨水排水；污废水排水系统；冷却循环水系统；室内消火栓系统、自动喷水灭火系统、细水雾系统、室内手提式灭火器；室外给水及消防系统、室外雨污水排放系统。

一、给水排水系统

（一）给水系统

1. 冷水用水量（表1、表2）

冷水用水量定额　　**表1**

序号	用水名称	单位	用水定额(L)	小时变化系数K_h	使用时间(h)	备注
1	办公	每人每日	50	2.5	10	
2	员工餐厅	每人每餐	20	1.5	6	
3	汽车库地坪冲洗	每平方米每日	2			每日一次
4	绿化	每平方米每次	2			每日一次

冷水用水量　　**表2**

用水性质	用水定额	使用单位数量	使用时间(h)	小时变化系数	最高日用水量(m^3/d)	最大小时用水量(m^3/h)
员工	50L/(人・d)	4000	10	1.5	200	30
餐厅	20L/(人・餐)	3000	4	1.5	60	22.5
绿化	2L/(m^2・d)				水量计入未预计部分	
道路场地	2L/(m^2・d)				水量计入未预计部分	
生活用水量统计					260	52.5
冷却补水	1.5	1500m^3/h	10		225	22.5
水量小计					485	75
未预计水量	10				48.5	7.5
用水量总计					533	82

本设计最高日用水量为 533m^3/d。最大小时用水量为 82m^3/h。

2. 水源：本工程水源从北侧临虹路、东侧福泉路市政自来水管网上各引入一根给水管，并在区域内连成环网。其中临虹路上 DN200 管接一个 DN150 消防表和一个 DN100 生活表；福泉路上 DN200 管接一个 DN150 消防表。根据消防要求，室外供水管管径为 DN200，在小区内成环布置。

3. 系统竖向分区：本工程给水采用下行上给式，地下 B1～B2 层用水为市政直供。1～3 层为低区；4～9 层为高区，均由变频恒压供水泵组供应。变频恒压供水设备压力调节精度需小于 0.01MPa。配备水池无水停泵，小流量停泵控制运行功能，以达到节水节能。另设独立冷却补水泵组供至冷却塔集水盘。各区的供水压力控制在 0.1～0.35MPa，在超压楼层的枝管上设置减压阀以控制压力不超过 0.2MPa。

4. 供水方式及给水加压设备

(1) 低位生活水池

水泵房内设有效容积为 80m^3 方形不锈钢拼装水箱一座，分两格，供本建筑生活用水。同时设为 60m^3 不锈钢拼装水箱一座，分两格，供冷却补水用水。

(2) 屋顶水箱

在屋顶设有一只方形不锈钢拼装水箱，有效容积 18m^3，供室内消火栓及喷淋系统初期灭火用水。

(3) 生活变频加压泵组

在水泵房生活水池旁设低区和高区变频恒压供水泵组，供生活用水。

1) 低区变频恒压供水泵组：生活加压泵四台，三用一备，型号为 Q=7L/s，H=45m，N=5.5kW；

2) 高区变频恒压供水泵组：生活加压泵四台，三用一备，型号为 Q=3L/s，H=75m，N=4kW。

(4) 用水计量

在区域总进水管上设总水表计量，并可根据需要在用水量集中地方设分表以便计量。区域内生活用水、冷却用水和消防用水分别设总水表计量。

5. 管材：给水管。埋地管（至室内第一个法兰前）：采用钢丝网骨架 HDPE 给水管（PE100，PN1.6），电热熔连接。地上：DN100 以上采用不锈钢管，焊接法兰连接；DN100 及以下采用薄壁不锈钢管，卡压连接。

（二）热水系统

1. 热水用水量（表 3、表 4）

热水用水量定额 **表 3**

序号	用水名称	使用单位数量	用水定额(L)	使用时间(h)
1	办公楼	每人每班	10	8
2	员工餐厅	每人每餐	10	6

热水总水量 **表 4**

用水性质	用水定额	使用单位数量	使用时间(h)	小时变化系数 K_h	最高日用水量(m^3/d)
办公楼	10L/(人·班)	4000	8	1.5	40
餐厅	10L/(人·餐)	3000	6	1.5	30
生活热水量总计					70

2. 热源

根据用途、用量、需求点等特性，并本工程热源分为两类。

其一为分散式电热水器，用于公共卫生间。本建筑每个卫生间吊顶内设置 $V=40L$，$N=1.5kW$ 电热水器一台，供洗手盆生活热水。

其二为集中式太阳能热水系统加燃气辅助加热，用于厨房和员工洗浴用水。

本工程集中洗浴和厨房热水采用太阳能热水预热加燃气热水炉辅助加热方式。于 6 层裙房顶设置平板型太阳能集热器 78 台，每台集热器面积为 $2.37m^2$，共 $185m^2$。系统设中间罐，以完全隔绝太阳能热水与真正使用热水，同时确保只有当供热储罐内热水不低于 60℃时，方可送至洗浴终端。另外，该系统设有紧急制冷系统，用于太阳能系统热媒温度过高。

本建筑在各层茶水间内设置温热净化开水器，饮水定额每人每班 2L，小时变化系 $K_h=1.5$。

3. 系统竖向分区：热水分区与冷水分区完全一致。

4. 热交换器：本工程集中热水系统太阳能储热部分设有储热罐三台，单台 $V=3m^3$；供热部分设热水供水罐两台，单台 $V=2m^3$。中间设板式换热器两组，$N=150kW$。

5. 冷、热水压力平衡措施、热水温度的保证措施

为保证冷热水压力平衡，本项目采取的措施如下：热水分区与冷水分区完全一致；厨房和洗浴的分界处采用静态平衡阀；各系统管道同程敷设。

热水温度的保证措施主要有两项，其一，集中系统设有热水循环泵，其启停方式为低于 50℃启泵，高于 60℃停泵；其二，系统设中间罐，以完全隔绝太阳能热水与使用热水，同时确保只有当供热储罐内热水不低于 60℃时，方可送至洗浴终端。

6. 管材：热水管采用薄壁不锈钢管，卡压连接。

（三）中水系统

本工程之中水主要为雨水收集回用系统之回用水。

1. 中水源水量表、中水回用水量表、水量平衡（图 1）

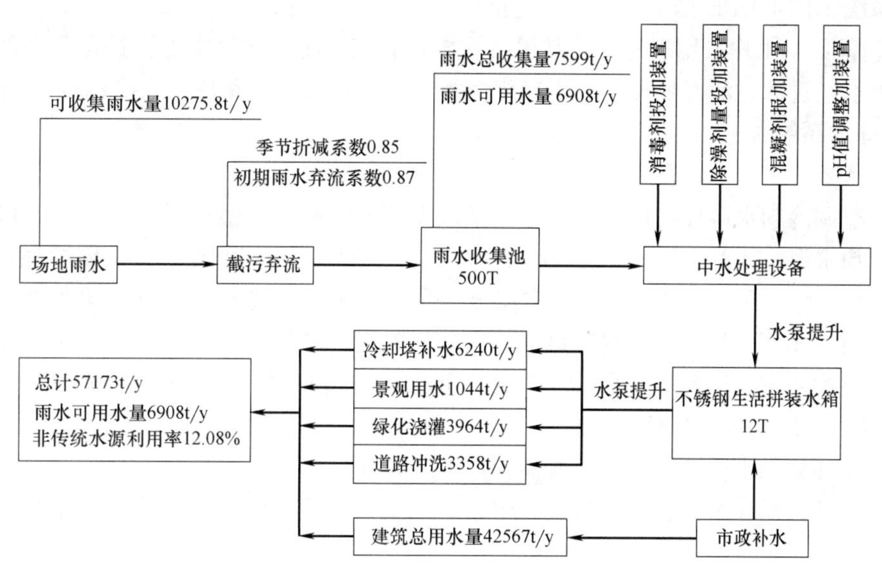

图 1　中水水量平衡图

2. 系统竖向分区：本工程收集之雨水经处理后，供本工程绿化浇灌、景观补水、道路冲洗和冷却补水。共一个分区，由变频供水系统供给。

3. 供水方式及给水加压设备雨水回用系统之变频供水设备设有变频给水泵三台，两用一备，每台 $Q=$

$12m^3/h$，H=0.45MPa，N=3.0kW，配100L隔膜气压罐。

4. 管材：钢丝网骨架HDPE复合管（PE100，PN1.6），电热熔连接。

（四）污水系统

1. 排水系统的形式：本工程排水系统采用污废合流方式。地下室排水，由成品污水提升装置提升后排至室外污水管网；地下车库的地面冲洗废水经隔油沉砂池处理后提升排至污水管网；厨房排水单独经隔油池处理后排出。污水量按给水量的90%计（扣除绿化用水）。昼夜生活污水$290m^3/d$。区域生活污水直接排到市政的预留接口。

2. 通气管设置方式：所有卫生间均设置通气立管。卫生间按规范设置环形通气管。

3. 局部污水处理措施：餐饮区厨房含油废水分别经过成品油脂分离器（设于地下室，带外置除油桶和储泥桶）处理后排至市政污水总管；地下车库排水经简易隔油沉砂池处理后排入室外污水管网。

4. 管材：排水管：室外采用HDPE双壁缠绕管，弹性密封连接；室内采用离心排水铸铁管，小法兰柔性连接。

（五）雨水系统

1. 雨水系统的形式：本工程所有区域均采用雨污分流方式。

2. 雨水排放方式：屋面雨水采用虹吸雨水系统，设计重现期按P=50年，同时设置雨水溢流系统。室外场地雨水设计重现期按3年考虑，雨水经雨水口、检查井、雨水管汇集后接入地块四周市政水体区域雨水直接排到市政的预留接口。

本项目汽车坡道入口均设有防洪闸；区域内道路排水均采用缝隙式树脂混凝土成品排水沟。

3. 局部处理方式：收集后之雨水经过滤消毒处理后回用至绿化浇灌、景观补水、道路冲洗及冷却补水。地下局部下沉区域雨水经提升后排至室外雨水管网。

4. 管材：室外采用HDPE双壁缠绕管，弹性密封连接。室内：重力管道采用内涂塑镀锌钢管，丝扣或卡箍连接；虹吸系统采用HDPE排水管，热熔连接。

5. 雨水收集装置：本工程采用埋地式成品模块式雨水收集系统。结合本工程特点，将部分区域雨水收集至雨水收集池。雨水经过滤、消毒处理后作为绿化浇灌、景观补水、道路冲洗及冷却补水用水。

（六）冷却循环水系统

1. 冷却循环水系统

为节约用水，空调冷却水循环使用，仅补充少量蒸发及飞溅损失。据暖通资料，冷冻机组所需冷却水量$Q=1500m^3/h$，冷却水温t_1=32℃，t_2=37℃，Δt=5℃。本设计选用超低噪声方型阻燃型逆流冷却塔（低矮型），按湿球温度28.3℃、进水温度38℃、出水温度32℃，分6座。冷却塔风机总功率为222kW。冷却塔设于主楼9层技术间内，循环冷却水总量按散热量9000kW配置。冷却循环水泵则设置于冷冻机房内。循环水泵共六台，其中大泵为四用，每台型号为$Q=340m^3/h$，H=32m，N=55kW；小泵为一用一备，每台型号为$Q=170m^3/h$，H=32m，N=30kW。

为防止经多次循环后的水质恶化影响冷凝器传热效果，在冷却循环水泵出口处设全自动自清过滤器，并设旁滤器连续处理一部分循环水以去除冷却过程中带入的灰尘及除垢仪产生的软垢。系统设有杀菌消毒投药装置。

2. 冷却循环水补充水：冷却水源为雨水回用水，同时设市政给水作补充。通过冷却补水提升泵组，从水箱处抽软化水直接供至冷却塔集水盘补水。

二、消防系统

（一）消火栓系统

1. 消防用水量（表5）

消防用水量 表 5

序号	类别	消防用水量(L/s)（业主要求）	火灾延续时间(h)	用水总量(m^3)	备注
1	室外消火栓用水量	30	3	324	由市政管网供给（两路供水）
2	室内消火栓用水量	30	3	324	由市政管网供给（两路供水）
3	自动喷水灭火系统用水量	34(55)	1	122/198	由市政管网供给（两路供水）
4	消防水池总储水量			0(522)	由于两路供水，据上海规范可不贮存
5	屋顶消防水箱储水量			18	设于屋顶

2. 室外消防给水系统：室外生活和消防管网分开设置，消防管道绕地块四周成环状网，环网管径为DN200，在环网上按间距小于 120m 设置室外地上式消火栓，室外消防为低压制，市政供水压力大于等于0.15MPa。水源为两路 DN200 市政供水。

3. 室内消防给水系统

本工程内设置室内消火栓系统，系统采用临时高压制，共一个区。

消火栓初期灭火用水由屋顶消防水箱供水，有效容积为 $18m^3$。消防主泵启动后直接抽取市政管道水进行扑救。消火栓主泵设于（地下二层消防）水泵房内，Q=30L/s，H=84m，N=45kW（一用一备）。消火栓布置，保证同层相邻两消火栓的水枪充实水柱到达室内任何部位，充实水位大于 10m。箱内配置 DN65 消火栓，ϕ19 水枪，长 25m 衬胶水带，自救消防软管卷盘一套，栓口型号为：栓口 DN25，软管 30m，喷嘴 ϕ6mm。消防电梯前室采用同规格消火栓和水枪，水龙带长度 15m。每个消火栓箱处设置直接启动消防水泵的按钮，并带有保护设施。消火栓栓口动压大于 0.5 MPa 处设减压孔板。系统在距室外地上式消火栓 15～40m 处设水泵接合器两套，室内消火栓管道呈环网，屋顶设置带压力表的试验用消火栓。

由于水箱的设置高度不能保证最不利消火栓处静压不低于 0.07MPa，故于消防泵房内设消火栓稳压设施一套，型号为 Q=5L/s，H=90m，N=7.5kW，一用一备，另设气压罐一个（ϕ1000×2500h）。

4. 管材：室外（至室内第一个法兰前）采用球墨给水铸铁管，内搪水泥外浸沥青，橡胶圈接口；室内管径小于 DN100 的管道采用热浸镀锌钢管，丝接连接；管径大于等于 DN100 的管道采用热浸镀锌钢管，卡箍连接（Sch30）。

（二）自动喷水灭火系统

1. 自动喷水灭火系统

本建筑内除不宜用水扑救的部位外均设自动喷水系统。按中危险Ⅱ级考虑设置自动喷水灭火系统。由于本建筑内有 8～12m 的高大空间，自动喷淋水量按最不利者考虑，为 34L/s。据博世公司内部规范，研发楼区域的喷水强度为 12L/(min·m^2)，作用面积为 $230m^2$。则相应的喷淋水量为 55L/s。

自动喷水初期灭火用水由屋顶水箱供应，自动喷淋泵启动后直接抽取市政水进行扑救，喷淋主泵设于地下二层消防水泵房内，Q=55L/s，H=88m，N=90kW（一用一备）。为保证喷淋系统最不利末端喷头的工作压力不小于 0.1MPa，在地下消防水泵房内设一套消防稳压设备，型号为 Q=1L/s，H=95m，N=2.2kW，一用一备，另设气压罐一个（ϕ800×2500（H））。喷淋系统设四个室外地上式水泵接合器并距室外地上式消火栓 15～40m。

自动喷水灭火系统由喷淋泵、湿式报警阀组、水流指示器、遥控信号蝶阀、喷头、管道等组成。区域共设 15 组湿式报警阀组，每组控制喷头数不超过 800 只，采用动作温度为 68℃的喷头。

火灾时水流指示器向消防控制室报警指示火灾区域，同时湿式报警阀动作，启动水力警铃，并由压力开关动作信号传至消防控制室启动自动喷淋泵。

2. 消防集水坑：每座消防电梯旁设置容积不小于 $3m^3$ 的集水坑，安装两台潜水泵，流量：$36m^3/h$，扬程 0.15MPa，一用一备。

3. 管材：室内管径小于 *DN*100 的管道采用热浸镀锌钢管，丝接连接；管径大于等于 *DN*100 的管道采用热浸镀锌钢管，卡箍连接（Sch30）。

（三）细水雾灭火系统

1. 系统说明

本工程采用中压细水雾灭火系统。系统保护区域为 B2 层锅炉房和变电所。

细水雾灭火系统泵房设在 B2 层细水雾泵房间内。系统成套泵组由三台中压水泵（两用一备）、稳压泵、自动补水装置、进水电磁阀、安全阀、压力传感器、调试球阀、水泵控制柜等主要部件组成。中压水泵型号 CDL42-110，单台流量 30m^3/h，扬程 255m，单台电机功率 45kW。

2. 控制控制

系统设自动控制、电动控制和应急机械操作三种控制方式。当系统接收到两个独立的火灾探测器复合报警信号后自动发出控制信号，延时 0～30s 后打开区域阀组，启动泵组进行喷雾灭火。也可在灭火分区附近或远程紧急启停。防护区内所有的通风、排烟系统及管道在灭火前能自动关闭。报警符合各灭火分区开启要求。细水雾灭火系统工作程序如图 2 所示。

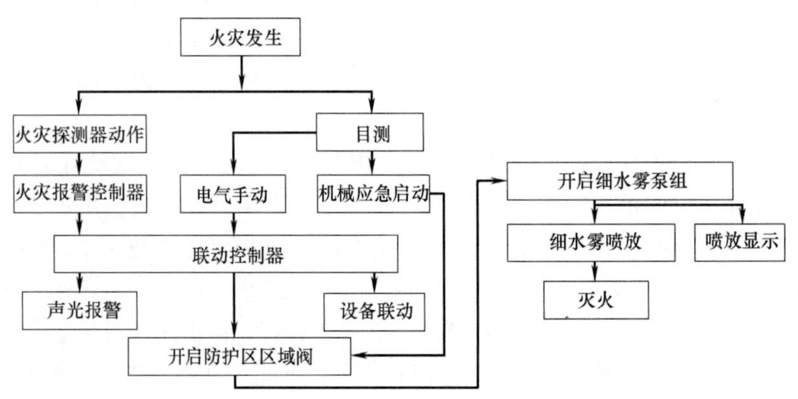

图 2 中压细水雾灭火系统工作原理流程图

3. 管材

细水雾管道采用 1Cr18Ni9Ti 不锈钢管及管件，焊接或卡套连接。

中压细水雾系统中压泵组前进水管及区域控制阀排水管道采用无缝钢管，焊接连接。

（四）气体灭火系统（本工程无）

（五）消防水炮灭火系统（本工程无）

三、设计及施工体会

作为德国博世公司在亚太的总部大楼，业主对本项目高度重视，基本是按德国标准设计和建造此大楼。虽然项目规模不算大，高度也未超过 50m，但其设计建造细节要求极高。通过该项目，笔者从中领略到一些先进的技术和德国特有的作法，获益匪浅。下面分系统简述如下。

（一）给水排水系统

1. 给水系统

挂墙式坐便器的固定方式：挂式坐便器均自带水箱专用金属框架，当该框架固定于实墙时，一般不会产生问题；当水箱位于装饰板内时，则往往因设备固定不合理而产生排水接驳管断裂等问题。对此，我们提出了一种特殊加固方式，并获得了实用新型证书，如图 3 所示。

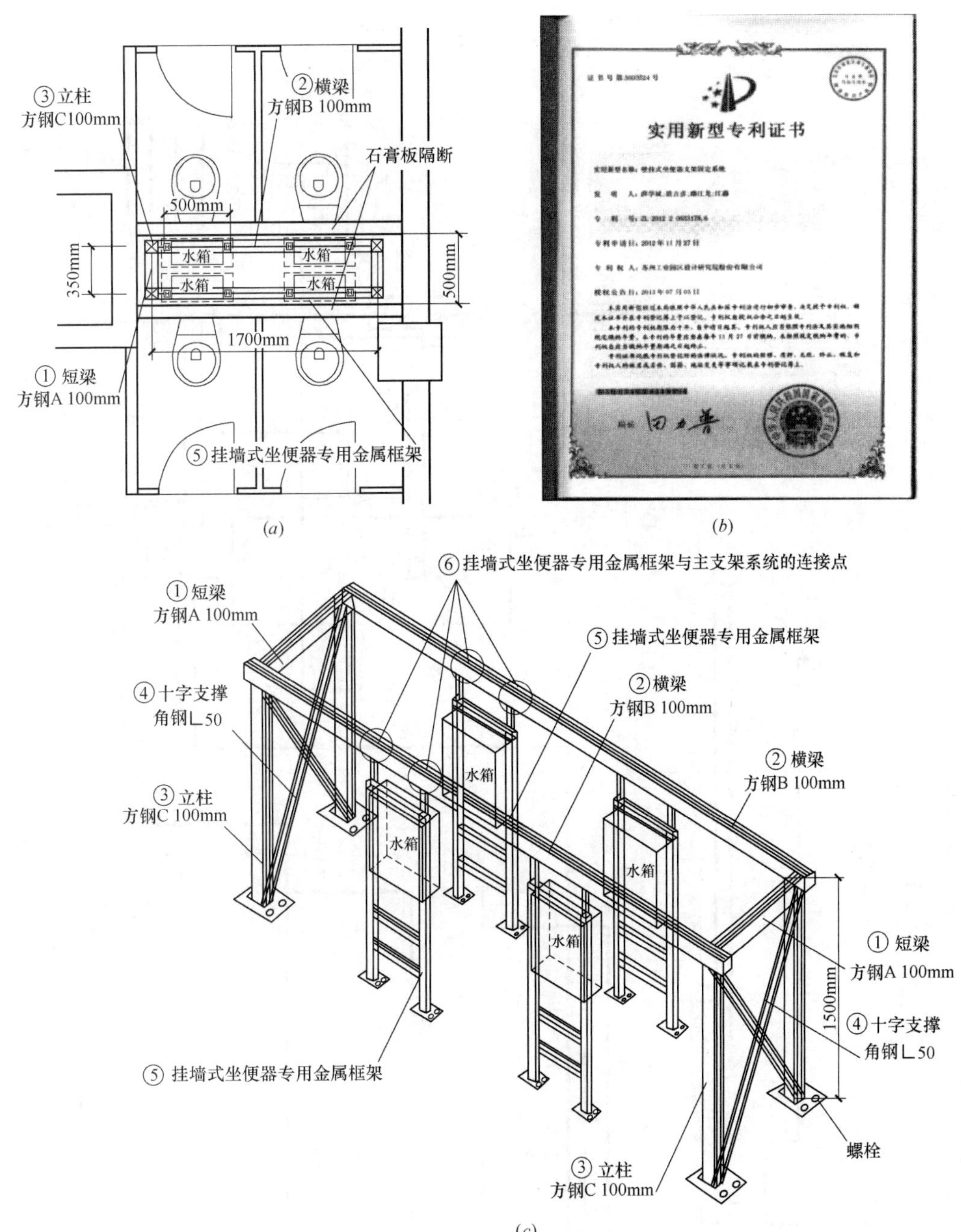

(*a*) (*b*) (*c*)

图 3　挂墙式坐便器固定方式以及专利证书

（*a*）坐便器固定平面图；（*b*）专利证书；（*c*）坐便器固定示意图

2. 热水系统

（1）设中间罐和紧急制冷装置的太阳能热水系统

本工程集中洗浴采用太阳能热水预热加燃气炉辅助方式。德国人对于太阳能热水的利用方式有独到的见解，他们对低温热水的用水安全性要求极高，以防产生军团菌。据此，我们会同业主方提出了一个中间罐的方案，以完全隔绝太阳能热水与使用热水的沟通，同时确保只有当供热储罐内热水不低于 60℃时，方可送至洗浴终端。另一个特别之处是，该系统设有紧急制冷系统，用于防止太阳能系统热媒温度过高，这在国内太阳能热水系统中可能是很少见的。目前该系统已申请实用新型专利，如图 4 所示。

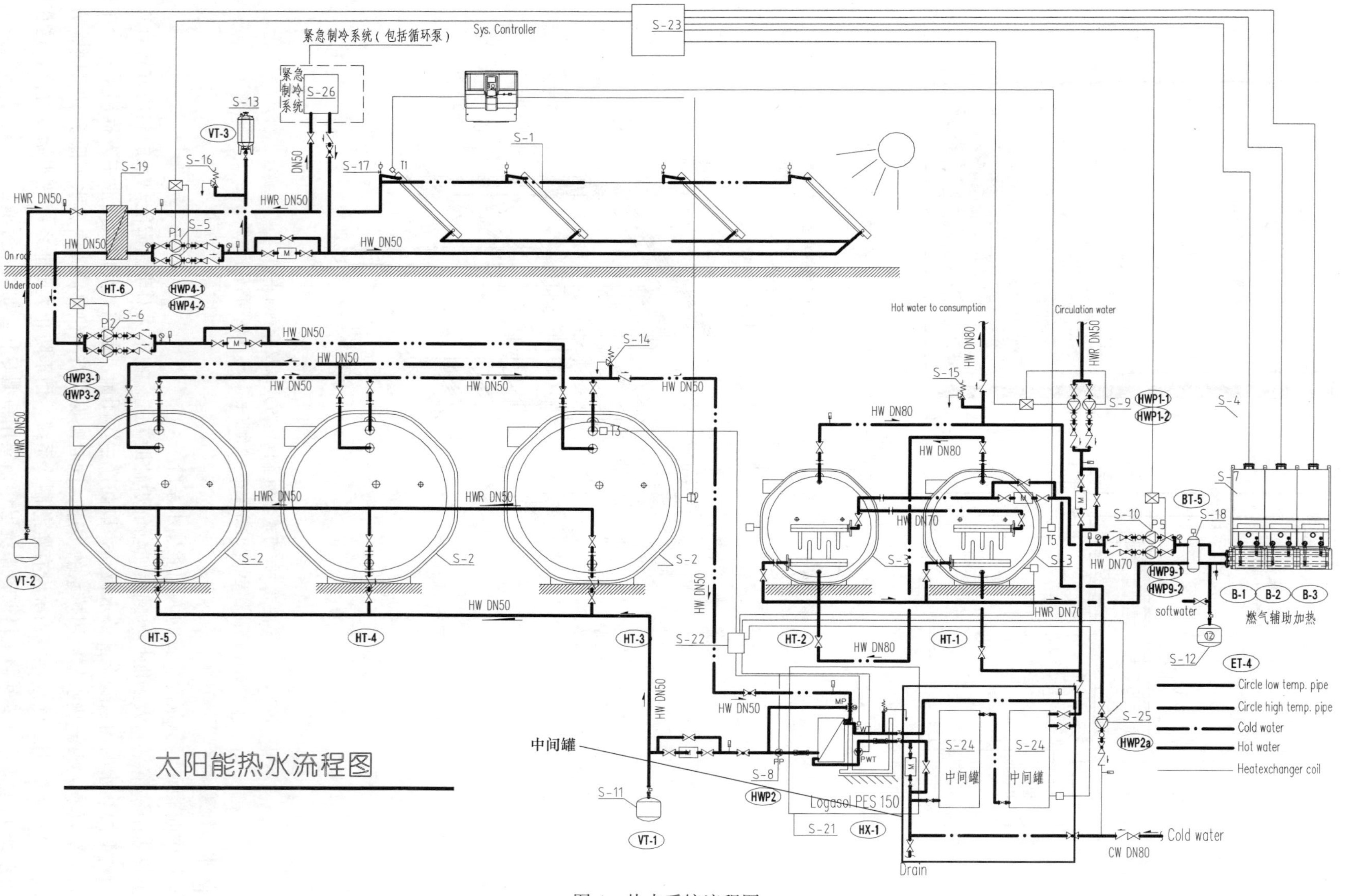

太阳能热水流程图
Sys. Controller
紧急制冷系统（包括循环泵）
紧急制冷系统
S-26
S-23
S-1
S-17
T1
S-13
VT-3
S-16
S-19
S-5
P1
HWP4-1
HWP4-2
HT-6
S-6
P2
HWP3-1
HWP3-2
HWR DN50
HW DN50
DN50
On roof
Under roof
VT-2
S-2
T3
S-14
HT-3
HT-4
HT-5
VT-1
S-11
中间罐
S-22
HT-1
HT-2
HW DN80
HW DN70
HWR DN70
Hot water to consumption
S-15
Circulation water
S-9
HWP1-1
HWP1-2
S-10
P5
HWP9-1
HWP9-2
softwater
BT-5
S-18
S-3
T5
S-4
S-7
B-1
B-2
B-3
燃气辅助加热
ET-4
S-12
Circle low temp. pipe
Circle high temp. pipe
Cold water
Hot water
Heatexchanger coil
S-25
HWP2a
Cold water
CW DN80
S-24
中间罐
Drain
Logasol PES 150
HX-1
S-21
S-8
HWP2

图 4 热水系统流程图

（2）太阳能板的特殊固定方式。

常规太阳能板基础做法为间距 1.5m 左右设置密密麻麻的混凝土短柱，此做法不利于后期防水处理。最大的问题是无法调整太阳能板的布置位置。本项目太阳能板的固定方式较特殊，为增加布置灵活性，既不破坏屋顶防水层，同时又能抗风荷载，采用 1.8×2.7×0.12（m）的成品混凝土预制件作基础。如图 5 所示。太阳能板通过成品铝合金支架固定于该预制件上，且太阳能板的倾斜角为可调。此类基础做法在国内罕见。

(*a*)

(*b*)

(*c*)

(*d*)

图 5　太阳能板安装图

（*a*）太阳能板安装图一；（*b*）太阳能板安装图二；（*c*）太阳能板安装图三；（*d*）太阳能板安装图四

3. 污废水系统

（1）可调节地漏

对于这类再普通不过的配件，德国人的精细要求让人震惊。业主对卫生间地漏和地砖的相对关系有严格要求，地漏必须位于地砖中心或四块地砖交点。由于施工误差的存在，内装设计图纸与原有建筑施工图之间的偏差也必然存在，即使按内装重新定位，实际地漏位置与现场铺装也不能完全匹配。对此，国内传统地漏无法解决，而德国人却给出了他们完美的解决方案。业主提供的地漏有个特殊功能，就是其面板部分与地漏主体之间有一个特殊可调连接件，其功能是为了保证面板部分在水平位置实现可调节，从而完美解决了地漏定位问题，如图 6 所示。

（2）厨房排水地漏

厨房一般均设置 300～400mm 的回填，设有排水沟，沟内设置排水地漏。也就是说，国内一般仅考虑厨房完成面的防水，而对于渗漏至回填层内的水基本不作处理。业主对此提出了疑义，并要求回填层找坡排水。为解决此问题，我们找到了一种带防水翼环的双层可调式地漏。上层接不锈钢地沟排水，同一地漏的下层接回填层积水，很好地解决了此问题，如图 7 所示。当然，此类地漏的价格不菲。

（3）成品隔油池

国内传统的隔油池基本为长方形水箱，内设分隔板，手动除油除渣。此类产品的致命缺点是，隔油间内臭气熏天，除油除渣程序繁复。业主要求隔油池需全自动除油除渣。由于该项目起始于2007年，国内尚无此类产品。后来我们找到一款进口产品，设有独立的除油桶和除渣桶，则日常运行方仅需定期更换油桶渣桶即可，如图8所示。该设备优点显而易见，但是针对中餐厨房，需注意与厨房排水的协调，保证排水地漏处拦污设施的正常工作。

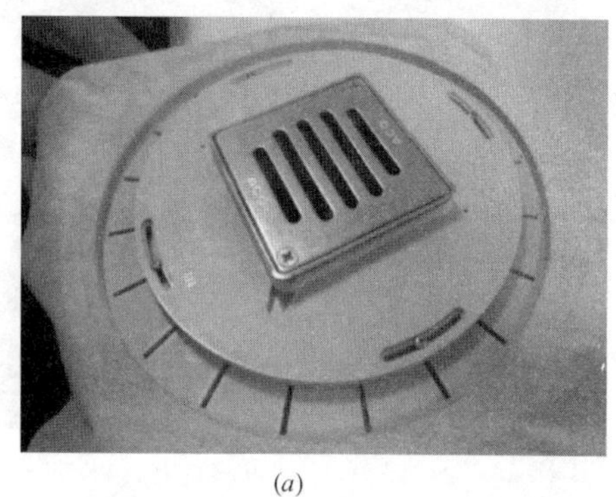

(a)

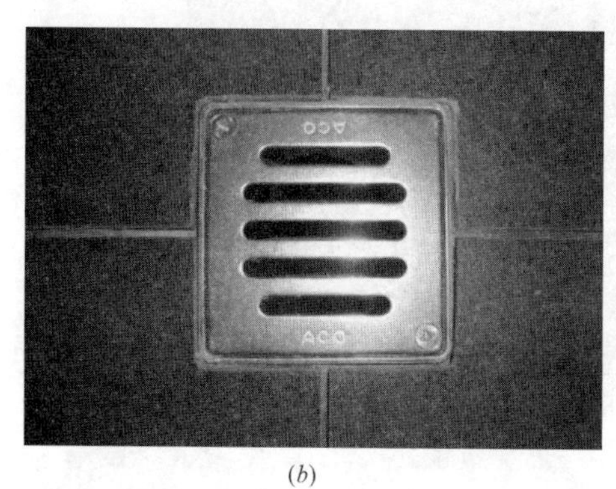

(b)

图6 可调节地漏

（a）可调节地漏一；（b）可调节地漏二

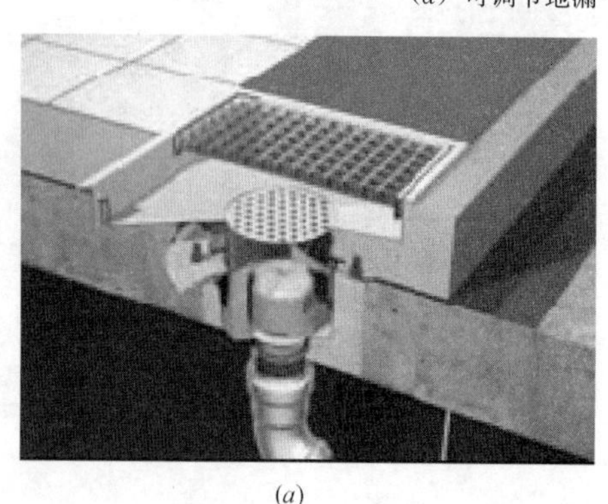

(a)

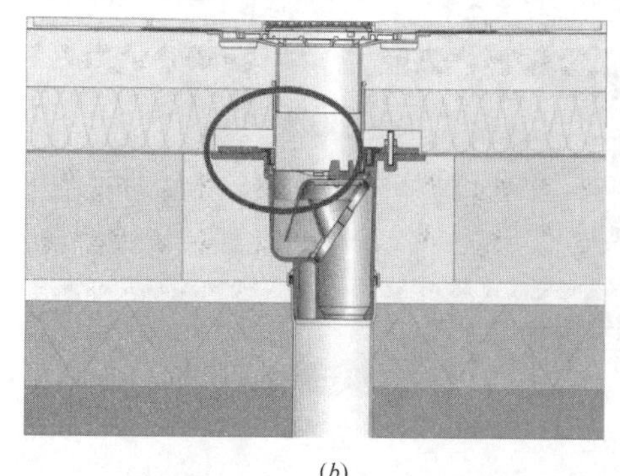

(b)

图7 厨房地漏

（a）厨房地漏一；（b）厨房地漏二

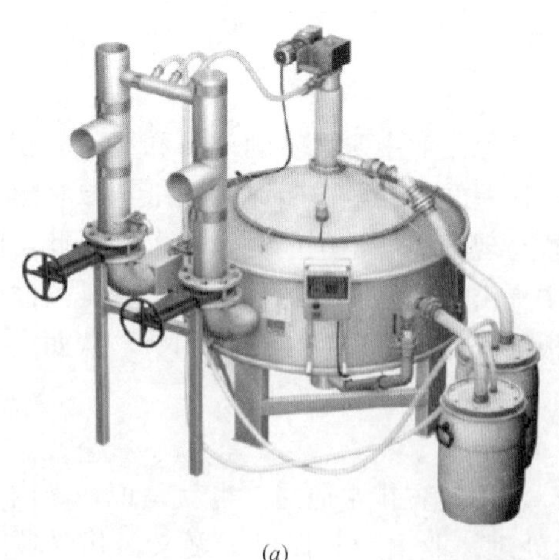

(a)

(b)

图8 成品隔油池

（a）样本示意图；（b）实物

（4）成品污水提升装置

国内早期的污水提升一般采用地下混凝土集水坑内置潜污泵的方式。而在德国，污水的提升是不允许采用此方式的，必须采用成品密闭提升装置，如图 9 所示。与隔油池情况类似，当时只能采用进口产品。此类密闭提升装置的卫生和防臭功能是显而易见的。

图 9　成品污水提升装置

4. 雨水系统

（1）缝隙式成品排水沟

传统的室外雨水排放，主要靠道路设置横坡和纵坡，水专业于最低点设雨水边井，最终接入雨水干管。对此，业主有特殊要求：道路均为单坡向外，不设纵坡，以使建筑物之室外环路标高整齐划一，同时不得采用传统雨水边井。据此，我们选择了缝隙式成品排水沟，为便于安装，采用平坡排水沟。同时每 30m 设置排水沟跌水井（接雨水干管检查井），如图 10、图 11 所示。上述措施，使得室外路面整齐美观。需要指出的是，缝隙式成品排水沟已有国标图集，然而实际项目中，有些业主为节省造价，往往将其简化为在一条普通排水沟上直接放置两块悬挑的铺砖。这样做看似与成品沟相同，其实只要汽车一压，即出现铺砖断裂现象。

图 10　缝隙式成品排水沟

图 11　缝隙式排水沟铺装完成后

（2）塑料模块式雨水收集回用系统

为满足业主提出的节水要求，本项目设置雨水收集系统，采用了塑料模块拼装式埋地蓄水池同时设有溢流弃流装置和成品处理间。回用水用于景观补水和绿化浇灌，以及冷却补水等，大大节约了自来水用水量。

5. 绿色建筑设计

项目设计过程中，绿色建筑星级标准刚刚在国内兴起，国内很多建筑为了获取绿色设计标识，在设计图纸中各种措施俱全，最后建造时则完全变形。该业主则不然，当时设计并没有为了满足绿色标识而去，他们只是延续了在德国的一些常规要求，而具体措施则远超国内绿色三星建筑设计要求。项目中的主要措施有：自动外遮阳、屋顶绿化、太阳能光伏满铺、太阳能热水、地源热泵、雨水收集回用等。由于业主在大楼快建成时，才打算申报绿色建筑，开始申报的时间较晚，有些前期数据无法得到，最终仅获绿色二星标识。

6. 冷却循环水系统

本项目冷却循环水系统的最大亮点是冷却塔的形式和设置位置。由于项目临近虹桥机场，区域内建筑有限高要求，建筑不总高不得超过 40m。最终做法只能是 1 号塔楼局部 9 层处让出一个柱距，改为屋面，用于放置冷却塔。由于该处层高仅 4.05m，区域面积又小，且进风面仅有一个，最终我们选用了一种低矮型的单侧进风鼓风式冷却塔，同时解决了高度和进风两个问题，如图 12 所示。

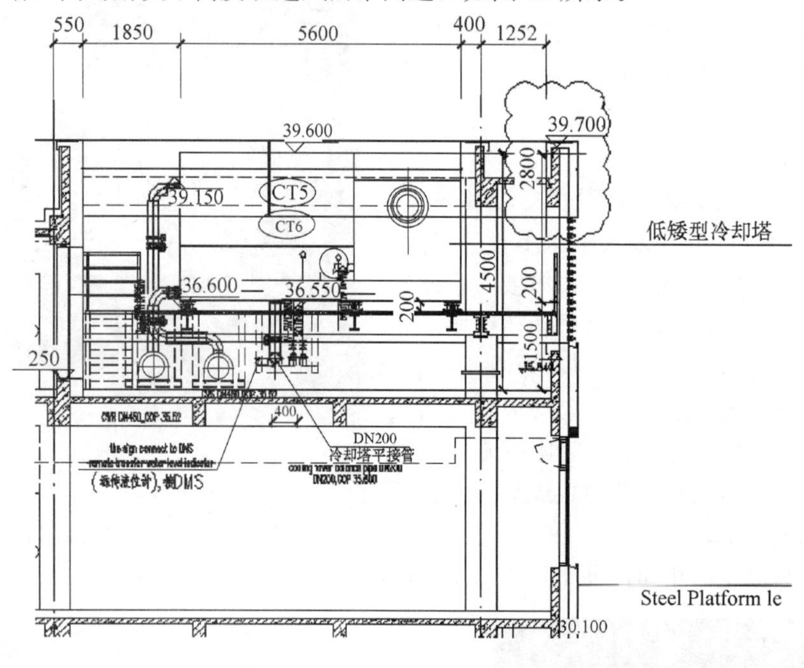

(a)

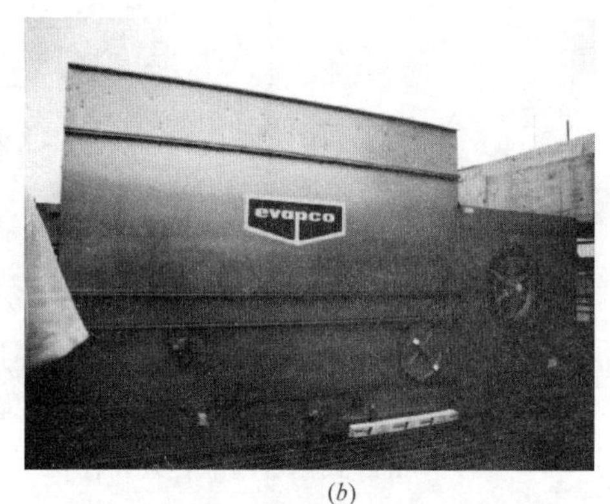

(b)

(c)

图 12 低矮型冷却塔

(a) 低矮型冷却塔示意图；(b) 低矮型冷却塔实物一；(c) 低矮型冷却塔实物二

(二) 消防系统

1. 消防喷淋系统

按国内规范，常规办公研发楼为中危险Ⅰ级，地下汽车库为中危险Ⅱ级。喷淋水量约 30～34L/s。据博世公司内部规范，研发楼区域的喷水强度为 12mm/min，作用面积为 230m^2。则相应的喷淋水量为 55L/s，高出国内规范较多，如图 13 所示。

2. 闭式水雾喷头

国内针对集中的强弱电间，一般采用气体灭火系统，而对于每层的分散数据服务间的消防设计，一般分为两种，其一是仅设手提式灭火器，其余不作任何设施；其二是采用高压细水雾。上述两种方式，第一种过于简单，不能满足喷淋全覆盖的要求；第二种则造价过高。本项目业主提出了采用闭式水雾喷头的要求，在原有湿式系统上直接连接特殊的闭式喷头。若发生火灾，喷头开放直接喷水雾。此类喷头国内尚不能生产。它最大的优点是其对压力要求并不太高，仅需 0.3～0.35MPa 即可，而喷出的即是水雾。由于分散式服务间面积均很小，故设置此类喷头对整个系统设计参数影响不大，个别项目仅需增加些系统设计压力即可。如图 14 所示。

3. 不足

锅炉房和变配电间设置细水雾灭火系统。按常规，我们会采用 IG-541 气体灭火系统。由于业主对气体灭火极其排斥，最终选择了细水雾系统。由于规范对中压和高压尚无区分，而当时的高压系统价格的确很高，最终选用的是中压系统。但是实际测试时，发现国产的中压系统，其雾化能力较差，特别是开始阶段尤其差。这是本项目的不足之处之一。

(*a*)

(*b*)

图 13　消防泵房

（*a*）消防泵房一；（*b*）消防泵房二

Minifog ProCon Sprinkler K16 with 1/2″ thread

R1/2″

DN2999

32

32

Designation　:Minifog ProCon Sprinkler MX-SP1/2X79℃-K16

Order number　:91 0888

Coverage area per sprinkler　:max.6m²

Distance between sprinklers　:optimum 1.5m to 2m(max.3m)

Distance to wall　:optimum 0.5 m to 1m(max. 1.5m)

Working pressure　:3 bar to 12.5bar

(*a*)

3 bar

4 bar

6 bar

10 bar

height[m]

spray radius[m]

(*b*)

图 14　水喷雾喷头

（*a*）闭式水喷雾喷头样品；（*b*）水喷雾喷头工作参数

四、工程照片及附图

1. 建筑总体

1-1 东南立面透视夜景

1-2 南立面夜景透视

1-3 南立面透视

1-4 楼南侧透视

2. 机房

2-1 太阳能热水机房

2-2 热水锅炉房

2-3 冷冻冷却机房 1

2-4 冷冻冷却机房 2

2-5 景观泵房

2-6 地下车库内管线布置

2-7 消防泵房

2-8 报警阀组

3. 太阳能热水装置

3-1 太阳能板总

3-2 太阳能板

3-3 太阳板后视

4. 成品隔油池及污水提升装置

4-1 成品隔油池（带外置储油储泥桶）

4-2 成品污水提升装置

5. 特殊地漏

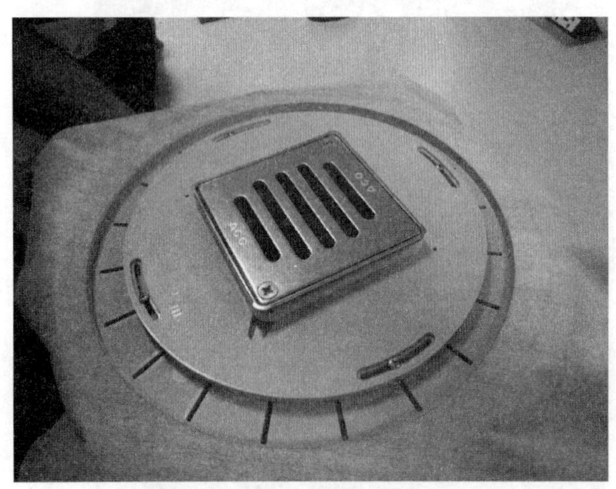

5-1 位置可调地漏

5-2 可调地漏完成后效果

6. 缝隙式排水沟

6-1 缝隙式排水沟

6-2 缝隙式排水沟

7. 冷却塔

7-1 单侧进风低矮型冷却塔

7-2 单侧进风低矮型冷却塔

8. 洁具

8-1

8-2

8-3

9. 景观

9-1 东侧景观水

9-2 大堂

9-3 六楼水池

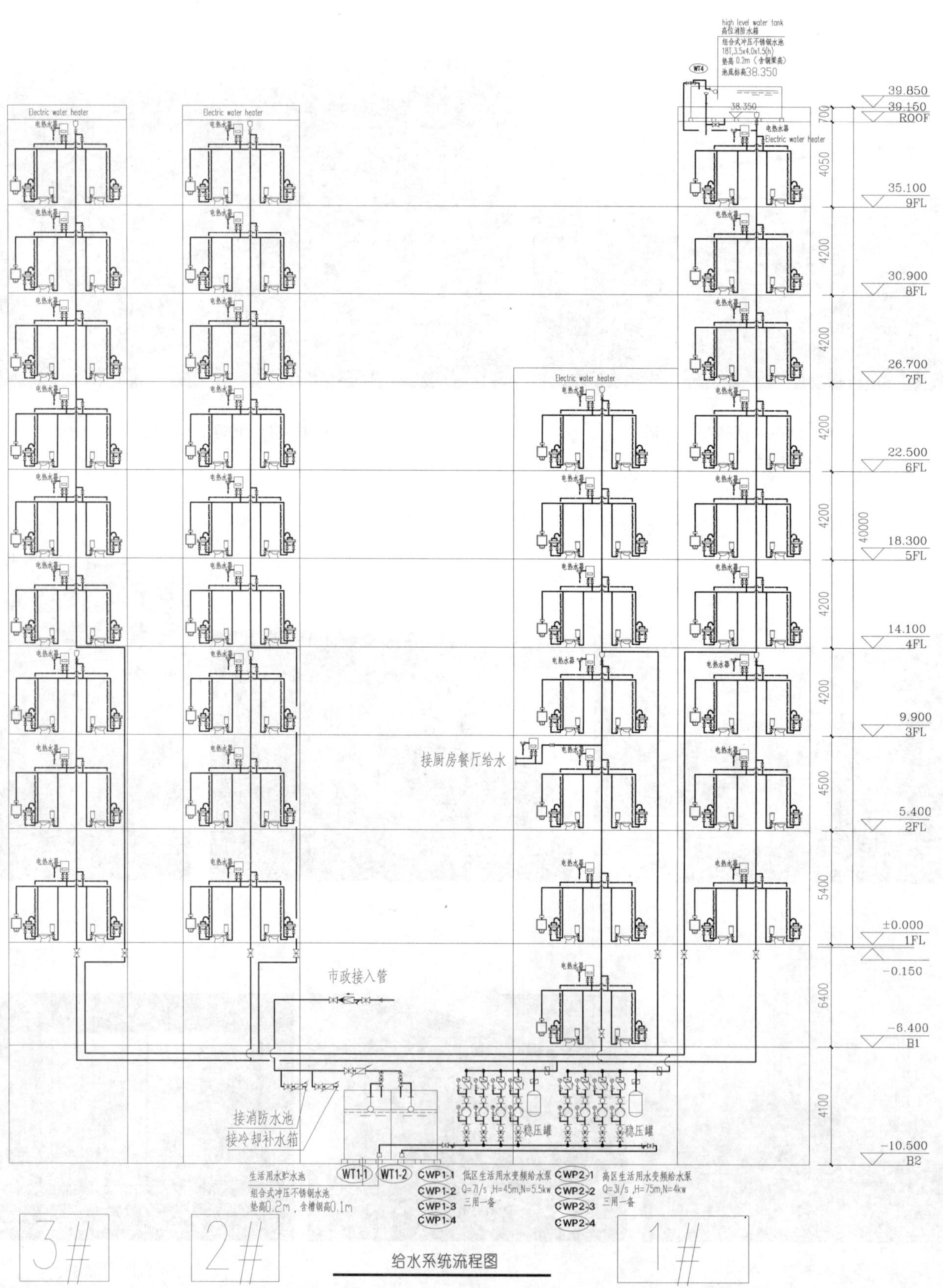
high level water tank
高位消防水箱
组合式冲压不锈钢水池
18T,3.5x4.0x1.5(h)
垫高 0.2m（含钢架高）
池底标高38.350
WT4
Electric water heater
电热水器
39.850
39.150
ROOF
35.100
9FL
30.900
8FL
26.700
7FL
22.500
6FL
18.300
5FL
14.100
4FL
9.900
3FL
5.400
2FL
±0.000
1FL
-0.150
-6.400
B1
-10.500
B2
700
4050
4200
4500
5400
6400
4100
40000
接厨房餐厅给水
市政接入管
接消防水池
接冷却补水箱
稳压罐
生活用水贮水池
组合式冲压不锈钢水池
垫高0.2m，含槽钢高0.1m
WT1-1
WT1-2
CWP1-1
CWP1-2
CWP1-3
CWP1-4
低区生活用水变频给水泵
Q=7l/s ,H=45m,N=5.5kw
三用一备
CWP2-1
CWP2-2
CWP2-3
CWP2-4
高区生活用水变频给水泵
Q=3l/s ,H=75m,N=4kw
三用一备
3#
2#
1#

给水系统流程图

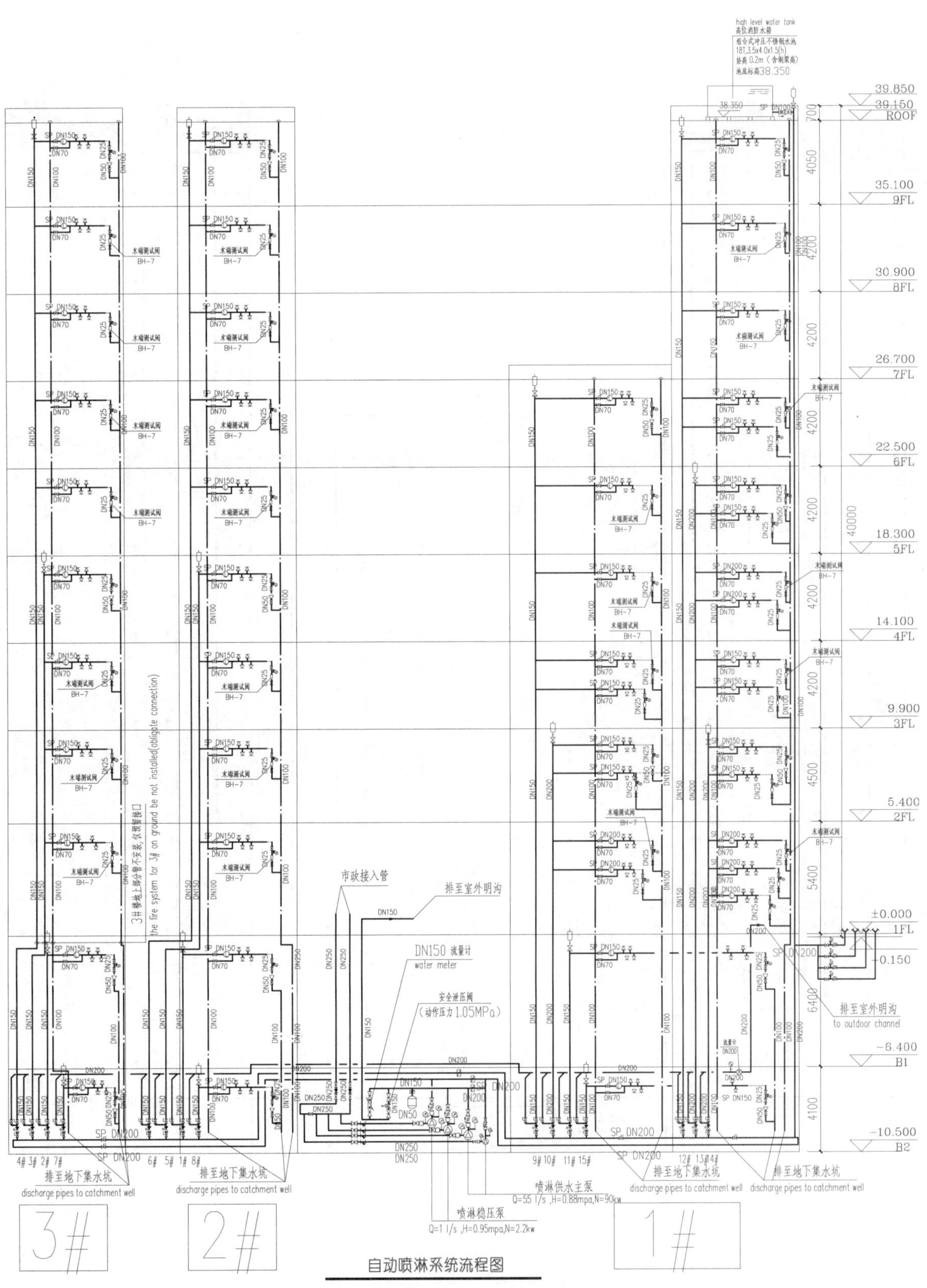
high level water tank
高位消防水箱
39.850
39.150
ROOF
35.100
9FL
30.900
8FL
26.700
7FL
22.500
6FL
18.300
5FL
14.100
4FL
9.900
3FL
5.400
2FL
±0.000
1FL
-0.150
-6.400
B1
-10.500
B2
市政接入管
排至室外明沟
DN150 流量计
water meter
安全泄压阀
（动作压力 1.05MPa）
排至室外明沟
to outdoor channel
排至地下集水坑
discharge pipes to catchment well
喷淋供水主泵
Q=55 l/s ,H=0.88mpa,N=90kw
喷淋稳压泵
Q=1 l/s ,H=0.95mpa,N=2.2kw
3#
2#
1#

自动喷淋系统流程图

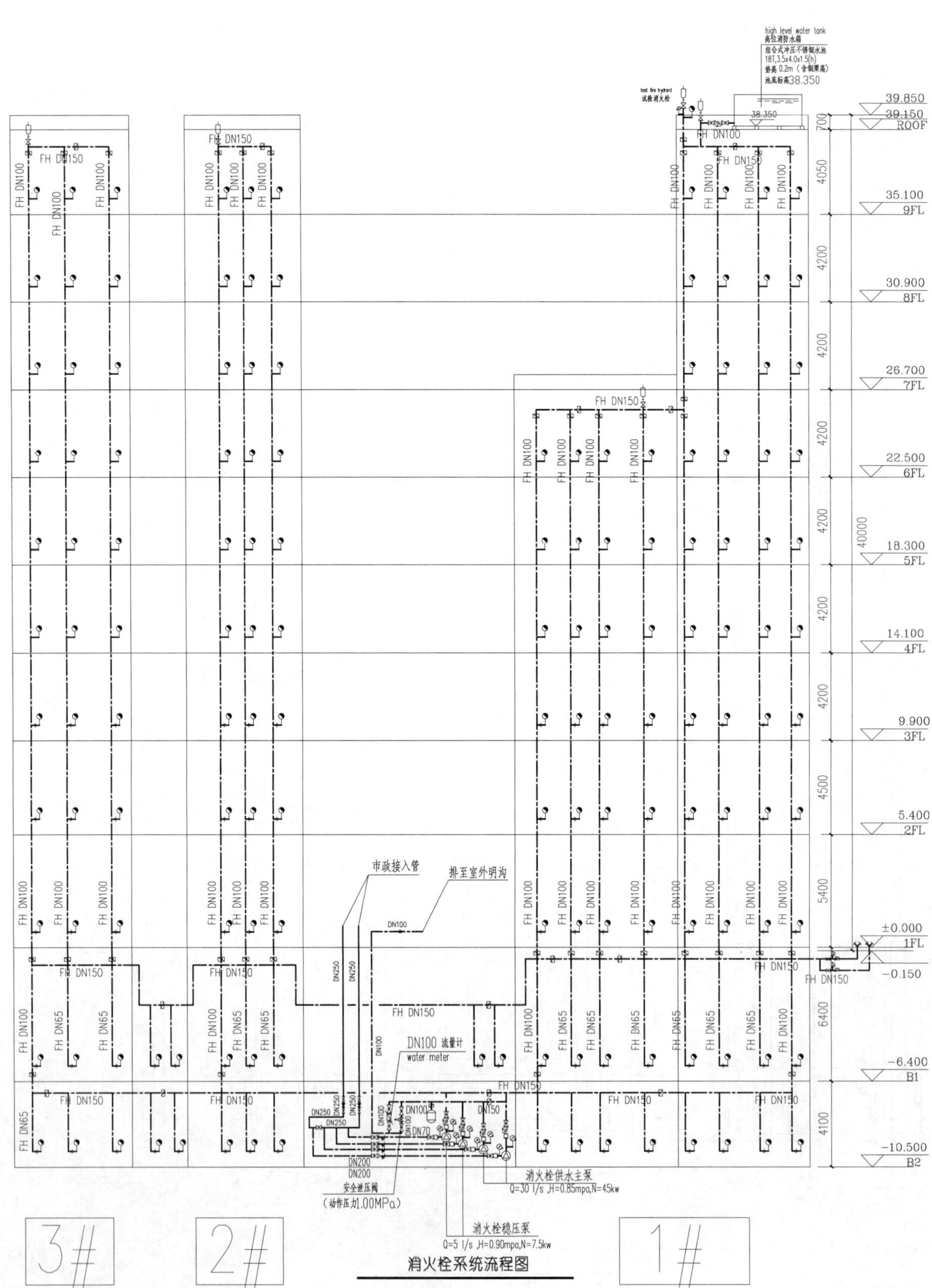
high level water tank
高位消防水箱
18T,3.5x4.0x1.5(h)
池底标高38.350
test fire hydrant
试验消火栓
39.850
39.150
ROOF
35.100
9FL
30.900
8FL
26.700
7FL
22.500
6FL
18.300
5FL
14.100
4FL
9.900
3FL
5.400
2FL
±0.000
1FL
-0.150
-6.400
B1
-10.500
B2
市政接入管
排至室外明沟
DN100 流量计
water meter
安全泄压阀
(动作压力1.00MPa)
消火栓供水主泵
Q=30 l/s ,H=0.85mpa,N=45kw
消火栓稳压泵
Q=5 l/s ,H=0.90mpa,N=7.5kw
3#
2#
1#
消火栓系统流程图

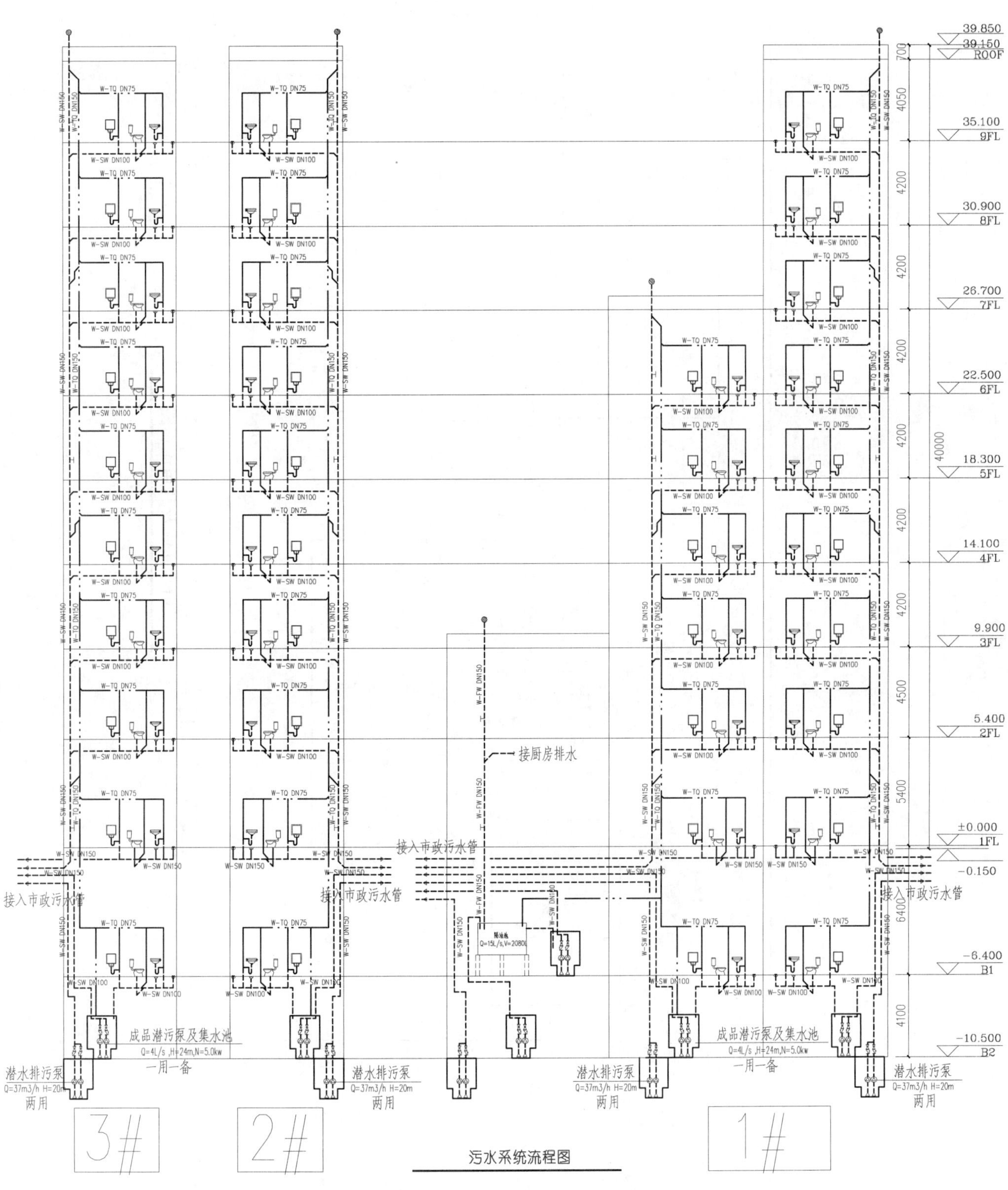
39.850
39.150
ROOF
35.100
9FL
30.900
8FL
26.700
7FL
22.500
6FL
18.300
5FL
14.100
4FL
9.900
3FL
5.400
2FL
±0.000
1FL
-0.150
-6.400
B1
-10.500
B2
接厨房排水
接入市政污水管
成品潜污泵及集水池
Q=4L/s ,H=24m,N=5.0kw
一用一备
潜水排污泵
Q=37m3/h H=20m
两用
3#
2#
1#

污水系统流程图

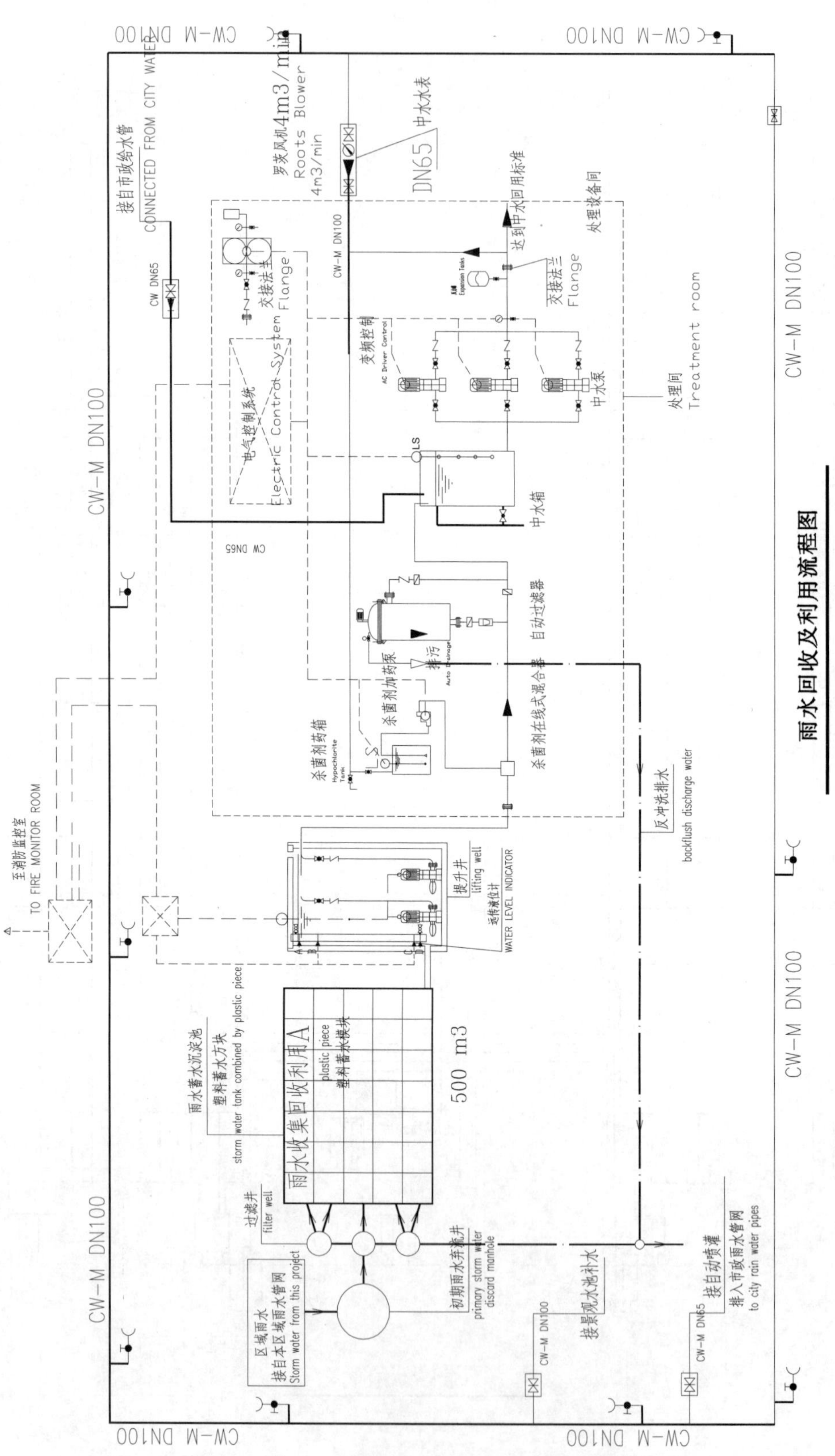

CW-M DN100
接自市政给水管
CONNECTED FROM CITY WATER
罗茨风机4m3/min
Roots Blower
4m3/min
中水水表
DN65
达到中水回用标准
处理设备间
交接法兰
Flange
电气控制系统
Electric Control System
变频控制
AC Driver Control
中水泵
处理间
Treatment room
中水箱
自动过滤器
排污
杀菌剂加药泵
杀菌剂药箱
杀菌剂在线式混合器
反冲洗排水
backflush discharge water
至消防监控室
TO FIRE MONITOR ROOM
提升井
lifting well
WATER LEVEL INDICATOR
雨水蓄水沉淀池
塑料蓄水方块
storm water tank combined by plastic piece
雨水收集回收利用A
plastic piece
塑料蓄水模块
500 m3
过滤井
filter well
区域雨水
接自本区域雨水管网
Storm water from this project
初期雨水弃流井
primary storm water discard manhole
接景观水池补水
接自动喷灌
排入市政雨水管网
to city rain water pipes
CW DN65
CW-M DN65

雨水回收及利用流程图

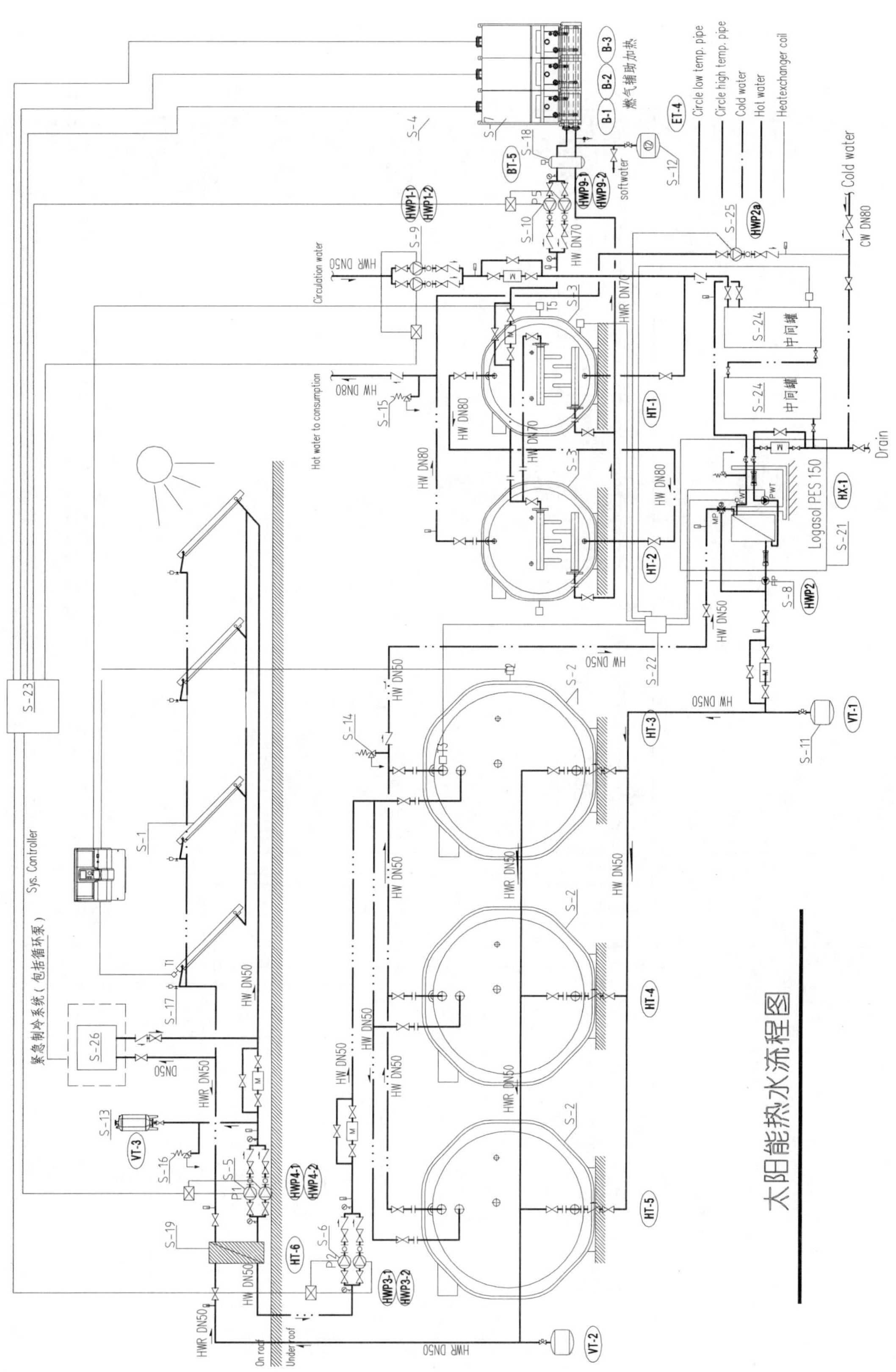
Circle low temp. pipe
Circle high temp. pipe
Cold water
Hot water
Heatexchanger coil
燃气辅助加热
Sys. Controller
紧急制冷系统（包括循环泵）
Hot water to consumption
Circulation water
Cold water
softwater
Drain
Logasol PES 150
中间罐
On roof
Under roof

太阳能热水流程图

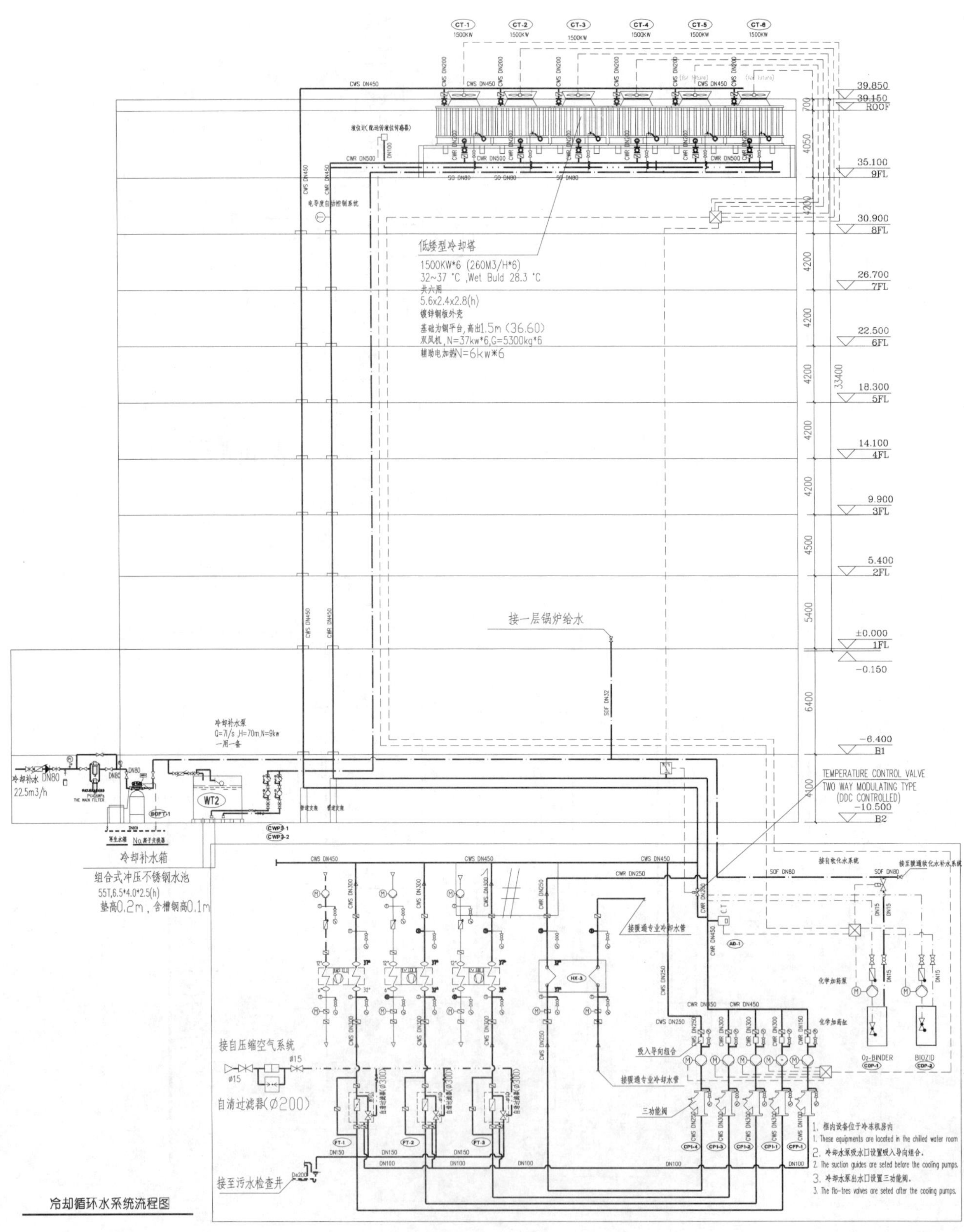
CT-1 1500KW
CT-2 1500KW
CT-3 1500KW
CT-4 1500KW
CT-5 1500KW
CT-6 1500KW
39.850
39.150
ROOF
35.100
9FL
30.900
8FL
26.700
7FL
22.500
6FL
18.300
5FL
14.100
4FL
9.900
3FL
5.400
2FL
±0.000
1FL
-0.150
-6.400
B1
-10.500
B2
33400
低矮型冷却塔
1500KW*6 (260M3/H*6)
32~37 °C ,Wet Buld 28.3 °C
共六用
5.6x2.4x2.8(h)
镀锌钢板外壳
基础为钢平台,高出1.5m (36.60)
双风机,N=37kw*6,G=5300kg*6
辅助电加热N=6kw*6
接一层锅炉给水
冷却补水泵
Q=7l/s ,H=70m,N=9kw
一用一备
冷却补水 DN80
22.5m3/h
WT2
冷却补水箱
组合式冲压不锈钢水池
55T,6.5*4.0*2.5(h)
垫高0.2m，含槽钢高0.1m
TEMPERATURE CONTROL VALVE
TWO WAY MODULATING TYPE
(DDC CONTROLLED)
CWS DN450
CWR DN450
CWR DN250
接自压缩空气系统
自清过滤器(Ø200)
接至污水检查井
接暖通专业冷却水管
吸入导向组合
三功能阀
化学加药泵
化学加药缸
O2-BINDER
BIOZID
1. 框内设备位于冷冻机房内
1. These equipments are located in the chilled water room
2. 冷却水泵吸水口设置吸入导向组合。
2. The suction guides are seted before the cooling pumps.
3. 冷却水泵出水口设置三功能阀。
3. The flo-tres valves are seted after the cooling pumps.

冷却循环水系统流程图

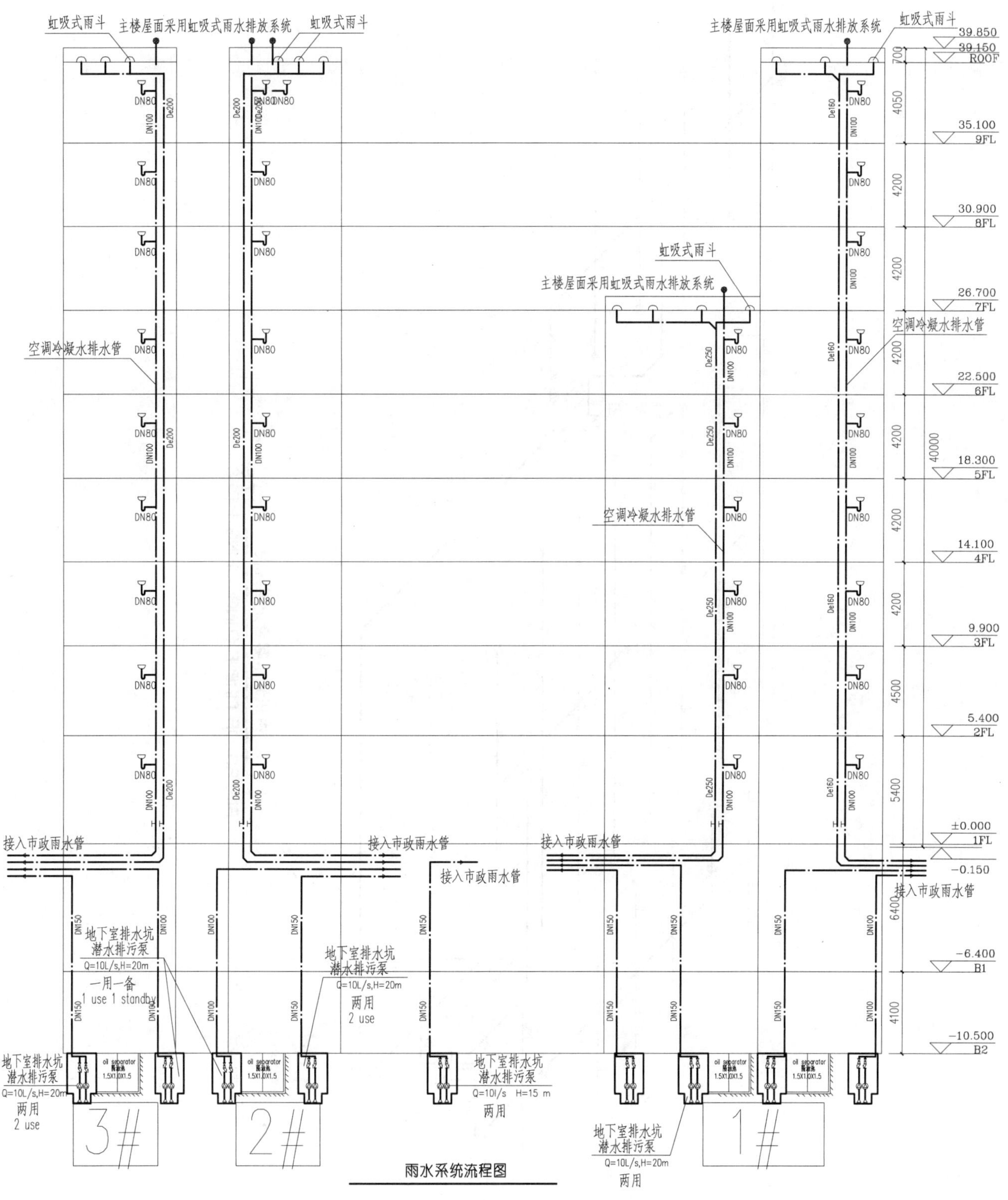
虹吸式雨斗
主楼屋面采用虹吸式雨水排放系统
空调冷凝水排水管
接入市政雨水管
地下室排水坑
潜水排污泵
Q=10L/s,H=20m
一用一备
1 use 1 standby
两用
2 use
Q=10l/s H=15 m
oil separator
1.5X1.0X1.5
39.850
39.150
ROOF
35.100
9FL
30.900
8FL
26.700
7FL
22.500
6FL
18.300
5FL
14.100
4FL
9.900
3FL
5.400
2FL
±0.000
1FL
-0.150
-6.400
B1
-10.500
B2
3#
2#
1#

雨水系统流程图

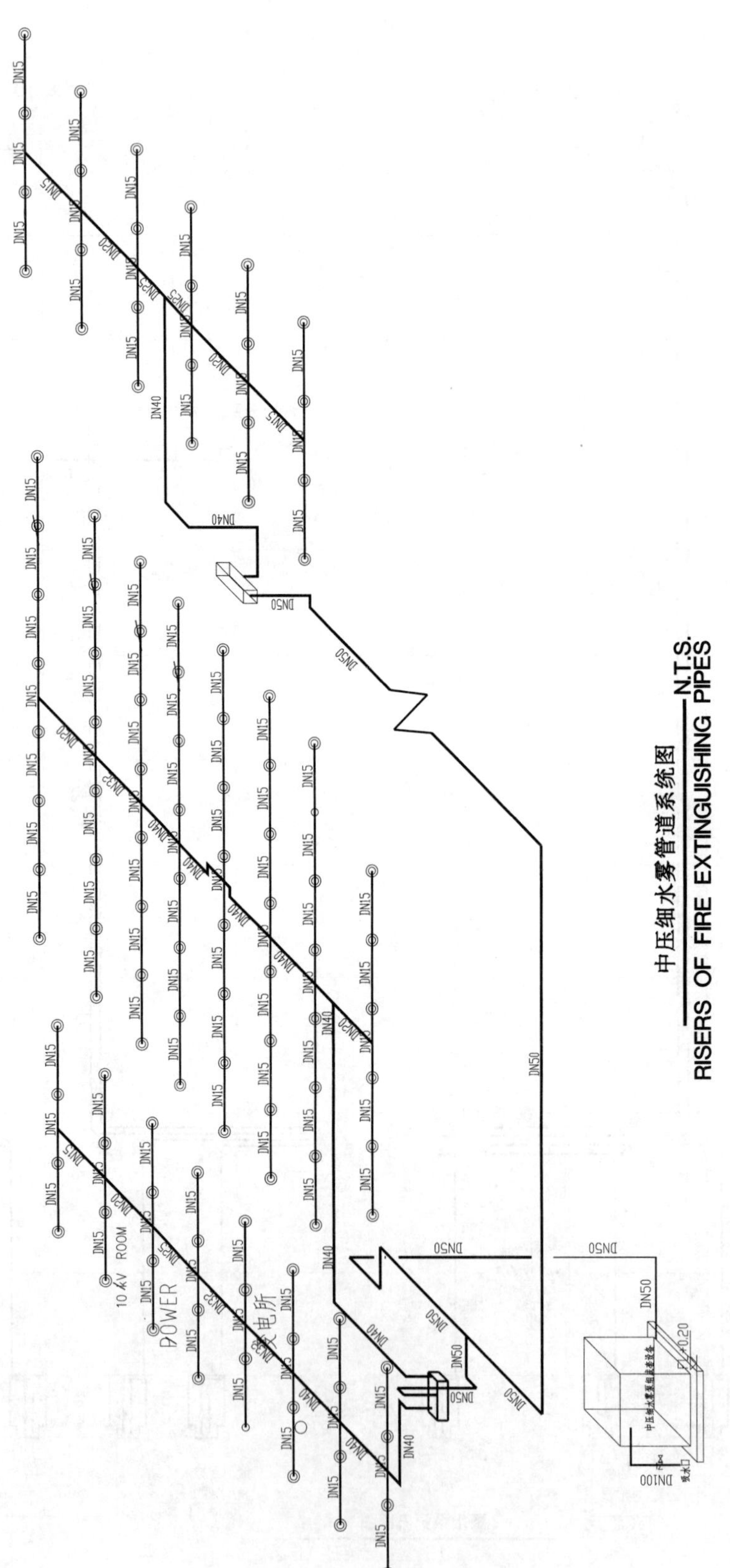

中压细水雾管道系统图 N.T.S.
RISERS OF FIRE EXTINGUISHING PIPES

张江中区 B-3-6 地块研发楼

设计单位： 上海中森建筑与工程设计顾问有限公司（暨中国建筑设计研究院上海分公司）
设 计 人： 庞志泉　赵锂　王曰挺　兰玲　吴昊　邱蓉　徐海燕　徐晓凯
获奖情况： 公共建筑类　三等奖

工程概况：

本工程为张江中区 B-3-6 地块研发楼。该项目东临金科路，南临中科路，西临向阳河，北临海科路。该项目为一栋办公楼由六部分组成：A、B、C、D、E 区；F 区中庭，作为联系各区的水平交通环廊。地下一层为汽车、自行车停车库、厨房、会议展示及各类设备用房，B 区二、三层为员工餐厅及包厢，其余办公楼地上各层平面均设各类办公、会议及相关辅助用房，顶层设太阳能热水、消防水箱、卫星电视机房、冷却塔等设备用房。

建筑结构形式：A～E 区为钢筋混凝土框架—剪力墙结构、F 区中庭为钢框架支撑结构，钢网架屋盖。

总用地面积：43044m^2；总建筑面积：126771.9m^2；建筑高度 44.25m（最高一栋）；容积率：2.11，绿地率：31.2%。

一、给水排水系统

（一）给水系统

1. 生活用水量见表 1。

生活用水量　　**表 1**

序号	用水项目名称	用水规模数量	用水量定额	单位	小时变化系数	使用时间	用水量			备注
							最高日	最大时	平均时	
		人或 m^2			K_h	(h)	(m^3/d)	(m^3/h)	(m^3/h)	
1	办公人员	3000	50	L/(人·次)	1.20	10	150.00	18.00	15.00	
2	食堂用水	3000	25	L/(人·次)	1.20	12	75.00	7.50	6.25	
3	地下车库冲洗用水	26576	1.5	L/(人·场)	1.00	8	39.86	4.98	4.98	
4	道路冲洗用水	6457	1	L/(m^2·d)	1.00	8	6.46	0.81	0.81	
5	绿化灌溉用水	13430	2	L/(m^2·d)	1.00	4	26.86	6.72	6.72	
6	冷却塔补充用水		15	m^3/h	1.00	16	240.00	15.00	15.00	
7	非传统水 用量						313.18	27.51	27.51	含 10%未预见水量
8	小计						538.18	53.01	48.76	
9	不可预见用水			10%			53.82	5.30	4.88	
10	合计						592.00	58.31	53.63	

2. 水源：本工程水源为城市自来水，供水压力约 0.16MPa。由海科路市政道路引一路市政给水管，引入管管径 *DN*150，供生活用水；经不同用途的水表井后，接入建筑物内。

3. 给水管道系统：室外采用生活用水与消防用水分设管道系统。

4. 给水系统分区：地下一层、一层由市政直接供水；二层到 20m 以下各层由低区加压变频泵组供水，恒压供水值为 0.40MPa；

20m 以上各层由高区加压变频泵组供水，恒压供水值为 0.66MPa；变频泵组的运行由设在干管上的电接点压力开关控制。

5. 计量方式：本工程内部使用功能不同，分设水表计量。

6. 供水设施

(1) 水表：各用水部门均采用水表计量。各栋单体供水管、制冷机房、冷却塔补水、厨房用水、热水系统补水、回用水池补水处消防水箱补水均设水表计量。

(2) 每个给水立管顶端设排气阀。

(3) 消防用水水表后均设倒流防止器。

(4) 雨水供应系统与生活饮水管道分开设置。

(5) 清水池内的自来水补水管出水口高于清水箱内溢流水位，其间距不得小于 2.5 倍补水管管径。

(6) 防止误饮、误服措施：供水管外壁应按设计规定涂色或标识；水池（箱）、阀门、水表、给水栓、取水口均应有明显的“雨水”标识。

(二) 生活热水系统

1. 本工程最高日热水用水量 53.00m^3/d，设计小时热水量 9m^3/h。

2. 办公区域不设集中热水供应系统。地下室厨房、B 栋健身房淋浴采用强制循环间接加热太阳能集中热水系统，辅助热媒采用电直接加热。热水出水温度为 60℃，回水温度 50℃。

3. 太阳能保证率取 45%，B 栋屋顶设平板型集热板，共 270m^2；机房内设热水水箱及泵组。太阳能集热系统为工质热媒循环，设高温保护和温差循环控制。

4. 集中热水系统热水循环泵的启、闭由设在热水循环泵之前的热水回水管上的电接点温度计自动控制：启泵温度为 50℃循环泵开启，温度达到 55℃循环泵停止运行。

(三) 雨水回用系统

1. 本工程场地雨水、屋面雨水用于收集后回用。

2. 室外绿化浇洒、道路冲洗、景观用水、地下车库冲洗、冷却塔补水用水由雨水回用系统供水，不足部分由向阳河河道水补充。

3. 年非传统水源用水量 38957.25m^3，其中年雨水回用水量 18935.76m^3，河道水取用水量 2021.49m^3，年自来水用水量为 46282.50m^3。非传统水水利用率 45.7%。

平均日生活用水、节水用水量见表 2。

平均日生活用水、节水用水量计算 表 2

序号	用水项目名称	用水规模数量	用水量定额	单位	日运行时间	年使用天数	用水量		备注
							平均日	年用水量	
		(人或 m^2)			(h)	(d)	(m^3/d)	(m^3/h)	
1	办公人员	3000	40	L/(人·次)	10.0	255	120.00	30600.0	
2	食堂用水	3000	15	L/(人·次)	12.00	255	45.00	11475.00	
3	地下车库冲洗用水	26576	1.5	L/(m^2·d)	4.00	30	39.86	1195.92	

续表

序号	用水项目名称	用水规模数量（人或 m^2）	用水量定额	单位	日运行时间（h）	年使用天数（d）	用水量 平均日（m^3/d）	用水量 年用水量（m^3/h）	备注
4	道路冲洗用水	6457	1	L/（m^2·d）	4.00	30	6.46	193.80	
5	绿化用水	13430	0.5	L/（m^3/（m^2·d））	4.00	271.3	26.76	7260.3	
6	冷却塔补充用水		15	m^3/h	16.00	150	144.00	21600.00	
7	室内水景补水	1130	2	mm/（m^2·d）	24.00	365	2.26	824.90	
8	室外水景补水	4000	4	mm/（m^2·d）	24.00	271.3	16.00	4340.80	
9	非传统水用量						258.88	38957.25	含 10%未预见水量
10	合计						440.38	8539.75	含 10%未预见水量

水量平衡详见图 1。

4. 雨水回用系统分设两套系统。其中一套用于冷却塔补水用水系统，雨水蓄水池有效容积为 510m^3，处理工艺和供水方式为：回收雨水（河道补充水）—雨水蓄水池—原水加压泵—化学处理—投混凝剂—全自动反应器—砂缸过滤器—活性炭过滤器—投次氯酸钠消毒剂—净水水箱—紫外线消毒—给水加压泵—供水点。另一套用于室外绿化浇洒、道路冲洗、景观用水、地下车库冲洗用水，雨水蓄水池有效容积为 303m^3，处理工艺和供水方式为：回收雨水（河道补充水）—雨水蓄水池—原水加压泵—化学处理—投混凝剂—全自动反应器—砂缸过滤器—投次氯酸钠消毒剂—净水水箱—雨水回用变频给水加压泵—供水点。

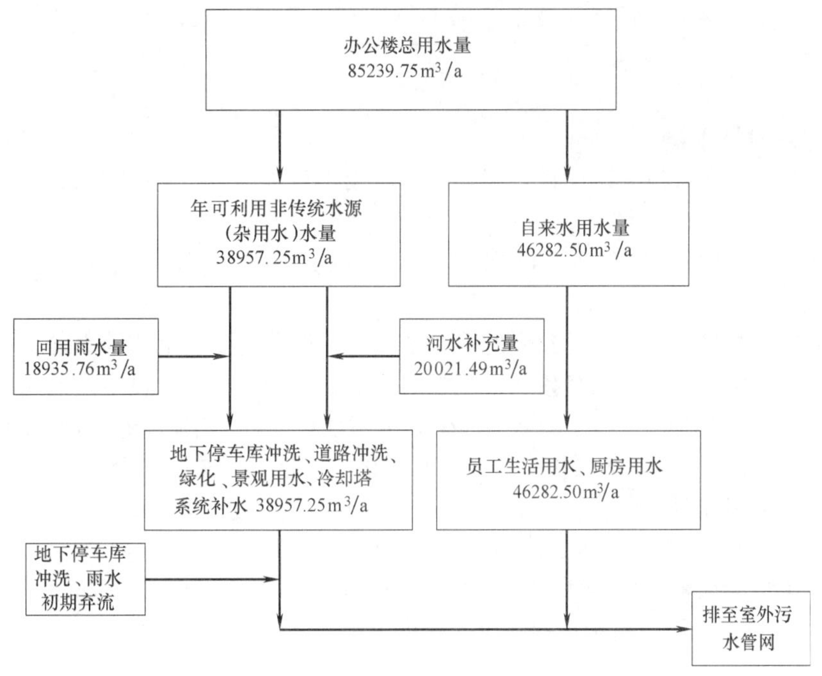

图 1 总水量平衡图

（四）排水系统

1. 本工程室内污、废水采用分流制；室外污、废水合流排入污水管网。排入市政管网前经排水监测井排入市政污水管网。

2. 室内污、废水重力自流排入室外污水管；车库内废水经排水沟汇集至集水坑内，经带撇脂隔油措施的积水坑隔油处理后用潜水排污泵提升后排入室外污水管道；地下室卫生间污水排至集水坑，由成品提升泵站提升后排入室外污水管道；水泵房水箱泄空、溢流水间接排入排水沟，汇集至集水坑内，用潜水排污泵提升后排入室外雨水管道。厨房餐饮的废水先经室内器具隔油器处理，再经厨房餐饮隔油器进行油脂分离处理后排入污水管网。

3. 卫生间设专用通气立管，隔层设置“H”管与排水立管相连；废水立管设伸顶通气管。

（五）雨水系统

1. 本工程场地、屋面雨水均回收利用；安全分流后的雨水排入雨水管网；初期弃流雨水排入市政污水管网。

2. 各栋单体屋面采用压力流（虹吸）雨水排水系统；机房小屋面、屋顶花园采用半有压流 87 雨水斗排水系统。雨水采用内排水形式。

3. A、B、C、D、E 区屋面设计重现期 10 年，降雨历时 5min。

4. 室外地面雨水经雨水口，排至市政雨水管。

5. 空调机房、水泵房、消防废水排入室外雨水管道。

（六）管材

1. 室外给水管材管径小于 *DN*80 者，采用内筋嵌入式衬塑钢管，卡环连接，埋地管道做防腐处理。管径大于等于 *DN*80者，采用管材采用球墨给水铸铁管，内衬聚合物水泥砂浆，承口橡胶密封圈接口，并设支墩。

室内生活给水系统冷、热水管均采用 Cr8N19（S30408）薄壁不锈钢管，卡压式连接；嵌墙、埋地时采用覆塑不锈钢管。雨水回用给水管采用内筋嵌入式衬塑钢管（内衬 PPR；外热镀锌），快装连接件连接。

2. 室内污、废水管：污废水排水管均采用聚丙烯静音管及管件，柔性承插连接。

3. 雨水管：半有压流内落雨水管高密度聚乙烯 HDPE 管，热熔连接；压力流雨水管采用高密度聚乙烯 HDPE 管，热熔连接。

二、消防系统

（一）消防给水系统设计水量

1. 本工程同一时间火灾次数按一次设计；室外消火栓用水量为 20L/s，室内消火栓用水量为 20L/s，自动喷水灭火系统用水量为 50L/s。

2. 火灾延续时间：消火栓系统为 2h，自动喷水灭火系统为 1h。一次消防用水量为 468m^3。

（二）消火栓系统

1. 室外采用生活用水与消防用水分设独立的管道系统，并设有室外地上式消火栓。

2. 地下室设消防水泵房，消防水泵直接从市政管网吸水。消防水泵房内设室内消火栓水泵两台，一用一备（Q=0～20L/S，H=0.75MPa；N=22kW）；在 C 栋屋顶设 18m^3 消防水箱一座，供消防初期用水。

3. 在室外各设 2 套 *DN*100 消防水泵接合器与环网连接，自带止回阀和安全阀。

4. 室内消火栓系统采用临时高压系统。室内消火栓栓口压力超过 0.50MPa 处设减压稳压消火栓；净空高度大于 8m 处栓口压力为 0.35MPa，其余各处为 0.25MPa。

5. 消火栓采用单出口消火栓，每个消火栓箱内配 *DN*65 消火栓 1 个，*DN*65，L25m 长衬胶水带一条，*DN*65×19mm 直流水枪一支，消防启泵按钮一个，箱内另配消防卷盘一套，灭火器若干具。

6. 系统控制

（1）管网压力由屋顶消防水箱屋顶层增压稳压装置维持。增压稳压泵由连接隔膜式气压罐管道上的压力控制器控制，并保持室内消火栓系统前 10min 消防用水。

（2）消火栓水泵的控制形式：各消火栓箱处的按钮启泵；消防控制中心启泵；水泵房就地手动启泵，室内消火栓水泵运行情况显示于消防中心和水泵房的控制盘上。

（三）自动喷水灭火系统

1. 地下车库按中危险Ⅱ级设计，喷水强度 8L/(min·m²)，作用面积为 160m²，自动喷水灭火用水量 40L/s；办公区按中危险Ⅰ级，喷水强度 6L/(min·m²)，作用面积为 160m²；自动喷水灭火用水量 21L/s；F 区一层环廊上空净高超过 8m 低于 12m 处按“非仓库类高大净空场所”进行设计，属中危险Ⅰ级，喷水强度 6L/(min·m²)，作用面积为 260m²，自动喷水灭火用水量 35L/s。F 区四层环廊上空净高超过 12m 低于 18m 处按“非仓库类高大净空场所”进行设计，属中危险Ⅰ级，喷水强度 6L/(min·m²)，作用面积为 350m²，自动喷水灭火用水量 50L/s。

2. 除建筑面积小于 5m² 的卫生间和不宜用水扑救的电气用房等不设喷头外，其余部分均设喷头保护。

3. 自动喷水灭火系统采用湿式系统。自动喷洒灭火系统在报警阀前水平成环状。

4. 喷头选型

(1) 地下车库、吊顶内及非吊顶区采用 *DN*15 直立式玻璃球喷头，$K=80$；餐厅厨房采用 *DN*15 直立式玻璃球喷头，$K=80$；A 区七层、E 区七层、B 区一、二、三层健身区、就餐区、包房内吊顶区域下方、各区域电梯厅前室、大堂处（含地下室）吊顶区域吊顶下方、地下室展示区吊顶区域下方、F 区吊顶区域下方采用 *DN*15 隐蔽式玻璃球喷头。

(2) F 区环廊均采用快速响应型喷头，其余为标准型喷头。

(3) 温级：F 区顶层吊顶内上喷喷头、餐饮厨房内灶台上部采用 93℃，餐饮厨房内其他地方为 79℃，其余均为 68℃。

5. 在消防水泵房内设自动喷水灭火加压泵两台，一用一备（$Q=0\sim50$L/s，$H=0.85$MPa，$N=75$kW）。

6. 在室外设五套消防水泵接合器与环网连接，自带止回阀和安全阀。

7. 系统控制

(1) 自动喷水灭火系统管网压力平时由屋顶消防水箱及水泵房内自动喷水灭火系统增压稳压装置维持。增压稳压泵由连接隔膜式气压罐管道上的压力控制器控制，当系统工作压力上升至 1.00MPa 时，增压稳压泵停止；当系统工作压力下降至 0.95MPa 时，增压稳压泵启动；当系统工作压力再下降至 0.90MPa 时，启动自动喷水水泵，自动喷水水泵启动后返回信号切断增压稳压泵控制电源。

(2) 消防时，喷头喷水，水流指示器动作，反映到区域报警盘和总控制盘，同时相对应的报警阀动作，敲响水力警铃，压力开关报警，直接连锁自动启动任一台自动喷水加压泵，并反馈至消防中心。

(3) 自动喷水灭火系统水泵的控制形式：压力开关自动启泵；消防控制中心启泵；水泵房就地手动启泵。消防泵运行情况在消防中心显示。

（四）大空间自动扫描定位灭火系统

1. F 区四层环廊上空净高超过 18m 处采用 SSDZ-LA231 型微型自动扫描灭火装置进行保护。

2. 与自动喷水系统合用一套供水系统，并在自动喷水灭火系统湿式报警阀前将管道。

3. 保证每一点均有两股密集射流同时到达。

4. 当装置探测到火灾，系统主机处理后启动相应微型自动扫描灭火装置进行自动扫描并锁定火源点，开启消防泵及电磁阀进行灭火。同时前端水流指示器反馈信号在消防控制室操作台上显示。当无探测到火灾时，系统自动关闭消防泵及电磁阀，微型自动扫描灭火装置停止灭火。同时具有远程手动控制、现场手动控制功能。

（五）气体灭火系统

1. 地下室内 1 号变配电间采用无管网预制式七氟丙烷灭火系统。2 号变配电间、3 号变配电间、综合布线机房、电信机房采用无管网预制式七氟丙烷灭火系统。

2. 灭火设计浓度为 8%；设计喷射时间小于等于 8s；变配电间灭火浸渍时间 10min；综合布线机房、电信机房灭火浸渍时间 5min。

（六）建筑灭火器

1. 二类办公楼按中危险级 A 类场所配置；变配电间按中危险级 E 类火灾场所配置；地下车库、电梯机房、强弱电机房按中危险级 B 类配置。

2. 地下车库入口处配置 50kg 装贮压式推车式磷酸铵盐干粉灭火器；除 F 区中庭及地下室配置 5kg 装贮压式磷酸铵盐（MF/ABC5）灭火器外其余均为 3kg 装贮压式磷酸铵盐（MF/ABC3）灭火器。

3. 手提式灭火器均设于组合消防箱内或灭火器箱内，其顶部离地面高度不应大于 1.50m；底部离地面高度不宜小于 0.08m。灭火器箱不得上锁，摆放应稳固，其铭牌应朝外。

（七）管材

1. 室内消火栓系统小于等于 *DN*100 采用热镀锌钢管；大于 *DN*100 采用无缝钢管，管道内外壁热镀锌处理。小于等于 *DN*100 采用丝扣连接；大于 *DN*100 采用沟槽式连接；机房内管道及与阀门连接、需拆卸部位采用法兰连接。法兰盘焊接处需热镀锌处理。消火栓管道公称压力为 1.60MPa。

2. 自动喷水灭火系统小于等于 *DN*100 采用热镀锌钢管；大于 *DN*100 采用无缝钢管，管道内外壁二次热镀锌处理。小于 *DN*100 采用丝扣连接；大于等于 *DN*100 采用沟槽式连接；机房内管道及与阀门连接、需拆卸部位采用法兰连接。法兰盘焊接处热镀锌处理。

三、设计特点及设计体会

本项目为扩初、施工图、室内装修机电配合、景观设计机电配合全程设计。设计中本着绿色、环保的设计理念，进行给水排水设计，现已取得三星级绿色建筑设计标识证书。

（一）设计特点

1. 充分利用市政水压，地下一层、一层生活用水由市政直接供水；结合建筑高度及单体分布，二层到 20m 以下设一套加压变频泵组供水，20m 以上楼层设另一套加压变频泵组供水。

2. 地下室厨房、B 栋健身房淋浴采用强制循环间接加热太阳能集中热水系统，辅助热媒采用电直接加热。

3. 室外绿化浇洒、道路冲洗、景观用水、地下车库冲洗、冷却塔补水用水由雨水回用系统供水，回用水水源不足部分由向阳河河道水补充。

4. 选用新设备新材料情况

（1）选用优质给水管材：生活给水系统冷、热水管均采用 Cr8N19（304）薄壁不锈钢管，卡压式连接。

（2）室内污废水排水管采用污废水排水管均采用聚丙烯静音管及管件，柔性承插连接。

（3）采用下出水低水箱坐便器（6L 两档式）；水龙头均采用陶瓷芯水龙头；节水型给水配件。

（4）人行道下和绿化带内排水窨井选用塑料检查井（HMCN 系列），防渗效果好、安装方便、不需现场砌筑、节约人工和工期等。

（5）室外埋地排水管采用 HDPE 双壁缠绕管。

（6）选用优质低噪声水泵；水箱均为牌号 304 食品级不锈钢材质。

（7）地下室卫生间污水排至集水坑，由污水提升泵站。

（8）厨房餐饮废水处理采用油脂分离器。

（二）设计体会

1. 本项为全程设计，在后期室内、景观配合中，对原有施工图需进行复核及修改，如消火栓位置、报警阀喷头数量组数、因水景面积增设调整雨水回用规模，配合景观设计优化室外给排水管道、检查井位置等。

2. 为提升净高要求，对机电各专业管道进行综合；为保证场地、屋顶的效果，对相关设备进行集中设置，并由景观专业作小品处理。

3. 考虑中庭的美观及品质要求，屋顶虹吸雨水管设于直径 1.2m 钢柱内，为保证安全，每个系统均设备用管道。施工中在钢柱内设置支架、管卡。

4. 在使用过程中出现一次中庭屋面雨水溢流到室内的情况，经排查，其原因是屋顶雨水天沟内有大量保温棉废料、垃圾等，造成雨水斗堵塞，不能排水。以此为鉴，在验收过程中，应特别注意应保证排水系统的畅通。

四、工程照片及附图

效果图

实景图

消防泵房

热水机房

雨水处理机房

屋顶太阳能

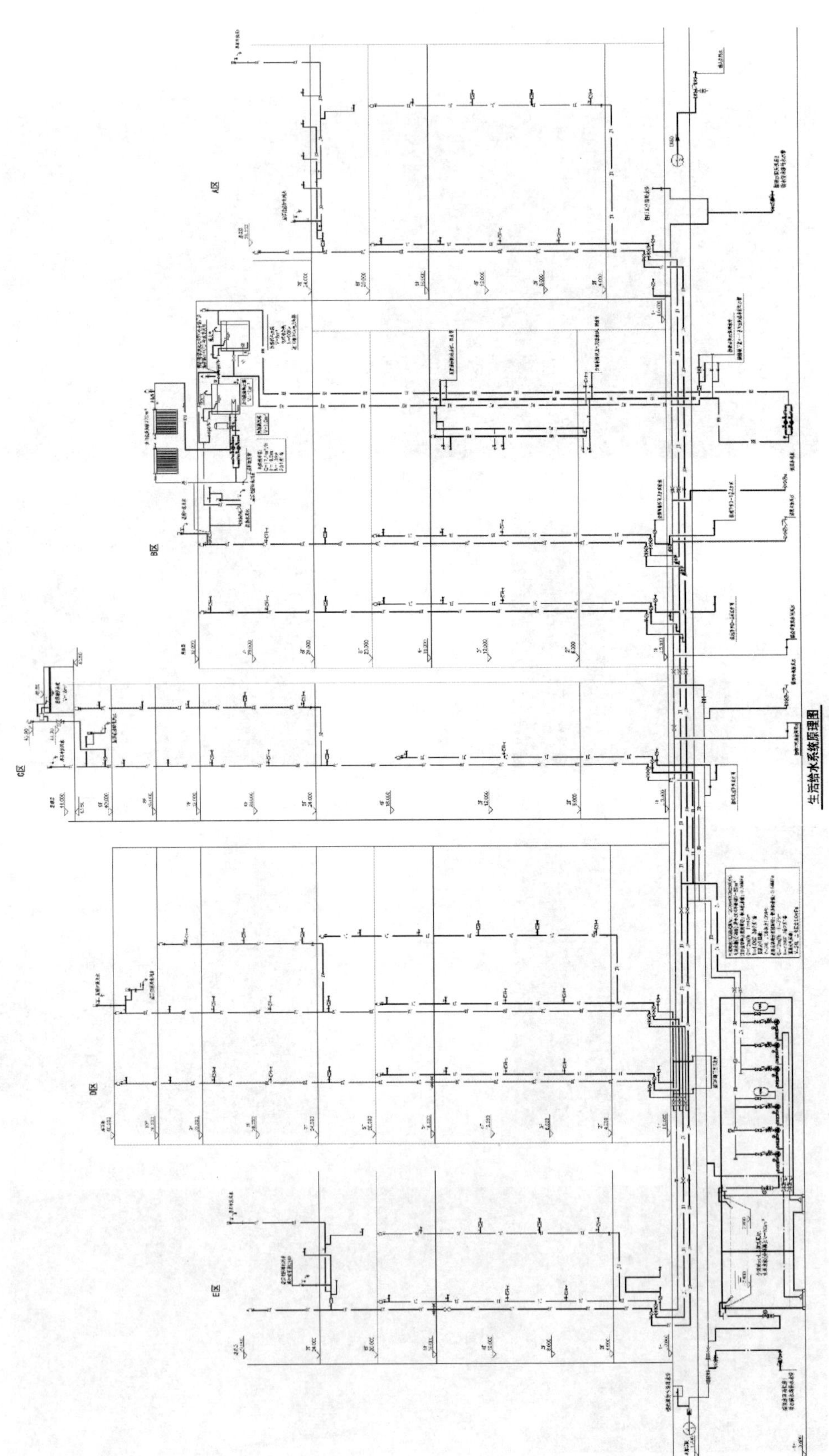
生活给水系统原理图

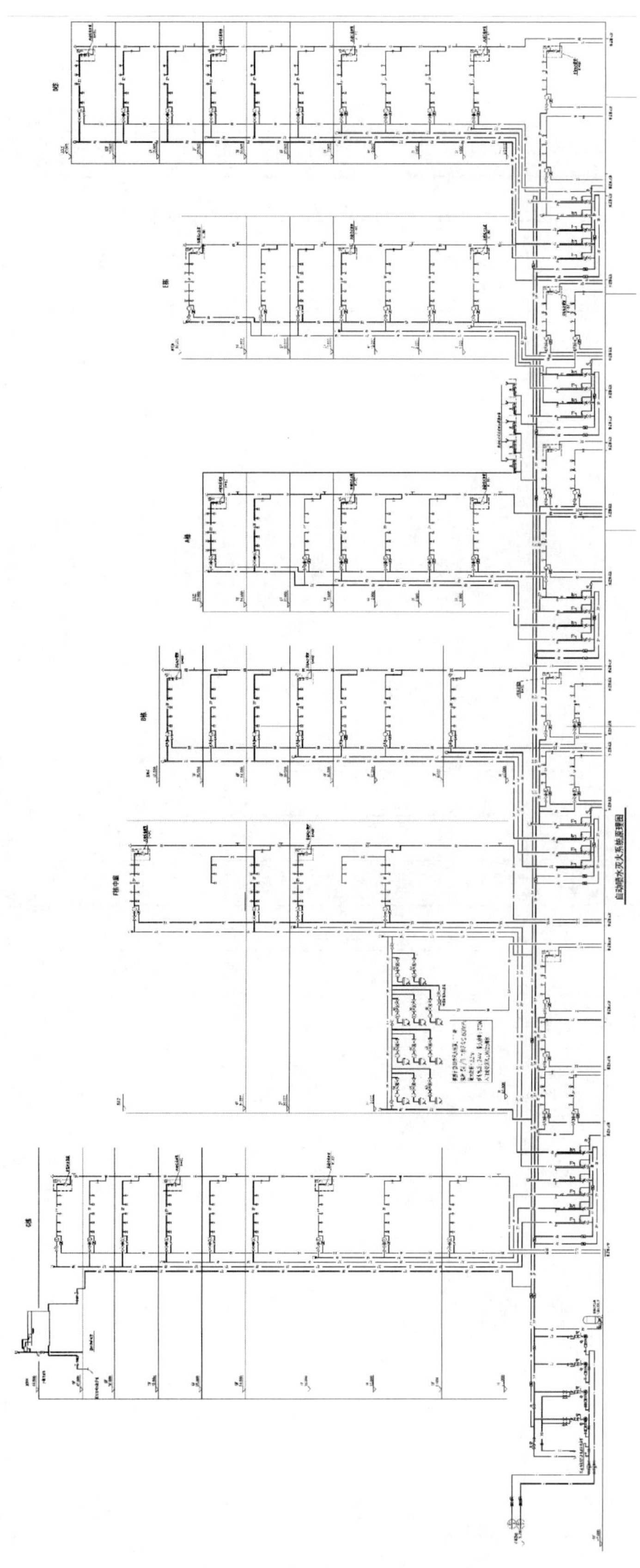

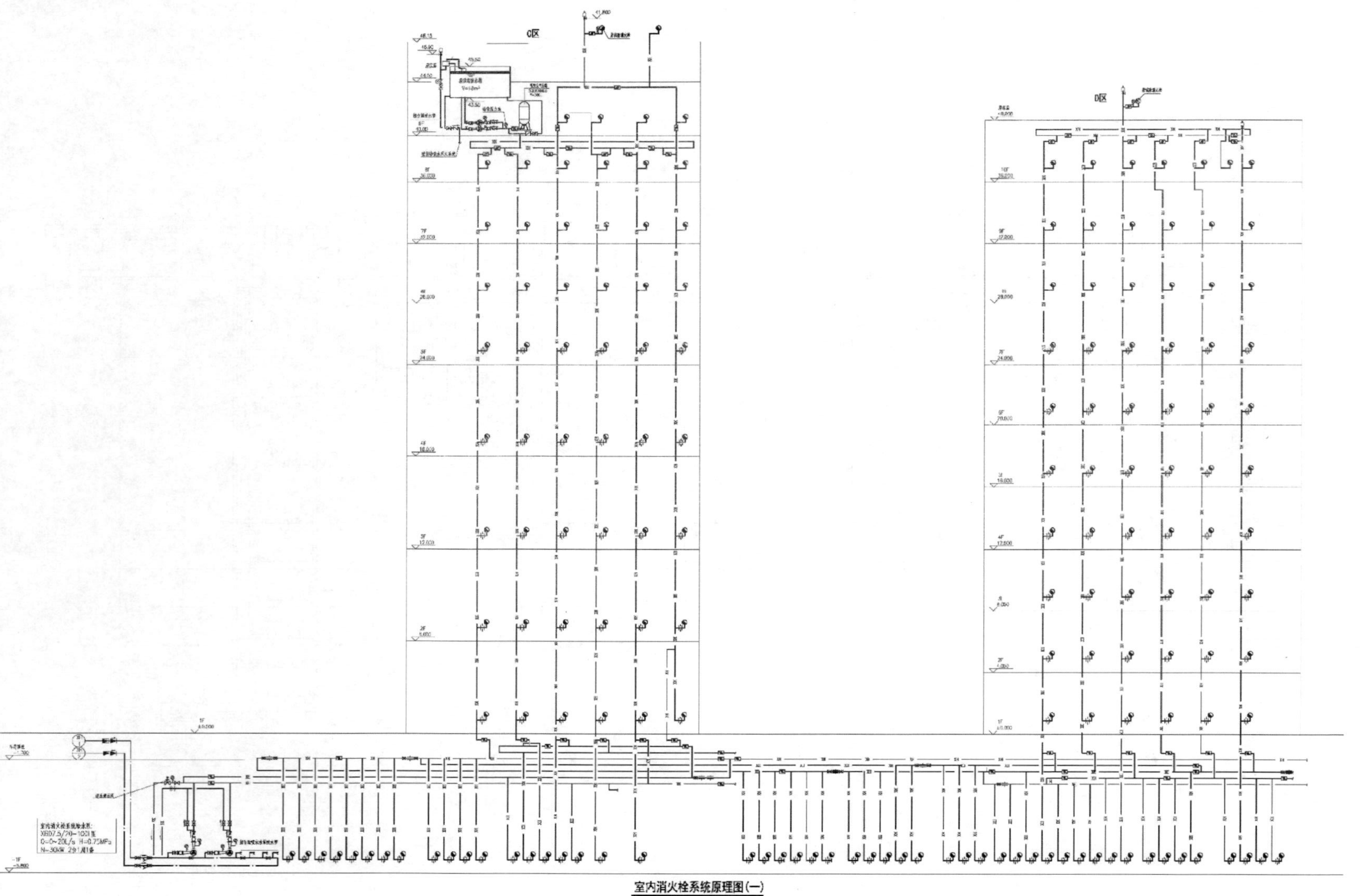

室内消火栓系统原理图(一)

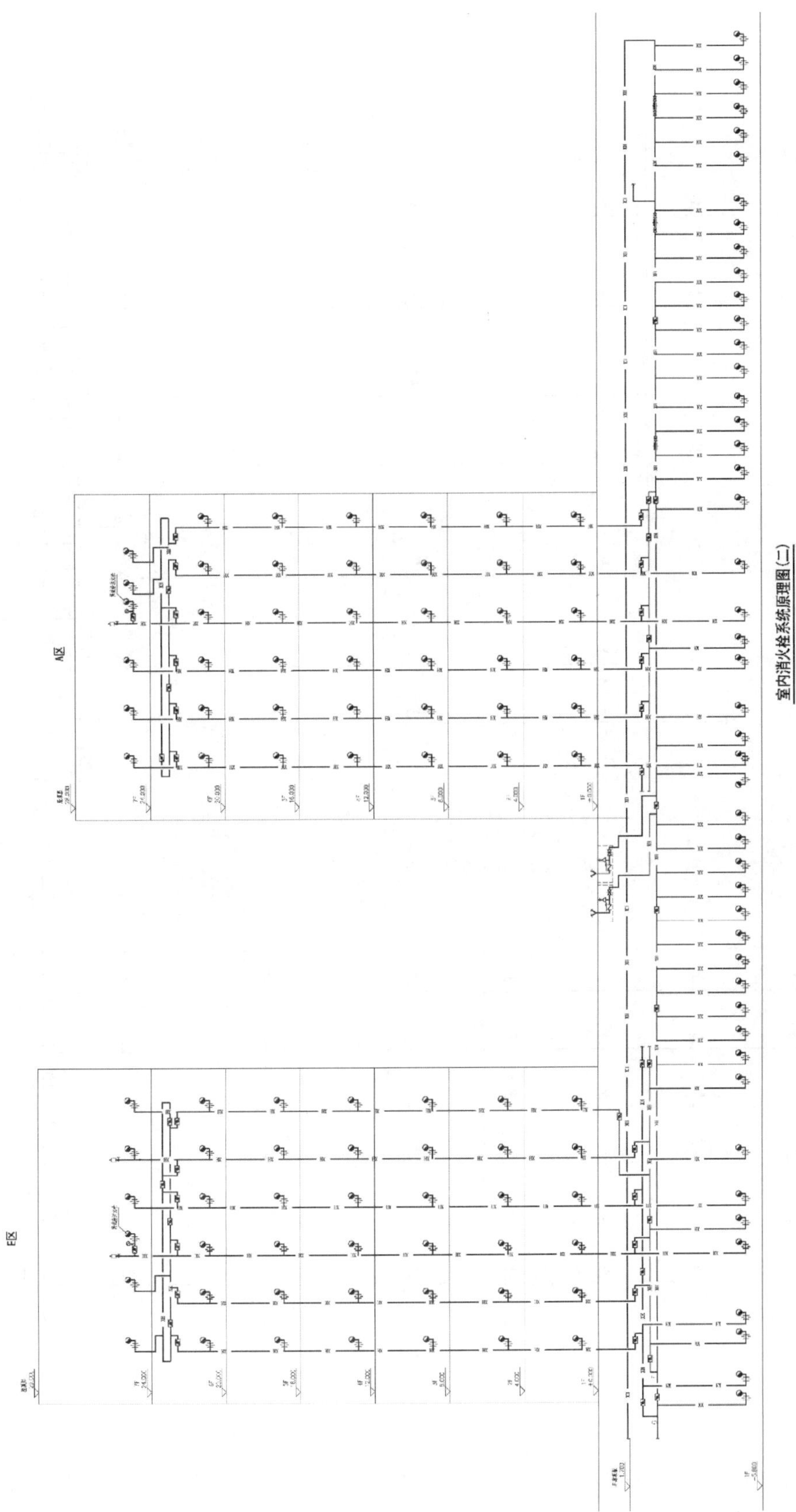

室内消火栓系统原理图(二)

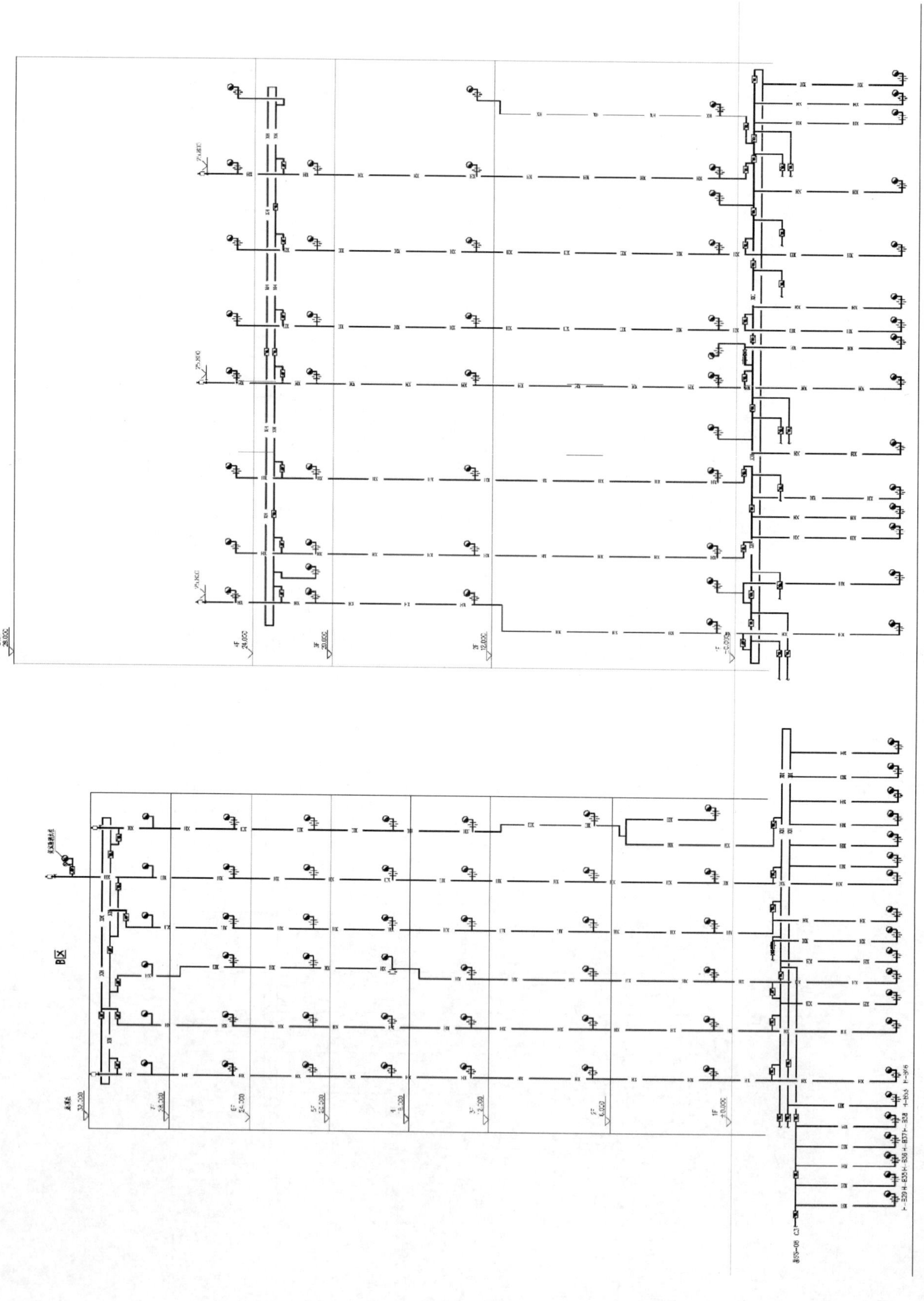

室内消火栓系统原理图(三)

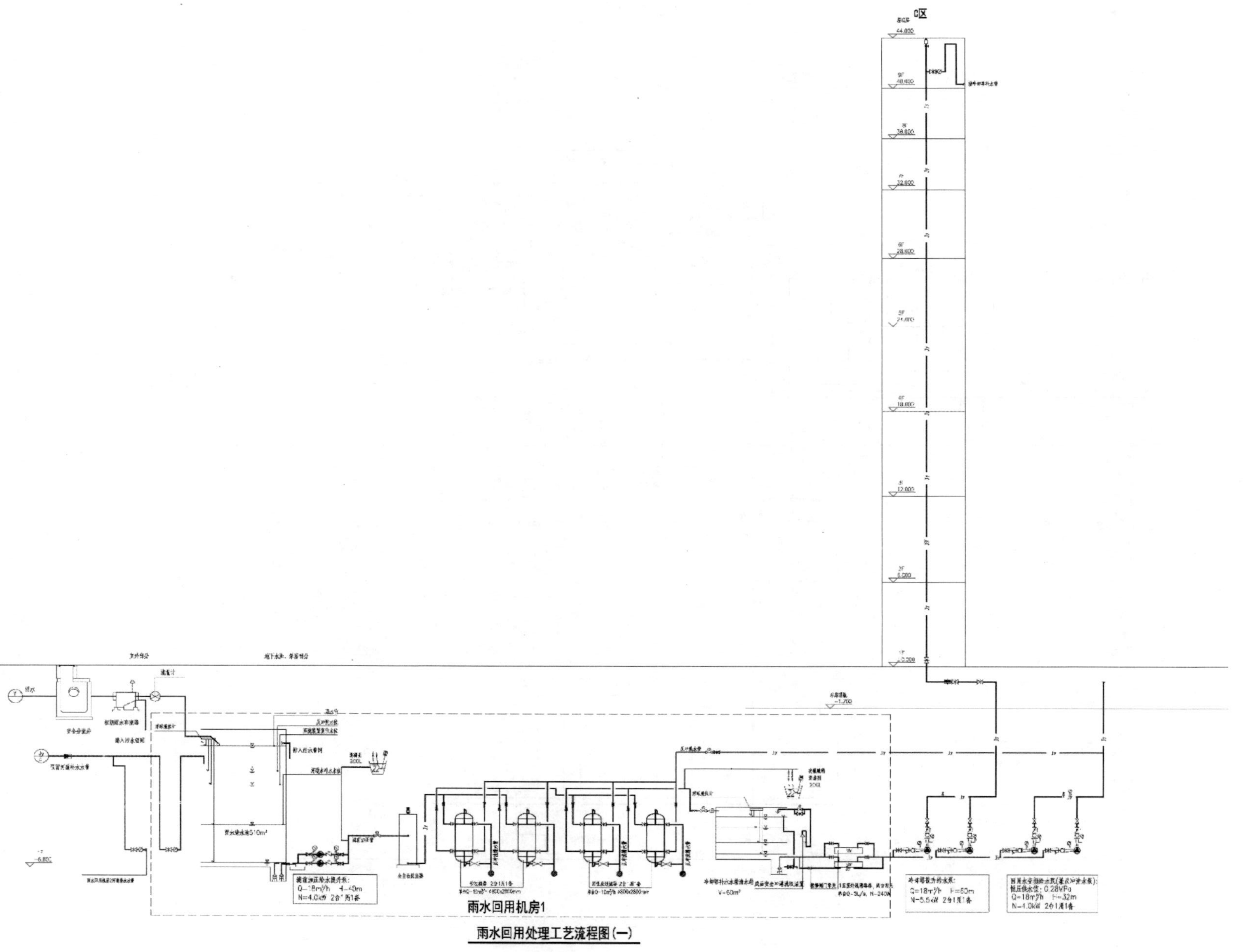

雨水回用处理工艺流程图(一)

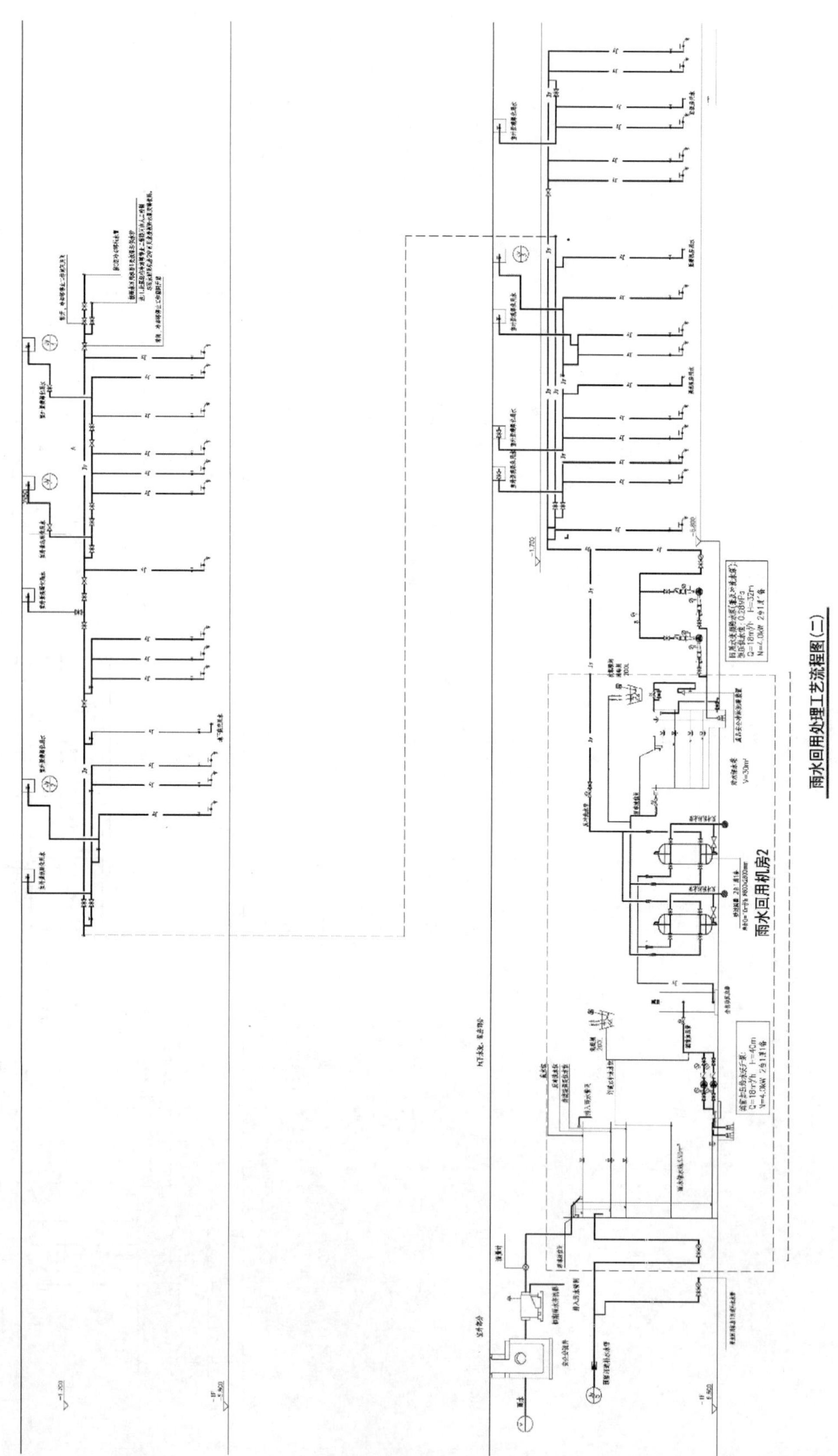

雨水回用处理工艺流程图(二)

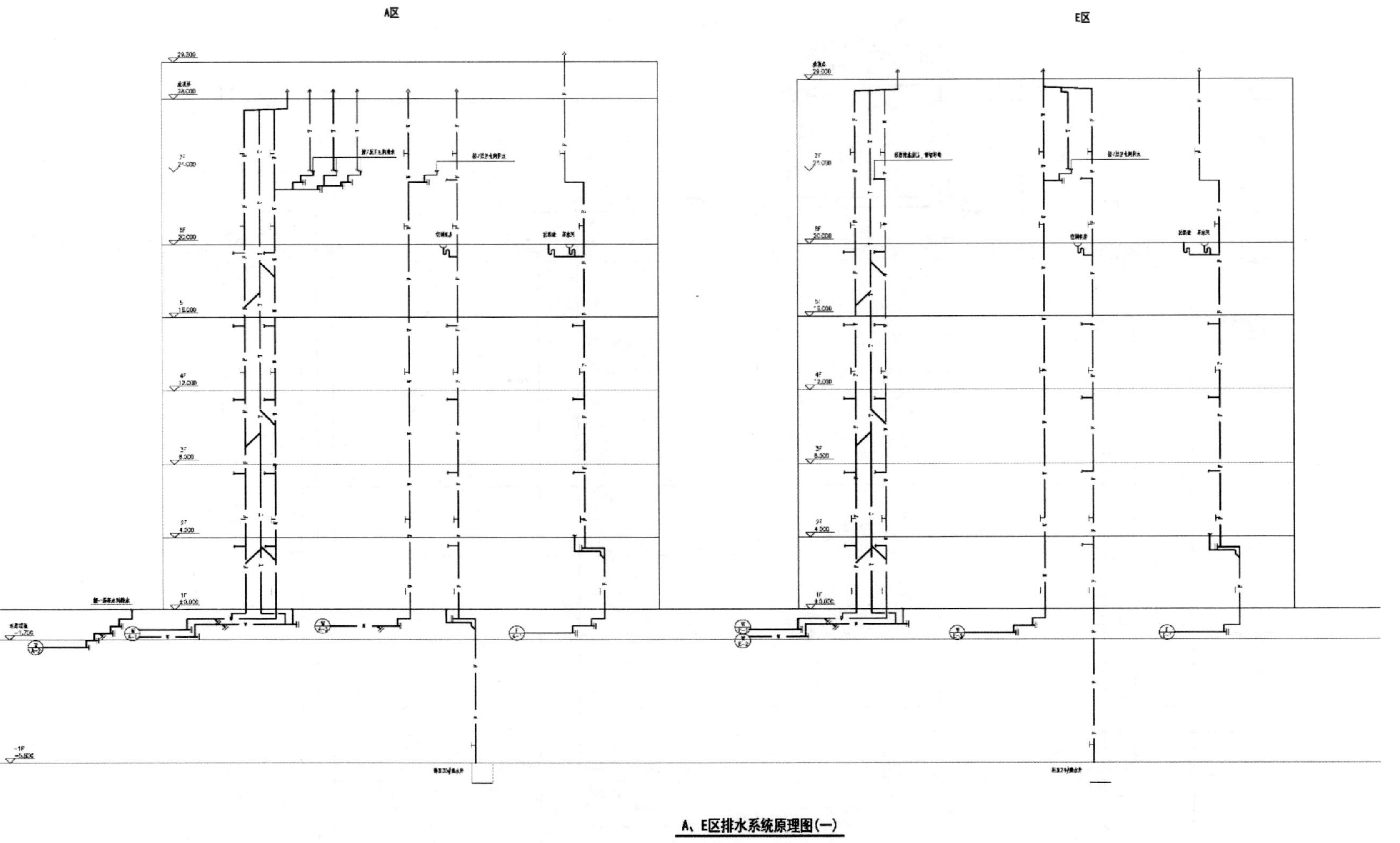

A、E区排水系统原理图(一)

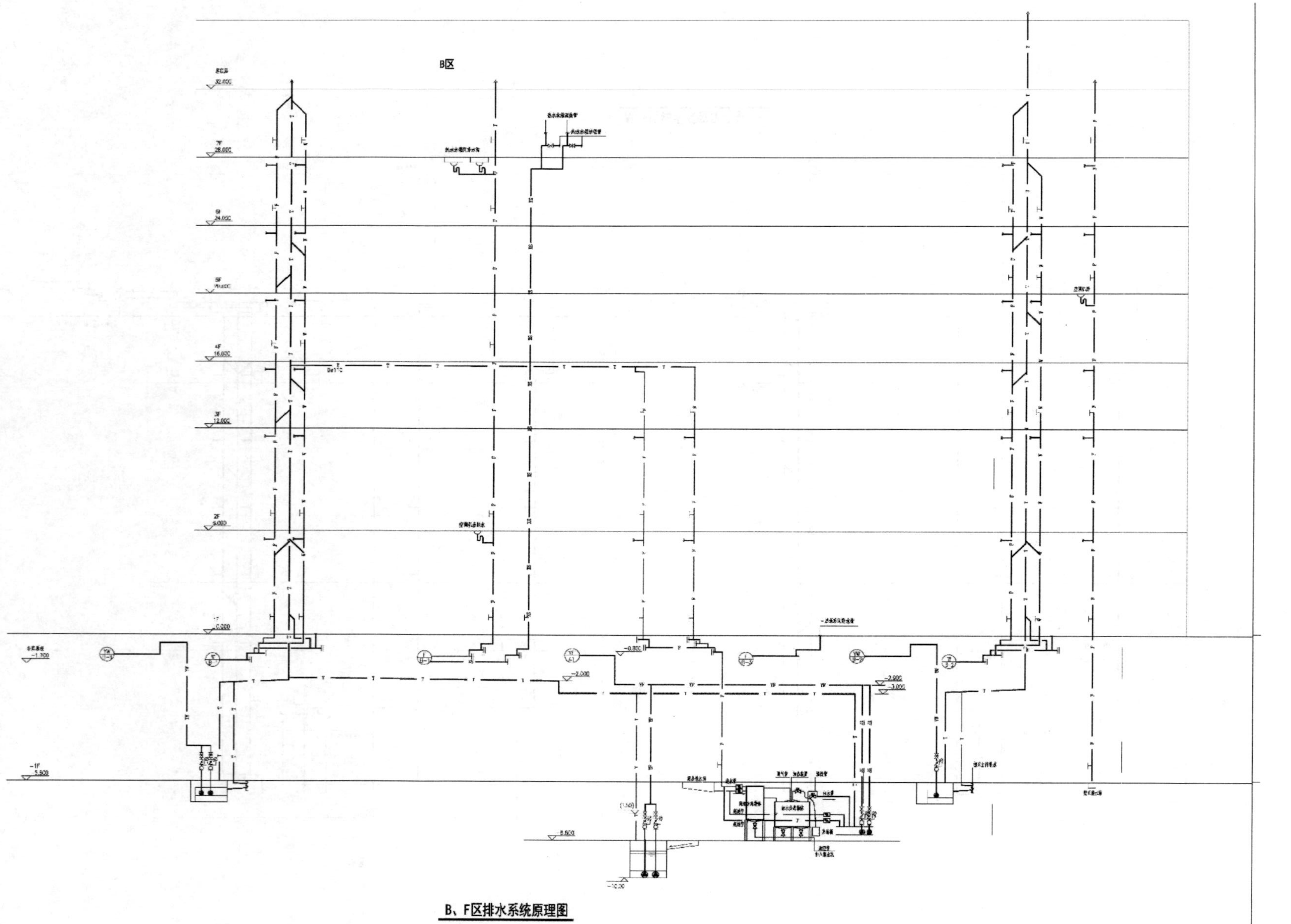

B、F区排水系统原理图

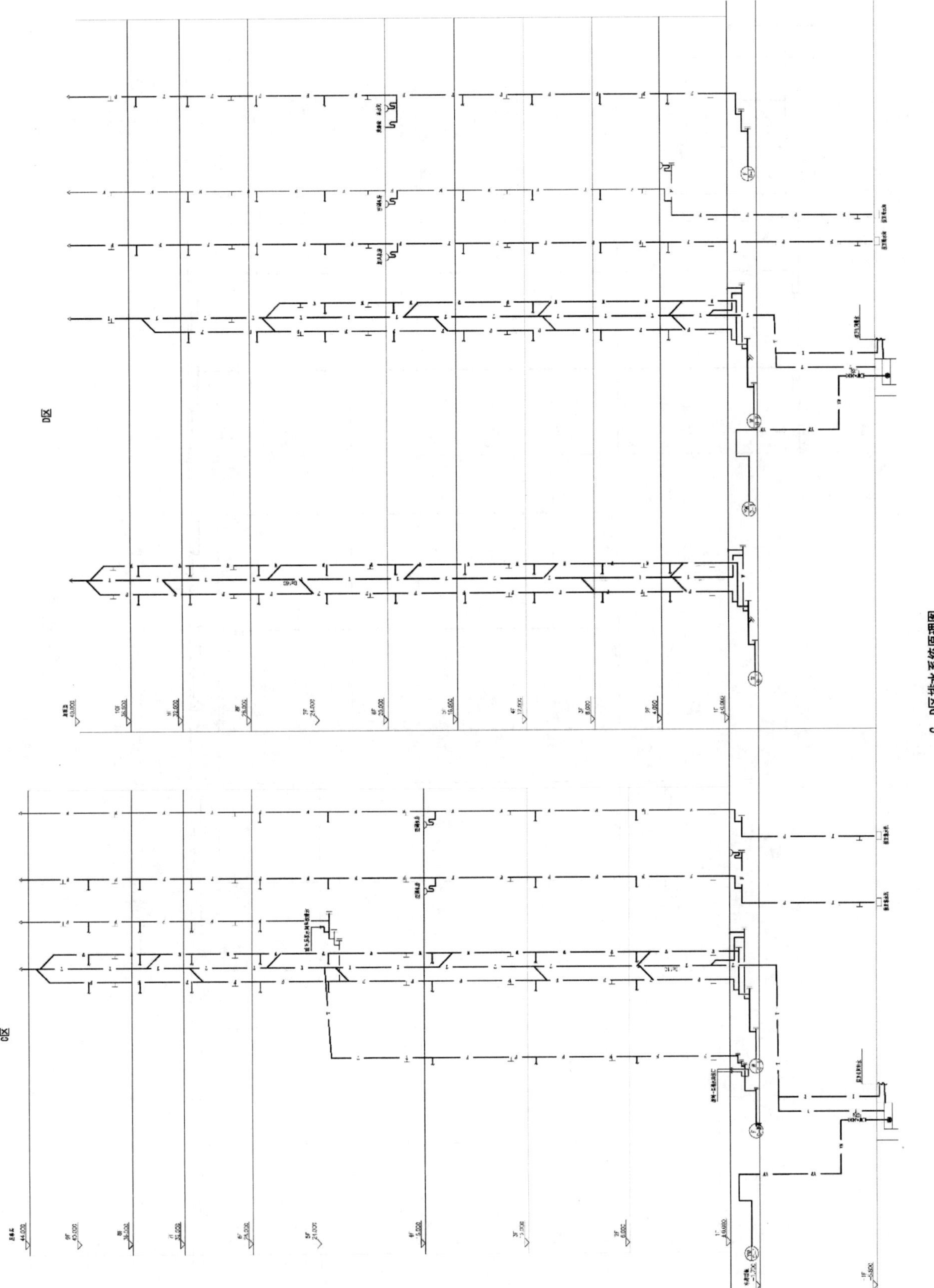

C、D区排水系统原理图

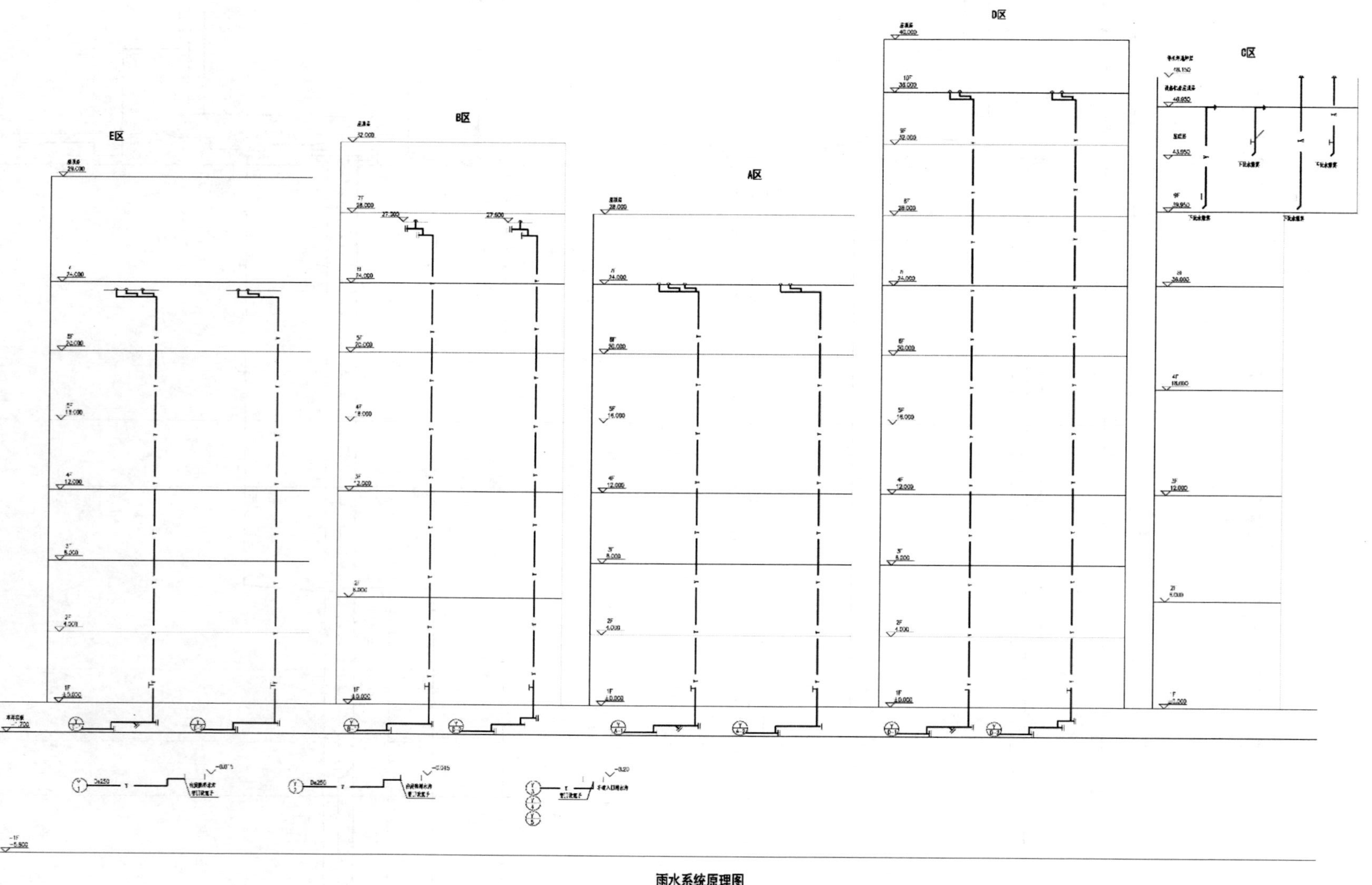

雨水系统原理图

营口经济开发区剧院

设计单位：上海中森建筑与工程设计顾问有限公司（暨中国建筑设计研究院上海分公司）
设 计 人：庞志泉　赵锂
获奖情况：公共建筑类　三等奖

工程概况：

本工程为营口经济开发区文化广场，由剧院与图书馆以及市民广场组成。东临平安大街，与经济开发区政府办公楼隔街相望，北侧为经济开发区主要干道——月亮大街，南侧为二道河公园，西侧为12m规划道路，用地位于经济开发区核心区域，交通方便，景观良好，具有树立标志性建筑的得天独厚的条件。

本子项为剧院，满足大型歌剧、芭蕾舞剧为主以及交响乐、室内乐演出为辅的需要（用音乐罩控制），具备接待优秀表演艺术团体演出的能力，同时兼顾举办大型会议、集会等活动的条件和能力。建筑占地面积7300m^2，剧院总建筑面积23010m^2，主体建筑高度23.95m，主舞台局部突出部分30.65m。内含一个1199座剧场，一个370m^{2}的多功能厅。地下一层，为设备用房和附属用房。地上四层，为剧场休息厅、观众厅、舞台、演出附属用房及内部管理用房。

本工程设有生活给水系统、生活污废水系统、雨水系统、室内消火栓给水系统、自动喷水灭火系统。剧院与图书馆合用消防水池、消防泵组、消防水箱，均设在剧院单体内。

一、给水排水系统

（一）给水系统

生活用水量见表1。

用水水量：最高日用水量为569.56m^3/d；最高日最大时用水量为108.16m^3/d。

其中剧院最高日用水量219.32m^3/d，最大小时用水量37.79m^3/h。

生活用水量　　**表1**

序号	用水项目名称	用水规模数量	用水量定额	单位	小时变化系数	使用时间	用水量			备注
							最高日	最大时	平均时	
		（人或m^2）			K_h	(h)	(m^3/d)	(m^3/h)	(m^3/h)	
1	剧院观众用水	3597	5	L/(人·次)	1.20	3	17.99	7.19	6.00	每日3场
2	排练厅用水	300	8	L/(人·场)	1.20	4	2.40	0.72	0.60	每日3场
3	多功能厅观众用水	600	8	L/(人·场)	1.20	4	4.80	1.44	1.20	每日3场
4	剧院工作人员用水	100	50	L/(人·d)	1.20	12	5.00	0.50	0.42	
5	演职员用水	480	40	L/(人·d)	2.50	4	19.20	12.00	4.80	每日3场
6	图书馆阅览者用水	2464	25	L/(人·次)	2.00	4	61.60	30.80	15.40	每座2人次
7	报告厅观众用水	600	6	L/(人·场)	1.20	4	3.60	1.08	0.90	每日3场
8	咖啡厅顾客用水	150	15	L/(人·次)	1.20	8	2.25	0.34	0.28	每座3人次

续表

序号	用水项目名称	用水规模数量	用水量定额	单位	小时变化系数	使用时间	用水量			备注
							最高日	最大时	平均时	
		（人或 m^2）			K_h	(h)	(m^3/d)	(m^3/h)	(m^3/h)	
9	图书馆工作人员用水	80	50	L/(人·d)	1.20	10	4.00	0.48	0.40	
10	冷却塔补水量	循环流量 2%	11	m^3/h	1.00	12	132.00	11.00	11.00	
11	制冷机组补水量	空调专业提资	1.5	m^3/h	1.00	12	18.00	1.50	1.50	
12	水景补水量	循环流量 4%	12	m^3/h	1.00	12	144.00	12.00	12.00	
13	绿化用水	21387	3	L/(m^2·d)	1.00	14	641.6	16.04	16.04	每日使用 2 次
14	道路广场冲洗用水	38788	1	L/(m^2·d)	1.00	12	38.79	3.23	3.23	每日使用 2 次
15	小计						517.78	98.32	73.77	
16	不可预见用水			10%			51.78	9.83	7.38	
17	合计						569.56	108.16	81.14	

（二）热水系统

1. 供应范围：剧院贵宾、乐队休息、指挥休息等卫生间洗手盆、演职人员的化妆间、淋浴间、保安室供应热水；图书馆贵宾卫生间洗手盆。

2. 供水方式：采用电热水器制备生活热水。设淋浴的单间卫生间每个设壁挂容积式（80L）电热水器一台，化妆间每个洗脸盆采用壁挂小容积式（10L）电热水器供应热水。公共淋浴间由三台商用容积式电热水器（455L）集中供水，热水出水温度为60℃，回水温度50℃，并设水泵机械循环，由安装在回水管道上的电接点温度计控制热水循环回水泵的启、停，温度低于50℃循环泵开启，温度达到55℃循环泵停止运行。

（三）排水系统

1. 排水体制：室内污、废合流，室外雨、污分流。

2. 排水量

排水量及管径估算：排水量（表 1 中 1～9 项，不含道路广场冲洗、绿化、冷却塔补水、水景补水等）为生活给水量的 90%。污水量：最高日排水量为 90m^3/d；最高日最大时排水量为 40.5m^3/d。

其中剧院部分生活污水排水量为 48.89m^3/d，最大时排水量为 21.64m^3/h。

3. 地面层以上为重力流排水；地面层以下污、废水排入污、废水集水池，经潜水排水泵提升排至室外管网；空调废水、设备机房废水设单独管独立排至室外雨水管。

4. 剧院部分设一路 $DN300$ 排水管污水经化粪池处理后接入市政污水管网。

（四）雨水系统

1. 营口市暴雨强度计算公式：

$$Q=1686(1+0.77\lg P)/(t+8)^{0.72}$$

2. 雨水系统形式：屋面雨水采用压力流（虹吸式）内排水系统，雨水排至室外雨水管网。小屋面采用半有压力流雨水排水系统。

3. 雨水量

屋面雨水设计重现期 P=10 年，设计降水历时 t=5min。暴雨强度 q=470.75L/(s·hm^2)；溢流按设计重现期 50 年校核，q= 613.89L/(s·hm^2)。

剧院和图书馆合设一根 $DN800$（i=0.003）雨水排水管排至市政接口。

二、消防系统

(一) 消火栓系统

1. 消防用水量及供水水源

(1) 本项目的剧院、图书城考虑同一时间内火灾次数为一次。消防水泵和消防水池容量按一次火灾一个着火点设计。

消防用水量见表 2。

消防用水量　　表 2

用水名称	用水标准(L/s)	危险等级	喷水强度	一次火灾延续时间	一次灭火用水量	设置部位
室外消火栓系统	30 L/s			2h	216m^3	
室内消火栓系统	10 L/s			2h	72m^3	
自动喷水灭火系统	40 L/s	中危险Ⅱ级	8L/(min・m^2)	1h	144m^3	
雨淋系统	101.6L/s	严重危险Ⅱ级	16L/(min・m^2)	1h	366m^3	剧院舞台
水幕系统	18.0 L/s	防护冷却	1.0L/m	3h	194.4m^3	剧院主舞台台口
大空间自动扫描定位灭火系统	15 L/s			1h	54m^3	剧院层高大于 8m 处

注：消防水池按同时开启室内消火栓、雨淋系统、水幕系统设计；一次灭火室内消防用水量 632.4m^3，室内消防水池实际有效容积 635m^3。

(2) 本工程消防用水由市政管网供给，由市政给水引入两路 DN200 给水管，给水管在室外呈环状布置。室外消防系统为低压制，室外环状管网上设有 13 座地下式室外消火栓。

(3) 剧院屋顶消防水箱存有 18m^3 消防用水量。

2. 室内消火栓系统

(1) 采用临时高压系统，平时管网压力由屋顶水箱和稳压泵维持。

(2) 消防水泵房设两台室内消火栓加压泵，一用一备，互为备用，备用泵自动投入。单台水泵 Q=15L/s，H=70m，N=18.5kW。

(3) 每层均设有消火栓，保证每一点均有两股密集射流不小于 13m 的水柱同时到达。舞台场道、台仓及闷顶面光桥处亦设有消火栓。每根消火栓立管的供水能力为 10L/s，每只水枪最小出水流量为 5L/s，消火栓间距小于及等于 30m。净空高度大于 8m 处栓口压力为 0.35MPa，其余各处为 0.25MPa。

(4) 消火栓管道系统：竖向为一个区。

(5) 消火栓箱均采用组合式消防柜，内设灭火器。

(6) 室外设两组地下式消火栓水泵接合器，自带止回阀和安全阀。

(二) 雨淋灭火系统

1. 保护范围：舞台（包括主舞台葡萄架下、侧舞台、后舞台)。

采用空气采样探测装置自动控制雨淋系统，主舞台分四个保护区，每个保护区设一个雨淋阀，与该保护区内的空气采样探测装置相对应，喷水区的面积 378m^2，确保及时扑灭舞台火灾。侧台各分为两个保护区，后台分两个保护区，共设有 10 套雨淋报警阀。

2. 加压设备

雨淋喷水系统共设三台加压泵，两用一备，互为备用，备用泵自动投入。单台水泵 Q=60L/s，H=80m，N=75kW。

消防中心和消防泵房均可手动开启雨淋加压泵。

3. 系统控制

平时雨淋报警阀组前管网中的压力由屋顶水箱稳压泵维持。发生火灾时，雨淋系统的控制方式：

(1) 在演出期间由雨淋阀处的值班人员紧急开启雨淋阀处的手动快开阀，雨淋阀开启，压力开关动作自动启动雨淋加压泵。

(2) 在非演出期间，由保护区内的空气采样探测装置探测到火灾后发出信号，打开雨淋阀处的电磁阀，雨淋阀开启，压力开关动作自动启动雨淋加压泵。

(3) 消防控制中心可开启雨淋阀。

4. 雨淋报警阀组设于一层报警阀室，雨淋报警阀组动作应向消防中心发出声光信号。

5. 剧院雨淋喷水系统设八套室外地下式消防水泵接合器。

(三) 冷却防护水幕

1. 设置位置：主舞台台口高度为10m，设有防火幕，防火幕内侧设冷却防护水幕系统。

2. 加压设备

水幕喷水系统共设两台泵，一用一备，互为备用，备用泵自动投入。单台水泵 Q=20L/s，H=60m，N=22kW。消防中心和消防泵房均可手动启动水幕加压泵。

3. 系统控制

平时水幕雨淋报警阀组前管网中的压力由屋顶水箱和稳压泵维持。发生火灾时，水幕系统控制方式：

(1) 当钢质防火幕手动下降时，水幕雨淋阀组处的值班人员紧急开启雨淋阀处的手动快开阀，雨淋阀开启，压力开关动作自动启动水幕加压泵。

(2) 在非演出期间，当自动下降钢质防火幕的同时，自动开启雨淋阀组处的电磁阀，雨淋阀启动，压力开关动作自动启动水幕加压泵。

(3) 消防中心可开启水幕雨淋阀。

4. 剧院水幕喷水系统室外设两组地下式消火栓水泵接合器，自带止回阀和安全阀。

(四) 自动喷水灭火系统

1. 保护范围：除卫生间、变配电室、静压仓、声光控制室、空间高度超过8m的观众厅外，其余部位均设闭式喷头保护。

火灾危险等级：按中危险Ⅰ级设计。中危险Ⅰ级喷水强度为6L/(m^2·min)。净空高度8～12m的多功能厅、排练厅场所设计作用面积为260m^2，其余均为160m^2。设计流量 Q=40L/s，火灾延续时间1h。

2. 加压设备：自动喷水系统共设两台加压泵，一用一备，备用泵自动投入，单台水泵 Q=40L/s，H=100m，N=75kW。两台稳压泵，一用一备，交替运行，单台水泵 Q=0.58～1.00L/s，H=32.0～27.6m，N=1.1kW，标定储水容积150L隔膜式气压罐一台。

3. 系统控制

(1) 平时系统压力由屋顶水箱和稳压泵组维持，当管网压力下降值为0.07MPa时稳压泵启动，恢复压力后停泵。发生火灾时，喷头破裂喷水，稳压泵启动后管网压力仍下降，压力下降值为0.12MPa时，加压泵自动启动供水灭火，此时稳压泵自动停止。

(2) 自动喷水系统共设两台加压泵，一用一备，备用泵自动投入。两台稳压泵，一用一备，交替运行。稳压泵组设于屋顶水箱间，消防中心和消防泵房均可手动启动自动喷水加压泵。

(3) 每个楼层、每个防火分区设水流指示器及信号阀，其动作均向消防中心发出声光信号。

(4) 报警阀组设在报警阀室，每套报警阀组负担的喷头数不超过800个。报警阀动作应向消防中心发出声光信号。

4. 剧院自动喷水系统设三套室外地下式消防水泵接合器，图书馆自动喷水系统设两套室外地下式消防水泵接合器，自带止回阀和安全阀。

5. 喷头选用：吊顶部位采用快速反应隐蔽下垂型洒水喷头，不吊顶部位采用直立型快速反应玻璃球喷头，吊顶内布置的喷头采用标准直立型玻璃球喷头，动作温度均为68℃ (K=80)。

(五) 大空间自动扫描定位灭火系统

1. 保护范围：剧院空间高度超过8m的观众厅及休息区大厅。

2. 供水系统：与自动喷水系统合用一套供水系统，并在自动喷水灭火系统湿式报警阀前将管道分开。

3. 微型自动扫描灭火装置

（1）技术参数：工作电压 220V，射水流量 5L/s，标准工作压力 0.6MPa，保护半径 21m。

（2）系统设计流量：系统中 SSDZ-LA411 型微型自动扫描灭火装置最大同时开启个数为三个，设计流量 Q=15L/s，火灾延续时间 1h。

（3）系统工作原理：采用双波段图像探测器及线型光束感烟火灾探测器，探测火灾。当装置探测到火灾，系统主机处理后启动相应微型自动扫描灭火装置进行自动扫描并锁定火源点，开启消防泵及电磁阀进行灭火。同时前端水流指示器反馈信号在消防控制室操作台上显示。当无探测到火灾时，系统自动关闭消防泵及电磁阀，微型自动扫描灭火装置停止灭火。同时具有远程手动控制、现场手动控制功能。演出期间观众厅应切换至手动控制，并设专人值班。

（六）灭火器

剧院属中危险级 A 类火灾，配手提式干粉（磷酸铵盐）灭火器。

三、设计特点及设计体会

1. 本项目为地区标志性建筑，本着经济合理、安全可靠的设计理念进行给水排水设计。

2. 本项目给水排水设计特点主要是消防系统的设计，剧院、图书馆采用区域消防系统，合用消防泵房、水池。消防系统主要包括室内外消火栓给水系统、自动喷洒灭火系统、舞台雨淋灭火系统、舞台台口水幕喷水系统、大空间微型自动扫描灭火系统、灭火器的配置。

室内消防用水原理如图 1 所示。

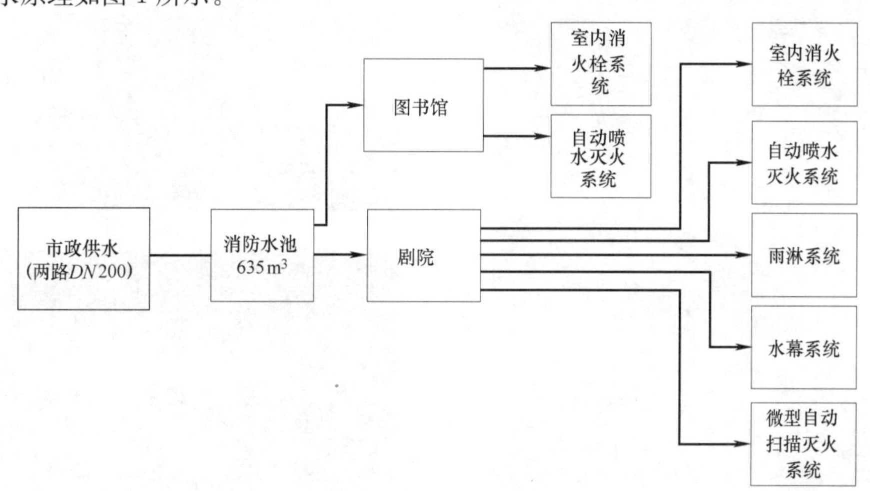

图 1　室内消防给水原理

3. 在实际使用中利用室外大面积的水池收集雨水，用于绿化和水景。

4. 环境保护措施

（1）给水支管的水流速度采用措施不超过 1.0m/s，并在直线管段设置胀缩装置，防止水流噪声的产生。

（2）水泵选用高效率、低噪声产品。水泵防噪隔振：泵组采用隔振基础；水泵进水管、出水管设置可曲挠橡胶接头和弹性吊、支架，减少噪声及振动传递；水泵出水管止回阀采用静音式止回阀，减少噪声和防止水锤。

（3）选用超低噪声型和飘水少的冷却塔，减少冷却塔运行中噪声的影响。

（4）水井和机房地漏排水设独立排水系统，排至屋面或排水明沟，以防其他排水管道的有污染气体串入室内。

（5）由于剧院项目的特殊性，压力流（虹吸）雨水管作隔声处理，隔声材料采用离心玻璃棉管壳，厚度为 50mm；给排水管井、水泵房房均设隔声处理。

5. 卫生防疫措施

（1）由市政直接供水的热水机组、制冷机组补水水管上设倒流防止器，防止倒流污染城市给水。

（2）公共卫生间采用感应式水嘴和感应式冲洗阀，防止人手接触产生交叉感染疾病。

（3）室内污废水排水管道系统设置专用通气管、环形通气管，保护器具水封不被破坏，改善排水水力条件和卫生间的空气卫生条件。

（4）空调机房排、空调设备凝结水采用间接排水。

（5）消防水池、补水水箱设自洁灭菌仪，防止长期不使用变质。

四、工程照片及附图

效果图

现场施工图

消防水箱间

实景图

管廊

消防泵房

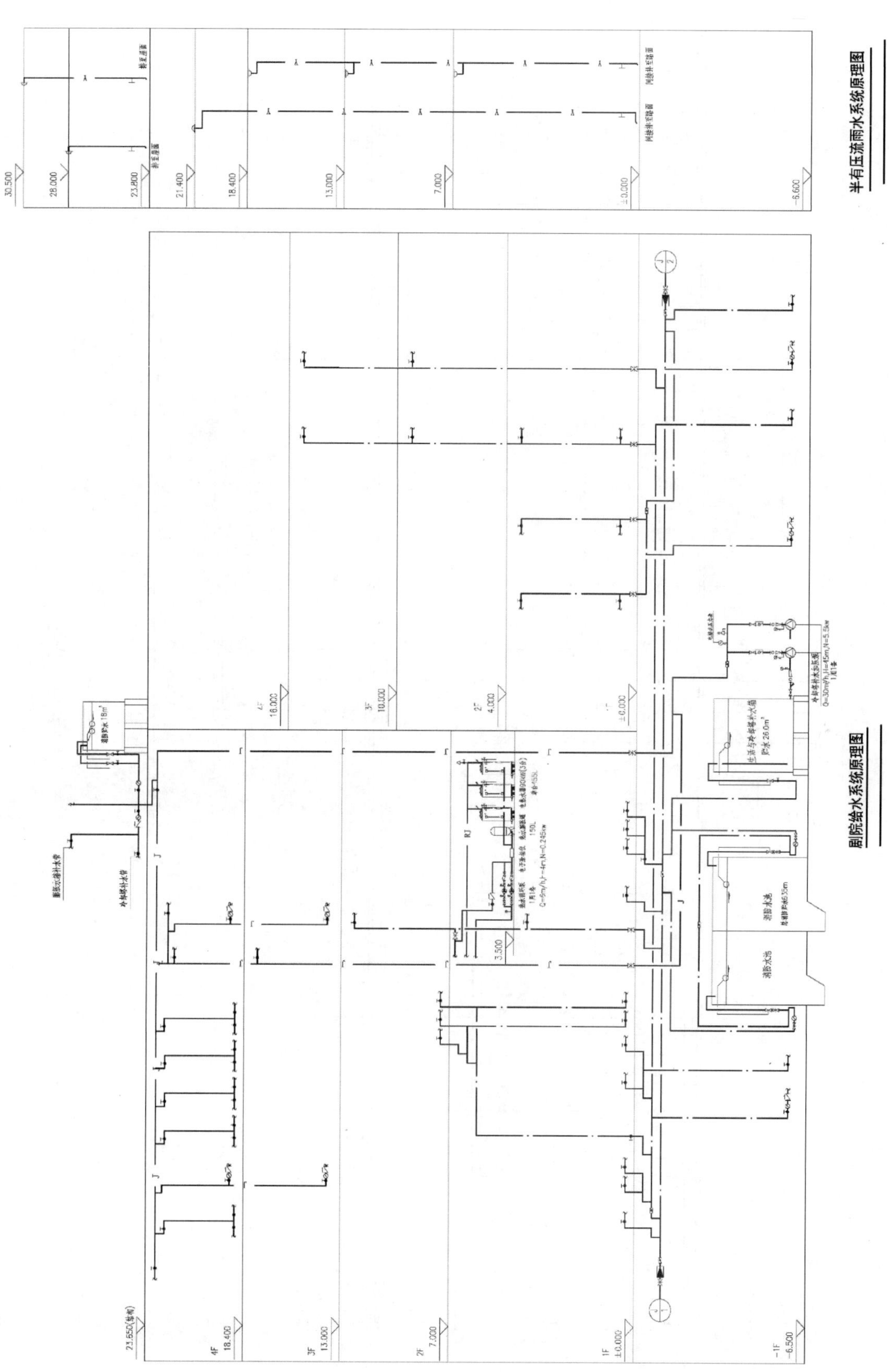

半有压流雨水系统原理图

剧院给水系统原理图

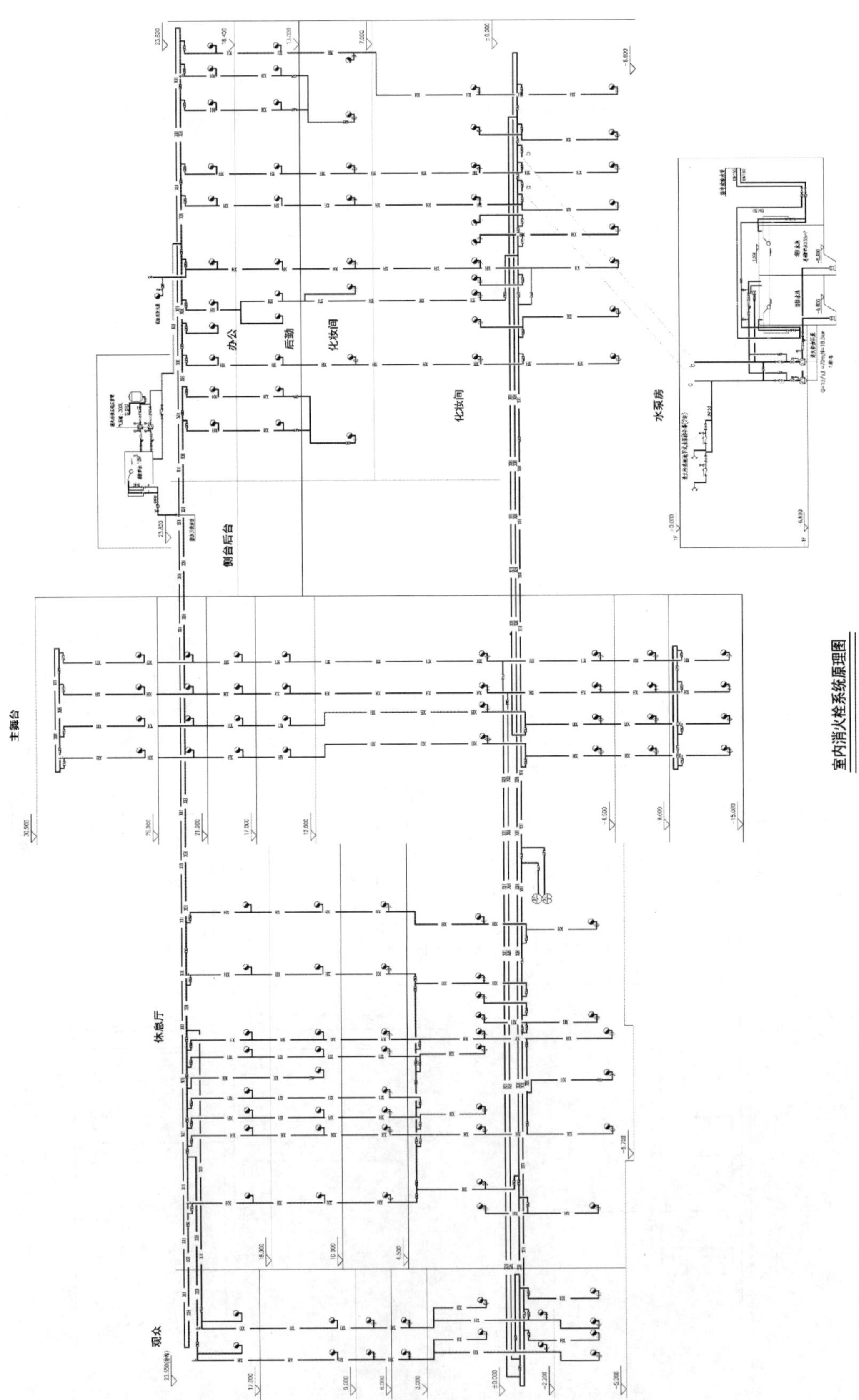

室内消火栓系统原理图

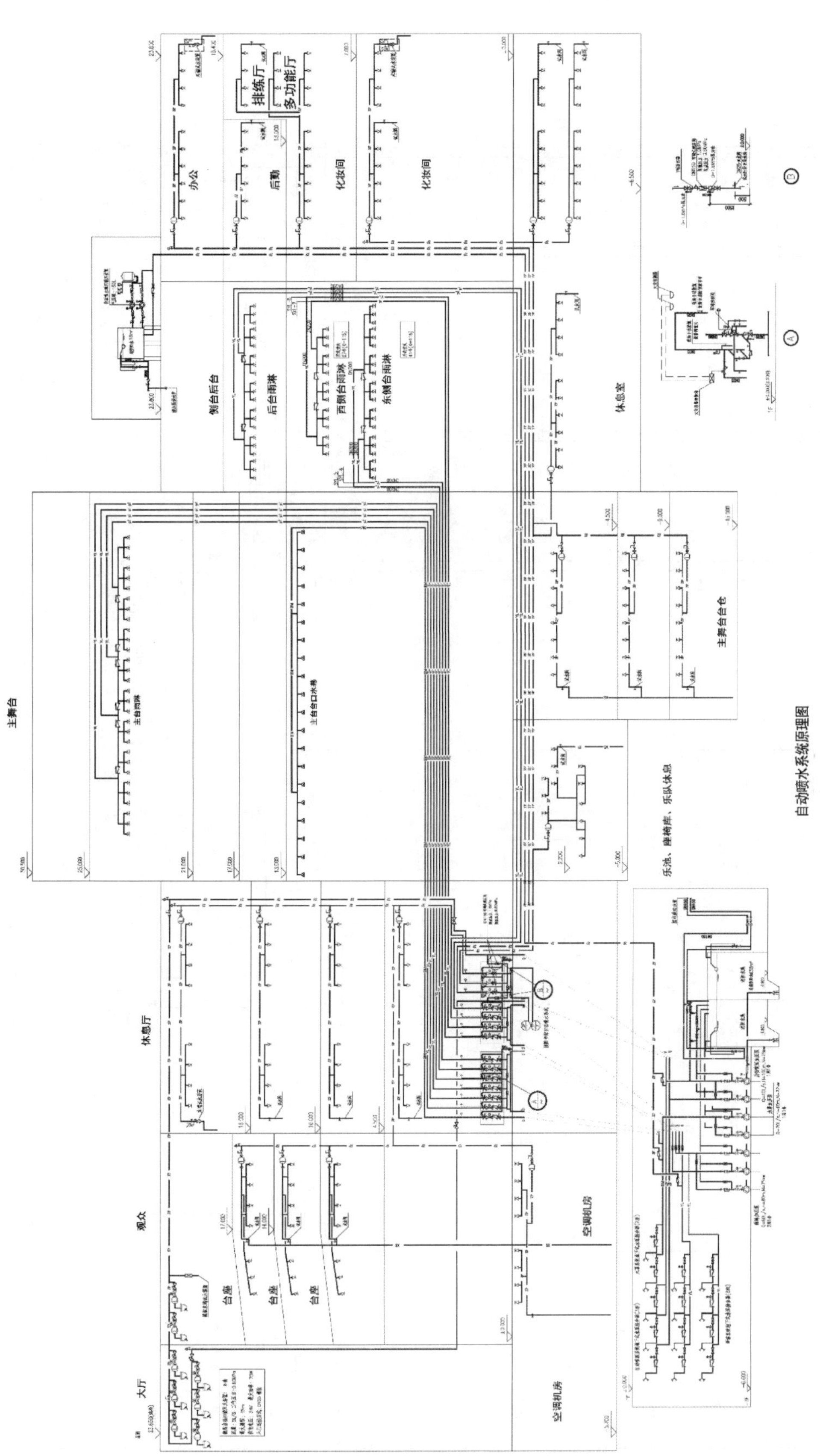
大厅
观众
台座
台座
台座
空调机房
空调机房
休息厅
主舞台
主台雨淋
主台台口水幕
乐池、座椅库、乐队休息
主侧台台仓
休息室
侧台后台
后台雨淋
西侧台雨淋
东侧台雨淋
办公
排练厅
多功能厅
后勤
化妆间
化妆间

自动喷水系统原理图

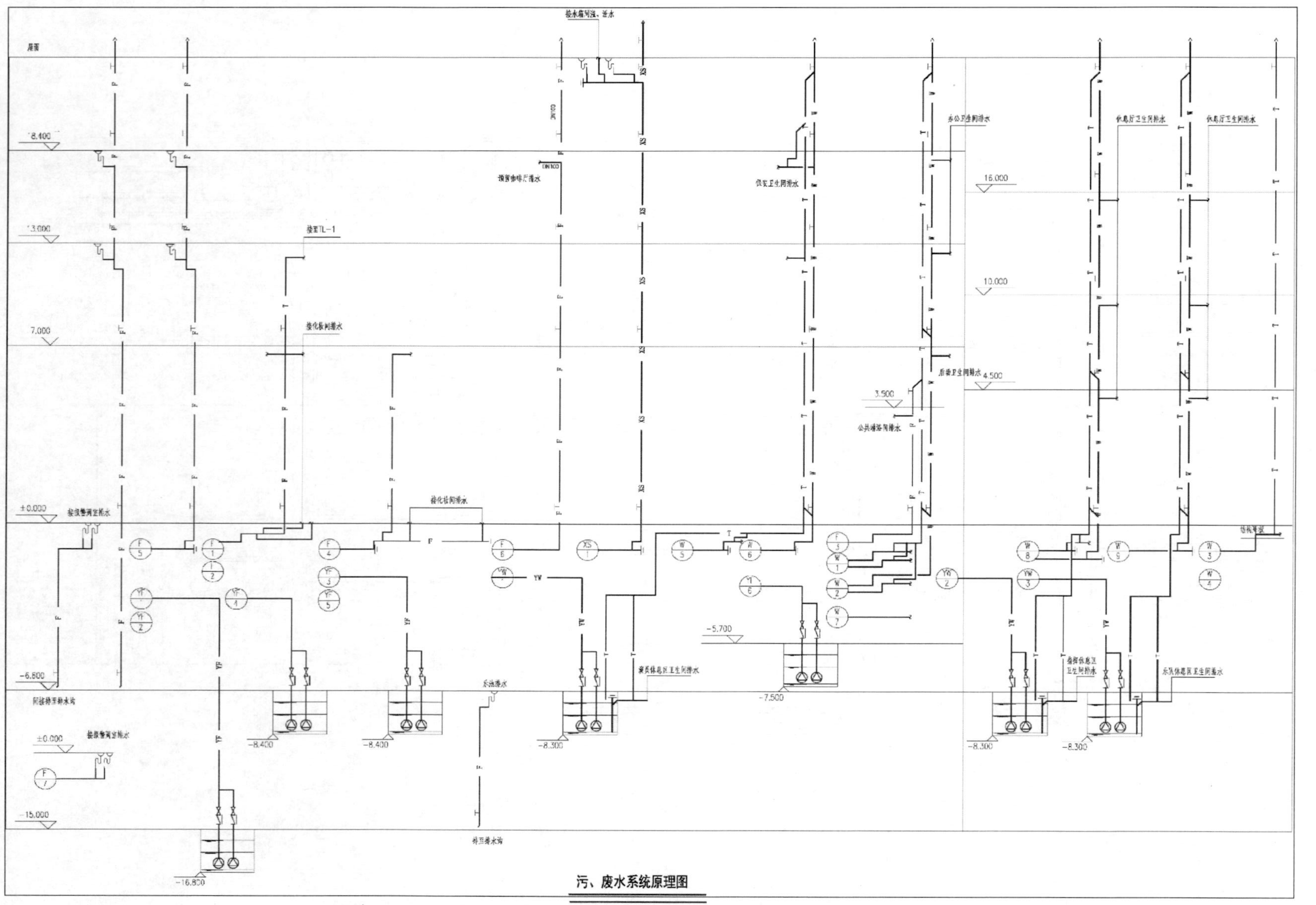

污、废水系统原理图

中国石油科技创新基地石油工程技术研发中心一期工程

设计单位： 中国建筑科学研究院
设 计 人： 李建琳　刘童佳　王蒙蒙
获奖情况： 公共建筑类　三等奖

工程概况：

工程建设场地位于北京市昌平新城沙河组团西北部地区的中关村国家工程技术创新基地北部的 10 个地块（A-12、A-13、A-15、A-16、A-19、A-29、A-33、A-34、A-42、A-45 地块）内，为 A12 地块建筑。用地范围北至为北六环路，西临原京包路绿化隔离，东临八达岭高速路绿化隔离带，南至沙河西区六号路北边界。

昌平区位于北京市西北部，最南端距市中心 10km。2005 年国务院批准的《北京城市发展总体规划》确定昌平新城为首都规划建设的 11 个新城之一，功能定位为“重要的高新技术研发产业基地，引导发展高新技术研发与生产、旅游服务、教育等功能”。

A 区科研办公楼等四项工程为中国石油科技创新基地石油工程技术研发中心一期工程，是科技园区 10 个地块的第一个开发地块。本工程的建筑规模为 143428m^2。地下一层，地上三栋独立的建筑，围合成相对开放的院落空间，主楼 11 层，裙房 3 层，基础埋深 9m，主楼高度 45m，裙房高度 12m，结构形式为现浇框架—剪力墙结构，地上四栋建筑平面均呈“L”形。本工程实验室规模约有 6 万 m^2，实验室功能需求对设备系统要求复杂而严格，有微生物安全实验室、洁净车间、使用易燃易爆气体实验室等。

一、给水排水系统

（一）给水系统

1. 用水量：本工程最高日总用水量为 797.5m^3/d，最大小时用水量 86.63m^3/h（表 1）。

生活给水用水量　　**表 1**

种类	用水定额	用水数量	日用水量(m^3/d)	最大时用水量(m^3/h)	用水时间(h)	小时变化系数
办公用水	20L/(人·d)	2500 人	50	7.5	10	1.5
实验用水	150L/(人·d)	500 人	75	11.25	10	1.5
空调冷却水补水	60m^3/h 补水量	10h	600	60	10	1.0
	小计		725	78.75		
不可预见水量	按以上合计 10%计		72.5	7.88		
总计			797.5	86.63		

2. 水源：本工程的生活用水由市政给水管网供给。由西侧沙河西区十八号路及南侧沙河西区二号路市政给水管道分别引入两根 *DN*200 给水管，在本地块红线内设总水表后成环状布置，供本工程使用。市政给水压力 0.25MPa。

3. 系统竖向分区：管网竖向分为两个区，地下一层～三层为低区，由市政压力直接供水；4～11 层为高区，由无负压供水机组供给。

4. 供水方式及给水加压设备：无负压供水机组设备设于地下一层生活水泵房内。单设一组变频泵供空调冷却塔补水，冷却塔补水泵设于消防水泵房内。各层茶水间内设置电开水器及饮水机，供饮用水需求。冷却塔补水、餐饮厨房用水、洗衣房用水、空调集中补水等均单独设置水表计量。

5. 管材：给水系统给水泵至主干管及立管采用（冷水用）钢塑复合管；卫生间内支管采用符合《冷热水用氯化聚乙烯（PVC-C）管道系统》GB/T 18993—2003。

（二）热水系统

1. 热水用水量：本工程热水系统设计小时耗热量为 83.74kW，设计小时热水量为 1.5m³/h。

2. 热源：公共卫生间手盆热水由太阳能集中供应，供水温度 60℃，回水温度 50℃。在各栋塔楼屋顶设置太阳能集热器及热水机房，热水机房内设置辅助电加热装置，当太阳能不足时，自动启动电加热装置，保证供水温度。实验室及部分地下室卫生间热水由小型电热水器供应，热水器设置在实验台面下方，设定温度 50℃。电热水器必须带有保证使用安全的装置。热水器进水管前需安装止回阀。

3. 系统竖向分区：热水系统竖向分区同给水系统，即地下一层～3 层为低区；4～11 层为高区。三层以下设置减压阀减压。

4. 热水温度保证措施：热水系统采用立管循环方式，屋顶热水机房内设置贮热水箱及循环泵。用水点水温控制在 37℃左右，当水温低于 35℃时，热水机房内电磁阀打开，热水循环泵启动；当水温高于 40℃时，电磁阀断开，循环泵停止。

5. 管材：热水供回水主干管采用（热水用）钢塑复合管；热水器后热水供回水管道采用符合《冷热水用氯化聚乙烯（PVC-C）管道系统》GB/T 18993—2003。

（三）中水系统

1. 水源及水量：本工程中水由市政中水管网供给。中水用于冲厕、抹车、车库地面冲洗、浇洒道路、绿化灌溉。设计日用中水量 183.2m³/d，最大时用水量 35.86m³/h。市政中水压力 0.25MPa（表 2）。

中水量表 **表 2**

种类	用水定额	用水数量	日用水量(m³/d)	最大时用水量(m³/h)	用水时间(h)	小时变化系数
办公冲厕用水	30L/(人·d)	3000 人	90	13.5	10	1.5
车库地面冲洗	1L/(m²·d)	24000m²	24	6.0	4	1.0
浇洒绿地	1.5L/(m²·d)日	35000m²	52.5	13.1	4	1.0
	小计		166.5	32.6		
不可预见水量	按以上合计 10%计		16.65	3.26		
总计			183.2	35.86		

2. 系统竖向分区：中水系统竖向分区同给水系统，地下一层～3 层为低区，由市政中水直接供给；4～11 层为高区，由变频调速机组供水。

3. 供水方式及加压设备：中水储水箱及变频调速机组设于地下一层中水泵房内。水箱有效容积为 15m³。中水管道严禁与生活饮用水给水管道连接，并采取相应防止误接、误用、误饮的措施。

4. 管材：中水系统给水泵至主干管及立管采用（冷水用）钢塑复合管；卫生间内支管采用符合《冷热水用氯化聚乙烯（PVC-C）管道系统》GB/T 18993—2003。

（四）排水系统

1. 排水系统形式：本工程室内排水系统采用污废分流系统。地上污废水经立管收集后在地下一层汇集自流排出室外；地下一层的污废水经管道收集，排入集水坑后，经潜污泵提升排至室外。本工程设计排水量按给水量的 90%（扣除冷却塔补水及绿化用水）为 215.1 m^3/d。

2. 透气管的设置方式：为使水流通畅，本工程主楼卫生间设置专用通气立管。

3. 采用的局部污水处理设施：生活污水需经室外化粪池处理后方可排入市政污水管网；生活及实验废水排入市政废水管网；石油实验废水经室内小型隔油器收集处理后方可排入市政污水管网。

4. 管材：实验室废水排水管材采用 PVC-U 塑料管材；排水立管及横支管采用符合《排水用柔性接口铸铁管、管件及附件》GB/T 12772—2008；泵送压力排水管符合《低压流体输送用焊接钢管》GB/T 3091—2001。

（五）雨水系统

1. 系统形式：本工程屋面雨水采用 87 型雨水斗。设计重现期室外场地为 $P=2$ 年，屋面为 $P=10$ 年，溢流设施设计降雨重现期 50 年，地面集水时间为 5min，暴雨强度为 5.06L/(s·100m^2)。建筑物雨水采用内排水方式，由屋面雨水斗收集后，经管道系统排至室外雨水检查井。

2. 雨水利用措施：室外雨水管采用渗管，室外场地的铺地材料采用渗水铺装，以利于雨水入渗，补给地下水。

3. 管材：室内雨水管小于等于 $DN200$ 符合《低压流体输送用焊接钢管》GB/T 3091—2001；室内雨水管大于 $DN200$ 符合螺旋缝焊接钢管标准。

二、消防系统

（一）消火栓系统

消火栓系统用水量：室内用水量为 30L/s，室外用水量为 30L/s。

系统分区：室内消火栓系统由消火栓水泵直接加压供给，系统不分区。

消火栓泵的参数：消火栓水泵两台，$Q=30L/s$，$H=85m$，$N=45kW$，一用一备。

消火栓稳压水泵两台，$Q=18m^3/h$，$H=20m$，$N=3.0kW$，气压罐的有效容积为 300L。

消火栓水泵从消防水池内取水，消防泵房设置于设在地下一层，消防储水容积 450m^3。水池有效容积 510m^3，储存有 60m^3 的冷却塔补水。

消火栓系统压力平时由屋顶消防水箱维持，消防水箱的有效容积 18m^3，水箱位于 A 栋十一层屋顶消防水箱间内。室外设置 2 组地下式水泵接合器。

管材：消火栓管道采用内外热镀锌钢管，大于等于 $DN100$ 为卡箍连接，小于 $DN100$ 为丝接连接。

（二）自动喷水灭火系统

自动喷水系统用水量：30L/s；

系统分区：喷淋系统由喷淋水泵直接加压供给，系统不分高低区。

喷淋泵的参数：喷淋水泵两台，$Q=30L/s$，$H=85m$，$N=45kW$，一用一备。

喷淋稳压水泵两台，$Q=3.6m^3/h$，$H=20m$，$N=2.0kW$，气压罐的有效容积为 150L。

喷淋水泵从消防水池内取水，消防泵房设置于设在地下一层，消防储水约 450m^3。水池有效容积 510m^3，储存有 60m^3 的冷却塔补水。

喷淋系统压力平时由屋顶消防水箱维持，消防水箱的有效容积 18m^3，水箱位于 A 栋十一层顶消防水箱间内。室外设置 2 组地下式水泵接合器，喷头选型见表 3。

喷头选型 **表 3**

区域	喷头形式	动作温度(℃)	流量系数
地下车库、设备机房	标准直立型喷头	68	80
办公室、公共区	吊顶型喷头	68	80

报警阀数量：湿式报警阀：24 个；预作用报警阀：5 个。

管材：喷淋管材同消火栓系统。

（三）水喷雾灭火系统

在地下燃气锅炉房内设水喷雾灭火系统保护，防护冷却设计喷雾强度 $9L/(min \cdot m^2)$，作用面积约 $226m^2$，持续喷雾时间 1.0h，最不利点喷头工作压力取 0.2MPa。

水喷雾泵的参数：水喷雾泵 2 台，$Q=35L/s$，$H=45m$，$N=45kW$，一用一备；

在燃气锅炉房设置雨淋阀组，水喷雾灭火系统应有自动控制、手动控制和应急操作三种控制方式。自动控制由火灾报警系统联动启动电磁阀，雨淋阀内压力变化打开雨淋阀，压力开关发出信号启动水喷雾泵。

管材同消火栓系统。

（四）气体灭火系统

在地下变配电室 1 设置管网式七氟丙烷气体灭火保护系统；B 座地上核心机房和配电 UPS 室、地下制冷机房变配电室、2 号变配电室、C 座地上数据机房内设置无管网的气体灭火系统。

防护区灭火设计浓度为 10%，设计喷放时间不大于 10s。灭火浸渍时间为 10min。

本系统应同时具有自动控制、手动控制和机械应急操作三种启动方式。防护区均设置探测回路，当探测器发出火灾信号时，警铃报警，指示火灾发生的部位，提醒工作人员注意自动灭火控制器开始进入延时阶段，声光报警器报警和联动设备动作（关闭通风空调、防火卷帘门等），延时过后，向保护区的驱动瓶的电磁阀发出灭火指令，电磁阀打开驱动瓶容器阀，然后依次打开保护区的七氟丙烷储气瓶。

储气瓶内的七氟丙烷气体经过管道从喷头喷出向失火区进行灭火作业，同时报警控制器接受压力信号发生器的反馈信号，控制面板喷放指示灯亮。当报警控制器处于手动状态，报警控制器只发出报警信号，不输出动作信号，由值班人员确认后按下报警控制面板上的应急启动按钮或保护区门口处的紧急启停按钮，即可启动系统喷放七氟丙烷灭火剂。气体灭火系统设计参数见表 4。

气体灭火系统设计参数表 **表 4**

编号	房间名称	防护区容积	药剂量(kg)	备注
1	地下变配电室 1	2065	1820	管网式
2	地下制冷机房变配电室	1155	1020	无管网
3	地下 2 号变配电室	1155	1020	无管网
4	A 座应急检测物质间	1010	890	无管网
5	B 座核心机房	1100	970	管网式,共用一个系统
6	B 座配电 UPS 室	665	585	
7	C 座数据机房	590	520	无管网

管材：采用无缝钢管，丝扣和法兰连接。

三、工程设计特点

本项目的设计特点体现在对设计各阶段的准确控制与掌握中，并希望这一设计理念能贯彻到今后的各项工程设计工作中。

（一）方案阶段的方案策划及技术经济分析

本工程是集研发、实验、办公为一体的综合性智能化建筑物，并且作为园区的开篇建设，在方案设计阶段，即有意识地希望采用多项绿色环保节能新技术，开创思路，制定标准，充分展示了先进的设计理念，通过新技术的应用，如雨水利用、太阳能技术的应用等，节约资源，降低能耗，降低工程运营费用。给水排水专业针对雨水利用技术及太阳能热水系统利用进行了多方案的技术经济比较，经分析后，本项目决定采用：

1. 太阳能热水技术：各塔楼屋面设计有太阳能热水系统，供应地下一层至十一层卫生间手盆热水使用。

2. 雨水利用技术：室外雨水管道采用渗管，场地铺装采用渗水铺装，利于雨水下渗，补充地下水。

（二）初步设计阶段的现场调研及实验用水量确定

石油科技创新基地建设项目主要由三部分组成：①由入驻科研机构的科研办公及一般实验用房（通用实验室）组成科研区，其中一部分用于适应海内外石油科技单位和人才对科研办公实验等设施的建设需求，考虑布置专家工作站，并且做到可持续发展。②对一些入住单位的特殊实验、试验室、中试生产等建设需求，在产业用地内分别进行考虑和安排，组成试验实验区。③对公共服务建筑如大型会议、文体活动、餐饮、图书档案以及信息交流、技术成果展示、产品转让、公共服务、管理等建筑用房等进行集中建设，组成公共服务区。

本工程为科研办公及一般实验用房，实验室规模约有 6 万 m^2，实验室功能需求对设备系统要求复杂而严格，其中有微生物安全实验室、洁净车间、使用易燃易爆气体实验室等。本项目入驻中石油系统的多家机构，实验室的使用要求千差万别，为做到初步设计给水排水系统的准确性并指引施工图设计，在初步设计阶段相关设计人员对各入驻单位均进行现场调研，落实实验室的工艺要求及实验人员的使用要求，特别是对实验用水的同时使用百分数进行了落实。

（三）施工图设计阶段的精细化设计及总体规划控制

施工图设计中本着精细化设计的原则，对大量的实验用水点进行了精确定位，尽量避免施工过程或使用时因用水点位置的偏差造成修改；同时对公共区域、管道密集区域进行管道综合，避免在装修设计时因管道布置而影响吊顶设置。

本项目作为园区的开篇之作，为了使基地内各地块的给排水及消防设计能够统一设计基础及原则，以本项目为设计蓝本，针对科研办公区、公共服务区、实验区不同的功能建筑制定了园区给水排水规划及给水排水设计标准规定，标准中对设计范围、设计分工、设计基础条件、设计原则、管道名称及符号、管材及连接方式、卫生洁具选型、设计文件组成及产品标准均作出明确规定，为未来园区各地块的建设打下坚实的基础。

四、工程照片及附图

外观图

内部照片

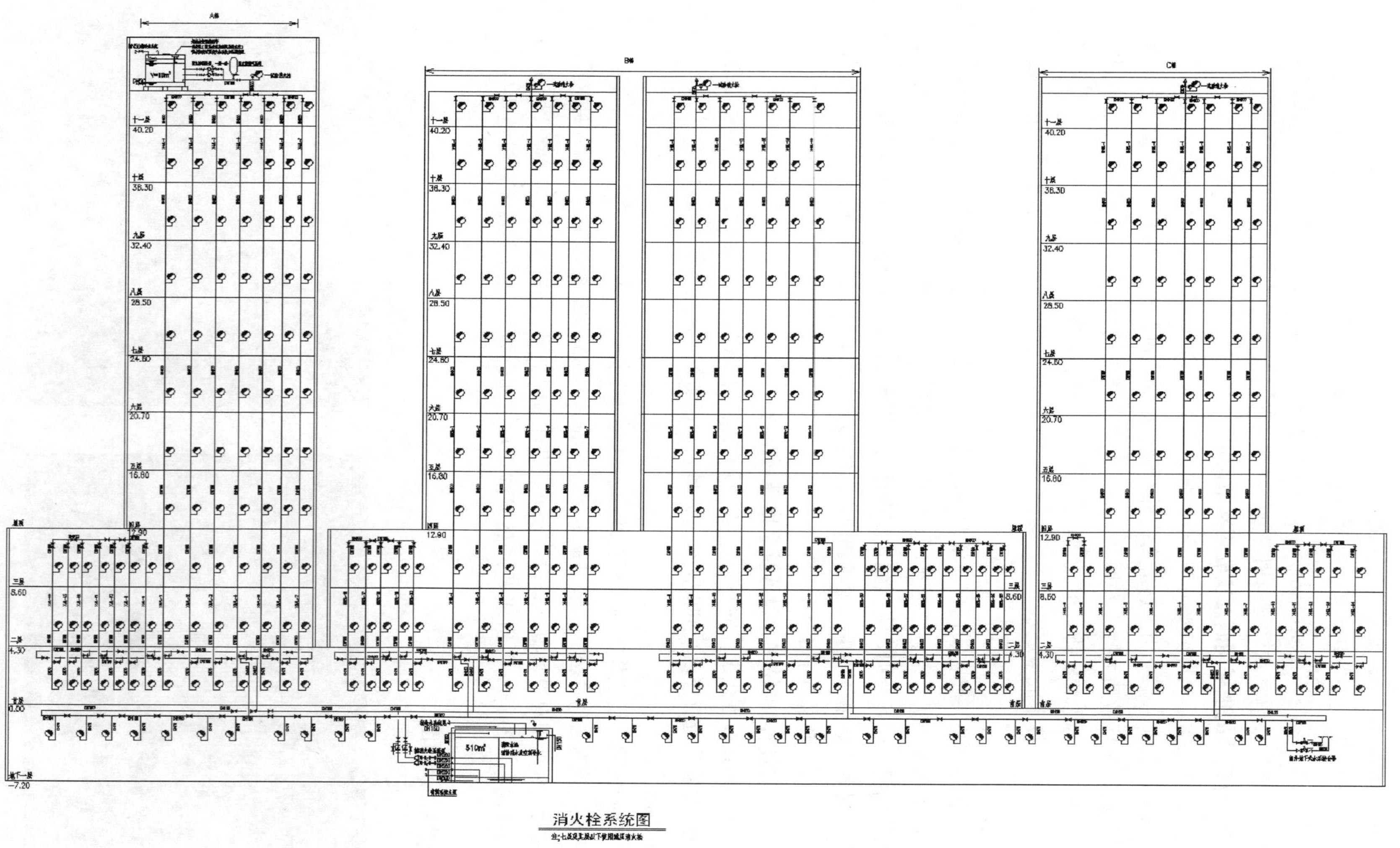
十一层
40.20
十层
38.30
九层
32.40
八层
28.50
七层
24.60
六层
20.70
五层
16.80
12.90
三层
8.60
二层
4.30
首层
0.00
地下一层
-7.20
510m³
消火栓系统图

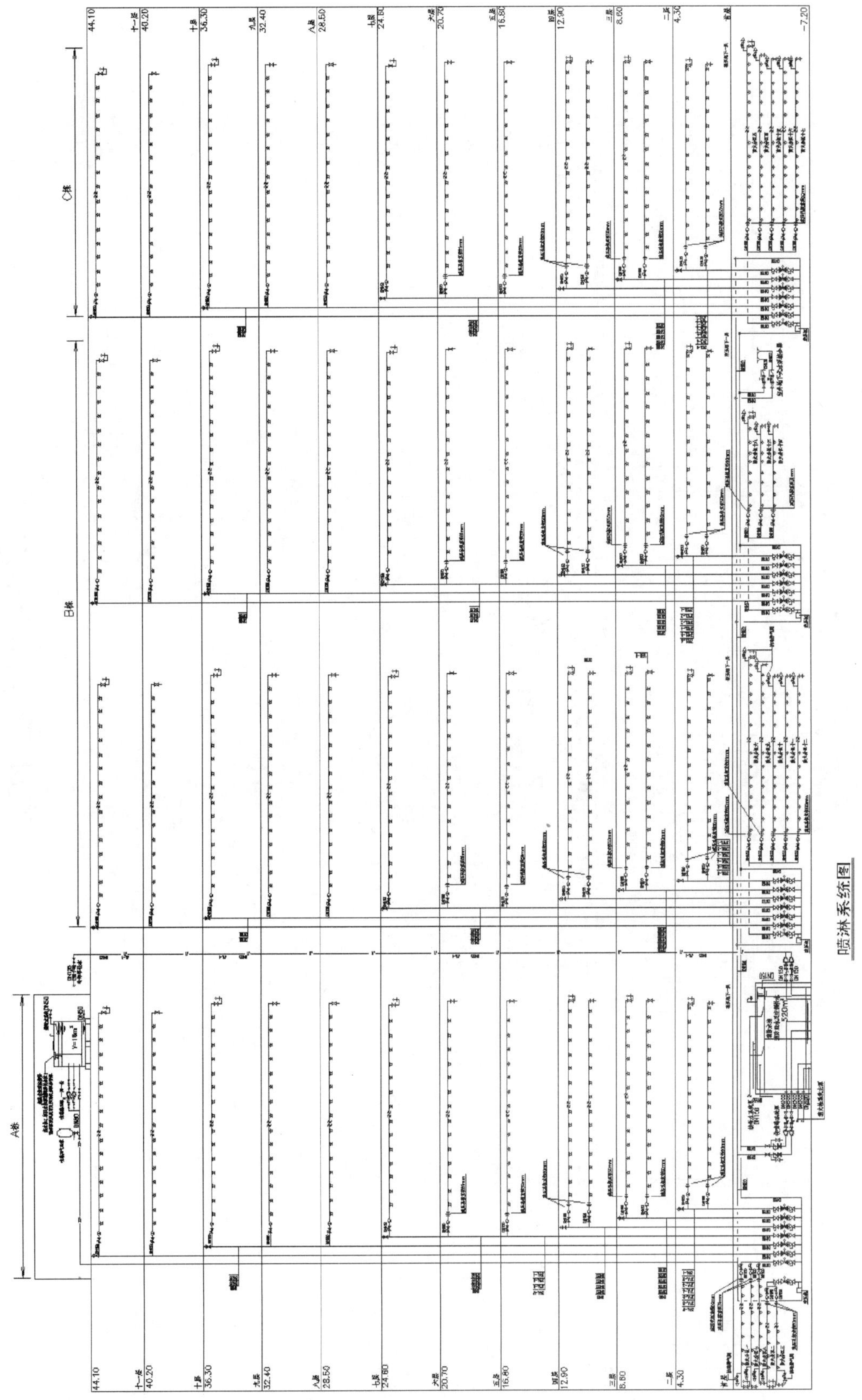

喷淋系统图

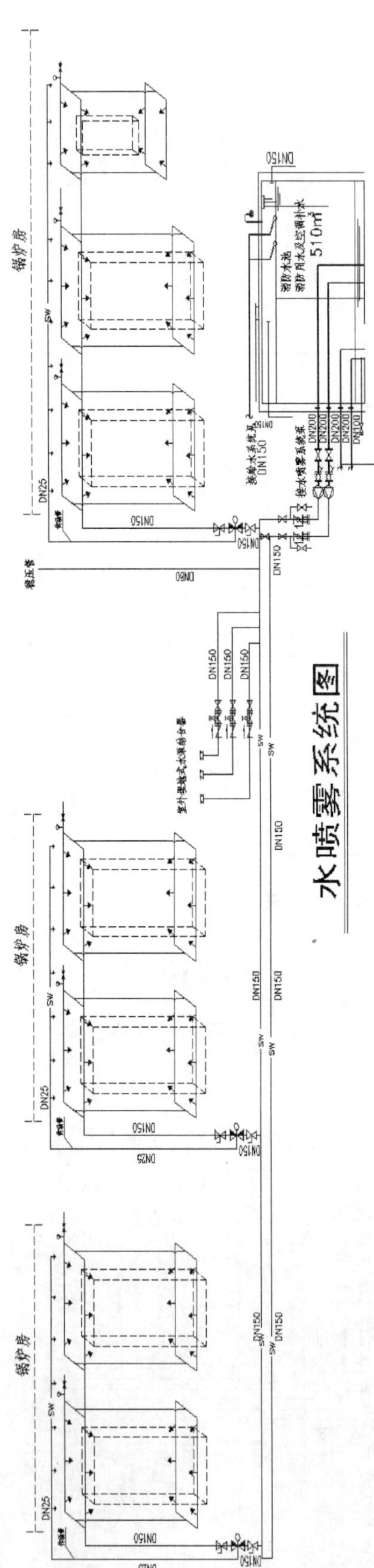

水喷雾系统图

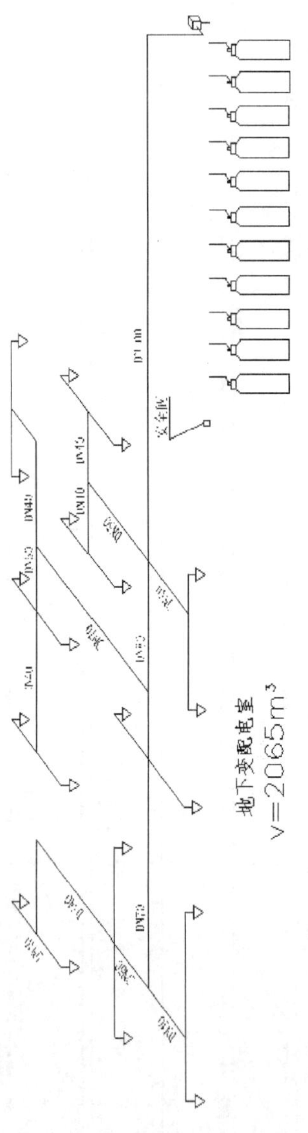

气体灭火系统图

上海市委党校二期工程（教学楼、学员楼）

设计单位：同济大学建筑设计研究院（集团）有限公司
设 计 人：杨玲　范舍金　杨民
获奖情况：公共建筑类　三等奖

工程概况：

上海市委党校是一所培养本市中、高级干部的学校，并担负着上海市高级公务员、特大企业及跨国公司在沪机构的高级管理人员的培训任务。现代化综合教学楼及学员宿舍楼工程是涉及校园整体规划和建设的重要工程，是在教学的软硬件配置上实现新世纪干部教育的功能理念，与国际知识化经济发展相接轨的关键性工程。

上海市委党校教学楼和学员宿舍楼的建设定位为全国一流的示范性重点项目。在设计过程中充分利用多种生态节能技术并展开一系列科研课题的研究工作，力争使建筑成为一个绿色建筑及新能源利用的示范工程，向来自各地的学员们展示最先进的建造技术和设计理念。

项目总建筑面积36873m^2，其中地下8426m^2，地上28447 m^2。建筑由教学楼和学员楼两部分组成，中间以二层的连廊相连。教学楼为4层，建筑高度23m，学员楼为11层，建筑高度44m。

一、给水排水系统

（一）给水系统

1. 冷水用水量表（表1）

冷水用水量　　表1

用途	用水单位数	用水量定额（L/(人·d)）	使用时间	$K_{时}$	$Q_{日}$	$Q_{时}$
			(h)		(m^3/d)	(m^3/h)
学员住宿	317人	320.0	24.0	2.5	101.4	10.6
教学	317人	40.0	8.0	1.5	12.7	2.4
工作人员	150人	100.0	24.0	2.5	15.0	1.6
洗衣	60.0kg	380.4	8.0	1.5	22.8	4.3
餐饮	20人	734	10	1.5	14.7	2.2
绿化	17800m^2	2.0	4.0	1.0	35.6	9.0
景观补水					6.3	0.63
未预见水量	×10%				20.85	3.1
总计					229.4	33.8

2. 水源：本工程以校园室外管网为本工程生活消防合用水源，供水压力不小于0.16MPa。

3. 系统竖向分区：地下一层～5层为变频泵组经减压阀减压供水；6～11层为变频泵组供水；收集和处理屋面及部分场地雨水，回用于园区的绿化浇灌、水体补充和道路冲洗。

4. 高区坐便器给水系统：高区坐便器给水由屋顶 20m^3 冲厕消防合用水箱供给，水箱有保证 18m^3 消防水量不挪作他用的措施。

5. 供水方式及给水加压设备：地下一层～5 层为变频泵组经减压阀减压供水；6～11 层为变频泵组供水。地下一层泵房内安装 36m^3 不锈钢生活水箱，生活变频调速泵组 Q=35m^3/h，H=0.70MPa，N=15kW。

5. 管材：生活给水管采用建筑给水铜管。

（二）热水系统

1. 热水用水量表（表 2）

热水用水量 **表 2**

	用途	用水单位数	用水量定额	$K_{时}$	$Q_{日}$ (m^3/d)	$Q_{时}$ (m^3/h)
	学员住宿	317	130 L/(人·d)	5.61	40.7	11.1
	工作人员	150	50 L/(人·d)	5.61	7.5	1.8
	厨房	793 人次	7.5L/人次	1.5	5.9	0.6
	洗衣	20L/kg 干衣	380.4 kg	1.5	7.6	1.4
未预见水量					6.23	1.0
合计					68.5	16.5

2. 热源：本工程为教学与宿舍综合体，热水用量较一般建筑占比较大，所以，热水系统选择合理的热水制备方式，对节能贡献较大。本工程以地源热泵提供的 55℃热水作为生活热水的常态热源，以校园原有蒸汽锅炉提供的蒸汽作为事故备用热源，有效保证了全年的热水供应。

3. 系统竖向分区：热水系统分区与冷水系统相同。

4. 热交换器：生活热水采用板式热交换器制备热水。地下室泵房内设置两组板式热交换器（低区 Q_h=250kW，两组，高区 Q_h=250kW，两组）、立式储水罐（低区 V=8m^3，两台，高区 V=6m^3，两台）及热水循环泵。

5. 冷、热水压力平衡措施、热水温度的保护措施：给水系统冷、热水同源；热水系统同程设计。

6. 管材：生活热水管采用建筑给水铜管。

（三）雨水回用系统

1. 雨水回用系统概述

（1）基础资料（表 3）

雨水基础资料 **表 3**

月份	平均降雨量(mm)	收集雨水量(m^3)	平均降雨次数
1	45.2	236	4
2	64.3	336	4
3	80.2	420	4
4	109.6	570	5
5	126.2	660	6
6	163.2	854	8
7	137.8	720	6
8	129.4	677	7

续表

月份	平均降雨量(mm)	收集雨水量(m^3)	平均降雨次数
9	154.6	809	8
10	53.5	269	4
11	50.1	262	4
12	43.7	219	4
合计	1158.8	6036	64

（2）雨水回用

本工程收集屋面和部分场地雨水，经处理后回用于绿化浇灌、水景补充和车库及地面冲洗。设计收集面积约 18000m^2，系统处理能力为 15m^3/h，年雨水收集量 18696m^3，年雨水利用量 16826m^3，绿化、景观和道路浇洒雨水替代率 59%。

2. 供水方式及给水加压设备：回用雨水经过滤及消毒后进入雨水清水池，再由雨水回用泵组（Q=20m^3/h，H=28m，N=3kW，两台，一用一备），由雨水输送至各用水点。

3. 水处理工艺流程（图 1）

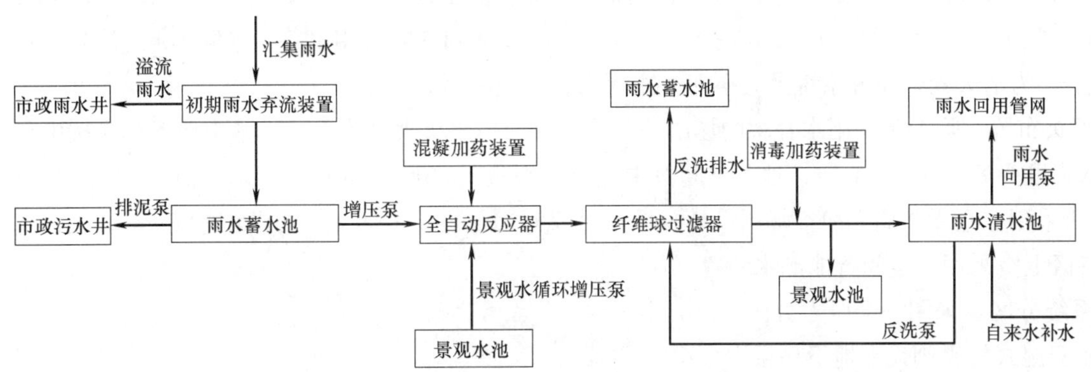

图 1　水处理工艺流程

4. 管材：加药管线采用 PVC-U 给水管，公称压力 0.60MPa；设备进出水管、压力排水管、反冲洗水泵进水管采用热浸镀锌钢管。

（四）排水系统

1. 排水系统的形式：本工程采用污、废水分流制。室内 0.00m 标高以上污废水重力自流排入室外雨污水管，地下室污废水采用潜水排污泵提升至室外雨污水管。厨房废水经隔油池处理后，排入室外污水管。

2. 透气管的设置方式：本工程设置专用通气立管。

3. 管材

（1）室内排水管（含污水管、废水管、通气管）采用聚丙烯超级静音排水管，承插式柔性连接，厨房排水采用铸铁排水管，石棉水泥接口。室外排水管采用 HDPE 排水管。

（2）与潜水排污泵连接的管道，均采用内外涂塑钢管，沟槽式或法兰连接。

（3）重力排水雨水立管和悬吊管采用内镀塑热镀锌钢管，丝扣连接，大于 DN100 时沟槽式卡箍连接。

二、消防系统

（一）消火栓系统

1. 水量：室内消火栓用水量 20L/s；室外消火栓用水量 30L/s。

2. 供水方式：

(1) 室外消防由市政管网压力直接供水，管网最小压力为0.16MPa。

(2) 室内消火栓系统为临时高压制：地下一层消防泵房内设有消火栓泵两台（Q=30L/s，H=0.60MPa，N=30kW，一用一备），直接从室外消防管上抽水；42.50m标高屋面设有20m³生活消防合用水箱（采取18m³消防水量不挪作他用的措施），为消火栓，喷淋系统及大空间智能洒水装置合用消防水箱。

3. 系统分区：采用一个压力分区，地下一层～三层消火栓采用减压稳压消火栓。

4. 室外设置水泵接合器两套。

5. 管材：采用内外壁热浸镀锌钢管。

(二) 自动喷水灭火系统

1. 水量：35L/s。

2. 供水方式

(1) 管网最小压力为0.16MPa。

(2) 室内喷淋系统为临时高压制：地下一层消防泵房内设有喷淋泵两台（Q=40L/s，H=0.75MPa，N=45kW，一用一备），直接从室外消防管上抽水，喷淋稳压设备一套（Q=1L/s，H=0.25MPa，两台，一用一备，配150L气压罐）；42.50m标高屋面设有20m³冲厕消防合用水箱（采取18m³消防水量不挪作他用的措施），为消火栓，喷淋系统及大空间智能洒水装置合用消防水箱。

3. 喷头布置：除了不宜用水扑救的场所外，均以自动喷水灭火系统保护，其中地下车库按中危险Ⅱ级设计，喷水强度为8L/(min·m²)；地上空间按中危险Ⅰ级设计，喷水强度为6L/(min·m²)。净空高度大于8m的场所采用非仓库类高大净空场所设计，喷水强度为6L/(min·m²)。作用面积260m²。入口门厅上空及休息接待区上空采用大空间智能洒水装置。

4. 系统分区：采用一个压力分区。

5. 4套湿式报警阀设在地下一层水泵房内。

6. 室外设置水泵接合器三套。

7. 管材：采用内外壁热浸镀锌钢管。

三、设计及施工体会或工程特点介绍

本工程给水排水设计的主要特点是，合理采用多种生态节能技术，促成了本项目获得三星级绿色建筑设计标识。

1. 雨水回用。本工程绿地和水景较多，利用非常规水源不仅体现绿色环保的理念，而且具有较好的经济效益。因此，本工程收集屋面和部分场地雨水，经处理后回用于绿化浇灌、水景补充和车库及地面冲洗。设计收集面积约18000m²，系统处理能力为15m³/h，年雨水收集量18696m³，年雨水利用量16826m³，绿化、景观和道路浇洒雨水替代率59%。

2. 采用地源热泵制备生活热水。系统采用板式交换器和储热罐联合工作方式，温度控制、机械循环、自动运行。热泵机组由暖通专业协调空调需求整体设计，整个系统绿色节能，并有效运行。

3. 消防与冲厕用水合用屋顶水箱。采用这种体制的屋顶水箱，不仅巧妙地协调了国家规范与地方规定的矛盾，而且减少水资源浪费。国家规范要求生活用水与其他用水的水池分开设置，而上海消防局则要求消防水箱和生活水箱合用，意在能够及时掌握水箱储水的情况。因为冲厕用水的卫生要求较生活用水低，因此，与消防合用水箱，不违反国家规范；而与生活用水一样，一旦水箱水位低于消防保证水位，冲厕用水断流，就能及时发现水箱供水系统故障，因此又满足了上海消防局的要求。同时，由于水箱储水不断得到更新，可减缓水质腐败的进程，因此减少了定期排放造成的水资源浪费。

4. 其他节水节能措施。本工程采用的其他常规节水节能措施还包括：①给水系统合理分区；②充分利用城镇管网压力；③变频技术的采用；④合理设置水表；⑤冷、热水同源；⑥热水系统同程设计等。

四、工程照片及附图

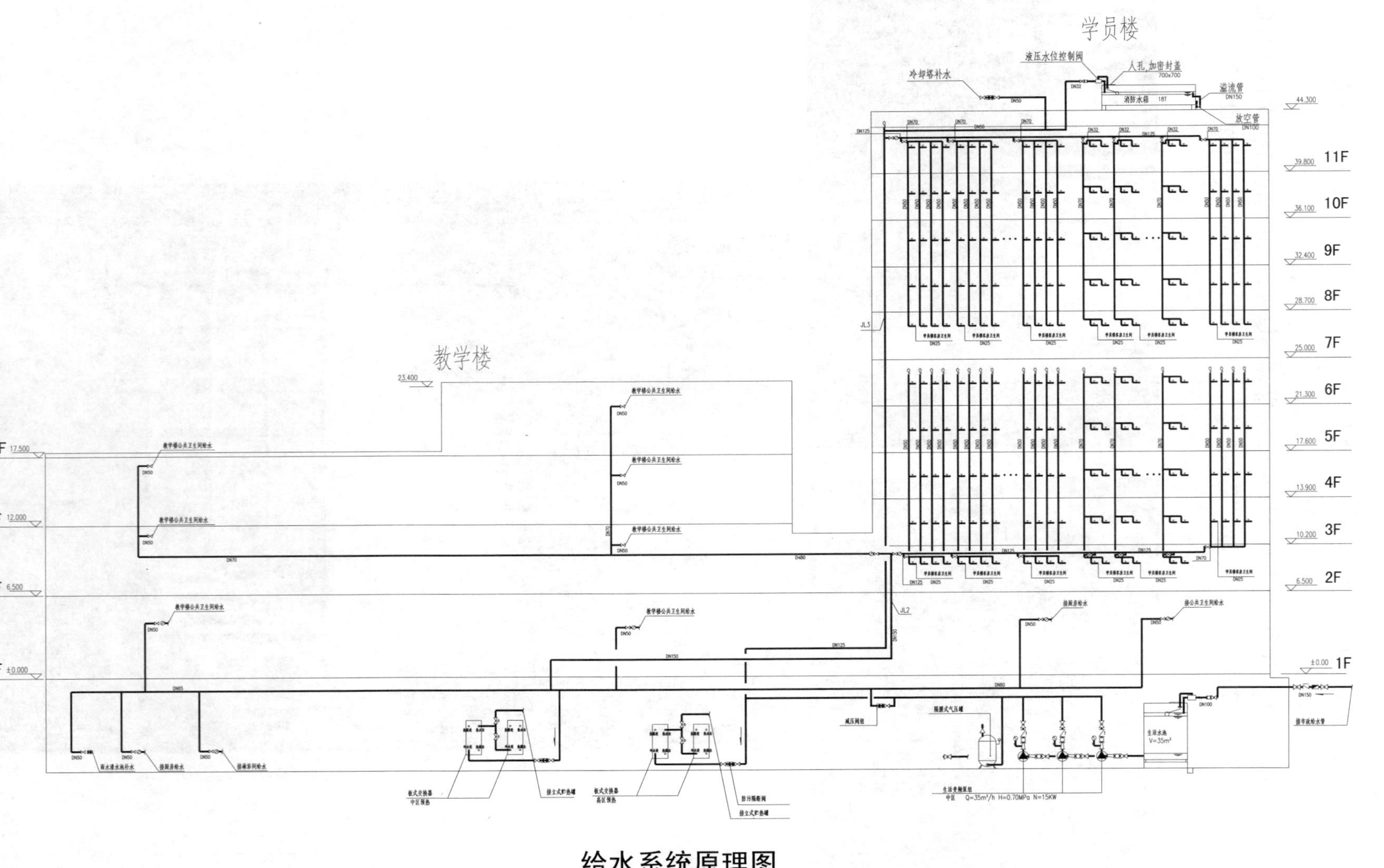
学员楼
液压水位控制阀
人孔,加密封盖
700x700
冷却塔补水
消防水箱 18T
溢流管
DN150
放空管
DN100
44.300
11F 39.800
10F 36.100
9F 32.400
8F 28.700
7F 25.000
6F 21.300
5F 17.600
4F 13.900
3F 10.200
2F 6.500
±0.00 1F
教学楼
23.400
4F 17.500
3F 12.000
2F 6.500
1F ±0.000
JL3
JL2
DN150
DN125
DN80
DN70
DN50
减压阀组
隔膜式气压罐
生活水池
V=35m³
生活变频泵组
中区 Q=35m³/h H=0.70MPa N=15KW
板式交换器
中区预热
板式交换器
高区预热
防污隔断阀

给水系统原理图

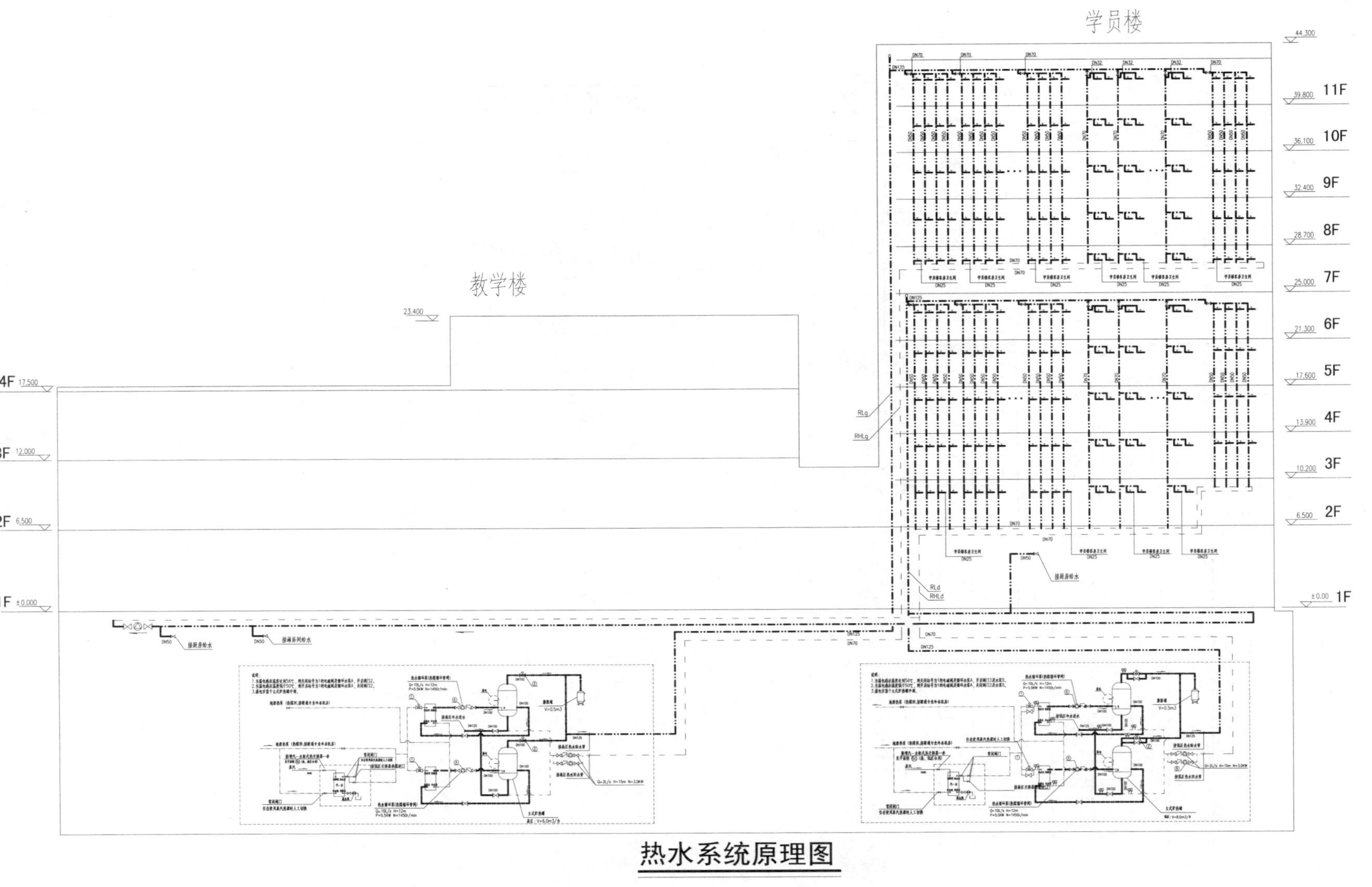
学员楼
44.300
11F 39.800
10F 36.100
9F 32.400
8F 28.700
7F 25.000
6F 21.300
5F 17.600
4F 13.900
3F 10.200
2F 6.500
1F ±0.00
教学楼
23.400
4F 17.500
3F 12.000
2F 6.500
1F ±0.000
RLg
RHLg
RLd
RHLd

热水系统原理图

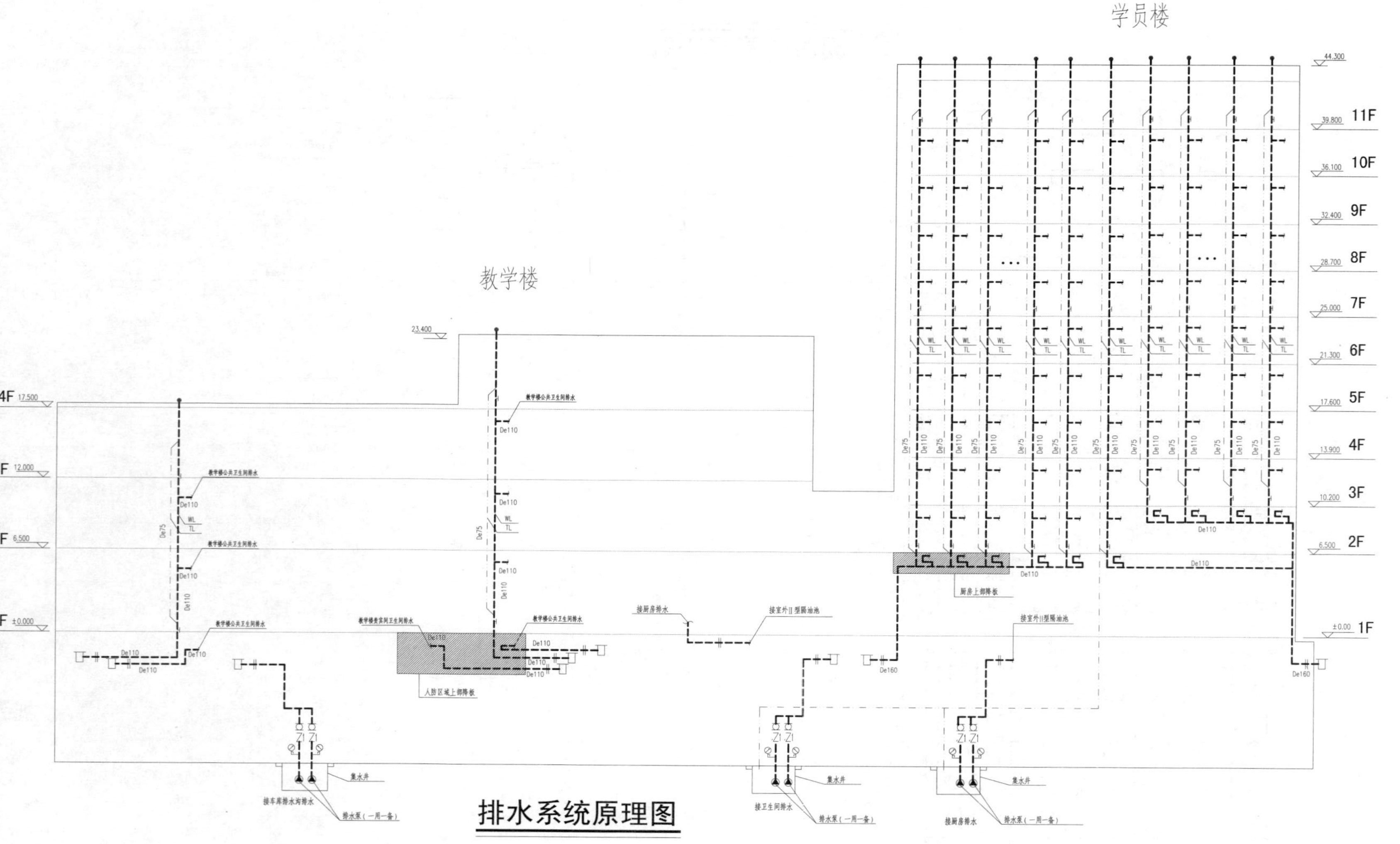

学员楼
教学楼
11F
10F
9F
8F
7F
6F
5F
4F
3F
2F
1F
44.300
39.800
36.100
32.400
28.700
25.000
21.300
17.600
13.900
10.200
6.500
±0.00
23.400
4F 17.500
3F 12.000
2F 6.500
1F ±0.000
De110
De75
De160
WL
TL
厨房上部降板
人防区域上部降板
接厨房排水
接室外Ⅱ型隔油池
集水井
排水泵（一用一备）
接车库排水沟排水
接卫生间排水
接厨房排水

排水系统原理图

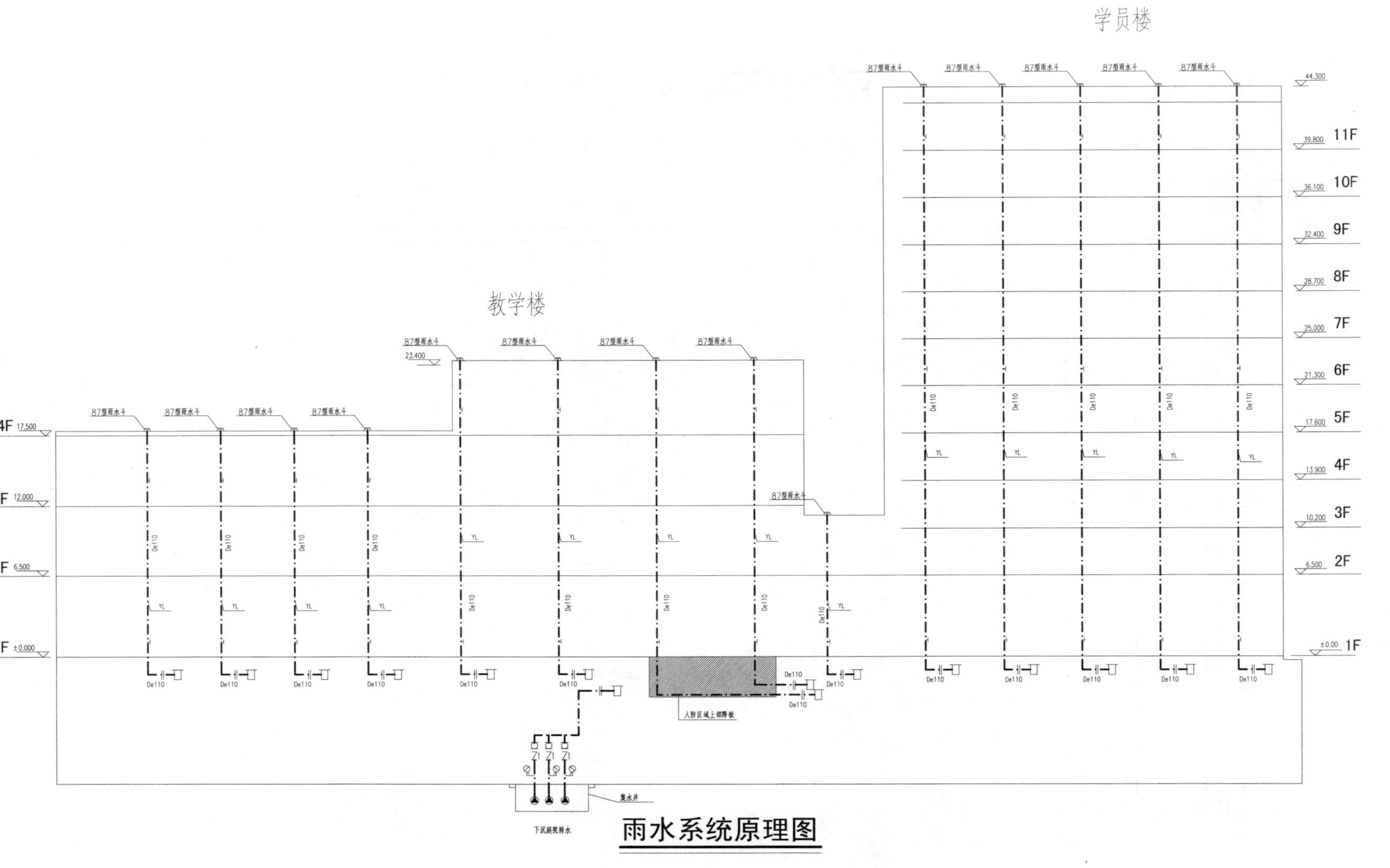
学员楼
教学楼
87型雨水斗
44.300
11F 39.800
10F 36.100
9F 32.400
8F 28.700
7F 25.000
6F 21.300
5F 17.600
4F 13.900
3F 10.200
2F 6.500
1F ±0.00
4F 17.500
3F 12.000
2F 6.500
1F ±0.000
23.400
De110
YL
人防区域上部降板
集水井
下沉庭院排水
雨水系统原理图

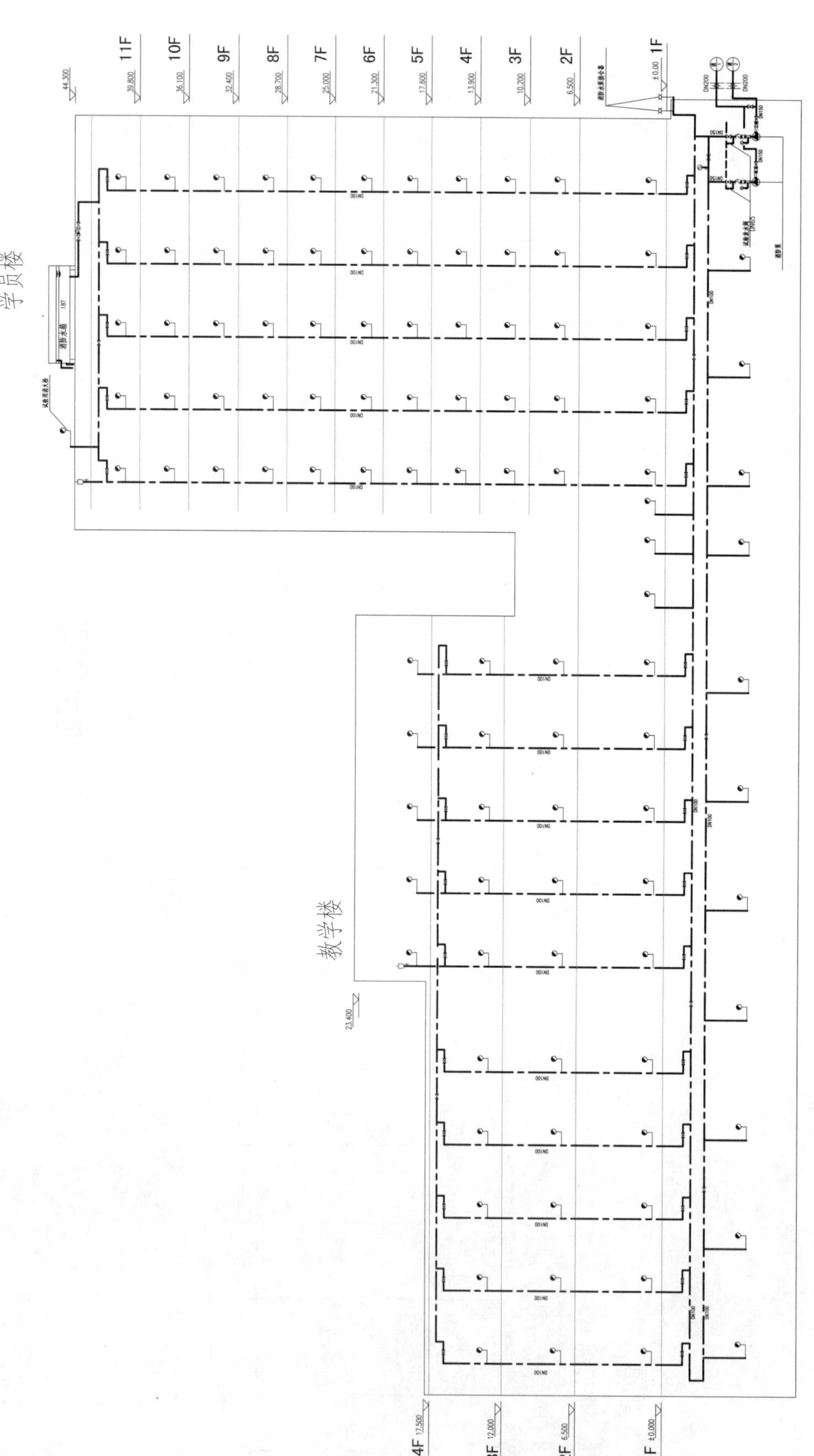
学员楼
教学楼
44.300
11F 39.800
10F 36.100
9F 32.400
8F 28.700
7F 25.000
6F 21.300
5F 17.600
4F 13.900
3F 10.200
2F 6.500
1F ±0.00
23.400
4F 17.500
3F 12.000
2F 6.500
1F ±0.000

消火栓系统原理图

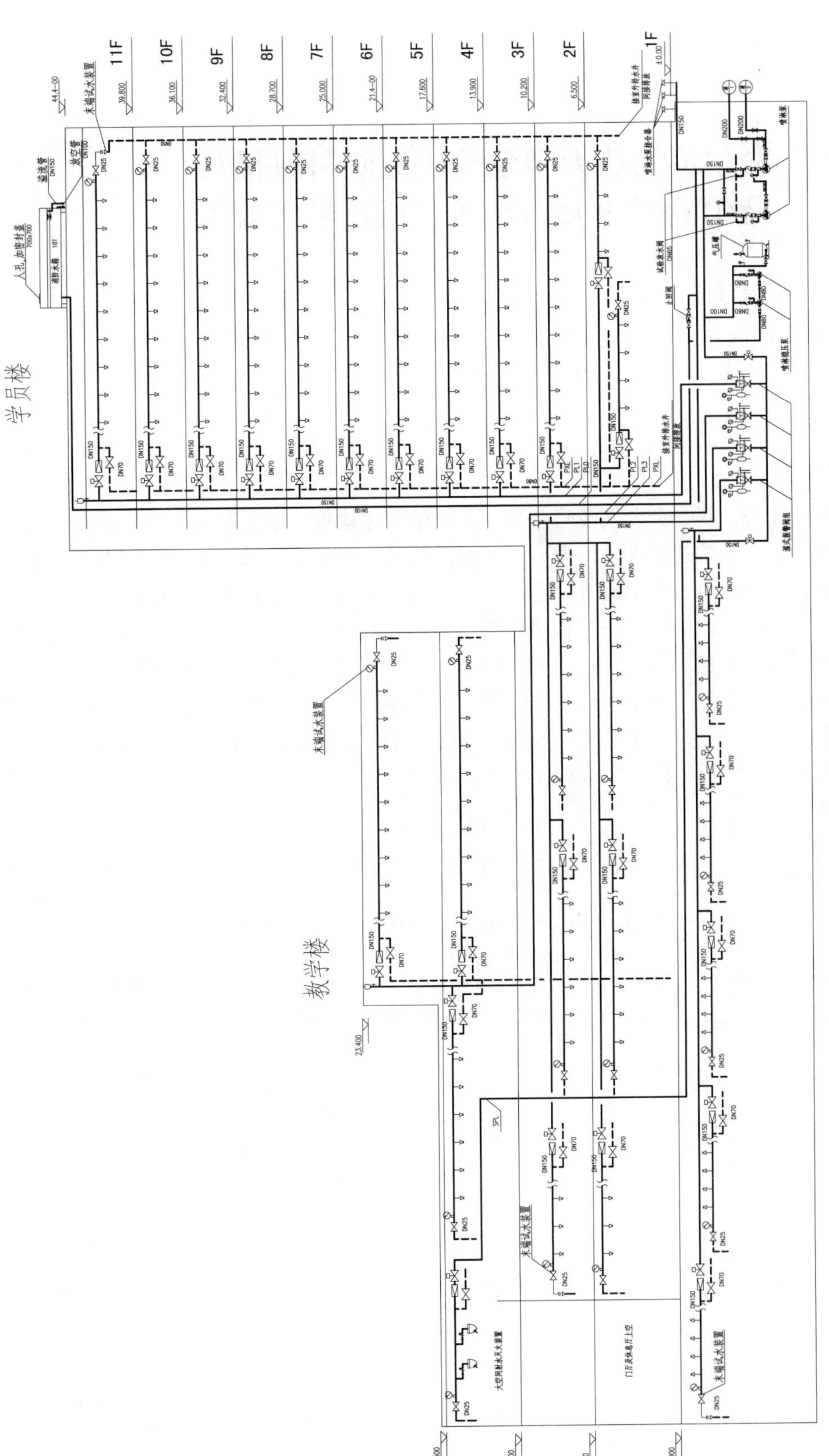
学员楼
教学楼
末端试水装置
11F
10F
9F
8F
7F
6F
5F
4F
3F
2F
1F
39.800
36.100
32.400
28.700
25.000
17.600
13.900
10.200
6.500
±0.000
23.400
4F 17.500
3F 12.000
2F 6.500
1F ±0.000
DN150
DN70
DN25

喷淋系统原理图

哈尔滨工业大学建筑研究院科研楼及
哈尔滨工业大学寒地建筑科学实验楼

设计单位： 哈尔滨工业大学建筑设计研究院
设 计 人： 刘彦忠　常忠海　孔德骞　彭晶　刁克炜
获奖情况： 公共建筑类　三等奖

工程概况：

哈尔滨工业大学建筑研究院科研办公楼及哈尔滨工业大学寒地建筑科学实验楼项目，位于哈尔滨工业大学二校区内，基地规则方整，东临二校区文体中心，北侧为校园预留用地，西侧为二校区教学主楼，南侧为校园前广场。按先后建设顺序共有三个工程（简称 1、2、3 号楼），总建筑面积 4.8 万 m^2，其中 1 号楼 2.7 万 m^2，2 号楼 1.2 万 m^2，3 号楼 0.9 万 m^2。各楼均是主体建筑地上 5 层、地下 1 层，建筑总高度 23.9m。主要功能为与建筑工程设计相关的科研、办公及配套服务功能。1 号楼地下一层为车库、食堂及设备用房，地上为办公用房及标准设计室单元，五层为羽毛球等健身用房及大会议室；2 号楼是 1 号楼扩建，功能基本相同；3 号楼是国家重点学科实验室，内含建筑热环境与节能实验室、建筑材料与构件展示厅、千人计划康健教授研究室、GIS 技术及数字媒体技术实验室等实验室。

一、给水排水系统

（一）给水系统

1. 冷水用水量（表 1）

生活用水量：最高日 222.30m^3/d，最大时 26.16m^3/h，平均时 22.99m^3/h。

给水系统用水量　　**表 1**

序号	用水项目	使用数量	单位	用水量标准	单位	使用时间（h）	小时变化系数	用水量		
								最高日（m^3/d）	最大时（m^3/h）	平均时（m^3/h）
1	办公	1000	人次/d	50	L/人次	10	1.2	50.00	6.00	5.00
2	食堂	1400	人次/d	20	L/人次	10	1.5	28.00	4.20	2.80
3	咖啡厅	100	人次/d	15	L/人次	8	1.2	1.50	0.23	0.19
4	健身中心	50	人次/d	50	L/人次	8	1.2	2.50	0.38	0.31
5	车库冲洗	3000	m^2	2	L/(m^2·d)	6	1.0	6.00	1.00	1.00
6	实验人员	300	人次/d	50	L/人次	8	1.2	15.00	2.25	1.88
7	合计							103.00	14.05	11.18
8	空调补水	0.2	m^3/h			10	1.0	2.00	0.20	0.20
9	冷却塔补水	7.5	m^3/h			10	1.0	75.00	7.50	7.50

续表

序号	用水项目	使用数量	单位	用水量标准	单位	使用时间(h)	小时变化系数	用水量		
								最高日(m^3/d)	最大时(m^3/h)	平均时(m^3/h)
10	制冷站补水	3.0	m^3/h			10	1.0	30.00	3.00	3.00
	不可预见的用水量1～6项总和的10%							10.30	1.41	1.12
	合计							220.30	26.16	22.99

2. 水源：生活水源为校区供水管网，校区给水管网的最低供水压力约为 $2.5kgf/cm^2$，校园环状管网直径 $DN300$，可以满足本工程给水系统的水量要求。

3. 系统竖向分区：根据建筑高度、水源条件、防二次污染、节能和供水安全等原则，管网竖向分为高低两个区。地下一层为低区，一层至顶层为高区。

4. 供水方式及给水加压设备：低区由校区给水管网直接供给；高区采用无负压给水设备加压供水。无负压给水设备设置在地下一层的生活水泵房内。由于哈尔滨市每年都因自来水厂检修及卫生部门清洗二次加压储水池而造成校园停水，在本楼内为食堂和公共卫生间各设一个高位密闭储水罐，当外部停水时，使用储水罐内的水，平时给水经过储水罐供用水点，保证储水罐内水质。根据运行情况，在校园管网压力满足要求时，无负压给水设备可以不用启动水泵而直接利用校园管网压力。

5. 管材：室外埋地给水管采用给水球墨铸铁管；室内生活给水管道采用PPR冷水塑料管。

（二）热水系统

1. 热水用水量（表2）

热水用水量 **表2**

序号	用水项目	使用数量	单位	用水量标准	单位	使用温度(℃)	小时变化系数	用水量
								最大时(m^3/h)
1	沐浴喷头	10	个	300	L/(个·h)	35	1.0	3.00
2	手盆	58	个	80	L/(个·h)	35	1.0	4.64
	合计							7.64

2. 热源：1号楼办公室内的卫生间和地下一层淋浴间的热水，采用家用太阳能热水器制备热水；公共卫生间和五层淋浴间的热水采用太阳能热水器制备，并采用强制循环热水系统供应热水。由于各用水点均为舒适性热水供水，因此经建设单位同意，所有太阳能热水供水均未设置辅助加热设施。

3. 系统竖向分区：热水系统不分区，由位于屋顶的太阳能热水水箱和热水变频给水设备统一供给。在屋顶设置太阳能热水水箱间，内设置有效容积为 $6m^3$ 的恒温热水水箱和 $9m^3$ 的储热热水水箱各一个，太阳能集热循环水泵、热水水箱循环水泵、热水变频供水设备各一套。

4. 热交换器：在屋顶设置太阳能集热板，为全玻璃真空集热管，每组展开集热面积 $7.28m^2$，共设置24组。

5. 冷、热水压力平衡措施、热水温度的保证措施等：在热水水箱出水管上设置混合管，保证热水系统的出水温度。另外热水水箱和热水管道均采用阻燃橡塑海绵管壳进行保温。

6. 管材：室内生活热水管道采用PPR热水塑料管。

（三）排水系统

1. 排水系统的形式：采用雨、污分流制以及污、废合流制排水管道系统。一层及以上污水自流排至室外，经化粪池处理后排入校园排水管网。

2. 透气管的设置方式：为保证良好的室内环境和通气效果，污水管道系统设有专用通气立管和环形通气管，并设置伸顶通气管。

3. 采用的局部污水处理设施。

为防止管道被油污堵塞，油污较多的洗涤池、灶台洗碗机等排水均经过地面上器具隔油器后排入排水沟，厨房含油污水经设置在地下一层的隔油池处理后，加压排至室外。

3 号楼内的陶艺造型室及储藏室排水先排至室内沉砂池自然沉淀后，上清水排至室外排水检查井，沉砂池定期清淘。

在室外设置化粪池，粪便污水经过化粪池处理后排入校园排水管网。

4. 管材：室内排水和通气管道采用聚丙烯超级静音排水管，承插连接；室外排水管道采用 HDPE 双壁波纹管，电热熔连接。

（四）雨水系统

1. 雨水量

暴雨强度公式：

$$q_5=2989.3\times(1+0.95\lg P)/(t+11.77)^{0.88}\quad (\mathrm{L/(s\cdot 100m^2)})(\text{哈尔滨市})$$

设计重现期：$P=5$ 年

设计降雨历时：$t=5\mathrm{min}$

屋面径流系数：$\Psi=0.9$

2. 排水组织形式：屋面雨水采用虹吸压力流雨水排水系统，屋顶女儿墙设溢流口，屋面雨水排水与溢流口总排水能力按 50 年重现期的雨水量设计。屋面雨水排入校园雨水管网。

3. 雨水收集、回用

1 号楼回收一半屋面雨水，面积 1300m^2，最大一次雨水储水量 38m3，根据哈尔滨气象资料，6～9 月份 4 个月累计降水量 405.9mm，按降水量 50％可用计算，每年可利用雨水 580m^3。

雨水收集和处理流程：屋面雨水→安全分流井→截污挂篮装置→弃流过滤装置→雨水自动过滤器→雨水蓄水池→雨水提升泵→地埋净化一体机→回用水点

雨水用于绿化及门厅处的瀑布补水，瀑布集水池另设瀑布水景水处理装置，用来保证水质稳定。

一层门厅设置了景观瀑布，给水排水专业配置了瀑布水景加压泵和瀑布水景水处理装置，并对形成瀑布的堰口进行了设计。

4. 管材：室内雨水排水管道采用 HDPE 塑料排水管，电热熔连接；室外排水管道采用 HDPE 双壁波纹管，电热熔连接。

二、消防系统

（一）消火栓系统

1. 室外消火栓系统

室外消火栓用水量为 30L/s，火灾延续时间 2h，一次灭火用水量 216m^3。

室外消火栓管网与校园原有环状生活给水管网合用。从用地周围的校园原有给水管网上直接接出室外消火栓，或利用校区原有室外消火栓，供给本工程室外消防使用。

室外消火栓管道采用焊接钢管，焊接连接。

2. 室内消火栓系统

室内消火栓用水量为 15L/s，火灾延续时间 2h，一次灭火用水量 108m^3。

室内消火栓系统用水量和水压及初期灭火的水量和水压由校区消防泵房供给，水量及水压均满足要求。室内消火栓系统不分区，为环状，室内消火栓的布置保证在火灾发生时，同层相邻两个消火栓水枪的充实水柱同时到达被保护范围内的任何部位。

3号楼的全消声室、半消声室、混响室、受声室、发声室均为房中房结构，室内消火栓管道及箱体设置在房与房之间的检修通道中，既避免了实验室与房间之间出现刚性连接而漏声影响实验结果的准确性，又能满足声学实验室的消防灭火及平时使用要求。

为提高消防系统的安全性，室内消火栓系统设两套地下式消防水泵接合器。

室内消火栓管道采用焊接钢管，焊接连接。

（二）自动喷水灭火系统

在1号楼和2号楼，除不宜用水扑救的部位和卫生间以及设备用房外各处均设自动喷洒头保护。其中地下车库按中危险Ⅱ级设计，其他楼层按轻危险级设计（按有送回风管道的办公楼设计）。在中庭的上部设置大流量智能洒水喷头进行保护。系统设计流量为30L/s。

自动喷水灭火系统竖向不分区，超压部分采用减压孔板减压。系统共设5组湿式报警阀，设在地下一层车库内。水力警铃引到有人值班的地点附近。每个报警阀控制的喷头数不超过800个。

车库内不吊顶处采用79℃温级的玻璃直立型喷头（K=80），其他均采用68℃温级的玻璃喷头（K=80）。

自动喷水灭火系统设两套地下式消防水泵接合器。

自动喷水灭火系统管道采用热浸镀锌钢管。

（三）气体灭火系统

在3号楼一层的建筑热工仪器室和二层的建筑声学仪器室设置无管网气体灭火装置。采用柜式七氟丙烷灭火装置，共有两个防护区，系统的设计浓度为8%，喷放时间为10s，灭火时的浸渍时间为10min。灭火系统的控制方式为自动控制、手动控制和机械应急操作三种启动方式。每个防护区设置泄压口，声光报警器和释放信号标志。

三、设计特点

1. 充分利用了校区给水管网的供水压力，更多地考虑了校区管网的利用和节能减排等措施的利用。

2. 楼内为食堂和公共卫生间各设一个高位密闭储水罐，当外部停水时，使用储水罐内水，平时给水经过储水罐供用水点，保证储水罐内水质。

3. 选用太阳能作为本工程的热源。太阳能集热板布置在屋面上，设置热水水箱和热水变频供水设备，所有太阳能热水供水均未设置辅助加热设施。

4. 屋面的雨水排水采用虹吸压力流雨水排水系统，屋面雨水设计重现期P=5年，屋顶女儿墙设溢流口，节约了建筑空间和雨水管道管材。

5. 设置雨水收集和处理系统，收集后的雨水用于绿化及门厅处的瀑布补水。

6. 室外、室内消火栓系统和自动喷淋系统均直接接自校区消防系统，充分利用了校区管网，利用了位于校园内的优势。

7. 配合业主对房间净高的要求，在不增加层高的情况下，每层喷淋管道与空调管道配合，喷淋管道与空调管道在同一标高内设置，管道与风道交叉时，支管在主次梁高差内通过，提高了建筑的空间利用率。

8. 对于实验室房中房结构，给水排水各系统管道均避开敷设，消防设施同时保证建筑空间和实验构筑物空间内部灭火。室内消火栓及管道和雨水斗及立管设置在房与房之间的检修通道中，既避免了实验室与房间之间出项刚性连接而漏声影响实验结果的准确性，又能满足声学实验室的消防灭火及平时使用要求。

9. 建筑内的陶艺造型室及储藏室排水先排至室内沉砂池自然沉淀后，上清水排至室外排水检查井，沉砂池定期清淘。

四、工程照片和附图

建筑外景

建筑外景

室内瀑布

中庭上部设置的大流量智能洒水喷头

热水泵房内部

热水水箱

屋面太阳能集热板

无负压给水设备

瀑布循环水处理设备

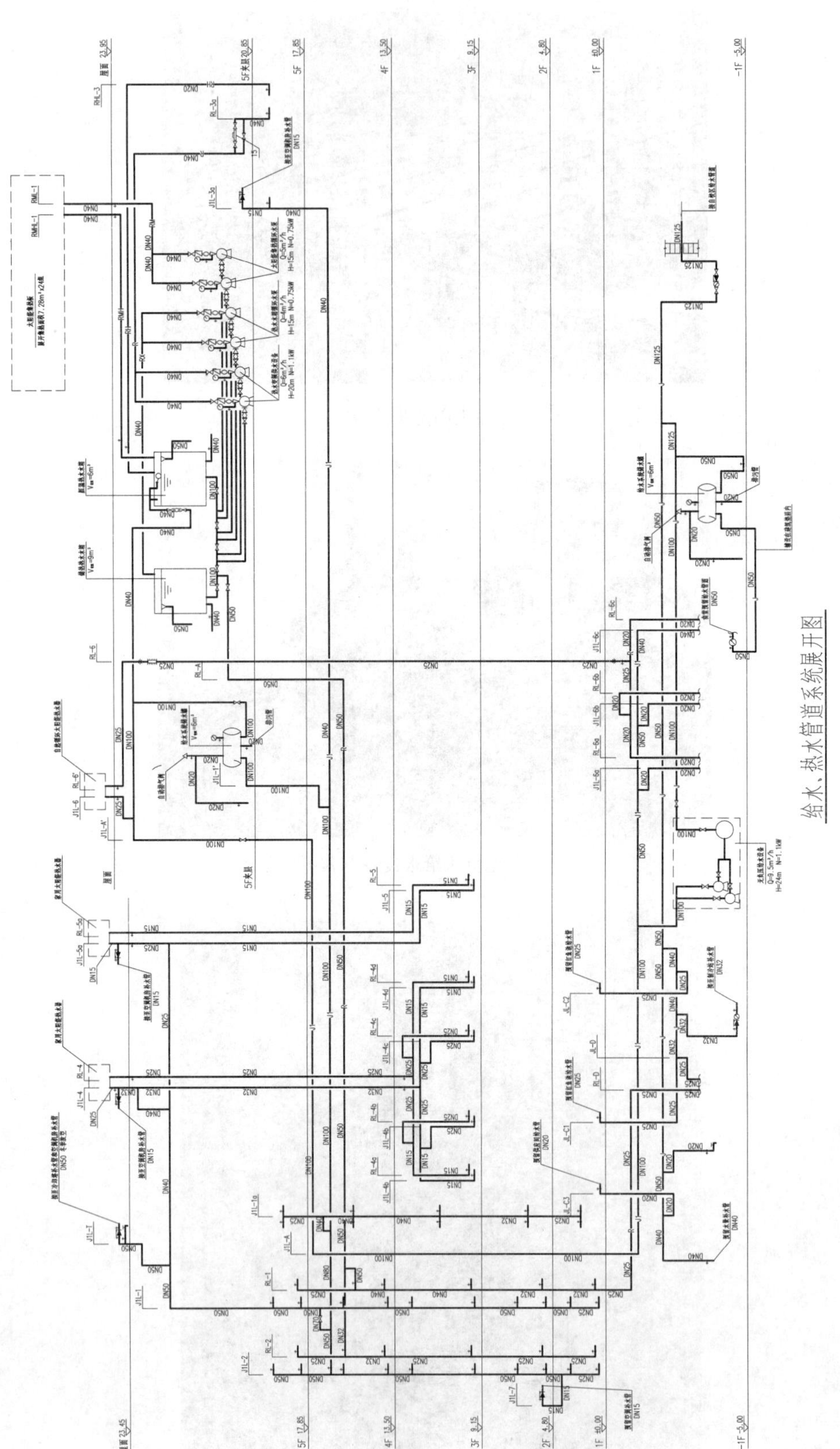

给水、热水管道系统展开图

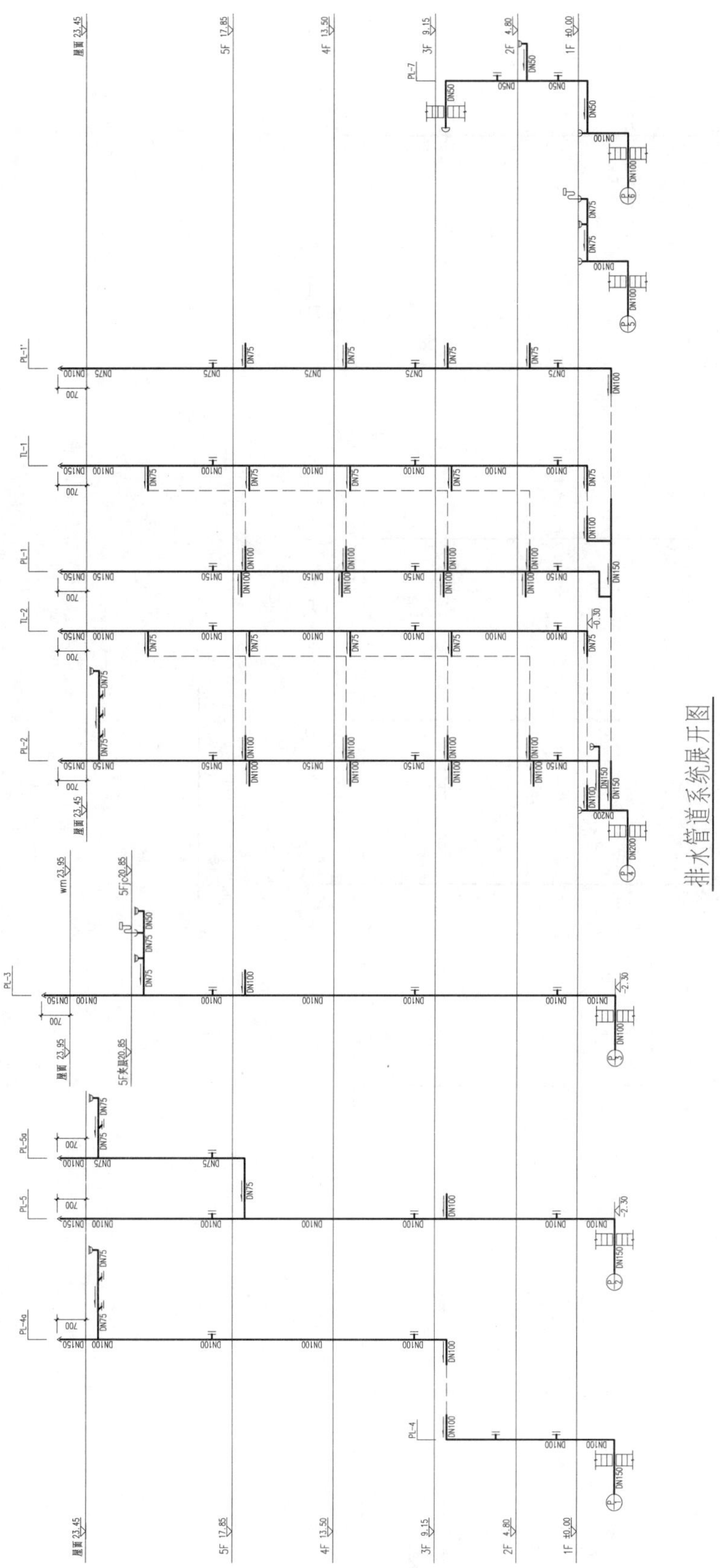

排水管道系统展开图

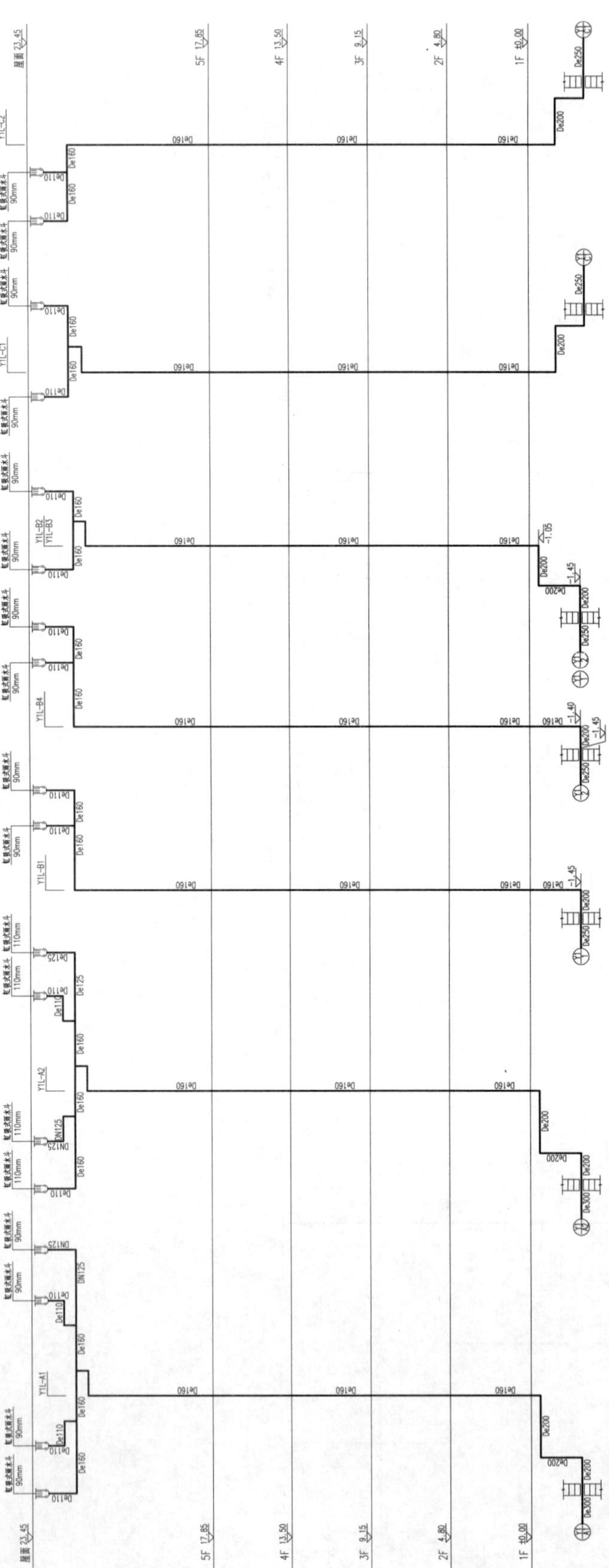

虹吸雨水管道系统展开图

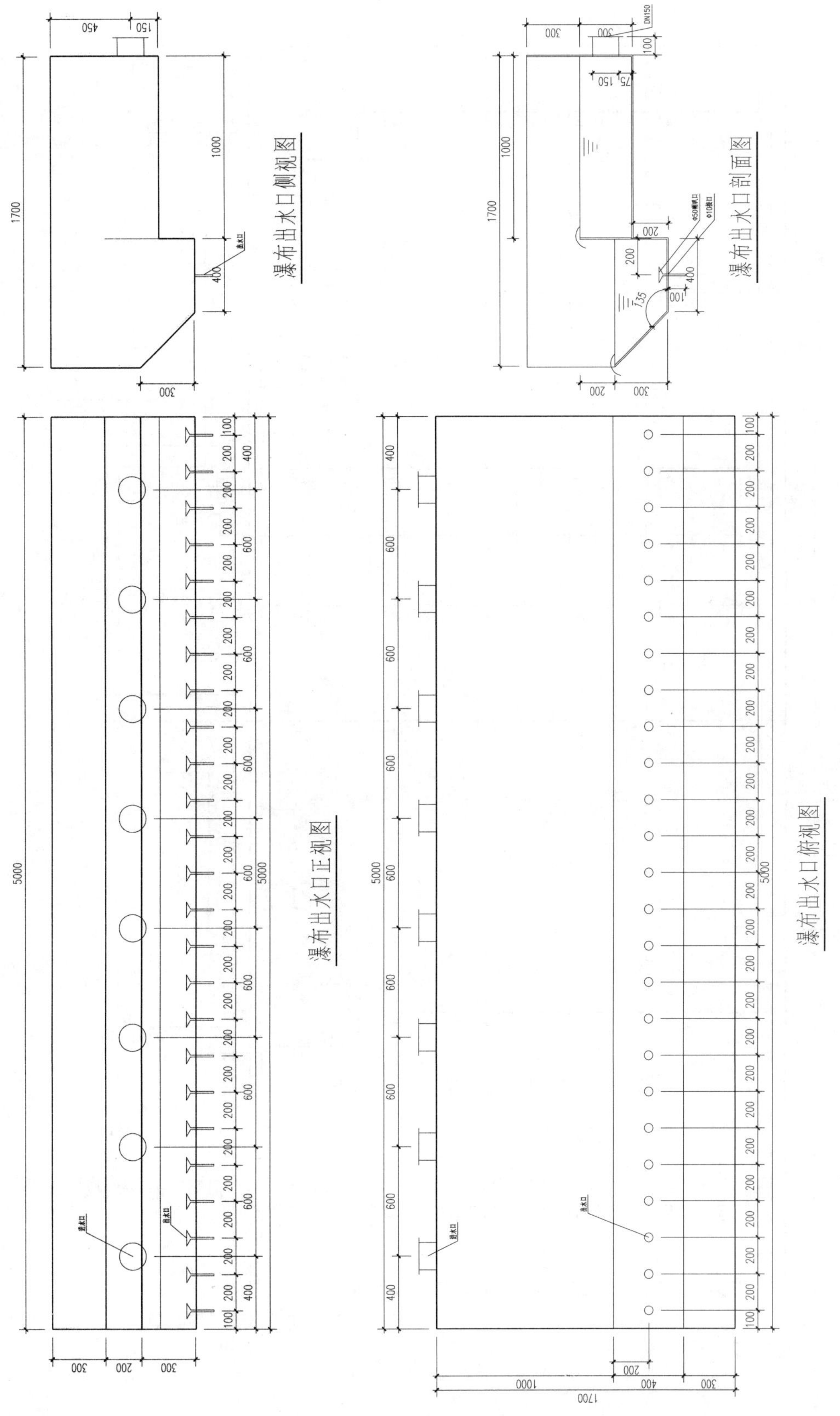
瀑布出水口侧视图
瀑布出水口剖面图
DN150
瀑布出水口正视图
瀑布出水口俯视图

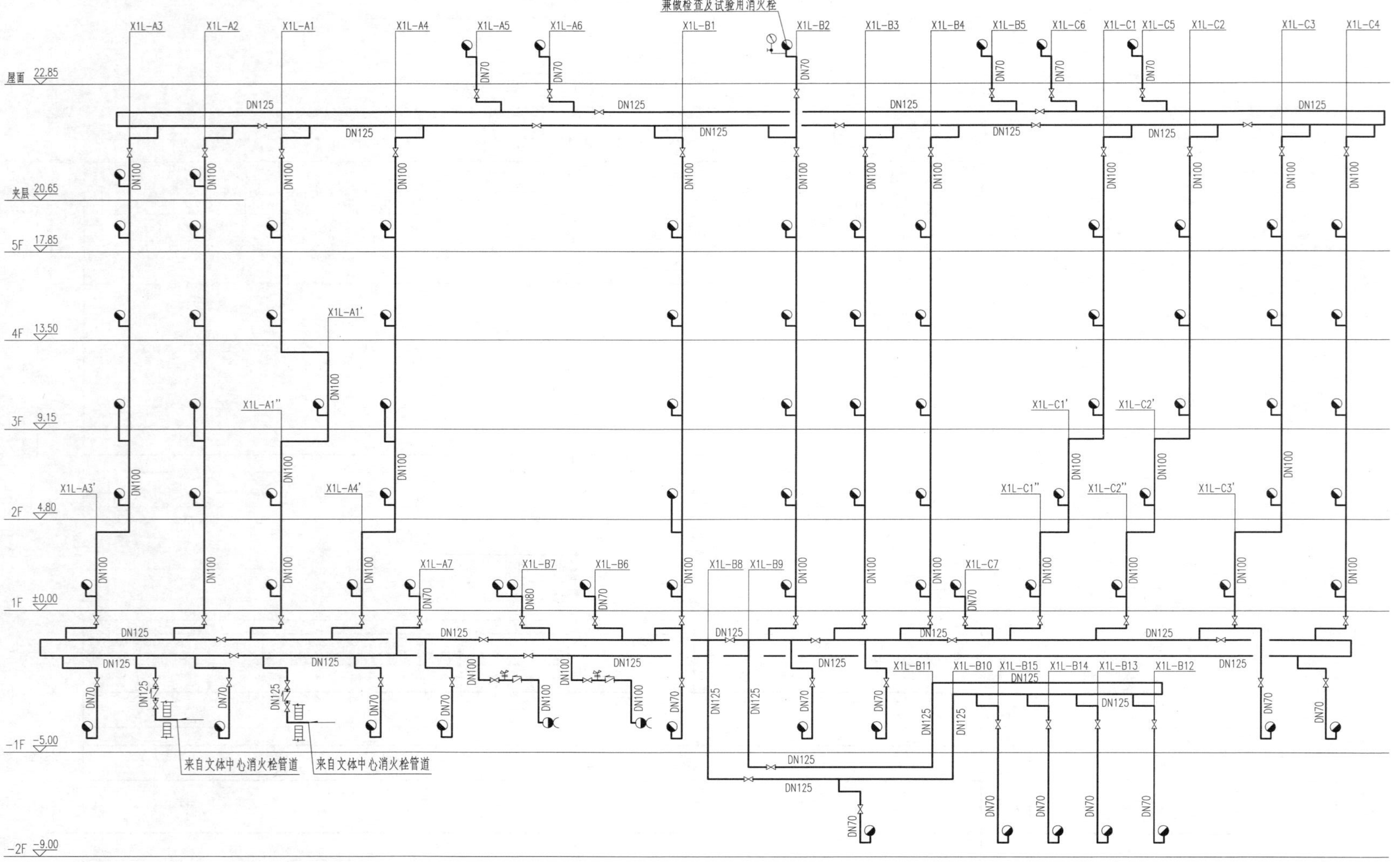
兼做检查及试验用消火栓
X1L-A3
X1L-A2
X1L-A1
X1L-A4
X1L-A5
X1L-A6
X1L-B1
X1L-B2
X1L-B3
X1L-B4
X1L-B5
X1L-C6
X1L-C1
X1L-C5
X1L-C2
X1L-C3
X1L-C4
屋面 22.85
夹层 20.65
5F 17.85
4F 13.50
3F 9.15
2F 4.80
1F ±0.00
-1F -5.00
-2F -9.00
X1L-A1'
X1L-A1''
X1L-A3'
X1L-A4'
X1L-C1'
X1L-C2'
X1L-C1''
X1L-C2''
X1L-C3'
X1L-A7
X1L-B7
X1L-B6
X1L-B8
X1L-B9
X1L-C7
X1L-B11
X1L-B10
X1L-B15
X1L-B14
X1L-B13
X1L-B12
DN125
DN100
DN80
DN70
来自文体中心消火栓管道
来自文体中心消火栓管道

室内消火栓系统展开图

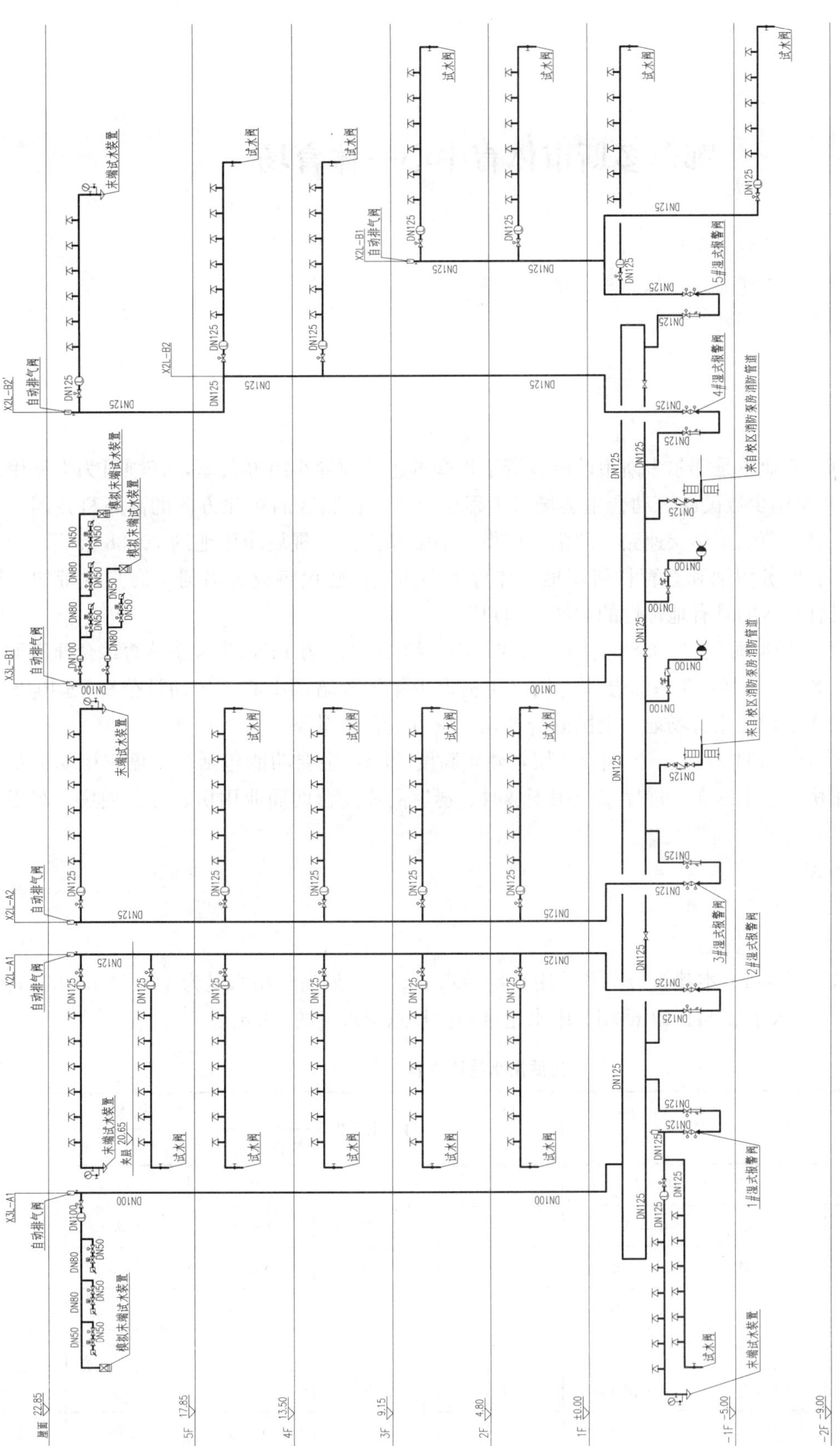

湿式自动喷水灭火系统展开图

鄂尔多斯市体育中心—体育场

设计单位： 中国建筑设计院有限公司
设 计 人： 赵昕　陶涛　李建业　赵锂　郭汝艳　申静
获奖情况： 公共建筑类　三等奖

工程概况：

鄂尔多斯市体育中心业主是鄂尔多斯市政府投资工程基本建设领导小组办公室，该项目为大型甲级体育建筑，将作为2015年全国少数民族运动会主会场。工程位于康巴什新区的东北方向的高新科技园区，阿布亥沟以南，东临经七路，西临东康快速路，北临纬四街，南临纬二街，规划净用地约70.88公顷。项目东南侧邻近地块为规划综合服务用地和教育科研用地。体育中心建筑群建设将成为沿河生态景观带的“统领”，成为从东胜进入康巴什新区的具有地标性的“城市门户”。

1. 体育中心规划总用地面积约70.88公顷，总建筑面积约25.912万m^2，为大型体育综合建筑群，主体建筑包括：56685座体育场、10443座综合体育馆（包括青少年体育培训中心、运动员公寓）、4042座游泳馆，此外场地内亦融入了训练热身场地、全民健身场地及城市生态公园等。

2. 体育场总建筑面积134260.2m^2，地上6层，建筑高度79m，主要功能包括观众席、运动员及竞赛相关功能用房、贵宾用房、空中沙龙、展厅以及用于赛时、赛后商业经营的商业用房、办公用房、车库、田径练习场等。

一、给水排水系统

（一）给水系统

1. 给水用水量

给水用水量明细详见表1。本建筑最高日总用水量886.1m^3/d，最高时用水量为144.36m^3/h。其中自来水用量444.86m^3/d，中水用量441.24m^3/d。中水用量约占日总用水量的49.8%。

生活用水量计算表　　表1

序号	用水部位	使用数量	用水量标准	日用水时间(h)	时变化系数	用水量		
						最高日(m^3/d)	平均时(m^3/h)	最高时(m^3/h)
1	观众	60000人	3L/(人·场)	4×2	1.2	360.00	90	108
2	工作人员	300人	50L/(人·d)	10	1.2	15.00	1.50	1.80
3	运动员	500人次	50L/(人次·d)	4	2.0	25.00	6.25	13.50
4	包厢	40人次	300 L/(人次·d)	10	2.0	12.00	1.20	2.40
5	观景餐厅	900人次	50L/(人次·d)	12	1.3	45.00	3.75	4.88
6	商场	1200人	5L/(m^2·d)	12	1.3	6.00	0.5	0.65
7	跑道冲洗	5000m^2	10L/(m^2·次)	2	1.0	50.00	25.00	25.00

续表

序号	用水部位	使用数量	用水量标准	日用水时间(h)	时变化系数	用水量		
						最高日(m^3/d)	平均时(m^3/h)	最高时(m^3/h)
8	草坪喷洒	8000m^2	12L/(m^2·次)	2	1.0	96.00	48.00	48.00
9	冷却塔补水	1060m^3/h	1.5%循环水量	12	1.0	190.80	15.90	15.90
10	道路、绿化	10000m^2	2L/(m^2·d)	4	1.0	40.00	10.00	10.00
11	不可预计	1～8 项和的 10%				46.3	10.32	13.13
12	合计					886.1	113.52	144.36

注：跑道冲洗、草坪喷洒每周 1～2 次（根据气候不同），与其他项不同时使用。

2. 水源：供水水源为城市自来水。拟从用地东北侧和东南侧各接入一根 *DN*200 给水管进入用地红线，经总水表和倒流防止器后围绕本体育中心内环路形成低区给水环网，环管管径 *DN*200。各用水点的接入管从低区给水环管上接出。室外消火栓从低区环管上接出。给水管道引入本项目入口压力 0.25MPa。

3. 室内管网系统

根据建筑高度、水源条件、防二次污染、节能和供水安全原则，供水系统设计如下：

(1) 给水管网竖向为三个压力区，零层由城市自来水水压直接供水，1、2、3 层为中区，空中沙龙为高区。

(2) 中区和高区由生活水箱和变频给水设备联合加压供水。共设置两处水泵房。两个生活水泵房均设置在零层，水箱容积均为 60m^3，生活水箱采用不锈钢材质，中区变频泵组流量均为 36L/s，扬程 45m；高区给水变频泵组设一套，流量为 2.78L/s，扬程 75m。

(3) 公共用水、餐饮厨房用水、空调补水等均单设水表计量。

4. 洁具选择：坐便器冲洗采用 6.0L 水箱。公共区域内的大便器和小便器均采用感应式自动冲洗阀，洗脸盆采用自动感应式水龙头。

5. 管材选用：室内给水管道采用 S30408 薄壁不锈钢管，公称压力 1.6MPa，环压连接。埋设在外环路的给水管道采用内外涂环氧复合钢管，小于 *DN*100 采用丝接，大于 *DN*100 采用沟槽或法兰连接。室外给水管道与污水管道交叉时，给水管道应敷设在上面，且接口不应重叠；当给水管道敷设在下面时，应设置钢套管，钢套管的两端应采用防水材料封闭。

(二) 热水系统

1. 热水供应部位：包厢，运动员淋浴室，领队、裁判休息室的淋浴，赛后控制中心的淋浴。

2. 本项目采用终端热水供应，在每个热水供水部位设置电热水器制备热水，冷水计算温度取 10℃，出水温度 55℃。

3. 每 2 个洗面盆设置一个 2kW、28L 的电热水器。每个包厢设置一个 2kW、100L 的电热水器。集中淋浴室采用 12kW、300L 的电热水器。

4. 管材采用薄壁不锈钢管，环压连接。管道敷设方式同给水。

5. 电热水器必须带有保证使用安全的装置。

(三) 中水系统

1. 中水水源及回用量

(1) 本项目中水水源为远期市政中水，近期用自来水代替。

(2) 中水回用系统用水量明细详见表 2，最高时用水量为 144.55m^3/h。

体育场中水回用系统水量计算表 表 2

序号	用水部位	使用数量	用水量标准	日用水时间(h)	时变化系数	用水量		
						最高日(m^3/d)	平均时(m^3/h)	最高时(m^3/h)
1	观众	60000 人	0.6×3L/(人·场)	4×2	1.2	216.00	54.00	64.80
2	工作人员	300 人	0.6×50L/(人次·d)	10	1.2	9.00	0.90	1.08
3	运动员	500 人次	0.1×50L/(人次·d)	4	2.0	2.50	0.63	1.35
4	包厢	40 人次	0.15×300L/(人次·d)	10	2.0	1.80	0.18	0.36
5	观景餐厅	900 人次	0.06×50L/(人次·d)	12	1.3	2.70	0.23	0.29
6	商场	1200 人	0.06×5L/(m^2·d)	12	1.3	0.36	0.03	0.04
7	跑道冲洗	5000 m^2	10L/(m^2·次)	2	1.0	50.00	25.00	25.00
8	草坪喷洒	8000m^2	12L/(m^2·次)	2	1.0	96.00	48.00	48.00
9	道路、绿化	10000m^2	2L/(m^2·d)	4	1.0	40.00	10.00	10.00
10	不可预计	1～8 项之和的 10%				23.24	5.60	6.79
11	合计					441.24	144.55	157.71

注：跑道冲洗、草坪喷洒每周 1～2 次（根据气候不同），与其他项不同时使用。

(3) 中水水质应满足《城市污水再生利用　城市杂用水水质》GB/T 18920 的规定。

2. 中水供应系统

(1) 供水水源为城市中水，供水压力 0.25MPa。根据甲方提供的本体育中心周围的中水管网现状，拟从用地西侧和南侧各接入一根 *DN*200 中水管进入用地红线，经总水表后围绕本体育中心形成室外中水环网，环管管径 *DN*200。城市中水本次只作为预留，给水管道在中水总水表前接入中水环网，作为中水替代水源使用，具体设计详见给水排水总平面图设计。体育场分别从室外环管上引入两根 *DN*200 管道供给室内不同的用水点。

(2) 中水供水系统同给水系统。

(3) 中水给水管网分区同给水管网。在零层设有两处中水泵房，中水箱采用玻璃钢材质，两个水箱容积分别为 60m^3 和 35m^3，两套中区变频泵组流量均为 77.8L/s，扬程 45m；高区变频泵组流量为 2.78L/s，扬程 75m。最不利点供水压力 0.1MPa，用水点的最大静水压力 0.4MPa。

(4) 室内中水管道采用内筋嵌入式衬塑钢管，公称压力 1.6MPa，丝扣或沟槽连接。埋设在外环路的中水管道采用内外涂环氧复合钢管，小于 *DN*100 采用丝接，大于 *DN*100 采用沟槽或法兰连接。

(5) 绿化、冲洗、浇洒等用水部位设计量水表。车库地面冲洗龙头、绿地浇洒露明龙头均加锁或在平时非用水时取下开启手轮。龙头处注明非饮用水标识。

(四) 冷却塔循环水系统

1. 设计参数：空调用水经冷却塔冷却后循环利用。循环水量 1060m^3/h，补水量 15.9m^3/h。循环利用率为 98.5%。

2. 冷却塔及补水：鼓风式方形冷却塔四台，为低噪声和节能型，每台冷却塔与一台冷冻机相对应。冷却塔设在室外，补水由市政自来水供给。

3. 循环冷却水管道系统：循环水管道管材为焊接钢管。

4. 循环水处理：循环水处理采用电子（或静电或磁）水处理仪。

(五) 生活排水系统

1. 污废水排放量：生活污水经室外化粪池处理后排入市政污水管网。最高日排水量约为 416.7m3/d（不包括场地喷洒和绿化、浇洒用水）。

2. 系统：

室内污、废水分流排除。

室内生活污水排至室外污水管道系统。

车库、空调机房等废水排至室外雨水管道系统。

卫生间生活污废水采用专用通气立管排水系统，卫生器具较多的排水支管采用环行通气管系统。

3. 排水方式：污、废水采用重力自流排除。

4. 采用水封深度不小于 50mm 的地漏，坐便器具有冲洗后延时补水（封）功能。

5. 室外排水

设两根管径 $D400$ 的排出管，接入本体育中心的室外污水管道。

污水接入市政排水管前，设两座容积 $100m^3$ 的化粪池进行处理。

6. 管材与管道敷设：零层埋地敷设的排水管道采用 PVC-U 塑料排水管，专用胶粘接连接。其他区域的排水管道采取同层排水区域，采用 HDPE 管道，热熔粘接；隔层排水区域采用机制铸铁管道，柔性承插法兰连接。

（六）雨水系统

1. 雨水排水量

雨水量按包头市暴雨强度公式计算，屋面设计重现期取 10 年，屋面雨水系统和溢流设施的总排水能力为 50 年重现期的雨水。

暴雨强度公式：

$$q=\frac{9.96(1+0.985\lg p)}{(t+5.40)^{0.85}}$$

屋面雨水设计重现期为 10 年，降雨历时 5min。

暴雨强度 $q_5=2.70\text{mm/min}=450.18\text{L/(s}\cdot\text{hm}^2)$

体育场屋面雨水量 $Q=2139.08\text{L/s}$。

2. 屋面雨水系统：屋面雨水利用天沟收集，虹吸系统排除。

3. 室外雨水系统：室外道路上设雨水口收集地面雨水，采用渗透井、渗透管、渗透沟和渗透铺装。屋面雨水接入本体育中心室外雨水管道后排入市政雨水管道。

4. 管材：屋面雨水利用天沟收集，采用虹吸式雨水排水系统排出。由专业公司进行深化设计。雨水系统采用 HDPE 管道，热熔连接。

（七）场地给水排水系统

1. 场地给水根据体育工艺的要求，预留给水管，场地内喷灌详见体育专业图纸。

2. 场地排水根据体育工艺的要求，预留四根 $DN350$ 雨水排水管。场地内外环沟排水详见体育专业图纸

二、消防系统

（一）消防用水标准、用水量和水源

消防用水标准和用水量见表 3。

消防用水标准和用水量 **表 3**

用水名称	用水量标准(L/s)	一次灭火时间(h)	一次火用水量(m³)
室外消火栓系统	30	2	216
室内消火栓系统	30	2	216
自动喷水灭火系统	30	1	108
总设计用水量			540

消防水源为市政自来水。室外消防用水由市政管道直接供给。室内消防用水储水池设在零层，消防储水量大于 440m^3。

(二) 室外消火栓系统

设两路 *DN*200 市政水引入管向此项目供水，入用地红线后围绕本建筑形成室外给水环网，环管管径 *DN*200。

室外消防水量 30L/s，本设计在建筑物四周的 *DN*200 环管上设室外地下式消火栓。

(三) 室内消火栓系统

1. 消火栓

除无可燃物的管道层外，均设消火栓保护。

每一消火栓箱内配 *DN*65 消火栓一个，*DN*65、*L*＝25m 麻质衬胶水带一条，*DN*65×19mm 直流水枪 1 支，消防水喉一套。所有消火栓处均配带指示灯和常开触点的起泵按钮一个。

消火栓布置满足任一着火点有两股充实水柱到达，水枪充实水柱不小于 10m，流量不小于 5L/s。消火栓设计出口压力控制在 0.19～0.5MPa，栓口压力超过 0.5MPa 采用减压消火栓。

2. 供水系统：管网系统竖向不分区。消火栓口设计水压最小者 0.20MPa，最大者 0.50MPa。消防泵房设于零层，消火栓泵设两台，一用一备，互为备用，流量为 30L/s，扬程为 90m。

3. 屋顶消防水箱储存消防水量 18m^3，水箱底标高 24.2m。

4. 水泵接合器：室内消火栓水量 30L/s。本系统共设三个 *DN*150 地下式接合器，并在其附近设室外消火栓。

5. 水泵控制和信号

(1) 室内各消火栓处设水泵启泵按钮，使用消火栓灭火时操作启泵。

(2) 消火栓泵在消防控制中心和消防泵房内可手动启、停。

(3) 消防泵启动后，在消火栓处用红色信号灯显示。

(4) 水泵的运行情况将用红绿信号灯显示于消防控制中心和泵房内控制屏上。

(5) 水泵启动后，便不能自动停止，消防结束后，手动停泵。

6. 管材：消火栓管道采用焊接钢管，公称压力 1.0MPa，焊接连接，应做好防腐处理。机房内管道及与阀门相接的管段采用法兰连接。

(四) 自动喷水灭火系统

1. 自动喷水灭火湿式系统

(1) 本工程室内部分按中危险Ⅱ级设计，喷水强度为 8L/(min・m^2)，作用面积 160m^2；其他室内部分按中危险Ⅰ级设计，喷水强度为 6L/(min・m^2)，作用面积 160m^2；火灾延续时间为 1h。

(2) 共用一套室内自喷灭火系统，本系统竖向不分区，与消火栓系统共用高位水箱，保证火灾初期灭火用水。在体育场零层的水泵房内设置有效容积大于 440m^3 的消防水池储存室内消防用水。在消防水泵房设置两台自动喷洒泵，流量为 30L/s，扬程为 110m。在体育场的消防水箱间内设置消防增压稳压装置，保证管网内的供水压力。在室外设置两个 *DN*150 地下式水泵接合器。

(3) 每个报警阀控制喷头数量不超过 800 个。供水动压大于 0.4MPa 的配水管上水流指示器前加减压孔板，其前后管段长度不宜小 5*DN*（管段直径）。

2. 预作用自动喷水灭火系统

(1) 本工程内环路部分采用预作用自动喷水灭火系统，本系统平时报警阀后官网充满 0.05MPa 的压缩空气，当管网渗漏、压力降至 0.03MPa 时，供气管道上压力开关动作启动空压机，管网恢复压力后，空压机停机。

(2) 火灾发生时，火灾探测器发出信号并通过电器控制部分开启预作用雨淋阀上的电磁阀放水，同时开启管网末端快速排气阀前的电磁阀，迅速放气充水，着火处喷头爆破，报警阀出的压力开关动作自动启动喷洒泵向系统供水灭火。

(3) 雨淋阀处的电磁放水阀及手动放水阀可分别由消防控制中心手动和人员现场手动打开。喷洒泵可由消防控制中心和泵房内手动控制。

3. 喷头选用

(1) 商业用房按有吊顶设计，采用吊顶型喷头。2 层包间部分采用侧墙式喷头。1 层及 2 层的均采用快速响应喷头。喷头温级为：均采用玻璃球喷头 68℃。

(2) 喷头的备用量不应少于建筑物喷头总数的 1%，各种类型、各种温级的喷头备用量不得少于 10 个。

4. 喷头布置：喷头点位及消防管道标高待精装设计完成后确定，图中所注喷头间距如与其他工种发生矛盾时，喷头的布置应满足下列要求：

(1) 同一根配水支管上，直立型、下垂型喷头、间距及相邻配水支管的间跨见下表示，且不宜小于 2.4m。

(2) 喷头距灯和风口的距离不宜小于 0.4m。

5. 每个防火分区（或每层）的供水干管上设信号阀与水流指示器，每个报警阀组控制的最不利点喷头处，设末端试水装置，其他防火分区、楼层的最不利点喷头处，均设 *DN*25 的试水阀。信号阀与水流指示器之间的距离不宜小于 300mm。

6. 控制

(1) 喷头喷水时报警阀开启，报警阀上的压力开关自动启动喷洒泵。

(2) 消防控制中心远程手动开启喷洒泵。

(3) 泵房内直接手动开启喷洒泵，灭火后手动停泵。

(4) 稳压泵运行由压力开关自动控制，分设停泵压力、启泵压力、喷洒泵启泵压力，各压力值详见自动喷洒系统图。

7. 自动喷水灭火管道采用内外壁热镀锌钢管，小于 *DN*50 为丝扣连接，大于等于 *DN*50 为沟槽连接。机房内管道及与阀门等相接的管段采用法兰连接。喷头与管道采用锥形管螺纹连接。

(五) 空中沙龙玻璃幕墙水幕冷却保护系统

1. 本工程空中沙龙玻璃幕墙处设水幕系统。水幕系统设计流量为 1L/(s·m)，总流量 100L/s，持续时间为 2h，设计用水量 720m^3。

2. 本系统竖向不分区，与消火栓系统共用高位水箱，保证火灾初期灭火用水。在体育场零层的水幕消防水泵房内设置有效容积大于 720m^3 的消防水池储存水幕冷却保护用水。在水幕消防水泵房设置三台水幕给水泵，流量为 50L/s，扬程为 110m，两用一备。与自动喷洒系统合用在体育场的消防水箱间内设置的自动喷洒消防增压稳压装置，保证管网内的供水压力。

3. 系统设三个 *DN*150 的水幕系统雨淋阀，雨淋阀前管道为 *DN*300 环管，单个雨淋阀后系统的水幕保护长度不超过 40m。

4. 水幕系统采用水幕喷头。

5. 系统控制

(1) 自动控制：水幕系统雨淋阀在火灾报警系统报警的同时开启。雨淋报警阀上的压力开关动作后自动启动消防泵。

(2) 手动远控：在消防控制中心能手动开启消防水泵和雨淋报警阀。

(3) 现场操作：人工打开雨淋阀上的放水阀，使雨淋阀打开；泵房内手动开启消防泵。

(4) 水幕冷却保护系统管道采用内外壁热镀锌钢管，小于 *DN*50 为丝扣连接，大于等于 *DN*50 为沟槽连接。机房内管道及与阀门等相接的管段采用法兰连接。喷头与管道采用锥形管螺纹连接。

(六) 气体灭火系统

1. 气体灭火的部位：零层变配电间。

2. 采用符合环保要求的洁净气体作为气体消防的介质。

3. 1 号变配电间采用七氟丙烷为灭火剂的组合分配式气体灭火系统，2 号变配电间采用七氟丙烷为灭火剂的预制式气体灭火系统。

4. 1 号变配电间设计灭火浓度取 8%，药剂喷放时间不应大于 8s，防护区容积为 2082.40m^3，最小药剂需要量为 1333kg，泄压口面积不小于 0.68m^2。2 号变配电间设计灭火浓度取 8%，药剂喷放时间不应大于 8s，防护区容积为 1381.60m^3，最小药剂需要量为 885kg，泄压口面积不小于 0.38m^2。气体灭火系统（含防护区的泄压阀）待设备招投标后，由中标人负责深化设计。深化设计严格按照本设计的基本技术条件和《气体灭火系统设计规范》GB 50370—2005 进行。本次设计提出控制和排气要求。

5. 控制要求：设有自动控制、手动控制、应急操作三种控制方式。有人工作或值班时，打在手动档；无人值班时，打在自动挡。自动、手动控制方式的转换，在防护区门外的灭火控制器上实现。在防护区门外设置手动控制盒，盒内设有紧急停止和紧急启动按钮。

每个防护区域内都设有双探测回路，当某一个回路报警时，系统进入报警状态，警铃鸣响；当两个回路都报警时，设在该防护区域内外的蜂鸣器及闪灯将动作，通知防护区内人员疏散，关闭空调系统、通风管道上的防火阀和防护区的门窗；经过 30s 延时或根据需要不延时，控制盘将启动气体钢瓶组上容器阀的电磁阀启动器和对应防护区的选择阀，或启动对应氮气小钢瓶的电磁瓶头阀和对应防护区的选择阀。气体释放后，设在管道上的压力开关将灭火剂已经释放的信号送回控制盘或消防控制中心的火灾报警系统。而保护区域门外的蜂鸣器及闪灯，在灭火期间一直工作，警告所有人员不能进入防护区域，直至确认火灾已经扑灭。打开通风系统，向灭火作用区送入新鲜的空气，废气排除干净后，指示灯显示，才允许人员进入。

气体灭火系统作为一个相对独立的系统，配置了自动控制所需的火灾探测器，独立完成整个灭火过程。火灾时，火灾自动报警系统能接收每个防护区域的气体灭火系统控制盘送出的火警信号和气体释放后的动作信号，同时也能接收每个防护区的气体灭火系统控制盘送出的系统故障信号。火灾自动报警系统在每一个钢瓶间中设置能接收上述信号的模块。各防护区灭火控制系统的有关信息，应传送给消防控制室。

在气体喷射前，切断防护区内一切与消防电源无关的设备。

三、设计及施工体会

1. 本项目作为 2015 年全国少数民族运动会的主会场，意义重大。从设计之初到竣工验收，均投入了大量的精力和时间，以确保项目在赛事进行及后期使用阶段能够让使用者安全、舒适、便捷。

2. 本工程空中沙龙玻璃幕墙处设水幕系统，避免了使用高强度耐火极限玻璃，综合经济性显著提高；且单独在空中沙龙玻璃幕墙附近设置水幕系统加压泵房，减少管道敷设造价、节约了层高。

3. 给水泵房及中水泵房均分为两个机房布置，不但可以提高供水的安全性，也可以通过供水机房的交替使用来平衡赛时与平时用水量差别较大的问题，并且由于分开布置，出机房的供水管道管径相对较小，节省了管道造价。

4. 鉴于当地气候和项目屋面形式的特点，在天沟区域设置温控全自动天沟融雪系统，在降雪后，进入天沟内的积雪经过电加热融化后经雨水系统迅速排除。该措施从安全角度看，可以有效减少屋面形成冰锥的可能性；从结构安全角度看，迅速排除的积雪可以有效降低结构荷载，提高项目安全性。

5. 经过与各专业的沟通协调及精确计算，最终确定，天沟融雪系统与夏季空调系统用电量基本匹配，由于实际用电时段是错开的，从而做到电气专业不增容，避免了本项造价的增加。

6. 屋面雨水采用虹吸排水，立管管径小，便于隐藏；排水迅速，降低了金属屋面漏雨的可能性。

四、工程照片及附图

看台区

给水排水管道敷设

永福设计研发中心

设计单位：福建省建筑设计研究院
设 计 人：黄文忠　傅星帏　林金成　程宏伟
获奖情况：公共建筑类　三等奖

工程概况：

本项目位于福建省福州市高新区海西园，西临侯官大道，东靠中央共享绿地及公共服务设施用地，南侧与北侧均为办公用地，市政配套设施齐全，交通便利；项目用地面积 15000m² （1.5 公顷），场地呈方形状。

本项目由门廊、一幢 21 层研发 A 楼、5 层实验楼（裙房）和一幢 11 层研发 B 楼由连廊连接组成。地上总建筑面积为 47592.67m²，其中 A 楼建筑面积 36134.4m²，B 楼建筑面积 10975.67m²，门廊建筑面积 143.2m²，连廊建筑面积 339.4m²；地下室建筑面积为 10709m²，占地 2822.9m²。A 楼主要功能为研发办公楼；裙房为实验楼；B 楼一、二层为员工食堂，三～十一层为研发办公楼。连廊连接 A 楼裙房和 B 楼。地下室设置人防，平时作为停车使用。

本工程设有给水系统、排水系统、室内消火栓系统、自动喷淋系统、太阳能热水系统、雨水收集回用系统、室外绿化系统等。

一、给水排水系统

（一）给水系统

1. 用水量（表 1）

用水量　　**表 1**

用户名称	用水量标准	数 量	$K_{时}$	工作时数(h)	最高日用水量 (m³/d)	最大时用水量 (m³/h)
办公	40L/(人・d)	1000 人	1.5	8	40	7.5
厨房	20L/(人・次)	2500 人	1.5	12	50	6.23
专家宿舍	160L/(人・d)	44 人	3.0	24	7.0	0.9
会议厅	6L/(人・次)	730 人	1.5	4	4.0	1.5
绿化	3L/(m²・d)	5000m²	2.0	4	15	7.5
道路冲洗	3L/(m²・d)	6000m²	2.0	4	18	9
地下车库	2L/(m²・d)	8600m²	2.0	8	17.2	4.3
总计					151.2	37

2. 水源：给水由西面侯官大道引进两路进水管，一路进水管管径为 *De*200，进水管后分设消防与生活用水表，消防进水管管径为 *De*160；另一路为消防进水管，进水管管径为 *De*160。消防进水管后设消防水表，水表型号为 LXLC-150，进水水表前设置防污隔断阀，生活给水管成支状布置，各楼市政供水及生活水池等

进水设监控水表。消防进水管在区内成环，环网管径为 $De160$，上设室外消火栓。

3. 生活给水系统竖向分区：尽量利用市政压力直接供水，市政供水压力至 2 层。研发 A 楼及实验楼市政供水 1～2 层设置一区，3～10 层设置为变频给水低区，11～21 层设置为变频给水高区。研发 B 楼市政供水 1～2 层设置一区，3～9 层设置为变频给水低区，10～11 层考虑冷热平衡采用水箱供水设置一区。

4. 供水方式及给水加压设备：尽量利用市政压力直接供水，市政供水压力至 2 层，研发 A/B 楼 3 层及以上楼层分区采用变频加压供水装置供水（研发 B 楼宿舍除外），研发 B 楼宿舍给水由宿舍冷水箱供给。整个地块生活水池及泵房统一设置，生活水池及变频供水装置（变频给水设置两组泵，分别供地块变频给水高区及低区使用）均位于地下，室内生活水池采用 $50m^3$ 不锈钢生活水池。宿舍楼屋面设计冷水箱考虑采用 $8m^3$ 冷水箱。

5. 管材：穿人防区的市政给水管和生活变频加压给水采用衬塑复合钢管及配件（低区生活给水管及宿舍水箱供水管 $P=1.0MPa$；高区生活给水管 $P=1.6MPa$，给水管内衬 PEX），无穿人防区的市政给水管及楼层水表后给水支管采用 PP-R 给水塑料管及配件（S4 系列），热熔连接。

（二）热水系统

1. 热水用水量（表 2）

研发 B 楼宿舍设置集中热水供应，热水量计算（以 55℃热水计）。

热水用水量 **表 2**

用户名称	用水量标准	数 量	$K_{时}$	工作时数	最高日用水量	最大时用水量
宿舍	115L/(床·d)	44 床	4.8	24h	$5.06m^3/d$	$1.012m^3/h$

2. 热源：研发 B 楼宿舍设置集中热水供应，热源采用太阳能辅助空气源热泵系统。研发 A 楼办公区域总经理室等区域热水采用电热水器供热。

3. 系统竖向分区：10、11 层设置集中热水系统，冷/热水均由屋顶冷/热水箱供水，一个分区。

4. 10、11 层设置集中热水系统，冷热水分别由冷/热屋顶水箱供水，冷热水箱底标高一致，冷热水分区一致。集热系统的热水集热水箱与太阳能集热板采用机械循环，实现热水系统的预加热；供热系统的供热水箱与空气源热泵采用机械循环，实现热水系统的二次加热。热水给水系统采用机械循环并同程布置，以保证热水循环效果。

5. 管材：生活热水给水管（除热水支管外）及太阳能集热系统管道均采用薄壁不锈钢管，卡压连接，热水支管采用热水型 PP-R（S3.2 系列）塑料给水管，热熔连接。

（三）排水系统

1. 室内污水与废水合流。

2. 高层卫生间、公共卫生间等设置专用通气立管，其他区域采用普通伸顶通气管。

3. 厨房废水经隔油池、生活污水经化粪池处理后排至市政污水管网。

4. 管材：研发 A 楼主楼的室内排水干管采用柔性抗震排水铸铁管；一层、裙房单独的排水管及排水支管采用 PVC-U 排水塑料管。排水铸铁管采用卡箍式或法兰式连接；PVC-U 排水塑料管采用承插粘接。研发 B 楼卫生间排水管采用 PVC-U 排水塑料管，胶粘连接。食堂厨房排水管采用抗震柔性排水铸铁管，承插、胶圈、不锈钢卡箍接口。

（四）雨水系统

1. 室外污水与雨水分流，雨水分别就近排至市政路市政雨水管。

2. 室外雨水重现期采用 2 年，室内雨水重现期采用 10 年。

3. 管材：研发 A 楼屋面雨水管采用柔性抗震机制铸铁排水管，卡箍连接或法兰式连接；裙房屋面及小屋面排至大屋面雨水管采用 PVC-U 排水塑料管，承插胶接。研发 B 楼雨水管采用承压式塑料管，胶粘连接。室外雨水回用收集管、雨水排放管、雨水口连接管及污水管均采用PVC-U双壁波纹塑料排水管，弹性密封橡胶圈承插连接；管径大于*De*500的采用大口径缠绕管，焊接连接；雨水渗透管采用聚乙烯穿孔渗透管。

二、消防系统

(一) 消火栓系统

1. 小区消防统一设置。研发A楼及研发试验楼室内消火栓用水量40L/s，室外消火栓用水量30L/s，火灾延续时间为3h。自动喷淋用水量为45L/s（部分研究办公区域大于8m，小于12m），火灾延续时间为1h。研发B楼室内消火栓用水量25L/s，室外消火栓用水量25L/s，火灾延续时间为3h。自动喷淋用水量为35L/s，火灾延续时间为1h。地下车库停车数280辆，无双层停车，按Ⅱ类汽车库进行防火设计，室内消火栓用水量10L/s，室外消火栓用水量20L/s，火灾持续时间为2h。喷淋用水量35L/s，火灾持续时间为1h。水喷雾用水量25L/s，火灾持续时间为0.5h。小区消防用水量为918m^3。

2. 室内消火栓系统采用临时高压给水系统，系统静水压小于1.0MPa，不设置分区。

3. 室内消火栓加压泵设在地下室泵房内，消防水泵采用消防专用泵，一用一备，水泵参数为：Q=40L/s，H=123m，Q=25L/s，H=138m，N=75kW，n=1480r/min。室外消防提升泵设在地下室消防泵房内，消防水泵采用消防专用泵，一用一备，水泵参数为Q=108m^3/h，H=30m，N=15kW，n=1480r/min。

4. 研发A楼屋顶设置18m^3高位水箱，水箱底标高为（相对本楼±0.00）89.000m，可以满足初期消防用水量要求。地下室消防水池储存消防用水666m^3，配合总体室外消防水池252m^3，可以满足小区室内外消防用水要求。室内消火栓系统设四套水泵接合器。消防管采用内外热镀锌钢管及配件。

(二) 自动喷水灭火系统

1. 研发A楼及研发试验楼自动喷淋用水量为45L/s（部分研究办公区域大于8m，小于12m），火灾延续时间为1h。研发B楼自动喷淋用水量为35L/s，火灾延续时间为1h。地下车库停车数280辆，无双层停车，按Ⅱ类汽车库进行防火设计，喷淋用水量35L/s，火灾持续时间为1h。

2. 自动喷淋加压泵设在地下室消防泵房内，采用消防专用泵，一用一备，水泵参数为Q=108m^3/h，H=135m，Q=126m^3/h，H=130m，Q=162m^3/h，H=114m，N=75kW，n=1480r/min。

3. 研发A楼屋顶设置18m^3高位水箱，水箱底标高为（相对本楼±0.00）89.000m，屋面消防专用水箱高度不能满足最不利点喷头压力要求，设置一套喷淋稳压装置。稳压系统参数为P_1=17.8m，P_2=23m，P_{s1}=25m，P_{s2}=30m；有效容积V=300L，立式隔膜式气压罐的型号：SQL1200×1.5，工作压力比α_b=0.85，稳压加压泵参数为Q=3.6m^3/h，H=31.4 m，N=1.1kW，一用一备。喷头采用标准闭式喷头。动作温度采用68℃，厨房采用中温喷头，动作温度采用93℃。研发A楼一层湿式报警阀室共设有9套ZSZ150湿式报警阀；自动喷淋系统设四套水泵接合器。喷淋管采用内外热镀锌钢管及配件。

(三) 水喷雾灭火系统

地下室柴油发电机房及油罐间采用水喷雾灭火系统。水喷雾系统用水量为20L/s，火灾持续时间为0.5h。水喷雾系统与自动喷淋系统共用消防泵。水喷雾系统雨淋阀位于发电机房附近雨淋阀间内，水喷雾喷头采用高速射流器。水喷雾灭火系统供水管采用内外热浸镀锌钢管及配件。

(四) 气体灭火系统

1. S型热气溶胶气体灭火系统

(1) 本工程变配电室等区域设置预置式S型热气溶胶气体灭火系统。

(2) S型热气溶胶灭火设计密度不小于0.14kg/m^3，灭火剂喷放时间不大于120s，喷口温度不高于180℃，灭火浸渍时间10min。每个防护区所用预制灭火装置不超过10台，同时启动，其动作相应时间差不大于2s。防护区的入口处应设火灾声、光报警器和灭火剂喷放指示灯。防护区内应设声报警器以及防护区采用的相应气体灭火系统的永久标志牌。喷放灭火剂前，防护区除泄压口外的开口应能自动关闭。防护区泄压口采用 XYK 系列机械式开启泄压阀，具体做法详国标 07S207。电气控制详见弱电图。灭火系统的防护区应设置手动与自动控制的转换装置。当人员进入防护区时，应能将灭火系统转换为手动方式；当人员离开时，应能恢复为自动自动控制方式。防护区内外应设手动、自动控制状态的显示装置。灭火系统装置的喷口前 1.0m 内，装置的背面、侧面、顶部 0.2m 内不应设置或存放设备、器具等。

2. 七氟丙烷自动灭火系统

(1) 研发 A 楼三层原材料库及四层计算机中心，采用无管网七氟丙烷灭火系统进行保护。

(2) 本系统具有自动、手动两种控制方式。保护区均设两路独立探测回路，当第一路探测器发出火灾信号时，发出警报，指示火灾发生的部位，提醒工作人员注意；当第二路探测器亦发出火灾信号后，自动灭火控制器开始进入延时阶段（0～30s 可调），此阶段用于疏散人员（声光报警器等动作）和联动设备的动作(关闭通风空调等)。延时过后，向保护区的电磁驱动器发出灭火指令，打开七氟丙烷气瓶，向失火区进行灭火作业。同时报警控制器接收压力信号发生器的反馈信号，控制面板喷放指示灯亮。当报警控制器处于手动状态，报警控制器只发出报警信号，不输出动作信号，由值班人员确认火警后，按下报警控制面板上的应急启动按钮或保护区门口处的紧急启停按钮，即可启动系统喷放七氟丙烷灭火剂。

(3) 本设计为全淹没预制装置灭火系统，充装压力为 2.5MPa（表压）。

(4) 本防护区所用预制灭火装置不超过十台，必须能同时启动，其动作相应时间差不大于 2s。

(5) 喷放灭火剂前，防护区除泄压口外的开口应能自动关闭。灭火后的防护区应通风换气。防护区泄压口采用 XYK 系列机械式开启泄压阀，具体做法详国标 07S207。防护区的门应向疏散方向开启，并能自行关闭；用于疏散的门必须能从防护区内打开。防护区内外应设手动、自动控制状态的显示装置。

三、工程特点

1. 本工程按福建省绿色建筑公共建筑二星级标准设计。

2. 设置分级计量水表，按用水区域及功能设置水表进行监控。办公楼部分考虑每层均设置水表，厨房、室外绿化各设置水表，单身公寓每户一表。采用远传智能水表。

3. 集中供热区域采用太阳能辅助空气源热泵方式制备热水，B 楼屋面设置冷热水箱供水，热水系统设置循环回水，由循环泵进行强制循环，保证供水温度。集热器单台面积 3.9m^2，布置 20 台，分四组布置，每组 5 台。

4. 室外绿地灌溉采用微喷灌系统。设置 12 个区微喷灌分区。利用回用雨水作为绿化水源。

5. 屋面采用雨水收集回用系统，主楼、裙房及辅楼面积约 4000m^2，降雨重现期考虑选用一年一遇。室外设置 156m^3 雨水收集处理构筑物。

6. 室外绿化及公共场地等区域设置雨水入渗。主要采用埋地管渠，设置渗水池井等方式，增加雨水入渗量，补充给地下水，减轻市政管网压力。

四、工程照片及附图

空气源热泵

室外绿化实景图

太阳能板实景图

屋面冷热水箱实景图

立面实景图

绿化机房实景图

生活及消防泵房实景图（生活泵组）

生活及消防泵房实景图（消防泵组）

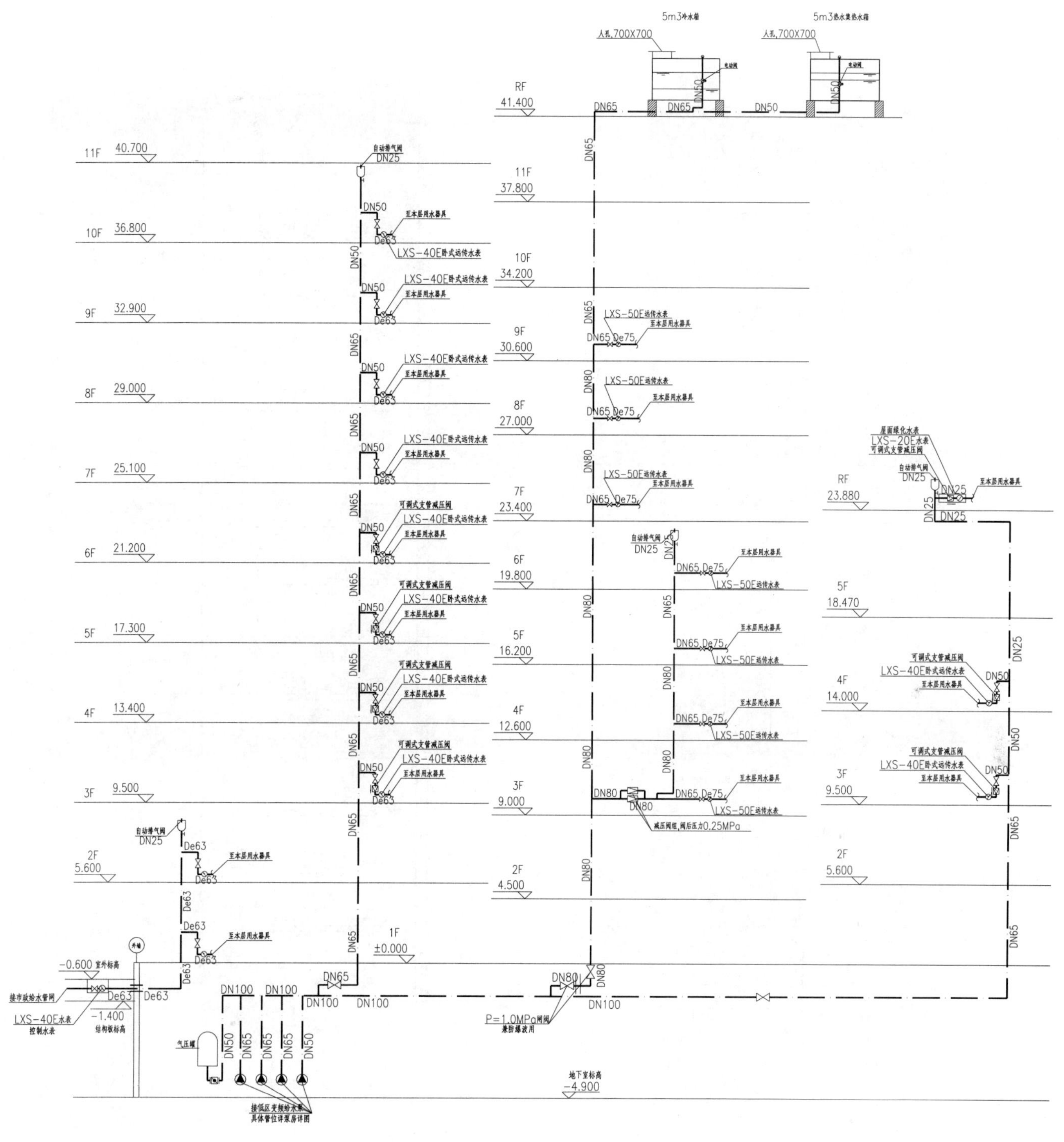

市政及变频加压给水低区系统原理图

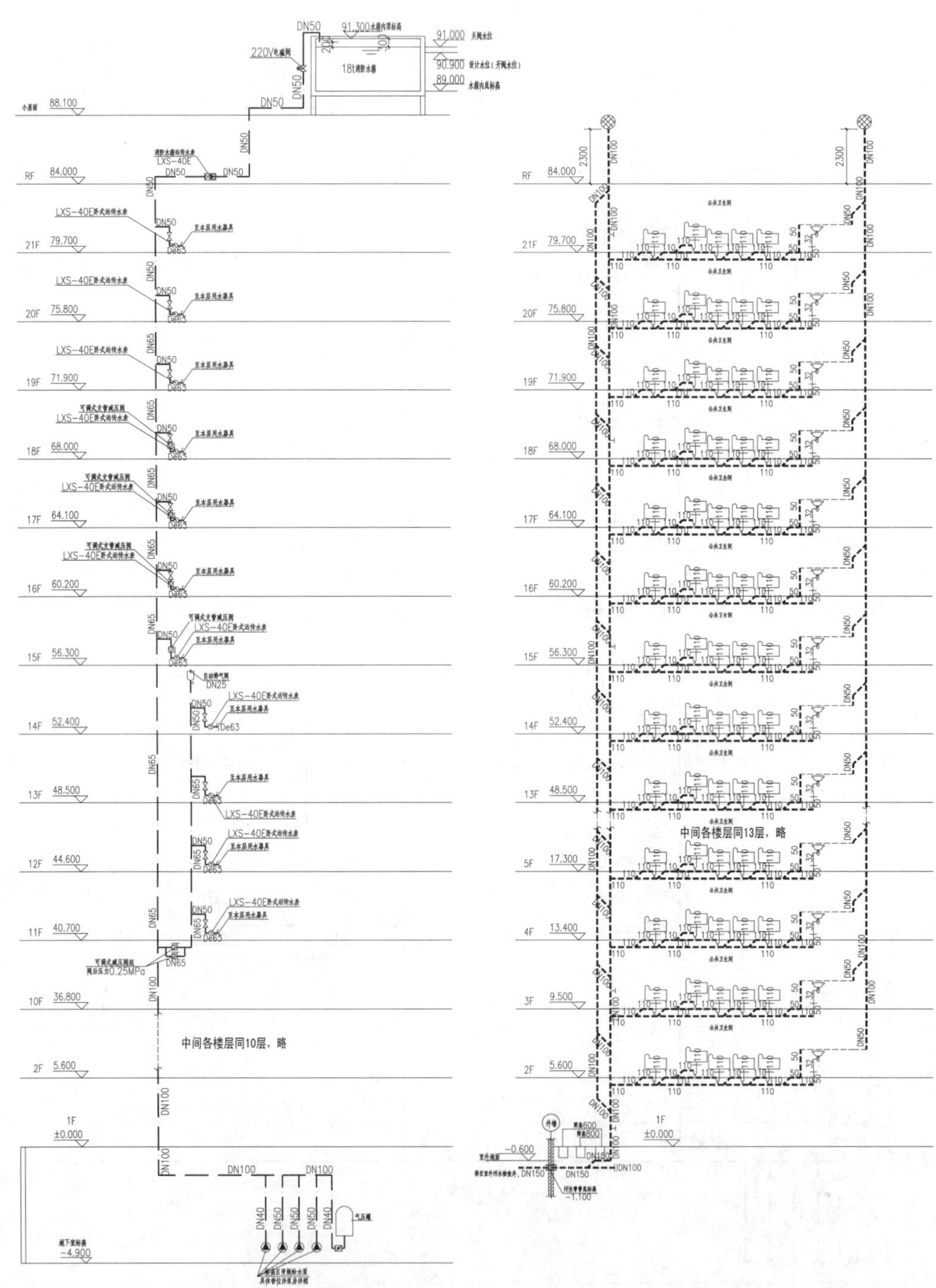

变频加压给水高区系统原理图

排水系统原理图(一)

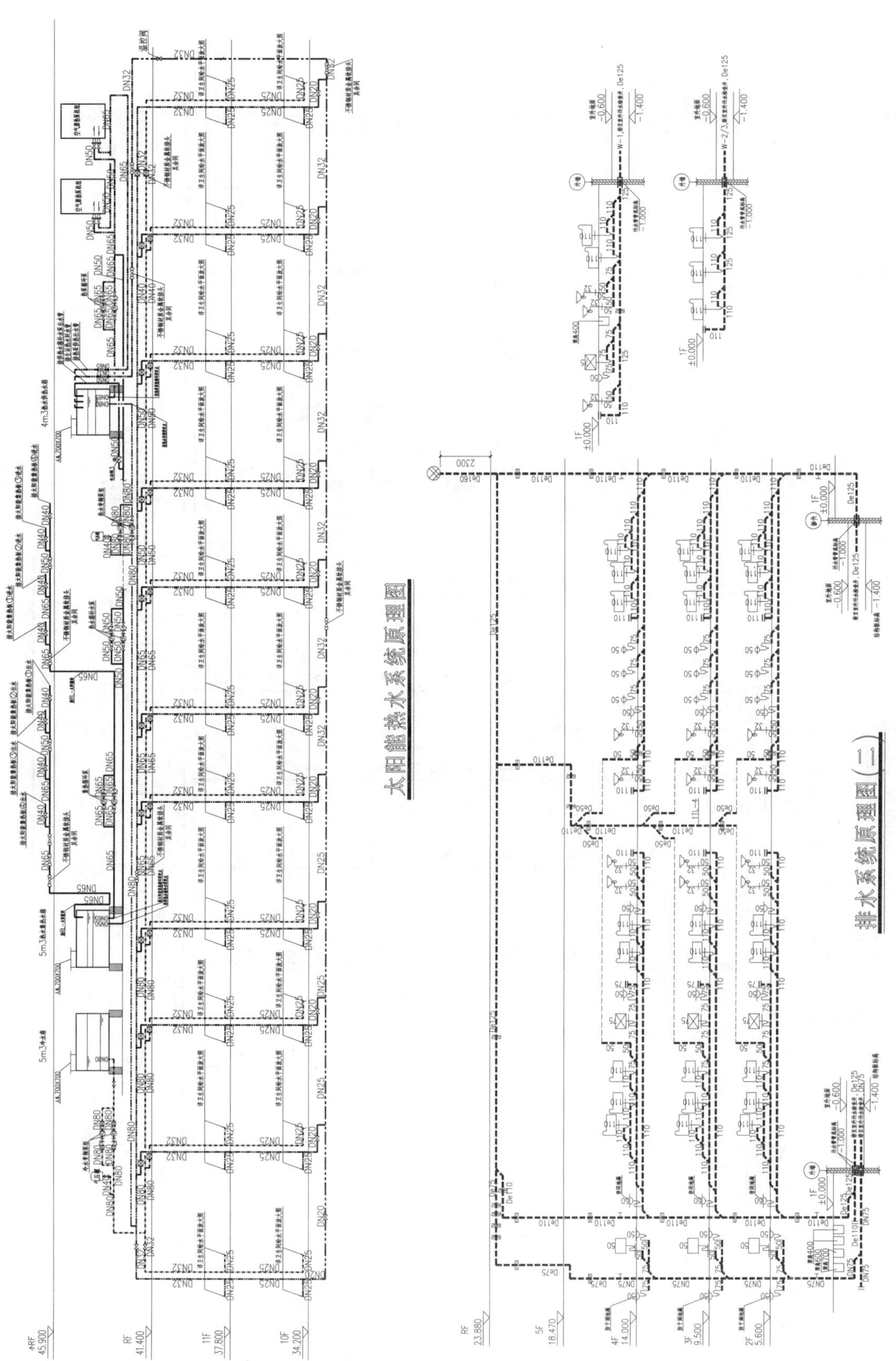
太阳能热水系统原理图
排水系统原理图（二）

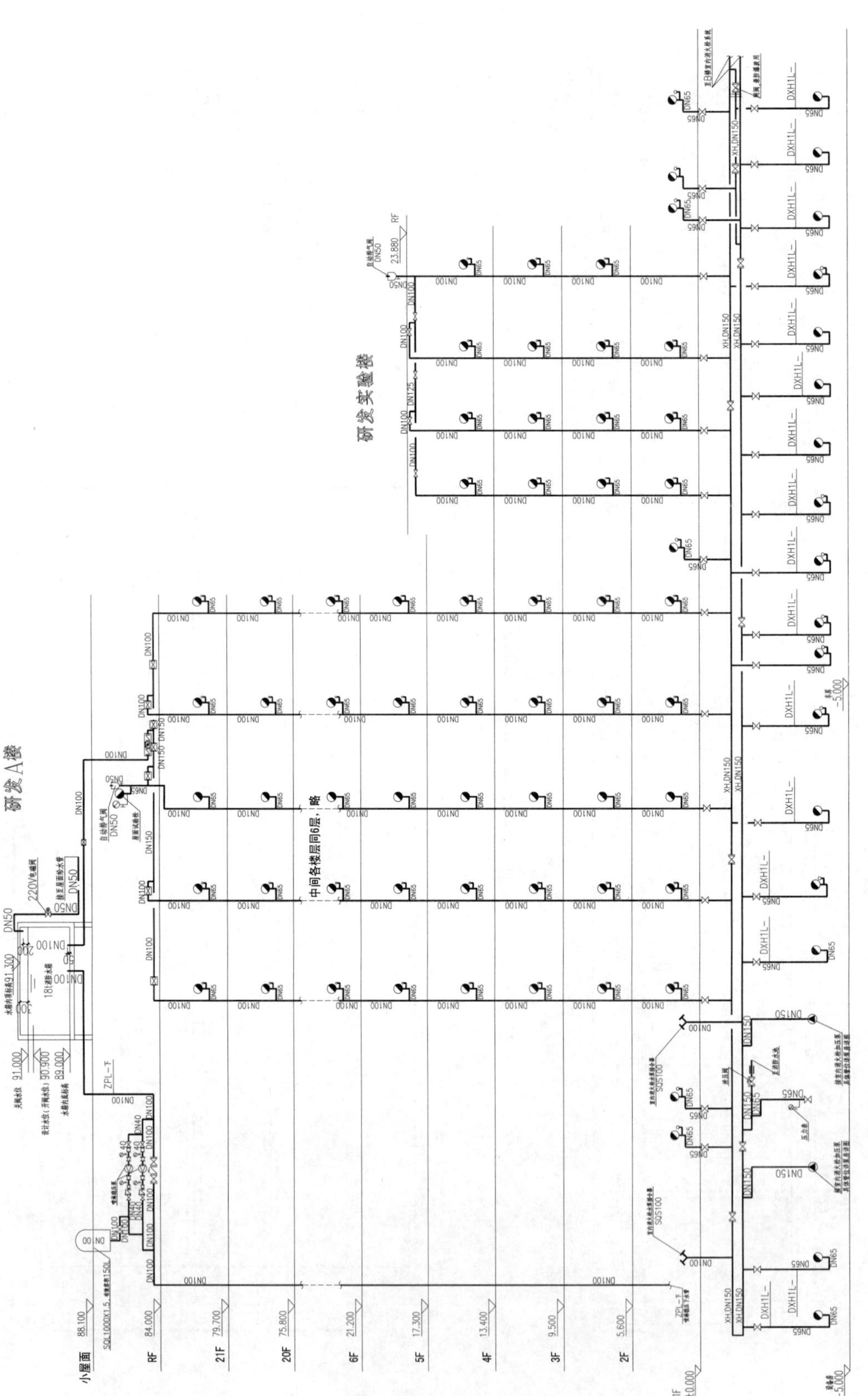

研发A楼室内消火栓系统原理图

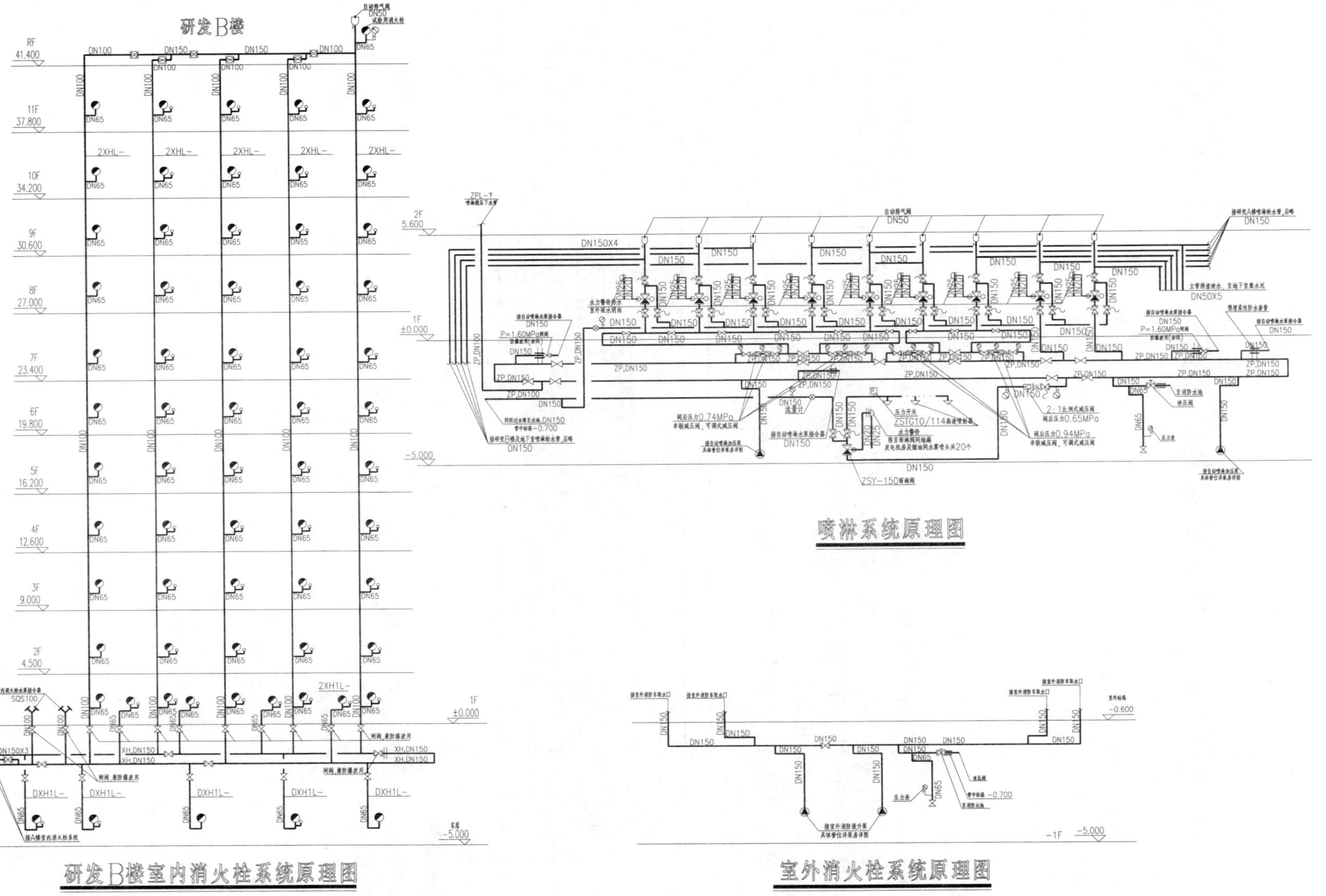
研发B楼
研发B楼室内消火栓系统原理图
喷淋系统原理图
室外消火栓系统原理图

中国平安金融大厦

设计单位：华东建筑设计研究总院
设 计 人：徐莉娜　梁葆春
获奖情况：公共建筑类　三等奖

工程概况：

本工程位于浦东新区银城路、东园路口，是一个集餐饮、商业、办公于一体的超高层公共建筑，基地面积 27667m^2，地上建筑面积 114082m^2，地下建筑面积 49876m^2，地下三层，地上 38 层。建筑高度为 170m。本工程设计标高±0.000m 等于绝对标高 5.000m，室内外高差为 1.0m。

地下车库可停放 745 辆机动车。

设备用房包括：配电室、水泵房、电梯机房、通信机房、冷冻机房等。

各层用途功能如下：

层数	用途功能	层高
PH2 层	机房、水箱泵房	
PH1 层	机房	
5～38 层	办公(5 层、17 层和 28 层为避难层)	4.25m
1～4 层	商场、餐饮	5.5m
地下 1 层	车库、机房、商场等	6.2m
地下 2 层	水池、水泵房、车库、机房等	4.5m
总计		170m

一、给水排水系统

（一）给水系统

1. 冷水用水量

（1）办公人员用水

$Q_d=80\times4710=376.8\ m^3/d$

$Q_h=376.8/10=37.68\ m^3/h$

$Q_{h\max}=37.68\times1.5=56.52m^3/h$

（2）商场

$Q_d=8\times17500=140m^3/d$

$Q_h=140/12=11.67m^3/h$

$Q_{h\max}=11.67\times1.5=17.5m^3/h$

（3）餐饮

1）顾客用水

$Q_d=40\times2500\times3=300m^3/d$

$Q_h=300/12=25m^3/h$

$Q_{h\max}=25\times1.5=37.5m^3/h$

2）服务人员用水

$Q_d=80\times500\times1=40m^3/d$

$Q_h=40/12=3.33m^3/h$

$Q_{h\max}=3.33\times1.5=5m^3/h$

（4）地下车库

1）洗车用水

$Q_d=200\times100\times1=20m^3/d$

$Q_h=20/10=2m^3/h$

$Q_{h\max}=Q_h\times k_d=2\times1=2m^3/h$

2）地面冲洗用水

$Q_d=3\times30000\times1=90m^3/d$

$Q_h=90/8=11.25\ m^3/h$

$Q_{h\max}=Q_h\times k_d=11.25\times1=11.25\ m^3/h$

（5）空调补充水（参考扩初资料）

$Q=600\ m^3/d$

$Q_h=600/12=50\ m^3/h$

$Q_{h\max}=50\times1=50m^3/h$

（6）淋浴用水

$Q_d=100\times28\times2=5600L/d=5.6m^3/d$

$Q_h=5.6/8=0.7\ m^3/h$

$Q_{h\max}=0.7\times2=1.4\ m^3/h$

（7）浇洒道路和绿化用水

$Q_d=(1.5\times5000+1.5\times10000)\times2=45\ m^3/d$

$Q_h=45/10=4.5\ m^3/h$

$Q_{h\max}=4.5\times1=4.5m^3/h$

（8）总用水量

取未预见水量 10％

$\sum Q_d=1.1\times[376.8+140+300+40+600]\approx1600\ m^3/d$

$\sum Q_h=1.1\times[37.68+11.67+25+3.33+50]\approx140m^3/h$

$\sum Q_{h\max}=1.1\times[56.52+17.5+37.5+5+50]\approx183m^3/h$

地下三层水池容积 360 m^3，分成两格，每格 180m^3。

2. 水源：市政进水管为 *DN*300，分别从银城北路和东园路两路接入，供生活和消防用水。其中消防给水管在室外成环。

3. 系统竖向分区

本大楼采用市政管网直供、水箱供水和水泵提升供水的组合供水方式。

室外绿化、道路冲洗等直接利用市政自来水网压力。室内竖向分成五个区，地下三层至地上一层用水均采用市政自来水管网压力，称其为一区；2～5 层由地下三层变频增压泵组供水，称其为二区；6～13 层由 17 层水箱供水，称其为三区；14～23 层由 28 层水箱供水，称其为四区；24 层以上由 28 层变频增压泵组供水，称其为五区。

4. 供水方式及给水加压设备

给水变频泵、中间水箱容积

(1) 供2～5层用水的变频水泵流量、杨程

$Q=50m^3/h$，$H=55m$，变频泵。

(2) 17层中间水箱和供17层水箱的水泵

17层中间水箱容积取60 m^3。

选取$Q=60m^3/h$，$H=110m$，变频泵。

(3) 28层中间水箱和供28层水箱的水泵

28层中间水箱容积取70 m^3。

选取$Q=70m^3/h$，$H=165m$，变频泵。

(4) 28层水泵房内增压泵

选取$Q=17\ m^3/h$，$H=70m$，变频泵。

5. 管材：生活冷水管，采用钢塑复合管，管径小于*DN*100采用丝扣连接，管径大于*DN*100采用机械沟槽式卡箍连接。生活热水管采用薄壁紫铜管，焊接连接，根据检修需要局部法兰连接。管径小于*DN*32采用包塑铜管。

(二) 排水系统

1. 排水系统的形式：室内生活排水采用污废水分流。

2. 透气管的设置方式：设置专用通气立管和环形通气管。

3. 管材：排水管和通气管除注明外，采用柔性抗震接口排水铸铁管，承插式连接。管径小于*DN*50采用热镀锌钢管，丝扣连接。

二、消防系统

(一) 消火栓系统

1. 设计消防水量：室内消火栓系统40L/s；室外消火栓系统30L/s；室内自动喷水灭火系统35L/s；中庭自动喷水灭火系统30L/s。

2. 火灾延续时间：消火栓系统3h。自动喷水灭火系统1h。

3. 消防水源：

(1) 室内设消防水池，储水量不小于100m^3。

(2) 室外直接利用两路*DN*300市政进水管形成的室外环管上提供。

4. 系统设置

(1) 室外消火栓系统采用低压制。

(2) 室内采用稳高压系统，设消防增压泵和消防稳压装置。采用串联消防泵供水。

(3) 室内消火栓系统：竖向分成两区以保证各区最大静水压力不超过0.8MPa，高区为17～39层，低区为地下三层～16层。低区加压泵设在地下三层消防水泵房内，高区串联消防泵设在17层水泵房内。每支水枪最小流量为5L/s，充实水柱为13m。消火栓出口动压控制在0.5MPa之内，超过时将采取减压措施。总体上设四组水泵接合器，供消防车供水加压。

(二) 自动喷水灭火系统

1. 自动喷水灭火系统：除建筑面积小于5 m^2外的其他所有部位均设喷头保护，按中危险Ⅱ级配置。竖向分成两区，高区为17～39层，低区为地下三层～16层。根据消防部门要求，中庭喷淋系统采用独立系统。

2. 自动喷淋系统：采用直接串联消防泵供水方式。自动喷淋灭火系统消防泵、稳压泵、消防水箱设置同消火栓灭火系统。湿式灭火系统按报警阀分区，各层分区见喷淋系统图。根据消防部门要求，中庭喷淋系统采用独立系统。各区设湿式报警阀，各层各防火分区设水流指示器。平时由屋顶消防水箱保证报警阀前水压。部分湿式报警阀前设置减压阀。

3. 消防管材：消防给水管，管径大于*DN*100采用无缝钢管，热镀锌，机械沟槽式卡箍连接；钢管，丝扣连接。

4. 消火栓和喷淋系统均在室外设置地上式水泵接合器。

(三) 气体灭火系统

主要变配电间、通信机房、柴油发电机房采用 FM200 气体灭火系统。FM200 灭火系统采用组合分配方式，共计 10 个防护区，7 个组合分配系统。FM200 用气量共计 6824kg，共用 225 磅钢瓶两个。675 磅钢瓶一个，1010 磅钢瓶 16 个。FM200 喷射时间：$t<10s$；FM200 储存压力满足本工程要求。设计浓度：发电机房最低设计浓度 8.3%；通信机房等最低设计浓度 8.0%。

FM200 灭火系统的控制方式：有自动、手动和机械应急三种启动方式：①当无人时，应自动控制：当发生火灾时，火灾探测器发出火灾信号，通过火灾自动报警控制器将信号传送给 FM200 灭火控制系统，关闭防护区风机、空调等设备。延迟 30s 后自动启动 FM200 灭火系统。②当有人值班时，应手动控制：当人员发现火灾时，及时手动启动防护区门外的紧急启动按钮，通过 FM200 灭火控制系统启动 FM200 灭火系统。③当发生火灾而自动报警系统失灵时，人员可及时到钢瓶间，通过钢瓶瓶头阀上的手动启动头，就地手动启动钢瓶进行灭火。

三、设计及施工体会

1. 地下三层底板下设计了一条深约两米的管道沟，以供冷却水管从 A 区水泵房经过主楼部分到达左侧裙房内管井。管道沟的设置，避免了冷却水管穿越主楼部分时所占的大量空间以及可能和其他管线产生的冲突。

2. 地下三层消防水池兼作冷却塔补水水池，以使消防储水不至于由于长期不使用而变质，同时采取消防水不被挪用的措施。

3. 本工程中，给水排水专业的大部分管道都布置在暖通机房的内，节省了另立管井的繁琐，也便于集中管理维修。

4. 考虑到裙房商铺功能的多变性，在裙房的四周预留了给水及污废水管道，以供业主日后自行调整。

5. 给水系统中，6～23 层生活用水充分利用了水箱的重力供水，是一个较为节能降耗的系统。

6. 在喷淋系统中，把中庭作为一个单独分区，设置一套中庭自动喷淋水泵，并为每层的中庭喷头单独设一套水流指示器，便于消防安保中心在喷头运作时迅速分清是哪一层的中庭喷头还是非中庭喷头。

四、工程照片

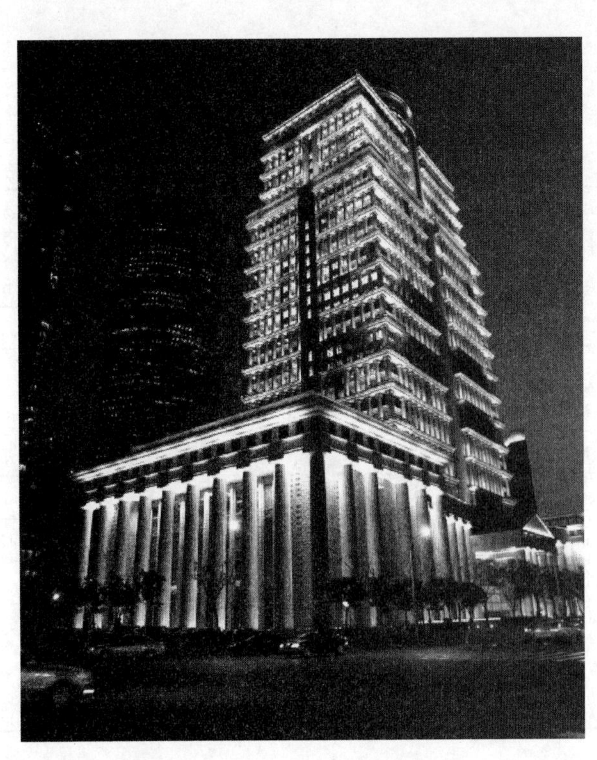

镇江市金山湖旅游商业配套设施工程（镇江国宾馆）

设计单位：华东建筑设计研究总院
设 计 人：杨琦　周莲芬　何宏涛　郭亚鹏
获奖情况：公共建筑类　三等奖

工程概况：

本设计项目位于镇江市金山湖公园西侧环湖西路以东的位置。用地形状较不规则，四面环水，南北最长约350m，东西最长约为300m。西侧南北各有一条车行道路进入该用地。用地现状场地整平标高约3.6～5.4m，按照规划地形有上下起伏，地面高程为4.15～8.30m不等，总体呈南低北高。与基地相邻的金山湖常水位为黄海高程3.90m。由贵宾一号楼、贵宾二号楼、游泳馆组成。

贵宾一号楼，建筑面积约12885m^2，地上三层，局部有设备夹层，建筑高度23.70m，地下一层为车库、厨房粗加工、设备机房、地上三层由客房、餐厅等建筑功能组成。贵宾二号楼，建筑面积约6827m^2，地上三层，局部有设备夹层，建筑高度18.90m，地下一层为车库、厨房粗加工、设备机房、地上三层由客房、餐厅等建筑功能组成。游泳馆，建筑面积约1800m^2，地上一层，地下一层，建筑高度3.50m，

贵宾一号楼、贵宾二号楼、游泳馆一层的室内地坪±0.000m标高相当于绝对标高分别为6.80m、6.00m、6.80m。室内外高差600mm。

一、给水排水系统

（一）给水系统

1. 冷水用水量（表1）

冷水用水量　　　　**表1**

序号	用水类别	最高日用水定额	使用人数或单位数	使用时间(h)	时变化系数	用水量			备注
						最高日(m^3/d)	最大时(m^3/h)	平均时(m^3/h)	
1	客房	400L/(人·d)	90人	24	2.0	36	3	1.5	
2	员工	100L/(人·d)	125人	24	2.0	12.5	1.04	0.52	
3	中餐厅	50L/人次	1110人次	12	1.2	55.5	5.52	4.6	3次/d
4	西餐厅	30L/人次	255人次	10	1.5	7.65	1.15	0.77	3次/d
5	会议厅	6L/人次	186人次	8	1.2	1.12	0.17	0.14	2次/d
6	多功能厅	15L/人次	852人	10	1.2	12.78	1.54	1.28	2次/d
7	美容美发	50L/人次	25人	12	1.5	1.25	0.15	0.1	1d
8	车库冲洗	2L/(m^2·次)	1000m^2	1.5	1.0	2	2	1.33	1d
9	绿化浇洒	1L/(m^2·次)	25000m^2	6	1.0	50	8.33	8.33	2次/d
10	冷却塔补水			24	1	175	7.29	7.29	2%

续表

序号	用水类别	最高日用水定额	使用人数或单位数	使用时间(h)	时变化系数	用水量			备注
						最高日(m^3/d)	最大时(m^3/h)	平均时(m^3/h)	
11	健身	50L/(人·d)	52	12	1.2	2.6	0.26	0.22	
12	室内泳池补水	412.5		24	1	412.5	17.2	17.2	
13	合计					768.9	47.65	43.28	
14	未预见水量	10%				76.9	4.8	4.3	15%
15	总用水量					845.8	52.5	47.6	

2. 水源：采用市政给水管直接供水，水质良好。

3. 系统竖向分区：市政供水水压为0.30MPa，系统不分区。

4. 供水方式及给水加压设备：市政给水管直接供水。

5. 管材

室内生活给水管的管材均采用薄壁不锈钢管及配件（冷水管SUS304），小于*DN*100采用环压式连接；大于等于*DN*100采用沟槽式连接；密封圈采用耐高温（95℃）硅橡胶。

室外生活给水管小于*DN*100采用内外喷涂环氧树脂给水钢管，螺纹连接；大于等于*DN*100的采用给水球墨铸铁管，内涂水泥砂浆，橡胶O型圈密封承插连接。

（二）热水系统

1. 热水用水量（表2）

热水用水量表 **表2**

序号	用水类别	最高日用水定额(60℃)	使用人数或单位数	使用时间(h)	时变化系数	用水量			备注
						最高日(m^3/d)	最大时(m^3/h)	平均时(m^3/h)	
1	客房	160L/(人·d)	90人	24	3.33	14.4	2	0.6	
2	员工	50L/(人·d)	125人	24	3.33	6.25	0.87	0.26	
3	中餐厅	20L/人次	1110人次	12	3.33	22.2	6.16	1.85	3次/d
4	西餐厅	15L/人次	255人次	10	3.33	3.83	1.28	0.38	3次/d
5	多功能厅	8L/人次	852人次	10	3.33	6.82	2.26	0.68	2次/d
6	美容美发	15 L/人次	25人	12	3.33	0.38	0.1	0.03	
7	泳池健身	25L/人次	52人	12	3.33	1.3	0.37	0.11	
8	合计					55.18	13.04	3.91	
9	未预见水量	10%				5.5	1.3	0.39	15%
10	总用水量					60.68	14.34	4.3	

2. 热源：一、二号楼热水由容积式燃气热水炉直接供应。二号楼采用太阳能热水系统加辅助燃气热水器，间接加热的方式加热，在连廊屋顶上集中设太阳能集热器集热面积200m^2。游泳馆水池由高温热水锅炉提供90℃高温热水，通过板式热交换器水—水交换制备热水；卫生间淋浴采用导流型容积式热交换器水—水交换制备热水。

3. 系统竖向分区：竖向不分区，由市政直接供水经加热制成热水。

4. 热交换器：一、二号楼热水设备采用容积式燃气热水炉。游泳馆有水—水交换板式换热器，水—水交换导流型容积式热交换器。

5. 冷、热水压力平衡措施、热水温度的保证措施等：冷热水为同一给水水源，各单体热水系统采用全日制机械循环，设两台热水循环泵，互为备用；热水循环泵的启、闭由设在热水循环泵之前的热水回水管上的电接点温度计自动控制：启泵温度为55℃，停泵温度为60℃。

6. 管材：室内生活给水管的管材均采用薄壁不锈钢管及配件（热水管SUS316），小于$DN100$的采用环压式连接；大于等于$DN100$采用沟槽式连接；密封圈采用耐高温（95℃）硅橡胶。

（三）排水系统

1. 排水系统的形式：污、废水合流，雨、污分流。

2. 透气管的设置方式：排水立管设专用通气立管，公共卫生间设环形通气管，客房卫生间设器具通气立管。

3. 采用的局部污水处理设施：车库排水需经隔油沉砂池处理，厨房排水需经隔油池处理。

4. 管材：室内生活污水、废水、通气管、地下室底板内的地漏排水管、敷设在底板内的排水管均选用离心球墨铸铁管及配件，承插连接。潜水排污泵连接的管道，均采用涂塑钢管，沟槽式或法兰连接。室内雨水管：采用HDPE承压排水管（SDR12.5），橡胶圈密闭卡箍连接。

二、消防系统

（一）消火栓系统

1. 室外消火栓系统水量30L/s，室内消火栓系统水量20L/s。

2. 消防给水水源利用城市自来水，从基地周围市政（环状）给水管道的不同方向引入两根进水管，进水管管径为$DN200$，在室外成环状布置，室外环状给水管为$DN250$，每根引入管上设消防校核水表及倒流防止器。

3. 室内消火栓系统为临时高压系统，基地共用一套室内消火栓泵系统。消火栓系统不分区。

4. 室内消火栓泵参数：$Q=20$L/s，$H=55$m，$N=22$kW。二号楼地下一层消防水泵房设消防水池270m^3（其中消火栓储水量144m^3、自动喷水水量126m^3）。设计实际取300m^3水池一座（分两格），一号楼屋顶设备层设置18m^3消防水箱一座（分两格）。

5. 室外设$DN100$（地上式）消防水泵接合器两套。

6. 管材：采用内外热浸镀锌钢管及配件，小于$DN80$采用螺纹连接；大于等于$DN80$采用沟槽式机械连接。

（二）自动喷水灭火系统

1. 自动喷水灭火系统水量35L/s（局部大空间净空高度H为：8m$<H<$12m），系统不分区。

2. 喷淋系统为临时高压系统，基地共用一套喷淋泵系统。

3. 喷淋泵参数$Q=35$L/s，$H=75$m，$N=45$kW。一号楼屋顶消防水箱间喷淋稳压泵两台，一用一备，$Q=1$L/s，$H=16$m，$N=1.1$kW；稳压罐一只，有效调节容量$V=150$L。

4. 厨房和热水机房采用93℃玻璃球喷头，其余有吊顶的房间采用装饰型68℃玻璃球喷头，无吊顶房间采用直立型68℃玻璃球喷头。地下库房坡道处采用72℃易熔合金喷头，所有喷头均为快速响应喷头。

5. 一号楼地下一层冷冻机房内设$DN150$湿式报警阀组三套，其中一套连接游泳馆。二号楼地下一层消防泵房内设$DN150$湿式报警阀组两套。

6. 室外设$DN100$（地上式）消防水泵接合器三套。

7. 管材：采用内外热浸镀锌钢管及配件，小于$DN80$采用螺纹连接；大于等于$DN80$采用沟槽式机械连接。

三、设计及施工体会

本设计对国宾馆、精品酒店的给水排水设计有着不同于常规设计的理解。

（一）供热系统的选择

1. 本工程基地环境优美，有大面积的开敞草坪景观，绿化覆盖率高，三个单体布置比较分散，故仅仅游泳馆内设置锅炉房，就近给游泳池供热。

2. 贵宾一、二号楼内分别设置燃气功率为99kW的容积式燃气热水器供应客房及其他生活热水。燃气热水器设置多组，可以灵活调整开启机组满足不同时间不同流量客房的热水供应。这样节省了锅炉房土建及设备投资，减少了热水管道热量散失，有利于节能。同时避免了国宾馆烟囱的设置，减少了设备的噪声。

3. 贵宾二号楼采用太阳能热水系统加辅助燃气热水器，间接加热的方式加热。这样节省了能源消耗，直接节约了运行费用，减少了噪声。

（二）总体雨水的设计

本工程基地占地比较大，有大面积的开敞草坪景观，绿化覆盖率高，且绿地低于地面约20～30cm，合理地利用绿地雨水入渗。结合绿地的平面形状和地形，在低凹处设置渗沟，渗沟纵向与绿地走向大致平行，渗水沟两侧绿地斜坡坡度一般小于1：3。渗沟开挖边坡坡度根据土质情况及开挖深度确定，一般为1：0.5～1：1，沟底土壤厚度不小于100mm，渗透系数不小于1×10^{-3}cm/s；其整个断面铺以土工织物反滤层，回填透水性材料可采用碎（砾）石或建筑垃圾，上铺彩色石子或细砾石。以上措施削减了基地暴雨时的排水量。

（三）节能和节水

1. 市政供水水压0.3MPa，本工程全部采用了市政水压直接供水的方式，充分利用了市政的供水能量。

2. 在循环冷却水系统上，采用循环水旁流处理器，进行杀菌、灭藻、除垢处理，并去除水中悬浮物，节约用水。

3. 对冷却塔的补水，采用了市政直接供水方式。

4. 对空调补水进行计量。

5. 卫生洁具、冷却塔等采用了节水产品。

6. 将部分消防排水回流到消防水池再利用。

（四）环境保护设计

1. 建筑物的污水和雨水进行分流。

2. 对厨房污水采用了先进的集成隔油技术，处理后的废水满足国家相关的排放标准。

3. 在贵宾一号楼地下一层设有隔油沉砂池处理车库废水。

4. 将冷却塔在总统独立设置，避免了对国宾馆主楼和随从楼的环境影响。

（五）新材料、新技术

1. 给水管材采用节水的不锈钢管。室外排水管采用FPPR塑料排水管。

2. 循环冷却水泵采用轴开式双吸离心泵，节省了地下空间。

3. 冷却塔的布置结合了总体布置，采用面积较小的塔形。选用了方形横流式双速单风机超低噪声型冷却塔进行组合设计。

（六）游泳池的设计

针对国宾馆的特点，确保恒温的热水供应。加热系统与客房部分分开，水处理采用逆流循环，消毒。

（七）设计自然结合

1. 尊重自然环境，考虑到项目地处镇江有名的金山湖边，宾馆小楼设置相对分散。

2. 给水排水系统有分、有合，消防泵设置在随从楼（二号楼）地下室，节省了投资。消防给水系统合用。便于管理控制。给水系统相对独立，提高了供水的可靠性。高位消防水箱设置在坡屋顶内的夹层，满足了建筑美观需要，同时对设置的消防局部稳压设施采用了隔声、降噪技术处理。

3. 总体排水系统结合地形设置，雨水收集、下渗，并设雨水截流沟，防止初期雨水对名胜湖水的污染。

4. 水景结合地形位置，合理考虑放空，并有防止室外排水的倒灌措施（设止回阀）。

5. 游泳池的弧形屋面，在其下侧设置明沟排水。相对虹吸雨水系统而言，只有十分之一的投资，明沟的自然排水，充分系统了其经济效益。屋面绿化的给水设置倒流防止器以满足卫生需求。

6. 就国宾馆设计的特点，每层卫生间不完全上下对齐。在生活排水立管设计上，进行了方案比较，最终采用了立管相对位置不变、支管相对变化的方案。兼顾了排水立管的维护管理、通水能力能问题。生活热水系统针对用水点分散，热水回水管道布置采用了水平与立管相结合的方式，并设置支管回水，确保热水的使用效果。

7. 宾馆还设置了太阳能生活热水系统，利用自然界提供的光能，太阳能热水系统采用间接对生活热水系统加热，满足了国宾馆的卫生需求，并有热水炉补充加热。

8. 国宾馆的给水排水设计相对精品酒店的要求更高，其物业管理也非一般的酒店管理公司。设计还考虑了维护管理的要求。

四、工程照片及附图

喷淋泵控制柜

GAS

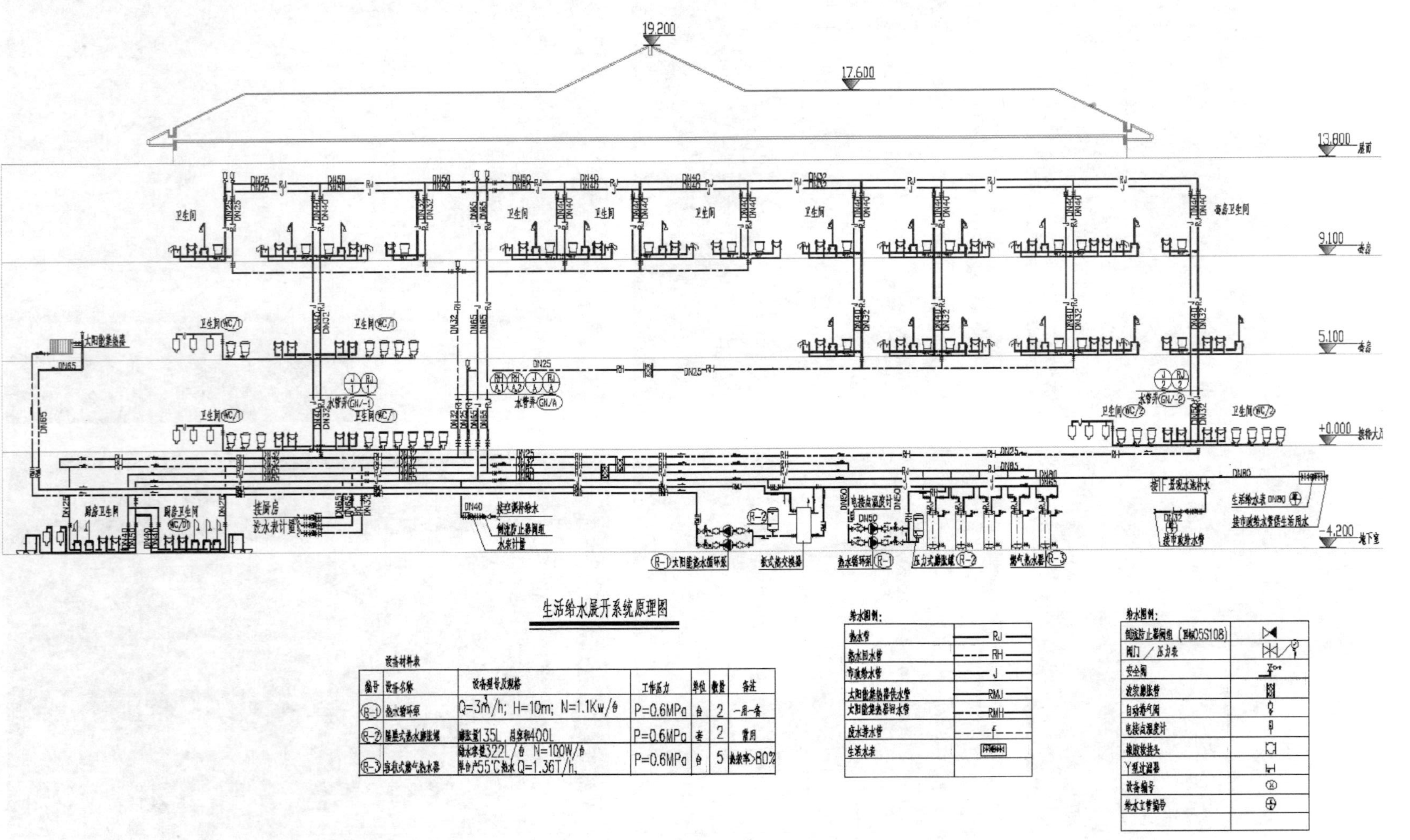

设备材料表

编号	设备名称	设备型号及规格	工作压力	单位	数量	备注
R-1	热水循环泵	Q=3m³/h; H=10m; N=1.1Kw/台	P=0.6MPa	台	2	一用一备
R-2	隔膜式热水膨胀罐	膨胀量135L，总容积400L	P=0.6MPa	套	2	常用
R-3	容积式燃气热水器	储水容量322L/台 N=100W/台 单台产55℃热水 Q=1.36T/h.	P=0.6MPa	台	5	热效率>80%

给水图例：

名称	图例
热水管	RJ
热水回水管	RH
市政给水管	J
太阳能集热器供水管	RMJ
太阳能集热器回水管	RMH
废水排水管	f
生活水表	

给水图例：

名称	图例
倒流防止器阀组（国标05S108）	
阀门 / 压力表	
安全阀	
波纹膨胀管	
自动排气阀	
电接点温度计	
橡胶软接头	
Y型过滤器	
设备编号	
给水立管编号	

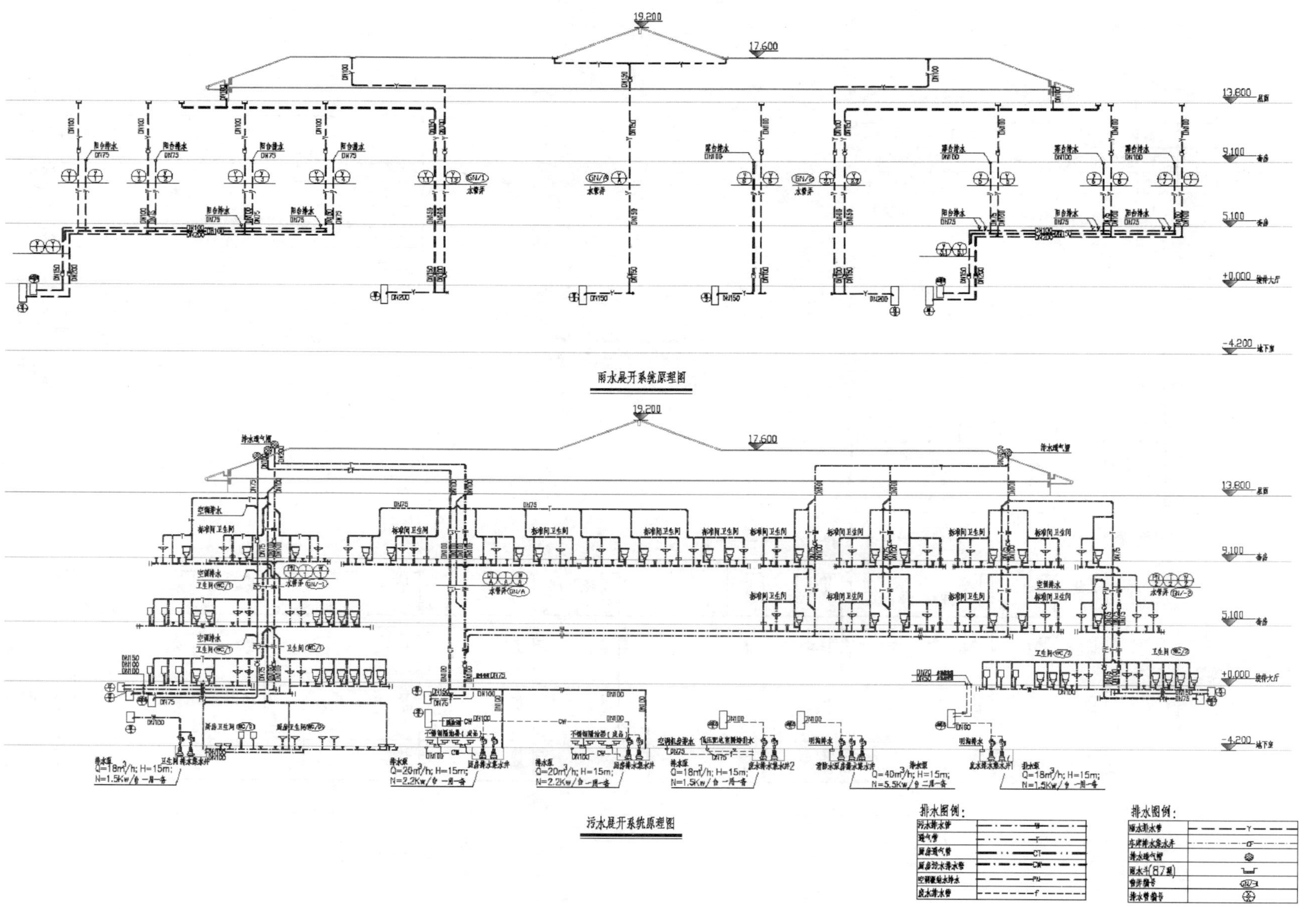
19.200
17.600
13.600 屋面
9.100
5.100
±0.000 接待大厅
-4.200 地下室
雨水展开系统原理图
排水泵
Q=18m³/h; H=15m;
N=1.5Kw/台 一用一备
排水泵
Q=20m³/h; H=15m;
N=2.2Kw/台 一用一备
排水泵
Q=20m³/h; H=15m;
N=2.2Kw/台 一用一备
排水泵
Q=18m³/h; H=15m;
N=1.5Kw/台 一用一备
排水泵
Q=40m³/h; H=15m;
N=5.5Kw/台 二用一备
排水泵
Q=18m³/h; H=15m;
N=1.5Kw/台 一用一备
污水展开系统原理图
排水图例：
污水排水管
通气管
厨房通气管
厨房污水排水管
空调凝结水排水
废水排水管
排水图例：
雨水排水管
车库排水集水井
排水通气帽
雨水斗(87型)
管井编号
排水管编号

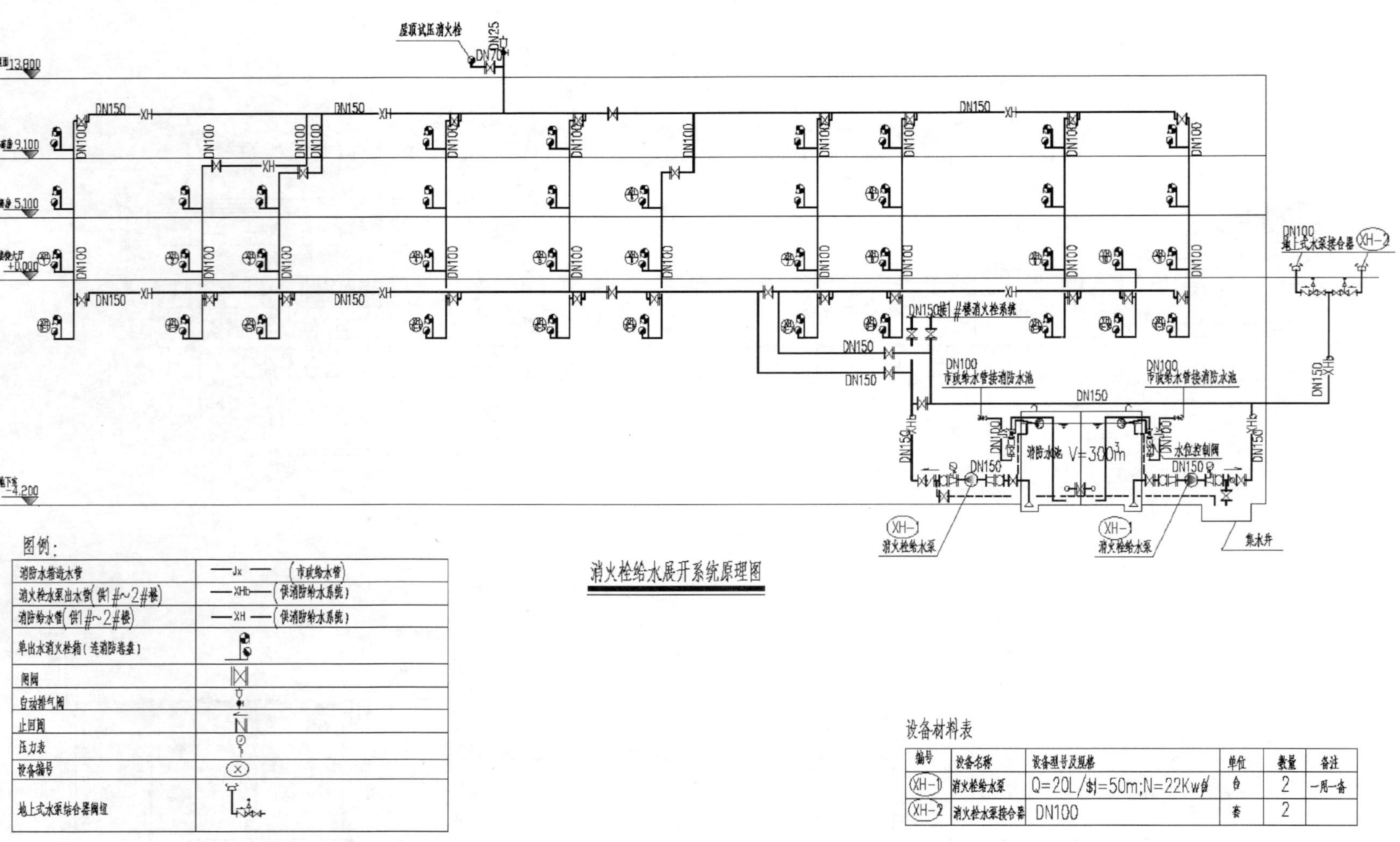

消火栓给水展开系统原理图

设备材料表

编号	设备名称	设备型号及规格	单位	数量	备注
XH-1	消火栓给水泵	Q=20L/s;H=50m;N=22Kw/台	台	2	一用一备
XH-2	消火栓水泵接合器	DN100	套	2	

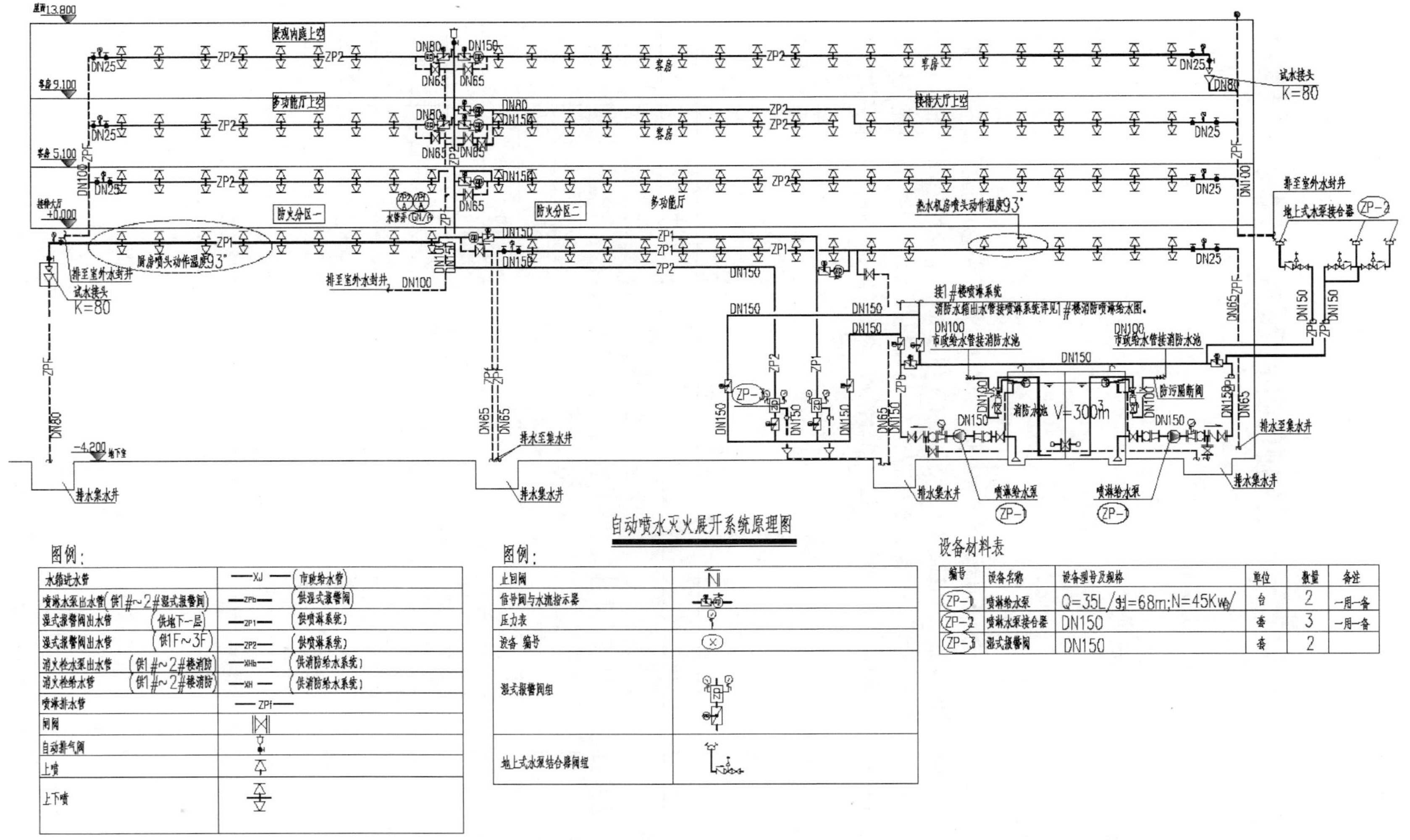

设备材料表

编号	设备名称	设备型号及规格	单位	数量	备注
ZP-1	喷淋给水泵	Q=35L/s H=68m;N=45Kw/	台	2	一用一备
ZP-2	喷淋水泵接合器	DN150	套	3	一用一备
ZP-3	湿式报警阀	DN150	套	2	

本溪富虹国际饭店

设计单位：中国建筑东北设计研究院有限公司
设 计 人：金鹏　张爱华　黄水华　于涛　万芳
获奖情况：公共建筑类　三等奖

工程概况：

本溪富虹国际饭店位于本溪市太子河北岸的姚家地区，为本溪·太子城规划的配套设施，功能为五星级宾馆。

本溪富虹国际饭店总用地面积 19112.4m^2，总建筑面积 41880m^2，建筑基底面积 5290.9m^2，容积率 2.0，绿地面积 5427.9m^2，绿化率 30.4%。本工程为 24 层高层建筑，地下二层，建筑高度 94.2m，最高 100m，为钢筋混凝土框架结构，是集酒店、会议、游泳洗浴、餐饮等为一体的高级商务酒店。

一、给水排水系统

（一）给水系统

1. 用水量（表 1）

生活用水量　　表 1

用水项目	用水标准	最高日(m^3/d)	最大时(m^3/h)	单位数
宾馆客房	500L/(床·d)	252.0	26.0	
员工	100L/(人·d)	40.0	4.2	400 人计
厨房餐厅	60 L/人次	120.5	15.0	
游泳池补水	10%	45.0	5.6	
淋浴	200L/客次	80.0	13.4	
绿化道路浇洒	2.0L/(m^2·d)	27.9	4.1	13925m^2
洗衣用水	60L/kg 干衣	222.0	16.7	
空调补水		30.0	1.5	20h
小计		817.4	86.5	
未预见水量	15%	123.0	13.0	
小计		939.6	99.50	
冷却塔补水	1.5%	162.0	10.8	夏季 15h
总计		1101.6	109.5	

最高日用水量 1101.6m^3/d，最大小时用水量 109.5m^3/h。

2. 水源：从本溪富虹国际饭店建设基地南侧的市政给水管道接 *DN*150 给水引入管，设置水表及止回阀，供酒店室内外生活、消防用水。

3. 供水方式及加压设备

生活给水系统分以下四个区：

Ⅰ区：地下2层～3层，由市政自来水直接供水。

Ⅱ区：4～10层，由地下1层Ⅱ区生活泵供水，微机控制，恒压供水。

Ⅲ区：11～17层，由地下1层Ⅲ区生活泵供水，微机控制，恒压供水。

Ⅳ区：18～24层，由地下1层Ⅳ区生活泵供水，微机控制，恒压供水。

给水方式为上行下给式。

4. 管材：生活给水管采用食品级薄壁不锈钢管及管件和阀门，卡压式连接。

(二) 热水系统

1. 热媒：由锅炉房提供蒸汽（0.8MPa）。

2. 热水系统分区供水，分区同生活给水系统

Ⅰ区：地下2层～3层，设计小时耗热量850kW；

Ⅱ区：4～10层，设计小时耗热量：604kW；

Ⅲ区：11～17层，设计小时耗热量：604kW；

Ⅳ区：18～24层，设计小时耗热量：620kW。

3. 采用容积式换热器换成各区所需热水供各处使用。洗衣房供热水温度为74℃，其余为60℃。热水换热站设于地下1层，客房、厨房、洗衣房采用立式浮动盘管容积式换热器，游泳池加热采用盘管换热器。洗衣房提供蒸汽供洗衣机、烘干机、熨平机等使用。

4. 生活热水系统采用下行上给或上行下给同程式全循环系统、机械循环。

5. 管材：热水管采用用食品级薄壁不锈钢管及管件和阀门，卡压式连接。

(三) 游泳池水处理系统

游泳池水循环使用，每日循环使用，补水由补水箱提供。

处理流程如下：游泳池→毛发过滤器→加混凝剂→循环泵→过滤器→加热器→消毒→游泳池。处理水质满足国家有关标准。

池水温度按27±1℃，游泳池淋浴用水由Ⅱ区生活热水系统提供。

(四) 冷却水循环系统

空调制冷机组冷却水循环使用。冷却塔设于裙房屋顶，冷却水循环泵两用一备，设于制冷机房内。

补水由冷却水补水泵提供，在水泵房内设置冷却水补水泵两台（一用一备），微机变频控制，恒压供冷却水循环系统补水。

补水量按循环水量的1.5%设计。循环水量720m^3/h。补水量10.8m^3/h。

循环水系统设置综合水处理装置防垢抑藻。

储水池与消防水池合用，总容积914m^3，其中冷却水储存50m^3。

(五) 排水系统

1. 生活排水和雨水排水分流排放，室内污废水合流排放。

2. 高层塔楼部分为一个排水系统，设置专用通气管。连接4个及4个以上卫生器具且横管长度大于12m排水横支管、连接6个及6个以上大便器的污水横支管设置环形通气管，客房卫生间设置器具通气管。裙房部分为一个排水系统，排至室外。

一层生活排水单独排出；地下室地面排水设提升泵排至室外；地下室内的洗衣房、职工厨房、卫生间等排水设置地下室排水专用装置提升至室外。厨房含油污水单独排出，于室外设隔油池，处理后排至生活排水系统；消防电梯排水设置潜水排污泵提升至室外。

3. 生活排水经化粪池处理后，排入市政管网。

4. 管材：排水管采用离心浇铸排水铸铁管，橡胶圈不锈钢卡子接口，排出管采用橡胶圈法兰接口，压力

排水管采用焊接钢管，焊接。

（六）雨水系统

1. 屋面雨水系统排水设计重现期 $P=10$ 年；室外场地雨水系统设计重现期 $P=3$ 年。

2. 屋面雨水作重力流内排水，采用单斗或多斗系统，排至室外。

3. 高层屋面和裙房屋面雨水分别排出。

4. 室外地面雨水作雨水口收集，由管网汇集后排入市政雨水管道。

5. 地下室车库入口设雨水沟，采用潜水泵提升至室外。

6. 管材：塔楼排水管采用热镀锌钢管，采用沟槽式连接件连接；裙房屋面雨排水管采用离心浇铸排水铸铁管，A 型柔性法兰接口。

二、消防系统

（一）消防水量、水源

1. 水源：从本溪富虹酒店南侧的市政给水管接出 $DN150$ 给水进管，设置水表及止回阀，供酒店消防用水。

2. 消防水量（表 2）

消防用水量 **表 2**

系统形式	用水量标准(L/s)	火灾延续时间(h)	消防用水量(m^3)
消火栓(室内)	≥40	3	432
消火栓(室外)	≥30	3	324
自动喷水	30	1	108
总计			864

（二）消火栓系统

1. 消火栓给水采用临时高压供水系统。消防供水由地下 1 层消防水泵房的消火栓泵提供。消火栓泵高低区各两台（一用一备），消防水池设于地下 1 层，总容积 915m^3，储存不小于 864m^3 消防用水。消防水池补水由 $DN150$ 市政自来水供给。

2. 消火栓系统分高低两个区，消防初期用 18m^3 水箱分别设于塔楼顶和裙房顶的消防水箱间内。消防水箱设置高度保证消火栓系统最不利点的消防水压。

3. 消火栓给水管网成环状布置，并设检修阀门，保证两股充实水柱到达室内任何部位；并设置消防卷盘，保证一股水柱到达地面任何部位。于消防电梯前室设置消火栓，屋顶设置试验用消火栓。消火栓箱采用铝合金制，内配 SN65 消火栓，$\phi65$ 麻质衬胶水带长 25m，QZ19 水枪，并配消防按钮及消防卷盘。

4. 当消火栓处工作压力大于 0.5MPa 时设减压稳压型消火栓。

5. 高低区分别设置三组地下式水泵接合器，灭火时供消防车向室内管网供水。

6. 管材：采用内外壁热镀锌钢管，大于等于 $DN100$ 采用沟槽式接件连接，小于 $DN100$ 采用丝接。

（三）自动喷水灭火系统

本饭店除不能用水扑救的场所及小于 5m^2 的卫生间外均设置自动喷水灭火系统保护。自动喷水灭火系统由消防水池、喷洒泵（水泵接合器、高位消防水箱）、湿式报警阀组、信号阀、水流指示器、闭式喷头及试水阀（泄水阀）末端装置等通过管网连接组成。

1. 自动喷水灭火系统按中危险Ⅰ级设计，喷水强度 6L/(min·m^2)，作用面积 160m^2，持续喷水时间 1h，分高低两个区：

低区（地下 2 层～3 层）：设计水量：30L/s，设计压力：0.78MPa。

高区（4～24 层）：设计水量：27L/s，设计压力：1.45MPa。

消防水箱与消火栓系统共用。水箱设置高度保证喷头最不利点工作压力。

2. 消防水池及泵房设于地下一层。高低区喷洒泵各两台（一用一备）。

3. 报警阀组设于地下一层和塔楼报警阀室内。报警阀组采用环状供水。当配水管入口工作压力大于0.4MPa 时设减压孔板减压。每一组报警阀控制喷头数量不多于 800 个，每个报警阀组控制的最不利点处设末端试水装置，其他分区的最不利点处设末端试水阀。

4. 厨房的蒸、煮、烤、烙、烹等高温房间，洗衣房、换热站等高温房间的喷头采用 93℃级，桑拿房喷头采用 141℃级，其余采用 68℃级。有吊顶处设下垂式标准喷头，与吊顶平，并配装饰盘。地下一层厨房餐厅及 1～24 层的喷头采用快速响应玻璃球闭式喷头。当风道等宽度 $B>1200$mm 下增设下垂型喷头。

5. 高低区分别于室外设置两组地下式水泵接合器，灭火时供消防车向室内管网供水。

6. 管材：喷洒给水管采用内外壁热镀锌钢管，小于 $DN100$ 时丝接，大于等于 $DN100$ 时采用沟槽式连接件连接。

三、设计及施工体会

1. 节水：中国人均水资源占有量约为 2400m^3，属于缺水国家，节约用水成了重要而紧迫的任务。本设计空调用冷却水循环使用，游泳池水经处理后循环水使用；采用节水器具及设备，卫生间采用高效节水型坐便器；公共浴室采用单管恒温供水并配合脚踏阀淋浴器；洗手盆采用陶瓷芯水龙头等，公共区域采用感应出水龙头；绿地灌溉采用喷灌等节水系统；水箱浮球阀用液位控制阀替代，克服了传统产品开关不灵、跑水漏水的现象，减少了溢流，节水效果十分显著。

2. 节能：充分利用市政水压，三层以下由市政自来水直接供给；二次供水设备采用变频调速变压变量控制，替代了恒压变量供水，节能效果十分突出；控制用水器具服务水头，节省能量；生活热水采用带凝结水回收换热器，提高热媒利用率。

3. 环保 ：生活水箱采用食品级不锈钢水箱，水箱储水采用水处理机消毒，保证用水水质；采用绿色环保管材，安装检修方便，较少泄漏；冷却塔采用低噪声高效冷却塔，减小噪声；水泵采用高效低噪水泵，且采取减震降噪措施，提高舒适度；生活污水经化粪池处理后排入市政排水管网。

4. 以人为本，给客人提供安静舒适的场所：在洗衣房、冷冻机房、泳池及厨房内预留应急洗眼装置；控制热水供应温度；生活用水、景观用水、绿化用水及洗衣房及厨房设软水系统；给客人提供更优越的条件；给水系统适当减少流速，提高供水使用舒适度，减小噪声；卫生间设器具通气管，提高舒适环境。

四、工程照片及附图

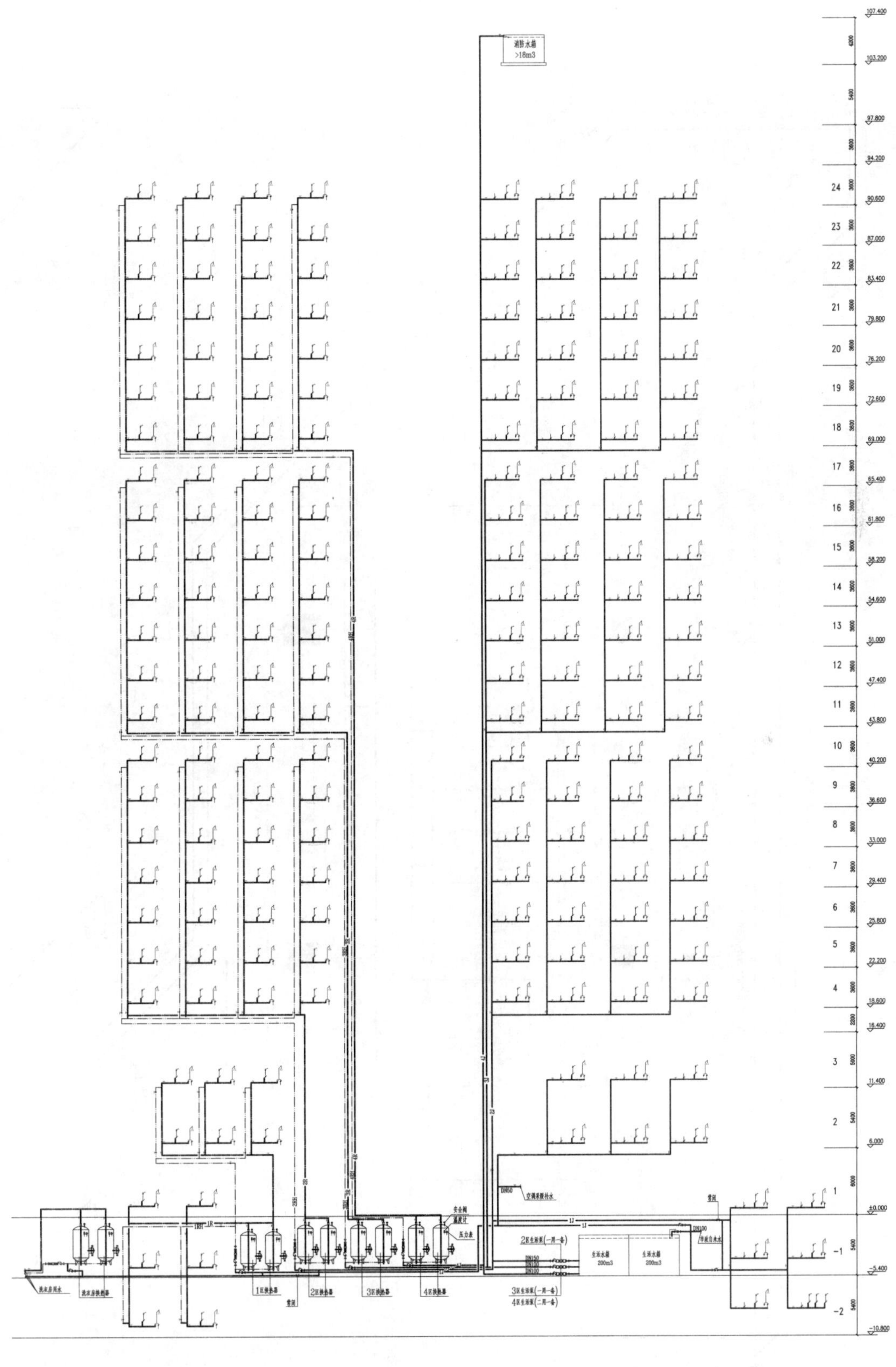

生活热水系统示意图

生活给水系统示意图

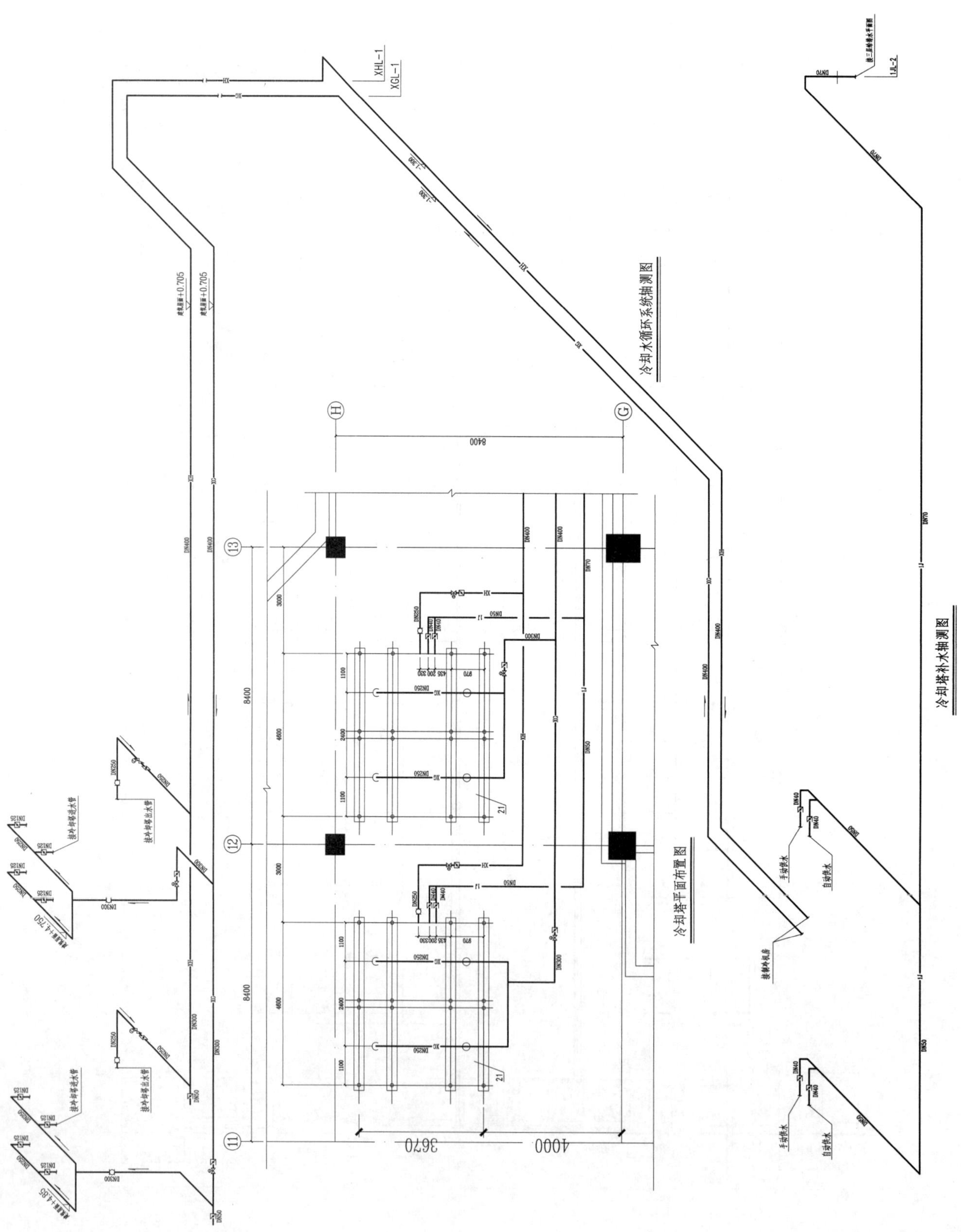
XHL-1
XGL-1
1JL-2
冷却水循环系统轴测图
冷却塔平面布置图
冷却塔补水轴测图
8400
3670
1000

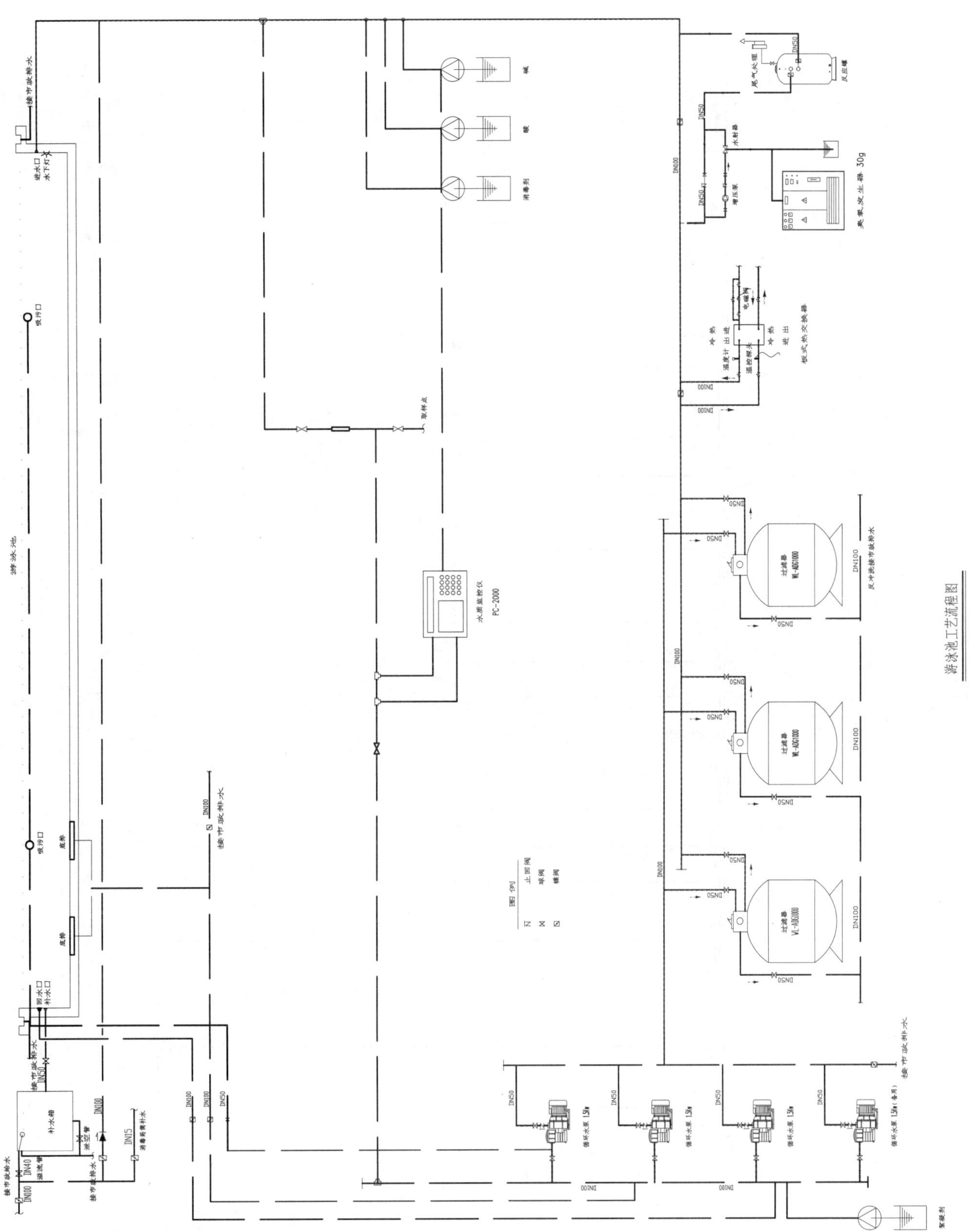

游泳池工艺流程图

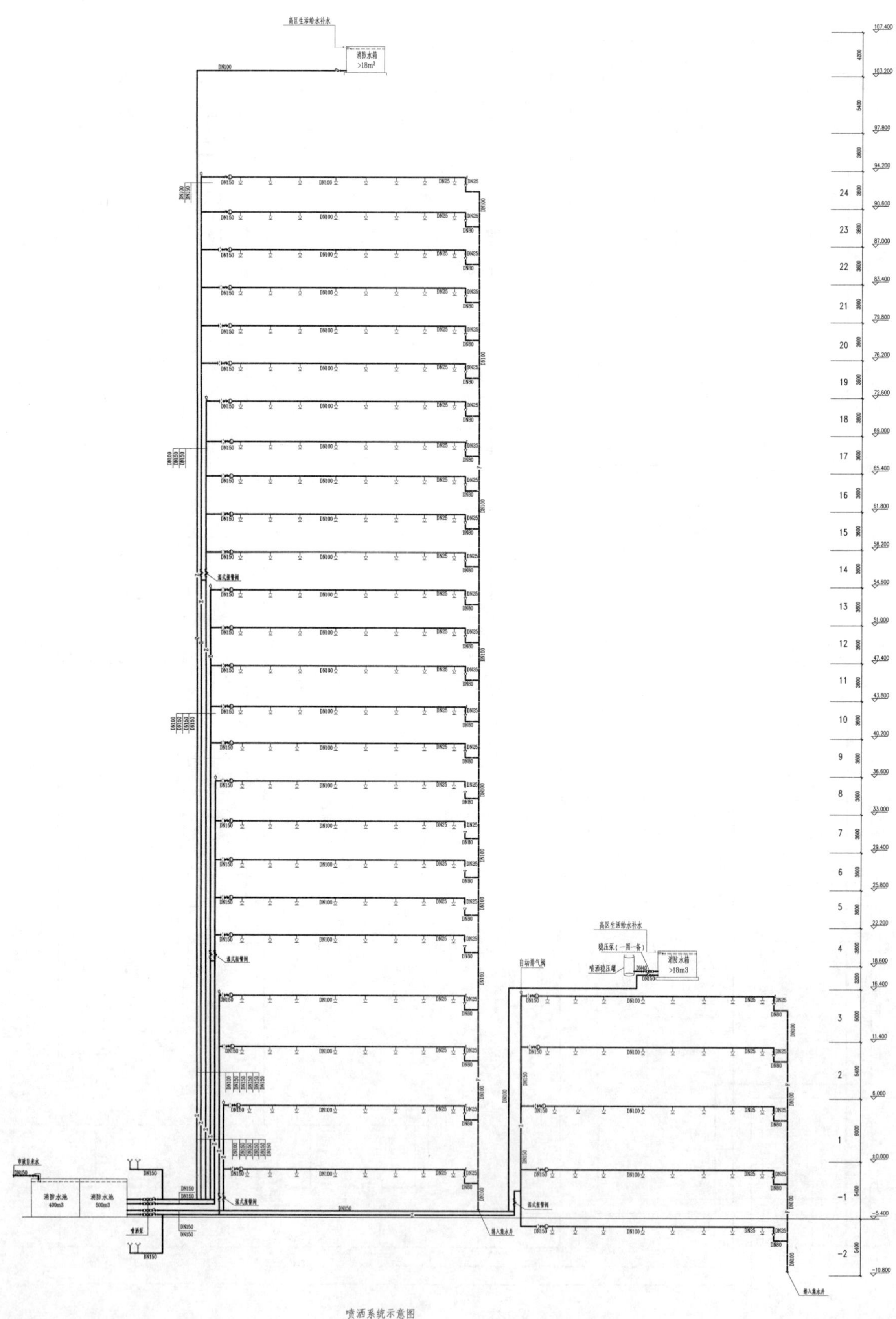

高区生活给水补水
消防水箱
>18m³
DN100
湿式报警阀
稳压泵（一用一备）
喷洒稳压罐
自动排气阀
消防水箱
>18m3
市政自来水
DN150
消防水池
400m3
消防水池
500m3
喷洒泵
接入集水井
107.400
103.200
97.800
94.200
90.600
87.000
83.400
79.800
76.200
72.600
69.000
65.400
61.800
58.200
54.600
51.000
47.400
43.800
40.200
36.600
33.000
29.400
25.800
22.200
18.600
16.400
11.400
6.000
±0.000
-5.400
-10.800

喷洒系统示意图

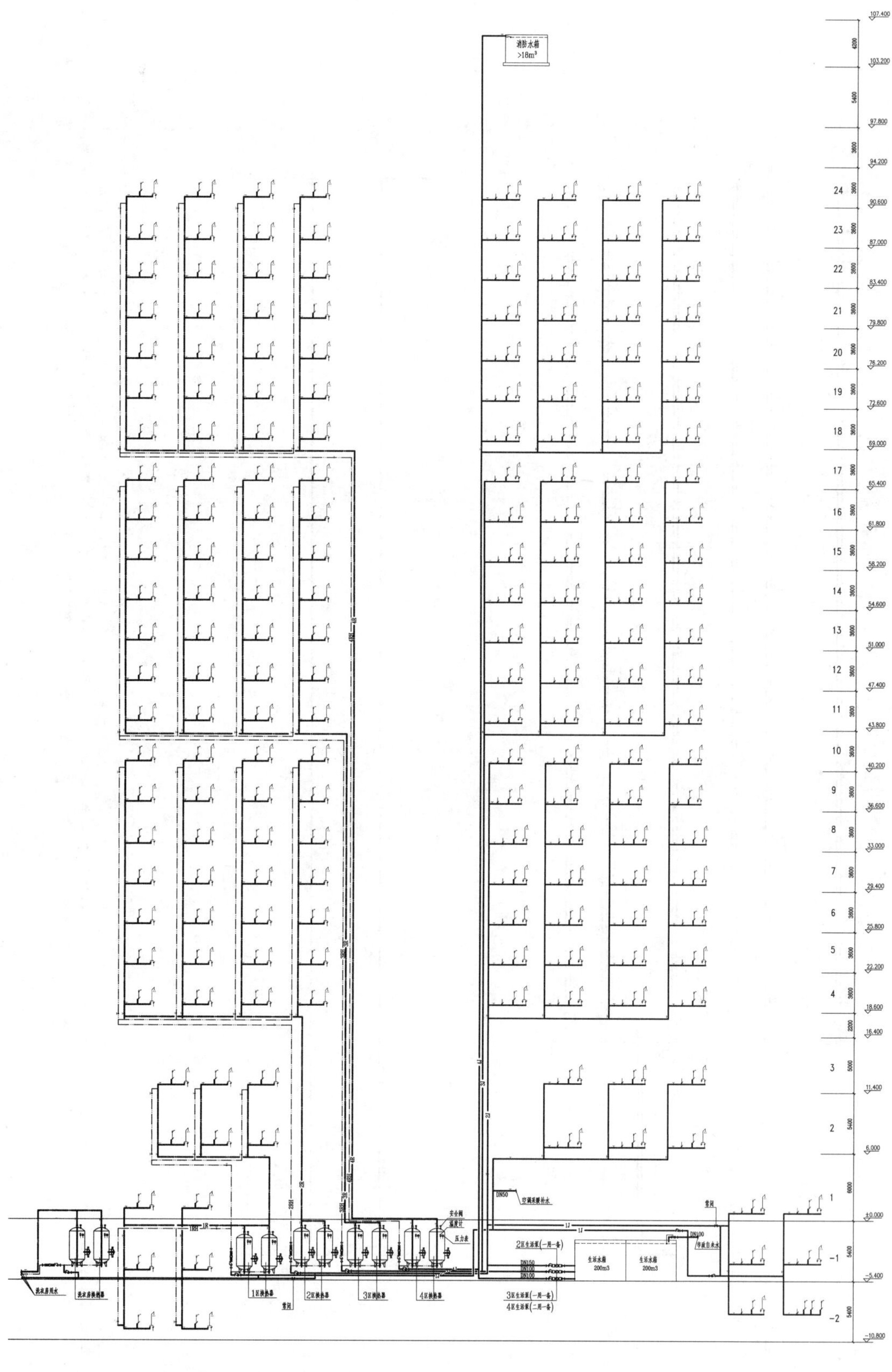

生活热水系统示意图

生活给水系统示意图

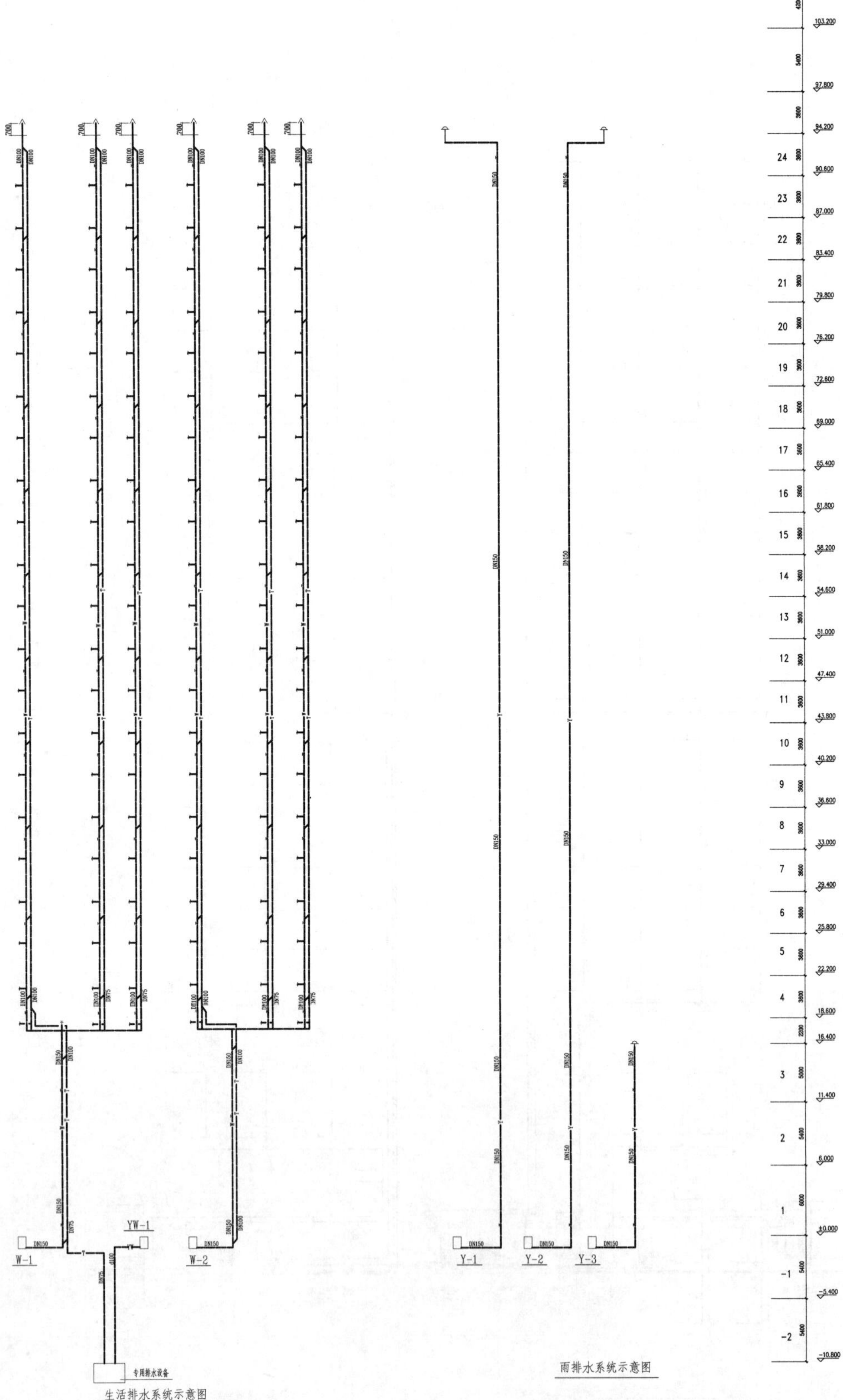

生活排水系统示意图

雨排水系统示意图

漕河泾开发区新建酒店、西区 W19-1 地块商品房项目

设计单位： 同济大学建筑设计研究院（集团）有限公司
设 计 人： 任军　徐钟骏　王尧
获奖情况： 公共建筑类　三等奖

工程概况：

本工程为上海市漕河泾酒店、公寓式办公及写字楼发展项目，建设地点为上海市古美路、田林路，坐落于上海漕河泾新兴技术开发区核心地段。基地面积 26708m^2，总建筑面积 92403m^2，其中地上部分 65032m^2，地下部分 27371m^2。本工程地上建筑由酒店、公寓式办公、写字楼三栋塔楼，以及连接酒店和公寓式办公的裙房组成。其中酒店 22 层，高度为 87.8m，公寓式办公 9 层，高度 39.5m，裙房 3 层，高 15.7m。裙房和塔楼之间设有设备夹层。酒店部分总客房数为 384 间，公寓式办公设计人数 150 人。办公楼 17 层，高 69.5m；地下部分共两层，高度为 9.3m。酒店管理公司为万豪酒店集团。设计起止时间为 2008 年 2 月～2008 年 9 月，工程建成时间为 2012 年 6 月。

一、给水排水系统

（一）给水系统

1. 冷水用水量（表 1～表 3）

酒店冷水用水量　　表 1

用途	使用人数或基数	用水定额	用水时间(h)	小时变化系数	最大日用水量(m^3/d)	最大小时用水量(m^3/h)
宾馆客房	580	500	24	2	290.0	24.2
员工	600	100	24	2	60.0	5.0
员工餐厅	600	25	16	1.5	15.0	1.4
全日餐厅	680	50	16	1.5	34.0	3.2
特色餐厅	280	50	16	1.5	14.0	1.3
咖啡简餐	240	15	18	1.5	3.6	0.3
中餐厅	440	50	12	1.5	22.0	2.8
宴会厅	480	50	6	1.5	24.0	6.0
会议	200	8	4	1.2	1.6	0.5
健身中心	60	50	12	1.5	3.0	0.4
泳池沐浴	100	50	12	1.5	5.0	0.6
泳池补水	282	0.05	24	1	14.1	0.6
洗衣房	2315.5	60	8	1.5	138.9	26.0
空调补水			24	1.2	360.0	18.0

续表

用途	使用人数或基数	用水定额	用水时间(h)	小时变化系数	最大日用水量 (m^3/d)	最大小时用水量 (m^3/h)
锅炉补水			24	1	48.0	2.0
卸货区洗地	150	2	4	1	0.3	0.1
地面及绿化浇洒	14800	2	4	1	29.6	7.4
未预见水量		10%			103.4	9.2
合计					1166.5	108.9

公寓式办公冷水用水量 **表 2**

用途	使用人数或基数	用水定额	用水时间 (h)	小时变化系数	最大日用水量	最大小时用水量
公寓式办公	150	300	24	2	45.0	3.8
未预见水量		10%			4.5	0.4
合计					49.5	4.2

注：地面及绿化浇洒计入酒店项目内。

写字楼冷水用水量 **表 3**

用途	使用人数或基数	用水定额	用水时间(h)	小时变化系数	最大日用水量 (m^3/d)	最大小时用水量 (m^3/h)
办公	2000 人	40L/(人·d)	10	1.5	80.0	12.0
简餐	360 人次	25L/人次	8	1.5	9.0	1.7
地面及绿化浇洒	2600m^2	2L/(m^2·d)	4	1	5.2	1.3
未预见水量		10%			8.9	1.4
合计					103.1	16.4

2. 水源：由市政给水管网提供两路 *DN*200 给水管，在基地内以 *DN*300 呈环状布置，以供生活及消防用水。供水压力 0.16MPa。

3. 系统竖向分区、供水方式及给水加压设备

酒店、公寓式办公：地下机动车停车库地面浇洒，室外道路、绿化浇洒由市政管网压力直接供水。地下室及群房生活用水采用生活储水箱→生活变频水泵联合供水方式，分区配水点静水压力为 210～440kPa。四层及四层以上的客房层及公寓式办公生活用水分别采用生活储水箱→生活水泵→高位生活水箱联合供水方式，水箱供水竖向分区，酒店 17～22 层由高位水箱出水经变频水泵增压后供水，10～16 层由高位水箱出水经设于 17 层的可调式减压阀减压后供水，4～9 层由高位水箱出水经设于 10 层的可调式减压阀串联减压后供水，各分区配水点静水压力为 210～440kPa；公寓式办公 4～9 层由高位水箱出水经变频水泵增压后供水。生活泵房设于地下二层。

写字楼：地下层机动车停车库地面浇洒，室外道路、绿化浇洒由市政管网压力直接供水。一层及以上生活用水采用生活储水箱→生活水泵→高位生活水箱联合供水方式，水箱供水竖向分区，15～17 层由高位水箱出水经变频水泵增压后供水，8～14 层由高位水箱直接供水，1～7 层由高位水箱出水经设于 8 层的可调式减压阀减压后供水。分区配水点静水压力为 100～440kPa。生活泵房设于地下二层。

4. 管材：酒店室内生活给水管采用覆塑硬铜管，硬钎焊接；公寓式办公采用不锈钢管，双卡压链接，管系与供水设备连接时采用卡套式连接。其余室内生活给水管选用 NFβPP-R（NFPP-RCT）管（S4 系列），热

熔连接。

（二）热水系统

1. 热水用水量（表 4、表 5）

酒店热水用水量　　表 4

用途	使用人数或基数	用水定额	用水时间(h)	小时变化系数 K_h	最大日用水量(m^3/d)	最大小时用水量(m^3/h)
宾馆客房	580 人	200L/(人·d)	24	3.30	116.0	16.0
员工	600 人	50L/(人·d)	24	2	30.0	2.5
员工餐厅	600 人次	10L/人次	16	2.5	6.0	0.9
全日餐厅	680 人次	10L/人次	16	2.5	13.6	2.1
特色餐厅	280 人次	10L/人次	16	2.5	5.6	0.9
咖啡简餐	240 人次	8L/人次	18	2.5	1.9	0.3
中餐厅	440 人次	20L/人次	12	2.5	8.8	1.8
宴会厅	480 人次	20L/人次	6	2.5	9.6	4.0
会议	200 人次	3L/人次	4	1.2	0.6	0.2
健身中心	60 人次	25L/人次	12	1.5	1.5	0.2
泳池沐浴	100 人次	25L/人次	12	1.5	2.5	0.3
洗衣房	2112kg	22.5L/kg	8	1.5	47.5	8.9

公寓式办公热水用水量　　表 5

用途	使用人数或基数	用水定额	用水时间(h)	小时变化系数 K_h	最大日用水量(m^3/d)	最大小时用水量(m^3/h)
公寓式办公	150 人	100L/(人·d)	24	3.54	15.0	2.2

2. 热源：酒店由暖通专业提供汽压 P_t=0.39MPa 的饱和蒸汽作为热源。公寓式办公由空气源热泵制备热水。

3. 系统竖向分区：热水分区与冷水分区一致。

4. 热交换器：客房高区、中区、低区；厨房、员工、泳池沐浴等热水；洗衣房热水分别由各自独立配置的导流型容积式水加热器提供。按万豪标准，一台水加热器检修时，其余仍需满足储水容积为 38L/客房，热水产量为 15L/(h·客房)。

5. 冷、热水压力平衡措施、热水温度的保证措施等：冷、热水压力平衡措施主要为热水分区与冷水分区一致，确保冷热水压力同源。热水温度的保证措施：供热储热设备及热水管道均采用有效保温措施；热水系统干管及立管采用机械循环；热水回水管同程布置并采用截止阀确保不产生短流；尽可能减小不循环的热水支管长度等。

6. 管材：酒店室内生活给水管采用覆塑硬铜管，硬钎焊接；公寓式办公采用不锈钢管，双卡压链接，管系与供水设备连接时采用卡套式连接。

（三）排水系统

1. 排水系统的形式：室内生活排水采用污、废水合流方式。

2. 透气管的设置方式：排水立管设置专用通气立管，酒店客房卫生间设器具通气管。

3. 采用的局部污水处理设施：餐饮的厨房废水经隔油处理后由潜污泵提升排放至室外污水窨井，根据万豪方面要求，不采用成品隔油设备而采用土建隔油池的形式，且隔油池有效容积需按国标图集选型后放大一倍；地下汽车库地面排水设集水坑收集，经隔油处理后，由潜污泵提升排放至室外污水窨井。

4. 管材：酒店生活排水（根据万豪方面要求）及餐饮厨房、洗衣房、结构中预埋排水管采用柔性接口机制铸铁排水管及其管件。公寓式办公及写字楼室内生活排水管采用排水用高密度聚乙烯管道，沟槽式环压柔性连接。雨水排水管采用内镀塑热镀锌钢管，设端面防腐圈沟槽式卡箍连接。潜污泵出水管采用内镀塑热镀锌钢管，设端面防腐圈沟槽式卡箍连接。

二、消防系统

（一）消火栓系统

室外消火栓用水量为30L/s，室内消火栓用水量为40L/s，火灾延续时间按3h计。

室内消火栓系统竖向分区确保最不利点静水压力不超过1.0MPa，地下二层为低区，地下一层至顶层为高区，低区供水由供高区管网经减压阀减压后供给。

消火栓泵选用消防专用泵，一用一备，主要参数：$Q=0\sim40L/s$，$H=5\sim110m$，$N=90kW$。

消火栓系统消防水泵直接从市政压力给水管中抽吸。高位消防储水18m^3，设于酒店屋顶消防水箱内。

室外设水泵接合器三套。

消防管采用消防给水、自动喷淋防腐（EP）复合管道，沟槽式卡箍连接，端面设防腐圈。

（二）自动喷水灭火系统

自动喷水灭火系统用水量为34L/s，火灾延续时间按1h计。

喷淋系统竖向分区确保配水管道工作压力不超过1.2MPa，地下二层～12层为低区，13层～顶层为高区，低区供水由供高区管网经减压阀减压后供给，低区12组湿式报警阀分设于地下二层酒店水泵房及写字楼水泵房内，高区一组湿式报警阀设于三层与四层间的设备层。

喷淋泵选用消防专用泵，一用一备，主要参数：$Q=0\sim40L/s$，$H=5\sim120m$，$N=90kW$。喷淋系统消防水泵直接从市政压力给水管中抽吸。高位消防储水18m^3，设于酒店屋顶消防水箱内，配套设置喷淋增压稳压设备。

本工程均采用快速响应喷头。酒店边墙型喷头选用扩展覆盖面型喷头，喷头流量系数为115，其余喷头流量系数为$K=80$。厨房、洗衣房喷头动作温度93℃；桑拿、蒸汽浴室喷头动作温度141℃；冷库内设干式悬挂快速反应型，喷头动作温度74℃；其余一般室内喷头动作温度68℃。地下车库入口坡道、酒店技术夹层等与室外空气直接流通的空间设易熔合金喷头，其余设玻璃球喷头。

室外设水泵接合器三套。

消防管采用消防给水、自动喷淋防腐（EP）复合管道，沟槽式卡箍连接，端面设防腐圈。

（三）气体灭火系统

发电机房、油箱间及高低压配电房采用二氧化碳管式自动探火及灭火装置系统，系统采用局部全淹没式灭火方式，并根据保护对象的特性分别采用直接式与间接式。系统工作原理是当火患发生时，距离火源上部1m范围内经充压的火探管最薄弱处在一定温度下爆破，从而引发火探装置启动并释放灭火介质到保护区域，达到自动探火及灭火的目的。灭火控制方式为自动。

三、设计及施工体会

本工程的重点在于酒店，其目标是交由万豪酒店集团进行运营的四星级酒店。

在正式设计开展前先要做些技术准备，首先收集了有些类似规模和等级酒店的设计资料，做到对后续的设计心中有数；然后与酒店管理公司的接触与沟通，了解其技术标准与要求，这方面的工作主要是熟悉和了解其提供的万豪酒店国际设计的详细标准，这一工作对本专业设计工作的正式展开、各专业间协调配合、设计内容对于建成后的运行管理的针对性都是大有益处的，后续的各阶段工作中也都体现了这一准备工作的重要性。

方案设计阶段，机电专业在建筑师调整平面的同时，继续了解万豪对机电部分的要求，各专业先是在专业内部开会讨论万豪要求及建筑平面，初拟设计方案，然后邀请院内总师对初拟方案进行评审并据此优化，并根据建筑平面图进行设备提资；通过工程例会，与投资方及酒店管理方充分交流，及时将一些特殊要求融入方案中去。

初步设计阶段，除了按深度标准完成初步设计说明、计算以及初步设计图纸的工作，还需要和酒店各专业顾问公司进行初步接触与沟通，如厨房设备顾问公司、洗衣房设备顾问公司、水景设计顾问公司、室内精装修设计顾问公司等。一些今后由专业公司深化设计但在初步设计中会对设备机房有一定要求的内容也要尽早了解，如处方工艺、泳池水处理系统、气体灭火系统，虽说这些内容落到图纸上体现不出多少工作量，但若不事先考虑完善，会给后续的施工图设计带来麻烦，甚至对施工及建成后的运行管理造成不利。

初步设计文件送审后，为正式开展施工图设计进行了初步设计的深化工作，如酒店后场部分、办公部分的深化；厨房、洗衣房、游泳池等专业公司的配合调整；与酒店室内设计公司、FB 设计顾问公司沟通并优化平面；一些设备选型的考量等。紧接着的工作就是各部门审查意见的落实，包括万豪机电顾问做出的初设审查意见，与审图公司提出的 8 条意见（给水排水专业）相比，万豪机电顾问的意见未包含消防系统（万豪有专门的消防部门负责审图）就多达 49 条，而这即便在机电专业中也还是最少的，可见万豪机电顾问的认真与细致。收到意见后，各专业在与各审图人员交流沟通后，都对各审图意见加以整合落实，以便后续施工图设计的推进。

有了之前各方审图意见的整合落实，施工图的进展也相对顺利多了，也为后来施工图审图的顺利通过打下了扎实的基础。设计过程中除了各专业边相互协调边完成施工图，还要与各专业顾问公司沟通协调，许多内容也不是根据规范与经验作了预留就完事，而沟通协调成果落实到设计图中又会引起相关专业的设计调整，这给本已相当紧凑的设计节奏又带来许多停顿与反复，但这个项目由于酒店管理公司一开始就已介入，为了今后运营管理顺畅，酒店管理公司对于土建设计与专业顾问公司的衔接要求很高，投资方又对酒店管理公司的意见很重视，设计也想把项目做得完善，因此三力合一，这样的反复过程还省略不得。

施工配合与现场服务阶段的工作主要是施工单位读图与施工中遇到问题时提供解答与解决方案；投资方一些建筑功能调整和现场修改时提供技术，支持和设计修改；酒店管理公司出于安全、系统、设备、运行管理要求而提出的意见与建议的沟通协调与落实；酒店各专业顾问公司与土建设计的衔接配合（包含了精装配合设计）等。大到建筑功能调整，小到一个管材的确定，甚至是一份自来水公司的接水申请表都会要设计出图、出修改通知单、签工程联系单或帮忙做统计填表工作，这当中协调会、工程例会、现场交底、现场处理问题、邮件和文件往来数不胜数，贯穿了近四年的施工配合与现场服务阶段。当然，配合与服务也不是无原则的，对于有些专业顾问公司的深化内容或万豪消防部门的某些修改要求，我方设计出于对规范及安全角度考虑也一直予以坚持。

纵观设计及施工配合各阶段，还是有些心得体会的。首先，一个项目要想在设计阶段、施工阶段得以顺利推进，减少无谓的反复；想要设计成果让设计师、投资方和使用方都能比较满意，那么从设计前期就要舍得投入，功课要做在前头。继而，初步设计要加以重视，各专业在这个阶段就要密切配合，让后续设计中会遇到的难点在这一阶段就显露出来，并加以解决，至少也要准备好解决方案，不要把问题悬着，都推到施工图阶段解决，现在的设计市场决定了施工图阶段的周期也是很短的，到时候前期悬而未决的难点往往不会有充裕的时间加以解决，而此时由于工作量大，时间紧，工作又分散到更多的设计人员手中，要解决遗留问题会花更多的时间与精力，有时候由于项目已铺开且已推进到一定程度，造成有些问题无法妥善解决，只能做出退而求其次的折中方案，给设计留下遗憾，也很可能会给施工及日后的运行使用埋下隐患。再者，设计、施工配合和现场服务过程中，设计师服务态度固然要好，但也要有技术底气，对于原则问题该坚持的还是要坚持，否则最终会对设计质量、对设计师本人、对设计团队乃至对整个设计集团造成不利。

四、工程照片及附图

泵房

厨房

火探

外立面

游泳池

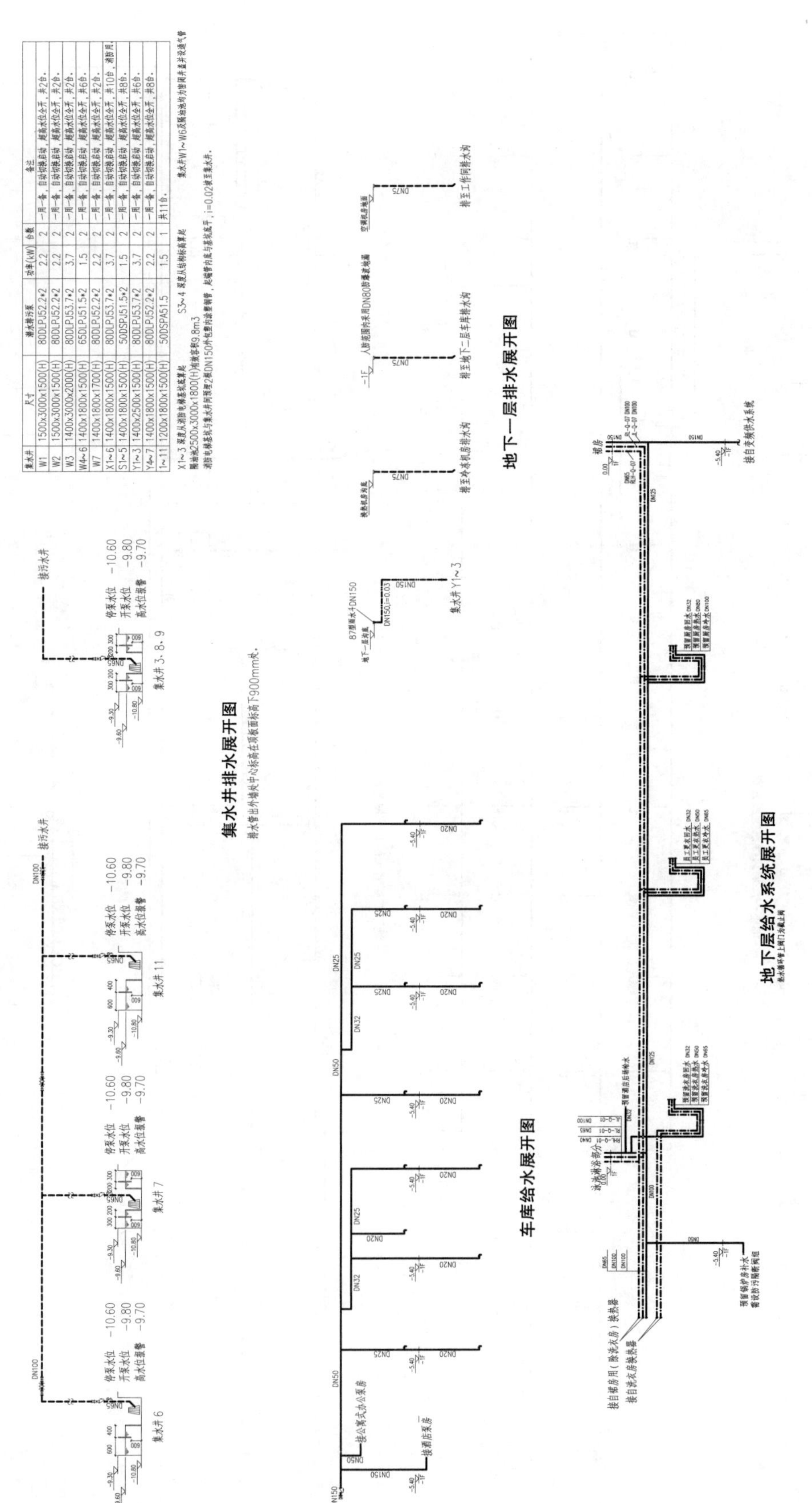
集水井排水展开图
地下一层排水展开图
车库给水展开图
地下层给水系统展开图

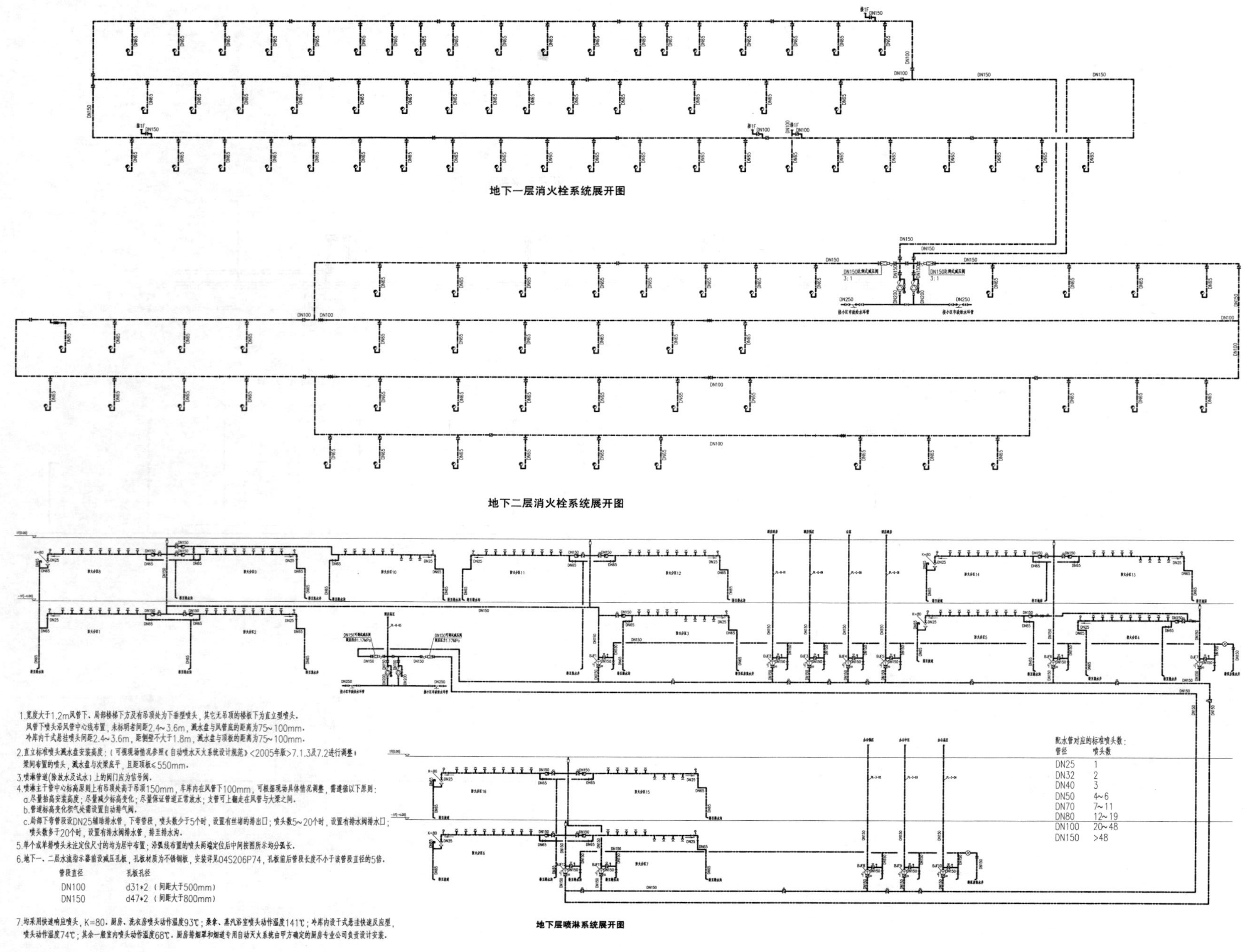

地下一层消火栓系统展开图

地下二层消火栓系统展开图

地下层喷淋系统展开图

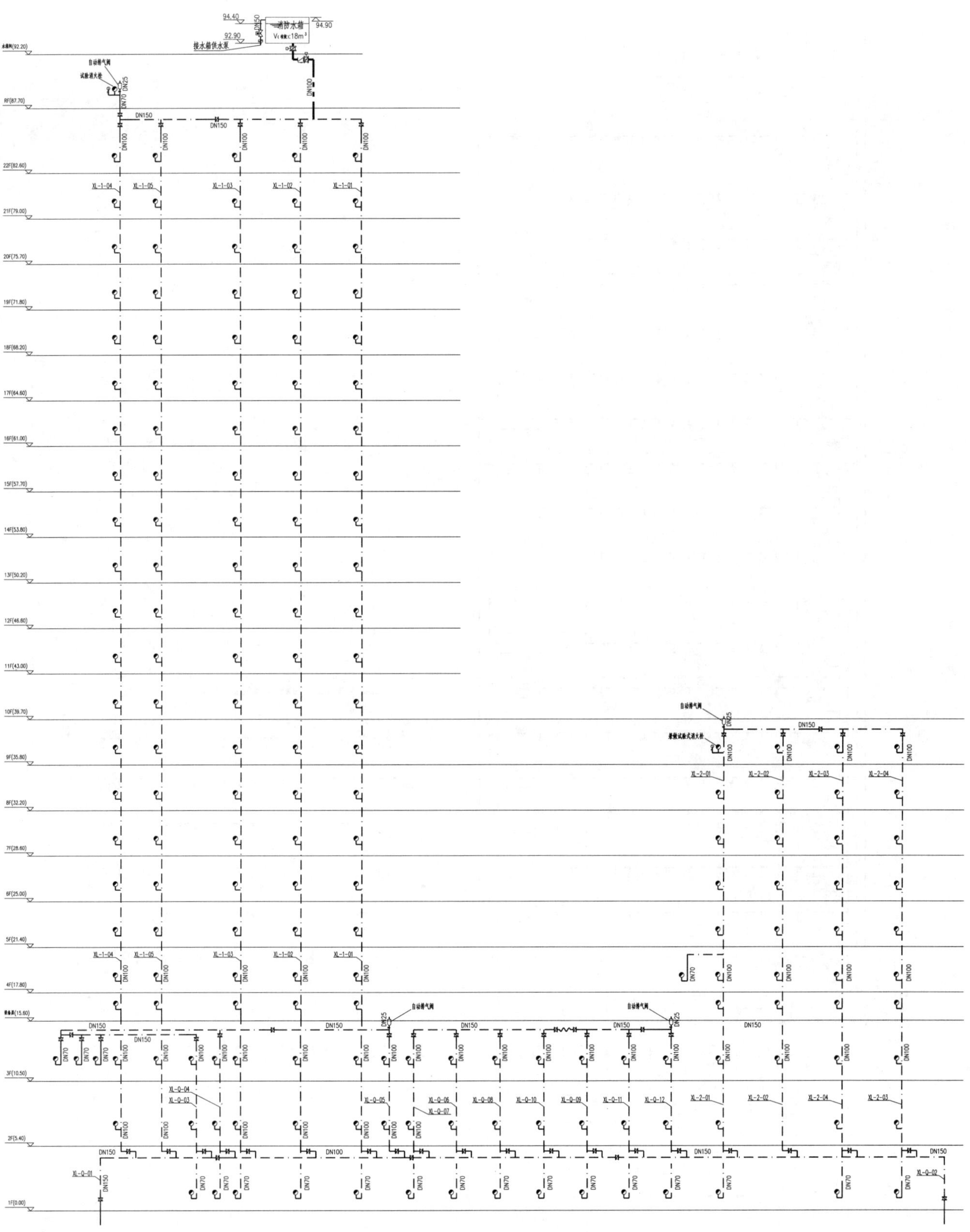

酒店＋公寓式办公消火栓给水系统展开图

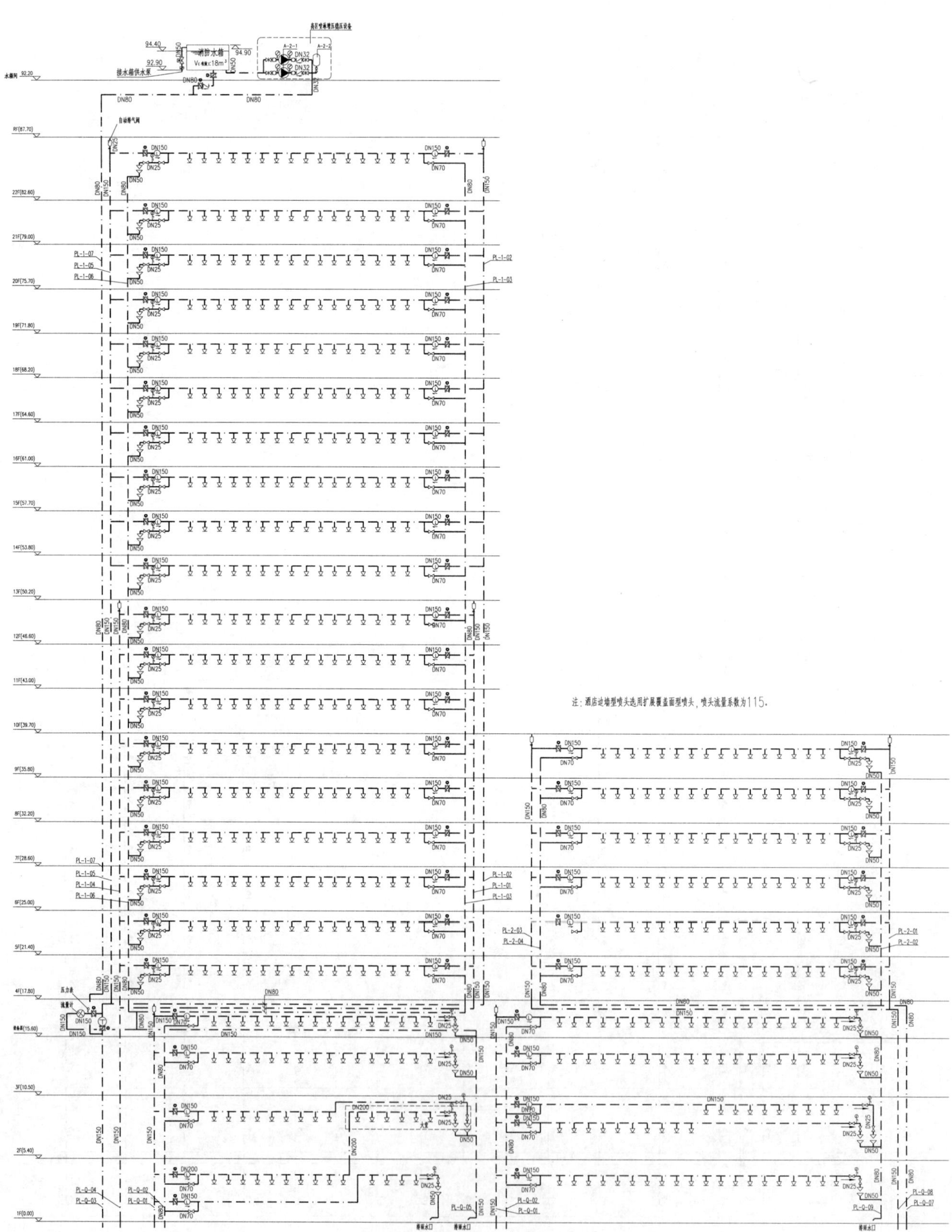

酒店＋公寓式办公喷淋给水系统展开图

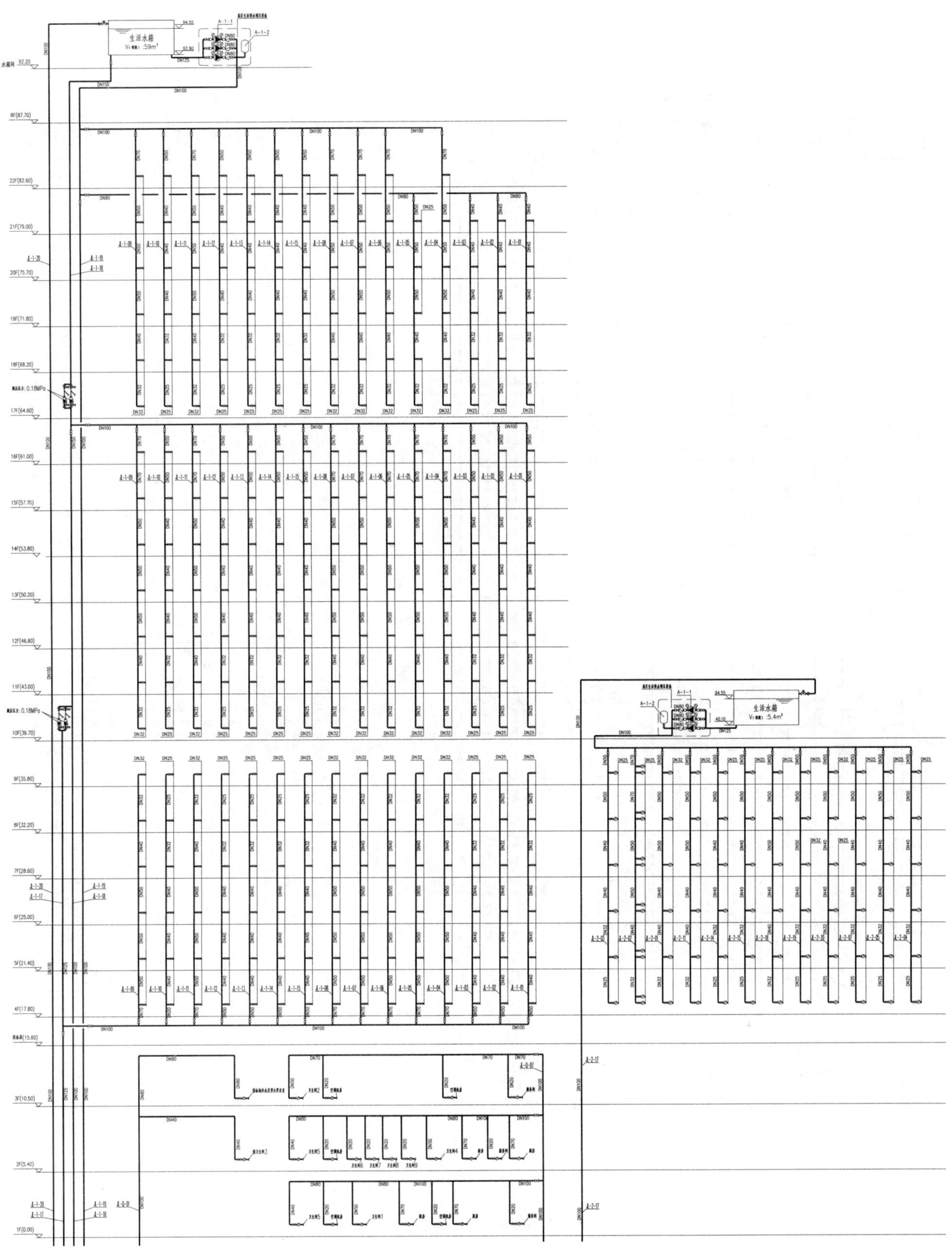

酒店＋公寓式办公生活给水（冷水）系统展开图

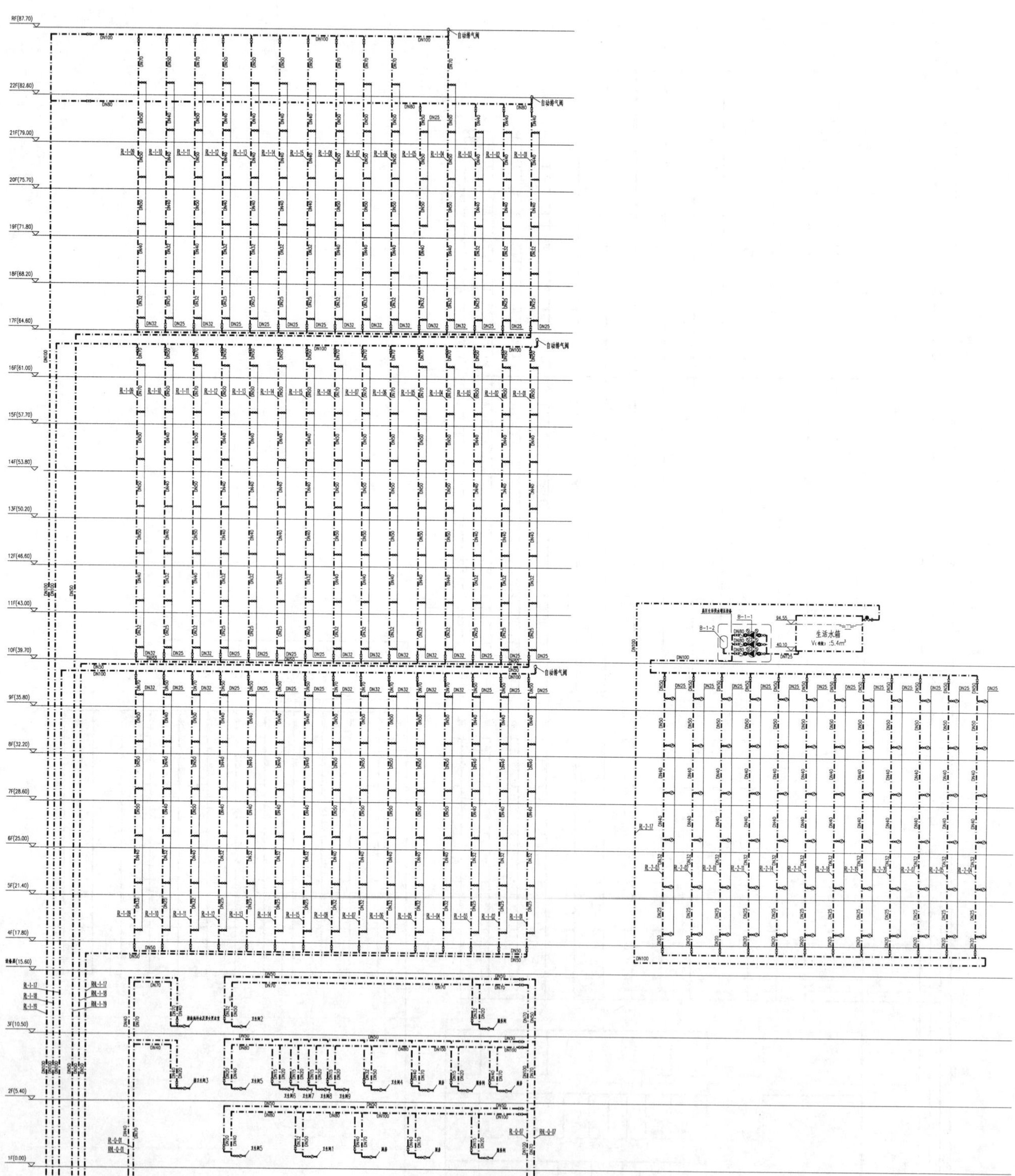

酒店＋公寓式办公生活给水（热水）系统展开图

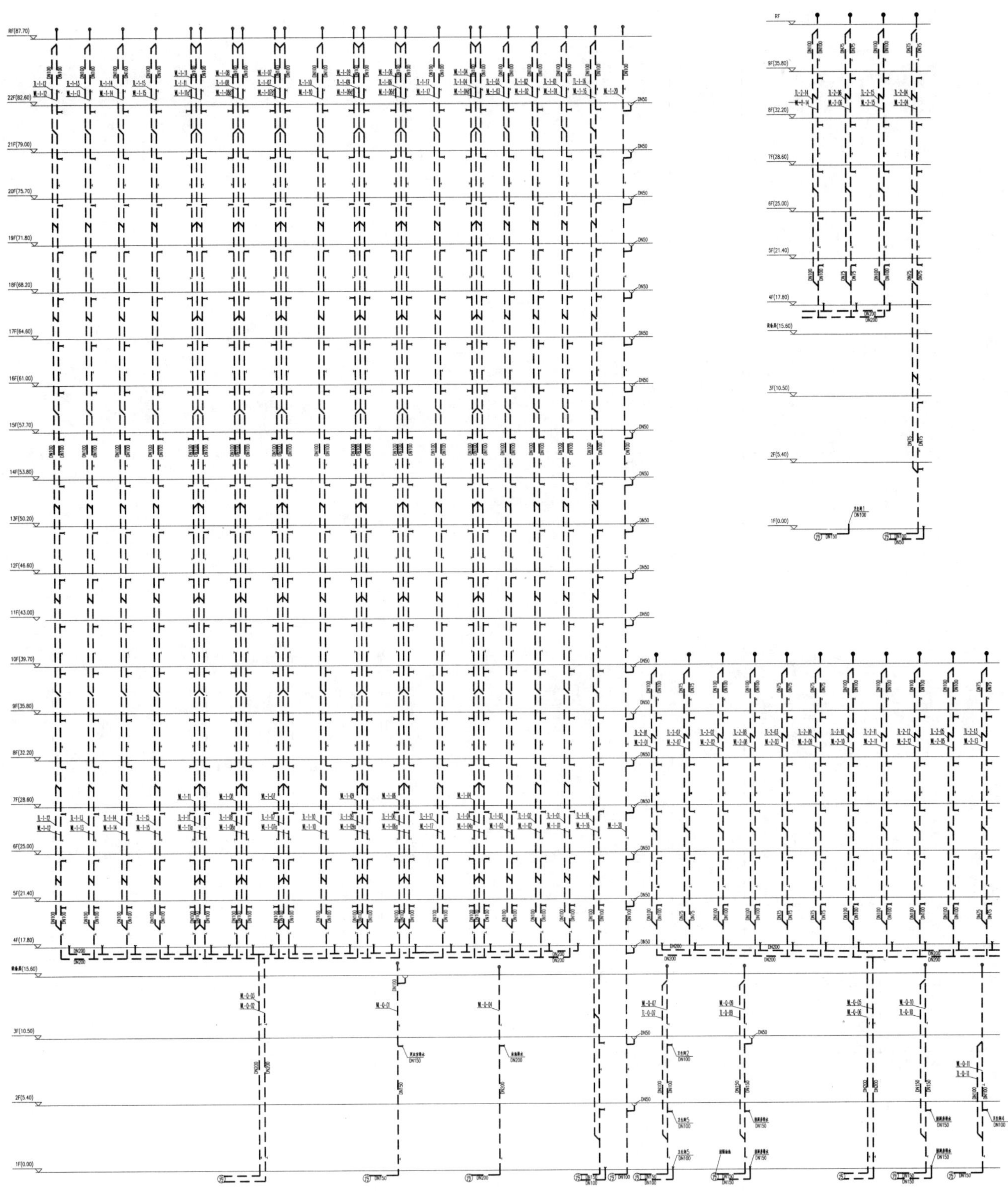

酒店＋公寓式办公排水系统展开图

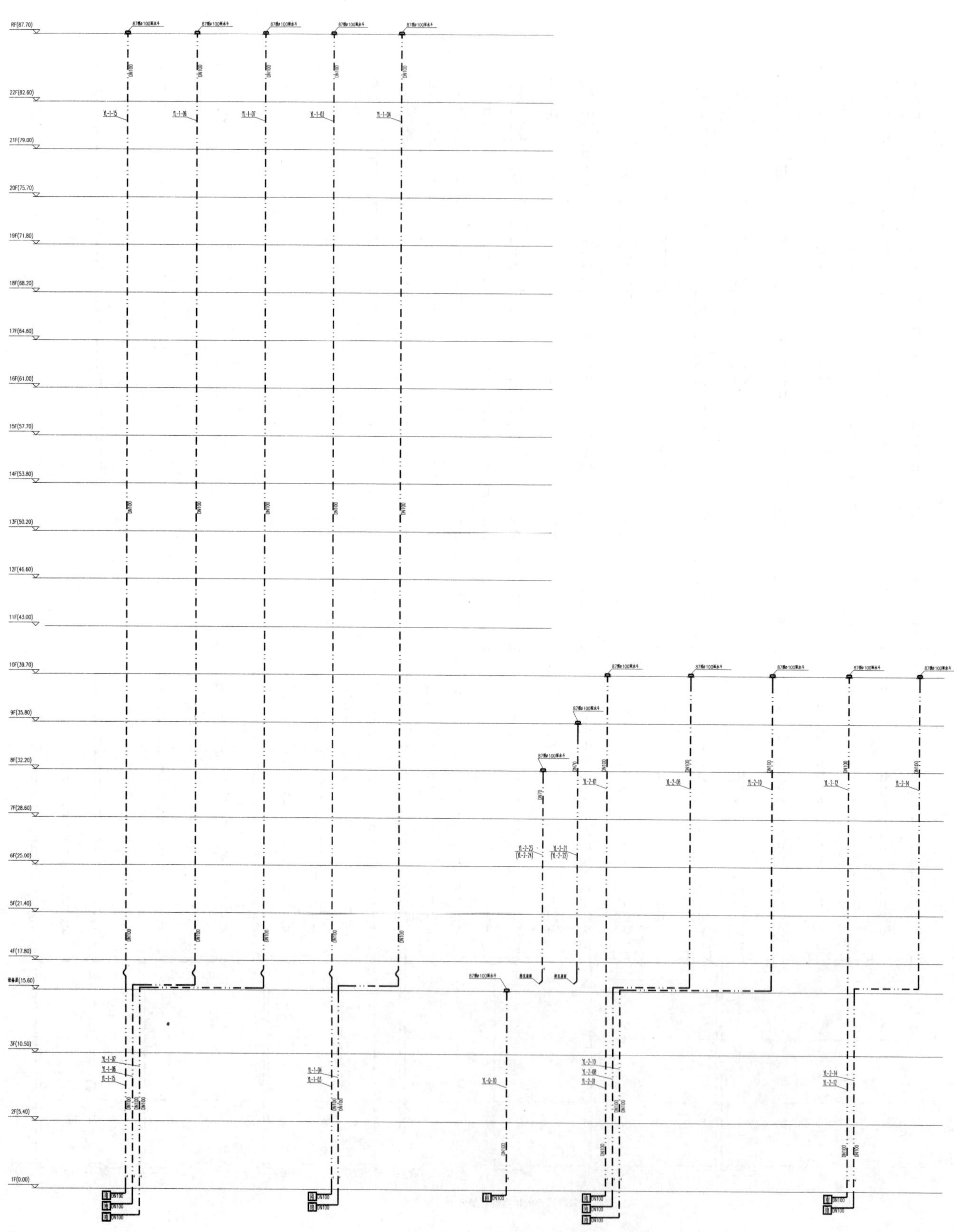

酒店＋公寓式办公半有压雨水系统展开图

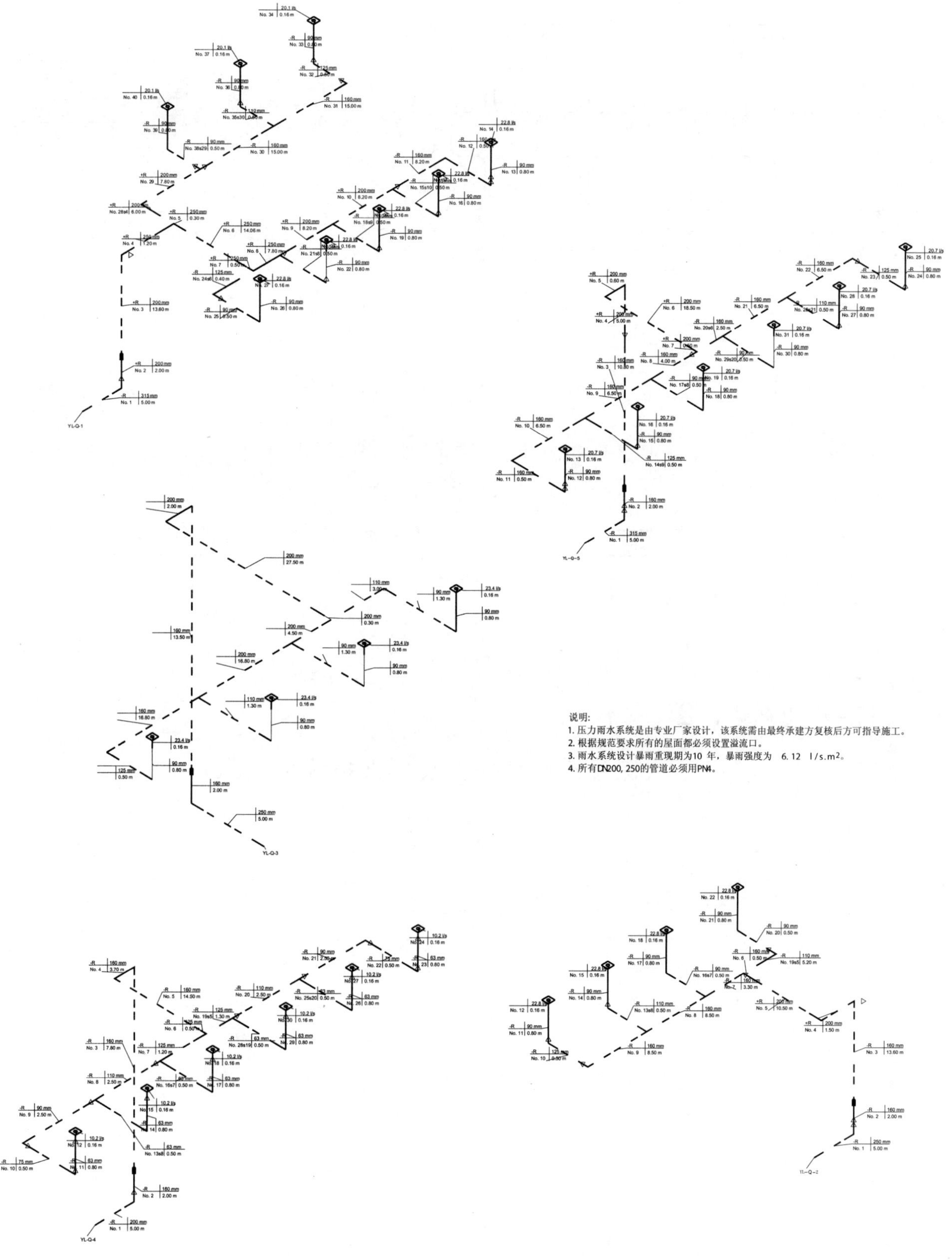

YL-Q-1
YL-Q-5
YL-Q-3
YL-Q-4
YL-Q-2
说明:
1. 压力雨水系统是由专业厂家设计，该系统需由最终承建方复核后方可指导施工。
2. 根据规范要求所有的屋面都必须设置溢流口。
3. 雨水系统设计暴雨重现期为10 年，暴雨强度为 6. 12 l/s.m²。
4. 所有DN200, 250的管道必须用PN4。

酒店＋公寓式办公压力流雨水系统展开图

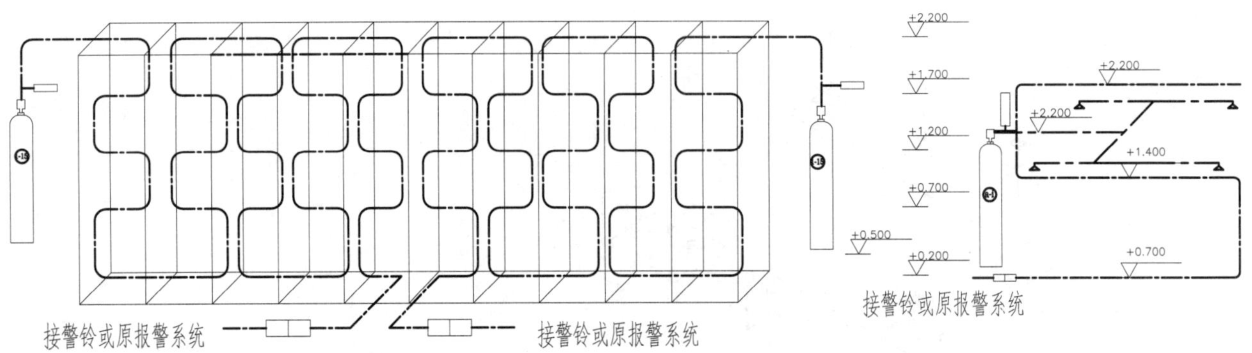

配电柜

注:

- 终端压力表
- 终端压力止回阀
- 火探管
- 释放管
- 二氧化碳喷嘴
- FD-I-C6 ①—⑮
- FD-I-C6/45 ⓐ—ⓘ

说明:

1、设定室内地面标高为±0.000
2、图中所示标高为相对标高。
3、火探管,释放管紧贴固定物安装,用专用固定夹固定。
4、容器瓶安装高度可根据现场实际尺寸调整。
5、末端压力开关接至原有报警系统或报警铃。
6、标高单位为m,其它尺寸单位为mm。

火探管式自动探火及灭火系统示意图

卓越大厦

设计单位： 天津大学建筑设计研究总院
设 计 人： 郑伟
获奖情况： 公共建筑类　三等奖

工程概况：

天津卓越大厦位于河东区中心区，基地西临七纬路、北至德元里、南临十经路、东临八纬路，地块基本呈正方形，基地方位角为南偏东 53°。基地南北长约 109.78m，东西宽约 118.47m。

项目用地面积：12854m^2，总建筑面积：89807.9m^2，其中地下室建筑面积：26295.9m^2，地上部分建筑面积：63512m^2。

本建筑的结构形式：钢筋混凝土剪力墙结构，裙房为框架结构。耐火等级：一级。

建筑功能包括酒店式及居住式公寓、配套商业等。地下一至地上二层主要为商业功能，三层至顶层为公寓（除 2 号楼 3～24 层为酒店式公寓外，其余均为居住式公寓）；1 号楼地下一层部分为会所及设备用房，2 号楼地下一层部分为消防控制及变配电室等设备用房，地下三层均为设备用房及车库，地下三层车库部分为核 6 级常 6 级甲类二等人员掩蔽所。

设计依据：

1. 现行设计规范及标准

(1)《高层民用建筑设计防火规范》GB 50045—95（2005 年版）

(2)《建筑灭火器配置设计规范》GB 50140—2005

(3)《建筑给水排水设计规范》GB 50015—2003（2009 年版）

(4)《自动喷水灭火系统设计规范》GB 50084—2001（2005 年版）

(5)《人民防空工程设计防火规范》GB 50098—2009

(6)《人民防空地下室设计规范》GB 50038—2005

(7)《气体灭火系统设计规范》GB 50370—2005

(8)《汽车库、修车库、停车场设计防火规范》GB 50067—97

(9)《建筑中水设计规范》GB 50336—2002

(10)《天津市二次供水工程技术标准》DB 29-69—2008 J10369—2008

(11)《天津市再生水设计规范》DB 29-167—2007 J10926—2007

2. 设计任务书及建设单位提出的使用要求，市政管网资料，建筑专业提供的平、立、剖面图。

一、给水排水系统

(一) 给水设计

1. 冷水用水量

(1) 商业员工及顾客，用水量标准 2L/(m^2 营业厅面积・d)，营业面积 7228m^2，用水时间 12h，时变化系数 1.5。

(2) 居住人数 4374 人，用水量标准 120L/(人・d)，用水时间 24h，时变化系数 2.5。

(3) 不可预见按总用水量的 10%计

总用水量：593.3m^3/d。

最大时用水量为：62.1m^3/h。

2. 水源：本工程给水水源由市政给水管提供，分别从七纬路和八纬路的市政给水管上各接一根 *DN*200 的给水管（其中一根为无表防险）在区域内连成环状，环状给水管管径为 *DN*200，给水管上布置三个室外地下消火栓，提供室外消火栓系统用水。

3. 系统竖向分区：本工程室内给水分Ⅰ，Ⅱ，Ⅲ，Ⅳ，Ⅴ五区供水，Ⅰ区为地下三层至二层夹层，由市政给水管网直接供水；Ⅱ区为 3～14 层（其中 3～6 层为减压阀供水，阀后压力 0.10MPa），由设于本工程地下的生活水箱（总有效容积为 72m^3）及变频调速泵供水；Ⅲ区为 15～27 层（其中 15～19 层为减压阀供水，阀后压力 0.10MPa），由设于本工程地下的生活水箱（总有效容积为 72m^3）及变频调速泵供水；Ⅳ区为 28～40 层（其中 28～31 层为减压阀供水，阀后压力 0.10MPa），Ⅳ区设于本工程地下的生活水箱（总有效容积为 72m^3）、接力泵及设于本工程 22 层的生活接力无负压供水设备供水；Ⅴ区为 41 层至顶层（其中41～44 层为减压阀供水，阀后压力 0.10MPa），Ⅴ区设于本工程地下的生活水箱（总有效容积为 72m^3）、接力泵及设于本工程 22 层的生活接力无负压供水设备供水。

4. 供水方式及给水加压设备

Ⅰ区供水采用下行上给供水方式；其余各区供水采用上行下给供水方式。生活水箱内均设水系统自洁消毒器，以保证生活水质不受污染。

Ⅱ区给水泵三台，两用一备，每台工况 Q=3.5L/s，H=76m，N=5.5kW；Ⅲ区给水泵三台，两用一备，每台工况 Q=3.5L/s，H=115m，N=7.5kW；给水接力泵四台（两组，每组两用两备），每台工况Q=15L/s，H=100m，N=15kW；生活给水断流水箱两座，每座有效容积 36m^3。以上设备均设置于地下层生活泵房内。

Ⅳ区箱式给水无负压变频供水设备，配泵三台，两用一备，每台工况 Q=3.5L/s，H=75m，N=5.5kW；Ⅴ区箱式给水无负压变频供水设备，配泵三台，两用一备，每台工况 Q=3.5L/s，H=110m，N=7.5kW。以上设备均设置于 22 层的给水泵房内。1、2 号楼均如上设置。

5. 管材：给水干管采用铝合金衬塑复合管道，曲弹双熔管件，承插热熔连接。支管采用 PP-R 给水塑料管（S5 级），热熔或法兰式连接，接热水器（开水器）40cm 以内的给水管采用不锈钢软管。

（二）热水系统

本工程公寓需热水供应，在各卫生间热水用水点设电热水器。

（三）中水设计

1. 中水用水量

(1) 商业员工及顾客，用水量标准 4L/(m^2 营业厅面积・d)，营业面积 7228m^2，用水时间 12h，时变化系数 1.5。

(2) 绿化 4100 m^2，用水量标准 1.5L/(m^2・d)，8h。

(3) 公寓人数 3000 人，用水量标准 35L/(人・d)，用水时间 24h，时变化系数 2.5。

(4) 不可预见按总用水量的 10%计

中水总用水量：154.3m^3/d。

最大时中水用水量为：24.8m^3/h。

2. 水源：本工程中水水源由市政中水管提供，从八纬路的市政中水管上接一根 *DN*150 的中水管进入区域内，中水管上布置四个洒水栓。

3. 系统竖向分区：本工程室内中水分Ⅰ，Ⅱ，Ⅲ，Ⅳ，Ⅴ五区供水，Ⅰ区为地下三层至二层夹层，由市政中水管网直接供水；Ⅱ区为3～14层（其中3～6层为减压阀供水，阀后压力0.10MPa），由设于本工程地下的中水水箱（总有效容积为30m^3）及变频调速泵供水；Ⅲ区为15～27层（其中15～19层为减压阀供水，阀后压力0.10MPa），由设于本工程地下的中水水箱（总有效容积为30m^3）及变频调速泵供水；Ⅳ区为28～40层（其中28～31层为减压阀供水，阀后压力0.10MPa），Ⅳ区设于本工程地下的中水水箱（总有效容积为72m^3）、接力泵及设于本工程22层的中水接力无负压供水设备供水；Ⅴ区为41层～顶层（其中41～44层为减压阀供水，阀后压力0.10MPa），Ⅴ区设于本工程地下的中水水箱（总有效容积为30m^3）、接力泵及设于本工程22层的中水接力无负压供水设备供水。

4. 供水方式及给水加压设备

Ⅰ区供水采用下行上给供水方式；其余各区供水采用上行下给供水方式。中水水箱内均设水系统自洁消毒器，以保证生活水质不受污染。

Ⅱ区中水泵三台，两用一备，每台工况Q=2.7L/s，H=71m，N=3.0kW；Ⅲ区中水泵三台，两用一备，每台工况Q=2.7L/s，H=110m，N=5.5kW；中水接力泵四台（两组，每组两用两备），每台工况Q=12L/s，H=100m，N=11kW；中水断流水箱两座，每座有效容积30m^3。以上设备均设置于地下层中水泵房内。

Ⅳ区箱式中水无负压变频供水设备，配泵三台，两用一备，每台工况Q=2.5L/s，H=75m，N=4.0kW；Ⅴ区箱式中水无负压变频供水设备，配泵三台，两用一备，每台工况Q=2.5L/s，H=110m，N=5.5kW。以上设备均设置于22层的中水泵房内。1、2号楼均如上设置。

5. 管材：中水干管采用铝合金衬塑复合管道，曲弹双熔管件，承插热熔连接。支管采用PP-R给水塑料管（S5级），热熔或法兰式连接。

（四）排水系统

1. 污水量

本工程最高日污水量为：233.8m^3/h。最大时污水量为：37.2m^3/h。

室内污水按照就近排出原则直接排出室外，污水经化粪池处理后再排入市政污水管，排水系统分三区，地下层为一区，污废水经污水坑收集（消防电梯底部设专用排水机坑及排水泵），由污水泵提升至室外污水管，经化粪池处理后再排入市政污水管。一层至五层为二区，五层以上为三区，各自单独收集，依靠重力自流排出室外，经化粪池处理后再排入市政污水管。

2. 透气管直接伸顶通气，公寓部分的均做专用通气立管，地下室生活污水提升装置均设置专用通气管自裙房伸顶通气。其余排水管均伸顶通气。

3. 排水管立管及排出管采用机制排水铸铁管，卡箍连接，其余排水管采用PVC-U排水塑料管及管件，承插粘接；埋地部分排水管采用机制排水铸铁管，卡箍连接；污水泵出水管采用热镀锌钢管，法兰连接；卫生间用污水泵出水管采用ABS塑钢管，粘接或法兰连接。

二、消防系统

按消防有关规范，本工程应设室内外消火栓系统，自动喷水灭火系统，并应配置灭火器，地下室变配电室设置七氟丙烷气体灭火设施。

本工程室内外消防用水量分别为40L/s、30L/s，火灾延续时间3h，自动喷水灭火用水量为30L/s，火灾延续时间1h。

本工程消防给水由市政给水管网提供（两路，管径DN200，其中一路为无表防险），给水管在区域内连成环状，环状给水管管径为DN200，给水管上布置三个室外地下消火栓，满足本工程室外消防用水需要。在本工程地下二层设消防水池一座（有效容积为580m^3，分成可独立使用的两格），储存3h的室内消防用水量及 1h 的自动喷水用水量，满足本工程室内消防及自动喷水灭火用水量要求。

（一）室内消火栓系统

室内消火栓系统分高低两区低区为地下二层～24 层，低区消防泵选用两台，一用一备，型号 XBD40-120-HY，每台 Q=40L/s，H=130m，N=90kW，在 22 层水箱间内设置低区高位消防水箱一座，有效容积为 24.0m^3，并且在消防水箱间内设 ZT（L)-I-X-13 型消防增压设施一套，以满足消防初期顶部几层消防压力要求。高区为 22 层～顶层，高区消防泵选用两台，一用一备，型号 XBD40-200-HY，每台 Q=40L/s，H=200m，N=160kW，在 01 栋公寓屋顶水箱间内设置高区高位消防水箱一座，有效容积为 28.0m^3（消火栓及喷淋合用），在 02 栋公寓屋顶水箱间内设置高区高位消防水箱一座，有效容积为 24.0m^3（消火栓专用），均设带压力表的检验用消火栓，在消防水箱间内设 ZT（L)-I-X-13 型消防增压设施一套，以满足消防初期顶部五层的消防压力要求。

高低区消火栓系统各设三套 DN150 的地下式水泵接合器。

消防系统水管采用热镀锌钢管，丝接（小于等于 DN80）和卡箍连接（大于 DN80)。

（二）自动喷水灭火系统

本工程均设自动喷水灭火系统，本工程地下车库及商业部分属自喷系统的中危险Ⅱ级，设计喷水强度 8.0L/(m^2・min)，作用面积 160m^2，设计喷水量为 28L/s，公寓部分属自喷系统的中危险Ⅰ级，设计喷水强度 6.0L/(m^2・min)，作用面积 160m^2，设计喷水量为 22L/s，本工程自动喷水灭火系统设计喷水量取 40L/s，喷洒泵设于地下三层消防泵房内，喷洒泵选用两台，一用一备，型号 XBD40-190-HY，每台 Q=40L/s，H=210m，N=132kW。喷洒泵自消防水池吸水加压经 19 套 ZSS 系列湿式报警阀（DN150）至各层各防火分区喷洒管网，喷洒管网在报警阀前连成环状，喷洒管各层各防火分区起始端均设信号蝶阀及水流指示器，各层各防火分区喷洒管末端设试水阀，每组湿式报警阀喷洒管网最不利点处设末端试水装置，在 01 栋公寓屋顶水箱间内设置高位喷淋水箱一座，有效容积为 28.0m^3，储存室内消防初期 10min 的喷洒水量，喷洒系统设 ZT（L）-I-S-10 型喷洒增压设施一套。

室外设三套 DN150 的地下式水泵接合器接至喷洒系统湿式报警阀前。从高位水箱接一根 DN100 的管道至湿式报警阀前。

喷洒系统水管采用热镀锌钢管，丝接（小于等于 DN80）和卡箍连接（大于 DN80)。

（三）建筑灭火器配置

按《建筑灭火器配置设计规范》规定，本工程各部位均需配置固定灭火器，本工程地下车库为中危险级 A、B 类火灾，配置基准 75m^2/A、1.0m^2/B，其余部分为严重危险级 A 类火灾，配置基准 50m^2/A，灭火器选用磷酸铵盐干粉灭火器，每具药剂重 5kg（3A），灭火器保护距离 15m；车库内配推车式磷酸铵盐干粉灭火器，每具药剂重 20kg（6A、183B），灭火器保护距离 24kg。

（四）气体灭火系统

本工程地下一层变配电室设七氟丙烷气体灭火系统，灭火方式为全淹没式，灭火浓度 10%，系统压力 4.2MPa，喷设时间 7s，灭火剂充装率 800kg/m^3，额定设计温度 20℃，系统采用自动、手动、机械应急启动三种启动方式。

三、设计及施工体会

本项目为超高层建筑，功能复杂，单体使用人数较多，对于消防设计安全性和建筑给水可靠性的设计方面都具有较高的难度。因公寓居住人数较多，且商业营业面积较大，因此首要考虑供水系统的安全性。设计时考虑给水分区尽量考虑兼顾系统合理性及给水减压的规范适用度。本项目所处天津市市区，考虑地方规范的要求，并积极响应给水排水设计中关于节水节能的方向，设计于每个卫生间冲厕用水采用中水，并考虑小区绿化用水采用中水，并根据建筑的功能和公寓用户，进行分户分功能计量。同时对于超高层建筑的供水方式上，本项目设计采用串并联供水设计，供水系统采用断流水箱—给水接力泵—高区接力无负压供水设备联合供水。

四、工程照片及附图

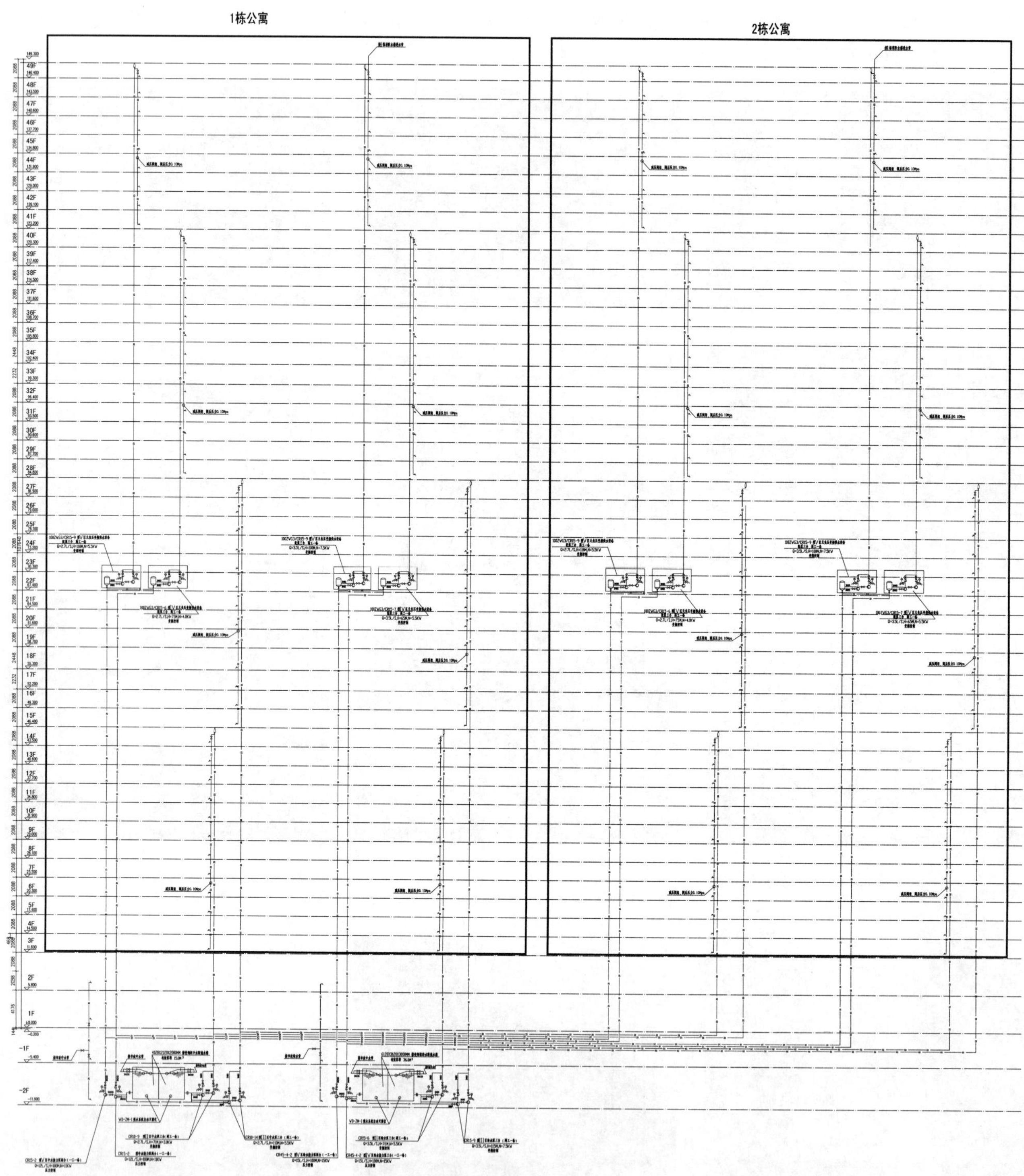

给水，中水系统示意图

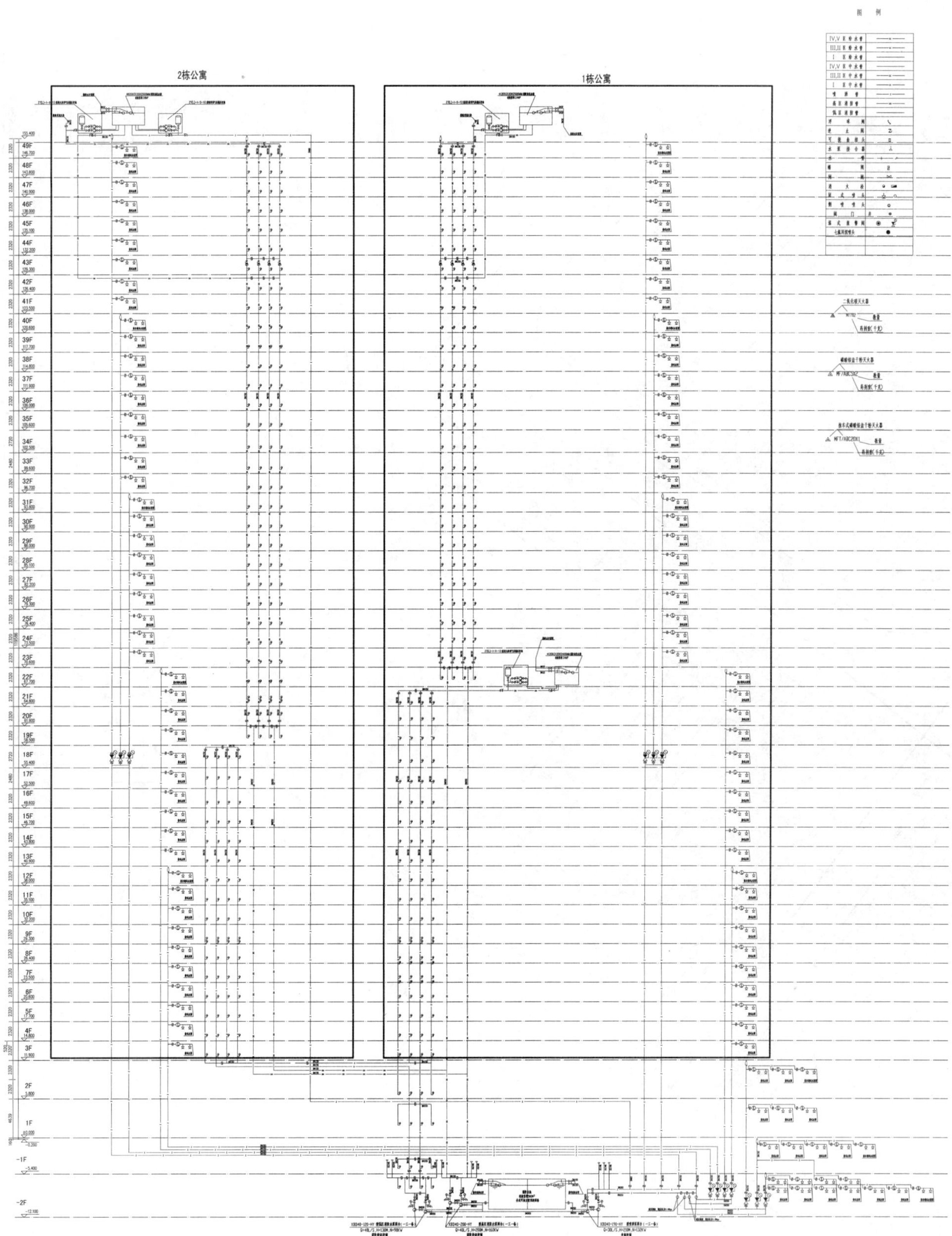

消火栓、喷淋系统示意图

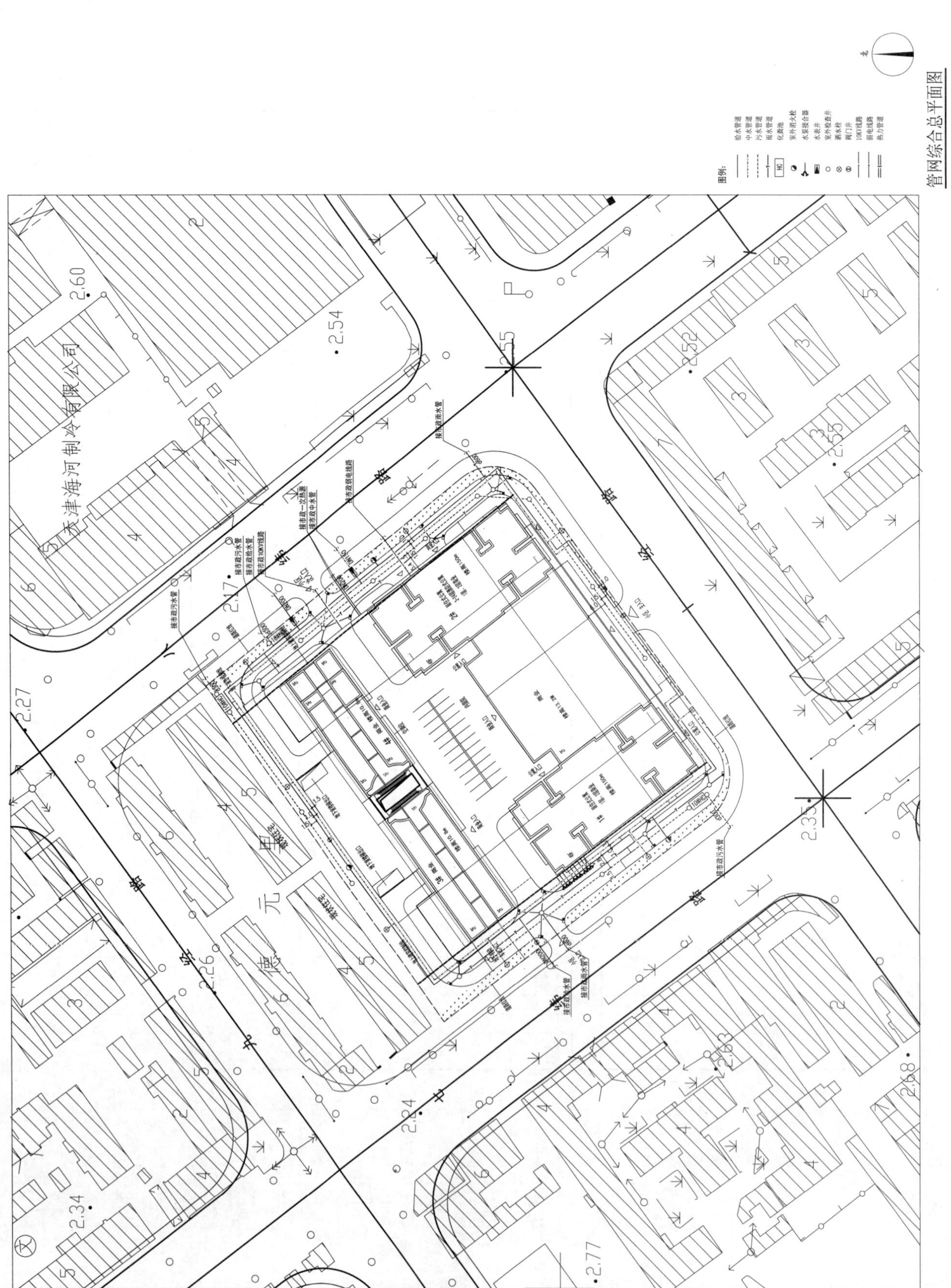
图例:
给水管道
中水管道
污水管道
雨水管道
HC 化粪池
室外消火栓
水泵接合器
水表井
室外检查井
洒水栓
阀门井
10KV线路
弱电线路
热力管道
北
天津海河制冷有限公司
2.60
2.54
2.55
2.52
2.55
2.17
2.27
2.35
2.26
2.24
2.34
2.77
2.63
2.68

管网综合总平面图

石武铁路客运专线（河南）公司筹备组郑州东站站房

设计单位：中南建筑设计院股份有限公司
设 计 人：洪瑛　涂正纯　黄景会　郭进　王涛　霍潇
获奖情况：公共建筑类　三等奖

工程概况：

郑州东站位于郑东新区内，是新建石武铁路（石家庄—武汉）客运专线和徐兰（徐州—兰州）客运专线十字交汇枢纽。站房分为三层，其中出站层（±0.000m）包括出站大厅、人行通道（或地铁出站厅）、线下停车场、商业用房、办公及设备用房，基本站台层（10.25m）设16座站台，站台东、西线侧为进站厅、候车厅、商业及办公用房，高架候车层（20.250m）设有旅客进站大厅、候车厅及商业、餐饮用房。站房建筑面积约142206m^2，站台雨篷面积78540m^2，站房最高点距广场地面最高点52.3m，室内±0.000m相当于绝对标高87.461m。本车站为大型旅客车站，候车室最高聚集人数为5000人，近期日均旅客发送人数56986人，远期日均旅客发送人数87123人，属大型旅客站房。

一、给水排水系统

（一）给水系统

1. 给水用水量（表1）

给水用水量　　表1

序号	用水对象	用水单位数	用水量标准	小时变化系数 K	用水时间（h）	用水量	
						最高日（m^3/d）	最大时（m^3/h）
1	进站旅客	87123人	4L/人次	2.5	16	348.5	54.5
2	办公	900人	50L/(人·班)	1.6	16	45.0	4.2
3	商业	20000 m^2	8L/(m^2·d)	1.2	12	236.6	23.7
4	休闲茶座		25L/(座·次)	1.2	12	208.0	20.8
5	其他	按本表2、3、4、5项之和的15%计				125.7	15.5
6	合计					963.9	118.6

注：其他用水包括管道漏损、地面浇洒等未预见水量。

2. 给水水源：站房采用分质供水，出站层卫生间便器冲洗用水及线下停车场地面冲洗用水采用城市中水作为水源，其他用水及列车上水均采用市政给水为水源。

3. 系统竖向分区：出站层（包括夹层）商业用水、卫生间洗手盆用水直接利用市政给水管网水压供水，站台层、高架候车层为二次加压供水区。

4. 供水方式及给水加压设备：室内给水系统采用两个分区：出站层（包括夹层）商业用水、卫生间洗手盆用水直接利用市政给水管网水压供水，站台层、高架候车层用水需由给水站经过二次加压供水。给水站由铁四院负责设计，本站房要求给水站供水流量为35L/s，供水压力值为0.65MPa（以室内±0.000m计）。

5. 管材：室内（除埋地部分）生活给水管，采用建筑给水用钢塑复合管（衬塑镀锌焊接钢管），小于等

于 $DN50$ 时采用螺纹连接，大于 $DN50$ 时采用卡箍或法兰连接。埋地部分给水管采用钢丝网骨架塑料（聚乙烯）复合管，电热熔连接。

（二）热水系统

贵宾候车室及车站内部办公卫生间洗脸盆采用分散设置电热水器的方式供应热水，每个卫生间内设电热水器，电热水器带漏电保护，且进水口处带弹簧止回装置。热水管道采用薄壁不锈钢管，卡压式连接或氩弧焊连接。

（三）中水系统

1. 中水水源：站房采用分质供水，出站层卫生间便器冲洗用水及线下停车场地面冲洗用水采用城市中水作为水源，其他用水及列车上水均采用市政给水为水源。

2. 中水用水量（表 2）

中水用水量 **表 2**

序号	用水对象	用水单位数	用水量标准	小时变化系数 K	用水时间（h）	用水量	
						最高日（m^3/d）	最大时（m^3/h）
1	线下停车场地面冲洗	162712 m^2	2L/(m^2·d)	1.0	8	325.4	54.2
2	其他	按本表 1 项的 20%计				65.1	10.8
3	合计					390.5	65.1

注：1. 其他用水包括管道漏损等未预见水量及出站层卫生间便器冲洗水量；
2. 室外道路及绿化浇洒由城市相关部门负责，本工程不计入该部分用水量。

3. 系统竖向分区：出站层卫生间便器冲洗用水及线下停车场地面冲洗用水利用市政中水管网供水压力直接供水，中水给水系统不分区。

4. 管材：室内（除埋地部分）生活给水管，采用建筑给水用钢塑复合管（衬塑镀锌焊接钢管），小于等于 $DN50$ 时采用螺纹连接，大于 $DN50$ 时采用卡箍或法兰连接。埋地部分给水管采用钢丝网骨架塑料（聚乙烯）复合管，电热熔连接。

（四）排水系统

1. 排水系统的形式：室外采用生活污水与雨水分流制的管道系统；室内采用污、废水合流管道系统；屋面雨水采用压力流雨水排水系统。

2. 通气管的设置方式：室内排水系统设伸顶通气管通气及汇合通气管，当排水支管较长或连接的卫生间器具较多时，则需要增设环形通气管通气。

3. 采用的局部污水处理设施：站房生活污水需要先经过化粪池处理后再排至城市污水处理厂统一处理；线下停车场地面冲洗废水，经地面排水沟收集后进入隔油沉砂池处理后排至室外雨水管网；餐饮废水经油隔油器处理后才能排入排水管道。

4. 管材：室内生活污水及废水排水管（非埋地部分）采用柔性接口机制排水铸铁管及管件，W 型不锈钢卡箍式接口；埋地部分重力流排水管采用 HDPE 双壁波纹管，电热熔连接；室内潜水排污泵排水管采用热镀锌钢管，丝扣连接；室外雨水提升泵排水管采用球墨给水铸铁管，法兰连接；压力流雨水排水管道采用工作压力不小于 1.0MPa 不锈钢管，该管能承受 0.90 个大气压的真空负压，氩弧焊连接。

二、消防系统

（一）消防系统水量

为了日常维护及管理工作的方便，将站房与线下停车场消防给水系统的管网和设备、设施分开独立设置，其消防给水系统类型、消防用水量标准及一次灭火用水量见表 3、表 4。

站房部分消防水量 表 3

序号	消防系统名称	消防用水量标准	火灾延续时间	一次灭火用水量	备注
1	室内消火栓系统	20L/s	2h	144m^3	由消防水池供
2	自动喷水灭火系统	36.4L/s	1h	131m^3	由消防水池供
3	消防炮灭火系统	60L/s	1h	216m^3	由消防水池供
4	高空扫描炮灭火系统	45L/s	1h	162m^3	由消防水池供
5	高架平台室外消火栓系统	30L/s	2h	216m^3	由消防水池供
6	室外消火栓系统	30L/s	2h	216m^3	由城市管网供
7	合　计			707m^3	1～3、5 项之和

线下停车场部分消防水量 表 4

序号	消防系统名称	消防用水量标准	火灾延续时间	一次灭火用水量	备注
1	室内消火栓系统	10L/s	2h	72m^3	由消防水池供
2	高空扫描炮灭火系统	45L/s	1h	162m^3	由消防水池供
3	室外消火栓系统	20L/s	2h	144m^3	由城市管网供
4	合　计			378m^3	1～3 项之和

（二）消火栓系统

1. 室外消火栓系统：高架平台上均设置室外消火栓，按照间距不大于 120m 布置。由于城市给水管网供水压力不能满足高架平台室外消火栓栓口处水压 0.1MPa（从高架平台面算起）的要求，因此需要采用加压供水，在水泵房设置 XBD30-40-HY 型两台（Q=30L/s，H=40m，N=30kW/台），一用一备。

2. 室内消火栓系统

（1）站房室内消火栓系统：站房室内消火栓给水系统为临时高压系统，水泵房内设有消火栓给水加压泵 XBD20-70-HY 型两台（Q=20L/s，H=70m，N=22kW/台），一用一备，在出站层和高架层靠近消防车道处设消防水泵接合器与消火栓加压管网相连。水泵房内设有效容积为 710m^3 的钢筋混凝土专用消防水池一座，储存一次灭火需要同时开启的所有消防设施的消防用水。

（2）线下停车场消火栓系统：线下停车场消火栓给水系统为临时高压系统，其消防水泵房内设有消火栓给水加压泵 XBD20-40-HY 型两台（Q=20L/s，H=40m，N=18.5kW/台），一用一备，ZW（L）-Ⅱ-XZ-C 型增压稳压设备一套，在室外靠近消防车道处设消防水泵接合器与消火栓加压管网相连。水泵房内设有效容积为 250m^3 的钢筋混凝土专用消防水池一座，储存一次灭火需要同时开启的所有消防设施的消防用水。

（3）在站房室内最高处楼梯间屋顶设有效水容积为 18.0m^3 的不锈钢消防水箱两座，在站房专用消防水泵房设置 ZW（L）-Ⅱ-XZ-C 型增压稳压设备一套，配用水泵为 25LGW3-10×10 两台，一用一备，气压罐 ϕ1200 一台。增压稳压设备可提供站房消火栓系统初期灭火用水及维持消火栓管网平时所需压力。

（4）控制及信号：高架平台消火栓处不设消防紧急按钮，火灾发生时，其加压泵采用在消防控制中心遥控启动和在水泵房手动启动。线下停车场消火栓、站房室内消火栓处设置消防紧急按钮，火灾发生时，揿按消火栓箱内消防紧急按钮，信号传送至消防控制中心（显示火灾位置）及泵房内消火栓加压泵控制箱，启动室内消火栓加压泵，并反馈信号至消防控制中心及消火栓箱（指示灯亮），消火栓加压泵还可在消防控制中心遥控启动和在水泵房手动启动。

3. 管材：室内外消火栓系统管道采用内外热浸镀锌钢管，小于等于 DN80 时采用螺纹连接，其余采用卡箍连接。

（三）自动喷水灭火系统

1. 本工程室内净空高度不超过 12.0m 的候车室、贵宾室、商业用房、办公室、售票厅等部位设自动喷水灭火系统，其中站台层、高架层候车室设有采暖的部位，如贵宾室、基本站台候车室、商业用房、办公室等采用湿式自动喷水灭火系统，出站层的预留商业用房及线侧的非采暖区域（如换乘大厅、出站通道）处采用预作用自动喷水灭火系统。

2. 除了商业用房自喷系统按照中危险Ⅱ级设计外，其他部位自喷系统按照中危险Ⅰ级设计，考虑内装修时装设网格、栅板类通透性吊顶的可能，需要适当加大喷水强度，确定自喷系统设计流量为 36.4L/s。

3. 自喷给水系统为临时高压系统，水泵房内设有自喷给水加压泵 XBD40-80-HY 型两台（Q=40L/s，H=80m，N=75kW/台）一用一备，在出站层和高架层靠近消防车道处设消防水泵接合器与消火栓加压管网相连。自喷系统与消火栓系统合用高位消防水箱和增压稳压设备。增压稳压设备可提供自喷系统初期灭火用水及维持自喷管网平时所需压力。

4. 每个湿式报警阀担负的喷头不超过 800 个，每个预作用报警阀担负的管网按照充水转换时间不超过 2min 控制，自动喷水灭火系统按每层每个防火分区设信号阀和水流指示器。喷头动作温度为 68℃。

5. 控制及信号

（1）湿式系统：火灾时喷头动作，由报警阀压力开关、水流指示器将火灾信号传至消防控制中心（显示火灾位置）及泵房内自喷加压泵控制箱，启动自喷加压泵，并反馈信号至消防控制中心。自喷加压泵也可在消防控制中心遥控启动和在水泵房内手动启动。本设计报警阀前后及水流指示器前所设置的阀门均为信号阀，阀门的开启状态传递至消防控制中心。

（2）预作用系统：火灾时喷头动作，火灾探测器动作并向消防控制中心发出报警信号，同时打开预作用阀上的电磁阀，预作用阀开启向系统供水并排出管网内的空气，压力开关动作，将火灾信号传至消防控制中心（显示火灾位置）及泵房内自喷加压泵控制箱，启动自喷加压泵，并反馈信号至消防控制中心。自喷加压泵也可在消防控制中心遥控启动和在水泵房内手动启动。本设计报警阀前后及水流指示器前所设置的阀门均为信号阀，阀门的开启状态传递至消防控制中心。

6. 管材：自喷系统管道采用内外热浸镀锌钢管，小于等于 DN80 时采用螺纹连接，其余采用卡箍连接。

（四）气体灭火系统

1. 站房内的通信机械室、信息客运机械室、信号计算机室、高压配电所及其控制室、柴油发电机房等设无管网七氟丙烷气体灭火装置。高压配电所、柴油发电机房的设计灭火浓度为 9%，其余部位设计灭火浓度为 8%。气体喷放时间为 7s。

2. 控制及信号：无管网自动灭火装置具有自动、手动两种控制方式，保护区发生火灾时，其感温、感烟探测器动作，经延时过后，向保护区的电磁启动器动发出灭火指令，打开七氟丙烷气瓶，释放灭火剂实施灭火应。

（五）消防水炮灭火系统

1. 高架层候车厅及夹层商业、餐饮范围室内净空高度均超过 12m，需设置自动消防炮（带雾化装置）灭火系统，消防炮系统用水量为 60L/s。按防护区内任何部位均有两门消防炮水射流可同时到达的原则布置消防炮，消防炮系统干管布置成环状。自动消防炮单炮流量 30L/s，最大射程 65m，入口工作压力 0.90MPa。消防炮灭火系统采用稳高压消防给水系统，消防水泵房内设有 XBD30-150-HY 型水泵三台（Q=30L/s，H=150m，N=75kW/台），两用一备，另外还设有稳压设备一套，在出站层和高架层靠近消防车道处设消防水泵接合器与消防炮加压管网相连。

2. 控制及信号：当智能型红外探测组件采集到火灾信号后，启动水炮传动装置进行扫描，完成火源定位后，打开电动阀，信号同时传至消防控制中心（显示火灾位置）及水泵房，启动消防炮加压泵，并反馈信号至消防控制中心。消防炮加压泵还可在消防控制中心遥控启动和在水泵房手动启动。

三、设计及施工体会或工程特点介绍。

本工程室内空间超大，如何解决高大空间消防的问题，并且还要力求美观是工程中遇到的难点。设计中进行多种方案比较，采用固定消防炮灭火系统，安装方式为吊装，既解决站房进站广厅及候车大厅等净空高度大于 12m 的高大空间消防，也最大限度解决了障碍物遮挡问题。

站台雨棚及站房屋面面积超大，汇水总面积近 20 万 m^2。设计中与建筑、结构专业、铁四院的站场排水及屋面系统施工单位多次配合，确定了合理、经济、可行的雨水收集及排放方案，采用压力流雨水系统，由虹吸式雨水斗收集，经水平悬吊管及雨水立管排至轨道线间的雨水排水沟或站房室外雨水管网。经过近四年的实践检验，经历过数次强降雨袭击，系统能迅速将雨水排放，没有出现过一次积水等异常情况。

站房进站广厅、线下空间、轨顶上方的设备夹层等均是半室外空间，且郑州属于寒冷地区，敷设在此区域的给水排水管道除自动喷水灭火系统采用预作用灭火系统外，其余系统及预作用阀前的自喷管网均采用电伴热进行防冻保温，确保站房使用安全。

站房设集中饮用水系统，从市政给水管网接来原水经过预过滤、纳滤及臭氧消毒工艺，制备的净水储存在净水箱内，再由采用变频调速水泵加压供水；为保证每个直饮水取水点的水质，直饮水供应系统设有循环管道，循环管网内水的停留时间不超过 6h。

给水排水各系统设计中，严格按照实用、经济、美观的原则，合理选用设备、管材，既能满足使用要求，又能节省工程费用；图纸表达完整、细致，便于施工、安装，减少安装过程中由于设计缺失增加的各项费用；技术经济指标合理，给水排水专业无任何一类、二类变更设计。站房生活给水排水和消防给水排水经济指标为 425 元/m^2（建筑面积）。

四、工程照片及附图

鸟瞰

正立面全景

外观

立面局部

夜景

外观局部

外观 2

高架桥 2

候车大厅全景

候车大厅局部

候车大厅局部

出站大厅

站台雨棚

贵宾厅 2

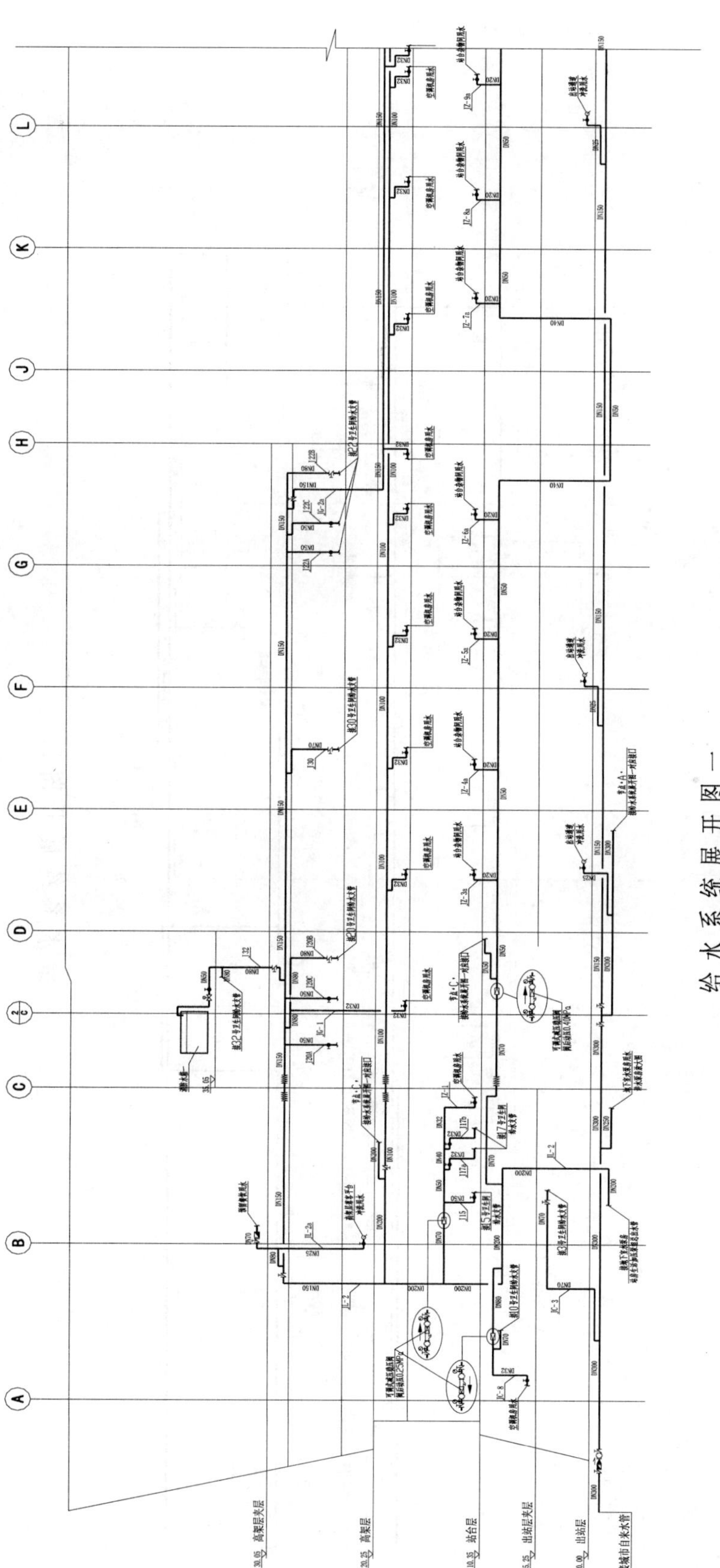

给水系统展开图一

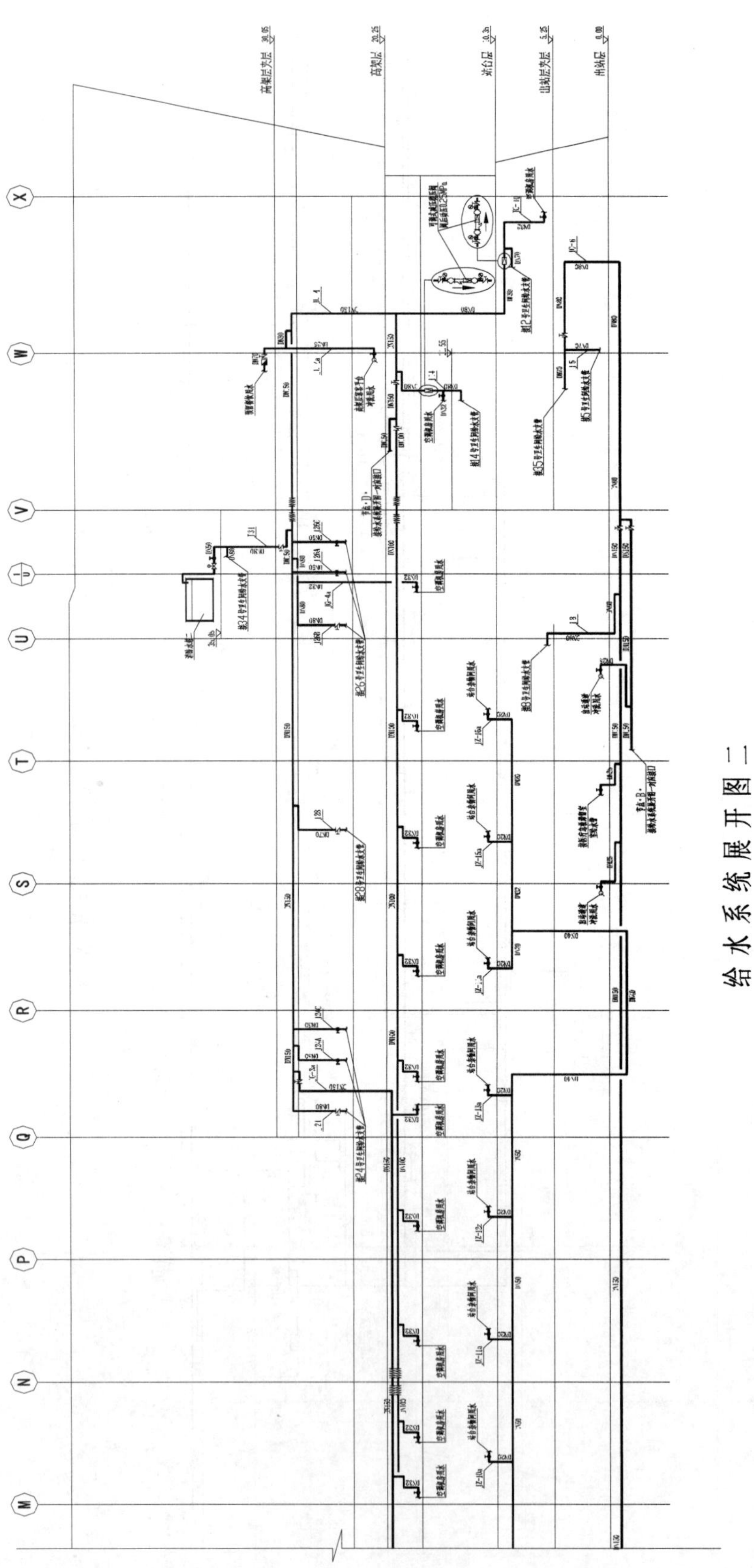

给水系统展开图二

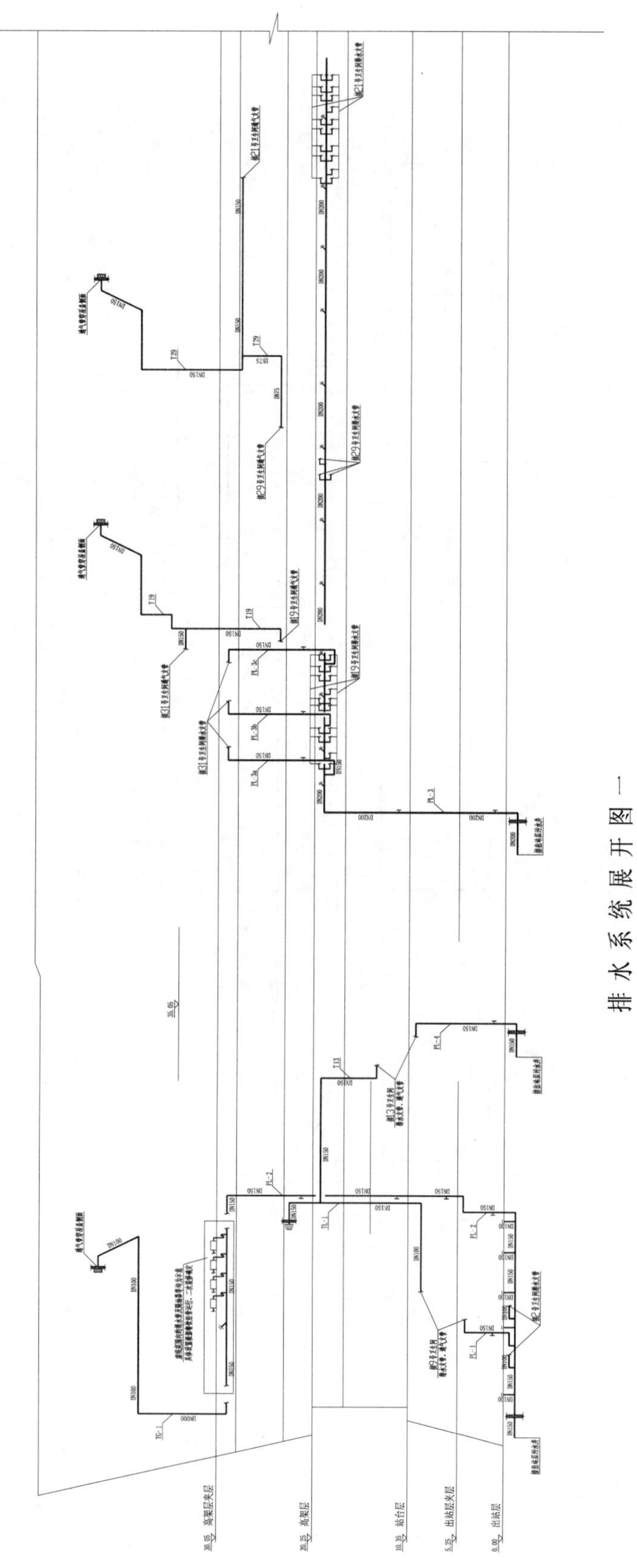

排水系统展开图一

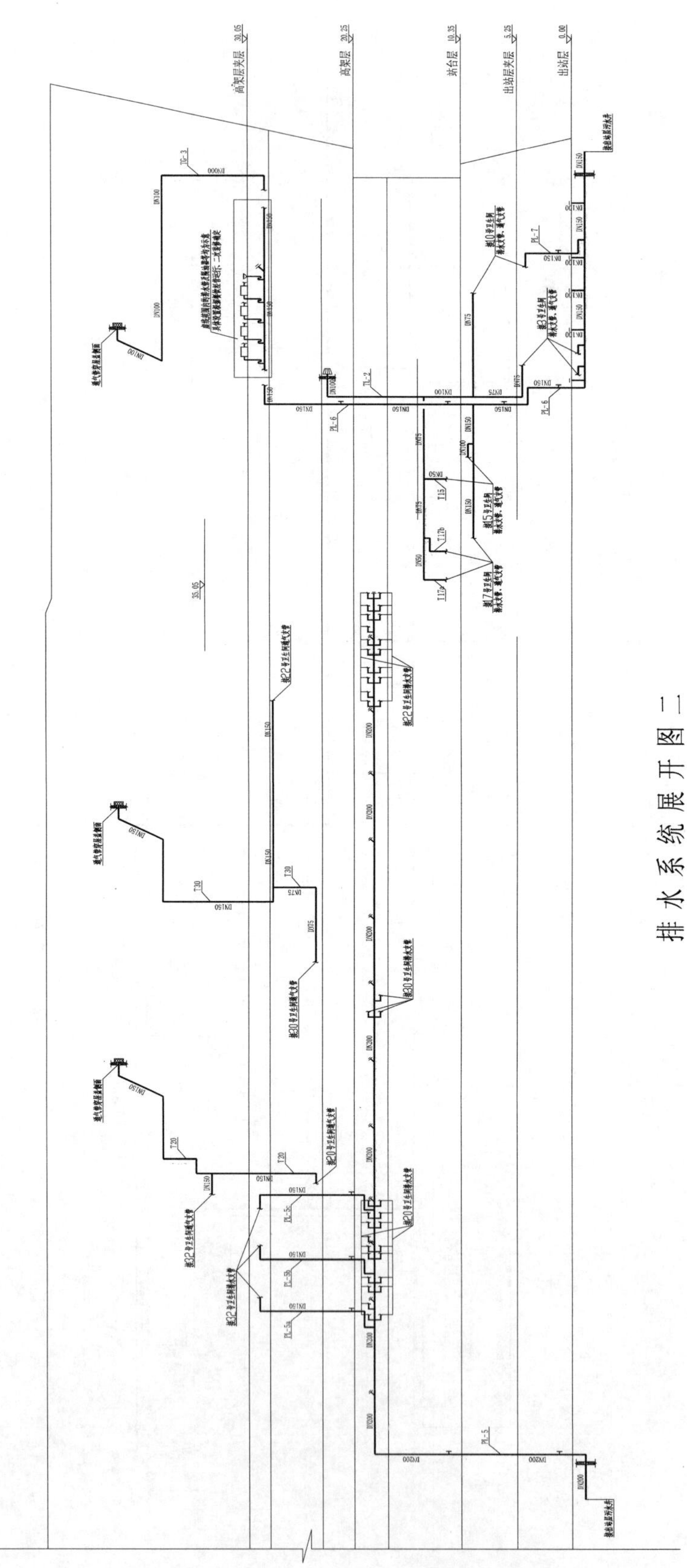

排水系统展开图二

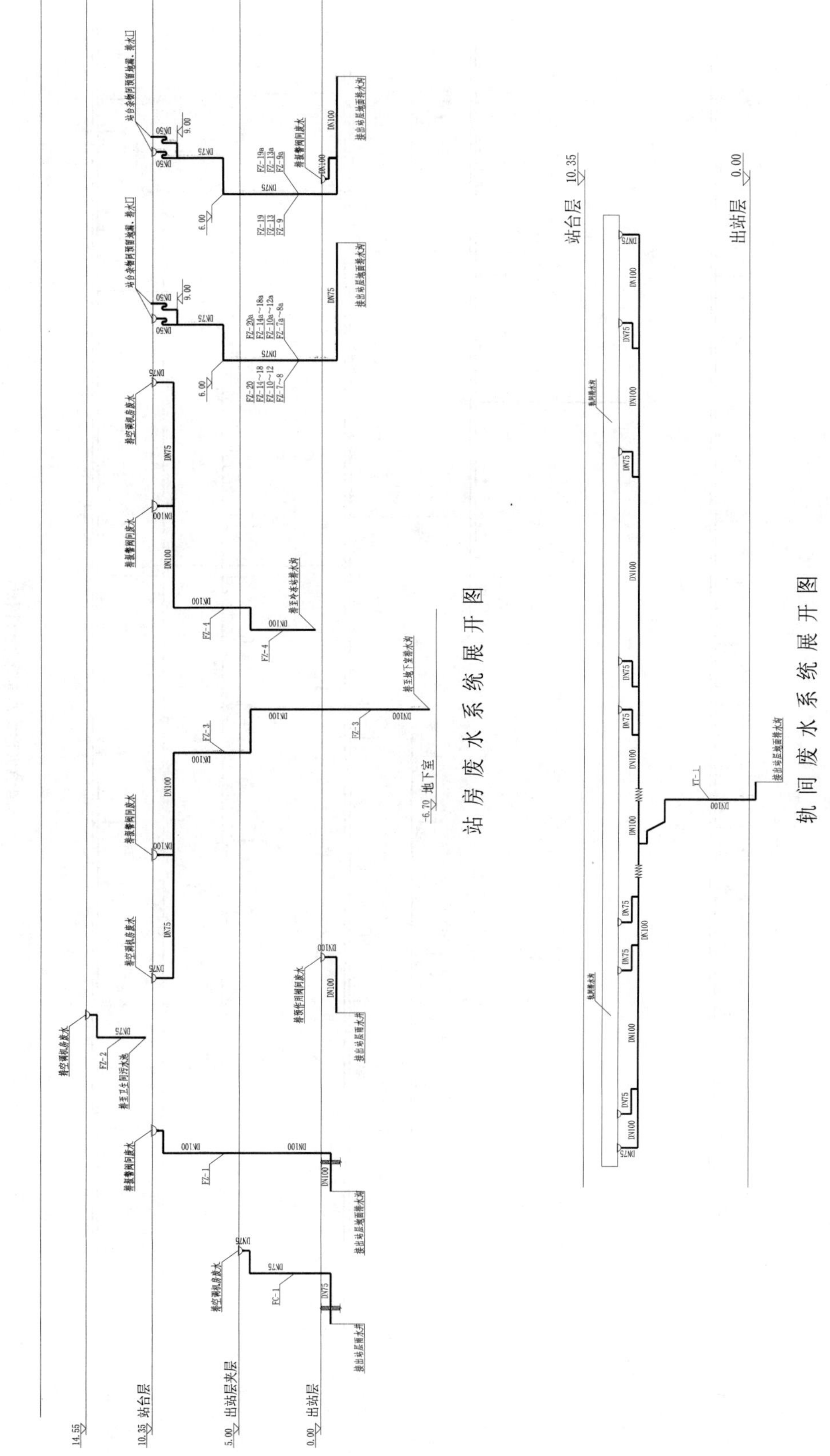

站房废水系统展开图

轨间废水系统展开图

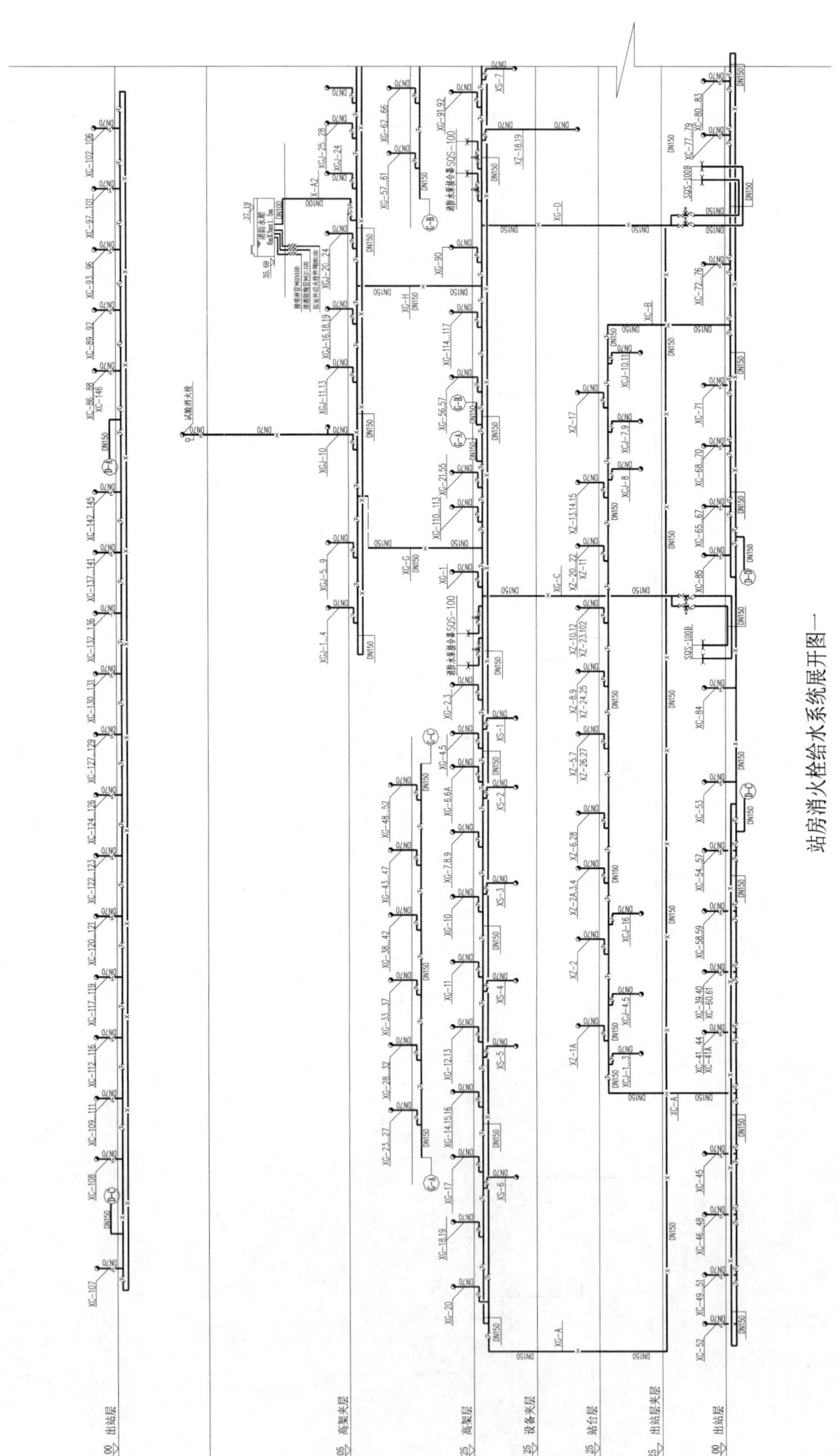

站房消火栓给水系统展开图一

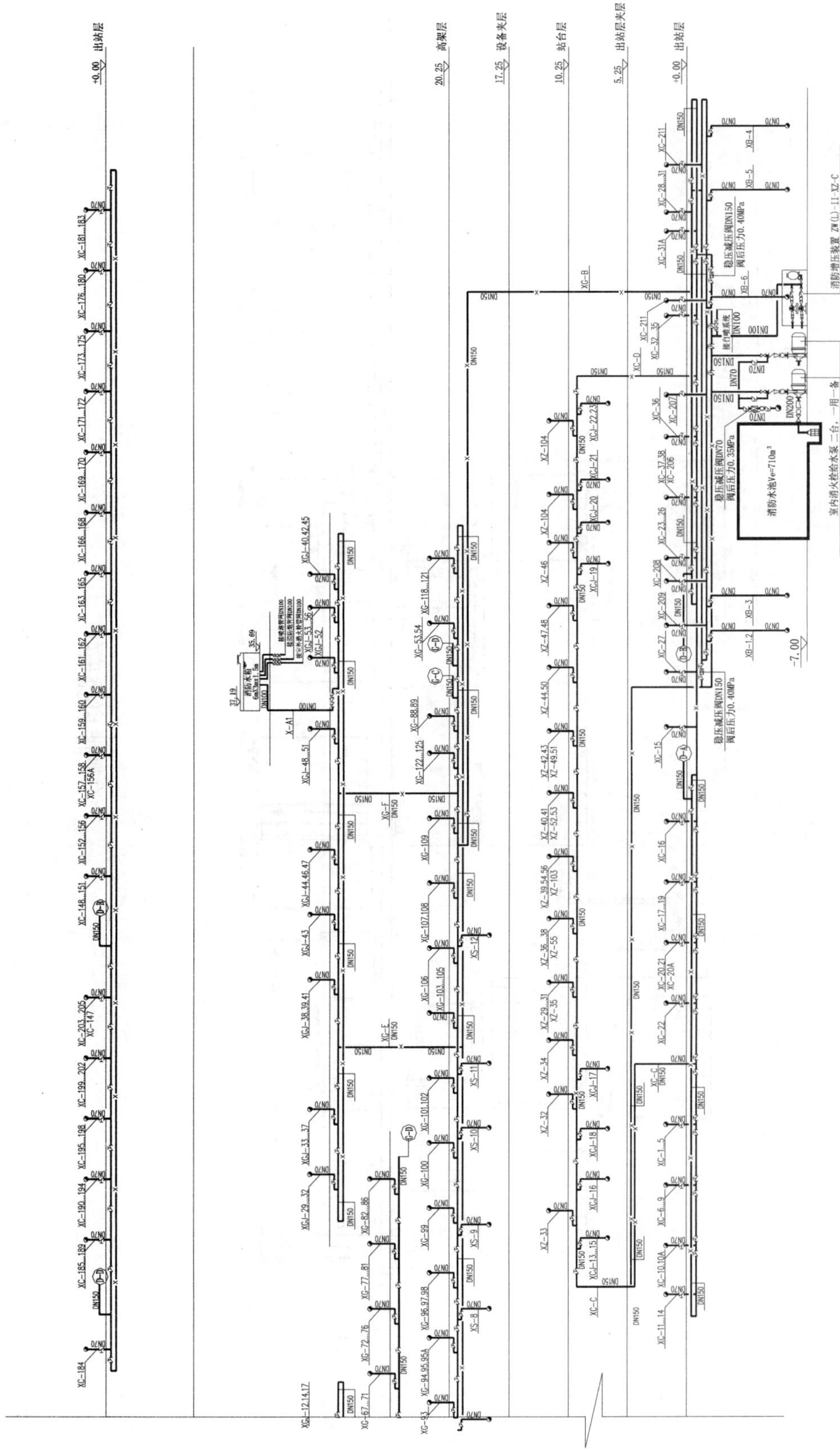

站房消火栓给水系统展开图二

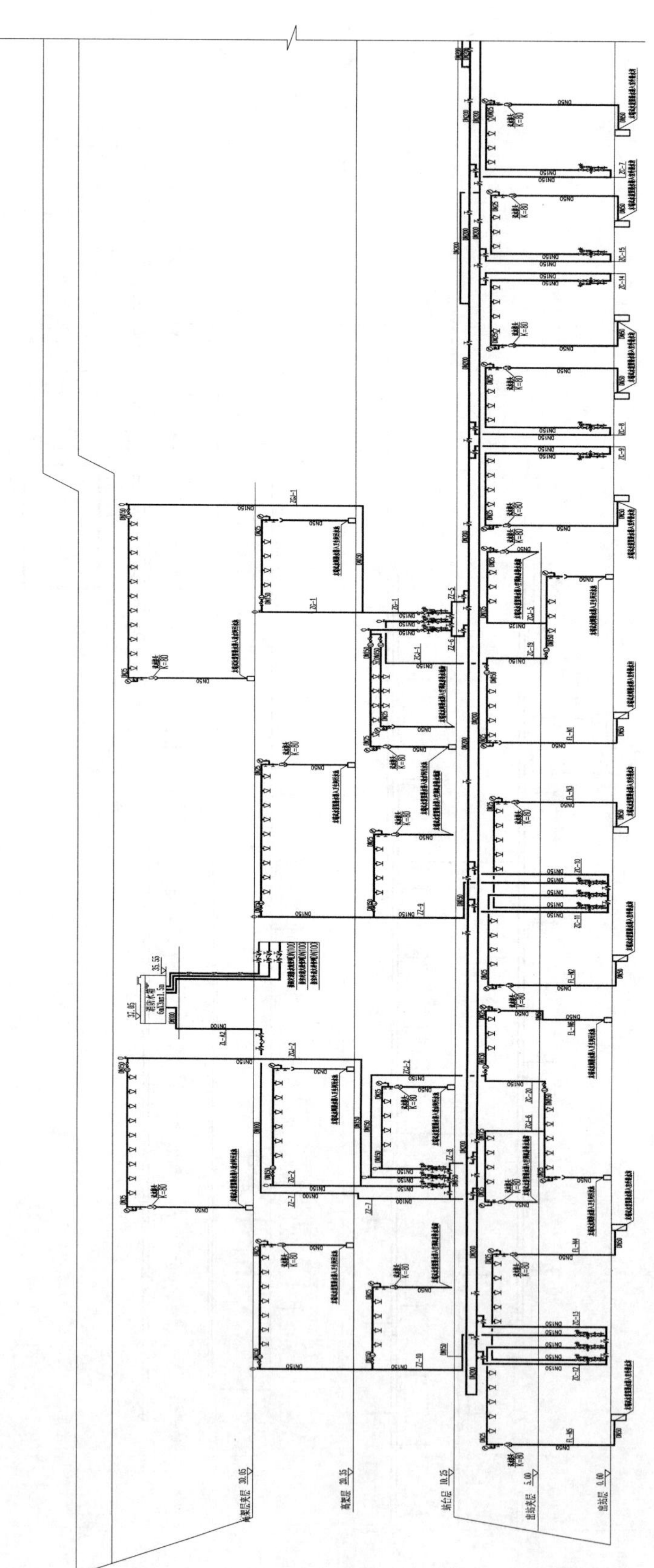

自动喷淋系统展开图一

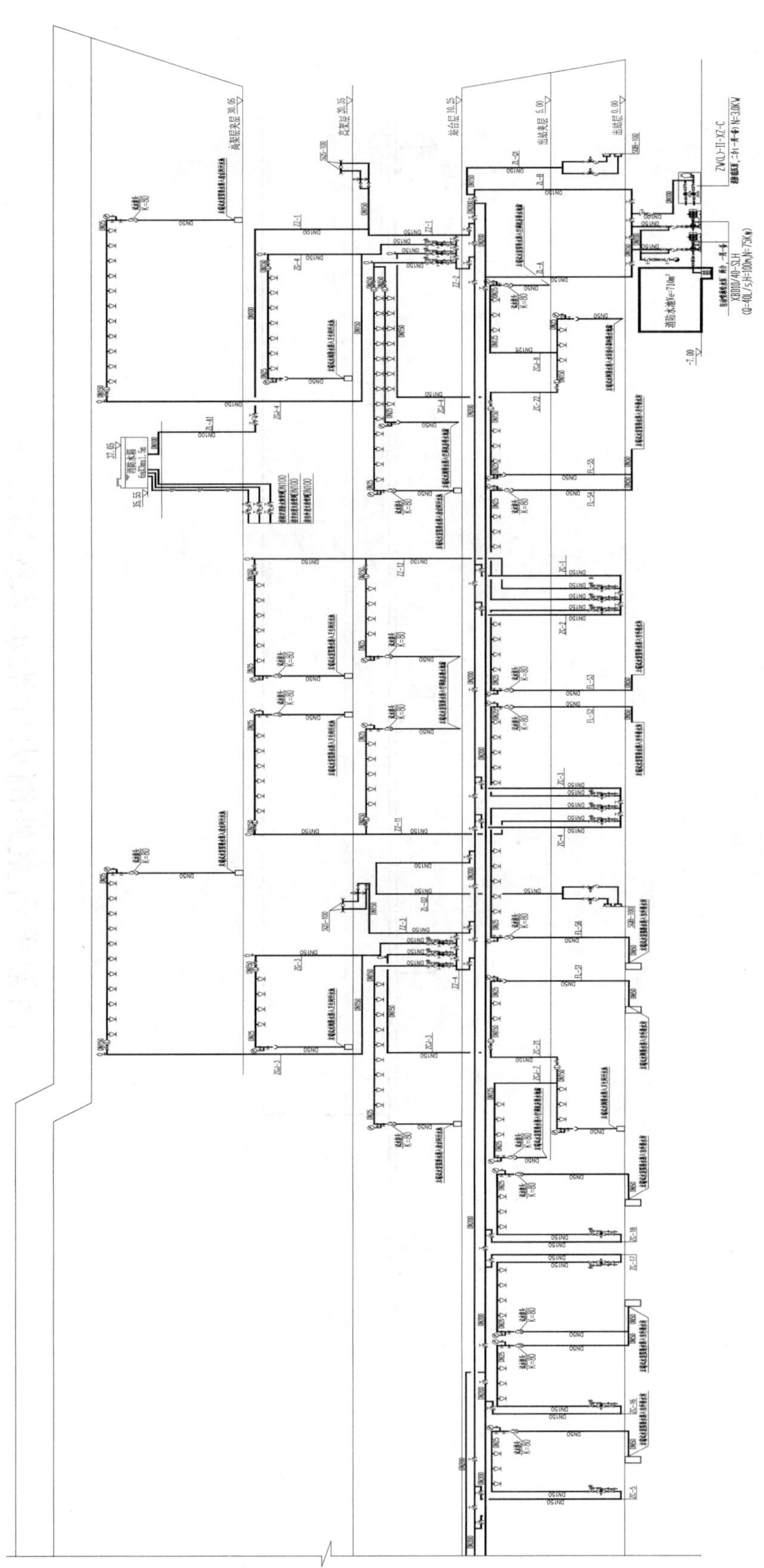

自动喷淋系统展开图二

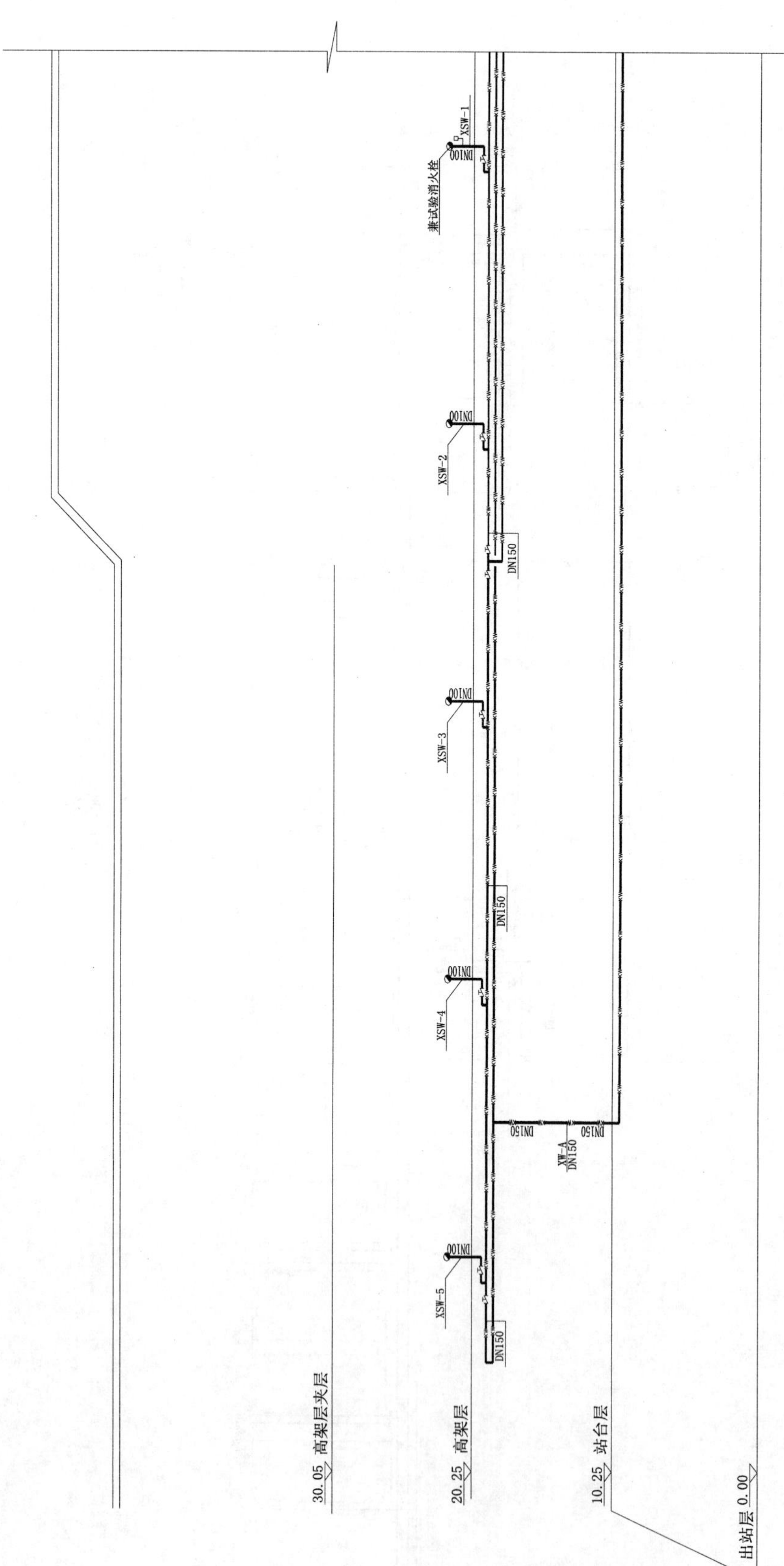

高架平台室外消火栓给水系统展开图一

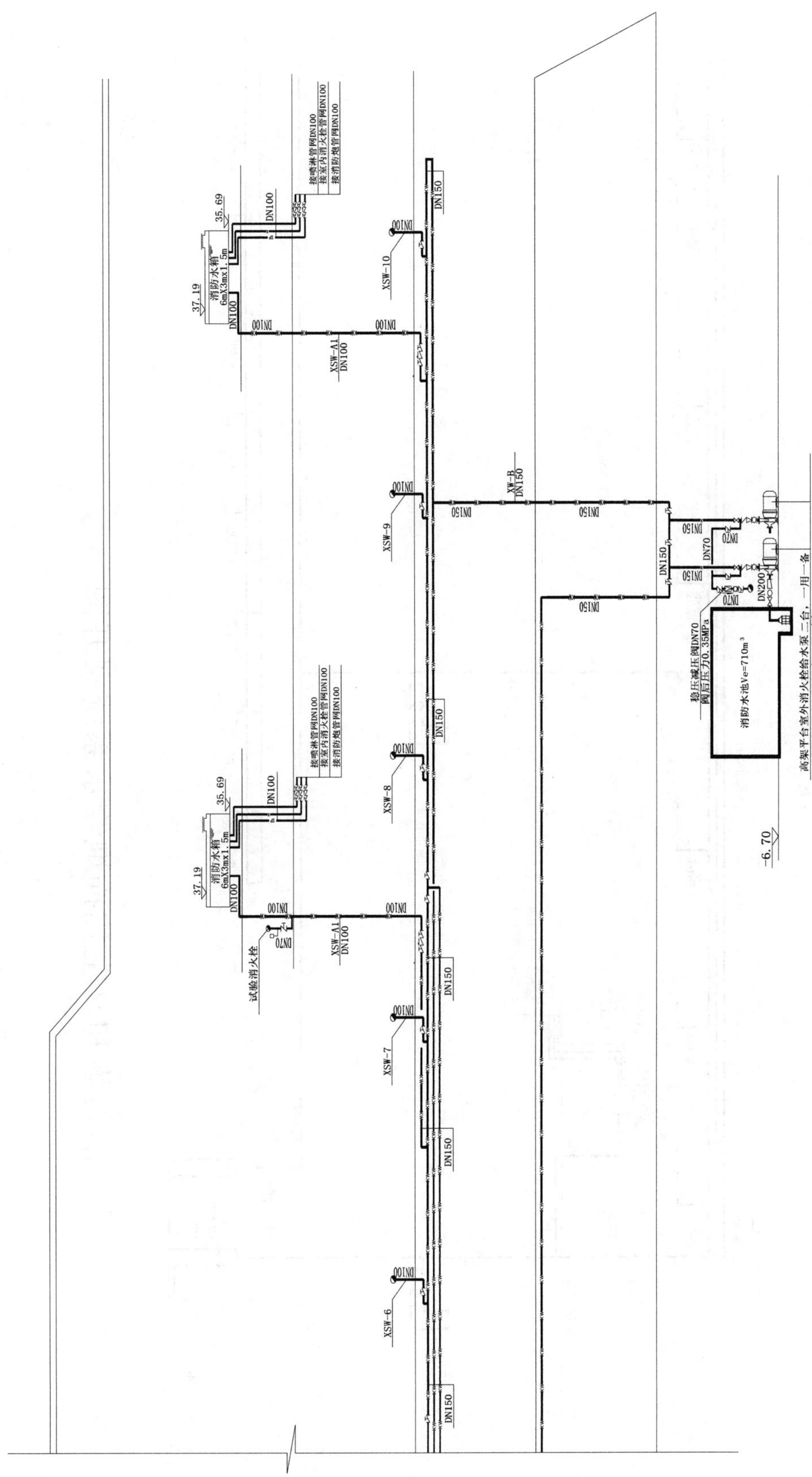

高架平台室外消火栓给水系统展开图二

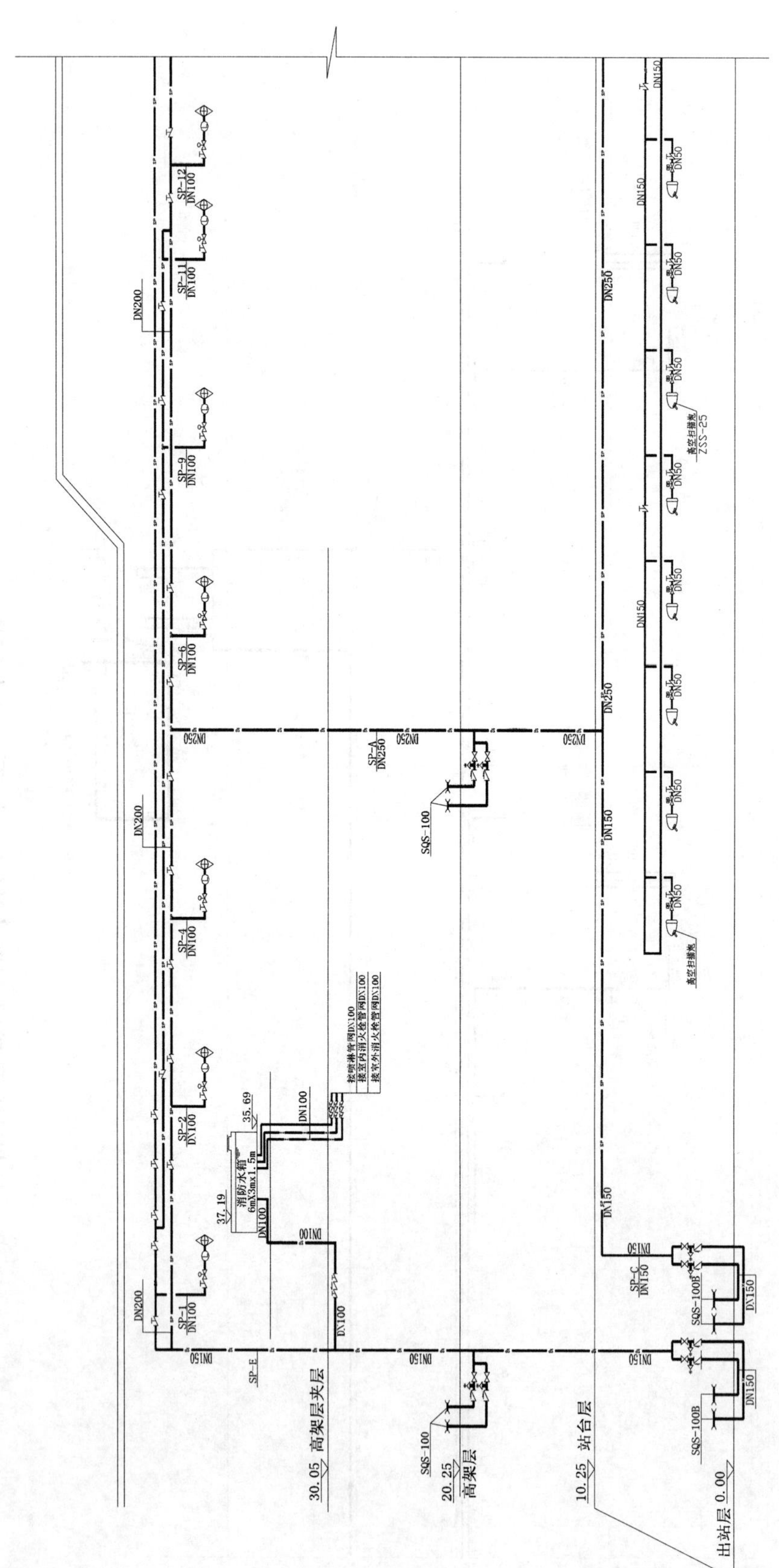

消防炮和高空扫描炮给水系统展开图一

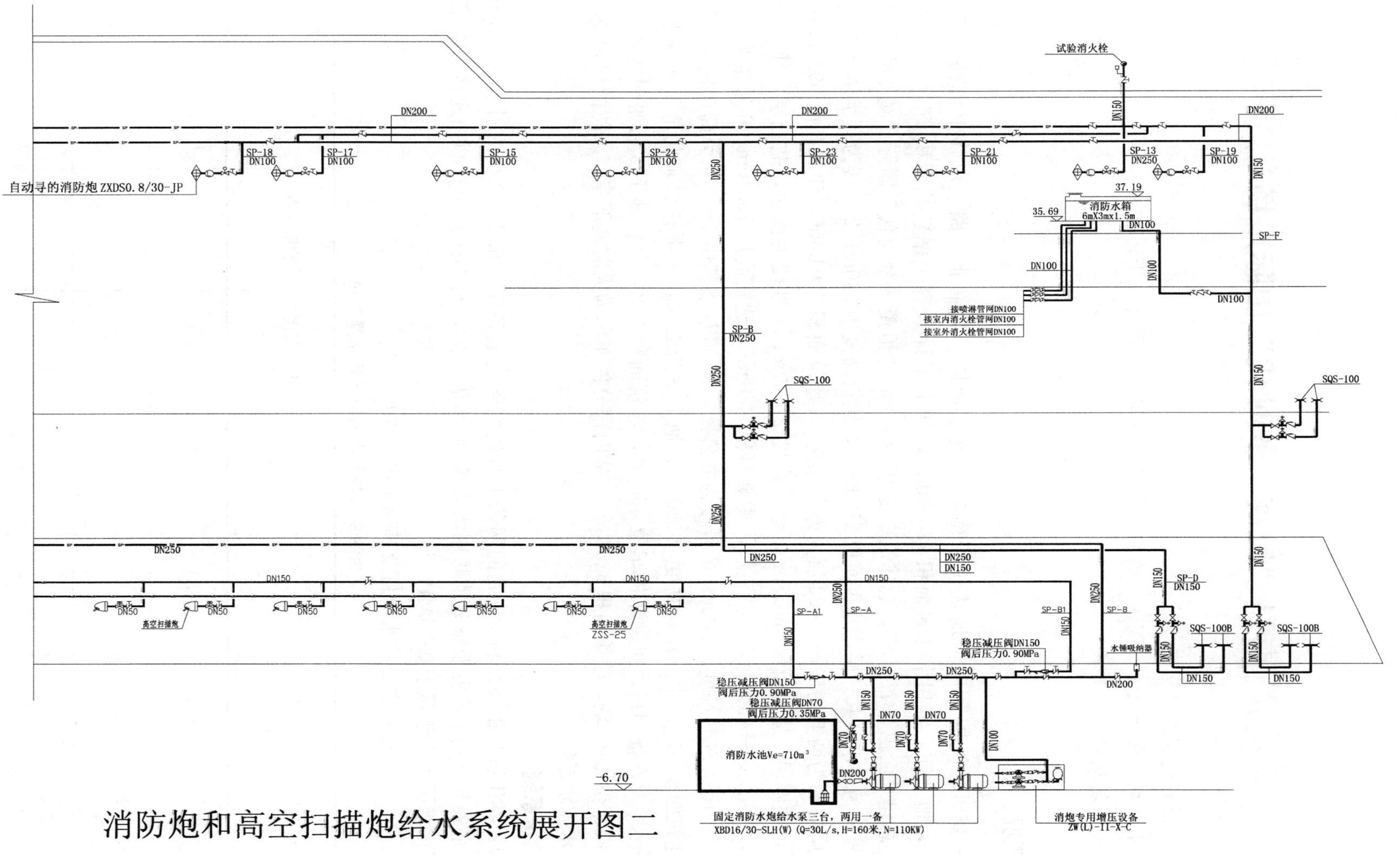

消防炮和高空扫描炮给水系统展开图二

南昌“恒茂·梦时代”国际广场

设计单位：江西省建筑设计研究总院
设 计 人：邓晓斌　周宏波　罗院生　郭毅　李建　彭俊荣　严昕　丁迓丰
获奖情况：公共建筑类　三等奖

工程概况：

“恒茂·梦时代”国际广场地块位于南昌市黄金地段，北临北京路，东临上海路。建设用地面积52239.48m²，地上计入容积率建筑面积180000m²，地上不计入容积率建筑面积1614m²，地下建筑面积106183m²，总建筑面积287797m²，总建筑高度为99.80m。“恒茂·梦时代”国际广场工程主要是由以下建筑组成：1号楼为超市，共三层，建筑面积21290m²，建筑高度16.40m；2号楼为写字楼，共29层（其中1～2层及3层局部为商业用房，3～29层为办公用房），建筑面积53045m²，建筑高度99.60m；3号楼为商业、电影院，共四层，建筑面积16018m²，建筑高度27.20m；4号楼为商业，共三层，建筑面积5397m²，建筑高度16.40m；5号楼为商业，共三层，建筑面积3001m²，建筑高度16.40m；6号楼为百货，共五层，建筑面积29695m²，建筑高度27.20m；7号楼为办公楼，共26层（其中1～4层为商业用房，5～26层为办公用房），建筑面积51158m²，建筑高度99.80米；地下室为二层，地下一层东北角为地铁进出口及商业，其他均为停车库及设备用房，机动车停车位460辆，建筑面积53205m²；地下二层平时为停车库及设备用房，机动车停车位1080辆，建筑面积52978m²，战时部分停车库为人防地下室，人防面积38267.6m²。

一、给水排水系统

（一）给水系统

1. 水源：本工程从都会路和少春路的两条市政给水管道上各接一根*DN*250的引入管，在建筑红线内，分别经两座水表井（均为商业及室外消防用水*DN*200水表）后，与小区相应管网相连接。本工程水源为城市自来水，供水压力大于等于0.25MPa。

2. 用水量：生活用水主要用水项目及其用水量，详见表1。

生活用水各用水项目及用水量汇总　　**表1**

序号	用水项目名称	使用人数或单位数	单位	用水量定额(L)	小时变化系数*K*	使用时间(h)	用水量		
							平均时(m³/h)	最大时(m³/h)	最高日(m³/d)
1	1号超市楼（商业）	21290m²	m²·d	8	1.30	12	14.19	18.45	170.32
2	2号写字楼（办公）	5000人	人·班	50	1.30	10	25.00	32.50	250.00
3	2号写字楼（商业）	5287m²	m²·d	8	1.30	12	3.53	4.59	42.30

续表

序号	用水项目名称	使用人数或单位数	单位	用水量定额(L)	小时变化系数 K	使用时间(h)	用水量		
							平均时(m^3/h)	最大时(m^3/h)	最高日(m^3/d)
4	3号商业、电影院楼(商业)	16018m²	m²·d	8	1.30	12	10.68	13.88	128.14
5	4号商业楼(商业)	5397m²	m²·d	8	1.30	12	3.60	4.68	43.18
6	5号商业楼(商业)	3001m²	m²·d	8	1.30	12	2.00	2.60	24.00
7	6号百货楼(商业)	29695m²	m²·d	8	1.30	12	19.80	27.73	237.57
8	7号办公楼(办公)	3700人	人·班	50	1.30	10	18.50	24.05	185.00
9	7号办公楼(商业)	12995m²	m²·d	8	1.30	12	8.66	11.26	103.97
10	7号办公楼(空调)					10	20.00	20.00	200.00
	小　计						125.96	159.74	1384.48
11	未预见水量	按1～10项之和的15%计					18.89	23.96	207.67
	合　计						144.85	183.70	1592.15

3. 室外给水设计

室外采用生活用水和消防用水合用管道系统。

本工程为两路供水，给水管引入管至红线内经两座水表井后与本工程室外生活消防合用环状给水管相连接（该环网设置地下室），且表后设“倒流防止器”。

4. 室内生活给水系统竖向分区

系统设置：根据建筑高度、建筑标准、建筑内使用功能、水源条件、防二次污染、收费标准、节水、节能和供水安全等原则，本工程给水系统设置及分区如下：

(1) 3号商业电影院楼，4号商业楼，5号商业楼，2号写字楼1～2层商业用水、7号办公楼1～3层商业用水，由地下一层市政商业给水管直接供水。

(2) 1号超市楼商业用水、6号百货楼商业用水、2号写字楼3～29层办公用水、7号办公楼4层商业用水及5～26层办公用水分别由设在地下二层的超市楼、百货楼、写字楼、办公楼用生活水箱和加压泵组二次供水。

5. 供水方式及给水加压设备

(1) 各区二次加压给水系统各采用一套恒压变量生活给水变频调速泵组供水，其供水流量不小于设计秒流量。各区最不利点水压不小于0.1MPa，最低用水点静水压（0流量状态）不大于0.45MPa。在地下二层设有防二次污染的不锈钢（S316）生活饮用水箱和变频加压泵组。每套变频泵组由3～4台主水泵（其中一台为备用泵）、一台稳压泵，一台不锈钢隔膜气压罐和变频控制柜、流量及压力传感器组成。各台水泵均为软启动，其自动控制由供货厂家负责编程并调试及售后服务等工作。

(2) 各楼每个卫生间及其他用水场所各设一个普通水表计量。二次供水进水箱前设总水表计量。

6. 管材：给水主管道采用内筋嵌入式衬塑钢管（冷水型），卡压式接口；给水支管道采用 PPR 给水管电热熔粘接接口。管道耐压：水泵出水管为 1.6MPa，其余部分为 1.0MPa。

(二) 生活排水系统

1. 排水系统形式：本工程采用生活污水与雨水分流制排水。城市雨污水管道情况：位于本工程东侧的上海路、南侧的少春路和西侧的都会路均允许本工程雨污水排入。

2. 透气管的设置方式：在排水系统中设置器具通气管和专用通气立管以减少水汽流动所产生的噪声，保护水封，减少臭气外溢。

3. 采用的局部污水处理设施：本工程生活污水汇集并经化粪池处理、餐饮污水经隔油池处理后，就近排入城市污水管道。

4. 管材：室外污水管道采用埋地 PVC-U 加筋波纹管，环刚度值 $S \geqslant 8kN/m^2$，管材连接采用承插式胶圈连接；室内生活污水管采用 PVC-U 螺旋排水塑料管，采用承插式胶粘剂粘接；室外采用塑料成品检查井，全部采用塑料井盖和盖座。

(三) 雨水排水系统

1. 雨水量

按南昌市暴雨强度公式计算，采用的暴雨重现期：室外设计重现期取 3 年，屋面采用 50 年。

南昌市暴雨强度公式为：$q=1598(1+0.69\lg P)/(t+1.4)^{0.64}$ (L/(s·hm²))

2. 雨水系统形式：超市、百货楼的屋面雨水排水采用虹吸式排水系统，其他各楼采用传统重力雨水排水系统。虹吸式雨水排水系统排出横管采用扩管消能方式（控制管内流速小于 2.5m/s），排出管第一个检查井采用钢筋混凝土井。

3. 管材：虹吸雨水排水系统采用 HDPE 管及其配件，采用热熔和电熔连接，虹吸雨水斗采用不锈钢雨水斗；其余传统重力雨水系统采用 PVC-U 排水塑料管，管材与管件连接采用承插式胶粘剂粘接，采用 87 型雨水斗。

二、消防系统

(一) 消火栓给水系统

1. 消防用水量：详见表 2。

消防用水量标准及一次灭火用水量 **表 2**

序号	消防系统名称	消防用水量标准 (L/s)	火灾延续时间 (h)	一次灭火用水量(m^3)	备注
1	室内消火栓系统	40	3	432	由消防水池供
2	自动喷水灭火系统	52	2	375	由消防水池供
3	室外消火栓系统	30	3	324	由城市管网供
4	合　　计			1131	

2. 消火栓给水系统分区

消防管道在竖向进行分区。地下室 1～2 层、商业裙房 1～5 层为低区，写字楼 3～29 层、办公楼 5～26 层为高区。以保证最低层消火栓处的静水压不大于 1.0MPa

写字楼 3～22 层、办公楼 5～20 层采用减压稳压消火栓，以满足栓口出水压力不超过 0.50MPa 的规定。

本工程最高层建筑 7 号办公楼 26 层电梯机房屋面设有高位消防水箱，有效容积不小于 18m³，材质为不锈钢板，安装高度满足最高处最不利点消火栓处的静水压不低于 0.07MPa。

3. 消火栓泵、消防水池：地下二层设有有效容积为$V=1126m^3$消防储水池一座（与人防水池合用），分成三格，完全满足室内一次灭火用水量$807m^3$的要求。水池为钢筋混凝土水池。消火栓加压给水泵与消防水池一起设在地下二层消防泵房内，共设两台消火栓给水加压泵，一用一备；消火栓泵选用XBD14.5/40-90-HY $Q=40L/s$，$H=145m$，$N=90kW$。

4. 管材：消火栓给水管采用内外热浸镀锌加厚焊接钢管，管径小于$DN100$宜采用螺纹连接，管径大于等于$DN100$宜采用法兰或沟槽式连接，阀门及需拆卸部位宜采用法兰连接，管材和接口公称压力为1.6MPa。

(二) 自动喷水灭火系统

1. 设计用水量参数

写字楼、办公楼按中危险Ⅰ级设计；商业裙房和地下停车库按中危险Ⅱ级设计；商业裙房中超市、百货库房按仓库危险Ⅱ级进行设计。

仓库危险Ⅱ级：储物高度3.5～4.5m，喷水强度为$12L/(min \cdot m^2)$，作用面积为$200m^2$，持续喷水时间2.0h，最不利点喷洒头工作压力为0.1MPa。

系统设计用水量52L/s计。

2. 系统分区：系统采用分区减压阀并联供水方式。竖向分高、低两个区：地下室1～2层、商业裙房1～5层、写字楼1～15层、办公楼1～13层为低区；写字楼16～29层、办公楼14～26层为高区。在与高区并联的低区引入管上设减压阀减压。火灾初期，自动喷水灭火系统由设于屋顶的消防水箱（储水量大于$18m^3$）供水。当火灾发生时，自动喷水灭火系统由设于地下二层水泵房内的自动喷水泵供水。

3. 自动喷淋水泵参数：自动喷水灭火系统设三台消防给水加压泵，两用一备，自动喷淋水泵选用XBD15.5/30-75-HY $Q=30L/s$，$H=155m$（调压至150m），$N=75kW$，预留地脚螺栓孔二次灌浆安装。

4. 喷头选用：地下室部分采用标准口径玻璃球直立型闭式喷头，写字楼办公室部分采用边墙型扩展覆盖喷头，商业裙房、超市部分采用大口径快速响应玻璃球闭式喷头，写字楼的其他部分、办公楼、商业裙房均采用标准口径玻璃球闭式喷头。其中有吊顶的地方均采用吊顶型喷头，无吊顶的地方均采用直立型喷头。厨房喷头温级均为93℃，其余场所喷头温级均为68℃。大堂周边等美观要求高的场所的喷头，将根据建筑要求带伸缩型或普通型装饰盘。

5. 管材：自动喷水给水管等采用内外热浸镀锌加厚焊接钢管，管径小于$DN100$宜采用螺纹连接，管径大于等于$DN100$宜采用法兰或沟槽式连接，阀门及需拆卸部位宜采用法兰连接，管材和接口要求承压1.6MPa。

(三) 气体灭火系统

本工程高压配电室，柴油发动机房等电气设备用房采用S型DKL气溶胶自动灭火装置，其设计参数为：灭火浓度不大于$140g/m^3$，喷放时间不大110s。

三、设计及施工体会

本项目是商业综合体，业态包括商业、餐饮、娱乐、办公，对给水排水专业而言，每种业态给水排水的设计均有所区别，本项目给水排水设计有如下的特点：

1. 在市政压力供水范围内的用水均由市政直接供水，高层建筑生活给水系统采用合理竖向分区，对超压管路采取减压限流节水措施，确保生活给水系统入户表前供水压力不大于0.2MPa。

2. 根据各种业态对供水的要求，分别设置计量水表及变频加压设备。商业建筑用水量是建筑能耗的重要组成部分，使用节水器具是商业建筑节水最直接的手段，如安装节水型马桶、安装红外感应型水龙头、节水型淋浴器；以及安装节水阀（可以往水龙头或淋浴头的出水中加气泡），节省大量用水。

3. 餐饮排水根据工程情况合理设置隔油池，生活污水采用每一至两个单体建筑一座玻璃钢整体化粪池。

4. 综合体建筑屋面面积巨大，屋面雨水流量非常可观。采用虹吸雨水系统，雨水斗及雨水立管额定流量远大于传统的重力流雨水系统，因此可以大幅度减少室内雨水立管的数量，利于室内布局及建筑立面美观。同时由于雨水在管道内呈压力流状态，楼板下雨水悬吊管可不设坡度，管道安装方便、灵活，而且能够迅速排清屋面雨水，防止屋面雨水蓄积造成危害。

5. 超市由某大型超市连锁经营，仓库危险级，喷淋用水量达到52L/s，为了消防安全，减轻喷淋泵启动功率，将喷淋泵设计采用两用一备，两台工作泵进行并联供水，单台泵流量30L/s，也可以满足其他建筑物喷淋用水量的要求。城市商业综合体建筑上下贯通的中庭，以及大型IMAX电影厅，这些区域往往净高超过12m，普通喷淋已不能满足规范要求，采用大空间智能灭火系统，以保证灭火系统的安全、迅速、可靠。

6. 该项目地处市区繁华路段，临近城市主干道，与城市地铁出口相连，满铺地下室，用地十分紧张，设计中地下室顶板局部降板，充分利用空间布置给排水管道。

7. 各专业管线先进行管线综合，安装时才能充分利用有限空间：给水排水内部系统管线竖向交叉时，有压管避让无压管，给水水管从排水管上部绕过；水管道与风管竖向交叉时，水管道宜在上方设置；与电气管线竖向交叉时，给水排水管道应设置在下方。

8. 近27000m^2“森”态屋顶公园，屋面雨水采用渗透截留工艺，屋面绿化采用微灌节水技术。

9. 对于综合体内环廊的商店零售区域，通常采用钢化玻璃＋喷淋保护玻璃的防火分隔方式，将中庭和环廊区域分隔，这种防火措施，主要是针对一些需要作防火分隔处理，且又不宜或难以采用防火卷帘、防火墙等不透明实体防火分隔物进行分隔的情况。在发生火灾时，水喷淋系统可以冷却玻璃的温度并减低热量对玻璃所造成的结构性影响，并在玻璃表面形成一层水幕，不仅能防止烟羽流及热辐射直接投射在玻璃上，还可作为玻璃的保护层和隔热功能。

四、工程照片及附图

鸟瞰图

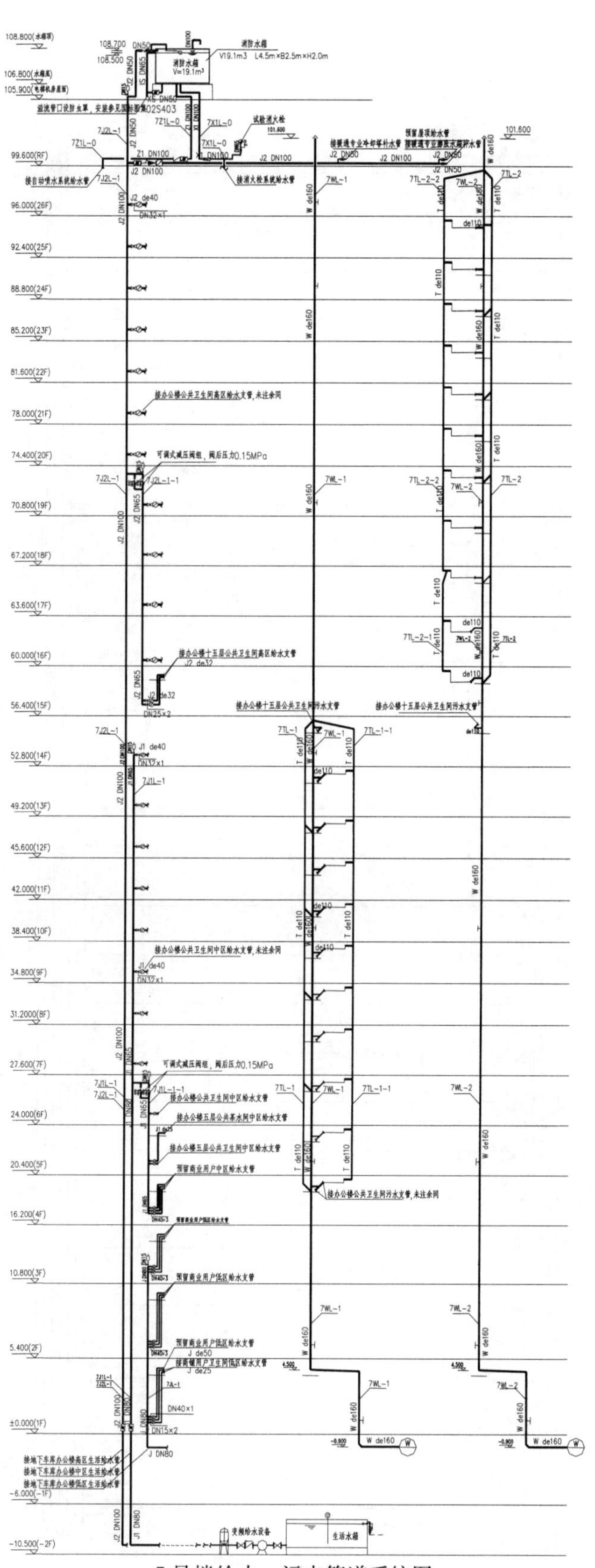

7 号楼给水、污水管道系统图

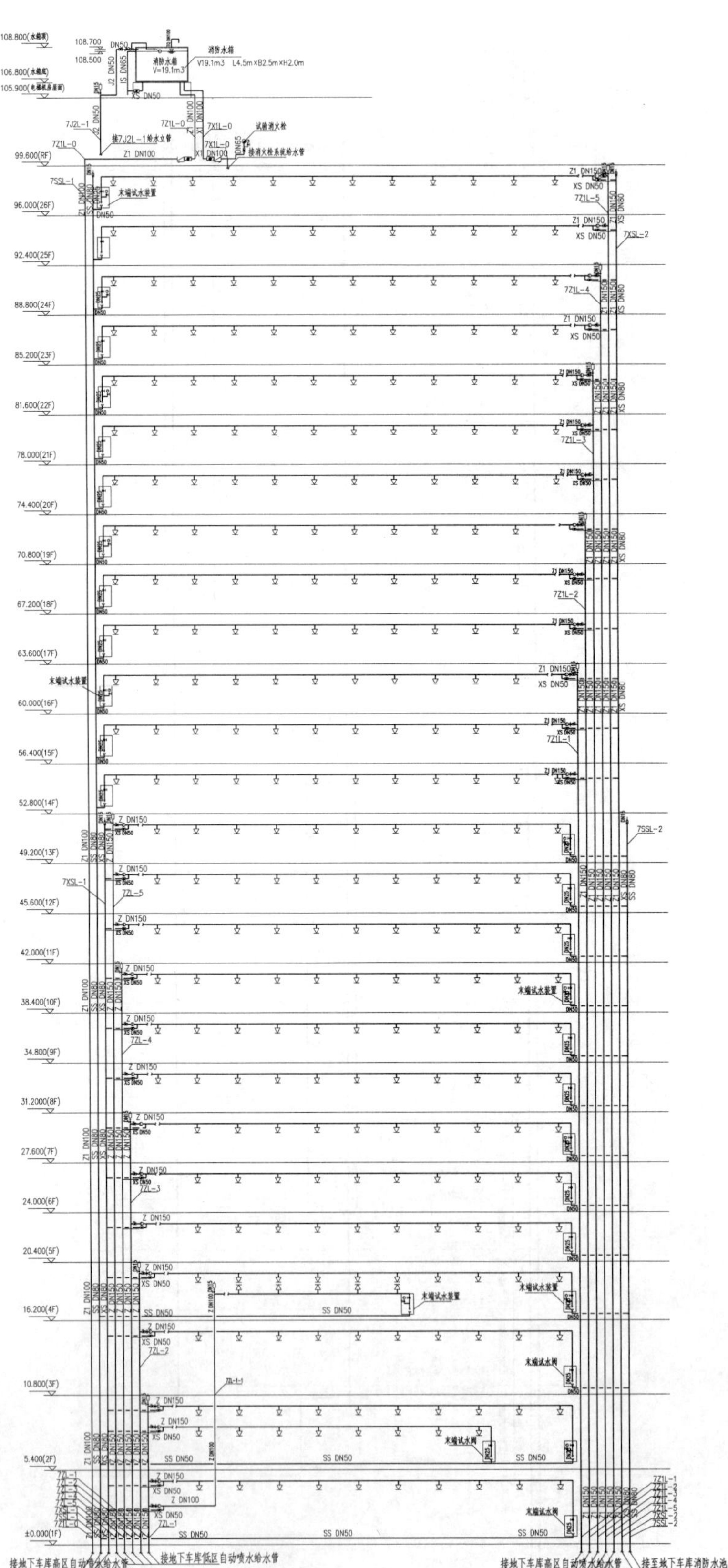

7 号楼自动喷水给水管道系统图

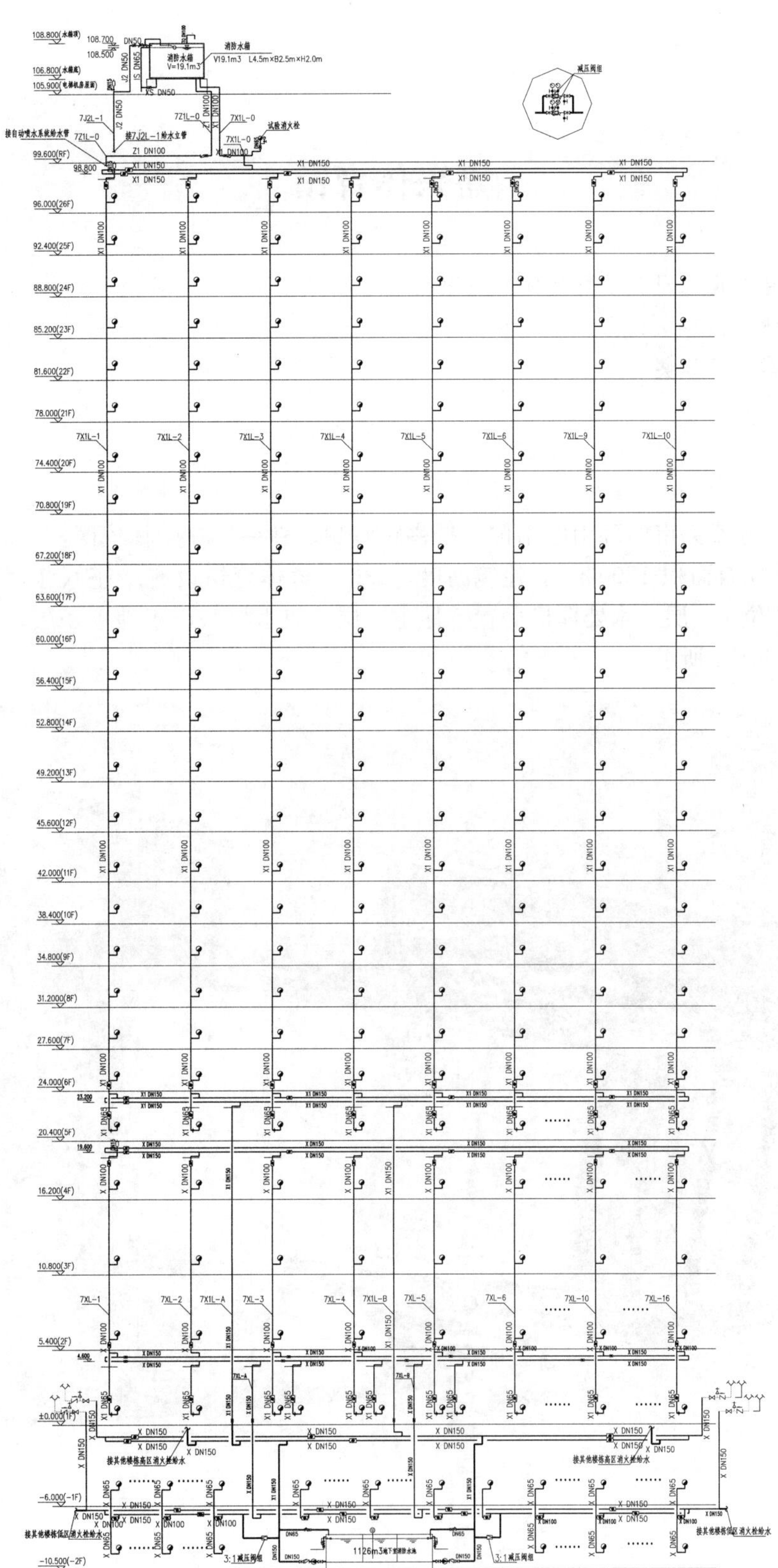

7号楼消火栓给水管道系统图

嘉兴体育馆

设计单位： 同济大学建筑设计研究院（集团）有限公司
设 计 人： 杜文华　姚思浩
获奖情况： 公共建筑类　三等奖

工程概况：

嘉兴体育馆项目位于嘉兴市中环南路南侧，昌盛路西侧，嘉兴学院梁林校区，用地面积 4.81 公顷。可容纳 6000 名观众。总建筑面积 18000m^2，建筑高度：23m。该体育馆设有一座八泳道训练游泳池（25m×21m×2.0m）。游泳池位于一层，水处理机房置于地下一层，热水机房设于地下一层，太阳能集热板设于体育馆屋顶。总平面图如图 1 所示。

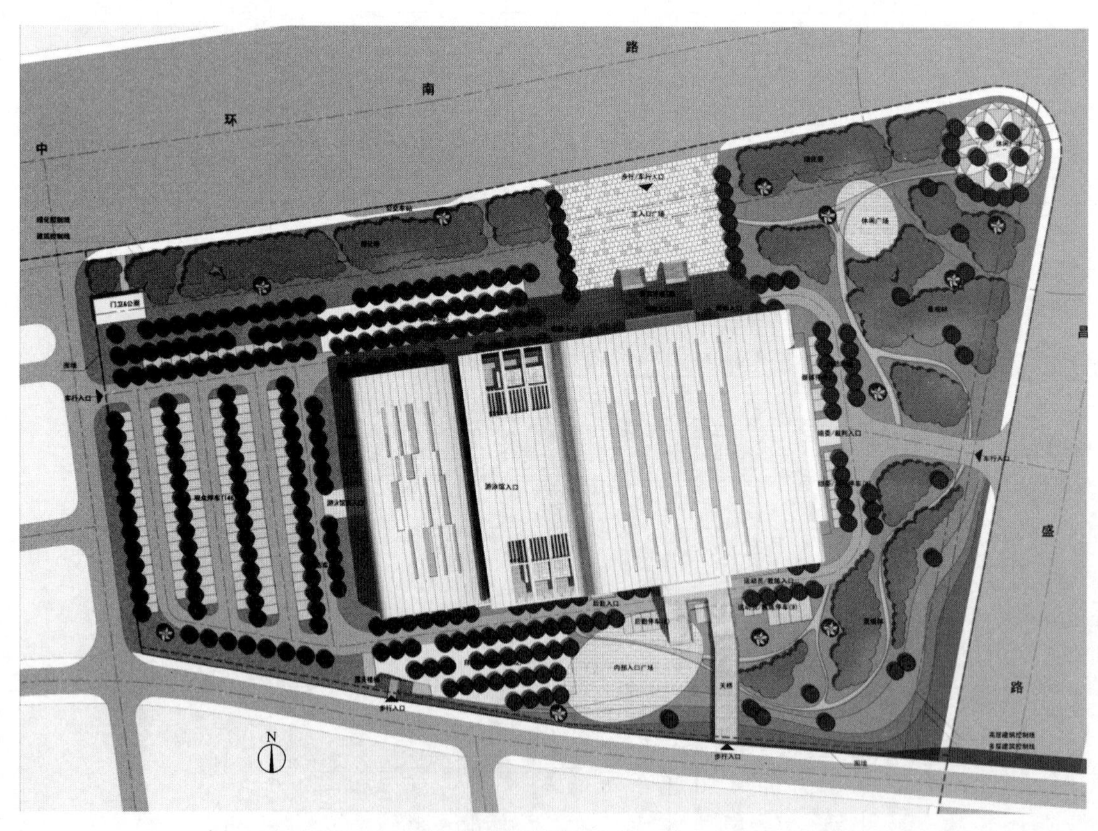

图 1　嘉兴体育馆室外总平面图

一、给水排水系统

(一) 给水系统

1. 冷水用水量

用水量见表1。

用水量计算 **表1**

编号	用　途	用量定额	最高日用量 Q_d(m³/d)	最大小时用量 Q_h(m³/d)	小时变化系数	使用时数(h)
1	观众	3L/(人·场)	35.6	10.7	1.2	4
2	运动员	40L/(人·次)	8	4	2.0	4
3	工作人员	50L/(人·d)	7.5	1.40	1.5	8
4	训练馆用水	40L/(人·次)	6	1.0	1.2	10
5	泳池淋浴	40L/(次·d)	100	20	2	10
6	比赛池补水	V=1660m³	83	8.3	1	10
7	未预见量	10%	23.3	4.6		
8	合　计		257	50		

本项目最高日（含10%未预见及漏失水量）生活用水量：Q=257m³/d。

2. 水源

本工程水源为城市自来水，供水压力为0.28MPa。

在建设基地北侧中环南路及东侧昌盛路上分别接入一路DN200市政供水管，在基地内成环布置，作为本工程的生活、消防水源，并设置生活及消防水表计量。

3. 系统竖向分区：除淋浴用水外，其余各层均采用市政管网压力直接供水。泳池集中淋浴采用恒压变频供水设备供水。基地绿化浇灌和道路浇洒由校区回用水管网系统供给。

4. 供水方式及给水加压设备：生活热水箱及恒压变频供水设备设置于地下室设备机房内。

5. 管材：室内给水干管采用内衬塑钢管和配件；卫生间给水支管（检修阀后）采用为PP-R塑料给水管，热熔连接。室外埋地给水管采用公称压力不小于1.0MPa的给水球墨铸铁管或埋地给水塑料管及配件；球墨铸铁管管内壁搪水泥砂浆，采用承插或法兰连接；塑料管采用橡胶圈连接或法兰连接。

(二) 热水系统

1. 热水用水量

热水用水量见表2。

热水用水量计算 **表2**

用　途	用量定额	最高日用量 Q_d(m³/d)	最大小时用量 Q_h(m³/d)	使用时数(h)
工作人员	40L/(人·班)	6	0.375	16
泳池淋浴	25L/(人·场)	67.5	11.25	6
未预见量	10%	7.4	1.16	
合　计		80.8	12.78	

2. 热源：系统由太阳能集热器阵列和空气源热泵联合加热淋浴用热水，可充分保证全天候的热水供应。游泳池加热系统优先使用太阳能，而太阳能供热不足的能量由空气源热泵热媒补充。

3. 系统竖向分区：热水采用集中供水方式，其系统采用闭式热水系统机械定时循环。

4. 热水制备："太阳能—空气源热泵组合"热水系统由热泵机组、太阳能集热器、加热蓄热水箱、加热循环泵、自动控制柜等部件组成，设置在地下室设备间。

5. 冷、热水压力平衡措施、热水温度的保证措施等：热水循环水泵的启闭由温度传感器控制、热水供、回水管、热媒水管及热交换器等均采取保温措施。

6. 管材：供应各淋浴间内冷、热水管（含回水管）均采用薄壁不锈钢管，公称压力不小于1.0MPa，卡压式连接。

7. 太阳能热水系统具有如下一些特点：

(1) 可靠性：在各系统的配置中，均优先考虑技术成熟可靠的产品；循环水泵均采用一用一备配置方式；太阳能集热板选用平板式集热板；各系统连接管路采用不锈钢管，并进行保温施工；自动编程控制系统采用专业厂家技术成熟的产品。因此，以上产品的选配及施工管理得当保证了系统的正常运行。

(2) 实用性：各系统分组编程控制，采用国产产品与进口产品相结合的配置原则，降低了系统的总投资，实用性较强。

(3) 维护方便：无须复杂的维护、检修；无须专人看管。从该项目运行几年的情况来看，操作管理人员、业主对系统的运行维护较满意和认可，而且该系统基本未出现过较大的故障，也无因产品问题产生的维护成本。

(三) 排水系统

1. 排水系统的形式：本项目室内外生活排水系统采用污废水合流体制，室外雨污水分流；汇合后的室外雨污水纳入基地所在校区的雨污水管网。地下室排水设集水井、潜水泵提升排至室外雨水井。屋面雨水排水采用虹吸雨水系统。

2. 透气管的设置方式：本项目生活排水系统透气管采用侧向透气和伸顶透气相结合的方式。

3. 管材：室内排水管（含污水管、废水管、通气管）采用建筑排水硬聚氯乙烯排水管及配件，承插粘结。与潜水排污泵连接的管道，均采用涂塑钢管，沟槽式连接。地下室外墙以外的埋地管采用给水铸铁管，水泥接口。虹吸式雨水系统采用虹吸专用HDPE排水管。室外排水管采用FRPP模压排水管。

二、消防系统

(一) 消火栓系统

1. 用水量：室内消火栓系统用水量20L/s。室外消火栓系统用水量30L/s。

2. 系统分区：消火栓水泵设置在地下消防水泵房内。系统为临时高压制，竖向不分区。

3. 消火栓泵的参数：消火栓泵的设计参数为$Q=20$L/s，$H=55$m；设置两组消火栓系统水泵接合器。

4. 水池、水箱的容积及位置：地下消防水泵房内设置414m^{3}室内消防水池。17.00m标高水箱间夹层内设置18m^{3}高位消防水箱。

5. 管材：室内消防管管径大于等于$DN100$采用无缝钢管（内外壁热镀锌）及配件，法兰或沟槽式连接，管径小于$DN100$采用热镀锌钢管及配件，丝扣连接。室内消防管道公称压力不小于1.6MPa。室外埋地压力消防管管材同室内管材，但须作防腐处理。

(二) 喷淋系统

1. 用水量：系统用水量35L/s。

2. 系统分区：喷淋水泵设置在地下消防水泵房内。系统为临时高压制，竖向不分区。

3. 喷淋泵的参数：喷淋泵的设计参数为$Q=35$L/s，$H=65$m；设置三组喷淋系统水泵接合器。

4. 水池、水箱的容积及位置：地下消防水泵房内设置414m^{3}室内消防水池。17.00m标高水箱间夹层内设置18m^{3}高位消防水箱。

5. 管材：室内消防管管径大于等于$DN100$采用无缝钢管（内外壁热镀锌）及配件，法兰或沟槽式连接，

管径小于 *DN*100 采用热镀锌钢管及配件，丝扣连接。室内消防管道公称压力不小于 1.6MPa。室外埋地压力消防管管材同室内管材，但须做防腐处理。

（三）消防水炮灭火系统

1. 消防水炮的设置位置：本项目体育馆比赛场的中心场区和看台区域采用固定消防水炮进行保护；训练馆、二层观众走廊处设大空间微型自动扫描灭火装置进行保护。

2. 系统设计参数：消防水炮灭火系统用水量 40L/s；大空间微型自动扫描灭火装置系统用水量 10L/s。

3. 系统控制

（1）消防水炮加压泵由多点红外线火灾探测系统控制启动，启泵同时开启电磁阀。

（2）消防水炮灭火系统应具有自动控制灭火、远程手动控制灭火和现场手动控制灭火三种灭火方式。

三、游泳池水处理系统

1. 水质要求：按《游泳池给水排水工程技术规程》CJJ 122—2008 及国家现行行业标准《游泳池水质标准》CJ 244—2007 的规定执行。

2. 概况：温水训练池（27℃）平面尺寸为 50m×21m，面积 1050m^2，池深 1.2～1.8m。

设计内容包含游泳池的供回水管道系统，溢流水回收系统，循环水泵系统，过滤系统，全自动水质监控投药系统，池水加热恒温系统，以臭氧消毒为主、次氯酸钠溶液投加消毒剂为辅的消毒系统。

3. 设计的主要参数为：循环周期为 5h，循环流量为 350m^3/h。

4. 过滤系统

本项目池水处理系统经过比选，本着节水节能、技术先进、系统可靠为原则，采用了硅藻土过滤技术，处理系统设备配置简单，节能节水，并且在相同体积下具有远高于石英砂过滤器的面积，过滤效果好，机房占地面积小，并具有如下一些特点：

（1）硅藻土过滤具有更高的过滤精度，尤其是对隐孢子虫的去除效果可大幅度提高池水的卫生条件，降低传染性疾病发生的风险。

（2）硅藻土过滤的精度和效率更高，达到同样的水质标准只需更短的运行时间，水泵耗电和药剂消耗也更少，可节约大量能耗。

（3）相对来说，国产硅藻土过滤的操作比石英砂过滤相对较为繁琐，建议选择采用自动控制系统以降低操作强度。

5. 泳池水处理系统，具备以下特点：

（1）室内游泳池设置池水循环，采用逆流循环方式。

（2）采用逆流式循环给水系统、全自动水质监控、游泳池水质处理采用过滤及全自动臭氧消毒辅以次氯酸钠溶液投加消毒系统，加热恒温系统采用水一水热交换器间接加热交换。加热设备：采用板式水—水热交换器，由于游泳池水含氯量较高，腐蚀性较大，应选用 316L 不锈钢材质的板式热交换器。

（3）为减少维护费用、延长系统使用寿命，所有设备和管道接触池水的部分全部采用非金属防腐蚀材料。

（4）池水消毒采用臭氧消毒为主、次氯酸钠溶液投加消毒剂为辅的消毒系统，该系统包括臭氧发生、投加、反应系统，次氯酸钠投加系统，余氯监控系统；水质平衡系统包括 pH 仪和加酸系统。

（5）游泳池的池水水质监测、药剂投加、池水过滤及反冲洗均采用全自动控制。水质在线监测系统：在线监测 pH 值、余氯值（或 ORP 值）、浊度、水温。

四、工程特点

1. 除集中淋浴外，各楼层充分利用市政给水管网水压直接供水。

2. 生活热水系统由太阳能集热器和空气源热泵联合加热淋浴用热水，满足全天候的热水供应。游泳池加热系统优先使用太阳能，而太阳能供热不足的能量由空气源热泵热媒补充。

3. 游泳池池水处理采用硅藻土过滤处理技术。

4. 大跨度钢结构屋顶采用满管压力流雨水排水系统，排水的效率较重力流系统高出很多，且立管数量相对较少、大空间系统简洁、系统占用的建筑物空间也相应减少。

5. 自动消防水炮及大空间射水灭火等灭火设施的运用。

五、工程照片

厦门工人体育馆附属设施（四期）酒店综合楼用房

设计单位：厦门合道工程设计集团有限公司
设 计 人：李益勤　陈超南　曹杨　王旖岚　邓妮　辜延艳　林桥喜
获奖情况：公共建筑类　三等奖

工程概况：

本工程为厦门工人体育馆附属设施（四期）酒店综合楼用房，坐落于厦门仙岳路和育秀东路交汇口西南，北临仙岳山。项目与先行设计的工人体育馆、科技馆、城市规划展览馆及地下商业街形成一组规模宏大的建筑群，集文化、体育、展览、办公、商业、旅游等多重功能于一体，建成后成为厦门新的核心地带。

项目总用地面积约为 1.1 万 m^2，总建筑面积约为 8 万 m^2，建筑高度 166m。单体地下两层，地上 45 层；地下室部分为车库、设备用房及酒店后勤管理用房，1～7 层（南侧）为酒店公共配套用房，7 层（北侧）～16 层为办公，17 层以上均为客房，其中 17 层及 34 层为避难层。故本工程按超高层综合楼进行设计。

本工程集办公、会议、酒店、餐饮、SPA、游泳、健身为一体，进驻的酒店为喜达屋旗下顶级品牌——威斯汀酒店（涉外五星），喜达屋集团是全球最大的饭店及娱乐休闲集团之一。整个建筑主体呈现巨大的斜面，14 层以上建筑平面层层内退，客房房型多达 70 种，客房管井的位置也几乎三层就变化一次。功能的复杂、涉外五星酒店的高标准以及建筑形态的特异性，都对本项目给水排水设计提出了挑战。

我司参与了项目设计全程，从最初的一次施工图设计，到最后配合完成二次精装的机电设计，与业主、境外酒店管理公司、各类顾问、境外精装设计公司、建设单位、监理单位等多方紧密协作。整个项目于 2012 年 5 月竣工验收，至今投入使用已经两年，各专业设计能够满足使用要求，各方面反馈良好，特别是建设单位对本工程整体设计表示满意。

一、给水排水系统

（一）生活给水系统

1. 设计用水量（表 1）

冷水用水量　　　　**表 1**

单位名称	用水量标准	用水单位数	小时变化系数	使用时间(h)
旅客	400L/d	500 人	2.0	24
员工	100L/d	450 人	2.0	24
洗衣	50L/kg	2850kg	1.4	8
中餐饮	50L/d	2768 人次	1.3	12
员工食堂	20L/d	450	1.5	12
桑拿(含淋浴)	200L/d	200 人次	1.5	12
理发及美容	100L/d	50 人次	1.5	12
健身	50L/d	50 人次	1.2	12

续表

单位名称	用水量标准	用水单位数	小时变化系数	使用时间(h)
游泳池补水	10%	240m³		12
西餐、茶艺	15L/人次	700 人	1.2	12
会议	8L/次	360	1.2	8
办公	50L/班	1600	1.2	10
空调补水	30m³/h			12
绿化、浇道路	1.5L/(m²·次)	3500m²		1 次/d
未预见用水	总量 10%			
合计	最高日用水量：1170m³/d (酒店部分 685m³/d,不包括冷却塔补充水和绿化浇洒用水)			

2. 水源：分别由不同市政给水管各引入一根 *DN*250 的给水管在小区内形成环状供水管网，作为本工程生活及消防的给水水源。市政供水最低压力为 0.35MPa，测试点黄海高程为 3.800m。

3. 系统及竖向分区

应酒管公司要求，办公区域及酒店区域生活给水系统分设，设置各自独立的生活泵房、水箱、水泵及管道系统。

本工程生活给水系统竖向分为五个区：第一区：地下二层～5 层；第二区：7 层（北侧）～16 层；第三区：6 层、7 层（南侧）；第四区：26～33 层；第五区：35 层及以上楼层。

4. 供水方式及给水加压设备

第一区：充分利用市政压力直接供水。

第二区：由地下办公泵房的低区变频供水设备供水，

水泵参数为 $Q=3.0m^3/h$，$H=85m$，$N=2.2kW$，两用一备。

第三区：由 17 层酒店转输泵房的中区变频供水设备供水，

水泵参数为$Q=20m^3/h$，$H=58m$，$N=5.5kW$，两用一备，

$Q=8.0m^3/h$，$H=55m$，$N=2.2kW$，配小流量泵 1 台。

第四区：由 17 层酒店转输泵房的中高区变频供水设备供水，

水泵参数为$Q=19m^3/h$，$H=85m$，$N=7.5kW$，两用一备，

$Q=7.6m^3/h$，$H=92m$，$N=4.0kW$，配小流量泵 1 台。

第五区：由 17 层酒店转输泵房的高区变频供水设备供水，

水泵参数为$Q=12.5m^3/h$，$H=115m$，$N=11kW$，两用一备，

$Q=5.0m^3/h$，$H=115m$，$N=3.0kW$，配小流量泵 1 台。

第三～五区转输泵位于酒店地下泵房内，

水泵参数为 $Q=20m^3/h$，$H=88m$，$N=11kW$，一用一备。

地下室设一个 25m³ 的办公生活水箱。在地下室及 17 层各设一个酒店生活水箱，合计 100m³。

5. 管材：室内给水管材采用不锈钢给水管材及管件，生活水箱采用不锈钢材料。

(二) 热水系统

1. 热水用水量

(1) 本工程在酒店区域设置全日制集中热水供应系统，采用机械全循环，系统保证干管、立管及长度大于 5m 支管的热水循环。

（2）设计用水量（表 2）

热水用水量 表 2

单位名称	用水量标准	用水单位数	使用时间(h)
床位	150L/d	500 人	24
员工	45L/d	450 人	24
中餐厅	18L/d	2768 人	12
员工食堂	9L/d	450	12
西餐、茶艺	5L/d	700 人	12
桑拿(含淋浴)	100L/d	200 人	12
美容	12L/d	50 人	12
洗衣	20L/kg	2850kg	8
健身	20L/d	50 人	12
游泳池补水	$2.4m^3/h$		12
未预见用水	总量 10%		
合计	最高日热水用水量：$255m^3/d$ 总耗热量为 9.6×10^6kJ/h		

2. 热源：本热水系统热媒为 95℃热水，由地下一层的锅炉房（详空调专业）提供。

3. 系统竖向分区：同生活给水系统分区。

4. 热交换器

本工程按分区分别设置容积式水加热器供给热水。

第一区：由地下一层酒店泵房的三台 $8m^3$ 容积式水加热器（3.5×1.8×2.3）供给。

第二区：公共区域无中央热水。

第三区：由 17 层酒店泵房的两台 $6m^3$ 容积式水加热器（2.8×1.8×2.3）供给。

第四区：由 17 层酒店泵房的两台 $5m^3$ 容积式水加热器（2.8×1.6×2.1）供给。

第五区：由 17 层酒店泵房的两台 $3m^3$ 容积式水加热器（2.9×1.2×1.7）供给。

5. 冷、热水压力平衡措施、热水温度的保证措施

（1）采用闭式热水给水系统，冷热水同源，且热水系统分区及供水方式与冷水系统相同，压力波动趋向一致。

（2）热水及回水管道的设计以保证同程布置为原则。

（3）除立管、干管循环外，客房卫生间及热水支管长度大于 5m 的裙房卫生间热水循环采用支管循环，最大限度地保证了热水出水的速度，提高舒适度。

（4）在回水管道上设置动态压力平衡阀，调整回水管道的流量达到均衡热水的目的；客房龙头采用恒温混合龙头，进一步保障用户使用感受。

6. 管材：热水管材采用紫铜管及管件，明露热水管采取保温措施。

（三）排水系统

1. 排水系统的形式：本工程排水体制为雨污水分流及污废合流。

2. 透气管的设置方式：本工程设置专用通气立管及环形通气管。

3. 采用的局部污水处理设施

（1）本工程污水经化粪池处理后，统一排入市政污水管网。

（2）酒店后勤厨房含油脂的废水，首先在厨房进行一次隔油，经专用管道汇集至隔油池进行二次隔油处理后，排至室外污水检查井。

4. 管材：重力流污水管采用柔性接口机制铸铁排水管及管件。酒店裙房屋面雨水采用虹吸雨水系统，其

压力雨水排水管采用 HDPE 管材；其余屋面的重力流雨水管采用柔性接口机制铸铁排水管及管件。

二、消防系统

（一）消防系统概况

1. 本工程按超高层综合楼进行设计。设室外消火栓给水系统、室内消火栓给水系统、自动喷淋系统、18～21 层中庭挑空采用雨淋系统，柴油发电机房设水喷雾灭火系统，网络机房及程控电话设备房设置七氟丙烷无管网式自动气体灭火系统，以及各层配置建筑灭火器。

应酒管公司要求，办公区域及酒店区域消防给水系统分设，设置各自独立的消防泵房、水泵及管道系统，但共用地下消防水池、屋顶消防水箱及稳压设备。

2. 水源：分别由不同市政给水管各引入一根 *DN*250 的给水管在小区内形成环状供水管网，作为本工程消防的给水水源。市政供水最低压力为 0.35MPa，测试点黄海高程为 3.800m。

3. 各消防给水系统用水量（表 3）

各消防给水系统用水量 表 3

类别		用水量(L/s)	火灾延续时间(h)	用水量(m^3)
室外消火栓用水		30	3	324
室内消火栓用水		40	3	432
自动喷淋用水	地下部分	45	1	162
	地上部分	40	1	144

按最不利情况考虑，室内消防用水 600m^3 储存于地下消防水池，室外消防用水由市政两路进水保障。

（二）消火栓系统

1. 消火栓系统用水量见表 3。

2. 系统竖向分区

（1）室内消火栓给水系统分三区：

在第一版设计中，办公楼层未独立分区，后应酒管公司要求，在第二版设计中办公楼层设置独立的消火栓系统。

第一区：7 层以下为酒店区域，由地下酒店消防泵房内的三台低区消火栓泵供水（两用一备）；

第二区：中部 7～16 层为办公区域，由地下办公泵房内的三台中区消火栓泵供水（两用一备）；

第三区：16 层以上为酒店区域，由地下酒店消防泵房内的三台高区消火栓泵供水（两用一备）。

3. 消火栓泵的参数

酒店高区：水泵参数为 Q=20L/s，H=220m，N=90kW，两用一备；

办公中区：水泵参数为 Q=20L/s，H=110m，N=37kW，两用一备；

酒店低区：水泵参数为 Q=20L/s，H=80m，N=30kW，两用一备；

电气专业充分考虑了相邻分区消防泵同时启动的荷载，可满足规范要求。

4. 消防水池、水箱的容积及位置：地下室消防水池 600m^3，分两格。屋顶设 18m^3 消防水箱，并设置消火栓稳压设备满足本工程最不利消火栓静压不小于 0.15MPa 压力要求。

5. 水泵接合器设置：鉴于厦门消防车供水压力较高，可满足本项目最高楼层的消防供水压力要求，故首层室外设置消火栓系统的水泵接合器 9 组，每区各 3 组（距室外消火栓 15～40m 范围内设置）。消防车通过水泵接合器直接向各分区消防系统供水（未接力），消防验收时顺利通过屋面消防试水。

6. 管材：室内消火栓系统采用内外壁热镀锌钢管，高区消防泵至 17 层消防主供水管道采用加厚内外壁热镀锌钢管。

（三）自动喷水灭火系统

1. 自动喷水灭火系统的用水量见表 3。

2. 系统竖向分区

自动喷水灭火系统竖向分三区：

在第一版设计中办公楼层未独立分区，后应酒管公司要求，在第二版设计中办公楼层设置独立的自动喷水灭火系统。

第一区：7 层以下为酒店区域，由地下酒店消防泵房内的三台低区喷淋泵供水（两用一备）；

第二区：中部 7～16 层为办公区域，由地下办公泵房内的三台中区喷淋泵供水（两用一备）；

第三区：16 层以上为酒店区域，由地下酒店消防泵房内的三台高区喷淋泵供水（两用一备）。

3. 喷淋泵的参数

酒店高区：水泵参数为 Q=20L/s，H=220m，N=90kW，两用一备；

办公中区：水泵参数为 Q=20L/s，H=110m，N=37kW，两用一备；

酒店低区：水泵参数为 Q=22.5L/s，H=80m，N=30kW，两用一备。

电气专业充分考虑了相邻分区消防泵同时启动的荷载，可满足规范要求。

4. 消防水池、水箱的容积及位置：地下室消防水池 600m^3，分两格。屋顶设 18m^3 消防水箱，并设置喷淋稳压设备满足系统最不利点喷头 0.10MPa 压力要求。

5. 喷头选型

（1）厨房操作间等高温区域选用公称动作温度 93℃的玻璃球闭式喷头（K80），其余均采用公称动作温度 68℃的直立型玻璃球闭式喷头（K80）。

（2）大堂、会议厅、客房等对美观要求较高的场所采用隐蔽式喷头，地下室等无吊顶处采用直立型喷头，其余有吊顶场所均采用下垂型喷头。

（3）裙房及地下室均采用快速响应喷头。

6. 报警阀的数量及位置：地下三层泵房内，设置酒店低区的湿式报警阀五组；地下一层设置雨淋阀两组；7 层设置办公区域的湿式报警阀三组；17 层避难层设置酒店高区的湿式报警阀四组及雨淋阀一组；34 层避难层设置酒店高区的湿式报警阀两组。

7. 水泵接合器设置：鉴于厦门消防车供水压力较高，可满足本项目最高楼层的消防供水压力要求，故首层室外设置自动喷水灭火系统的水泵接合器 9 组，每区各三组（距室外消火栓 15～40m 范围内设置）。消防车通过水泵接合器直接向各分区喷淋系统供水（未接力），消防验收时顺利通过最不利楼层的末端试水。

8. 管材：自动喷水灭火系统采用内外壁热镀锌钢管，高区消防泵至 17 层消防主供水管道采用加厚内外壁热镀锌钢管。

（四）雨淋灭火系统

1. 本工程 18～21 层中庭挑空部分净空高度大于 12m，采用雨淋灭火系统保护。喷水强度为 6L/(min·m^2)，实际作用面积为 200m^2。

2. 系统给水引自酒店泵房的高区喷淋泵湿式报警阀前，雨淋报警阀组设于 17 层设备机房，系统给水由地下泵房的酒店低区喷淋泵减压后供给。

3. 系统采用 K=80 开式洒水喷头，由配套的火灾自动报警（两个独立信号）或传动管系统监测启动雨淋阀，雨淋阀开启后，其控制范围内所有开式喷头全部打开，以充足的水量迅速有效地扑灭火灾。

4. 雨淋灭火系统采用内外壁热镀锌钢管。

（五）水喷雾灭火系统

1. 地下一层发电机房及锅炉房设置水喷雾灭火系统保护。设计喷雾强度 20L/(min·m^2)，持续喷雾时间 0.5h，最不利点喷头工作压力不小于 0.35MPa。

2. 喷头采用高速离心水雾喷头，雨淋阀就近设置于发电机房及锅炉房外，系统给水由地下泵房的酒店低区喷淋泵减压后供给。

3. 当机房内的烟、温感探测器确认火灾时，反馈至销控中心，同时打开雨淋阀的电磁阀，启动喷淋加压泵，压力开关信号反馈至消控中心。

4. 水喷雾灭火系统采用内外壁热镀锌钢管。

（六）气体灭火系统

1. 五层网络机房及程控电话等设备机房设置无管网式预制七氟丙烷自动气体灭火系统。

2. 系统采用全淹没灭火方式，灭火设计浓度采用 8%，设计喷放时间不大于 8s，并在墙体上设置了泄压口。

3. 气体灭火系统设置自动控制、手动控制和机械应急操作三种启动方式。

三、设计及施工体会

1. 消防系统的给水有多种形式和选择，对消防要求较高的高层建筑（建筑高度 170m 以下），倾向于在规范及材料许可的范围内，尽量采用水泵并列分区的给水方式（即各分区从水泵开始分设独立的子系统），以提高各分区的消防供水安全性。酒店建筑功能众多，管理复杂，要根据其特殊性在适当的部位设置一些相对特别的消防系统。比如布草井和厨房烟罩，均应设置与其实际使用情况相适应的独立消防系统。

2. 对追求客户感受的高星级酒店而言，冷热水压力均衡是酒店热水设计的关键，以冷热水压力同源为根本，同程设计为原则，支管循环为手段，配合平衡阀、恒温混合龙头等的使用，可最大限度保障用户的使用感受。

3. 在此类与外方管理公司合作的项目中，设计初期便应认真解读其技术要求，目前世界上知名连锁酒店管理公司的许多要求是参考美国的 NFPA（美国消防协会）标准而来的，所以应积极寻找与我方常规设计或常用规范的不同之处，参照我国国情，与各位顾问加强沟通、紧密配合，共同探讨既满足我国规范和国情又满足外方管理公司要求的设计方案。另外，从前期机电设计到后期配合二装设计的过程中，还应充分考虑工程实际运行后的管理需求，并积极配合二装施工中的诸多细部特点和可操作性，才能真正做到想业主之所想，也减少后期无谓的改动。

四、工程照片

酒店竣工后外观

酒店客房每三层挑空中庭

酒店客房（隐蔽式喷头）

（客房管井、消火栓、灭火器与二装完美结合）

酒店 40 层行政酒廊

酒店餐吧（隐蔽式喷头）

（隐蔽式喷头与吊顶协调一致）

酒店地下生活泵房内生活给水过滤砂缸

酒店 17 层泵房内生活水箱及变频泵

酒店 17 层生活泵房内容积式热水器

酒店宴会厨房排油烟罩下的安素自动灭火系统（施工照）

奥体中心东侧 14 号地块—龙奥金座

设计单位： 山东大卫国际建筑设计有限公司
设 计 人： 郭芳君　费喆　孙鸿昌　卢丽　王耀　叶连彩　葛继明
获奖情况： 公共建筑类　三等奖

工程概况：

本工程为奥体中心东侧 14 号地块—龙奥金座项目，位于济南市经十东路以南，奥体东路以东，用地面积 1.76 公顷，建筑面积 100651.56m^2。其中地上总建筑面积：72870.47m^2，地下总建筑面积：27781.09m^2。

本工程建筑高度 92.95m，地上 19 层，其中裙房三层，地下三层。地下一层北侧为地上，设有入口大堂，其余地下部分为车库，车位数为 714 辆，内有电气用房、设备用房及存储戊类物品的储藏间；一层为大堂及大堂休息厅；二层为办公；三层为大、中型会议室。以上为办公及附属用房，为一类公共建筑。图 1 为项目鸟瞰图。

图 1　龙奥金座鸟瞰图

一、给水排水系统

（一）给水系统

1. 生活用水量及水源（表 1）

生活用水量及水源 **表 1**

序号	用水部位	用水量定额	使用数量	用水天数	用水量（平均日）	用水量（全年 m^3）	备注
1	办公楼用水量	30L/（人·班）	4560 人	365d	136.8m^3/d	49932	用自来水/中水
	其中裙房冲厕用水	占用水量 60%	4560 人	365d	82.08m^3/d	29959.2	用中水
2	浇洒道路	0.5L/（m^2·次）	6190m^2	50 次	3.1m^3/d	154.8	用中水、雨水
3	绿化用水	0.28m^3/（m^2·a）	10190m^2	200d	2.9m^3/d	570.6	用中水、雨水
4	雨水利用量					1028	用雨水

通过表 1 可以看出：

龙奥金座年总用水量：49932＋154.8＋570.6＝50657.4m^3；

其中所需中水、雨水等非传统水源水量：29959.2＋154.8＋570.6＋1028＝31712.6m^3；

所需自来水水量：18944.4m^3。

2. 系统竖向分区：地下一至三层为市政给水直供，4～11 层为中区，12 层至机房层为高区。各层供水压力大于 0.2MPa 的支管均装设减压阀，控制各用水点出压力，以便控制配水点处流量。

3. 供水方式及给水加压设备

本楼地下一层至三层采用市政给水管网供水，市政入户供水压力为 0.35MPa；高区供水由位于地下一层的水泵房内的增压供水设备供给。4～11 层采用无负压供水设备经减压阀减压后供水，阀后压力为 0.80MPa。13 层至机房层采用无负压供水设备直接供水，供水压力为 1.20MPa。

空调机房、消防水池泵房等补水分别独立控制、独立计量。每层公共卫生间设置分层水表，便于分层计量，分层控制用水量。

4. 管材：室外供水管采用给水 AGR 管，粘接；阀门井以内冷水立管、水平干管采用给水衬塑钢管，管径小于 *DN*100 采用丝扣连接。管径大于或等于 *DN*100 采用沟槽式连接。阀门均采用铜质闸阀，工作压力 2.0MPa。冷水支管采用 PP-R 铝塑稳态管（S4；PN1.25）热熔连接，执行 CJ/T 210—2005 标准。

（二）热水系统

1. 热水用量：用水量标准：办公人员：5L/（人·d），热水用量 800L/d，出水温度 60℃。

2. 热源：济南市属于三类太阳能辐照区，年平均日照小时数为 7.1h；当地纬度倾角平面年总辐照量为 5277.709MJ/（m^2·a），当地纬度倾角平面年平均日辐照量为 14.455MJ/（m^2·d）。龙奥金座项目卫生热水采用单水箱太阳能集中供热水系统，系统如图 2 所示。在屋面设置 15m^3 太阳能热水箱。则此工程设计用集热器面积为 182.4m^2，此系统为间接换热系统，需增加一定的集热面积，按照 2%的补偿比例，集热器面最终确定为 220m^2。

3. 系统竖向分区：热水采用高位水箱加水泵供水，10 层以下设减压阀供水；热水系统循环管采用干管循环，主干管距用水洁具很近，可以保证循环效果，减少热水放水时间和水量。

4. 辅助热源的选配

根据项目所在地所具备的能源环境条件，同时为方便系统运行管理，选用电加热作为辅助能源，保证阴雨天气下的正常热水供应。

在本系统中，为保证不利天气条件下的正常热水供应确定辅助能源功率计算如下：

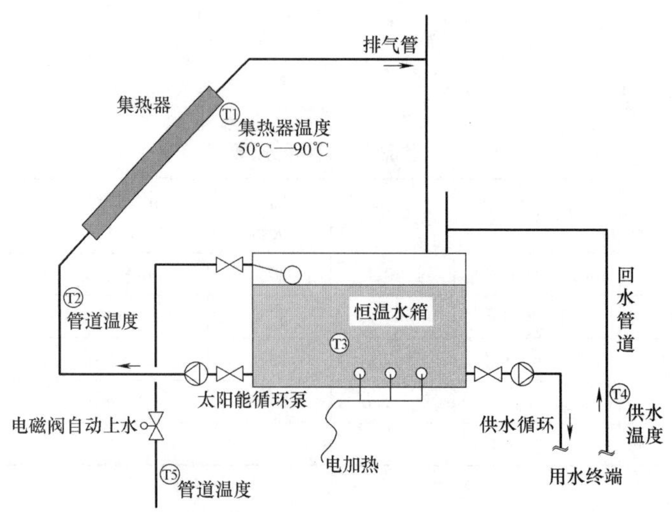

图 2　单水箱太阳能集中供热水系统原理流程图

(1) 所需加热水量 M $\boxed{10m^3}$ 加热时间 t $\boxed{8h}$

(2) 初始水温 T_2　　15℃　终止温度 T_1　　60℃

(3) 辅助加热能量　$Q=M\times C\times(T_1-T_2)=1881MJ$

最终确定采用电加热功率为：65kW。

5. 管材：阀门井以内热水立管、水平干管采用给水衬塑钢管，管径小于 $DN100$ 采用丝扣连接。管径大于等于 $DN100$ 采用沟槽式连接。阀门均采用铜质闸阀，工作压力 2.0MPa。热水器具支管采用 PP-R 铝塑稳态管（S4；PN1.25）热熔连接，执行 CJ/T 210—2005 标准。循环主管（屋顶和管道井）采用 30～40mm 厚的橡塑保温，并且屋顶管道外包 0.3mm 铝皮防护。

（三）中水系统

中水工程的数量及规模主要从投资额、运行费用和占地因素考虑，本项目建一个中水处理站。由于设置一个处理站的占地面积小，运行费用省，这在经济上更为合理，在技术上也可行。根据对龙奥金座水量平衡计算、经济比较，因此设置一个日处理量 170m³ 的中水处理站，采用整体设计，一次性实施。

1. 中水源水量表及中水回用水量（表 2、表 3）

中水原水回收量计算　　　　**表 2**

序号	排水部位	使用数量	原水排水量标准	排水量系数	用水天数(d)	原水量(平均日)	原水量(全年)
1	办公楼盥洗排水	4560 人	25.5L/(人·班)	0.85	365	116.3m³/d	42442.2m³
2	雨水						1028
	合计						43470.2m³

中水回用系统用水量计算　　　　**表 3**

序号	用水部位	使用数量	中水用水定额	用水天数(d)	用水量(平均日)	用水量(全年)
1	办公冲厕用水	4560 人	18L/(人·d)	365	82.08m³/d	29959.2m³
2	浇洒道路	6190m²	0.5L/(m²·次)			154.8m³
3	绿化用水	10190m²	0.28m³/(m²·a)	200	1.4m³/d	540.6m³
	合计					30654.6m³

通过表 3 可以看出，所需中水回用水量共约 30654.6m³，通过中水原水量计算，可收集中水原水量 43470.2m³，因此，收集中水水量为中水回用量的 1.4%，满足“供大于求”的水量要求。

根据表 2、表 3 绘制龙奥金座中水工程水量平衡图（图 3，参照《民用建筑节水设计标准》GB 50555—2010）。

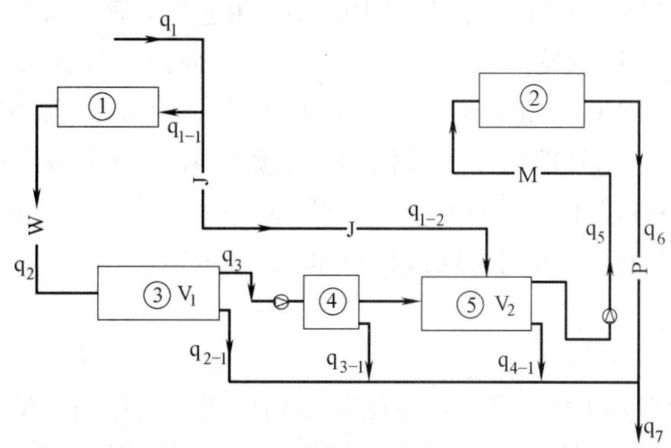

图 3　水量平衡示意图

①——提供中水原水的用水设备；②——中水用水设备；③——原水调节池；④——水处理设备；⑤——中水储水池；

J——自来水；W——中水原水；M——中水供水；P——排污水

q_1——自来水总用水量 51m³/d；q_3——处理设备日处理量 170m³/d；$q_{4\text{-}1}$——中水贮水池溢水、排污量 0；

q_6——中水供水设备排污水量 130m³/d；$q_{1\text{-}1}$——自来水供水的用水设备 51m³/d；$q_{2\text{-}1}$——调节池溢水排污量 0；

q_5——中水用水设备用水量 39.7m³/d；q_7——总排水量 130m³/d；$q_{1\text{-}2}$——中水池贮水池的自来水补水量 0；

$q_{3\text{-}1}$——处理设备自用水量 0.25m³/d；q_2——中水原水水量 119m³/d；q_4——中水产水量 170m³/d。

2. 系统竖向分区：中水系统形式的选择，应根据工程的实际情况、原水和中水用量的平衡和稳定、系统的技术经济合理性等因素综合考虑确定。本建筑小区中水可采用半完全分流系统形式，本建筑物采用污废水合流，中水供地下三层至三层的冲厕用水，四层以上用自来水冲厕。中水分区同给水。

3. 供水方式及给水加压设备：中水供水系统独立设置，中水管道严禁与生活饮用水给水管道连接。中水供水方式采用变频水泵供水方式，满足供水安全，$Q=170\text{m}^3/\text{d}$，$H=40\text{m}$。

4. 水处理工艺流程（图 4）

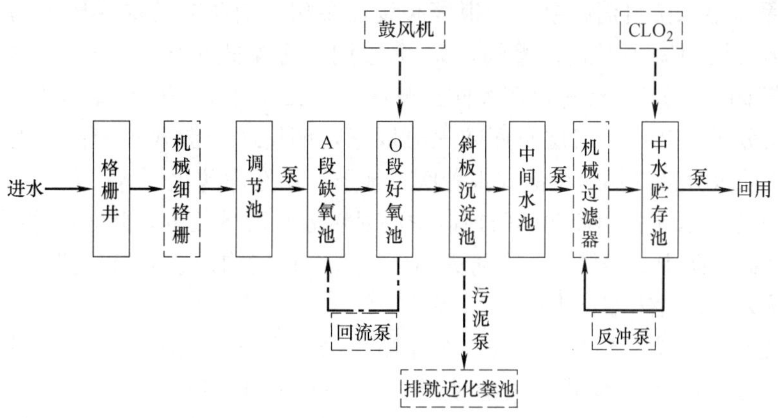

图 4　中水处理工艺流程图

5. 管材：管道采用 HDPE 管，中水供水管道上安装水表，便于中水的计费和成本核算。中水管道上不得装设取水龙头。当装有取水接口时，必须采取严格的防止误饮、误用的措施。除卫生间外，中水管道不宜暗装于墙体内。绿化、浇洒采用有防护功能的地下式给水栓。

（四）排水系统

1. 排水系统形式：本工程污、废水采用合流制。室内±0.000m以上污、废水重力自流排入室外污水管，地下室污废水采用潜水排污泵提升至室外污水管。生活污水经化粪池进行处理后接至中水站处理合格后回用于公厕冲厕用水，日排水量按供水量的90%计。公共卫生间设专用通气立管，每层设结合通气管与污水立管相连。

2. 管材：排水立管选用PVC-U螺旋静音管，粘接；出屋面伸顶通气管采用柔性机制铸铁管，各卫生间水平排水支管及通气管采用光壁PVC-U排水管。水平排水干管及接立管弯头采用柔性接口排水机制铸铁管；底层单排管采用柔性机制铸铁管；出外墙后用柔性机制排水铸铁管。与排污泵连接的管道采用内筋嵌入式衬塑钢管，焊接连接。地漏的水封深度不小于50mm，参见L03S002-58。车库排水管立管采用光壁PVC-U排水管，埋地水平排水干管及接立管弯头采用柔性接口排水机制铸铁管。

二、消防系统

（一）消火栓系统

1. 本工程为综合楼，建筑高度约为92.950m，按一类高层建筑进行消防给水设计。

2. 本建筑设室内外消火栓给水系统，在地下一层设置350m^{3}的消防水池与消防泵房。室外消火栓连接市政给水管。消防水箱设1号楼顶层。自消防泵房高低区供水管各引两根*DN*150消火栓管。

高区消防供水1.35MPa；低区消防供水0.89MPa。

室内消火栓给水管网，竖向分为高低两区。水平干管与立管成环状。

3. 室外设六套地上式消防水泵结合器。消防水泵吸水管上采用球墨铸铁闸阀，消防干管采用蝶阀。

4. 消火栓设计流量：室内部分40L/s，室外部分为30L/s。

5. 消火栓栓口为*DN*65，水枪喷嘴口径ϕ19，水龙带长为25m，消防箱采用单栓带自救消防卷盘型消火栓（甲型）L03S004-19。栓口距地面1.1m。栓口出水压力大于0.5MPa时采用减压稳压型消火栓。地下车库～四层、10～14层采用减压稳压型消火栓。暗装在防火隔墙、楼梯间和风机房隔墙中的消火栓箱，其背板采用防火背板，做法参L03S004-25。

（二）自动喷水灭火系统

1. 本工程设自动喷淋灭火系统，按中危险Ⅱ级设计。喷水强度8L/(min·m^2)，作用面积160m^2。自动喷水灭火系统用水量30L/s，火灾延续时间1h。消防泵房于小区内统一设置。

2. 自动喷水灭火系统给水接自消防泵房。报警阀设在泵房。消防泵房提供压力为1.35MPa。在报警阀前设置主楼地下一层至二层用一个湿式报警阀，3～7层用一个湿式报警阀，8～14层用一个湿式报警阀，15～19层一个湿式报警阀。－5.500m标高车库防火分区一，二及地下一层车库防火分区一用一个湿式报警阀；地下一层车库防火分区二及地下二层车库防火分区三，四用一个湿式报警阀；地下二层车库防火分区一，二及地下三层车库防火分区二用一个湿式报警阀；地下三层车库防火分区一及三用一个湿式报警阀。

3. 火灾时，喷头动作，水流指示器向消防控制中心显示着火区域位置，此时湿式报警阀处的压力开关动作自动启动喷淋泵，并向消防中心报警。每个防火分区，每个楼层均设水流指示器，并在水流指示器入口前设置信号控制阀，系统末端设置末端试水装置。

4. 房间采用下垂型标准喷头ZSTPX15/68。车库喷头为直立型（ZSTZ-15），风管下方的喷头为下垂型（ZSTPX-15）。立体车库采用水平侧墙式喷头型号为GB-HSW（GB-LO17/32），*K*值112，喷射覆盖面积宽4.9m×远6.1m（压力0.13MPa），侧墙式喷头应经消防主管部门认证。室外设两套地上式消防水泵结合器。

5. 自动喷水灭火系统设备用喷头，其数量不少于总数的1%。

6. 自动喷水灭火给水管道采用热镀锌钢管（内外镀锌），管径小于*DN*100采用丝扣连接。管径大于等于*DN*100采用沟槽式连接。管道变径时应采用异径管。

三、设计及施工体会或工程特点介绍

龙奥金座评定为绿色三星级建筑，为达到绿色节能建筑评价标准要求，本项目在给排水方面采用的节能措施如下：

（一）生活给水系统

1. 建筑给水分区中、高区供水采用水箱加变频供水装置。

2. 各层供水压力大于 0.2MPa 的支管均装设减压阀，控制各用水点出压力，以便控制配水点处流量。

3. 冷、热水供水分区相同，同时调节各支管处的减压阀，使用水点处冷、热水供水压力差不大于 0.02MPa，使冷、热水压力均匀分配。

4. 空调机房、消防水池泵房等补水分别独立控制、独立计量。每层公共卫生间设置分层水表，便于分层计量，分层控制用水量。

5. 选用节水龙头和节水卫生洁具。

（二）太阳能热水系统

1. 公共卫生间卫生热水由太阳能集热器提供。太阳能集热器布置在建筑屋面，15m^3 热水共需面积 220m^2。

2. 热水管道采用主干管循环。主干管距用水洁具很近，可以保证循环效果，减少热水放水时间和水量。

3. 各层供水压力大于 0.2MPa 的支管均装设减压阀，控制各用水点处压力，以便控制配水点处流量。

（三）中水系统

1. 将生活污水经化粪池初步处理后进入中水站进行深度处理达到生活杂用水水质标准，回用到建筑公厕用于卫生间冲洗、洗车、绿化、喷泉、冲洗道路等用途。实现污水资源化，达到节水节能的目的。

2. 空调冷凝水设专用冷凝水管排至中水储存水箱，补充绿化用水。

3. 经中水处理等方式处理建筑排水，达到保护环境，节约用水的目的。

（四）设备用房

1. 各系统循环泵、增压泵、加压泵等均采用高效、低噪、屏蔽泵。

2. 循环泵配套安装橡胶隔振器。水泵机组底座下设置型钢机座并采用锚固式安装。型钢机座与橡胶隔振器之间应用螺栓（加设弹簧垫圈）固定在地面。管道支架采用弹性支吊架。中水站设备用房应采用吸音板等隔声措施。减少噪声污染。

3. 消防、太阳能水箱、水池等均设置溢流信号装置。

（五）设计及施工体会

地下三层车库设置地漏排水，排水管的位置设置在柱子旁，影响车位的设置。设计中泵房的设计应充分考虑现场安装，实际泵房中阀门占很大的空间。

四、工程照片及附图

地下车库喷淋系统

龙奥金座 1-1 鸟瞰图 1

龙奥金座 1-1 正透视图 1

喷淋系统报警阀

消防泵房布置图

消防水泵

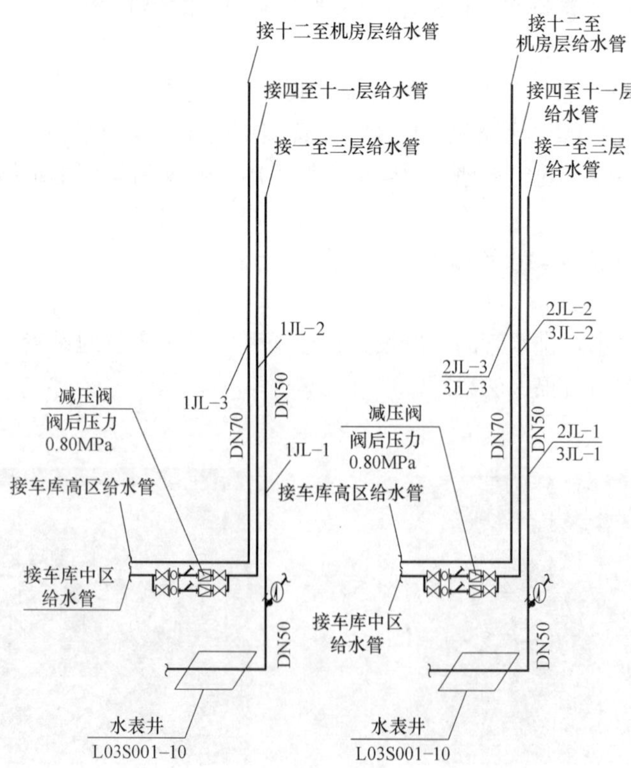

给水系统图

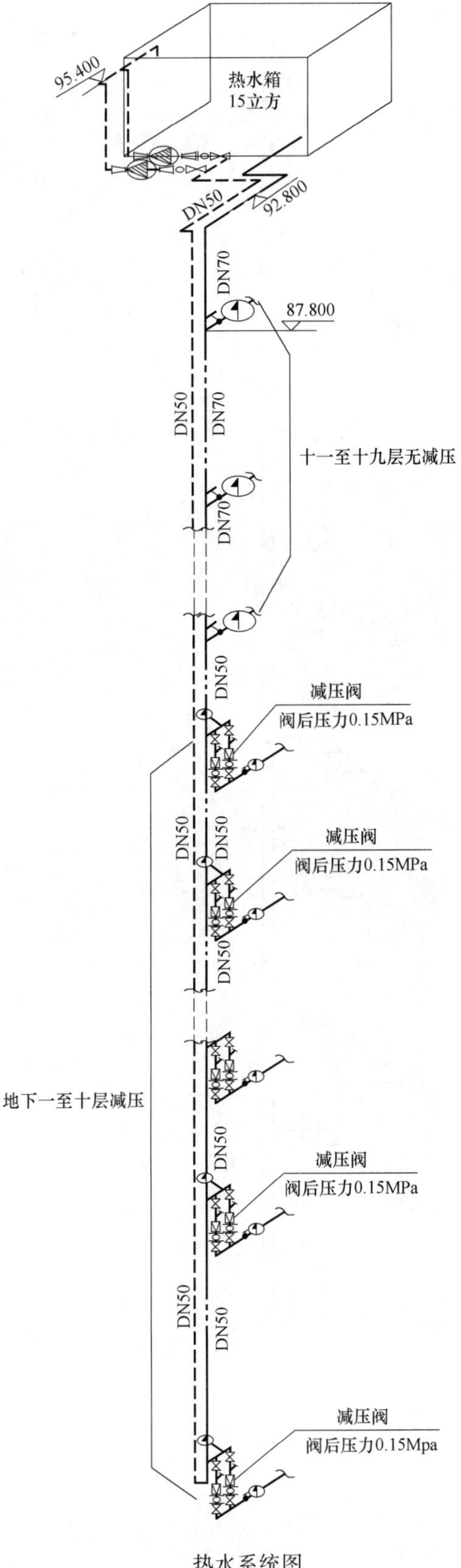
95.400
热水箱
15立方
DN50
92.800
DN70
87.800
DN50
DN70
十一至十九层无减压
DN70
DN50
减压阀
阀后压力0.15MPa
DN50
DN50
减压阀
阀后压力0.15MPa
DN50
地下一至十层减压
DN50
减压阀
阀后压力0.15MPa
DN50
DN50
减压阀
阀后压力0.15Mpa

热水系统图

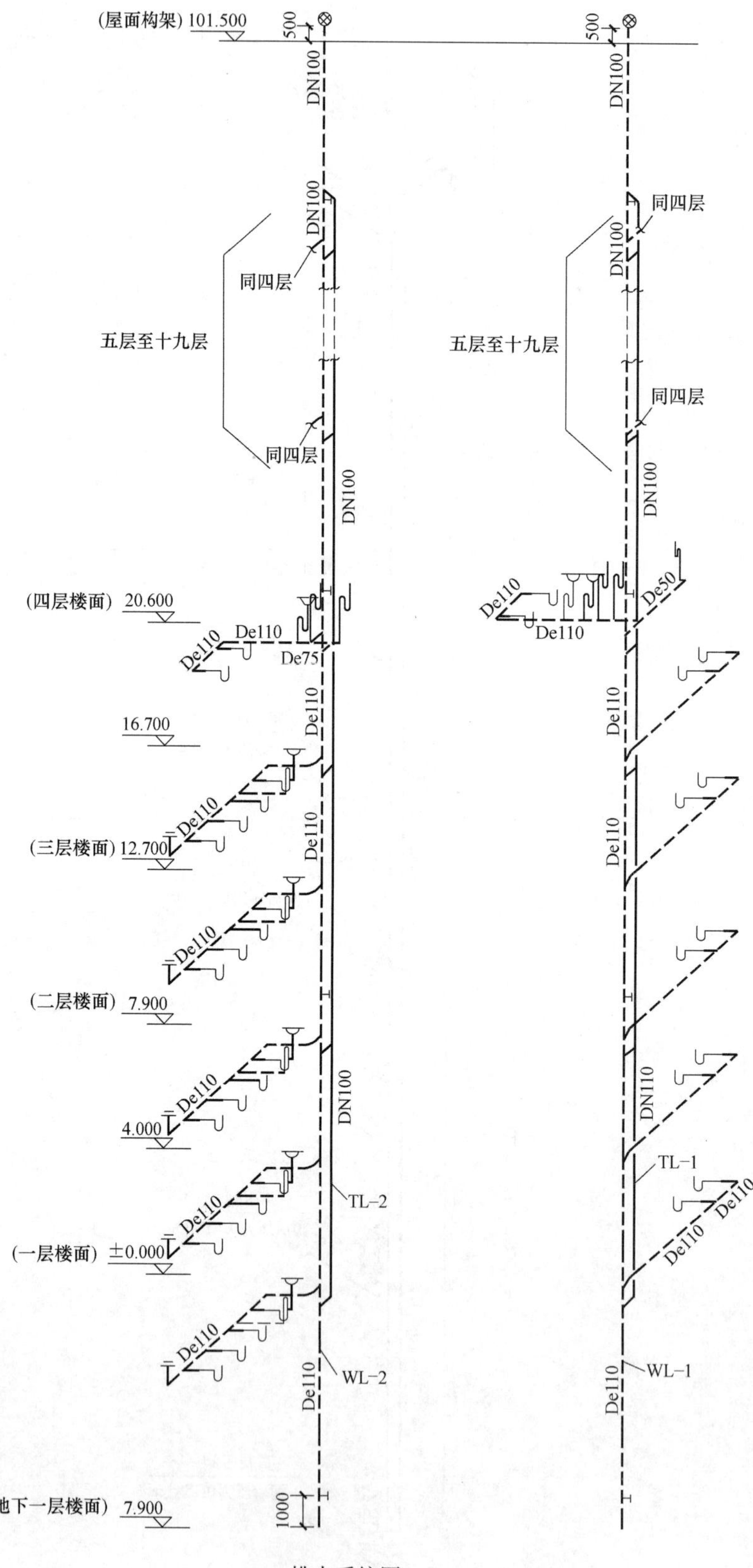
(屋面构架) 101.500
500
DN100
同四层
五层至十九层
DN100
(四层楼面) 20.600
De110
De75
De50
16.700
(三层楼面) 12.700
(二层楼面) 7.900
4.000
DN110
TL-1
TL-2
(一层楼面) ±0.000
WL-1
WL-2
(地下一层楼面) 7.900
1000

排水系统图

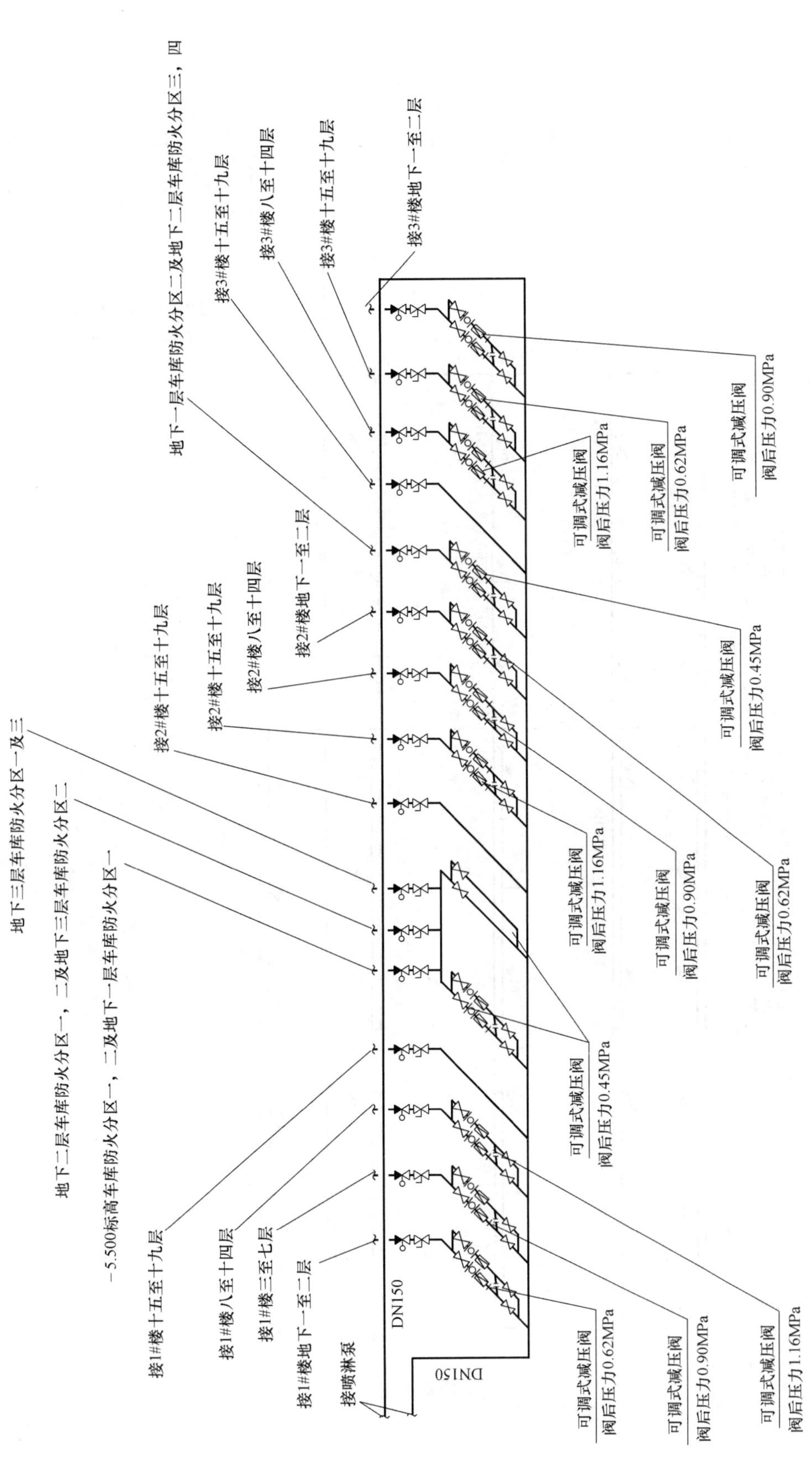
地下一层车库防火分区二及地下二层车库防火分区三，四
接3#楼十五至十九层
接3#楼八至十四层
接3#楼十五至十九层
接3#楼地下一至二层
接2#楼十五至十九层
接2#楼十五至十九层
接2#楼八至十四层
接2#楼地下一至二层
地下三层车库防火分区一及三
地下二层车库防火分区一，二及地下三层车库防火分区二
-5.500标高车库防火分区一，二及地下一层车库防火分区一
接1#楼十五至十九层
接1#楼八至十四层
接1#楼三至七层
接1#楼地下一至二层
接喷淋泵
DN150
DN150
可调式减压阀
阀后压力1.16MPa
可调式减压阀
阀后压力0.62MPa
可调式减压阀
阀后压力0.90MPa
可调式减压阀
阀后压力0.45MPa
可调式减压阀
阀后压力1.16MPa
可调式减压阀
阀后压力0.90MPa
可调式减压阀
阀后压力0.62MPa
可调式减压阀
阀后压力0.45MPa
可调式减压阀
阀后压力0.62MPa
可调式减压阀
阀后压力0.90MPa
可调式减压阀
阀后压力1.16MPa
喷淋系统示意图

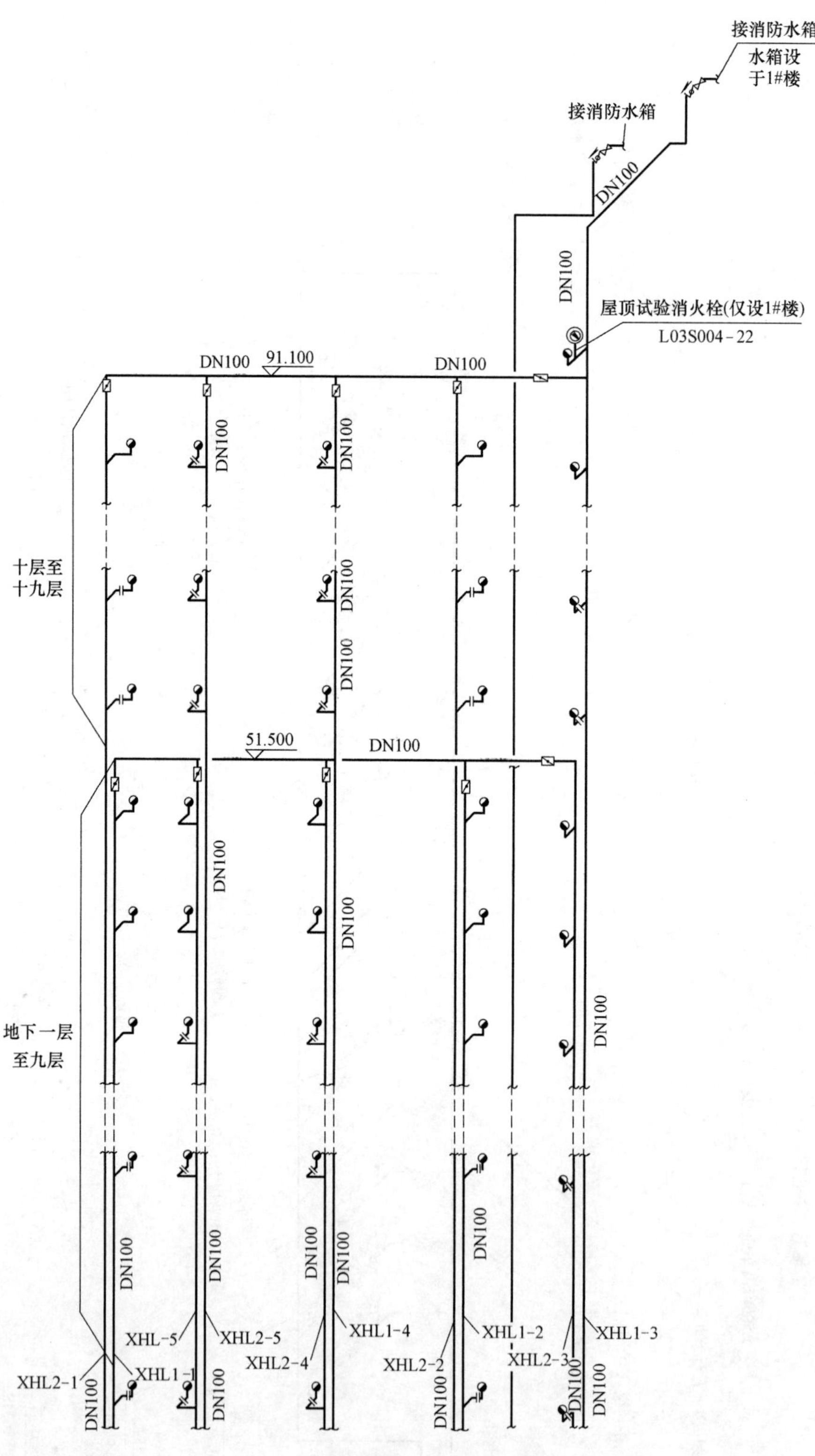

接消防水箱
水箱设
于1#楼
接消防水箱
DN100
DN100
屋顶试验消火栓(仅设1#楼)
L03S004-22
DN100
91.100
DN100
十层至
十九层
51.500
DN100
地下一层
至九层
XHL-5
XHL2-5
XHL1-4
XHL1-2
XHL1-3
XHL2-4
XHL2-2
XHL2-3
XHL2-1
XHL1-1

消火栓系统图

居住建筑篇

居住建筑类　二等奖

绍兴亲亲家园住宅小区

设计单位：浙江大学建筑设计研究院有限公司
设 计 人：陈激　陈周杰　方火明　易远山
获奖情况：居住建筑类　二等奖

工程概况：

绍兴亲亲家园住宅小区是绍兴市“首个国家亲情住宅试点小区”，基地周围自然环境优美，周边河道水网交织，规划以南加州滨水小镇街区为原型，创建滨水宜居的生活空间环境，体现温暖亲情的特色，同时以半围合的建筑布局、层级化的院落空间和丰富的建筑细节营造一个温馨、舒适、高品质的居住环境。

本工程地处绍兴市，东邻袍中路，南邻育贤路，总建筑面积 298220m^2，其中地上建筑面积 243220m^2，地下建筑面积 55000m^2，共分 A、B、C、D、E、F、G 组团，由低密度联墅排屋、多层花园洋房、小高层住宅、高层住宅和配套商业组成，具有小区规模大、建筑形式多样的特点。小区总平面图如图 1 所示，小区各组团区分平面图如图 2 所示。

图 1　亲亲家园住宅小区总平面图

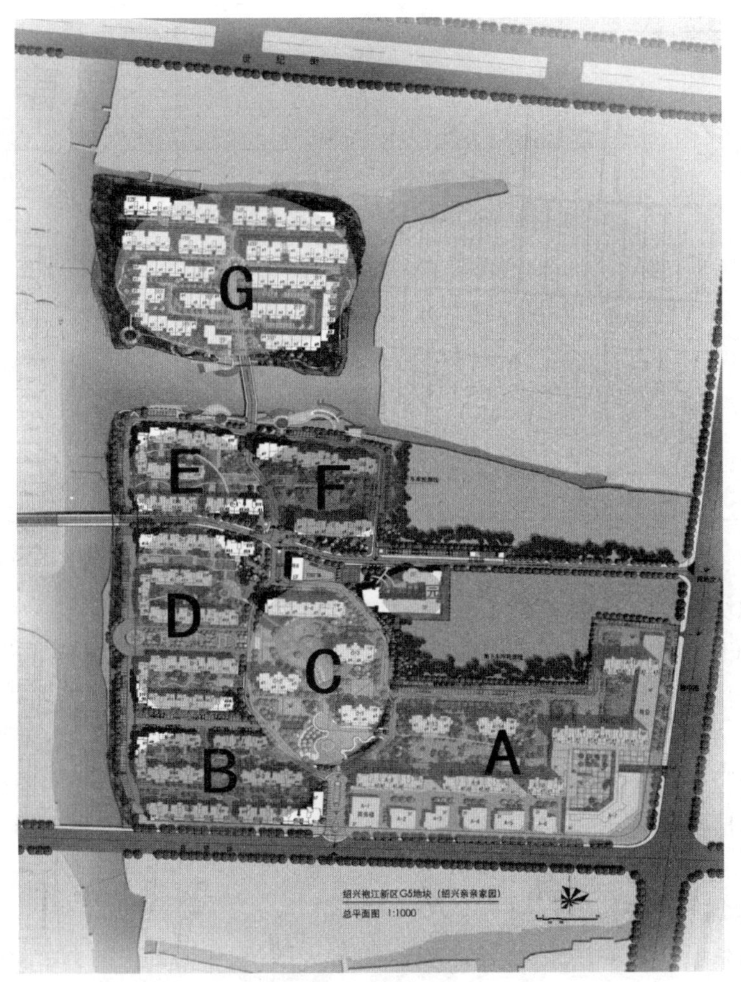

图 2　亲亲家园住宅小区各组团区分平面图

根据住宅建筑的特点，亲亲家园住宅小区给水排水设计以安全可靠、经济实用、绿色环保、独立私密为原则，通过采用先进成熟的技术产品，引入绿色节能的设计理念，并注重给水排水设计与总体建筑相协调，努力营造一个安全舒适、节能环保的高品质住宅小区。

一、给水排水系统

（一）给水系统

1. 生活用水量：最高日用水量：2705.7m^3/d，最大时用水量：305.31m^3/h。主要用水项目及其用水量，详见表 1。

生活用水量　　**表 1**

项目	序号	名称	数量	最高日用水定额	平均日用水定额	不均匀系数 K	用水时间(h)	用水量			备注
								最高日(m^3/d)	最大时(m^3/d)	平均日(m^3/d)	
生活用水量	1	多、高层住宅	6307 人	300L/(人・d)	200L/(m^2・d)	2.3	24	1892.1	181.33	1261.4	共 1802 户，每户按 4 人计
	2	排屋、叠排	440 人	300L/(人・d)	200L/(人・d)	2	24	132.0	11.00	88.0	共 110 户，每户按 3.5 人计算

续表

项目	序号	名称	数量	最高日用水定额	平均日用水定额	不均匀系数 K	用水时间(h)	用水量			备注
								最高日(m^3/d)	最大时(m^3/d)	平均日(m^3/d)	
生活用水量	3	地上公建用房	6390m²	8L/(m²·d)	6L/(m²·d)	1.5	10	51.1	7.67	38.3	
	4	商业	22000m²	8L/(m²·d)	6L/(m²·d)	1.5	10	176.0	26.40	132.0	
	5	地下车库地面冲洗	55000m²	2L/(m²·次)	2L/(m²·次)	1	6	110.0	18.33	110.0	
	6	绿化用水量	49240m²	2L/(m²·d)	2L/(m²·d)	1	3	98.5	32.83	98.5	
	7	小计用水量						2459.7	277.55	1728.2	
	8	不可预见水量						246.0	27.76	172.8	按总用水量的10%计
	9	合计用水量						2705.7	305.31	1901.0	

2. 水源：水源选用城市自来水，生活给水从袍中路和育贤路的市政给水管上分别各引一路 *DN*250 给水总管接入本地块，在地块内形成 *DN*250 供水环网，供整个小区生活、室外消防用水。市政给水到达本地块给水水压为 0.20MPa（供水高度为黄海高程建筑檐口标高 18.000m，本工程一层室内地坪标高为黄海高程 6.650m ）。

3. 系统竖向分区：小区地上一、二层沿街商铺及服务用房等由市政管网直接供给，室外单独设水表计量。住宅生活给水系统竖向分三个区，地下室至地上 4 层生活给水为市政管网直供区；5～11 层住宅生活给水为给水加压低区；高层住宅 12～18 层住宅生活给水为给水加压高区。各分区建筑入户管的给水压力均不大于 0.35MPa。

4. 供水方式及给水加压设备

整个小区给水加压系统采用集中加压，给水加压泵房设于小区中心部位的 H 组团设备用房地下室。小区住宅生活给水系统由水泵房内的两套一体化无负压、无吸程变频增压供水设备供给，每套无负压供水设备加压供水管支状敷设至各单体相应的分区给水。

各分区无负压变频供水设备设计参数为：

加压低区设计流量 Q=80m³/h，扬程 H=41m，配三台水泵，用水高峰时同时使用，单台水泵功率 N=7.5kW。

加压高区设计流量 Q=63m³/h，扬程 H=65m，配三台水泵，用水高峰时同时使用，单台水泵功率 N=7.5kW。

5. 管材：生活给水管采用给水内衬不锈钢复合钢管（热镀锌钢管内衬不锈钢），专用管件丝扣连接。室外埋地给水管道采用球墨铸铁给水管，柔性接口，橡胶圈连接。

（二）热水系统

本工程所有住宅建筑均设有不同形式和数量范围的太阳能热水系统，最大限度利用可再生能源。太阳能热水系统根据每户独立运行、独立维护和独立计量的原则，采用分户集热、分户储热、各户独立的承压系统。

本工程热水设计标准采用《居住建筑太阳能热水系统设计、安装及验收规范》（浙江省工程建设标准 DB 33/1034—2007）。具体太阳热水系统技术指标如下：

1. 集热器的安装倾角宜按当地纬度设置（绍兴纬度约为 30°），高层住宅屋面集热器安装倾角按当地纬度设置，但由于排屋面倾角为26°，故排屋集热器倾角按屋面倾角设置，多层住宅阳台集热器安装角度根据建筑立面要求按55°设置。

2. 集热器总面积根据用户每日的用水量和热水温度要求以及当地太阳辐照量确定。本设计中按当地春秋分所在月集热器采光面上月均辐照量取值。

3. 储热水箱采用承压水箱，水箱设于户内。水箱内设置辅助电加热，当阴雨等原因导致热水箱内温度不够时，利用电能进行辅助加热。

G区联墅排屋，按每户4人计，热水用水量标准：50L/(人·d)（60℃热水），每户设计采用集热器面积不小于$4m^2$。屋面形式为坡屋面，集热器布置根据斜屋面并结合建筑造型一体化设计，集热器按照斜屋面倾角进行铺设。

A、C、F区高层住宅，按每户3.5人计，热水用水量标准：40L/(人·d)（60℃热水），每户设计采用集热器面积不小于$3m^2$。屋面形式为平屋面，逆两层设太阳能热水系统，太阳能集热器集中设于屋顶。

B、D、E区多层住宅，按每户3.5人计，热水用水量标准：40L/(人·d)（60℃热水），每户设计采用集热器面积不小于$3m^2$。建筑屋面为坡屋顶，全部住户均设太阳能热水系统，为避免大面积太阳能集热器对建筑坡屋面形态的影响，太阳能热水系统采用阳台栏板式分户承压型太阳热水系统。

（三）排水系统

1. 排水系统的形式

室内排水采用雨、污、废水分流制；±0.00m以上污废水直接排出室外，地下室排水经集水井收集后用潜污泵排出室外。屋面雨水排水采用重力流雨水系统。

室外排水采用雨、污分流，生活污废水合流，生活污废水经集中处理系统（生化处理池）处理后就近排入市政污水管。

2. 通气管的设置方式：多层、小高层、高层住宅污废水排水设专用通气立管，联墅排屋污废水管设伸顶通气，以保证污、废水管均能形成良好的水流状况。

3. 采用的局部污水处理设施

本工程污水为住宅生活污水，污水水质成分较为简单，采用无动力的厌氧生化池处理。小区室外污废合流，分区域组织汇集，经无动力的厌氧生化池处理达标后就近排入市政污水管。

本工程共设3个生化处理池，1号生化池处理A、B、C组团产生的生活污水，2号生化池收集D、E、F组团的产生的生活污水，3号生化池收集岛上G组团的产生的生活污水，生化处理池根据项目分期建设要求分区布置，各区域污水就近收集处理后就近排放。

4. 管材：雨、污、废水管采用塑料排水管，其中小高层、高层屋面雨水管采用1.0MPa压力PVC-U塑料给水管，其余雨水管采用普通PVC-U管，粘接。污、废水管采用聚丙烯静音塑料排水管，橡胶密封圈连接；出户埋地排水管采用离心浇铸铸铁管，承插法兰连接。

二、消防系统

（一）消火栓系统

1. 消防用水量

根据《高层民用建筑设计防火规范》GB 50045—95（2005年版），本工程消防水量按大于50m一类高层综合楼（A区11号、12号楼）设计，其消防水量为：

室外消火栓用水量：30L/s，火灾延续时间3h；

室内消火栓用水量：40L/s，火灾延续时间3h。

2. 系统设计

室外消防采用生活消防合一的低压制，小区内以不超过 120m 的间距布置室外消火栓，其水量、水压由市政管网保证。

体积大于 5000m³ 的多层商业用房、体积大于 10000m³ 的其他多层公建、高层商住楼及其底部商业物管用房、高层住宅和地下汽车库设室内消火栓系统。室内消防给水加压系统采用区域集中加压系统，室内消火栓给水不分区，由室内消火栓泵直接供水，消防管网成环状布置。

小区在 H 区地下设备用房集中设消防水池、水泵房，地下消防水池储存消防水量 540m³（包括室内消火栓 3h 用水量及自动喷淋 1h 用水量）；消火栓泵选用 XBD40-80-HY 水泵，单台性能 Q=40L/s，H=80m，N=75kW，共两台，一用一备。

在小区最高楼（C4 号楼）屋顶设 18m³ 屋顶消防水箱，供小区火灾初期消防用水。整个小区消火栓系统在小区适当部位集中设三只消防水泵接合器。

3. 管材：消防给水管大于 DN100 采用无缝钢管内外壁热镀锌，小于等于 DN100 采用热镀锌钢管，大于等于 DN80 采用沟槽式连接，小于等于 DN70 采用丝扣连接。

（二）自动喷水灭火系统

1. 保护范围：商住楼底部的商业用房、地下汽车库和防火分区大于 500m² 的地下自行车库设置自动喷淋系统。

2. 设计参数：自动喷水灭火系统采用湿式系统，喷头的动作温度为 68℃。该系统按中危险Ⅱ级设计，喷水强度 8L/(min・m²)，作用面积 160m²，自动喷水系统设计用水量为 30L/s，火灾延续时间 1h。

3. 系统设计

小区在 H 区地下设备用房集中设消防水池、水泵房，地下消防水池储存消防水量 540m³（包括室内消火栓 3h 用水量及自动喷淋 1h 用水量）；自动喷淋泵选用 XBD30-60-HY 水泵，单台性能 Q=30L/s，H=60m，N=37kW，共两台，一用一备。自动喷淋系统火灾初期 10min 消防用水由设在最高楼（C4 号楼）屋顶的 18m³ 消防水箱供给，其后由喷淋泵加压供给。系统设计保证最不利喷头处作用压力大于 0.5MPa。

本工程湿式报警阀组分散设置在各个区的地下车库设备用房内，系统共设有湿式报警阀组 7 组，每组湿式报警阀控制的喷头数不超过 800 只；每个报警阀组的最不利点喷头处，设末端试水装置。

整个小区自动喷淋系统在小区适当部位集中设两只消防水泵接合器。

4. 管材：喷淋给水管大于 DN100 采用无缝钢管内外壁热镀锌，小于等于 DN100 采用热镀锌钢管，大于等于 DN80 采用沟槽式连接，小于等于 DN70 采用丝扣连接。

（三）建筑灭火器配置

本建筑按照《建筑灭火器配置设计规范》要求设置手提式灭火器，地下车库按 A 类火灾严重危险级设计，地下自行车库按 A 类火灾中危险级设计，变配电室按 E 类火灾中危险级设计，住宅地上部分按 A 类火灾轻危险级设计。

三、工程特点及设计体会

亲亲家园住宅小区给水排水设计以安全可靠、经济实用、绿色环保、独立私密为原则，根据住宅建筑的特点、项目的具体建筑形态和项目所处区域的地域特征和市政条件，量身确定整个小区及各栋住宅的给水排水系统方案，通过采用建筑一体化太阳热水系统、叠压（无负压）供水系统、集中无动力厌氧污水处理等先进成熟的技术产品，并注重给水排水专业设计与总体建筑相协调，以营造一个安全舒适、绿色节能、环境友好的高品质住宅社区。本工程着力在以下几个方向优化本专业设计，以期达到良好的经济效益和社会效应。

(一)建筑一体化太阳热水系统的利用

太阳能利用是目前可再生能源应用中最广泛的一个分支，而其中利用建筑本身体量和采光优势安装太阳热水器供应生活热水是目前在太阳能技术中应用最广泛、技术最成熟、生态和经济效益最佳的应用领域。

本工程所有住宅建筑均设有不同形式和数量范围的太阳能热水系统。联墅排屋、多层住宅全部住户和高层住宅的顶部逆两层住户设太阳能热水系统，最大限度利用可再生源。太阳能热水系统根据每户独立运行、独立维护和独立计量的原则，采用分户集热、分户储热、各户独立的承压系统。根据建筑形态不同，联墅排屋、多层住宅均为坡屋面，除考虑热水系统可靠运行外，兼顾太阳能与建筑一体化的设计，使太阳能和建筑巧妙融合，相得益彰；高层住宅为平屋面，以实用，经济为主，利用女儿墙淡化太阳能构件对建筑整体的影响。

G 区联墅排屋，屋面形式为坡屋面，集热器布置根据斜屋面并结合建筑造型一体化设计，集热器按照斜屋面倾角进行铺设，犹如威卢克斯天窗一样贴在屋面上，既可以为建筑屋面增加层次感，又能吸收太阳热能。储热水箱设于阁楼，集热器和水箱之间的循环管路较短，热损失少。

B、D、E 区多层住宅，建筑屋面为坡屋顶，屋面造型为建筑立面的亮点，为避免大面积太阳能集热器对建筑坡屋面形态的影响，太阳能热水系统采用阳台栏板式分户承压型太阳热水系统。集热系统与储热水箱分离，安装灵活方便；太阳能集热器固定在阳台混凝土栏板上，按一定的倾角安装，储热水箱安装在阳台分户墙；集热循环采用自然循环，集热器和水箱之间的循环管路非常短，热损失少。

A、C、F 区高层住宅，屋面形式为平屋面，逆两层楼层，太阳能集热器集中设于屋顶，无遮挡，太阳能集热效率高，既满足供热需求又不影响建筑立面整体性。

优势：

1. 根据不同的建筑形态，采用不同的集热板布置形式，有效地利用阳台、屋面设置太阳能集热板，真正实现与建筑一体化的完美结合，实用性较强，对类似住宅小区太阳能热水设计有一定的借鉴意义。

2. 承压运行，太阳热水器的集热管、储热罐与冷水管道处于同一个压力体系，确保热水用水舒适性（根据住户自己要求，高层最终安装了整体式太阳能热水系统）。

(二)叠压（无负压）供水系统

项目所在地的市政自来水压力最低不小于 0.20MPa，且周围配套有完善的城市自来水管网，给水加压系统采用管网叠压（无负压）供水系统，能充分利用市政管网的给水压力。本工程市政给水管网的给水水压大于 0.20MPa，无负压增压设备按利用市政管网压力不小于 0.1MPa 计，供水系统高效节能，节省占地面积，确保水源的卫生标准，杜绝二次污染。

叠压（无负压）供水系统水泵房设于小区中心部位且独立设置，距各区域边缘距离相对均匀且距离最短，有效控制给水管网输水的沿程损失，且水泵房设置与住宅分离，确保设备运行噪声不影响小区住户。

(三)生活污水相对集中处理系统（无动力厌氧生化处理池）

本工程采用相对集中分区域多点布置的无动力的厌氧生化池处理小区污水，生化处理池根据项目分期建设要求分区布置，各区域污水就近收集处理后就近排放，便于管理，同时可减小污水排水输送距离，降低污水管网的造价。

无动力厌氧生化处理池地埋式安装，不会对小区整体景观造成负面影响；处理采用重力流运行，不产生能耗，运行费用低廉；设备运行工况稳定，处理达到二级排放标准，处理效率高；投资费用也较低。

(四)注重专业设计与总体建筑相协调

不同形态的建筑采用不同形式的太阳能集热器和系统，充分考虑与总体建筑的协调；小区集中水泵房独立设置，确保设备运行噪声不影响小区住户；给水水表均出户安装，排水管道的清扫口均同层设置，充分考虑今后检修维护不影响相邻住户的私密性；给水排水管道布置合理、隐蔽，满足建筑的美观要求，着力提升建筑品味。

四、工程照片及附图

（一）小区实景图

排屋 G 区实景图（一）

排屋 G 区实景图（二）

多层住宅 B 区实景图（一）

多层住宅 B 区实景图（二）

高层住宅 C 区实景图（一）

高层住宅 C 区实景图（二）

（二）太阳能热水系统原理图、实景图

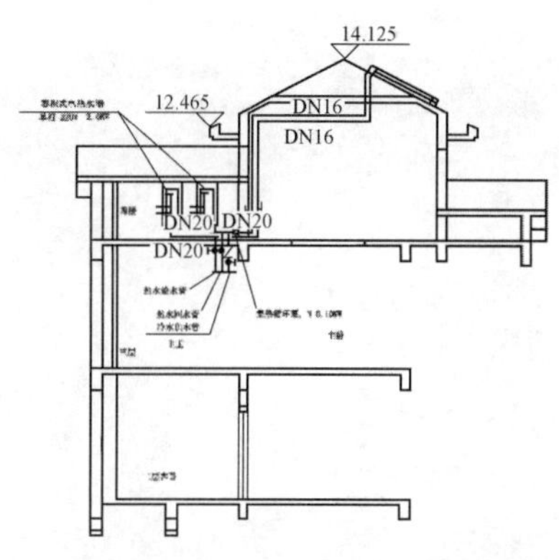

太阳能集热器辅助电加热热水系统图

排屋太阳能热水系统原理图

坡屋面太阳能集热板安装图

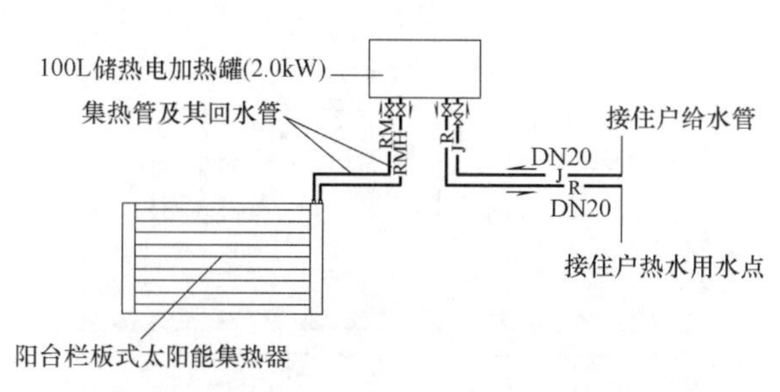

太阳能集热器辅助电加热热水系统示意图

多层住宅阳台栏板式太阳能热水系统原理图

多层阳台栏板式太阳能集热板安装图

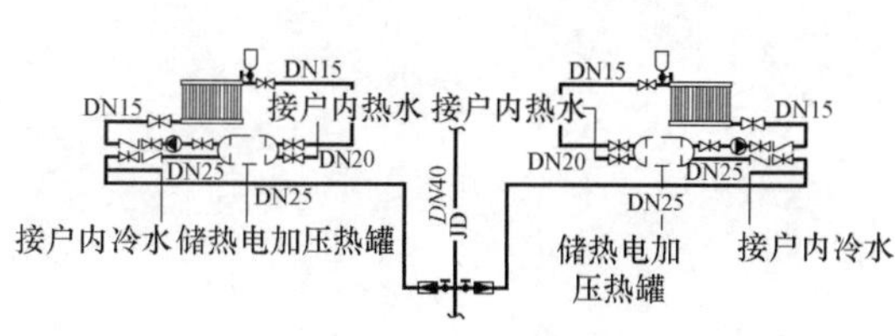

热水管道系统图原理图

高层住宅屋顶太阳能热水系统原理图

高层住宅屋顶太阳能集热板安装图

（三）管网叠压（无负压）供水系统实景图

无负压供水设备

无负压供水设备控制柜

（四）生活污水集中处理系统（生化处理池）原理图、实景图

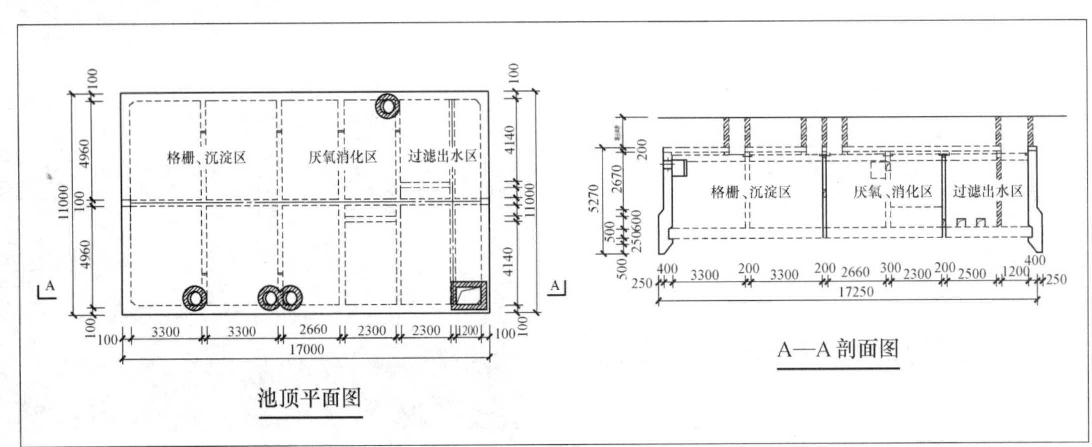

生物污水集中处理系统原理图

生化池现状外观实景图

生化池检修井实景图

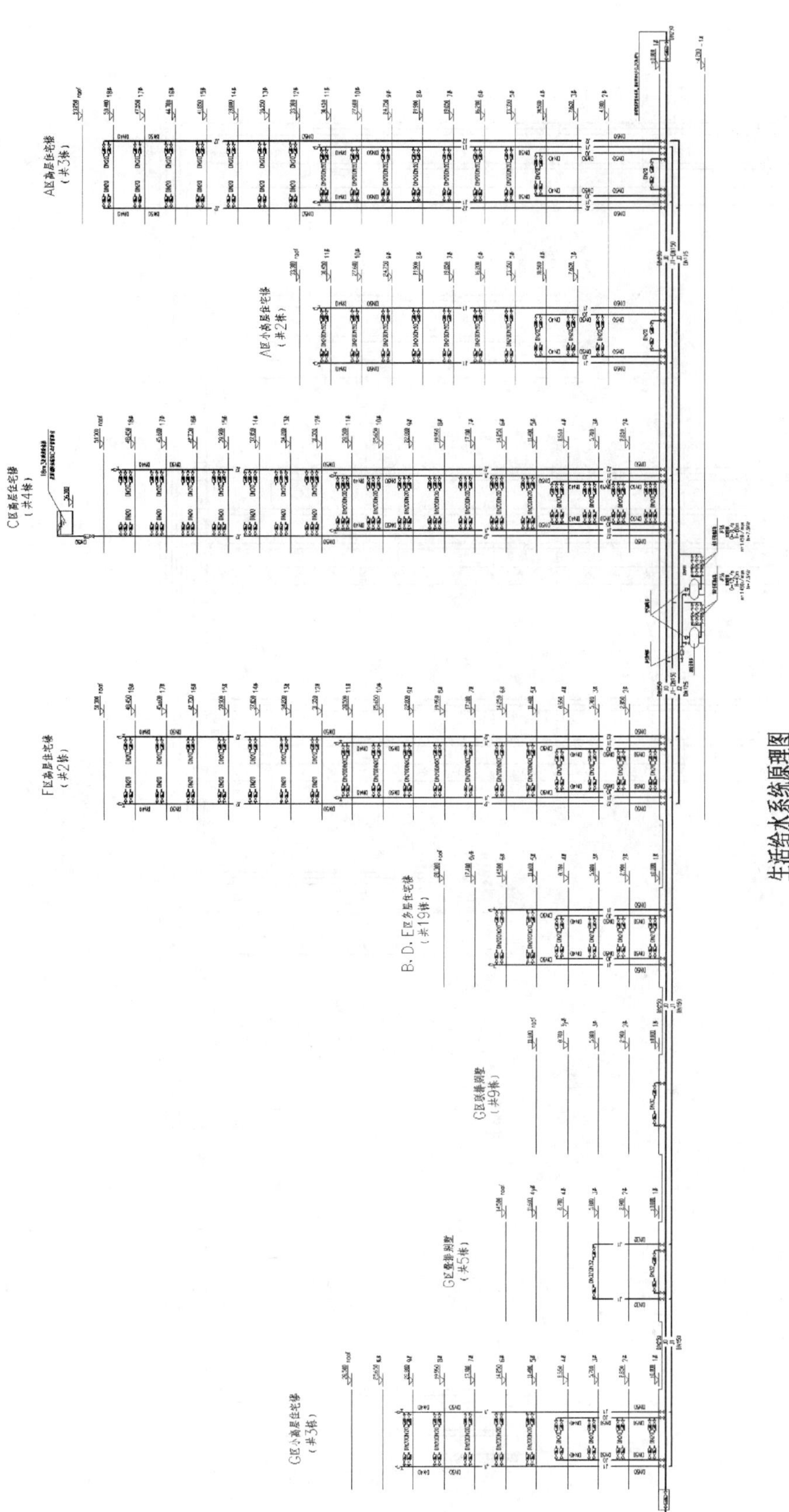
A区高层住宅楼
（共3栋）
A区小高层住宅楼
（共2栋）
C区高层住宅楼
（共4栋）
F区高层住宅楼
（共2栋）
B、D、E区多层住宅楼
（共19栋）
G区联排别墅
（共9栋）
G区叠排别墅
（共5栋）
G区小高层住宅楼
（共3栋）

生活给水系统原理图

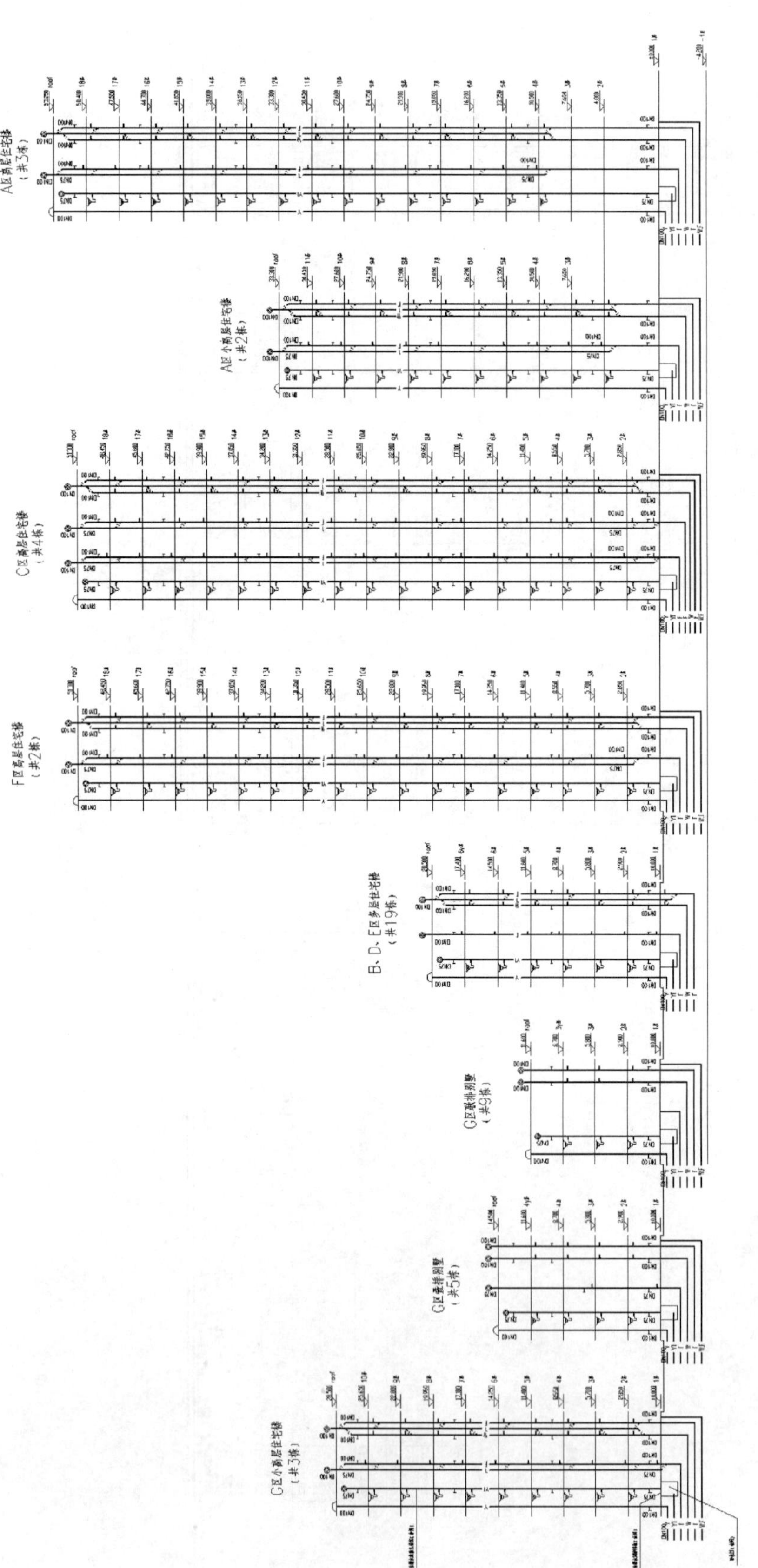
A区高层住宅楼
（共3栋）
A区小高层住宅楼
（共2栋）
C区高层住宅楼
（共4栋）
F区高层住宅楼
（共2栋）
B、D、E区多层住宅楼
（共19栋）
G区联排别墅
（共9栋）
G区叠拼别墅
（共5栋）
G区小高层住宅楼
（共3栋）

排水系统原理图

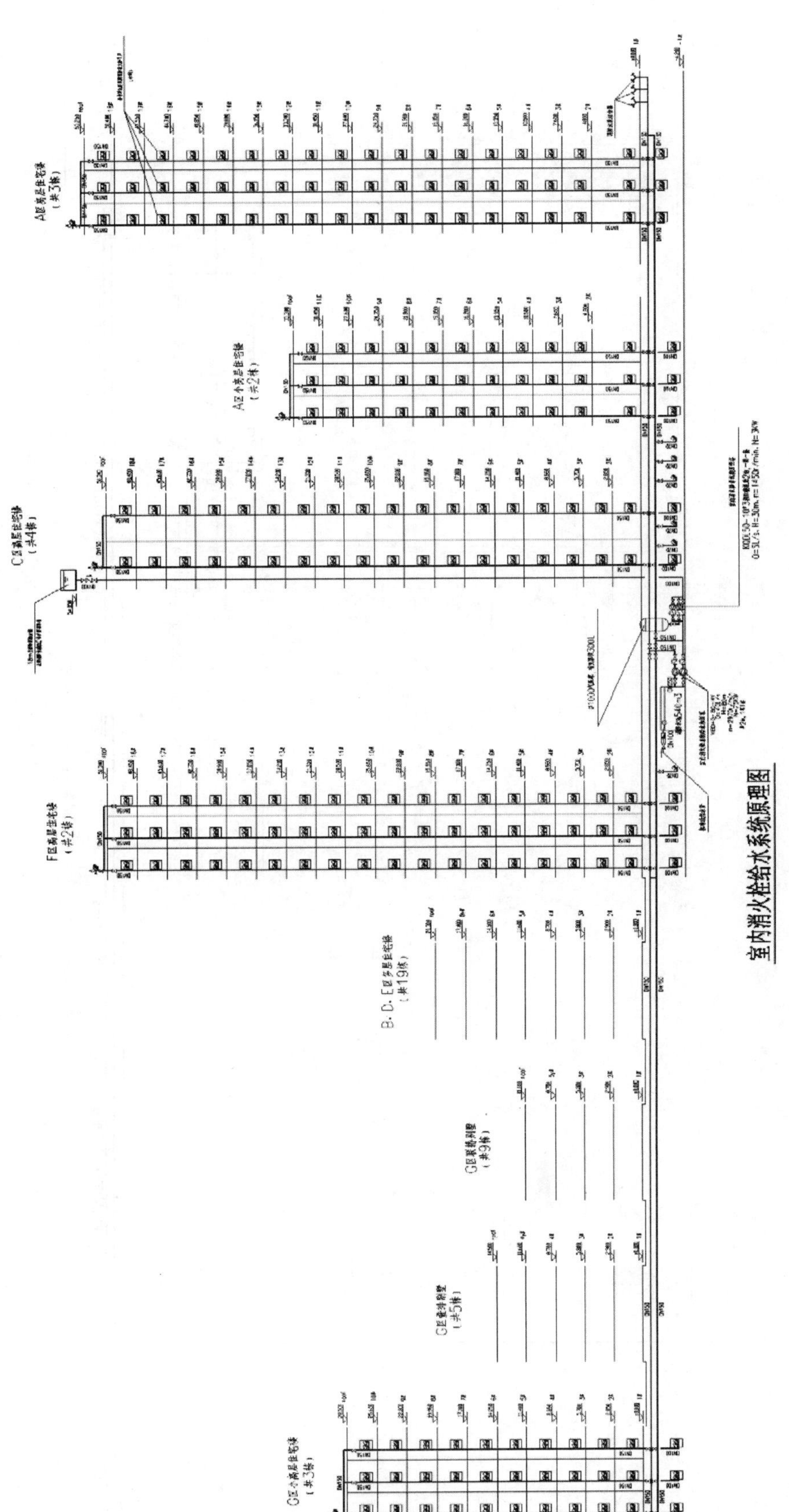

室内消火栓给水系统原理图

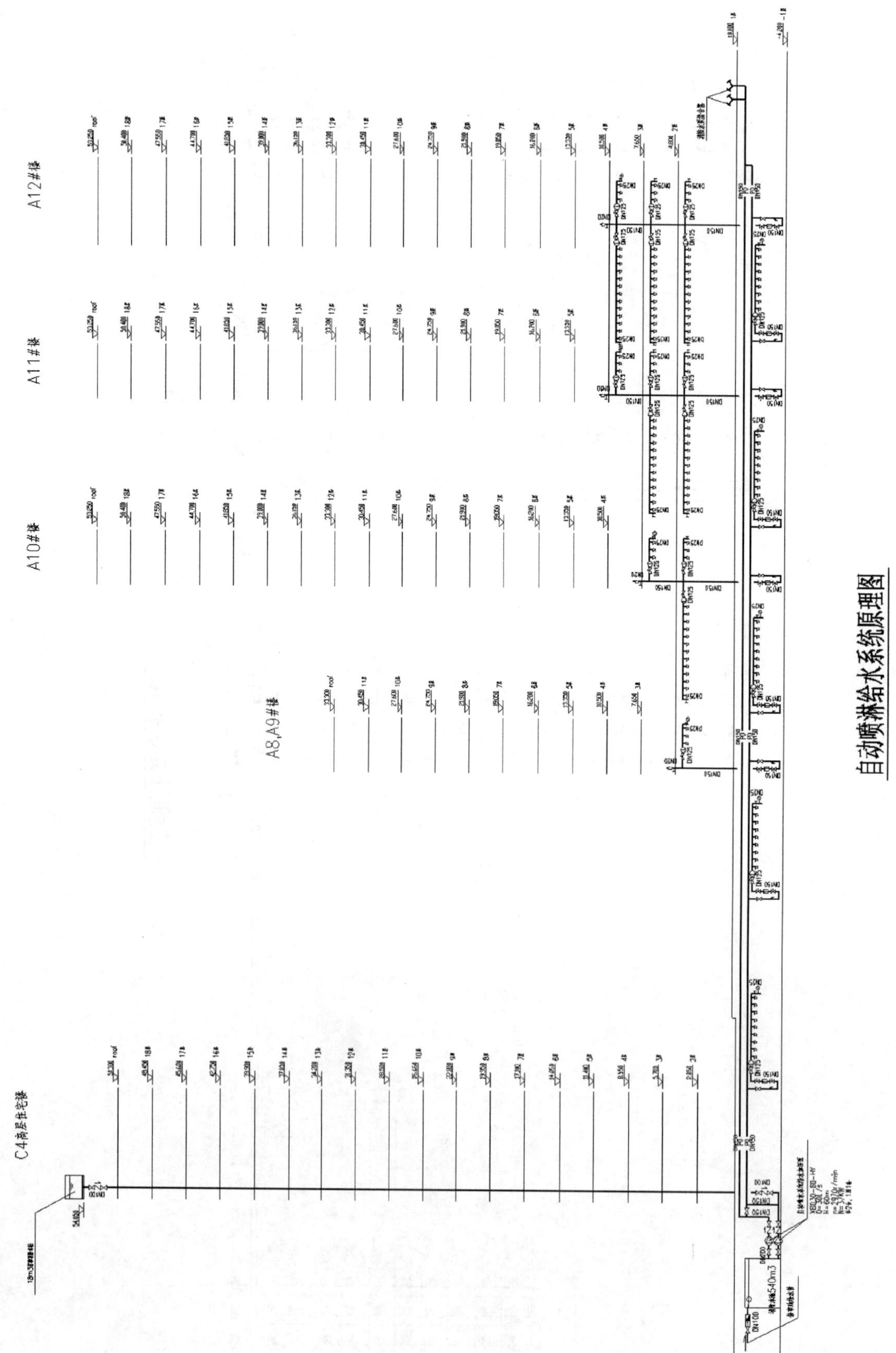

自动喷淋给水系统原理图

居住建筑类　三等奖

万科科学城项目（万科东荟城）

设计单位： 广东省建筑设计研究院
设 计 人： 何枫　王晓楠
获奖情况： 居住建筑类　三等奖

工程概况：

万科科学城项目位于广州科学城东部彩虹一路与伴河路交汇处的东南侧，占地面积 177588m^2，总建筑面积 570583m^2；项目由塔式住宅、商业办公楼，学校及其他附属建筑构成，是一个大型的综合居住小区。地上部分建筑多为 18～33 层的高层住宅，建筑高度 53～99m，以及两层的商业建筑、12 层的办公楼、五层的小学、三层的幼儿园等；地下部分一层，主要用做停车库及设备用房。本项目采用现代建筑风格、形体厚实大方、色彩朴素淡雅，使用大面积的挑窗和阳台，加强了人与自然的联系。建筑形象挺拔简练、庄重大方，气度不凡。住宅中安排阳台、平台、景窗等一系列景观点，处处与佳景亲切对话，全方位拥抱大自然，处处体现"以人为本"的建筑精神，从建筑的空间、色彩等方面既满足客户群的购买需求，也打造了舒适细致的建筑精品。这种将自然融入建筑的设计提升了整个住宅组团的环境品质，突出住宅组团自身的品位格调：庄重大方，精致典雅，创造了一种全新的建筑特色。

一、给水排水系统

（一）给水系统

1. 冷水用水量

生活用水最高日、最大时用水量计算详见表 1。

按照《建筑给水排水设计规范》GB 50015—2003（2009 年版）进行计算各用水部位统计结果见表 1。

冷水用水量　　**表 1**

用水部位	用水标准	单位	数量	用水时间(h)	变化系数	用水量		
						最大日(m^3/d)	最大时(m^3/h)	平均时(m^3/h)
商场	8	L/(m^2·d)	3600	12	1.5	28.8	3.6	2.4
商铺餐饮	40	L/人次	1910	12	1.5	76.4	9.55	6.37
住宅	300	L/(人·d)	12339	24	2.5	3702	385.6	154.25
小学	40	L/(人·d)	3500	8	1.5	140	26.25	17.5
幼儿园	100	L/(人·d)	1100	24	3.0	110	13.75	4.58
道路绿化	2	L/(m^2·d)	41193	6	1	82.4	13.73	13.73
地下室冲洗	2	L/(m^2·次)	114701	6	1	229.4	38.2	38.2
公寓式办公楼	300	L/人次	1500	24	2.5	450	46.88	18.75
未预见水	按本表以上项目(除绿化和车库冲洗)的 10%计					450.7	48.6	20.4
合计						4958	534.2	224.2

2. 水源：本项目采用两路市政给水管道供水；从小区东南角及东北角市政道路分别引入一条 $DN300$ 和 $DN150$ 的市政给水管，供生活及消防使用。市政引入管后分为居住、消防、绿化、商业等不同性质用水水表。市政水压为 0.30MPa。

3. 系统竖向分区

在充分利用现有市政给水管道余压的基础上，接合本项目的建筑群特点，住宅部分生活给水系统部分竖向分为五个区：

第一供水区为地下 1～3 层，采用市政直接供水；

第二供水区为 4～10 层，采用变频加压供水设备供水；

第三供水区为 11～18 层，采用变频加压供水设备供水；

第四供水区为 19～27 层，采用变频加压供水设备供水；

第五供水区为 28～33 层，采用变频加压供水设备供水。

4. 供水方式及给水加压设备

住宅部分，地下 1～3 层，利用市政给水管道压力，直接供水。4～33 层由两套变频加压设备供水，设于地下室生活给水泵房内。1 号加压设备由三台主泵及一台辅泵组成，主泵两用一备，性能参数：$Q=18m^3/h$，$H=90m$，辅泵一用，性能参数：$Q=6m^3/h$，$H=90m$；泵组出水管采用减压阀分区，供第二、第三区用水。2 号加压设备由三台主泵及一台辅泵组成，主泵两用一备，性能参数：$Q=18m^3/h$，$H=135m$，辅泵一用，性能参数 $Q=6m^3/h$，$H=130m$；泵组出水管采用减压阀分区，供第四、第五区用水。

公寓式办公楼首层商铺采用市政直供，2～12 层由位于其地下室生活泵房内的一套变频设备加压供水，变频设备由三台主泵及一台辅泵组成，主泵两用一备，性能参数：$Q=24m^3/h$，$H=70m$；辅泵一用，性能参数：$Q=6m^3/h$，$H=72m$。

5. 管材：室外给水管采用 HDPE 钢丝网骨架塑料给水管，电热熔方式连接；室内给水管道，当管径小于 $DN100$ 时，采用 PPR 管，电热熔方式连接；当管径大于 $DN100$ 时，采用内衬塑外热镀锌钢管，法兰连接。

6. 其他：所有住宅均采用 3/6L 节水型大便器水箱，洗脸盆用节水型龙头，公共场所的小便器、洗手龙头均采用光电感应器装置。

（二）排水系统

1. 排水系统形式

采用雨、污分流，污、废分流制排水系统。

部分生活废水收集进入中水处理站，作为中水回用水源。阳台雨水由排水地漏收集后，经雨水立管各自排入室外雨水篦子水封井，再排入室外雨水井，达到间接排水目的。屋面雨水由雨水斗收集后，经雨水立管排入室外雨水排水井，建筑物周边雨水自由斜水至周边道路雨水沟，统一收集后排入室外雨水排水井。

2. 透气管设置方式：住宅卫生间管井内均设有通气立管，商业、办公建筑公共卫生间均设有环形通气管。

3. 局部污水处理设施：生活污水汇集并经化粪池处理后，排入市政道路上的城市污水管道；商业部分餐饮和学校厨房含油污水经隔油池初步处理后再汇入小区废水管网，最终排入市政污水管网。

4. 管材：室外排水管道，当管径小于 $D500$ 时，采用 PVC-U 双壁波纹管，橡胶圈承插连接，当管径大于 $DN600$ 时，采用预应力钢筋混凝土管，钢丝网抹带接口；室内排水管道，除贴近卧室的管井采用 PVC-U 螺旋消音管外，均采用 PVC-U 排水管，胶粘剂粘接。

5. 其他：住宅空调机产生的空调冷凝水通过阳台雨水排水地漏 、空调冷凝水立管或雨水口有组织间接排出；选用合资厂的节水环保型卫生洁具。

（三）中水系统

1. 中水水源介绍

为实现污水、废水资源化利用，节约用水，保护环境，故收集 A7～A12 栋的杂排水，经过中水站处理后，用于小区全年的绿化浇灌、道路浇洒、车库及架空层冲洗和水景补水。经计算，杂排水收集量为 105617.4m³。根据最大日杂用水需水量，确定中水站设计规模为 70m³/d，占地面积约 170m²。

中水水处理采用：水解酸化＋接触氧化＋二氧化氯消毒＋多介质过滤的处理工艺。

2. 系统分区：根据中水的用途，系统竖向分为一个区，由加压设备提升供水。

3. 供水方式及加压设备：中水站内设一套加压供水设备，主泵两台，一用一备，性能参数：Q＝40m³/h，H＝18m。

4. 管材：中水干管采用钢塑复合管（外镀锌内衬塑，衬塑材料 PE）；埋墙/埋地中水支管道采用聚丁烯（PB）管（阻氧层位于管道外侧，主体树脂壁厚不小于 2mm）。

二、消防系统

根据消防规范，本项目设有消火栓系统、自动喷淋系统及气体灭火系统。

消防用水量见表 2：

消防用水量 **表 2**

名　　称	设计流量	火灾延续时间	设计用水量
室外消火栓用水量	30L/s	2h	216m³
室内消火栓用水量	30L/s	2h	216m³
自动喷水用水量	30L/s	1h	108m³
合计			540m³

其中：室外消防用水量 216m³，室内消防用水量为 324m³。

从小区东南角及东北角市政道路分别引入一条 DN300 和 DN150 的市政给水管，供生活及消防使用。

（一）消火栓系统

1. 室外消火栓系统：用水量为 30L/s，火灾延续时间 2h，一次消防用水量为 216m³。本项目室外消火栓系统采用市政直接供水，由市政给水管网提供两路供水作为消防水源，并在红线区内形成环状管网，每隔 120m 设一组室外消火栓，供室外消防使用。

2. 室内消火栓系统

各楼层均设置室内消火栓，水枪充实水柱不小于 13m，保证任一点有两股水柱达到。除保护区均匀布置消火栓外，消防电梯前室、疏散楼梯附近、商铺、大堂、走道、设备房等处均布置消火栓，并布置在明显、易于取用处。消火栓口垂直墙面，距地面 1.10m。

采用消火栓箱，内置 DN65 消火栓、ϕ19 水枪、25m 衬胶水带、消防卷盘各一个，同时配置建筑灭火器（配置见灭火器部分）。消火栓栓口压力超过 0.50MPa 时，采用减压稳压消火栓。屋顶设试验消火栓。

用水量为 30L/s，火灾延续时间 2h，一次消防用水量为 216m³。室内消火栓采用临高压系统，由设置在地下室的消防泵组加压供水，消防泵房内设两台消火栓主泵（一用一备），主泵性能参数：Q＝108m³/h，H＝135m；为保证最不利消火栓处的压力，泵房内设两台稳压泵（一用一备）及一个气压罐来维持系统压力。在小区最高建筑屋顶设 18m³ 的高位消防水箱，保证消防前 10min 的用水量。

室内消火栓系统竖向分为三个区，管网通过减压阀分区，每个分区分别设置水泵接合器。

一区：地下室至首层；

二区：小区内 3 层及 3 层以上的公寓式办公楼、学校及 18 层住宅；

三区：33 层住宅塔楼的 2～33 层。

消火栓水泵出水管、供水干管采用热浸镀锌无缝钢管，消火栓支管采用热浸镀锌钢管。

（二）自动喷水灭火系统

本工程的车库、面积超过 300m² 的商业及办公楼设自动喷水灭火系统，采用湿式灭火系统，按中危险Ⅱ

级设计；用水量为 30L/s，火灾延续时间 1h，一次消防用水量为 108m³。

自动喷水灭火系统系统由设置在地下室的喷淋泵组加压供水，消防泵房内设两台喷淋主泵（一用一备），主泵性能参数 Q=108m³/h，H=85m。喷淋系统和消火栓系统在屋面共用一个 18m³ 的消防水箱。

自动喷水灭火系统竖向分两个区，管网通过减压阀分区。地下室至首层为一个分区，办公楼为一个分区，不同分区分别设置水泵接合器。

自动喷水系统设 15 组湿式报警阀，10 组用于地下车库，5 组用于商业及办公楼，每组湿式报警阀所带喷头不多于 800 个。湿式报警阀分散设置在地下室内。报警阀后每个防火分区的横干管处均设带启闭信号的控制阀门及水流指示器，阀门启闭信号及水流指示信号均在消防控制中心显示。每个报警阀组的最不利喷头处设末端试水装置，其他防火分区和各楼层的最不利喷头处，均设 25 试水阀。系统采用标准普通型喷头，喷头动作温度为 68℃，厨房喷头动作温度为 93℃。

喷淋水泵出水管、供水干管采用热浸镀锌无缝钢管，喷淋系统支管采用热浸镀锌钢管。

（三）气体灭火系统

地下高低压变配电房、发电机房设置 S 型热气溶胶预制灭火系统，气溶胶灭火设计密度不小于140g/m³。喷放时间不大于 90s。气体灭火系统设有自动控制和手动控制两种启动方式。

三、工程特点介绍

项目泵房布局合理，维护操作空间比较人性化，生活加压给水设备运行节能效果明显；在住宅层高只有 2.8m 的情况下，采用同层排水，卫生间内采用整体卫浴，降低卫生间排水管对住宅层高的影响，最大限度地提升业主入住的舒适性。

本项目设计的中水系统，生活废水年收集量为 105617.4m³，非传统水源利用率达 11.7%，达到绿色建筑三星的标准。处理后的回用水用于道路冲洗，绿化浇洒，车库地面冲洗，既可以有效地利用和节约有限的、宝贵的淡水资源，又可以减少污、废水排放量，减少水环境的污染，还可以缓解城市下水道的超负荷现象。具有明显的社会效益、环境效益和经济效益。

四、工程照片及附图

工程外景

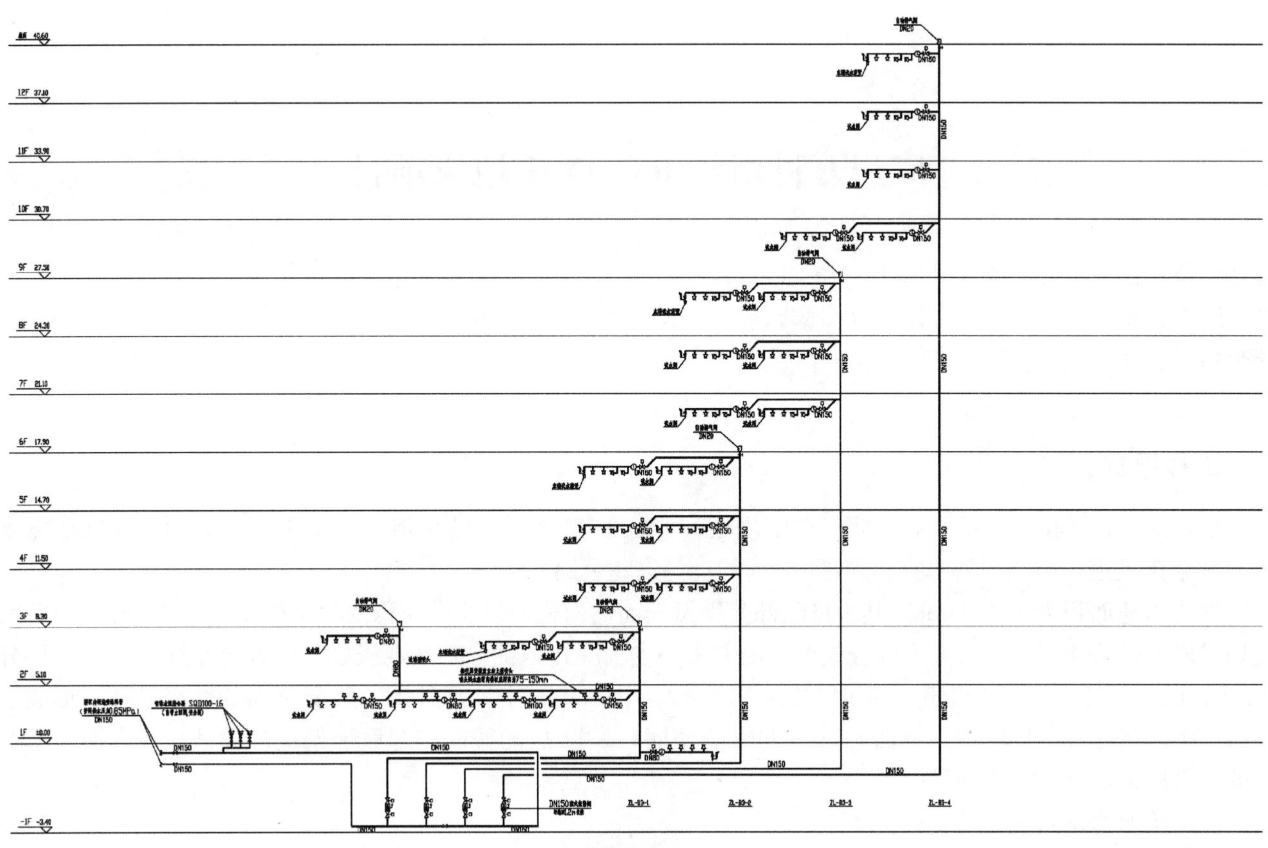

自动喷淋系统简图

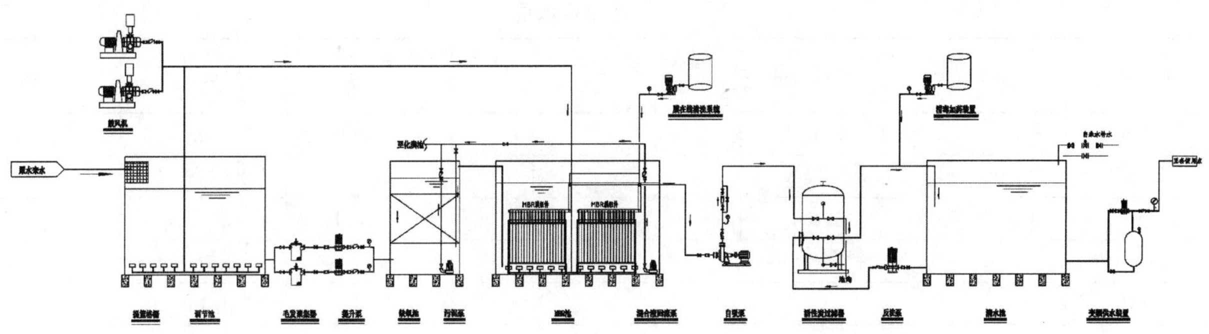

图例			
	电磁阀		球阀
	蝶阀		水表
	止回阀		压力表
	可曲绕接头		流量计

生活中水工艺流程图

广州万科南沙 08NJY-1 地块项目

设计单位： 广东省建筑设计研究院
设 计 人： 江贵茹　阮镜东　温剑晖　林寅宇　李云　徐晓川　王慧晓
获奖情况： 居住建筑类　三等奖

工程概况：

项目用地位于南沙行政中心南侧，东临规划控制红线宽度 60m 的凤凰大道，东北临规划控制红线宽度 40m 的金蕉大道，南临规划控制红线宽 100m 的虎门高速公路。

地块用地面积为 134760m^2，其中排除部分天然湖面的面积，可建设面积约为 101350m^2，容积率为 2.0。规划采取院落式布局手法，五个围合式院落沿着中心主轴展开，将中心景观极好地延伸至组团。整个地块分 A、B、C、D、EF 共五个组团，建筑层数从 11～30 层，从中心主轴到外围，从低到高的跌级设计，形成了动感优美的天际线。同时中心主轴上 30～50m 的楼间距，11 层的楼高结合底层架空的设计，使之拥有了宽阔的景观用地和宜人的空间尺度。

一、给水排水系统

（一）给水系统

1. 冷水用水量（表 1）

冷水用水量　　表 1

用水单位	用水定额	单位数量	用水时间（h）	小时变化系数 K	最大时用水量	用水总量	备注
住宅	230L/(人·d)	2656 人	24	2.4	61m^3/h	610m^3/d	每户 3.2 人
停车库	3L/(m^2·次)	9835m^2	6	1.0	4.9m^3/h	29.5m^3/d	
绿化	1.3L/(m^2·d)	5515m^2	8	1.0	0.9m^3/h	7.2m^3/d	
未预见水量	按本表以上项目的 10%计				9.7m^3/h	64.7m^3/d	
合计					106.5m^3/h	711.4m^3/d	

本工程低区及中区生活加压供水由设于 A 组团的水泵房加压供给水供给，本小区仅设高区加压水箱，且高区加压水箱考虑 EF 区及 D 区高区加压生活用水量。高区用水共 400 户。

2. 水源：供水水源为市政自来水，从市政引一条 *DN*200 的引入管，向各用水点供水，水压为 0.28MPa。

3. 供水图式和水压分区

地下室、首层商业网点为充分利用城市自来水压，直接由城市自来水供水。

住宅第一供水区（低区）：2～11 层，由设于 A 区地下室泵房的第一变频泵组供水。

住宅第二供水区（中区）：12～18 层，由设于 A 区地下室泵房的第二变频泵组供水。

住宅第三供水区（高区）：19～30 层，由设于 EF 区地下室泵房的变频泵组供水。

4. 水池水箱容量。

(1) 地下调节水池容积

本期生活泵房考虑组团 EF、D 住宅高区需加压供水用水量。生活水箱有效容积：$V=60m^3$，设于 F3 地下室。

(2) 屋面水箱：$V=12m^3$，设于 E5 栋塔楼楼顶。

5. 水表：每户生活用水、绿化用水、停车场用水等均单设水表计量。

(二) 生活废水排水系统

生活污水、废水总流量 $Q=549m^3/d$。

生活废水、粪便污水分流，污水经化粪池处理后与生活废水汇合，排入城市下水道。

化粪池选用：设置一座有效容积为 $75m^3$ 的钢筋混凝土化粪池。

清掏周期为 90d，污水停留时间为 24h。

裙房排水管采用 PVC-U 排水管；室外埋地排水管采用双壁波纹管。

卫生洁具：采用节水型卫生洁具。

(三) 雨水排水系统

雨水采用传统的重力排放，室外场地雨水系统设计重现期为 3 年，屋面雨水系统设计重现期为 10 年，设计降雨强度为 $i=\frac{2424.17(1+0.533\lg P)}{(t+11.0)^{0.668}}$，当重现期为 5 年时，$q_5=5.22L/(s \cdot 100m^2)$；雨水经管道收集后排入城市雨水系统。

管材：屋面雨水排水管采用加厚型承压 PVC-U 管，阳台雨水管采用加厚 PVC-U 排水管，转换层及后续排水管采用加厚型 PVC-U 管；室外埋地排水管采用双壁波纹塑料管。

二、消防系统

本工程设置的灭火系统有：室外消防供水系统、室内消火栓系统，湿式自动喷水灭火系统，AS600S 型气溶胶灭火系统、灭火器配置。

(一) 消火栓系统

1. 室内外消防用水量的计算和依据

本工程为一类高层公共建筑，其消防用水量见表 2：

消防用水量 **表 2**

名　称	流量(L/s)	延续时间(h)	水量(m^3)
室外消防用水量	15	2	108
室内消防用水量	20	2	144
自动喷洒用水量	28	1	100.8
合计			352.8

其中室内消防总用水量为：$V=144+108=252m^3$，室内消防水池设于 A 组团地下室。

2. 消防水源，供水能力储水量：由市政给水管网引一条 $DN200$ 的给水管，供本建筑用水。市政给水网上设置的室外消火栓能满足本工程室外消防用水量的要求，室外消防用水由室外消火栓供给。室内消防用水由消防水池提供，消防时不考虑市政管网向消防水池补充室内消防用水，因此本工程设计室内消防用水总用量为 $252m^3$。

3. 室内消火栓系统

设计流量：20L/s，火灾延续时间 2h，水枪口径 $\phi 19$，射流量≥5L/s，充实水柱≥10m；管网水平布置成环状，各立管顶部连通，水泵至水平环管有两条输水管，立管管径 $DN100$，过水能力 15L/s 计，建筑物内任何一点均有两股消防水柱同时到达。各消防箱配置水枪 1 支，龙带 25m，碎玻按钮、警铃、指示灯。

室内消火栓系统按静水压不超过 1.0MPa 的原则进行竖向分区：

第一区：地下室至首层。

第二区：二层住宅及以上楼层。（塔楼住宅 2～23 层采用减压稳压消火栓）

消火栓泵参数为：Q=40L/s，H=140m，N=55kW，一用一备，共两台（设于 A 组团地下室）。

天面水池储存 12m^3 消防用水供初期火灾用，天面水池设于 E5 天面。消火栓系统设水泵接合器，在建筑物室外的设高、低区水泵接合器共三组（每组共两个）供室内消火栓系统用。

（二）自动喷水灭火系统

1. 设置场所：本期工程仅在地下室、商铺、会所等设置自动喷水灭火系统。

2. 设计参数：系统均按中危险级设计，设计喷水强度为 8L/(min·m^2)，最大作用面积 160m^2，最不利点喷头工作压力不小于 0.1MPa。用水量为 30L/s，火灾延续时间 1h，一次用水量 108m^3。

3. 供水方式：自动喷水用水储存于消防水池内，火灾时水泵房的喷淋泵加压供水。

4. 自动喷淋泵的参数为：Q=28L/s，H=60m，N=30kW，一用一备，共两台。

5. 喷淋系统管道在报警阀前设计为环状管道，湿式报警阀前压力不超过 1.2MPa。每个报警阀控制的喷头数量在 800 只以内，报警阀设于地下室报内。每个防火分区均设有独立的水流指示器。水流指示器及报警阀前的检修阀门采用电信号阀，其开、闭均有信号返回消防控制中心。

6. 系统控制：湿式报警阀的压力开关自动启动；消防控制室控制启停；水泵房内就地控制启停。根据消火栓稳压装置出水管上的电接点压力表的压力变化自动控制启动。

7. 自动喷淋系统设水泵接合器，在建筑物室外设一组水泵接合器（共两个），供室内自动喷淋系统用。

8. 管材：采用内外壁热浸镀锌钢管。接口方式为丝扣或法兰、卡箍连接。

（三）气体灭火系统

发电机房、变配电房设 S 型气溶胶灭火系统。

（四）消防排水

地下车库、消防电梯井和消防泵房均设排水措施。

车库潜污泵的参数为：Q=25m^3/h，H=15m，N=2.2kW，一用一备。

消防电梯井、水泵房、车库出入口集水井的水泵参数为：Q=40m^3/h，H=15m，N=4kW。

双水位，报警水位启动第二台水泵。

三、工程特点

项目采用绿色建筑技术，在建筑全寿命周期内，最大限度地节约资源（节能、节地、节水、节材），保护环境和减少污染，为人们提供健康、适用和高效的使用空间，与自然和谐共生的建筑，实现生态最大化、社区综合开发，并成为低碳社区。

E、F 区组团共 8 栋率先在广东省采用工业化设计，“像生产汽车一样生产房子”。

主要有以下几个亮点：

1. 工业化生产，产品品质能够充分保证，减少施工现场施工环节，缩短施工工期；
2. 减小施工现场对环境污染，建房更绿色更环保；
3. 立面分割尺寸大，可塑性强，饰面表现形式、色泽多种多样，连接构造可靠且富于变化；
4. 耐久性好，预制构件使用年限和结构使用年限相同；
5. 精确度高，施工偏着以毫米控制。

四、工程照片

项目总平面图

会所与 D 组团现场实景

EF 组团工业化生产——楼梯组件

EF组团工业化生产预埋管件制品

地下室管线敷设

现场管线施工

EF组团立面

盐边县红格镇昔格达村四社建筑及环艺设计

设计单位： 深圳市建筑科学研究院股份有限公司
设 计 人： 孙茵　王莉芸　胡爱清　彭世瑾
获奖情况： 居住建筑类　三等奖

工程概况：

本工程位于四川省攀枝花市盐边县红格镇，地处四川省西南边缘，为盐边县省级新农村建设中一个示范新村的建设项目。项目总占地面积：114887m²，新建建筑面积：23809m²。共有村民106户，其中新建88户，保留及改建18户，每户按10人设计，全部为1～3层的单、多层住宅，建筑高度不超过12m。

村民现有生活用水抽取自村东南"龙塘"泉水，各户均采用传统旱厕，生活废水散排，雨水自由漫流。改造后项目一方面需满足村民自住要求，另一方面为全村开发农家乐旅游副业提供基础生活保障。项目秉承低碳生态的设计理念，充分利用当地太阳能、生物质能等资源，通过绿色手段实现生活污废水有组织排放并就地资源化利用，是一次比较成功的农村地区低碳开发的绿色实践。

一、给水排水系统

（一）给水系统

1. 冷水用水量（表1）

冷水用水量　　**表1**

名称	设计人数	用水标准(L/人)	时变化系数	用水时间(h)	用水量	
					最大日(m³/d)	最大时(m³/h)
住宅	1060	200	2.5	24	212	22.08
未预见水量		10%			21.2	1.98
总计					233.2	24.06

2. 水源：本项目周围未有市政水源，现有水源取自位于村东南角的龙塘泉水。通过变频加压水泵输送至各户。

3. 系统竖向分区：给水工程竖向为一个区，供水压力0.3MPa，用水点水压控制范围在0.1～0.2MPa。

4. 供水方式及给水加压设备：本项目采用变频供水设备，将龙塘水引至村户。

5. 管材：明装管道采用钢塑复合管（内衬PE），给水入户管均为*DN*40，丝扣连接或者法兰连接；卫生间支管采用PP-R给水塑料管，S4.0系列，热熔连接。室外埋地管材采用PE管。

（二）热水系统

本项目在每户屋顶集中敷设成品太阳能热水器，并在卫生间内设置分散式容积式电热水器辅助加热。

设计每户太阳能集热板面积 6～14m²，详见表 2。

1. 热水用水量（表 2）

热水用水量 表 2

户型名称	人数（人）	热水定额	平均日热水量	热水设计温度（℃）	初始温度（℃）	小时变化系数	设计小时耗热量	太阳能保证率	直接集热器面积（m²）
		（L/(人·d)）	（L/d）				（kW）		
单层	5	55	275	60	7	3.84	2.7	0.4	5
双层	10	55	550	60	7	3.84	5.3	0.4	9
三层	15	55	825	60	7	3.84	8.0	0.4	14

西昌低区年平均日辐射量 13964.11kJ/(m² · d)，水的比热 4.187kJ/（kg · ℃），热水密度 0.98kg/L，热损失率 0.25，集热器年平均效率 0.5。

2. 热源：本项目热源为太阳能，并在卫生间内设置分散式容积式电热水器，当太阳能资源不足时，作为辅助热源。

3. 系统竖向分区：系统竖向为一个区。

4. 热交换器：在屋顶集中敷设太阳能热水器，分户设电热水器辅助加热。

5. 冷、热水压力平衡措施、热水温度的保证措施：本项目在末端采用恒温混水阀以维持压力平衡保证出水温度。

6. 管材：主管采用热水型钢塑复合管（内衬 PE），卫生间内支管采用热水型 PP-R 塑料管，S3.2 系列，热熔连接。

（三）中水系统

本项目将生活污水（粪便污水）收集排入沼气池，连同各户猪圈的畜粪、秸秆等物料经过发酵，上清液与生活废水一同排入人工湿地处理，作为本项目的中水回用水源，处理后的水可达到《农田灌溉水质标准》GB 5084—2005 中的水质标准。

1. 中水源水量（表 3）

中水源水量 表 3

名称	设计人数（人）	用水标准(L/人)	时变化系数	用水时间(h)	用水量	
					最大日（m³/d）	最大时（m³/h）
住 宅	1060	180	2.5	24	190.8	19.88
未预见水量		10%			19.08	1.98
总计					212	21.87

根据《四川省用水定额（试行）》，以当地主要农作物有机蔬菜种植为例，农业浇灌需水量为 130m3/亩，处理的生活污水可作为当地农业有机肥灌溉的补充。

2. 供水方式：人工湿地出水自流进入灌溉渠道。

3. 中水收集及处理工艺流程（图 1）

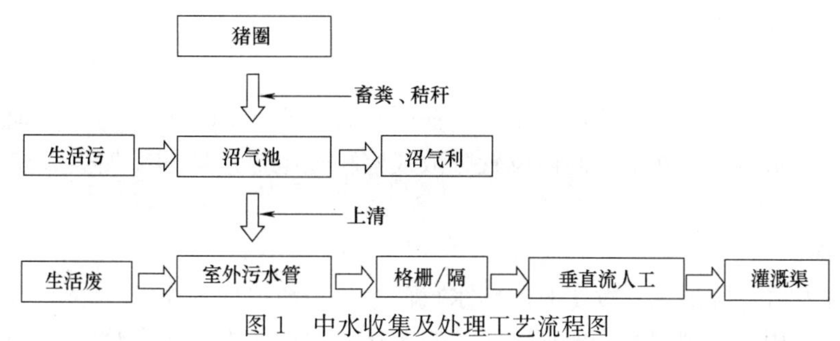

图 1　中水收集及处理工艺流程图

4. 管材：室内污水管采用 PVC-U 排水管，埋地污水管采用 PVC-U 双壁波纹管，环刚度 8kN/m。灌溉采用灌溉渠道。

（四）排水系统

1. 排水系统的形式：本项目室内采用污、废分流的排水体制，将生活污水（粪便污水）收集排入沼气池，连同各户猪圈的畜粪、秸秆等物料经过发酵，上清液与生活废水一同排入人工湿地处理。

2. 透气管的设置方式：本项目建筑为单层或多层建筑，排水管采用伸顶通气的设置方式。

3. 采用的局部污水处理设施：本项目在每户院侧设置 $8m^3$ 的埋地式沼气池；上清液与生活废水一同排入人工湿地，人工湿地预留发展面积约 $677m^2$，池深 1.70m。采用垂直流人工湿地。

4. 管材：室外埋地雨水、废水、污水采用 PVC-U 排水管，室内也采用 PVC-U 排水管，室内空调排水管采用 PVC-U 给水管。

（五）雨水利用系统

1. 本项目采用雨、污分流的排水方式

2. 暴雨强度公式

$$q=\frac{2806(1+0.8031\lg P)}{(t+12.8P^{0.231})^{0.768}}$$

屋顶按 5 年设计重现期考虑雨水排放量，不设溢流设施。屋顶 5min 降雨强度为 $3.86L/(s\cdot 100m^2)$，设计采用重力自流排水方式排放屋面雨水；屋顶按不大于 $200m^2$/个设置雨水斗，屋顶雨水由天面的雨水斗收集后，散排至室外雨水沟。室外场地雨水由雨水沟收集后，排至人工湿地、灌溉渠道或农田。

3. 分散式回用装置：设计收集各户屋面雨水汇流至一层的雨水樽，供村民就近浇洒菜园等使用。

4. 巧妙设置浅草沟收集场地雨水：雨污水管供沟敷设，利用其上部的覆土及山势沿路敷设浅草沟，截水效果优于雨水口，雨水可经过浅草沟初步过滤提高后续处理的水质。

二、消防系统

（一）概述

本项目为多层建筑，建筑层数 1～3 层，未设置室内消火栓系统。

（二）室外消防系统

室外消防用水量为 10L/s，火灾延续时间为 2h，故需设置至少 $72m^3$ 的消防水池，保护半径为 150m。考虑场地原因需设置多处消防水池。消防水池均采用国标图集 02S101 第 19 页 42 号 SMC 水箱，容积为 $100m^3$，埋深均保持 0.7m 的覆土，人孔作为消防车吸水口，消防水池顶板不能过车（应在完成施工后绘出区域，并标识出“下有水池，禁止车行”），消防水池保留进水管采用水力遥控浮球阀控制，保留溢流水管，其余管道加堵头封堵。

三、设计及施工体会

本项目是新型农村建设的示范项目，为在广大农村市政配套有限的情况下，结合当地气候和自然资源条件，进行节能、节水和资源利用设计。

（一）太阳能热水系统

盐边县太阳辐射强，日照充足，参考西昌年太阳辐照量为5096.9MJ/m²。考虑当地施工便利，在每户屋顶集中敷设成品太阳能热水器，并在卫生间内设置分散式容积式电热水器辅助加热。充分利用当地太阳能资源，施工工艺简单。

（二）中水回用系统

生活污水经沼气池发酵，降低了后续工艺的污水负荷。与传统的农村生活污水就地排放相比，改善了居住环境，人工湿地出水回用于农田灌溉，实现了污水资源化，适用于农村无市政污水处理厂的情况。

（三）雨水利用系统

设计在一层，供村民就近浇洒菜园等使用的雨水樽最终未得到实施。

（四）生活污水沼气利用系统

由于该村实际养猪户数很少，目前基本没有加入畜粪等辅料，据当地专家估计，每10～12户生活污水发酵产的沼气约可供一户做炊事燃烧。若结合畜粪并优化辅料配比，还可望产生更高能的沼气。

四、工程照片及附图

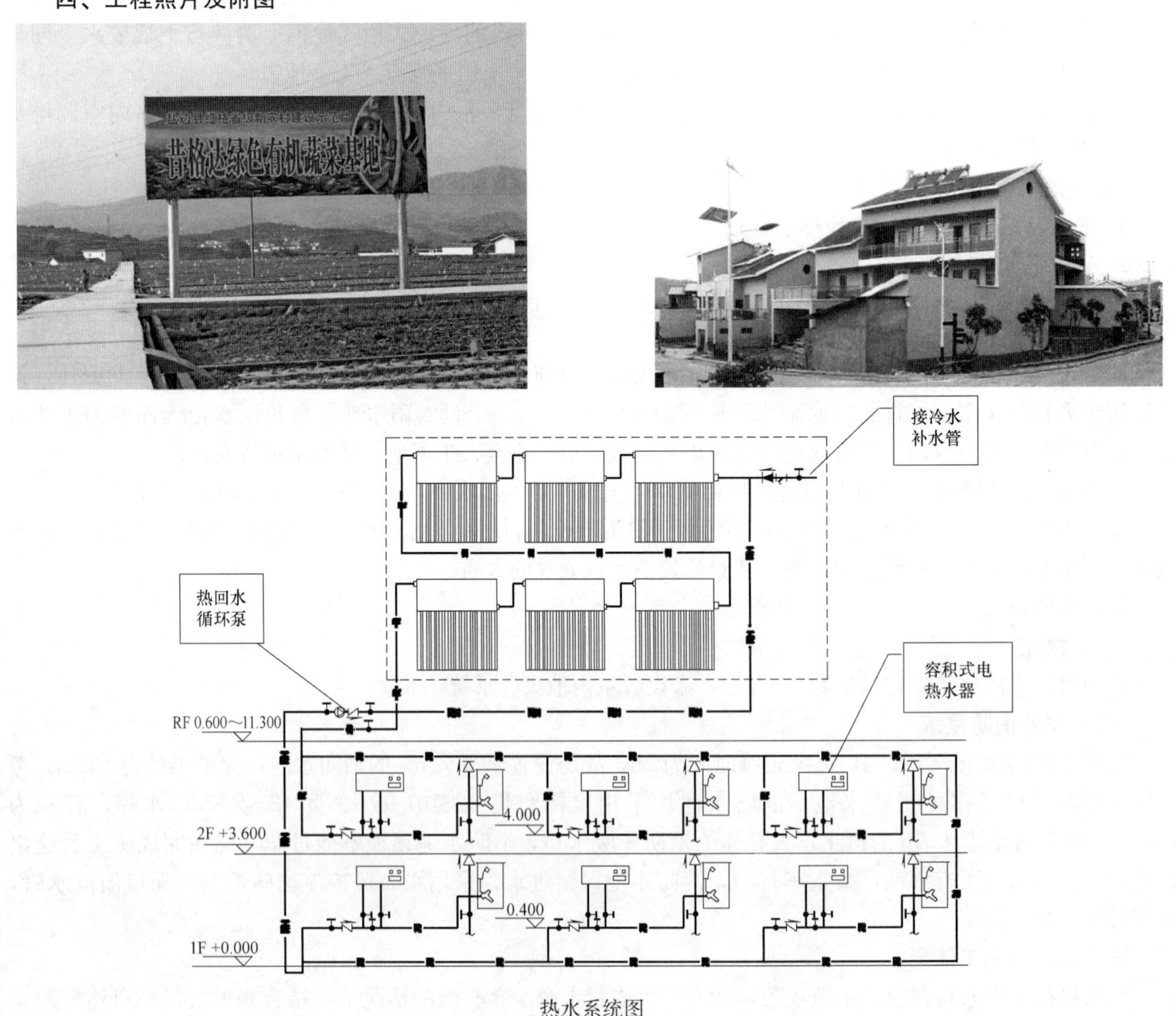

热水系统图

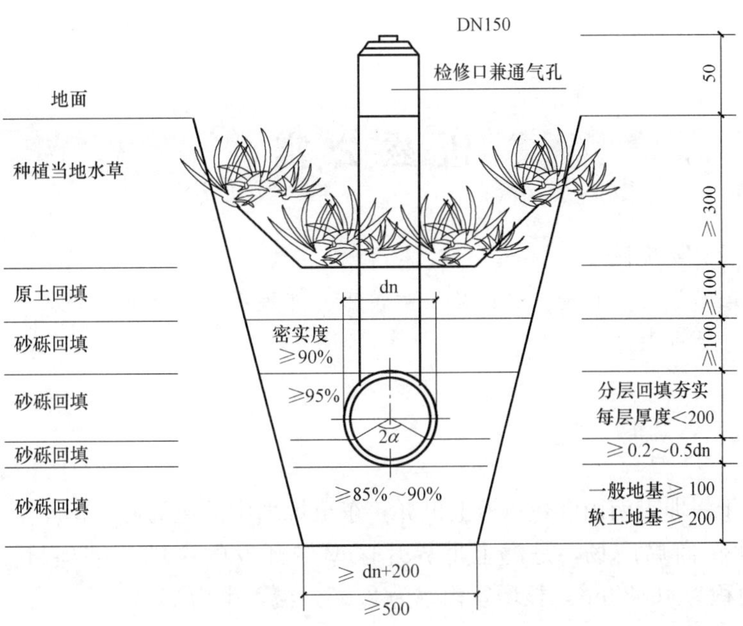

雨水浅草沟+废水管检修口做法

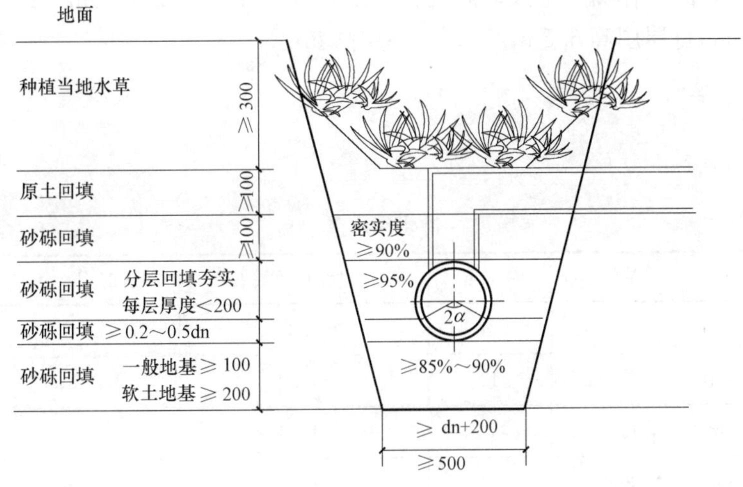

雨水浅草沟+废水管支管接入做法

伍兹公寓

设计单位：广东省建筑设计研究院
设 计 人：金钊　吴燕国　李淼　付亮　孙国熠　阮镜东　林寅宇　王慧晓
获奖情况：居住建筑类　三等奖

工程概况：

本项目建设用地位于深圳市南山区蛇口海上世界，东至规划中的望海路，南至工业一路，西至规划中的街道绿化带，北临在建招商局广场，是海上世界片区率先开发的高端住宅项目。本工程总用地面积为 11319.49m²，总建筑面积为 46885m²，核增容积率为 2.85，覆盖率为 17.80%。

本工程包含三栋高层住宅塔楼、一栋多层裙房。三栋住宅塔楼均为地上 28 层，高度 89.50m，一栋裙房均为地上 3 层，高度 16.45m；本项目设有两层地下室，主要为地下车库和设备用房，共有 320 个机动车停车位；地下二层的局部区域战时作为二等人员掩蔽所。住宅塔楼首层层高 3.30m，标准层高 3.15m；裙房功能为小区配套的商业会所，首层层高 6.5m，二、三层层高 5m。

一、给水排水系统

（一）给水系统

1. 冷水用水量（表 1）

冷水用水量　　表 1

用水单位	用水定额	单位数量	时间(h)	小时变化系数 K	最大时用水量	最高日用水量	备注
住宅	300L/(人·d)	556 人	24	2.2	15.3m³/h	167m³/d	
商业	8L/(m²·d)	1990m²	12	1.5	2m³/h	16m³/d	
停车库	2L/(m²·次)	15500m²	8	1.0	4m³/h	31m³/d	
绿化	3L/(m²·d)	3962m²	4	1.0	4m³/h	12m³/d	
未预见水量					2.5m³/h	22.6m³/d	按 10%计
合　计					28m³/h	249m³/d	

2. 水源：供水水源为市政自来水，从望海路不同的市政自来水管段接两条 $DN200$ 的供水管向各用水点供水，市政水压约为 0.30MPa。

3. 系统竖向分区

第 1 区：地下室－1 层、－2 层及 4 栋商业裙楼 1～3 层，为充分利用市政管网压力，由市政给水管直接供水。其中商业裙楼供水主要由市政自来水供给，当市政供水无法满足时再转接低区水泵加压供给管。

第 2 区：塔楼 1～14 层，由设于地下 2 层泵房内的第一组变频泵供水。本区内超压楼层做干管减压，减压分区详给水系统图。

第 3 区：塔楼 15～28 层，由设于地下二层泵房内的第二组变频泵供水。本区内超压楼层做干管减压，减压分区详给水系统图。

4. 供水方式及给水加压设备

本工程采用变频生活给水系统，下行上给方式进行供水。在地下二层生活水泵房内设置两组生活变频水泵，设备参数如下：

第一组变频水泵：主泵流量 $Q=17m^3/h$，扬程 $H=89m$，功率 $N=7.5kW$，三台，两用一备；辅泵流量 $Q=5m^3/h$，扬程 $H=95m$，功率 $N=4.0kW$，一台。

第二组变频水泵：主泵流量 $Q=17m^3/h$，扬程 $H=137m$，功率 $N=11kW$，三台，两用一备；辅泵流量 $Q=5m^3/h$，扬程 $H=143m$，功率 $N=4.0kW$，一台。

5. 管材：室外埋地给水管采用钢丝网骨架 PE 管，电热熔连接；室内明装的给水干管、立管当供水压力小于等于 1.0MPa 时采用钢塑复合管，热熔连接，供水压力大于 1.0MPa 时采用铜管，焊接；室内埋地、埋墙安装的给水支管采用 PP-R 管，热熔连接。

（二）热水系统

1. 热水用水量（表 2）

本工程仅塔楼 15～28 层设计太阳能集中热水系统，设计热水量见表 2：

热水用水量 **表 2**

设计住宅	15～28 层设计人数(人)	热水定额	使用时间	热水小时变化系数	最大小时热水量	最高日热水量
1 栋	102	45L/(人·d)	24h	4.7	$0.9m^3/h$	$4.6\ m^3/d$
2 栋	102	45L/(人·d)	24h	4.7	$0.9m^3/h$	$4.6\ m^3/d$
3 栋	102	45L/(人·d)	24h	4.7	$0.9m^3/h$	$4.6m^3/d$

2. 热源：塔楼 15～28 层集中热水系统主热源为太阳能集热板，辅助热源为各户户内设置的燃气热水器。当太阳能热水系统的水温、水量满足使用要求时，由太阳能热水系统直接供应住户的生活热水；当太阳能热水系统无法满足使用要求时，由户内燃气热水器二次加热供水。塔楼 14 层及以下楼层仅设置燃气热水器供应生活热水。

3. 系统竖向分区

太阳能集中热水系统竖向分为两个区：

低区：15～23 层，由屋顶太阳能储热水箱重力供水，设置干管循环回水泵进行回水。

高区：24～28 层，由屋顶热水变频泵加压供水。

4. 热水温度的保证措施：每栋塔楼屋顶设置一个有效容积 $6m^3$ 的储热水箱，将太阳能集热板白天产生的热量高效储存下来，同时晚上用水高峰时段储水容积可调节热水温度变化，避免温度变化幅度过大。在各户户内设置燃气热水器，当太阳能热水温度无法满足使用要求时，由热水器进行二次加热，确保热水温度满足使用要求。

5. 管材：太阳能热水系统主干管、立管、热水回水管均采用紫铜管，承插焊接；埋墙、埋地敷设的热水支管采用 PP-R 热水管，热熔连接。

（三）中水系统

1. 中水原水量、中水回用水量见表 3，水量平衡如图 1 所示。

中水原水量、回用水量 表 3

类　　别	数　　值	参数取值
中水原水量	80m³/d	1、2 栋生活污水，取 $\alpha=0.8$、$\beta=0.9$
中水回用水量	13.2m³/d	满足室外道路、绿化浇洒用水，不可预见水量按 10%计
满足回用所需原水量	15.2m³/d	按中水回用水量的 115%计

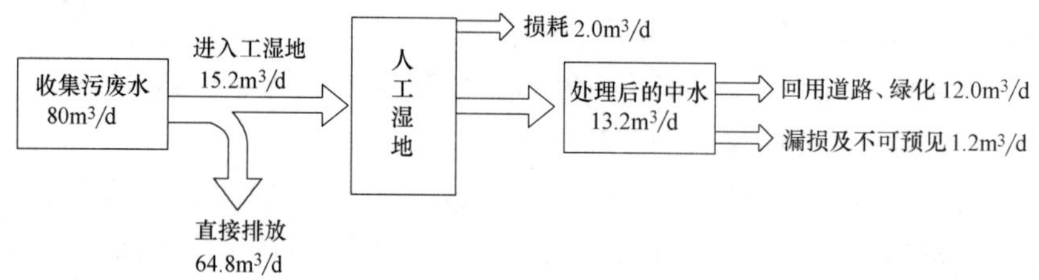

图 1 水量平衡图

2. 系统竖向分区：本项目中水系统竖向不分区。

3. 供水方式及给水加压设备：中水系统采用变频水泵加压供水，经过滤、消毒处理后的中水由设置于中水机房的变频水泵组加压后供室外道路冲洗、绿化灌溉。

中水变频水泵：流量 $Q=5\text{m}^3/\text{h}$，扬程 $H=50\text{m}$，功率 $N=0.75\text{kW}$，两台，一用一备。

4. 水处理工艺流程（图 2）

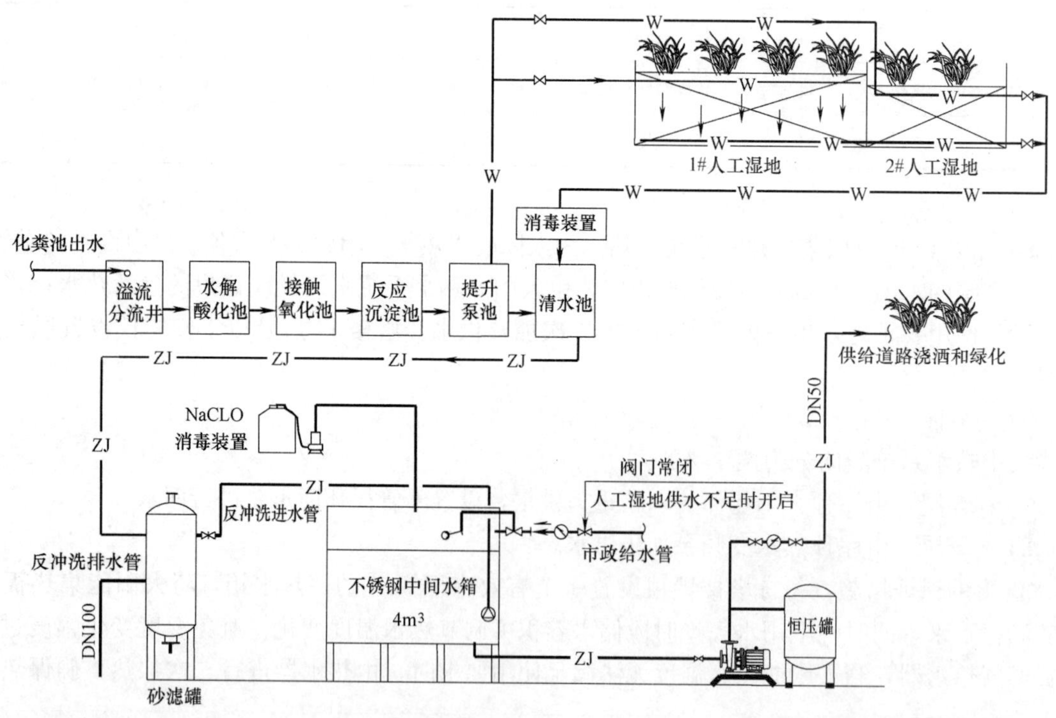

图 2 水处理工艺流程

5. 管材：中水管材采用 PE 给水管，电热熔连接。

（四）排水系统

1. 排水系统的形式：本工程室内生活排水采用污、废合流的形式。室外排水采用雨、污分流的排水体制。

2. 通气管的设置方式：本工程塔楼设置专用通气立管，污水管与通气立管隔层相连。裙房会所公共卫生间设置专用通气立管及环形通气管。

3. 采用的局部污水处理设施：本工程室外设置一座国标 11 号钢筋混凝土化粪池、一座国标 12 号钢筋混凝土化粪池、一座国标 2 号砖砌隔油池，生活污水经化粪池处理后排入市政污水管网，裙房会所厨房含油废水经隔油池处理后排入市政污水管网。

4. 管材：室外排水管采用 HDPE 双壁波纹管，电热熔带连接，砂砾垫层基础。室内排水支管、立管采用加厚 PVC-U 排水管，溶剂粘接。排水悬吊横干管及后续的立管、水平埋地出户管采用机制柔性排水铸铁管，卡箍连接。

二、消防系统

1. 消防系统设置

本工程设置的灭火系统有：室外消火栓系统、湿式自动喷水灭火系统、室内消火栓系统、七氟丙烷气体灭火系统、灭火器配置。

2. 消防水量（表 4）

消防水量 **表 4**

系统名称	设计流量	火灾延续时间	消防水量
室外消火栓系统	15L/s	2h	108m^3
室内消火栓系统	20L/s	2h	144m^3
自动喷水灭火系统	30L/s	1h	108m^3
一次灭火总用水量			360m^3
室内消防总用水量			252m^3

3. 消火栓系统：本工程室外消防用水由市政给水管网供应，故消防水池仅储存室内消防用水。在地下二层消防水泵房内设置有效容积 252m^3 的消防水池，1 栋住宅屋顶设置有效容积 18 m^3 的高位消防水箱，供整个项目室内消防用水。

室内消火栓系统按静水压不超过 1.0MPa 的原则进行竖向分区：

第 1 区：地下 2 层至塔楼 2 层、商业裙房 3 层，由地下 2 层泵房内消火栓泵出水管减压后供水；

第 2 区：塔楼 3～28 层，由地下 2 层泵房内消火栓泵加压供水。

第 1、2 分区在建筑物室外各设一组水泵接合器，每组 2 个。

消火栓泵设计参数：流量 Q=20L/s，扬程 H=135m，功率 N=45kW，两台，一用一备。

室内消火栓系统管材采用内外壁热浸镀锌钢管，卡箍连接。

4. 自动喷水灭火系统

本工程在地下室及商业裙房设置湿式自动喷水灭火系统，自喷系统按中危险Ⅱ级设计，设计流量 Q=30L/s，火灾延续时间 1h。

自动喷水灭火系统竖向不分区，在建筑物室外设一组水泵接合器（两个）。湿式报警阀设在地下 2 层湿式报警阀间（三个）。每个报警阀担负的喷头数量不超过 800 个。每层及每个消防分区均设水流指示器，水流指示器信号在消防中心显示，本系统的控制阀门均带信号指示系统。地下室无吊顶区域采用直立型上喷喷头，裙房各层等有吊顶区域设置隐蔽式下喷喷头，喷头流量系数为 K=80。

自喷泵设计参数：流量 Q=30L/s，扬程 H=70m，功率 N=37kW，两台，一用一备。

自动喷水灭火系统管材采用内外壁热浸镀锌钢管，卡箍连接。

5. 气体灭火系统：地下室发电机房、储油间、变配电房采用七氟丙烷气体灭火系统，灭火设计浓度为

9%，设计喷放时间不应大于10s，灭火浸渍时间10min。七氟丙烷灭火系统应采用氮气增压输送。氮气的含水量不应大于0.006%。系统的控制方式：自动、电气手动、机械应急手动三种启动方式。气体灭火系统管道采用无缝钢管，焊接。

三、工程特点

1. 设置太阳能集中热水系统，热水按满足50%住户用水需求设计，供应15～28层居民使用，充分利用可再生能源，节能减排。

2. 生活水泵选用进口不锈钢变频调速给水泵组，采用恒压变流量供水方式，运行时一台调速，其余恒速。通过合理分区、优化管线以达到减小沿程水头损失、降低能耗的目的。

3. 生活污水经化粪池和人工湿地处理后进入中水系统，供园林绿化灌溉使用，节约用水。

4. 选用优质管材、节水型产品、节水龙头。排水系统由于本工程各卫生间内沉箱排水地漏均设置专用排水立管，卫生间排水设置专用通气立管，排水卫生条件和降噪效果好，使用中无臭气窜入室内。

5. 为了达到视觉美观效果，给水排水管道、雨水管道均采用隐蔽式安装，实现了外立面的设计要求，使整个工程设计达到了预期效果。

6. 室外小区内雨污水检查井布置密切结合景观设计，或隐藏于木格栅步行小路下，或结合园林地面铺装设置井盖形式，满足视觉美观和检修方便的要求。

四、工程照片及附图

伍兹公寓外立面

伍兹公寓外立面

伍兹公寓外立面

伍兹公寓外立面

标准层水表

生活水泵

自动排气阀

消防稳压设备

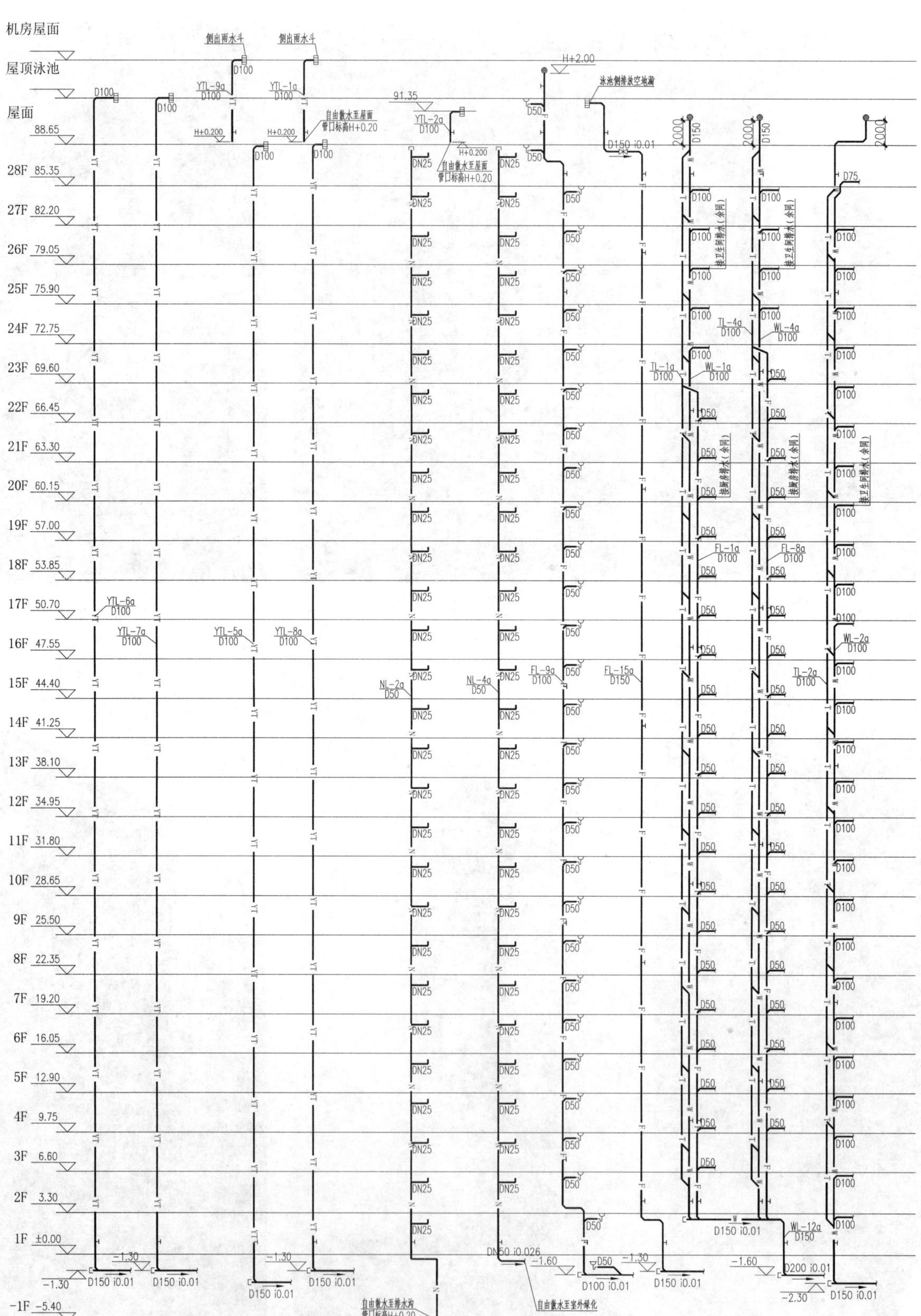

排水系统图

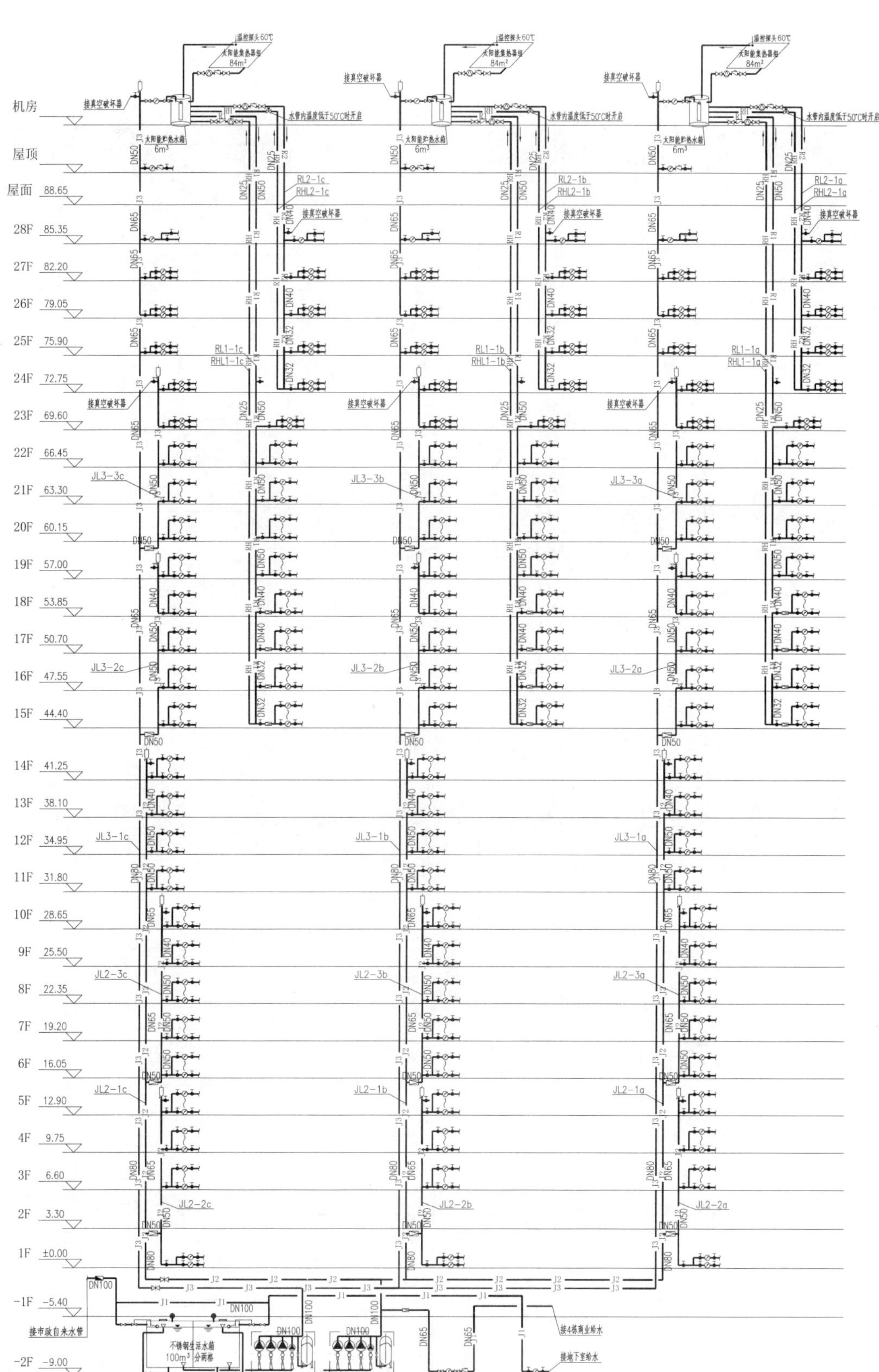

给水系统图

消火栓及自喷系统图

注：3F至19F采用减压稳压消火栓。

福湾新城春风苑A区

设计单位： 福建省建筑设计研究院
设 计 人： 彭丹青　林金成　傅星帏　黄文忠　程宏伟
获奖情况： 居住建筑类　三等奖

工程概况：

福湾新城春风苑位于福州市金洲南路西侧，凤山路南侧，建筑用地面积159480m²，总建筑面积33.49万m²，整个项目由A、B、C三个地块组成，地下室为停车库及设备用房，上部主要为9～14层社会保障性住房、六层廉租房、幼儿园及商场等。本工程设有给水系统、排水系统、室内消火栓系统、自动喷淋系统及太阳能热水系统等。

一、给水排水系统

（一）给水系统

1. 冷水用水量（表1）

冷水用水量　　表1

用户名称	用水标准	总建筑面积	K时	工作时数(h)	最高日用水量(m^3/d)	最大时用水量(m^3/h)
住宅	250L/(人·d)	5705人	2.0	24	1426.3	118.85
幼儿园	100L/(人·d)	300人	3.0	24	30	3.75
商场	8L/(m²·d)	4575m²	1.5	12	36.6	4.6
地下室	2L/(m²·d)	15817m²	2.0	4	31.63	15.82
未预见水量	10%用水量				152.5	14.3
总　计					1677	157.32

2. 水源：给水由东面规划路引进一路进水管，进水管管径为DN200，设控制性水表，水表型号为LXL-150E。给水管在A地块内成环，环网管径为DN150。环网上的其他用水点按照住宅、配套公建、商业、消防、绿化等用水性质分别设置水表。

3. 给水系统：根据福州市自来水公司提供的“福湾新城春风苑永久性供水方案”和福州市政府有关会议纪要，由于本工程永久性市政供水压力不足，A、B、C三个区除底层店面及公建一层用水采用市政管网压力直接供水，其余部分均采用二次加压供水方式。

4. 生活给水系统竖向分区：九层住宅1～9层设置一区。十四层住宅1～7层为低区，8～14层为高区。

5. 供水方式及给水加压设备：根据福州市自来水公司提供的“福湾新城春风苑永久性供水方案”和福州市政府有关会议纪要，由于本工程永久性市政供水压力不足，A、B、C三个区除底层店面及公建一层用水采用市政管网压力直接供水，其余部分均采用二次加压供水方式。同时，根据自来水公司要求多层住宅与高层住宅泵房水池分别建设。

（二）太阳能热水系统

1. 社会保障性住房为毛坯房，廉租房为精装房，廉租房设置集中集热、分户换热的太阳能热水供应系统。

2. 热源采用平板式太阳能集热器，集热器集中设置于屋面。每户户内设置一个承压盘管换热水箱，位于厨房、阳台或卫生间内。每户水箱内均配置辅助电加热，并可通过控制器设定加热时间段和最高温度。

3. 管材：住宅户内热水管采用PP-R给水管及配件（采用S2系列），热熔连接，其中垫层内敷设给水管采用盘管式PP-R给水管。太阳能换热循环管采用薄壁不锈钢钢管，环压连接。

（三）排水系统

1. 本建筑室内污废水合流。

2. 室内排水管采用普通伸顶通气管。

3. 本建筑生活污、废水经化粪池处理后排放至市政污水管网。

4. 管材：室内排水管采用PVC-U排水塑料管，加压排水管采用内外热镀锌钢管。室外污、废水管均采用PVC-U双壁波纹塑料排水管。

（四）雨水系统

1. 室外污水与雨水分流，雨水分别就近排至市政路市政雨水管。

2. 室外雨水重现期采用两年，室内雨水重现期采用10年。

3. 管材：雨水管采用PVC-U雨水塑料管。室外雨水管采用钢筋混凝土。

二、消防系统

（一）消火栓系统

A、B、C三个地块消防分别单独设置。三个地块给水分别由周边市政道路引进一路进水管，进水管管径为*DN*200，给水管在各自地块内成环布置，环网管径为*DN*150，上设室外消火栓。十四层住宅按二类高规普通住宅楼进行防火设计，室内消火栓用水量10L/s，室外消火栓用水量15L/s，火灾持续时间2h。九层住宅楼按多层民用建筑进行防火设计，室内消火栓用水量10L/s，室外消火栓用水量25L/s，火灾持续时间2h。六层住宅楼按多层民用建筑进行防火设计，不设室内消火栓系统，商店面积小于200m^2，不设灭火喉，室外消火栓用水量为25L/s（建筑体积20000m^3<V<50000m^3），火灾延续时间为2h。商业楼按多层民用建筑进行防火设计（建筑体积20000m^3<V<50000m^3），室内消防用水量15L/s，室外消防用水量25L/s，火灾持续时间2h。幼儿园按多层民用建筑进行防火设计（建筑体积5000m^3<V<20000m^3），室内消防用水量15L/s，室外消防用水量20L/s，火灾持续时间2h。地下车库按Ⅰ类车库进行防火设计，室内消火栓用水量10L/s，室外消火栓用水量20L/s，火灾持续时间2h。A、B、C地块地下室均设有独立的消防水池及消防泵房并分别各设置消防车取水口，消防车取水口100m范围内能覆盖各自地块，能满足室内外消防用水要求。三个地块最高屋面均设有18m^3消防水箱能满足前期消防用水要求。消火栓管采用内外热浸镀锌钢管及配件。

（二）自动喷水灭火系统

地下室车库设置闭式自动喷淋系统保护，喷淋用水量35L/s，火灾持续时间1h。自动喷淋系统由地下室自动喷淋加压泵供给，消防水箱位于最高楼屋面。室外自动喷淋系统共设三套水泵接合器，自动喷淋管采用内外热浸镀锌钢管及配件。

（三）水喷雾灭火系统

地下室柴油发电机房及油罐间采用水喷雾灭火系统。水喷雾系统用水量为20L/s，火灾持续时间0.5h。水喷雾系统与自动喷淋系统共用消防泵。水喷雾系统雨淋阀位于发电机房附近雨淋阀间内，水喷雾喷头采用高速射流器。水喷雾灭火系统供水管采用内外热浸镀锌钢管及配件。

三、工程特点

1. 根据福州市自来水公司提供的“福湾新城春风苑永久性供水方案”和福州市政府有关会议纪要，由于本工程永久性市政供水压力不足，A、B、C 三个区除底层店面及公建一层用水采用市政管网压力直接供水，其余部分均采用二次加压供水方式。同时，根据自来水公司要求多层住宅与高层住宅泵房水池分别建设。

2. 住宅卫生间、厨房、阳台等均单独设置排水立管伸顶通气，底层住宅排水管单独排放。

3，社会保障性住房为毛坯房，廉租房为精装房。根据《福州市人民政府办公厅转发城乡建设委员会关于推进可再生能源建筑应用城市示范工作实施意见的通知》，福湾新城春风苑 A 区廉租房设置集中集热、分户换热的太阳能热水供应系统。热源采用平板式太阳能集热器，集热器集中设置于屋面。每户户内设置一个承压盘管换热水箱，位于厨房、阳台或卫生间内。每户水箱内均配置辅助电加热，并可通过控制器设定加热时间段和最高温度。

四、工程照片及附图

建筑外立面一

建筑外立面二

生活水泵房

消防水泵房

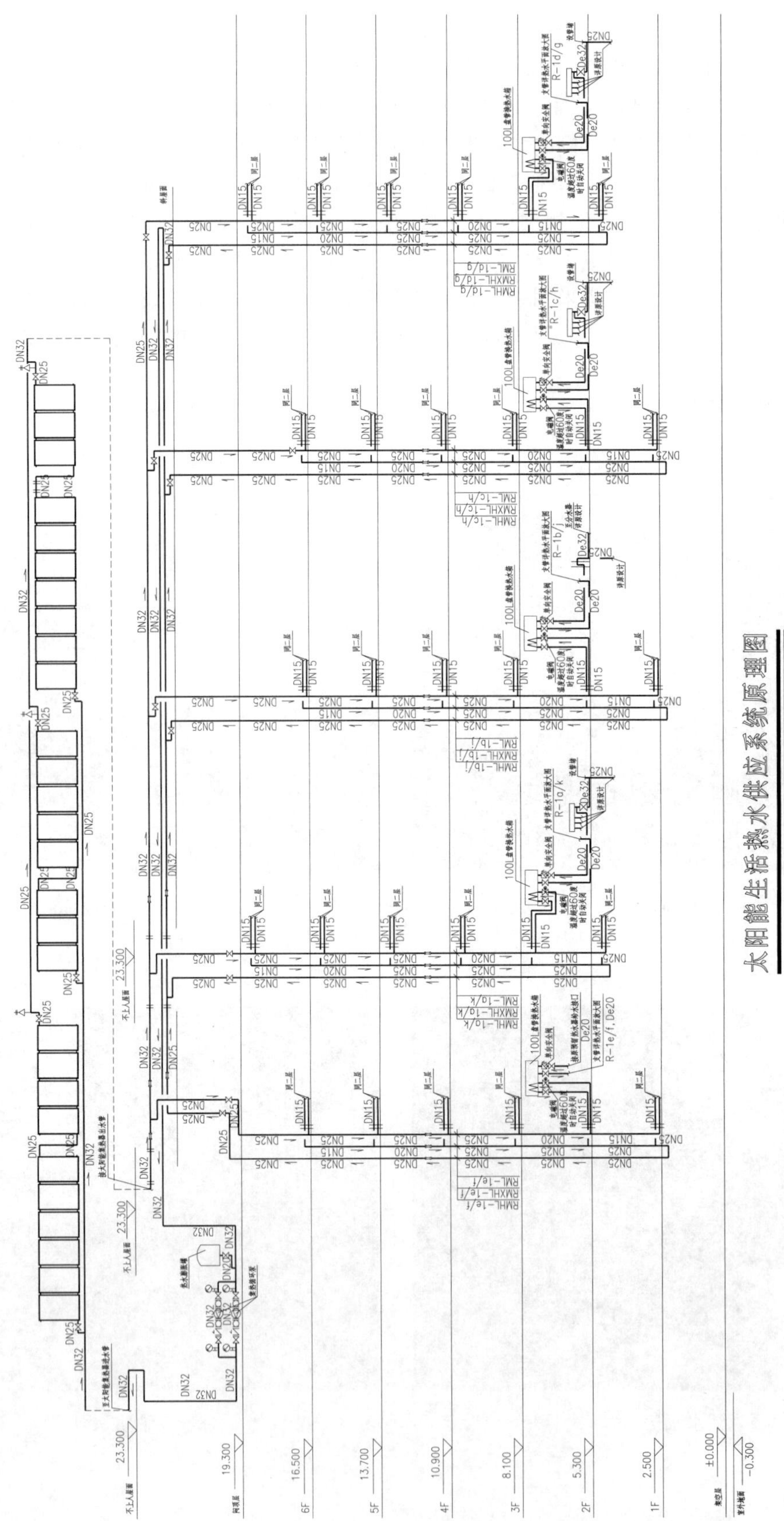

太阳能生活热水供应系统原理图

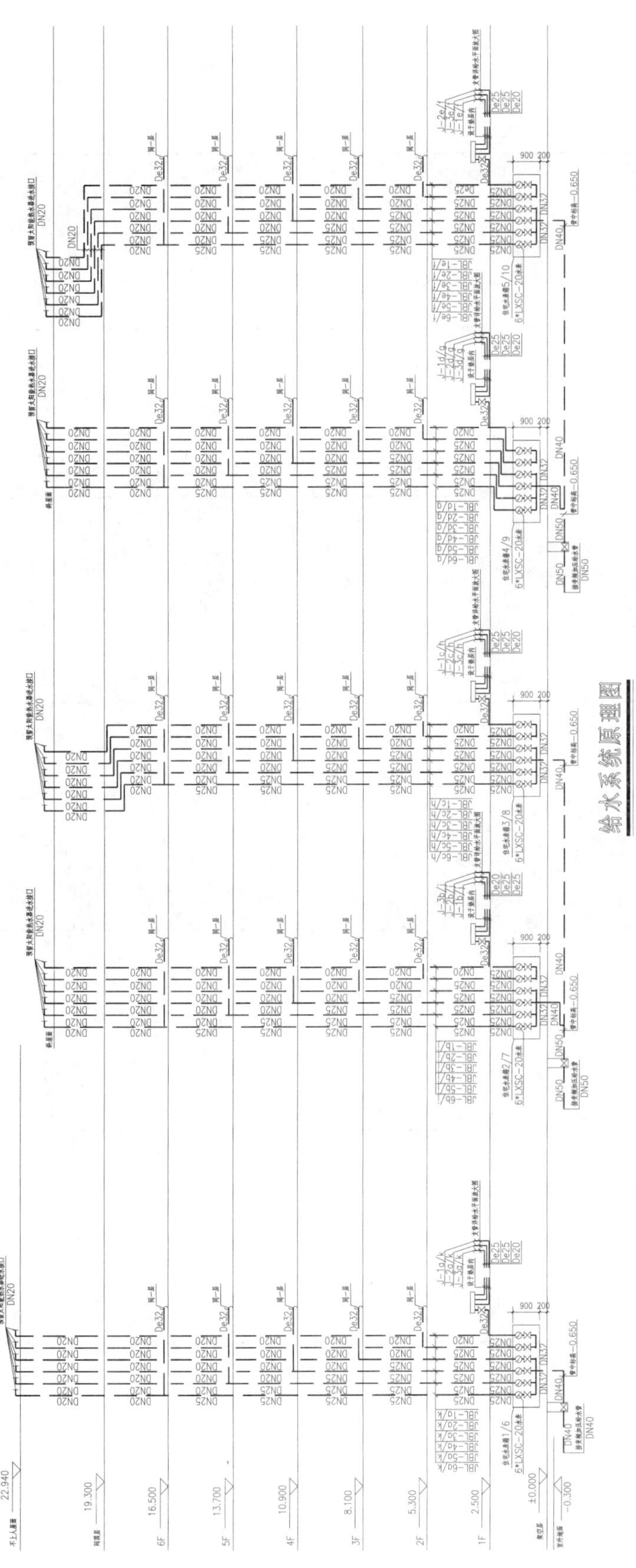

给水系统原理图

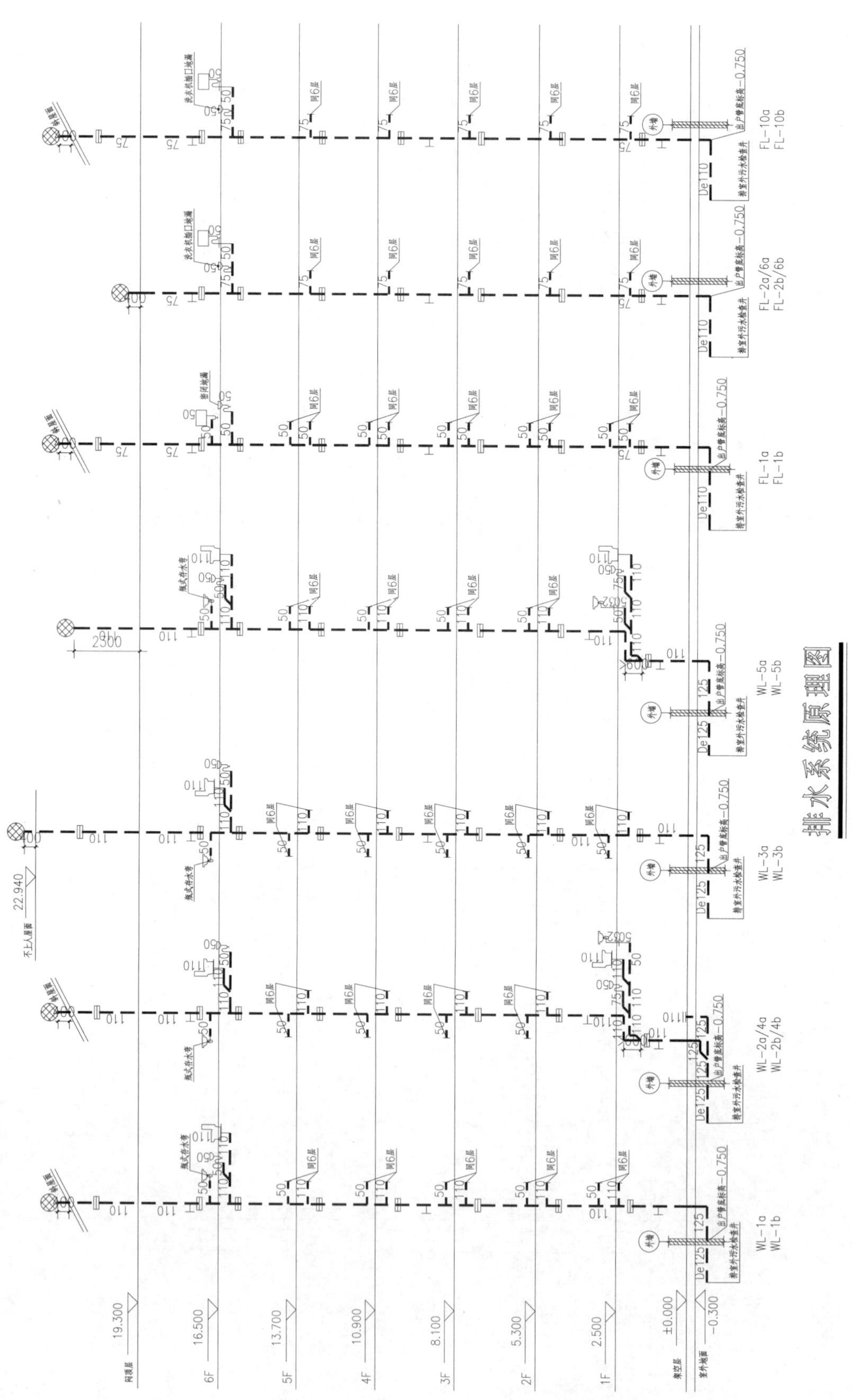

排水系统原理图

品尊国际花园

设计单位： 江苏筑森建筑设计有限公司
设 计 人： 龚飞雪　王坚　陶炜　严晓杨
获奖情况： 居住建筑类　三等奖

工程概况：

昌西路与中心路交叉口西南处，规划四址范围为：东至中心路，南至沿河路，西至沿山河征地线，北至文昌西路。地块占地面积为 6.37 公顷。地块呈不规则梯形，四周视野开阔，绿化较好，基地西侧的规划河道为小区的后花园。本工程容积率较高，且地块周边商业价值巨大，因此设计产品采用了多元化设计手法，既有板式高层、点式高层，也有商业，同时配套齐全，以适合不同需求的人群在此生活。

本次申报的为本地块的一期工程，包含 5 号、6 号、8 号、12 号、13 号、14 号共 5 栋住宅，1 栋小区变。本地块一期工程用地面积 40381m^2，总建筑面积为 8.08 万 m^2，容积率为 2.2，建筑密度 24.9%，绿地率 30.1%，建筑限高控制在 80m 以内。本地块一期地面建筑包括 5 幢高层住宅、1 栋小区变、11 幢联排住宅及基地左下角的两层配套商业，高层住宅分别为 18 层至 26 层不等，小区边为 1 层及 11 幢 3 层联排住宅等，西南角为 2 层公建。其他地下建筑有单层地下停车库，地下自行车库及部分设备用房等。一期工程于 2013 年 5 月竣工交付。住宅大部分沿街围合布置，共同围合出一个形态完整较为开阔的中心花园，同时也能保证所有的居民住宅有大型集中绿地，为大家所共享，绿地中点缀一幢点式高档豪宅，强调类别墅岛居生活的情趣。

一、给水排水系统

（一）给水系统

1. 冷水用水量（表 1）

冷水用水量　　**表 1**

序号	用水点	用水定额	使用数量	用水量(m^3/d)	水源
1	居民生活用水	180 L/(人·d)	2215 人	399	自来水
2	公共建筑用水	—	—	117.3	自来水
3	未预见用水	(1+2)×10%	—	52	自来水
生活总用水量		1+2+3	—	568	自来水
生活排水量		90%	—	503	—
4	绿化用水	2.0 L/(m^2·d)	19174m^2	38	雨水
5	道路浇洒	2.5 L/(m^2·d)	6370m^2	16	自来水
6	景观湖补水	5mm/d	4000 m^2	20	雨水
7	洗车用水	40L/车次	1038×10%	5	自来水
4、5、6 项合计			—	74	—
合计			—	647	

2. 水源：分别从文昌西路、明月湖路的市政自来水管网各引入一根 $DN200$ 的给水管，与小区室外给水

环状管网连接，市政管网水压为0.25MPa。

3. 系统竖向分区：水系统竖向分四个区：4层及以下为低区，5～11层为二区，12～18层为三区，19～25层为四区。一区由市政管网直接供水，其余各区由小区水泵房生活给水机组加压供给（生活泵房设置本期车库内）。水表均采用远传式。

4. 供水方式及给水加压设备

在地下汽车库内设置生活增压泵房，增压装置采用无负压供水设备，每个给水增压分区设一组增压装置。

参数如下：

二区：Q=45m^3/h，H=0.61MPa，P=7.5kW

三区：Q=45m^3/h，H=0.82MPa，P=11kW

四区：Q=28m^3/h，H=1.15MPa，P=7.5kW

5. 管材：室内给水管道立管采用衬塑钢管。支管采用PPR管，卡压式连接，压力等级冷水管道1.60MPa，热水管道2.0MPa。

（二）热水系统

1. 住宅各户由燃气热水器或电热水器供应热水，电热水器每户按3kW考虑。

2. 燃气热水器或电热水器由住户装修时自理。

（三）排水系统

1. 室内污废水合流，设专用通气立管。

2. 室外污废水合流排至市政污水管。

3. 敞开阳台设污水立管，排水横管接水封装置或接入水封井后再接入污水井，详见总平面图。

4. 空调冷凝水排水为有组织排水。

5. 管材：室内排水管道采用聚丙烯超静音排水管，承插胶圈接口，通气立管采用PVC-U建筑用排水管，粘接连接，雨水管采用承压PVC-U排水管，粘接连接。

（四）雨水回用系统

1. 水源、雨水回用水量表、水量平衡等

扬州年平均降雨量约为1020mm，小区占地面积63703m^2，小区平均径流系数为0.65。

年径流量：(63703×1020×0.65)/1000=42235.1m^3。

雨水回用水量见表2。

雨水回用水量 **表2**

序号	用水点	用水定额	使用数量	用水量(m^3/d)	水源
4	绿化用水	2.0 L/(m^2·d)	19174m^2	38	雨水
5	道路浇洒	2.5L/(m^2·d)	6370m^2	16	自来水
6	景观湖补水	5mm/d	4000m^2	20	雨水
7	洗车用水	40L/车次	1038×10%	5	自来水
4、6项合计			—	58	—

年雨水回用需求量（考虑三天下一次雨）：58×365×2/3=1411.3m^3，年径流量大于年雨水回用量。

根据以上数据，年降雨量能满足补充水量要求，雨水蓄水池按最大用水期间的5d的储水量。

2. 雨水收集流程（图1）

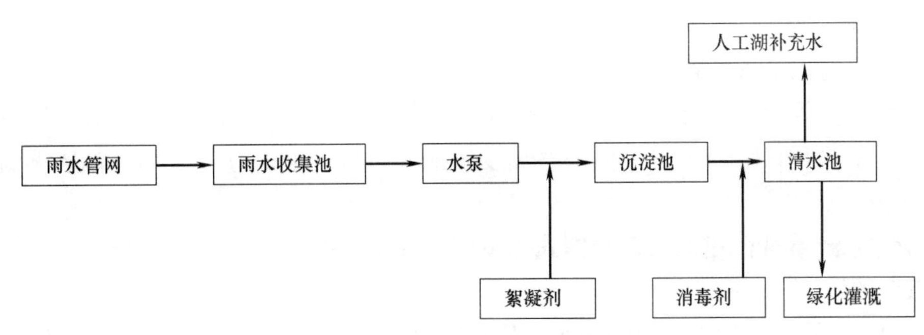

图 1　雨水收集流程

二、消防系统

（一）消火栓系统

1. 水源：分别由市政道路的不同管段引入一条给水管，并在小区四周形成环网，作为生活及消防的水源。消防泵房、水池设于地下室，储存容积 270m^3 消防用水。

2. 消防水箱位于 5 号楼屋顶，设置高度满足最不利点消火栓静水压力 0.07MPa 的要求，消防水箱部分储存消防水容量为 18 m^3。

3. 消防用水量：室内消防用水量为 20L/s，室外消防用水量为 15L/s，火灾持续时间为 2h。

4. 室外消火栓系统

（1）室外消火栓系统布置成环状，室外消火栓采用地上式，栓口最小压力不应小于 0.1MPa（从室外设计地面算起）。

（2）由小区市政给水管网直接供应，室外消火栓的具体设计另详见室外给水排水总平面图。

5. 室内消火栓系统

（1）室内消火栓系统布置成环状，每层消火栓布置均能满足火灾时任何部位有两股充实水柱到达，消火栓最不利点充实水柱不应小于 10m。

消防水泵型号：XBD12.7/20-100-315，Q=20L/s，H=1.27MPa，P=75kW，两台，一用一备。

（2）系统采用地下室消防水池、消火栓泵（一备一用）、屋顶水箱联合方式供水，系统设有自动巡检功能，消火栓系统竖向分为一个区。

（3）水泵接合器接合总图设置两处，每处两组。

（4）管材：消火栓给水管管径大于等于 DN100 采用机械沟槽式卡箍连接；管径小于 DN100，采用丝口连接。消防管道当工作压力小于等于 1.20MPa 时采用内外壁热浸锌钢管，当工作压力大于 1.20MPa 时采用内外壁热浸锌无缝钢管。

（二）自动喷水灭火系统

1. 系统采用地下室消防水池、喷淋泵（一备一用）、屋顶水箱联合方式供水，系统设有自动巡检功能，喷淋系统竖向分为一个区。

用水量：自动喷水灭火系统用水量为 35L/s，火灾持续时间为 1h。

自动喷水灭火系统水泵型号：XBD8/35-125-250，Q=35L/s，H=0.80MPa，P=55kW，两台，一用一备。

2. 自喷系统采用湿式闭式系统，危险等级地下车库为中危险Ⅱ级，物管、居委会、商铺等为中危险Ⅰ级，喷淋系统喷头选用：物管、居委会、商铺用房采用吊顶型喷头（ZST-15 型，K=80），动作温度 68 ℃，工作液色标为红色。

3. 喷淋报警阀设于汽车库，安装高度为距地面 1.2m，其排水管直接排至排水沟或集水坑。报警阀后系统末端顶层设放水试验装置。

4. 水泵接合器接合总图设置两处，每处四组。

5. 管材：喷淋给水管管径大于等于 *DN*100 采用机械沟槽式卡箍连接；管径小于 *DN*100，采用丝口连接。当工作压力小于等于 1.20MPa 时采用内外壁热浸锌钢管，当工作压力大于 1.20MPa 时采用内外壁热浸锌无缝钢管。

（三）气体灭火系统：在变配电间设无管网式七氟丙烷气体灭火系统。

三、工程特点介绍

该项目强调土地的不可再生性，在节约用水、用地的原则下，保证区内合理的建筑密度、容积率和绿地面积，将水资源的再生利用、可再生资源的利用纳入规划设计原则，通过提高围护结构的保温、隔热性能，降低建筑物的综合能耗。

给水排水专业采用的节水、节能的技术：小区建雨水综合利用系统，结合低影响开发原则，通过雨水渗透、人工湿地、中央景观湖、亲水步道等调蓄雨水，同时多余雨水设雨水收集池，采用物化、生物等净化处理工艺，处理雨水和景观水，雨水收集处理后的水用于绿化溉和景观水补水，达到经济效益和环境效益的统一。由于天气的原因雨水不足时，经水利部门允许的情况下，抽取小区周边市政河水处理后回用。另外品尊小区室外泳池容积约 1320m^3，泳池排水考虑排入景观湖，大大提高小区的水资源利用率，泳池循环用水设备结合景观湖水处理设备综合考虑。泳池循环水处理系统与雨水处理系统合建一处，将雨水处理系统作为循环水处理的备用，在用作雨水处理前，对设备及管道进行严格的消毒、清洗及冲洗处理，待清水水质满足《生活饮用水卫生标准》GB 5749—2006 时用作泳池水处理。在泳池停用期间，用于雨水处理，节约设备的一次性投资。

结合建设项目所处的地理位置、自然条件、地质情况，以及建筑总体规划和建筑类型等特点，合理进行水环境系统规划，确保本项目建成具有安全、卫生的给水系统，保护环境的污水系统、合理利用的雨水系统，采取“低质水低用、高质水高用”的用水原则，充分利用市政自来水以外的水资源，努力提高水循环利用率和用水效率，最大限度地利用水资源，实现水资源的可持续利用。利用自然资源构建水系、私家庭院、公共绿地以及亲水步道等，构成一幅优美、舒适、生动的“家园”景观。使用新型卫生洁具和卫生配件，达到节约用水目的。住区用水设施，认真贯彻国家相关法规，既要满足用水要求，又要节约用水，使设计用水值较定额用水值小 9％ 。

四、工程照片

工业建筑篇

工业建筑类　二等奖

武汉中百生鲜加工中心食品加工中心

设计单位：中信建筑设计研究总院有限公司
设 计 人：陈宇　易彪
获奖情况：工业建筑类　二等奖

工程概况：

本项目为武汉中百便民生鲜食品配送中心，位于武汉市江夏区金牡丹街、黄海大道、四季大道及二号路合围的地块内，含冷链及蔬果配送中心、生鲜食品加工中心、豆制品加工中心、食堂、宿舍及泵房、污水处理站等配套设备用房等单体建筑（图1）。

图1　项目鸟瞰图

生产总用水量 950m^3/d，生活总用水量 300m^3/d；生产生活污废水总排水量 700m^3/d。

室外消火栓用水量标准为 45L/s；室内消火栓用水量标准为 15L/s，火灾延续时间 3h；自动喷淋用水量标准为 60L/s，火灾延续时间 1.5h。

一次火灾总用水量 810m^3。

一、给水排水系统

（一）给水系统

1. 用水量：本项目生产总用水量 950m^3/d，生活总用水量 300m^3/d。

2. 水源：本工程从周边两条市政道路上分别引一根 *DN*200 给水管供整个项目的生活用水及室外消防用水。工程内污水处理站、垃圾回收站的地面冲洗及冲厕用水由中水供给，其他用水由市政直接供给。

3. 系统分区：生鲜食品加工中心为单层厂房，周边市政管网供水压力为 0.25～0.30MPa，可以满足生活及生产供水压力要求，给水系统竖向不分区。

4. 管材：冷水管采用不锈钢给水管（嵌墙及埋地安装时采用覆塑管）。公称压力等级 1.6MPa，卡压连接。

（二）热水系统

1. 热水用水量：生鲜加工食品加工中心内蔬菜加工、肉类加工，冷冻、面点加工、水产加工、周转箱清洗等区域内需要供应生活热水，设计最高日热水量为 70m^3/d，设计小时耗热量为 671664.6kJ/h。

2. 热源：热水系统采用集中式太阳能供热系统，辅助热源为园区内锅炉房高温蒸汽。热水系统采用上行下给式，管路同程布置，机械循环。

3. 系统及设备：太阳能集热器采用平板式集热器，布置在屋面，设计集热面积 448m^2，储热水箱 70m^3。根据功能分区，肉类、熟食、面点三大区域设置独立系统，每个系统设供热水泵两台，一用一备，单台参数为 Q=20m^3/h，H=13m，N=2kW。太阳能集热系统设集热水泵两台，一用一备，单台参数为 Q=34m^3/h，H=12m，N=2.2kW。辅热蒸汽供热通过板式换热器给系统供热，换热面积 5m^2，板片数 34 块。

4. 管材：热水管采用不锈钢给水管，卡压连接。

（三）中水系统

1. 本项目为宿舍冲厕、室外绿化、道路冲洗及污水垃圾处理站内的地面冲洗设置中水系统，中水供水量为 19L/s，最不利点水压不小于 0.1MPa。

2. 中水处理工艺

本项目中水水源为生产废水，最高日废水量为 500m^3/d，中水处理工艺如下：

原水→管道收集→收集池→污水提升→沉砂池→事故应急池→水解酸化→一级生物接触氧化→二级生物接触氧化→沉淀池→曝气生物滤池→消毒→供水

处理后的中水水质达到《城市杂用水水质标准》GB/T 18920—2002 中冲厕及绿化的水质要求。

3. 中水设备：中水供水设备采用变频给水设备，设置于污水处理站，参数为 Q=66m^3/h，H=46m，含三台泵，两用一备，单台功率 7.5kW。

4. 管材：中水管采用钢丝网骨架塑料（聚乙烯）复合管，公称压力等级 1.0MPa，热熔连接。

（四）排水系统

1. 本工程室内排水采用污废分流制，室外采取雨污分流制。室内生活污废水经收集后由化粪池处理后排至市政污水管网，生产废水由管网收集，经污水处理站处理后供中水系统。屋面与场地雨水收集后排至市政管网。

2. 生鲜食品加工中心最高日生活污废水排水量为 60m^3/d，生产废水排水量为 500m^3/d。

3. 雨水系统：生鲜食品加工中心屋面雨水采用虹吸排水，设计暴雨重现期为 10 年，雨水排水及溢流系统重现期为 50 年。虹吸雨水排水系统汇水面积 33726m^2，流量为 1597.77L/s。结合建筑屋面结构及天沟的布置情况，共设 17 个虹吸雨水系统，并设置溢流口。雨水斗采用不锈钢虹吸雨水斗，单斗设计流量 5.2～32.97L/s。

4. 管材：污废水管道采用柔性接口球墨铸铁排水管；虹吸雨水系统采用高密度聚乙烯管（HDPE）及管件，热熔焊接和电熔套管连接方式。

二、消防系统

（一）消火栓系统

1. 生鲜食品加工中心建筑高度小于 24m，耐火等级为一、二级，按丙类厂房（仓库）设计。室内消火栓用水量为 15L/s，室外消防水量为 45L/s，火灾延续时间 3h。室外消防采用低压制，由园区内 DN200 生活消防共用环网供给，室内消防为临时高压系统，消防用水由单建的消防水池及泵房供给。

2. 低温冷库内不设室内消火栓，其他部位均设置室内消火栓，其间距不大于 30m，保证任何部位有两股水柱同时到达。室内消火栓充实水柱不小于 7m。

3. 消防水池有效容积 490m^3，其中含室内消火栓用水量 162m^3。泵房内设两组消火栓泵，单泵 Q=15m^3/h，H=60m，N=15kW，一用一备。

4. 初期火灾灭火用水设置在 6 层宿舍屋顶，设一座 18 m^3 高位消防水箱，并设消防增压稳压设备一套，以保证火灾初期水量与水压的要求。

5. 管材：消防室内给水管采用内外壁热镀锌钢管，工作压力 1.0MPa。小于等于 DN80 时采用丝扣连接，大于等于 DN100 时，采用卡箍连接。

（二）自动喷水灭火系统

1. 本工程除冷库、卫生间、冷冻站、配电间、消防控制室外，其余部位设置湿式自动喷淋系统。

2. 自动喷淋系统采用临时高压系统，由消防水池、自动喷淋泵、报警阀、减压阀、管网、喷头、水泵接合器、屋顶水箱及增压稳压设备等组成，消防水池及泵房单独建设在室外，屋顶水箱及增压稳压设备设置在宿舍楼屋顶。

3. 食品加工按仓库危险Ⅰ级设计，喷水强度为12L/(min·m^2)，作用面积200m^2，系统设计流量52L/s，火灾延续时间1.5h；二楼办公按中危险Ⅰ级设计，喷水强度为6L/(min·m^2)，作用面积160m^2，系统设计流量21L/s，火灾延续时间1h。

4. 工艺生产区域采用下垂型喷头，流量系数$K=115$，动作响应时间RTI＜50 $(ms)^{0.5}$，低温冷库采用动作温度为57℃的喷头，其余部位采用68℃的喷头；二楼办公区采用普通吊顶型喷头，流量系数$K=80$，动作温度为68℃。

5. 自喷室内给水管采用内外壁热镀锌钢管，工作压力1.0MPa。小于等于*DN*80时采用丝扣连接，大于等于*DN*100时，采用卡箍连接。

（三）气体灭火系统

1. 本工程在发电机房及配电房设预置式S型气溶胶灭火系统，灭火设计密度为140g/m^3，喷发时间小于90s，灭火时间小于60s，喷口温度小于100℃。装置型号为QRR24/IIISZ，火灾时同时启动，动作时间差不大于2s。

2. 气体灭火系统设有自动控制和手动控制两种启动方式，且可以互相转换，并在防护区外有显示装置。在自动控制程序中，应安排0～30s可调的延迟喷射时间。

3. 启动方式：设气体灭火系统的房间内设烟感和温感探测器，有火情时，探测器向本房间内的气体控制设备发出信号，气体设备发出声光报警，同时向消防控制中心发出火警信号。如果30s内没有手动关闭，则气体设备自动开启放气灭火。

三、设计及施工体会

（一）设计特点

1. 本工程含冷链及蔬果配送中心、生鲜食品加工中心、豆制品加工中心、食堂、宿舍等建筑，对水质的要求各不相同。为保证食品加工用水的卫生安全，同时考虑到冲厕、绿化等对水质要求不高，设计采用分质供水：生鲜食品加工中心、豆制品加工中心的给水系统以城市自来水为水源，对自来水进行深度净化处理后由专用给水系统供给；生活洗浴用水直接使用城市自来水；冲厕、浇洒等以厂区中水为水源，由中水管道系统供给。

2. 蔬果清洗车间生产废水水量较大，水质较为清洁，是优质的中水水源。本工程单独设置管网收集生产废水，汇集至污水处理站处理后作为宿舍等建筑冲厕、浇洒之用。根据水量平衡分析，中水水量完全满足厂区杂用水要求。

3. 食品加工车间具有卫生要求高、室内外温差大、空间高、自动化程度高的特点，采取防结露设计、免接触设计、防撞设计等。合理设置室内给水排水设施，如设风淋消毒室、室内密闭检查井、免接触阀门等保证卫生安全；所有食品加工车间的给水排水管道设于吊顶，采用上行下给方式，尽量避免明露布置，减少了结露和藏污纳垢的可能，提高了安全卫生保障；所有明露管道外做保温，以防止凝结水对食品加工造成不良影响；所有给水排水设备，如消火栓箱等，周边设防撞栏，以防车间内的叉车碰撞。

4. 本工程厂房屋面较大，屋面设置太阳能集热器较为有利。设计充分利用厂房及宿舍屋面，设置太阳能热水系统；利用厂区现有蒸汽锅炉作为辅助热源，优化辅热方式。根据工厂工作时段特点、季节用工特点，合理配置热交换设备，做到分时使用，提高了设备的使用效率。

5. 食品加工中心屋面为 220m×150m，雨水系统是设计的重点和难点。屋面雨水采用虹吸排水系统。由于屋面形式为钢结构，为防止天沟泛水，设计采用了较大的天沟断面 1000×600（mm），并结合建筑立面设置溢流口，较好地保证了雨水排水安全。

四、工程照片及附图

屋顶热水机房

污水处理室泵房

禽类加工室给水

排水沟做法

面点加工室给排水

加工中心外观

风淋消毒室

厂房内部实景

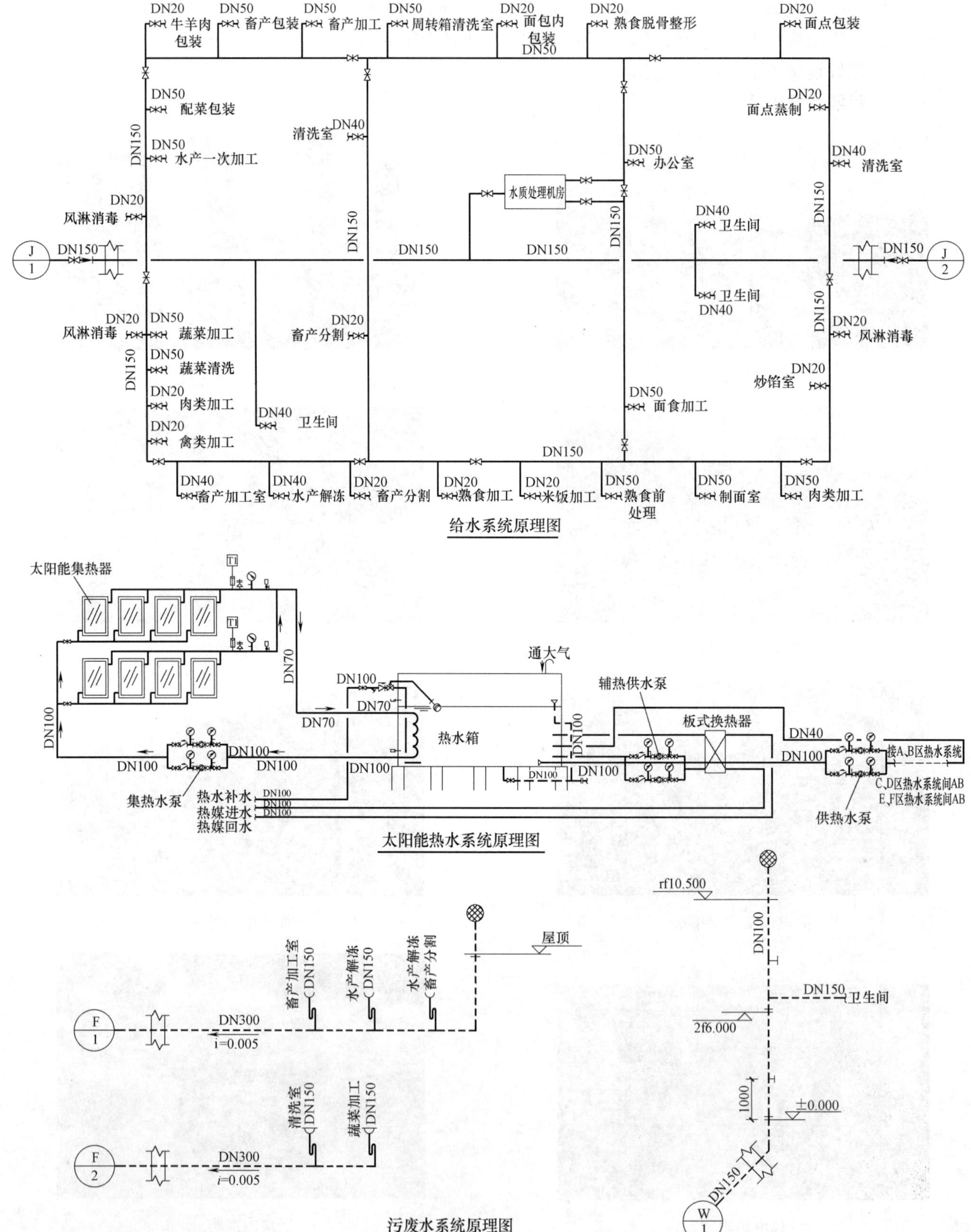

DN20 牛羊肉包装
DN50 畜产包装
DN50 畜产加工
DN50 周转箱清洗室
DN20 面包内包装
DN20 熟食脱骨整形
DN20 面点包装
DN50 配菜包装
DN50 水产一次加工
DN20 风淋消毒
DN40 清洗室
水质处理机房
DN50 办公室
DN20 面点蒸制
DN40 清洗室
DN40 卫生间
DN150
J 1
J 2
DN20 风淋消毒
DN50 蔬菜加工
DN50 蔬菜清洗
DN20 肉类加工
DN20 禽类加工
DN20 畜产分割
DN40 卫生间
DN50 面食加工
DN20 炒馅室
DN40 畜产加工室
DN40 水产解冻
DN20 畜产分割
DN20 熟食加工
DN20 米饭加工
DN50 熟食前处理
DN50 制面室
DN50 肉类加工
给水系统原理图
太阳能集热器
通大气
辅热供水泵
板式换热器
热水箱
DN70
DN100
DN40
接A、B区热水系统
C、D区热水系统间AB
E、F区热水系统间AB
集热水泵
热水补水
热媒进水
热媒回水
供热水泵
太阳能热水系统原理图
rf10.500
屋顶
畜产加工室 DN150
水产解冻 DN150
水产解冻 畜产分割
F 1
DN300
i=0.005
DN150 卫生间
2f6.000
1000
±0.000
清洗室 DN150
蔬菜加工 DN150
F 2
DN300
i=0.005
DN150
W 1
污废水系统原理图

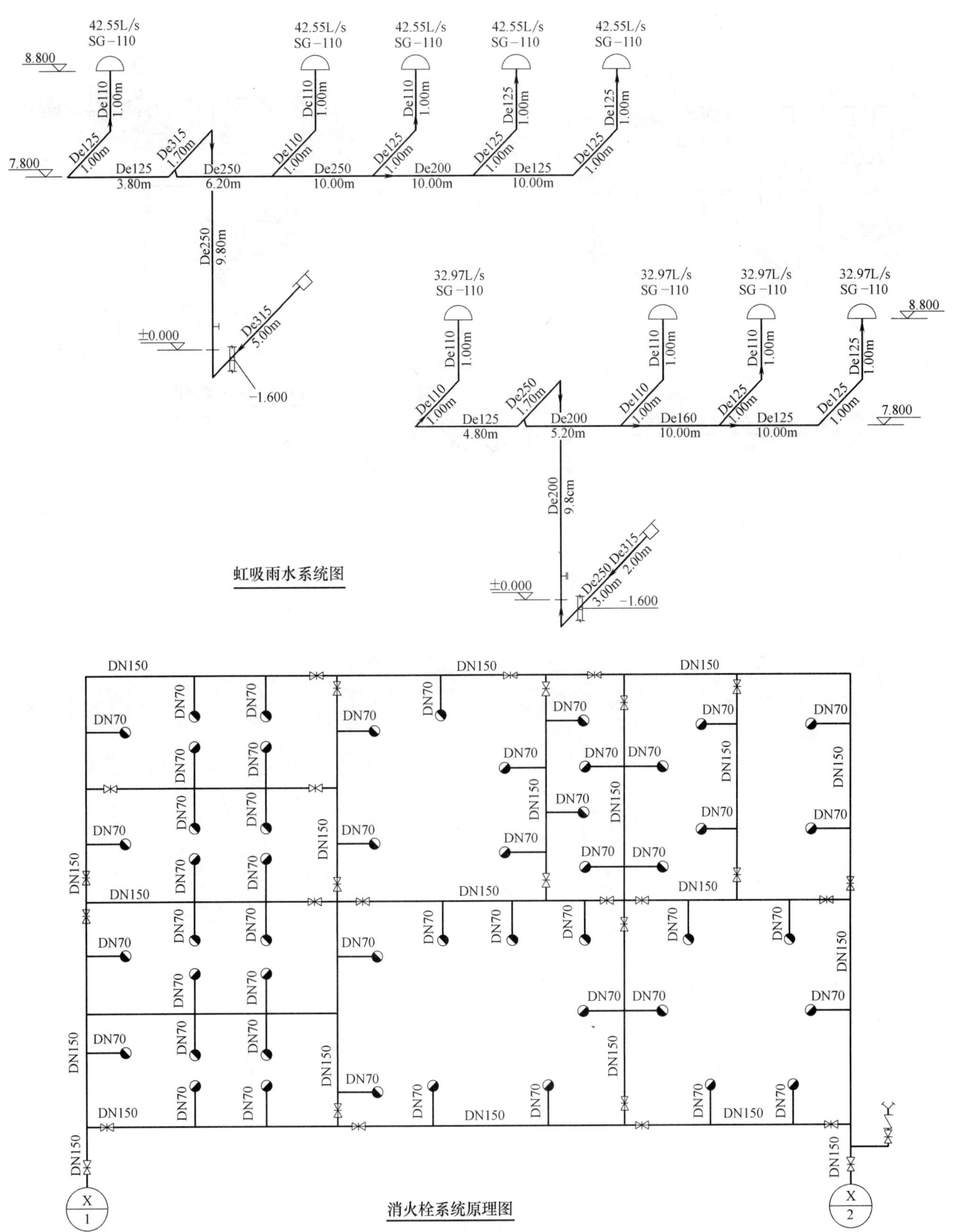

虹吸雨水系统图

消火栓系统原理图

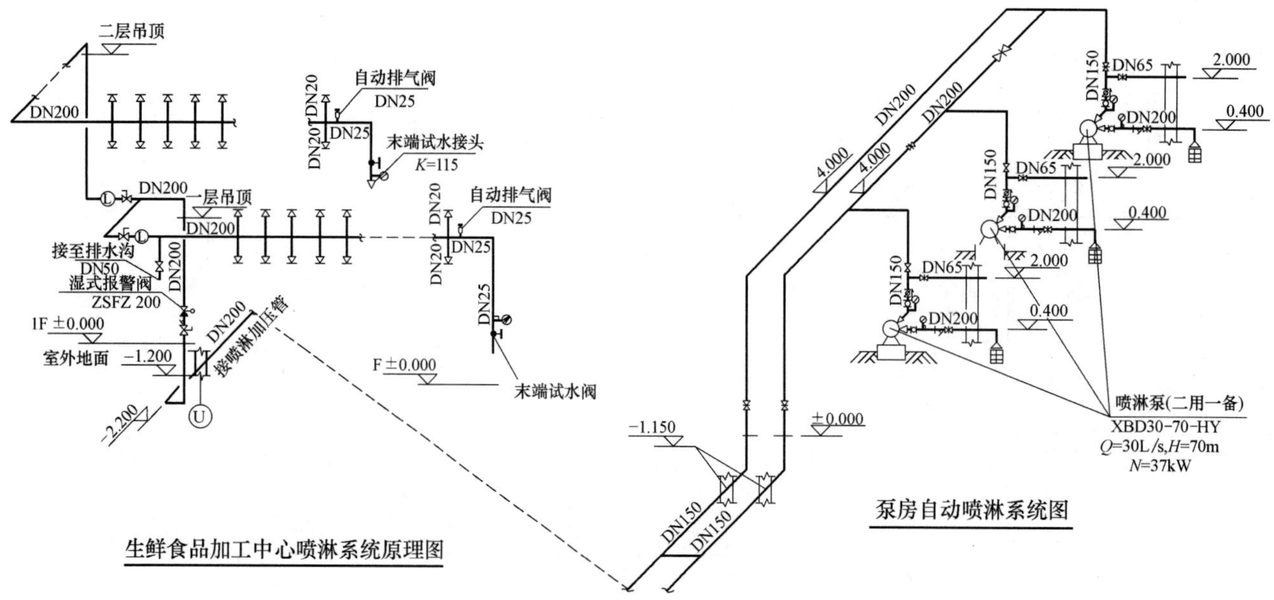

生鲜食品加工中心喷淋系统原理图

泵房自动喷淋系统图

北京奔驰汽车有限公司BBAC生产能力扩充及研发中心项目

设计单位： 北京市工业设计研究院
设 计 人： 寇伯村　时燕　胡连忠　谢琴　赵蕾　王超民　戈耕
获奖情况： 工业建筑类　二等奖

工程概况：

北京奔驰汽车有限公司，是德国奔驰公司与北京汽车集团有限公司合资企业，简称BBAC。本项目为BBAC生产能力扩充及研发中心项目MRA——总装车间。BBAC是德国奔驰公司设在亚洲地区最大的整车生产工厂，年产整车40万辆，位于亦庄经济开发区博兴三路，南临南六环，厂区总占地面积198.325公顷，总建筑面积108.29万m^2，包括冲压车间、两个焊装车间、两个涂装车间、两个总装车间、四个能源供应中心、四个消防水泵房、污水处理站、加油加气站等建筑及室外工程。

BBAC生产能力扩充及研发中心项目MRA—总装车间投资12.0亿元，年组装整车21万辆。总装车间建筑面积190193.1m^2，是集生产、物流、办公、检测、生活为一体的大型联合厂房，建筑高度16.2m，跨度30m，车间主体建筑地上一层，局部二层为办公区，辅房局部三层为办公区。

一、给水排水系统

（一）给水系统

本项目给水系统包括生活给水系统及生产给水系统。

1. 生活给水系统

本项目生活给水主要用于厨房、洗浴及卫生间洗手等用途，水源为市政供水。由于暂时没有接通市政中水，卫生器具冲洗用水由生活给水供给。生活给水最高日用水量为242.0m^3/d（含卫生器具冲洗用水132.6m^3/d）。生活用水量详见表1：

生活给水用水量　　　　**表1**

编号	用水项目	单位	数量	最高日用水定额(L)	使用时数(h)	小时变化系数K_h	最高日用水量(m^3/d)	平均时用水量(m^3/h)	最高时用水量(m^3/h)
1	车间工人及管理人员(2班)	人·班	1100	30	8	2	66	4.13	8.25
2	淋浴(2班)	人·次	1100	40	1	1	88	44.00	44.00
3	餐厅(2班,每就餐2次)	人·次	1100	20	12	1.5	88	3.67	5.50
4	合计						242	51.79	57.75

市政管网压力0.18MPa，一层由市政管网直接供水，二～三层（办公区）由厂区3号能源中心内变频供水设备给水。

室内采用枝状管网，室外为*DN*200环状管网，卫生间内嵌墙给水支管采用冷水PP-R管，其余给水管采用钢衬塑复合管。

2. 生产给水系统

生产给水主要用于汽车淋雨线，由 3 号能源中心加压后经分水器供给，循环使用，用水量为 73.32m³/次。采用钢衬塑复合管。

(二) 热水系统

本建筑淋浴间淋浴及洗手热水由太阳能热水系统集中供给，其余卫生间洗手热水由小型热水器供给。

太阳能生活热水系统

1. 用水量 87m³/d，供给淋浴喷头 170 个，洗手盆 23 个。

2. 太阳能集热板面积 1530m²，耗热量 6000kW。

3. 采用平板太阳能，辅助热源为厂区锅炉热水。当太阳能热水系统水温不能满足淋浴用水时，设备间换热器自动开启立式半容积式换热器进行换热，系统为机械循环定时供应。

(4) 卫生间内嵌墙热水支管采用热水 PP-R 管外，供回水主干管均采用钢衬塑复合管。

(三) 中水系统

1. 本建筑中水由厂区污水处理站供给，供本建筑卫生器具冲洗用水。

2. 中水最高日用水量为 132.6m³。

3. 管网供水压力 0.5MPa，采用变频供水设备供水。

4. 室内采用枝状管网，室外为 *DN*200 环状管网，卫生间嵌墙中水支管采用冷水 PP-R 管，中水主干管采用钢衬塑复合管。

(四) 排水系统

1. 车间生产、生活排水为分流制，室外管网为合流制。

2. 生产、生活污废水排至厂区新建排水管网后排至污水处理站，厂区污水处理站设计日处理能力为 3000m³，处理后污水达到中水回用水标准后，作为冲厕、绿化及浇洒道路等用水。

水处理工艺流程如图 1 所示。

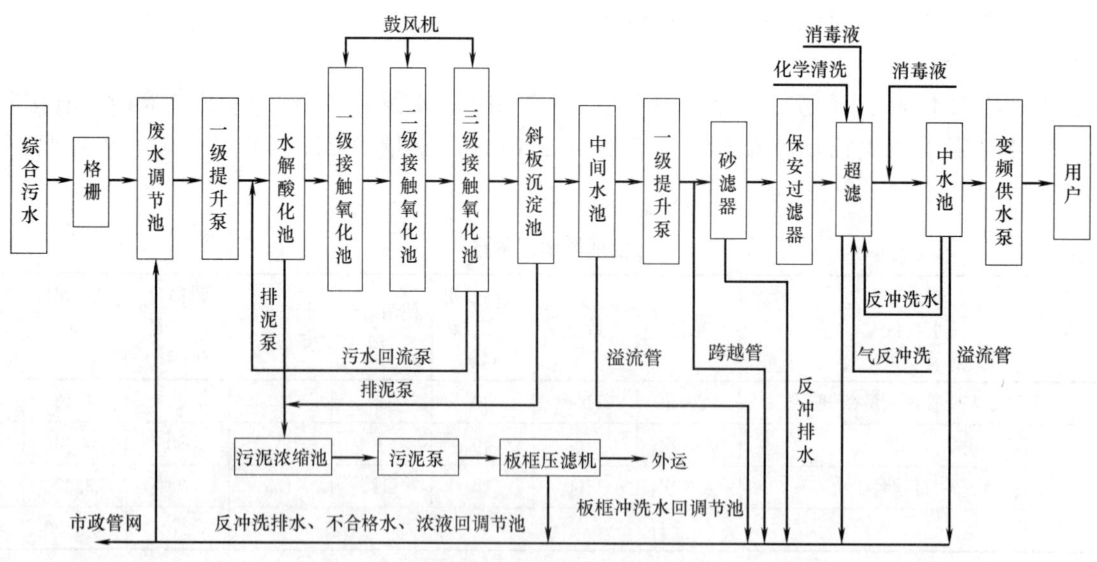

图 1 水处理工艺流程

3. 埋地污废水管采用 B 型机制柔性排水铸铁管，卫生间首层地面以上污废水管采用 PVC-U 排水管。

(五) 雨水系统

1. 由于德国建设方对建筑立面要求较高，不允许有过多的雨水管道明排，为了更好地进行雨水利用和减少厂区雨水调蓄水池的容积，雨水系统分为虹吸及重力流两种排水形式。边跨为重力流雨水系统，雨水排至室外绿地，涵养地下水；车间中部雨水采用虹吸排水系统，减小雨水管管径及管道坡度，降低占用空间，利于管道综合。

2. 雨水排至厂区雨水管网，厂区设雨水调蓄水池（湖）4 处，总容积 10700m³，其中总装车间新建雨水池为 1200m³。

3. 雨水设计重现期为 10 年，溢流重现期为 50 年。

4. 管径及管道坡度，降低占用空间，利于管道综合。

5. 重力雨水管采用焊接钢管，虹吸雨水采用高密度聚乙烯 HDPE 管。

二、消防系统

（一）消火栓系统

1. 室内消火栓用水量 15L/s，火灾延续时间 3h，总用水量 162m³。

2. 厂区 3 号能源中心设 960m³ 消防水池（两格）。

3. 消火栓泵两台：Q=40L/s，H=60m；V=9.0m³ 稳压水罐两个、稳压泵及稳压装置一套。

4. 在室外设水泵接合器一套。

5. 车间内及室外均设环状管网，消火栓给水管采用内外壁热镀锌钢管。

（二）自动喷水灭火系统

根据《建筑防火设计规范》GB 50016 对工业建筑生产的火灾危险性分类，总装车间火灾危险性为戊类，但是德方指定的保险公司要求设喷淋给水系统，根据生产车间的实际情况，经过与甲方的沟通后，在车间的物流区、生产区及局部二、三层办公区均设自动喷水给水系统。高架库位于物流区，设货架喷头。生产区域与相邻辅房连接开口处设防火分隔水幕。

1. 由于建筑高度超过现有《自动喷水灭火系统设计规范》要求，经消防性能化评审后，各不同类别区域设计参数见表 2：

各不同类别区域设计参数　　**表 2**

区域	喷水强度	作用面积(m²)	设计流量(L/s)	火灾延续时间(h)	备注
车间生产区	16L/(min·m²)	270	87	1	
附属用房二层	6L/(min·m²)	160	21	1	
水幕系统	2L/(s·m)	—	32	3	
物流仓库区	22L/(min·m²)	270	110	2	
物流区货架内喷头	—	—	36	2	

注：按开放 14 个货架内喷头考虑。

本建筑自动喷水设计水量按最不利情况考虑，为 146L/s。

2. 自喷加压泵 5 台，三用两备，Q=70L/s，H=110m。

3. 水源及稳压装置同消火栓系统。

4. 自喷系统均为环状供水，主干管 DN300，均采用内外壁热镀锌钢管。

5. 室外设 11 个水泵接合器；室内共设 4 个湿式报警阀站，35 套湿式报警阀组，3 套雨淋阀组。

6. 物流中转区、生产线十五区、十六区采用仓库直立型喷头，其余生产线部分采用直立型喷头，流量系数 K=161，除天窗周边 2m 范围内喷头动作温度采用 93℃外，其余地方喷头动作温度为 74℃；其他部分无吊顶区域采用直立型喷头，有吊顶部分采用吊顶型喷头，流量系数 K=80，喷头的动作温度为 68℃。水幕采用闭式喷头，流量系数 K=161，喷头的动作温度为 68℃。

(三) 气体灭火系统

本工程储漆间设气体灭火，共设两个防护区，设计为全淹没无管网预制（柜式）七氟丙烷自动灭火系统。

1. 各防护区参数见表 3：

七氟丙烷无管网自动灭火系统设计参数　　表 3

防护区	容积 (m^3)	设计浓度	喷射时间 (s)	浸渍时间 (min)	药剂总量 (kg)	配置	泄压口面积 (m^2)
储漆间 1	166.55	9%	10	10	122.5	120L 单瓶组一套	0.05
储漆间 2	110.54	9%	10	10	82.5	90L 单瓶组一套	0.03

2. 系统控制

本系统设有自动控制和手动控制两种启动方式：

（1）自动控制：当火灾探测器探测到火灾时，本灭火装置应在接到两个独立的火灾信号后才能启动。根据人员安全撤离防护区的需要，应有不大于 30s 的可控延迟喷射；对于平时无人工作的防护区，可设置为无延迟的喷射。

（2）手动控制：装置设在防护区疏散出口的门外便于操作的地方，安装高度为中心点距地面 1.5m。

（3）机械应急操作装置应设在储瓶间内或防护区疏散出口门外便于操作的地方，无论系统处于“自动”或“手动”状态均能在一处完成系统启动或急停的全部操作。

三、工程特点、设计及施工体会

(一) 工程特点

总装车间占地面积大，设计系统多，给水排水点多。设有给水系统、中水系统、太阳能生活热水系统、生产生活排水系统、虹吸及重力流雨水系统、消火栓系统、自喷系统（高架仓库、水幕系统）、气体消防系统等。本工程给水排水专业设计特点：

1. 建筑面积大，室内管线长，管道水头损失大，用水点分散，管道与工艺管道、通风管道、设备支吊架碰撞多，系统复杂，进出水分散。

2. 为使大面积车间用水稳定，压力进水采用分水器方式使得各用水区供水均匀，保证了系统运行稳定。

3. 物流区高架库总面积约 7 万 m^2，喷头布置既要满足《自动喷水灭火系统设计规范》要求，又要兼顾结构专业梁柱间距，设计复杂。

4. 采用太阳能集热生活热水系统，以北京地区太阳能保证率 50%计，年节约标煤约 55t。

5. 设置一座容积为 1200m^3 由 HDPE 模块组装的雨水蓄水池，作为绿化及浇洒道路用水，年节水约 3600m^3，雨水经德国生产的无动力过滤器后，清除了大部分悬浮物，保证了雨水绿化设备的使用。HDPE 模块水池材料环保，可循环利用。

6. 厂区污水处理站采用物理+生物处理工艺，将全厂生产、生活排水收集处理后，用于冲厕及绿化，年可节水约 750000m^3。

7. 利用 BIM 技术，绘制 3D 图纸，避免了大量管道碰撞，节约投资，降低造价，缩短工期。

(二) 设计及施工体会

1. 要合理地对国外的设计理念进行分析。

2. 我国的消防规范对工业建筑的指导性条款较少，使得工业设计超过消防规范条款的情况时必须进行消防性能化设计，影响设计进度。

3. 按照北京市的《新建建设工程雨水控制与利用技术要点（暂行）》进行雨水调蓄设计时，雨水调蓄容积偏大。

四、工程照片及附图

高架库

能源中心

能源中心

总装车间

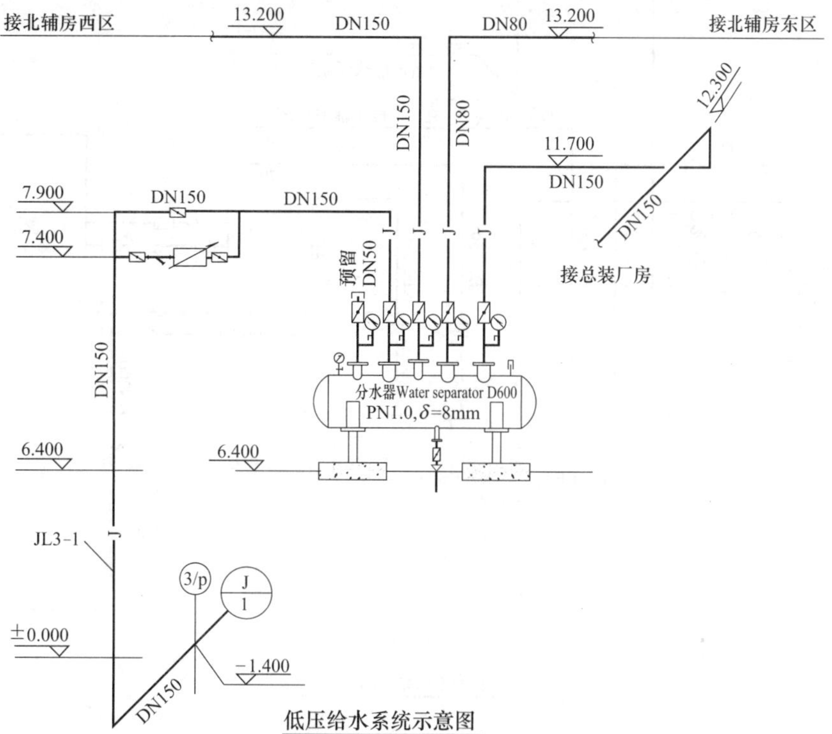

低压给水系统示意图

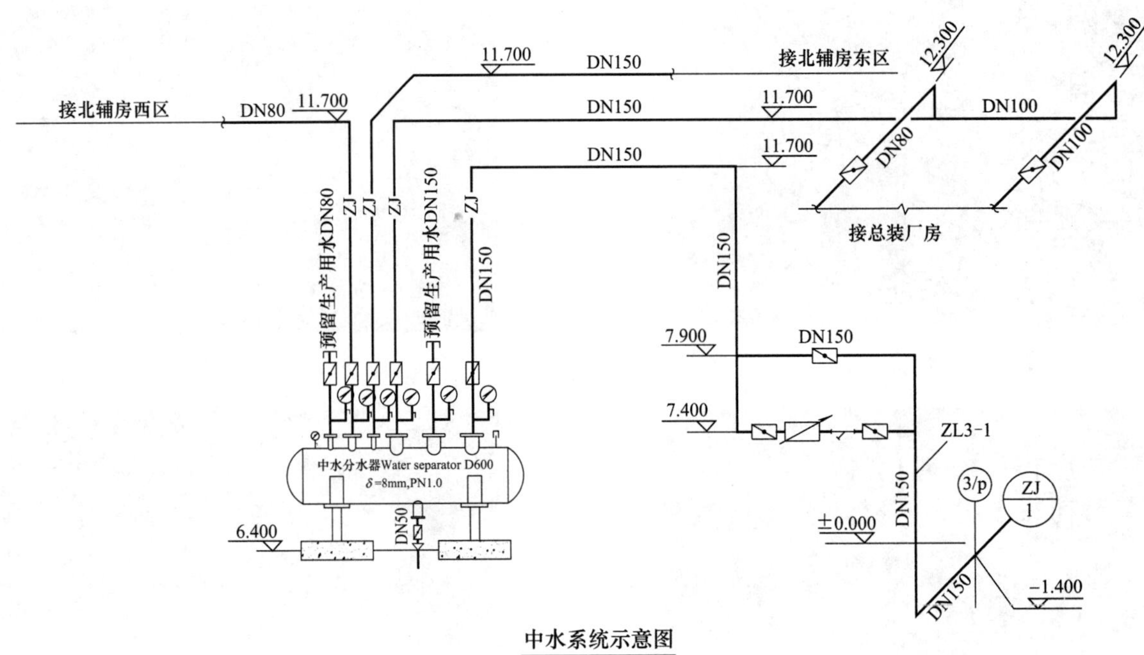

中水系统示意图

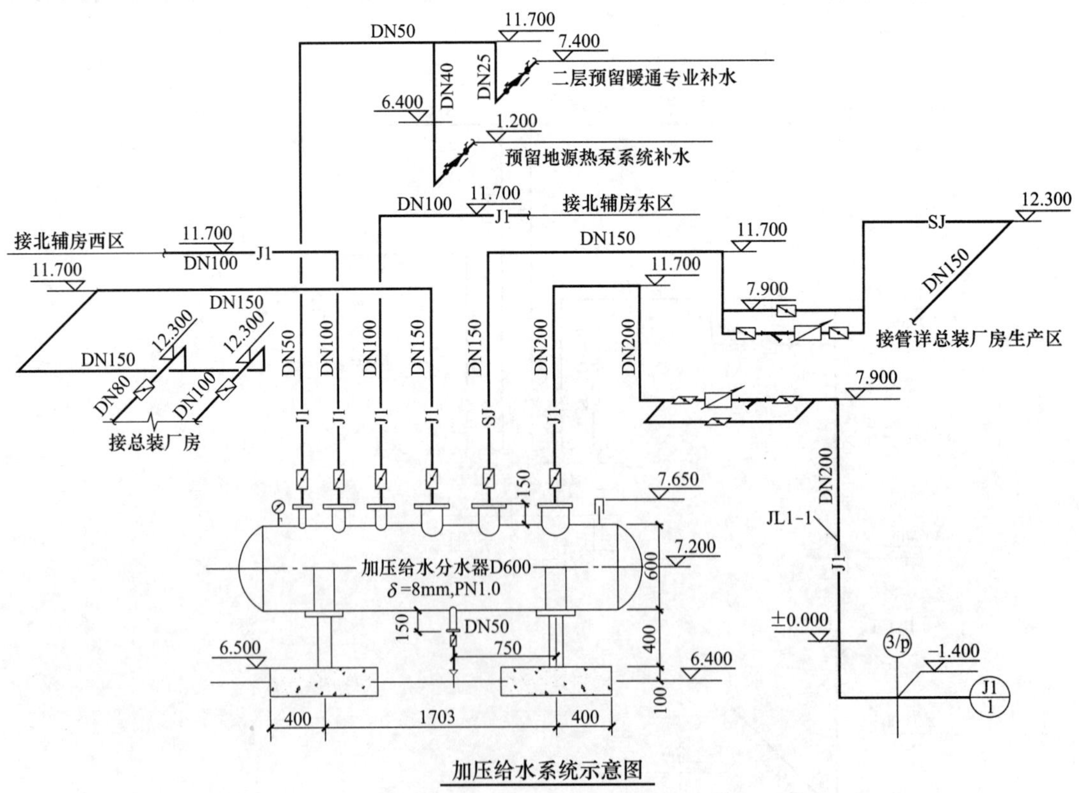

加压给水系统示意图

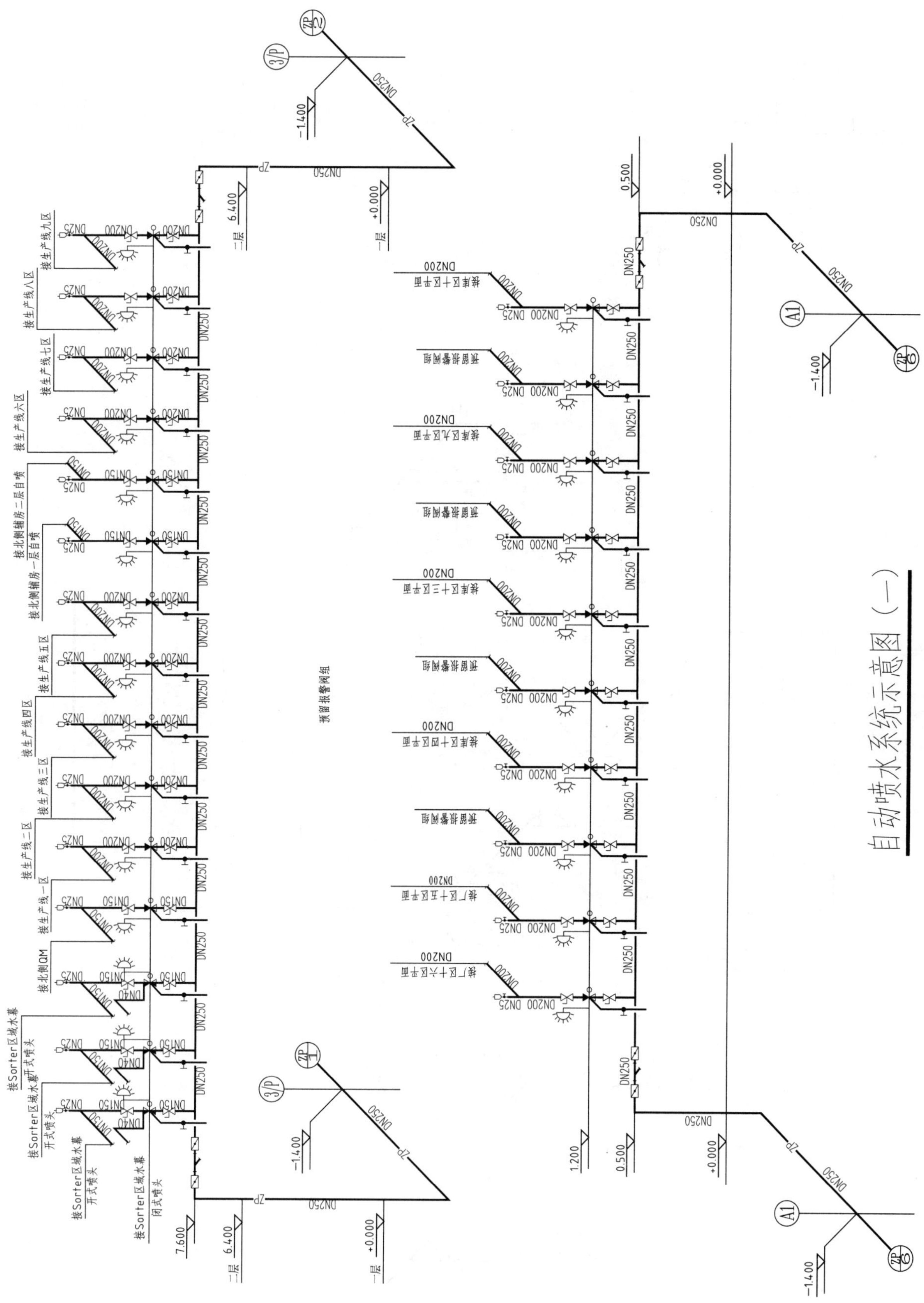
自动喷水系统示意图（一）

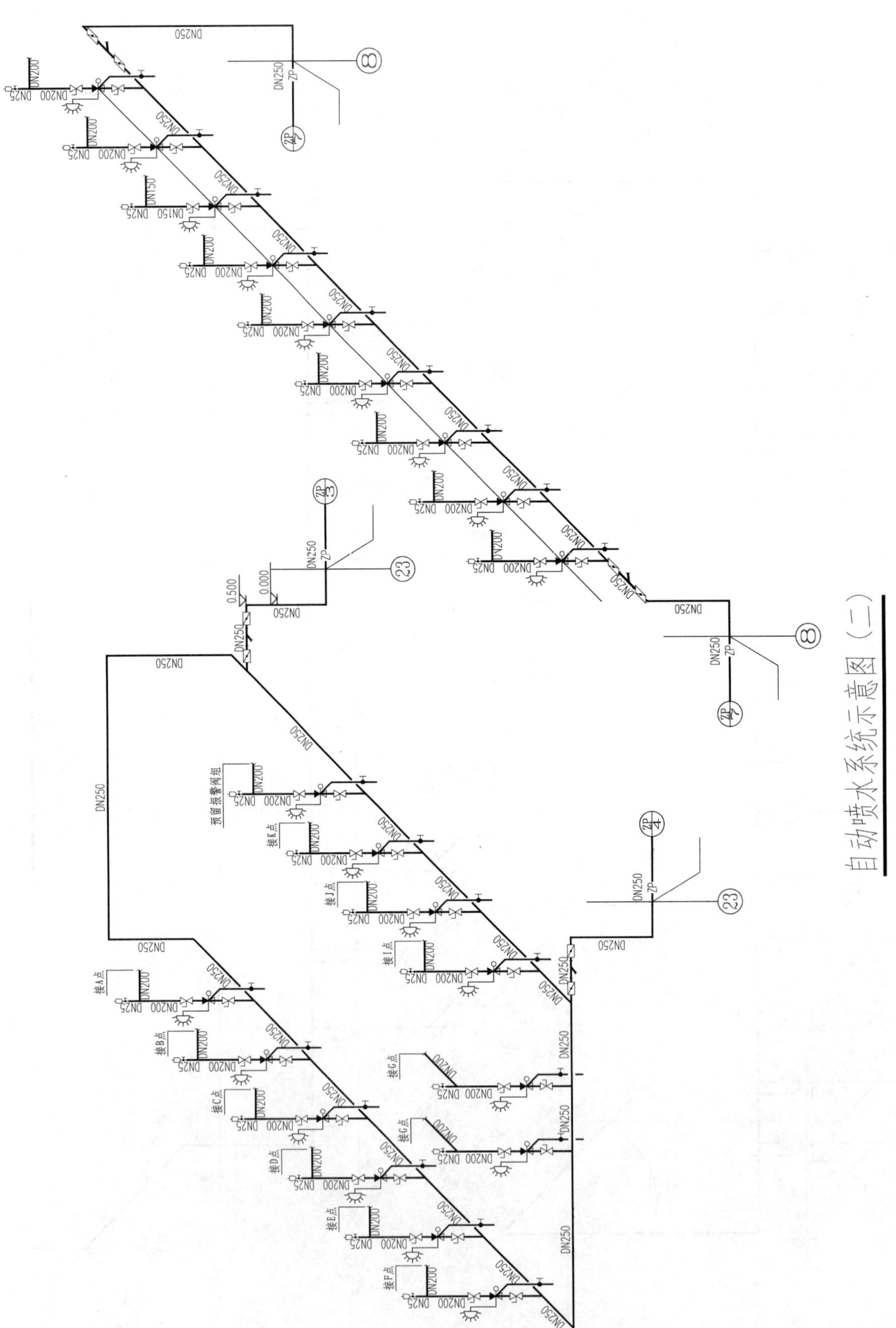

自动喷水系统示意图（二）

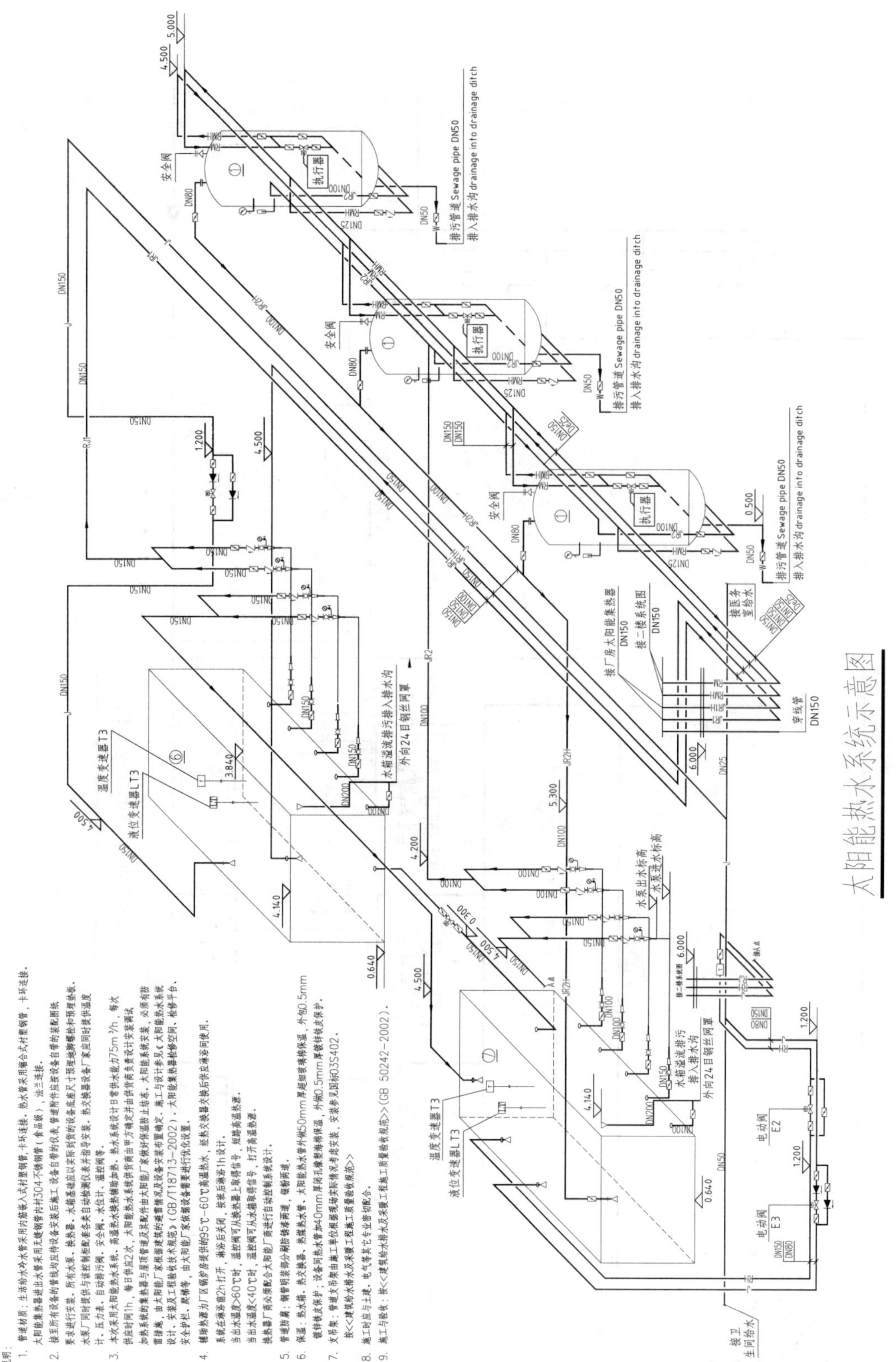

太阳能热水系统示意图

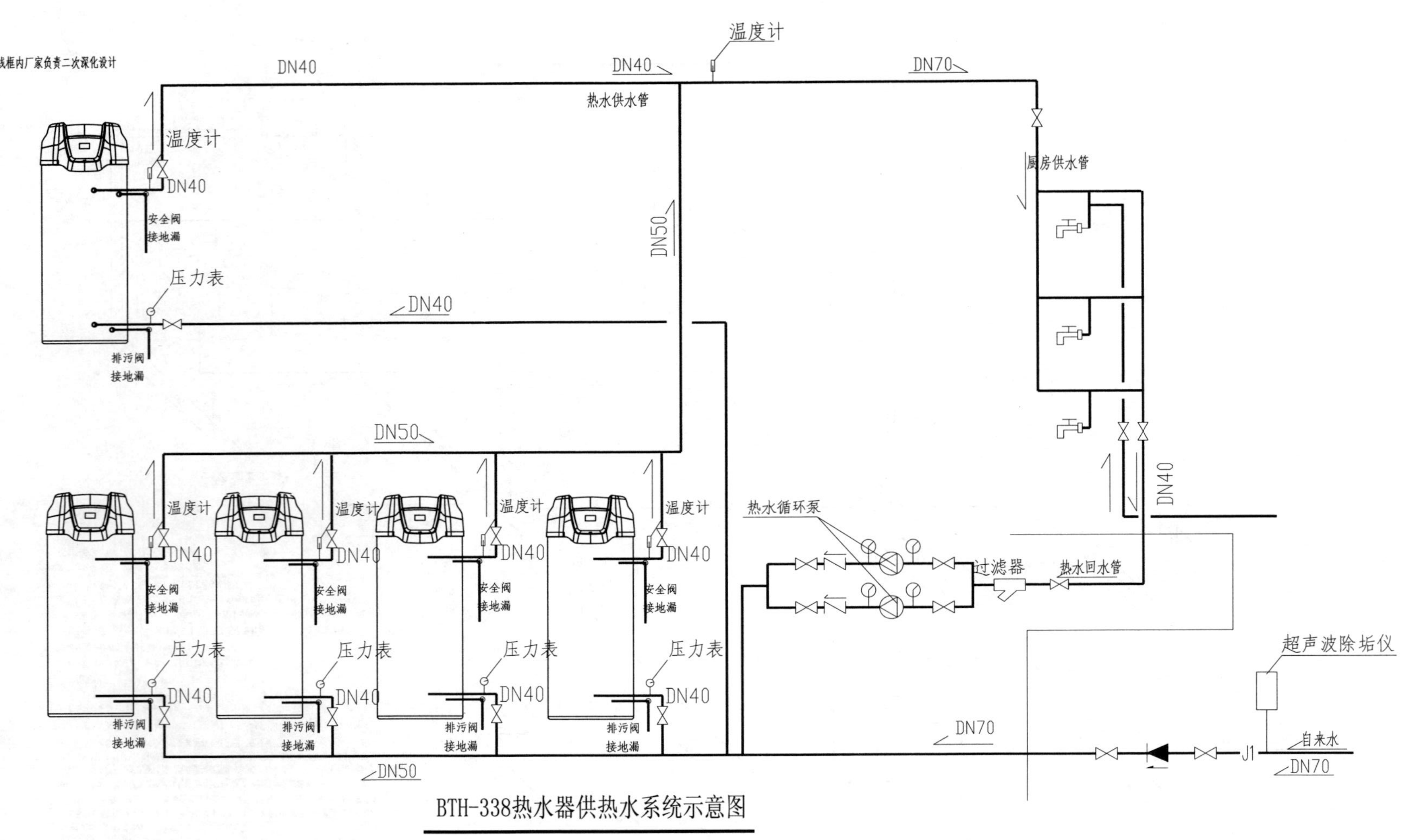

BTH-338热水器供热水系统示意图

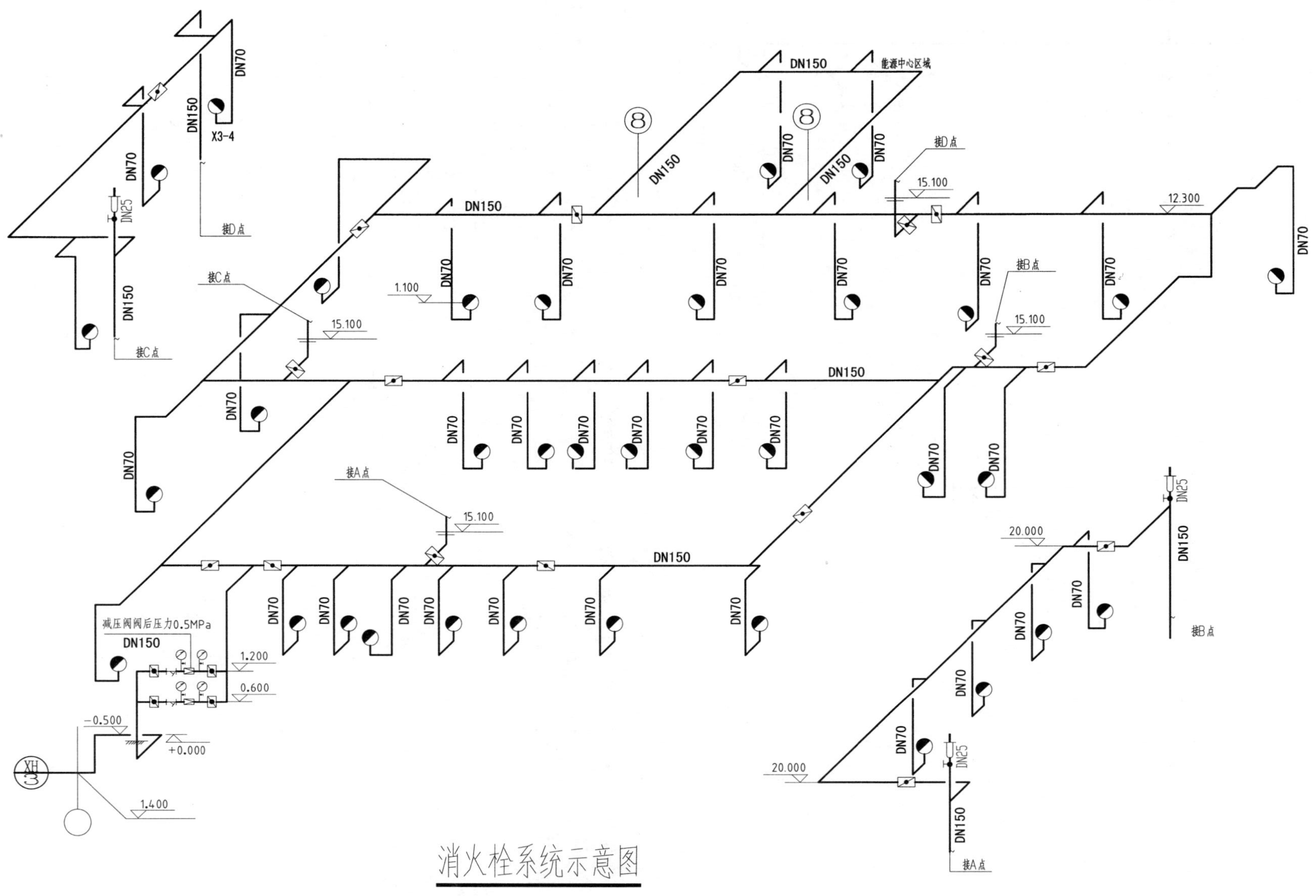
DN150
能源中心区域
X3-4
接D点
接C点
接B点
接A点
15.100
12.300
1.100
20.000
DN25
减压阀阀后压力0.5MPa
1.200
0.600
-0.500
+0.000
1.400
XH 3

消火栓系统示意图

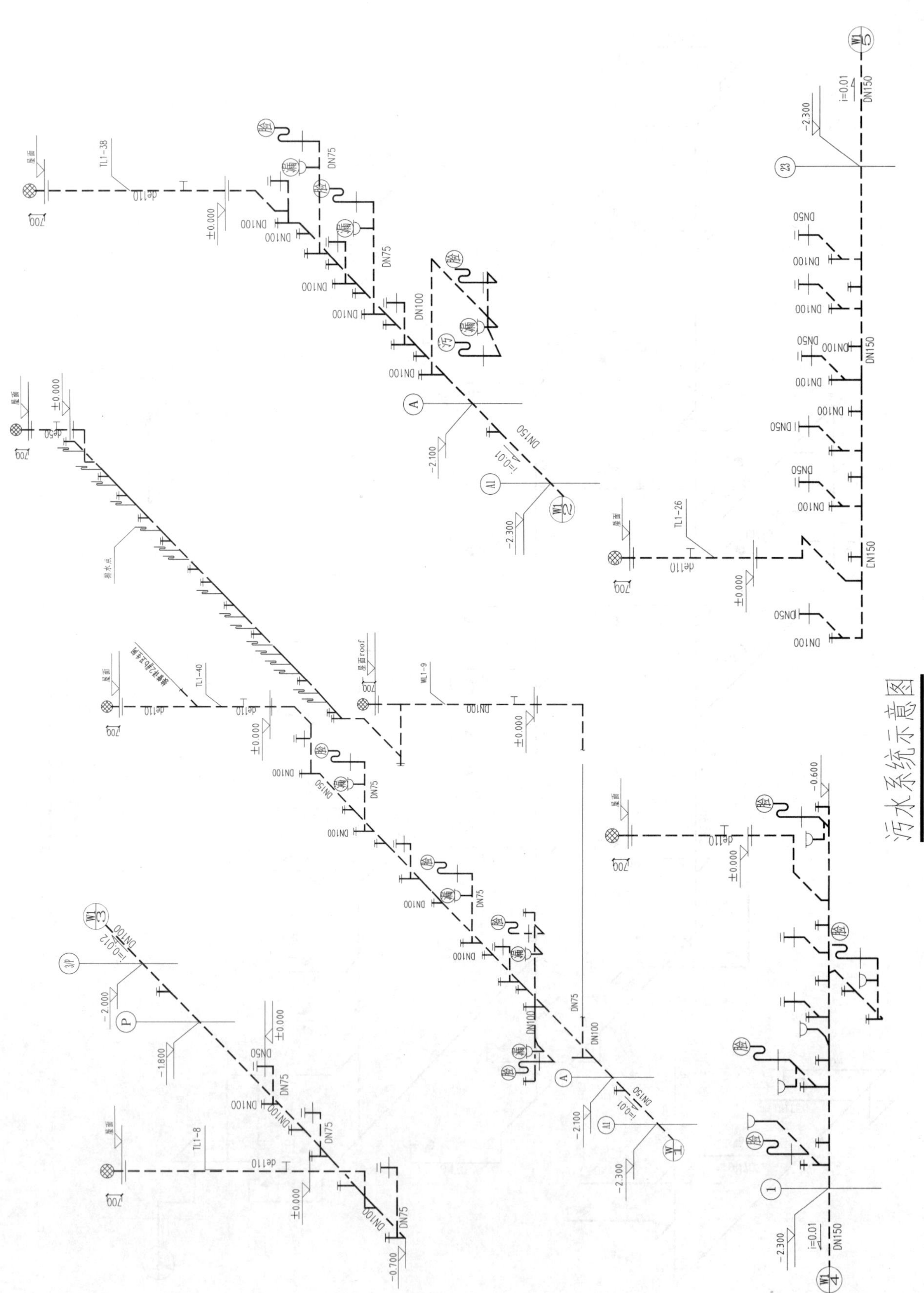
污水系统示意图

工业建筑类　三等奖

新疆油田呼图壁储气库工程

设计单位： 新疆石油勘察设计研究院（有限公司）
设 计 人： 王睿　王芳梅　罗春林　贾彬彬　杨玉芳　王爱军　段新禄　彭华　倪岚
获奖情况： 工业建筑类　三等奖

工程概况：

地下储气库是将从天然气田采出的天然气重新注入地下可以保存气体的空间而形成的一种人工气田或气藏。我国储气库建设尚处于起步阶段，随着天然气工业的发展和对能源需求的日益增长，2010 年我国启动建设的 10 座储气库，呼图壁地下储气库就是之一，也是新疆油田建设的第一个地下储气库，该储气库的建设是缓解新疆用气不均衡及战略储备的重要手段，也是实现西气东输二线平稳供气和安全供气的重要保证。

呼图壁地下储气库位于准噶尔盆地南缘，西距呼图壁县城约 7km，东南距乌鲁木齐市约 78km。总库容为 $107\times10^8m^3$，地面工程部分项目总投资约 40 亿元。

一、消防系统

1. 消防方式

装置区采用消火栓、消防炮给水及泡沫灭火方式，凝析油罐区采用固定式冷却水及半固定式泡沫灭火方式。消防系统由消防泵房、消防水罐及管网组成，消防冷却水系统平时管网的工作压力由市政给水管网维持在 0.3MPa。

2. 装置区流程（图 1）

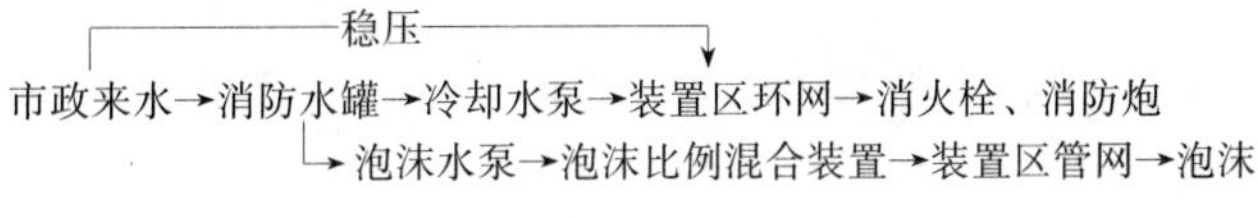

图 1　装置区流程

3. 自动控制

呼图壁储气库消防系统采用火灾自动报警、中心控制室远程启停消防系统的控制方式。

一旦发生火灾，经监视系统确认着火位置后，由中心控制室值班人员一键启动消防系统：程序启动冷却水泵，给冷却水环网加压、对着火部位进行冷却降温，同时联锁启动泡沫水泵，开启至压力泡沫比例混合装置进水管上的控制阀门、联动开启压力泡沫比例混合装置自带的进、出液控制阀，向泡沫混合液管网输送泡沫混合液，对着火部位进行灭火。

4. 参数的确定

（1）装置区

因无相关规范可遵照，根据火灾危险源等的分析，结合国内外气田采用的消防参数，装置区消防水量按消防时使用 1 座 40L/s 的消防炮与 3 支水枪考虑，确定装置区消防水量按 55L/s 计，火灾延续供水时间 3h，消防储备水量 670m^3。

泡沫系统选用 24L/s 的泡沫炮，泡沫混合液量按 25L/s 计，供给时间 20min，泡沫储备量 5m^3。

(2) 凝析油罐区

采用固定式冷却水及半固定式泡沫灭火系统。

1000m^3 着火罐冷却水供给强度 2.5L/(min · m^2)，连续供给时间 4h，消防冷却水量为 31.9L/s。

泡沫采用水成膜，混合液供给强度 5L/(min · m^2)，泡沫混合液量为 16L/s。

(3) 汽车装卸区

汽车装卸区的消防冷却水量应≥20L/s，连续供给时间 1h，采用消火栓给水方式。

5. 系统布置

(1) 装置区及事故罐区：沿装置区周围的消防道路设置环状冷却水环网，上设消火栓及消防炮。沿气处理装置北侧的消防道路设置枝状泡沫混合液管线，上设泡沫栓及泡沫炮。消火栓、泡沫栓采用地上式，间距≤60m。

(2) 凝析油罐区沿消防道路设置环状冷却水管线，上面设置三座地上式消火栓。每座罐上设置固定式储罐喷淋装置一套及 2 个 PC8 型空气泡沫产生器。

(3) 汽车装卸区设置枝状消防给水管线，上设两座地上式消火栓。考虑到凝析油具有挥发性，另在装卸区设置两套固定式自动超细干粉灭火装置。

6. 主要设备选型

(1) 冷却水泵

共两台，一用一备；Q=55L/s，H=90m，N=75kW。

(2) 泡沫水泵

共两台，一用一备；Q=25L/s，H=90m，N=45kW。

(3) 700m^3 消防钢制水罐一座。

(4) 5m^3 压力式泡沫比例混合装置一座。

二、采出水处理系统

呼图壁储气库集注站内的原料气在处理过程中分离出气田污水，这类污水中一般都含油、悬浮物、矿化物等有害物质，其特点是废水中的金属离子、Cl^-、COD、色度、SS、矿化度、硫化物较高，此外，在天然气开采过程中还加有化学药品，增大了污染程度，因此必须经过处理才能排放。

1. 处理规模

根据地质提供的资料，最大污水量为 100m^3/d，考虑今后储气库的发展及水量波动，确定污水处理装置的设计处理能力为 10m^3/h。

2. 水质指标

呼图壁储气库所处区域为昌吉市高新技术产业开发区，气田污水无外排条件，因此本工程气田污水考虑回注地层。

气田污水回注的目的是解决污水出路，避免污染环境，注入层是非生产层，仅考虑造成污水处理及回注系统腐蚀、结垢的溶解氧、侵蚀性 CO_2 以及含油、悬浮物等指标。

3. 工艺流程及说明

根据呼图壁气田污水水质特点，结合室内工艺研究结果，本工程气田污水处理采用“气浮、过滤工艺”去除水中的悬浮杂质及含油，配合投加缓蚀阻垢剂进行水质稳定控制。

由于水量较小，处理工艺采用橇装一体化污水处理装置。该装置主体部分由提升泵、气浮池、中间池、过滤器、出水池等组成，辅助部分由加药装置及控制系统组成。

流程说明：呼图壁储气库集注站天然气处理装置排出的污水（T=60℃，P=0.6MPa，含油量≤100mg/L，悬浮物≤150mg/L）经计量后进入 100m^3 接收罐，由泵提升至一体化污水处理装置的气浮池去除大部分的油、悬浮物，出水进入中间池由泵提升至过滤器，装置出水含油≤30mg/L、悬浮物≤15mg/L，达到回注水水质标准，净化水经注水泵升压回注至地层。

4. 辅助流程

（1）加药系统

水处理系统共投加三种药剂，均与一体化污水处理装置安装在一个橇上。

污水来水总管上投加阻垢、缓蚀剂，进入一体化污水处理装置气浮池之前加入两种浮选剂。

（2）反洗水回收系统

一体化污水处理装置过滤器排放的反洗水进入 100m^3 接收罐，与气田污水一同进行处理，达标回注。

（3）浮渣及污泥回收系统

由于呼图壁储气库集注站位于昌吉高新技术产业开发区内，无法设置污泥干化场，故污水处理系统回收的含水污泥、污油及浮渣进入一座 20m^3 埋地卧式污泥罐，定期拉运至其他污水处理站处理。

5. 计量及控制

水处理装置出水管上设有流量计，数据上传控制室。接收罐及污泥罐设有高低液位显示及报警，数据上传控制室；接收罐低液位时，停止运行一体化污水处理装置及注水泵，一体化污水处理装置的控制系统由设备自带。

6. 主要设备选型

（1）橇装一体化污水处理装置：1 套　处理能力 10.0m^3/h

主要配：

气浮池、中间池、泵、过滤器、出水池、三套加药装置及控制系统。

进水含油≤100mg/L，出水含油≤15mg/L；

进水悬浮物≤150mg/L，出水悬浮物≤15mg/L。

（2）100m^3 立式接收罐 1 座：直径为 5.14m，高为 4.8m。

（3）液下泵 1 台

流量为 54m^3/h，扬程 15m，N=7.5kW。

（4）20m^3 埋地卧式污泥罐 1 座

直径为 2.2m，长为 5.8m。

三、工程特点介绍

1. 我国地下储气库建设起步较晚，与之配套建设的地面工程消防设计方面的经验相对缺乏，且无相关的设计规范，对此，设计通过对地下储气库地面工程各工艺单元的火灾危险源及消防技术措施综合分析，结合现行的有关标准及规范，确定了呼图壁地下储气库地面工程各工艺单元的消防技术措施与技术方案。

通过一年来的运行，证明所采取的技术措施完全满足生产及安全要求，该工程的投用也可对我国地下储气库地面工程的消防设计及相关规范的编制起到指导与借鉴作用。

2. 消防系统采用程序控制、一键启动的先进运行方式。消防系统与火灾报警及视频监视系统联动，通过消防逻辑关系进行 PLC 编程，一旦发生火情，通过视频确认即可一键程序启动整个消防系统，正确、迅捷地进行火灾扑救。

3. 设计利用库区所在地的市政供水具有双水源、环状管网的优势，在储气库消防系统中采用市政管网压力替代稳压装置进行系统稳压，不但增加了安全可靠性，且降低投资及能耗。

4. 消防系统中采用先进的消防设备。因凝析油具有挥发性，在火灾严重危险级的汽车装卸台每个鹤位设置一台固定式超细干粉自动灭火装置；在中心控制室及110kV变电所的重要机柜内设置超小型气溶胶自动灭火装置。两种灭火装置均不需要设单独的动力源，而是依靠自身推动设施，产生气体自动进行灭火。

5. 储气库采气时会伴生采出水，该采出水含有凝析油、乙二醇等，若不处理直接排放将会对周围农作物及水域造成污染。本项目的采出水采用气浮加两级过滤的处理技术，使处理后的采出水达到该地区底层回注的水质要求，利用废旧勘探井将处理后的采出水进行回注，实现本工程工业污水的零排放，具有极高的环保效益。

6. 为减少占地面积、方便管理，在采出水设计中采用集成化污水处理装置，该装置包括处理设备主体及加药设备，均为自动控制，大大方便了操作和管理。

四、工程照片及附图

储气库集注站渲染图

储气库集注站全景

储气库集注站大门

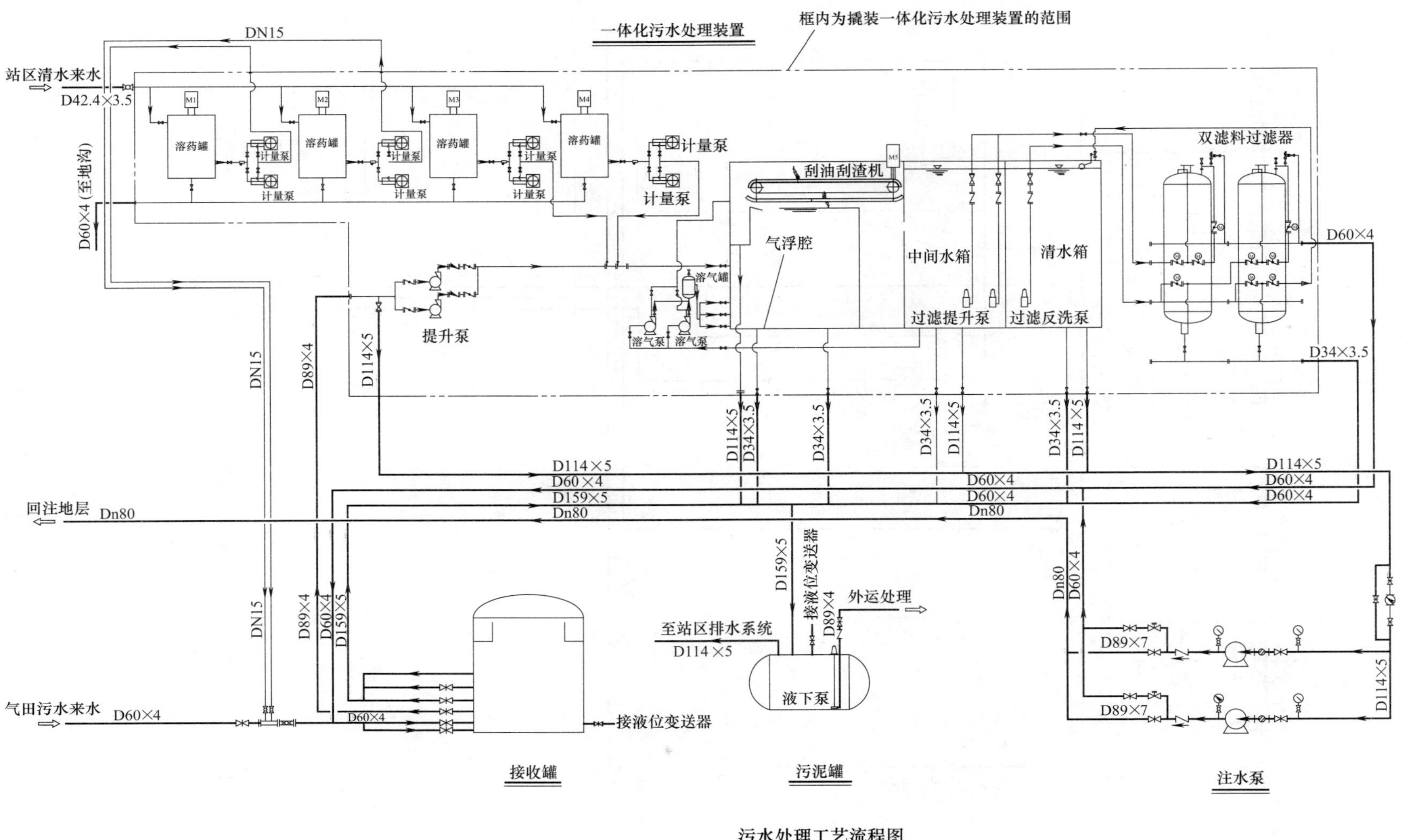

一体化污水处理装置
框内为撬装一体化污水处理装置的范围
DN15
站区清水来水
D42.4×3.5
D60×4（至地沟）
M1
M2
M3
M4
M5
溶药罐
计量泵
刮油刮渣机
气浮腔
中间水箱
清水箱
过滤提升泵
过滤反洗泵
双滤料过滤器
溶气罐
溶气泵
提升泵
D89×4
D114×5
D34×3.5
D60×4
D159×5
Dn80
回注地层
D159×5
接液位变送器
D89×4
外运处理
至站区排水系统
D114×5
液下泵
D89×7
气田污水来水
D60×4
接液位变送器
接收罐
污泥罐
注水泵

污水处理工艺流程图

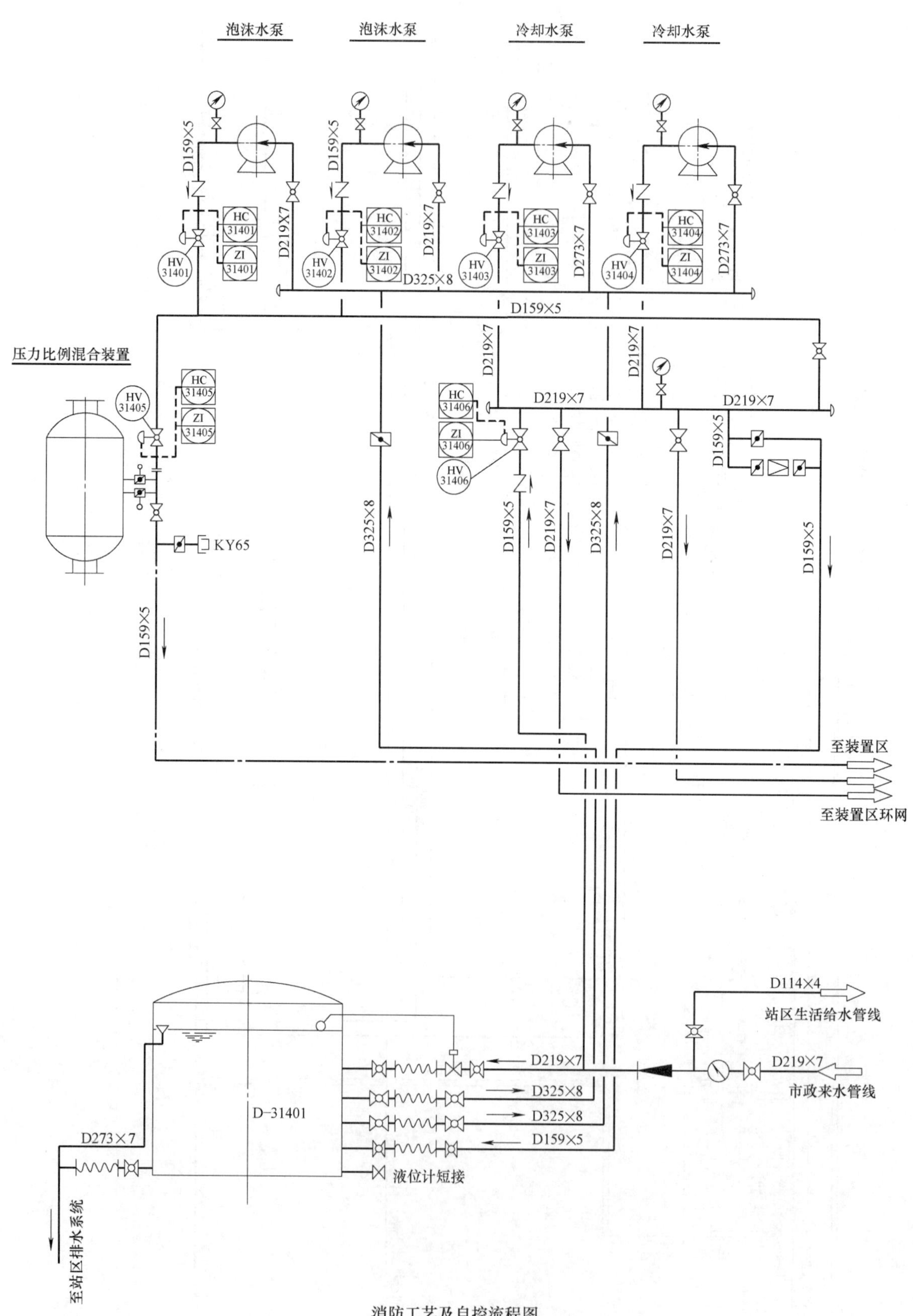
泡沫水泵
泡沫水泵
冷却水泵
冷却水泵
D159×5
D219X7
D273×7
HC 31401
ZI 31401
HV 31401
HC 31402
ZI 31402
HV 31402
HC 31403
ZI 31403
HV 31403
HC 31404
ZI 31404
HV 31404
D325×8
D159×5
压力比例混合装置
HV 31405
HC 31405
ZI 31405
KY65
HC 31406
ZI 31406
HV 31406
D219×7
D325×8
至装置区
至装置区环网
D114×4
站区生活给水管线
D219×7
市政来水管线
D-31401
D273×7
液位计短接
至站区排水系统

消防工艺及自控流程图